CALCULUS

A First Course in Calculus

미분적분학

대학수학의 첫걸음

수학교재편찬위원회 지음

한빛아카데미
Hanbit Academy, Inc.

지은이 **수학교재편찬위원회**

수학교재편찬위원회에서는 대학교 수학 교육과정을 연구하고 분석하여 이에 적합한 수학교재를 출간하고 있다.
이 책은 아래 교수님들이 공동으로 집필하였다.

김선정, 김광일, 윤대원, 최소영, 전두배, 유성욱, 권종겸, 이재원, 이강혁, 이승규

미분적분학 : 대학수학의 첫걸음

초판발행 2021년 1월 6일
7쇄발행 2026년 1월 22일

지은이 수학교재편찬위원회 / **펴낸이** 전태호
펴낸곳 한빛아카데미(주) / **주소** 서울시 서대문구 연희로2길 62 한빛아카데미(주) 2층
전화 02-336-7112 / **팩스** 02-336-7199
등록 2013년 1월 14일 제2017-000063호 / **ISBN** 979-11-5664-526-9 93410

총괄 · 책임편집 김은정 / **기획** 윤세은 / **편집** 윤세은, 조우리 / **진행** 윤세은
디자인 박정화 / **전산편집** 임희남 / **제작** 박성우, 김정우
영업 김성삼, 이정훈, 임현기, 이성훈, 김주성, 심지연

이 책에 대한 의견이나 오탈자 및 잘못된 내용은 출판사 홈페이지나 아래 이메일로 알려주십시오.
파본은 구매처에서 교환하실 수 있습니다. 책값은 뒤표지에 표시되어 있습니다.
홈페이지 www.hanbit.co.kr / 이메일 question@hanbit.co.kr

Published by HANBIT Academy, Inc. Printed in Korea

지은이 머리말

수학은 좁은 의미로는 논리를 통해 집합, 수, 함수로 구성된 수학 모형을 개발하고 연구하는 과정이다. 또한 넓은 의미로는 이 과정으로 구성한 수학 모형을 실제 상황에 적용하여 실생활이나 자연현상을 분석하고 이해하며, 더 나아가 예측까지 하는 학문이다.

특히, 미분적분학에서는 극한 개념을 바탕으로 미분과 적분을 사용하여 함수의 미세한 변화를 관찰하고 분석한다. 미분적분학은 자연과학과 공학은 물론이고 사회과학의 여러 분야에서도 다양하게 활용된다. 특히 4차산업의 핵심이라 할 수 있는 최적화 알고리즘과 인공지능, 인공신경망 등에서 미분적분학의 위상은 날로 높아지고 있다. 이렇듯 중요도를 고려한다면 미분적분학은 대학수학의 첫걸음이라 할 수 있을 정도다.

이 책은 대학교 이공계열 1학년이 두 학기 동안 학습할 수 있도록 개발한 교재다. 미분적분학에서 핵심적인 내용을 주로 다루었으며, 고등학교에서 학습한 미분과 적분 내용도 일부 포함하여 이해하기 쉽도록 구성하였다. 이 책의 특징은 다음과 같다. 순서대로 꼼꼼하게 학습한다면 미분적분학의 핵심 개념을 확실히 잡을 수 있을 것이다.

- **정의와 정리** 핵심 개념을 정확하게 학습한다.
- **예제** 배운 개념을 이용하여 문제를 푸는 방법을 이해한다.
- **유제** 예제의 동형문제를 직접 풀어보며 풀이 과정을 익힌다.
- **연습문제** 여러 가지 개념을 다양하게 적용하며 학습을 완성한다.

본문은 이공계열 1학년 학생이 어렵지 않게 이해하고 문제도 풀 수 있도록 설명했다. 1.4절과 5.5절은 수학을 깊게 공부하고자 하는 학생들을 위해 수록하였으며, 극한과 정적분의 엄밀한 정의를 소개한다. 이 내용은 필요에 따라 학습하길 권한다. 부록에는 적분 공식이 필요할 때 쉽게 찾아볼 수 있도록 적분표를 수록하였다.

이 책으로 대학 미분적분학의 기초를 다지고 다양한 문제를 해결하면서 각자 전공에 필요한 응용력을 키우기 바란다.
마지막으로 이 책을 출간하는 데 수고를 아끼지 않은 한빛아카데미(주) 관계자분과 전태호 대표님께 감사드린다.

지은이 **수학교재편찬위원회**

미리보기

○ 누구를 위한 책인가

대학교에서 미분적분학을 체계적으로 배우고자 하는 이공계열 1학년을 대상으로 한다. 이 책은 미분적분학의 기초 개념부터 활용까지 다룬다. 고등학교 미적분 교과 내용을 일부 포함했으므로 고등학교 학습이 다소 부족하다고 느끼는 학생도 충분히 이해할 수 있다. 필요한 경우 고등학교 미적분 교과서와 문제집 등을 복습하면 이 책의 개념을 명확히 이해하는 데 도움이 될 것이다.

○ 강의 및 학습 보조자료

강의자용 : 강의보조자료 다운로드

한빛출판네트워크 접속(http://www.hanbit.co.kr) → [교수전용] 클릭 → [강의자료] 클릭

학습자용 : 공개용 답안 다운로드

한빛출판네트워크 접속(http://www.hanbit.co.kr) → [SUPPORT] 클릭 → [자료실] 클릭

○ 이 책의 구성요소

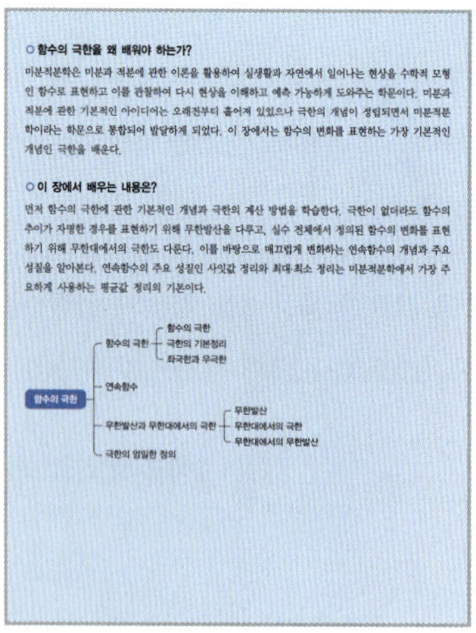

○ 함수의 극한을 왜 배워야 하는가?

미분적분학은 미분과 적분에 관한 이론을 활용하여 실생활과 자연에서 일어나는 현상을 수학적 모형인 함수로 표현하고 이를 관찰하여 다시 현상을 이해하고 예측 가능하게 도와주는 학문이다. 미분과 적분에 관한 기본적인 아이디어는 오래전부터 흩어져 있었으나 극한의 개념이 정립되면서 미분적분학이라는 학문으로 통합되어 발달하게 되었다. 이 장에서는 함수의 변화를 표현하는 가장 기본적인 개념인 극한을 배운다.

○ 이 장에서 배우는 내용은?

먼저 함수의 극한에 관한 기본적인 개념과 극한의 계산 방법을 학습한다. 극한이 없더라도 함수의 추이가 자명한 경우를 표현하기 위해 무한발산을 다루고, 실수 전체에서 정의된 함수의 변화를 표현하기 위해 무한대에서의 극한도 다룬다. 이를 바탕으로 매끄럽게 변화하는 연속함수의 개념과 주요 성질을 알아본다. 연속함수의 주요 성질인 사잇값 정리와 최대·최소 정리는 미분적분학에서 가장 주요하게 사용하는 평균값 정리의 기본이다.

왜 배워야 하는가? / 이 장에서 배우는 내용은? / 마인드맵

해당 장을 배우는 이유와 활용 사례를 소개한다. 주요 개념 간의 관계를 살펴보며 해당 장의 큰 그림을 그린다.

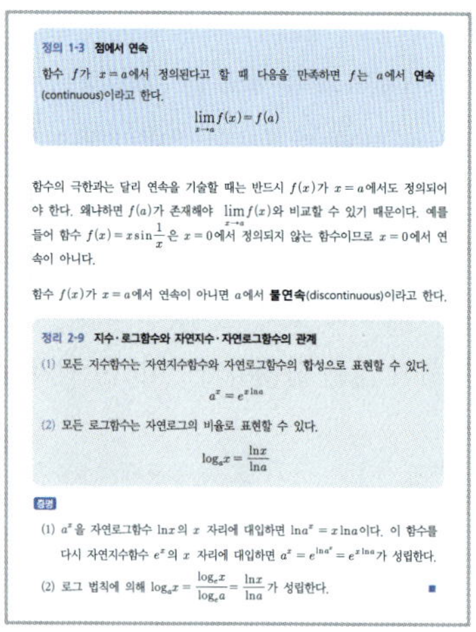

정의 1-3 점에서 연속

함수 f가 $x=a$에서 정의된다고 할 때 다음을 만족하면 f는 a에서 **연속**(continuous)이라고 한다.

$$\lim_{x\to a} f(x) = f(a)$$

함수의 극한과는 달리 연속을 기술할 때는 반드시 $f(x)$가 $x=a$에서도 정의되어야 한다. 왜냐하면 $f(a)$가 존재해야 $\lim_{x\to a} f(x)$와 비교할 수 있기 때문이다. 예를 들어 함수 $f(x)=x\sin\frac{1}{x}$은 $x=0$에서 정의되지 않는 함수이므로 $x=0$에서 연속이 아니다.

함수 $f(x)$가 $x=a$에서 연속이 아니면 a에서 **불연속**(discontinuous)이라고 한다.

정리 2-9 지수·로그함수와 자연지수·자연로그함수의 관계

(1) 모든 지수함수는 자연지수함수와 자연로그함수의 합성으로 표현할 수 있다.

$$a^x = e^{x\ln a}$$

(2) 모든 로그함수는 자연로그의 비율로 표현할 수 있다.

$$\log_a x = \frac{\ln x}{\ln a}$$

증명

(1) a^x을 자연로그함수 $\ln x$의 x 자리에 대입하면 $\ln a^x = x\ln a$이다. 이 함수를 다시 자연지수함수 e^x의 x 자리에 대입하면 $a^x = e^{\ln a^x} = e^{x\ln a}$가 성립한다.

(2) 로그 법칙에 의해 $\log_a x = \frac{\log_e x}{\log_e a} = \frac{\ln x}{\ln a}$가 성립한다. ■

정의 / 정리 / 증명

본문에서 기억해 두어야 할 핵심 개념을 정의와 정리로 보여준다. 정리가 성립하는 이유를 증명에서 논리적으로 설명한다.

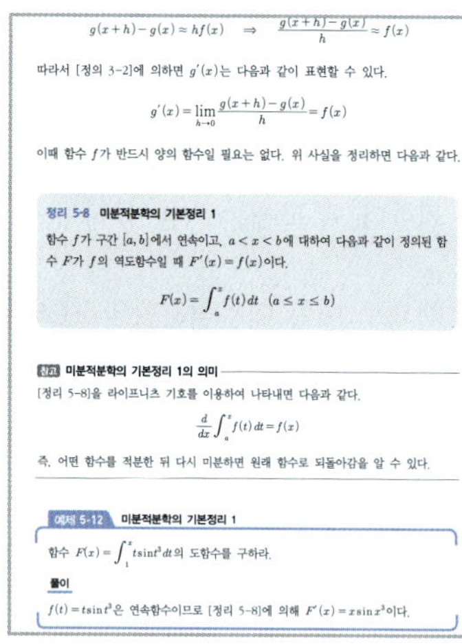

$$g(x+h)-g(x) \approx hf(x) \quad \Rightarrow \quad \frac{g(x+h)-g(x)}{h} \approx f(x)$$

따라서 [정의 3-2]에 의하면 $g'(x)$는 다음과 같이 표현할 수 있다.

$$g'(x) = \lim_{h\to 0}\frac{g(x+h)-g(x)}{h} = f(x)$$

이때 함수 f가 반드시 양의 함수일 필요는 없다. 위 사실을 정리하면 다음과 같다.

정리 5-8 미분적분학의 기본정리 1

함수 f가 구간 $[a,b]$에서 연속이고, $a<x<b$에 대하여 다음과 같이 정의된 함수 F가 f의 역도함수일 때 $F'(x)=f(x)$이다.

$$F(x) = \int_a^x f(t)\,dt \quad (a \le x \le b)$$

참고 미분적분학의 기본정리 1의 의미

[정리 5-8]을 라이프니츠 기호를 이용하여 나타내면 다음과 같다.

$$\frac{d}{dx}\int_a^x f(t)\,dt = f(x)$$

즉, 어떤 함수를 적분한 뒤 다시 미분하면 원래 함수로 되돌아감을 알 수 있다.

예제 5-12 미분적분학의 기본정리 1

함수 $F(x) = \int_1^x t\sin t^3\,dt$의 도함수를 구하라.

풀이

$f(t) = t\sin t^3$은 연속함수이므로 [정리 5-8]에 의해 $F'(x) = x\sin x^3$이다.

참고

본문과 더불어 같이 알면 좋을 내용을 소개한다.

○ 이 책의 구성

❶ 함수와 극한(1~2장)

지수함수, 로그함수, 삼각함수를 비롯하여 역삼각함수, 쌍곡선함수, 역쌍곡선함수 등 다양한 함수를 정의하고 극한을 이용해 함수의 특징을 살펴본다.

❷ 미분(3~4장)

함수의 미세한 변화는 미분으로 설명할 수 있다. 미분의 정확한 의미를 이해한 뒤, 그래프의 개형을 파악해 본다.

❸ 적분(5~7장)

다양한 함수를 적분하는 방법을 학습한 뒤, 적분을 이용하여 곡선의 길이나 영역의 넓이를 구해 본다.

❹ 수열과 급수(8장)

수열을 간단히 살펴본 뒤 이를 바탕으로 급수에 대해 학습한다.

❺ 매개변수 방정식과 벡터(9장)

곡선을 매개변수로 표현하는 방법을 살펴본다. 벡터의 개념을 이해하고 벡터의 다양한 성질을 학습한다. 벡터를 이용하면 공간에서 도형을 나타내는 방법을 알 수 있다.

❻ 다변수함수(10장)

독립변수가 2개 이상인 다변수함수의 성질과 극한, 미분을 일변수함수와 비교하여 학습한다.

❼ 중적분, 선적분, 면적분(11~12장)

일변수함수의 적분을 일반화한 선적분과 면적분을 학습한다.

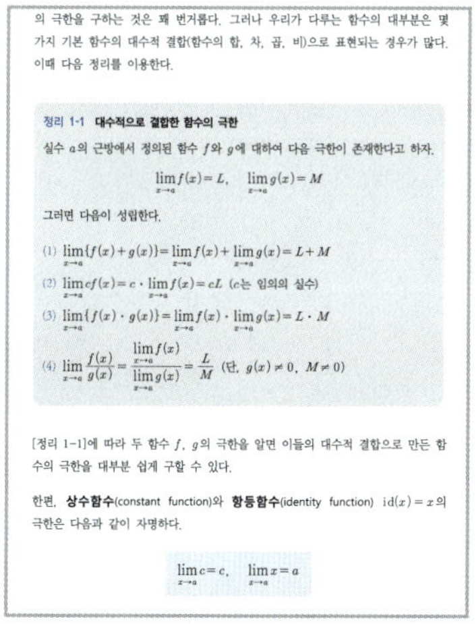

핵심 용어 / 중요 수식

본문 내용 중 핵심 용어와 중요 수식은 각각 키워드와 음영 표시로 쉽게 알아볼 수 있다.

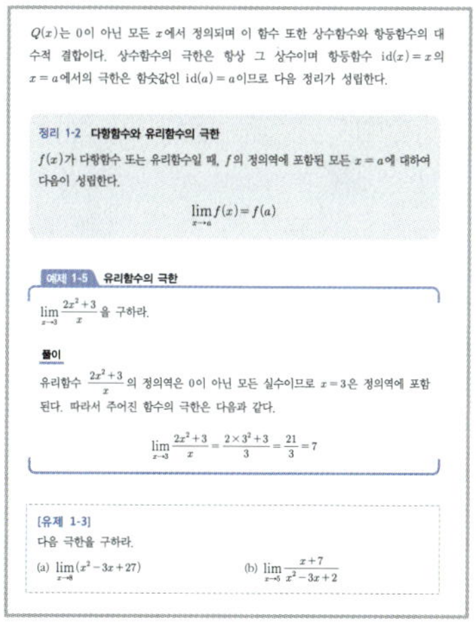

예제 / 유제

예제는 본문 개념을 적용한 문제로, 상세한 풀이를 참고해 연습한다. 유제는 예제의 동형 문제이므로, 직접 풀어 보면서 개념을 확인한다.

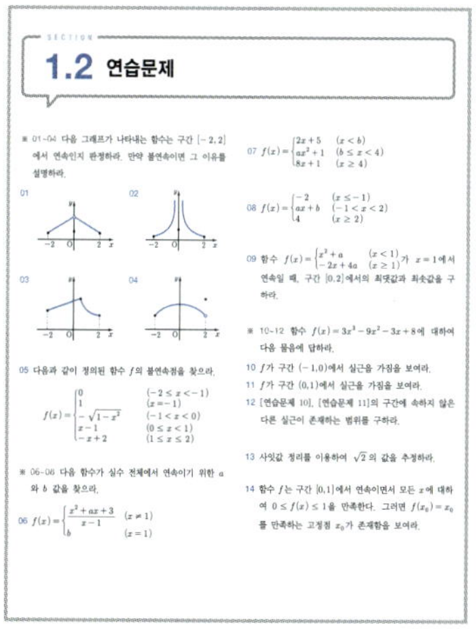

연습문제

해당 절이 끝날 때마다 본문에서 익힌 내용을 제대로 이해했는지 확인한다(1.4절 제외).

참고문헌

- James Stewart (2018). 미분적분학 에센스(한빛수학교재연구소, 번역). 한빛아카데미.
- George Thomas (2016). Thomas' Calculus (13th ed.). Pearson Education, Inc.
- 수학교재연구회 (2013). 미분적분학 (3판). 경문사.
- Susan Jane Colley (2012). Vector Calculus (4th ed.). Pearson Education, Inc.
- Claudia Neuhauser (2011), Calculus For Biology and Medicine (3rd ed.). Pearson Education, Inc.
- James Stewart (2011). 일변수 미분적분학(수학교재편찬위원회, 번역). 청문각.
- James Stewart (2011). 미분적분학(수학교재편찬위원회, 번역). 교우사.
- Dennis G. Zill and Warren S. Wright (2009). Calculus : Early Transcendentals (4th ed.). Prentice Hall, Inc.
- George Thomas (2006). 미분적분학 (11판) (수학교재편찬위원회, 번역). 청문각.
- D. Varberg, E. J. Purcell and S. E. Rigdon (2003). 미분적분학(수학교재편찬위원회, 번역). 교우사.
- George F. Simmons (2001). 미적분학과 해석기하(고석구, 구인희, 권언근 외 15명, 번역). 경문사.
- Jerrold Marsden and Alan Weinstein (1985). Calculus III (2nd ed.). Springer, Inc.

목차

목차

CHAPTER 09 매개변수 방정식과 벡터

CHAPTER 10 다변수함수

CHAPTER 11 중적분

CHAPTER 12 선적분과 면적분

CHAPTER

01

함수의 극한

Limit of Function

Contents

○ 함수의 극한을 왜 배워야 하는가?

미분적분학은 미분과 적분에 관한 이론을 활용하여 실생활과 자연에서 일어나는 현상을 수학적 모형인 함수로 표현하고 이를 관찰하여 다시 현상을 이해하고 예측 가능하게 도와주는 학문이다. 미분과 적분에 관한 기본적인 아이디어는 오래전부터 흩어져 있었으나 극한의 개념이 정립되면서 미분적분학이라는 학문으로 통합되어 발달하게 되었다. 이 장에서는 함수의 변화를 표현하는 가장 기본적인 개념인 극한을 배운다.

○ 이 장에서 배우는 내용은?

먼저 함수의 극한에 관한 기본적인 개념과 극한의 계산 방법을 학습한다. 극한이 없더라도 함수의 추이가 자명한 경우를 표현하기 위해 무한발산을 다루고, 실수 전체에서 정의된 함수의 변화를 표현하기 위해 무한대에서의 극한도 다룬다. 이를 바탕으로 매끄럽게 변화하는 연속함수의 개념과 주요 성질을 알아본다. 연속함수의 주요 성질인 사잇값 정리와 최대·최소 정리는 미분적분학에서 가장 주요하게 사용하는 평균값 정리의 기본이다.

함수의 극한
- 함수의 극한
  - 함수의 극한
  - 극한의 기본정리
  - 좌극한과 우극한
- 연속함수
- 무한발산과 무한대에서의 극한
  - 무한발산
  - 무한대에서의 극한
  - 무한대에서의 무한발산
- 극한의 엄밀한 정의

SECTION 1.1 함수의 극한

시간에 따라 매끄럽게 변화하는 자연현상의 경우 측정된 값의 추이를 바탕으로 특정한 시점에서 값을 추측할 수 있다. 이러한 과정을 수학적으로 구현한 개념이 함수의 극한이다. 이 절에서는 함수의 변화를 표현하고 관찰하기 위한 기본 도구인 함수의 극한을 다룬다.

함수의 극한

2가 아닌 실수 x에 대하여 다음과 같이 정의된 함수 f를 생각해 보자.

$$f(x)=\frac{x^3-3x-2}{x-2}$$

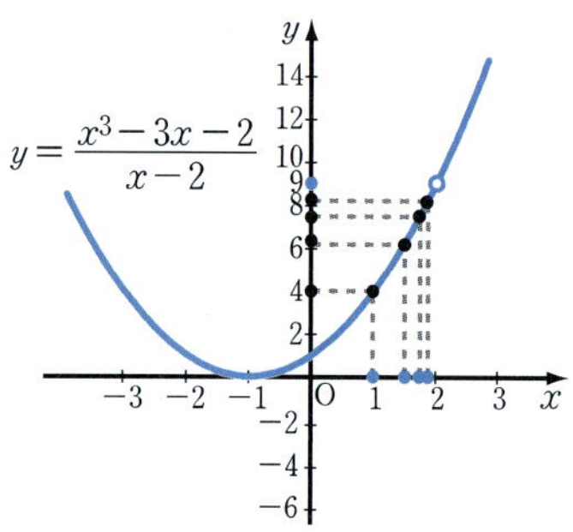

[그림 1-1] 함수 $f(x)=\frac{x^3-3x-2}{x-2}$의 수렴성

분자에 위치한 다항식은 $x^3-3x-2=(x-2)(x+1)^2$으로 인수분해되어 $x\neq 2$인 경우만 $g(x)=(x+1)^2$과 같은 함수이다. 비록 $f(x)$에 $x=2$를 대입할 수는 없으나 x가 2의 근방일 때, $f(x)$는 $g(2)=(2+1)^2=9$의 근방에 분포함을 알 수 있다. 즉 x가 2에 도달하지는 않지만 한없이 가까워지면 $f(x)$는 9에 한없이 가까워진다. 이러한 현상을 'x가 2에 한없이 가까워질 때 $f(x)$는 9로 수렴(convergence)한다'고 말하고 기호로 다음과 같이 표현한다.

$$\lim_{x\to 2}\frac{x^3-3x-2}{x-2}=9$$

정의 1-1 극한의 직관적 정의

함수 $f(x)$가 a를 포함하는 열린구간에서 정의된다고 하자. 단, $f(x)$는 $x=a$에서는 정의되지 않아도 된다. 만일 x가 a와 다른 값을 취하면서 a에 한없이 가까워질 때 $f(x)$가 일정한 수 L에 가까워진다면 'x가 a에 가까워질 때 $f(x)$는 L에 수렴한다'고 말하고 이를 다음과 같이 표현한다.

$$\lim_{x\to a}f(x)=L$$

이때 L을 $f(x)$의 $x=a$에서의 **극한**(limit)이라고 한다.

열린구간(open interval)은 다음과 같이 표현되는 실수 집합으로, 끝점을 포함하지 않는다.

$$(a,b),\ (a,\infty),\ (-\infty,a)$$

닫힌구간(closed interval)은 다음과 같이 실수인 끝점을 포함하는 실수 집합이다.

$$[a,b],\ [a,\infty),\ (-\infty,a]$$

'x가 a에 가까워진다'와 '$f(x)$가 L에 가까워진다'는 각각 $|x-a|$와 $|f(x)-L|$ 값이 작아진다고 이해하면 된다. 그러나 '가까워진다' 혹은 '작아진다' 등의 동적 표현은 사람마다 다양하게 해석할 수 있으므로 엄밀한 정의는 아니다. 극한의 엄밀한 정의는 1.4절에서 다룬다. 일반적인 함수의 극한은 기본 함수의 극한과 이 절에서 다루는 다양한 정리를 이용하여 직접 구한다. 정의만 이용하여 극한을 구할 때는 다음 단계를 따른다.

[1단계] 함수 $f(x)$의 추이를 관찰하여 $x=a$에서의 극한으로 추정되는 L을 선택한다.

[2단계] $|x-a|$가 어떤 양의 값보다 작을 때, $|f(x)-L|$도 어떤 값보다도 작아지는지 판정한다.

예제 1-1 상수함수의 극한

상수함수 $f(x)=3$에 대하여 $\lim_{x\to 0} f(x)$를 구하라.

풀이

$x=0$인 경우를 제외하더라도 $f(x)$ 값은 항상 3이다. 즉 x가 변화해도 함숫값은 변화 없이 3이다. 그러므로 극한 L을 3으로 선택하자. x가 $a=0$이 아닌 아무 값이라도 $|x-a|$가 작아질 때 $f(x)$와 L 값의 차이인 $|f(x)-L|=|3-3|$은 더 이상 작아질 수 없는 0이다. 그러므로 $\lim_{x\to 0} f(x)=3$이다.

예제 1-2 함수의 극한

$\lim_{x\to a} 4x$를 구하라.

풀이

$f(x)=4x$라 두었을 때 x가 a에 가까워지면 $f(x)=4x$도 $4a$에 가까워짐을 짐작할 수 있으므로 극한 L을 $4a$로 선택하자. 우리가 원하는 x와 a 사이의 거리가 0.1 미만이면, 즉 $|x-a|<0.1$이면 $f(x)$와 L 사이의 거리는 0.4 미만임을 다음 계산을 통해 알 수 있다.

$$|f(x)-L|=|4x-4a|=4|x-a|<4\times 0.1=0.4$$

같은 방법으로 $|x-a|<0.01$이면 $|f(x)-L|=4|x-a|<0.04$임을 알 수 있다. 일반적으로 $|x-a|<\frac{1}{10^n}$이면 $|f(x)-L|=4|x-a|<\frac{4}{10^n}$가 성립한다. 그러므로 $\lim_{x\to a} 4x=4a$이다.

[유제 1-1]

$\lim_{x\to 3}(3x+2)$를 구하라.

예제 1-3 함수 곱의 극한

$\lim_{x\to 0} 4x\sin\frac{1}{x}$을 구하라.

풀이

$f(x)=4x\sin\frac{1}{x}$은 $x=0$에서 정의되지 않는다. 이때 $\sin\frac{1}{x}$ 값은 항상 -1과 1 사이이며$\left(\left|\sin\frac{1}{x}\right|\le 1\right)$, [예제 1-2]에 따르면 $4x$는 x가 0에 가까워짐에 따라 $4\times 0=0$으로 수렴한다. x가 0에 가까워질 때, 0으로 수렴하는 $4x$에 크기의 한계가 있는 $\sin\frac{1}{x}$을 곱한 결과는 계속 0에 가까워진다. 따라서 $L=0$으로 선택하자.

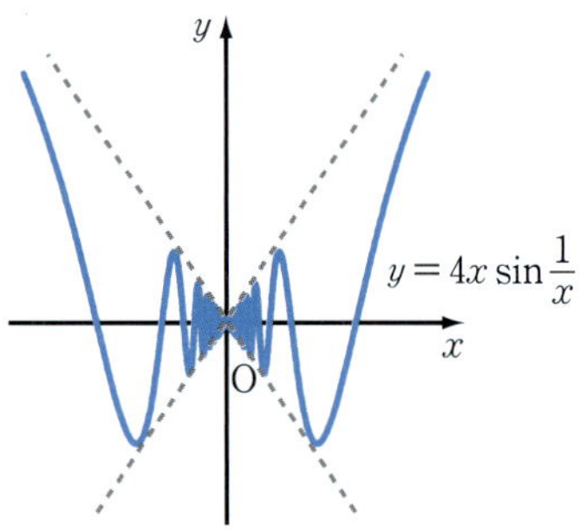

[예제 1-2]와 같이 $|x-0|=|x|<\frac{1}{10^n}$이면 다음이 성립함을 알 수 있다. 왼쪽 그림에서 극한을 확인하자.

$$|f(x)-L|=\left|4x\sin\frac{1}{x}-0\right|=4|x|\left|\sin\frac{1}{x}\right|\le 4|x|<\frac{4}{10^n}$$

그러므로 $\lim_{x\to 0} 4x\sin\frac{1}{x}=0$이다.

[유제 1-2]

$\lim_{x\to 0}\left(3x^2\sin\frac{1}{x}+1\right)$을 구하라.

예제 1-4 함수의 극한 존재성 판정

극한 $\lim_{x\to 0}\sin\frac{1}{x}$이 존재하는지 판정하라.

풀이

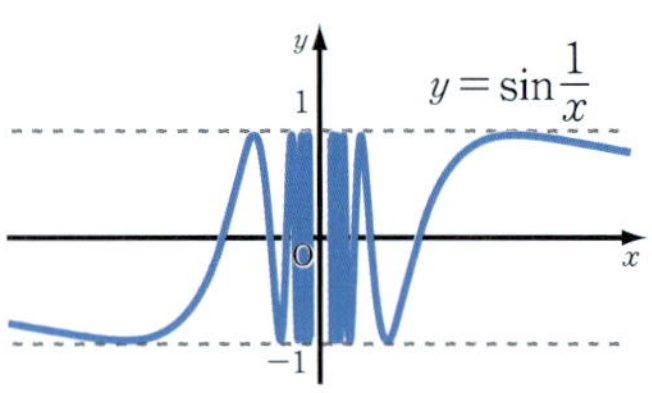

주어진 함수의 그래프 개형은 왼쪽과 같다.

x가 0에 가까워질수록 매우 심하게 진동한다. 물론 [예제 1-3]의 함수 $y=4x\sin\frac{1}{x}$도 심하게 진동하지만 $4x$를 곱함으로써 진폭이 점점 작아지면서 0으로 수렴한다. 그러나 $f(x)=\sin\frac{1}{x}$의 그래프는 진폭이 2로 변화가 없다. 따라서 극한이 없을 것으로 예측된다. 이를 확인하기 위해 L이라는 극한이 있다고 가정하자. 만일 $L\ne 1$이면 자연수 n에 대해 $x=\frac{1}{\pi/2+2n\pi}$을 선택하면 $f(x)=\sin\left(\frac{\pi}{2}+2n\pi\right)=1$이 되어 $f(x)$와 L 값의 차이는 다음과 같이 일정한 양수다.

$$|f(x)-L|=|1-L|>0$$

큰 자연수 n을 선택하면 x는 0에 충분히 가까워지지만 $f(x)$와 L의 차이는 일정한 양수이므로 차이가 줄어들지 않아 극한이 있다는 가정에 모순이다. 만일 $L=1$이라고 하면, $x=\dfrac{1}{3\pi/2+2n\pi}$에 대하여 $f(x)=-1$이 되어 같은 이유로 모순이다. 그러므로 극한 L은 존재할 수 없다.

극한의 기본정리

극한의 직관적 정의와 관련 예제를 앞에서 살펴보았듯이 정의만을 이용하여 함수의 극한을 구하는 것은 꽤 번거롭다. 그러나 우리가 다루는 함수의 대부분은 몇 가지 기본 함수의 대수적 결합(함수의 합, 차, 곱, 비)으로 표현되는 경우가 많다. 이때 다음 정리를 이용한다.

정리 1-1 대수적으로 결합한 함수의 극한

실수 a의 근방에서 정의된 함수 f와 g에 대하여 다음 극한이 존재한다고 하자.

$$\lim_{x\to a} f(x)=L, \qquad \lim_{x\to a} g(x)=M$$

그러면 다음이 성립한다.

(1) $\displaystyle\lim_{x\to a}\{f(x)+g(x)\}=\lim_{x\to a} f(x)+\lim_{x\to a} g(x)=L+M$

(2) $\displaystyle\lim_{x\to a} cf(x)=c\cdot\lim_{x\to a} f(x)=cL$ (c는 임의의 실수)

(3) $\displaystyle\lim_{x\to a}\{f(x)\cdot g(x)\}=\lim_{x\to a} f(x)\cdot\lim_{x\to a} g(x)=L\cdot M$

(4) $\displaystyle\lim_{x\to a}\frac{f(x)}{g(x)}=\frac{\lim_{x\to a} f(x)}{\lim_{x\to a} g(x)}=\frac{L}{M}$ (단, $g(x)\neq 0$, $M\neq 0$)

[정리 1-1]에 따라 두 함수 f, g의 극한을 알면 이들의 대수적 결합으로 만든 함수의 극한을 대부분 쉽게 구할 수 있다.

한편, **상수함수**(constant function)와 **항등함수**(identity function) $\mathrm{id}(x)=x$의 극한은 다음과 같이 자명하다.

$$\lim_{x\to a} c=c, \qquad \lim_{x\to a} x=a$$

상수함수와 항등함수의 대수적 결합으로 표현할 수 있는 함수로는 다항함수와 유리함수가 있다. **다항함수**(polynomial function)란 적당한 자연수 n과 실수 $a_0, \ldots, a_n$에 대하여 다음과 같이 표현되는 함수이다.

$$P(x) = a_n x^n + a_{n-1}x^{n-1} + \cdots + a_1 x + a_0$$

이는 항등함수 $\mathrm{id}(x) = x$와 상수의 곱과 합으로 정의된 함수이며 모든 실수 x에서 정의된다. **유리함수**(rational function)란 다음과 같이 두 개의 다항함수 P와 Q의 비로 표현되는 함수 R이다.

$$R(x) = \frac{P(x)}{Q(x)}$$

$R(x)$는 $Q(x)$가 0이 아닌 모든 x에서 정의되며 이 함수 또한 상수함수와 항등함수의 대수적 결합이다. 상수함수의 극한은 항상 그 상수이며 항등함수 $\mathrm{id}(x) = x$의 $x = a$에서의 극한은 함숫값인 $\mathrm{id}(a) = a$이므로 다음 정리가 성립한다.

정리 1-2 다항함수와 유리함수의 극한

$f(x)$가 다항함수 또는 유리함수일 때, f의 정의역에 포함된 모든 $x = a$에 대하여 다음이 성립한다.

$$\lim_{x \to a} f(x) = f(a)$$

예제 1-5 유리함수의 극한

$\displaystyle\lim_{x \to 3} \frac{2x^2 + 3}{x}$을 구하라.

풀이

유리함수 $\dfrac{2x^2 + 3}{x}$의 정의역은 0이 아닌 모든 실수이므로 $x = 3$은 정의역에 포함된다. 따라서 주어진 함수의 극한은 다음과 같다.

$$\lim_{x \to 3} \frac{2x^2 + 3}{x} = \frac{2 \times 3^2 + 3}{3} = \frac{21}{3} = 7$$

[유제 1-3]

다음 극한을 구하라.

(a) $\displaystyle\lim_{x \to 8} (x^2 - 3x + 27)$

(b) $\displaystyle\lim_{x \to 5} \frac{x + 7}{x^2 - 3x + 2}$

상수함수와 항등함수의 결합으로 표현할 수 없는 함수로는 다음과 같은 예가 있다.

$$f(x) = \sqrt{x}, \qquad f(x) = \frac{\sqrt{2x^2+1}}{\sqrt[5]{4x^3} + \sqrt{2}\sqrt[6]{x^2+4}}$$

위와 같은 함수의 극한을 구할 때는 다음 정리를 이용한다.

일반적으로 함수 $y=f(x)$와 계수가 유리수인 다항함수 $a_0(x), \cdots, a_n(x)$에 대하여 다음과 같이 나타낸 함수를 **대수함수**(algebraic function)라고 한다.

$$a_0(x)+a_1(x)y+\cdots+a_n(x)y^n=0$$

대수함수에는 다항함수, 유리함수, 무리함수가 포함된다. 그리고 대수함수가 아닌 함수를 **초월함수**(transcendental function)라고 한다.

정리 1-3 거듭제곱근 법칙

$\lim_{x\to a} f(x) = L$이고 $L>0$이면 임의의 자연수 n에 대하여 다음이 성립한다.

$$\lim_{x\to a}\sqrt[n]{f(x)} = \sqrt[n]{L}$$

예제 1-6 거듭제곱근 법칙을 이용한 극한 계산

$\displaystyle\lim_{x\to 2}\frac{\sqrt{2x^2+1}}{\sqrt[5]{4x^3}+\sqrt{2}\sqrt[6]{x^2+4}}$을 구하라.

풀이

거듭제곱근 안에 있는 각 함수의 극한은 다음과 같다.

$$\lim_{x\to 2}(2x^2+1)=9, \qquad \lim_{x\to 2}4x^3=32, \qquad \lim_{x\to 2}(x^2+4)=8$$

그러므로 [정리 1-1]과 [정리 1-3]을 이용하여 주어진 함수의 극한을 구하면 다음과 같다.

$$\lim_{x\to 2}\frac{\sqrt{2x^2+1}}{\sqrt[5]{4x^3}+\sqrt{2}\sqrt[6]{x^2+4}} = \frac{\sqrt{9}}{\sqrt[5]{32}+\sqrt{2}\sqrt[6]{8}} = \frac{3}{2+\sqrt{2}\sqrt{2}} = \frac{3}{4}$$

[유제 1-4]

$\displaystyle\lim_{x\to 3}\frac{\sqrt{2x^3+3x^2}}{\sqrt{3x^2-2}+2\sqrt{x^2-5}}$을 구하라.

정리 1-4 극한의 비교 정리

$x\neq a$인 a 근방의 모든 x에 대하여 $f(x)\le g(x)$이고, f와 g가 a에서 극한이 존재하면 다음 부등식이 성립한다.

$$\lim_{x\to a}f(x) \le \lim_{x\to a}g(x)$$

정리 1-5 조임정리(squeeze theorem)

$x \neq a$인 a 근방의 모든 x에 대하여 다음이 성립한다고 하자.

$$g(x) \leq f(x) \leq h(x)$$

만일 g와 h의 $x=a$에서의 극한이 같으면 f의 극한도 같다.

$$\lim_{x \to a} g(x) = \lim_{x \to a} h(x) = L \Rightarrow \lim_{x \to a} f(x) = L$$

[예제 1-7]의 $x \sin \frac{1}{x}$처럼 극한을 잘 알고 있는 함수($\mathrm{id}(x) = x$)와 극한이 없는 함수$\left(g(x) = \sin \frac{1}{x}\right)$로 이루어진 함수의 극한을 관찰할 때 조임정리가 유용하다.

예제 1-7 조임정리를 이용한 극한 계산

조임정리를 이용하여 $\lim_{x \to 0} x \sin \frac{1}{x}$을 구하라.

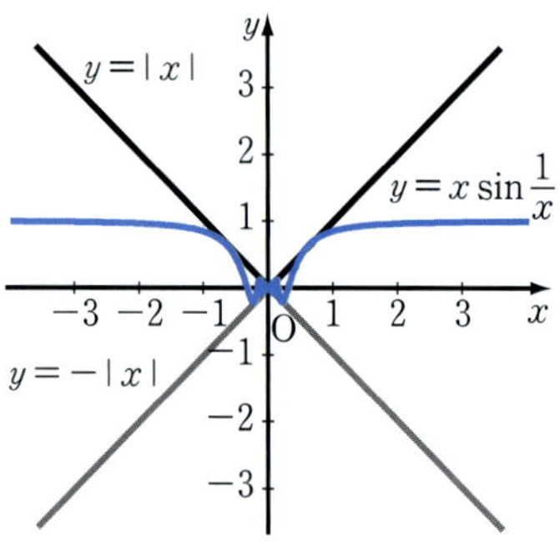

풀이

0이 아닌 모든 x에 대해 $-1 \leq \sin \frac{1}{x} \leq 1$이므로 다음이 성립한다.

$$-|x| \leq x \sin \frac{1}{x} \leq |x|$$

$\lim_{x \to 0}(-|x|) = \lim_{x \to 0}|x| = 0$이므로, 조임정리에 의해 $\lim_{x \to 0} x \sin \frac{1}{x} = 0$이다. 왼쪽 그림에서 극한을 확인하자.

[유제 1-5]

실수 전체에서 정의된 함수 $f(x)$가 모든 실수 x에 대하여 $|f(x)| \leq 3x^4$을 만족한다고 하자. 이때 $\lim_{x \to 0} \frac{f(x)}{x^2}$를 구하라.

예제 1-8 조임정리를 이용한 극한 계산

만일 $\lim_{x \to a}|f(x)|=0$이면 $\lim_{x \to a}f(x)=0$임을 보여라.

풀이

f의 정의역에 있는 모든 x에 대하여 다음이 성립한다.

$$-|f(x)| \le f(x) \le |f(x)|$$

주어진 가정과 [정리 1-1]의 (2)에 의하여 $\lim_{x \to a}(-|f(x)|)=\lim_{x \to a}|f(x)|=0$이다.
따라서 조임정리에 의해 $\lim_{x \to a}f(x)=0$이다.

마지막으로 정의역에 포함되지 않는 점에서의 극한을 구하는 기본정리를 소개한다.

정리 1-6 함숫값과 극한의 비교

$x \neq a$인 a 근방의 모든 x에 대하여 $f(x)=g(x)$가 성립한다고 하자. 만일 $\lim_{x \to a}g(x)=L$이면 $\lim_{x \to a}f(x)=L$이다.

예제 1-9 함숫값과 극한의 비교

$\lim_{x \to 2}\frac{x^3-2x^2}{x-2}$을 구하라.

풀이

함수 $f(x)=\frac{x^3-2x^2}{x-2}$은 유리함수이지만 $x=2$에서 정의되지 않는다. 그러므로 [정리 1-2]를 사용할 수 없다. 이때 $x \neq 2$이면 $\frac{x^3-2x^2}{x-2}=x^2$이다. 따라서 [정리 1-6]을 이용하여 주어진 함수의 극한을 구하면 다음과 같다.

$$\lim_{x \to 2}\frac{x^3-2x^2}{x-2}=\lim_{x \to 2}x^2=4$$

[유제 1-6]

$\lim_{x \to 1}\frac{x^3+4x^2-x-4}{x^2+x-2}$를 구하라.

좌극한과 우극한

0이 아닌 실수에 대하여 정의된 함수 $f(x)=\frac{x^2-x}{|x|}$ 의 $x=0$에서의 극한을 알아보자. x가 음수일 때와 양수일 때로 나누어 함숫값을 계산하면 다음과 같다.

$$f(x)=\begin{cases}\frac{x^2-x}{|x|}=\frac{x^2-x}{-x}=-x+1 & (x<0)\\ \frac{x^2-x}{|x|}=\frac{x^2-x}{x}=x-1 & (x>0)\end{cases} \tag{1.1}$$

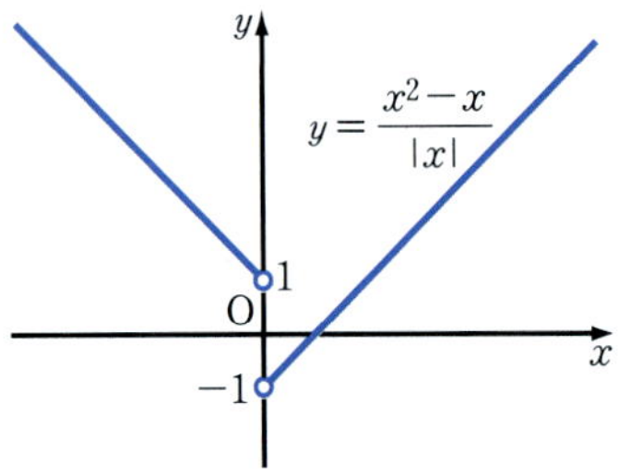

[그림 1-2] **함수 $y=\frac{x^2-x}{|x|}$ 의 그래프**

[그림 1-2]에서 함수 f의 그래프를 살펴보면 x가 음수에서 양수로 이동함에 따라 함숫값이 1에서 -1로 급격하게 바뀐다. 따라서 이 함수는 $x=0$에서 극한이 존재하지 않는다. 그러나 극한이 존재하지 않는다고만 기술하기에는 $x=0$을 기준으로 좌우에서 함수의 그래프 모양이 명확하다. 그래프를 보면 함수 f는 음수 x가 0으로 가까워질 때 1로 수렴하고, 양수 x가 0으로 가까워질 때 -1로 수렴하는데 이를 다음과 같이 표현한다.

$$\lim_{x\to 0^-} f(x)=1, \quad \lim_{x\to 0^+} f(x)=-1$$

$x\to a^-$는 a의 음의 방향에서 시작하여 a로 접근함을 의미한다. 즉 수직선상의 왼쪽에서 a로 가까워진다. 마찬가지로 $x\to a^+$는 a의 양의 방향에서 시작하여 a로 접근함을 의미하고, 이는 수직선상의 오른쪽에서 a로의 접근이다.

정의 1-2 좌극한과 우극한

(1) 함수 f가 $x=a$의 왼쪽 근방에서 정의된다고 하자. $x<a$인 x가 a에 한없이 가까워질 때 $f(x)$가 일정한 수 L에 가까워진다면 L을 a에서의 f의 **좌극한**(left limit)이라 말하고 이를 다음과 같이 표현한다.

$$\lim_{x\to a^-} f(x)=L$$

(2) 함수 f가 $x=a$의 오른쪽 근방에서 정의된다고 하자. $x>a$인 x가 a에 한없이 가까워질 때 $f(x)$가 일정한 수 L에 가까워진다면 L을 a에서의 f의 **우극한**(right limit)이라 말하고 이를 다음과 같이 표현한다.

$$\lim_{x\to a^+} f(x)=L$$

$x=a$에서의 함수의 극한은 a의 좌우에서 모두 정의된 함수만 다룬다. 그러므로 다음과 같은 함수는 $x=\pm 1$에서의 극한을 논할 수 없다.

$$f(x)=\sqrt{1-x^2} \quad (-1\le x\le 1)$$

-1보다 작은 x와 1보다 큰 x에 대해서는 f의 함숫값이 존재하지 않기 때문이다. 그러나 $x=-1$에서의 우극한과 $x=1$에서의 좌극한은 찾을 수 있으며 그 값

은 다음과 같다.

$$\lim_{x\to-1^+}\sqrt{1-x^2}=0, \qquad \lim_{x\to1^-}\sqrt{1-x^2}=0$$

[그림 1-3]을 통해 $x=-1$에서의 우극한과 $x=1$에서의 좌극한을 확인할 수 있다. 오른쪽 설명을 통해 두 극한이 존재하는 이유를 알 수 있다.

[정리 1-3]을 이용하여 $\lim_{x\to-1^+}\sqrt{1-x^2}=0$을 보이기 위해서는 $\lim_{x\to-1^+}(1-x^2)=0$임을 확인하면 된다. 그런데 이미 $\lim_{x\to-1}(1-x^2)=0$임을 알고 있으므로 다음 정리에 따라 $\lim_{x\to-1^+}(1-x^2)=0$임을 알 수 있다.

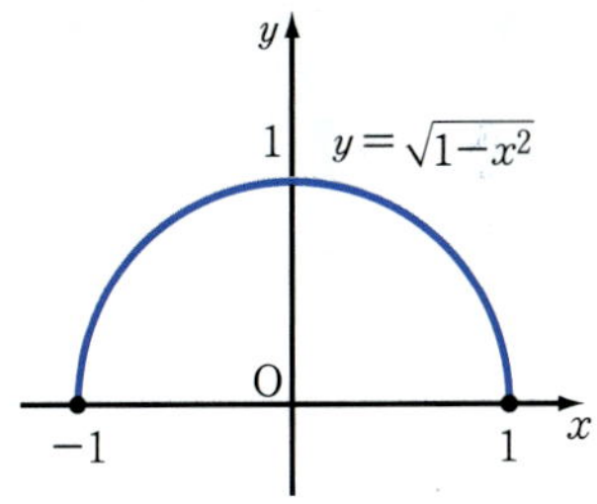

[그림 1-3] 함수 $y=\sqrt{1-x^2}$의 그래프

극한기호 $\lim_{x\to a}$를 $\lim_{x\to a^+}$와 $\lim_{x\to a^-}$로 바꾸어도 앞에서 다룬 [정리 1-1], [정리 1-2], [정리 1-3], [정리 1-4], [정리 1-5], [정리 1-6]이 여전히 성립한다.

정리 1-7 극한이 존재할 필요충분조건

함수 f가 a의 근방에서 정의된다고 하자. $\lim_{x\to a}f(x)=L$이 성립할 필요충분조건은 $\lim_{x\to a^+}f(x)=\lim_{x\to a^-}f(x)=L$이다.

예제 1-10 극한의 존재성 판정

$f(x)=\dfrac{x^2-x}{|x|}$가 $x=0$에서 극한이 존재하지 않음을 보여라.

풀이

앞에서 살펴본 식 (1.1)에 따라 주어진 함수 f는 $x=0$의 왼쪽에서 $f(x)=-x+1$, 오른쪽에서 $f(x)=x-1$이다. 따라서 [정의 1-2]에 의해 $\lim_{x\to0^-}f(x)=\lim_{x\to0^-}(-x+1)=1$과 $\lim_{x\to0^+}f(x)=\lim_{x\to0^+}(x-1)=-1$이다. 즉 함수 f의 좌극한과 우극한이 서로 다르다. 그러므로 [정리 1-7]에 의해 $x=0$에서의 극한은 존재하지 않는다.

[유제 1-7]

함수 $f(x)=\dfrac{x^2+3x-4}{|x-1|}$가 $x=1$에서 극한이 존재하지 않음을 보여라.

SECTION

1.1 연습문제

※ 01~06 세 함수 f, g, h에 대하여 극한이 다음과 같이 주어져 있다.

$$\lim_{x\to1} f(x)=0,\quad \lim_{x\to1} g(x)=-1,\quad \lim_{x\to1} h(x)=3$$

다음 극한이 항상 존재하면 극한을 구하고 존재하지 않을 수 있으면 그 예를 들어라.

01 $\lim\limits_{x\to1} \{f(x)+2g(x)\}$ **02** $\lim\limits_{x\to1} g^3(x)$

03 $\lim\limits_{x\to1} \sqrt{f(x)+4}$ **04** $\lim\limits_{x\to1} \sqrt{g(x)+1}$

05 $\lim\limits_{x\to1} \dfrac{g(x)+4h(x)}{f(x)+1}$ **06** $\lim\limits_{x\to1} \dfrac{f(x)+4h(x)}{g(x)+1}$

※ 07~10 다음 극한을 구하라.

07 $\lim\limits_{x\to3} (4x^2+3x+1)$ **08** $\lim\limits_{x\to4} \dfrac{3x^2+2x+1}{x^2+1}$

09 $\lim\limits_{x\to0} \dfrac{\sqrt{2x+1}+4}{x^2+1}$ **10** $\lim\limits_{x\to8} \dfrac{\sqrt[3]{x}+2x}{x^2-63}$

※ 11~14 다음 극한을 구하라.

11 $\lim\limits_{x\to4} \dfrac{x^2-16}{x-4}$ **12** $\lim\limits_{x\to-1} \dfrac{x^2+5x+4}{x+1}$

13 $\lim\limits_{x\to1} \dfrac{x^2-2x+1}{\sqrt{x+2}-\sqrt{3}}$ **14** $\lim\limits_{x\to0} \dfrac{\sqrt{x+4}-2}{x^2-4x}$

※ 15~17 다음 극한을 구하라.

15 $\lim\limits_{h\to0} \dfrac{(x+h)^2-x^2}{h}$

16 $\lim\limits_{h\to0} \dfrac{(x+h)^n-x^n}{h}$ (n은 양의 정수)

17 $\lim\limits_{h\to0} \dfrac{\sqrt{x+h}-\sqrt{x}}{h}$ (x는 양의 실수)

※ 18~19 다음 극한을 구하라.

18 $\lim\limits_{x\to0} x\cos\dfrac{1}{x^2}$

19 $\lim\limits_{x\to1} 4(x^2-1)\cos\dfrac{\sqrt{x+5}}{x^2-2x+1}$

※ 20~21 함수 f가 $x=-1$의 근방에서 다음을 만족한다고 하자.

$$-|x^3+x^2-x-1| \le f(x) \le |x^3+2x^2+3x|$$

다음 극한을 구하라.

20 $\lim\limits_{x\to-1} f(x)$ **21** $\lim\limits_{x\to-1} \dfrac{f(x)}{x+1}$

※ 22~24 다음과 같이 정의된 함수 f에 대하여 주어진 물음에 답하라.

$$f(x)=\begin{cases} \dfrac{x^2+x-2}{|x-1|} & (x\ne1) \\ 0 & (x=1) \end{cases}$$

22 $\lim\limits_{x\to1^+} f(x)$와 $\lim\limits_{x\to1^-} f(x)$를 구하라.

23 $\lim\limits_{x\to1} f(x)$가 존재하는지 확인하라.

24 함수 f의 그래프를 그려라.

※ 25~27 다음과 같이 정의된 함수 f에 대하여 주어진 물음에 답하라.

$$f(x)=\begin{cases} \dfrac{x^2-6x+9}{|x-3|} & (x\ne3) \\ 0 & (x=3) \end{cases}$$

25 $\lim\limits_{x\to3^+} f(x)$와 $\lim\limits_{x\to3^-} f(x)$를 구하라.

26 $\lim\limits_{x\to3} f(x)$가 존재하는지 확인하라.

27 함수 f의 그래프를 그려라.

SECTION 1.2 연속함수

이 절에서는 x 값이 변함에 따라 함숫값이 부드럽게 변하는 연속함수를 알아본다. 우리가 다루는 대부분의 함수는 연속함수로, 이 절에서 배우는 사잇값 정리와 최대·최소 정리는 연속함수를 이해하는 데 매우 유용하다.

정의 1-3 점에서 연속

함수 f가 $x=a$에서 정의된다고 할 때 다음을 만족하면 f는 a에서 **연속**(continuous)이라고 한다.

$$\lim_{x\to a} f(x) = f(a)$$

함수의 극한과는 달리 연속을 기술할 때는 반드시 $f(x)$가 $x=a$에서도 정의되어야 한다. 왜냐하면 $f(a)$가 존재해야 $\lim_{x\to a} f(x)$와 비교할 수 있기 때문이다. 예를 들어 함수 $f(x) = x\sin\frac{1}{x}$은 $x=0$에서 정의되지 않는 함수이므로 $x=0$에서 연속이 아니다.

함수 $f(x)$가 $x=a$에서 연속이 아니면 a에서 **불연속**(discontinuous)이라고 한다. 이때 a를 f의 **불연속점**(discontinuous point)이라고 한다. 함수가 불연속인 경우는 크게 다음 세 가지가 있다.

(1) 함숫값 $f(a)$가 정의되지 않는 경우

(2) 극한 $\lim_{x\to a} f(x)$가 존재하지 않는 경우

(3) $f(a)$와 $\lim_{x\to a} f(x)$가 모두 존재하지만 두 값이 다른 경우

예제 1-11 함수의 불연속점

다음 함수의 불연속점을 찾으라.

(a) $f(x) = \dfrac{x^2}{x}$ (b) $g(x) = \begin{cases} 1 & (x > 1) \\ 0 & (x \le 1) \end{cases}$

(c) $h(x) = \begin{cases} \dfrac{x^3 - 2x^2}{x - 2} & (x \ne 2) \\ 7 & (x = 2) \end{cases}$

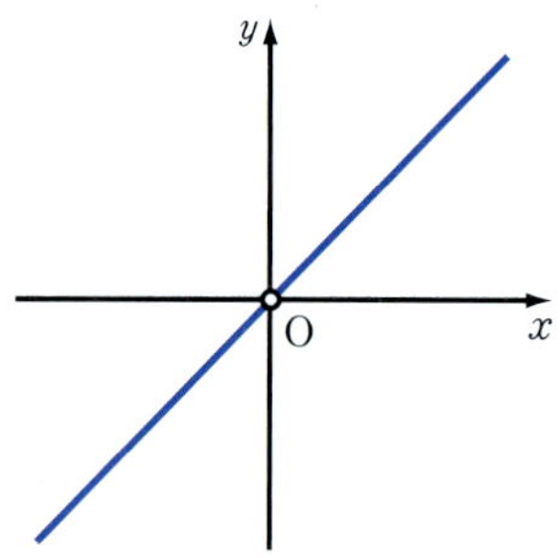

$f(x) = \dfrac{x^2}{x}$

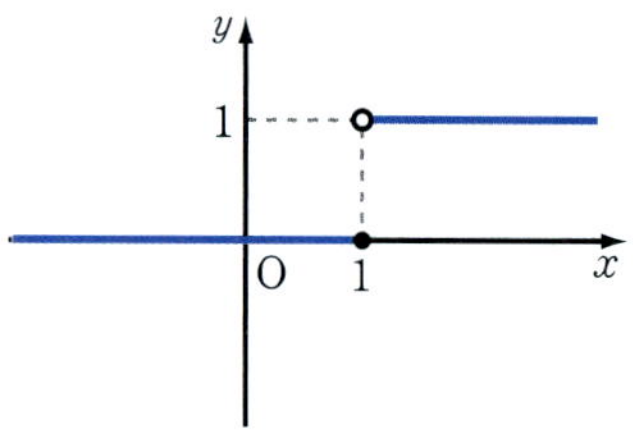

$g(x) = \begin{cases} 1 & (x > 1) \\ 0 & (x \le 1) \end{cases}$

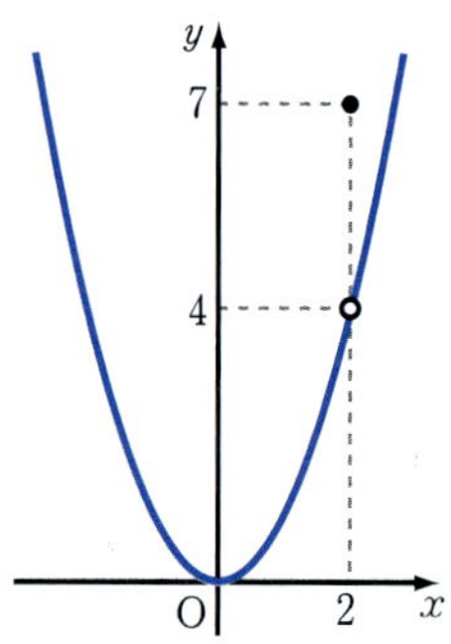

$h(x) = \begin{cases} \dfrac{x^3 - 2x^2}{x - 2} & (x \ne 2) \\ 7 & (x = 2) \end{cases}$

풀이

(a) f가 $x = 0$에서 정의되지 않으므로 0은 불연속점이다.

(b) $\lim_{x \to 1^+} g(x) = 1$이고 $\lim_{x \to 1^-} g(x) = 0$이므로 $x = 1$에서의 극한이 존재하지 않는다. 따라서 1은 불연속점이다.

(c) [예제 1-9]의 계산 결과에 따라 $\lim_{x \to 2} \dfrac{x^3 - 2x^2}{x - 2} = 4$이지만 $h(2) = 7$이므로 $\lim_{x \to 2} h(x) \ne h(2)$이다. 따라서 2는 불연속점이다.

그렇다면 [예제 1-11]의 풀이에서 구한 불연속점 외에 다른 불연속점은 없을까? 즉 제시된 불연속점 외에 다른 점에서는 연속성을 판단할 수 있겠는가? 이를 확인하기 위해 일일이 극한을 구하여 함숫값과 비교하는 수고를 할 필요는 없다. 1.1절의 [정리 1-1]과 [정리 1-2]를 통해 알 수 있는 다음 정리에 따르면 [예제 1-11]에서 구한 불연속점 외에 다른 불연속점은 없다고 답할 수 있다.

정리 1-8 대수적으로 결합한 함수의 연속성

함수 f와 g가 a에서 연속일 때 다음이 성립한다.

(1) $f + g$는 a에서 연속이다. $\lim_{x \to a} \{f(x) + g(x)\} = f(a) + g(a)$

(2) 상수 c에 대하여 cf는 a에서 연속이다. $\lim_{x \to a} cf(x) = cf(a)$

(3) fg는 a에서 연속이다. $\lim_{x \to a} f(x)g(x) = f(a)g(a)$

(4) $g(a) \ne 0$일 때 $\dfrac{f}{g}$는 a에서 연속이다. $\lim_{x \to a} \dfrac{f(x)}{g(x)} = \dfrac{f(a)}{g(a)}$

상수함수와 항등함수는 모든 실수에서 연속임이 자명하다. 그러므로 [정리 1-8]에 의해 다항함수와 유리함수는 정의역의 모든 점에서 연속이다.

예제 1-12 함수의 불연속점

다음 함수의 불연속점을 모두 찾으라.

(a) $f(x)=\dfrac{3x^2+2x-1}{x^2-x}$ (b) $g(x)=\dfrac{x}{x^2+1}$

(c) $h(x)=\begin{cases}\dfrac{x^2-x}{|x|} & (x\neq 0)\\ 1 & (x=0)\end{cases}$

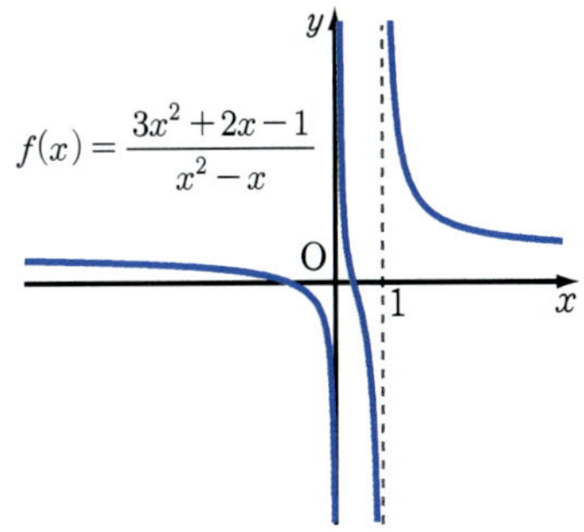

풀이

함수 f와 g는 공통적으로 모든 점에서 연속인 다항함수의 비로 표현된다. 따라서 두 함수는 정의역의 모든 점에서 항상 연속이다. 그러므로 함수가 정의되지 않는, 즉 분모의 함수가 0이 되는 점이 불연속점이다.

(a) f의 불연속점은 분모 x^2-x가 0이 되는 값, 즉 근인 0과 1이다.

(b) 분모 x^2+1의 실근이 존재하지 않으므로 $g(x)=\dfrac{x}{x^2+1}$는 모든 실수에서 정의된다. 따라서 g의 불연속점은 없다.

(c) x가 양수이면 $h(x)=x-1$이고 x가 음수이면 $h(x)=-x+1$이다. 따라서 양수 x와 음수 x에 대하여 주어진 함수는 연속이다. $x=0$인 경우에는 [예제 1-10]의 결과에 따라 좌극한과 우극한이 다르므로 연속이 아니다. 따라서 h의 불연속점은 0이다.

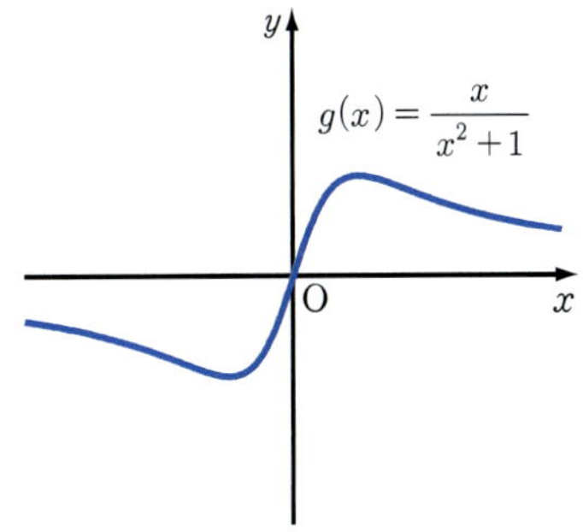

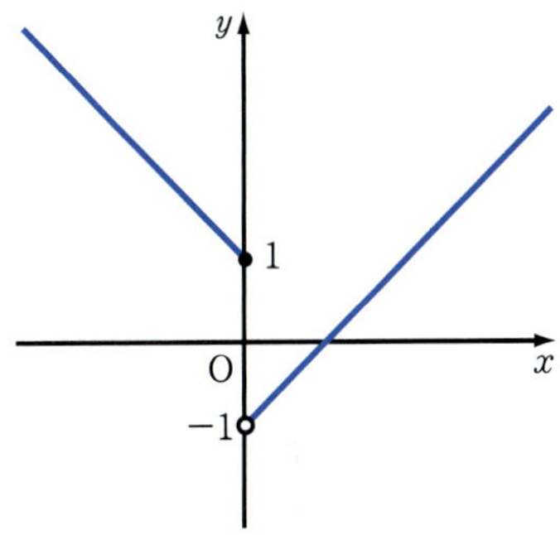

[유제 1-8]

다음 함수의 불연속점을 모두 찾으라.

(a) $f(x)=\dfrac{x^3-7x^2-32}{2x^2+3x-2}$ (b) $g(x)=\dfrac{2x+4}{x^2-2x+3}$

(c) $h(x)=\begin{cases}\dfrac{x^2+3x-4}{|x-1|} & (x\neq 1)\\ 1 & (x=1)\end{cases}$

거듭제곱근 형태인 함수의 연속성은 [정리 1-3]의 거듭제곱근 법칙을 적용한 다음 정리를 통해 알아본다.

정리 1-9 거듭제곱근함수의 연속

함수 f가 a에서 연속이고 $f(a)>0$이라면, 모든 자연수 n에 대하여 $\sqrt[n]{f}$는 a에서 연속이다. 즉, 다음이 성립한다.

$$\lim_{x\to a}\sqrt[n]{f(x)}=\sqrt[n]{f(a)}$$

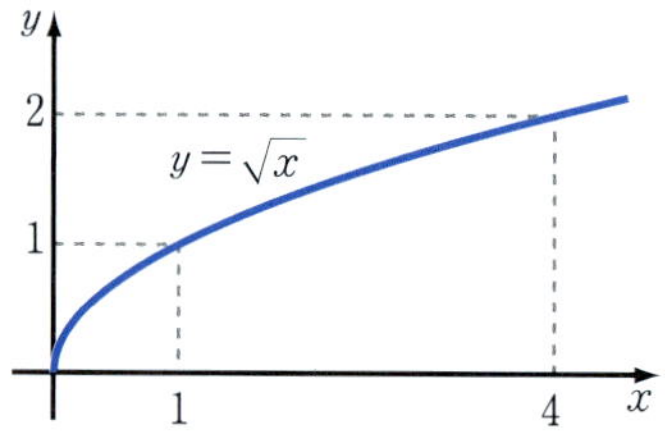

[그림 1-4] 함수 $y=\sqrt{x}$ 의 그래프

제곱근함수 $\sqrt{x}$ 는 $x>0$ 인 모든 x 에서 연속이다. 그러나 이 함수의 정의역은 $[0, \infty)$ 이다. $\sqrt{x}$ 는 0에서 연속일까? 이 함수는 음수에서 정의되지 않으므로, 즉 0의 좌우 모두에서 정의된 것은 아니므로 0에서의 극한은 존재하지 않는다. 그러나 [그림 1-4]에서 $\sqrt{x}$ 의 그래프를 보면 끝점인 0에서도 부드럽게 연결됨을 알 수 있다. 이러한 경우에 좌연속성과 우연속성의 개념을 다룬다.

정의 1-4 좌연속과 우연속

(1) 함수 f가 $x=a$와 그 왼쪽 근방에서 정의된다고 할 때 다음을 만족하면 f는 a에서 **좌연속**(left continuous)이라고 한다.

$$\lim_{x \to a^-} f(x) = f(a)$$

(2) 함수 f가 $x=a$와 그 오른쪽 근방에서 정의된다고 할 때 다음을 만족하면 f는 a에서 **우연속**(right continuous)이라고 한다.

$$\lim_{x \to a^+} f(x) = f(a)$$

예제 1-13 함수의 좌연속과 우연속

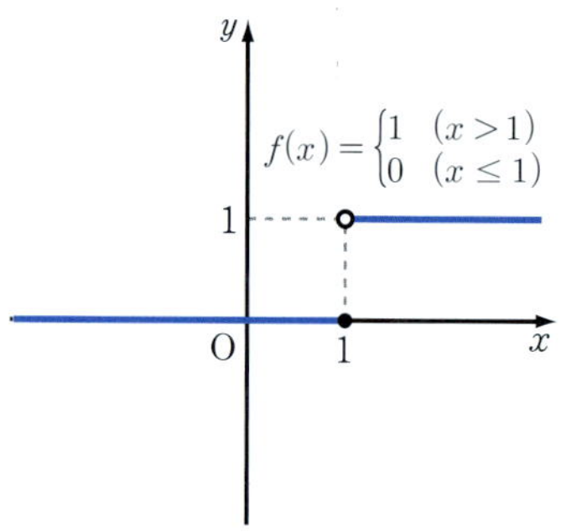

왼쪽 그림과 같은 함수 $f(x)=\begin{cases} 1 & (x>1) \\ 0 & (x \le 1) \end{cases}$ 이 $x=1$에서 좌연속인지 우연속인지 판정하라.

풀이

$\lim_{x \to 1^+} f(x) = 1 \neq f(1)$, $\lim_{x \to 1^-} f(x) = 0 = f(1)$ 이므로 주어진 함수는 1에서 좌연속이지만 우연속은 아니다.

[유제 1-9]

함수 $g(x)=\begin{cases} \dfrac{x^2+3x-4}{|x-1|} & (x \neq 1) \\ -5 & (x=1) \end{cases}$ 가 $x=1$에서 좌연속인지 우연속인지 판정하라.

앞에서 살펴본 함수 $f(x)=\sqrt{x}$ 는 다음이 성립하므로 0에서 우연속이다.

$$\lim_{x \to 0^+} \sqrt{x} = 0 = \sqrt{0}$$

정리하면 $\sqrt{x}$ 는 정의역 $[0, \infty)$ 에서 0을 제외한 양의 실수에서 연속이고 왼쪽 끝점인 0에서 우연속이다. 미분적분학에 등장하는 함수 대부분의 정의역은 다음과 같은 구간이다.

$$(a,b),\ [a,b),\ (a,b],\ [a,b]$$

정의역이 (a,b)와 같이 양끝점을 포함하지 않는 구간인 경우에는 함수의 연속성만 기술하면 되지만, $[a,b)$, $(a,b]$, $[a,b]$인 경우에는 끝점인 a에서의 우연속성 또는 b에서의 좌연속성을 따로 기술해야 하는 불편함이 생긴다. 이를 해소하기 위해 구간에서의 연속에 관한 정의가 필요하다.

정의 1-5 구간에서 연속

구간에서 정의된 함수 f에 대하여 다음이 성립한다고 하자.

(1) 구간의 양끝점이 아닌 모든 점에서 f가 연속이다.
(2) 구간의 왼쪽 끝점이 구간에 포함되면 그 점에서 f는 우연속이다.
(3) 구간의 오른쪽 끝점이 구간에 포함되면 그 점에서 f는 좌연속이다.

그러면 f는 **구간에서 연속**(continuous on interval)이라고 한다.

함수 $\sqrt{x}$의 정의역은 $[0,\infty)$로 구간이다. 앞에서 살펴보았듯이 $\sqrt{x}$는 모든 양수 x에서 연속이다. 즉 $[0,\infty)$ 내부의 모든 점에서 연속이다. 그리고 정의역의 왼쪽 끝점인 0에서는 우연속이다. 그러므로 [정의 1-5]에 의해 함수 $\sqrt{x}$는 $[0,\infty)$에서 연속이다.

예제 1-14 구간에서 연속

오른쪽 그림과 같은 함수 $f(x)=\sqrt{4-x^2}$이 정의된 구간에서 연속임을 보여라.

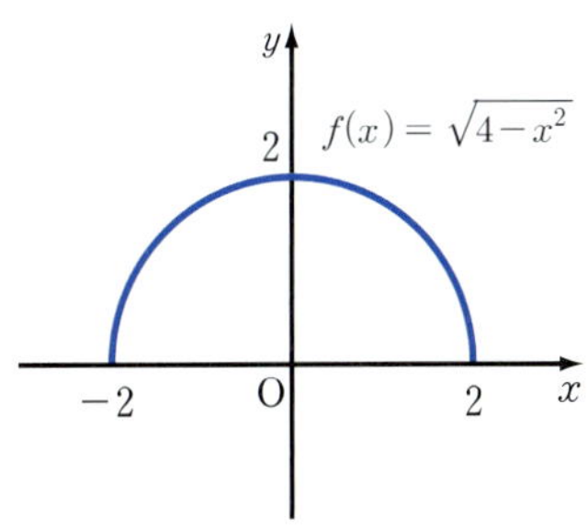

풀이

f의 정의역은 $[-2,2]$이다. [정리 1-9]에 의해 구간 $(-2,2)$ 내부의 모든 점에서 연속이고, 왼쪽 끝점인 -2와 오른쪽 끝점인 2에 대해서는 다음이 성립한다.

$$\lim_{x\to -2^+}\sqrt{4-x^2}=0=f(-2),\quad \lim_{x\to 2^-}\sqrt{4-x^2}=0=f(2)$$

따라서 -2에서 우연속, 2에서 좌연속이다. 그러므로 주어진 함수는 정의역인 구간 $[-2,2]$에서 연속이다.

[유제 1-10]

함수 $f(x)=\sqrt{-x^2+2x}+1$의 정의역인 구간을 구하고, 이 구간에서 함수가 연속임을 보여라.

[예제 1-14]에서 좌연속과 우연속을 보일 때 다음 정리를 이용하면 더욱 쉬워진다.

정리 1-10 합성함수의 연속

함수 f가 a에서 연속이고 함수 g가 $f(a)$에서 연속이거나 $f(a)$를 끝점으로 하는 구간에서 연속이면 합성함수 $g \circ f$는 a에서 연속이다.

함수 $\sin^2 x$는 모든 실수에서 연속이다. 이는 $\sin x$가 연속이라는 사실을 바탕으로 다음 두 가지 이유를 통해 확인할 수 있다.

(1) $\sin^2 x=\sin x \times \sin x$에 따라 $\sin^2 x$는 두 연속함수의 곱이므로 [정리 1-8]에 의해 연속함수이다.

(2) $f(x)=x^2$이 연속함수이고 $\sin x$도 연속함수이므로 [정리 1-10]에 의해 합성함수 $f(\sin x)=(\sin x)^2=\sin^2 x$ 또한 연속함수이다.

삼각함수의 연속은 2장에서 자세히 다룬다.

예제 1-15 합성함수의 불연속점

$f(x)=\dfrac{1}{\sin\dfrac{1}{x^2}}$의 불연속점을 모두 찾으라.

풀이

$g(y)=\dfrac{1}{\sin y}$이고 $h(x)=\dfrac{1}{x^2}$이라 하면 $f=g \circ h$이다. 우선 $h(x)=\dfrac{1}{x^2}$은 0에서 정의되지 않으므로 f 역시 0에서 정의되지 않는다. 그러므로 0은 불연속점이다. 0을 제외한 모든 x에서 h가 연속이므로 $g(y)=\dfrac{1}{\sin y}$이 연속이 아닌 y를 먼저 찾아야 한다. $\sin y$는 $y=n\pi$(n은 정수)에서 0이므로 이때 불연속이다. 다시 $y=h(x)=n\pi$가 되는 x를 찾기 위해 $\dfrac{1}{x^2}=n\pi$를 풀면 $x=\pm\sqrt{\dfrac{1}{n\pi}}$이다. 근호 안의 수는 수는 양수이어야 하므로 n은 자연수이어야 한다. 따라서 불연속점은 $x=\pm\sqrt{\dfrac{1}{n\pi}}$ (n은 자연수)과 $x=0$이다.

[유제 1-11]

함수 $f(x) = \tan\dfrac{1}{x-1}$의 불연속점을 모두 찾으라.

정리 1-11 사잇값 정리(intermediate value theorem)

두 실수 $a < b$에 대하여 닫힌구간 $[a, b]$에서 정의된 연속함수 f가 있다고 하자. 임의의 $f(a)$와 $f(b)$의 사잇값 y_0에 대하여 $f(x_0) = y_0$를 만족하는 x_0가 a와 b 사이에 적어도 하나 존재한다.

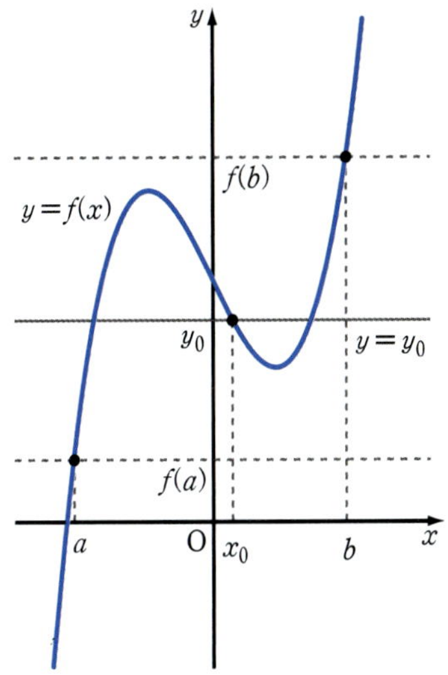

[그림 1-5] 사잇값 정리

함수 f의 정의역이 $[a, b]$이고 이 구간에서 연속이면, 이 함수의 그래프는 [그림 1-5]와 같이 점 $(a, f(a))$에서 점 $(b, f(b))$로 끊김 없이 이어진 곡선 형태일 것이다. 그러므로 함수 f의 그래프는 점 $(a, f(a))$와 점 $(b, f(b))$를 수평으로 가로지르는 직선 $y = y_0$와 만날 수밖에 없다. f의 그래프가 $y = y_0$를 지날 때의 x가 사잇값 정리에서 $f(x_0) = y_0$를 만족하는 x_0이다.

예제 1-16 사잇값 정리

방정식 $x^2 + 7x - 1 = 0$의 해가 구간 $(0, 1)$에 적어도 하나 존재함을 보여라.

풀이

함수 $f(x) = x^2 + 7x - 1$은 모든 실수에서 연속이다. $f(0) = -1$이며 $f(1) = 7$이므로 사잇값 정리에 의해 사잇값인 $y_0 = 0$에 대하여 $f(x_0) = 0$이 되는 x_0가 0과 1 사이에 있다. 즉 $x_0 \in [0, 1]$이다. 그러나 $f(0)$과 $f(1)$은 모두 0이 아니므로 $x_0 \in (0, 1)$이다. $f(x_0) = 0$을 풀어서 쓰면 다음과 같다.

$$x_0^2 + 7x_0 - 1 = 0$$

따라서 x_0는 주어진 방정식의 근이다.

[유제 1-12]

유리함수 $f(x) = \dfrac{x^3 - 9}{x - 1}$의 실근이 구간 $(2,4)$에 적어도 하나 존재함을 보여라.

정리 1-12 최대·최소 정리(extreme value theorem)

두 실수 $a<b$에 대하여 닫힌구간 $[a,b]$에서 정의된 연속함수 f가 있다고 하자. 그러면 모든 $x\in[a,b]$에 대하여 다음을 만족하는 x_1과 x_2가 $[a,b]$에 존재한다.

$$f(x_1)\le f(x)\le f(x_2)$$

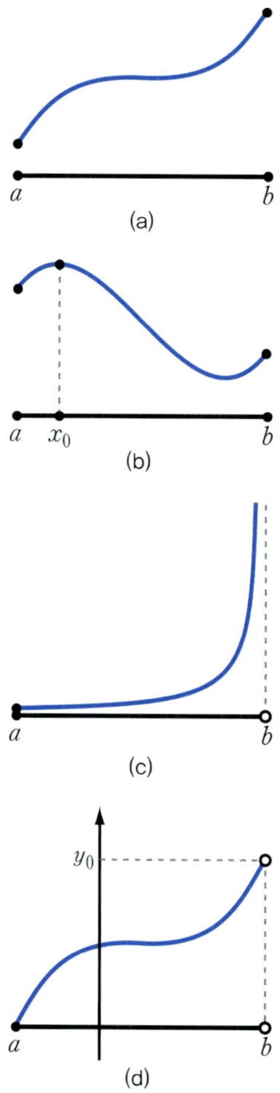

[그림 1-6] 다양한 함수의 최댓값과 최솟값

[정리 1-12]의 $f(x_1)$과 $f(x_2)$를 각각 닫힌구간 $[a,b]$에서 f의 **최솟값**(absolute minimum), **최댓값**(absolute maximum)이라고 한다.

[그림 1-6]을 통해 다양한 연속함수의 그래프를 살펴보자. (a)와 (b)는 닫힌구간 $[a,b]$에서 정의된 함수의 그래프다. (a)의 함수는 a에서 최솟값이 존재하고 b에서 최댓값이 존재한다. (b)의 함수는 양끝에서 최댓값이 없지만 그래프가 매끄럽게 연결되어야 하므로 a와 b 사이에 있는 x_0에서 최댓값이 있다.

(c)와 (d)는 정의역이 닫힌구간이 아닌 함수의 그래프이다. (c)는 함숫값이 계속 커지므로 최댓값이 없다. (d)는 $\lim_{x\to b}f(x)=y_0$를 만족하므로 b에서 최댓값이 있을 것 같지만 y_0는 f의 함숫값이 아니므로 최댓값이 아니다.

예제 1-17 함수의 최댓값과 최솟값

함수 $f(x)=x^2-2x-3$의 구간 $[0,3]$에서의 최댓값과 최솟값을 구하라.

풀이

f를 정리하면 $f(x)=(x-1)^2-4$이다. $(x-1)^2$ 항 때문에 $f(1)=-4$이고 $x\neq1$인 경우에는 $f(x)>-4$이다. 1은 $[0,3]$에 포함되므로 $f(1)=-4$가 최솟값이다. $(x-1)^2$ 값은 x가 1에서 멀어질수록 더 커진다. 그러므로 구간 $[0,3]$에서 1과 가장 멀리 있는 3에서 최댓값이 $f(3)=0$이다. 왼쪽 그림을 확인하자.

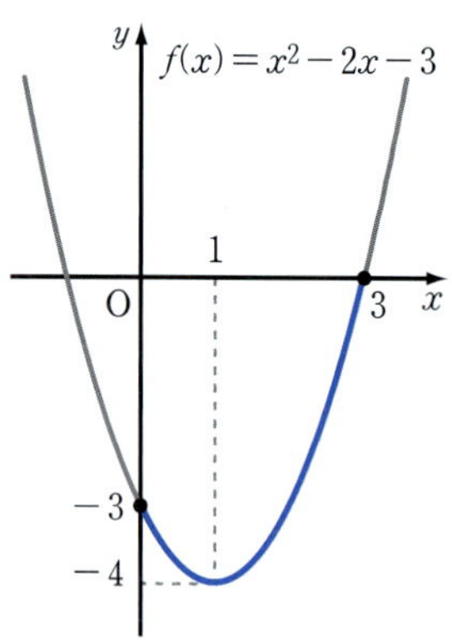

[유제 1-13]

함수 $f(x)=-3x^2-6x+1$의 구간 $[-4,1]$에서의 최댓값과 최솟값을 구하라.

SECTION

1.2 연습문제

※ 01~04 다음 그래프가 나타내는 함수는 구간 $[-2, 2]$에서 연속인지 판정하라. 만약 불연속이면 그 이유를 설명하라.

01

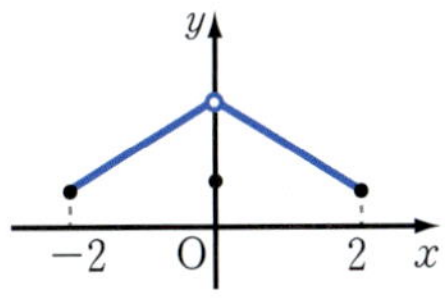

02

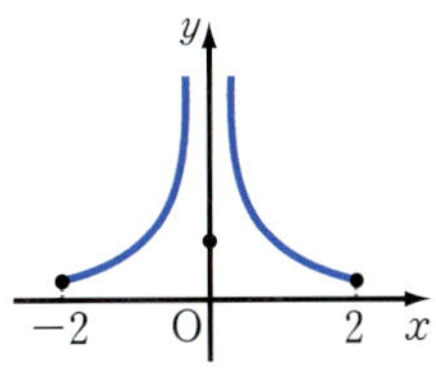

03

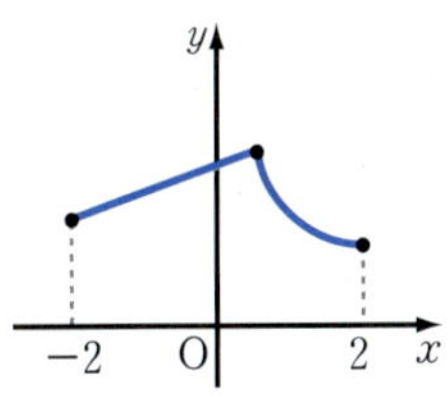

04

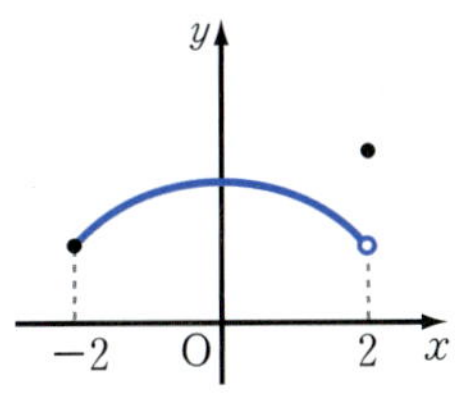

05 다음과 같이 정의된 함수 f의 불연속점을 찾으라.

$$f(x)=\begin{cases} 0 & (-2 \le x < -1) \\ 1 & (x=-1) \\ -\sqrt{1-x^2} & (-1 < x < 0) \\ x-1 & (0 \le x < 1) \\ -x+2 & (1 \le x \le 2) \end{cases}$$

※ 06~08 다음 함수가 실수 전체에서 연속이기 위한 a와 b 값을 찾으라.

06 $f(x)=\begin{cases} \dfrac{x^2+ax+3}{x-1} & (x \ne 1) \\ b & (x=1) \end{cases}$

07 $f(x)=\begin{cases} 2x+5 & (x < b) \\ ax^2+1 & (b \le x < 4) \\ 8x+1 & (x \ge 4) \end{cases}$

08 $f(x)=\begin{cases} -2 & (x \le -1) \\ ax+b & (-1 < x < 2) \\ 4 & (x \ge 2) \end{cases}$

09 함수 $f(x)=\begin{cases} x^2+a & (x < 1) \\ -2x+4a & (x \ge 1) \end{cases}$가 $x=1$에서 연속일 때, 구간 $[0,2]$에서의 최댓값과 최솟값을 구하라.

※ 10~12 함수 $f(x)=3x^3-9x^2-3x+8$에 대하여 다음 물음에 답하라.

10 f가 구간 $(-1,0)$에서 실근을 가짐을 보여라.

11 f가 구간 $(0,1)$에서 실근을 가짐을 보여라.

12 [연습문제 10], [연습문제 11]의 구간에 속하지 않은 다른 실근이 존재하는 범위를 구하라.

13 사잇값 정리를 이용하여 $\sqrt{2}$의 값을 추정하라.

14 함수 f는 구간 $[0,1]$에서 연속이면서 모든 x에 대하여 $0 \le f(x) \le 1$을 만족한다. 그러면 $f(x_0)=x_0$를 만족하는 고정점 x_0가 존재함을 보여라.

SECTION 1.3 무한발산과 무한대에서의 극한

주어진 실수 x에서 함수의 극한은 x 근방에서 함수의 변화 과정을 국소적으로 표현한다. 비록 극한이 존재하지 않는 경우라도 함수가 일정하게 변화한다면 이를 표현할 수 있다. 또한 실수 전체에서 혹은 실수 대부분에서 정의된 함수의 경우 x가 한없이 커지거나 작아질 수가 있는데 이때의 함수 변화 역시 표현할 수 있다. 이 절에서는 이와 관련하여 무한발산과 무한대에서의 극한을 알아본다.

무한발산

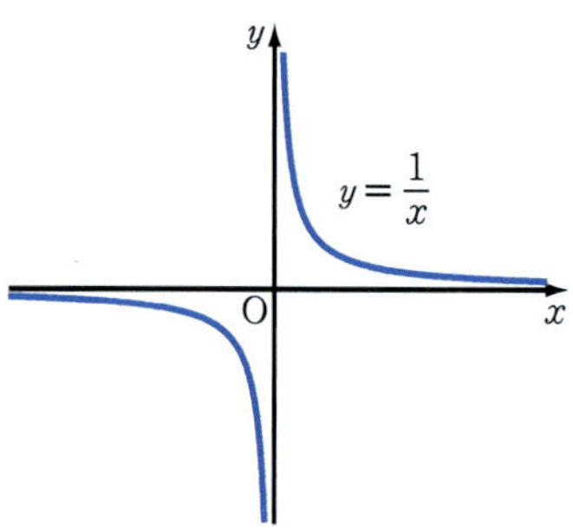

[그림 1-7] 함수 $y=\frac{1}{x}$의 그래프

함수 $f(x)=\frac{1}{x}$은 0의 근방에서 정의되므로 극한을 생각해 볼 수 있다. [그림 1-7]을 보면 x가 0의 오른쪽에서 가까워짐에 따라 함숫값은 한없이 커짐을 확인할 수 있다. 이렇게 극한은 존재하지 않지만 함수의 움직임이 규칙적으로 커지는 상황을 다음과 같이 표현한다.

$$\lim_{x\to 0^+}\frac{1}{x}=\infty$$

한편 x가 0의 왼쪽에서 가까워짐에 따라 함숫값은 한없이 작아진다. 이렇게 극한은 존재하지 않지만 함수의 움직임이 규칙적으로 작아지는 상황을 다음과 같이 표현한다.

$$\lim_{x\to 0^-}\frac{1}{x}=-\infty$$

주의할 점은 위와 같이 표현한다고 해서 $\frac{1}{x}$이 0에서 극한이 존재한다고 말하지 않는다는 점이다. 단지 무한히 커지거나 작아지는 함수의 변화를 표현할 뿐이다.

정의 1-6　수직점근선

(1) 함수 f가 a의 오른쪽 근방에서 정의된다고 하자. $x \neq a$이면서 x가 a의 오른쪽에서 가까워질 때 $f(x)$가 한없이 커지거나 한없이 작아진다면 다음과 같이 표현한다.

$$\lim_{x \to a^+} f(x) = \infty, \quad \lim_{x \to a^+} f(x) = -\infty$$

(2) 함수 f가 a의 왼쪽 근방에서 정의된다고 하자. $x \neq a$이면서 x가 a의 왼쪽에서 가까워질 때 $f(x)$가 한없이 커지거나 한없이 작아진다면 다음과 같이 표현한다.

$$\lim_{x \to a^-} f(x) = \infty, \quad \lim_{x \to a^-} f(x) = -\infty$$

위의 두 가지 경우 중 하나라도 성립하면 수직선 $x = a$를 f의 a에서의 **수직점근선**(vertical asymptote)이라고 한다.

[정리 1-6]의 (1), (2)와 같은 상황을 양의 무한대 또는 음의 무한대로 발산한다고 한다. 예를 들어 $\lim_{x \to a^+} f(x) = \infty$는 '$x$가 a의 오른쪽에서 가까워질 때 f가 양의 무한대로 발산한다'고 말한다.

앞서 다룬 함수 $f(x) = \frac{1}{x}$의 경우에는 $\lim_{x \to 0^+} \frac{1}{x} = \infty$, $\lim_{x \to 0^-} \frac{1}{x} = -\infty$이며 수직점근선은 $x = 0$이다. 이 함수가 무한발산하는 근본적인 이유는 역수를 취한 함수 $\frac{1}{f(x)} = x$가 0으로 수렴하는 데 있다. 무한발산은 [그림 1-8]과 같이 그래프로도 확인할 수 있지만, [정리 1-13]을 이용하면 더 정확히 알 수 있다.

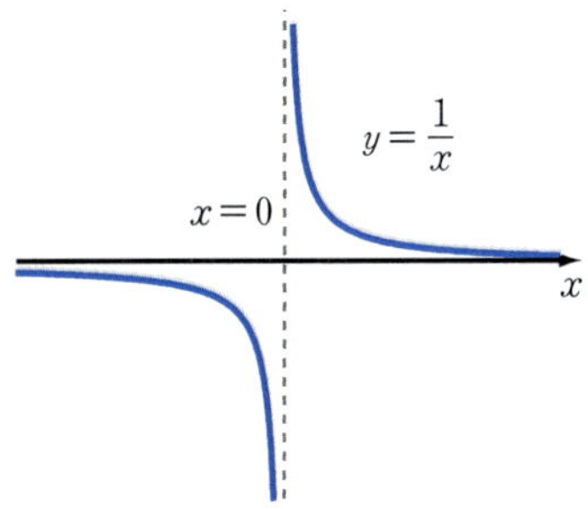

[그림 1-8] 함수 $f(x) = \frac{1}{x}$의 수직점근선

정리 1-13　역수를 활용한 무한발산 판정법

함수 f에 대하여 $\lim_{x \to a^+} f(x) = 0$이라고 하자.

(1) $x > a$인 a 근방의 x에 대하여 $f(x) > 0$이면 $\lim_{x \to a^+} \frac{1}{f(x)} = \infty$이다.

(2) $x > a$인 a 근방의 x에 대하여 $f(x) < 0$이면 $\lim_{x \to a^+} \frac{1}{f(x)} = -\infty$이다.

함수 f에 대하여 $\lim_{x \to a^-} f(x) = 0$이라고 하자.

(1) $x < a$인 a 근방의 x에 대하여 $f(x) > 0$이면 $\lim_{x \to a^-} \frac{1}{f(x)} = \infty$이다.

(2) $x < a$인 a 근방의 x에 대하여 $f(x) < 0$이면 $\lim_{x \to a^-} \frac{1}{f(x)} = -\infty$이다.

[정리 1-13]에 의해 다음이 자명하게 성립한다.

$$\lim_{x\to0^+}\frac{1}{x}=\infty,\quad \lim_{x\to0^+}\left(-\frac{1}{x}\right)=-\infty,\quad \lim_{x\to0^-}\frac{1}{x}=-\infty,\quad \lim_{x\to0^-}\left(-\frac{1}{x}\right)=\infty$$

예제 1-18 역수를 활용한 무한발산 판정법

함수 $f(x)=\dfrac{1}{-x^3+3x^2-3x+1}$의 $x=1$에서의 좌극한과 우극한을 구하라.

풀이

$-x^3+3x^2-3x+1=-(x-1)^3$이므로 $\lim_{x\to1}(-x^3+3x^2-3x+1)=\lim_{x\to1}\{-(x-1)^3\}=0$이다. $x>1$이면 $-(x-1)^3<0$이고 $x<1$이면 $-(x-1)^3>0$이므로 [정리 1-13]에 따라 주어진 함수의 $x=1$에서의 좌극한과 우극한은 다음과 같다.

$$\lim_{x\to1^-}\frac{1}{-x^3+3x^2-3x+1}=\infty,\quad \lim_{x\to1^+}\frac{1}{-x^3+3x^2-3x+1}=-\infty$$

예제 1-19 역수를 활용한 무한발산 판정법

함수 $f(x)=\dfrac{2x^2+1}{x^2+x}$의 $x=-1$에서의 좌극한과 우극한을 구하라.

풀이

$\dfrac{2x^2+1}{x^2+x}$의 역수 $\dfrac{x^2+x}{2x^2+1}$의 $x=-1$에서의 극한을 구하면 $\lim_{x\to-1}\dfrac{x^2+x}{2x^2+1}=\dfrac{1-1}{2+1}=0$이다. 극한을 0으로 만드는 인수를 분해하면 $\dfrac{x^2+x}{2x^2+1}=(x+1)\dfrac{x}{2x^2+1}$이다.

$x+1$은 -1의 왼쪽에서는 음의 값이고, 오른쪽에서는 양의 값이다. 또한 $\lim_{x\to-1}\dfrac{x}{2x^2+1}=\dfrac{-1}{2+1}=-\dfrac{1}{3}$이므로 $\dfrac{x}{-2x^2+1}$는 -1의 양쪽 모두에서 음의 값을 가짐을 알 수 있다. 그러므로 $\dfrac{x^2+x}{2x^2+1}=(x+1)\dfrac{x}{2x^2+1}$는 -1의 왼쪽에서는 양의 값이고 오른쪽에서는 음의 값이다.

따라서 주어진 함수의 $x=-1$에서의 좌극한과 우극한은 다음과 같다.

$$\lim_{x\to-1^-}\frac{2x^2+1}{x^2+x}=\infty,\quad \lim_{x\to-1^+}\frac{2x^2+1}{x^2+x}=-\infty$$

[유제 1-14]

다음 함수의 $x=2$에서의 좌극한과 우극한을 구하라.

(a) $f(x)=\dfrac{1}{x^2-4x+4}$ (b) $g(x)=\dfrac{1}{x^2-x-2}$

(c) $h(x)=\dfrac{-x^2+2}{x^2-4}$

예제 1-20 수직점근선

함수 $f(x)=\dfrac{1}{\sin x}$의 수직점근선을 구하라.

풀이

$\sin x$가 0이 아닐 때 $\dfrac{1}{\sin x}$은 연속이다. $\sin x$가 0인 경우는 $x=n\pi$(n은 정수)일 때이다. 이는 적당한 정수 k에 대하여 $2k\pi$ 또는 $(2k+1)\pi$인 경우로 나누어진다.

(i) $\sin x$는 $2k\pi$의 오른쪽 근방에서는 양의 값이고, 왼쪽 근방에서는 음의 값이다.

(ii) $\sin x$는 $(2k+1)\pi$의 오른쪽 근방에서는 음의 값이고, 왼쪽 근방에서는 양의 값이다.

(i), (ii)에 의해 $\lim\limits_{x\to 2k\pi^-}\dfrac{1}{\sin x}=\lim\limits_{x\to(2k+1)\pi^+}\dfrac{1}{\sin x}=-\infty$이고 $\lim\limits_{x\to 2k\pi^+}\dfrac{1}{\sin x}=\lim\limits_{x\to(2k+1)\pi^-}\dfrac{1}{\sin x}=\infty$이다. 따라서 주어진 함수의 수직점근선은 오른쪽 그림과 같이 $x=n\pi$(n은 정수) 형태의 수직선이다.

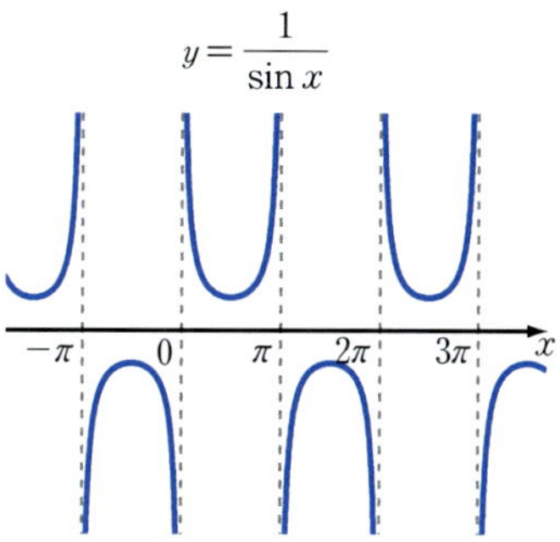

[유제 1-15]

함수 $f(x)=\dfrac{1}{\cos(x+2)}$의 수직점근선을 구하라.

정의 1-7 무한발산

만일 $\lim\limits_{x\to a^+}f(x)$와 $\lim\limits_{x\to a^-}f(x)$가 동일하게 ∞이거나 $-\infty$이면 다음과 같이 표현한다.

$$\lim_{x\to a}f(x)=\infty,\ \lim_{x\to a}f(x)=-\infty$$

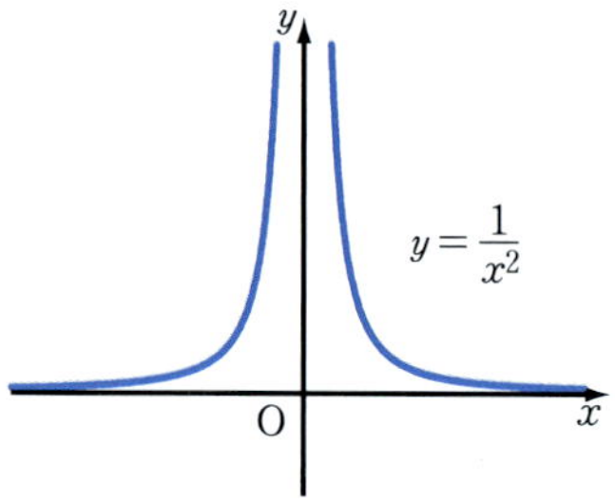

[그림 1-9] 함수 $y=\frac{1}{x^2}$의 그래프

예를 들어 함수 $\frac{1}{x^2}$의 경우 [정리 1-13]에 의해 $\lim_{x\to 0^+}\frac{1}{x^2}=\infty$와 $\lim_{x\to 0^-}\frac{1}{x^2}=\infty$이다. 그러므로 [정의 1-7]에 의해 다음과 같이 표현할 수 있다.

$$\lim_{x\to 0}\frac{1}{x^2}=\infty$$

[그림 1-9]에서도 이를 확인할 수 있다.

예제 1-21 무한발산

$\lim_{x\to\pi}\frac{1}{\cos x+1}$을 구하라.

풀이

x가 π일 때 $\cos x+1=0$이고 π의 근방에서는 $\cos x+1>0$이다.
따라서 $\lim_{x\to\pi^+}\frac{1}{\cos x+1}=\lim_{x\to\pi^-}\frac{1}{\cos x+1}=\infty$이므로 [정의 1-7]에 의해 $\lim_{x\to\pi}\frac{1}{\cos x+1}=\infty$이다.

[유제 1-16]

$\lim_{x\to\frac{\pi}{2}}\frac{1}{\sin x-1}$을 구하라.

무한대에서의 극한

다시 함수 $f(x)=\frac{1}{x}$을 살펴보자. 같은 부호인 a와 b가 $a<b$를 만족하면 $\frac{1}{a}>\frac{1}{b}$이므로 정의역을 양수 집합 또는 음수 집합으로 제한하면 f는 감소함수이다. 양수 x가 커질 때 $\frac{1}{x}$은 점점 작아지지만 함숫값은 양수이므로 한없이 작아지지는 않는다.

$\frac{1}{x}$에 $x=10^n$(n은 자연수)을 대입하면 함숫값은 $0.\underbrace{0\cdots01}_{n\text{개}}$이므로 n이 커질수록 함숫값이 0에 가까워짐을 알 수 있다. 이러한 현상을 표현하기 위해 무한대에서의 극한을 정의하고 $\lim_{x\to\infty}\frac{1}{x}=0$으로 표현한다.

정의 1-8 수평점근선

(1) 함수 f가 구간 (a, ∞)에서 정의된다고 하자. 만일 x가 한없이 커질 때 $f(x)$가 일정한 수 L로 가까워진다면 다음과 같이 표현한다.

$$\lim_{x \to \infty} f(x) = L$$

(2) 함수 f가 구간 $(-\infty, a)$에서 정의된다고 하자. 만일 x가 한없이 작아질 때 $f(x)$가 일정한 수 L로 가까워진다면 다음과 같이 표현한다.

$$\lim_{x \to -\infty} f(x) = L$$

위의 두 가지 경우 중 하나라도 성립하면 직선 $y = L$을 f의 **수평점근선**(horizontal asymptote)이라고 한다.

$x \to \pm\infty$의 $\pm\infty$는 수를 나타내는 것이 아니라 x가 한없이 커지거나 작아지는 상황을 표현하기 위한 기호일 뿐이다. 앞서 다룬 $\lim_{x \to \infty} \frac{1}{x} = 0$임을 확인하기 위해서는 다음 정리가 필요하다.

정리 1-14 무한대에서의 극한

(1) 만일 $\lim_{t \to 0^+} f\left(\frac{1}{t}\right) = L$이면 $\lim_{x \to \infty} f(x) = L$이다.

(2) 만일 $\lim_{t \to 0^-} f\left(\frac{1}{t}\right) = L$이면 $\lim_{x \to -\infty} f(x) = L$이다.

$f(x) = \frac{1}{x}$에서 x를 $\frac{1}{t}$로 치환하면 $f\left(\frac{1}{t}\right) = t$이다. $\lim_{t \to 0} f\left(\frac{1}{t}\right) = \lim_{t \to 0} t = 0$이므로 [정리 1-14]에 의해 다음이 성립한다.

$$\lim_{x \to \infty} \frac{1}{x} = 0, \qquad \lim_{x \to -\infty} \frac{1}{x} = 0$$

그러므로 $f(x) = \frac{1}{x}$의 수평점근선은 [그림 1-10]과 같이 $y = 0$인 x축이다.

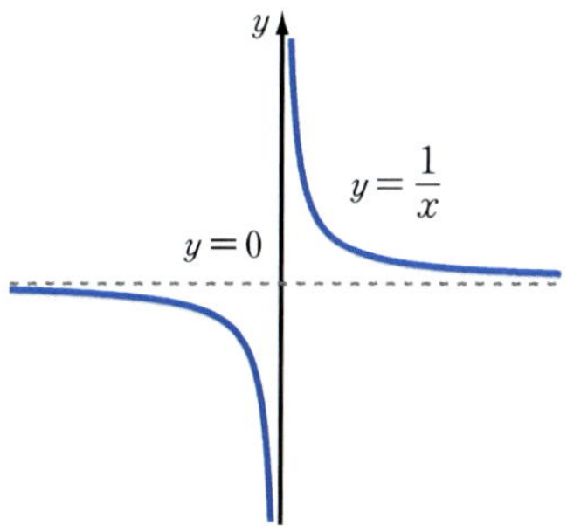

[그림 1-10] 함수 $f(x) = \frac{1}{x}$의 수평점근선

예제 1-22 무한대에서의 극한과 수평점근선

함수 $f(x)=|x|\dfrac{x-1}{x^2}$ 의 무한대에서의 극한과 수평점근선을 구하라.

풀이

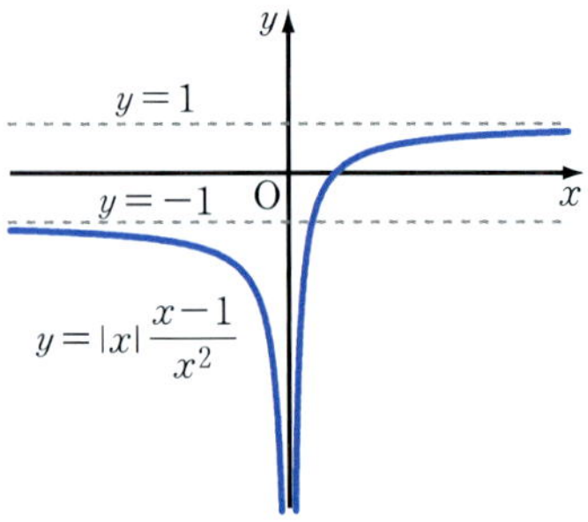

$f(x)$에서 x를 $\dfrac{1}{t}$로 치환하면 $f\left(\dfrac{1}{t}\right)=\dfrac{t}{|t|}(1-t)$이다. [예제 1-10]의 계산 결과를 이용하면 $\lim\limits_{t\to0^-}\dfrac{t}{|t|}(1-t)=-1$이고 $\lim\limits_{t\to0^+}\dfrac{t}{|t|}(1-t)=1$이다. 그러므로 무한대에서의 극한은 다음과 같다.

$$\lim_{x\to-\infty}|x|\frac{x-1}{x^2}=-1,\quad \lim_{x\to\infty}|x|\frac{x-1}{x^2}=1$$

주어진 함수의 수평점근선은 $y=1$과 $y=-1$이 있다. 왼쪽 그림은 함수 $y=f(x)$의 그래프와 수평점근선을 나타낸다.

[유제 1-17]

함수 $f(x)=\dfrac{2x^2-1}{|x|x}$ 의 무한대에서의 극한과 수평점근선을 구하라.

예제 1-23 무한대에서의 극한과 수평점근선

함수 $f(x)=\dfrac{\sin x}{x}$ 의 무한대에서의 극한과 수평점근선을 구하라.

풀이

$f(x)$에서 x를 $\dfrac{1}{t}$로 치환하면 $f(t)=t\sin\dfrac{1}{t}$이다. 1.1절의 [예제 1-7]의 결과에 따라 $\lim\limits_{t\to0}t\sin\dfrac{1}{t}=0$이므로 다음이 성립한다.

$$\lim_{x\to\infty}\frac{\sin x}{x}=0,\quad \lim_{x\to-\infty}\frac{\sin x}{x}=0$$

따라서 주어진 함수의 수평점근선은 $y=0$이다.

[유제 1-18]

함수 $f(x)=\dfrac{\cos x}{x^2}$ 의 무한대에서의 극한과 수평점근선을 구하라.

예제 1-24 무한대에서의 극한과 수평점근선

함수 $f(x)=\dfrac{3x+2}{x-1}$ 의 무한대에서의 극한과 수평점근선을 구하라.

풀이

$f(x)$에서 x를 $\dfrac{1}{t}$로 치환하면 $f(t)=\dfrac{\dfrac{3}{t}+2}{\dfrac{1}{t}-1}=\dfrac{3+2t}{1-t}$이다. $\lim\limits_{t\to0}\dfrac{3+2t}{1-t}=3$이므로 $\lim\limits_{x\to\pm\infty}\dfrac{3x+2}{x-1}=3$이다. 따라서 주어진 함수의 수평점근선은 $y=3$이다.

[유제 1-19]

함수 $f(x)=\dfrac{-3x^2-2}{x^2+3x-1}$ 의 무한대에서의 극한과 수평점근선을 구하라.

[예제 1-24]는 다음 정리를 이용하면 더욱 쉽게 계산할 수 있다.

정리 1-15 대수적으로 결합한 함수의 무한대에서의 극한

[정리 1-1]에서 $x\to a$를 $x\to\infty$ 또는 $x\to-\infty$로 바꾸어도 같은 결과가 성립한다.

만일 $\lim\limits_{x\to\infty}f(x)=L$이고 $\lim\limits_{x\to\infty}g(x)=M$이면 다음이 성립한다.

(1) $\lim\limits_{x\to\infty}\{f(x)+g(x)\}=L+M$ (2) $\lim\limits_{x\to\infty}cf(x)=cL$ (c는 상수)

(3) $\lim\limits_{x\to\infty}f(x)g(x)=LM$ (4) $\lim\limits_{x\to\infty}\dfrac{f(x)}{g(x)}=\dfrac{L}{M}$ $(M\neq0)$

[예제 1-24]를 다시 살펴보자. $\lim\limits_{x\to\pm\infty}\dfrac{3x+2}{x-1}$를 구하기 위해서 $\dfrac{3x+2}{x-1}$의 분자와 분모를 x로 나누면 $\dfrac{3+\dfrac{2}{x}}{1-\dfrac{1}{x}}$임을 알 수 있다. $\lim\limits_{x\to\infty}\dfrac{1}{x}=0$이라는 사실에 의해 $\lim\limits_{x\to\infty}\dfrac{2}{x}=0$이므로 [정리 1-15]를 적용하면 다음 결과를 얻는다.

$$\lim_{x\to\pm\infty}\frac{3x+2}{x-1}=\lim_{x\to\pm\infty}\frac{3+\dfrac{2}{x}}{1-\dfrac{1}{x}}=\frac{3+\lim\limits_{x\to\pm\infty}\dfrac{2}{x}}{1-\lim\limits_{x\to\pm\infty}\dfrac{1}{x}}=\frac{3+0}{1-0}=3$$

예제 1-25 대수적으로 결합한 함수의 무한대에서의 극한

$\lim_{x \to \pm\infty} \frac{1}{x^n} = 0$ (n은 자연수)임을 보여라.

풀이

$\lim_{x \to \pm\infty} \frac{1}{x} = 0$ 이므로 $\frac{1}{x}$의 거듭제곱인 $\frac{1}{x^n}$의 극한은 $\lim_{x \to \pm\infty} \frac{1}{x^n} = \left(\lim_{x \to \pm\infty} \frac{1}{x}\right)^n = 0$ 이다.

예제 1-26 대수적으로 결합한 함수의 무한대에서의 극한

$\lim_{x \to -\infty} \frac{7x^3 - 3x^2 - 3}{4x^3 - 6x}$ 을 구하라.

풀이

분자와 분모를 x^3으로 나누면 다음이 성립한다.

$$\lim_{x \to -\infty} \frac{7x^3 - 3x^2 - 3}{4x^3 - 6x} = \lim_{x \to -\infty} \frac{7 - \frac{3}{x} - \frac{3}{x^3}}{4 - \frac{6}{x^2}} = \frac{7 - 0 - 0}{4 - 0} = \frac{7}{4}$$

[유제 1-20]

[예제 1-26]의 방법을 이용하여 함수 $f(x) = \frac{-3x^2 - 2}{x^2 + 3x - 1}$ 의 무한대에서의 극한을 구하라.

무한대에서의 무한발산

정의 1-9 무한대에서의 무한발산

(1) 함수 f가 구간 (a, ∞)에서 정의된다고 하자. 만일 x가 한없이 커질 때 $f(x)$가 한없이 커지거나 작아진다면 다음과 같이 표현한다.

$$\lim_{x \to \infty} f(x) = \infty, \quad \lim_{x \to \infty} f(x) = -\infty$$

(2) 함수 f가 구간 $(-\infty, a)$에서 정의된다고 하자. 만일 x가 한없이 작아질 때 $f(x)$가 한없이 커지거나 작아진다면 다음과 같이 표현한다.

$$\lim_{x \to -\infty} f(x) = \infty, \quad \lim_{x \to -\infty} f(x) = -\infty$$

다항함수의 경우 무한대에서는 항상 무한대로 발산한다. 그리고 무한대의 부호는 최고차항의 차수와 계수의 부호에 따라 달라진다.

(1) 양의 무한대에서의 발산의 부호는 최고차항의 계수 부호에 따라 결정된다. 1차 이상인 다항함수 $f(x)=a_nx^n+\cdots+a_1x+a_0$의 최고차항 계수 a_n이 양수이면 $\lim_{x\to\infty}f(x)=\infty$이고, 음수이면 $\lim_{x\to\infty}f(x)=-\infty$이다. 다음 예를 통해 확인해 보자.

$$\lim_{x\to\infty}(x^2-1)=\infty,\quad \lim_{x\to\infty}(-x^3-2x+1)=-\infty$$

[그림 1-11]과 [그림 1-12]에서도 이를 확인할 수 있다.

(2) 음의 무한대에서의 발산의 부호는 최고차항의 계수와 차수에 따라 결정된다. 함수 $f(x)=a_nx^n+\cdots+a_1x+a_0$의 차수가 짝수이면 $\lim_{x\to-\infty}f(x)=\lim_{x\to\infty}f(x)$이고, 홀수이면 $\lim_{x\to-\infty}f(x)=-\lim_{x\to\infty}f(x)$이다. 여기서 $-(-\infty)$는 ∞를 의미한다. 다음 예를 통해 확인해 보자.

$$\lim_{x\to-\infty}(x^2-1)=\infty,\quad \lim_{x\to-\infty}(-x^3-2x+1)=\infty$$

[그림 1-11]과 [그림 1-12]에서도 이를 확인할 수 있다.

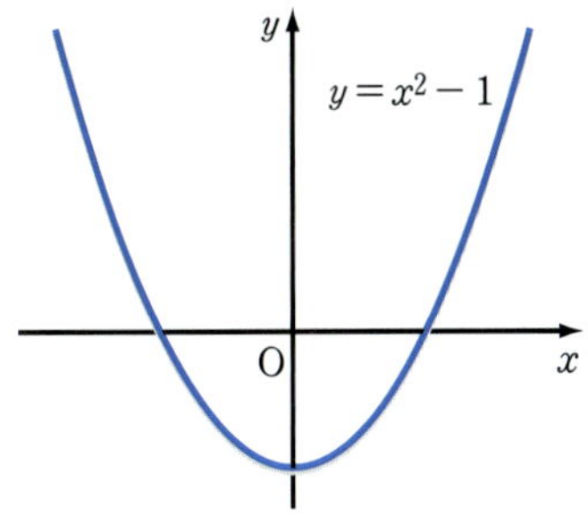

[그림 1-11] **함수 $y=x^2-1$의 그래프**

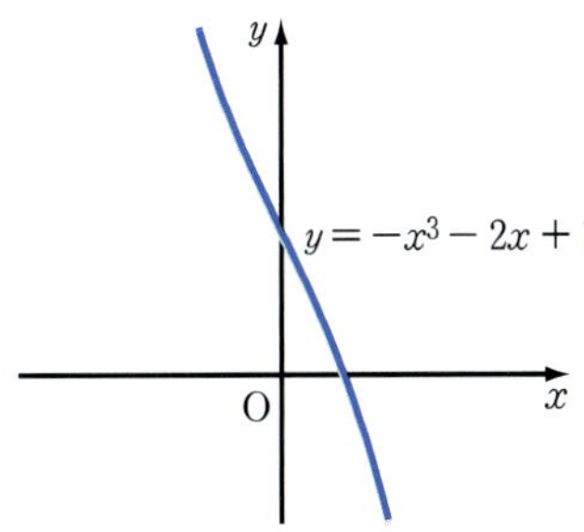

[그림 1-12] **함수 $y=-x^3-2x+1$의 그래프**

무한대에서의 무한발산은 [정리 1-13]을 이용하면 쉽게 이해할 수 있다. x가 한없이 커지면 그 역수인 $t=\frac{1}{x}$은 0의 오른쪽에서 한없이 가까워짐을 알 수 있다. 그러므로 $\lim_{x\to\infty}f(x)=\infty$와 $\lim_{t\to0+}f\left(\frac{1}{t}\right)=\infty$는 서로 동치이다. 이와 같은 방법으로 다음과 같은 관찰이 가능하다.

(1) 만일 $\lim_{t\to0^+}f\left(\frac{1}{t}\right)=\pm\infty$이면 $\lim_{x\to\infty}f(x)=\pm\infty$이다.

(2) 만일 $\lim_{t\to0^-}f\left(\frac{1}{t}\right)=\pm\infty$이면 $\lim_{x\to-\infty}f(x)=\pm\infty$이다.

이 사실을 이용하여 위에서 살펴본 예시를 [예제 1-27]에서 다시 논의해 보자.

예제 1-27 다항함수의 무한대에서의 무한발산

앞에서 관찰한 내용을 이용하여 다음 극한에 대해 설명하라.

(a) $\lim_{x\to\infty}(x^2-1)=\infty$, $\lim_{x\to-\infty}(x^2-1)=\infty$

(b) $\lim_{x\to\infty}(-x^3-2x+1)=-\infty$, $\lim_{x\to-\infty}(-x^3-2x+1)=\infty$

풀이

(a) x^2-1에서 x를 $\frac{1}{t}$로 치환하면 $\frac{1}{t^2}-1=\frac{1}{t^2}(1-t^2)$이다. $\lim_{t\to0}(1-t^2)=1$이므로 0의 근방에서 $1-t^2$은 양수이다. [정리 1-13]에 의해 $\lim_{t\to0^+}\frac{1}{t^2}(1-t^2)=\lim_{t\to0^-}\frac{1}{t^2}(1-t^2)=\infty$이다. 그러므로 $\lim_{x\to\pm\infty}(x^2-1)=\infty$이다.

(b) $-x^3-2x+1$에서 x를 $\frac{1}{t}$로 치환하면 $-\frac{1}{t^3}-\frac{2}{t}+1=\frac{1}{t^3}(-1-2t^2+t^3)$이다. $\lim_{t\to0}(-1-2t^2+t^3)=-1$이므로 0의 근방에서 $-1-2t^2+t^3$은 음수이다. 그러므로 $\lim_{x\to\infty}(-x^3-2x+1)=-\infty$, $\lim_{x\to-\infty}(-x^3-2x+1)=\infty$이다.

[유제 1-21]

다음 다항함수의 무한대에서의 극한을 구하라.

(a) $f(x)=-7x^2+3x$ (b) $g(x)=-2x^5+3x^3+4$

(c) $h(x)=32x^{24}+3x^{12}+2$

유리함수는 분자의 차수가 분모의 차수보다 더 크면 무한대로 발산한다.

예제 1-28 유리함수의 무한대에서의 무한발산

$\lim_{x\to\infty}\frac{x^2+2x}{x-1}$를 구하라.

풀이

주어진 함수 $\frac{x^2+2x}{x-1}$의 분자와 분모를 각각 x로 나누면 $\frac{x+2}{1-\frac{1}{x}}$이다. x가 한없이 커질 때 분모는 1로 수렴하고 분자는 양의 무한대로 발산하므로 주어진 함수는 다음과 같이 양의 무한대로 발산한다.

$$\lim_{x\to\infty}\frac{x^2+2x}{x-1}=\lim_{x\to\infty}\frac{x+2}{1-\frac{1}{x}}=\infty$$

예제 1-29 **유리함수의 무한대에서의 무한발산**

$\lim_{x \to -\infty} \frac{-x^4+2x}{-x+1}$ 를 구하라.

풀이

주어진 함수 $\frac{-x^4+2x}{-x+1}$ 의 분자와 분모를 각각 x로 나누면 $\frac{-x^3+2}{-1+\frac{1}{x}}$ 이다. 이때 $\lim_{x \to -\infty}(-x^3+2) = \lim_{t \to 0^-}\left(-\frac{1}{t^3}+2\right) = \infty$ 이며 $\lim_{x \to -\infty}\left(-1+\frac{1}{x}\right) = -1$ 이다. 따라서 x가 한없이 작아질 때 함숫값은 음의 값이므로 $\lim_{x \to -\infty} \frac{-x^4+2x}{-x+1} = -\infty$ 이다.

[유제 1-22]

다음 유리함수의 무한대에서의 극한을 구하라.

(a) $f(x) = \frac{-2x^2+3x}{x+2}$

(b) $g(x) = \frac{-2x^3+x^2+4}{2x+3}$

(c) $h(x) = \frac{3x^5-x^3+2}{x^4-3x^3+7}$

SECTION

1.3 연습문제

※ 01~04 다음 극한을 구하라.

01 $\lim_{x\to 0}\frac{1}{x^2}$

02 $\lim_{x\to 3}\frac{1}{|x-3|}$

03 $\lim_{x\to 2}\frac{x-3}{x^2-4x+4}$

04 $\lim_{x\to 1}\frac{1}{\sqrt{|x-1|}}$

※ 05~08 다음 극한을 구하라.

05 $\lim_{x\to 0^+}\frac{1}{x^3}$

06 $\lim_{x\to 2^+}\frac{x+3}{x-2}$

07 $\lim_{x\to \pi^-}\frac{1}{\sin x}$

08 $\lim_{x\to 0^-}\frac{x-1}{\cos\left(x^3+\frac{\pi}{2}\right)}$

※ 09~12 다음 극한을 구하라.

09 $\lim_{x\to\infty}\frac{1}{x+3}$

10 $\lim_{x\to\infty}\frac{2x+4}{x+3}$

11 $\lim_{x\to -\infty}\frac{\cos x}{x}$

12 $\lim_{x\to -\infty}\frac{\sqrt{x^2+4}+3}{x+4}$

※ 13~16 다음 극한을 구하라.

13 $\lim_{x\to\infty}(x^4+3x^2)$

14 $\lim_{x\to -\infty}(x^3-3x^2+4)$

15 $\lim_{x\to\infty}(x-\sqrt{x})$

16 $\lim_{x\to -\infty}\frac{x^4+3x+2}{x+4}$

17 다음 그래프가 나타내는 함수의 수직점근선과 수평점근선을 각각 찾으라.

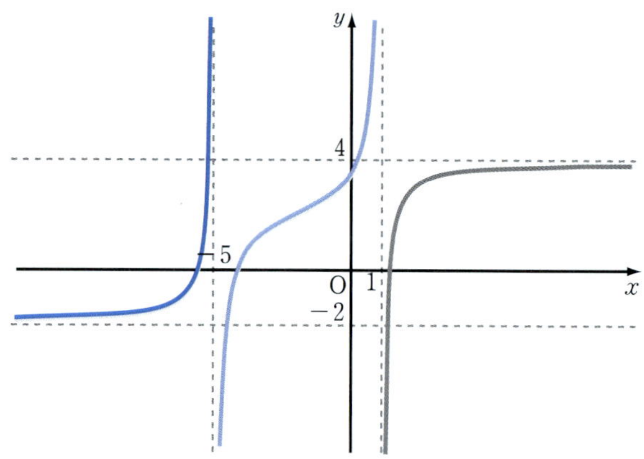

SECTION 1.4 극한의 엄밀한 정의

정의 1-10 극한의 엄밀한 정의

함수 $f(x)$가 a를 포함하는 열린구간에서 정의된다고 하자. 단, $x=a$에서는 정의되지 않아도 된다. 일정한 수 L에 대하여 양수 ε의 선택에 따라 다음 명제를 만족하는 양수 δ가 존재한다고 하자.

$$0<|x-a|<\delta \quad \Rightarrow \quad |f(x)-L|<\varepsilon$$

그러면 'x가 a에 가까워질 때 $f(x)$는 L에 수렴한다'고 말하고 이를 다음과 같이 표현한다.

$$\lim_{x \to a} f(x)=L$$

이때 L을 $f(x)$의 $x=a$에서의 **극한**이라고 한다.

[정의 1-10]은 함수의 극한을 정의하는 여러 방법 중 하나로 보통 **ε-δ 방법**이라고 한다. [정의 1-1]의 극한의 직관적 정의에서는 $|x-a|$가 0에 한없이 가까워질 때 $|f(x)-L|$이 0에 한없이 가까워진다면 L을 $f(x)$의 $x=a$에서의 극한이라고 정의하였다. 그러나 엄밀한 정의에서는 $f(x)$와 L 사이의 오차범위인 ε을 우선 설정한 다음 실제로 오차범위에 있는, 즉 $|f(x)-L|<\varepsilon$을 만족하는 x의 범위인 δ를 찾을 수 있을 때 극한이라고 정의한다.

여기서 주의할 점은 [정의 1-10]이 극한을 구하는 방법을 제시하지 않는다는 것이다. 다양한 방법으로 극한을 추정한 다음 ε-δ 방법을 통해 그 추정치가 옳음을 확인하는 것이다. 이는 자연과학에서 관찰을 통해 가설을 세우고 실험을 통해 가설을 입증하는 일련의 과정과 같다.

참고 좌극한과 우극한의 엄밀한 정의

좌극한과 우극한의 엄밀한 정의는 [정의 1-10]의 명제

$$0<|x-a|<\delta \quad \Rightarrow \quad |f(x)-L|<\varepsilon$$

에서 $0<|x-a|<\delta$를 각각 $a-\delta<x<a$와 $a<x<a+\delta$로 바꾸면 된다.

정리 1-16 상수함수와 항등함수의 극한

(1) $\lim_{x \to a} c = c$ (c는 상수) (2) $\lim_{x \to a} x = a$

증명

(1) $f(x) = c$라고 정의한 함수 f에 대하여 양수 ε을 하나 선택하자. δ를 1로 선택하면(사실 δ는 어떤 양수를 취해도 된다), $0 < |x-a| < \delta$인 x에 대하여 $f(x) = c$이므로 $|f(x) - c| = |c - c| = 0$이 되어 다음이 성립한다.

$$|f(x) - c| < \varepsilon$$

ε은 임의로 선택했으므로 [정의 1-10]에 의해 $\lim_{x \to a} c = \lim_{x \to a} f(x) = c$이다.

(2) $f(x) = x$라고 정의한 함수 f에 대하여 양수 ε을 하나 선택하자. δ를 앞서 선택한 ε과 같은 값으로 취하면 $0 < |x-a| < \delta$인 x에 대하여 $f(x) = x$이므로 $|f(x) - a| = |x - a| < \delta = \varepsilon$이 되어 다음이 성립한다.

$$|f(x) - a| < \varepsilon$$

그러므로 [정의 1-10]에 의해 $\lim_{x \to a} x = \lim_{x \to a} f(x) = a$가 성립한다. ■

이번에는 $\lim_{x \to a} 4x = 4a$를 증명해 보자. 이를 증명하기 위해 임의로 선택한 $\varepsilon > 0$에 대하여 $\delta = \frac{\varepsilon}{4}$로 선택한다. $f(x) = 4x$로 두면 다음이 성립한다.

$$|f(x) - 4a| = |4x - 4a| = |4x - 4a| = 4|x - a|$$

만일 x가 부등식 $0 < |x-a| < \delta$를 만족하면 다음이 성립함을 확인할 수 있다.

$$|f(x) - 4a| = 4|x - a| < 4\delta = \varepsilon$$

앞에서 살펴보았듯이 δ는 ε을 이용하여 나타낼 수 있다. 이때 함수의 종류에 따라 δ를 매번 다르게 선택한다는 사실을 기억하자.

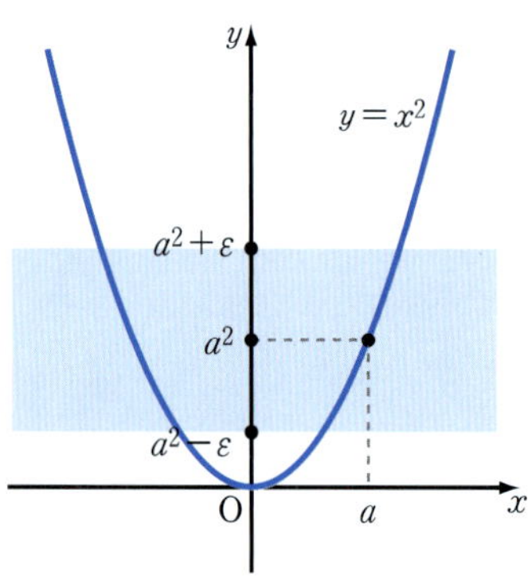

[그림 1-13] 함수 $y = x^2$의 그래프

예제 1-30 이차함수의 극한

실수 a에 대하여 $\lim_{x \to a} x^2 = a^2$임을 보여라.

풀이

a가 양수라고 하자. [그림 1-13]에서 주어진 양의 실수 ε에 대하여 x에서의 함숫값 x^2과 a에서의 함숫값 a^2의 차이가 ε 미만이 되려면 함수의 그래프가 색칠된 영역에 있어야 한다. 따라서 $x^2 = a^2 + \varepsilon$과 $x^2 = a^2 - \varepsilon$을 만족하는 x를 먼저 찾으

면, [그림 1-14]와 같이 이를 만족하는 x는 각각 다음과 같다.

$$\sqrt{a^2+\varepsilon},\ \sqrt{a^2-\varepsilon}$$

함수 x^2은 양수 x가 커짐에 따라 값이 빠르게 증가하므로 $\sqrt{a^2+\varepsilon}$과 $\sqrt{a^2-\varepsilon}$ 중 a와 가까운 값은 $\sqrt{a^2+\varepsilon}$이다. 그러므로 $\delta=\sqrt{a^2+\varepsilon}-a$로 선택하면 된다.

a가 음수일 때도 같은 방법으로 접근하면 a값이 음수인지 양수인지 상관없이 $\delta=\sqrt{a^2+\varepsilon}-|a|$로 두면 된다. 증명은 다음과 같이 기술할 수 있다.

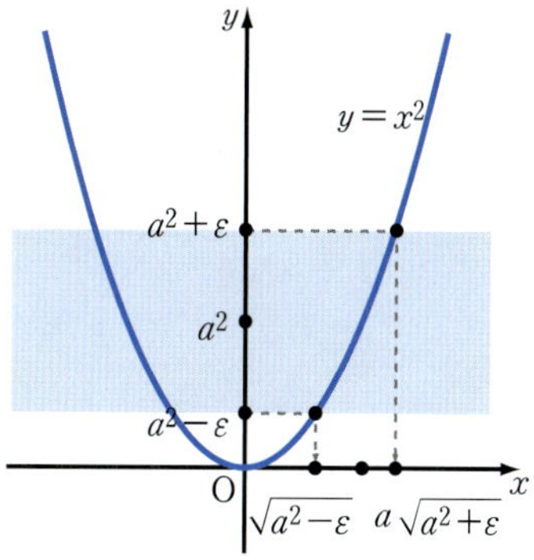

[그림 1-14] $x^2=a^2\pm\varepsilon$를 만족하는 x값

임의의 양의 실수 ε을 선택하자. $\sqrt{a^2+\varepsilon}>|a|$이므로 $\delta=\sqrt{a^2+\varepsilon}-|a|$라 두자. 만일 $0<|x-a|<\delta$이면 다음 식이 성립한다.

$$|x|-|a|\le|x-a|<\delta<\sqrt{a^2+\varepsilon}-|a|$$

즉 $|x|<\sqrt{a^2+\varepsilon}$이 성립한다. 그러므로 부등식 $|x+a|=|x|+|a|<\sqrt{a^2+\varepsilon}+|a|$를 사용하면 $0<|x-a|<\delta$를 만족하는 실수 x에 대해 다음이 성립함을 알 수 있다.

$$|x^2-a^2|=|x-a|\cdot|x+a|<\delta|x+a|<\left(\sqrt{a^2+\varepsilon}-|a|\right)\left(\sqrt{a^2+\varepsilon}+|a|\right)=\varepsilon$$

[유제 1-23]

실수 a에 대하여 $\lim_{x\to a}x^3=a^3$임을 보여라.

예제 1-31 대수적으로 결합된 함수의 극한 정리

[정리 1-1]의 (1)인 다음 명제를 증명하라.

$$\lim_{x\to a}f(x)=L,\ \lim_{x\to a}g(x)=M \quad\Rightarrow\quad \lim_{x\to a}\{f(x)+g(x)\}=L+M$$

풀이

ε을 양의 실수로 두면 $\frac{\varepsilon}{2}$도 양의 실수이다. $x=a$에서 f의 극한은 L, g의 극한은 M이므로 양의 실수 δ_1과 δ_2가 존재하여 다음 두 명제를 만족한다.

$$0<|x-a|<\delta_1 \quad\Rightarrow\quad |f(x)-L|<\frac{\varepsilon}{2}$$

$$0<|x-a|<\delta_2 \quad\Rightarrow\quad |g(x)-M|<\frac{\varepsilon}{2}$$

δ_1과 δ_2 중 작은 수를 δ라 두자. 만일 $0<|x-a|<\delta$이면 $|f(x)-L|<\frac{\varepsilon}{2}$과 $|g(x)-M|<\frac{\varepsilon}{2}$이 모두 성립하므로 다음이 성립함을 알 수 있다.

$$|\{f(x)+g(x)\}-(L+M)|\le|f(x)-L|+|g(x)-M|<\frac{\varepsilon}{2}+\frac{\varepsilon}{2}=\varepsilon$$

그러므로 $\lim_{x\to a}\{f(x)+g(x)\}=L+M$이다.

[유제 1-24]
[정리 1-1]의 (2)~(4)를 증명하라.

무한발산의 엄밀한 정의는 다음과 같다.

정의 1-11 무한발산의 엄밀한 정의

함수 $f(x)$가 a를 포함하는 열린구간에서 정의된다고 하자. 단, $x=a$에서는 정의되지 않아도 된다.

(1) 임의의 실수 R의 선택에 따라 다음 명제를 만족하는 양수 δ가 존재한다고 하자.

$$0<|x-a|<\delta \quad\Rightarrow\quad f(x)>R$$

그러면 'x가 a에 가까워질 때 $f(x)$는 양의 무한대로 발산한다'고 말하고 이를 다음과 같이 표현한다.

$$\lim_{x\to a}f(x)=\infty$$

(2) 임의의 실수 R의 선택에 따라 다음 명제를 만족하는 양수 δ가 존재한다고 하자.

$$0<|x-a|<\delta \quad\Rightarrow\quad f(x)<R$$

그러면 'x가 a에 가까워질 때 $f(x)$는 음의 무한대로 발산한다'고 말하고 이를 다음과 같이 표현한다.

$$\lim_{x\to a}f(x)=-\infty$$

마지막으로 무한대에서의 극한의 엄밀한 정의를 소개한다.

정의 1-12 무한대에서의 극한의 엄밀한 정의

(1) 함수 $f(x)$가 구간 (a, ∞)에서 정의된다고 하자. 일정한 수 L에 대하여 양수 ε의 선택에 따라 다음 명제를 만족하는 실수 R이 존재한다고 하자.

$$x > R \quad \Rightarrow \quad |f(x) - L| < \varepsilon$$

그러면 'x가 한없이 커질 때 $f(x)$는 L로 수렴한다'고 말하고 이를 다음과 같이 표현한다.

$$\lim_{x \to \infty} f(x) = L$$

(2) 함수 $f(x)$가 구간 $(-\infty, a)$에서 정의된다고 하자. 일정한 수 L에 대하여 양수 ε의 선택에 따라 다음 명제를 만족하는 실수 R이 존재한다고 하자.

$$x < R \quad \Rightarrow \quad |f(x) - L| < \varepsilon$$

그러면 'x가 한없이 작아질 때 $f(x)$는 L로 수렴한다'고 말하고 이를 다음과 같이 표현한다.

$$\lim_{x \to -\infty} f(x) = L$$

CHAPTER

02

여러 가지 함수

Types of Function

Contents

○ 여러 가지 함수를 왜 배워야 하는가?

변수 x의 사칙연산으로 정의된 다항함수, 유리함수와 거듭제곱의 역연산으로 정의된 거듭제곱근함수는 대수함수로서 가장 쉽게 접근할 수 있고 또 많이 사용하는 함수다. 그러나 이들 함수는 다양한 사회·자연 현상을 수학적으로 표현하는 데 한계가 있다. 이 장에서는 과학 분야에서 가장 유용하게 활용할 수 있는 지수함수, 로그함수를 비롯해 다양한 초월함수를 알아본다.

○ 이 장에서 배우는 내용은?

덧셈을 곱셈으로, 곱셈을 덧셈으로 표현할 수 있는 지수함수와 로그함수는 과학적 사실을 기술하는 데 유용하게 사용된다. 특히 오일러 상수를 밑으로 하는 자연지수함수, 자연로그함수는 지수함수와 로그함수의 표준으로 많은 과학 분야에서 사용되어 왔다. 자연지수함수와 자연로그함수를 이용하면 다른 초월함수를 정의할 수도 있다. 이 장에서는 지수함수, 로그함수를 시작으로 주기 현상을 기술하는 데 적합한 삼각함수와 그 역함수를 배우고, 중요한 미분방정식의 해이자 다양한 물리적 현상에 응용되는 쌍곡선함수를 알아본다.

- 여러 가지 함수
  - 지수함수와 로그함수
    - 지수함수
    - 로그함수
    - 자연지수함수와 자연로그함수
  - 삼각함수와 역삼각함수
    - 삼각함수
    - 역삼각함수
  - 쌍곡선함수와 역쌍곡선함수
    - 쌍곡선함수
    - 역쌍곡선함수

SECTION 2.1 지수함수와 로그함수

1장에서 관찰했듯이 다항함수는 차수가 높아질수록 무한대에서의 증가폭이 커진다. 그러나 다항함수로는 표현할 수 없는 기하급수적인 증가 현상, 즉 현재 양에 비례하여 증가하는 현상을 표현하기 위해서는 지수함수가 필요하다. 이 절에서는 지수함수와 그 역함수인 로그함수를 알아본다. 또한 자연상수 e의 정의를 비롯하여 자연상수를 밑으로 하는 자연지수함수와 자연로그함수의 정의 및 성질도 살펴본다.

지수함수

임의의 양의 실수 a와 자연수 n에 대하여 a를 n번 곱한 것을 a의 n거듭제곱이라 하고 $a^n = \underbrace{a \times a \times \cdots \times a}_{n\text{번}}$로 나타낸다. 거듭제곱에 대하여 다음 법칙이 성립한다.

> **정리 2-1 거듭제곱 법칙**
>
> 임의의 양의 실수 a와 자연수 m, n에 대하여 다음이 성립한다.
>
> (1) $a^{m+n} = a^m a^n$　　(2) $(a^m)^n = a^{mn}$

m과 n을 변수로 보았을 때 거듭제곱 법칙에 따라 변수의 합$(m+n)$이 거듭제곱의 곱$(a^m a^n)$으로 변환됨을 확인할 수 있다. 이는 생물의 개체수 증가나 원소의 반감기 등 증감률이 일정한 현상을 표현하는 데 매우 유용하다. 이에 따라 자연수 n을 변수로 하는 함수 $f(n) = a^n$에서 변수를 확장하는 것이 자연스럽다. 다시 말해 실수 x를 변수로 하는 확장된 함수 $f(x) = a^x$을 다음 거듭제곱 법칙이 성립하도록 정의할 수 있다.

$$a^{x+y} = a^x a^y \quad (x\text{와 } y\text{는 실수})$$

• $x=0$인 경우

$x=0$이면 거듭제곱 법칙에 의해 $a=a^1=a^{1+0}=a^1\times a^0=a\times a^0$이므로 다음이 성립한다.

$$a^0=1$$

• x가 음의 정수인 경우

n이 자연수일 때, x를 $-n$이라고 하자. 거듭제곱 법칙에 의해 $1=a^0=a^{n-n}=a^n\times a^{-n}$이 성립한다. 따라서 a^{-n}이 a^n의 역수이어야 하므로 다음이 성립한다.

$$a^{-n}=\frac{1}{a^n}$$

• x가 유리수 $\frac{1}{n}$(n은 자연수)인 경우

자연수 n에 대하여 $x=\frac{1}{n}$이라 하자. 거듭제곱 법칙에 의해 $a=a^1=a^{\frac{1}{n}+\cdots+\frac{1}{n}}=a^{\frac{1}{n}}\times\cdots\times a^{\frac{1}{n}}=\left(a^{\frac{1}{n}}\right)^n$이므로 $a^{\frac{1}{n}}$은 a의 n제곱근이어야 한다. n제곱근은 n이 짝수일 때는 양의 제곱근과 음의 제곱근이 존재하나 n이 홀수일 때는 양의 제곱근만 존재한다. 우리는 양의 제곱근만 취급할 것이므로 다음과 같이 정의한다.

$$a^{\frac{1}{n}}=\sqrt[n]{a}$$

또한 $x=-\frac{1}{n}$이면 $x=\frac{1}{n}$인 경우의 결과와 같은 이유로 다음과 같이 정의한다.

$$a^{-\frac{1}{n}}=\frac{1}{\sqrt[n]{a}}$$

• x가 유리수 $\frac{m}{n}$ 또는 $-\frac{m}{n}$(m과 n은 서로소인 자연수)인 경우

$x=\frac{m}{n}$ 또는 $x=-\frac{m}{n}$일 때는 x가 음의 정수 또는 유리수 $\frac{1}{n}$인 경우를 반복하여 관찰하면 다음 결과를 얻는다.

$$a^{\frac{m}{n}}=(\sqrt[n]{a})^m=\sqrt[n]{a^m},\quad a^{-\frac{m}{n}}=\frac{1}{(\sqrt[n]{a})^m}=\frac{1}{\sqrt[n]{a^m}}$$

• x가 무리수인 경우

x가 무리수이면 유리수의 사칙연산으로 x를 표현할 수 없다. 그러므로 앞에서 살펴본 결과인 $a^{\frac{m}{n}}$ 등의 값으로는 a^x을 추론할 수 없다. 자연현상을 매끄럽게 표현하면 함수의 연속성이 필요하므로 연속함수가 되는 $f(x)=a^x$을 찾아보자. 예를 들어 $a=2$이고 $x=\sqrt{2}$인 경우, 즉 $2^{\sqrt{2}}$의 값을 찾아보자. $\sqrt{2}=1.41421356237\cdots$이므로 $\sqrt{2}$의 근삿값은 다음과 같은 유리수의 나열이다.

$$1,\ 1.4,\ 1.41,\ 1.414,\ 1.4142,\ 1.41421,\ 1.414213,\ 1.4142135,\ 1.41421356,\ \cdots$$

각각의 유리수에 대하여 2^x을 구하면 [표 2-1]과 같다.

[표 2-1] 유리수 x에 따른 2^x의 추이

x	2^x
1.4	2.639015822
1.41	2.657371628
1.414	2.664749650
1.4142	2.665119089
1.41421	2.665137562
1.414213	2.665143104
1.4142135	2.665144027
1.41421356	2.665144138
1.414213562	2.665144142

2^x의 추이를 살펴보면 $2^{\sqrt{2}}\simeq 2.6651441$임을 알 수 있다. 즉 $\sqrt{2}$의 값을 유리수(또는 유한소수)로 근사하면 $2^{\sqrt{2}}$의 값도 어떠한 수에 다가간다는 사실을 확인할 수 있다. 이때 다가가는 수(정확히는 수열의 극한)를 $2^{\sqrt{2}}$으로 정의한다. 이러한 방식으로 a^x을 모든 무리수 x에서 정의할 수 있다.

앞에서 살펴본 내용을 바탕으로 다음 정리를 확인할 수 있다.

정리 2-2 거듭제곱 법칙을 만족하는 연속함수

모든 양의 실수 a에 대하여 거듭제곱 법칙을 만족하는 연속함수 $f(x)=a^x$은 항상 존재한다.

정의 2-1 지수함수

1이 아닌 양의 실수 a에 대하여 다음과 같이 정의되는 함수를 **밑**(base)이 a인 **지수함수**(exponential function)라고 한다.

$$f(x)=a^x$$

정리 2-3 지수함수의 성질

1이 아닌 양의 실수 a에 대하여 지수함수 $f(x)=a^x$은 모든 실수 x에서 정의되고 함숫값이 양수인 일대일 연속함수다.

정리 2-4 지수 법칙

임의의 양의 실수 a와 b에 대하여 다음 지수 법칙이 성립한다.

(1) $a^{x+y} = a^x a^y$ (2) $\dfrac{1}{a^x} = a^{-x}$

(3) $(ab)^x = a^x b^x$ (4) $(a^x)^y = a^{xy}$

지수함수는 밑 a의 범위에 따라 증감이 바뀐다. [그림 2-1]은 밑 a에 따른 지수함수의 그래프 개형을 나타낸다.

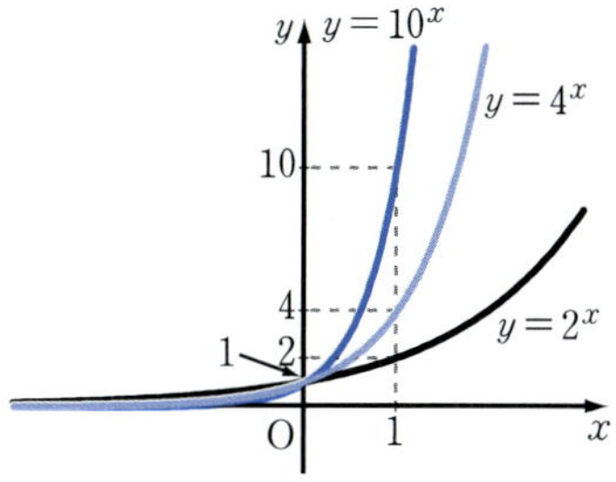

(a) $y=a^x$ $(a>1)$

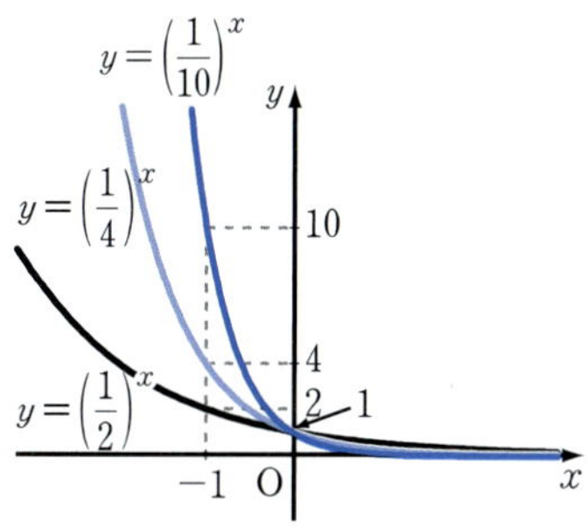

(b) $y=a^x$ $(0<a<1)$

[그림 2-1] 밑 a에 따른 지수함수의 그래프

정리 2-5 밑 a에 따른 지수함수의 특징

(1) $a>1$이면 a^x은 증가함수이고, $\lim\limits_{x\to\infty} a^x = \infty$와 $\lim\limits_{x\to-\infty} a^x = 0$이 성립한다.

(2) $a<1$이면 a^x은 감소함수이고, $\lim\limits_{x\to\infty} a^x = 0$과 $\lim\limits_{x\to-\infty} a^x = \infty$가 성립한다.

(3) $a=1$이면 a^x은 함숫값이 1인 상수함수다.

예제 2-1 밑이 1보다 큰 지수함수의 극한

$\lim\limits_{x\to\infty} \dfrac{2^x+3}{2^x+1}$을 구하라.

풀이

밑 $a=2$는 1보다 크므로 $\lim\limits_{x\to\infty} 2^x = \infty$이고 $\lim\limits_{x\to\infty} 2^{-x} = \lim\limits_{t\to-\infty} 2^t = 0$이다. 주어진 함수의 분자와 분모를 각각 2^x으로 나누면 다음과 같다.

$$\lim_{x\to\infty} \frac{2^x+3}{2^x+1} = \lim_{x\to\infty} \frac{1+3\times 2^{-x}}{1+2^{-x}} = \frac{1+3\lim\limits_{x\to\infty} 2^{-x}}{1+\lim\limits_{x\to\infty} 2^{-x}} = \frac{1}{1} = 1$$

예제 2-2 밑이 1보다 작은 지수함수의 극한

$\lim\limits_{x\to\infty} \dfrac{0.5^x+3}{0.5^x+1}$을 구하라.

풀이

$0<0.5<1$이므로 $\lim\limits_{x\to\infty} 0.5^x = 0$이고 다음이 성립한다.

$$\lim_{x\to\infty} \frac{0.5^x+3}{0.5^x+1} = \frac{\lim\limits_{x\to\infty} 0.5^x+3}{\lim\limits_{x\to\infty} 0.5^x+1} = \frac{3}{1} = 3$$

[유제 2-1]

다음 극한을 구하라.

(a) $\lim_{x\to\infty}\frac{5^x-2}{5^x+10}$ (b) $\lim_{x\to\infty}\frac{0.9^x+7}{0.9^x-2}$ (c) $\lim_{x\to\infty}\frac{\pi^{2x}+3}{4-\pi^{2x}}$

예제 2-3 지수함수를 이용한 증가율 계산

어떤 세포의 1일당 개체수 증가율은 44%이다. 다음 물음에 답하라.

(a) 현재 이 세포의 개체수가 100개이면 10일 후 개체수를 구하라(단, 소수점 아래 첫째 자리에서 반올림하라).

(b) 이 세포의 12시간당 개체수 증가율을 구하라.

(c) t시간당 개체수 증가율을 구하라.

풀이

(a) 현재 개체수가 N_0이고 1일당 개체수 증가율이 r이면 1일 후 개체수는 $N_1=N_0+rN_0=(1+r)N_0$이다. 1일 후 개체수가 N_1이므로 다시 1일이 지난 2일 후의 개체수는 $N_2=N_1+rN_1=(1+r)N_1=(1+r)^2N_0$임을 알 수 있다. 이 계산을 반복하면 n일 후의 개체수는 다음과 같다.

$$N_n=(1+r)N_{n-1}=(1+r)^2N_{n-2}=\cdots=(1+r)^nN_0$$

현재 개체수가 $N_0=100$이고 1일 당 개체수 증가율은 $r=0.44$이므로 10일 후의 개체수는 다음과 같다.

$$N_{10}=(1+0.44)^{10}\times 100=3833.759\cdots$$

따라서 10일 후 개체수는 약 3,834개다.

(b) 12시간당 개체수 증가율이 $r_{\frac{1}{2}}$이라고 하면 $\left(1+r_{\frac{1}{2}}\right)^2=(1+r)=1.44$가 성립해야 하므로 $r_{\frac{1}{2}}=\sqrt{1.44}-1=0.2$이다. 따라서 12시간당 개체수 증가율은 20%이다.

(c) t시간당 개체수 증가율을 $r_{\frac{t}{24}}$로 표기하자. 즉 하루당 개체수 증가율은 r_1이다. 초기 개체수가 N_0일 때 t시간 후 개체수는 $N_{\frac{t}{24}}=\left(1+r_{\frac{t}{24}}\right)N_0$이다. t시간이 $\frac{24}{t}$배 만큼 흘렀을 때 1일이 되므로 1일 후의 개체수는 $\left(1+r_{\frac{t}{24}}\right)^{\frac{24}{t}}N_0$이며 이는 $1.44N_0$와 같아야 한다. 그러므로 $\left(1+r_{\frac{t}{24}}\right)^{\frac{24}{t}}=1.44$이어야 한다. 따라서 $1+r_{\frac{t}{24}}=(1.44)^{\frac{t}{24}}$이므로 $r_{\frac{t}{24}}=(1.44)^{\frac{t}{24}}-1$이다.

[유제 2-2]

원금이 1,000만원이고 연이율이 5%인 복리 예금이 있다. 다음 물음에 답하라.

(a) 1년 후의 원리금을 계산하라.

(b) n년 후의 원리금에 관한 식을 구하라.

(c) 6개월 후의 기대원리금을 구하라.

[예제 2-4]에서는 지수함수를 결합하여 다소 복잡해진 함수의 증감을 판단하고 극한을 계산한다. 이 함수는 2.3절에서 다루게 될 쌍곡선함수다.

예제 2-4 함수의 증감 판단 및 극한 계산

1이 아닌 양의 실수 a에 대하여, 함수 $f(x)=\dfrac{a^x-a^{-x}}{a^x+a^{-x}}$의 증감을 판단하고 $\lim\limits_{x\to\pm\infty} f(x)$를 구하라.

풀이

먼저 $a>1$인 경우를 생각해 보자. 서로 다른 두 실수 x, y에 대하여 다음이 성립한다.

$$\begin{aligned} f(x)-f(y) &= \frac{a^x-a^{-x}}{a^x+a^{-x}}-\frac{a^y-a^{-y}}{a^y+a^{-y}} \\ &= \frac{(a^x-a^{-x})(a^y+a^{-y})-(a^x+a^{-x})(a^y-a^{-y})}{(a^x+a^{-x})(a^y+a^{-y})} \\ &= 2\frac{a^{x-y}-a^{y-x}}{(a^x+a^{-x})(a^y+a^{-y})} \end{aligned}$$

만일 $x>y$이면 $a^{x-y}>1$이고 $a^{y-x}=(a^{x-y})^{-1}<1$이 되어 $f(x)-f(y)$의 분자는 양의 실수다. 분모는 항상 양의 실수이므로 $f(x)-f(y)>0$, 즉 f는 증가함수다. $f(x)$의 분자와 분모에 a^{-x}을 곱하면 다음이 성립한다.

$$\lim_{x\to\infty}\frac{a^x-a^{-x}}{a^x+a^{-x}}=\lim_{x\to\infty}\frac{1-a^{-2x}}{1+a^{-2x}}=\frac{1-\lim\limits_{x\to\infty}a^{-2x}}{1+\lim\limits_{x\to\infty}a^{-2x}}=1$$

마찬가지로 $f(x)$의 분자와 분모에 a^x을 곱하면 다음 결과를 얻는다.

$$\lim_{x\to-\infty}\frac{a^x-a^{-x}}{a^x+a^{-x}}=\lim_{x\to-\infty}\frac{a^{2x}-1}{a^{2x}+1}=\frac{\lim\limits_{x\to-\infty}a^{2x}-1}{\lim\limits_{x\to-\infty}a^{2x}+1}=-1$$

$0<a<1$인 경우에 함수 f의 형태는 다음과 같다.

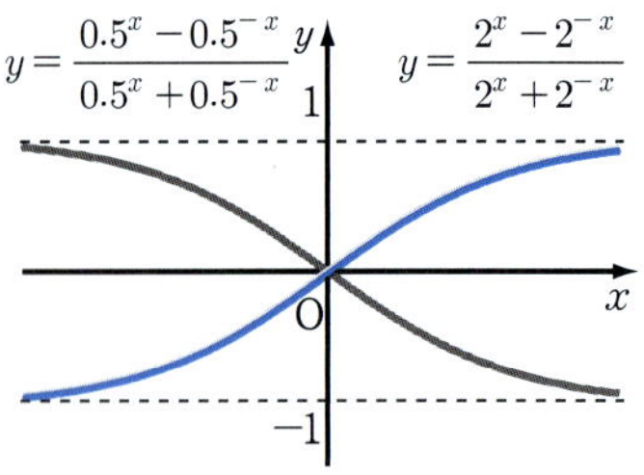

$$f(x)=\frac{a^x-a^{-x}}{a^x+a^{-x}}=\frac{\left(\frac{1}{a}\right)^{-x}-\left(\frac{1}{a}\right)^{x}}{\left(\frac{1}{a}\right)^{-x}+\left(\frac{1}{a}\right)^{x}}=-\frac{\left(\frac{1}{a}\right)^{x}-\left(\frac{1}{a}\right)^{-x}}{\left(\frac{1}{a}\right)^{x}+\left(\frac{1}{a}\right)^{-x}}$$

따라서 $a>1$인 경우의 결과에 의해 $0<a<1$일 때 f는 감소함수이며 다음이 성립한다. $a=2$일 때와 $a=0.5$일 때의 그래프는 왼쪽 그림과 같다.

$$\lim_{x\to\pm\infty}\frac{a^x-a^{-x}}{a^x+a^{-x}}=\mp 1$$

[유제 2-3]

1이 아닌 양의 실수 a에 대하여, 함수 $f(x)=\dfrac{3a^{2x}-a^{-x}}{2a^{2x}+5a^{-x}}$의 무한대에서의 극한을 구하라.

로그함수

1이 아닌 양의 실수 a에 대하여 정의된 지수함수 $f(x)=a^x$은 정의역이 $\mathbb{R}$이고 치역이 $(0,\infty)$인 일대일 대응이다. 따라서 지수함수의 역함수가 존재한다. 즉, 임의의 양의 실수 x에 대하여 $a^y=x$를 만족하는 실수 y가 오직 하나 존재하고, 이러한 관계를 만족하는 함수를 다음과 같이 정의한다.

정의 2-2 로그함수

1이 아닌 양의 실수 a와 양수 x에 대하여 지수함수 $f(x)=a^x$의 역함수 $g(x)$를 **밑**(base)이 a인 **로그함수**(logarithmic function)라고 하며 다음과 같이 표현한다.

$$g(x)=\log_a x$$

변수가 x인 함수로 보았을 때 로그함수 $y=\log_a x$는 지수함수 $y=a^x$의 역함수이며 다음 관계를 만족한다.

$$y=\log_a x \quad\Leftrightarrow\quad a^y=x$$

$a\neq 0$일 때 지수함수 $y=a^x$은 실수 $\mathbb{R}$에서 양의 실수로 가는 연속함수이므로 다음 정리가 자연스럽게 나온다.

정리 2-6 로그함수의 성질

1이 아닌 양의 실수 a에 대하여 로그함수 $g(x) = \log_a x$는 양의 실수 x에서 정의되는 일대일 연속함수다.

지수함수 $f(x) = a^x$과 로그함수 $g(x) = \log_a x$는 서로 역함수 관계에 있으므로 $(f \circ g)(x) = x$이고 $(g \circ f)(x) = x$이다. 두 식을 정리하면 다음 항등식을 얻는다.

$$a^{\log_a x} = x \tag{2.1}$$

$$\log_a(a^x) = x \tag{2.2}$$

위 항등식은 로그함수 정의보다 유용한 경우가 많으므로 꼭 기억하자. 다음으로 로그함수의 기본성질을 살펴보고 이를 증명해 보자.

정리 2-7 로그 법칙

1이 아닌 양의 실수 a를 밑으로 하는 로그함수 $\log_a x$가 있다고 하자. 임의의 양의 실수 x, y와 임의의 실수 r에 대하여 다음이 성립한다.

(1) $\log_a(xy) = \log_a x + \log_a y$

(2) $\log_a\left(\dfrac{x}{y}\right) = \log_a x - \log_a y$

(3) $\log_a(x^r) = r\log_a x$

(4) $\dfrac{\log_a y}{\log_a x} = \log_x y \quad (x \neq 1)$

증명

(1), (2) 식 (2.1)의 $a^{\log_a x} = x$를 활용하면 각각 다음이 성립한다.

$$a^{\log_a x + \log_a y} = a^{\log_a x} a^{\log_a y} = xy$$

$$a^{\log_a x - \log_a y} = a^{\log_a x} a^{-\log_a y} = a^{\log_a x}\left(a^{\log_a y}\right)^{-1} = \frac{x}{y}$$

$a^{\log_a(xy)} = xy$, $a^{\log_a\left(\frac{x}{y}\right)} = \dfrac{x}{y}$이므로 $a^{\log_a x + \log_a y} = a^{\log_a(xy)}$, $a^{\log_a x - \log_a y} = a^{\log_a\left(\frac{x}{y}\right)}$이 성립한다. 이때 지수함수는 일대일 대응이므로 $\log_a x + \log_a y = \log_a xy$와 $\log_a x - \log_a y = \log_a\left(\dfrac{x}{y}\right)$가 성립한다.

(3) (1)과 같은 방법을 이용하면 다음 결과를 얻는다.

$$a^{\log_a x^r} = x^r = (a^{\log_a x})^r = a^{r\log_a x}$$

(4) x가 1이 아니므로 $\log_a x$는 0이 아니고 $\log_x y$도 잘 정의된다. 식 (2.1)을 이용하면 $a^{\log_a y} = y$이고 $a^{\log_x y \log_a x} = \left(a^{\log_a x}\right)^{\log_x y} = x^{\log_x y} = y$임을 알 수 있다. 따라서 $a^{\log_a y} = a^{\log_x y \log_a x}$이므로 (1)과 같은 방법을 이용하면 $\log_a y = \log_x y \log_a x$가 성립한다. 즉 $\dfrac{\log_a y}{\log_a x} = \log_x y$이다. ■

특히 [정리 2-7]의 (4)를 **밑 변환 공식**이라고 하는데, 밑이 서로 다른 로그를 계산할 때 유용하므로 꼭 기억하자.

예제 2-5 로그 법칙을 이용한 계산

다음을 계산하라.

(a) $\log_2 2\sqrt{2}$ (b) $\log_{144} 12$ (c) $3^{\log_9 x}$ (d) $\log_2\left(7^{(\log_7 2)x^2}\right)$

풀이

(a) $2\sqrt{2} = 2\times 2^{\frac{1}{2}} = 2^{\frac{3}{2}}$이므로 $\log_2 2\sqrt{2} = \log_2 2^{\frac{3}{2}} = \dfrac{3}{2}$이다.

(b) $12^2 = 144$이므로 $12 = 144^{\frac{1}{2}}$이다. 그러므로 $\log_{144} 12 = \log_{144} 144^{\frac{1}{2}} = \dfrac{1}{2}$이다.

(c) 로그의 밑 변환 공식을 이용하면 $\log_9 x = \dfrac{\log_3 x}{\log_3 9} = \dfrac{\log_3 x}{2} = \log_3 x^{\frac{1}{2}}$이 성립한다. 그러므로 $3^{\log_9 x} = 3^{\log_3 x^{\frac{1}{2}}} = x^{\frac{1}{2}}$이다.

(d) $7^{(\log_7 2)x^2} = \left(7^{(\log_7 2)}\right)^{x^2} = 2^{x^2}$이다. 그러므로 $\log_2\left(7^{(\log_7 2)x^2}\right) = \log_2 2^{x^2} = x^2 \log_2 2 = x^2$이다.

[유제 2-4]

다음을 계산하라.

(a) $\log_3 3\sqrt[3]{3}$ (b) $\log_{32} 8$ (c) $4^{\log_2 x}$ (d) $\log_2\left(3^{(\log_3 4)x}\right)$

예제 2-6 로그의 역수

$\frac{1}{\log_a b} = \log_b a$ 임을 보여라.

풀이

$\log_a a = 1$ 이므로 $\frac{1}{\log_a b} = \frac{\log_a a}{\log_a b} = \log_b a$ 임을 알 수 있다.

[유제 2-5]

$\frac{1}{\log_{3a^2} a}$ 을 간단히 정리하라.

예제 2-7 방사성 동위 원소의 생성 시기

어떤 물질이 처음 생성될 때 이 물질에 포함된 방사성 동위 원소인 탄소-14(^{14}C)의 양을 C_0라고 하자. 현재 이 물질에 포함된 탄소-14의 양이 C_p일 때, 이 물질이 몇 년 전에 생성되었는지 구하라. 이때 탄소-14(^{14}C)의 반감기는 5730년으로 계산한다.

반감기(half-life)는 물질의 양이 절반으로 줄어드는 데 걸리는 시간을 의미한다.

풀이

이 물질이 처음 생성될 때 포함된 탄소-14의 양이 C_0이므로 로부터 5730년이 지난 후 탄소-14의 양은 $C(1) = \frac{1}{2}C_0$이다. 다시 5730년이 지나면 탄소-14의 양은 $C(2) = \frac{1}{2}C(1) = \left(\frac{1}{2}\right)^2 C_0$이다. 일반적으로 5730년이 n번 지나면 탄소-14의 양은 다음과 같다.

$$C(n) = \frac{1}{2}C(n-1) = \left(\frac{1}{2}\right)^2 C(n-2) = \cdots = \left(\frac{1}{2}\right)^n C_0$$

t만큼의 반감기가 지났을 때 탄소-14의 양은 $C_0\left(\frac{1}{2}\right)^t = \frac{C_0}{2^t}$ 이므로 $C_p = \frac{C_0}{2^t}$ 를 만족하는 t가 존재하면 이 물질이 생성된 연도는 $5730 \times t$년 전이다. $C_p = \frac{C_0}{2^t}$ 를 다시 적으면 $2^t = \frac{C_0}{C_p}$ 가 되므로 $t = \log_2 \frac{C_0}{C_p}$ 이다. 그러므로 이 물질은 $5730 \log_2 \frac{C_0}{C_p}$ 년 전에 생성되었다.

[유제 2-6]

방사성 요오드-131(^{131}I)의 반감기는 8일이다. 요오드-131의 처음 양 C_0가 C_p로 줄어드는 데 걸리는 기간을 로그함수로 표현하라.

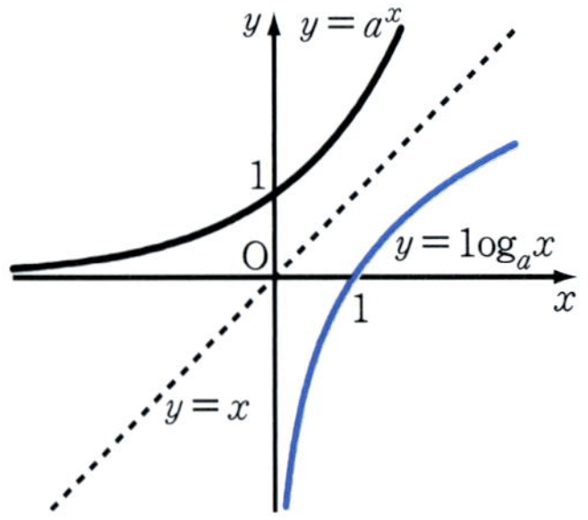

(a) $a>1$인 경우

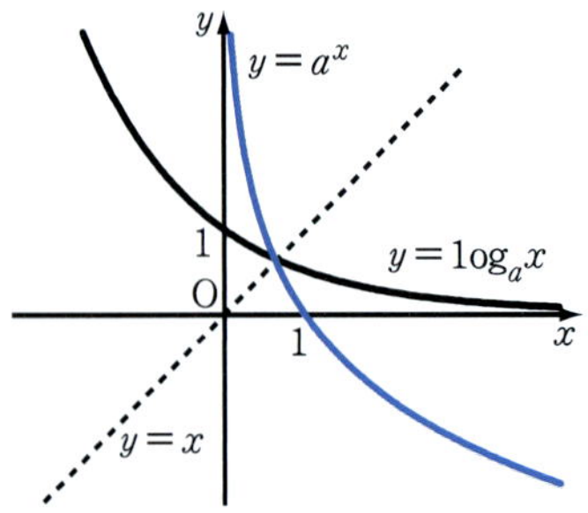

(b) $0<a<1$인 경우

[그림 2-2] **지수함수와 로그함수의 관계**

함수와 그 역함수의 그래프는 직선 $y=x$에 대하여 대칭이다. 마찬가지로 지수함수와 로그함수의 그래프는 [그림 2-2]와 같이 직선 $y=x$에 대하여 대칭이다.

정리 2-8 밑 a에 따른 로그함수의 특징

(1) $a>1$이면 $\log_a x$는 증가함수이고,

$\lim_{x\to\infty}\log_a x=\infty$와 $\lim_{x\to 0^+}\log_a x=-\infty$가 성립한다.

(2) $0<a<1$이면 $\log_a x$는 감소함수이고,

$\lim_{x\to\infty}\log_a x=-\infty$와 $\lim_{x\to 0^+}\log_a x=\infty$가 성립한다.

예제 2-8 로그함수의 특징을 이용한 극한 계산

$\lim_{x\to 0^+}\dfrac{\log_3 x^2+2}{\log_9 x^2+3}$를 구하라.

풀이

로그의 밑 변환 공식([정리 2-7]의 (4))에 의해 $\log_9 x^2=\dfrac{\log_3 x^2}{\log_3 9}=\dfrac{1}{2}\log_3 x^2=\log_3 x$

이다. $\lim_{x\to 0^+}\log_3 x=-\infty$에서 $\lim_{x\to 0^+}\dfrac{1}{\log_3 x}=0$이므로 다음과 같이 계산할 수 있다.

$$\lim_{x\to 0^+}\frac{\log_3 x^2+2}{\log_9 x^2+3}=\lim_{x\to 0^+}\frac{2\log_3 x+2}{\log_3 x+3}=\lim_{x\to 0^+}\frac{2+\dfrac{2}{\log_3 x}}{1+\dfrac{3}{\log_3 x}}=2$$

[유제 2-7]

다음을 구하라.

(a) $\lim_{x\to 0^+}\dfrac{\log_{25}x^{-1}+2}{\log_5 x^2+7}$ (b) $\lim_{x\to 0^+}\dfrac{\log_{0.25}x^3+2}{3\log_{0.5}x^2-3}$ (c) $\lim_{x\to\infty}x\log_{x^x}3$

자연지수함수와 자연로그함수

오일러 수를 밑으로 하는 지수함수와 로그함수를 각각 자연지수함수, 자연로그함수라고 한다. 두 함수는 미분과 적분에 관해 특수한 성질을 지니고 있어 수학을 위시한 다양한 분야에서 쓰인다. 이제 오일러 수를 정의하자.

정의 2-3 오일러 수

다음 극한을 만족하는 수 e를 오일러 수라고 하며, 이는 유일하게 존재한다.

$$\lim_{x\to 0}(1+x)^{\frac{1}{x}}=e$$

오일러 수는 무리수이며 근삿값은 다음과 같다.

$$e=2.718281828459045235360 2874\cdots$$

예제 2-9 로그함수의 특징을 이용한 극한 계산

$\lim_{x\to 0}\dfrac{a^x-1}{x}$을 구하라(단, a는 1이 아닌 양수다).

풀이

$a^x-1=t$라고 치환하면 $x=\log_a(1+t)$이므로 다음이 성립한다.

$$\frac{a^x-1}{x}=\frac{t}{\log_a(1+t)}=\frac{1}{\frac{1}{t}\log_a(1+t)}=\frac{1}{\log_a(1+t)^{\frac{1}{t}}}$$

따라서 구하고자 하는 극한은 다음과 같다.

$$\lim_{x\to 0}\frac{a^x-1}{x}=\frac{1}{\log_a\left\{\lim_{t\to 0}(1+t)^{\frac{1}{t}}\right\}}=\frac{1}{\log_a e}=\log_e a=\ln a$$

[유제 2-8]

다음을 구하라.

(a) $\lim_{x\to 0}\dfrac{3^x-1}{3x}$ (b) $\lim_{x\to 0}\dfrac{0.5^{2x}-1}{3x}$ (c) $\lim_{x\to \frac{1}{3}}\dfrac{2^{3x}-2}{3x-1}$

앞에서 다룬 지수함수에 오일러 수를 적용하여 자연지수함수를 정의해 보자.

정의 2-4 자연지수함수

밑이 오일러 수 e인 지수함수 $f(x)=e^x$을 **자연지수함수**(natural exponential function)라고 한다.

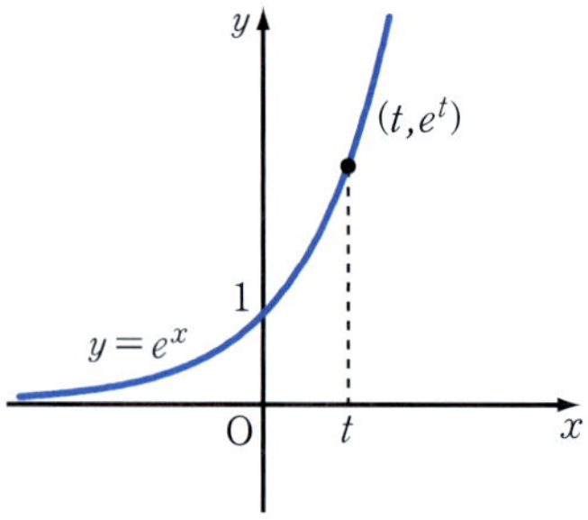

[그림 2-3] 자연지수함수의 그래프

자연지수함수의 그래프는 [그림 2-3]과 같다. $e>1$이므로 자연지수함수는 밑이 1보다 큰 지수함수에서 성립하는 모든 성질을 만족한다.

예제 2-10 자연지수함수의 극한 계산

$\lim_{x\to\infty}\dfrac{e^{3x}+1}{e^{4x}+2}$을 계산하라.

풀이

주어진 함수의 분자와 분모를 각각 e^{4x}으로 나누면 $\dfrac{e^{3x}+1}{e^{4x}+2}=\dfrac{e^{-x}+e^{-4x}}{1+2e^{-4x}}$이다.

$\lim_{x\to\infty}e^{-x}$과 $\lim_{x\to\infty}e^{-4x}$은 각각 0이므로 $\lim_{x\to\infty}\dfrac{e^{3x}+1}{e^{4x}+2}=\dfrac{0}{1}=0$이다.

[유제 2-9]

다음을 구하라.

(a) $\lim_{x\to-\infty}\dfrac{e^{3x}+1}{e^{4x}+2}$ (b) $\lim_{x\to\infty}\dfrac{3e^{x}-4}{2e^{x}-7}$ (c) $\lim_{x\to\infty}\dfrac{-e^{x}+1}{3e^{2x}+2}$

이번에는 로그함수에 오일러 수를 적용하여 자연로그함수를 정의해 보자.

자연로그 기호 ln은 영문표현인 natural logarithm의 첫 글자 l과 n을 조합하여 만든 것이다. 밑이 10인 로그함수 $\log_{10}x$는 상용로그(common logarithm)이라 부르며 간단히 $\log x$라 표기한다.

정의 2-5 자연로그함수

밑이 오일러 수 e인 로그함수 $f(x)=\log_e x$를 **자연로그함수**(natural logarithmic function)라고 하며 다음과 같이 표기한다.

$$\ln x=\log_e x$$

자연지수함수와 자연로그함수는 다음과 같이 서로 역함수 관계에 있다.

$$y=\ln x \quad\Leftrightarrow\quad x=e^y$$

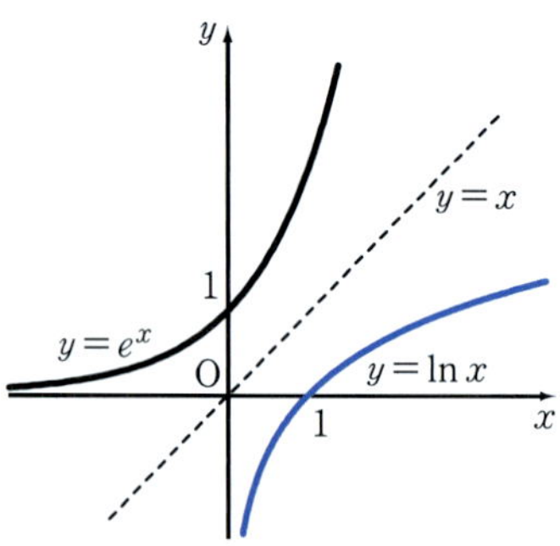

[그림 2-4] 자연지수함수와 자연로그함수의 관계

이 관계를 정리하면 로그함수와 마찬가지로 다음 항등식을 얻는다.

$$e^{\ln x}=x \qquad (2.3)$$

$$\ln e^{x}=x \qquad (2.4)$$

자연지수함수와 자연로그함수의 그래프는 [그림 2-4]와 같이 직선 $y=x$에 대하여 대칭이다.

자연로그함수는 밑이 1보다 큰 로그함수에서 성립하는 모든 성질을 만족한다.

예제 2-11 자연로그함수의 특징을 이용한 극한 계산

양의 실수 a에 대하여 $\lim_{x\to 0}\frac{\ln(a+x)-\ln a}{x}$를 구하라.

풀이

로그함수의 성질에 의해 다음이 성립한다.

$$\frac{\ln(a+x)-\ln a}{x}=\frac{1}{x}\ln\left(\frac{a+x}{a}\right)=\frac{1}{a}\cdot\frac{a}{x}\ln\left(1+\frac{x}{a}\right)=\frac{1}{a}\ln\left(1+\frac{x}{a}\right)^{\frac{a}{x}}$$

x가 0에 가까워짐에 따라 $t=\frac{x}{a}$도 0에 가까워지므로 다음이 성립한다.

$$\lim_{x\to 0}\frac{\ln(a+x)-\ln a}{x}=\frac{1}{a}\lim_{x\to 0}\ln\left(1+\frac{x}{a}\right)^{\frac{a}{x}}=\frac{1}{a}\lim_{t\to 0}\ln(1+t)^{\frac{1}{t}}=\frac{1}{a}\ln e=\frac{1}{a}$$

[유제 2-10]

양의 실수 a에 대하여 다음을 구하라.

(a) $\lim_{x\to 0}\frac{\ln(a+3x)-\ln a}{2x}$

(b) $\lim_{x\to\infty}x\{\ln(x^2+ax)-\ln x^2\}$

(c) $\lim_{x\to\infty}x\{\ln(1+ax)-\ln a-\ln x\}$

정리 2-9 지수·로그함수와 자연지수·자연로그함수의 관계

(1) 모든 지수함수는 자연지수함수와 자연로그함수의 합성으로 표현할 수 있다.

$$a^x=e^{x\ln a}$$

(2) 모든 로그함수는 자연로그의 비율로 표현할 수 있다.

$$\log_a x=\frac{\ln x}{\ln a}$$

증명

(1) a^x을 자연로그함수 $\ln x$의 x 자리에 대입하면 $\ln a^x=x\ln a$이다. 이 함수를 다시 자연지수함수 e^x의 x 자리에 대입하면 $a^x=e^{\ln a^x}=e^{x\ln a}$가 성립한다.

(2) 로그 법칙에 의해 $\log_a x=\frac{\log_e x}{\log_e a}=\frac{\ln x}{\ln a}$가 성립한다. ■

예제 2-12 로그함수의 자연로그 비율 표현

[예제 2-11]을 이용하여 $\lim_{x\to 0}\frac{\log_b(a+x)-\log_b a}{x}$를 구하라.

풀이

[정리 2-9]에 의해 $\log_b(a+x)-\log_b a=\frac{\ln(a+x)-\ln a}{\ln b}$이다. 그러므로 [예제 2-10]의 결과에 따라 다음이 성립한다.

$$\lim_{x\to 0}\frac{\log_b(a+x)-\log_b a}{x}=\frac{1}{\ln b}\lim_{x\to 0}\frac{\ln(a+x)-\ln a}{x}=\frac{1}{\ln b}\frac{1}{a}$$

[유제 2-11]

다음 극한을 구하라.

(a) $\lim_{x\to 0}\frac{\log_3(5+x)-\log_3 5}{x}$

(b) $\lim_{x\to 1}\frac{\log_2 x}{x-1}$

(c) $\lim_{x\to 0^+}\frac{\log_2(3+x)-\log_4 9}{x}$

SECTION

2.1 연습문제

※ 01~03 함수 $f(x)=Ca^x$이 다음을 만족할 때 실수 C와 양의 실수 a 값을 각각 구하라.

01 $f(0)=3,\ f(1)=12$

02 $f(1)=5,\ f(4)=40$

03 $f(-1)=3,\ f(2)=81$

※ 04~07 다음 극한을 구하라.

04 $\lim\limits_{x\to\infty}\dfrac{2\left(\frac{1}{2}\right)^x+4}{\left(\frac{1}{2}\right)^x+5}$

05 $\lim\limits_{x\to\infty}\dfrac{5^x+4}{3\cdot 5^x+5}$

06 $\lim\limits_{x\to\infty}\dfrac{0.5^x+3}{0.25^x+7}$

07 $\lim\limits_{x\to-\infty}\dfrac{a^x+3}{a^x+1}$ (a는 $a\neq 1$인 양수)

※ 08~09 1이 아닌 양의 실수 a에 대하여 다음 극한을 구하라.

08 $\lim\limits_{x\to\infty}\dfrac{4a^x+3}{2a^x+5}$

09 $\lim\limits_{x\to\infty}\dfrac{a^{2x}-a^x}{a^{2x}+a^x}$

※ 10~21 다음을 간단히 정리하라.

10 $\log_3 27$

11 $\log_{\frac{1}{2}} 0.25$

12 $4^{\log_2\sqrt{x}}$

13 $\log_3 11^{(\log_{121}3)x^3}$

14 $e^{\ln 3}$

15 $e^{-\ln x^3}$

16 $e^{\ln e^3}$

17 $e^{\ln x-\ln y^2}$

18 $\ln e^{x^2}$

19 $\ln\left(e\cdot e^{\frac{1}{2}x}\right)$

20 $2\ln\sqrt{2}$

21 $\ln e^{-x^2+3}$

※ 22~28 다음 로그를 $\ln 3$과 $\ln 5$를 이용하여 표현하라.

22 $\ln 15$

23 $\ln 675$

24 $\ln\dfrac{1}{15}$

25 $\ln 0.6$

26 $\ln 3\sqrt{5}$

27 $\ln\sqrt{5.4}$

28 $\ln 0.12$

※ 29~34 다음 극한을 구하라.

29 $\lim\limits_{x\to 0}\dfrac{e^{3x}-1}{2x}$

30 $\lim\limits_{x\to 0}\dfrac{e^{3+x}-e^3}{3x}$

31 $\lim\limits_{x\to 1}\dfrac{e^x-e}{x-1}$

32 $\lim\limits_{x\to 0}\dfrac{\ln(2+2x)-\ln 2}{4x}$

33 $\lim\limits_{x\to\infty}x\{\ln(1+x)-\ln x\}$

34 $\lim\limits_{x\to 1}\dfrac{\ln x}{2x-2}$

35 1년당 개체수 증가율이 125%인 세포의 6개월당 개체수 증가율을 구하라.

36 방사성 원소 스트론튬-90(^{90}Sr)의 반감기는 30년이다. 스트론튬-90의 처음 양 C_0가 C_p로 줄어드는 데 걸리는 기간을 자연로그함수로 표현하라.

SECTION 2.2 삼각함수와 역삼각함수

삼각함수는 사인함수와 코사인함수, 그리고 이 둘의 조합으로 정의되는 탄젠트함수 등을 말한다. 사인함수, 코사인함수, 탄젠트함수는 주기함수로서 규칙적인 주기 현상을 기술하는 데 사용된다. 이 절에서는 삼각함수와 삼각함수의 역함수인 역삼각함수를 알아본다.

삼각함수

좌표평면의 원점 O를 중심으로 하고 반지름이 1인 단위원(unit circle)의 방정식 $x^2+y^2=1$을 생각해 보자. 실수 θ에 대하여, [그림 2-5]와 같이 점 $(1,0)$에서 단위원을 따라 반시계방향으로 θ만큼(θ가 음수일 때는 시계방향으로 거리 $|\theta|=-\theta$ 만큼) 이동한 점 P의 좌표를 (x,y)라고 할 때 x와 y를 다음과 같이 정의한다.

$$\sin\theta=y,\ \cos\theta=x$$

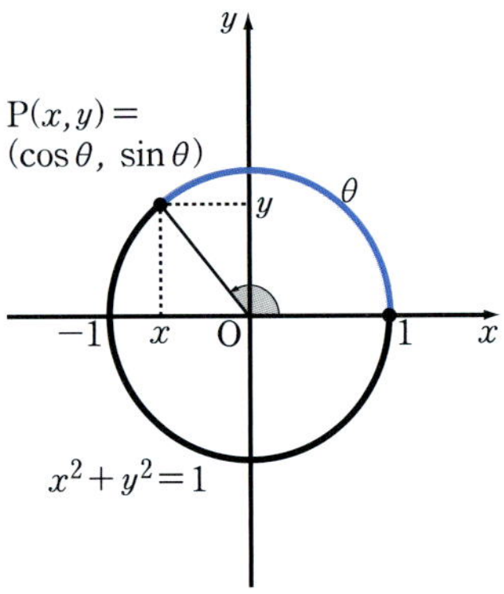

[그림 2-5] 단위원

이때 $\sin\theta$를 사인함수, $\cos\theta$를 코사인함수라고 한다. 단위원의 방정식에 의해 다음 식을 쉽게 유도할 수 있다.

$$\sin^2\theta+\cos^2\theta=1$$

육십분법의 $\frac{180}{\pi}^{\circ}$ 를 1라디안(radian)으로 정의하여 이를 단위로 하는 각의 측도법을 호도법(circular measure)이라고 한다. 1라디안의 각을 가진 부채꼴은 호의 길이와 반지름이 같다. 각이 θ라디안이고 반지름이 r인 부채꼴의 호의 길이는 $r\theta$이고 넓이는 $\frac{r^2\theta}{2}$이다.

이때 x축의 양의 방향과 선분 OP 사이의 각을 호도법의 라디안 측도로 측정하면 θ라디안이다. 단위원의 둘레가 2π이므로 θ값이 2π만큼 변하면 그에 해당하는 점 P의 좌표는 변화 없이 동일하다. 그러므로 사인함수와 코사인함수는 주기가 2π인 주기함수다.

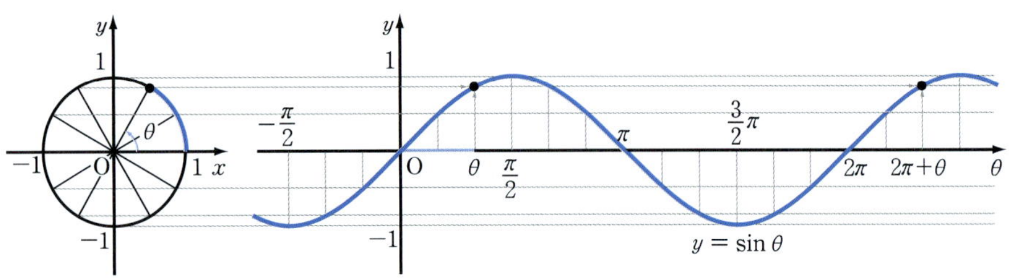

[그림 2-6] 단위원과 사인함수의 그래프

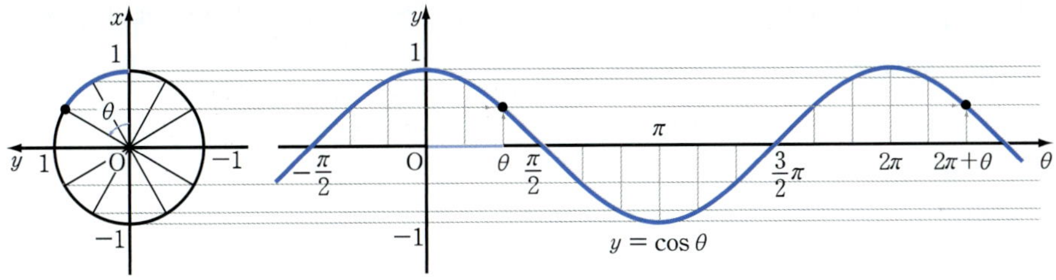

[그림 2-7] 단위원과 코사인함수의 그래프

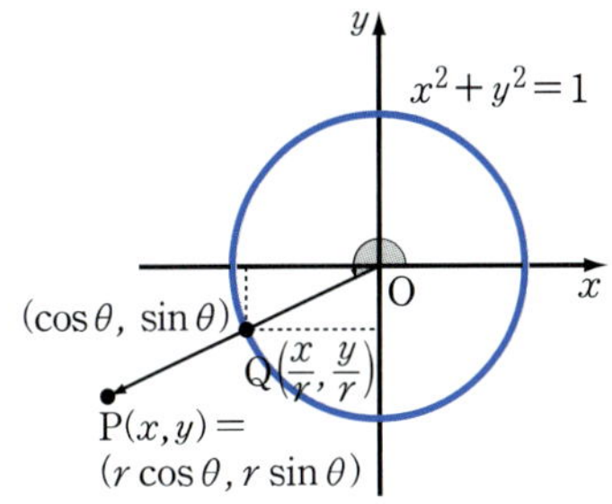

[그림 2-8] 극좌표계

일반적으로 원점 O가 아닌 점 $P(x,y)$에 대하여 OP의 길이를 $r=\sqrt{x^2+y^2}$ 이라 하고 x축과 선분 OP의 사잇각을 θ로 두자. 원점 O에서 $P(x,y)$를 지나는 반직선이 단위원과 만나는 점 Q의 좌표는 $\left(\frac{x}{r}, \frac{y}{r}\right)$이다. x축과 선분 OQ의 사잇각은 여전히 θ이므로 사인함수와 코사인함수 정의에 의해 $\frac{x}{r}=\cos\theta$, $\frac{y}{r}=\sin\theta$이다. 따라서 점 P의 좌표는 $(x,y)=(r\cos\theta, r\sin\theta)$이다. 이렇게 원점이 아닌 좌표평면의 점의 좌표를 r과 θ로 표시하는 것을 극좌표계(polar coordinate system)라 한다.

앞에서 살펴본 내용을 바탕으로 다음 6가지 **삼각함수**(trigonometric function)를 정의해 보자.

정의 2-6 삼각함수

(1) **사인함수**(sine function) : $\sin\theta=\frac{y}{r}$

(2) **코사인함수**(cosine function) : $\cos\theta=\frac{x}{r}$

(3) **탄젠트함수**(tangent function) : $\tan\theta=\frac{\sin\theta}{\cos\theta}=\frac{y}{x}$

(4) **코시컨트함수**(cosecant function) : $\csc\theta=\frac{1}{\sin\theta}=\frac{r}{y}$

(5) **시컨트함수**(secant function) : $\sec\theta=\frac{1}{\cos\theta}=\frac{r}{x}$

(6) **코탄젠트함수**(cotangent function) : $\cot\theta=\frac{1}{\tan\theta}=\frac{x}{y}$

다음 정리를 통해 각각의 삼각함수의 대칭성을 알 수 있다.

정리 2-10 삼각함수의 대칭성

(1) $\sin(-x)=-\sin x$ (2) $\cos(-x)=\cos x$

(3) $\tan(-x)=-\tan x$ (4) $\csc(-x)=-\csc x$

(5) $\sec(-x)=\sec x$ (6) $\cot(-x)=-\cot x$

사인함수, 탄젠트함수, 코시컨트함수, 코탄젠트함수는 원점에 대하여 대칭인 기함수이며 코사인함수, 시컨트함수는 y축에 대하여 대칭인 우함수다.

정리 2-11 기본 삼각함수의 항등식

(1) $\sin\left(x+\frac{\pi}{2}\right)=\cos x$ (2) $\cos\left(x+\frac{\pi}{2}\right)=-\sin x$

(3) $\tan\left(x+\frac{\pi}{2}\right)=-\cot x$ (4) $\sin(x+\pi)=-\sin x$

(5) $\cos(x+\pi)=-\cos x$ (6) $\tan(x+\pi)=\tan x$

사인함수와 코사인함수는 모든 실수 θ에 대하여 정의되지만 나머지 삼각함수는 정의되는 않는 점이 존재한다. 탄젠트함수 정의에 따르면 $\tan x=\frac{\sin x}{\cos x}$이므로 탄젠트함수는 $\cos x$가 0이 되는 $x=\frac{\pi}{2}+n\pi$(n은 정수)에서 정의되지 않는다. 같은 이유로 다른 함수들 역시 정의역이 실수 전체 집합이 될 수 없다.

[그림 2-9]를 통해 앞에서 살펴본 삼각함수의 그래프가 어떤 형태인지 확인하자.

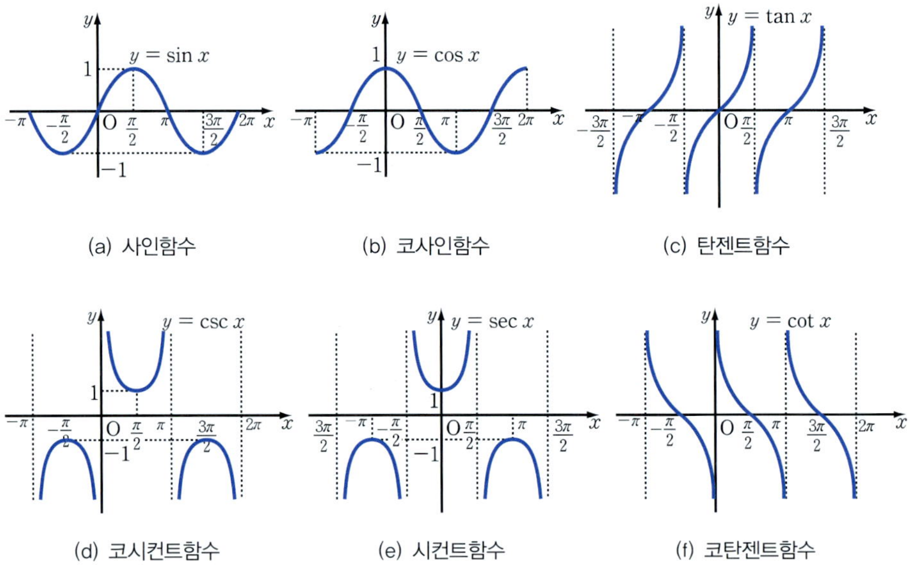

[그림 2-9] 삼각함수의 그래프

[표 2-2]를 통해 각 삼각함수의 정의역, 치역, 주기를 살펴보자.

[표 2-2] 삼각함수의 정의역, 치역, 주기

	정의역	치역	주기
사인함수	$\mathbb{R}$	$[-1, 1]$	2π
코사인함수	$\mathbb{R}$	$[-1, 1]$	2π
탄젠트함수	$\left\{x\in\mathbb{R}\,\middle\vert\, x\neq\pm\frac{\pi}{2}, \pm\frac{3\pi}{2}, \cdots\right\}$	$\mathbb{R}$	π
코시컨트함수	$\left\{x\in\mathbb{R}\,\middle\vert\, x\neq 0, \pm\pi, \pm 2\pi, \cdots\right\}$	$(-\infty, -1]\cup[1, \infty)$	2π
시컨트함수	$\left\{x\in\mathbb{R}\,\middle\vert\, x\neq\pm\frac{\pi}{2}, \pm\frac{3\pi}{2}, \cdots\right\}$	$(-\infty, -1]\cup[1, \infty)$	2π
코탄젠트함수	$\{x\in\mathbb{R}\vert x\neq 0, \pm\pi, \pm 2\pi, \cdots\}$	$\mathbb{R}$	π

다음으로 삼각함수에 관한 공식 4가지를 알아보자. 이후 삼각함수를 이용한 문제를 풀 때 유용하게 사용할 수 있으므로 반드시 기억하자.

정리 2-12 삼각함수의 항등식

(1) $\sin^2 x + \cos^2 x = 1$

(2) $1 + \tan^2 x = \sec^2 x$

(3) $1 + \cot^2 x = \csc^2 x$

정리 2-13 삼각함수의 합의 공식

(1) $\sin(x+y) = \sin x\cos y + \cos x\sin y$

(2) $\sin(x-y) = \sin x\cos y - \cos x\sin y$

(3) $\cos(x+y) = \cos x\cos y - \sin x\sin y$

(4) $\cos(x-y) = \cos x\cos y + \sin x\sin y$

정리 2-14 삼각함수의 이배각 공식

(1) $\sin 2x = 2\sin x\cos x$　　(2) $\cos 2x = \cos^2 x - \sin^2 x$

정리 2-15 삼각함수의 반각 공식

(1) $\sin^2\left(\frac{x}{2}\right) = \frac{1-\cos x}{2}$　　(2) $\cos^2\left(\frac{x}{2}\right) = \frac{1+\cos x}{2}$

[표 2-3]은 여러 가지 특수각에 대한 사인함수, 코사인함수, 탄젠트함수 값을 나타낸다. [그림 2-10]에서 이미 잘 알고 있는 두 직각삼각형의 변의 길이와 각의 크기를 이용하면 아래 표의 내용을 쉽게 기억할 수 있다.

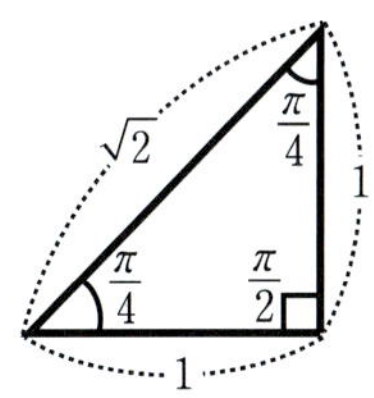

(a) 변의 길이가 1, 1, $\sqrt{2}$ 인 직각삼각형

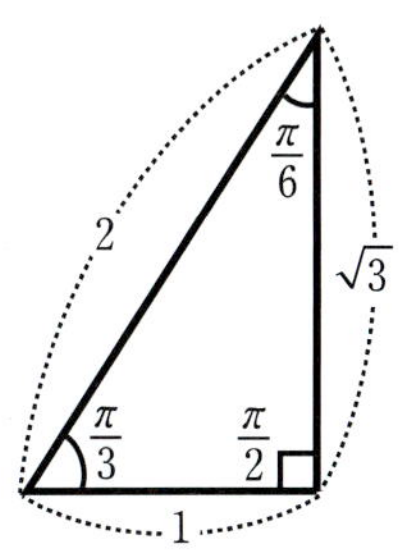

(b) 변의 길이가 1, 2, $\sqrt{3}$ 인 직각삼각형

[그림 2-10] 직각삼각형과 특수각에 대한 삼각함수

[표 2-3] 특수각에 대한 삼각함수 값

x	$-\frac{\pi}{2}$	$-\frac{\pi}{3}$	$-\frac{\pi}{4}$	$-\frac{\pi}{6}$	0	$\frac{\pi}{6}$	$\frac{\pi}{4}$	$\frac{\pi}{3}$	$\frac{\pi}{2}$
$\sin x$	-1	$-\frac{\sqrt{3}}{2}$	$-\frac{\sqrt{2}}{2}$	$-\frac{1}{2}$	0	$\frac{1}{2}$	$\frac{\sqrt{2}}{2}$	$\frac{\sqrt{3}}{2}$	1
$\cos x$	0	$\frac{1}{2}$	$\frac{\sqrt{2}}{2}$	$\frac{\sqrt{3}}{2}$	1	$\frac{\sqrt{3}}{2}$	$\frac{\sqrt{2}}{2}$	$\frac{1}{2}$	0
$\tan x$		$-\sqrt{3}$	-1	$-\frac{\sqrt{3}}{3}$	0	$\frac{\sqrt{3}}{3}$	1	$\sqrt{3}$	

예제 2-13 삼각함수의 반각 공식

$\cos\frac{\pi}{8}$를 구하라.

풀이

반각 공식([정리 2-15])에 의해 다음이 성립한다.

$$\cos^2\frac{\pi}{8}=\cos^2\left(\frac{\pi/4}{2}\right)=\frac{1+\cos\frac{\pi}{4}}{2}=\frac{1+\frac{\sqrt{2}}{2}}{2}=\frac{2+\sqrt{2}}{4}$$

$0<\frac{\pi}{8}<\frac{\pi}{2}$이므로 $\cos\frac{\pi}{8}$는 양의 실수다. 따라서 $\cos\frac{\pi}{8}=\sqrt{\frac{2+\sqrt{2}}{4}}$이다.

[유제 2-12]

다음 값을 구하라.

(a) $\sin\frac{\pi}{8}$ (b) $\sin\left(-\frac{\pi}{12}\right)$ (c) $\cos\frac{5\pi}{12}$ (d) $\tan\frac{3\pi}{8}$

정리 2-16 일차함수와의 비교 정리

$0<x<\frac{\pi}{2}$인 실수 x에 대하여 다음 부등식이 성립한다.

$$\sin x < x < \tan x$$

증명

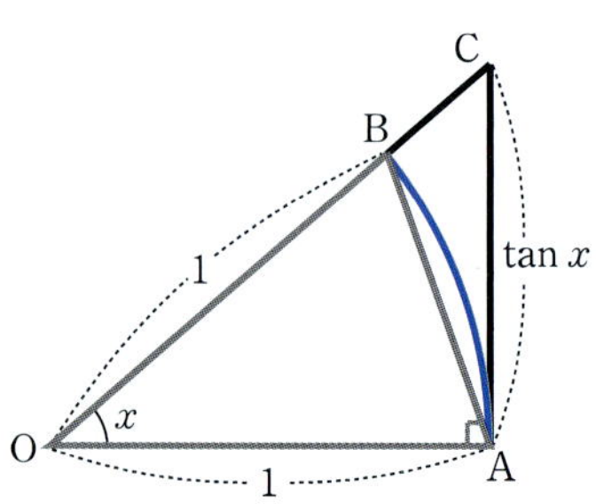

왼쪽 그림과 같이 사잇각의 크기가 $x\left(0<x<\frac{\pi}{2}\right)$인 이등변삼각형 $\triangle OAB$를 생각하자. 선분 OB의 연장선에 선분 OA와 선분 CA가 직각이 되는 점 C를 선택하자. $\triangle OAB$, 부채꼴 OAB, $\triangle OAC$의 넓이를 비교하면 다음과 같다.

$$\triangle OAB < \text{부채꼴}OAB < \triangle OAC \qquad (2.5)$$

각 도형의 넓이는 $\triangle OAB = \frac{1}{2}\sin x$, 부채꼴 $OAB = \frac{x}{2}$, $\triangle OAC = \frac{1}{2}\tan x$ 이다. 따라서 식 (2.5)에 의해 부등식 $\sin x < x < \tan x$가 유도된다. ■

[정리 2-16]을 이용하면 삼각함수가 연속임을 확인할 수 있다. 먼저 연속성에 관한 보조정리를 살펴보자.

정리 2-17 삼각함수의 연속성에 관한 보조정리

(1) $\lim_{x \to 0} \cos x = 1$

(2) $\lim_{x \to 0} \frac{\sin x}{x} = 1$

(3) $\lim_{x \to 0} \frac{\cos x - 1}{x} = 0$

증명

(1) [정리 2-16]에 의해 $0 < x < \frac{\pi}{2}$이면 $\sin x < x$이다. 반각 공식을 이용하면 $\frac{1-\cos x}{2} = \sin^2\left(\frac{x}{2}\right) < \left(\frac{x}{2}\right)^2$이므로 $1 - \frac{x^2}{2} < \cos x$가 성립한다. 모든 실수 x에 대하여 $\cos x \leq 1$이므로 다음 부등식이 성립한다.

$$1 - \frac{x^2}{2} < \cos x \leq 1 \quad \left(0 < x < \frac{\pi}{2}\right)$$

조임정리([정리 1-5])에 의해 $\lim_{x \to 0^+} \cos x = 1$이다. 또한 코사인함수는 우함수이므로 $\lim_{x \to 0^-} \cos x = 1$도 성립한다. 따라서 $\lim_{x \to 0} \cos x = 1$이다.

(2) [정리 2-16]에서 $0 < x < \frac{\pi}{2}$일 때 성립한 부등식 $\sin x < x < \tan x$의 각 변을 $\sin x$로 나누면 $1 < \frac{x}{\sin x} < \frac{1}{\cos x}$이다. 즉 다음이 성립한다.

$$\cos x < \frac{\sin x}{x} < 1$$

(1)의 결과에 따라 $\lim_{x \to 0} \cos x = 1$이므로 조임정리에 의해 $\lim_{x \to 0^+} \frac{\sin x}{x} = 1$이다.

$-\frac{\pi}{2} < x < 0$인 경우에는 다음이 성립한다.

$$\cos x = \cos(-x) < \frac{\sin(-x)}{-x} < 1 \quad \left(0 < -x < \frac{\pi}{2}\right)$$

[정리 2-10]을 이용하면 $\dfrac{\sin(-x)}{-x} = \dfrac{-\sin x}{-x} = \dfrac{\sin x}{x}$ 에서 $\lim\limits_{x\to 0^-}\dfrac{\sin x}{x} = 1$ 이다. 따라서 $\lim\limits_{x\to 0}\dfrac{\sin x}{x} = 1$ 이다.

(3) $\dfrac{\cos x - 1}{x} = \dfrac{\cos x - 1}{x}\cdot\dfrac{\cos x + 1}{\cos x + 1} = \dfrac{-\sin^2 x}{x(\cos x + 1)}$ 이므로 (1)과 (2)를 이용하여 다음을 얻을 수 있다.

$$\lim_{x\to 0}\frac{\cos x - 1}{x} = -\left(\lim_{x\to 0}\frac{\sin x}{x}\right)\left(\lim_{x\to 0}\frac{\sin x}{\cos x + 1}\right) = 0$$ ■

이제 [정리 2-17]을 이용하여 삼각함수의 연속성에 관한 정리를 살펴보고 이를 증명해 보자.

정리 2-18 삼각함수의 연속성에 관한 정리

삼각함수는 정의되는 모든 점에서 연속이다.

증명

[정리 2-17]의 (1)에 의해 $\cos x$는 $x = 0$에서 연속이다. [정리 2-17]의 (2)와 [정리 1-1]을 이용하면 다음이 성립한다.

$$\lim_{x\to 0}\sin x = \lim_{x\to 0}\left(\frac{\sin x}{x}\cdot x\right) = \lim_{x\to 0}\frac{\sin x}{x}\cdot\lim_{x\to 0}x = 1\cdot 0 = 0$$

따라서 $\sin x$도 $x = 0$에서 연속이다. [정리 2-13]의 합의 공식에 의해 임의의 실수 x와 t에 대하여 다음이 성립한다.

$$\sin(x+t) = \sin x\cos t + \cos x\sin t$$
$$\cos(x+t) = \cos x\cos t - \sin x\sin t$$

위 식을 이용하여 사인함수와 코사인함수의 극한 $\lim\limits_{t\to 0}\sin(x+t)$와 $\lim\limits_{t\to 0}\cos(x+t)$를 구하면 다음과 같다.

$$\lim_{t\to 0}\sin(x+t) = \sin x\cdot\lim_{t\to 0}\cos t + \cos x\cdot\lim_{t\to 0}\sin t = \sin x$$
$$\lim_{t\to 0}\cos(x+t) = \cos x\cdot\lim_{t\to 0}\cos t - \sin x\cdot\lim_{t\to 0}\sin t = \cos x$$

즉 사인함수와 코사인함수는 임의의 실수 x에서 연속이므로 연속함수다. 나머지 삼각함수는 사인함수와 코사인함수의 대수적 결합이므로 [정리 1-8]에 의해 각 함수의 정의역에서 연속이다. ■

역삼각함수

[그림 2-9]의 삼각함수의 그래프에서 보았듯이 삼각함수는 일대일 함수가 아니다. 그러나 [그림 2-11]과 같이 정의역을 제한하면 각 치역으로 일대일 대응이 됨을 알 수 있다.

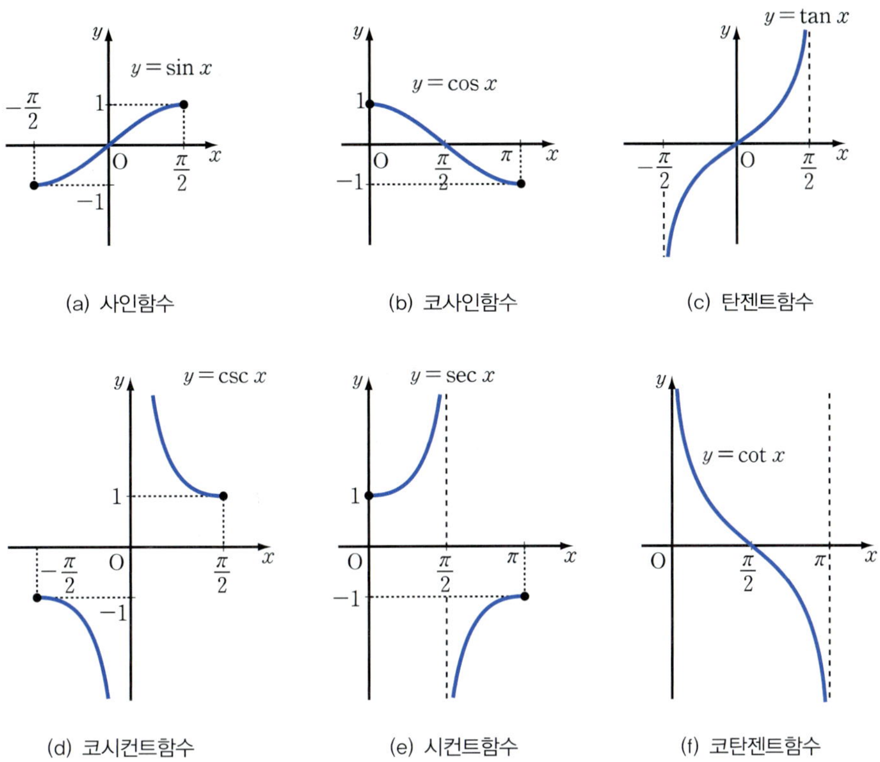

[그림 2-11] 정의역을 제한한 삼각함수의 그래프

[표 2-4]를 통해 각 삼각함수의 정의역과 치역을 살펴보자.

[표 2-4] 정의역을 제한한 삼각함수의 정의역과 치역

	제한한 정의역	치역
사인함수	$\left[-\frac{\pi}{2}, \frac{\pi}{2}\right]$	$[-1, 1]$
코사인함수	$[0, \pi]$	$[-1, 1]$
탄젠트함수	$\left(-\frac{\pi}{2}, \frac{\pi}{2}\right)$	$\mathbb{R}$
코시컨트함수	$\left[-\frac{\pi}{2}, 0\right) \cup \left(0, \frac{\pi}{2}\right]$	$(-\infty, -1] \cup [1, \infty)$
시컨트함수	$\left[0, \frac{\pi}{2}\right) \cup \left(\frac{\pi}{2}, \pi\right]$	$(-\infty, -1] \cup [1, \infty)$
코탄젠트함수	$(0, \pi)$	$\mathbb{R}$

삼각함수는 정의역을 제한했을 때 일대일 대응이므로 역함수가 존재한다. 이제 각 삼각함수의 제한된 정의역과 치역을 바꿔 역함수에 해당하는 **역삼각함수**(inverse trigonometric function)를 정의해 보자.

정의 2-7 역삼각함수 (1)

(1) **역사인함수**(inverse sine function)

$-\frac{\pi}{2} \le y \le \frac{\pi}{2}$인 실수 y에 대하여 $\sin y = x$를 만족하는 실수 x가 존재할 때 $y = \sin^{-1}x$를 역사인함수라고 한다.

$$\sin^{-1}x = y \quad \Leftrightarrow \quad \sin y = x \quad \left(y \in \left[-\frac{\pi}{2}, \frac{\pi}{2}\right]\right)$$

$\sin^{-1}x$ 대신 $\arcsin x$로 표기하기도 하며 이를 **아크사인함수**(arcsine function)라고 한다.

(2) **역코사인함수**(inverse cosine function)

$0 \le y \le \pi$인 실수 y에 대하여 $\cos y = x$를 만족하는 실수 x가 존재할 때 $y = \cos^{-1}x$를 역코사인함수라고 한다.

$$\cos^{-1}x = y \quad \Leftrightarrow \quad \cos y = x \quad (y \in [0, \pi])$$

$\cos^{-1}x$ 대신 $\arccos x$로 표기하기도 하며 이를 **아크코사인함수**(arccosine function)라고 한다.

(3) **역탄젠트함수**(inverse tangent function)

$-\frac{\pi}{2} < y < \frac{\pi}{2}$인 실수 y에 대하여 $\tan y = x$를 만족하는 실수 x가 존재할 때 $y = \tan^{-1}x$를 역탄젠트함수라고 한다.

$$\tan^{-1}x = y \quad \Leftrightarrow \quad \tan y = x \quad \left(y \in \left(-\frac{\pi}{2}, \frac{\pi}{2}\right)\right)$$

$\tan^{-1}x$ 대신 $\arctan x$로 표기하기도 하며 이를 **아크탄젠트함수**(arctangent function)라고 한다.

앞에서 정의한 역사인함수, 역코사인함수, 역탄젠트함수의 그래프는 [그림 2-12]와 같다.

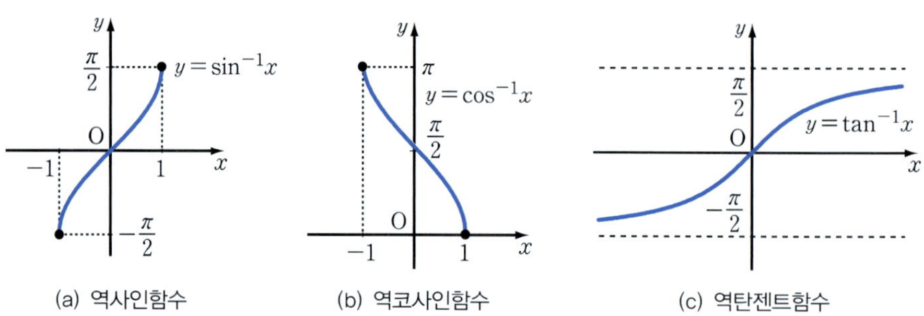

[그림 2-12] 역삼각함수의 그래프 (1)

[표 2-5]를 통해 역사인함수, 역코사인함수, 역탄젠트함수의 정의역과 치역을 살펴보자. [표 2-4]와 비교하면 정의역과 치역이 바뀐 것을 확인할 수 있다.

[표 2-5] 역사인함수, 역코사인함수, 역탄젠트함수의 정의역과 치역

	정의역	치역
역사인함수	$[-1, 1]$	$\left[-\frac{\pi}{2}, \frac{\pi}{2}\right]$
역코사인함수	$[-1, 1]$	$[0, \pi]$
역탄젠트함수	$\mathbb{R}$	$\left(-\frac{\pi}{2}, \frac{\pi}{2}\right)$

역사인함수, 역코사인함수, 역탄젠트함수는 모두 매끄러운 연속함수다. $y=\tan x$는 $x=\frac{\pi}{2}$와 $x=-\frac{\pi}{2}$가 수직점근선이므로 $y=\tan^{-1}x$는 $y=\frac{\pi}{2}$와 $y=-\frac{\pi}{2}$가 수평점근선이며 무한대에서의 극한은 다음과 같다.

$$\lim_{x\to\infty}\tan^{-1}x=\frac{\pi}{2},\quad \lim_{x\to-\infty}\tan^{-1}x=-\frac{\pi}{2}$$

예제 2-14 역사인함수와 역코사인함수

다음 값을 구하라.

(a) $\sin^{-1}\frac{\sqrt{3}}{2}$ (b) $\cos^{-1}\left(-\frac{\sqrt{3}}{2}\right)$

풀이

(a) 사인함수 값이 $\frac{\sqrt{3}}{2}$이 되는 경우는 다음과 같다.

$$\sin\left(\frac{\pi}{3}+2n\pi\right)=\sin\left(\frac{2\pi}{3}+2n\pi\right)=\frac{\sqrt{3}}{2}$$

$\frac{\pi}{3}+2n\pi$와 $\frac{2\pi}{3}+2n\pi$에 해당하는 수 중에 $-\frac{\pi}{2}$와 $\frac{\pi}{2}$ 사이에 있는 수는 $\frac{\pi}{3}$뿐이므로 $\sin^{-1}\frac{\sqrt{3}}{2}=\frac{\pi}{3}$이다.

(b) 코사인함수 값이 $-\frac{\sqrt{3}}{2}$이 되는 경우는 다음과 같다.

$$\cos\left(\frac{5\pi}{6}+2n\pi\right)=\cos\left(\frac{7\pi}{6}+2n\pi\right)=-\frac{\sqrt{3}}{2}$$

$\frac{5\pi}{6}+2n\pi$와 $\frac{7\pi}{6}+2n\pi$에 해당하는 수 중에 0과 π 사이에 있는 수는 $\frac{5\pi}{6}$뿐이므로 $\cos^{-1}\left(-\frac{\sqrt{3}}{2}\right)=\frac{5\pi}{6}$이다.

[유제 2-13]

다음 값을 구하라.

(a) $\sin^{-1}\frac{1}{2}$ (b) $\cos^{-1}\left(-\frac{\sqrt{2}}{2}\right)$ (c) $\sin^{-1}\left(-\frac{\sqrt{2}}{2}\right)$

예제 2-15 사인함수와 역탄젠트함수를 합성한 함숫값 계산

$\sin\left(\tan^{-1}\left(-\frac{3}{2}\right)\right)$의 값을 구하라.

풀이

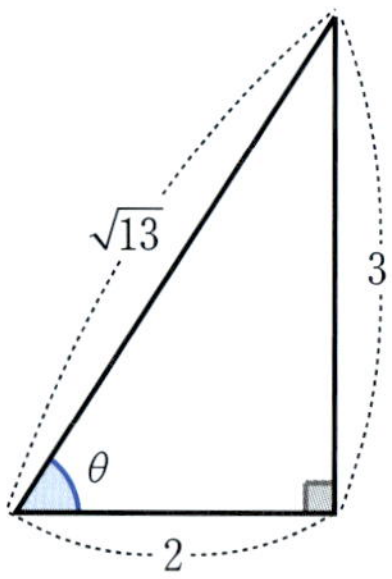

왼쪽 그림과 같이 세 변의 길이가 2, 3, $\sqrt{13}$인 직각삼각형을 생각해 보자. 이때 빗변의 길이는 피타고라스 정리를 통해 구한다. 그림에서 각 θ에 대하여 $\tan\theta=\frac{3}{2}$인데 $y=\tan^{-1}\left(-\frac{3}{2}\right)$이라 두면 $\tan y=-\frac{3}{2}$이므로 y는 그림에서의 각 θ가 아니라 $-\theta$임을 알 수 있다. 따라서 구하고자 하는 삼각함수 값은 $\sin\left(\tan^{-1}\left(-\frac{3}{2}\right)\right)=\sin(-\theta)=-\sin\theta=-\frac{3}{\sqrt{13}}$이다.

[유제 2-14]

$\cos\left(\tan^{-1}\left(-\sqrt{\frac{7}{2}}\right)\right)$의 값을 구하라.

예제 2-16 사인함수와 역탄젠트함수를 합성한 함수의 극한

$\lim_{x\to\infty}\sin(\tan^{-1}x)$를 구하라.

풀이

$\lim_{x\to\infty}\tan^{-1}x=\frac{\pi}{2}$이고 $\sin x$는 연속함수이므로 다음이 성립한다.

$$\lim_{x\to\infty}\sin(\tan^{-1}x)=\sin\left(\lim_{x\to\infty}\tan^{-1}x\right)=\sin\frac{\pi}{2}=1$$

[유제 2-15]

$\lim_{x\to-\infty}\cos(\tan^{-1}x)$를 구하라.

앞에서 정의한 역사인함수, 역코사인함수, 역탄젠트함수와 같이 코시컨트함수, 시컨트함수, 코탄젠트함수의 역함수도 다음과 같이 정의할 수 있다.

정의 2-8 역삼각함수 (2)

(1) **역코시컨트함수**(inverse cosecant function)

$$\csc^{-1}x = y \iff \csc y = x \ \left(-\frac{\pi}{2} \le y \le \frac{\pi}{2} \text{이며 } y \ne 0\right)$$

(2) **역시컨트함수**(inverse secant function)

$$\sec^{-1}x = y \iff \sec y = x \ \left(0 \le y \le \pi \text{이며 } y \ne \frac{\pi}{2}\right)$$

(3) **역코탄젠트함수**(inverse cotangent function)

$$\cot^{-1}x = y \iff \cot y = x \ (0 < y < \pi)$$

앞에서 정의한 역코시컨트함수, 역시컨트함수, 역코탄젠트함수의 그래프는 [그림 2-13]과 같다.

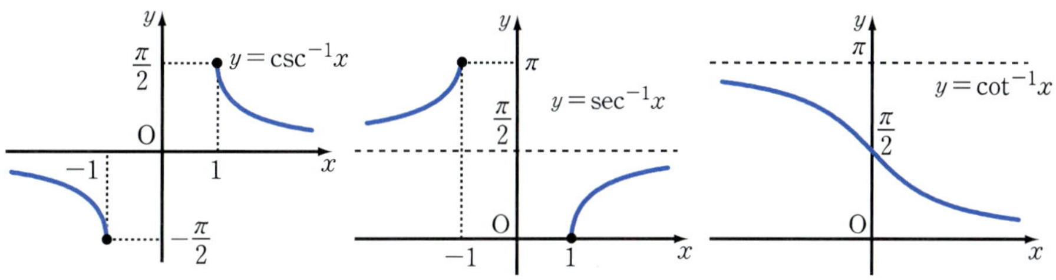

(a) 역코시컨트함수 (b) 역시컨트함수 (c) 역코탄젠트함수

[그림 2-13] 역삼각함수의 그래프 (2)

[표 2-6]을 통해 역코시컨트함수, 역시컨트함수, 역코탄젠트함수의 정의역과 치역을 살펴보자. [표 2-4]와 비교하면 정의역과 치역이 바뀐 것을 확인할 수 있다.

[표 2-6] 역코시컨트함수, 역시컨트함수, 역코탄젠트함수의 정의역과 치역

	정의역	치역
역코시컨트함수	$(-\infty, -1] \cup [1, \infty)$	$\left[-\frac{\pi}{2}, 0\right) \cup \left(0, \frac{\pi}{2}\right]$
역시컨트함수	$(-\infty, -1] \cup [1, \infty)$	$\left[0, \frac{\pi}{2}\right) \cup \left(\frac{\pi}{2}, \pi\right]$
역코탄젠트함수	$\mathbb{R}$	$(0, \pi)$

예제 2-17 코탄젠트함수와 역시컨트함수를 합성한 함수의 극한

$\lim_{x\to\infty}\cot(\sec^{-1}x)$를 구하라.

풀이

$\lim_{x\to\infty}\sec^{-1}x=\frac{\pi}{2}$이므로 $\lim_{x\to\infty}\cot(\sec^{-1}x)=\cot\left(\lim_{x\to\infty}\sec^{-1}x\right)=\cot\frac{\pi}{2}=0$이다.

[유제 2-16]

$\lim_{x\to-\infty}\tan(\csc^{-1}x)$를 구하라.

예제 2-18 역삼각함수의 항등식

다음을 증명하라.

(a) $\cos^{-1}x+\cos^{-1}(-x)=\pi$　　(b) $\sin^{-1}x+\cos^{-1}x=\frac{\pi}{2}$

풀이

(a) $\cos^{-1}x=y$라 하면 $\cos y=x\,(0\le y\le\pi)$를 만족하므로 다음이 성립한다.

$$\cos(\pi-y)=-\cos y=-x\quad(0\le\pi-y\le\pi)$$

따라서 $\cos^{-1}(-x)=\pi-y$이므로 $\cos^{-1}x+\cos^{-1}(-x)=y+(\pi-y)=\pi$가 성립한다.

(b) $\cos^{-1}x=y$라 하면 $\cos y=x\,(0\le y\le\pi)$이므로 다음이 성립한다.

$$\sin\left(-y+\frac{\pi}{2}\right)=\cos(-y)=\cos y=x\quad\left(-\frac{\pi}{2}\le-y+\frac{\pi}{2}\le\frac{\pi}{2}\right)$$

따라서 $\sin^{-1}x=-y+\frac{\pi}{2}$이므로 $\sin^{-1}x+\cos^{-1}x=\frac{\pi}{2}$가 성립한다.

[유제 2-17]

다음을 증명하라.

(a) $\sin^{-1}x+\sin^{-1}(-x)=0$　　(b) $\tan^{-1}x+\cot^{-1}x=\frac{\pi}{2}$

SECTION

2.2 연습문제

※ 01~04 다음 함수의 그래프를 그려라.

01 $y=\cos 2x$

02 $y=\sin\dfrac{x}{2}$

03 $y=\tan(2x+1)$

04 $y=\sec(\pi x+3)$

※ 05~08 다음 값을 구하라.

05 $\cos\dfrac{\pi}{12}$

06 $\sin\left(-\dfrac{\pi}{8}\right)$

07 $\sin\dfrac{13}{12}\pi$

08 $\cos\left(-\dfrac{25}{12}\pi\right)$

※ 09~12 다음 극한을 구하라.

09 $\lim\limits_{x\to\frac{\pi}{2}}\dfrac{\sin x+3}{2\sin x+4}$

10 $\lim\limits_{x\to 3}\dfrac{\cos\pi x+3}{\sin(2\pi x+\pi)+4}$

11 $\lim\limits_{x\to\frac{\pi}{4}}\dfrac{3\tan x+2}{2\tan x+4}$

12 $\lim\limits_{x\to\frac{\pi}{3}}\dfrac{1}{\ln(\tan x)}$

※ 13~16 다음 값을 구하라.

13 $\tan^{-1}\sqrt{3}$

14 $\tan^{-1}(-\sqrt{3})$

15 $\tan^{-1}\left(-\dfrac{1}{\sqrt{3}}\right)$

16 $\tan^{-1}(-1)$

※ 17~20 다음 값을 구하라.

17 $\sin^{-1}\left(-\dfrac{1}{\sqrt{2}}\right)$

18 $\sin^{-1}\left(-\dfrac{\sqrt{3}}{2}\right)$

19 $\cos^{-1}\left(-\dfrac{1}{\sqrt{2}}\right)$

20 $\cos^{-1}\left(-\dfrac{1}{2}\right)$

※ 21~26 다음 값을 구하라.

21 $\sec^{-1}\sqrt{2}$

22 $\sec^{-1}\dfrac{2}{\sqrt{3}}$

23 $\csc^{-1}(-\sqrt{2})$

24 $\csc^{-1}\left(-\dfrac{2}{\sqrt{3}}\right)$

25 $\cot^{-1}(-1)$

26 $\cot^{-1}(-\sqrt{3})$

※ 27~32 다음 값을 구하라.

27 $\sin\left(\tan^{-1}\frac{3}{2}\right)$

28 $\cos\left(\tan^{-1}\left(-\frac{5}{3}\right)\right)$

29 $\tan\left(\sin^{-1}\left(-\frac{2}{3}\right)\right)$

30 $\tan\left(\cos^{-1}\left(-\frac{2}{3}\right)\right)$

31 $\sin\left(\sin^{-1}\frac{1}{2}+\cos^{-1}\frac{1}{2}\right)$

32 $\sec(\cot^{-1}\sqrt{3}+\csc^{-1}(-1))$

※ 33~36 다음 극한을 구하라.

33 $\lim_{x\to 0}(\sin^{-1}x+3)$

34 $\lim_{x\to -2^+}\left(4\cos^{-1}\frac{x}{2}+2\right)$

35 $\lim_{x\to -\infty}\sin(\sec^{-1}4x)$

36 $\lim_{x\to\infty}\frac{1}{\cos(2\tan^{-1}x)}$

37 다음 표를 완성하라.

x	$\sin^{-1}x$	$\cos^{-1}x$
$\frac{\sqrt{3}}{2}$	$\frac{\pi}{3}$	
$\frac{\sqrt{2}}{2}$		
$\frac{1}{2}$		
$-\frac{1}{2}$		
$-\frac{\sqrt{2}}{2}$		
$-\frac{\sqrt{3}}{2}$		$\frac{5\pi}{6}$

38 $x=\sin^{-1}\frac{5}{13}$일 때 $\cos x$, $\tan x$, $\csc x$, $\sec x$, $\cot x$를 계산하라.

39 $x=\sec^{-1}(-\sqrt{5})$일 때 $\sin x$, $\cos x$, $\tan x$, $\csc x$, $\cot x$를 계산하라.

SECTION 2.3 쌍곡선함수와 역쌍곡선함수

2.2절에서 살펴본 사인함수와 코사인함수는 좌표평면에서 원을 표현하였다. 비슷한 방법으로 이 절에서 소개할 쌍곡사인함수와 쌍곡코사인함수는 좌표평면에서 쌍곡선을 표현한다. **쌍곡선함수**(hyperbolic function)에 대하여 자세히 알아보자.

쌍곡선함수

정의 2-9 쌍곡선함수

(1) **쌍곡사인함수**(hyperbolic sine function)

$$\sinh x = \frac{e^x - e^{-x}}{2}$$

(2) **쌍곡코사인함수**(hyperbolic cosine function)

$$\cosh x = \frac{e^x + e^{-x}}{2}$$

(3) **쌍곡탄젠트함수**(hyperbolic tangent function)

$$\tanh x = \frac{\sinh x}{\cosh x} = \frac{e^x - e^{-x}}{e^x + e^{-x}}$$

(4) **쌍곡코시컨트함수**(hyperbolic cosecant function)

$$\operatorname{csch} x = \frac{1}{\sinh x} = \frac{2}{e^x - e^{-x}}$$

(5) **쌍곡시컨트함수**(hyperbolic secant function)

$$\operatorname{sech} x = \frac{1}{\cosh x} = \frac{2}{e^x + e^{-x}}$$

(6) **쌍곡코탄젠트함수**(hyperbolic cotangent function)

$$\coth x = \frac{1}{\tanh x} = \frac{e^x + e^{-x}}{e^x - e^{-x}}$$

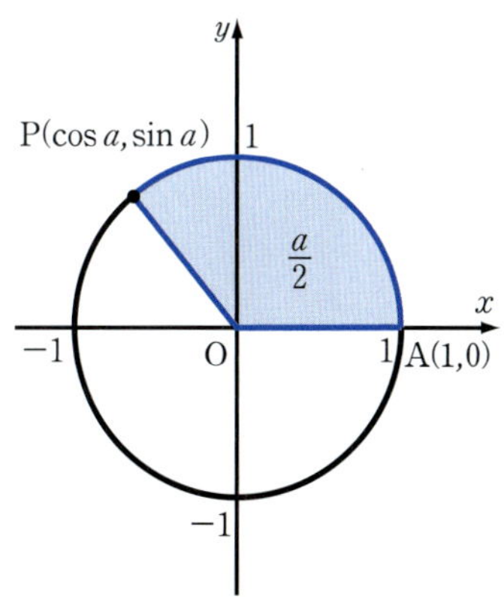

[그림 2-14] 넓이가 $\frac{a}{2}$ 인 부채꼴 OAP

주어진 양의 실수 a에 대하여 [그림 2-14]와 같이 원점 O와 단위원 $x^2 + y^2 = 1$의 두 점 A(1,0), P가 이루는 부채꼴의 넓이가 $\frac{a}{2}$가 되도록 하는 점 P의 좌표는 $(\cos a, \sin a)$이다.

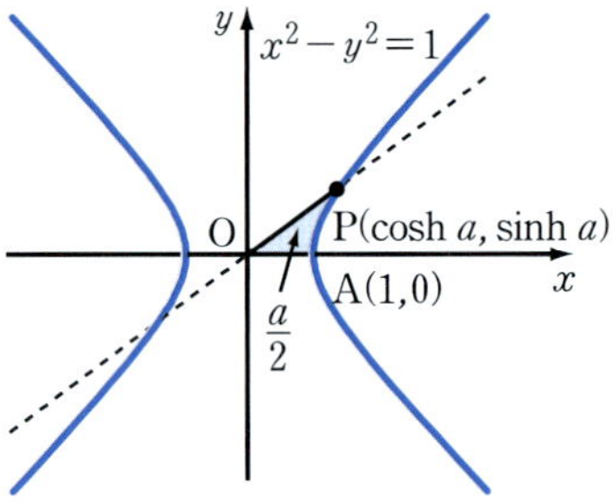

[그림 2-15] 쌍곡선함수와 이루는 넓이가 $\frac{a}{2}$인 도형

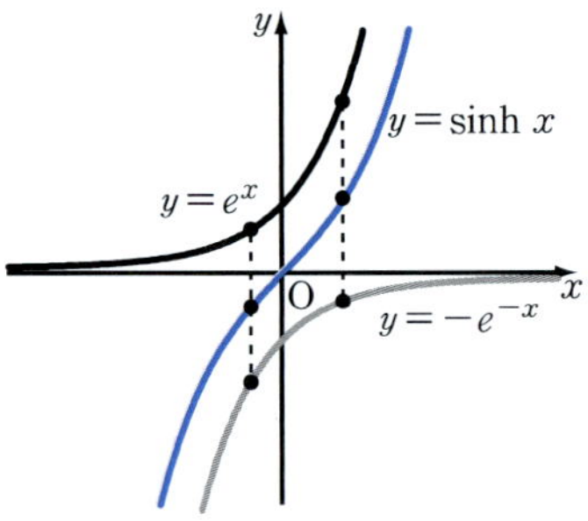

[그림 2-16] 쌍곡사인함수의 그래프

이번에는 [그림 2-15]와 같이 쌍곡선 $x^2-y^2=1$을 생각하자. $x>0$인 쌍곡선 상의 두 점 $\mathrm{A}(1,0)$과 P에 대하여 쌍곡선과 선분 OA, OP가 이루는 도형의 넓이가 $\frac{a}{2}$일 때, 점 P의 좌표는 $(\cosh a, \sinh a)$이다. a가 음수인 경우 넓이가 $-\frac{a}{2}$인 점 P를 찾으면 역시 점 P의 좌표는 $(\cosh a, \sinh a)$이다. 쌍곡선 상의 점의 좌표와 도형의 넓이를 통해 쌍곡선함수인 $\sinh x$와 $\cosh x$를 정의할 수 있다.

■ 쌍곡사인함수와 쌍곡코시컨트함수

쌍곡사인함수 $\sinh x=\dfrac{e^x-e^{-x}}{2}$은 e^x과 $-e^{-x}$의 평균값이다. 따라서 쌍곡사인함수의 그래프는 [그림 2-16]과 같다.

다음 예제를 통해 쌍곡사인함수 $\sinh x$는 정의역과 치역이 $\mathbb{R}$인 일대일 대응임을 알 수 있다.

예제 2-19 쌍곡사인함수의 증감 판단 및 극한 계산

$x<y$이면 $\sinh x<\sinh y$임을 보이고, $\lim_{x\to\pm\infty}\sinh x$를 구하라.

풀이

$\sinh x-\sinh y$를 계산하면 다음과 같다.

$$\sinh x-\sinh y=\frac{e^x-e^{-x}}{2}-\frac{e^y-e^{-y}}{2}=\frac{1}{2}\{(e^x-e^y)-(e^{-x}-e^{-y})\}$$

e^x은 증가함수이므로 $x<y$이면 $e^x-e^y<0$이고 $e^{-x}-e^{-y}>0$이다. 그러므로 $x<y$이면 $\sinh x-\sinh y<0$이다. 즉 $\sinh x<\sinh y$이다.

$\sinh x$의 역수로 정의된 $\operatorname{csch} x$는 다음과 같이 표현할 수 있다.

$$\operatorname{csch} x=\frac{2}{e^x-e^{-x}}=e^{-x}\cdot\frac{2}{1-e^{-2x}}$$

양의 실수 x에 대하여 $\dfrac{2}{1-e^{-2x}}$는 항상 양의 값이며 $\lim_{x\to\infty}\dfrac{2}{1-e^{-2x}}=2$이다. e^{-x}은 $e^{-x}>0$을 만족하면서 $\lim_{x\to\infty}e^{-x}=0$이다. 그러므로 $\operatorname{csch} x$는 x가 한없이 커짐에 따라 양의 방향에서 0으로 수렴한다. 따라서 $\operatorname{csch} x$의 역수인 $\sinh x$에 대하여 양의 무한대에서의 극한은 다음과 같다.

$$\lim_{x\to\infty}\sinh x=\infty$$

$\sinh x$의 음의 무한대에서의 극한을 알아보기 위해 이번에는 $\operatorname{csch} x$를 다음과 같이 표현해 보자.

$$\operatorname{csch} x = \frac{2}{e^x - e^{-x}} = e^x \cdot \frac{2}{e^{2x}-1}$$

음의 실수 x에 대하여 $\frac{2}{e^{2x}-1}$는 항상 음의 값이며 $\lim_{x\to-\infty}\frac{2}{e^{2x}-1} = -2$이다. e^x은 x가 한없이 작아짐에 따라 양의 값을 취하면서 0으로 수렴한다. 그러므로 $\operatorname{csch} x$는 x가 한없이 작아짐에 따라 음의 방향에서 0으로 수렴한다. 따라서 $\sinh x$의 음의 무한대에서의 극한은 다음과 같다.

$$\lim_{x\to-\infty}\sinh x = -\infty$$

$\sinh x$의 역수인 $\operatorname{csch} x$는 $\sinh x$가 0이 되는 점 0을 제외한 모든 실수에서 정의되는 일대일 함수다. $\sinh x$의 $x=0$ 근방에서의 추이와 [예제 2-19]의 계산 결과 $\lim_{x\to\pm\infty}\sinh x = \pm\infty$에 의해 다음을 알 수 있다.

$$\lim_{x\to0^-}\operatorname{csch} x = -\infty,\quad \lim_{x\to0^+}\operatorname{csch} x = \infty,\quad \lim_{x\to\pm\infty}\operatorname{csch} x = 0$$

그러므로 $\operatorname{csch} x$의 그래프는 [그림 2-17]과 같다.

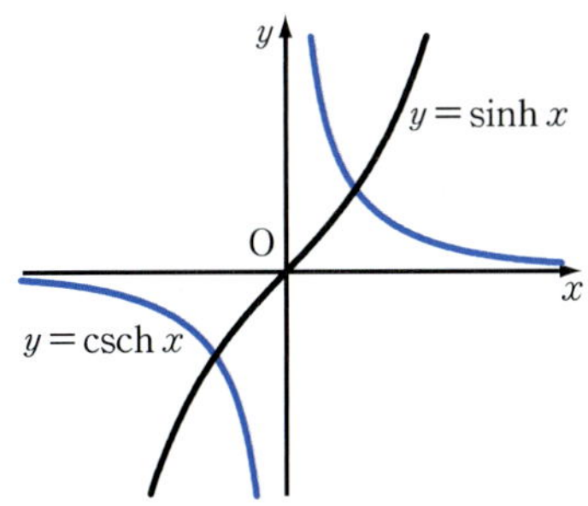

[그림 2-17] 쌍곡사인함수와 쌍곡코시컨트함수의 그래프

■ 쌍곡코사인함수와 쌍곡시컨트함수

쌍곡코사인함수 $\cosh x = \frac{e^x + e^{-x}}{2}$은 e^x과 e^{-x}의 평균값이다. 따라서 쌍곡코사인함수의 그래프는 [그림 2-18]과 같다.

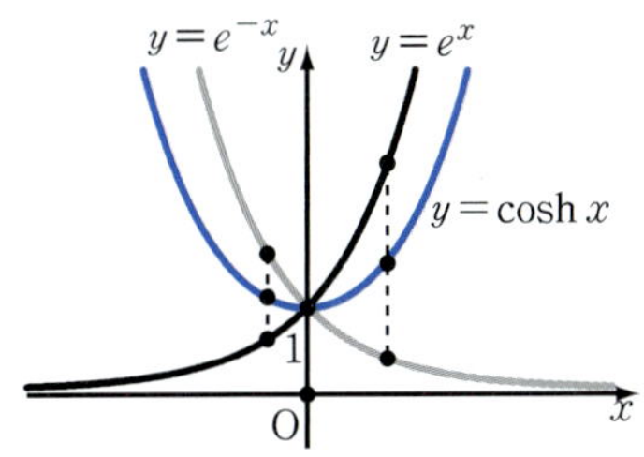

[그림 2-18] 쌍곡코사인함수의 그래프

[예제 2-18]과 같은 방법을 이용하면 쌍곡코사인함수 $\cosh x$의 무한대에서의 극한이 $\lim_{x\to\pm\infty}\cosh x = \infty$임을 알 수 있다. 또한 $\cosh x$는 $x \le 0$일 때 감소함수이고 $x \ge 0$일 때 증가함수임을 알 수 있다. 다음 예제를 통해 쌍곡코사인함수의 치역이 $[1, \infty)$임을 증명해 보자.

예제 2-20 쌍곡코사인함수의 치역

$\cosh x \ge 1$임을 증명하라.

풀이

산술평균과 기하평균의 관계 $\frac{a+b}{2} \ge \sqrt{ab}$ (a와 b는 음이 아닌 실수)에 의해 다음이 성립한다.

$$\cosh x = \frac{e^x + e^{-x}}{2} \ge \sqrt{e^x e^{-x}} = 1$$

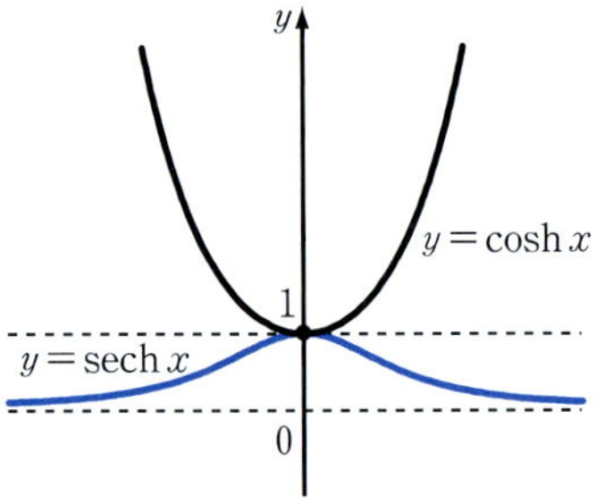

[그림 2-19] 쌍곡코사인함수와 쌍곡시컨트함수

$\cosh x$는 양의 값이므로 $\cosh x$의 역수인 $\operatorname{sech} x$도 실수 전체 집합에서 정의된다. $\cosh x$의 최솟값은 $\cosh 0 = 1$이므로 $\operatorname{sech} x$의 최댓값도 그 역수인 1이다. $\cosh x$의 증감 변화에 따라 $\operatorname{sech} x$의 증감도 달라진다. $\operatorname{sech} x$는 $x \leq 0$일 때 증가함수이고 $x \geq 0$일 때 감소함수다. 또한 $\lim_{x \to \pm\infty} \cosh x = 0$이므로 $y = 0$이 수평점근선이다.

■ 쌍곡탄젠트함수와 쌍곡코탄젠트함수

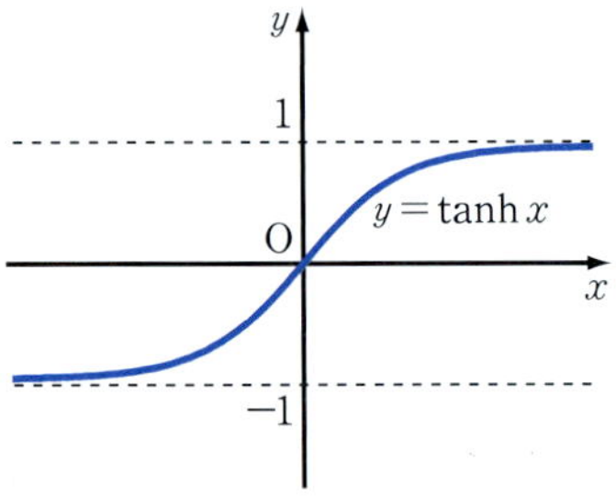

[그림 2-20] 쌍곡탄젠트함수의 그래프

쌍곡탄젠트함수의 그래프는 쌍곡사인함수나 쌍곡코사인함수처럼 쉽게 그리기는 힘들다. 그러나 2.1절 [예제 2-4]에 비추어 보면 $\tanh x$가 증가함수이고 $y = 1$과 $y = -1$이 수평점근선임을 알 수 있다.

예제 2-21 쌍곡코탄젠트함수의 무한대에서의 극한

쌍곡코탄젠트함수 $\coth x$의 $x = 0$에서와 무한대에서의 극한을 각각 구하라.

풀이

쌍곡코탄젠트함수는 쌍곡탄젠트함수의 역수다. 쌍곡탄젠트함수 $\tanh x$는 $x = 0$의 오른쪽 근방에서는 양의 값이고 왼쪽 근방에서는 음의 값이며 $x = 0$에서는 0이므로 역수를 활용한 무한발산 판정법([정리 1-13])에 의해 다음이 성립한다.

$$\lim_{x \to 0^+} \coth x = \infty, \quad \lim_{x \to 0^-} \coth x = -\infty$$

$\lim_{x \to \infty} \tanh x = 1$, $\lim_{x \to -\infty} \tanh x = -1$이므로 무한대에서의 극한 역시 다음과 같다.

$$\lim_{x \to \infty} \coth x = 1, \quad \lim_{x \to -\infty} \coth x = -1$$

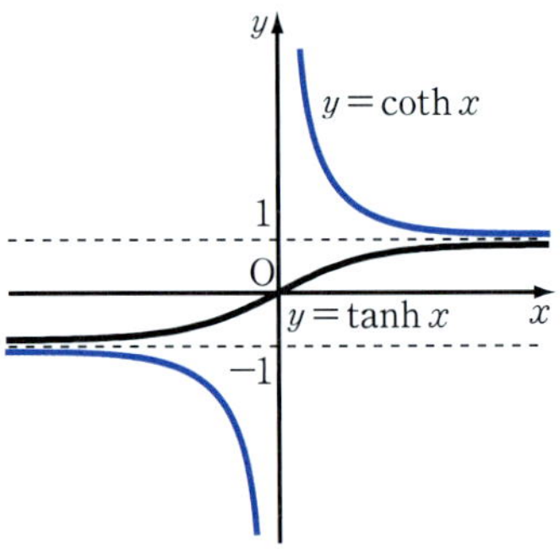

[그림 2-21] 쌍곡탄젠트함수와 쌍곡코탄젠트함수

쌍곡코탄젠트함수는 0을 제외한 모든 실수에서 정의되는 일대일 함수이며 그래프는 [그림 2-21]과 같다.

다음으로 쌍곡선함수에 관한 공식 4가지를 알아보자. 이후 쌍곡선함수를 이용한 문제를 풀 때 유용하게 사용할 수 있으므로 반드시 기억하자.

정리 2-19 쌍곡선함수의 항등식

(1) $\cosh^2 x - \sinh^2 x = 1$

(2) $\tanh^2 x = 1 - \operatorname{sech}^2 x$

(3) $\coth^2 x = 1 + \operatorname{csch}^2 x$

정리 2-20 쌍곡선함수의 합의 공식

(1) $\sinh(x+y) = \sinh x \cosh y + \cosh x \sinh y$

(2) $\sinh(x-y) = \sinh x \cosh y - \cosh x \sinh y$

(3) $\cosh(x+y) = \cosh x \cosh y + \sinh x \sinh y$

(4) $\cosh(x-y) = \cosh x \cosh y - \sinh x \sinh y$

정리 2-21 쌍곡선함수의 이배 공식

(1) $\sinh 2x = 2\sinh x \cosh x$

(2) $\cosh 2x = \cosh^2 x + \sinh^2 x$

정리 2-22 쌍곡선함수의 절반 공식

(1) $\sinh^2 x = \dfrac{\cosh 2x - 1}{2}$

(2) $\cosh^2 x = \dfrac{\cosh 2x + 1}{2}$

예제 2-22 쌍곡선함수의 항등식 증명

$\coth^2 x = 1 + \operatorname{csch}^2 x$를 증명하라.

풀이

쌍곡코탄젠트함수 정의([정의 2-9]의 (6) 참고)를 이용하여 $1-\cosh^2 x$를 전개하면 다음과 같다.

$$\begin{aligned} 1-\coth^2 x &= 1-\left(\frac{e^x+e^{-x}}{e^x-e^{-x}}\right)^2 = \frac{(e^x-e^{-x})^2-(e^x+e^{-x})^2}{(e^x-e^{-x})^2} \\ &= \frac{(e^{2x}-2+e^{-2x})-(e^{2x}+2+e^{-2x})}{(e^x-e^{-x})^2} \\ &= -\frac{4}{(e^x-e^{-x})^2} = -\operatorname{csch}^2 x \end{aligned}$$

따라서 $\coth^2 x = 1 + \operatorname{csch}^2 x$가 성립한다.

[유제 2-18]

쌍곡선함수의 이배 공식 $\cosh 2x = \cosh^2 x + \sinh^2 x$와 절반 공식을 각각 증명하라.

예제 2-23 쌍곡선함수의 항등식을 이용한 쌍곡선함수 값 계산

$\sinh x = \frac{4}{3}$ 일 때 나머지 쌍곡선함수 값을 구하라.

풀이

쌍곡선함수의 항등식 $\cosh^2 x - \sinh^2 x = 1$에 의해 $\cosh^2 x = 1 + \frac{16}{9} = \frac{25}{9}$ 이다. $\cosh x$는 항상 양의 실수이므로 $\cosh x = \frac{5}{3}$ 이다. $\tanh x = \frac{\sinh x}{\cosh x} = \frac{4}{5}$ 이며 나머지 쌍곡선함수 값은 각각에 역수를 취하면 $\operatorname{csch} x = \frac{3}{4}$, $\operatorname{sech} x = \frac{3}{5}$, $\coth x = \frac{5}{4}$ 임을 알 수 있다.

[유제 2-19]

양의 실수 x에 대하여 $\cosh x = \frac{2}{\sqrt{3}}$ 일 때 나머지 쌍곡선함수 값을 구하라.

역쌍곡선함수

이제 쌍곡선함수의 역함수에 해당하는 **역쌍곡선함수**(inverse hyperbolic function)를 정의하고 함수의 그래프를 살펴보자.

정의 2-10 역쌍곡선함수

(1) **역쌍곡사인함수**(inverse hyperbolic sine function)

$$\sinh^{-1} x = y \quad \Leftrightarrow \quad \sinh y = x \quad (-\infty < y < \infty)$$

(2) **역쌍곡코사인함수**(inverse hyperbolic cosine function)

$$\cosh^{-1} x = y \quad \Leftrightarrow \quad \cosh y = x \quad (y \geq 0)$$

(3) **역쌍곡탄젠트함수**(inverse hyperbolic tangent function)

$$\tanh^{-1} x = y \quad \Leftrightarrow \quad \tanh y = x \quad (-\infty < y < \infty)$$

(4) **역쌍곡코시컨트함수**(inverse hyperbolic cosecant function)

$$\operatorname{csch}^{-1} x = y \quad \Leftrightarrow \quad \operatorname{csch} y = x \quad (-\infty < y < \infty,\ y \neq 0)$$

(5) **역쌍곡시컨트함수**(inverse hyperbolic secant function)

$$\operatorname{sech}^{-1} x = y \quad \Leftrightarrow \quad \operatorname{sech} y = x \quad (y \geq 0)$$

(6) **역쌍곡코탄젠트함수**(inverse hyperbolic cotangent function)

$$\coth^{-1} x = y \quad \Leftrightarrow \quad \coth y = x \quad (-\infty < y < \infty,\ y \neq 0)$$

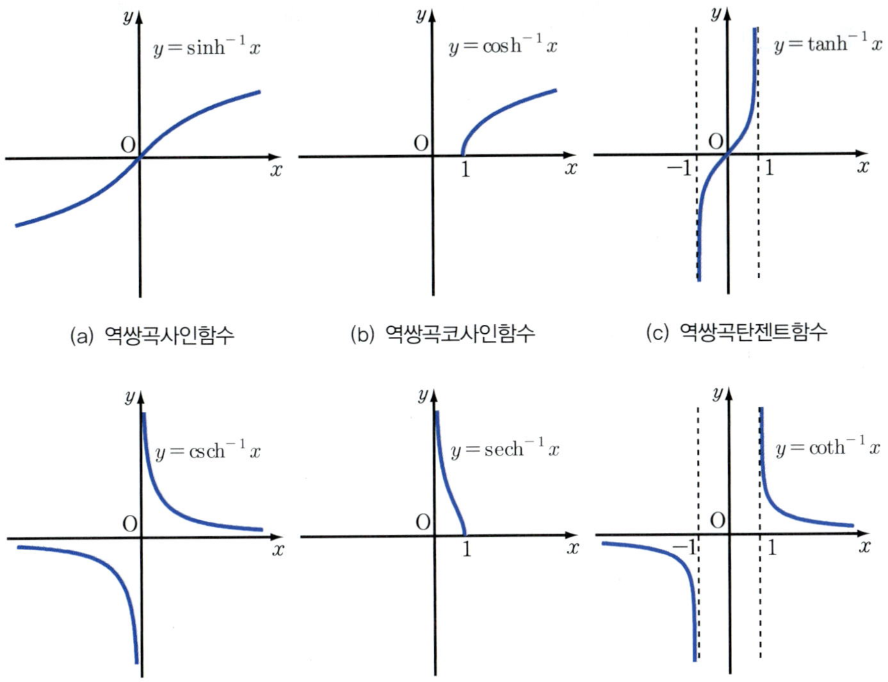

(a) 역쌍곡사인함수 (b) 역쌍곡코사인함수 (c) 역쌍곡탄젠트함수 (d) 역쌍곡코시컨트함수 (e) 역쌍곡시컨트함수 (f) 역쌍곡코탄젠트함수

[그림 2-22] **역쌍곡선함수의 그래프**

다음 정리는 서로 역수 관계인 역쌍곡선함수 사이에 성립하는 항등식을 나타낸다.

정리 2-23 역쌍곡선함수의 항등식

(1) $\sinh^{-1}\dfrac{1}{x}=\operatorname{csch}^{-1}x$

(2) $\cosh^{-1}\dfrac{1}{x}=\operatorname{sech}^{-1}x$

(3) $\tanh^{-1}\dfrac{1}{x}=\coth^{-1}x$

증명

여기에서는 항등식 (1)만 증명한다. 나머지 역쌍곡선함수도 정의역을 고려하면 유사한 방법으로 증명할 수 있다.

(1) $\operatorname{csch}^{-1}x$ 가 정의되는 x 의 범위는 0이 아닌 모든 실수이므로 $\dfrac{1}{x}$ 과 $\sinh^{-1}\dfrac{1}{x}$ 이 잘 정의된다. $y=\operatorname{csch}^{-1}x$ 라 두면 $\operatorname{csch}y=x$ 를 만족하므로 $\dfrac{1}{\sinh y}=x$ 에서 $\sinh y=\dfrac{1}{x}$ 이다. 따라서 $\sinh^{-1}\dfrac{1}{x}=y=\operatorname{csch}^{-1}x$ 가 성립한다. ■

[유제 2-20]

$\cosh^{-1}\dfrac{1}{x}=\operatorname{sech}^{-1}x$와 $\tanh^{-1}\dfrac{1}{x}=\coth^{-1}x$를 각각 증명하라.

정리 2-24 역쌍곡선함수의 자연로그 표현

(1) $\sinh^{-1}x=\ln\left(x+\sqrt{x^2+1}\right)\ (-\infty<x<\infty)$

(2) $\cosh^{-1}x=\ln\left(x+\sqrt{x^2-1}\right)\ (x\geq 1)$

(3) $\tanh^{-1}x=\dfrac{1}{2}\ln\left(\dfrac{1+x}{1-x}\right)\ (-1<x<1)$

(4) $\operatorname{csch}^{-1}x=\ln\left(\dfrac{1}{x}+\sqrt{\dfrac{1}{x^2}+1}\right)\ (x\neq 0)$

(5) $\operatorname{sech}^{-1}x=\ln\left(\dfrac{1+\sqrt{1-x^2}}{x}\right)\ (0<x\leq 1)$

(6) $\coth^{-1}x=\dfrac{1}{2}\ln\left(\dfrac{x+1}{x-1}\right)\ (x<-1$ 또는 $x>1)$

예제 2-24 역쌍곡선함수의 자연로그 표현 증명

$\sinh^{-1}x=\ln\left(x+\sqrt{x^2+1}\right)$을 증명하라.

풀이

$\sinh^{-1}x=y$라 두면 $x=\sinh y=\dfrac{e^y-e^{-y}}{2}$이다. 양변에 $2e^y$을 곱하여 정리하면 $(e^y)^2-2xe^y-1=0$이다. 이 식을 e^y에 대한 이차방정식으로 보면 근의 공식에 따라 $e^y=x\pm\sqrt{x^2+1}$이다. 이때 e^y은 양의 실수이고 $\sqrt{x^2+1}>x$이므로 $e^y=x+\sqrt{x^2+1}$임을 알 수 있다. 그러므로 $\sinh^{-1}x=\ln\left(x+\sqrt{x^2+1}\right)$이다.

[유제 2-21]

$\cosh^{-1}x=\ln\left(x+\sqrt{x^2-1}\right)$을 증명하라.

SECTION

2.3 연습문제

※ 01~03 쌍곡선함수의 정의를 이용하여 다음 값을 구하라.

01 $\cosh(\ln 3)$

02 $\sinh(-\ln 3)$

03 $\tanh\left(\dfrac{\log_2 3}{\log_2 e}\right)$

04 $\cosh^2 x - \sinh^2 x = 1$ 임을 증명하라.

※ 05~06 [연습문제 04]를 이용하여 다음을 만족하는 $\cosh x$를 구하라.

05 $\sinh x = \dfrac{3}{4}$

06 $\sinh x = -\dfrac{4}{3}$

※ 07~08 [연습문제 04]를 이용하여 다음을 만족하는 $\sinh x$를 구하라.

07 $\cosh x = \dfrac{4}{3}$

08 $\cosh x = \dfrac{12}{5}$

※ 09~13 다음 함수를 간단히 정리하라.

09 $2\sinh(\ln x)$

10 $\cosh(2\ln x)$

11 $\cosh 4x + \sinh 4x$

12 $\cosh x - \sinh x$

13 $(\sinh x + \cosh x)^2$

※ 14~15 다음이 성립함을 보여라.

14 $\sinh(\cosh^{-1} x) = \sqrt{x^2 - 1}$

15 $\cosh(\sinh^{-1} x) = \sqrt{x^2 + 1}$

※ 16~17 다음 항등식을 증명하라.

16 $\tanh^{-1} x = \dfrac{1}{2}\ln\left(\dfrac{1+x}{1-x}\right) \quad (-1 < x < 1)$

17 $\operatorname{csch}^{-1} x = \ln\left(\dfrac{1}{x} + \sqrt{\dfrac{1}{x^2} + 1}\right)$

CHAPTER

03

미분

Differentiation

Contents

○ 미분을 왜 배워야 하는가?

미분은 기본적으로 변화를 측정하는 도구로, 그 대상은 함수다. 자연현상 속에서 우리가 경험하고 다루는 중요한 양들 또는 그 양들에 의하여 설명되는 다양한 관계나 성질이 함수라는 수학적 형식으로 표현될 때, 앞에서 말한 양들, 그리고 그 관계 또는 성질들의 변화가 어떻게 표현되고 계산될 수 있을까? 이러한 것을 가능하게 하는 수학적 도구가 바로 미분이다. 지금부터 함수 속에 숨어 있는 변화를 측정하고 이를 활용하는 방법을 알아보자.

○ 이 장에서 배우는 내용은?

이 장에서는 주어진 함수에 대하여 함수의 변화를 측정하는 것이 어떤 의미인지 알아보고, 미분계수, 미분 가능성과 도함수의 의미를 알아본다. 다음으로 이 개념들을 이용한 문제들을 유형별로 학습하고, 기본적인 연속함수들의 도함수와 여러 가지 미분법 그리고 이들을 활용하는 방법을 학습한다. 이 장에서 배우는 개념들과 수학적 내용들은 모두 연속함수와 그 극한으로 설명할 수 있다. 따라서 이 장을 잘 소화하기 위해서는 앞에서 학습한 연속함수와 함수의 극한을 잘 알고 있어야 한다. 이 장에서 배운 미분에 관한 지식들을 본격적으로 활용하는 내용은 4장에서 집중적으로 학습할 것이다.

- 미분
  - 미분계수와 변화율
    - 변화율
    - 미분계수
    - 접선
  - 함수로서의 도함수
    - 미분 가능한 함수
    - 고계도함수
  - 기본적인 미분 공식
    - 도함수의 성질
    - 다항함수의 도함수
    - 유리함수의 도함수
    - 삼각함수의 도함수
  - 연쇄법칙
  - 음함수 미분법
  - 역함수 미분법
    - 지수함수와 로그함수의 도함수
    - 역함수 미분법
    - 역삼각함수의 도함수
    - 쌍곡선함수와 역쌍곡선함수의 도함수

SECTION

3.1 미분계수와 변화율

미분은 함수를 이용하여 변화를 측정하는 수학적 도구다. 이 절에서는 변화율과 미분계수, 그리고 접선의 방정식을 구하는 문제를 소개한다.

변화율

y가 어떤 x에 의존하는 값이고, 둘 사이의 관계로 정의된 함수 $y=f(x)$가 연속함수라고 하자. x를 a 근방의 값이라고 할 때, x의 **증분**(increment) $\Delta x=x-a$에 대하여 y의 변화, 즉 y의 증분은 다음과 같다.

$$\Delta y=f(x)-f(a)$$

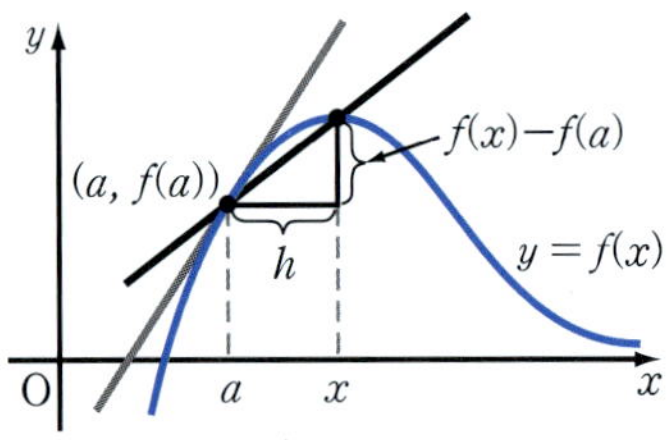

[그림 3-1] 평균변화율과 순간변화율

이때 구간 $[a, x]$에서 x에 대한 y의 **평균변화율**(average rate of change)을 다음과 같이 정의한다.

$$\frac{\Delta y}{\Delta x}=\frac{f(x)-f(a)}{x-a}$$

x가 a로 점점 다가갈 때, 즉 Δx가 0으로 다가갈 때 평균변화율이 어떤 값으로 수렴하면, 그 값을 $x=a$일 때 함수 $y=f(x)$의 **순간변화율**(instantaneous rate of change)이라고 한다. 즉, 순간변화율은 다음과 같이 정의한다.

$$\lim_{\Delta x \to 0}\frac{\Delta y}{\Delta x}=\lim_{x \to a}\frac{f(x)-f(a)}{x-a}$$

다음 예제를 통해 평균변화율과 순간변화율의 의미를 확인하자.

예제 3-1 평균변화율과 순간변화율

연도가 t일 때 A 국가의 인구를 $P(t)$라고 하자. 오른쪽 표는 A 국가의 인구수를 2017년부터 2021년까지 나타낸다. 2019년 이전/이후의 모든 경우에서 평균변화율을 구하라.

t(년)	$P(t)$(백만 명)
2017	3710
2018	4450
2019	5280
2020	6080
2021	6870

풀이

먼저 2019년과 나머지 연도에 관한 평균변화율을 각각 구해 보자. 2019년 이전 연도에 관한 평균변화율은 $\dfrac{P(2019)-P(t)}{2019-t}$로, 2019년 이후 연도에 관한 평균변화율은 $\dfrac{P(t)-P(2019)}{t-2019}$로 구한다. 각 평균변화율을 정리하면 다음 표와 같다.

t(년)	평균변화율(백만 명)
2017	785
2018	830
2020	800
2021	795

[유제 3-1]

다음 표는 2020년 서울에서 측정한 7월 어느 날의 기온 변화를 나타낸다. 12시 이전/이후의 모든 경우에서 평균변화율을 구하라.

시각 t(시)	9	10	11	12	13	14	15	16
온도 T(℃)	25	27	28	30	31	33	30	28

예제 3-2 순간변화율

$x=1$에서 함수 $y=2x^2$의 순간변화율을 구하라.

풀이

구하고자 하는 순간변화율은 $\lim\limits_{x\to1}\dfrac{2x^2-2}{x-1}=\lim\limits_{x\to1}(2x+2)=4$이다.

[유제 3-2]

$x=2$에서 함수 $y=x^3+2$의 순간변화율을 구하라.

미분계수

앞에서 본 바와 같이 함수의 순간변화율인 극한 $\lim_{x \to a} \frac{f(x)-f(a)}{x-a}$가 존재할 때, 이 값을 $x=a$일 때 함수 $y=f(x)$의 **미분계수**(differential coefficient)라고 한다. x를 a 근방의 어떤 값 $x=a+h$라 두면, 미분계수의 수학적 정의는 다음과 같이 표현할 수 있다.

미분계수를 다음과 같이 나타낼 수도 있다.

$$f'(a)=\lim_{h \to 0} \frac{f(a+h)-f(a)}{h}$$

정의 3-1 미분계수

$x=a$일 때 함수 $y=f(x)$의 **미분계수** $f'(a)$를 다음과 같이 정의한다.

$$f'(a)=\lim_{x \to a} \frac{f(x)-f(a)}{x-a}$$

예제 3-3 미분계수 계산

함수 $f(x)=2x-x^2$에 대하여, $x=2$일 때의 미분계수 $f'(2)$를 구하라.

풀이

$x=2$일 때 함수 $y=f(x)=2x-x^2$의 미분계수를 구하기 위해 다음 극한을 계산하자.

$$\lim_{x \to 2} \frac{f(x)-f(2)}{x-2}=\lim_{x \to 2} \frac{(2x-x^2)-0}{x-2}=\lim_{x \to 2} \frac{x(2-x)}{x-2}=-2$$

따라서 $f'(2)=-2$이다.

[유제 3-3]

함수 $f(x)=x-x^3$에 대하여, $x=1$일 때의 미분계수 $f'(1)$을 구하라.

예제 3-4 **미분계수 계산**

함수 $y=\dfrac{1}{x^2+1}$에 대하여, $x=a$일 때 미분계수를 구하라.

풀이

$x=a$일 때 함수 $y=\dfrac{1}{x^2+1}$의 미분계수는 [정의 3-1]에 따라 다음과 같다.

$$\begin{aligned}\lim_{x\to a}\frac{f(x)-f(a)}{x-a}&=\lim_{x\to a}\frac{\dfrac{1}{x^2+1}-\dfrac{1}{a^2+1}}{x-a}=\lim_{x\to a}\frac{\dfrac{a^2-x^2}{(x^2+1)(a^2+1)}}{x-a}\\&=\lim_{x\to a}\frac{-(x+a)}{(x^2+1)(a^2+1)}\\&=\frac{-2a}{(a^2+1)^2}\end{aligned}$$

[유제 3-4]

함수 $y=\dfrac{x}{x^2+1}$에 대하여, $x=a$일 때 미분계수를 구하라.

예제 3-5 **미분계수 계산**

함수 $y=f(x)=\begin{cases}x^2\sin\dfrac{1}{x} & (x\neq 0)\\ 0 & (x=0)\end{cases}$에 대하여 $x=0$일 때 미분계수가 존재하는지 판정하고, 만약 존재한다면 이 미분계수를 구하라.

풀이

$\dfrac{f(0+h)-f(0)}{h}=\dfrac{h^2\sin\dfrac{1}{h}-0}{h}=h\sin\dfrac{1}{h}$이고 극한은 $\displaystyle\lim_{h\to 0}\frac{f(0+h)-f(0)}{h}=0$이다. 따라서 $x=0$일 때 미분계수는 $f'(0)=0$으로 존재한다.

[유제 3-5]

함수 $y=f(x)=\begin{cases}x\sin\dfrac{1}{x} & (x\neq 0)\\ 0 & (x=0)\end{cases}$은 $x=0$일 때 미분계수가 존재하지 않음을 보여라.

접선

접선의 사전적 의미는 어딘가에 딱 붙어 있는 직선이다. 어떤 직선이 주어진 곡선에 딱 붙어 있으려면, 즉 접선이 되려면 다음 2가지 조건을 만족해야 한다. 첫 번째로 직선과 곡선이 점 하나를 공유해야 하며, 두 번째로 그 점에서 각각의 순간변화율이 같아야 한다.

순간변화율을 m이라 할 때 함수 $y=f(x)$의 그래프 위의 점 $(a, f(a))$에서 **접선**(tangent line)의 방정식은 다음과 같이 정의한다.

$$y=m(x-a)+f(a) \quad \left(\text{단, } m=\lim_{x\to a}\frac{f(x)-f(a)}{x-a}\right)$$

예제 3-6 **접선의 방정식**

$x=1$에서 함수 $f(x)=x^2$의 접선의 방정식을 구하라.

풀이

$x=1$에서 순간변화율이 $m=\lim_{x\to 1}\frac{f(x)-f(1)}{x-1}=\lim_{x\to 1}\frac{x^2-1}{x-1}=\lim_{x\to 1}(x+1)=2$이므로 접선의 방정식은 $y=2(x-1)+1=2x-1$이다.

예제 3-7 **접선의 방정식**

$x=0$에서 함수 $f(x)=\sin x$의 접선의 방정식을 구하라.

풀이

$x=0$에서 순간변화율이 $m=\lim_{x\to 0}\frac{f(x)-f(0)}{x-0}=\lim_{x\to 0}\frac{\sin x}{x}=1$이므로 접선의 방정식은 $y=(x-0)+0=x$이다.

[유제 3-6]

$x=0$에서 함수 $f(x)=\tan x$의 접선의 방정식을 구하라.

SECTION

3.1 연습문제

※ 01~04 곡선 $y=1+x-x^3$에 대하여 다음 물음에 답하라.

01 $[0,1]$에서의 평균변화율을 구하라.

02 $x=0$일 때의 순간변화율과 접선의 방정식을 구하라.

03 접선과 주어진 곡선은 접점이 아닌 다른 점에서 만날 수 있는지 판정하라.

04 접선과 기울기가 같은 곡선 위의 점을 찾으라.

※ 05~07 어떤 상품을 x g 생산하는 데 드는 비용(단위는 천원)이 $C(x)=10x^2+5x+4$라고 하자. 다음 물음에 답하라.

05 $C(0)$이 무엇을 의미하는지 설명하라.

06 $x=10$에서 1g을 더 생산하는 데 드는 추가 비용과 $x=20$에서 1g을 더 생산하는 데 드는 추가 비용을 계산하라.

07 매 순간 생산량이 늘어날 때마다 더 드는 비용을 **한계비용**이라고 한다. $x=a$일 때 이 상품의 한계비용을 계산하고, $x=10$, 20일 때 각각의 한계비용을 [연습문제 06]에서 구한 추가 비용과 비교하라.

※ 08~10 함수 $y=\cos x$에 대하여 다음 물음에 답하라.

08 극한 $\lim_{h\to 0}\frac{\cos(\pi+h)+1}{h}$을 구하라.

09 $x=0$일 때 주어진 함수의 순간변화율과 접선의 방정식을 구하라.

10 점 $(1,-2)$에서 곡선 $y=x^2-4$에 접선을 그으려고 한다. 접선을 그을 수 있다면 접선의 방정식을 구하고 접선을 그을 수 없다면 그 이유를 설명하라.

※ 11~13 함수 $y=x^{\frac{1}{3}}$에 대하여 다음 물음에 답하라.

11 주어진 함수가 $x=0$에서 연속인지 판정하라.

12 $x=0$, $x=1$일 때, 평균변화율과 각각에서의 순간변화율을 구하라.

13 $x=0$에서 곡선 $y=x^{\frac{1}{3}}$의 접선의 방정식을 구하라.

14 어떤 곡선 $y=f(x)$가 주어졌다고 하자. $x=3$일 때, 접선의 방정식을 구하였더니 $y=10x+9$였다. $f(3)$과 $f'(3)$을 구하라.

15 곡선 $y=x^2+1$과 $y=-x^2+2x+a$가 서로 접한다고 하자. 이때의 a와 두 곡선이 접하는 위치를 구하라.

SECTION

3.2 함수로서의 도함수

3.1절에서는 미분계수가 연속함수의 순간변화에 관한 정보를 계산한 결과임을 알아보았다. 그런데 만약 함수가 정의된 모든 곳에서 미분계수를 계산할 수 있다고 하면, 우리는 자연스럽게 함수의 정의역에 속한 각 원소에 대하여 계산한 미분계수 하나를 대응시키는 새로운 함수를 생각할 수 있을 것이다. 이 함수는 원래 함수의 순간변화에 관한 정보를 알려주는 함수로, 원래 함수에서 유도되어 나온 함수란 의미로 **도함수**(derived function)라고 한다.

도함수는 변수 x에 수가 지정될 때마다 그 위치에서 함수의 순간변화율을 알려 준다. 또한 기하학적으로는 함수 f의 그래프 위의 점 $(x, f(x))$에서 긋는 접선의 기울기를, 역학적으로는 곡선 $y=f(x)$ 위의 운동에 관한 정보를 알려 준다.

정의역의 모든 곳에서 미분계수가 존재할 때, 도함수는 $y=f'(x)$로 표기하고 다음과 같이 계산하면 된다.

$$f'(x)=\lim_{h\to 0}\frac{f(x+h)-f(x)}{h}$$

정의 3-2 도함수

함수 $y=f(x)$에 대하여 적당한 구간 (a, b)의 각 점 x에서 미분계수가 존재할 때, $f(x)$의 **도함수**는 $f'(x)$로 표기하고 다음과 같이 정의한다.

$$f'(x)=\lim_{h\to 0}\frac{f(x+h)-f(x)}{h}$$

예제 3-8 도함수

함수 $f(x)=x^3+2x^2-1$의 도함수 $f'(x)$를 구하라.

풀이

[정의 3-2]에 따라 함수 f의 도함수를 구하면 다음과 같다.

$$f'(x)=\lim_{h\to 0}\frac{f(x+h)-f(x)}{h}$$

$$=\lim_{h\to 0}\frac{\{(x+h)^3+2(x+h)^2-1\}-(x^3+2x^2-1)}{h}$$

$$=\lim_{h\to 0}\frac{x^3+3x^2h+3xh^2+h^3+2x^2+4xh+2h^2-1-x^3-2x^2+1}{h}$$

$$=\lim_{h\to 0}\frac{3x^2h+3xh^2+h^3+4xh+2h^2}{h}$$

$$=\lim_{h\to 0}(3x^2+4x+3xh+h^2+2h)=3x^2+4x$$

[유제 3-7]

함수 $f(x)=3x^2+4x$의 도함수 $f'(x)$를 구하라.

예제 3-9 도함수의 정의역

다음 함수의 도함수를 구하라.

(a) $f(x)=\sqrt{2x+1}\ \left(x\geq -\frac{1}{2}\right)$ (b) $g(x)=\frac{1}{3x-4}\ \left(x\neq\frac{4}{3}\right)$

풀이

(a) [정의 3-2]에 따라 함수 f의 도함수를 구하면 다음과 같다.

$$f'(x)=\lim_{h\to 0}\frac{f(x+h)-f(x)}{h}$$

$$=\lim_{h\to 0}\frac{\sqrt{2(x+h)+1}-\sqrt{2x+1}}{h}$$

$$=\lim_{h\to 0}\left(\frac{\sqrt{2(x+h)+1}-\sqrt{2x+1}}{h}\cdot\frac{\sqrt{2(x+h)+1}+\sqrt{2x+1}}{\sqrt{2(x+h)+1}+\sqrt{2x+1}}\right)$$

$$=\lim_{h\to 0}\frac{2(x+h)+1-2x-1}{h(\sqrt{2(x+h)+1}+\sqrt{2x+1})}$$

$$=\lim_{h\to 0}\frac{2}{\sqrt{2(x+h)+1}+\sqrt{2x+1}}$$

$$=\frac{2}{\sqrt{2x+1}+\sqrt{2x+1}}=\frac{1}{\sqrt{2x+1}}\ \left(x>-\frac{1}{2},\ x\neq-\frac{1}{2}\right)$$

(b) [정의 3-2]에 따라 함수 g의 도함수를 구하면 다음과 같다.

$$g'(x)=\lim_{h\to 0}\frac{g(x+h)-g(x)}{h}$$

$$=\lim_{h\to 0}\frac{1}{h}\cdot\left\{\frac{1}{3(x+h)-4}-\frac{1}{3x-4}\right\}$$

$$=\lim_{h\to 0}\frac{1}{h}\cdot\frac{3x-4-3(x+h)+4}{\{3(x+h)-4\}(3x-4)}$$

$$=\lim_{h\to 0}\frac{-3}{\{3(x+h)-4\}(3x-4)}=\frac{-3}{(3x-4)^2}\ \left(x\neq\frac{4}{3}\right)$$

[예제 3-8]과 [예제 3-9]를 통해 도함수의 정의역은 원래 함수의 정의역과 다를 수 있음을 알았다. 이제 도함수를 본격적으로 다루기 전에 미분 가능성의 개념을 간단히 정리해 보자.

미분 가능한 함수

정의 3-3 미분 가능성

연속함수 $y=f(x)$에 대하여 함수의 정의역에 속하는 $x=x_0$에서 미분계수 $f'(x_0)$가 존재할 때, 함수 $f(x)$는 $x=x_0$에서 **미분 가능**(differentiable)하다고 한다. 함수 $f(x)$가 정의역에 속하는 열린구간 $I=(a, b)$의 모든 값에서 미분 가능하다면, 함수 $f(x)$는 열린구간 I에서 미분 가능하다고 한다.

예제 3-10 미분 가능성 조사

함수 $f(x)=|x|$의 미분 가능성을 조사하라.

풀이

$x>0$인 경우 $x+h>0$을 만족하는 충분히 작은 h를 선택하여 $|x+h|=x+h$가 되도록 만들 수 있다. 그러면 [정의 3-2]에 따라 다음이 성립한다.

$$f'(x)=\lim_{h\to 0}\frac{|x+h|-|x|}{h}=\lim_{h\to 0}\frac{x+h-x}{h}=1$$

한편 $x<0$인 경우에는 $x+h<0$을 만족하는 충분히 작은 h를 선택하여 $|x+h|=-(x+h)$가 되도록 만들 수 있다. 그러면 [정의 3-2]에 따라 다음이 성립한다.

$$f'(x)=\lim_{h\to 0}\frac{|x+h|-|x|}{h}=\lim_{h\to 0}\frac{-(x+h)-(-x)}{h}=-1$$

따라서 함수 $f(x)=|x|$는 $x=0$인 경우를 제외한 모든 x에서 미분 가능함을 알 수 있다. 이제 $x=0$인 경우를 살펴보자.

$$f'(0)=\lim_{h\to 0}\frac{f(0+h)-f(0)}{h}=\lim_{h\to 0}\frac{|0+h|-|0|}{h}$$

위 극한을 좌극한과 우극한으로 나누어 계산하면 다음과 같다.

$$\lim_{h\to 0^+}\frac{|0+h|-|0|}{h}=\lim_{h\to 0^+}\frac{|h|}{h}=\lim_{h\to 0^+}\frac{h}{h}=\lim_{h\to 0^+}1=1$$

$$\lim_{h\to 0^-}\frac{|0+h|-|0|}{h}=\lim_{h\to 0^-}\frac{|h|}{h}=\lim_{h\to 0^-}\frac{-h}{h}=\lim_{h\to 0^-}(-1)=-1$$

좌극한과 우극한이 다르므로 미분계수 $f'(0)$은 존재하지 않는다. 즉 $x=0$에서 $f(x)$는 미분 불가능하다. 그러므로 도함수 $f'(x)$는 다음과 같다.

$$f'(x)=\begin{cases}1 & (x>0)\\ -1 & (x<0)\end{cases}$$

함수 $f(x)$와 도함수 $f'(x)$의 그래프는 오른쪽 그림과 같다.

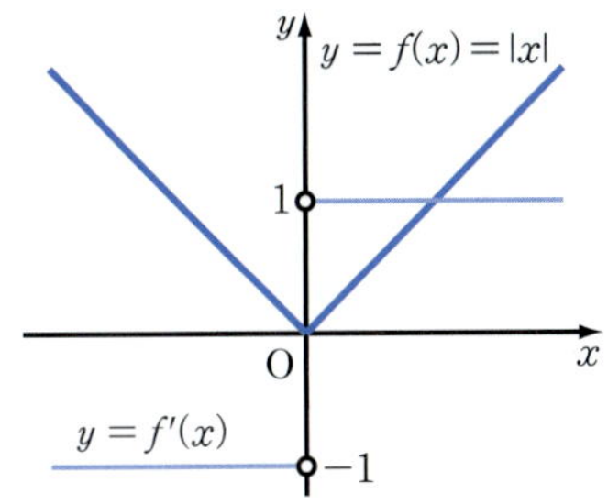

[유제 3-8]

함수 $f(x)=\sqrt{|x|}$의 미분 가능성을 조사하라.

예제 3-11 미분 가능성 조사

함수 $f(x)=|x|x$의 미분 가능성을 조사하라.

풀이

[예제 3-10]의 함수 $f(x)=|x|$에서 살펴봤듯이 절댓값함수는 $x=0$에서 미분 불가능하므로, 이 함수도 $x=0$을 기준으로 x값의 범위를 나누어 생각해 보자. 먼저 $x>0$일 때 $f(x)=x^2$이므로 [정의 3-2]에 따라 계산하면 $f'(x)=2x$이다. $x<0$일 때 $f(x)=-x^2$이므로 마찬가지로 계산하면 $f'(x)=-2x$이다. 마지막으로 $x=0$일 때를 살펴보자.

$$f'(0)=\lim_{h\to0}\frac{f(0+h)-f(0)}{h}=\lim_{h\to0}\frac{|0+h|(0+h)-|0|0}{h}$$

위 극한을 좌극한과 우극한으로 나누어 계산하면 다음과 같다.

$$\lim_{h\to0^+}\frac{|0+h|(0+h)-|0|0}{h}=\lim_{h\to0^+}\frac{|h|h}{h}=\lim_{h\to0^+}\frac{h^2}{h}=\lim_{h\to0^+}h=0$$

$$\lim_{h\to0^-}\frac{|0+h|(0+h)-|0|0}{h}=\lim_{h\to0^-}\frac{|h|h}{h}=\lim_{h\to0^-}\frac{-h^2}{h}=\lim_{h\to0^-}(-h)=0$$

$x=0$에서의 미분계수는 존재하고 $f'(0)=0$임을 알 수 있다. 따라서 $f(x)=|x|x$의 도함수는 다음과 같다.

$$f'(x)=\begin{cases}2x & (x\ge0)\\ -2x & (x<0)\end{cases}$$

함수 $f(x)$와 도함수 $f'(x)$의 그래프는 오른쪽 그림과 같다.

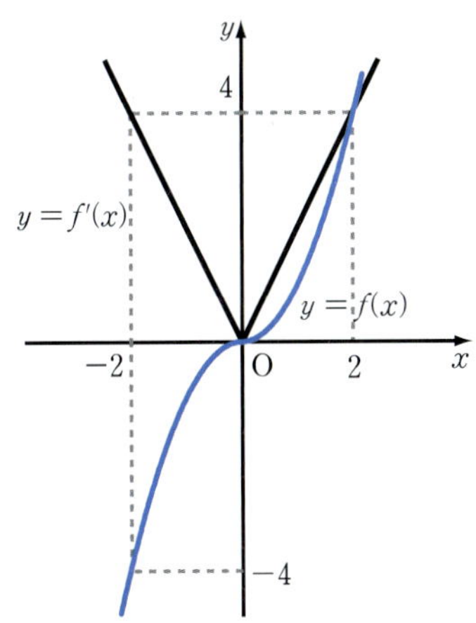

[예제 3-10]의 함수 $f(x)=|x|$는 연속함수이지만 미분 불가능하다. 즉 연속성만으로는 미분 가능성을 보장할 수 없다.

정리 3-1 미분 가능성과 연속성의 관계

함수 $f(x)$가 $x=a$에서 미분 가능하면, $f(x)$는 $x=a$에서 연속이다.

증명

함수 $f(x)$가 $x=a$에서 미분 가능하면 $f'(a)$가 존재하고 $f(x)-f(a)$는 다음과 같다.

$$f(x)-f(a)=\frac{f(x)-f(a)}{x-a}(x-a)$$

$x=a$에서 $f(x)-f(a)$의 극한은 다음과 같다.

$$\lim_{x\to a}\{f(x)-f(a)\}=\lim_{x\to a}\frac{f(x)-f(a)}{x-a}(x-a)=0$$

따라서 $\lim_{x\to a}f(x)=f(a)$이다. ■

[예제 3-5]에서 다루었던 다음과 같은 함수를 보면 미분 가능성을 직관적으로 판단하기가 쉽지 않음을 예상할 수 있다.

$$y=f(x)=\begin{cases} x^2\sin\frac{1}{x} & (x\neq 0) \\ 0 & (x=0) \end{cases}$$

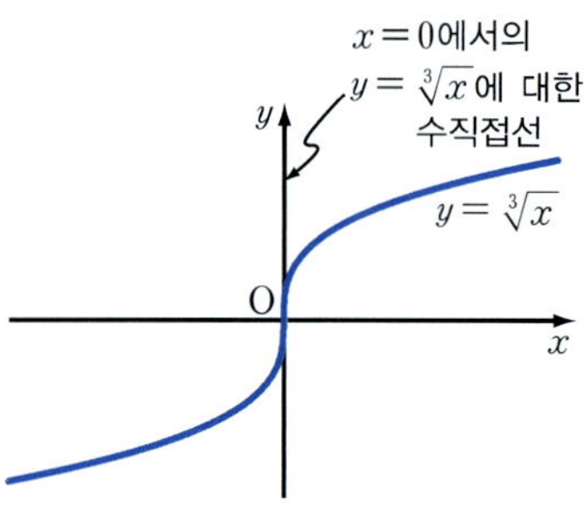

[그림 3-2] 함수 $y=\sqrt[3]{x}$의 그래프와 수직접선

그뿐만 아니라 그래프가 아주 매끄럽게 잘 주어지고 모든 곳에서 접선을 그을 수 있는 경우에도 미분 불가능한 점이 존재한다는 사실도 유념해야 한다.

예를 들어 함수 $y=f(x)=\sqrt[3]{x}$를 생각해 보자. [그림 3-2]와 같이 함수 $y=\sqrt[3]{x}$가 $x=0$에서 y축과 접하고 있음을 쉽게 알 수 있다. 이와 같이 y축에 평행한 접선을 **수직접선**(vertical tangent line)이라고 한다. 비슷한 개념으로 x축에 평행한 접선을 **수평접선**(horizontal tangent line)이라고 한다. 그런데 이 접선의 기울기를 직접 계산해 보면 그 값은 ∞로 발산함을 알 수 있다.

이와 같이 수직접선이 접선인 경우를 통해 접선이 존재한다고 해서 반드시 미분 가능한 것은 아니라는 사실을 확인할 수 있다. 따라서 미분 가능성의 성립 여부는 [정의 3-3]에 따라 미분계수가 유한한 값으로 확정되는지 살펴보고 판단해야 정확하다.

고계도함수

함수 $f(x)$가 미분 가능한 함수이면 도함수 $f'(x)$가 존재한다. 이 도함수 역시 미분 가능할 경우 당연히 $(f'(x))' = f''(x)$로 표현되는 $f'(x)$의 도함수가 존재한다. 이 새로운 함수 $f''(x)$는 $f(x)$의 도함수의 도함수로, $f(x)$의 **2계도함수**(second derivative)라고 한다. 또한 $f''(x)$가 미분 가능할 경우 $f''(x)$의 도함수를 $f'''(x)$로 나타내고 $f(x)$의 **3계도함수**(third derivative)라고 한다. 이 과정은 미분 가능성이 유지될 때까지 계속 반복할 수 있다.

일반적으로 이 과정을 n번 시행한 결과의 도함수를 $f(x)$의 **n계도함수**(nth derivative)라 하고, 간략하게 $f^{(n)}(x)$로 표기한다. 즉 $f(x)$의 3계도함수 $f'''(x)$는 $f^{(3)}(x)$으로도 나타낸다. 특히 $n \geq 2$일 때 $f^{(n)}(x)$를 **고계도함수**(higher order derivative)라고 한다.

예제 3-12 n계도함수

함수 $f(x) = x^3 + 2x^2 - 1$의 3계도함수 $f'''(x)$를 구하라.

풀이

[정의 3-2]에 따르면 $f'(x) = 3x^2 + 4x$이고 [유제 3-7]에서 $(3x^2+4x)' = 6x+4$이므로 함수 $f(x)$의 2계도함수는 $6x+4$이다. 이를 이용하면 $f(x)$의 3계도함수는 다음과 같다.

$$\begin{aligned} f'''(x) &= \lim_{h \to 0} \frac{f''(x+h) - f''(x)}{h} \\ &= \lim_{h \to 0} \frac{\{6(x+h)+4\} - (6x+4)}{h} \\ &= \lim_{h \to 0} \frac{6h}{h} \\ &= 6 \end{aligned}$$

예제 3-13 n계도함수

함수 $g(x)=\dfrac{1}{3x-4}$의 2계도함수 $g''(x)$를 구하라.

풀이

[예제 3-9]를 통해 함수 $g(x)=\dfrac{1}{3x-4}$의 1계도함수는 $g'(x)=\dfrac{-3}{(3x-4)^2}$임을 알아보았다. [정의 3-2]에 따라 2계도함수를 구하면 다음과 같다.

$$\begin{aligned} g''(x) &= \lim_{h\to 0}\frac{g'(x+h)-g'(x)}{h} \\ &= \lim_{h\to 0}\frac{\dfrac{-3}{\{3(x+h)-4\}^2}-\dfrac{-3}{(3x-4)^2}}{h} \\ &= \lim_{h\to 0}\frac{3}{h}\cdot\left[\frac{-1}{\{3(x+h)-4\}^2}+\frac{1}{(3x-4)^2}\right] \\ &= \lim_{h\to 0}\frac{3}{h}\cdot\frac{\{3(x+h)-4\}^2-(3x-4)^2}{\{3(x+h)-4\}^2(3x-4)^2} \\ &= \lim_{h\to 0}\frac{3}{h}\cdot\frac{(6x+3h-8)3h}{\{3(x+h)-4\}^2(3x-4)^2}=\frac{18(3x-4)}{(3x-4)^4} \\ &= \frac{18}{(3x-4)^3} \end{aligned}$$

[유제 3-9]

함수 $f(x)=\dfrac{1}{x+5}$의 2계도함수를 구하라.

■ 미분의 표기법

미분은 역사적으로 누구의 작품이냐를 두고 뉴턴설과 라이프니츠설이 크게 대립하였다. 오랜 기간에 걸친 대립 끝에 최종적으로는 두 사람 모두 독립적으로 미분을 발명하였으며, 현재 우리가 주로 사용하는 여러 가지 미분, 적분 기호들과 표기법은 라이프니츠를 따른다는 정도로 정리되었다.

미분의 표기법에 대하여 알아보자. 함수 $y=f(x)$에 대하여 이 함수의 도함수는 다음과 같이 다양한 방법으로 표기할 수 있다.

$$f'(x)=y'=\frac{dy}{dx}=\frac{df}{dx}=\frac{d}{dx}f(x)$$

고계도함수 역시 다음과 같이 다양한 방법으로 표기할 수 있다.

$$f^{(n)}(x)=y^{(n)}=\frac{d^n y}{dx^n}=\frac{d^n f}{dx^n}=\left(\frac{d}{dx}\right)^n f(x)$$

SECTION

3.2 연습문제

01 다음 그림은 함수 $y=f(x)=\dfrac{x}{x^2+1}$와 f의 도함수, f의 도함수의 도함수의 그래프를 그린 것이다. 각 그래프가 어떤 함수인지를 판정하고 그 이유를 설명하라.

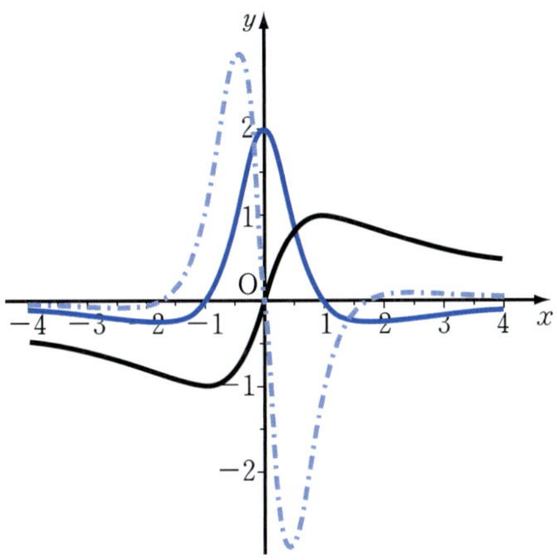

02 함수 $f(x)=\dfrac{1}{x^3}$의 도함수를 구하라.

03 함수 $y=|x|+x$의 미분 가능성을 조사하라.

04 함수 $y=|x|x^2$의 미분 가능성을 조사하라.

05 상수 b, k에 대하여, 다음과 같이 정의된 함수 $y=f(x)$를 생각해 보자.

$$f(x)=\begin{cases} x^2 & (x \le 2) \\ kx+b & (x > 2) \end{cases}$$

함수 f가 실수 전체에서 미분 가능할 때 상수 b, k를 구하라.

※ 06~07 주어진 함수의 도함수 y'과 고계도함수 y'', y''', $y^{(4)}$을 모두 구하라.

06 $y=x^3-4x^2+3$

07 $y=\sqrt{2x+1}$

08 함수 $f(x)=\dfrac{1}{x^2+1}$의 2계도함수를 구하라.

09 곡선 $y=x^2$ 위의 점 $\mathrm{Q}(1,1)$에서 접선의 방정식을 구하라.

SECTION 3.3 기본적인 미분 공식

우리가 수학에서 다루는 기본 함수에는 다항함수, 유리함수, 무리함수, 삼각함수, 지수함수, 로그함수 등이 있다. 앞에서 살펴본 바와 같이 함수의 도함수를 도함수 정의에 따라 직접 계산하는 일은 아주 복잡하고 어려운 일이 될 수도 있다. 연속함수를 연산하거나 합성하면 정의역에서 계속 연속함수다. 이러한 연속함수의 성질이 미분 가능성에 대해서도 성립한다면 복잡한 함수의 도함수를 구하는 과정 역시 간단해질 수 있다. 이제부터 도함수 정의를 직접 이용하지 않고 간단하게 도함수를 구할 수 있는 방법에 대하여 알아보자.

도함수의 성질

극한의 성질에서와 같이 미분 가능한 함수에서도 동일한 사실이 성립한다.

[정리 3-2]를 미분 연산의 선형성(linearity)이라고 한다. 이 선형성과 미분 가능한 함수의 곱셈에 관한 미분 연산의 성질에 의하면, 모든 다항함수는 실수 전체에서 미분 가능하고 다항함수의 도함수는 간단하게 계산된다. 이때, 곱셈에 관한 미분 연산의 성질을 곱의 법칙(product rule) 또는 라이프니츠 법칙(Leibniz rule)이라 한다.

정리 3-2 미분 가능한 함수의 선형결합에 관한 법칙

함수 $f(x)$와 $g(x)$가 정의역 I에서 미분 가능하면 주어진 상수 c에 대하여 $f(x) \pm cg(x)$는 I에서 미분 가능하고, 그 도함수는 다음과 같다.

$$\{f(x) \pm cg(x)\}' = f'(x) \pm cg'(x)$$

증명

도함수 정의([정의 3-2])에 따라 다음이 성립한다.

$$\begin{aligned}\{f(x) \pm cg(x)\}' &= \lim_{h \to 0} \frac{\{f(x+h) \pm cg(x+h)\} - \{f(x) \pm cg(x)\}}{h} \\ &= \lim_{h \to 0} \frac{f(x+h) \pm cg(x+h) - f(x) \mp cg(x)}{h} \\ &= \lim_{h \to 0} \frac{\{f(x+h) - f(x)\} \pm c\{g(x+h) - g(x)\}}{h} \\ &= \lim_{h \to 0} \frac{f(x+h) - f(x)}{h} \pm c\lim_{h \to 0} \frac{g(x+h) - g(x)}{h} \\ &= f'(x) \pm cg'(x)\end{aligned}$$

따라서 $f(x) \pm cg(x)$는 미분 가능하고 그 도함수는 $f'(x) \pm cg'(x)$이다. ■

미분 가능한 함수의 곱에 관한 미분 연산의 성질을 알아보자.

정리 3-3 미분 가능한 함수의 곱셈에 관한 법칙

함수 $f(x)$와 $g(x)$가 모두 정의역 I에서 미분 가능하면, 함수 $f(x)g(x)$는 미분 가능하고, 그 도함수는 다음과 같다.

$$\{f(x)\,g(x)\}' = f'(x)g(x) + f(x)g'(x)$$

증명

도함수 정의([정의 3-2])에 따라 다음이 성립한다.

$$\begin{aligned}
&\{f(x)g(x)\}'\\
&= \lim_{h\to 0}\frac{f(x+h)g(x+h)-f(x)g(x)}{h}\\
&= \lim_{h\to 0}\frac{f(x+h)g(x+h)-f(x)g(x+h)+f(x)g(x+h)-f(x)g(x)}{h}\\
&= \lim_{h\to 0}\frac{\{f(x+h)-f(x)\}g(x+h)}{h}+\lim_{h\to 0}\frac{f(x)\{g(x+h)-g(x)\}}{h}\\
&= \lim_{h\to 0}\frac{f(x+h)-f(x)}{h}\cdot\left\{\lim_{h\to 0}g(x+h)\right\}+f(x)\cdot\lim_{h\to 0}\frac{g(x+h)-g(x)}{h}\\
&= f'(x)g(x)+f(x)g'(x)
\end{aligned}$$

■

세 함수 $f(x)$, $g(x)$, $h(x)$가 모두 정의역 I에서 미분 가능하면, 함수 $f(x)g(x)h(x)$는 미분 가능하고, 그 도함수는 다음과 같다.

$$\{f(x)g(x)h(x)\}' = f'(x)g(x)h(x) + f(x)g'(x)h(x) + f(x)g(x)h'(x)$$

정리 3-4 미분 가능한 함수의 나눗셈에 관한 법칙

함수 $f(x)$와 $g(x)$가 모두 정의역 I에서 미분 가능하다고 가정하자. $g(x)\neq 0$일 때 함수 $\frac{f(x)}{g(x)}$는 미분 가능하고, 그 도함수는 다음과 같다.

$$\left\{\frac{f(x)}{g(x)}\right\}' = \frac{f'(x)g(x)-f(x)g'(x)}{\{g(x)\}^2}$$

증명

도함수 정의([정의 3-2])에 따라 다음이 성립한다.

$$\left\{\frac{f(x)}{g(x)}\right\}' = \lim_{h\to0}\frac{1}{h}\left\{\frac{f(x+h)}{g(x+h)}-\frac{f(x)}{g(x)}\right\} = \lim_{h\to0}\frac{1}{h}\left\{\frac{f(x+h)g(x)-f(x)g(x+h)}{g(x+h)g(x)}\right\}$$

$$= \lim_{h\to0}\left[\frac{\{f(x+h)-f(x)\}g(x)-f(x)\{g(x+h)-g(x)\}}{g(x+h)g(x)}\right]$$

$$= \lim_{h\to0}\frac{1}{h}\left[\frac{\{f(x+h)-f(x)\}g(x)}{g(x+h)g(x)}\right] - \lim_{h\to0}\frac{1}{h}\left[\frac{f(x)\{g(x+h)-g(x)\}}{g(x+h)g(x)}\right]$$

$$= \lim_{h\to0}\left\{\frac{f(x+h)-f(x)}{h}\right\}\frac{1}{g(x+h)} - \frac{f(x)}{g(x)}\lim_{h\to0}\left\{\frac{g(x+h)-g(x)}{h}\right\}\frac{1}{g(x+h)}$$

$$= \frac{f'(x)}{g(x)} - \frac{f(x)g'(x)}{\{g(x)\}^2} = \frac{f'(x)g(x)-f(x)g'(x)}{\{g(x)\}^2}$$ ■

다항함수의 도함수

정리 3-5 상수함수의 도함수

임의의 상수 c에 대하여 상수함수 $f(x)=c$의 도함수는 다음과 같다.

$$f'(x) = \frac{d}{dx}(c) = 0$$

증명

도함수 정의([정의 3-2])에 따라 모든 x에 대하여 다음이 성립하므로 자명하다.

$$f'(x) = \lim_{h\to0}\frac{f(x+h)-f(x)}{h} = \lim_{h\to0}\frac{c-c}{h} = 0$$ ■

정리 3-6 지수가 자연수인 거듭제곱함수의 미분 법칙

지수가 자연수인 거듭제곱함수의 미분 법칙은 이항정리를 이용하여 나타낼 수도 있다.

자연수 n에 대하여 거듭제곱 형태로 주어진 함수 $f(x)=x^n$의 도함수는 다음과 같다.

$$f'(x) = (x^n)' = nx^{n-1}$$

증명

함수 $f(x)=x^n$은 함수 $g(x)=x$의 n 거듭제곱함수다. 먼저 도함수 정의([정의 3-2])에 따라 $g(x)=x$의 도함수를 구하면 $g'(x)=\lim_{h\to0}\frac{(x+h)-x}{h}=1$이므로 $g(x)$는 미분 가능하다. 따라서 [정리 3-3]에 의해 $f(x)$도 미분 가능하다.

이제 x^n의 도함수를 구해 보자. 함수 $f(x)$를 $f(x)=x \cdot x^{n-1}$으로 고쳐 쓰고 다음과 같이 수학적 귀납법을 적용한다.

(i) $n=1$일 때, $f(x)$는 $g(x)$와 같으므로 함수의 미분 가능성은 자명하다.

(ii) $n=k$일 때, $(x^k)'=kx^{k-1}$이 성립한다고 가정하자.

(iii) $n=k+1$일 때는 [정리 3-3]과 (ii)에 의해 다음이 성립한다.

$$\begin{aligned}(x^{k+1})' &= (x \cdot x^k)' = (x)' \cdot (x^k) + x \cdot (x^k)' \\ &= x^k + x \cdot (kx^{k-1}) \\ &= (k+1)x^k\end{aligned}$$

(i)~(iii)으로부터 모든 자연수 n에 대하여 $(x^n)'=nx^{n-1}$이 성립한다. ■

지금까지 살펴본 내용을 종합하면 다항함수는 실수 전체에서 미분 가능하고 그 도함수가 다음과 같이 주어짐을 바로 알 수 있다.

정리 3-7 다항함수의 도함수

n이 자연수일 때, n차 다항함수 $f(x)=\sum_{k=0}^{n} a_k x^k$은 미분 가능하고, 그 도함수는 다음과 같다.

$$f'(x)=\sum_{k=1}^{n} k a_k x^{k-1}$$

증명

다항함수 $f(x)$는 거듭제곱함수의 대수적 결합(거듭제곱함수의 상수배와 덧셈)이므로 미분 가능하고, 그 도함수는 [정리 3-6]에 따라 다음과 같다.

$$\left(\sum_{k=0}^{n} a_k x^k\right)' = \sum_{k=0}^{n} a_k (x^k)' = \sum_{k=1}^{n} k a_k x^{k-1}$$ ■

예제 3-14 다항함수의 도함수

함수 $f(x)=x^3-6x^2+9x+7$의 도함수 $f'(x)$를 구하라.

풀이

만약 정의를 이용하여 함수 $f(x)$의 도함수를 구한다면 아주 지루하지만, 이 절에서 학습한 공식을 이용하면 다음과 같이 간단히 구할 수 있다.

$$f(x)'=(x^3-6x^2+9x+7)'=3x^2-12x+9$$

[유제 3-10]

함수 $f(x)=x^4+4x^3-2x^2+6x+1$의 도함수 $f'(x)$를 구하라.

유리함수의 도함수

이번에는 우리가 잘 아는 기본 함수 중 하나인 유리함수를 생각해 보자. 유리함수는 서로소인 두 다항함수의 나눗셈으로 정의한다. 따라서 [정리 3-4]에 의해 모든 유리함수는 정의역에서 미분 가능하며, 도함수는 유리함수를 정의하는 두 다항함수의 도함수를 이용하여 간단히 계산할 수 있다.

예제 3-15 유리함수의 도함수

유리함수 $f(x)=\dfrac{1-x}{2x+1}$의 도함수를 구하라.

풀이

[정리 3-4]를 이용하여 함수 $f(x)$의 도함수를 구하면 다음과 같다.

$$\begin{aligned} f'(x) &= \frac{(1-x)'(2x+1)-(1-x)(2x+1)'}{(2x+1)^2} \\ &= \frac{-2x-1+2x-2}{(2x+1)^2} = \frac{-3}{(2x+1)^2} \end{aligned}$$

[유제 3-11]

함수 $f(x)=\dfrac{x}{x^2+1}$의 도함수 $f'(x)$를 구하라.

[정리 3-6]에서 지수가 자연수인 거듭제곱함수가 미분 가능하고, 그 도함수가 어떻게 주어지는지 알아보았다. 그렇다면 지수가 음의 정수인 거듭제곱함수는 미분 가능할까?

[정리 3-4]에 따르면 이는 간단한 문제다. 즉 자연수 n에 대하여 $f(x)=x^{-n}$으로 주어진 함수는 $f(x)=\dfrac{1}{x^n}$이므로 $x\neq 0$인 모든 실수 x에서 미분 가능하고, 도함수는 $f'(x)=\dfrac{-(x^n)'}{(x^n)^2}=-nx^{(n-1)-2n}=(-n)x^{-n-1}$임을 알 수 있다. 따라서 다음과 같이 일반화된 거듭제곱함수의 미분 법칙이 성립한다.

정리 3-8 일반화된 거듭제곱함수의 미분 법칙

정수 n에 대하여 거듭제곱 형태로 주어진 함수 $f(x)=x^n$의 도함수는 다음과 같다.

$$f'(x)=(x^n)'=nx^{n-1}$$

예제 3-16 일반화된 거듭제곱함수의 미분 법칙

함수 $f(x)=\dfrac{x^2+1}{x^3}$의 도함수를 구하라.

풀이

주어진 함수를 전개하면 $f(x)=\dfrac{1}{x}+\dfrac{1}{x^3}=x^{-1}+x^{-3}$이므로 도함수는 다음과 같다.

$$f'(x)=-x^{-2}-3x^{-4}=-\frac{1}{x^2}-\frac{3}{x^4}=-\frac{x^2+3}{x^4}$$

[유제 3-12]

함수 $f(x)=\dfrac{2x^2+3}{x^4}$의 도함수를 구하라.

정리 3-9 유리수 지수 함수의 미분 법칙

유리수 p에 대하여 함수 $f(x)=x^p$의 도함수는 다음과 같다.

$$f'(x)=px^{p-1}$$

참고 실수 지수 함수의 미분 법칙

실수 r에 대하여 함수 $f(x)=x^r$의 도함수는 $f'(x)=rx^{r-1}$이다.

예제 3-17 지수가 유리수인 거듭제곱함수의 도함수

함수 $f(x)=\sqrt{x}$, $g(x)=x\sqrt[3]{x^2}$의 도함수를 각각 구하라.

풀이

주어진 함수는 각각 $f(x)=\sqrt{x}=x^{\frac{1}{2}}$, $g(x)=x\sqrt[3]{x^2}=x\cdot x^{\frac{2}{3}}=x^{\frac{5}{3}}$이므로 도함수는 다음과 같다.

$$f'(x)=\left(x^{\frac{1}{2}}\right)'=\frac{1}{2}x^{\frac{1}{2}-1}=\frac{1}{2}x^{-\frac{1}{2}}=\frac{1}{2}\cdot\frac{1}{\sqrt{x}}=\frac{1}{2\sqrt{x}}$$

$$g'(x)=\left(x^{\frac{5}{3}}\right)'=\frac{5}{3}x^{\frac{5}{3}-1}=\frac{5}{3}\sqrt[3]{x^2}$$

[유제 3-13]

함수 $f(x)=x\sqrt{x}$ 의 도함수를 구하라.

지금까지 기본 함수 중 다항함수, 유리함수 그리고 기본적인 무리함수의 도함수에 대하여 알아보았다. 이외에도 중요한 기본 함수로 삼각함수가 있다.

삼각함수의 도함수

삼각함수는 사칙연산에 의해 함숫값이 정의되는 함수가 아니다. 도함수를 구하기 위해서는 직접 도함수 정의에 따라 함수의 도함수를 구해야만 한다.

정리 3-10 사인함수의 도함수

함수 $f(x)=\sin x$는 실수 전체에서 미분 가능하고, 그 도함수는 다음과 같다.

$$f'(x)=(\sin x)'=\cos x$$

증명

도함수 정의([정의 3-2])에 따라 다음이 성립한다.

$$f'(x)=\lim_{h\to 0}\frac{f(x+h)-f(x)}{h}=\lim_{h\to 0}\frac{\sin(x+h)-\sin x}{h}$$

$$=\lim_{h\to 0}\frac{\sin x\cos h+\cos x\sin h-\sin x}{h}$$

$$=\lim_{h\to 0}\left(\frac{\sin x\cos h-\sin x}{h}+\frac{\cos x\sin h}{h}\right)$$

$$=\lim_{h\to 0}\left\{\sin x\left(\frac{\cos h-1}{h}\right)+\cos x\left(\frac{\sin h}{h}\right)\right\}$$

$$=\lim_{h\to 0}\sin x\cdot\lim_{h\to 0}\frac{\cos h-1}{h}+\lim_{h\to 0}\cos x\cdot\lim_{h\to 0}\frac{\sin h}{h}$$

$$=(\sin x)\cdot 0+(\cos x)\cdot 1=\cos x$$ ■

[정리 3-10]을 증명할 때, 다음 결과를 이용한다.

$$\lim_{\theta\to 0}\frac{\sin\theta}{\theta}=1,\ \lim_{\theta\to 0}\frac{\cos\theta-1}{\theta}=0$$

정리 3-11 코사인함수의 도함수

함수 $f(x)=\cos x$는 실수 전체에서 미분 가능하고, 그 도함수는 다음과 같다.

$$f'(x)=(\cos x)'=-\sin x$$

[정리 3-11]은 [정리 3-10]과 동일한 방법으로 쉽게 증명할 수 있으므로 생략한다.

예제 3-18 삼각함수의 도함수

함수 $f(x)=2\sin x+3\sin x\cos x$ 의 도함수를 구하라.

풀이

[정리 3-10]과 [정리 3-11] 그리고 [정리 3-3]을 이용하면 함수 $f(x)$의 도함수는 다음과 같다.

$$\begin{aligned} f'(x) &= (2\sin x+3\sin x\cos x)' \\ &= 2(\sin x)'+3(\sin x\cos x)' \\ &= 2\cos x+3\{(\sin x)'\cos x+\sin x(\cos x)'\} \\ &= 2\cos x+3\cos^2 x-3\sin^2 x=2\cos x+3\cos 2x \end{aligned}$$

[유제 3-14]

함수 $f(x)=\dfrac{1}{\sin x}$의 도함수를 구하라.

예제 3-19 삼각함수의 도함수

함수 $f(x)=x\sin x$의 도함수를 구하라.

풀이

[정리 3-10]과 [정리 3-3]을 이용하면 함수 $f(x)$의 도함수는 다음과 같다.

$$f'(x)=(x)'\sin x+x(\sin x)'=\sin x+x\cos x$$

[유제 3-15]

함수 $f(x)=\dfrac{\sin x}{\cos x}$의 도함수를 구하라.

예제 3-20 사인함수와 코사인함수의 고계도함수

함수 $f(x) = \sin x$에 대하여 $f^{(13)}(x)$를 구하라.

풀이

$\sin x$의 고계도함수는 4를 주기로 자기 자신으로 순환한다. 따라서 다음이 성립한다.

$$f^{(13)}(x) = f^{(1)}(x) = (\sin x)' = \cos x$$

[유제 3-16]

함수 $f(x) = \cos x$에 대하여 $f^{(2021)}(x)$를 구하라.

삼각함수의 정의([정의 2-6])에 따르면 다음이 성립한다.

$$\tan x = \frac{\sin x}{\cos x},\ \cot x = \frac{\cos x}{\sin x},\ \csc x = \frac{1}{\sin x},\ \sec x = \frac{1}{\cos x}$$

이 함수들의 도함수는 [정리 3-4]를 이용하여 구할 수 있다.

정리 3-12 나머지 삼각함수의 도함수

함수 $\tan x$, $\csc x$, $\sec x$, $\cot x$의 도함수는 다음과 같다.

(1) $(\tan x)' = \sec^2 x$

(2) $(\cot x)' = -\csc^2 x$

(3) $(\sec x)' = \sec x \tan x$

(4) $(\csc x)' = -\csc x \cot x$

예제 3-21 삼각함수의 도함수

함수 $f(x) = \tan x + \sec x$의 도함수를 구하라.

풀이

함수 $f(x)$의 도함수를 구하면 다음과 같다.

$$\begin{aligned} f'(x) &= (\tan x + \sec x)' = (\tan x)' + (\sec x)' \\ &= \sec^2 x + \sec x \tan x = \sec x(\sec x + \tan x) \end{aligned}$$

[유제 3-17]

함수 $f(x)=\cot x\cos x$의 도함수를 구하라.

예제 3-22 삼각함수의 도함수

함수 $f(x)=\dfrac{x\sec x}{\cos x+1}$의 도함수를 구하라.

풀이

[정리 3-4]와 [정리 3-12]를 이용하면 $f(x)$의 도함수는 다음과 같다.

$$\begin{aligned}
f'(x)&=\frac{(x\sec x)'(\cos x+1)-x\sec x(\cos x+1)'}{(\cos x+1)^2}\\
&=\frac{(\sec x+x\sec x\tan x)(\cos x+1)-x\sec x(-\sin x)}{(\cos x+1)^2}\\
&=\frac{1+\sec x+2x\tan x+x\sec x\tan x}{(\cos x+1)^2}
\end{aligned}$$

[유제 3-18]

함수 $f(x)=x\tan x+\dfrac{1}{\sin x+2}$의 도함수를 구하라.

SECTION

3.3 연습문제

※ 01~07 주어진 함수의 도함수를 구하라.

01 $y = x^{12} + 3x^7 - 4x^3 + x + 1$

02 $y = (3x+2)(x^2+3)(5x^5 - 2x + 3)$

03 $y = \dfrac{2x}{x+1} - \dfrac{x+2}{x-1}$

04 $y = \dfrac{x^3+3}{x^2}$

05 $y = x\sqrt[3]{x} + \dfrac{1}{\sqrt{x}+1}$

06 $y = \sin^3 x$

07 $y = \dfrac{x\cos x + 1}{x + \tan x}$

※ 08~10 함수 $y = \dfrac{x}{x^2+2}$ 에 대하여 다음 물음에 답하라.

08 이 함수의 그래프 위의 점 $Q\left(1, \dfrac{1}{3}\right)$에서 그은 접선의 방정식을 구하라.

09 직선 $x - 2y + 1 = 0$에 평행한 접선을 구하라.

10 점 $P(2, 1)$에서 이 곡선에 그은 접선의 방정식을 구하라.

11 함수 $y = x - 2\sin x$의 그래프에서 x축에 평행한 접선을 그을 수 있는지 판정하고, 가능하다면 그 접선의 방정식을 구하라.

※ 12~13 주어진 함수의 도함수를 유도하라.

12 $y = \cot x$

13 $y = \sec x$

※ 14~15 주어진 함수의 도함수를 구하라.

14 $y = x\csc x - \cot x$

15 $y = x\sin x\cos x$

16 어떤 함수 $y = f(x)$가 식 $y'' + 2y' - y = \cos x$를 만족한다고 하자. 주어진 함수가 $y = a\sin x + b\cos x$일 때, 실수 a, b 값을 결정하라.

17 함수 $y = ax^3 + bx^2 + cx + d$의 그래프에 대하여 그래프 위 두 점 $(-1, 2)$와 $(1, -2)$에서 x축에 평행한 접선이 존재한다. 실수 a, b, c, d 값을 결정하라.

SECTION

3.4 연쇄법칙

$\sin 2x$의 도함수는 삼각함수의 이배각 공식([정리 2-14])을 이용하여 구할 수 있지만 이제 소개할 법칙을 이용하면 쉽게 계산할 수 있다. 이 법칙은 미분 가능한 함수들의 합성함수에 대한 미분 법칙으로 **연쇄법칙**(chain rule)이라고 한다.

정리 3-13 연쇄법칙

주어진 각 정의역에서 함수 $f(x)$와 $g(x)$가 모두 미분 가능하고 합성함수 $F=f\circ g$가 $F(x)=f(g(x))$로 정의된다고 하자. 이때 $F(x)$는 미분 가능하고, 도함수 $F'(x)$는 다음과 같다.

$$F'(x)=f'(g(x))\cdot g'(x)$$

[정리 3-13]을 라이프니츠 기호로 나타내면 다음과 같이 쓸 수 있다.

$$\frac{dy}{dx}=\frac{dy}{du}\cdot\frac{du}{dx}$$

증명

도함수 정의([정의 3-2])에 따라 합성함수 $F(x)=f(g(x))$의 도함수를 직접 구하면 다음과 같다.

$$\begin{aligned}F'(x)&=\lim_{h\to 0}\frac{F(x+h)-F(x)}{h}\\&=\lim_{h\to 0}\frac{f(g(x+h))-f(g(x))}{h}\\&=\lim_{h\to 0}\left\{\frac{f(g(x+h))-f(g(x))}{g(x+h)-g(x)}\cdot\frac{g(x+h)-g(x)}{h}\right\}\end{aligned}$$

$h\to 0$일 때 $g(x+h)-g(x)$ 역시 0으로 수렴하므로, $k=g(x+h)-g(x)$라 놓고 위 식을 다음과 같이 수정하여 계산할 수 있다.

$$\begin{aligned}&\lim_{h\to 0}\left\{\frac{f(g(x+h))-f(g(x))}{g(x+h)-g(x)}\cdot\frac{g(x+h)-g(x)}{h}\right\}\\&=\lim_{k\to 0}\frac{f(g(x)+k)-f(g(x))}{k}\cdot\lim_{h\to 0}\frac{g(x+h)-g(x)}{h}\\&=f'(g(x))\cdot g'(x)\end{aligned}$$

따라서 $F'(x)=f'(g(x))\cdot g'(x)$가 성립함을 알 수 있다. ■

예제 3-23 **연쇄법칙을 이용한 도함수 계산**

함수 $y=(x^2+1)^3(x^3-1)^5$의 도함수를 구하라.

풀이

주어진 함수는 두 다항함수의 곱이므로 먼저 [정리 3-3]의 곱에 관한 미분 법칙을 적용하고, 각 다항함수의 미분에서는 [정리 3-13]의 연쇄법칙을 적용한다. 이에 따라 주어진 함수의 도함수를 구하면 다음과 같다.

$$\begin{aligned} y' &= \{(x^2+1)^3\}'(x^3-1)^5+(x^2+1)^3\{(x^3-1)^5\}' \\ &= \{3(x^2+1)^2\cdot(2x)\}\cdot(x^3-1)^5+(x^2+1)^3\cdot\{5(x^3-1)^4\cdot(3x^2)\} \\ &= (x^2+1)^2(x^3-1)^4\{6x(x^3-1)+15x^2(x^2+1)\} \\ &= 3(x^2+1)^2(x^3-1)^4(7x^4+5x^2-2x) \end{aligned}$$

[유제 3-19]

함수 $y=(4x^6+1)^7$의 도함수를 구하라.

예제 3-24 **연쇄법칙을 이용한 도함수 계산**

함수 $y=\left(\dfrac{x^2-1}{x+3}\right)^4$의 도함수를 구하라.

풀이

주어진 함수를 유리함수와 거듭제곱함수의 합성으로 보고 도함수를 구하면 다음과 같다.

$$\begin{aligned} y' &= 4\left(\frac{x^2-1}{x+3}\right)^3\cdot\left(\frac{x^2-1}{x+3}\right)' \\ &= 4\left(\frac{x^2-1}{x+3}\right)^3\cdot\frac{2x(x+3)-(x^2-1)(1)}{(x+3)^2} \\ &= 4\left(\frac{x^2-1}{x+3}\right)^3\cdot\frac{x^2+6x+1}{(x+3)^2} \\ &= \frac{4(x^2+6x+1)(x^2-1)^3}{(x+3)^5} \end{aligned}$$

[유제 3-20]

함수 $y=\left(1+\frac{1}{x}-\frac{1}{1+x}\right)^4$의 도함수를 구하라.

예제 3-25 연쇄법칙을 이용한 도함수 계산

함수 $f(x)=\frac{3}{\sqrt[3]{x^2+x+1}}$의 도함수 $f'(x)$를 구하라.

풀이

주어진 함수를 $f(x)=3(x^2+x+1)^{-\frac{1}{3}}$으로 다시 쓴다. 그러면 연쇄법칙에 의하여 다음을 얻는다.

$$\begin{aligned} f'(x) &= -\frac{3}{3}(x^2+x+1)^{-\frac{4}{3}}(x^2+x+1)' \\ &= -(x^2+x+1)^{-\frac{4}{3}}(2x+1) \end{aligned}$$

[유제 3-21]

함수 $f(x)=(x^2+1)^{-\frac{1}{2}}$의 2계도함수를 구하라.

예제 3-26 연쇄법칙을 이용한 도함수 계산

함수 $y=\sin^2 x\cdot\sin x^2$의 도함수를 구하라.

풀이

주어진 함수를 다시 쓰면 $y=(\sin x)^2\cdot\sin x^2$이므로 [정리 3-3]과 [정리 3-13]을 적용하면 도함수는 다음과 같다.

$$\begin{aligned} y' &= \{2\sin x\cdot(\sin x)'\}\cdot\sin x^2+(\sin x)^2\cdot\{(\sin x^2)'\cdot(x^2)'\} \\ &= 2\sin x\cdot\cos x\cdot\sin x^2+2x\sin^2 x\cdot\cos x^2 \end{aligned}$$

[유제 3-22]

함수 $y=\cos^3 x\cdot\cos x^3$에 대하여 y'을 구하라.

예제 3-27 연쇄법칙을 이용한 도함수 계산

함수 $y=\sqrt[3]{\sec x^2}+\cos(\sin(x^2+1))$의 도함수를 구하라.

풀이

[정리 3-2]와 연쇄법칙을 이용하여 도함수를 구하면 다음과 같다.

$$\begin{aligned} y' &= \frac{1}{3}\cdot(\sec x^2)^{\frac{1}{3}-1}\cdot(\sec x^2)'\cdot(x^2)' \\ &\quad +\{\cos(\sin(x^2+1))\}'\cdot\{\sin(x^2+1)\}'\cdot(x^2+1)' \\ &= \frac{1}{3\sqrt[3]{(\sec x^2)^2}}\cdot\sec x^2\tan x^2\cdot 2x-\sin(\sin(x^2+1))\cdot\cos(x^2+1)\cdot 2x \end{aligned}$$

[유제 3-23]

함수 $y=\sqrt[4]{\csc x^2}+\tan\left(\sqrt{2x+1}\right)$의 도함수를 구하라.

SECTION

3.4 연습문제

※ 01~07 주어진 함수의 도함수를 구하라.

01 $y=(x^2+2)^3(x^3-x+1)^4$

02 $y=\left(\dfrac{x^2+1}{x^2-x+1}\right)^4$

03 $y=\left(\dfrac{1-\sin(4x)}{x^2+1}\right)^4$

04 $y=\sin(x+\sqrt{x^2+1})$

05 $y=x\sec(ax)+\cos(x^2+b^2)$

06 $y=\cos^2(mx)\sin^2(nx)$

07 $y=(\sin x)^n\cos nx$

※ 08~09 다음 물음에 답하라.

08 미분을 이용하여 $\cos 2x=\cos^2 x-\sin^2 x$ 임을 증명하라.

Hint $\sin 2x=2\sin x\cos x$

09 미분을 이용하여 $\cos 3x$를 $\cos x$에 관한 식으로 나타내라.

Hint $\sin 3x=3\sin x-4\sin^3 x$

10 함수 $y=\dfrac{1}{2}x-\dfrac{1}{4a}\sin(2ax)$에 대하여, 다음이 성립함을 증명하라(단, a는 0이 아닌 실수).

$$y'=\sin^2(ax)$$

11 1계도함수와 2계도함수가 존재하는 함수 $f(x)$와 $g(x)$의 합성함수를 $y=f(g(x))$와 같이 정의한다. 합성함수의 2계도함수 y''을 $f(x)$와 $g(x)$의 1계도함수와 2계도함수로 나타내라.

12 $f(0)=0,\ f(1)=1,\ f'(0)=2,\ f'(1)=3$일 때, 함수 $H(x)=f(f(2x))+f\left(\dfrac{1}{f(x)+1}\right)$의 $x=0$에서의 미분계수 $H'(0)$을 구하라.

SECTION 3.5 음함수 미분법

두 함수 $y = x^3$과 $y = \sqrt[3]{x^2+1}$을 생각해 보자. 이 함수들은 y가 x에 대한 식인 $y = f(x)$ 꼴로, 미분을 이용하여 그래프의 개형이나 여러 특징을 기술할 수 있다. 이번에는 두 식 $x^2 + y^2 = 1$과 $x^3 + 2xy^2 + y^3 = 1$을 생각해 보자. 이 식은 우변을 이항하면 $f(x, y) = 0$ 꼴이 되며, 이러한 형태를 **음함수**(implicit function)라 한다.

음함수를 $y = f(x)$ 꼴로 정리할 수 있을지 살펴보자. 예를 들어 원 $x^2 + y^2 = 1$을 y에 대하여 나타내면 $y = \pm\sqrt{1 - x^2}$이므로 x에 대한 함수가 아니다. 식 $x^3 + 2xy^2 + y^3 - 1 = 0$은 y를 x에 대해 정확한 함수로 나타내기 어렵다. 이렇듯 $f(x, y) = 0$ 꼴인 음함수는 y가 x에 대한 함수가 아닐 때도 있고, y를 x에 대한 함수로 나타낼 수 없을 때도 있다.

그러나 음함수를 꼭 $y = f(x)$ 꼴로 정리하지 않고도 미분할 수 있다. 음함수 형태에서 x에 대해 미분하고 y'에 대해 정리하면 된다. 이러한 방법을 **음함수 미분법**(implicit differentiation)이라 한다. 이때 y는 x에 대한 함수라 생각하고 미분한다.

예제 3-28 음함수 미분법

$x^2 + y^4 = 1$일 때, $\dfrac{dy}{dx}$를 구하라.

풀이

양변을 x에 대하여 미분하면 $\dfrac{d}{dx}(x^2 + y^4) = \dfrac{d}{dx}(1)$에서 $2x + 4y^3y' = 0$이므로 y'에 대하여 정리하면 $y' = -\dfrac{x}{2y^3}$이다.

[유제 3-24]

$x^3 + 2xy^2 + y^3 = 1$일 때, $\dfrac{dy}{dx}$를 구하라.

예제 3-29 **음함수의 미분**

곡선 $x^2+y^2=25$ 위의 점 $(3,4)$에서 접선의 방정식을 구하라.

풀이

접선의 방정식을 구하려면 접점 $(3,4)$에서 접선의 기울기 $\left.\frac{dy}{dx}\right|_{(3,4)}$를 구해야 한다. 식 $x^2+y^2=25$를 만족하는 y가 x와 $y=f(x)$인 함수 관계에 있다고 가정한 후, 식을 x에 대하여 미분하면 다음 식을 얻는다.

$$\frac{d}{dx}(x^2+y^2)=\frac{d}{dx}(x^2)+\frac{d}{dx}(y^2)=2x+2yy'=0$$

위 식을 정리하면 $y'=-\left.\frac{x}{y}\right|_{(3,4)}=-\frac{3}{4}$을 얻는다. 따라서 접선의 방정식은 다음과 같다.

$$y=-\frac{3}{4}(x-3)+4=-\frac{3}{4}x+\frac{25}{4}$$

[유제 3-25]

곡선 $x^2-y^2=16$ 위의 점 $(5,3)$에서 접선의 방정식을 구하라.

예제 3-30 **음함수의 미분과 접선의 방정식**

음함수 $x^3+y^3=6xy$를 만족하는 점 (x,y)에서 $\frac{dy}{dx}$를 구하고, 이 식으로 주어진 곡선 위의 수평접선을 찾으라. 단, 수평접선을 제1사분면에서 찾으라.

풀이

주어진 음함수를 x에 대하여 미분하면 다음과 같다.

$$\frac{d}{dx}(x^3+y^3-6xy)=3x^2+3y^2y'-6y-6xy'=0$$

y'에 대하여 정리하면 $y'=\frac{dy}{dx}=\frac{-3x^2+6y}{3y^2-6x}$를 얻는다(단, $y^2-2x\neq0$). 그리고 $y'=0$은 $y=\frac{x^2}{2}$일 때 성립하며, 이 식을 주어진 음함수 관계식에 대입하면 $x=0$, $x=2\sqrt[3]{2}$를 얻는다. 따라서 곡선 위의 점 $(2\sqrt[3]{2},2\sqrt[3]{4})$에서 접선이 x축과 평행하다.

[유제 3-26]

음함수 $x^3+y^2=9$에 대한 다음 물음에 답하라.

(a) 음함수 관계식을 만족하는 점 (x,y)에서 $\frac{dy}{dx}$를 찾으라.

(b) 음함수 관계식을 만족하는 곡선 위에서 수평접선을 찾으라.

(c) 곡선 위의 점 $(2,1)$에서 그은 접선의 방정식을 구하라.

음함수 관계로 주어진 식에서 숨은 함수 $y=f(x)$의 고계도함수를 살펴보자. 음함수의 고계도함수는 도함수 $y'=\frac{dy}{dx}$로부터 유도할 수 있다.

예제 3-31 음함수의 고계도함수

음함수 $x^3+y^3=1$에 대하여, $\frac{d^2y}{dx^2}$를 구하라.

풀이

주어진 음함수에 숨은 함수를 $y=f(x)$라 가정하고 미분하면 다음과 같다.

$$\frac{d}{dx}(x^3+y^3-1)=3x^2+3y^2y'=0$$

식을 y'에 대하여 정리하면 $y'=-\frac{x^2}{y^2}$이다. 위 식을 다시 한번 x로 미분한 식 $y''=-\frac{2xy^2-x^2(2y)y'}{(y^2)^2}$에 $y'=-\frac{x^2}{y^2}$을 대입하면 2계도함수는 다음과 같다.

$$y''=-\frac{2xy^3+2x^4}{y^5}$$

[유제 3-27]

음함수 $\sin(x+y)-y^2\cos x=0$에 대하여, $\frac{d^2y}{dx^2}$를 구하라.

SECTION

3.5 연습문제

※ 01~05 음함수 미분법을 이용하여 주어진 관계식으로부터 y'을 구하라.

01 $x^2 + y - 2y^2 = 4$

02 $x^n + y^n = 1$ (n은 자연수)

03 $x^{\frac{2}{3}} + y^{\frac{2}{3}} = 1$

04 $x^3 + y^3 - 3axy = 0$ $(a > 1)$

05 $\cos(xy) = x^2 + y^2$

※ 06~07 곡선 $x^2 + 3y^2 = 12$와 $3x^2 - y^2 = 6$에 대하여 다음 물음에 답하라.

06 두 곡선의 교점을 구하라.

07 두 곡선이 한 점에서 만날 때, 두 곡선이 만나는 각은 교점에서 그은 두 곡선의 접선이 이루는 각으로 정의한다. [연습문제 06]에서 구한 두 곡선의 교점에서 두 곡선이 만나는 각을 구하라.

※ 08~09 함수 $f(x)$가 미분 가능할 때, $f(x) + x^2\{f(x)\}^3 = 2$에 대하여 다음 물음에 답하라.

08 $f(0)$, $f(1)$을 구하라.

09 $f'(0)$, $f'(1)$을 구하라.

10 두 곡선집합이 주어져 있다. 하나는 $a \neq 0$에 대하여 $y = ax^2$으로 주어진 곡선들의 집합이고, 다른 하나는 $k > 0$인 조건에서 $x^2 + 2y^2 = k$로 주어진 곡선들의 집합이다. 두 집합에 속한 각 곡선들이 서로 직교함을 음함수 미분법으로 증명하라.

11 $x^4 + y^4 = 27$로 주어진 음함수 관계식에서 y의 x에 대한 2계도함수 y''을 구하라.

※ 12~13 음함수 관계식 $y^4 = y^2 - x^2$의 그래프가 아래와 같을 때, 다음 물음에 답하라.

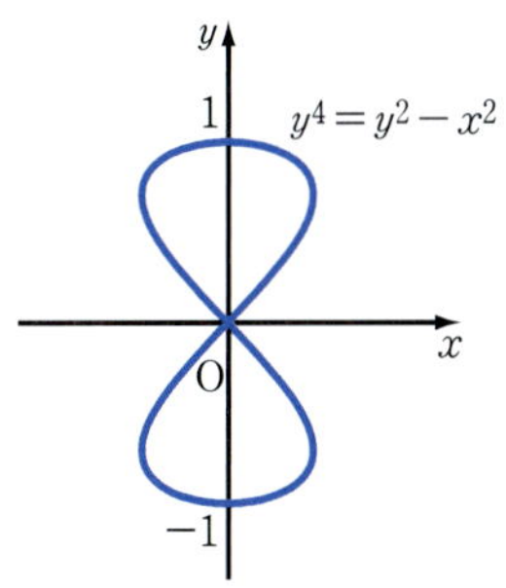

12 주어진 음함수 관계식 그래프와 직선 $x = \frac{\sqrt{3}}{4}$의 교점을 구하라.

13 [연습문제 12]에서 구한 교점에서의 접선의 방정식을 구하라.

SECTION 3.6

역함수 미분법

이 절에서는 역함수 미분법에 대하여 공부하고, 이 미분법을 활용하여 함수와 역함수의 도함수 사이의 관계를 알아본다.

지수함수와 로그함수의 도함수

자연지수함수 $y = e^x$과 자연로그함수 $y = \ln x$의 도함수를 유도해 보자.

정리 3-14 자연지수함수의 도함수

자연지수함수 $y = e^x$의 도함수는 다음과 같다.

$$y' = e^x$$

증명

도함수 정의([정의 3-2])에 따라 다음이 성립한다.

$$y' = \lim_{h \to 0} \frac{e^{x+h} - e^x}{h} = \lim_{h \to 0} \frac{e^x (e^h - 1)}{h} = e^x \lim_{h \to 0} \frac{e^h - 1}{h}$$

[예제 2-9]의 결과를 활용하면 $\lim_{h \to 0} \frac{e^h - 1}{h} = 1$이므로 $y' = e^x$이다. ■

자연지수함수 $y = e^x$의 도함수와 앞에서 학습한 미분 법칙을 이용하면 쌍곡선함수의 도함수를 다음과 같이 계산할 수 있다.

정리 3-15 쌍곡선함수의 도함수

(1) $(\sinh x)' = \cosh x$

(2) $(\cosh x)' = \sinh x$

(3) $(\tanh x)' = \operatorname{sech}^2 x$

(4) $(\coth x)' = -\operatorname{csch}^2 x$

(5) $(\operatorname{sech} x)' = -\operatorname{sech} x \tanh x$

(6) $(\operatorname{csch} x)' = -\operatorname{csch} x \coth x$

증명

(1) 쌍곡사인함수 정의([정의 2-9])에 따라 $\sinh x = \frac{e^x - e^{-x}}{2}$이므로 다음이 성

립한다.

$$y' = \left(\frac{e^x - e^{-x}}{2}\right)' = \frac{1}{2}\{(e^x)' - (e^{-x})'\} = \frac{e^x + e^{-x}}{2} = \cosh x$$

(2) $(\cosh x)' = \left(\frac{e^x + e^{-x}}{2}\right)' = \frac{1}{2}\{(e^x)' + (e^{-x})'\} = \frac{e^x - e^{-x}}{2} = \sinh x$

(3) 함수 $y = \tanh x$는 $\tanh x = \dfrac{\sinh x}{\cosh x}$이므로, (1), (2)의 결과와 [정리 3-4]를 이용하면 쉽게 증명할 수 있다.

(4), (5), (6) 역시 비슷한 방법으로 증명할 수 있다. ■

예제 3-32 쌍곡선함수의 도함수

함수 $f(x) = e^x \sinh x + xe^x$의 도함수를 구하라.

풀이

[정리 3-14]와 [정리 3-15]를 이용하면 도함수는 다음과 같다.

$$\begin{aligned} f'(x) &= (e^x)' \sinh x + e^x (\sinh x)' + (x)' e^x + x(e^x)' \\ &= e^x \sinh x + e^x \cosh x + e^x + xe^x \\ &= e^x (\sinh x + \cosh x + x + 1) \end{aligned}$$

[유제 3-28]

함수 $f(x) = \cosh x\, e^{x^2}$의 도함수를 구하라.

만약 지수함수에서 지수의 밑이 e가 아니라 1이 아닌 임의의 양의 실수 a라면 어떻게 될까? 이 문제는 자연로그함수의 도함수를 알아본 후 살펴보자.

정리 3-16 자연로그함수의 도함수

자연로그함수 $y = \ln x$의 도함수는 다음과 같다.

$$y' = \frac{1}{x}$$

증명

도함수 정의([정의 3-2])에 따라 다음이 성립한다.

$$y' = \lim_{h\to0}\frac{\ln(x+h)-\ln x}{h} = \lim_{h\to0}\frac{\ln\left(\frac{x+h}{x}\right)}{h} = \lim_{h\to0}\frac{1}{h}\cdot\ln\left(1+\frac{h}{x}\right)$$

$t=\frac{h}{x}$, 즉 $h=tx$라 하면 $h\to0$일 때 $t\to0$이므로 위 식의 마지막 극한은 다음과 같다.

$$\begin{aligned}\lim_{h\to0}\frac{1}{h}\cdot\ln\left(1+\frac{h}{x}\right) &= \lim_{t\to0}\left(\frac{1}{tx}\right)\cdot\ln(1+t) = \frac{1}{x}\lim_{t\to0}\ln(1+t)^{\frac{1}{t}} \\ &= \frac{1}{x}\cdot\ln\left(\lim_{t\to0}(1+t)^{\frac{1}{t}}\right) \\ &= \frac{1}{x}\end{aligned}$$

따라서 $y'=\frac{1}{x}$이다. ■

이제 앞에서 논의한 밑이 일반적인 양의 실수 $a(a\neq1)$인 지수함수 $y=a^x$의 도함수를 구해 보자. 먼저 주어진 함수의 양변에 ln 함수를 취하면 $\ln y = x\ln a$이다. 이 식의 양변을 x에 대하여 미분하면 음함수 미분법에 의해 $\frac{y'}{y}=\ln a$이다. 따라서 도함수 y'은 $y'=y\ln a=a^x\ln a$로 주어짐을 알 수 있다.

정리 3-17 일반적인 지수함수의 도함수

1이 아닌 임의의 양의 실수 a에 대하여 지수함수 $y=a^x$의 도함수는 다음과 같다.

$$y'=a^x\ln a$$

지수가 임의의 실수 r인 함수 $y=x^r$도 [정리 3-8]의 거듭제곱함수의 미분법칙을 만족함을 음함수 미분법으로 증명할 수 있다. 식 $y=x^r$의 양변에 ln 함수를 취하면 $\ln y=r\ln x$이다. 이 식의 양변을 x에 대하여 미분하면 음함수 미분법에 따라 $\frac{y'}{y}=r\frac{1}{x}$, 즉 $y'=r\frac{1}{x}\cdot y=rx^{r-1}$임을 바로 알 수 있다. 즉 거듭제곱함수의 미분 법칙은 일반적인 실수 지수에 대하여 성립한다. 이와 같은 미분법을 **로그 미분법**이라고 한다.

예제 3-33 **로그 미분법**

함수 $y=x^{x^2}$의 도함수를 구하라.

풀이

$y=x^{x^2}$의 양변에 ln 함수를 취하면 $\ln y=x^2\ln x$이다. 이 식의 양변을 x에 대하여 미분하면 음함수 미분법에 의해 $\dfrac{y'}{y}=2x\ln x+x^2\dfrac{1}{x}=2x\ln x+x$이다. 이 식을 y'에 대하여 정리하면 $y'=2x^{x^2+1}\ln x+x^{x^2+1}=x^{x^2+1}(2\ln x+1)$이다.

[유제 3-29]

함수 $y=x^a+x^{\sin x}$의 도함수를 구하라.

예제 3-34 **로그 미분법**

함수 $y=\sqrt{x^2+1}\cdot(x+5)^3\cdot(\cos x+2)^{-5}$의 도함수를 구하라.

풀이

주어진 식의 양변에 ln을 취하면 $\ln y=\dfrac{1}{2}\ln(x^2+1)+3\ln(x+5)-5\ln(\cos x+2)$이다. 음함수 미분법에 따라 이 식의 양변을 x에 대하여 미분하면 도함수는 다음과 같다.

$$\begin{aligned} y' &= y\cdot\left(\frac{x}{x^2+1}+\frac{3}{x+5}+\frac{5\sin x}{\cos x+2}\right) \\ &= \sqrt{x^2+1}\cdot(x+5)^3\cdot(\cos x+2)^{-5}\left(\frac{x}{x^2+1}+\frac{3}{x+5}+\frac{5\sin x}{\cos x+2}\right) \end{aligned}$$

[유제 3-30]

함수 $y=\sqrt[3]{e^x+1}\cdot(\cos x+2)^{-4}+x^e\cdot(3x+1)^5$의 도함수를 구하라.

역함수 미분법

먼저 함수 $y=f(x)$가 정의역과 치역 사이에서 일대일 대응이고 미분 가능한 함수라고 가정하자. 함수 $y=f(x)$가 일대일 대응이므로 역함수 $y=f^{-1}(x)$가 존재할 것이다. 역함수가 미분 가능하다면 원래 함수 $y=f(x)$의 도함수 $y'=f'(x)$를 이용한 역함수 미분법으로 역함수의 도함수를 구할 수 있다.

역함수 미분법은 앞에서 공부한 음함수 미분법으로도 쉽게 유도할 수 있다. 주어진 함수 $y=f(x)$의 역함수 $y=f^{-1}(x)$를 $y=x$에 대하여 대칭이동하기 이전에 주어졌던 원래 변수들 사이의 관계식 $x=f(y)$로 표현하자. 이를 음함수 관계식으로 보고 양변을 변수 x에 대하여 미분하면 $f'(y)\dfrac{dy}{dx}=1$을 얻는다. 이로부터 역함수 $y=f^{-1}(x)$의 도함수가 다음과 같음을 확인할 수 있다.

$$\frac{dy}{dx}=\left.\frac{1}{f'(y)}\right|_{y=f^{-1}(x)}=\frac{1}{f'(f^{-1}(x))}$$

정리 3-18 역함수 미분법

함수 $y=f(x)$가 정의역과 치역 사이에서 일대일 대응이고 미분 가능한 함수라고 하자. $f'(f^{-1}(a))\neq 0$인 경우 역함수 $y=f^{-1}(x)$는 $x=a$에서 미분 가능하고, 그 미분계수는 다음과 같다.

$$(f^{-1})'(a)=\frac{1}{f'(f^{-1}(a))}$$

역함수의 도함수는 함수에 따라 다음과 같이 표현하기도 한다.

$$(f^{-1})'(x)=\frac{1}{f'(f^{-1}(x))}$$

$f'(f^{-1}(x))\neq 0$인 경우, 역함수의 도함수는 다음과 같다.

$$(f^{-1}(x))'=\frac{1}{f'(f^{-1}(x))}$$

예제 3-35 자연지수함수와 자연로그함수의 역함수 미분법

함수 $y=e^x$의 도함수를 이용하여 함수 $y=\ln x$의 도함수를 구하라.

풀이

자연로그함수 $y=\ln x$는 자연지수함수 $y=f(x)=e^x$의 역함수다. 그러므로 역함수 미분법에 따라 자연로그함수 $y=f^{-1}(x)=\ln x$의 도함수는 다음과 같다.

$$y'=\frac{1}{f'(f^{-1}(x))}=\frac{1}{e^{\ln x}}=\frac{1}{x}\quad (\text{단, } x\neq 0)$$

이제 지수함수와 로그함수의 관계를 넘어서 본격적으로 우리가 자주 사용하는 중요한 기본 함수의 역함수에 대한 도함수를 알아보자. 지금부터 공부할 주요 함수는 역삼각함수와 역쌍곡선함수다. 이들의 도함수는 적분에서 다시 살펴볼 예정이므로 기억해 두어야 한다. 특히 이들 함수는 여러 공학, 과학 분야의 미적분 문제에서 자주 나타나므로 잘 알아야 한다.

역삼각함수의 도함수

3.3절에서 기본 삼각함수가 미분 가능하다는 사실을 확인하였다. 그러므로 역함수 미분법을 적용할 수 있는 조건을 만족한다면 역삼각함수의 도함수를 구할 수 있다. 다음은 역함수 미분법을 이용하여 기본 역삼각함수의 도함수를 구하는 방법이다. 먼저 역사인함수의 도함수부터 구해 보자.

함수 $y=\sin x$가 $-\frac{\pi}{2}\le x\le\frac{\pi}{2}$에서 정의된다고 가정하자. 이 함수의 치역은 $-1\le y\le 1$이므로 일대일이고 미분 가능하다. 역함수 미분법에서는 $f'(f^{-1}(a))=0$인 경우를 제외하고 역함수의 미분 가능성을 논해야 하므로, 원래 함수 $y=\sin x$의 미분계수가 $f'(x_0)=0$이 되는 $x_0=\pm\frac{\pi}{2}$(치역 값으로 보면 $a=f(x_0)=\pm 1$인 경우)를 제외하고 역함수 $y=\sin^{-1}x$의 도함수를 구해야 한다. 이제 역사인함수의 정의역을 $-1<x<1$로 하고 역함수 미분법에 따라 도함수를 구한다. 역함수 미분법에 따라 역사인함수의 도함수는 다음과 같다.

$$y'=(\sin^{-1})'(x)=\frac{1}{\sin'(\sin^{-1}(x))}=\frac{1}{\cos(\sin^{-1}(x))}$$

이 식에 $\cos^2 t=1-\sin^2 t$를 대입하면(사인함수의 정의역을 $-\frac{\pi}{2}\le x\le\frac{\pi}{2}$라 가정하였고, 이 정의역에서 cos 값은 항상 양수이므로) 다음이 성립한다.

$$\cos(\sin^{-1}(x))=\sqrt{1-\sin^2(\sin^{-1}(x))}=\sqrt{1-\{\sin(\sin^{-1}(x))\}^2}=\sqrt{1-x^2}$$

따라서 역사인함수의 도함수 $y'=\frac{d}{dx}(\sin^{-1}x)$는 다음과 같다.

$$(\sin^{-1}x)'=\frac{1}{\sqrt{1-x^2}}\quad(-1<x<1)$$

위 식은 음함수 미분법으로도 다시 확인할 수 있다. 역사인함수 $y=\sin^{-1}x$를 간단히 $\sin y=x$로 고친 다음, 음함수 미분법에 따라 양변을 x에 대하여 미분하면 $\cos y\frac{dy}{dx}=1$, 즉 $y'=\frac{1}{\cos y}$이다. 이 식의 우변에 있는 $\cos y$를 앞에서 한 것과 같은 과정을 거쳐 변수 x에 관한 표현 $\cos y=\sqrt{1-x^2}$ $(-1<x<1)$로 고치면, 역사인함수 $y=\sin^{-1}x$의 도함수는 다음과 같다.

$$y'=\frac{dy}{dx}=\frac{1}{\cos y}=\frac{1}{\sqrt{1-x^2}}\quad(-1<x<1)$$

역사인함수와 동일한 방법을 사용하여 다른 역삼각함수의 도함수도 구할 수 있다. 이를 실제로 계산하면 각 함수의 도함수가 잘 정의되는 정의역에서 아래 정리와 같이 주어진다.

정리 3-19 역삼각함수의 도함수

(1) $(\sin^{-1}x)' = \dfrac{1}{\sqrt{1-x^2}} \quad (-1 < x < 1)$

(2) $(\cos^{-1}x)' = -\dfrac{1}{\sqrt{1-x^2}} \quad (-1 < x < 1)$

(3) $(\tan^{-1}x)' = \dfrac{1}{1+x^2}$

(4) $(\csc^{-1}x)' = \dfrac{-1}{|x|\sqrt{x^2-1}} \quad (|x| > 1)$

(5) $(\sec^{-1}x)' = \dfrac{1}{|x|\sqrt{x^2-1}} \quad (|x| > 1)$

(6) $(\cot^{-1}x)' = -\dfrac{1}{1+x^2}$

[정리 3-19]의 증명은 여러분에게 맡긴다.

예제 3-36 역사인함수의 도함수와 정의역

함수 $y=\sin^{-1}\left(\dfrac{1}{x^2+1}\right)$의 도함수 y'을 구하라.

풀이

역사인함수의 도함수 공식과 연쇄법칙을 이용하면 도함수 y'은 다음과 같다.

$$y' = \frac{1}{\sqrt{1-\left(\dfrac{1}{x^2+1}\right)^2}} \cdot \frac{d}{dx}\left(\frac{1}{x^2+1}\right)$$

$$= \frac{x^2+1}{\sqrt{x^4+2x^2}} \cdot \frac{-2x}{(x^2+1)^2} = \frac{-2x}{|x|(x^2+1)\sqrt{x^2+2}}$$

[유제 3-31]

$y=\cos^{-1}\left(\frac{1}{x^2+1}\right)$의 도함수 y'을 구하라.

예제 3-37 **쌍곡선함수와 역삼각함수의 합성함수의 도함수**

함수 $y=\sinh x\tan^{-1}\sqrt{x}$ 의 도함수를 구하라.

풀이

[정리 3-3]과 연쇄법칙 그리고 쌍곡사인함수와 역탄젠트함수의 도함수 공식을 이용하면 주어진 함수의 도함수는 다음과 같다.

$$\begin{aligned} y' &= \cosh x\tan^{-1}\sqrt{x}+\sinh x\frac{1}{1+(\sqrt{x})^2}\frac{1}{2}\frac{1}{\sqrt{x}} \\ &= \cosh x\tan^{-1}\sqrt{x}+\frac{\sinh x}{2\sqrt{x}(1+x)} \end{aligned}$$

[유제 3-32]

함수 $y=\cosh x\cos^{-1}\sqrt{x}$ 의 도함수를 구하라.

다음으로 역쌍곡선함수의 도함수에 대하여 알아보자.

쌍곡선함수와 역쌍곡선함수의 도함수

역쌍곡사인함수 $y=\sinh^{-1}x$를 $\sinh y=x$와 같이 쓰자. 이 식을 음함수 미분법에 따라 x에 대하여 미분하면 $\cosh y\frac{dy}{dx}=1$이다. $\cosh y\ge 0$이므로 $\cosh^2 y-\sinh^2 y=1$을 $\cosh y=\sqrt{1+\sinh^2 y}$로 고쳐 쓴 다음 식 $\cosh y\frac{dy}{dx}=1$에 대입하면 다음이 성립한다.

$$\frac{dy}{dx}=\frac{1}{\cosh y}=\frac{1}{\sqrt{1+\sinh^2 y}}=\frac{1}{\sqrt{1+x^2}}$$

정리 3-20 역쌍곡선함수의 도함수

(1) $(\sinh^{-1}x)' = \dfrac{1}{\sqrt{1+x^2}}$

(2) $(\cosh^{-1}x)' = \dfrac{1}{\sqrt{x^2-1}} \quad (x>1)$

(3) $(\tanh^{-1}x)' = \dfrac{1}{1-x^2} \quad (|x|<1)$

(4) $(\operatorname{csch}^{-1}x)' = -\dfrac{1}{|x|\sqrt{x^2+1}} \quad (x \neq 0)$

(5) $(\operatorname{sech}^{-1}x)' = -\dfrac{1}{x\sqrt{1-x^2}} \quad (0<x<1)$

(6) $(\coth^{-1}x)' = \dfrac{1}{1-x^2} \quad (|x|>1)$

[정리 3-20]의 모든 공식은 역함수의 성질과 음함수 미분법을 이용하여 간단하게 유도할 수 있다.

예제 3-38 역쌍곡선함수와 삼각함수의 합성함수의 도함수

함수 $y = \coth^{-1}(\cos x)$의 도함수를 구하라.

풀이

역쌍곡코탄젠트함수의 도함수와 연쇄법칙을 이용하면 다음이 성립한다.

$$\begin{aligned} y' &= \frac{d}{dx}\left(\coth^{-1}(\cos x)\right) \\ &= \frac{1}{1-(\cos x)^2}\frac{d}{dx}(\cos x) \\ &= \frac{1}{1-\cos^2 x}(-\sin x) \\ &= -\frac{\sin x}{\sin^2 x} = -\csc x \end{aligned}$$

[유제 3-33]

함수 $y = \sinh^{-1}(\sin^{-1}x + 1)$의 도함수를 구하라.

SECTION

3.6 연습문제

※ 01~12 주어진 함수의 도함수를 구하라.

01 $y = e^{(\sin x+1)^3} + \ln(x^2+3)$

02 $y = e^{-x^2}\cos 3x$

03 $y = a^x$ (a는 양의 상수)

04 $y = \sin(e^{2x})$

05 $y = e^{\sin x}(\ln x^2 + 1)$

06 $y = x^x \quad (x > 0)$

07 $y = (\sin x)^x$

08 $y = x^{\sin x} \quad (x > 0)$

09 $y = \ln|x|,\ y = \log_a x$

10 $y = (\cos x)^x$

11 $y = \ln(\cosh x)$

12 $y = (x^2+2)^2(x^4+4)^4$

※ 13~15 주어진 음함수 관계식에 대하여 y'을 구하라.

13 $\ln(xy) = e^{x+y}$

14 $x^y = y^x \quad (x, y > 0)$

15 $\sec y = e^{x^2} + \ln x$

※ 16~17 주어진 시점 t에 대하여 바이러스의 개체수를 $x(t)(x(t) > 0)$라 하자. 만약 바이러스는 항상 주어진 시점의 개체수에 비례하여 증식한다고 가정하면, 식 $x'(t) = k \cdot x(t)(k > 0)$가 성립한다. 이 식을 변형하면 $\frac{x'(t)}{x(t)} = k$를 얻을 수 있다. 다음 물음에 답하라.

16 음함수 관계식 $\ln(x(t)) = kt(k > 0)$에 대하여 $\frac{dx}{dt}$를 구하라.

17 [연습문제 16]을 이용하여 $x(t)$를 구하라(이때 초기 개체수를 x_0로 둔다).

18 상수 a, b에 대하여 함수 $y = a\sin(\ln x) + b\cos(\ln x)$가 다음 식을 만족함을 보여라.

$$x^2y'' + xy' + y = 0$$

※ 19~20 주어진 함수의 도함수를 구하라.

19 $y = \cot^{-1}(\tan x)$

20 $y = \tan^{-1}(\cos x)$

21 [연습문제 19]의 계산 결과를 이용하여 다음 함수를 간단히 정리하라.

$$y = \cot^{-1}(\tan x)$$

※ 22~23 주어진 함수의 도함수를 구하라.

22 $y = \tanh^{-1}(\cos x)$

23 $y = \cosh^{-1}\sqrt{x}$

CHAPTER

04

미분의 응용

Application of Differentiation

Contents

○ 미분의 응용을 왜 배워야 하는가?

지금까지 우리는 여러 가지 함수의 극한과 미분법에 대하여 학습하였다. 이 장에서는 앞에서 배운 내용을 기반으로 도함수를 통하여 함수의 그래프 모양이나 수치적인 근사해를 구하는 내용을 다룬다. 이러한 과정은 주어진 상황에서 최적의 방법을 찾을 때 광범위하게 활용할 수 있다. 구체적인 예제는 추후 본문에서 다룰 것이다. 또한 이 장에서 배우는 내용은 앞에서 배운 미분과 앞으로 배울 적분 사이를 연결할 것이다.

○ 이 장에서 배우는 내용은?

이 장은 최댓값과 최솟값, 그리고 극댓값과 극솟값을 정의하면서 시작한다. 그런 뒤 미분에서 중요하게 사용되는 정리 중 하나인 평균값 정리를 학습한다. 평균값 정리는 미분과 적분 사이의 관계를 알려주는 또 다른 정리를 증명할 때 근거가 된다. 또한 도함수를 활용하여 주어진 함수의 그래프를 예측하고, 이를 이용하여 최적화 문제에 대한 풀이법을 알아본다. 마지막으로 방정식의 근사해를 구하기 위한 선형근사와 극한을 구하기 위한 로피탈 법칙 등을 다룬다.

미분의 응용

- 최댓값과 최솟값
  - 극값의 정의
  - 극값 계산
- 평균값 정리
  - 롤의 정리
  - 평균값 정리
- 도함수와 그래프 모양
  - 함수의 증가와 감소
  - 함수의 오목과 볼록
- 함수의 그래프 그리는 방법
- 최적화 문제
- 여러 가지 비율 — 자연성장법칙과 자연붕괴법칙
- 선형근사와 미분
  - 선형근사의 개념
  - 선형근사와 오차 추정
  - 선형근사와 방정식의 근사해
- 부정형과 로피탈 법칙
  - $\frac{0}{0}, \frac{\infty}{\infty}$ 형태의 부정형
  - $0 \cdot \infty$ 형태의 부정형
  - $\infty - \infty$ 형태의 부정형
  - 거듭제곱 형태의 부정형

SECTION 4.1 최댓값과 최솟값

미분적분학의 주요 응용 분야 중 하나는 최적화 문제다(이에 대한 자세한 내용은 4.6절에서 다루고자 한다). 최적화 문제에서는 함수의 최댓값과 최솟값을 구하고 이를 이용하는 경우가 대부분이며, 최댓값 또는 최솟값을 가지는 점들은 주로 주어진 함수의 도함수를 이용하여 찾을 수 있다. 최적화 문제를 다루기 전에 먼저 함수의 최댓값과 최솟값에 대하여 알아보자.

극값의 정의

정의 4-1 최댓값과 최솟값

함수 f의 정의역 D에 있는 수 c와 D의 모든 x에 대하여

(1) $f(c) \geq f(x)$이면, $f(c)$를 D에서 f의 **최댓값**(absolute maximum)이라고 한다.

(2) $f(c) \leq f(x)$이면, $f(c)$를 D에서 f의 **최솟값**(absolute minimum)이라고 한다.

(3) $f(c)$가 최댓값 또는 최솟값이면 이를 **절대극값**(absolute extremum)이라고 한다.

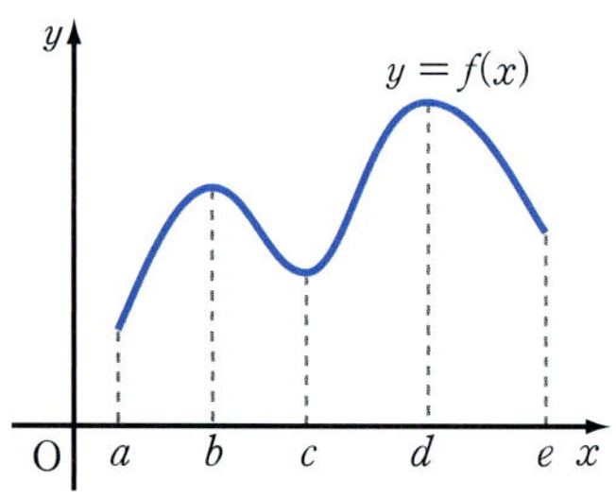

[그림 4-1] 함수의 최댓값과 최솟값

[그림 4-1]은 $x = d$에서 최댓값 $f(d)$를, $x = a$에서 최솟값 $f(a)$를 가지는 함수 $y = f(x)$의 그래프를 나타낸다. 주어진 범위 내에서 그래프의 가장 높은 위치에 있는 점은 $(d, f(d))$이며, 가장 낮은 위치에 있는 점은 $(a, f(a))$임을 확인할 수 있다.

예제 4-1 최댓값과 최솟값

다음 구간에서 함수 $f(x) = x^2 + 3$의 최댓값과 최솟값을 각각 구하라.

(a) $(-\infty, \infty)$ (b) $(-3, 3)$ (c) $[-3, 3]$

풀이

(a) 실수의 연속성에 의해 임의의 $c > 0$을 잡았을 때 $f(c) = c^2 + 3$보다 $f(d) = d^2 + 3$이 더 크게 되는, 즉 $c^2 + 3 < d^2 + 3 \Leftrightarrow c < d$를 만족하는 d가 구간 $(0, \infty)$에 존재한다. 따라서 구간 $(0, \infty)$에서 함수 $f(x) = x^2 + 3$의 최댓값은

존재하지 않는다. 비슷한 방법으로 $c<0$에 대하여 생각해 보면 구간 $(-\infty,0)$에서 주어진 함수의 최댓값이 존재하지 않음을 알 수 있다. 한편, 모든 실수 x에 대하여 $x^2 \geq 0$이므로 $f(0)=0^2+3=3 \leq x^2+3=f(x)$가 성립한다. 따라서 주어진 구간에서 함수의 최솟값은 $f(0)=3$이다.

(b) 유계인 열린구간 $(-3,3)$에 대하여 생각해 보자. (a)와 같이 실수 전체 구간에서 함수 $f(x)$의 최솟값은 $x=0$일 때 존재한다. $x=0$은 구간 $(-3,3)$에 존재하므로 이 구간에서 주어진 함수의 최솟값은 마찬가지로 $f(0)=3$이다.

한편, 주어진 구간의 모든 x에 대하여 $-3 \leq x \leq 3$이므로 $f(-3)=12 \geq x^2+3=f(x)$가 성립한다. $f(-3)=12$를 주어진 구간에서 함수의 최댓값이라고 생각할 수도 있지만, -3은 열린구간 $(-3,3)$에 존재하지 않으므로 $f(-3)=12$는 주어진 구간에서 함수의 최댓값이 아니다. 따라서 주어진 구간에서 함수의 최댓값은 존재하지 않는다.

(c) 닫힌구간 $[-3,3]$에 -3이 포함되므로 (b)에서 구한 $f(-3)=12$가 주어진 구간에서 함수의 최댓값이다. 마찬가지로 $f(3)=12$도 주어진 구간에서 함수의 최댓값이다.

[유제 4-1]
구간 $(-1,1)$에서 함수 $f(x)=-x^2$의 최댓값과 최솟값을 각각 구하라.

[예제 4-1]의 구간 $(-3,3)$, $[-3,3]$과 같이 주어진 구간 내의 임의의 x에 대하여 $x \leq a$를 만족하는 실수 a가 존재할 경우 이 구간을 **위로 유계**(bounded above)라고 하며, $b \leq x$를 만족하는 실수 b가 존재할 경우 **아래로 유계**(bounded below)라고 한다. 위로 유계이면서 동시에 아래로 유계인 경우에는 간단히 **유계**(bounded)라고 한다.

한편, [그림 4-2]에서 x축 위의 좌표 b의 근방에서 생각해 보면(예를 들어 열린구간 (a,c)만을 고려한다면) $(b,f(b))$가 가장 높은 위치에 있는 점임을 알 수 있다. 반대로 x축 위의 좌표 c의 근방에서 생각해 보면(예를 들어 열린구간 (b,d)만을 고려한다면) $(c,f(c))$가 가장 낮은 위치에 있는 점임을 알 수 있다. 이렇게 어떤 특정한 점 근방에서 가장 크거나 가장 작은 값을 각각 극댓값과 극솟값이라고 하며, 일반적으로 다음과 같이 정의한다.

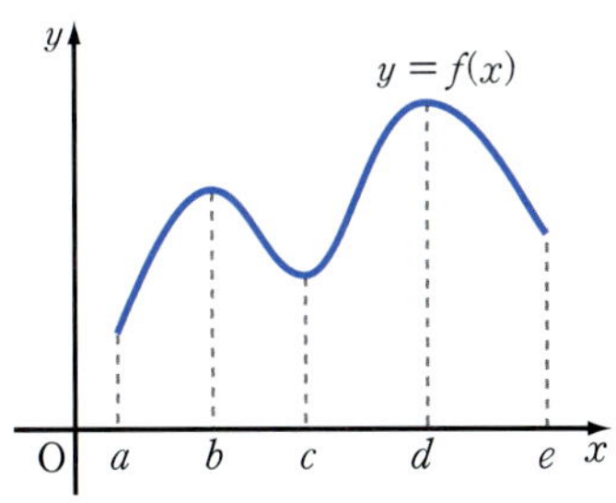

[그림 4-2] 함수의 최댓값, 최솟값, 극댓값, 극솟값

정의 4-2 극댓값과 극솟값

함수 f의 정의역 D에 있는 수 c를 포함하는 D 안에서 정의되는 적당한 열린구간의 임의의 x에 대하여

(1) $f(c) \geq f(x)$이면, $f(c)$는 D에서 f의 **극댓값**(local maximum)이라고 한다.

(2) $f(c) \leq f(x)$이면, $f(c)$는 D에서 f의 **극솟값**(local minimum)이라고 한다.

극댓값과 극솟값을 통틀어 **극값**(local extremum)이라고 한다.

다시 [그림 4-2]를 확인해 보자. $f(c)$는 열린구간 (b,d)에서 함수 f의 가장 작은 값이므로 극솟값이지만, $x=a$에서 더 작은 값 $f(a)$가 존재하므로 $f(c)$는 최솟값이 아니다. 한편, $f(b)$는 열린구간 (a,c)에서 함수 f의 가장 큰 값이며 $f(d)$는 열린구간 (c,e)에서 함수 f의 가장 큰 값이므로 $f(b)$와 $f(d)$는 둘 다 극댓값이다. 이때 $f(d)$는 극댓값이면서 동시에 최댓값이다.

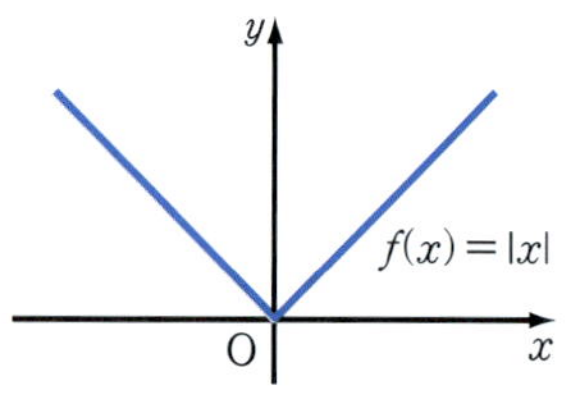

[그림 4-3] **함수 $f(x)=|x|$의 그래프**

이처럼 어떤 극값은 절대극값이 되지만 어떤 극값은 절대극값이 되지 않는다. 또한 최솟값과 최댓값은 존재하지 않거나 각각 한 개씩만 존재하지만, 극댓값과 극솟값은 여러 개가 존재할 수도 있다. 다음 예들을 통해서 구체적으로 알아보자.

[그림 4-3]은 함수 $f(x)=|x|$의 그래프다. 모든 실수 x에 대하여 $|x| \geq 0$이므로 $f(x) \geq f(0)$이다. 따라서 $f(0)=0$은 함수 f의 극솟값이자 최솟값이다. 원점이 함수 $y=|x|$의 그래프에서 가장 낮은 위치에 있다고 할 수 있다. 반면, 주어진 그래프에서 가장 높은 위치에 있는 점은 찾을 수 없으므로 함수 $f(x)=|x|$의 최댓값은 존재하지 않는다.

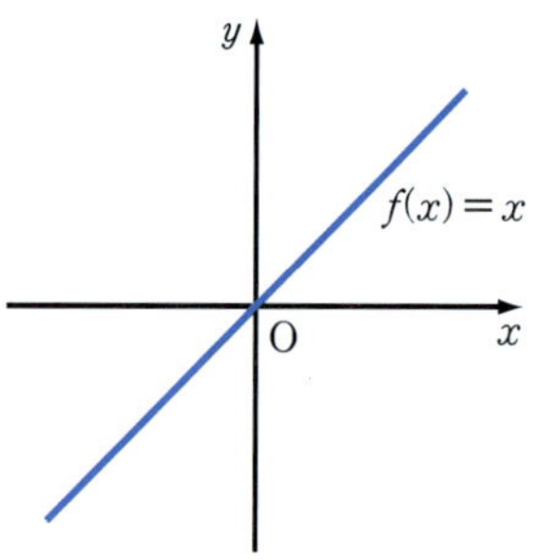

[그림 4-4] **함수 $f(x)=x$의 그래프**

[그림 4-4]는 함수 $f(x)=x$의 그래프다. 이 그래프에서 가장 높은 위치에 있는 점과 가장 낮은 위치에 있는 점을 찾을 수 없으므로 함수의 최댓값과 최솟값은 존재하지 않는다. 실제로 함수 $f(x)=x$는 절대극값을 갖지 않는다. 한편 임의의 열린구간 (a,b)의 x에 대하여 $f(a)<f(x)<f(b)$이므로, 극값 또한 존재하지 않는다.

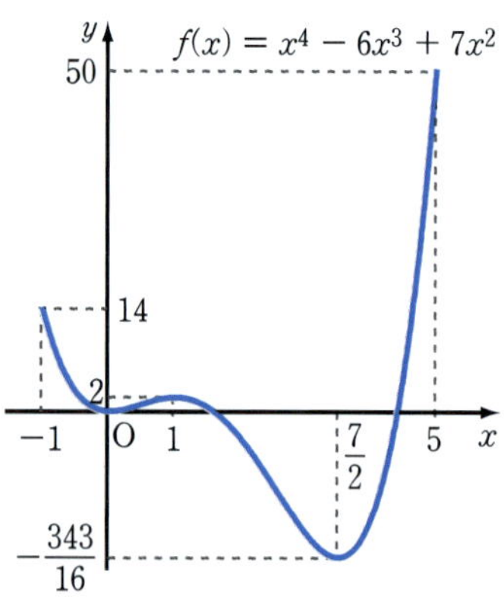

[그림 4-5] **함수 $f(x)=x^4-6x^3+7x^2$ $(-1 \leq x \leq 5)$의 그래프**

[그림 4-5]는 함수 $f(x)=x^4-6x^3+7x^2$ $(-1 \leq x \leq 5)$의 그래프다. 이 그래프에서 함수 f는 $f(1)=2$에서 극댓값을 갖지만, 주어진 범위에서 함수의 최댓값은 $f(5)=50$이다(이 최댓값은 주어진 범위의 끝에서 나타나므로 극댓값은 아니다). 또한 극솟값은 $f(0)=0$과 $f\left(\frac{7}{2}\right)=-\frac{343}{16}$이며, 이 중 $f\left(\frac{7}{2}\right)$이 최솟값이다. 또 하나의 경곗값인 $x=-1$에서의 함숫값은 극댓값도 최댓값도 아니다.

극값 계산

여러 가지 예를 통하여 어떤 함수는 최댓값과 최솟값을 갖지만 또 어떤 함수는 그렇지 않은 경우를 알아보았다. 최대·최소 정리([정리 1-12])를 다시 생각해 보자. 이 정리에서 함수가 최댓값과 최솟값이 존재하는 조건을 설명하였다.

[정리 1-12]의 가정은 닫힌구간과 연속이라는 점을 명심하자. [그림 4-6]과 [그림 4-7]은 이 두 조건이 생략되었을 때 함수가 최댓값 또는 최솟값을 갖지 않는 예를 보여준다.

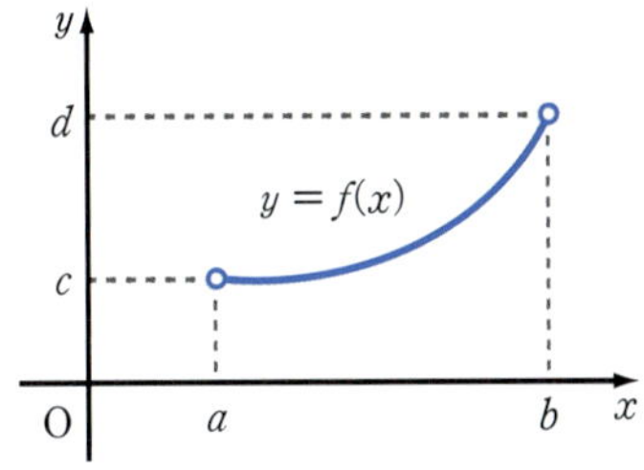

[그림 4-6] 열린구간에서 연속함수가 최댓값과 최솟값을 갖지 않는 예

[그림 4-6]에서 함수 f는 주어진 열린구간에서 연속이지만 치역이 (c, d)이므로 최댓값도 최솟값도 갖지 않는다. 이는 주어진 구간 (a, b)가 닫힌구간이 아니므로 극값 정리에 모순되지 않는다.

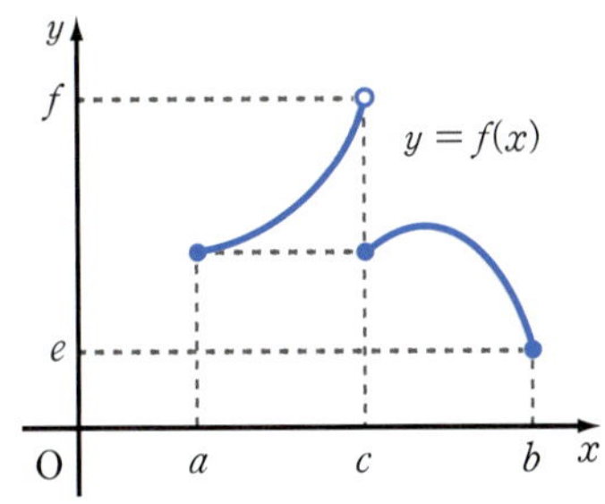

[그림 4-7] 닫힌구간에서 불연속인 함수가 최솟값은 갖지만 최댓값은 갖지 않는 예

[그림 4-7]에서 함수 f는 닫힌구간 $[a, b]$에서 정의되지만 $x = c$에서 연속이 아니므로 치역이 $[e, f)$로 닫힌구간이 아니다. 따라서 최솟값은 존재하지만 최댓값은 존재하지 않는다. 이 경우 또한 함수 f가 연속이 아니므로 극값 정리에 모순되지 않는다.

예제 4-2 최댓값과 최솟값

구간 $[0,1]$에서 함수 $f(x) = x$의 최댓값과 최솟값을 각각 구하라.

풀이

[그림 4-4]를 통해 함수 $f(x) = x$가 실수 전체 집합에서는 최댓값과 최솟값을 갖지 않음을 확인하였다. 하지만 닫힌구간 $[0,1]$에서 다항함수는 연속함수이므로 [정리 1-12]의 최대·최소 정리에 의하여 최솟값은 $f(0) = 0$이고 최댓값은 $f(1) = 1$이다.

[유제 4-2]

구간 $[0,2]$에서 함수 $f(x) = x^3$의 최댓값과 최솟값을 각각 구하라.

[정리 1-12]의 최대·최소 정리는 닫힌구간에서 연속함수의 최댓값과 최솟값의 존재성을 알려주지만, 그 값이 어떤 값이며 어떻게 구할 수 있는지를 설명해주지는 못한다. 최댓값과 최솟값을 구하기 위하여 먼저 극댓값과 극솟값을 구하는 방법을 살펴보자. 다음 정리는 미분 가능한 함수에 대하여 극댓값과 극솟값이 존재하는 조건을 설명한다.

정리 4-1 페르마 정리

함수 f가 c에서 극댓값 또는 극솟값을 가지고 $f'(c)$가 존재하면 $f'(c)=0$이다.

증명

함수 f가 c에서 미분 가능하다고 가정하자. 먼저 $f(c)$가 극댓값이라고 가정하면 극댓값 정의에 의하여 충분히 작은 양의 실수 $h>0$에 대하여 $f(c)\ge f(c+h)$이다. 같은 이유로 충분히 작은 음의 실수 $h<0$에 대하여 $f(c)\ge f(c+h)$가 성립한다. 즉, 다음이 성립한다.

$$f'(c)=\lim_{h\to 0^+}\frac{f(c+h)-f(c)}{h}\le 0$$

$$f'(c)=\lim_{h\to 0^-}\frac{f(c+h)-f(c)}{h}\ge 0$$

따라서 $f'(c)=0$이다. $f(c)$가 극솟값인 경우도 비슷하게 증명할 수 있다. ■

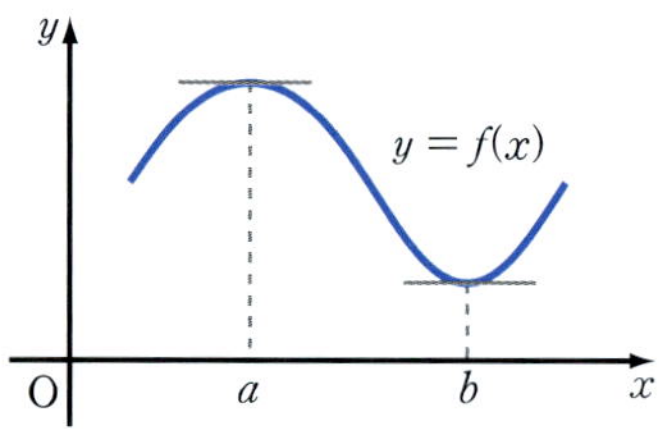

[그림 4-8] a에서 극댓값이 있고, b에서 극솟값이 있는 미분 가능한 함수

[그림 4-8]은 a에서 극댓값이 있고, b에서 극솟값이 있는 미분 가능한 함수 f의 그래프를 보여준다. 함수의 극댓값과 극솟값에서는 접선의 기울기가 0(혹은 접선이 x축과 수평)임을 볼 수 있다. 접선의 기울기는 그 점에서의 미분계수와 같기 때문에 $f'(a)=f'(b)=0$이고, 이는 페르마 정리와 같다.

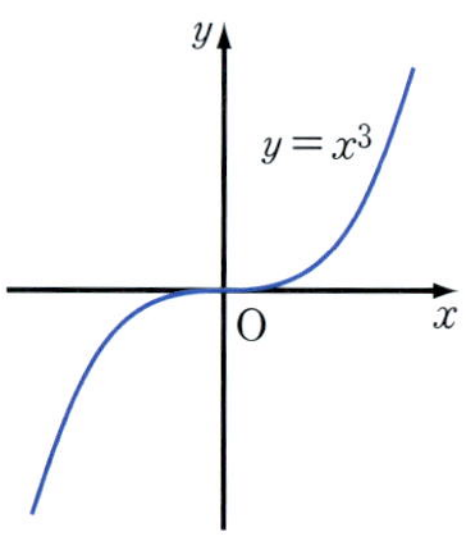

[그림 4-9] 함수 $y=x^3$의 그래프

페르마 정리는 유용하지만 일반적으로 이 정리의 역은 성립하지 않는다는 점에 유의해야 한다. 즉, $f'(c)=0$일 때 함수 f가 c에서 극댓값 또는 극솟값이 없을 수도 있다. 예를 들어 함수 $f(x)=x^3$의 경우에는 $f'(x)=3x^2$이므로 $f'(0)=0$이다. 그러나 [그림 4-9]에서 함수 $y=x^3$은 점 $(0,0)$에서 극댓값도 없고 극솟값도 없다.

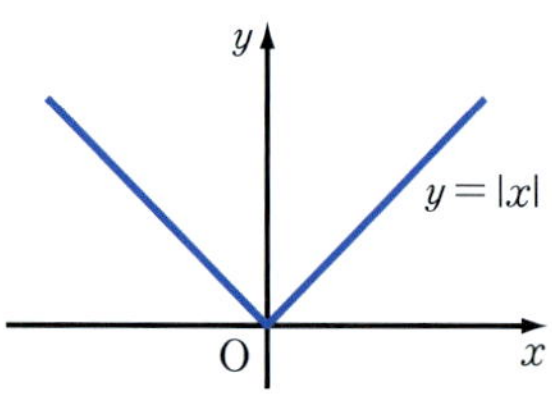

[그림 4-10] 함수 $y=|x|$의 그래프

$f'(c)$가 존재하지 않지만, c에서 극값이 있는 경우도 있다. 예를 들어 함수 $f(x)=|x|$에 대하여 $(0,0)$은 함수의 극솟값이자 최솟값이지만 3장의 [예제 3-10]에서 살펴본 바와 같이 $f'(0)$은 존재하지 않는다. 이는 [그림 4-10]에서도 확인할 수 있다.

페르마 정리가 극댓값 또는 극솟값을 정확하게 찾아주지는 않지만, 적어도 연속함수 f의 극값을 $f'(c)=0$이거나 $f'(c)$가 존재하지 않는 구간 내의 수 c에서 찾기 시작해야 한다는 사실을 알려준다. 이러한 수를 다음과 같이 정의한다.

정의 4-3 임계수

함수 f의 정의역에 있는 수 c에 대하여 $f'(c)=0$이거나 $f'(c)$가 존재하지 않으면, c를 함수 f의 **임계수**(critical number)라고 한다.

예제 4-3 임계수

함수 $f(x)=x^{\frac{1}{3}}(3-x)$의 임계수를 구하라.

풀이

[정리 3-3]에 의하여 다음이 성립한다.

$$f'(x)=x^{\frac{1}{3}}(-1)+\frac{1}{3}x^{-\frac{2}{3}}(3-x)=\frac{-3x+(3-x)}{3x^{\frac{2}{3}}}$$

$$=\frac{3-4x}{3x^{\frac{2}{3}}}$$

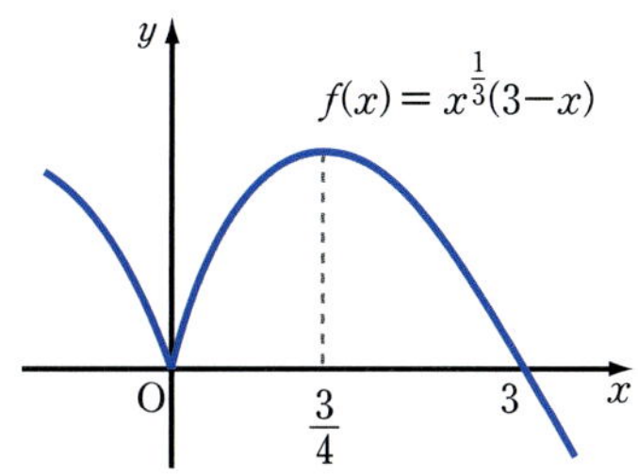

즉 $x=\frac{3}{4}$이면 $f'(x)=0$이고, $x=0$이면 $f'(x)$는 존재하지 않으므로 함수 f의 임계수는 $\frac{3}{4}$과 0이다. 이를 오른쪽 그래프에서도 확인할 수 있다.

[유제 4-3]

함수 $f(x)=x^2-3x+2$의 임계수를 구하라.

[정리 4-1]의 페르마 정리는 임계수를 이용하여 다음과 같이 다시 쓸 수 있다.

정리 4-2 페르마의 임계수 정리

함수 f가 c에서 극댓값이나 극솟값을 가지면 c는 f의 임계수다.

이제 앞에서 언급했던 닫힌구간에서 연속함수의 최댓값과 최솟값을 생각해 보자. 연속함수의 최댓값과 최솟값은 임계수 또는 구간의 끝에 존재한다. 이를 구하는 다음 정리와 같이 세 단계로 나타낼 수 있다.

정리 4-3 닫힌구간 방법

닫힌구간 $[a,b]$에서 연속함수 f의 최댓값 또는 최솟값은 다음 순서대로 구한다.

(1) 열린구간 (a,b)에 있는 f의 임계수에서 함숫값을 구한다.
(2) 주어진 닫힌구간의 양 끝점 a와 b에서의 함숫값 $f(a)$와 $f(b)$를 구한다.
(3) (1), (2)에서 구한 값 중 가장 큰 값이 구간 $[a,b]$에서 주어진 함수 f의 최댓값이고, 가장 작은 값이 f의 최솟값이다.

예제 4-4 닫힌구간 방법

구간 $[-2,4]$에서 함수 $f(x)=2x^3-3x^2-12x+5$의 최댓값과 최솟값을 각각 구하라.

풀이

함수 f가 구간 $[-2,4]$에서 연속이므로 닫힌구간 방법을 이용하자. 먼저 함수 f는 다항함수이므로 실수 전체에서 미분 가능하다. 따라서 모든 x에 대하여 $f'(x)$가 존재하고 $f'(x)=0$에서만 임계수가 존재한다. $f'(x)=6x^2-6x-12=6(x+1)(x-2)$ $f'(x)=6x^2-6x-12=6(x+1)(x-2)$이므로 함수 f의 임계수는 $x=-1$ 또는 $x=2$이다. 각 임계수에서 함숫값을 구하면 다음과 같다.

$$f(-1)=2(-1)-3(1)-12(-1)+5=12$$
$$f(2)=2(8)-3(4)-12(2)+5=-15$$

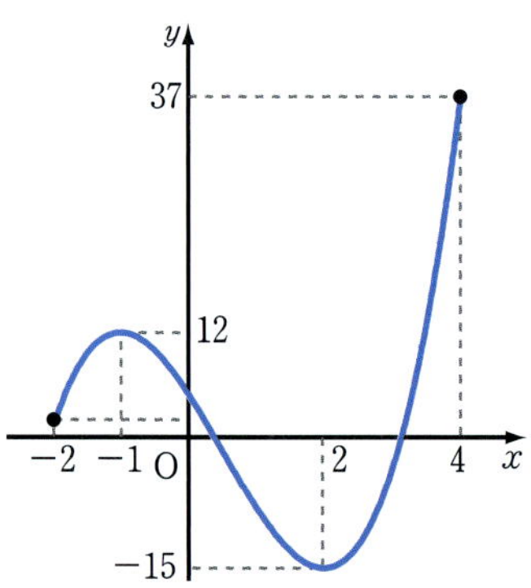

$f(x)=2x^3-3x^2-12x+5$

다음으로 구간의 양 끝점 $x=-2$와 $x=4$에서 함숫값을 구하면 다음과 같다.

$$f(-2)=2(-8)-3(4)-12(-2)+5=1$$
$$f(4)=2(64)-3(16)-12(4)+5=37$$

$x=-1,2,-2,4$일 때의 함숫값을 비교해 보면 가장 큰 값인 $f(4)=37$이 최댓값이고 가장 작은 값인 $f(2)=-15$가 최솟값이다. 주어진 함수의 최댓값은 구간의 끝에서 최솟값은 임계수에서 나타난다. 함수 $y=f(x)$의 그래프는 왼쪽 그림과 같다.

[유제 4-4]

구간 $[0,2]$에서 함수 $f(x)=2x^3-6x^2+6x-1$의 최댓값과 최솟값을 각각 구하라.

SECTION

4.1 연습문제

※ 01~02 다음 명제가 참인지 거짓인지 결정하라. 참이면 이유를 설명하고 거짓이면 이유를 설명하거나 반례를 들어라.

01 $f'(c)=0$이면 f는 c에서 최댓값 또는 최솟값이 존재한다.

02 f가 (a,b)에서 연속이면 구간 내의 임의의 한 점 c와 d에서 극댓값과 극솟값이 존재한다.

03 구간 $[0,4]$에서 연속이고 $x=1$에서 최댓값, $x=4$에서 최솟값, $x=2$에서 극솟값, $x=3$에서 극댓값이 있는 함수 $f(x)$의 그래프를 그려라.

※ 04~06 다음 함수의 임계수를 구하라.

04 $f(x)=x^4-4x+1$

05 $g(x)=\dfrac{x-1}{x+1}$

06 $h(\theta)=\sin\theta\cos\theta$

※ 07~09 주어진 구간에서 함수 f의 그래프를 그리고 최댓값과 최솟값을 각각 구하라.

07 $f(x)=x^3-12x^2+48x+3,\ [-2,3]$

08 $f(x)=\sqrt{x},\ [0,\infty)$

09 $f(\theta)=2\cos\theta-\sin 2\theta,\ \left[0,\dfrac{\pi}{2}\right]$

10 구간 $[0,1]$에서 함수 $f(x)=x^3+3x^2-9x+4$의 극댓값, 극솟값, 최댓값, 최솟값을 각각 구하라.

11 함수 $f(x)=|x|$가 $x=0$에서 극솟값을 갖지만, $x=0$에서 미분 불가능함을 보여라.

12 시각 t일 때 집단의 인구수를 $N(t)$라고 하면, 인구 성장률은 다음과 같이 쓸 수 있다.

$$\frac{dN}{dt}=rN\left(1-\frac{N}{K}\right)\quad(t\geq 0)$$

이때 r과 K는 양의 상수다. $r=2$, $K=100$일 때 $N(t)$의 그래프를 그리고 인구 성장률 $\dfrac{dN}{dt}$를 최대로 만드는 인구수 N을 구하라.

SECTION
4.2 평균값 정리

평균값 정리는 미분적분학뿐만 아니라 수학 및 공학의 다양한 전공과목에서도 널리 사용되는 아주 중요한 정리다. 특히 함수의 최댓값과 최솟값을 구하거나 그래프의 모양을 결정하는 과정에서도 평균값 정리가 중요한 역할을 한다. 평균값 정리를 증명하기 위해서 먼저 롤의 정리를 먼저 알아보자.

롤의 정리

정리 4-4 롤의 정리(Rolle's theorem)

함수 f가 다음 세 조건을 만족한다고 하자.

(1) 닫힌구간 $[a,b]$에서 f가 연속

(2) 열린구간 (a,b)에서 f가 미분 가능

(3) $f(a)=f(b)$

그러면 $f'(c)=0$을 만족하는 c가 열린구간 (a,b)에 적어도 하나 존재한다.

증명

먼저 닫힌구간 $[a,b]$의 모든 x에 대하여 $f(x)=M$이라고 가정하면 $f'(x)=0$이므로 열린구간 (a,b)의 모든 c에 대하여 $f'(c)=0$을 만족한다.

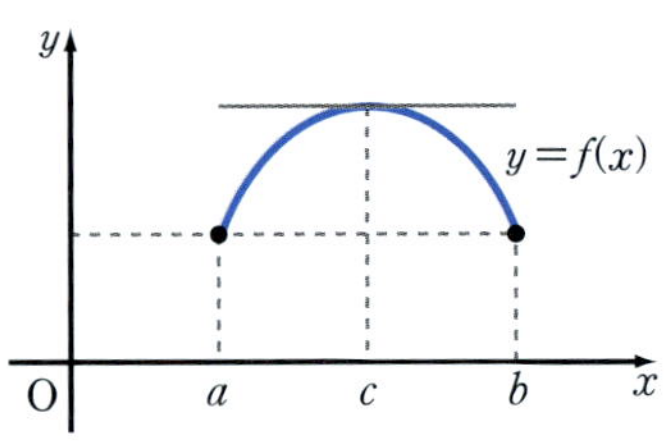

이제 닫힌구간 $[a,b]$에서 $f(x)\neq M$을 만족하는 x가 존재한다고 가정하자. f가 닫힌구간 $[a,b]$에서 연속이므로 1장의 [정리 1-12]에 의하여 닫힌구간 $[a,b]$의 어떤 c에서 최댓값과 최솟값이 존재한다. 한편, $f(a)=f(b)$이므로 열린구간 (a,b)에서 최댓값이나 최솟값 중 하나다. 최댓값과 최솟값은 함숫값이고 c는 최댓값 또는 최솟값일 때의 x값이므로 $f(c)$는 극댓값 또는 극솟값이다. 따라서 페르마 정리에 의하여 $f'(c)=0$이다. 왼쪽 그림에서 이를 확인할 수 있다. ■

롤의 정리는 1691년 프랑스 수학자 미셸 롤(Michel Rolle)의 저서 'Methode pour resoudre les Egalitez'를 통하여 처음으로 발표되었다. 당시만 해도 이러한 미분적분학의 방법론들은 교묘한 오류 덩어리라며 비난 당했으나, 현재는 본질적으로 옳음을 인정받고 많은 수학 정리의 기반이 되어 널리 사용되고 있다.

롤의 정리의 역은 참이 아님을 꼭 알아두자. 즉 함수 f에 대하여 $f'(c)=0$을 만족하는 c가 열린구간 (a,b)에 존재한다고 해도 롤의 정리의 조건 (1), (2), (3)은 성립하지 않을 수 있다.

예제 4-5 롤의 정리

움직이는 물체의 위치를 $s=f(t)$라고 할 때, 롤의 정리를 이용하여 이 물체의 움직임을 설명하라.

풀이

움직이는 물체는 갑자기 순간이동을 하지 않기 때문에 함수 $f(t)$는 연속함수라고 할 수 있다. 또한 $\frac{ds}{dt}=f'(t)$는 이 물체가 움직이는 속도다. 이러한 물체의 속도 또한 항상 측정 가능하다고 하면 함수 $f(t)$의 미분 가능성을 가정할 수 있다.

임의의 서로 다른 두 시각 $t=a$와 $t=b$에 대하여 $f(a)=f(b)$라고 가정해 보자. 그러면 롤의 정리는 a와 b 사이의 임의의 c에 대하여 $t=c$일 때 $f'(c)=0$이 되는 순간이 존재한다는 사실을 보장한다. 즉 서로 다른 두 시각에 같은 위치를 지나는 운동을 할 경우 그 중간에 속도가 0이 되는, 다시 말해서 운동을 멈추는 순간이 존재함을 의미한다. 이러한 움직임은 공을 연직(지구표면에서 수직)방향으로 던졌을 때 올라가다가 다시 떨어지거나 물체가 스프링 끝에 달려있어서 반복되는 스프링 운동을 할 때 관찰할 수 있다.

예제 4-6 롤의 정리

함수 $f(x)=x^3-4x$에 대하여 구간 $[0,2]$에서 롤의 정리가 성립함을 보이고, $f'(c)=0$인 c값을 구하라.

풀이

함수 $f(x)$가 닫힌구간 $[0,2]$에서 연속이고 $f'(x)=3x^2-4$가 열린구간 (a,b)에서 존재한다는 사실은 자명하므로 롤의 정리의 조건 (1), (2)가 성립한다.

한편, $f(0)=0^3-4(0)=0$, $f(2)=2^3-4(2)=0$이므로 조건 (3)도 성립한다. 따라서 롤의 정리가 성립한다.

c를 구하기 위하여 $f'(c)=3c^2-4=0$이라고 두자. $c=\sqrt{\frac{4}{3}}=\frac{2\sqrt{3}}{3}$이 롤의 정리를 만족하는 c이다.

[유제 4-5]

함수 $f(x)=1-x^2$에 대하여 구간 $[-1,1]$에서 롤의 정리가 성립함을 보이고, $f'(c)=0$인 c 값을 구하라.

평균값 정리

다음으로 롤의 정리를 일반화한 평균값 정리에 대하여 알아보자.

정리 4-5 평균값 정리(mean value theorem)

함수 f가 다음 두 조건을 만족한다고 하자.

(1) 닫힌구간 $[a,b]$에서 f가 연속

(2) 열린구간 (a,b)에서 f가 미분 가능

그러면 $f'(c)=\dfrac{f(b)-f(a)}{b-a}$를 만족하는 c가 열린구간 (a,b)에 적어도 하나 존재한다.

증명

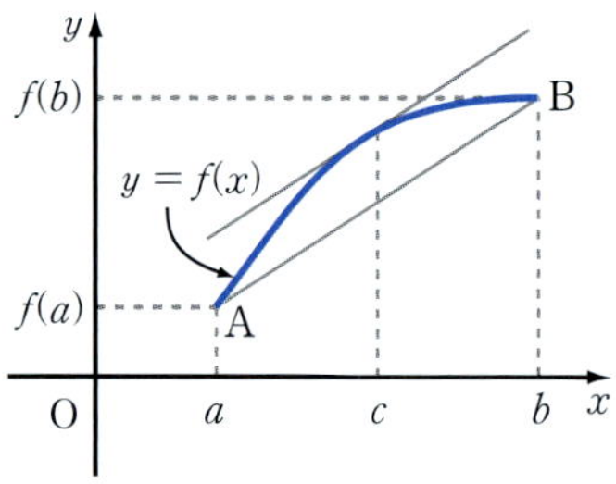

평균값 정리의 기하학적 의미는 곡선상의 두 점을 지나는 할선과 평행인 접선을 갖는 점이 곡선상에 존재한다는 것이다. 이를 확인하기 위하여 먼저 왼쪽 그림과 같이 곡선상의 두 점 $\mathrm{A}(a,f(a))$와 $\mathrm{B}(b,f(b))$를 지나는 직선의 방정식을 생각해 보자.

$$y-f(a)=\frac{f(b)-f(a)}{b-a}(x-a)$$

다음으로 $F(x)$를 점 A, B를 지나는 직선 위의 점 (x,y)와 함수 f의 한 점 $(x,f(x))$ 사이의 거리 $f(x)-y$라고 하면 다음과 같이 쓸 수 있다.

$$F(x)=f(x)-\frac{f(b)-f(a)}{b-a}(x-a)-f(a)$$

함수 F는 주어진 f의 조건에 의하여 닫힌구간 $[a,b]$에서 연속이고 열린구간 (a,b)에서 미분 가능하며 또한 $F(a)=F(b)=0$이므로 롤의 정리의 조건을 모두 만족한다. 따라서 $F'(c)=0$이 되는 c가 다음과 같이 구간 (a,b)에 존재한다.

$$0=F'(c)=f'(c)-\frac{f(b)-f(a)}{b-a}$$

위 식을 정리하면 평균값 정리의 결과를 얻을 수 있다. ■

평균값 정리는 중간값 정리, 극값 정리, 롤의 정리 등과 함께 특정한 성질을 지니는 수의 존재성을 보장한다. 그러나 그 수를 구하는 방법까지 말해주지는 않는다.

예제 4-7 **평균값 정리**

함수 $f(x)=x^3-2x$에 대하여 구간 $[0,3]$에서 평균값 정리가 성립함을 보여라.

풀이

함수 f는 다항함수이므로 모든 실수에 대하여 연속이고 미분 가능하다. 따라서 평균값 정리의 조건 (1), (2)를 모두 만족하므로 다음을 만족하는 상수 c가 주어진 구간 $(0,3)$에 존재한다.

$$f'(c)=\frac{f(3)-f(0)}{3-0}$$

한편, $f(0)=0$, $f(3)=3^3-2(3)=21$, $f'(x)=3x^2-2$이므로 위 식을 다음과 같이 쓸 수 있다.

$$3c^2-2=\frac{21}{3}=7$$

따라서 $c=\pm\sqrt{3}$인데 평균값 정리에 따르면 c는 열린구간 $(0,3)$에 존재하므로 우리가 찾는 c는 $\sqrt{3}$이다. 이를 그려보면 오른쪽 그림과 같다. x좌표가 $c=\sqrt{3}$인 점 $(c,f(c))$에서 그린 함수 $f(x)$의 접선과 두 점 $(0, f(0))$과 $(3, f(3))$을 이은 할선이 서로 평행함을 볼 수 있다.

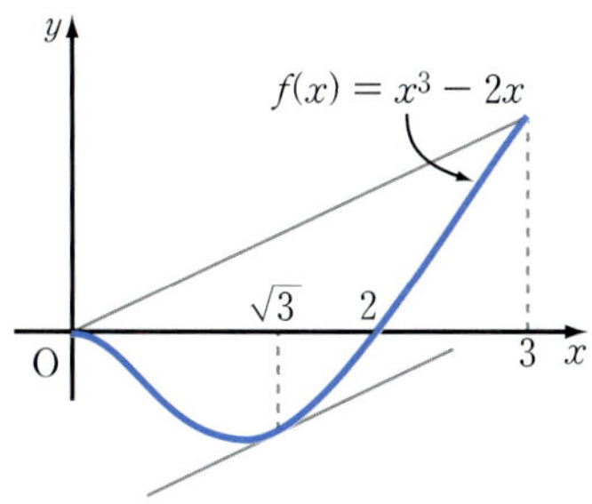

예제 4-8 **평균값 정리의 응용**

함수 $f(x)$가 $f(0)=0$이고 모든 x에 대하여 $f'(x)\le 1$이라고 가정하자. $f(1)$이 될 수 있는 가장 큰 값을 구하라.

풀이

문제에서 주어진 조건에 의하여 $f'(x)$ 값이 존재하므로 함수 $f(x)$는 실수 전체에서 미분 가능하고 따라서 연속이다. 따라서 닫힌구간 $[0,1]$에서 평균값 정리를 적용하면 다음 식을 만족하는 c가 열린구간 $(0,1)$에 존재한다.

$$f'(c)=\frac{f(1)-f(0)}{1-0}$$

즉 $f(1)=f'(c)$라는 식을 얻을 수 있다. 그런데 모든 x에 대하여 $f'(x)\le 1$이므로 열린구간 $(0,1)$에서 정의된 임의의 c에 대해서도 $f'(c)\le 1$이 성립해야 한다. 따라서 다음 식이 성립한다.

$$f(1)=f'(c)\le 1$$

따라서 $f(1)$이 될 수 있는 가장 큰 값은 1이다.

[유제 4-6]

$f(0)=1$이고 모든 x에 대하여 $f'(x) \geq 2$라고 가정하자. $f(3)$이 될 수 있는 가장 작은 값을 구하라.

평균값 정리는 [예제 4-8]처럼 주어진 구간에서 조건을 만족하는 점을 찾는 것 외에도 미분적분학의 기본적인 정리를 증명하는 데 사용할 수 있다. 그 중 하나를 소개한다.

정리 4-6 평균값 정리의 보조정리 (1)

함수 f가 구간 (a,b)의 모든 x에서 $f'(x)=0$이면, f는 (a,b)에서 상수다.

증명

구간 (a,b)의 서로 다른 임의의 두 점을 x_1, $x_2(x_1 < x_2)$라고 가정하자. 주어진 구간에서 함수 f의 미분계수가 항상 존재하므로 함수 f는 구간 $[x_1,x_2]$에서 연속이며 구간 (x_1,x_2)에서 미분 가능하다. 따라서 평균값 정리를 적용하면 다음을 만족하는 상수 c가 구간 (x_1,x_2) 내에서 존재해야 한다.

$$f'(c)=\frac{f(x_2)-f(x_1)}{x_2-x_1}$$

한편, 구간 (x_1,x_2)는 구간 (a,b) 안에 존재하므로 c도 구간 (a,b)에 존재한다고 말할 수 있다. 따라서 구간 (a,b)에서 항상 $f'(x)=0$이라는 정리의 조건에 의해 $f'(c)=0$이 성립한다. 이는 $0=f(x_2)-f(x_1)$, 즉 $f(x_1)=f(x_2)$를 의미한다. 구간 내의 임의의 두 점에서 항상 함숫값이 같으므로 함수 f는 상수함수다. ■

[정리 4-6]을 사용할 때 주어진 구간이 $(a,b)\cup(c,d)$와 같이 연속이 아니라면 각각의 영역을 나누어 적용해야 한다. 예를 들어 다음과 같은 함수를 생각해 보자.

$$f(x)=\frac{x}{|x|}$$

함수 $f(x)$의 정의역은 $D=\{x|x\neq 0\}$이다. 그리고 $x>0$에서 $f(x)=1$이며 $x<0$에서 $f(x)=-1$이다. 즉, 정의역 D의 모든 x에 대하여 $f'(x)=0$이지만 $f(x)$는 상수가 아니다. 이는 정의역 D를 다음과 같이 두 개의 영역으로 나누어 살펴보지 않아 생긴 일이다.

$$D=D_1\cup D_2,\ D_1=\{x\,|\,x<0\},\ D_2=\{x\,|\,x>0\}$$

각각의 D_1과 D_2에서 $f(x)$에 대하여 [정리 4-6]을 적용하면, D_1에서 $f(x) = -1$로 상수함수이고 D_2에서도 $f(x) = 1$로 상수함수임을 알 수 있다.

[정리 4-6]을 통하여 [정리 4-7]을 얻을 수 있다. [정리 4-6]과 [정리 4-7]은 앞으로 배울 내용에서 많이 사용된다.

정리 4-7 평균값 정리의 보조정리 (2)

함수 f가 구간 (a,b)의 모든 x에서 $f'(x) = g'(x)$이면, $f-g$는 (a,b)에서 상수다. 즉, 임의의 상수 c에 대하여 $f(x) = g(x) + c$로 나타낼 수 있다.

이는 $f'(x) = g'(x)$로부터 $h'(x) = f'(x) - g'(x) = 0$으로 정의하고 함수 h에 대하여 [정리 4-6]을 적용하면 증명할 수 있다.

SECTION

4.2 연습문제

※ 01~03 다음 함수가 주어진 구간에서 롤의 정리 3가지 조건을 만족하는지 확인하고, 롤의 정리를 만족한다면 정리의 결론을 만족하는 수 c를 구하라.

01 $f(x) = x^2 - 4x + 1,\ [1,3]$

02 $f(x) = \sqrt{x} - x,\ [0,1]$

03 $f(x) = \sin 3x,\ \left[0, \frac{\pi}{3}\right]$

※ 04~06 다음 함수가 주어진 구간에서 평균값 정리의 두 가지 조건을 만족하는지 확인하고, 평균값 정리를 만족한다면 정리의 결론을 만족하는 수 c를 구하라.

04 $f(x) = 2x^2 + 3x + 1,\ [0,2]$

05 $f(x) = \cos x,\ \left[-\frac{1}{\pi}, \frac{1}{\pi}\right]$

06 $f(x) = \frac{1}{(x-2)^2},\ [1,3]$

07 평균값 정리를 이용하여 다음을 보여라.

$$\sin^2 x + \cos^2 x = 1 \quad (x \in [0, 2\pi])$$

08 임의의 자연수 n에 대하여 n차 다항식의 실근이 최대 n개라면, $n+1$차 다항식의 실근이 최대 $n+1$개임을 증명하라.

Hint $n+1$차 다항식의 실근이 최대 $n+2$개라고 가정하고 롤의 정리를 이용하여 모순임을 보여라.

09 실수 전체에서 정의된 함수 $f(x) = f_0 e^{rx}$에 대하여 $F(x) = f(x)e^{-rx}$으로 정의하자(단, $f(0) = f_0$, r은 상수). 이때 $F(x)$가 상수함수임을 증명하라.

※ 10~12 시각 t일 때 직선도로를 달리고 있는 차의 위치 $s(t)$가 다음 식을 따른다고 하자.

$$s(t) = \frac{1}{10}t^3 \quad (0 \le t \le 5)$$

10 $t = 0$부터 $t = 5$까지 차의 평균속력을 구하라.

11 $t \in (0, 5)$일 때 차의 순간속력을 구하라.

12 차의 평균속력과 순간속력이 같아지는 시각 t를 구하라.

SECTION

4.3 도함수와 그래프 모양

이 절에서는 주어진 함수의 그래프를 그리는 데 도움이 되는 도함수의 성질에 대하여 논하고자 한다. 도함수 $f'(x)$의 기하학적 의미는 주어진 함수 $f(x)$를 이용하여 그린 그래프 $y=f(x)$에 대하여 점 $(x, f(x))$에서의 접선의 기울기다. 이는 각 점에서 함수의 그래프가 나아가는 방향에 대한 정보를 제공한다고 볼 수 있다.

함수의 증가와 감소

먼저 주어진 그래프의 모양을 나타내는 용어인 증가와 감소의 수학적 정의를 알아보자.

정의 4-4 함수의 증가와 감소

함수 f가 정의된 구간의 두 점 x_1, x_2에 대하여 $x_1 < x_2$일 때

(1) $f(x_1) < f(x_2)$이면, f는 주어진 구간에서 **증가**(increasing)한다.

(2) $f(x_1) > f(x_2)$이면, f는 주어진 구간에서 **감소**(decreasing)한다.

또한 구간 내에서 증가하는 함수를 **증가함수**(increasing function)라고 하고, 감소하는 함수를 **감소함수**(decreasing function)라고 한다.

[그림 4-11]은 함수 $f(x)$의 그래프 $y=f(x)$와 함수 $f(x)$가 증가 및 감소하는 구간에서의 도함수 $f'(x)$에 대한 정보를 보여준다. 함수가 증가하는 구간에서 그래프의 접선은 양의 기울기를 가지고(그래프가 왼쪽 아래에서 오른쪽 위로 움직이고), 감소하는 구간에서 그래프의 접선은 음의 기울기를 가짐(그래프가 왼쪽 위에서 오른쪽 아래로 움직임)을 볼 수 있다. 이를 정리하면 다음 정리를 얻을 수 있다.

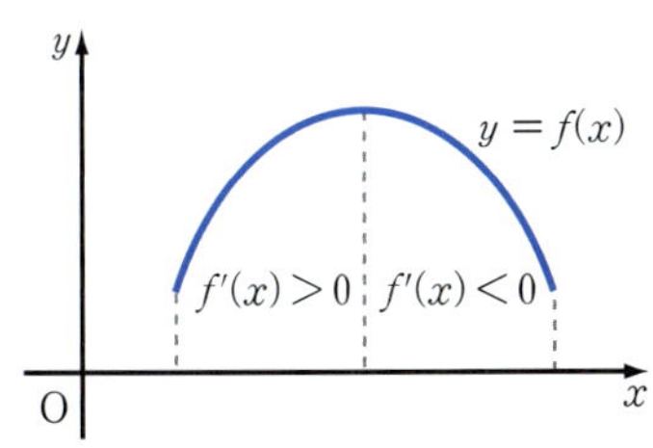

[그림 4-11] 함수 f의 증가 및 감소와 도함수 f'의 부호

정리 4-8 증가 및 감소 판정법

함수 f가 닫힌구간 $[a,b]$에서 연속이고 열린구간 (a,b)에서 미분 가능하면 (a,b)의 모든 x에 대하여 다음이 성립한다.

(1) $f'(x) > 0$이면 $[a,b]$에서 f는 증가한다.

(2) $f'(x) < 0$이면 $[a,b]$에서 f는 감소한다.

증명

구간 $[a,b]$의 임의의 두 점 x_1, $x_2(x_1 < x_2)$를 생각하자. 함수 f가 닫힌구간 $[x_1, x_2]$에서 연속이고 열린구간 (x_1, x_2)에서 미분 가능함은 자명하다. 평균값 정리([정리 4-5])를 이용하면 다음을 만족하는 상수 c가 구간 (x_1, x_2)에 존재한다.

$$f'(c) = \frac{f(x_2) - f(x_1)}{x_2 - x_1}$$

(1) 구간 내의 모든 x에 대하여 $f'(x) > 0$이라 가정하자. $x_1 < x_2$이기 때문에 $x_2 - x_1 > 0$이고 $f(x_2) - f(x_1) > 0$, 즉 $f(x_1) < f(x_2)$이다. [정의 4-4]에 따라 함수 f는 구간 $[a,b]$에서 증가한다.

(2) 같은 과정으로 $f'(x) < 0$이면 주어진 함수 f는 구간 $[a,b]$에서 감소함을 보일 수 있다. ■

예제 4-9 함수의 증가와 감소

함수 $f(x) = x^3 - 2x^2 + x - 3$이 증가하는 구간과 감소하는 구간을 각각 구하라.

풀이

증가 및 감소 판정법을 이용하기 위해서는 주어진 함수를 미분하여 구한 도함수의 부호를 결정해야 한다. 먼저 주어진 함수 $f(x)$의 도함수를 구하면 다음과 같다.

$$f'(x) = 3x^2 - 4x + 1 = (3x-1)(x-1)$$

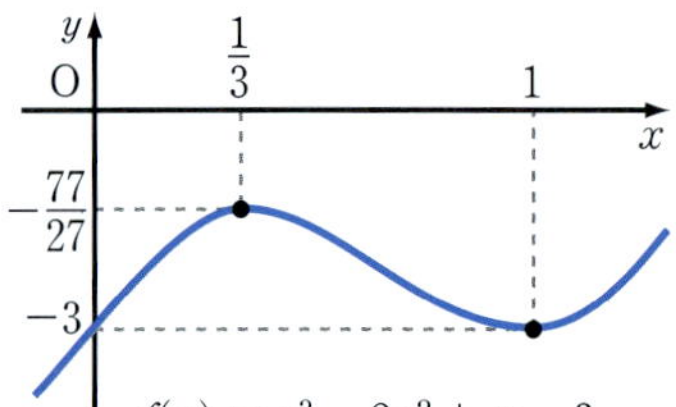

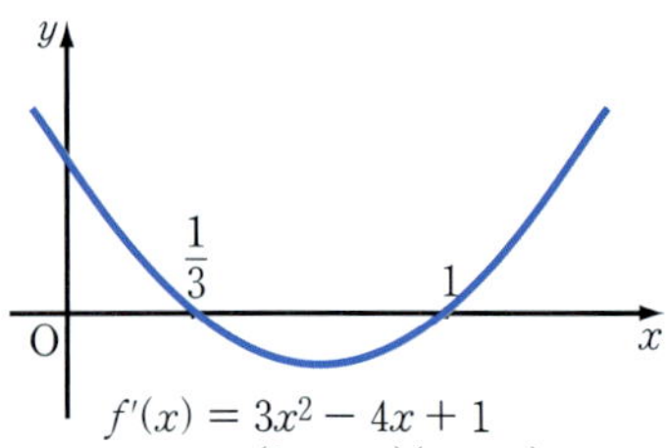

증가 및 감소 판정법에 의하여 $(3x-1)(x-1) > 0$, 즉 $x > 1$ 또는 $x < \frac{1}{3}$에서 함수 f는 증가하고 $(3x-1)(x-1) < 0$, 즉 $\frac{1}{3} < x < 1$에서 함수 f는 감소한다. 이 결과를 아래에 $f(x)$의 증감표로 정리하였다.

구간	$3x-1$	$x-1$	$f'(x)$	$f(x)$
$x < \frac{1}{3}$	$-$	$-$	$+$	$\left(-\infty, \frac{1}{3}\right)$에서 증가
$\frac{1}{3} < x < 1$	$+$	$-$	$-$	$\left(\frac{1}{3}, 1\right)$에서 감소
$x > 1$	$+$	$+$	$+$	$(1, \infty)$에서 증가

함수 $f(x)$와 도함수 $f'(x)$의 그래프는 왼쪽의 두 그림을 통해 확인하자.

[유제 4-7]

함수 $f(x) = x^3 - x$가 증가하는 구간과 감소하는 구간을 각각 구하라.

앞서 페르마의 임계수 정리([정리 4-2])를 통해 함수 f의 극댓값 또는 극솟값과 임계수 사이의 관계를 알아보았다. 함수 f가 c에서 극댓값 또는 극솟값을 가지면 c는 f의 임계수여야 한다. 하지만 일반적으로 이 정리의 역은 성립하지 않는다. 즉 c가 f의 임계수여도 $f(c)$는 극댓값 또는 극솟값이 아닐 수 있다.

[예제 4-9]에서는 함수의 임계수가 $x=\frac{1}{3}$과 $x=1$인데, 함수 f가 구간 $\left(-\infty, \frac{1}{3}\right)$에서 증가하다가 구간 $\left(\frac{1}{3}, 1\right)$에서 감소하므로 $f\left(\frac{1}{3}\right)=-\frac{77}{27}$이 극댓값이다. 또한 함수 f가 구간 $\left(\frac{1}{3}, 1\right)$에서 감소하다가 구간 $(1, \infty)$에서 증가하므로 $f(1)=-3$은 극솟값이다. 이를 도함수 f'의 관점에서 보면 [예제 4-9]의 $f(x)$의 증감에서 볼 수 있듯이 $x=\frac{1}{3}$과 $x=1$을 기점으로 f'의 부호가 양에서 음, 그리고 음에서 양으로 바뀌는 것을 알 수 있다. 이를 정리하면 극댓값 또는 극솟값을 판정하는 1계도함수 판정법을 얻을 수 있다.

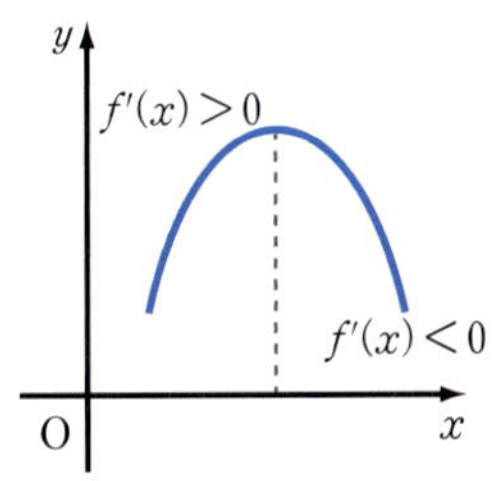

(a) 극댓값이 있는 경우

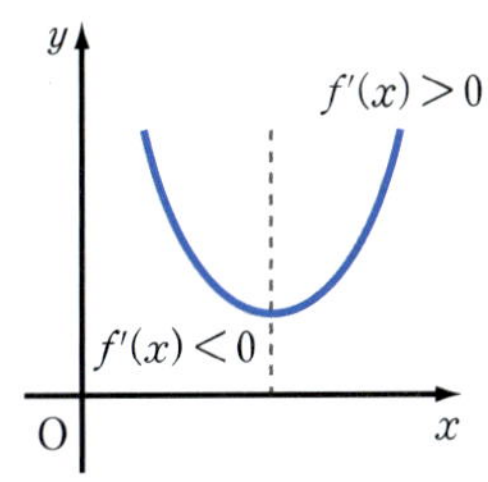

(b) 극솟값이 있는 경우

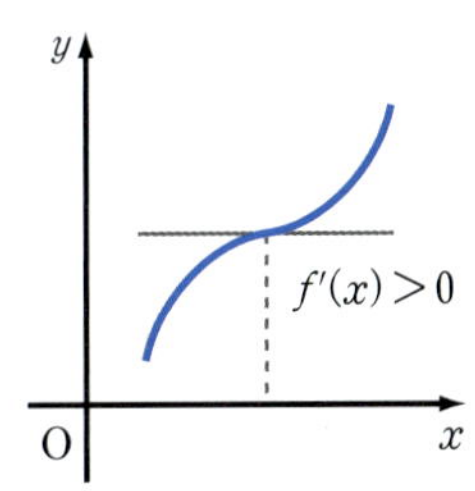

(c) 둘 다 없는 경우

[그림 4-12] 1계도함수 판정법에 대한 함수의 그래프

정리 4-9 1계도함수 판정법

c가 연속함수 f의 임계수라고 하자.

(1) f'의 부호가 c를 기준으로 양에서 음으로 바뀌면, $f(c)$는 f의 극댓값이다.

(2) f'의 부호가 c를 기준으로 음에서 양으로 바뀌면, $f(c)$는 f의 극솟값이다.

(3) c를 포함하는 열린구간의 모든 x에 대하여 $f'(x)>0$ 또는 $f'(x)<0$이면, $f(c)$는 f의 극댓값도 극솟값도 아니다.

1계도함수 판정법은 [정리 4-8]의 증가 및 감소 판정법을 이용하여 쉽게 증명할 수 있다. [그림 4-12]를 통해 1계도함수 판정법의 의미를 확인할 수 있다.

예제 4-10 함수의 증가와 감소

[예제 4-9]의 함수 $f(x)=x^3-2x^2+x-3$의 극댓값과 극솟값을 1계도함수 판정법을 이용하여 구하라.

풀이

[예제 4-9]의 풀이에 따르면 $f'(x)=(3x-1)(x-1)$의 부호가 양에서 음으로 바뀌는 점은 $x=\frac{1}{3}$이고 음에서 양으로 바뀌는 점은 $x=1$이다. 따라서 $f\left(\frac{1}{3}\right)=-\frac{77}{27}$이 극댓값이고 $f(1)=-3$이 극솟값임을 알 수 있다. 이는 앞에서 구한 결과와 동일하다.

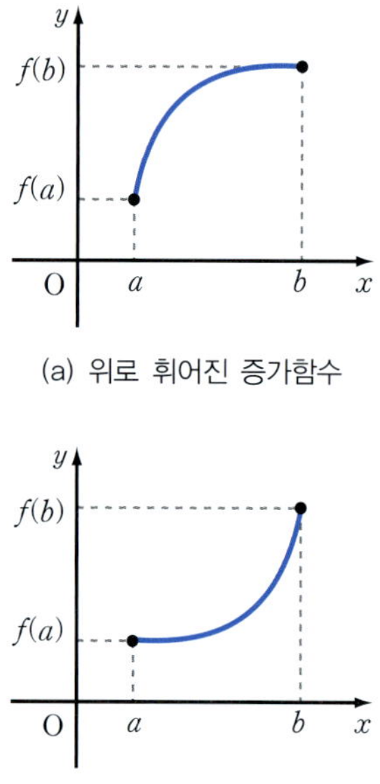

(a) 위로 휘어진 증가함수

(b) 아래로 휘어진 증가함수

[그림 4-13] 증가함수의 두 가지 형태

[유제 4-8]

[유제 4-7]의 함수 $f(x)=x^3-x$의 극댓값과 극솟값을 1계도함수 판정법을 이용하여 구하라.

지금까지 함수의 그래프를 그리기 위하여 도함수 f'과 함수의 증가 및 감소 사이의 관계에 대하여 알아보았다. 하지만 단순히 함숫값의 증가와 감소만을 가지고는 주어진 함수의 그래프를 정확히 그릴 수 없다. 예를 들어 [그림 4-13]과 같은 그래프를 생각해 보자.

[그림 4-13]에 주어진 두 그래프는 모두 함숫값이 계속 증가하면서 두 점 $(a, f(a))$와 $(b, f(b))$를 잇지만 서로 다른 방향으로 휘어지기 때문에 다른 그래프로 보인다. 즉 같은 증가함수 혹은 감소함수끼리도 서로를 구분할 방법이 필요하다. 여기서는 함수 f의 그래프와 접선의 위치를 이용하여 [그림 4-13]의 두 그래프를 구분하는 방법에 대하여 알아보고자 한다.

함수의 오목과 볼록

아래로 볼록은 위로 오목(concave upward)이라고도 한다.
위로 볼록은 아래로 오목(concave downward)이라고도 한다.

정의 4-5 함수의 오목과 볼록

구간 I에서 정의된 함수 f에 대하여

(1) 함수의 그래프가 모든 접선보다 위에 놓여있을 때, f는 I에서 **아래로 볼록**(convex downward)이라고 한다.

(2) 함수의 그래프가 모든 접선보다 아래에 놓여있을 때, f는 I에서 **위로 볼록**(convex upward)이라고 한다.

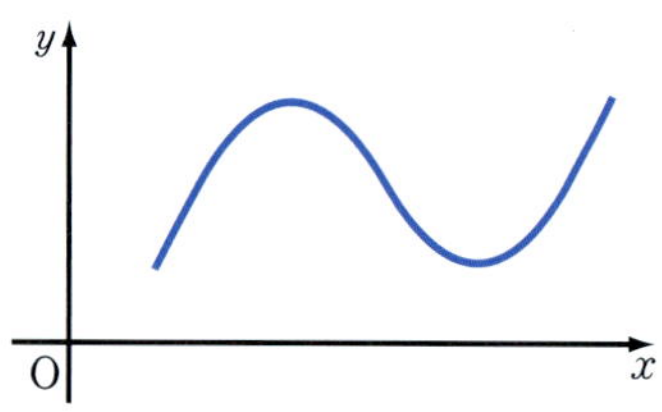

[그림 4-14] 위로 볼록과 아래로 볼록이 섞인 함수의 그래프

[그림 4-14]는 위로 볼록과 아래로 볼록이 모두 나타나는 그래프를 보여준다. 이처럼 하나의 함수에서 볼록한 방향이 바뀔 수가 있는데, 이렇게 방향이 바뀌는 점에 특별한 이름을 붙여 정의한다.

정의 4-6 변곡점

함수 f가 열린구간 (a, b)에서 연속이고 c가 (a, b)에 속한 한 점이라고 하자. f의 그래프가 c의 왼쪽에서 위로 볼록[아래로 볼록]이고 오른쪽에서 아래로 볼록[위로 볼록]이면 점 $(c, f(c))$를 **변곡점**(infection point)이라고 한다.

참고 오목을 이용한 변곡점 정의

함수 f가 열린구간 (a,b)에서 연속이고 c가 (a,b)에 속한 한 점이라고 하자. f의 그래프가 c의 왼쪽에서 아래로 오목[위로 오목]이고 오른쪽에서 위로 오목[아래로 오목]이면 점 $(c, f(c))$를 **변곡점**이라고 한다.

위로 볼록과 아래로 볼록의 정의에서 그래프의 접선을 이용했음을 다시 한 번 확인하자. 또한 변곡점 정의에서는 변곡점을 기준으로 볼록의 방향이 바뀌고 있음을 주목하자.

함수 f의 그래프에 대한 접선을 구할 때 보통 도함수 f'을 이용한다. 함수 f가 아래로 볼록일 때 함수의 그래프가 모든 접선보다 항상 위에 놓여있다는 것은 결국 그래프의 접선의 기울기가 계속 증가하고 있음을 의미한다. 이는 도함수 f'의 변화율이 양수, 즉 $(f')' > 0$을 의미하며 변곡점을 지나지 않는 한 이는 변하지 않는다. 반대로 함수 f가 위로 볼록일 때 함수의 그래프가 모든 접선보다 항상 아래에 놓여있다는 것은 그래프의 접선의 기울기가 계속 감소하고 있음을 의미한다. 이는 도함수 f'의 변화율인 $(f')'$이 음수임을 의미한다. 이를 정리하면 다음과 같은 볼록성 판정법을 얻을 수 있다.

정리 4-10 볼록성 판정법

열린구간 I의 모든 x에 대하여 다음이 성립한다.

(1) $f''(x) > 0$이면, f의 그래프는 I에서 아래로 볼록이다.

(2) $f''(x) < 0$이면, f의 그래프는 I에서 위로 볼록이다.

볼록성 판정법에 중간값 정리를 적용하면 볼록의 방향이 바뀌는 곳, 즉 변곡점이 존재하는 곳은 2계도함수의 부호가 바뀌는 곳임을 알 수 있다.

예제 4-11 볼록성 판정법

조건 (i) ~ (iii)를 만족하는 함수 f의 그래프를 그려라.

(i) 구간 $(-\infty,0)$에서 $f'(x)<0$, 구간 $(0,\infty)$에서 $f'(x)>0$

(ii) 구간 $(-\infty,-1)$과 $(1,\infty)$에서 $f''(x)<0$, 구간 $(-1,1)$에서 $f''(x)>0$

(iii) $\lim_{x\to-\infty} f(x)=0$, $\lim_{x\to\infty} f(x)=1$

풀이

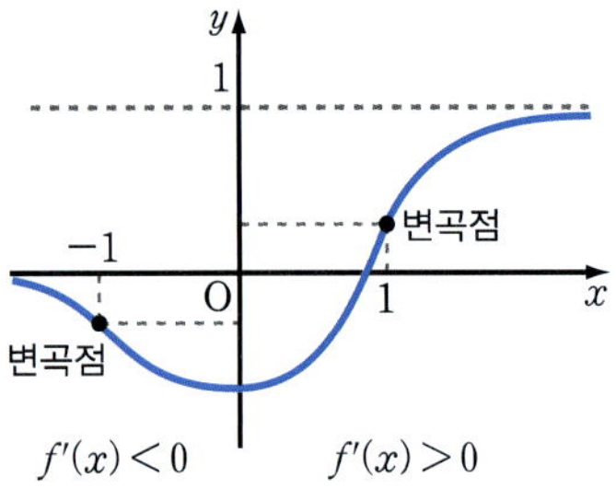

조건 (i)은 구간 $(-\infty,0)$에서 함수 f가 감소하고 구간 $(0,\infty)$에서 증가함을 의미한다. 조건 (ii)는 구간 $(-1,1)$에서 아래로 볼록이며 그 외의 구간에서는 위로 볼록임을 의미한다. 마지막으로 조건 (iii)는 함수 f의 수평점근선 조건을 설명한다.

먼저 두 개의 수평점근선을 그린 후, 변곡점에 해당하는 $x=-1$과 $x=1$을 표시하자. 다음으로 함수의 증가와 감소가 바뀌는 $x=0$을 표시하고 위 세 가지 조건을 모두 만족하도록 함수의 그래프를 그리면 왼쪽 그림과 같다.

[유제 4-9]

조건 (i) ~ (iii)을 만족하는 함수 f의 그래프를 그려라.

(i) 구간 $(-\infty,1)$, $(3,\infty)$에서 $f'(x)>0$, 구간 $(1,3)$에서 $f'(x)<0$

(ii) 구간 $(-\infty,0)$과 $(2,4)$에서 $f''(x)>0$, 구간 $(0,2)$와 $(4,\infty)$에서 $f''(x)<0$

(iii) $\lim_{x\to-\infty} f(x)=\lim_{x\to\infty} f(x)=0$

2계도함수는 함수의 그래프가 가지는 볼록성 외에 극댓값과 극솟값을 판별하는 데에도 사용할 수 있다. 만약 함수가 위로 볼록한 범위에서 $f'(c)=0$인 c가 존재한다면 그 근방의 함숫값들은 모두 접선의 아래에 위치해야 한다. 따라서 $x=c$ 근방의 함숫값은 수평접선을 가지는 $x=c$에서의 함숫값 $f(c)$보다 작아야 한다. 그러므로 $f(c)$가 극댓값이다. 아래로 볼록한 범위에서도 이와 비슷하게 생각할 수 있다. 이를 정리한 결과가 다음과 같은 2계도함수 판정법이다.

정리 4-11 2계도함수 판정법

함수 f가 c를 포함하는 열린구간에서 연속이고 $f'(c)=0$이면 다음이 성립한다.

(1) $f''(c)>0$이면, $f(c)$는 f의 극솟값이다.

(2) $f''(c)<0$이면, $f(c)$는 f의 극댓값이다.

예제 4-12 **2계도함수 판정법**

2계도함수 판정법을 이용하여 함수 $f(x)=x^4-4x^2+10$의 볼록성을 논하고, 변곡점과 극값을 각각 찾으라.

풀이

주어진 함수에 대하여 볼록성 판정법과 2계도함수 판정법을 적용하기 위하여 먼저 함수의 1계와 2계도함수를 구하면 다음과 같다.

$$f'(x)=4x^3-8x$$
$$f''(x)=12x^2-8$$

2계도함수가 0이 되는 점은 $x=\pm\dfrac{\sqrt{6}}{3}$이고, 구간 $\left(-\infty,-\dfrac{\sqrt{6}}{3}\right)$과 $\left(\dfrac{\sqrt{6}}{3},\infty\right)$에서 $f''(x)>0$, 구간 $\left(-\dfrac{\sqrt{6}}{3},\dfrac{\sqrt{6}}{3}\right)$에서 $f''(x)<0$이다. 즉 볼록성 판정법에 의해 함수 f는 구간 $\left(-\infty,-\dfrac{\sqrt{6}}{3}\right)$과 $\left(\dfrac{\sqrt{6}}{3},\infty\right)$에서 아래로 볼록이고 구간 $\left(-\dfrac{\sqrt{6}}{3},\dfrac{\sqrt{6}}{3}\right)$에서 위로 볼록이며, $x=\pm\dfrac{\sqrt{6}}{3}$에서 변곡점이 있다.

임계수는 $f'(x)=0$을 만족하는 x 값이므로 방정식 $4x^3-8x=4x(x^2-2)=0$을 풀어 $x=0,\ \pm\sqrt{2}$를 얻는다. 각 임계수에서 2계도함수 값은 다음과 같다.

$$f''(0)=-8<0$$
$$f''(\pm\sqrt{2})=24-8=16>0$$

따라서 $f(0)=10$은 극댓값이고, $f(\pm\sqrt{2})=4-8+10=6$은 극솟값이다. 오른쪽 함수 $y=f(x)$의 그래프에서도 이를 확인할 수 있다.

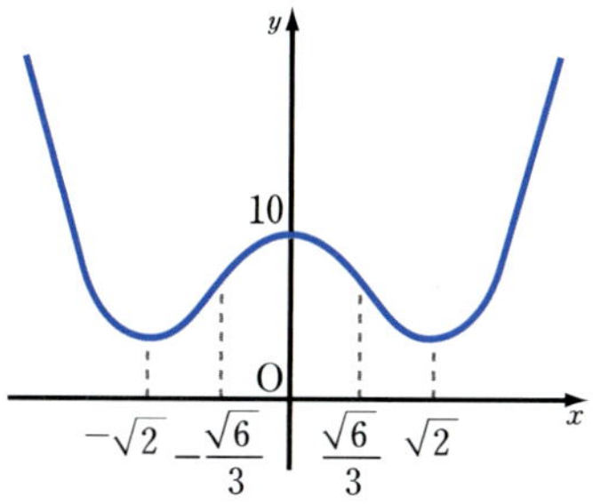

$f(x)=x^4-4x^2+10$

예제 4-13 **볼록성, 변곡점, 극댓값과 극솟값 판정**

함수 $f(x)=x^4-3x^3$의 볼록성을 논하고, 변곡점과 극값을 각각 찾으라.

풀이

주어진 함수의 볼록성, 변곡점, 극댓값과 극솟값을 알아보기 위하여 1계도함수와 2계도함수를 구하면 다음과 같다.

$$f'(x)=4x^3-9x^2=x^2(4x-9)$$
$$f''(x)=12x^2-18x=6x(2x-3)$$

임계수는 $f'(x)=0$일 때의 x값이므로 $x=0,\ \dfrac{9}{4}$를 얻는다. 또한 2계도함수 판정법을 이용하면 다음과 같은 결과를 얻을 수 있다.

$$f''(0)=0$$

$$f''\left(\frac{9}{4}\right)=6\cdot\frac{9}{4}\left(\frac{9}{2}-3\right)=\frac{81}{4}>0$$

$x=\frac{9}{4}$일 때 $f'(x)=0$이고 $f''(x)>0$이므로 $f\left(\frac{9}{4}\right)$는 극솟값이다. $x=0$일 때는 $f'(x)=0$이면서 $f''(x)=0$이므로 2계도함수 판정법으로는 아무런 정보를 얻을 수 없다. 한편, $x<0$과 $0<x<\frac{9}{4}$에서 $f'(x)<0$이므로 1계도함수 판정법을 통해 f가 0에서 극댓값도 극솟값도 존재하지 않음을 알 수 있다.

함수의 볼록성과 변곡점을 확인하기 위해 $f''(x)=0$인 $x=0$과 $x=\frac{3}{2}$을 끝점으로 가지는 구간들로 분할하여 다음과 같은 볼록성에 대한 표를 작성하자.

구간	$f''(x)$	볼록성
$(-\infty,0)$	$+$	아래로 볼록
$\left(0,\frac{3}{2}\right)$	$-$	위로 볼록
$\left(\frac{3}{2},\infty\right)$	$+$	아래로 볼록

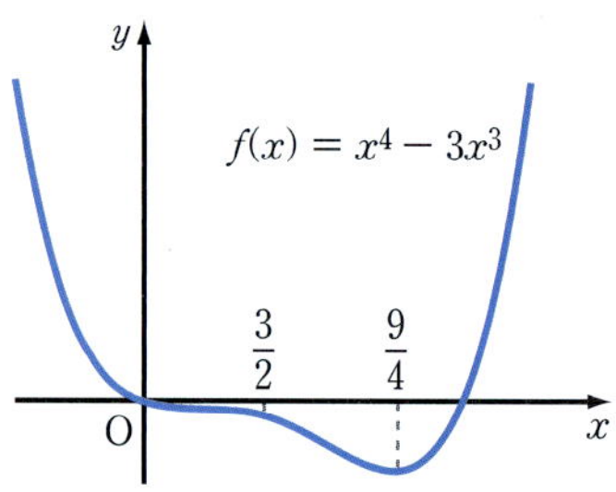

이 표를 보면 점 $x=0$일 때 함수의 그래프가 아래로 볼록에서 위로 볼록으로 바뀌므로 이 점은 변곡점이다. 또한 $x=\frac{3}{2}$일 때 함수의 그래프가 위로 볼록에서 아래로 볼록으로 바뀌므로 역시 변곡점이다. 왼쪽 그림에서 이를 확인하자.

[유제 4-10]

함수 $f(x)=x^5-5x+3$의 볼록성, 변곡점, 극값을 각각 논하라.

[예제 4-13]에서 볼 수 있듯이 2계도함수 판정법은 $f''(x)=0$인 경우에는 극대와 극소에 관한 아무런 정보를 주지 않을 수도 있다. 즉, $f''(x)=0$을 만족하는 x에서 f의 그래프는 극대일수도 극소일수도 혹은 둘 다 아닐 수도 있다. 또한 x에서 함수의 2계도함수 자체가 존재하지 않을 수도 있다. 이때에는 1계도함수 판정법을 이용하여 주어진 점에서 극댓값과 극솟값을 판정하자. 만약 1계도함수 판정법과 2계도함수 판정법을 모두 사용할 수 있다면 1계도함수 판정법이 더 사용하기 쉬운 경우도 있다. 따라서 두 가지 도함수 판정법을 모두 반드시 알아두자.

SECTION

4.3 연습문제

※ 01~05 다음 명제가 참인지 거짓인지 결정하라. 참이면 이유를 설명하고 거짓이면 이유를 설명하거나 반례를 들어라.

01 $2 \le x \le 3$에서 $f'(x) > 0$이면 f는 구간 $[2,3]$에서 증가한다.

02 모든 x에 대하여 $f(x) > 0$, $f'(x) > 0$, $f''(x) > 0$을 만족하는 함수 f는 존재하지 않는다.

03 f와 g가 구간 I에서 감소하면 $f+g$도 I에서 감소한다.

04 f와 g가 구간 I에서 감소하면 $\dfrac{f}{g}$도 I에서 감소한다.

05 f가 열린구간 I에서 $f(x) > 0$, $f'(x) > 0$이면 $g(x) = \dfrac{1}{f(x)}$은 I에서 증가한다.

※ 06~10 주어진 함수가 증가 및 감소하는 구간과 극댓값과 극솟값, 변곡점을 구하고, 함수의 볼록성을 판정하라.

06 $f(x) = x^3 - 6x^2 + 21x + 1$

07 $f(x) = x - \dfrac{1}{x}$

08 $f(x) = \sin x - \cos x$

09 $f(x) = \dfrac{x^2 - 4x + 3}{x}$

10 $f(x) = x^2\sqrt{2-x}$

11 $x=0$에서 극댓값이 5이고, $x=1$에서 극솟값이 0인 3차함수의 식을 구하라.

12 방정식 $3x + 2\sin x - 1 = 0$은 정확히 하나의 실근을 가짐을 보여라.

13 함수 f가 주어진 구간에서 미분 가능하고 c를 제외한 구간의 모든 점에서 $f'(x) < 0$이라 하자. f가 c에서 극댓값 또는 극솟값이 있는지, 그리고 변곡점이 있는지 확인하라.

※ 14~15 시각 t에 따른 인구 변화 $N(t)$는 다음과 같은 식을 따른다고 가정하자.

$$\frac{dN}{dt} = rN\left(1 - \frac{N}{K}\right) \quad (\text{단, } r\text{과 } K\text{는 양수이고 } t \ge 0)$$

1인당 인구 증가율 $g(N)$을 다음과 같이 정의할 수 있다고 할 때, 다음 물음에 답하라.

$$g(N) = \frac{1}{N}\frac{dN}{dt} = r\left(1 - \frac{N}{K}\right)$$

14 $r=3$이고 $K=10$일 때, $N \ge 0$인 구간에서 $g(N)$의 그래프를 그려라.

15 $g(N)$은 $N>0$인 구간에서 미분 가능하다. $g'(N)$을 계산하고 이 함수가 증가하거나 감소하는 구간을 구하라.

16 pH는 용액 내의 수소이온 $[H^+]$의 농도를 측정하는 값으로 다음과 같은 식으로 나타낼 수 있다.

$$pH = -\log[H^+]$$

H^+의 농도가 증가할 때 pH 값이 증가하는지 감소하는지 판정하라.

SECTION

4.4 함수의 그래프 그리는 방법

1장에서는 함수의 정의역과 치역, 대칭성, 극한, 연속, 점근선을, 3장에서는 도함수와 접선을 알아보았고, 4장에서는 도함수를 활용한 극댓값, 극솟값, 최댓값, 최솟값, 증가 및 감소 구간, 볼록성과 변곡점에 대하여 알아보았다. 지금까지 배운 모든 내용을 종합하여 함수의 중요한 특징을 나타내는 정보들을 찾고 이를 그래프로 그리는 방법에 대하여 학습해 보자.

앞에서 배운 내용들이 항상 모든 함수에 적용되는 것은 아니다. 예를 들어 대칭성은 매우 한정된 함수에서만 나타나며 점근선이 존재하지 않는 함수도 매우 많다. 하지만 이러한 성질들이 함수에 존재하는지 혹은 존재하지 않는지를 확인하는 과정 자체가 함수의 특징을 잘 보여주는 $y=f(x)$의 곡선을 그리기 위해 필수적이다. 다음은 함수의 그래프를 그릴 때 반드시 확인해야 할 8가지 과정을 순서대로 정리해 놓은 것이다.

① 정의역

함수가 정의되는 x 값의 구간을 결정해야 한다. 예를 들어 함수 $y=\sqrt{x}$의 경우 제곱근 안에는 음수가 들어갈 수 없으므로 정의역이 $x \ge 0$이다. 따라서 함수의 그래프를 그릴 때 x축에서 음수 구간은 생각할 필요가 없다. 만약 치역을 쉽게 예측할 수 있다면 이 과정에서 먼저 예측해도 좋다. 함수 $y=\sqrt{x}$에서 제곱근은 음수일 수 없으므로 치역은 $y \ge 0$이다. 따라서 함수 $y=\sqrt{x}$의 그래프는 x와 y 모두 음수 구간은 생각할 필요가 없다.

② 절편

x절편, y절편은 각각 x축, y축이 함수의 그래프가 만나는 점을 말한다. 절편은 기준이 되는 축 위를 지나가는 그래프의 위치를 나타내므로 함수의 특징을 나타내는 그래프를 그리기 위해서 반드시 확인해야 할 요소 중 하나다. 일반적으로 $y=f(x)$ 형태의 함수를 고려하며, 이때 y절편은 x에 0을 넣은 값인 $f(0)$이다. x절편은 $y=0$으로 두고 $f(x)=0$을 풀어서 주어진 함수의 해를 구해야 알 수 있다. 주어진 함수의 형태가 복잡하다면 비교적 구하기 쉬운 y절편만 구하고 x절편을 구하는 과정은 생략하고 넘어갈 수 있다.

③ 대칭성

대칭성을 나타내는 대표적인 용어로 우함수와 기함수가 있다.

주어진 구간의 모든 x에 대하여 $f(-x)=f(x)$가 성립할 경우 이 함수 f를 **우함수**(even function) 또는 **짝함수**라고 한다. 즉 x 대신 $-x$를 대입했을 때 주어진 함수가 바뀌지 않은 경우다. 대표적인 우함수로는 $f(x)=x^2$, $f(x)=|x|$, $f(x)=\cos x$ 등이 있다. 우함수는 x와 $-x$에서 함숫값이 같기 때문에 함수의 그래프가 y축에 대하여 대칭이다. 즉 전체 구간에 대하여 함수의 그래프를 생각할 필요 없이 $x>0$에서 곡선의 모양을 결정하고 이를 y축에 대하여 대칭하여 $x<0$인 구간에 그래프를 그리면 된다. [그림 4-15(a)]를 통해 우함수 그래프를 살펴보자.

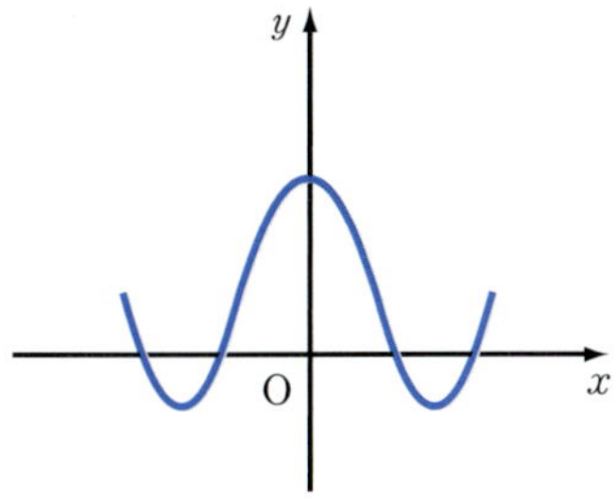

(a) 우함수

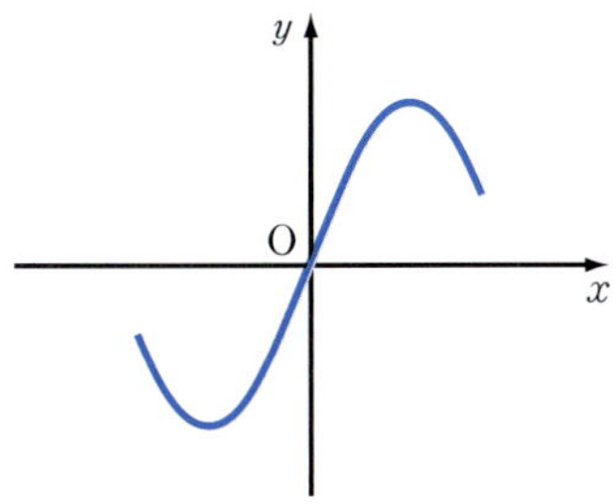

(b) 기함수

[그림 4-15] 우함수와 기함수

주어진 구간의 모든 x에 대하여 $f(-x)=-f(x)$가 성립할 경우 이 함수 f를 **기함수**(odd function) 또는 **홀함수**라고 한다. 즉 x 대신 $-x$를 대입했을 때 주어진 함수의 부호가 바뀌는 경우다. 대표적인 기함수로는 $f(x)=x$, $f(x)=\frac{1}{x}$, $f(x)=\sin x$ 등이 있다. 그래프가 y축에 대하여 대칭인 우함수에 비하여, 기함수는 $x>0$에서 결정된 곡선의 모양을 y축에 대하여 대칭인 $x<0$인 구간에 그리면 $x<0$인 구간의 그래프에 대하여 부호가 바뀐 그래프가 그려진다. 따라서 기함수의 그래프는 $x>0$에서 결정된 곡선을 y축에 대하여 대칭하고 x축에 대하여 또 한 번 대칭하므로 원점에 대하여 대칭인 그래프가 그려진다. 즉 $x>0$에서 곡선의 모양을 결정하고 이를 그대로 위아래로 한 번, 좌우로 한 번 뒤집어서 $x<0$인 구간에 그래프를 그리면 된다. [그림 4-15(b)]를 통해 기함수 그래프를 살펴보자.

우함수와 기함수를 평행이동한 함수의 그래프도 이에 맞추어 생각할 수 있다. 예를 들어 함수 $f(x)=|x-2|$는 우함수 $f(x)=|x|$를 x축 방향으로 2만큼 평행이동한 함수이므로 그래프는 y축을 x축 방향으로 2만큼 평행이동한 $x=2$를 기준으로 좌우대칭인 형태다.

우함수와 기함수 외에 또 다른 대칭성을 나타내는 함수를 알아보자. 만약 함수 f가 구간의 모든 x와 임의의 상수 p에 대하여 $f(x+p)=f(x)$를 만족한다면 이 함수를 **주기함수**(periodic function)라고 하며, $f(x+p)=f(x)$를 만족하는 가장 작은 양수 p를 **주기**(period)라고 한다. 대표적인 주기함수로 삼각함수 $y=\sin x$, $y=\cos x$, $y=\tan x$ 등이 있다. $y=\sin x$, $y=\cos x$의 주기는 2π이고 $y=\tan x$의 주기는 π이다. 이러한 주기함수는 구간 전체에서 생각할 필요 없이 임의의 구간 $[x, x+p]$에서 함수의 그래프를 그리고 이 곡선을 평행이동하여 같은 곡선을 반복하면 전체 구간에 대한 그래프를 완성할 수 있다. [그림 4-16]을 통해 주기함수 그래프를 살펴보자.

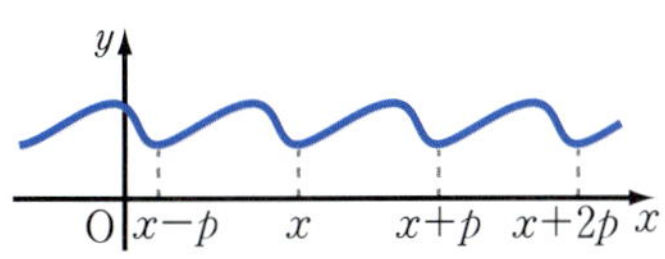

[그림 4-16] 주기함수

④ 점근선

함수의 정의역이 실수 전체 구간일 때, $\lim_{x \to -\infty} f(x) = L$ 또는 $\lim_{x \to \infty} f(x) = L$을 만족하는 실수 L이 존재하면 직선 $y = L$이 주어진 함수의 수평점근선이다. 수평점근선을 점선으로 그리고 함수 f가 점근선의 위 혹은 아래 중 어디에서부터 접근해 가는지를 먼저 결정한다. 그 후 그려놓은 점선에 접하지는 않으면서 점점 가까워지도록 그리면 된다. 만약 L이 ∞ 혹은 $-\infty$일 경우 수평점근선은 존재하지 않지만, 주어진 함수가 계속 커지거나 계속 작아진다는 정보를 제공하므로 이 또한 유용하게 사용할 수 있다.

이번에는 함수 f가 구간 내 임의의 실수 a에 대하여 다음 중 하나를 만족한다고 하자.

$$\lim_{x \to a^+} f(x) = \infty, \quad \lim_{x \to a^-} f(x) = \infty, \quad \lim_{x \to a^+} f(x) = -\infty, \quad \lim_{x \to a^-} f(x) = -\infty$$

그러면 직선 $x = a$는 주어진 함수의 수직점근선이다. 유리함수의 수직점근선 유무를 확인하기 위해서 주의해야 할 점은 분모, 분자의 공통인수를 먼저 약분해야 한다는 것이다.

예를 들어 $f(x) = \dfrac{(x-a)^2}{x-a}$과 $g(x) = \dfrac{x-a}{(x-a)^2}$는 $x = a$에서 둘 다 분모와 분자가 0이다. 함수 $f(x)$는 $x = a$에서 수직점근선이 존재하지 않지만, 함수 $g(x)$는 $x = a$에서 수직점근선이 존재한다. 만약 $f(x)$와 $g(x)$를 공통인수로 약분하여 나타내면 각각 $x - a$와 $\dfrac{1}{x-a}$이 되는데, 이는 $x = a$에서 각각 0과 ∞다. 즉 유리함수 $g(x)$의 분모와 분자의 공통인수를 약분하면 $x = a$에서 분모는 0이 되지만 분자는 0이 되지 않으므로 수직점근선이 존재한다.

수평점근선과 마찬가지로 수직점근선 $x = a$를 점선으로 그린 후 주어진 함수의 곡선이 이 직선과 접하지는 않으면서 $x = a$의 근방에서 이 직선에 점점 가까워지는 형태로 그리면 된다. 만약 $f(a)$가 정의되지 않고 a가 f의 정의역의 끝점이라면 점 a에서의 극한이 무한으로 가지 않더라도 좌극한 또는 우극한을 계산하여 이를 함수의 그래프에 반영한다.

⑤ 증가 또는 감소 구간

증가 및 감소 판정법([정리 4-8])을 이용한다. 1계도함수 $f'(x)$를 구하고 도함수의 부호가 양인 구간에서는 함수가 증가하고 음인 구간에서는 함수가 감소하도록 그리면 된다.

⑥ 극댓값과 극솟값

극댓값과 극솟값을 판정하기 위해서 먼저 임계수($f'(c)=0$이 되거나 $f'(c)$가 존재하지 않는 c)를 구하고, 1계도함수 판정법([정리 4-9])을 이용한다. 임계수를 기준으로 주어진 함수의 1계도함수 $f'(x)$의 부호가 양에서 음으로 바뀌면 $f(c)$는 극댓값이고 반대로 음에서 양으로 바뀌면 극솟값이다. 만약 2계도함수 $f''(c)$를 구했을 때 $f'(c)=0$이면서 $f''(c) \neq 0$이라면, 2계도함수 판정법([정리 4-11])을 이용할 수도 있다. 이때 $f(c)$는 $f''(c)>0$이면 극솟값이고 반대로 $f''(c)<0$이면 극댓값이다.

이렇게 구한 극댓값과 극솟값은 주어진 정의역이 유계일 때 정의역 끝에서의 함숫값들과 비교하여 최댓값이나 최솟값이 될 수도 있음을 반드시 기억하자. 설사 극댓값 또는 극솟값이 최댓값 또는 최솟값이 되지 않는다 하더라도 주어진 함수가 증가하다가 감소 혹은 감소하다가 증가하는 점이므로 함수의 특징을 잘 나타내는 그래프를 그리기 위해서 반드시 구해야 하는 요소다.

⑦ 볼록성과 변곡점

함수의 볼록성은 2계도함수를 이용한 볼록성 판정법([정리 4-10])으로 확인한다. $f''(x)>0$인 구간에서 곡선은 아래로 볼록이고 $f''(x)<0$인 구간에서 곡선은 위로 볼록이다. 중간값 정리에 의해서 아래로 볼록인 점과 위로 볼록인 점 사이에 $f''(x)=0$인 점이 나타나는데 이 부분이 변곡점이다.

함수의 볼록성은 두 함수가 똑같이 증가 혹은 감소하고 있는 경우라도 서로 다른 형태의 곡선이 있을 수 있음을 보여주는 특성이므로 함수의 특징을 잘 나타낸다. 예를 들어 $x \geq 0$인 구간에서 $y=\sqrt{x}$와 $y=x^2$은 둘 다 치역이 $y \geq 0$인 구간이며 x절편과 y절편이 모두 0이다. 그리고 두 함수 모두 대칭성이 없고 x가 ∞에 가까워질 때 함숫값이 ∞에 가까워진다. 또한 전체 구간에서 증가하는 함수로 극댓값과 극솟값을 갖지 않는다. 두 함수의 대표적인 차이를 보여줄 수 있는 특성이 바로 함수의 볼록성이다.

⑧ 함수의 그래프 그리기

위의 ①~⑦까지의 항목을 모두 종합하여 그래프를 그려 보자. 점근선은 점선으로 표현하고 절편, 극댓값과 극솟값, 변곡점은 x값과 함숫값을 이용하여 점으로 표현하자. 다음으로 증가 및 감소와 볼록성을 판정하여 앞에서 구한 점들을 지나고 점선에 접하지 않으면서 점점 가까워지는 형태로 곡선을 그린다. 정확하게 그려야 하는 구간이 있다면 해당 구간에서 도함수를 구하여 도함수의 절댓값이 클 경우 좀 더 가파른 경사로, 도함수의 절댓값이 작을 경우 좀 더 완만한 경사로 곡선을 그리면 된다.

예제 4-14 함수의 그래프 그리기

함수 $f(x)=\dfrac{x^2}{x^2-4}$의 그래프를 그려라.

풀이

① **정의역**

함수 $f(x)=\dfrac{x^2}{x^2-4}$이 정의되는 구간은 분모를 0으로 만들지 않는 영역이다. 따라서 정의역은 $\{x|x^2-4\neq 0\}=\{x|x\neq\pm 2\}=(-\infty,-2)\cup(-2,2)\cup(2,\infty)$이다.

② **절편**

x절편은 $0=\dfrac{x^2}{x^2-4}$을 만족하는 x값이므로 0이고, y절편은 $y=\dfrac{0}{0^2-4}$을 만족하는 y값이므로 마찬가지로 0이다. 즉 이 함수의 그래프는 원점을 지난다.

③ **대칭성**

$f(-x)=\dfrac{(-x)^2}{(-x)^2-4}=\dfrac{x^2}{x^2-4}=f(x)$이므로 주어진 함수 $f(x)$는 우함수다. 즉 이 함수의 그래프는 y축에 대하여 대칭이다.

④ **점근선**

$\lim\limits_{x\to\pm\infty}f(x)=\lim\limits_{x\to\pm\infty}\dfrac{x^2}{x^2-4}=\lim\limits_{x\to\pm\infty}\dfrac{1}{1-\dfrac{4}{x^2}}=1$ 이므로 직선 $y=1$은 함수 $f(x)$의 수평점근선이다. 또한 $x=\pm 2$일 때 분모가 0이 되므로 이 근방에서의 극한은 다음과 같다.

$$\lim_{x\to-2^+}\frac{x^2}{x^2-4}=-\infty,\quad \lim_{x\to-2^-}\frac{x^2}{x^2-4}=\infty,\quad \lim_{x\to2^+}\frac{x^2}{x^2-4}=\infty,\quad \lim_{x\to2^-}\frac{x^2}{x^2-4}=-\infty$$

따라서 직선 $x=\pm 2$는 주어진 함수 $f(x)$의 수직점근선이다.

⑤ **증가 또는 감소 구간**

주어진 함수 $f(x)$의 증가 또는 감소를 판정하기 위하여 도함수를 구하면 다음과 같다.

$$f'(x)=\frac{d}{dx}\left(\frac{x^2}{x^2-4}\right)=\frac{(2x)(x^2-4)-x^2(2x)}{(x^2-4)^2}=-\frac{8x}{(x^2-4)^2}$$

분모는 어떤 수의 제곱 꼴이므로 $x=\pm 2$일 때는 0이고 나머지 x값에서는 항상 0보다 크다. 즉 $x=2$를 제외한 $x>0$인 구간에서 $f'(x)<0$이고, $x=-2$를 제외한 $x<0$인 구간에서 $f'(x)>0$이다. 따라서 함수 $f(x)$는 구간 $(-\infty,-2)$와 $(-2,0)$에서 증가하고 구간 $(0,2)$와 $(2,\infty)$에서 감소한다.

⑥ **극댓값과 극솟값**

⑤에서 구한 함수 $f(x)$의 도함수가 0이 되는 유일한 점은 $x=0$이다. 또한 $x=0$을 기준으로 도함수 $f'(x)$가 양에서 음으로 바뀌므로 [정리 4-9]의 1계도함수 판정법에 의하여 $f(0)=0$은 극댓값이다.

⑦ **볼록성과 변곡점**

함수 f의 볼록성을 판정하기 위하여 2계도함수를 구하면 다음과 같다.

$$f''(x)=\frac{d}{dx}f'(x)=\frac{d}{dx}\left(-\frac{8x}{(x^2-4)^2}\right)=-\frac{8(x^2-4)^2-8x\cdot 2(x^2-4)(2x)}{(x^2-4)^4}$$

$$=\frac{8(3x^2+4)}{(x^2-4)^3}$$

정의역의 모든 x에 대하여 $f''(x)$의 분자에서 $3x^2+4>0$을 만족하므로 분모의 부호만 확인하자. $x^2-4>0$(즉 $|x|>2$)일 때 $f''(x)>0$이 되고 $x^2-4<0$(즉 $|x|<2$)일 때 $f''(x)<0$이다. 따라서 함수 f는 구간 $(-\infty,-2)$와 $(2,\infty)$에서 아래로 볼록이고 구간 $(-2,2)$에서 위로 볼록이다.

$f''(x)=0$이 되는 점이 존재하지 않으므로 주어진 함수의 변곡점은 존재하지 않는다.

⑧ **함수의 그래프 그리기**

① ~ ⑦에서 구한 정보를 이용하여 함수 f의 그래프를 그리면 다음과 같다.

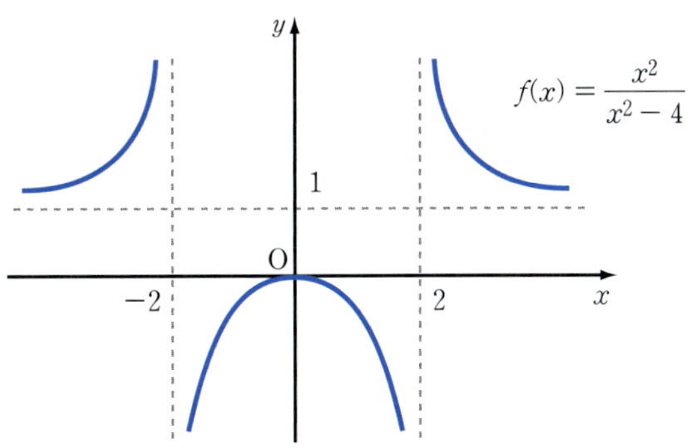

[유제 4-11]

함수 $f(x)=\dfrac{x^2}{x^2-1}$의 그래프를 그려라.

예제 4-15 함수의 그래프 그리기

함수 $f(x)=\dfrac{\cos x}{2-\sin x}$의 그래프를 그려라.

풀이

① 정의역

$\sin x$와 $\cos x$는 실수 전체에서 정의된 함수이므로 주어진 함수 $f(x)$의 정의역은 실수 전체 집합에서 분모를 0으로 만드는 구간을 제외한 구간이다. 한편 $-1\le\sin x\le 1$이므로 주어진 함수의 분모를 0으로 만드는 x 값은 존재하지 않고 따라서 함수 $f(x)$의 정의역은 실수 전체 집합이다.

② 절편

$f(0)=\dfrac{\cos 0}{2-\sin 0}=\dfrac{1}{2}$이므로 y절편은 $\dfrac{1}{2}$이다. 또한 $0=\dfrac{\cos x}{2-\sin x}$를 만족하는 x가 x절편이므로, 임의의 정수 n에 대하여 $x=\left(n+\dfrac{1}{2}\right)\pi$가 주어진 함수 $f(x)$의 x절편이다.

③ 대칭성

$f(-x)=\dfrac{\cos(-x)}{2-\sin(-x)}=\dfrac{\cos x}{2+\sin x}$이고, 이는 $f(x)$도 $-f(x)$도 아니므로 주어진 함수는 우함수도 기함수도 아니다. 따라서 y축 대칭도 원점 대칭도 아니다. 그러나 $\sin x$와 $\cos x$의 주기성($\sin(x+2\pi)=\sin x$, $\cos(x+2\pi)=\cos x$)에 의해 다음이 성립한다.

$$f(x+2\pi)=\frac{\cos(x+2\pi)}{2-\sin(x+2\pi)}=\frac{\cos x}{2-\sin x}=f(x)$$

함수 $f(x)$는 주기가 2π인 주기함수이므로 앞으로는 $0\le x\le 2\pi$에 대해서만 생각하자. 이 구간에서의 x절편은 $x=\dfrac{\pi}{2},\ \dfrac{3\pi}{2}$이다.

④ 점근선

주어진 함수 $f(x)$의 분모를 0으로 만드는 x 값은 없으므로 수직점근선이 존재하지 않는다. 또한 $\sin x$와 $\cos x$는 $x\to\pm\infty$일 때 극한이 존재하지 않으므로(진동), 수평점근선 역시 존재하지 않는다. 따라서 함수 $f(x)$에 대한 점근선은 존재하지 않는다.

⑤ 증가 또는 감소 구간

함수 $f(x)$의 증가 또는 감소 구간을 구하기 위하여 도함수 $f'(x)$를 구하면 다음과 같다.

$$f'(x)=\frac{d}{dx}\left(\frac{\cos x}{2-\sin x}\right)=\frac{-\sin x(2-\sin x)-\cos x(-\cos x)}{(2-\sin x)^2}=\frac{-2\sin x+(\sin^2 x+\cos^2 x)}{(2-\sin x)^2}$$

$$=\frac{1-2\sin x}{(2-\sin x)^2}$$

$f(x)$의 도함수의 분모는 0이 아닌 수의 제곱 꼴이므로 항상 양수다. 따라서 분자의 부호만 확인하면 된다.

$$1-2\sin x>0 \quad \Leftrightarrow \quad \sin x<\frac{1}{2} \quad \Leftrightarrow \quad 0<x<\frac{\pi}{6} \text{ 또는 } \frac{5\pi}{6}<x<2\pi$$

위 식의 결과에 의하여 구간 $\left(\frac{\pi}{6},\frac{5\pi}{6}\right)$에서 $f'(x)<0$이므로 함수가 감소하고, 구간 $\left(0,\frac{\pi}{6}\right)$과 $\left(\frac{5\pi}{6},2\pi\right)$에서 $f'(x)>0$이므로 함수가 증가한다. 함수 f의 주기성 때문에 $0\le x\le 2\pi$인 구간만 확인하면 된다.

⑥ 극댓값과 극솟값

⑤에서 구한 도함수 $f'(x)=\frac{1-2\sin x}{(2-\sin x)^2}$를 0으로 만드는 구간 $(0,2\pi)$의 점은 $x=\frac{\pi}{6}$과 $x=\frac{5\pi}{6}$이다. 따라서 1계도함수 판정법에 따라 극댓값과 극솟값은 각각 다음과 같다.

$$f\left(\frac{\pi}{6}\right)=\frac{\cos\frac{\pi}{6}}{2-\sin\frac{\pi}{6}}=\frac{\frac{\sqrt{3}}{2}}{2-\frac{1}{2}}=\frac{1}{\sqrt{3}}$$

$$f\left(\frac{5\pi}{6}\right)=\frac{\cos\frac{5\pi}{6}}{2-\sin\frac{5\pi}{6}}=\frac{-\frac{\sqrt{3}}{2}}{2-\frac{1}{2}}=-\frac{1}{\sqrt{3}}$$

⑦ 볼록성과 변곡점

볼록성을 판정하기 위하여 2계도함수를 구하면 다음과 같다.

$$\begin{aligned} f''(x) &= \frac{d}{dx}\left(\frac{1-2\sin x}{(2-\sin x)^2}\right) \\ &= \frac{(-2\cos x)(2-\sin x)^2-(1-2\sin x)\cdot 2(2-\sin x)(-\cos x)}{(2-\sin x)^4} \\ &= -\frac{2\cos x(1+\sin x)}{(2-\sin x)^3} \end{aligned}$$

모든 x에 대하여 $-1\le \sin x\le 1$이므로 $0\le 1+\sin x$와 $0\le 2-\sin x$가 성립한다. 즉 주어진 함수 $f(x)$의 2계도함수의 부호는 $\cos x$에만 의존한다. 따라서 $\cos x<0$을 만족하는 $\frac{\pi}{2}<x<\frac{3\pi}{2}$일 때 $f''(x)>0$이고 $\cos x>0$을 만족하는 $x<\frac{\pi}{2}$, $x>\frac{3\pi}{2}$일 때 $f''(x)<0$이다. 즉 함수 $f(x)$는 구간 $\left(\frac{\pi}{2},\frac{3\pi}{2}\right)$에서 아래로 볼록이고, 구간 $\left(0,\frac{\pi}{2}\right)$와 $\left(\frac{3\pi}{2},2\pi\right)$에서 위로 볼록이다.

변곡점은 점 $\left(\frac{\pi}{2},0\right)$과 $\left(\frac{3\pi}{2},0\right)$이다.

⑧ **함수의 그래프 그리기**

①~⑦에서 구한 정보를 이용하여 함수 f의 그래프를 구간 $[0, 2\pi]$에서 그리면 [그림 4-17]과 같다. 다음으로 주기성을 이용하여 [그림 4-17]의 그래프를 실수 전체 집합으로 확장하면 [그림 4-18]과 같이 완성된다.

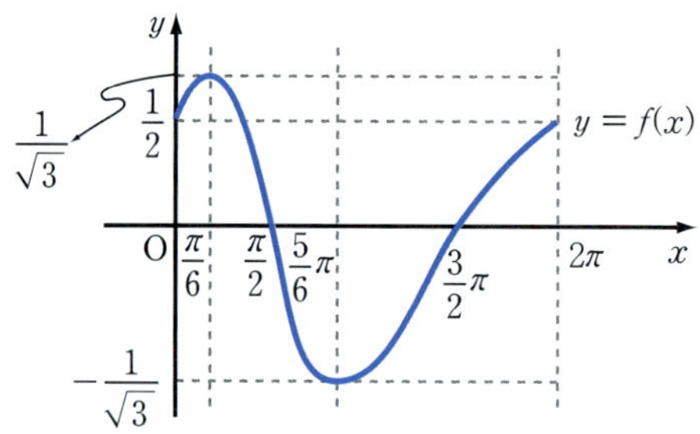

[그림 4-17] 구간 $[0, 2\pi]$에서 함수 $f(x)$의 그래프

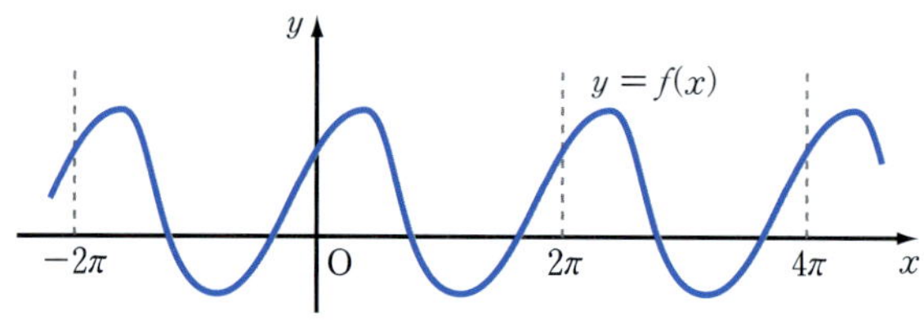

[그림 4-18] 함수 $f(x)$의 그래프

[유제 4-12]

함수 $f(x) = \dfrac{\sin x}{2 + \cos x}$의 그래프를 그려라.

함수 $y = f(x)$와 임의의 실수 m, b에 대하여, 다음 식이 성립하면 직선 $y = mx + b$를 **경사점근선**(slant asymptote)이라고 한다.

$$\lim_{x \to \infty} \{f(x) - (mx + b)\} = 0 \quad \text{또는} \quad \lim_{x \to -\infty} \{f(x) - (mx + b)\} = 0$$

위 식은 x가 커지거나 작아짐에 따라 $y = f(x)$의 그래프와 $y = mx + b$의 그래프 사이의 차이가 점점 0에 가까워짐을 의미한다. 이러한 측면에서 봤을 때 수평점근선 $y = b$는 경사점근선에서 $m = 0$인 경우이고, 수직점근선 $x = a$는 경사점근선에서 $m \to \infty$인 경우다.

예제 4-16 경사점근선

함수 $f(x)=\frac{x^2-1}{x}$에 대한 경사점근선의 방정식을 구하고, 이를 이용하여 함수의 그래프를 그려라.

풀이

$\lim_{x\to\infty}\{f(x)-(mx+b)\}=0$이 되는 m과 b를 결정하기 위하여 주어진 함수 $f(x)$의 분자를 분모로 나누어 다음과 같이 나타내자.

$$f(x)=\frac{x^2-1}{x}=x-\frac{1}{x}$$

함수 f의 경사점근선이 되려면 $m=1$, $b=0$이어야 한다. 따라서 경사점근선은 $y=x$이다. 이때 $-\frac{1}{x}$은 $x\to\infty$일 때의 극한이 0이므로 경사점근선을 구하기 위한 중요한 조건이 아니다.

이제 함수 f의 그래프를 구하기 위하여 다음 과정을 따라가 보자.

① 정의역

주어진 함수의 분모를 0으로 만드는 점은 $x=0$이다. 따라서 실수 전체 집합에서 이 점을 제외한 구간 $(-\infty,0)$과 구간 $(0,\infty)$가 주어진 함수의 정의역이다.

② 절편

x절편은 $y=0$일 때 x 값이므로 $0=\frac{x^2-1}{x}$, 즉 $x=\pm 1$이다. 한편, y절편은 $x=0$일 때의 y 값인데 이는 정의되지 않으므로 y절편은 존재하지 않는다.

③ 대칭성

$f(-x)=\frac{(-x)^2-1}{-x}=-\frac{x^2-1}{x}=-f(x)$를 만족한다. 따라서 함수 $f(x)$는 기함수이므로 원점 대칭이다.

④ 점근선

$\lim_{x\to\infty}f(x)=\infty$, $\lim_{x\to-\infty}f(x)=-\infty$이므로 수평점근선은 존재하지 않고, $\lim_{x\to0^+}f(x)=-\infty$, $\lim_{x\to0^-}f(x)=\infty$이므로 $x=0$은 수직점근선이다. 또한 앞에서 살펴보았듯이 $y=x$라는 경사점근선이 존재한다.

⑤ 증가 또는 감소 구간

함수 $f(x)$의 증가 또는 감소 구간을 구하기 위하여 1계도함수를 구하면 다음과 같다.

$$f'(x)=\frac{(2x)x-(x^2-1)}{x^2}=\frac{x^2+1}{x^2}$$

0이 아닌 모든 x에 대하여 $x^2+1>0$, $x^2>0$을 만족하므로 1계도함수는 정의되는 모든 구간에서 $f'(x)>0$을 만족한다. 따라서 함수 f는 정의역 전체에서 증가한다.

⑥ **극댓값과 극솟값**

⑤에서 구한 1계도함수에 따라 $f'(x)=0$을 만족하는 x는 존재하지 않는다. 따라서 함수의 극댓값과 극솟값은 존재하지 않는다.

⑦ **볼록성과 변곡점**

볼록성과 변곡점을 확인하기 위하여 2계도함수를 구하면 다음과 같다.

$$f''(x)=\frac{(2x)x^2-(x^2+1)(2x)}{x^4}=-\frac{2x}{x^4}=-\frac{2}{x^3}$$

$x<0$일 때 $f''(x)>0$이므로 이 구간에서 함수는 위로 볼록이고, $x>0$일 때 $f''(x)<0$이므로 이 구간에서 함수는 아래로 볼록이다.

$x=0$을 기준으로 위로 볼록에서 아래로 볼록으로 바뀌지만 이 점은 정의역에 포함되지 않으므로 변곡점은 존재하지 않는다.

⑧ **함수의 그래프 그리기**

①~⑦에서 구한 정보를 이용하여 함수 f의 그래프를 그리면 다음과 같다.

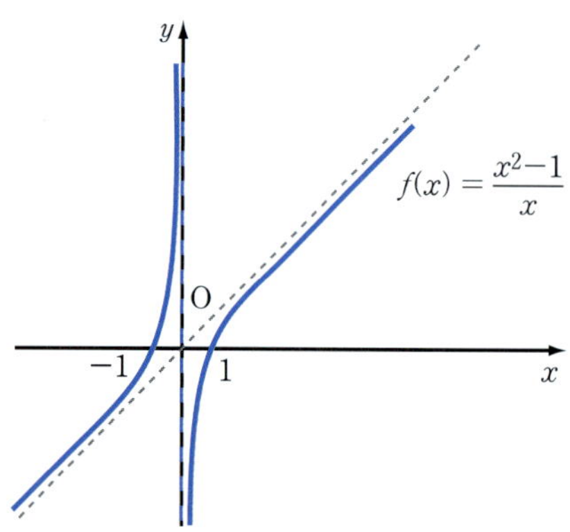

[유제 4-13]

함수 $f(x)=\dfrac{2x^3-3}{4x^2}$에 대한 경사점근선의 방정식을 구하고, 이를 이용하여 함수의 그래프를 그려라.

SECTION

4.4 연습문제

※ 01~04 다음 함수의 그래프를 그려라.

01 $y = -x^2 + 3x - 2$

02 $y = x^3 + 2x - 2$

03 $y = \dfrac{1}{x^2(x-1)}$

04 $y = \sin^2 x - \cos x$

※ 05~10 다음 함수의 그래프를 그려라.

05 $y = x^3 + 12x^2 - 6x + 18$

06 $y = \dfrac{x}{x+2}$

07 $y = \dfrac{2x}{x^2+1}$

08 $y = x\sqrt{1-x}$

09 $y = 2x\tan\left(x + \dfrac{\pi}{2}\right)$

10 $y = \dfrac{\sin x}{1 - \cos x}$

11 함수 $y = \dfrac{x^3 - 4}{2x^2}$에 대한 경사점근선의 방정식을 구하고, 이를 이용하여 함수의 그래프를 그려라.

12 함수 $y = \sqrt{4x^2+1}$이 두 개의 경사점근선 $y = 2x$와 $y = -2x$를 가짐을 보여라. 이 사실을 이용하여 주어진 함수의 그래프를 그려라.

13 함수 $f(x) = 1 + \dfrac{2}{x} + \dfrac{4}{x^2} + \dfrac{3}{x^3}$에 대하여 곡선의 중요한 특성을 모두 드러내는 그래프를 그려라.

14 함수 $f(x) = cx - \cos x$에 대하여 실수 c가 변함에 따라 함수의 그래프에서 극댓값과 극솟값, 변곡점이 어떻게 변화하는지 설명하라.

SECTION 4.5 최적화 문제

이 절에서는 4장에서 배운 함수의 최댓값과 최솟값을 이용하여 주어진 문제에서 최적의 넓이, 부피, 길이, 시간 구하기 등 다양한 응용 문제를 푸는 방법을 다루고자 한다. 이러한 문제를 풀기 위해서는 주어진 조건과 상황을 잘 이해하여 수식으로 나타내야 한다. 주어진 문제를 수식으로 나타내기 위해 다음 지침을 참고하자.

(1) 문제에 주어진 값과 조건, 그리고 최종적으로 구하고자 하는 값을 잘 살펴보자.
(2) 주어진 값과 구하고자 하는 값을 그림으로 표현하면 문제를 이해하는 데 도움이 될 수 있다.
(3) 주어진 값과 구하고자 하는 값을 간단한 기호로 나타내자.
(4) (3)에서 나타낸 기호를 이용하여 문제에서 제시한 조건을 수식으로 표현한다. 이때 변수의 개수를 최대한 줄여서 하나의 변수 x에 대하여 구하고자 하는 값을 y라고 한다면 $y=f(x)$의 형태로 바꿔 보자.
(5) 앞 절에서 배운 내용들을 바탕으로 함수 f의 최댓값과 최솟값을 구하자. 특히 변수 x의 구간이 닫힌구간으로 주어진다면 [정리 4-3]을 활용하자.

위의 지침을 이용하여 다양한 문제 상황을 해결해 보자.

예제 4-17 직원기둥의 겉넓이 최소화

부피가 54π인 직원기둥 형태의 통을 만들 때, 재료가 가장 적게 드는 높이와 밑면의 반지름을 각각 구하라.

풀이

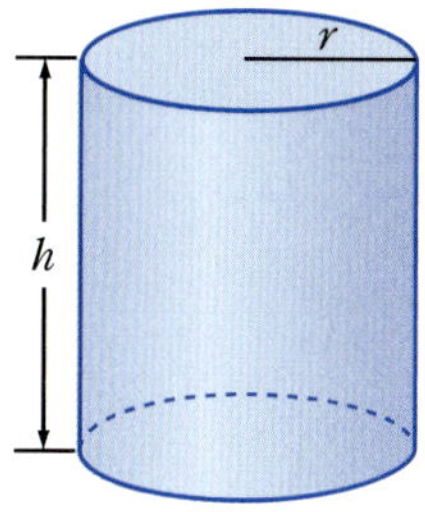

문제에서 '재료가 가장 적게 드는'이라는 표현은 직원기둥의 겉넓이를 최소화해야 함을 의미한다. 만약 오른쪽 그림과 같이 직원기둥의 높이를 h, 밑면의 반지름을 r로 잡으면 겉넓이 S와 부피 V를 구하는 공식은 각각 다음과 같다.

$$S = 2\pi rh + 2\pi r^2, \quad V = \pi r^2 h$$

문제에서 부피가 54π이므로 대입하면 h는 다음과 같다.

$$54\pi = \pi r^2 h \implies h = \frac{54}{r^2}$$

이를 다시 S에 대입하여 r에 대한 함수로 만들자.

$$S(r) = 2\pi r\left(\frac{54}{r^2}\right) + 2\pi r^2 = 2\pi\left(\frac{54}{r} + r^2\right)$$

이제 이 함수 $S(r)$을 최소화하는 r 값을 찾기 위해 1계도함수와 2계도함수를 구하면 다음과 같다.

$$S'(r) = 2\pi\left(-\frac{54}{r^2} + 2r\right)$$

$$S''(r) = 2\pi\left(\frac{108}{r^3} + 2\right)$$

먼저 1계도함수로부터 $S'(r) = 0$이 되는 r 값이 $r = 3$임을 알 수 있다. 따라서 $r = 3$일 때 극솟값 혹은 극댓값이 존재한다. 다음으로 $S''(3) = 2\pi\left(\frac{108}{27} + 2\right) > 0$이므로 $r = 3$일 때 $S(r)$은 아래로 볼록이며 이 점에서 극솟값이 존재한다. 구간 내의 유일한 임계수에서 극솟값이 있을 경우 이 값은 최솟값이므로 $r = 3$일 때 주어진 직원기둥의 겉넓이가 최소다. 따라서 재료가 가장 적게 들 때 밑면의 반지름은 3이고 높이는 $\frac{54}{3^2} = 6$이다.

[유제 4-14]

부피가 125이고 밑면이 정사각형인 직육면체 형태의 통을 만들 때, 재료가 가장 적게 드는 높이와 밑면의 한 변의 길이를 각각 구하라.

예제 4-18 가장 빠르게 이동하는 방법 찾기

A 지점에서 5km 떨어진 곳에 B 지점이 있고, A 지점과 B 지점을 이은 직선과 수직 아래인 방향으로 12km 떨어진 곳에 C 지점이 있다고 하자. B 지점과 C 지점 사이에는 직선 도로가 놓여 있어서 전동킥보드를 타고 빠르게 이동할 수 있지만, 다른 지점 사이의 길은 모두 비포장도로이므로 걸어가야 한다. 만약 A 지점에서 C 지점까지 최대한 빠르게 이동하려고 한다면 A 지점에서 B 지점까지 걸어간 다음 B 지점부터 C 지점까지 전동킥보드를 타고 가거나, A 지점에서 곧바로 C 지점으로 걸어가거나, 혹은 A 지점에서 B 지점과 C 지점 사이의 임의의 D 지점까지 걸어간 다음 C 지점까지 전동킥보드를 타고 이동하는 3가지 경우를 생각할 수 있다.

어떤 경우에 가장 빠르게 도착할 수 있는지 생각해 보라. 만약 D 지점을 거쳐서 가는 경우가 가장 빠르다면 D 지점의 위치를 구하라(단, 걷는 속력은 5km/h, 전동킥보드의 속력은 25km/h로 일정하다).

풀이

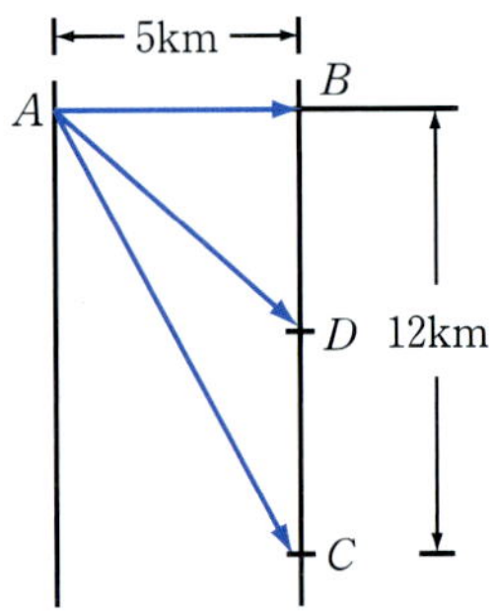

먼저 위 문제의 상황을 간략하게 나타낸 다음, 왼쪽 그림을 살펴보자. 이 문제에서 A 지점에서 C 지점까지 가는 가장 빠른 방법을 구해야 한다. B 지점을 거칠 것인지, C 지점으로 바로 갈 것인지, 아니면 그 사이의 D 지점을 거쳐서 갈 것인지에 대한 문제이므로 전체 시간을 t(시간)로 두고 B 지점과 D 지점 사이의 거리를 $x$km로 두면 $t(x)$의 최솟값을 구하는 문제로 생각할 수 있다. 만약 최솟값이 $x=0$일 때 나온다면 B 지점을 거쳐서 가야 하고, $x=12$일 때 나온다면 C 지점으로 바로 가야 한다. B 지점과 C 지점 사이의 거리가 12km이므로 변수 x의 정의역을 $[0,12]$로 두자.

A 지점에서 출발하여 B 지점으로부터 $x$km만큼 떨어진 D 지점까지 가는 거리는 피타고라스 정리에 따라 $\sqrt{x^2+25}$가 되며, D 지점부터 C 지점까지의 거리는 $12-x$이다. 시간 $=\frac{\text{거리}}{\text{속력}}$를 이용하여 다음과 같이 $t(x)$에 대한 식을 세워보자.

$$t(x)=\frac{\sqrt{x^2+25}}{5}+\frac{12-x}{25}$$

걷는 속력이 5km/h, 전동킥보드의 속력이 25km/h이며 전체 시간은 각각의 속력으로 이동한 시간을 모두 더해야 하므로 위와 같은 식을 얻는다. 식 $t(x)$의 최솟값을 알아보기 위하여 1계도함수를 구하면 다음과 같다.

$$t'(x)=\frac{x}{5\sqrt{x^2+25}}-\frac{1}{25}$$

이 도함수를 0으로 만드는 x 값을 찾으면 다음과 같다.

$$\frac{x}{5\sqrt{x^2+25}}=\frac{1}{25} \Leftrightarrow 25x=5\sqrt{x^2+25}$$
$$\Leftrightarrow 625x^2=25(x^2+25)$$
$$\Leftrightarrow 600x^2=625$$
$$\Leftrightarrow x=\frac{5}{2\sqrt{6}}$$

x의 범위는 $[0,12]$이므로 위 풀이에서 음수인 x 값은 제외하였다. 따라서 임계수는 1개다. 이 경우에는 구간의 끝점 혹은 임계수에서 최솟값을 가지므로 양 끝점 $x=0$, $x=12$와 임계수 $x=\frac{5}{2\sqrt{6}}$에서의 함숫값 $t(x)$를 구해 보자.

$$t(0)=\frac{\sqrt{25}}{5}+\frac{12}{25}=1+0.48=1.48$$
$$t(12)=\frac{\sqrt{12^2+25}}{5}+0=\frac{13}{5}=2.6$$
$$t\left(\frac{5}{2\sqrt{6}}\right)=\frac{\sqrt{\frac{25}{24}+25}}{5}+\frac{12-\frac{5}{2\sqrt{6}}}{25}=\frac{2\sqrt{6}}{5}+\frac{12}{25}$$
$$\approx 0.98+0.48=1.46$$

$x=\frac{5}{2\sqrt{6}}$일 때 $t(x)$ 값이 최솟값이므로 A 지점에서 출발하여 B 지점으로부터 $\frac{5}{2\sqrt{6}}\approx 1.02\text{km}$ 아래에 있는 D 지점까지 걸어간 다음 D 지점에서 C 지점까지 전동킥보드로 이동하면 A 지점에서 C 지점까지 가장 빨리 도착할 수 있다.

[유제 4-15]

[예제 4-18]의 그림과 동일한 상황에서 A 지점에서 B 지점까지 전동킥보드를 타고 간 다음 B 지점부터 C 지점까지 걸어가거나, A 지점에서 곧바로 C 지점까지 전동킥보드를 타고 가거나, 혹은 A 지점에서 D 지점까지 전동킥보드를 타고 이동한 다음 C 지점까지 걸어가는 3가지 경우가 있다면, 어떤 경우에 가장 빠르게 도착할 수 있는지 생각해 보라.

예제 4-19 구에 내접하는 직원기둥의 옆넓이 최대화

반지름이 일정한 구와 구에 내접하는 직원기둥에 대하여, 직원기둥의 옆넓이를 가장 크게 만드는 직원기둥의 높이와 밑면의 반지름을 각각 구하라.

풀이

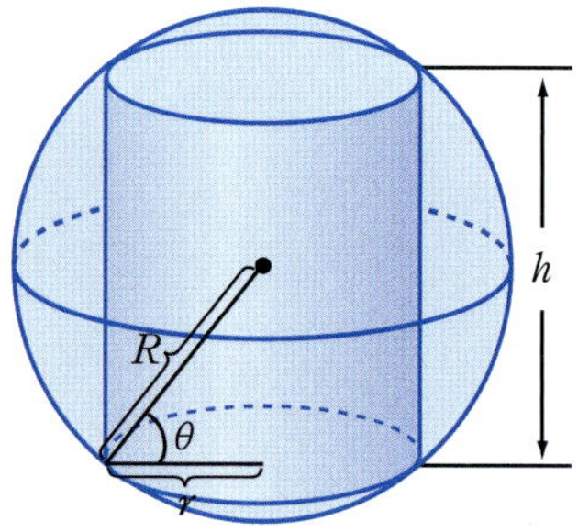

왼쪽 그림과 같이 구의 반지름을 R, 구에 내접하는 직원기둥의 높이를 h, 밑면의 반지름을 r이라고 두자.

이때 주어진 제약조건은 $R^2=r^2+\left(\frac{h}{2}\right)^2$이며, 구하고자 하는 조건은 직원기둥의 옆넓이 $S=2\pi rh$를 최대로 만드는 것이다. [예제 4-17]과 같이 r 또는 h를 다른 하나의 변수로 치환하여 푸는 방법도 있겠지만, 이 예제에서는 식을 간단히 만들기 위해 다른 방법을 이용해 보자. 원기둥과 구가 만나는 점과 구의 중심을 지나는 직선이 원기둥의 밑면과 이루는 각을 θ라고 하면, r과 h를 다음과 같이 표현할 수 있다.

$$r=R\cos\theta,\quad h=2R\sin\theta$$

이때 원기둥의 높이 h와 밑면의 반지름 r은 0보다 커야 하므로, θ의 범위는 $\sin\theta\geq 0$, $\cos\theta\geq 0$을 만족해야 한다. 따라서 θ의 정의역은 구간 $\left(0,\frac{\pi}{2}\right)$이다. 위 식을 이용하여 직원기둥의 옆넓이 공식 S에 대입하면 다음과 같은 식을 얻는다.

$$\begin{aligned}S(\theta)&=2\pi(R\cos\theta)(2R\sin\theta)\\&=4\pi R^2\sin\theta\cos\theta=2\pi R^2\sin 2\theta\end{aligned}$$

이제 $S(\theta)$의 최댓값을 구하기 위하여 1계도함수를 구하면 다음과 같다.

$$S'(\theta)=2\pi R^2\cos 2\theta(2)=4\pi R^2\cos 2\theta$$

주어진 정의역에서 임계수를 찾기 위하여 1계도함수 $S'(\theta)$가 0이 되는 θ 값을 찾으면 $\theta=\frac{\pi}{4}$이다. 이때 $S''\left(\frac{\pi}{4}\right)=-8\pi R^2\sin\frac{\pi}{2}=-8\pi R^2<0$이므로 $S(\theta)$는 $\theta=\frac{\pi}{4}$에서 극댓값이 있다. 구간 $\left(0,\frac{\pi}{2}\right)$의 양 끝에서 $S(\theta)$를 계산하면 $S(0)=0$, $S\left(\frac{\pi}{2}\right)=0$이므로 앞에서 구한 극댓값은 구간 $\left(0,\frac{\pi}{2}\right)$에서 $S(\theta)$의 최댓값이다. 따라서 옆넓이를 가장 크게 만드는 원기둥의 높이와 밑면의 반지름은 다음과 같다.

$$h\left(\frac{\pi}{4}\right)=2R\sin\left(\frac{\pi}{4}\right)=\sqrt{2}\,R$$

$$r\left(\frac{\pi}{4}\right)=R\cos\left(\frac{\pi}{4}\right)=\frac{\sqrt{2}}{2}R$$

[유제 4-16]

반지름이 r인 원 안에 내접하는 직사각형에 대하여, 직사각형의 넓이를 가장 크게 만드는 높이와 밑변의 길이를 각각 구하라.

예제 4-20 수확물의 양을 최대로 만드는 영양분의 양

영양분의 양 N과 수확물의 양 $Y(N)$ 사이에 다음 관계가 성립한다.

$$Y(N) = \frac{N}{1+N^2} \quad (N \geq 0)$$

수확물의 양을 최대로 만드는 영양분의 양을 구하라.

풀이

주어진 함수 $Y(N)$에 대한 1계도함수를 구하면 다음과 같다.

$$Y'(N) = \frac{(1+N^2) - N \cdot 2N}{(1+N^2)^2} = \frac{1-N^2}{(1+N^2)^2}$$

$Y'(N)=0$을 만족하는 N은 $N=1$ 또는 $N=-1$이지만 문제의 조건에서 $N \geq 0$이므로, $N=-1$은 고려 대상이 아니다. 따라서 $N=1$이 구간 내에서 유일하게 극댓값 혹은 극솟값이 존재할 수 있다. 한편, 함수 $Y(N)$에 대한 2계도함수를 구하면 다음 식을 얻는다.

$$Y''(N) = \frac{(-2N)(1+N^2)^2 - (1-N^2)(2)(1+N^2)(2N)}{(1+N^2)^4} = \frac{2N(N^2-3)}{(1+N^2)^3}$$

$Y''(1) < 0$이므로 $N=1$은 주어진 구간에서 극대점인 동시에 최댓값이 존재하는 점이다. 그러므로 수확량을 최대로 만드는 영양분의 양은 $N=1$이며 이때의 수확량은 $Y(1) = \frac{1}{1+1^2} = \frac{1}{2}$이다.

[유제 4-17]

유충의 개체수 N과 임의의 양의 정수 a, k에 대하여 유충 한 개체당 포식률이 다음과 같다고 하자.

$$f(N) = \frac{aN}{k^2+N^2}$$

이때 한 개체당 포식률을 최대로 만드는 유충의 개체수를 구하라.

SECTION

4.5 연습문제

01 함수 $y = x^3 - 3x^2 + 5x + 2$에 대하여 기울기가 가장 작은 접선의 방정식을 구하라.

02 직육면체 대들보의 강도는 폭과 깊이의 제곱의 합에 비례한다고 알려져 있다. 이때 반지름이 r cm인 직원기둥 모양의 통나무로 만들 수 있는 가장 강한 대들보의 형태를 설명하라.

Hint x와 y가 비례하면 임의의 상수 $k(k \neq 0)$에 대하여 $y = kx$ 혹은 $x = ky$로 나타낼 수 있다.

03 화합물 A와 B에 대하여 $A + B \to AB$가 되는 화학반응에서 반응속도 R은 다음 식을 따른다.

$$R(x) = k(a - x)(b - x) \quad (0 \le x \le \min(a,b))$$

이때 x는 화합물 AB의 농도이고 $\min(a,b)$는 a와 b 중 최솟값을 의미한다. 또한 a와 b는 화학반응이 일어날 때 화합물 A와 B의 초기농도이며 상수다. $k = 2$, $a = 2$, $b = 5$로 주어질 때 반응속도가 최대가 되는 x를 구하라.

04 합이 20이고 곱이 최대인 두 양수를 찾으라.

05 넓이가 10π인 부채꼴에 대하여 둘레의 길이를 최소로 만드는 반지름과 중심각의 크기를 각각 구하라.

06 공기 중에서의 빛의 속도와 물속에서의 빛의 속도의 비는 입사각과 굴절각에 대하여 각각의 사인함수의 비임을 보여라(단, 빛은 항상 이동 시간이 가장 짧은 경로를 따라 이동한다).

07 함수 $y = \dfrac{1}{x}$의 그래프에 접하면서 제1사분면에 의하여 절단되는 선분의 가장 짧은 길이를 구하라.

08 주어진 구에 외접하는 직원뿔 중에서 부피가 가장 큰 직원뿔의 밑면의 반지름과 높이를 각각 구하라.

09 어떤 농부가 곧게 뻗은 강을 경계로 삼아 직사각형 모양의 밭에 울타리를 치려고 한다. 울타리 재료의 길이가 1500 m일 때, 밭의 넓이를 최대로 만드는 직사각형의 가로, 세로 길이를 각각 구하라.

10 반지름이 r인 반원에 내접하는 가장 큰 직사각형의 넓이를 구하라.

11 반지름이 r인 원에 내접하는 직사각형의 큰 넓이를 구하라.

12 깊은 물속에서 파장이 L인 파도의 속력 v가 다음과 같이 주어질 때, 속력이 최소인 파장의 길이와 이때의 속력을 구하라.

$$v = \sqrt{\frac{L}{2} + \frac{2}{L}}$$

SECTION 4.6 여러 가지 비율

도함수는 두 양이 변화하는 비율이라고 생각할 수 있다. 예를 들어 $\dfrac{dy}{dx}$란 x의 변화량으로 y의 변화량을 나눈 것이다. 이 절에서는 연쇄법칙을 기반으로 서로 다른 양의 변화율을 이용하여 어떤 하나의 양의 변화율을 계산하는 방법을 알아보고자 한다. 4.5절과 비슷하게 다음 지침을 기억하면서 문제를 풀어 보자.

(1) 가능하다면 문제에 대한 그림을 그려서 주어진 변화량과 구하려는 변화량을 직관적으로 판단할 수 있도록 하면 문제 풀이에 도움이 된다.
(2) 주어진 조건 중에서 특히 시간에 따라 변화하는 모든 양에 기호를 부여한다.
(3) 주어진 정보와 구해야 하는 비율을 도함수로 나타낸다.
(4) 문제에 주어진 정보를 이용하여 (2)에서 기호를 부여한 양들에 관한 방정식을 만들고, 소거 가능한 양은 다른 양으로 대체한다.
(5) 연쇄법칙을 이용하여 남은 방정식의 양변을 시간에 대한 변수 t로 미분한다.
(6) 미분한 방정식에 주어진 정보를 대입하여 원하는 비율을 구한다.

예제 4-21 열기구의 반지름 증가율

열기구에 공기를 불어 넣는 기계가 $80\text{cm}^3/\text{s}$의 비율로 공기를 주입 중이라고 하자. 현재 열기구의 지름이 40cm일 때, 반지름이 얼마나 빨리 증가하고 있는지 설명하라(단, 열기구의 모양은 완벽한 구라고 가정하자).

풀이

먼저 주어진 변화량과 구해야 하는 변화량을 확인해 보자.

(1) 주어진 변화량 : 열기구의 부피 증가율 $80\text{cm}^3/\text{s}$
(2) 구하고자 하는 변화량 : 지름이 40cm일 때, 반지름 증가율

열기구의 부피를 V, 열기구의 반지름을 r이라고 하자. 여기서 말하는 증가율은 시각 t에 대한 각각의 양의 변화율이므로 위 두 변화량 (1), (2)는 다음과 같이 다시 쓸 수 있다.

(1) $\dfrac{dV}{dt} = 80\text{cm}^3/\text{s}$
(2) $2r = 40\text{cm}$일 때, $\dfrac{dr}{dt}$

열기구의 부피와 반지름은 다음과 같은 식으로 연결할 수 있다.

$$V=\frac{4}{3}\pi r^3$$

위 식에 연쇄법칙을 적용하면 다음과 같은 식을 얻는다.

$$\frac{dV}{dt}=\frac{dV}{dr}\cdot\frac{dr}{dt}=\frac{d}{dr}\left(\frac{4}{3}\pi r^3\right)\cdot\frac{dr}{dt}=4\pi r^2\frac{dr}{dt}$$

이제 구해야 하는 변화량 $\frac{dr}{dt}$에 대하여 위 식을 다시 정리해 보자.

$$\frac{dr}{dt}=\frac{1}{4\pi r^2}\frac{dV}{dt}$$

$r=20\text{cm}$, $\frac{dV}{dt}=80\text{cm}^3/\text{s}$를 위 식에 대입하면 다음과 같다.

$$\frac{dr}{dt}=\frac{1}{4\pi(20\text{cm})^2}(80\text{cm}^3/\text{s})=\frac{1}{20\pi}\text{cm}/\text{s}$$

따라서 열기구의 반지름은 $\frac{1}{20\pi}\text{cm}/\text{s}$의 비율로 증가한다.

[유제 4-18]

정육각형 모양의 얼음이 $20\text{mm}^3/\text{s}$의 비율로 녹고 있다고 하자. 현재 얼음 한 변의 길이가 2cm일 때, 한 변의 길이가 얼마나 빨리 감소하고 있는지 설명하라.

예제 4-22 진행 방향이 다른 두 사람 사이의 속력

A는 4km/h의 속력으로 걸어서 동쪽으로 이동하고 B는 12km/h의 속력으로 자전거를 타고 남쪽으로 이동하는 중이다. 둘의 진행 방향에 대한 직선이 겹치는 교점에서부터 A는 동쪽으로 30m, B는 남쪽으로 40m 떨어져 있을 때 둘 사이가 멀어지거나 가까워지는 속도를 구하라.

풀이

A와 B의 진행 방향에 대한 직선이 겹치는 교점을 C라고 할 때 선분 AC의 거리를 x, 선분 BC의 거리를 y라고 하자. A와 B 사이의 거리를 z라고 하면 세 변수 A, B, C 사이의 관계는 다음과 같다.

$$z=\sqrt{x^2+y^2}$$

문제에서 주어진 변화율은 A와 B의 속력이므로 각각 $\frac{dx}{dt}=4\text{km/h}=4000\text{m/h}$와 $\frac{dy}{dt}=-12\text{km/h}=-12000\text{m/h}$로 둘 수 있다. 이때 임의로 동쪽과 서쪽 중에는 동쪽을, 남쪽과 북쪽 중에는 북쪽을 양의 방향으로 생각하자. 한편, 구하고자 하는 변화율은 A와 B 사이의 거리 z를 시간 t에 대하여 미분한 $\frac{dz}{dt}$이다. 따라서 세 변수의 관계를 t에 대하여 미분하면 다음과 같다.

$$\frac{dz}{dt}=\frac{x}{\sqrt{x^2+y^2}}\frac{dx}{dt}+\frac{y}{\sqrt{x^2+y^2}}\frac{dy}{dt}$$

혹은 처음 주어진 세 변수의 관계의 양변을 제곱한 식 $z^2=x^2+y^2$의 양변을 t에 대하여 미분한 다음 결과에 $z=\sqrt{x^2+y^2}$을 대입해도 같은 식을 구할 수 있다.

$$2z\frac{dz}{dt}=2x\frac{dx}{dt}+2y\frac{dy}{dt} \iff \frac{dz}{dt}=\frac{x}{z}\frac{dx}{dt}+\frac{y}{z}\frac{dy}{dt}$$

이때 주어진 조건 $x=30\text{m}$, $y=-40\text{m}$, $\frac{dx}{dt}=4000\text{m/h}$, $\frac{dy}{dt}=-12000\text{m/h}$, $z=50\text{m}$를 대입하면 다음이 성립한다.

$$\begin{aligned}\frac{dz}{dt}&=\frac{30\text{m}}{50\text{m}}\cdot 4000\text{m/h}+\frac{-40\text{m}}{50\text{m}}\cdot(-12000\text{m/h})\\&=2400\text{m/h}+9600\text{m/h}\\&=12000\text{m/h}=12\text{km/h}\end{aligned}$$

따라서 A와 B는 서로 속력 12km/h로 멀어지고 있다.

[유제 4-19]

A는 교차로에서 동쪽으로 20m 떨어진 곳에서 서쪽으로 10km/h의 속력으로, B는 남쪽에서 40m 떨어진 곳에서 남쪽으로 20km/h의 속력으로 이동하는 중이다. 둘 사이가 멀어지거나 가까워지는 속도를 구하라.

자연성장법칙과 자연붕괴법칙

이번에는 자연 현상에서 보편적으로 관찰되는 특별한 비율문제를 생각해 보자. $y=f(t)$를 시각 t에서 사람의 인구수 혹은 동물이나 박테리아 등의 개체수라고 하면, 이 개체수의 증감률인 $f'(t)$는 이상적인 조건 하에서 개체수 $f(t)$에 비례한다. 즉 임의의 상수 k에 대하여 $f'(t)=kf(t)$로 쓸 수 있다. 예를 들어 전체 인구가 1억 명인 사회에서 올해의 인구 성장률이 3%라면 $f(t)$가 1억이고 k가 0.03이라는 의미다. 이를 다시 양의 값을 가지는 변수 $y(t)$로 쓰면 다음과 같은 식을 얻을 수 있다.

$$\frac{dy}{dt}=ky \tag{4.1}$$

식 (4.1)은 k의 부호에 따라서 $k>0$일 때 **자연성장법칙**(law of natural growth)이라 하고, $k<0$일 때 **자연붕괴법칙**(law of natural decay)이라 한다. 또한 함수 $y(t)$와 도함수 $\frac{dy}{dt}$ 사이의 관계식을 **미분방정식**(differential equation)이라고 한다. 자연성장법칙은 일정한 복리 이자율에 대한 현금 등 금융자산의 가치를 나타낼 때도 사용한다. 이자율 역시 주어진 전체 크기에 비례하는 비율로 가치가 증가하는 개념이기 때문이다.

자연성장법칙 또는 자연붕괴법칙에 대한 풀이는 간단하다. 상수 k를 1이라고 가정하고 y를 미분하여 다시 y가 나오는 함수를 구하면 되는데, 이는 바로 지수함수 e^t이다. 이를 일반화하면 임의의 상수 k에 대하여 자연성장법칙(자연붕괴법칙)의 해는 $y(t)=Ce^{kt}$(C는 상수)으로 주어진다. 자연성장법칙에 이 식을 대입하여 확인해 보자.

$$\frac{dy}{dt}=\frac{d(Ce^{kt})}{dt}=C(ke^{kt})=k(Ce^{kt})=ky(t)$$

상수 C의 의미를 알아내기 위해 $t=0$을 대입해보면 다음을 얻는다.

$$y(0)=Ce^0=C$$

즉 상수 C는 주어진 대상 $y(t)$의 초깃값이다.

정리 4-12 미분방정식의 해

미분방정식 $\frac{dy}{dt}=ky$의 유일한 해는 다음과 같은 지수함수다.

$$y(t)=y(0)e^{kt}$$

예제 4-23 자연성장법칙

시각 t일 때 개체수 $N(t)$는 다음 식을 따른다고 하자.

$$\frac{dN}{dt}=0.3N(t),\quad N(0)=20$$

주어진 미분방정식을 풀고, $t=5$일 때의 개체수를 구하라.

풀이

$k=0.3$이라고 할 때 [정리 4-12]의 결과를 주어진 미분방정식에 바로 적용하면 다음과 같은 식을 얻는다.

$$N(t)=N(0)e^{0.3t}$$

위 식에 초깃값 $N(0)=20$을 대입하면 개체수 $N(t)$에 대한 식을 다음과 같이 쓸 수 있다.

$$N(t)=20e^{0.3t}$$

앞에서 구한 $N(t)$에 대한 식을 이용하여 $t=5$일 때의 개체수를 구하면 다음과 같다.

$$N(5)=20e^{0.3\times 5}=20e^{1.5}\approx 90$$

따라서 $t=5$일 때의 개체수는 90이다.

[유제 4-20]

시각 t일 때 개체수 $N(t)$는 다음 식을 따른다고 하자.

$$\frac{dN}{dt}=-0.2N(t),\quad N(0)=10$$

주어진 미분방정식을 풀고, $t=1$일 때의 개체수를 구하라.

자연붕괴법칙의 예로는 방사성 물질의 반감기를 꼽을 수 있다. 방사선을 방출하는 방사성 물질은 자연스럽게 붕괴하며 질량이 없어진다. 이때 초기 질량을 m_0라고 하고 임의의 시각 t에 남아 있는 질량을 $m(t)$라고 하면 다음 식이 성립한다. 이는 실험적으로 증명되었다.

$$k=\frac{1}{m}\frac{dm}{dt}$$

$\frac{dm}{dt}$는 붕괴율이므로 음수이고 m은 양수이기 때문에 k는 음수다. 이를 다시 정리하면 다음과 같은 식을 얻는다.

$$\frac{dm}{dt}=km$$

위 식은 식 (4.1)과 같은 형태임을 알 수 있다. 따라서 임의의 시각 t에 남아 있는 질량 $m(t)$는 다음과 같이 지수적으로 감소함을 알 수 있다.

$$m(t)=m_0e^{kt} \tag{4.2}$$

처음 질량이 절반으로 붕괴되는 시간인 반감기는 방사성 물질의 중요한 특성 중 하나다.

예제 4-24 방사성 물질의 반감기

라듐-226(^{226}Ra)의 반감기는 1590년으로 알려져 있다. 다음 물음에 답하라.

(a) 현재 라듐-226 시료의 질량이 50mg이라고 할 때, t년 후에 남아 있는 라듐-226의 질량에 대한 식을 구하라.

(b) 100년 후 라듐-226의 질량을 소수점 첫째 자리에서 반올림하여 구하라(단, 단위는 mg이다).

(c) 질량이 5mg으로 줄어드는 때는 언제인지 구하라.

풀이

(a) 임의의 시각 t에 남아 있는 질량에 관한 식 (4.2)에 초기 질량 $m_0 = 50\text{mg}$을 대입하면 다음과 같다.

$$m(t) = m_0 e^{kt} = 50e^{kt}$$

상수 k를 결정하기 위하여 반감기의 개념을 이용하면 다음이 성립한다.

$$m(1590) = 50e^{1590k} = \frac{m_0}{2} = 25 \iff e^{1590k} = \frac{1}{2}$$

$$\iff k = \frac{\ln\frac{1}{2}}{1590} = -\frac{\ln 2}{1590}$$

위에서 구한 k를 다시 식 $m(t)$에 대입하면 다음 결과를 얻는다.

$$m(t) = 50e^{-\frac{\ln 2}{1590}t} = 50 \times 2^{-\frac{t}{1590}}$$

(b) (a)에서 구한 식에 $t = 100$을 대입하면 다음과 같다.

$$m(100) = 50 \times 2^{-\frac{100}{1590}} \approx 48\text{mg}$$

(c) (a)에서 구한 식의 값이 5mg일 때 이를 만족하는 t를 구해 보자.

$$5 = m(t) = 50 \times 2^{-\frac{t}{1590}} \iff -\frac{t}{1590} = \log_2 \frac{1}{10}$$

$$\iff t \approx 5282$$

따라서 50mg의 라듐-226이 5mg이 되려면 약 5282년이 걸린다.

[유제 4-21]

^{14}C의 반감기는 5730년으로 알려져 있다. 현재 ^{14}C 시료의 질량이 100mg이라고 할 때, 2000년 뒤에 남아 있는 ^{14}C의 질량을 소수점 첫째 자리에서 반올림하여 구하라(단, 단위는 mg이다).

SECTION

4.6 연습문제

01 부피가 100cm^3인 정육면체 모양의 얼음이 있다. 이 얼음 한 변이 1분에 1cm씩 녹아 내린다면 한 변의 길이가 5cm일 때 얼음이 녹는 속도를 구하라.

02 병렬로 연결되어 있는 저항 R_1과 R_2의 총합 R은 다음과 같다.

$$\frac{1}{R}=\frac{1}{R_1}+\frac{1}{R_2}$$

만약 R_1과 R_2가 각각 $0.1\Omega/\text{s}$와 $0.2\Omega/\text{s}$의 비율로 증가한다면 $R_1=10\Omega$, $R_2=20\Omega$일 때 R이 변화하는 비율을 구하라.

03 시속 300km의 속력으로 날아가고 있는 비행기가 고도 1km에서 지상 레이더 기지 위를 $45°$의 각도로 날고 있다. 1분 후 비행기로부터 레이더 기지까지의 거리가 증가하는 비율을 구하라.

04 변의 길이가 각각 3cm, 4cm인 두 선분 사이의 각이 0.1rad/s의 비율로 증가한다고 하자. 두 변 사이의 각이 $\frac{\pi}{6}$일 때, 두 변과 두 변의 끝을 이어 만든 삼각형의 넓이 증가율을 구하라.

05 밑면이 한 변의 길이가 3m인 정사각형이고 높이가 6m인 물탱크에 $2\text{m}^3/\text{min}$의 속도로 물이 채워지고 있다고 하자. 물의 깊이가 1m일 때 수위는 얼마나 빠르게 상승하는지 구하라.

06 이상기체의 압력 P와 부피 V는 $PV=nRT$를 만족한다. 이때 n과 R은 상수이고 T는 기체의 온도다. 만약 온도가 일정한 상황에서 기체의 부피가 300cm^3, 압력이 100Pa이고 압력이 10Pa/s의 속력으로 증가하고 있다면, 부피는 얼마나 빠르게 감소하는지 구하라.

※ 07~08 끓고 있는 물을 상온(15°C)에 옮겨 놓았다. 다음 물음에 답하라(단, 답은 반올림하여 정수로 나타내라).

07 3분 후에 물의 온도가 80°C가 되었다면 5분 후의 온도는 얼마인지 구하라.

08 몇 분 후에 물의 온도가 30°C가 되는지 구하라.

※ 09~10 임의의 시각 t에서 집단의 개체수가 다음과 같다고 하자.

$$N(t)=N_0e^{rt}\quad(t\geq 0)$$

이때 N_0는 양의 상수이고 r는 임의의 실수다. 다음 물음에 답하라.

09 $t=0$일 때의 개체수를 구하라.

10 $\frac{dN}{dt}=rN$이 성립함을 증명하라.

※ **11~14** 박테리아 10마리를 배양한 지 1시간 후 42마리가 되었다고 하자. 다음 물음에 답하라.

11 이 박테리아가 자연성장법칙을 따른다고 가정하여, 임의의 t시간 후의 박테리아 수에 대한 식을 구하라.

12 3시간 후의 박테리아 수를 구하라(단, 답은 반올림하여 정수로 나타내라).

13 3시간 후 박테리아 수의 성장률을 구하라.

14 몇 시간 후에 박테리아가 100마리에 도달하는지 구하라(단, 답은 반올림하여 소수점 아래 첫째 자리까지 나타내라).

※ **15~17** 세슘-137(^{137}Cs)의 반감기는 30년이라고 한다. 세슘-137을 10mg 가지고 있다고 할 때 다음 물음에 답하라.

15 t년 후 남아 있는 세슘-137의 양에 대한 식을 구하라.

16 50년 후 남아 있는 세슘-137의 양이 얼마인지 구하라(단, 답은 반올림하여 소수점 아래 첫째 자리까지 나타내라).

17 세슘-137이 1mg만 남을 때까지 걸리는 시간을 구하라(단, 답은 반올림하여 정수로 나타내라).

18 초기위치가 $s(0)=0$인 입자가 $v(t)=2t+\sin t$의 속도로 움직인다고 할 때, 입자의 위치를 구하라.

SECTION
4.7 선형근사와 미분

선형근사의 개념

$x=a$일 때 주어진 함수 $f(x)$에 대한 미분계수 정의를 다시 떠올려 보자.

$$f'(a)=\lim_{x\to a}\frac{f(x)-f(a)}{x-a}$$

이는 $x=a$일 때 주어진 함수의 그래프 $y=f(x)$의 접선의 기울기를 의미한다. x가 a의 근방에 있는 경우를 가정하고 극한 기호를 생략하면 위 식을 다음과 같은 식으로 바꿔 쓸 수 있다.

$$f(x)\approx f(a)+f'(a)(x-a) \tag{4.3}$$

즉 x가 a에 가까워질수록 주어진 함수는 점 $(a, f(a))$에서의 접선과 한없이 가까워진다. 만약 함숫값 $f(a)$가 주어질 때 $f(a)$ 근방의 함숫값을 구한다고 생각해 보자. 이는 주어진 f에 따라서 매우 어렵거나 혹은 불가능한 문제가 될 수 있다. 이때 식 (4.3)과 같은 근사식을 이용하여 함숫값 $f(a)$ 근방의 함숫값을 구하는 과정을 a에서 f의 **선형근사**(linear approximation)라고 한다.

또한 다음과 같이 주어진 함수의 접선으로 표현되는 1차함수 $L(x)$를 a에서 f의 **선형화**(linearization)라고 한다. [그림 4-19]에서 f의 선형화를 직접 확인할 수 있다.

$$L(x)=f(a)+f'(a)(x-a)$$

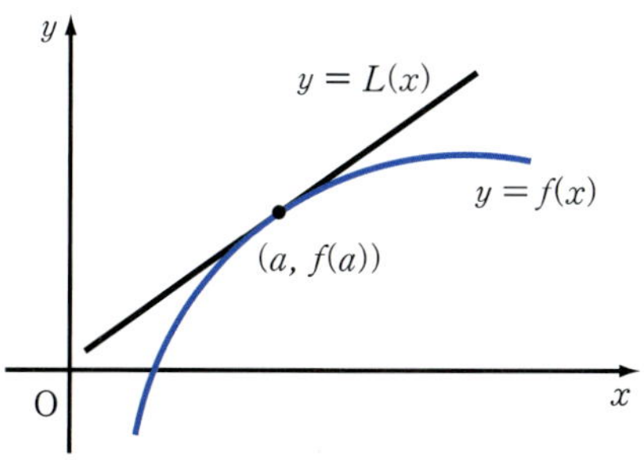

[그림 4-19] **함수** $f(x)$**와 선형화** $L(x)$

예제 4-25 선형화와 근삿값 계산

$a=3$에서 함수 $f(x)=\sqrt{x+1}$의 선형화를 구하라. 그리고 이를 이용하여 $\sqrt{3.95}$와 $\sqrt{4.02}$의 근삿값을 구하라.

풀이

함수 $f(x)$의 도함수는 $f'(x)=\dfrac{1}{2\sqrt{x+1}}$이다. 함숫값은 $f(3)=\sqrt{3+1}=2$이고, 미분계수는 $f'(3)=\dfrac{1}{2\sqrt{3+1}}=\dfrac{1}{4}$이므로 $a=3$에서 함수 $f(x)$의 선형화는 다음과 같다.

$$L(x)=f(3)+f'(3)(x-3)=2+\frac{x-3}{4}=\frac{x}{4}+\frac{5}{4}$$

x가 3 근방에 있을 때 함수 $f(x)$에 대한 선형근사식은 다음과 같이 쓸 수 있다.

$$\sqrt{x+1}\approx\frac{x}{4}+\frac{5}{4}$$

따라서 근삿값은 다음과 같다.

$$\sqrt{3.95}\approx\frac{2.95}{4}+\frac{5}{4}=1.9875$$

$$\sqrt{4.02}\approx\frac{3.02}{4}+\frac{5}{4}=2.005$$

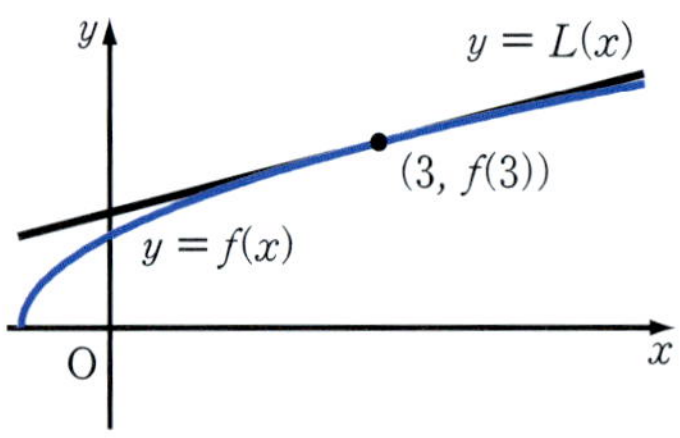

왼쪽 그림에서 함수 $f(x)=\sqrt{x+1}$과 선형근사 $L(x)=\dfrac{x}{4}+\dfrac{5}{4}$의 그래프를 확인할 수 있다. x가 3 근방일 때는 비교적 좋은 근사를 하고 있음을 확인할 수 있다. 이러한 선형근사는 주어진 모든 구간에서 함수의 근삿값을 적절하게 제공한다.

[유제 4-22]
함수 $f(x)=\sqrt{1-x}$의 선형화를 이용하여 $\sqrt{0.99}$의 근삿값을 구하라.

선형근사와 오차 추정

선형근사의 배경이 되는 이론을 좀 더 살펴보자. 미분 가능한 함수 f에 대하여 $y=f(x)$라 하면 **미분소** dx는 독립변수다. 즉 dx는 임의의 실수로 주어지는 값이며 이에 따라 dy 값을 다음과 같이 정의한다.

$$dy=f'(x)dx$$

따라서 dy는 변수 x와 dx에 의하여 그 값이 결정되는 종속변수다. 만약 dx가 결정되고 함수 f의 정의역에 존재하는 임의의 x를 결정하면 dy 값을 계산할 수 있다.

함수 f의 그래프 위에 있는 두 점 $\mathrm{P}(x, f(x))$와 $\mathrm{Q}(x+\Delta x, f(x+\Delta x))$에 대하여 $dx=\Delta x$라고 하면 이에 대응하는 y의 변화량은 다음과 같이 계산할 수 있다.

$$\Delta y = f(x+\Delta x) - f(x)$$

[그림 4-20]과 같이 점 P에서 x축 방향으로 Δx만큼 평행이동한 점을 S, 점 P에서 그은 함수 f의 접선 위에 있으면서 x좌표가 $x+\Delta x$인 점을 R이라고 하자. 그러면 직선(접선) PR의 기울기는 주어진 함수의 도함수 $f'(x)$이고 두 점 S와 R 사이의 거리는 x방향의 변화율 dx에 도함수 $f'(x)$를 곱한 결과로 다음과 같다.

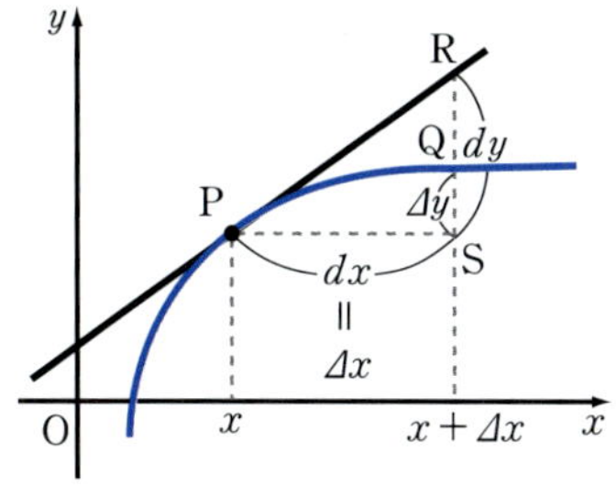

[그림 4-20] 선형근사와 오차 추정

$$f'(x)dx = dy \tag{4.4}$$

즉 dy는 접선이 올라가거나 내려간 양(선형화의 변화량)을 나타낸다. 반면, Δy는 x가 dx만큼 변할 때 함수 $y=f(x)$가 올라가거나 내려간 양을 나타낸다. dy와 Δy는 각각 선형화와 함수에 대한 변화량이지만, Δx가 작아질수록 두 값이 같아짐을 명심하자.

$dx = x - a$로 두고(즉 $x = dx + a$로 두고) 선형근사에 대한 식을 다음과 같이 바꿔서 표현해 보자.

$$f(a+dx) \approx f(a) + dy \tag{4.5}$$

[예제 4-25]의 함수에 대하여 식 (4.4)를 적용하면 다음과 같이 계산할 수 있다.

$$dy = f'(x)dx = \frac{dx}{2\sqrt{x+1}}$$

위 식에 $x=3$과 $dx=\Delta x=0.02$를 대입하면 다음 결과를 얻는다.

$$dy = \frac{0.02}{2\sqrt{4}} = 0.005$$

지금까지 구한 값을 식 (4.5)에 대입하여 $\sqrt{4.02}$의 근삿값을 구하면 다음과 같다. 이를 통해 [예제 4-25]에서 얻은 결과와 미분을 이용한 결과가 같음을 확인할 수 있다.

$$\sqrt{4.02} = f(3.02) \approx f(3) + dy = 2.005$$

다음 예제는 이러한 선형근사에 의하여 발생하는 오차를 추정하는 방법에 대한 내용이다.

예제 4-26 **정사각형 넓이의 선형근사**

최소 눈금이 1mm인 눈금자를 이용하여 길이를 측정하면 가능한 오차 범위는 0.05cm이다. 이 눈금자를 이용하여 측정한 정사각형의 한 변의 길이가 10cm일 때, 이 정사각형의 넓이에 대한 최대 오차를 구하라.

풀이

정사각형의 한 변의 길이를 a라고 할 때, 이 정사각형의 넓이는 $A=a^2$이다. a의 측정값에 대한 오차를 $da=\Delta a$로 나타내면 A의 계산 결과에 대응하는 오차는 ΔA이므로, 미분을 이용하여 다음과 같이 근사할 수 있다.

$$dA = 2a\,da$$

문제의 조건에서 $a=10\text{cm}$, $da=0.05\text{cm}$이므로 위 식에 이 값을 대입하면 다음과 같은 결과를 얻을 수 있다.

$$dA = 2(10\text{cm})(0.05\text{cm}) = 1\text{cm}^2$$

따라서 계산된 넓이에 대한 최대 오차는 1cm^2이다.

[유제 4-23]

[예제 4-26]의 눈금자를 이용하여 측정한 정삼각형의 한 변의 길이가 6cm일 때, 이 정삼각형 넓이에 대한 최대 오차를 구하라.

[예제 4-26]과 같은 오차를 **절대오차**(absolute error)라고 하는데, 이 경우 오차가 얼마나 큰지 작은지에 대한 느낌이 제대로 오지 않을 수가 있다. 이때 사용할 수 있는 개념이 오차를 전체 값으로 나누는 **상대오차**(relative error)로 다음과 같다.

$$\frac{\Delta A}{A} = \frac{dA}{A} = \frac{2a\,da}{a^2} = 2\frac{da}{a} = 2\frac{0.05\text{cm}}{10\text{cm}} = 0.01$$

위 식의 중간에서 볼 수 있듯이 상대오차는 $2\frac{da}{a}$로 계산되기 때문에 넓이에 대한 상대오차는 한 변의 길이에 대한 상대오차의 2배로 구할 수 있다. 그리고 넓이에 대한 상대오차의 계산 결과인 0.01은 넓이에 대하여 1%인 **백분율오차**(percentage error)로 표현할 수 있다. 이러한 상대오차나 백분율오차 표현이 효과적인 경우인 다음 예제를 살펴보자.

예제 4-27 정육면체 부피의 선형근사

[예제 4-26]의 눈금자로 측정한 정육면체의 한 변의 길이가 30cm일 때, 정육면체의 부피에 대한 최대 오차를 구하고 이를 상대오차와 백분율오차로 계산하라.

풀이

정육면체의 한 변의 길이를 a라고 할 때 정육면체의 부피는 $V=a^3$이다. 부피에 대한 오차를 미분으로 계산하면 다음과 같다.

$$dV=3a^2da$$

[예제 4-26]과 비슷한 방법으로 위 식에 $a=30\text{cm}$와 $da=0.05\text{cm}$를 대입하면 다음과 같다.

$$dV=3(30\text{cm})^2(0.05\text{cm})=135\text{cm}^3$$

따라서 계산된 부피에 대한 최대 오차는 135cm^3이다. 이는 [예제 4-26]에서 구한 넓이의 최대 오차와 단순히 숫자 크기만 비교했을 때 매우 큰 오차로 보인다. 이를 상대오차로 환산하면 다음과 같다.

$$\frac{\Delta V}{V}=\frac{dV}{V}=\frac{3a^2da}{a^3}=3\frac{da}{a}$$

부피에 대한 상대오차는 반지름에 대한 상대오차의 3배로 주어지며, 이 값을 직접 계산하여 백분율오차를 구하면 $3\cdot\frac{0.05\text{cm}}{30\text{cm}}=0.005=0.5\%$이다. [예제 4-26]에 비해 절대오차 값은 100배 이상 커 보이지만, 상대오차나 백분율오차로 계산하면 오히려 절반에 해당하는 오차임을 알 수 있다.

[유제 4-24]

[예제 4-26]의 눈금자로 측정한 구의 지름이 10cm일 때, 구의 부피에 대한 최대 오차를 구하고, 이를 상대오차와 백분율오차로 계산하라.

선형근사와 방정식의 근사해

이번에는 선형근사를 이용하여 주어진 방정식의 근사해를 구하는 방법을 알아보자. 방정식 $f(x)=0$의 해 x를 구하는 것은 매우 한정된 경우에서만 보장된다. $f(x)$가 x에 대한 다항함수일 때, 방정식의 차수가 5보다 작으면 방정식의 해를 구하는 공식이 존재하지만 방정식의 차수가 5 이상일 경우 주어진 계수와 관련된 유한 번의 연산으로 해를 구하는 일반적인 공식은 없음이 증명되었다. 방정식은 다항함수가 아닌 삼각함수나 지수함수, 로그함수 등의 경우 더욱 풀기 어려워진다. 이때 사용할 수 있는 방법 중 하나가 **뉴턴 방법**(Newton's method)이다.

미분 가능한 함수 $f(x)$에 대하여 다음과 같은 선형근사를 생각해 보자.

$$f(x) \approx f(x_1) + f'(x_1)(x - x_1)$$

위 식은 임의의 점 $(x_1, f(x_1))$에서 함수 $f(x)$에 접하는 직선에 대한 함수임을 앞에서 이야기한 바 있다. 이를 이용하여 방정식 해의 근삿값을 구하는 방법을 알아보자.

먼저 방정식의 해는 $f(x) = 0$을 만족하는 x이므로 위 근사식을 만족시키는 선형함수 $f(x) = 0$을 생각해 보면 다음과 같은 식을 얻을 수 있다.

$$0 = f(x_1) + f'(x_1)(x - x_1) \Leftrightarrow x = x_1 - \frac{f(x_1)}{f'(x_1)}$$

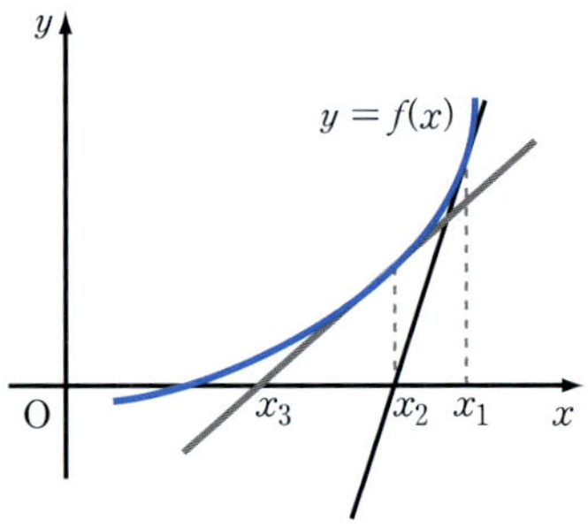

[그림 4-21] 뉴턴 방법

한편 위 식을 이용하여 구한 x는 함수 $y = f(x)$ 위에 있는 점의 x좌표가 아니라, 점 $(x_1, f(x_1))$에서 함수 $y = f(x)$에서 접하는 접선과 x축이 만나는 점의 x 좌표다. 위 식을 만족시키는 $f(x)$에 대하여 함수 $y = f(x)$ 그래프의 x절편을 x_2라 하자. [그림 4-21]과 같이 점 $(x_2, 0)$에서 x축과 수직이 되도록 위로 그은 직선과 함수 $y = f(x)$가 만나는 점 $(x_2, f(x_2))$에서의 선형근사를 다시 생각해 보자. 점 $(x_2, f(x_2))$에서 함수 $y = f(x)$와 접하는 접선과 x축이 만나는 또 다른 x절편을 x_3라 하고 이를 계속해서 반복하면 임의의 자연수 n에 대하여 다음 식을 얻을 수 있다. 이때 다음과 같은 식을 구하는 방법을 뉴턴 방법이라고 한다.

$$x_{n+1} = x_n - \frac{f(x_n)}{f'(x_n)}$$

임의의 초깃값 x_1부터 시작하여 x_{n+1}과 x_n이 거의 차이가 없을 때까지 위 식의 연산을 계속 반복한다면, 즉 $x_{n+1} \approx x_n$일 때 위 식으로부터 $f(x_{n+1}) \approx f(x_n) \approx 0$을 얻을 수 있다. 이때의 x_{n+1}은 함숫값을 거의 0으로 만들기 때문에 이 값을 주어진 함수의 근사해라고 할 수 있다. 이 방법은 $f'(x_n) = 0$인 경우에는 분모가 0이므로 적용할 수 없다.

예제 4-28 뉴턴 방법

뉴턴 방법을 이용하여 방정식 $x^2=1$의 양의 근사해를 구하라.

풀이

$x^2=1$에 대한 양의 근사해를 구하기 위해 함수 $f(x)=x^2-1$에 대하여 뉴턴 방법을 적용하자. $x^2=1$에서 우변을 이항하면 $x^2-1=0$이다. $f(x)=0$의 해와 주어진 방정식 $x^2=1$을 0으로 만드는 x 값이 일치하므로 적절한 방법이라고 할 수 있다. 함수 $f(x)$에 대한 뉴턴 방법은 다음과 같다.

$$x_{n+1}=x_n-\frac{f(x_n)}{f'(x_n)}=x_n-\frac{x_n^2-1}{2x_n}$$

이제 임의로 $x_1=2$라고 가정하고 실제로 뉴턴 방법을 시행해 보자.

$$x_2=x_1-\frac{x_1^2-1}{2x_1}=2-\frac{2^2-1}{2\times 2}=2-\frac{3}{4}=\frac{5}{4}=1.25$$

$$x_3=x_2-\frac{x_2^2-1}{2x_2}=1.25-\frac{1.25^2-1}{2\times 1.25}=1.025$$

$$x_4=x_3-\frac{x_3^2-1}{2x_3}=1.025-\frac{1.025^2-1}{2\times 1.025}=1.00030$$

위 과정을 반복하면 점점 1에 가까워짐을 쉽게 예측할 수 있다. 실제로 $x^2=1$에 대한 실제 해는 $x=\pm 1$이므로 뉴턴 방법을 이용하면 적절한 근사해를 구할 수 있음을 알 수 있다.

[유제 4-25]

뉴턴 방법을 이용하여 방정식 $x^3=8$의 근사해를 구하라.

SECTION

4.7 연습문제

01 명제 '절대오차는 반드시 상대오차보다 값이 크다.'가 참인지 거짓인지 결정하라. 참이면 이유를 설명하고 거짓이면 이유를 설명하거나 반례를 들어라.

02 함수 $f(x) = x^4 - 3x^2$에 대하여 $a = 1$에서의 선형화 $L(x)$를 구하라.

03 함수 $f(x) = \sqrt{1-2x}$에 대하여 $a = 0$에서의 선형근사를 구하라. 또한 이를 이용하여 $\sqrt{0.8}$과 $\sqrt{0.98}$의 근삿값을 구하라.

04 함수 $f(x) = \sqrt[4]{1+x}$에 대하여 $a = 0$에서의 선형근사를 구하라. 또한 선형근사가 오차 범위 0.1 내에서 정확하게 되는 x값을 구하라.

05 $a = 0$에서 함수 $f(x) = \sqrt[3]{1+5x}$에 대한 선형화를 구하라.

06 [연습문제 05]에서 구한 선형화에 대응하는 선형근사를 구하고, 이를 이용하여 $\sqrt[3]{1.05}$의 근삿값을 구하라.

07 [연습문제 06]에서 구한 선형근사가 오차 범위 0.1 이내에서 정확하게 되는 x값을 구하라.

08 선형근사(또는 미분)를 이용하여 $(1.999)^3$의 값을 추정하라.

※ **09~10** 함수 $y = \tan\left(x - \frac{\pi}{4}\right)$에 대하여 다음 물음에 답하라.

09 미분 dy를 구하라.

10 $x = \frac{\pi}{4}$, $dx = 0.1$일 때, dy와 Δy를 구하라.

11 함수 f에 대하여 $f(0) = 1$이고 도함수 f'의 그래프가 다음과 같다고 하자.

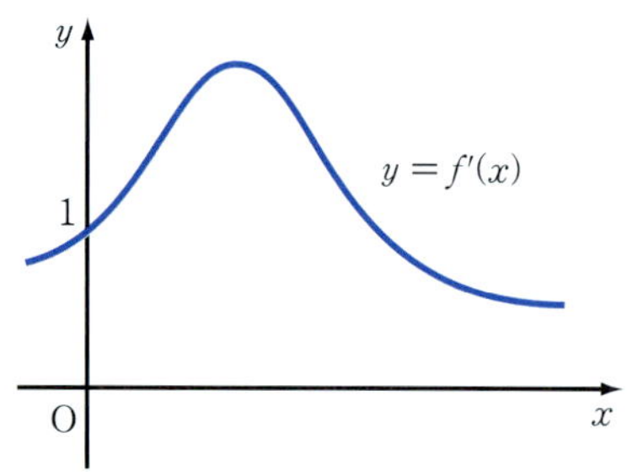

선형근사를 이용하여 $f(0.1)$과 $f(0.01)$의 값을 추정하라.

12 전류를 I, 저항을 R이라고 하면 전압 V는 $V = IR$을 만족한다. V가 일정하고 R의 오차가 $0.01R$로 주어질 때 상대오차를 이용하여 I에 대한 오차가 R의 오차와 거의 같음을 보여라.

13 구의 반지름이 20cm이고 반지름에 대한 최대 오차가 0.05cm일 때, 구의 부피에 대한 최대 오차, 상대오차, 백분율오차를 구하라.

14 정삼각형의 한 변의 길이가 10cm이고 한 변의 길이에 대한 최대 오차가 0.01cm일 때, 정삼각형의 넓이에 대한 최대 오차, 상대오차, 백분율오차를 구하라.

15 구간 [16, 17]에서 정의된 함수 $f(x) = x^{\frac{1}{4}}$에 평균값 정리를 적용하여 $2 < \sqrt[4]{17} < 2.03125$임을 보여라.

SECTION 4.8 부정형과 로피탈 법칙

이 절에서는 주어진 형태로는 극한을 구하기 힘든 부정형에 대한 내용을 다루고자 한다. 그리고 이러한 부정형 극한을 구하는 데 유용하게 활용되는 정리를 알아보고자 한다.

$\frac{0}{0}$, $\frac{\infty}{\infty}$ 형태의 부정형

임의의 실수 a에서의 극한이 $\lim_{x\to a} f(x)=0$과 $\lim_{x\to a} g(x)=0$으로 주어지는 두 함수 f, g에 대하여 다음과 같은 형태의 극한을 구한다고 하자.

$$\lim_{x\to a}\frac{f(x)}{g(x)}$$

이러한 형태를 $\frac{0}{0}$ **형태의 부정형**(indeterminate form)이라고 한다. 또한 $\lim_{x\to\infty} f(x)=\infty$ (또는 $-\infty$)와 $\lim_{x\to\infty} g(x)=\infty$ (또는 $-\infty$)일 때, 위와 같은 형태의 극한을 $\frac{\infty}{\infty}$ **형태의 부정형**이라 한다. 이러한 극한들은 존재할 수도 있고 존재하지 않을 수도 있다.

정리 4-13 코시의 평균값 정리(Cauchy's mean value theorem)

함수 $f(x)$와 $g(x)$가 닫힌구간 $[a,b]$에서 연속이고 열린구간 (a,b)에서 미분 가능할 때, (a,b)의 모든 x에 대하여 $g'(x)\neq 0$이면 다음 식을 만족하는 c가 열린구간 (a,b)에 적어도 하나 존재한다.

$$\frac{f(b)-f(a)}{g(b)-g(a)}=\frac{f'(c)}{g'(c)}$$

증명

먼저 위 공식이 정의되는 것을 보이기 위해 분모가 0이 아님을, 즉, $g(b)\neq g(a)$임을 보이자. $g(b)=g(a)$라고 하면 4.2절에서 다루었던 평균값 정리에 의하여 $g'(d)=0$을 만족하는 d가 열린구간 (a,b)에 존재한다. 이는 구간 (a,b)의 모든 x에 대하여 $g'(x)\neq 0$이라는 문제의 조건에 모순이므로 $g(b)\neq g(a)$이다. 이제 다음과 같은 함수 $h(x)$를 생각하자.

$$h(x)=f(x)-f(a)-\frac{f(b)-f(a)}{g(b)-g(a)}\{g(x)-g(a)\}$$

정리의 가정에 의해 함수 $f(x)$와 $g(x)$가 닫힌구간 $[a,b]$에서 연속이고 열린구간 (a,b)에서 미분 가능하므로 함수 $h(x)$는 닫힌구간 $[a,b]$에서 연속이고 열린구간 (a,b)에서 미분 가능하다. 또한 구간 $[a,b]$의 양 끝점에서 함숫값 $h(a)$, $h(b)$를 각각 구하면 다음과 같다.

$$h(a)=f(a)-f(a)-\frac{f(b)-f(a)}{g(b)-g(a)}\{g(a)-g(a)\}=0$$

$$\begin{aligned}h(b)&=f(b)-f(a)-\frac{f(b)-f(a)}{g(b)-g(a)}\{g(b)-g(a)\}\\&=f(b)-f(a)-\{f(b)-f(a)\}=0\end{aligned}$$

함수 $h(x)$는 롤의 정리([정리 4-4])의 가정을 모두 만족하므로 $h'(c)=0$을 만족하는 c가 열린구간 (a,b)에 존재한다. 한편, 함수 $h(x)$의 도함수를 구하면 다음과 같다.

$$h'(x)=f'(x)-\frac{f(b)-f(a)}{g(b)-g(a)}g'(x)$$

따라서 위 식에 $x=c$를 대입하면 다음이 성립한다.

$$0=h'(c)=f'(c)-\frac{f(b)-f(a)}{g(b)-g(a)}g'(c)$$

이를 정리하면 코시의 평균값 정리의 결과를 얻을 수 있다. ■

다음으로 코시의 평균값 정리를 이용하여 부정형 극한을 구하는 데 유용하게 사용할 수 있는 **로피탈 법칙**(L'Hospital's rule)에 대하여 알아보자.

정리 4-14 로피탈 법칙

a를 포함하는 열린구간에서 함수 f와 g가 미분 가능하고 $g'(x)\neq 0$이라고 하자.

(1) $\lim\limits_{x\to a}f(x)=0=\lim\limits_{x\to a}g(x)$(즉 $\lim\limits_{x\to a}\frac{f(x)}{g(x)}$가 $\frac{0}{0}$ 형태의 부정형)

(2) $\lim\limits_{x\to a}f(x)=\pm\infty=\lim\limits_{x\to a}g(x)$(즉 $\lim\limits_{x\to a}\frac{f(x)}{g(x)}$가 $\frac{\infty}{\infty}$ 형태의 부정형)

(1), (2)의 경우에 $\lim\limits_{x\to a}\frac{f'(x)}{g'(x)}$의 극한이 존재하거나 $+\infty$ 또는 $-\infty$이면 다음이 성립한다.

$$\lim_{x\to a}\frac{f(x)}{g(x)}=\lim_{x\to a}\frac{f'(x)}{g'(x)}$$

증명

여기에서는 (1)만 증명하자. 함수 f와 g가 미분 가능한 구간 (a,x)를 잡으면 정리에 주어진 가정이 코시의 평균값 정리의 조건을 모두 만족하므로 다음 식을 만족하는 상수 c가 열린구간 (a,x)에 존재한다.

$$\frac{f(x)-f(a)}{g(x)-g(a)}=\frac{f'(c)}{g'(c)}$$

또한 $\frac{0}{0}$ 형태의 부정형을 가정했으므로 위 식은 다시 다음과 같이 쓸 수 있다.

$$\frac{f(x)}{g(x)}=\frac{f(x)-f(a)}{g(x)-g(a)}=\frac{f'(c)}{g'(c)}$$

이때 $a<c<x$인 관계를 만족하므로 $x\to a$이면 $c\to a$가 되어 다음이 성립한다.

$$\lim_{x\to a}\frac{f(x)}{g(x)}=\lim_{c\to a}\frac{f'(c)}{g'(c)}$$

따라서 로피탈 법칙의 결과가 성립한다. ■

로피탈 법칙에서 a는 $+\infty$ 또는 $-\infty$일 수도 있으며 좌극한($x\to a^-$)과 우극한($x\to a^+$)에 대해서도 로피탈 법칙이 성립한다. 로피탈 법칙은 주어진 조건 하에서 함숫값의 극한과 도함수의 극한이 같아짐을 보여준다. 이때 주의할 점이 있다. 로피탈 법칙의 조건을 반드시 만족해야 한다. 부정형이 아닌 극한에 로피탈 법칙을 적용할 경우 함수의 극한은 전혀 다른 값이 됨을 주의하자.

예제 4-29 $\frac{0}{0}$ **형태의 부정형에 대한 로피탈 법칙**

$\lim_{x\to1}\frac{x^2-x}{x^2-1}$를 구하라.

풀이

주어진 식이 $\lim_{x\to1}(x^2-x)=0$, $\lim_{x\to1}(x^2-1)=0$을 만족하므로 $\frac{0}{0}$ 형태의 부정형이다. 로피탈 법칙을 적용하면 다음 결과를 얻는다.

$$\lim_{x\to1}\frac{x^2-x}{x^2-1}=\lim_{x\to1}\frac{2x-1}{2x}=\frac{1}{2}$$

[유제 4-26]

$\lim_{x\to2}\frac{x-2}{x^2-4}$를 구하라.

[예제 4-29]에 로피탈 법칙을 적용하지 않고 푸는 방법을 다시 생각해 보자. 분모와 분자를 다음과 같이 인수분해한 후 공통인수를 제거하여 극한을 구할 수 있다.

$$\lim_{x\to 1}\frac{x^2-x}{x^2-1}=\lim_{x\to 1}\frac{x(x-1)}{(x+1)(x-1)}=\lim_{x\to 1}\frac{x}{x+1}=\frac{1}{2}$$

따라서 위와 같이 인수분해하고 공통인수를 제거하여 주어진 식을 부정형이 아닌 형태로 바꾸어 극한을 구한 결과와 로피탈 법칙을 바로 적용한 결과가 서로 같음을 알 수 있다.

예제 4-30 $\frac{0}{0}$ **형태의 부정형에 대한 로피탈 법칙**

$\lim_{x\to 0}\frac{\sin x}{x}$ 를 구하라.

풀이

$\lim_{x\to 0}\sin x=0$, $\lim_{x\to 0}x=0$을 만족하므로 주어진 식은 $\frac{0}{0}$ 형태의 부정형이다. 로피탈 법칙을 적용하면 다음 결과를 얻는다.

$$\lim_{x\to 0}\frac{\sin x}{x}=\lim_{x\to 0}\frac{\cos x}{1}=\lim_{x\to 0}\cos x=1$$

[유제 4-27]

$\lim_{x\to 0}\frac{\cos\left(\frac{\pi}{2}-x\right)}{x}$ 를 구하라.

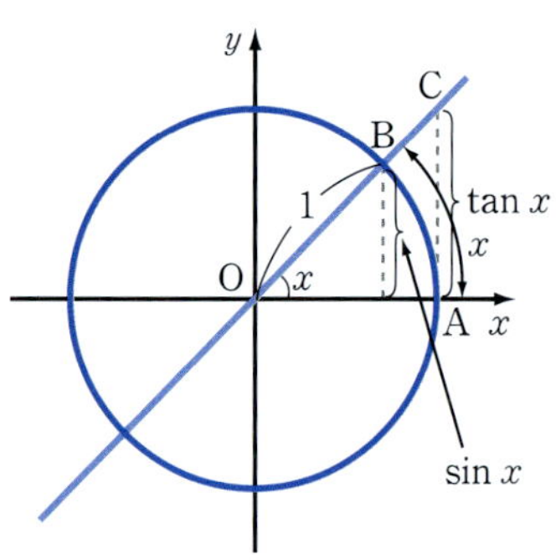

[그림 4-22] 중심이 원점이고 반지름이 1인 단위원

[그림 4-22]에서 삼각형 OAB, 부채꼴 OAB 그리고 삼각형 OAC의 넓이를 비교하면 $\sin x \le x \le \tan x$이다. 각 변을 $\sin x$로 나누면 다음이 성립한다.

$$1=\frac{\sin x}{\sin x}\le\frac{x}{\sin x}\le\frac{\tan x}{\sin x}=\frac{1}{\cos x}$$

이 식의 분모와 분자 위치를 바꾼 후 각 변에 대하여 $x=0$에서의 극한을 구하면 다음과 같다.

$$1=\lim_{x\to 0}1\ge\lim_{x\to 0}\frac{\sin x}{x}\ge\lim_{x\to 0}\cos x=1$$

따라서 조임정리([정리 1-5])에 따라 극한 $\lim_{x\to 0}\frac{\sin x}{x}$는 1이다. 이번에도 기하학적으로 구한 극한과 로피탈 법칙의 결과로 나온 극한이 같음을 확인할 수 있다.

예제 4-31 $\frac{\infty}{\infty}$ 형태의 부정형에 대한 로피탈 법칙

$\lim_{x\to\infty}\frac{\ln x}{x}$를 구하라.

풀이

주어진 식이 $\lim_{x\to\infty}\ln x=\infty$, $\lim_{x\to\infty}x=\infty$을 만족하므로 $\frac{\infty}{\infty}$ 형태의 부정형이다. 로피탈 법칙을 적용하면 다음 결과를 얻는다.

$$\lim_{x\to\infty}\frac{\ln x}{x}=\lim_{x\to\infty}\frac{\frac{1}{x}}{1}=\lim_{x\to\infty}\frac{1}{x}=0$$

[유제 4-28]

$\lim_{x\to\infty}\frac{\ln x^2}{x}$을 구하라.

[예제 4-32]는 조건을 확인하지 않고 로피탈 법칙을 적용했을 때 발생할 수 있는 잘못된 결과의 예를 보여준다.

예제 4-32 로피탈 법칙을 적용할 수 없는 경우

$\lim_{x\to\pi}\frac{1-\cos x}{\sin x}$를 구하라.

풀이

주어진 식에 로피탈 법칙을 적용하면 다음과 같은 결과를 얻는다.

$$\lim_{x\to\pi}\frac{1-\cos x}{\sin x}=\lim_{x\to\pi}\frac{\sin x}{\cos x}=\lim_{x\to\pi}\tan x=0$$

하지만 이는 잘못 푼 결과다. 주어진 식을 다시 살펴보자. $\lim_{x\to\pi}\sin x=0$이지만 $\lim_{x\to\pi}(1-\cos x)=2\neq 0$이다. 정확히 말하면 이는 부정형이 아니라 극한이 발산하는 형태다($x\to\pi^-$일 때 $-\infty$, $x\to\pi^+$일 때 $+\infty$).

[유제 4-29]

$\lim_{x\to 0}\frac{x}{\cos x}$를 구하라.

$0 \cdot \infty$ 형태의 부정형

$\lim_{x \to a} f(x) = 0$이고 $\lim_{x \to a} g(x) = \infty$ (또는 $-\infty$)일 때, 두 극한의 곱인 $\lim_{x \to a} f(x)g(x)$를 바로 결정하기 쉽지 않다. 이를 **$0 \cdot \infty$ 형태의 부정형**이라고 한다. 이러한 부정형의 경우에는 먼저 주어진 곱 형태의 식을 다음과 같이 변형한다.

$$f(x)g(x) = \frac{f(x)}{\dfrac{1}{g(x)}} \quad \text{또는} \quad f(x)g(x) = \frac{g(x)}{\dfrac{1}{f(x)}}$$

다음으로 변형한 식에 대하여 $\frac{0}{0}$ 또는 $\frac{\infty}{\infty}$ 형태의 부정형 극한을 구하면 된다. 따라서 이 경우에도 로피탈 법칙을 적용할 수 있다.

예제 4-33 $0 \cdot \infty$ 형태의 부정형에 대한 로피탈 법칙

$\lim_{x \to 0^+} x \ln x$를 구하라.

풀이

주어진 식에 대하여 $\lim_{x \to 0^+} x = 0$이지만 $\lim_{x \to 0^+} \ln x = -\infty$이므로 이는 $0 \cdot \infty$ 형태의 부정형이다. 이때 $x = \frac{1}{\frac{1}{x}}$로 바꿔 쓰면 $\lim_{x \to 0^+} \frac{1}{x} = \infty$이므로 $\lim_{x \to 0^+} \frac{\ln x}{\frac{1}{x}}$라는 $\frac{\infty}{\infty}$ 형태의 부정형으로 바꿔 쓸 수 있다. 따라서 로피탈 법칙을 적용하면 다음과 같은 결과를 얻는다.

$$\lim_{x \to 0^+} \frac{\ln x}{\dfrac{1}{x}} = \lim_{x \to 0^+} \frac{\dfrac{1}{x}}{-\dfrac{1}{x^2}} = \lim_{x \to 0^+} (-x) = 0$$

한편, 로피탈 법칙을 적용하기 위하여 주어진 식을 다음과 같이 $\frac{0}{0}$ 형태의 부정형으로 바꿔 쓸 수도 있다.

$$\lim_{x \to 0^+} \frac{x}{\dfrac{1}{\ln x}}$$

이 경우에도 마찬가지로 로피탈 법칙을 적용하여 동일한 극한 0을 구할 수 있으나, 식이 훨씬 복잡해진다. 다음 전개 과정을 참고하자.

$$\lim_{x \to 0^+} \frac{x}{\dfrac{1}{\ln x}} = -\lim_{x \to 0^+} \frac{1}{\dfrac{1}{x(\ln x)^2}} = -\lim_{x \to 0^+} \frac{x}{\dfrac{1}{(\ln x)^2}}$$

그러므로 $0 \cdot \infty$ 형태의 부정형에 로피탈 법칙을 사용할 때는 부정형의 곱을 변형할 때 극한이 더 간단히 계산되는 경우를 선택하는 것이 좋다.

[유제 4-30]

$\lim_{x\to 0^+} x\ln x^2$을 구하라.

$\infty - \infty$ 형태의 부정형

$\lim_{x\to a} f(x) = \infty$이고 $\lim_{x\to a} g(x) = \infty$일 때, 다음 극한을 $\infty - \infty$ **형태의 부정형**이라고 한다.

$$\lim_{x\to a} \{f(x) - g(x)\}$$

이 경우에도 $0 \cdot \infty$ 형태의 부정형과 마찬가지로 $\frac{0}{0}$ 혹은 $\frac{\infty}{\infty}$ 형태의 부정형으로 변형하여 로피탈 법칙을 적용한다. 일반적으로 두 함수 f, g의 공통분모를 이용하기도 하고, 다항함수는 유리화를 하거나 공통인수로 인수분해 하는 등 다양한 방법을 사용한다.

예제 4-34 $\infty - \infty$ **형태의 부정형에 대한 로피탈 법칙**

$\lim_{x\to \frac{\pi}{2}} (\tan x - \sec x)$를 구하라.

풀이

탄젠트함수와 시컨트함수의 극한은 각각 다음과 같다.

$$\lim_{x\to \frac{\pi}{2}^-} \tan x = \infty, \quad \lim_{x\to \frac{\pi}{2}^+} \tan x = -\infty, \quad \lim_{x\to \frac{\pi}{2}^-} \sec x = \infty, \quad \lim_{x\to \frac{\pi}{2}^+} \sec x = -\infty$$

따라서 주어진 극한은 $\infty - \infty$ 형태의 부정형이다. 이 문제에서는 $\tan x = \frac{\sin x}{\cos x}$이고 $\sec x = \frac{1}{\cos x}$이라는 점을 이용하여 다음과 같이 공통분모를 활용하고 로피탈 법칙을 적용한다.

$$\lim_{x\to \frac{\pi}{2}} (\tan x - \sec x) = \lim_{x\to \frac{\pi}{2}} \frac{\sin x - 1}{\cos x} = \lim_{x\to \frac{\pi}{2}} \frac{\cos x}{-\sin x} = 0$$

이 경우에는 $\sin x - 1$과 $\cos x$에 대하여 $\frac{0}{0}$ 형태의 부정형이므로 로피탈 법칙을 적용할 수 있다.

[유제 4-31]

$\lim_{x\to 0}\left(\frac{1}{x}-\frac{1}{e^x-1}\right)$을 구하라.

거듭제곱 형태의 부정형

이제 다음과 같은 거듭제곱 형태의 부정형을 알아보자.

$$\lim_{x\to a} f(x)^{g(x)}$$

함수 $f(x)$와 $g(x)$에 대한 극한에 따라 다음과 같이 3가지로 구분할 수 있다.

(1) $\lim_{x\to a} f(x)=0$이고 $\lim_{x\to a} g(x)=0$인 0^0 형태

(2) $\lim_{x\to a} f(x)=\infty$이고 $\lim_{x\to a} g(x)=0$인 ∞^0 형태

(3) $\lim_{x\to a} f(x)=1$이고 $\lim_{x\to a} g(x)=\pm\infty$인 1^∞ 형태

이러한 거듭제곱 형태의 부정형은 로그나 지수함수를 통하여 부정형의 형태를 바꿀 수 있다. 먼저 자연로그를 이용하는 방법을 알아보자.

$$y=f(x)^{g(x)} \quad \Rightarrow \quad \ln y = g(x)\ln f(x)$$

위 자연로그 형태를 살펴보면 다음 3가지 경우를 생각할 수 있다.

(i) $\lim_{x\to a} f(x)=0$일 때, $\lim_{x\to a} \ln f(x)=-\infty$이다.

(ii) $\lim_{x\to a} f(x)=\infty$일 때, $\lim_{x\to a} \ln f(x)=\infty$이다.

(iii) $\lim_{x\to a} f(x)=1$일 때, $\lim_{x\to a} \ln f(x)=0$이다.

(i), (ii), (iii) 모두 $0\cdot\infty$ 형태의 부정형으로 바뀜을 확인할 수 있다.

만약 지수함수를 이용하면 다음과 같이 변형할 수 있다.

$$f(x)^{g(x)}=e^{g(x)\ln f(x)}$$

지수함수를 이용하여 변형한 위 식 또한 자연로그를 이용한 방법과 마찬가지로 $0\cdot\infty$ 형태의 부정형으로 바뀜을 알 수 있다.

예제 4-35 거듭제곱 형태의 부정형

$\lim_{x \to 0^+}(1+\sin x)^{\cot x}$을 구하라.

풀이

먼저 주어진 극한이 부정형임을 확인하자. $\lim_{x \to 0^+}(1+\sin x)=1$이며 $\lim_{x \to 0^+}\cot x=\infty$이므로 이는 1^∞ 형태의 부정형이다. 따라서 $y=(1+\sin x)^{\cot x}$이라 하고 지수함수를 이용하여 부정형을 변형하자.

$$\ln y=\ln(1+\sin x)^{\cot x}=\cot x\ln(1+\sin x)$$

이는 $0 \cdot \infty$ 형태의 부정형이므로 다음과 같이 로피탈 법칙을 적용하자.

$$\lim_{x \to 0^+}\ln y=\lim_{x \to 0^+}\frac{\ln(1+\sin x)}{\tan x}=\lim_{x \to 0^+}\frac{\frac{\cos x}{1+\sin x}}{\sec^2 x}=1$$

이 값은 y가 아닌 $\ln y$의 극한이므로 마지막으로 $y=e^{\ln y}$을 이용하여 원하는 극한을 구하면 다음과 같다.

$$\lim_{x \to 0^+}(1+\sin x)^{\cot x}=\lim_{x \to 0^+}y=\lim_{x \to 0^+}e^{\ln y}=e$$

예제 4-36 거듭제곱 형태의 부정형

$\lim_{x \to 0^+}x^x$을 구하라.

풀이

이는 거듭제곱 형태의 부정형 중 0^0 형태의 부정형이다. 임의의 $x>0$에 대하여 $x^0=1$이고 $x \neq 0$에 대하여 $0^x=0$임을 생각해 보자. [예제 4-35]와 마찬가지로 $y=x^x$으로 두고 자연로그를 이용하여 부정형을 변형해 보자.

$$\ln y=x\ln x$$

[예제 4-33]에서 $\lim_{x \to 0^+}x\ln x=0$임을 계산하였으므로 다음이 성립한다.

$$\lim_{x \to 0^+}\ln y=\lim_{x \to 0^+}x\ln x=0$$

따라서 y에 대한 극한은 다음과 같다.

$$\lim_{x \to 0^+}y=\lim_{x \to 0^+}e^{\ln y}=1$$

다음과 같이 주어진 함수를 지수함수로 나타내도 동일한 결과를 얻는다.

$$\lim_{x\to 0^+} x^x = \lim_{x\to 0^+} (e^{\ln x})^x = \lim_{x\to 0^+} e^{x\ln x} = e^0 = 1$$

[유제 4-32]

$\lim_{x\to 0^+} x^{2x}$을 구하라.

SECTION

4.8 연습문제

01 명제 '모든 실수 a에 대하여 $\lim_{x\to a}\frac{f(x)}{g(x)}=\lim_{x\to a}\frac{f'(x)}{g'(x)}$이다.'가 참인지 거짓인지 결정하라. 참이면 이유를 설명하고 거짓이면 이유를 설명하거나 반례를 들어라.

※ 02~07 다음 극한을 구하라.

02 $\lim_{x\to\infty}\frac{x^{-1}}{e^{-x}}$

03 $\lim_{x\to\infty}\frac{\ln x}{x}$

04 $\lim_{x\to 0}2x\csc x$

05 $\lim_{x\to\infty}\{\ln(x+1)-\ln(x-1)\}$

06 $\lim_{x\to 0^+}x^{x^2}$

07 $\lim_{x\to\infty}\frac{1-e^{\frac{1}{x}}}{2}$

※ 08~15 다음 극한을 구하라.

08 $\lim_{x\to 1^+}\tan^{-1}\frac{1}{x-1}$

09 $\lim_{x\to 0^-}e^{\frac{2}{x}}$

10 $\lim_{x\to 0^-}\ln(\cosh x-1)$

11 $\lim_{x\to\infty}\frac{1+3^x}{1-3^x}$

12 $\lim_{x\to 0}\frac{e^x-1}{\sin x}$

13 $\lim_{x\to 0}\frac{e^{2x}-1+2x}{x^2}$

14 $\lim_{x\to -\infty}(x^2-x^3)e^{3x}$

15 $\lim_{x\to 0^+}\left\{\frac{x+1}{x}-\frac{1}{\ln(x+1)}\right\}$

※ 16~17 임의의 자연수 n에 대하여 다음이 성립함을 증명하라.

16 $\lim_{x\to\infty}\frac{e^x}{x^n}=\infty$

17 $\lim_{x\to\infty}\frac{\ln x}{x^n}=0$

18 f'이 연속이고 $f(2)=0$, $f'(2)=4$일 때 다음을 구하라.

$$\lim_{x\to 0}\frac{f(2+x)+f(2+3x)}{x}$$

19 f'이 연속일 때 로피탈 법칙을 이용하여 다음을 보여라.

$$\lim_{h\to 0}\frac{-3f(x)+4f(x+h)-f(x+2h)}{2h}=f'(x)$$

CHAPTER

05

적분

Integration

Contents

○ 적분을 왜 배워야 하는가?

고대 이집트에서는 나일강이 범람하면 토지 경계가 변하곤 했다. 이에 따라 발전한 토지 측량법이 적분의 토대가 되었다. 구분구적법을 시작으로 주어진 구간을 세분화하여 극한과 연결하면서 정적분으로 발전하였다. 적분은 함수의 그래프가 나타내는 기하학적 넓이를 계산하는 것에 국한하지 않고 여러 학문에 응용할 수 있다. 예를 들면 물리학에서는 물체가 움직인 거리를 계산하기 위해 속도를 적분하고, 경제학에서는 총 효용을 계산하기 위해 재화의 각 수량에 대한 한계 효용을 적분하기도 한다.

○ 이 장에서 배우는 내용은?

이 장에서는 넓이를 구하는 과정을 통해 적분학의 기본 개념인 정적분을 정의한다. 또한 미분과 적분 사이의 중요한 관계를 나타내는 정리인 미분적분학의 기본정리를 살펴보며 직접 계산하기 어려운 적분을 계산하는 방법으로 치환적분법과 부분적분법을 소개한다. 마지막으로 정적분의 엄밀한 정의를 통해 정적분의 개념을 심도 있게 다루고 5.1절에서 배운 정적분 개념과 비교한다. 5.5절은 생략하여도 전체 내용을 이해하는 데 문제없다.

- 적분
  - 정적분 — 정적분의 성질
  - 미분적분학의 기본정리
    - 부정적분
    - 미분적분학의 기본정리
    - 함수의 평균값
  - 치환적분법
    - 부정적분
    - 정적분
    - 대칭성
  - 부분적분법
  - 정적분의 엄밀한 정의 — 정적분과 넓이

SECTION 5.1 정적분

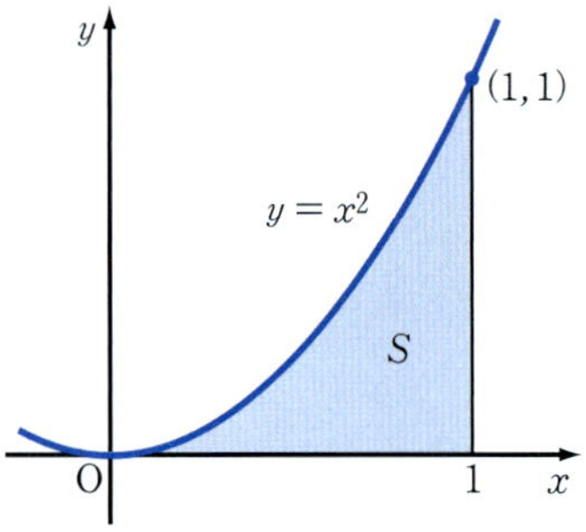

[그림 5-1] 함수 $y=x^2$ 아래의 영역 S

3장에서 곡선 위의 두 점을 연결하는 직선의 기울기를 이용하여 접선의 기울기를 정의하였다. 두 점의 간격을 한없이 작게 만들면 직선의 극한이 접선이 되는 것처럼 곡선으로 둘러싸인 영역의 넓이를 직사각형들의 넓이의 합의 극한으로 정의하여 정적분의 개념을 설명하고자 한다. [그림 5-1]에서 S는 포물선 $y=x^2$과 x축, 직선 $x=1$로 둘러싸인 영역을 의미한다. x가 0부터 1까지일 때 포물선 $y=x^2$의 아래에 있는 영역 S의 넓이를 직사각형을 이용하여 근사하여 구해 보자.

영역 S의 넓이 A를 구하기 위해 먼저 S를 여러 개의 직사각형으로 나누고, 그 직사각형의 수를 점점 증가시킴으로써 직사각형들의 넓이의 합의 극한을 통해 S의 넓이를 구한다. [그림 5-2]에서 S_4는 x의 구간 $[0, 1]$을 간격이 동일한 4개의 구간으로 나누었을 때, 각 구간에서 오른쪽 끝점의 함숫값을 높이로 하는 직사각형 4개의 넓이의 합을 의미한다. 또한 S_8은 S_4와 같은 방법으로 간격이 동일한 8개의 구간으로 나누었을 때 생기는 직사각형들의 넓이의 합이다.

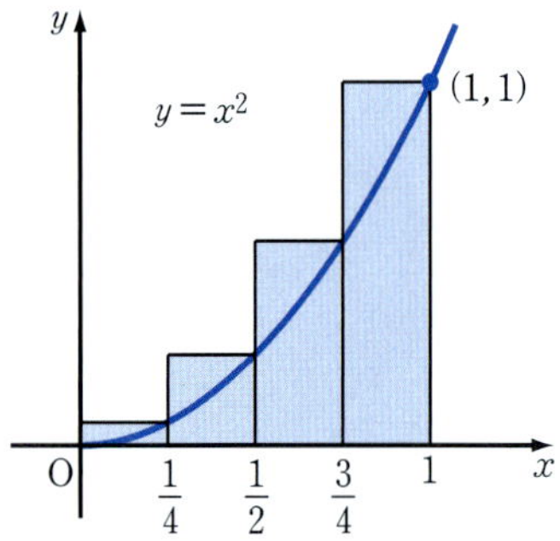

(a) 구간이 4개일 때의 영역 S_4

S_4의 경우 구간 $[0, 1]$을 4개의 부분 구간 $\left[0, \frac{1}{4}\right]$, $\left[\frac{1}{4}, \frac{1}{2}\right]$, $\left[\frac{1}{2}, \frac{3}{4}\right]$, $\left[\frac{3}{4}, 1\right]$로 나누고, 각 구간에서 오른쪽 끝점의 함숫값을 높이로 하는 직사각형들을 고려한다. 동일한 간격으로 부분 구간을 구성하였으므로 직사각형의 밑변의 길이는 모두 $\frac{1}{4}$로 동일하며, 4개의 직사각형의 넓이의 합을 식으로 나타내면 다음과 같다.

$$S_4 = \frac{1}{4}\left(\frac{1}{4}\right)^2 + \frac{1}{4}\left(\frac{1}{2}\right)^2 + \frac{1}{4}\left(\frac{3}{4}\right)^2 + \frac{1}{4}1^2 = \frac{15}{32} = 0.46875$$

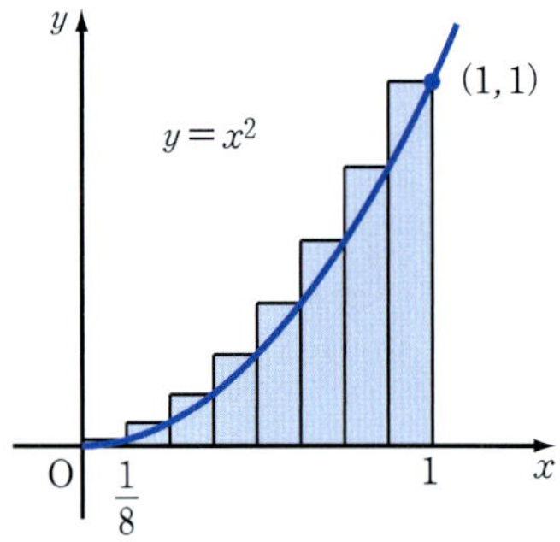

(b) 구간이 8개일 때의 영역 S_8

[그림 5-2] 영역 S를 직사각형의 합으로 근사한 경우

또한 S_8은 S_4의 경우와 같은 방법으로 다음과 같이 식으로 나타낼 수 있다.

$$S_8 = \frac{1}{8}\left(\frac{1}{8}\right)^2 + \frac{1}{8}\left(\frac{1}{4}\right)^2 + \frac{1}{8}\left(\frac{3}{8}\right)^2 + \cdots + \frac{1}{8}1^2 = \frac{51}{128} = 0.3984375$$

[그림 5-2]에서 확인할 수 있듯이 구간 $[0, 1]$을 4개의 구간으로 나누었을 때 직사각형들의 넓이의 합 S_4와 8개의 구간으로 나누었을 때 직사각형들의 넓이의 합 S_8은 모두 실제 S의 넓이보다 크다. 그러나 S_4보다 S_8이 S의 넓이 A에 더 가깝다는 사실을 알 수 있다. 이처럼 구간 $[0, 1]$을 여러 개의 구간으로 나눌 때 부분 구간의 개수가 많을수록 실제 넓이 A에 가까워진다.

다음으로 구간 $[0, 1]$을 간격이 동일한 n개의 구간으로 나누었을 때, 각 부분 구간의 오른쪽 끝점에서의 함숫값을 높이로 하는 n개의 직사각형들을 생각해 보자. 이 n개의 직사각형들의 넓이의 합을 S_n이라고 하자. 각 직사각형의 밑변은 $\frac{1}{n}$로 동일하고 높이는 $\left(\frac{1}{n}\right)^2, \left(\frac{2}{n}\right)^2, \left(\frac{3}{n}\right)^2, \cdots, \left(\frac{n}{n}\right)^2$이다. 따라서 S_n은 다음과 같다.

$$\begin{aligned} S_n &= \frac{1}{n}\left(\frac{1}{n}\right)^2 + \frac{1}{n}\left(\frac{2}{n}\right)^2 + \frac{1}{n}\left(\frac{3}{n}\right)^2 + \cdots + \frac{1}{n}\left(\frac{n}{n}\right)^2 \\ &= \frac{1}{n} \cdot \frac{1}{n^2}(1^2 + 2^2 + 3^2 + \cdots + n^2) \\ &= \frac{1}{n^3}(1^2 + 2^2 + 3^2 + \cdots + n^2) \\ &= \frac{1}{n^3} \cdot \frac{n(n+1)(2n+1)}{6} = \frac{(n+1)(2n+1)}{6n^2} \end{aligned}$$

[그림 5-3]의 S_n에서 n 값이 무한히 커질 때 구하고자 하는 영역 S의 넓이 A에 가까워진다는 사실을 직관적으로 알 수 있다. 이에 따라 다음과 같이 S_n에 극한을 취하여 A 값을 구한다.

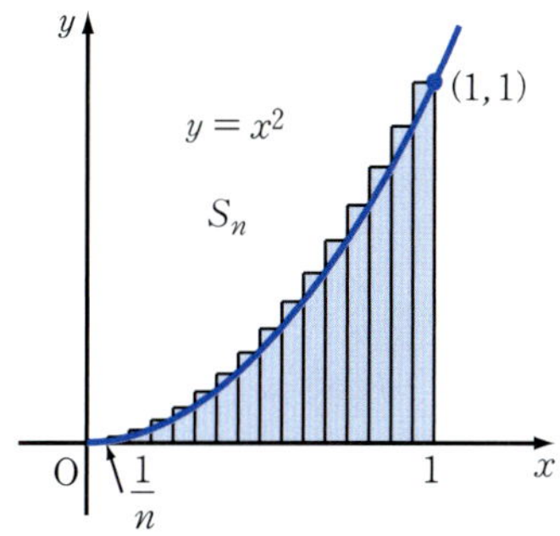

[그림 5-3] 구간이 n개일 때의 영역 S_n

$$\begin{aligned} A = \lim_{n\to\infty} S_n = \lim_{n\to\infty} \frac{(n+1)(2n+1)}{6n^2} &= \lim_{n\to\infty} \frac{1}{6}\left(1 + \frac{1}{n}\right)\left(2 + \frac{1}{n}\right) \\ &= \frac{1}{6} \cdot 1 \cdot 2 = \frac{1}{3} \end{aligned}$$

위 결과에 따라 n 값이 무한히 커질 때 S_n의 극한인 $\frac{1}{3}$이 [그림 5-1]에 있는 영역 S의 넓이임을 알 수 있다. 이제 위 내용을 좀 더 일반적인 영역으로 확대하여 적용해 보자. [그림 5-4]와 같이 함수 $y = f(x)$와 $x = a$, $x = b$ 그리고 x축으로 둘러싸인 영역을 S라고 하자.

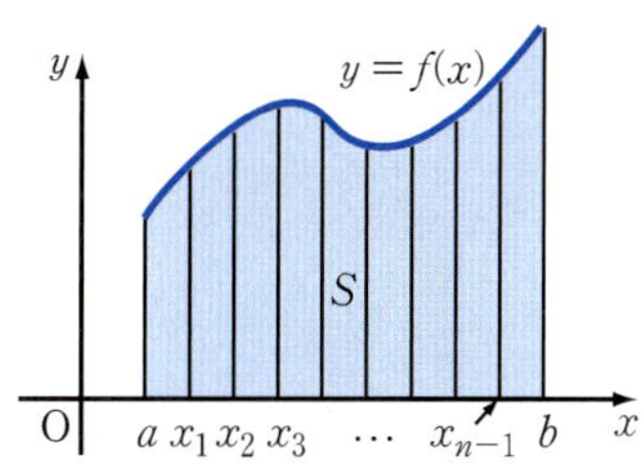

[그림 5-4] 함수 $y = f(x)$ 아래의 영역 S

먼저 x의 구간 $[a, b]$를 간격이 동일한 n개의 부분 구간으로 다음과 같이 나눈다.

$$[x_0, x_1], [x_1, x_2], [x_2, x_3], \cdots, [x_{n-1}, x_n]$$

여기서 $x_0 = a$이고 $x_n = b$이다. 이때 한 부분 구간의 길이는 다음과 같다.

$$\Delta x = \frac{b-a}{n}$$

또한 각 부분 구간의 오른쪽 끝점은 다음과 같이 나타낼 수 있다.

$$x_k = a + k\Delta x \quad (k = 1, 2, \dots, n)$$

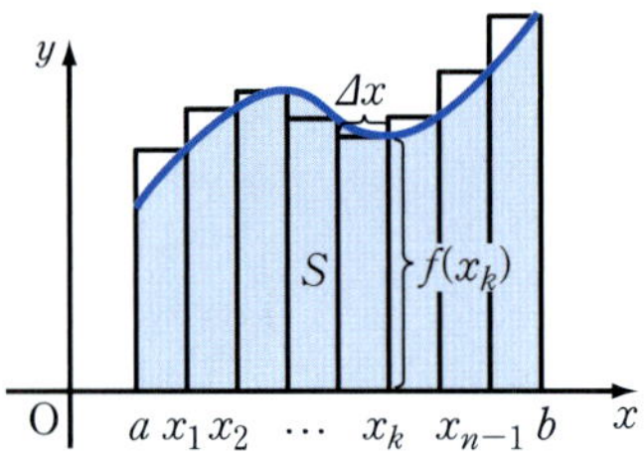

[그림 5-5] 구간이 n개일 때의 영역 S_n

[그림 5-5]와 같이 구간을 n개로 나누었을 때 각 부분 구간을 밑변으로 하는 직사각형들의 넓이의 합을 구해 보자. k번째 직사각형의 넓이는 $f(x_k)\Delta x$이다. 따라서 전체 직사각형의 넓이의 합을 S_n이라 할 때 S_n은 다음과 같이 나타낼 수 있다.

$$S_n = f(x_1)\Delta x + f(x_2)\Delta x + \cdots + f(x_n)\Delta x$$

여기서 구간의 개수 n을 무한히 증가시켜 S_n을 근사한 극한을 구하고자 한다. n이 커질수록 S_n은 영역 S의 실제 넓이에 더욱 근접한다. 따라서 영역 S의 넓이를 A라 하면 A는 다음과 같이 정의한다.

정의 5-1 넓이

f가 구간 $[a, b]$에서 정의되는 연속함수일 때, 함수 f의 그래프 아래에 놓이는 영역 S의 넓이 A는 간격이 동일한 n개의 부분 구간으로 나누었을 때 생기는 직사각형들의 넓이의 합의 극한이다.

$$\begin{aligned} A &= \lim_{n\to\infty} S_n = \lim_{n\to\infty}\{f(x_1)\Delta x + f(x_2)\Delta x + \cdots + f(x_n)\Delta x\} \\ &= \lim_{n\to\infty}\sum_{k=1}^{n} f(x_k)\Delta x \end{aligned}$$

참고 부분 직사각형들의 넓이의 합의 극한

[정의 5-1]에서는 함수 f가 연속이라고 가정하고 있으므로 극한 $\lim_{n\to\infty} S_n$은 항상 존재한다. 또한 n개의 구간으로 나누었을 때 생기는 부분 직사각형들의 높이를 계산할 때 각 부분 구간의 오른쪽 끝점이 아닌 왼쪽 끝점이나 중점을 사용해도 다음과 같이 동일한 결과를 얻는다. 이 결과는 5.5절의 내용을 참조한다.

$$A = \lim_{n\to\infty}\sum_{k=1}^{n} f(x_k)\Delta x = \lim_{n\to\infty}\sum_{k=1}^{n} f(x_{k-1})\Delta x \quad \text{(왼쪽 끝점 사용)}$$

$$A = \lim_{n\to\infty}\sum_{k=1}^{n} f(x_k)\Delta x = \lim_{n\to\infty}\sum_{k=1}^{n} f(\overline{x_k})\Delta x \quad \left(\overline{x_k} = \frac{x_{k-1}+x_k}{2}\right) \quad \text{(중점 사용)}$$

예제 5-1 영역의 넓이

$x=0$과 $x=\pi$ 사이에서 함수 $f(x)=\sin x$의 그래프 아래에 놓이는 영역의 넓이를 A라고 할 때, A 값을 오른쪽 끝점을 이용하여 극한 형태로 표현하라.

풀이

구간 $[0, \pi]$를 간격이 동일한 n개의 부분 구간으로 나누었을 때 각 부분 구간의 길이는 $\Delta x = \frac{\pi - 0}{n} = \frac{\pi}{n}$이고 k번째 부분 구간의 오른쪽 끝점은 $x_k = k\Delta x$ $(k=1, 2, \ldots, n)$이다. 이때 생기는 n개의 직사각형들의 넓이의 합은 다음과 같다.

$$S_n = f(x_1)\Delta x + f(x_2)\Delta x + \cdots + f(x_n)\Delta x$$
$$= (\sin x_1)\Delta x + (\sin x_2)\Delta x + \cdots + (\sin x_n)\Delta x$$
$$= \left(\sin\frac{\pi}{n}\right)\frac{\pi}{n} + \left(\sin\frac{2\pi}{n}\right)\frac{\pi}{n} + \cdots + \left(\sin\frac{n\pi}{n}\right)\frac{\pi}{n}$$

[정의 5-1]에 의해 넓이 A는 다음과 같이 구할 수 있다.

$$A = \lim_{n\to\infty} S_n = \lim_{n\to\infty}\left\{\frac{\pi}{n}\left(\sin\frac{\pi}{n} + \sin\frac{2\pi}{n} + \sin\frac{3\pi}{n} + \cdots + \sin\frac{n\pi}{n}\right)\right\}$$
$$= \lim_{n\to\infty}\frac{\pi}{n}\sum_{k=1}^{n}\sin\frac{k\pi}{n}$$

[유제 5-1]

$x=0$과 $x=\frac{\pi}{4}$ 사이에서 함수 $f(x)=\tan x$의 그래프 아래에 놓이는 영역의 넓이를 A라고 할 때, A 값을 오른쪽 끝점을 이용하여 극한 형태로 표현하라.

정의 5-2 정적분

함수 f가 구간 $[a, b]$에서 정의되는 연속함수이면, $x=a$에서 $x=b$까지의 함수 f의 **정적분**(definite integral)은 다음과 같이 정의한다.

$$\int_a^b f(x)\,dx = \lim_{n\to\infty}\sum_{k=1}^{n} f(x_k)\Delta x$$

이때 $\Delta x = \frac{b-a}{n}$이고 $x_k = a + k\Delta x$이다.

참고 정적분의 조건

[정의 5-2]에서 함수 f는 항상 양의 값일 필요가 없으며, x_k는 각 부분 구간의 오른쪽 끝점이 아닌 왼쪽 끝점을 선택해도 상관없다. 정적분의 엄밀한 정의는 5.5절에서 자세히 설명한다.

예제 5-2 정적분 정의

정적분 정의에 따라 구간 $[0, 1]$에 대하여 다음 극한을 적분 기호로 표현하라.

$$\lim_{n\to\infty}\sum_{k=1}^{n} x_k\sqrt{1+2x_k}\,\Delta x$$

풀이

[정의 5-2]에서 $a=0, b=1$이고 $\lim_{n\to\infty}\sum_{k=1}^{n} x_k\sqrt{1+2x_k}\,\Delta x = \int_0^1 x\sqrt{1+2x}\,dx$이다.

극한 형태로 정적분을 표현하는 방법

일반적으로 극한 형태를 정적분으로 표현할 때, $\lim\sum$는 $\int$로, x_k는 x로, Δx는 dx로 대체한다.

[유제 5-2]

정적분 정의에 따라 구간 $[0,1]$에 대하여 다음 극한을 적분 기호로 표현하라.

$$\lim_{n\to\infty}\sum_{k=1}^{n}\sqrt{x_k}\sin^2(\pi x_k)\triangle x$$

예제 5-3 정적분 계산

구간 $[0,1]$에 대하여 다음 함수의 정적분을 구하라.

(a) $f(x)=c$ (c는 상수) (b) $f(x)=x$

풀이

$a=0,\ b=1$이므로 $\triangle x=\frac{b-a}{n}=\frac{1}{n}$이고 $x_k=\frac{k}{n}$ $(k=1,2,\dots,n)$이다.

자연수의 거듭제곱에 대한 합의 공식

자연수 n에 대하여 다음 공식이 성립한다.

(1) $\sum_{k=1}^{n}c=cn$ (c는 상수)

(2) $\sum_{k=1}^{n}k=\frac{n(n+1)}{2}$

(3) $\sum_{k=1}^{n}k^2=\frac{n(n+1)(2n+1)}{6}$

(4) $\sum_{k=1}^{n}k^3=\left\{\frac{n(n+1)}{2}\right\}^2$

(a) [정의 5-2]와 자연수의 거듭제곱에 대한 합의 공식 (1)을 이용하여 정적분을 구하면 $\int_0^1 f(x)\,dx=\lim_{n\to\infty}\sum_{k=1}^{n}f(x_k)\frac{1}{n}=\lim_{n\to\infty}\frac{1}{n}\sum_{k=1}^{n}c=\lim_{n\to\infty}\frac{1}{n}cn=c$이다.

(b) [정의 5-2]와 자연수의 거듭제곱에 대한 합의 공식 (2)를 이용하여 정적분을 구하면 다음과 같다.

$$\int_0^1 f(x)\,dx=\lim_{n\to\infty}\sum_{k=1}^{n}f(x_k)\frac{1}{n}=\lim_{n\to\infty}\sum_{k=1}^{n}\left(\frac{k}{n}\right)\frac{1}{n}$$

$$=\lim_{n\to\infty}\frac{1}{n^2}\sum_{k=1}^{n}k=\lim_{n\to\infty}\frac{1}{n^2}\frac{n(n+1)}{2}=\lim_{n\to\infty}\frac{1}{2}\left(1+\frac{1}{n}\right)=\frac{1}{2}$$

예제 5-4 정적분 계산

구간 $[0,3]$에 대하여 함수 $f(x)=x^3+6x$의 정적분을 구하라.

풀이

$a=0,\ b=3$이므로 부분 구간의 길이는 $\triangle x=\frac{b-a}{n}=\frac{3}{n}$이다. 또한 $x_0=0,\ x_1=\frac{3}{n}$, $x_2=\frac{6}{n},\cdots$이므로 $x_k=\frac{3k}{n}$ $(k=1,2,\dots,n)$이다. [정의 5-2]를 이용하면 다음과 같이 계산할 수 있다.

$$\int_0^3(x^3+6x)dx=\lim_{n\to\infty}\sum_{k=1}^{n}f(x_k)\triangle x=\lim_{n\to\infty}\sum_{k=1}^{n}f\left(\frac{3k}{n}\right)\frac{3}{n}$$

$$=\lim_{n\to\infty}\frac{3}{n}\sum_{k=1}^{n}\left\{\left(\frac{3k}{n}\right)^3+6\left(\frac{3k}{n}\right)\right\}=\lim_{n\to\infty}\left(\frac{81}{n^4}\sum_{k=1}^{n}k^3+\frac{54}{n^2}\sum_{k=1}^{n}k\right)$$

$$=\lim_{n\to\infty}\left[\frac{81}{n^4}\left\{\frac{n(n+1)}{2}\right\}^2+\frac{54}{n^2}\frac{n(n+1)}{2}\right]$$

$$= \lim_{n\to\infty}\left\{\frac{81}{4}\left(1+\frac{1}{n}\right)^2+27\left(1+\frac{1}{n}\right)\right\}$$

$$= \frac{81}{4}+27=\frac{189}{4}$$

[유제 5-3]

구간 $[0,1]$에 대하여 함수 $f(x)=(1+3x)^2$의 정적분을 구하라.

[정의 5-1] 넓이와 [정의 5-2] 정적분을 연결하면 넓이를 다음과 같이 정적분으로 표현할 수 있다.

정리 5-1 넓이의 정적분 표현

함수 f가 구간 $[a,b]$에서 정의된 연속함수일 때, $f(x)\geq 0$인 함수 f의 그래프와 x축과 두 직선 $x=a$, $x=b$로 둘러싸인 도형의 넓이 A는 다음과 같다.

$$A=\int_a^b f(x)\,dx$$

예제 5-5 넓이를 이용한 정적분 계산

[정의 5-1]을 이용하여 정적분 $\int_0^2 \sqrt{4-x^2}\,dx$를 구하라.

풀이

$f(x)=\sqrt{4-x^2}\geq 0$이므로 정적분 $\int_0^2\sqrt{4-x^2}\,dx$는 $x=0$에서 $x=2$까지일 때 곡선 $y=\sqrt{4-x^2}$ 아래 영역의 넓이로 생각할 수 있다. 오른쪽 그림과 같이 곡선 $y=\sqrt{4-x^2}$ 아래의 영역은 반지름이 2인 사분원이다. 따라서 주어진 정적분은 다음과 같이 계산한다.

$$\int_0^2\sqrt{4-x^2}\,dx=\frac{1}{4}\pi\cdot 2^2=\pi$$

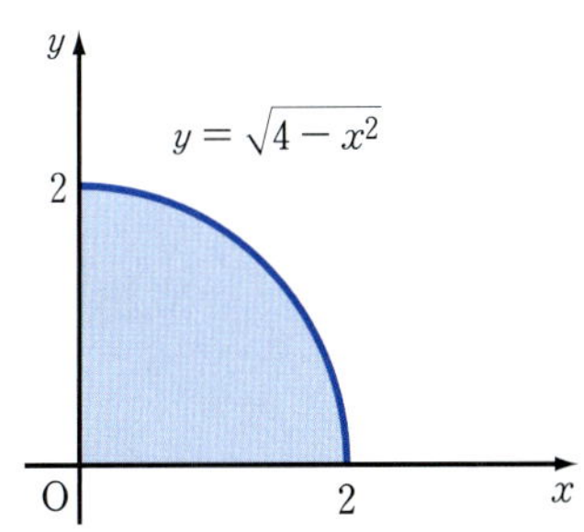

[유제 5-4]

[정리 5-1]을 이용하여 정적분 $\int_{-3}^3\sqrt{9-x^2}\,dx$를 구하라.

정적분의 성질

정적분을 계산할 때 유용하게 사용할 수 있는 적분의 성질을 몇 가지 알아보자. 정적분 $\int_a^b f(x)\,dx$에서는 $a<b$라는 조건이 기본적으로 가정되어 있으나, $a>b$인 경우에도 정적분을 정의할 수 있다. [정의 5-2]에서 a와 b의 위치를 바꾸면 Δx는 $\frac{b-a}{n}$에서 $\frac{a-b}{n}$로 대체되며, 이에 따라 다음 식이 성립한다.

$$\int_b^a f(x)\,dx = -\int_a^b f(x)\,dx$$

특히 $a=b$인 경우에는 $\Delta x = \frac{0}{n} = 0$이므로 다음 식이 성립한다.

$$\int_a^a f(x)\,dx = 0$$

다음 정리는 적분을 계산할 때 유용한 정적분의 성질이다. 이 성질은 정적분의 선형성을 나타낸다.

정리 5-2 정적분의 상수곱, 합, 차에 관한 성질

함수 f, g가 구간 $[a, b]$에서 연속이면 다음 식이 성립한다.

(1) $\int_a^b cf(x)\,dx = c\int_a^b f(x)\,dx$ (c는 상수)

(2) $\int_a^b \{f(x) \pm g(x)\}\,dx = \int_a^b f(x)\,dx \pm \int_a^b g(x)\,dx$

예제 5-6 적분의 성질을 이용한 정적분 계산

적분의 성질을 이용하여 $\int_0^1 (3-2x)\,dx$를 구하라.

풀이

[예제 5-3]과 [정리 5-2]에 의해 구하고자 하는 식은 다음과 같다.

$$\int_0^1 (3-2x)\,dx = \int_0^1 3\,dx - 2\int_0^1 x\,dx = 3-2\cdot\frac{1}{2} = 2$$

[유제 5-5]

적분의 성질을 이용하여 $\int_0^1 (2x+\sqrt{1-x^2})\,dx$ 를 구하라.

다음 정리는 동일한 함수에 대하여 서로 이웃하는 구간에서 적분의 합을 계산할 때 유용한 성질이다.

정리 5-3 구간에 관한 정적분의 성질

함수 f와 상수 a, b, c에 대하여 다음 식이 성립한다.

$$\int_a^c f(x)dx + \int_c^b f(x)dx = \int_a^b f(x)\,dx$$

넓이 개념을 이용하여 [정리 5-3]을 직관적으로 이해해 보자. [그림 5-6]에서 볼 수 있듯이 $f \geq 0$이고 $a < c < b$인 경우에 $x=a$에서 $x=c$까지 함수 $y=f(x)$의 아래 영역의 넓이와 $x=c$에서 $x=b$까지 함수 $y=f(x)$의 아래 영역의 넓이의 합이 $x=a$에서 $x=b$까지 함수 $y=f(x)$의 아래 전체 영역의 넓이와 같다.

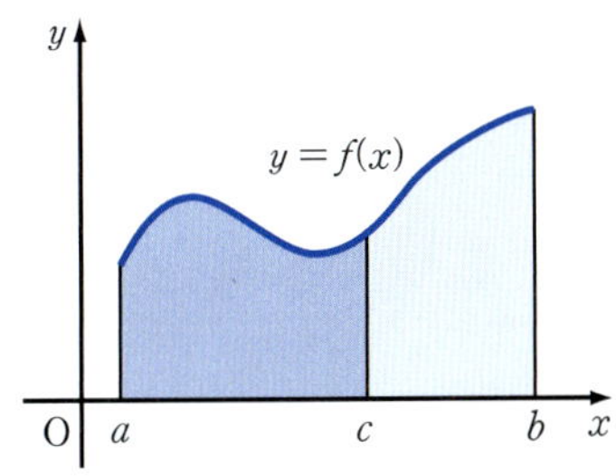

[그림 5-6] 이웃하는 구간에서 정적분의 성질

예제 5-7 구간에 관한 정적분의 성질

$\int_0^{10} f(x)\,dx = 15$이고 $\int_0^7 f(x)\,dx = 11$일 때, $\int_7^{10} f(x)\,dx$를 구하라.

풀이

[정리 5-3]에 의해 $\int_0^7 f(x)\,dx + \int_7^{10} f(x)\,dx = \int_0^{10} f(x)\,dx$ 이다. 따라서 구하려는 정적분 값은 $\int_7^{10} f(x)\,dx = \int_0^{10} f(x)\,dx - \int_0^7 f(x)\,dx = 15 - 11 = 4$ 이다.

정리 5-4 적분의 비교

함수 f, g가 구간 $[a, b]$에서 적분 가능할 때, 구간 $[a, b]$ 사이에 있는 모든 x에 대하여 다음 식이 성립한다.

(1) $f(x) \geq 0$이면, $\int_a^b f(x)\,dx \geq 0$이다.

(2) $f(x) \geq g(x)$이면, $\int_a^b f(x)\,dx \geq \int_a^b g(x)\,dx$이다.

참고 **정적분 비교 표현**

[정리 5-4]의 (2)와 [정리 5-2]의 (1)을 이용하면 다음 명제가 성립한다.

$$m \le f(x) \le M\text{이면, } m(b-a) \le \int_a^b f(x)\,dx \le M(b-a)\text{이다.}$$

예제 5-8 **적분의 비교**

적분의 비교 성질을 이용하여 $\int_0^1 e^{x^2} dx$ 값을 추정하라.

풀이

$f(x) = e^{x^2}$은 증가함수이므로 구간 $[0, 1]$에서 함수 $f(x)$의 최솟값은 $m = f(0) = 1$이고 최댓값은 $M = f(1) = e$이다. 따라서 [참고]의 정적분 비교 표현을 이용하면 $1(1-0) \le \int_0^1 e^{x^2} dx \le e(1-0)$이고, $1 \le \int_0^1 e^{x^2} dx \le e$이다.

[유제 5-6]

적분의 비교 성질을 이용하여 $\int_1^{\sqrt{e}} \ln(x^2)dx$ 값을 추정하라.

SECTION

5.1 연습문제

01 정적분 정의를 이용하여 구간 $[2, 7]$에 대하여 다음 극한을 정적분으로 표현하라.

$$\lim_{n\to\infty}\sum_{k=1}^{n}\{5(x_k)^3+4x_k\}\triangle x$$

02 다음 극한을 정적분 형태로 표현하라.

$$\lim_{n\to\infty}\left(\frac{1}{n+1}+\frac{1}{n+2}+\cdots+\frac{1}{n+n}\right)$$

03 다음 극한을 정적분 형태로 표현하라.

$$\lim_{n\to\infty}\frac{1}{n\sqrt{n}}(\sqrt{2}+\sqrt{4}+\sqrt{6}+\cdots+\sqrt{2n})$$

※ 04~06 다음 극한을 정적분 형태로 표현하라.

04 $\displaystyle\lim_{n\to\infty}\sum_{k=1}^{n}\frac{k^3}{n^4}$

05 $\displaystyle\lim_{n\to\infty}\frac{1}{n^2}\sum_{k=1}^{n}ke^{\frac{k}{n}}$

06 $\displaystyle\lim_{n\to\infty}\sum_{k=1}^{n}\frac{k^4+n^2k^2}{n^5}$

※ 07~08 정적분 정의를 이용하여 다음 적분을 구하라.

07 $\displaystyle\int_0^4(x^3-2x)dx$

08 $\displaystyle\int_0^3(x^2+4x)dx$

09 적분을 계산하지 않고 적분의 비교 성질을 이용하여 다음 부등식이 성립함을 보여라.

$$0\le\int_0^{\sqrt{\frac{\pi}{2}}}\sin(x^2)\,dx\le\sqrt{\frac{\pi}{2}}$$

※ 10~12 넓이를 이용하여 다음 정적분을 구하라.

10 $\displaystyle\int_0^2\sqrt{4x-x^2}\,dx$

11 $\displaystyle\int_{-6}^0\sqrt{9-(x+3)^2}\,dx$

12 $\displaystyle\int_0^2\sqrt{2x-x^2}\,dx$

※ 13~15 $\displaystyle\int_0^1 f(x)dx=3$, $\displaystyle\int_1^2 f(x)dx=4$, $\displaystyle\int_0^3 f(x)dx=10$, $\displaystyle\int_0^1 g(x)dx=1$, $\displaystyle\int_0^2 g(x)dx=3$, $\displaystyle\int_0^3 g(x)dx=5$일 때, 다음 적분값을 구하라.

13 $\displaystyle\int_0^2 3f(x)dx$

14 $\displaystyle\int_1^2 g(x)dx$

15 $\displaystyle\int_2^3\{2f(x)-3g(x)\}dx$

SECTION
5.2 미분적분학의 기본정리

부정적분

함수 $F(x)$의 도함수가 $f(x)$일 때, 즉 $F'(x)=f(x)$라고 할 때 $\int f(x)dx$를 함수 f의 부정적분에 대한 기호로 사용한다. 다음 식에서 $F(x)+C$를 함수 f의 **부정적분**(indefinite integral)이라고 한다.

$$\int f(x)dx = F(x)+C \ (C\text{는 임의의 상수})$$

예를 들어 $(x^2+1)'=2x$이고 $(x^2-2)'=2x$이므로, x^2+1과 x^2-2는 모두 미분해서 $2x$가 되는 미분하기 전의 함수, 즉 역도함수(antiderivative)가 되며, $2x$의 부정적분은 x^2+C(C는 임의의 상수)라고 할 수 있다.

정적분을 계산하기 위해서 여러 함수의 부정적분을 알고 있으면 편리하다. 다음은 부정적분과 관련된 공식들을 정리한 것이다.

정리 5-5 기본함수에 관한 부정적분

함수 f, g가 적분 가능하고 c, k가 상수일 때, 다음이 성립한다.

(1) $\int cf(x)dx = c\int f(x)dx$

(2) $\int \{f(x)\pm g(x)\}dx = \int f(x)dx \pm \int g(x)dx$

(3) $\int k\,dx = kx+C$

(4) $\int x^n\,dx = \frac{x^{n+1}}{n+1}+C \ (n\neq -1)$

(5) $\int \frac{1}{x}\,dx = \ln|x|+C$

(6) $\int a^x\,dx = \frac{a^x}{\ln a}+C$

정리 5-6 삼각함수에 관한 부정적분

(1) $\int \sin x\, dx = -\cos x + C$

(2) $\int \cos x\, dx = \sin x + C$

(3) $\int \sec^2 x\, dx = \tan x + C$

(4) $\int \csc^2 x\, dx = -\cot x + C$

(5) $\int \sec x \tan x\, dx = \sec x + C$

(6) $\int \csc x \cot x\, dx = -\csc x + C$

정리 5-7 역삼각함수에 관한 부정적분

(1) $\int \frac{1}{\sqrt{1-x^2}}\, dx = \sin^{-1} x + C$

(2) $\int \frac{1}{x\sqrt{x^2-1}}\, dx = \sec^{-1} x + C$

(3) $\int \frac{-1}{\sqrt{1-x^2}}\, dx = \cos^{-1} x + C$

(4) $\int \frac{-1}{x\sqrt{x^2-1}}\, dx = \csc^{-1} x + C$

(5) $\int \frac{1}{1+x^2}\, dx = \tan^{-1} x + C$

(6) $\int \frac{-1}{1+x^2}\, dx = \cot^{-1} x + C$

[정리 5-5], [정리 5-6], [정리 5-7]에서 부정적분의 결과에 있는 C를 적분상수라고 한다.

예제 5-9 부정적분 계산

$\int (5x^4 - 3\csc^2 x)\, dx$를 구하라.

풀이

$$\int (5x^4 - 3\csc^2 x) dx = 5\int x^4 dx - 3\int \csc^2 x dx$$

$$= 5\frac{x^5}{5} - 3(-\cot x) + C = x^5 + 3\cot x + C$$

[유제 5-7]

$\int (2^x - 4\sec x \tan x)\, dx$를 구하라.

예제 5-10 **부정적분 계산**

$\int \frac{3x^2 + x^2\sqrt{x} - 2}{x^2} dx$를 구하라.

풀이

$$\int \frac{3x^2 + x^2\sqrt{x} - 2}{x^2} dx = \int (3 + \sqrt{x} - 2x^{-2}) dx = 3x + \frac{2}{3}x^{\frac{3}{2}} + \frac{2}{x} + C$$

예제 5-11 **부정적분 계산**

$\int \left(2\sec^2 x - \frac{3}{1+x^2}\right) dx$를 구하라.

풀이

$$\int \left(2\sec^2 x - \frac{3}{1+x^2}\right) dx = 2\int \sec^2 x\, dx - 3\int \frac{1}{1+x^2} dx = 2\tan x - 3\tan^{-1} x + C$$

[유제 5-8]

$\int \frac{1-x^2}{1+x^2} dx$를 구하라.

미분적분학의 기본정리

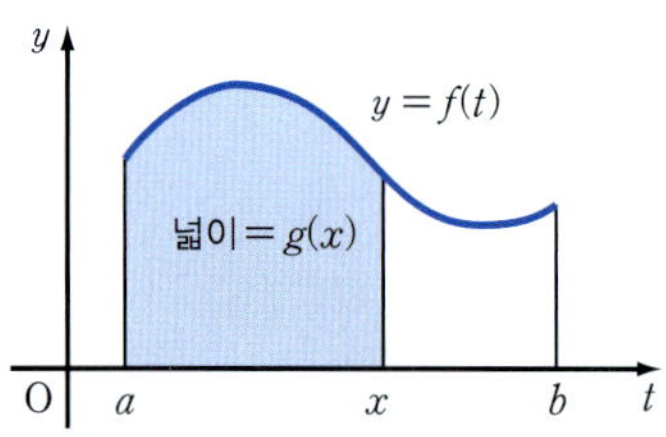

[그림 5-7] 영역의 넓이에 해당하는 함수 $g(x)$

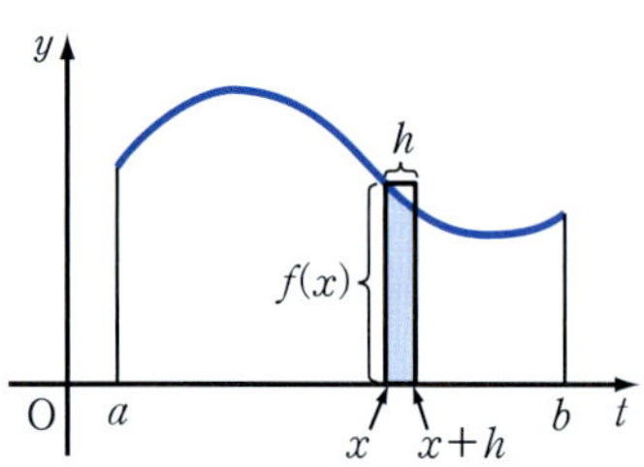

[그림 5-8] 넓이를 나타내는 함수의 미분

미분과 적분은 서로 밀접한 관계가 있다. 이 관계는 미분적분학의 기본정리로 설명할 수 있는데, 이 정리를 살펴보기 위해 먼저 다음 함수를 정의한다.

$$g(x) = \int_a^x f(t)\, dt$$

여기서 함수 f는 구간 $[a, b]$에서 연속이고 x는 a와 b 사이에 존재한다. 함수 g는 적분 구간의 오른쪽 점(상한)이 변수인 x에 대한 함수다. 만약 모든 x에 대하여 $f(x) \geq 0$이면, [그림 5-7]과 같이 $g(x)$는 a에서 x까지 함수 f의 그래프 아래에 있는 영역의 넓이로 해석할 수 있다.

$h > 0$일 때 $g(x+h) - g(x)$는 x에서 $x+h$까지 함수 f의 그래프 아래에 있는 영역의 넓이로 생각할 수 있다. [그림 5-8]에서 살펴볼 수 있듯이 h가 매우 작으면 $g(x+h) - g(x)$는 높이가 $f(x)$이고 밑변의 길이가 h인 직사각형의 넓이와 근사적으로 같게 만들 수 있다. 따라서 다음과 같은 식으로 나타낼 수 있다.

$$\int_{x}^{x+h} f(t)\,dt = g(x+h) - g(x) \approx hf(x) \quad \Rightarrow \quad \frac{g(x+h)-g(x)}{h} \approx f(x)$$

따라서 [정의 3-2]에 의하면 $g'(x)$는 다음과 같이 표현할 수 있다.

$$g'(x) = \lim_{h \to 0} \frac{g(x+h)-g(x)}{h} = f(x)$$

이때 함수 f가 반드시 양의 함수일 필요는 없다. 위 사실을 정리하면 다음과 같다.

정리 5-8 미분적분학의 기본정리 1

함수 f가 구간 $[a, b]$에서 연속이고, $a < x < b$에 대하여 다음과 같이 정의된 함수 F가 f의 역도함수일 때 $F'(x) = f(x)$이다.

$$F(x) = \int_{a}^{x} f(t)\,dt \quad (a \le x \le b)$$

참고 미분적분학의 기본정리 1의 의미

[정리 5-8]을 라이프니츠 기호를 이용하여 나타내면 다음과 같다.

$$\frac{d}{dx} \int_{a}^{x} f(t)\,dt = f(x)$$

즉, 어떤 함수를 적분한 뒤 다시 미분하면 원래 함수로 되돌아감을 알 수 있다.

예제 5-12 미분적분학의 기본정리 1

함수 $F(x) = \int_{1}^{x} t\sin t^3\,dt$의 도함수를 구하라.

풀이

$f(t) = t\sin t^3$은 연속함수이므로 [정리 5-8]에 의해 $F'(x) = x\sin x^3$이다.

[유제 5-9]

함수 $\int_{0}^{x} \sin t^2 \cos t^3\,dt$의 도함수를 구하라.

다음 정리는 [정리 5-8]을 이용하여 적분 구간이 함수로 주어지는 경우 적분의 미분에 대해 설명한 것이다.

정리 5-9 구간이 함수로 주어질 때 적분의 미분

함수 f가 연속이고 함수 g와 h가 미분 가능할 때, $F(x)=\int_{g(x)}^{h(x)} f(t)\,dt$로 정의되는 함수 $F(x)$를 미분하면 다음과 같다.

$$F'(x)=f(h(x))h'(x)-f(g(x))g'(x)$$

증명

$u=g(x)$, $v=h(x)$로 치환하면 함수 F는 $F(x)=\int_u^v f(t)dt$이다. 이 적분은 어떤 실수 a에 대하여 다음과 같이 두 개의 적분으로 나눌 수 있다.

$$F(x)=\int_u^v f(t)dt=\int_a^v f(t)dt+\int_u^a f(t)dt=\int_a^v f(t)dt-\int_a^u f(t)dt$$

$F_1=\int_a^v f(t)\,dt$라고 할 때, [정리 5-8]과 연쇄법칙을 이용하여 $\int_a^v f(t)\,dt$의 도함수를 구하면 다음과 같다.

$$\begin{aligned}\frac{d}{dx}\int_a^v f(t)\,dt &= \frac{d}{dx}F_1=\frac{dF_1}{dv}\frac{dv}{dx}=\frac{d}{dv}\left(\int_a^v f(t)\,dt\right)\frac{dv}{dx}\\ &= f(v)\frac{dv}{dx}=f(h(x))\cdot h'(x)\end{aligned}$$

같은 방법으로 $\int_a^u f(t)\,dt$의 도함수를 정리하면 다음과 같다.

$$\frac{d}{dx}\int_a^u f(t)\,dt=f(g(x))\cdot g'(x)$$

따라서 함수 $F(x)$를 미분하면 다음과 같다.

$$F'(x)=f(h(x))h'(x)-f(g(x))g'(x)$$ ■

예제 5-13 적분 구간이 함수로 주어질 때 적분의 미분

$\int_{2x}^{x^4} \sec t\,dt$의 도함수를 구하라.

풀이

[정리 5-9]를 이용하여 주어진 적분의 도함수를 구하면 다음과 같다.

$$\frac{d}{dx}\int_{2x}^{x^4}\sec t\,dt=4x^3\sec x^4-2\sec 2x$$

[유제 5-10]

함수 $\int_{x^2}^{x^3} \sqrt{1+t^2}\, dt$의 도함수를 구하라.

다음은 미분적분학에서 가장 중요한 기본정리로 정적분을 계산할 때 기본적으로 이용한다.

정리 5-10 미분적분학의 기본정리 2

함수 f가 $[a, b]$에서 연속이고 함수 F가 f의 역도함수면 다음이 성립한다.

$$\int_a^b f(x)\, dx = F(b) - F(a)$$

참고 미분적분학의 기본정리 2의 다른 표현

[정리 5-10]은 다음과 같이 표현하기도 한다.

$$\int_a^b F'(x)\, dx = F(b) - F(a)$$

예제 5-14 미분적분학의 기본정리 2

$\int_0^1 \frac{1}{1+x^2} dx$를 구하라.

풀이

$(\tan^{-1}x)' = \frac{1}{1+x^2}$이므로 [정리 5-10]에 따라 주어진 정적분을 구하면

$\int_0^1 \frac{1}{1+x^2} dx = \left[\tan^{-1}x\right]_0^1 = \tan^{-1}1 - \tan^{-1}0 = \frac{\pi}{4} - 0 = \frac{\pi}{4}$이다.

[유제 5-11]

$\int_0^{\frac{\pi}{3}} \sec x \tan x\, dx$를 구하라.

함수의 평균값

n개 값 $x_1, x_2, x_3, \cdots, x_n$에 대해 $y=f(x)$의 평균값은 다음과 같이 계산한다.

$$\frac{f(x_1)+f(x_2)+\cdots+f(x_n)}{n}=\frac{1}{n}\sum_{k=1}^{n}f(x_k)$$

이제 구간 $[a,b]$를 길이가 같은 n개의 부분 구간으로 나누고, 각 부분 구간에서 위 n개 값을 선택한다. 한 부분 구간의 길이는 $\Delta x=\dfrac{b-a}{n}$이므로 $n=\dfrac{b-a}{\Delta x}$이고, 따라서 위 평균값은 다음과 같이 표현할 수 있다.

$$\frac{f(x_1)+\cdots+f(x_n)}{\dfrac{b-a}{\Delta x}}=\frac{1}{b-a}\{f(x_1)\Delta x+\cdots+f(x_n)\Delta x\}=\frac{1}{b-a}\sum_{k=1}^{n}f(x_k)\Delta x$$

여기서 n이 커지면 매우 좁은 간격의 부분 구간이 생기므로, 각 부분 구간에서의 수많은 함숫값들의 평균값을 계산할 수 있다. 이 무수히 많은 함숫값들의 평균값은 정적분 정의([정의 5-2])에 의해 다음과 같이 나타낸다.

$$\lim_{n\to\infty}\frac{1}{b-a}\sum_{k=1}^{n}f(x_k)\Delta x=\frac{1}{b-a}\int_a^b f(x)dx$$

따라서 구간 $[a,b]$에서 함수 f의 **평균값**을 다음과 같이 정의한다.

$$\frac{1}{b-a}\int_a^b f(x)dx$$

예제 5-15 **함수의 평균값**

구간 $[0,2]$에서 함수 $f(x)=1+x^3$의 평균값을 구하라.

풀이

$$\frac{1}{2-0}\int_0^2 1+x^3dx=\frac{1}{2}\left[x+\frac{1}{4}x^4\right]_0^2=3$$

[유제 5-12]

구간 $[0,3]$에서 함수 $f(x)=x^2+2$의 평균값을 구하라.

다음은 함수의 평균값과 함숫값이 같은 어떤 점이 존재함을 설명하는 정리로, 이를 적분의 평균값 정리라고 한다.

정리 5-11 적분의 평균값 정리

함수 f가 구간 $[a,b]$에서 연속일 때, 다음 식을 만족하는 상수 c가 $[a,b]$에 존재한다.

$$f(c)=\frac{1}{b-a}\int_a^b f(x)dx, \text{ 즉 } \int_a^b f(x)dx=f(c)(b-a)$$

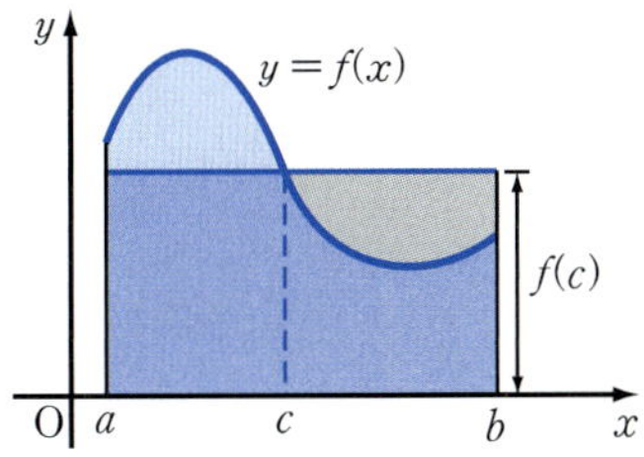

[그림 5-9] 적분의 평균값 정리의 기하학적 의미

[그림 5-9]를 통해 적분의 평균값 정리에 대한 기하학적 의미를 확인할 수 있다. [정리 5-11]은 구간 $[a,b]$에서 함수 $y=f(x)$의 그래프 아래 영역의 넓이와 밑변의 길이가 $b-a$이고 높이가 $x=c$에서의 함숫값인 직사각형의 넓이가 같게 되는 점 c가 존재한다고 해석할 수 있다.

예제 5-16 적분의 평균값 정리

구간 $[0,2]$에서 함수 $f(x)=1+x^3$에 대하여 적분의 평균값 정리를 만족하는 상수 c를 구하라.

풀이

[예제 5-15]에 의해 $f(c)=3$이다. 즉 $c^3=2$이므로 구간 $[0,2]$에서 적분의 평균값 정리를 만족하는 수는 $c=\sqrt[3]{2}$ 이다. 오른쪽 그림에서 이를 확인할 수 있다.

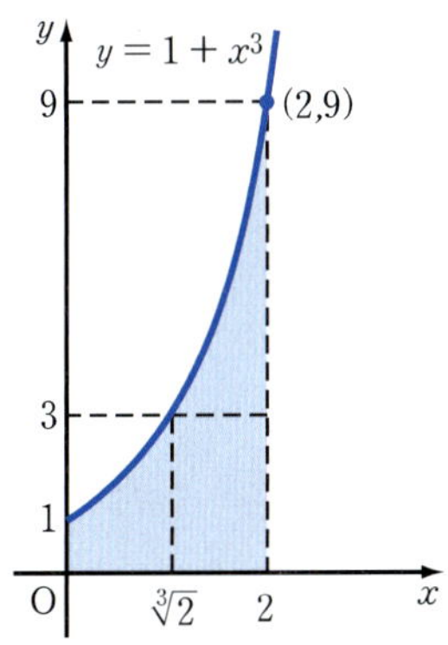

[유제 5-13]

구간 $[0,3]$에서 함수 $f(x)=x^2+2$에 대하여 적분의 평균값 정리를 만족하는 상수 c를 구하라.

SECTION

5.2 연습문제

※ 01~04 다음 부정적분을 구하라.

01 $\int\left(2x^3+x+\frac{1}{3}\right)dx$

02 $\int\left(2\sqrt{x}-\frac{1}{x}\right)dx$

03 $\int\left(\frac{1}{\sqrt{x^3}}-\frac{1}{x^2}\right)dx$

04 $\int x^2(x^3+3)\,dx$

※ 05~08 다음 부정적분을 구하라.

05 $\int \frac{x^3+2x-4}{x}dx$

06 $\int \frac{x^3+1}{x+1}dx$

07 $\int \frac{x^4-16}{x+2}dx$

08 $\int \frac{x^3+x\sqrt{x}-2}{\sqrt[3]{x}}dx$

※ 09~12 다음 부정적분을 구하라.

09 $\int\left(\frac{1}{\cos^2 x}-\frac{1}{\sin^2 x}\right)dx$

10 $\int(e^{-x}+4e^{2x})\,dx$

11 $\int(2^x-1)^2\,dx$

12 $\int \frac{\sin^3 x+\cos^3 x}{\sin^2 x\cos^2 x}dx$

※ 13~16 다음 부정적분을 구하라.

13 $\int\left(\frac{1}{x^4}-\frac{1}{\sqrt{1-x^2}}\right)dx$

14 $\int \frac{3+x^2}{1+x^2}dx$

15 $\int \frac{1}{x}\left(1-\frac{1}{\sqrt{x^2-1}}\right)dx$

16 $\int x\left(x-\frac{1}{x^2\sqrt{x^2-1}}\right)dx$

※ 17~20 다음 함수의 도함수를 구하라.

17 $F(x)=\int_1^{x^3}\cos^2 t\,dt$

18 $F(x)=\int_x^3(3t^2-4t+1)\,dt$

19 $F(x)=\int_{\sqrt{x}}^{x^4} t\cos t\,dt$

20 $F(x)=\int_{\ln x}^{3^x}\sqrt{1+t}\,dt$

※ 21~22 다음 정적분을 구하라.

21 $\int_0^{\frac{\pi}{2}}\sin x\,dx$

22 $\int_0^{\frac{1}{2}}\frac{1}{\sqrt{1-x^2}}dx$

※ 23~25 주어진 구간에서 함수 $f(x)$의 평균값과 적분의 평균값 정리를 만족하는 상수 c를 구하라.

23 $f(x)=\frac{4}{3}x^3,\ [0,3]$

24 $f(x)=\sqrt{x},\ [0,4]$

25 $f(x)=5x\sqrt{x},\ [0,4]$

SECTION

5.3 치환적분법

부정적분

이 절에서는 일반적으로 적분하기 어려운 함수를 치환을 통해 적분하는 방법을 생각해 본다.

부정적분 $\int 2xe^{x^2}dx$를 살펴보자. 적분 기호 안의 함수 $f(x)=2xe^{x^2}$의 부정적분은 생각하기가 쉽지 않다. 그러나 치환을 이용하면 이 적분을 구할 수 있다. 지수함수 e^{x^2}의 지수 부분인 x^2을 t로 치환하면 $t=x^2$이고 이때 t의 미분은 $dt=2xdx$이다. 따라서 주어진 적분은 다음과 같이 계산할 수 있다.

$$\int 2xe^{x^2}dx = \int e^{x^2}2xdx = \int e^t dt = e^t + C = e^{x^2} + C$$

적분을 구하기 어려운 경우 치환적분법을 사용하는데, 보통 치환적분이 가능한 적분의 형태는 다음과 같다.

$$\int f(g(x))g'(x)dx$$

치환적분법을 설명하기 위해 먼저 다음 합성함수의 미분법을 소개한다. 연쇄법칙에 의해 다음 식이 성립한다.

$$\frac{d}{dx}\{F(g(x))\} = F'(g(x))g'(x) \tag{5.1}$$

식 (5.1)을 적분하면 $\int F'(g(x))g'(x)dx = F(g(x)) + C$이다. 이제 $g(x)=t$로 치환하면 다음과 같다.

$$\int F'(g(x))g'(x)dx = F(t) + C = \int F'(t)dt$$

여기서 $F'=f$라고 하면 위 식은 다음과 같이 표현할 수 있다.

$$\int f(g(x))g'(x)dx = \int f(t)dt$$

지금까지 살펴본 내용을 다음과 같이 부정적분의 치환적분법으로 정리할 수 있다.

정리 5-12 부정적분의 치환적분법

$u=g(x)$가 미분 가능하고 f가 $g(x)$의 치역에서 연속이면 다음이 성립한다.

$$\int f(g(x))g'(x)dx=\int f(t)dt$$

예제 5-17 부정적분의 치환적분법

$\int \frac{1}{(2x+3)^4}dx$를 구하라.

풀이

$t=2x+3$으로 치환하면 $dt=2dx$이므로 $dx=\frac{1}{2}dt$이다. 따라서 [정리 5-12]를 적용하면 다음을 얻는다.

$$\int \frac{1}{(2x+3)^4}dx=\int \frac{1}{t^4}\left(\frac{1}{2}dt\right)=\frac{1}{2}\int t^{-4}dt=\frac{1}{2}\left(-\frac{1}{3}t^{-3}\right)+C=-\frac{1}{6}t^{-3}+C$$

$$=-\frac{1}{6(2x+3)^3}+C$$

[유제 5-14]

$\int \frac{x^2+1}{(x^3+3x+2)^2}dx$를 구하라.

예제 5-18 부정적분의 치환적분법

$\int \sin 4x\,dx$를 구하라.

풀이

$t=4x$로 치환하면 $dt=4dx$이므로 $dx=\frac{1}{4}dt$이다. 따라서 [정리 5-12]를 적용하면 다음을 얻는다.

$$\int \sin 4x\,dx=\int \sin t\left(\frac{1}{4}dt\right)=\frac{1}{4}\int \sin t\,dt=\frac{1}{4}(-\cos t)+C=-\frac{1}{4}\cos 4x+C$$

[유제 5-15]

$\int \sec^2(3x+1)dx$를 구하라.

예제 5-19 **부정적분의 치환적분법**

$\int \cot x \, dx$를 구하라.

풀이

$\cot x = \dfrac{\cos x}{\sin x}$이므로 $t = \sin x$로 치환하면 $dt = \cos x \, dx$이다. 따라서 [정리 5-12]를 적용하면 다음을 얻는다.

$$\int \cot x \, dx = \int \frac{\cos x}{\sin x} dx = \int \frac{1}{t} dt = \ln|t| + C = \ln|\sin x| + C$$

[유제 5-16]

$\int \dfrac{\sin x}{\cos^2 x} dx$를 구하라.

예제 5-20 **부정적분의 치환적분법**

$\int x^3 \sqrt{1+x^2} \, dx$를 구하라.

풀이

$t = x^2 + 1$로 치환하면 $dt = 2x \, dx$, $x \, dx = \dfrac{1}{2} dt$이고 $x^2 = t-1$이므로 다음과 같다.

$$\begin{aligned} \int x^3 \sqrt{1+x^2} \, dx &= \int x^2 \sqrt{1+x^2} \, x \, dx \\ &= \int (t-1) \sqrt{t} \left(\frac{1}{2} dt\right) \\ &= \frac{1}{2}\left\{\int (t\sqrt{t} - \sqrt{t}) dt\right\} \\ &= \frac{1}{2}\left(\frac{2}{5} t^2 \sqrt{t} - \frac{2}{3} t\sqrt{t}\right) + C \\ &= \frac{1}{5}(1+x^2)^2 \sqrt{1+x^2} - \frac{1}{3}(1+x^2)\sqrt{1+x^2} + C \end{aligned}$$

[유제 5-17]

$\int \dfrac{3x^5}{\sqrt{1+x^3}} dx$를 구하라.

분자의 함수가 분모의 함수의 미분 형태인 유리함수의 적분을 살펴보자. $\int \frac{f'(x)}{f(x)}dx$의 형태의 적분에서 $t=f(x)$로 치환하면 $dt=f'(x)dx$이므로 다음이 성립한다.

$$\int \frac{f'(x)}{f(x)}dx = \int \frac{1}{f(x)}f'(x)dx = \int \frac{1}{t}dt = \ln|t| + C = \ln|f(x)| + C$$

따라서 $f(x)$가 미분 가능할 때 다음이 성립한다.

$$\int \frac{f'(x)}{f(x)}dx = \ln|f(x)| + C$$

예제 5-21 유리함수의 적분

$\int \frac{x^2}{1+x^3}dx$를 구하라.

풀이

$f(x)=1+x^3$으로 치환하면 주어진 적분은 다음과 같이 계산할 수 있다.

$$\int \frac{x^2}{1+x^3}dx = \frac{1}{3}\int \frac{3x^2}{1+x^3}dx = \frac{1}{3}\int \frac{f'(x)}{f(x)}dx = \frac{1}{3}\ln|f(x)| + C = \frac{1}{3}\ln|1+x^3| + C$$

[유제 5-18]

$\int \frac{1}{x\ln x}dx$를 구하라.

정적분

부정적분을 구할 때와 마찬가지로 정적분을 계산할 때도 치환적분법을 많이 사용한다. 적분 변수와 관련된 함수를 다른 문자로 치환할 때 적분 구간도 같이 바꾸어 적분한다.

정리 5-13 정적분의 치환적분법

함수 g'이 구간 $[a, b]$에서 연속이고 f가 $t=g(x)$의 치역에서 연속이면 다음이 성립한다.

$$\int_a^b f(g(x))g'(x)dx = \int_{g(a)}^{g(b)} f(t)dt$$

예제 5-22 정적분의 치환적분법

$\int_0^1 \frac{x+1}{(x^2+2x+4)^2}dx$를 구하라.

풀이

$t=x^2+2x+4$로 치환하면 $dt=(2x+2)dx$이다. $x=0$이면 $t=4$이고 $x=1$이면 $t=7$이므로 [정리 5-13]에 의해 다음이 성립한다.

$$\int_0^1 \frac{x+1}{(x^2+2x+4)^2}dx = \frac{1}{2}\int_0^1 \frac{2x+2}{(x^2+2x+4)^2}dx = \frac{1}{2}\int_4^7 \frac{1}{t^2}dt$$

$$= \left[-\frac{1}{2}\cdot\frac{1}{t}\right]_4^7 = -\frac{1}{14}+\frac{1}{8} = \frac{3}{56}$$

[유제 5-19]

$\int_0^{\frac{\sqrt{3}}{2}} \frac{x}{\sqrt{1-x^2}}dx$를 구하라.

예제 5-23 정적분의 치환적분법

$\int_4^9 \frac{1}{x-\sqrt{x}}dx$를 구하라.

풀이

$t=\sqrt{x}$로 치환하면 $x=t^2$이고 $dx=2t\,dt$이다. $x=t^2$이므로 $x=4$일 때 $t=2$이고 $x=9$일 때 $t=3$이다. 따라서 [정리 5-13]에 의해 다음이 성립한다.

$$\int_4^9 \frac{1}{x-\sqrt{x}}dx = \int_2^3 \frac{1}{t^2-t}2t\,dt = 2\int_2^3 \frac{1}{t-1}dt = [2\ln|t-1|]_2^3 = 2\ln 2$$

[유제 5-20]

$\int_3^6 \frac{x}{\sqrt{x-2}}dx$를 구하라.

대칭성

$f(-x)=f(x)$를 만족하는 함수를 **우함수**라 하고, $f(-x)=-f(x)$를 만족하는 함수를 **기함수**라 한다. 우함수의 그래프는 y축에 대하여 대칭이고 기함수의 그래프는 원점에 대하여 대칭이다. 우함수나 기함수와 같이 대칭성이 있는 함수의 적분 계산은 치환적분법을 이용하여 간단히 나타낼 수 있다.

정리 5-14 대칭함수의 적분

함수 f가 구간 $[-a, a]$에서 연속이고 다음과 같이 대칭성이 있을 때,

(1) $f(x)$가 우함수이면 $\int_{-a}^{a} f(x)dx = 2\int_{0}^{a} f(x)dx$이다.

(2) $f(x)$가 기함수이면 $\int_{-a}^{a} f(x)dx = 0$이다.

증명

정적분의 성질에 의해 다음이 성립한다.

$$\int_{-a}^{a} f(x)dx = \int_{-a}^{0} f(x)dx + \int_{0}^{a} f(x)dx$$

(1) $f(x)$가 우함수일 때 $t=-x$라 하면 $dt=-dx$이다. $f(-x)=f(x)$이므로 다음이 성립한다.

$$\int_{-a}^{0} f(x)dx = -\int_{a}^{0} f(t)dt = \int_{0}^{a} f(t)dt = \int_{0}^{a} f(x)dx$$

따라서 $\int_{-a}^{a} f(x)dx = 2\int_{0}^{a} f(x)dx$이다.

(2) $f(x)$가 기함수인 경우 $f(-x)=-f(x)$이므로 다음이 성립한다.

$$\int_{-a}^{0} f(x)dx = \int_{a}^{0} f(t)dt = -\int_{0}^{a} f(t)dt = -\int_{0}^{a} f(x)dx$$

따라서 $\int_{-a}^{a} f(x)dx = 0$이다. ■

예제 5-24 **대칭함수의 적분**

$\int_{-\pi}^{\pi} (\sin x + \cos x)^2 dx$를 구하라.

풀이

$(\sin x + \cos x)^2 = 1 + 2\sin x \cos x$이고 $\sin x \cos x$는 기함수이므로 다음이 성립한다.

$$\begin{aligned}\int_{-\pi}^{\pi} (\sin x + \cos x)^2 dx &= \int_{-\pi}^{\pi} (1 + 2\sin x \cos x)\, dx \\ &= \int_{-\pi}^{\pi} dx + 2\int_{-\pi}^{\pi} \sin x \cos x\, dx \\ &= 2\pi\end{aligned}$$

예제 5-25 **대칭함수의 적분**

$\int_{-1}^{1} \frac{\sin x}{1 + x^4 + x^8} dx$를 구하라.

풀이

$f(x) = \frac{\sin x}{1 + x^4 + x^8}$는 기함수이므로 $\int_{-1}^{1} \frac{\sin x}{1 + x^4 + x^8} dx = 0$이다.

[유제 5-21]

다음 적분을 구하라.

(a) $\int_{-\frac{\pi}{2}}^{0} (\sin^3 x + \cos x) dx - \int_{\frac{\pi}{2}}^{0} (\sin^3 x + \cos x) dx$

(b) $\int_{-\frac{\pi}{4}}^{\frac{\pi}{4}} (x + x^4 \sin x)\, dx$

SECTION

5.3 연습문제

※ 01~04 다음 부정적분을 구하라.

01 $\int (2x+1)^8 dx$

02 $\int (1-3x)^{-1} dx$

03 $\int (1-2x)^5 dx$

04 $\int \sqrt[4]{6x+2}\, dx$

※ 05~08 다음 부정적분을 구하라.

05 $\int \sin 4x\, dx$

06 $\int \sec^2\left(-\frac{1}{2}x\right) dx$

07 $\int \csc^2(1+2x) dx$

08 $\int \sec(3x+1)\tan(3x+1) dx$

※ 09~12 다음 부정적분을 구하라.

09 $\int x^2(x^3-1)^5 dx$

10 $\int (x+2)(x^2+4x+3)^3 dx$

11 $\int x^3(x^2-1)^4 dx$

12 $\int x^5(x^2+1)^5 dx$

※ 13~16 다음 부정적분을 구하라.

13 $\int x\sqrt{x+1}\, dx$

14 $\int x^3\sqrt{x^2-1}\, dx$

15 $\int (x+1)\sqrt[3]{x^2+2x+2}\, dx$

16 $\int \sin x\sqrt{(\cos x+1)^3}\, dx$

※ 17~20 다음 부정적분을 구하라.

17 $\int \frac{e^{2x}}{2+e^{2x}} dx$

18 $\int \frac{2\cos x}{\sin x - 2} dx$

19 $\int \frac{1}{\sqrt{2x+1}} dx$

20 $\int \frac{x^2}{\sqrt[4]{x^3+2}} dx$

※ 21~22 다음 정적분을 구하라.

21 $\int_{\frac{\pi^2}{9}}^{\frac{\pi^2}{4}} \frac{\sin\sqrt{x}}{\sqrt{x}} dx$

22 $\int_0^1 5x^2\sqrt{3x^3+1}\, dx$

23 다음 정적분을 구하라.

$$\int_0^1 x(x-1)^8 dx$$

※ 24~25 다음 정적분을 구하라.

24 $\int_1^e \frac{\ln x}{x} dx$

25 $\int_0^1 \frac{\tan^{-1}x}{x^2+1} dx$

※ 26~27 다음 정적분을 구하라.

26 $\int_{-\frac{\pi}{4}}^{\frac{\pi}{4}} \frac{\sin x}{1+\cos x} dx$

27 $\int_{-\pi}^{\pi} \cos\frac{x}{4}\sin^2\frac{x}{4} dx$

28 f가 연속이고 $\int_0^9 f(x)dx = 10$일 때, $\int_0^3 f(3x)dx$를 구하라.

SECTION 5.4 부분적분법

함수를 적분하기 어려울 때 치환적분법 외에 적용할 수 있는 방법이 부분적분법이다. 이 방법은 미분 가능한 함수의 곱셈에 관한 법칙과 관련있다. 두 함수 f와 g가 미분 가능하면 $\frac{d}{dx}\{f(x)g(x)\}=f'(x)g(x)+f(x)g'(x)$가 성립한다. 이 식에 적분을 취해 다시 나타내면 다음과 같다.

$$\int\{f'(x)g(x)+f(x)g'(x)\}dx=\int\frac{d}{dx}\{f(x)g(x)\}dx$$

위 식에서 좌변을 전개한 뒤 정리하면 다음과 같다.

$$\int f(x)g'(x)dx=\int\frac{d}{dx}\{f(x)g(x)\}dx-\int f'(x)g(x)dx$$

이 공식을 **부분적분 공식**이라고 하며 다음과 같이 나타낸다.

$$\int f(x)g'(x)dx=f(x)g(x)-\int g(x)f'(x)dx$$

부분적분 공식을 다른 방법으로 표현할 수 있다. $u=f(x)$, $v=g(x)$라고 하면 $du=f(x)dx$, $dv=g'(x)dx$이므로 부분적분 공식은 다음과 같다.

$$\int udv=uv-\int vdu$$

참고 부분적분법을 적용할 때 유의할 점

부분적분법은 두 함수를 곱한 형태인 함수를 적분하기 어려울 때 다른 형태의 적분으로 변형하여 적분 가능하게 만드는 방법이다. 따라서 부분적분법을 통해 변형된 적분식이 기존 함수보다 더 간단해지고 많은 변화가 일어나도록 u와 dv를 선택해야 한다. 일반적으로 u는 미분했을 때 더 간단해지는 함수 또는 변화가 많이 일어나는 함수를 선택하고, dv는 v에 대하여 반복적으로 적분되도록 선택한다.

예제 5-26 피적분함수가 다항함수와 삼각함수의 곱인 경우의 부분적분

$\int x\cos 2x\,dx$를 구하라.

풀이

$u=x,\ dv=\cos 2x\,dx$라 하면, $du=dx,\ v=\frac{1}{2}\sin 2x$이므로 다음이 성립한다.

$$\begin{aligned}\int x\cos 2x\,dx &= \int u\,dv = uv-\int v\,du = \frac{1}{2}x\sin 2x - \frac{1}{2}\int \sin 2x\,dx \\ &= \frac{1}{2}x\sin 2x + \frac{1}{4}\cos 2x + C\end{aligned}$$

[유제 5-22]

$\int (2x+1)\sin 2x\,dx$를 구하라.

[예제 5-26]에서 u와 dv를 바꿔서 선택한다면 어떤 일이 일어날까? $u=\cos 2x$, $dv=x\,dx$라 하면 $v=\frac{1}{2}x^2$이므로 다음과 같이 식을 전개할 수 있다.

$$\begin{aligned}\int x\cos 2x\,dx &= \frac{1}{2}x^2\cos 2x - \int x^2(-\sin 2x)dx \\ &= \frac{1}{2}x^2\cos 2x + \int x^2\sin 2x dx\end{aligned}$$

위 식을 보면 오히려 적분식이 더 복잡해진다. 따라서 적분을 원활하게 하려면 u와 dv를 아주 잘 선택해야 한다.

예제 5-27 피적분함수가 다항함수와 로그함수의 곱인 경우의 부분적분

$\int x\ln x\,dx$를 구하라.

풀이

$u=\ln x,\ dv=x dx$라고 하면 $du=\frac{1}{x}dx,\ v=\frac{1}{2}x^2$이므로 다음이 성립한다.

$$\begin{aligned}\int x\ln x\,dx &= \int u\,dv = uv-\int v\,du \\ &= \frac{1}{2}x^2\ln x - \int \frac{1}{2}x^2\cdot\frac{1}{x}dx = \frac{1}{2}x^2\ln x - \frac{1}{4}x^2 + C\end{aligned}$$

[유제 5-23]

$\int 4x \ln 2x\, dx$를 구하라.

예제 5-28 **피적분함수가 다항함수와 지수함수의 곱인 경우의 부분적분**

$\int x e^x dx$를 구하라.

풀이

$u = x,\ dv = e^x dx$라고 하면 $du = dx,\ v = e^x$이므로 다음이 성립한다.

$$\int x e^x dx = \int u\, dv = uv - \int v\, du = xe^x - \int e^x dx = xe^x - e^x + C$$

[유제 5-24]

$\int (2x+1) e^{3x} dx$를 계산하라.

피적분함수가 지수함수와 삼각함수의 곱 형태일 때는 부분적분을 한 번 하더라도 크게 변하지 않는 경우가 많으며, 한 번 더 부분적분법을 적용하면 원래 적분과 같은 형태의 적분을 얻을 수 있어 적분을 할 수 있다.

예제 5-29 **피적분함수가 지수함수와 삼각함수의 곱인 경우의 부분적분**

$\int e^x \cos x\, dx$를 구하라.

풀이

$u = e^x,\ dv = \cos x\, dx$라고 하면 $du = e^x dx,\ v = \sin x$이므로 부분적분법을 적용하면 다음이 성립한다.

$$\int e^x \cos x\, dx = e^x \sin x - \int e^x \sin x\, dx \tag{5.2}$$

적분 $\int e^x \sin x\, dx$에 부분적분법을 다시 적용하면 다음이 성립한다.

$$\int e^x \sin x\, dx = -e^x \cos x + \int e^x \cos x\, dx \tag{5.3}$$

식 (5.3)을 식 (5.2)에 대입하면 주어진 식은 다음과 같이 나타낼 수 있다.

$$\int e^x \cos x\, dx = e^x \sin x + e^x \cos x - \int e^x \cos x\, dx$$

우변의 $\int e^x \cos x\,dx$를 좌변으로 이항하면 다음이 성립한다.

$$2\int e^x \cos x\,dx = e^x \sin x + e^x \cos x$$

따라서 $\int e^x \cos x\,dx = \frac{1}{2}e^x(\sin x + \cos x) + C$이다.

[유제 5-25]

$\int e^{2x}\sin x\,dx$를 구하라.

미분적분학의 기본정리 2([정리 5-10])를 활용하면 정적분의 부분적분을 계산할 수 있다. f'과 g'이 모두 연속이면 다음 식이 성립한다.

$$\int_a^b f(x)g'(x)dx = [f(x)g(x)]_a^b - \int_a^b g(x)f'(x)dx$$

이번에는 피적분함수가 역삼각함수를 포함하는 경우의 부분적분을 생각해 보자. 역삼각함수를 나중에 미분하는 $f(x)$로 설정하면 역삼각함수의 미분 공식에 의해 역삼각함수가 제거되어 적분을 할 수 있다.

예제 5-30 피적분함수가 역삼각함수를 포함한 경우의 부분적분

$\int_0^1 \sin^{-1}x\,dx$를 구하라.

풀이

$f(x) = \sin^{-1}x$, $g'(x) = 1$이라고 하면 $f'(x) = \frac{1}{\sqrt{1-x^2}}$, $g(x) = x$이므로 정적분의 부분적분법을 적용하면 다음이 성립한다.

$$\begin{aligned}\int_0^1 \sin^{-1}x\,dx &= [x\sin^{-1}x]_0^1 - \int_0^1 \frac{x}{\sqrt{1-x^2}}dx \\ &= \sin^{-1}1 + \frac{1}{2}\int_0^1 \frac{-2x}{\sqrt{1-x^2}}dx \\ &= \frac{\pi}{2} + \frac{1}{2}\int_0^1 \frac{-2x}{\sqrt{1-x^2}}dx\end{aligned}$$

$\int_0^1 \frac{-2x}{\sqrt{1-x^2}}dx$를 적분하기 위해 치환적분법을 이용하자. $t=1-x^2$으로 치환하면 $dt=-2xdx$이다. 따라서 $x=0$일 때 $t=1$, $x=1$일 때 $t=0$이므로 다음이 성립한다.

$$\int_0^1 \frac{-2x}{\sqrt{1-x^2}}dx = \int_1^0 \frac{1}{\sqrt{t}}dt = \left[2\sqrt{t}\,\right]_1^0 = -2$$

따라서 주어진 적분을 구하면 다음과 같다.

$$\int_0^1 \sin^{-1}x\,dx = \frac{\pi}{2} + \frac{1}{2}\int_0^1 \frac{-2x}{\sqrt{1-x^2}}dx = \frac{\pi}{2} - 1$$

[유제 5-26]

$\int_0^1 x\sin^{-1}x^2\,dx$를 구하라.

SECTION

5.4 연습문제

※ 01~04 다음 부정적분을 구하라.

01 $\int x\sin x\,dx$

02 $\int xe^{2x}dx$

03 $\int x^2\sin x\,dx$

04 $\int x^2e^{2x}dx$

※ 05~06 다음 부정적분을 구하라.

05 $\int (x-1)\ln x\,dx$

06 $\int x^2\ln x\,dx$

※ 07~08 다음 부정적분을 구하라.

07 $\int \cos^{-1}x\,dx$

08 $\int \tan^{-1}x\,dx$

※ 09~10 다음 부정적분을 구하라.

09 $\int e^{ax}\sin(bx)\,dx$

10 $\int e^{ax}\cos(bx)\,dx$

※ 11~12 다음 정적분을 구하라.

11 $\int_0^1 x^3e^{x^2}dx$

12 $\int_0^{\sqrt{\frac{\pi}{2}}} x^3\sin x^2\,dx$

13 부분적분법을 이용하여 다음 점화식을 증명하라.

$$\int (\ln x)^n dx = x(\ln x)^n - n\int (\ln x)^{n-1}dx$$

14 [연습문제 13]의 결과를 이용하여 부정적분 $\int (\ln x)^3dx$를 구하라.

15 부분적분법을 이용하여 다음 점화식을 증명하라.

$$\int \tan^n x\,dx = \frac{\tan^{n-1}x}{n-1} - \int \tan^{n-2}x\,dx \quad (n \neq 1)$$

16 [연습문제 15]의 결과를 이용하여 부정적분 $\int \tan^3x\,dx$를 구하라.

17 $f(1)=1,\ f(3)=6,\ f'(1)=4,\ f'(3)=2$이며 f''이 연속이라 할 때 다음을 구하라.

$$\int_1^3 xf''(x)dx$$

SECTION
5.5 정적분의 엄밀한 정의

5.1절에서 정적분을 정의할 때 주어진 구간을 동일한 간격의 부분 구간으로 나누었고 여러 직사각형의 높이를 각 부분 구간의 오른쪽 함숫값으로 정의하였다. 그러나 이는 편의상 설정한 것이며 이 절에서는 각 직사각형의 높이를 각 부분 구간의 임의의 점에서의 함숫값으로 정의하는 정적분의 엄밀한 정의를 소개한다.

일반적으로 구간 $[a, b]$에서 $a = x_0 < x_1 < \cdots < x_n = b$를 만족하는 $n-1$개의 임의의 점 $x_1, x_2, \cdots, x_{n-1}$을 선택한다. 이때 구간 $[a, b]$는 다음과 같이 n개의 작은 부분 구간으로 나누어지는데, 그 부분 구간들의 집합을 $[a, b]$의 **분할**(partition) P라고 한다.

$$[x_0, x_1], [x_1, x_2], [x_2, x_3], \cdots, [x_{n-1}, x_n]$$

각 부분 구간 $[x_{k-1}, x_k]$의 길이를 $\Delta x_k = x_k - x_{k-1}$로 나타낼 때, 분할의 크기를 다음과 같이 각 부분 구간의 길이 중 가장 큰 값으로 정의한다.

$$|P| = \max_k\{\Delta x_k \mid 1 \leq k \leq n\}$$

따라서 구간 $[a, b]$를 동일한 간격으로 나눌 때 $|P| = \dfrac{b-a}{n}$가 되며, 구간을 아주 작게 세밀하게 나누면 $|P|$ 값이 매우 작아진다. [그림 5-10]과 같이 k번째 부분 구간 $[x_{k-1}, x_k]$ 안의 임의의 점 x_k^*를 선택하여 부분 구간 안의 표본점 $x_1^*, x_2^*, \cdots, x_n^*$를 구성한다. 이 표본점들은 각 부분 구간에서 임의의 점이므로 왼쪽 끝점 또는 오른쪽 끝점 또는 가운데 점이 될 수도 있다.

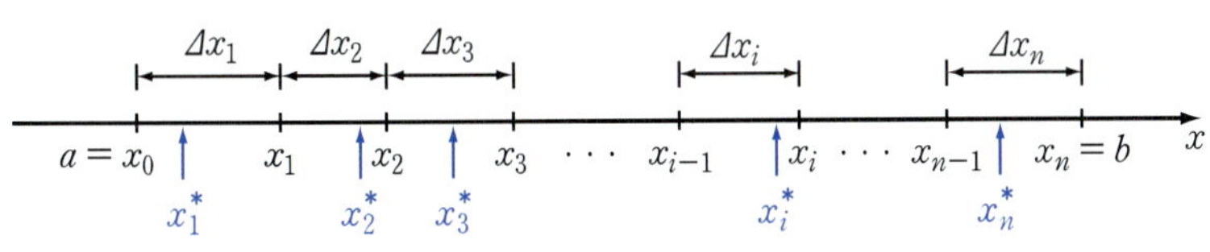

[그림 5-10] **부분 구간의 표본점**

이 표본점을 이용하여 다음과 같이 리만합을 정의한다.

정의 5-3 리만합

$x_{k-1} \le x_k^* \le x_k\ (k=1, 2, \cdots, n)$인 n개의 표본점 x_k^*를 임의로 선택하자. 각 부분 구간의 길이와 표본점에서의 함숫값을 곱한 후 그들을 합한 결과를 구간 $[a, b]$에서 함수 f의 분할 P에 대한 **리만합**(Riemann sum)이라고 하며 다음과 같이 나타낸다.

$$\sum_{k=1}^{n} f(x_k^*) \Delta x_k$$

리만합은 주어진 함수 f에 대하여 구간 $[a, b]$의 분할이 어떻게 구성되는지, 그리고 각 부분 구간에서 표본점을 어떻게 선택했는지에 따라 그 합이 달라진다. [그림 5-11]에서 확인할 수 있듯이 표본점 x_k^*의 함숫값인 $f(x_k^*)$는 음수일 수도 있다. 실제 계산에서는 함숫값이 음수인 직사각형의 넓이를 빼야 한다.

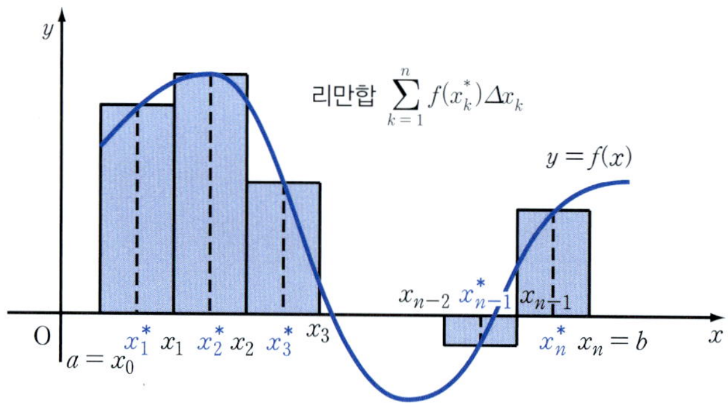

[그림 5-11] 리만합

예제 5-31 리만합

구간 $[0, 5]$에서 정의된 함수 $f(x)=x^2$에 대해 분할점 $0<1.1<2<2.9<4<5$로 만들어진 분할과 표본점 $x_1^*=0.5$, $x_2^*=1.5$, $x_3^*=2.5$, $x_4^*=3.5$, $x_5^*=4.5$에 대하여 리만합을 구하라.

풀이

주어진 함수 f에 대하여 리만합을 다음과 같이 나타낼 수 있다.

$$\begin{aligned}
&\sum_{k=1}^{5} f(x_k^*)\Delta x_k \\
&= f(0.5)(1.1-0)+f(1.5)(2-1.1)+f(2.5)(2.9-2)+f(3.5)(4-2.9)+f(4.5)(5-4) \\
&= (0.25)(1.1)+(2.25)(0.9)+(6.25)(0.9)+(12.25)(1.1)+(20.25)(1) \\
&= 41.65
\end{aligned}$$

[유제 5-27]

구간 $[0, 2]$에서 정의된 함수 $f(x) = x^2 + 1$에 대해 분할점 $0 < 0.5 < 1 < 1.5 < 2$로 만들어진 분할과 표본점 $x_1^* = 0.3$, $x_2^* = 0.8$, $x_3^* = 1.2$, $x_4^* = 1.8$에 대하여 리만합을 구하라.

구간 $[a, b]$에서 모든 분할과 표본점을 고려하여 n이 충분히 크면, 즉 분할을 한없이 세분화하면 표본점의 선택과 상관없이 리만합이 어떤 일정한 값에 가까워질 수 있다. 이러한 개념을 이용하여 다음과 같이 정적분을 정의한다.

정의 5-4 정적분

구간 $[a, b]$에서 분할 P를 한없이 세분화할 때, 즉 분할의 크기가 $|P| \to 0$일 때 표본점 $x_k{}^*$의 선택과 상관없이 리만합이 어떤 일정한 값에 가까워지며, 그 극한을 구간 $[a, b]$에서의 함수 f의 **정적분**이라 하고 다음과 같이 나타낸다.

$$\int_a^b f(x)dx = \lim_{|P| \to 0} \sum_{k=1}^{n} f(x_k^*) \Delta x_k$$

위 극한이 존재할 때 함수 f는 구간 $[a, b]$에서 **적분 가능**(integrable)하다고 한다. 이때 a를 정적분의 **하한**(lower limit), b를 정적분의 **상한**(upper limit)이라고 한다.

함수 $y = f(x)$가 구간 $[a, b]$에서 연속일 때, 각 부분 구간에서의 함숫값 중 최솟값에 대한 점을 표본점으로 하는 리만합을 **하합**(lower sum) L_P라 하고, 각 부분 구간에서의 함숫값 중 최댓값에 대한 점을 표본점으로 하는 리만합을 **상합**(upper sum) U_P라 하면 하합과 상합을 다음과 같은 식으로 표현할 수 있다.

$$L_P = \sum_{k=1}^{n} m_k \Delta x_k, \qquad m_k = \min\{f(x) \mid x \in [x_{k-1}, x_k]\}$$
$$U_P = \sum_{k=1}^{n} M_k \Delta x_k, \qquad M_k = \max\{f(x) \mid x \in [x_{k-1}, x_k]\}$$

각 부분 구간 $[x_{k-1}, x_k]$의 임의의 표본점 $x_k{}^*$에 대한 리만합과 하합, 상합의 관계를 살펴보면 다음 부등식이 성립함을 알 수 있다.

$$L_P \le \sum_{k=1}^{n} f(x_k^*) \Delta x_k \le U_P$$

이때 분할 P의 크기를 아주 작게 만들면, 즉 $|P| \to 0$이면 다음이 성립한다.

$$\lim_{|P|\to 0}(U_P - L_P) = 0 \text{ 또는 } \lim_{|P|\to 0} U_P = \lim_{|P|\to 0} L_P$$

따라서 조임정리([정리 1-5])를 활용하면 정적분은 다음과 같다.

$$\lim_{|P|\to 0} L_P = \lim_{|P|\to 0}\sum_{k=1}^{n} f(x_k^*)\Delta x_k = \int_a^b f(x)dx = \lim_{|P|\to 0} U_P$$

참고 정적분의 적분 변수

정적분 $\int_a^b f(x)dx$는 적분 변수 x와 상관없는 수다. 따라서 적분 변수 x를 다음과 같이 다른 문자로 사용해도 정적분 값은 항상 같다.

$$\int_a^b f(x)dx = \int_a^b f(t)dt = \int_a^b f(u)du$$

예제 5-32 적분 가능성

주어진 함수 $f(x)$가 구간 $[0,1]$에서 적분 가능하지 않음을 보여라.

$$f(x) = \begin{cases} 0 & (x\text{는 유리수}) \\ 1 & (x\text{는 무리수}) \end{cases}$$

풀이

구간 $[0,1]$의 임의의 분할에 대하여 부분 구간 $[x_{k-1}, x_k]$에는 항상 유리수와 무리수가 반드시 존재한다. 유리수를 q_k, 무리수를 p_k라고 하자. 하합 L_P를 계산할 때 모든 부분 구간에서의 표본점을 유리수로 선택하면 하합의 극한은 다음과 같다.

$$\lim_{|P|\to 0} L_P = \lim_{|P|\to 0}\sum_{k=1}^{n} f(q_k)\Delta x_k = 0$$

반면에 상합 U_P를 계산할 때 모든 부분 구간에서의 표본점을 무리수로 선택하면 상합의 극한은 다음과 같다.

$$\lim_{|P|\to 0} U_P = \lim_{|P|\to 0}\sum_{k=1}^{n} f(p_k)\Delta x_k = \lim_{|P|\to 0}\sum_{k=1}^{n}\Delta x_k = 1$$

따라서 표본점을 유리수로 선택하느냐, 무리수로 선택하느냐에 따라 상합과 하합의 극한이 다르므로 리만합의 극한은 존재하지 않는다. 따라서 주어진 함수 $f(x)$는 구간 $[0,1]$에서 적분 가능하지 않다.

정리 5-15 정적분의 존재성

함수 f가 구간 $[a, b]$에서 연속이거나 유한개의 불연속점이 존재하면, f는 $[a, b]$에서 적분 가능하다. 즉 정적분 $\int_a^b f(x)dx$가 존재한다.

[정리 5-15]로부터 닫힌구간에서 정의된 대부분의 다항함수, 유리함수, 삼각함수, 지수함수, 로그함수 등은 모두 적분 가능함을 알 수 있다.

[정의 5-4]에 의하면 구간 $[a, b]$의 분할과 그 표본점을 무엇으로 선택하는지에 상관없이 정적분값은 일정하다. 따라서 정적분을 계산할 때 편의를 위해 부분 구간의 길이를 동일하게 만들고 표본점은 각 부분 구간의 오른쪽 끝점을 주로 사용한다. 그러면 부분 구간의 길이와 표본점은 다음과 같다.

$$\Delta x = \frac{b-a}{n} \text{ 이고 } x_k^* = a + k\Delta x$$

이에 따라 구간 $[a, b]$에서 함수 $f(x)$의 정적분은 다음과 같고, 이와 같은 계산법을 **구분구적법**(measuration by parts)이라고 한다.

$$\int_a^b f(x)\,dx = \lim_{n\to\infty}\sum_{k=1}^{n} f\left(a + \frac{b-a}{n}k\right)\frac{b-a}{n}$$

반면에 표본점을 각 부분 구간의 왼쪽 끝점으로 사용하면 표본점은 $x_k^* = a + (k-1)\Delta x$가 되고, 구간 $[a, b]$에서 함수 $f(x)$의 정적분은 다음과 같이 나타낼 수 있다.

$$\begin{aligned}\int_a^b f(x)\,dx &= \lim_{n\to\infty}\sum_{k=1}^{n} f\left\{a + \frac{b-a}{n}(k-1)\right\}\frac{b-a}{n}\\ &= \lim_{n\to\infty}\sum_{k=0}^{n-1} f\left(a + \frac{b-a}{n}k\right)\frac{b-a}{n}\end{aligned}$$

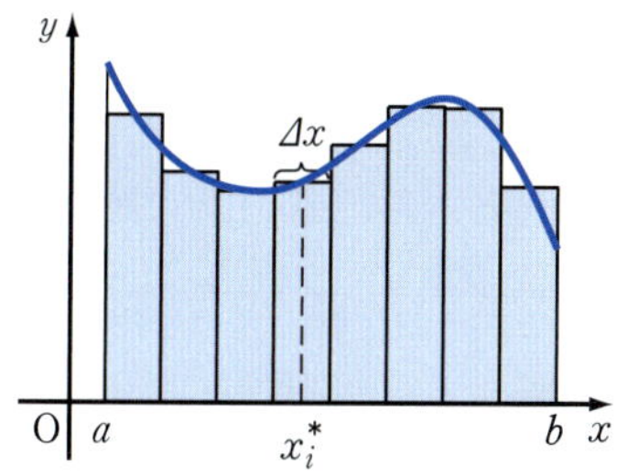

[그림 5-12] 함숫값이 양인 함수의 리만합

정적분과 넓이

함수 f가 구간 $[a, b]$의 모든 x에 대하여 양의 값이면, [그림 5-12]와 같이 리만합 $\sum_{k=1}^{n} f(x_k^*)\Delta x_k$는 n개의 직사각형들의 넓이의 합으로 해석할 수 있다. 또한 정적분 $\int_a^b f(x)dx$는 a에서 b까지 곡선 $y = f(x)$의 아래 영역의 넓이로 해석할 수 있다([그림 5-13] 참조).

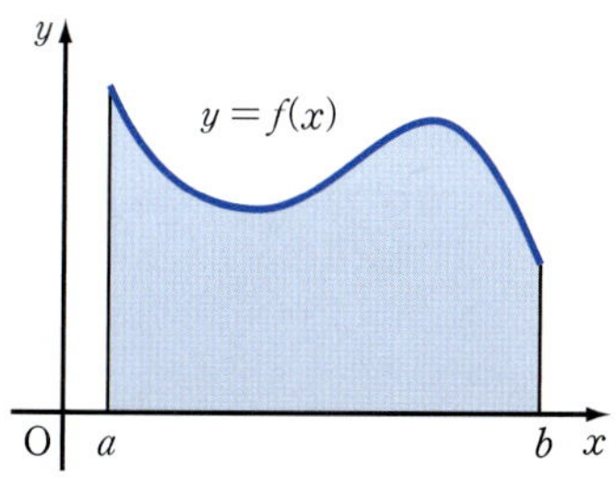

[그림 5-13] 함숫값이 양인 함수의 정적분

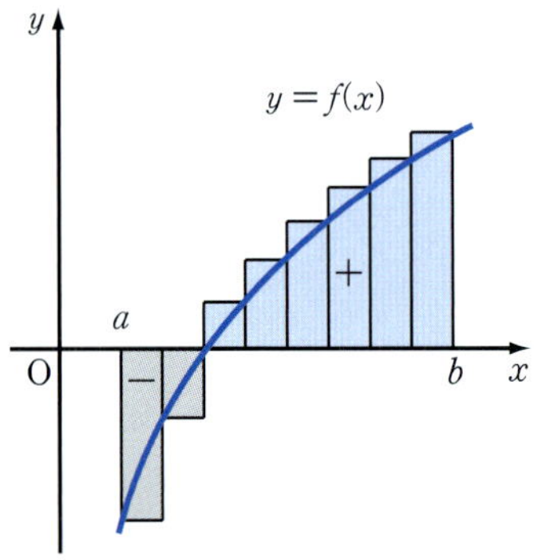

[그림 5-14] 리만합의 넓이 표현

그런데 만약 [그림 5-14]와 같이 함숫값 $f(x)$가 양의 값과 음의 값이 모두 있다면, 리만합은 x축 위에 있는 직사각형들의 넓이와 x축 아래에 있는 직사각형들의 넓이에 음의 부호를 붙인 값을 같이 더한 것으로 해석할 수 있다.

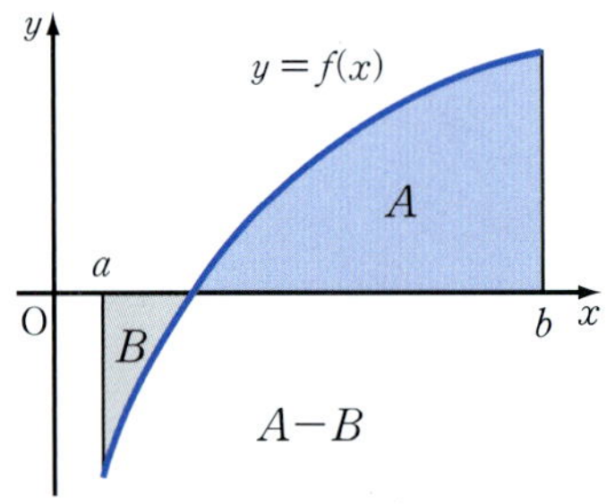

[그림 5-15] 정적분 $\int_a^b f(x)dx$의 넓이 표현

그렇다면 리만합의 극한인 정적분은 어떻게 표현할 수 있을까? [그림 5-15]와 같이 정적분은 x축 위에 놓인 영역의 넓이 A에서 x축 아래에 놓인 영역의 넓이 B를 뺀 것으로 해석할 수 있다.

$$\int_a^b f(x)dx = A - B$$

예제 5-33 정적분과 넓이

구간 $[0,3]$에서 다음 그림과 같이 함수 $f(x)=x(x-1)(x-2)$와 y축 그리고 $x=3$에 의하여 둘러싸인 영역에 대하여 다음 물음에 답하라.

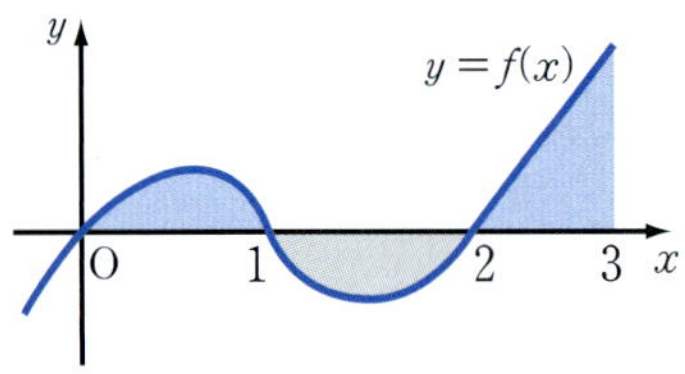

(a) x축 위에 놓인 영역의 넓이를 구하라.

(b) x축 아래에 놓인 영역의 넓이를 구하라.

(c) (a)와 (b)를 이용하여 $\int_0^3 f(x)dx$ 값을 구하라.

풀이

(a) x축 위에 놓인 영역에 해당하는 x의 범위는 $[0,1]$과 $[2,3]$이므로 해당 영역의 넓이는 다음과 같다.

$$\int_0^1 f(x)dx+\int_2^3 f(x)dx=\int_0^1 (x^3-3x^2+2x)dx+\int_2^3 (x^3-3x^2+2x)dx$$
$$=\frac{1}{4}+\frac{9}{4}=\frac{10}{4}$$

(b) x축 아래에 놓인 영역에 해당하는 x의 범위는 $[1,2]$이므로 해당 영역의 넓이는 다음과 같다.

$$-\int_1^2 f(x)dx=-\int_1^2 (x^3-3x^2+2x)dx=\frac{1}{4}$$

(c) 정적분은 x축 위에 놓인 영역의 넓이에서 x축 아래에 놓인 영역의 넓이를 뺀 결과이므로 다음과 같다.

$$\int_0^3 f(x)dx=\frac{10}{4}-\frac{1}{4}=\frac{9}{4}$$

SECTION 5.5 연습문제

01 다음 극한을 정적분으로 나타내라.

$$\lim_{|P|\to 0}\sum_{k=1}^{n}(x_k^*)^3\Delta x_k \;;\; a=1,\ b=3$$

02 다음 극한을 정적분으로 나타내라.

$$\lim_{|P|\to 0}\sum_{k=1}^{n}\left(\frac{x_k^*}{2+x_k^*}\right)\Delta x_k \;;\; a=0,\ b=4$$

03 구간 $[2, 12]$를 동일한 간격으로 n개로 나누어 부분 구간을 만들자. 각 부분 구간의 왼쪽 끝점을 표본점으로 선택할 때, 함수 $f(x)=12-x$의 리만합을 구하라.

CHAPTER

06

여러 가지 적분

Types of Integration

Contents

○ 여러 가지 적분을 왜 배워야 하는가?

5장에서 부정적분과 정적분을 배웠다. 부정적분을 이용하면 미분적분학의 기본정리를 이용하여 정적분을 쉽게 구할 수 있었기 때문에 주어진 함수의 부정적분을 어떻게 구하는지에 대한 문제는 중요하다. 함수 $f(x)$의 부정적분 $\int f(x)dx$를 구한다는 것은 미분했을 때 $f(x)$가 되는 함수를 찾으라는 의미이므로, 이와 관련된 도함수 공식을 잘 알고 있어야 한다. 따라서 6장에서는 이러한 함수를 찾는 방법을 유형별로 살펴본다. 이 장에서 배운 내용을 토대로 다양한 추측을 해보고 검산하면서 공식을 스스로 만들어 보자.

○ 이 장에서 배우는 내용은?

6.1절에서는 부정적분을 쉽게 구할 수 있는 삼각함수 유형을 제시한다. 사인함수와 코사인함수의 곱, 탄젠트함수와 시컨트함수의 곱, 코탄젠트함수와 코시컨트함수의 곱, 그리고 이들 함수에 관한 점화식 등을 다룬다. 6.2절에서는 유리함수의 적분을 살펴보는데, 로그함수와 역삼각함수의 도함수를 주로 이용한다. 그리고 분모를 간단하게 만드는 부분분수를 이용한다. 6.3절에서는 $\sqrt{f(x)}$ 나 $\sqrt[3]{f(x)}$ 형태를 포함한 피적분함수를 다룬다. 이때 역삼각함수의 도함수와 치환적분법을 이용한다. 지금까지는 주로 유한한 구간에서 유계인 함수의 정적분을 살펴보았는데, 6.4절에서는 적분 구간이 무한하거나 피적분함수가 유계가 아닌 이상적분을 다룬다. 6.5절에서는 부정적분을 기본적인 함수로 나타내기 어렵거나, 미분적분학의 기본정리를 이용하여 정적분을 구했더라도 결과가 복잡하게 표현되어 실제로 그 값이 얼마인지 알기 어려운 경우를 살펴본다. 이때 정적분의 근삿값을 구하는 방법으로 중점법칙, 사다리꼴 공식, 심프슨 공식 등을 알아본다.

여러 가지 적분
- 삼각함수의 적분
  - $\int \sin^m x \cos^n x dx$ 계산
  - $\int \tan^m x \sec^n x dx$ 계산
- 유리함수의 적분 — 유리식의 부분분수 표현
- 무리함수의 적분
- 이상적분 — 이상적분의 정의
- 정적분의 수치적 접근
  - 중점법칙
  - 사다리꼴 공식
  - 심프슨 공식
  - 각 근삿값의 오차 한계

SECTION 6.1 삼각함수의 적분

이 절에서는 삼각함수의 적분을 계산하는 방법을 알아본다. 먼저 미분 공식으로부터 바로 유도되는 기본적인 삼각함수의 적분 공식을 나열하면 다음과 같다.

정리 6-1 삼각함수의 적분 공식

(1) $\int \sin x dx = -\cos x + C$ (2) $\int \cos x dx = \sin x + C$

(3) $\int \tan x dx = -\ln|\cos x| + C$ (4) $\int \csc x dx = -\ln|\csc x + \cot x| + C$

(5) $\int \sec x dx = \ln|\sec x + \tan x| + C$ (6) $\int \cot x dx = \ln|\sin x| + C$

(7) $\int \sec^2 x dx = \tan x + C$ (8) $\int \csc^2 x dx = -\cot x + C$

(9) $\int \sec x \tan x dx = \sec x + C$ (10) $\int \csc x \cot x dx = -\csc x + C$

두 삼각함수의 곱을 적분할 때는 삼각함수의 곱을 합으로 바꾸는 공식을 이용하여 풀 수 있다.

삼각함수의 곱을 합으로 바꾸는 공식

$\sin\alpha\cos\beta = \frac{1}{2}(\sin(\alpha+\beta) + \sin(\alpha-\beta))$

$\cos\alpha\cos\beta = \frac{1}{2}(\cos(\alpha+\beta) + \cos(\alpha-\beta))$

$\sin\alpha\sin\beta = -\frac{1}{2}(\cos(\alpha+\beta) - \cos(\alpha-\beta))$

예제 6-1 사인함수와 코사인함수 곱의 적분

$\int \sin x \cos 3x dx$를 구하라.

풀이

삼각함수의 곱을 합으로 바꾸는 공식을 이용하여 주어진 두 삼각함수의 곱을 다음과 같이 합으로 나타낼 수 있다.

$$\sin x \cos 3x = \frac{1}{2}\{\sin 4x + \sin(-2x)\}$$

따라서 우변의 식에 대하여 적분하면 주어진 적분은 다음과 같다.

$$\begin{aligned}\int \sin x \cos 3x \, dx &= \int \frac{1}{2}(\sin 4x + \sin(-2x))dx \\ &= \frac{1}{2}\int (\sin 4x - \sin 2x)dx \\ &= -\frac{1}{8}\cos 4x + \frac{1}{4}\cos 2x + C\end{aligned}$$

[유제 6-1]

$\int \sin 3x \cos x dx$를 구하라.

예제 6-2 사인함수와 코사인함수 곱의 적분

$\int \sin^2 x \cos^3 x dx$를 구하라.

풀이

$t=\sin x$로 치환하면 $dt=\cos x\, dx$이다. 따라서 치환적분을 이용하여 주어진 적분을 구하면 다음과 같다.

$$\begin{aligned}\int \sin^2 x \cos^3 x\, dx &= \int \sin^2 x \cos^2 x \cos x dx \\ &= \int t^2(1-t^2)dt = \int (t^2-t^4)dt = \frac{t^3}{3}-\frac{t^5}{5}+C \\ &= \frac{1}{3}\sin^3 x - \frac{1}{5}\sin^5 x + C\end{aligned}$$

[유제 6-2]

$\int \sin^2 x \cos^5 x dx$를 구하라.

$\int \sin^m x \cos^n x dx$ 계산

이제 [예제 6-2]에서 살펴본 적분을 일반화하기 위해 $\int \sin^m x \cos^n x dx$를 몇 가지 경우로 나누어 계산해 보자.

■ 0 이상인 정수 m, n 중 적어도 하나가 홀수인 경우

① n이 홀수인 경우

$n=2\ell+1$이라고 하자. $\int \sin^m x \cos^{2\ell+1} x dx$ (ℓ은 0이상인 정수)에서 $t=\sin x$로 치환하면 $dt=\cos x\, dx$이다. 그러면 주어진 적분 $\int \sin^m x \cos^n x dx$는 다음과 같이 다항식 적분으로 변형된다.

$$\begin{aligned}\int \sin^m x \cos^{2\ell+1} x\, dx &= \int \sin^m x \cos^{2\ell} x \cos x dx \\ &= \int t^m (1-t^2)^\ell dt\end{aligned}$$

② m이 홀수인 경우

$m = 2k+1$이라고 하자. $\int \sin^{2k+1}x\cos^n x dx$ (k는 0 이상인 정수)에서 $t = \cos x$로 치환하면 $dt = -\sin x\,dx$이다. 그러면 주어진 적분 $\int \sin^m x\cos^n x dx$는 다음과 같이 다항식 적분으로 변형된다.

$$\begin{aligned}\int \sin^{2k+1}x\cos^n x dx &= -\int \sin^{2k}x\cos^n x(-\sin x)dx \\ &= -\int (1-t^2)^k t^n dt\end{aligned}$$

따라서 0 이상인 정수 m, n 중 적어도 하나가 홀수이면, $\int \sin^m x\cos^n x dx$ 형태의 적분은 지수가 홀수인 함수를 변형하여 다항식 적분으로 변형할 수 있다.

■ 0 이상인 정수 m, n이 모두 짝수인 경우

0 이상인 정수 m, n이 모두 짝수인 경우 주어진 적분 $\int \sin^m x\cos^n x dx$는 다음과 같이 2가지 형태로 표현할 수 있다.

$$\int \sin^{2k}x\cos^{2\ell}x dx = \int \sin^{2k}x(1-\sin^2 x)^{\ell} dx$$
$$\int \sin^{2k}x\cos^{2\ell}x dx = \int (1-\cos^2 x)^k \cos^{2\ell}x dx$$

이때 $\int \sin^m x dx$와 $\int \cos^n x dx$의 점화식으로 표현된 다음 [정리 6-2]의 공식을 이용하면 위 적분을 계산할 수 있다.

정리 6-2 사인함수와 코사인함수의 점화식 표현

n이 2 이상인 정수일 때 다음이 성립한다.

(1) $\int \sin^n x dx = -\frac{1}{n}\sin^{n-1}x\cos x + \frac{n-1}{n}\int \sin^{n-2}x dx$

(2) $\int \cos^n x dx = \frac{1}{n}\sin x\cos^{n-1}x + \frac{n-1}{n}\int \cos^{n-2}x dx$

단, $n = 2$일 때 $\sin^0 x$와 $\cos^0 x$는 상수함수 1로 본다.

증명

여기에서는 (1)만 증명한다. (2)는 각자 증명해 보자. $I_n = \int \sin^n x dx$로 놓고 이를 부분적분하면 다음과 같다.

$$I_n = \int \sin^n x dx = \int \sin^{n-1} x \sin x dx$$

$$= -\cos x \sin^{n-1} x + \int (n-1)\sin^{n-2} x \cos^2 x dx$$

$$= -\cos x \sin^{n-1} x + \int (n-1)\sin^{n-2} x (1-\sin^2 x) dx$$

$$= -\cos x \sin^{n-1} x + (n-1) I_{n-2} - (n-1) I_n$$

따라서 $nI_n = -\cos x \sin^{n-1} x + (n-1) I_{n-2}$이므로 다음이 성립한다.

$$\int \sin^n x dx = -\frac{1}{n}\sin^{n-1} x \cos x + \frac{n-1}{n}\int \sin^{n-2} x dx$$ ■

예제 6-3 **사인함수의 거듭제곱의 적분**

$\int \sin^3 x dx$를 구하라.

풀이

$$\int \sin^3 x dx = -\frac{1}{3}\sin^2 x \cos x + \frac{2}{3}\int \sin x dx$$

$$= -\frac{1}{3}\sin^2 x \cos x + \frac{2}{3}(-\cos x) + C$$

$$= -\frac{1}{3}\sin^2 x \cos x - \frac{2}{3}\cos x + C$$

[유제 6-3]

$\int \sin^4 x dx$를 구하라.

예제 6-4 **코사인함수의 거듭제곱의 적분**

$\int \cos^2 x dx$를 구하라.

풀이 1

$$\int \cos^2 x dx = \int \frac{1+\cos 2x}{2} dx = \frac{x}{2} + \frac{\sin 2x}{4} + C$$

풀이 2

[정리 6-2]의 (2)를 이용하면 다음과 같다.

$$\int \cos^2 x dx = \frac{1}{2}\sin x \cos x + \frac{1}{2}\int 1 dx = \frac{1}{4}\sin 2x + \frac{1}{2}x + C$$

[유제 6-4]

$\int \cos^3 x dx$를 구하라.

예제 6-5 **코사인함수의 거듭제곱의 적분**

$\int \cos^4 x dx$를 구하라.

풀이

$$\int \cos^4 x dx = \frac{1}{4}\sin x \cos^3 x + \frac{3}{4}\int \cos^2 x dx$$
$$= \frac{1}{4}\sin x \cos^3 x + \frac{3}{4}\left(\frac{x}{2} + \frac{\sin 2x}{4}\right) + C$$
$$= \frac{1}{4}\sin x \cos^3 x + \frac{3x}{8} + \frac{3\sin 2x}{16} + C$$

[유제 6-5]

$\int \cos^5 x dx$를 구하라.

$\int \tan^m x \sec^n x dx$ 계산

탄젠트함수와 시컨트함수 사이의 관계

(1) $\frac{d}{dx}\tan x = \sec^2 x$

(2) $\frac{d}{dx}\sec x = \sec x \tan x$

(3) $\sec^2 x = 1 + \tan^2 x$

앞에서 $\sin x$와 $\cos x$의 곱에 관한 적분을 했듯이, $\tan x$와 $\sec x$의 곱에 관한 $\int \tan^m x \sec^n x dx$ 형태의 적분도 왼쪽 관계식들을 이용하여 계산할 수 있다.

■ 0 이상인 정수 m, n이 모두 홀수인 경우

$t = \sec x$로 치환하면 $dt = \tan x \sec x dx$이므로 주어진 적분 $\int \tan^m x \sec^n x dx$는 다음과 같이 다항식 적분으로 변형할 수 있다.

$$\int \tan^{2k+1} x \sec^{2\ell+1} x dx = \int \tan^{2k} x \sec^{2\ell} x \tan x \sec x dx$$
$$= \int (\sec^2 x - 1)^k \sec^{2\ell} x \tan x \sec x dx$$
$$= \int (t^2 - 1)^k t^{2\ell} dt$$

■ 0 이상인 정수 m, n 중 적어도 하나가 짝수인 경우

① n이 2 이상인 짝수인 경우

$n=2\ell$이라고 하자. $\int \tan^m x \sec^{2\ell} x dx$ (ℓ은 1 이상인 정수)에서 $t=\tan x$로 치환하면 $dt=\sec^2 x dx$이다. 그러면 주어진 적분 $\int \tan^m x \sec^n x dx$는 다음과 같이 다항식 적분으로 변형할 수 있다.

$$\begin{aligned}\int \tan^m x \sec^{2\ell} x dx &= \int \tan^m x \sec^{2\ell-2} \sec^2 x dx \\ &= \int \tan^m x (1+\tan^2 x)^{\ell-1} \sec^2 x dx \\ &= \int t^m (1+t^2)^{\ell-1} dt\end{aligned}$$

② m이 짝수인 경우

$m=2k$라고 하자. $\int \tan^{2k} x \sec^n x dx$ (k는 0 이상인 정수)는 다음과 같이 나타낼 수 있다.

$$\int \tan^{2k} x \sec^n x dx = \int (\sec^2 x - 1)^k x \sec^n x dx$$

따라서 $\int \sec^n x dx$ 형태의 점화식으로 표현된 다음 적분 공식을 이용하면 위 적분을 계산할 수 있다.

정리 6-3 탄젠트함수와 시컨트함수의 점화식 표현

n이 2 이상인 정수일 때 다음이 성립한다.

(1) $\int \tan^n x dx = \dfrac{1}{n-1}\tan^{n-1} x - \int \tan^{n-2} x dx$

(2) $\int \sec^n x dx = \dfrac{\sec^{n-2} x \tan x}{n-1} + \dfrac{n-2}{n-1}\int \sec^{n-2} x dx$

단, $n=2$일 때 $\tan^0 x$와 $\sec^0 x$는 상수함수 1로 본다.

증명

(1) $I_n = \int \tan^n x dx$로 놓고 적분을 계산하면 다음과 같다.

$$\begin{aligned}I_n = \int \tan^n x dx &= \int \tan^{n-2} x \tan^2 x dx \\ &= \int \tan^{n-2} x (\sec^2 x - 1) dx \\ &= \int \tan^{n-2} x \sec^2 x dx - I_{n-2}\end{aligned}$$

이때 $t = \tan x$로 치환하면 $dt = \sec^2 x dx$이고 이를 위 식에 대입하면 다음이 성립한다.

$$\int \tan^{n-2} x \sec^2 x dx = \int t^{n-2} dt = \frac{1}{n-1} t^{n-1} + C$$
$$= \frac{1}{n-1} \tan^{n-1} x + C$$

따라서 $I_n = \frac{1}{n-1} \tan^{n-1} x - I_{n-2}$이므로 주어진 공식이 성립한다.

(2) $I_n = \int \sec^n x dx$로 놓고 적분을 계산하면 다음과 같다.

$$\begin{aligned} I_n = \int \sec^n x dx &= \int \sec^{n-2} x \sec^2 x dx \\ &= \tan x \sec^{n-2} x - \int (n-2) \sec^{n-3} x \sec x \tan x \tan x dx \\ &= \tan x \sec^{n-2} x - \int (n-2) \sec^{n-2} x \tan^2 x dx \\ &= \tan x \sec^{n-2} x - \int (n-2) \sec^{n-2} x (\sec^2 x - 1) dx \\ &= \tan x \sec^{n-2} x - (n-2) I_n + (n-2) I_{n-2} \end{aligned}$$

탄젠트함수와 시컨트함수의 적분 공식
$n=1$일 때, 다음 공식이 성립한다.
(1) $\int \sec x dx = \ln|\sec x + \tan x| + C$
(2) $\int \tan x dx = -\ln|\cos x| + C$

위 식을 정리하면 $(n-1)I_n = \tan x \sec^{n-2} x + (n-2) I_{n-2}$이다. 따라서 $I_n = \frac{1}{n-1} \tan x \sec^{n-2} x + \frac{n-2}{n-1} I_{n-2}$이므로 주어진 공식이 성립한다. ■

$\cot x$와 $\operatorname{cosec} x$ 사이의 관계를 이용하면 [정리 6-3]과 비슷한 공식을 만들 수 있다. 각자 스스로 해 보자.

예제 6-6 탄젠트함수와 시컨트함수의 곱의 적분

$\int \tan^4 x \sec^6 x dx$를 구하라.

풀이

$t = \tan x$로 치환하면 $dt = \sec^2 x dx$이고, $\sec^2 x = 1 + \tan^2 x$이므로 주어진 적분을 구하면 다음과 같다.

$$\begin{aligned} \int \tan^4 x \sec^6 x dx &= \int \tan^4 x \sec^4 x \sec^2 x dx \\ &= \int t^4 (1+t^2)^2 dt = \int t^4 (1 + 2t^2 + t^4) dt = \frac{t^5}{5} + \frac{2t^7}{7} + \frac{t^9}{9} + C \\ &= \frac{1}{5} \tan^5 x + \frac{2}{7} \tan^7 x + \frac{1}{9} \tan^9 x + C \end{aligned}$$

[유제 6-6]

$\int \tan^4 x \sec^4 x dx$를 구하라.

예제 6-7 탄젠트함수와 시컨트함수의 곱의 적분

$\int \tan^3 x \sec^5 x dx$를 구하라.

풀이

$t = \sec x$로 치환하면 $dt = \sec x \tan x dx$이고, $\tan^2 x = \sec^2 x - 1$이므로 주어진 적분을 구하면 다음과 같다.

$$\begin{aligned}\int \tan^3 x \sec^5 x dx &= \int \tan^2 x \sec^4 x (\sec x \tan x) dx \\ &= \int (t^2 - 1) t^4 dt = \frac{t^7}{7} - \frac{t^5}{5} + C \\ &= \frac{1}{7}\sec^7 x - \frac{1}{5}\sec^5 x + C\end{aligned}$$

[유제 6-7]

$\int \tan^3 x \sec^3 x dx$를 구하라.

예제 6-8 시컨트함수의 거듭제곱의 적분

$\int \sec^3 x dx$를 구하라.

풀이

[정리 6-3]의 공식 (2)인 $\int \sec^n x dx = \frac{\sec^{n-2} x \tan x}{n-1} + \frac{n-2}{n-1} \int \sec^{n-2} x dx$에 $n = 3$을 대입하면 다음과 같다.

$$\begin{aligned}\int \sec^3 x dx &= \frac{\sec x \tan x}{2} + \frac{1}{2} \int \sec x dx \\ &= \frac{\sec x \tan x}{2} + \frac{1}{2} \ln|\sec x + \tan x| + C\end{aligned}$$

[유제 6-8]

$\int \sec^5 x dx$를 구하라.

다음으로 삼각함수의 분수 형태를 적분할 때 이용할 수 있는 치환 방법을 살펴본다. 먼저 $t=\tan\frac{x}{2}$로 치환하자. 그러면 $dt=\frac{1}{2}\sec^2\frac{x}{2}dx$이므로 $dx=\frac{2}{1+t^2}dt$이다. 이에 따라 다음과 같이 식을 변형할 수 있다.

$$\sec^2\frac{x}{2}=1+t^2,\quad \cos^2\frac{x}{2}=\frac{1}{1+t^2}$$

삼각함수의 반각 공식([정리 2-15])을 이용하면 $\cos x$는 다음과 같다.

$$\cos x=2\cos^2\frac{x}{2}-1=\frac{2}{1+t^2}-1=\frac{1-t^2}{1+t^2}$$

삼각함수의 합의 공식([정리 2-13])을 이용하면 $\tan x$는 다음과 같다.

$$\tan x=\tan\left(\frac{x}{2}+\frac{x}{2}\right)=\frac{2\tan\frac{x}{2}}{1-\tan^2\frac{x}{2}}=\frac{2t}{1-t^2}$$

이로부터 $\sin x$는 다음과 같이 간단히 정리할 수 있다.

$$\sin x=\tan x\cos x=\frac{2t}{1+t^2}$$

이처럼 $t=\tan\frac{x}{2}$로 치환하면 삼각함수의 분수 꼴이 다항식의 분수 꼴로 바뀐다.

예제 6-9 분수 형태인 삼각함수의 적분

$\int\frac{1}{1+\cos x}dx$를 구하라.

풀이

$t=\tan\frac{x}{2}$로 치환하면 $dx=\frac{2}{1+t^2}dt$이고 $\cos x=\frac{1-t^2}{1+t^2}$이다. 이를 주어진 식에 대입하여 적분하면 다음과 같다.

$$\int\frac{1}{1+\cos x}dx=\int\frac{1}{1+\frac{1-t^2}{1+t^2}}\cdot\frac{2}{1+t^2}dt=\int\frac{2}{(1+t^2)+(1-t^2)}dt$$
$$=\int dt=t+C=\tan\frac{x}{2}+C$$

[유제 6-9]

$\int\frac{1}{1+\sin x}dx$를 구하라.

주어진 함수의 부정적분을 여러 가지 방법으로 구할 때 각 답이 달라 보이는 경우가 있다. 물론 부정적분을 정확히 계산했는지 알려면 함수를 미분하여 원래의 피적분함수가 나오는지 확인하면 된다. 이러한 계산 과정에서도 같은 함수가 여러 형태로 나타날 수 있고, 그 함수들이 같은 함수인지 바로 알기 어려운 경우도 있다. 계산이 틀리지 않았다면 동일한 함수의 두 부정적분의 차이는 상수만큼임을 이미 이론적으로 알고 있다. 앞에서 소개한 공식을 통해 [예제 6-10]에서 삼각함수의 부정적분을 여러 가지 방법으로 구해 보고, 결과의 형태가 다르더라도 서로 같음을 확인해 보자.

예제 6-10 **삼각함수의 적분을 구하는 여러 가지 방법**

$\int \sec x dx$를 구하라.

풀이 1

$$\int \sec x dx = \int \sec x \frac{\sec x + \tan x}{\sec x + \tan x} dx = \int \frac{\sec x \tan x + \sec^2 x}{\sec x + \tan x} dx = \ln|\sec x + \tan x| + C$$

풀이 2

$\int \sec x dx = \int \frac{1}{\cos x} dx = \int \frac{\cos x}{\cos^2 x} dx = \int \frac{\cos x}{1 - \sin^2 x} dx$이다. $t = \sin x$로 치환하면 $dt = \cos x dx$이므로 이를 위 식에 대입하여 적분하면 다음과 같다.

$$\begin{aligned}\int \sec x dx &= \int \frac{1}{1-t^2} dt = \frac{1}{2} \int \left(\frac{1}{1-t} + \frac{1}{1+t} \right) dt \\ &= \frac{1}{2}(-\ln|1-t| + \ln|1+t|) + C = \frac{1}{2} \ln\left|\frac{1+t}{1-t}\right| + C = \frac{1}{2} \ln\left|\frac{1+\sin x}{1-\sin x}\right| + C\end{aligned}$$

풀이 3

$t = \tan\frac{x}{2}$로 치환하면 $\cos x = \frac{1-t^2}{1+t^2}$이다. dt를 구하면 다음과 같다.

$$dt = \frac{1}{2}\sec^2\frac{x}{2} dx = \frac{1}{2}\left(1 + \tan^2\frac{x}{2}\right) dx = \frac{1}{2}(1+t^2) dx$$

이를 dx로 정리하면 $dx = \frac{2}{1+t^2} dt$이다. 주어진 식에 대입하여 적분하자.

$$\begin{aligned}\int \sec x dx &= \int \frac{1}{\cos x} dx = \int \frac{1+t^2}{1-t^2} \cdot \frac{2}{1+t^2} dt = \int \frac{2}{1-t^2} dt = \int \left(\frac{1}{1-t} + \frac{1}{1+t} \right) dt \\ &= -\ln|1-t| + \ln|1+t| + C = \ln\left|\frac{1+t}{1-t}\right| + C = \ln\left|\frac{1+\tan\frac{x}{2}}{1-\tan\frac{x}{2}}\right| + C\end{aligned}$$

[예제 6-10]에서 3가지 풀이 방법에 따른 적분 결과가 달라 보이지만, 식을 잘 정리하면 동일하거나 상수만큼 차이가 난다. [풀이 2]의 답을 변형하여 [풀이 1]의 답과 같음을 확인해 보자.

$$\begin{aligned}\frac{1}{2}\ln\left|\frac{1+\sin x}{1-\sin x}\right| &= \frac{1}{2}\ln\left|\frac{1+\sin x}{1-\sin x}\cdot\frac{1+\sin x}{1+\sin x}\right| \\ &= \frac{1}{2}\ln\left|\frac{(1+\sin x)^2}{\cos^2 x}\right| = \ln\left|\frac{1+\sin x}{\cos x}\right| \\ &= \ln|\sec x+\tan x|\end{aligned}$$

따라서 [풀이 2]의 답은 [풀이 1]의 답과 같다. 이제 [풀이 3]의 답을 변형하여 [풀이 1]의 답과 같음을 확인해 보자.

$$\begin{aligned}\ln\left|\frac{1+\tan\frac{x}{2}}{1-\tan\frac{x}{2}}\right| &= \ln\left|\frac{1+\dfrac{\sin\frac{x}{2}}{\cos\frac{x}{2}}}{1-\dfrac{\sin\frac{x}{2}}{\cos\frac{x}{2}}}\right| = \ln\left|\frac{\cos\frac{x}{2}+\sin\frac{x}{2}}{\cos\frac{x}{2}-\sin\frac{x}{2}}\right| \\ &= \ln\left|\frac{\left(\cos\frac{x}{2}+\sin\frac{x}{2}\right)^2}{\cos^2\frac{x}{2}-\sin^2\frac{x}{2}}\right| = \ln\left|\frac{1+2\cos\frac{x}{2}\sin\frac{x}{2}}{\cos^2\frac{x}{2}-\sin^2\frac{x}{2}}\right| \\ &= \ln\left|\frac{1+\sin x}{\cos x}\right| = \ln|\sec x+\tan x|\end{aligned}$$

따라서 [풀이 3]의 답 역시 [풀이 1]의 답과 같다.

SECTION

6.1 연습문제

※ 01~28 다음 적분을 구하라.

01 $\int \sin^2 x dx$

02 $\int \sin^6 x dx$

03 $\int \sin^2 3x dx$

04 $\int \sin^2 x \cos^3 x dx$

05 $\int \sin^5 x dx$

06 $\int_0^{\frac{\pi}{2}} \sin^7 x \cos^5 x dx$

07 $\int \cos^2 x \tan^3 x dx$

08 $\int \frac{1-\cos x}{\sin x} dx$

09 $\int_0^{\frac{\pi}{4}} \sec^2 x \tan^3 x dx$

10 $\int \sec^5 x \tan^5 x dx$

11 $\int \sec^3 x \tan^4 x dx$

12 $\int \sec^4 x \tan^3 x dx$

13 $\int \sin^2 x \cos^2 x dx$

14 $\int \sin^4 x \cos^3 x dx$

15 $\int \sin^3 x \cos^3 x dx$

16 $\int \sin^3 x \cos^4 x dx$

17 $\int \tan^2 x \sec^2 x dx$

18 $\int \tan^2 x \sec^3 x dx$

19 $\int \tan^3 x \sec^5 x dx$

20 $\int \tan^3 x \sec^6 x dx$

21 $\int \cot^2 x \csc^3 x dx$

22 $\int \cot^3 x \csc^3 x dx$

23 $\int \cot^3 x \csc^4 x dx$

24 $\int \sin^4 x dx$

25 $\int \cos^5 x dx$

26 $\int \tan^6 x dx$

27 $\int \sec^7 x dx$

28 $\int \frac{\sin x}{\sin x + 2\cos x} dx$

※ 29~31 다음 적분을 구하라(단, m, n은 정수).

29 $\int_0^{\frac{\pi}{2}} \sin mx \sin nx dx$

30 $\int_0^{\frac{\pi}{2}} \sin mx \cos nx dx$

31 $\int_0^{\frac{\pi}{2}} \cos mx \cos nx dx$

32 [정리 6-2]의 공식 (2)를 증명하라.

$$\int \cos^n x dx = \frac{1}{n}\sin x \cos^{n-1} x + \frac{n-1}{n}\int \cos^{n-2} x dx$$

33 [예제 6-10]과 같이 $\int \csc x dx$를 여러 가지 방법으로 구하여 다음 등식이 성립하는지 확인하라.

$$\int \csc x dx = -\ln|\csc x + \cot x| + C$$

$$\int \csc x dx = \frac{1}{2}\ln\left|\frac{1-\cos x}{1+\cos x}\right| + C$$

$$\int \csc x dx = -\ln\left|\tan\frac{x}{2}\right| + C$$

또한 등식 3개가 동일하거나 상수만큼의 차이가 남을 증명하라.

※ 34~35 다음 물음에 답하라.

34 $\int \frac{\sin x + 2\cos x}{3\sin x + 4\cos x} dx$를 구하라.

35 $ad - bc \neq 0$인 실수 a, b, c, d에 대하여 $\int \frac{a\sin x + b\cos x}{c\sin x + d\cos x} dx$를 구하라.

SECTION

6.2 유리함수의 적분

다항식의 분수 형태를 유리식이라고 하며, 유리식으로 표현된 함수가 유리함수다. 이 절에서는 유리함수를 적분하는 방법을 알아본다. 특히 주어진 유리식을 부분분수로 변형하여 적분하는 방법을 자세히 살펴본다.

먼저 앞에서 살펴본 미분 공식을 이용하여 유리함수의 적분을 구할 때 유용한 몇 가지 적분 공식을 유도해 보자. 로그함수의 도함수 공식 $\frac{d}{dx}\ln|x| = \frac{1}{x}$(3.6절 [연습문제 09] 참고)과 합성함수의 미분법에 의해 성립하는 공식 $\frac{d}{dx}\ln|f(x)| = \frac{f'(x)}{f(x)}$에 따라 다음 적분 공식이 성립함을 알 수 있다.

$$\int \frac{1}{x}dx = \ln|x| + C$$

$$\int \frac{f'(x)}{f(x)}dx = \ln|f(x)| + C$$

또한 역탄젠트함수의 도함수 공식 $\frac{d}{dx}\tan^{-1}x = \frac{1}{1+x^2}$과 합성함수의 미분법에 의해 성립하는 공식 $\frac{d}{dx}\tan^{-1}f(x) = \frac{f'(x)}{1+f(x)^2}$에 따라 다음 적분 공식이 성립함을 알 수 있다.

$$\int \frac{1}{1+x^2}dx = \tan^{-1}x + C$$

$$\int \frac{f'(x)}{1+f(x)^2}dx = \tan^{-1}f(x) + C$$

$f(x)$와 $g(x)\,(g(x) \neq 0)$가 다항식이라고 할 때, 유리함수의 부정적분 $\int \frac{f(x)}{g(x)}dx$를 구해 보자. 다항식 $f(x)$에 대하여 $\deg f(x)$는 $f(x)$의 차수(degree)를 나타낸다.

■ $\deg f(x) < \deg g(x)$인 경우

① $\deg f(x) = \deg g(x) - 1$인 경우

분자의 차수가 분모의 차수보다 1만큼 작을 때 다음을 만족하는 상수 a와 다항식 $r(x)$를 찾는다.

$$f(x) = ag'(x) + r(x),\ \deg r(x) \le \deg g(x) - 2$$

위 식을 피적분함수 $\dfrac{f(x)}{g(x)}$에 대입하면 다음과 같이 식이 변형된다.

$$\begin{aligned}\int \frac{f(x)}{g(x)}dx &= \int\left(a\frac{g'(x)}{g(x)} + \frac{r(x)}{g(x)}\right)dx \quad (\deg(f(x) - ag'(x)) \le \deg g(x) - 2) \\ &= a\ln|g(x)| + \int \frac{r(x)}{g(x)}dx\end{aligned}$$

② $\deg f(x) \le \deg g(x) - 2$인 경우

$\tan^{-1}x$와 같은 함수의 도함수 형태와 비교한다. 하지만 우리가 더 많이 쓰는 방법은 아래에서 자세히 설명할 부분분수를 이용하는 것이다. ①, ②의 경우 모두 부분분수를 이용하여 적분한다. 물론 ①에서와 같이 계산하고 마지막에 $\int \dfrac{r(x)}{g(x)}dx$를 구할 때 부분분수를 사용더라도 결과는 같다.

■ $\deg f(x) \ge \deg g(x)$인 경우

먼저 다음과 같이 나눗셈 정리를 이용한다.

$$f(x) = g(x)q(x) + r(x)\ \ (\deg r(x) < \deg g(x))$$

위 식을 만족하는 다항식 $q(x)$와 $r(x)$를 찾고, 피적분함수 $\dfrac{f(x)}{g(x)}$에 대입하면 다음과 같이 식이 변형된다.

$$\begin{aligned}\int \frac{f(x)}{g(x)}dx &= \int\left\{q(x) + \frac{r(x)}{g(x)}\right\}dx \\ &= \int q(x)dx + \int \frac{r(x)}{g(x)}dx\end{aligned}$$

다항식 $q(x)$의 적분은 쉽게 구할 수 있으므로, 우변에 있는 유리함수 $\dfrac{r(x)}{g(x)}$의 적분은 앞에서 살펴본 분자의 차수가 분모의 차수보다 작은 경우의 방법을 이용하여 구한다.

유리식의 부분분수 표현

복잡한 형태의 유리식은 분모가 간단한 유리식의 합으로 변형할 수 있다. 변형한 식들을 통분하여 계산하면 원래의 유리식과 동일함을 확인할 수 있다.

예를 들어 다음과 같이 서로소인 다항식 x와 $(x+1)^2$의 곱을 분모로 하는 유리식을 살펴보자. 이 유리식은 x와 $(x+1)^2$을 각각 분모로 하는 유리식의 합으로 표현할 수 있다.

$$\frac{3x^2+5x+1}{x(x+1)^2} = \frac{1}{x} + \frac{2x+3}{(x+1)^2} \tag{6.1}$$

우변의 마지막 항 $\frac{2x+3}{(x+1)^2}$은 분모가 완전제곱인데, 이 식 역시 다음과 같이 더 간단한 유리식의 합으로 표현할 수 있다.

$$\frac{2x+3}{(x+1)^2} = \frac{2}{x+1} + \frac{1}{(x+1)^2} \tag{6.2}$$

다음 정리는 식 (6.1)과 (6.2)의 계산을 일반적인 유리식에 대하여 표현한 것이다.

정리 6-4 유리식의 부분분수 표현

(1) 다항식 $f(x), g(x)$에 대하여, $\deg f(x) < \deg g(x)$이고 $g(x) = g_1(x)g_2(x)$이며 $\gcd(g_1(x), g_2(x)) = 1$일 때 다음을 만족하는 다항식 $h_1(x)$, $h_2(x)$가 존재한다.

$$\frac{f(x)}{g(x)} = \frac{f(x)}{g_1(x)g_2(x)} = \frac{h_1(x)}{g_1(x)} + \frac{h_2(x)}{g_2(x)}$$

$$(\text{단, } \deg h_1(x) < \deg g_1(x),\ \deg h_2(x) < \deg g_2(x))$$

(2) 다항식 $g(x)$가 거듭제곱 형태일 때, 즉 $g(x) = \{g_1(x)\}^k$인 경우 다음을 만족하는 다항식 $h_i(x)\,(i=1,\cdots,k)$가 존재한다.

$$\frac{f(x)}{g(x)} = \frac{f(x)}{g_1(x)^k} = \frac{h_k(x)}{g_1(x)} + \frac{h_{k-1}(x)}{\{g_1(x)\}^2} + \cdots + \frac{h_1(x)}{\{g_1(x)\}^k},$$

$$(\text{단, } \deg h_i(x) < \deg g_1(x))$$

즉 모든 유리식은 차수가 더 작은 분모를 가진 유리식의 합으로 나타낼 수 있다. [정리 6-4]의 자세한 증명은 생략한다. [정리 6-4]를 더 확장하면 다음 정리가 된다.

정리 6-5 유리식의 부분분수 표현의 확장

다항식 $f(x), g(x)$에 대하여, $\deg f(x) < \deg g(x)$이고 $g(x) = \{g_1(x)\}^{k_1} \cdots \{g_t(x)\}^{k_t}$ ($g_1(x), \cdots, g_t(x)$는 쌍마다 서로소인 다항식)일 때, 다음을 만족하는 다항식 $h_{ij}(x)$가 존재한다.

$$\frac{f(x)}{g(x)} = \left[\frac{h_{11}(x)}{g_1(x)} + \frac{h_{12}(x)}{\{g_1(x)\}^2} + \cdots + \frac{h_{1k_1}(x)}{\{g_1(x)\}^{k_1}}\right] + \cdots + \left[\frac{h_{t1}(x)}{g_t(x)} + \frac{h_{t2}(x)}{\{g_t(x)\}^2} + \cdots + \frac{h_{tk_t}(x)}{\{g_t(x)\}^{k_t}}\right] \quad (\deg h_{ij}(x) < \deg g_i(x))$$

참고 계수가 실수인 다항식의 인수분해

계수가 실수인 다항식은 다음과 같이 계수가 실수인 1차, 2차 다항식의 곱으로 인수분해된다.

$$f(x) = (x-c_1)\cdots(x-c_r)\left\{x^2 - 2a_1x + (a_1^2 + b_1^2)\right\}\cdots + \left\{x^2 - 2a_sx + (a_s^2 + b_s^2)\right\}$$

하지만 이론적으로만 가능하고, 실제로 위 다항식의 계수를 모두 구할 수 있는 것은 아니다.

다음 예제들은 유리함수를 $\dfrac{f'(x)}{f(x)}$ 형태로 변형할 수 있거나, 분모를 쉽게 인수분해할 수 있어 부분분수로 나타내기 쉬운 유리함수들의 적분이다. 예제를 풀어 보면서 부분분수로 고치는 과정을 잘 익혀보자.

예제 6-11 유리함수의 적분

$\displaystyle\int \frac{5x+7}{x^2+2x-3}dx$를 구하라.

풀이

피적분함수의 분모를 인수분해하면 $x^2+2x-3 = (x+3)(x-1)$이다. 다음 식을 만족하는 상수 A, B를 구한다.

$$\frac{5x+7}{x^2+2x-3} = \frac{A}{x+3} + \frac{B}{x-1}$$

우변을 통분하고 분자를 비교하면 $5x+7 = A(x-1) + B(x+3)$이다. 이 식의 좌변과 우변을 같게 만드는 상수 A, B를 구하기 위해 다음 연립방정식을 풀어 보자.

$$\begin{cases} A + B = 5 \\ -A + 3B = 7 \end{cases}$$

연립방정식을 풀면 $A=2$, $B=3$이다. 이 결과를 부분분수로 나타낸 식에 대입하여 적분하면 다음과 같다.

$$\begin{aligned}\int \frac{5x+7}{x^2+2x-3}dx &= \int\left(\frac{2}{x+3}+\frac{3}{x-1}\right)dx = \int\frac{2}{x+3}dx+\int\frac{3}{x-1}dx \\ &= 2\ln|x+3|+3\ln|x-1|+C = \ln|(x+3)^2(x-1)^3|+C\end{aligned}$$

[유제 6-10]

$\displaystyle\int \frac{2x+5}{x^2-2x-3}dx$를 구하라.

예제 6-12 **유리함수의 적분**

$\displaystyle\int \frac{2}{x^2+4x+5}dx$를 구하라.

풀이

$\displaystyle\int \frac{2}{x^2+4x+5}dx = \int\frac{2}{(x+2)^2+1}dx$이다. 이때 $t=x+2$로 치환하면 $dt=dx$이므로 주어진 적분을 전개하면 다음과 같다.

$$\begin{aligned}\int \frac{2}{x^2+4x+5}dx &= \int\frac{2}{(x+2)^2+1}dx = \int\frac{2}{t^2+1}dt = 2\tan^{-1}t+C \\ &= 2\tan^{-1}(x+2)+C\end{aligned}$$

[유제 6-11]

$\displaystyle\int \frac{2}{x^2+2x+2}dx$를 구하라.

예제 6-13 **유리함수의 적분**

$\displaystyle\int \frac{6x^2+14x-20}{x^3-4x}dx$를 구하라.

풀이

피적분함수의 분모를 인수분해하면 $x^3-4x=x(x-2)(x+2)$이므로 부분분수로 나타내면 다음과 같다.

$$\frac{6x^2+14x-20}{x^3-4x} = \frac{A}{x}+\frac{B}{x-2}+\frac{C}{x+2}$$

$$= \frac{A(x-2)(x+2)+Bx(x+2)+Cx(x-2)}{x(x-2)(x+2)}$$

좌변과 우변의 분자를 같게 만드는 상수 A, B, C를 구하기 위해 다음 연립방정식을 풀어 보자.

$$\begin{cases} A+B+C=6 \\ 2B-2C=14 \\ -4A=-20 \end{cases}$$

연립방정식을 풀면 $A=5$, $B=4, C=-3$이다. 이 결과를 부분분수로 나타낸 식에 대입하여 적분하면 다음과 같다(단, K는 적분상수).

$$\int \frac{6x^2+14x-20}{x^3-4x}dx = \int \frac{5}{x}+\frac{4}{x-2}+\frac{-3}{x+2}dx$$

$$= 5\ln|x|+4\ln|x-2|-3\ln|x+2|+K$$

[유제 6-12]

$\int \frac{x^2+4x-5}{x^3-9x}dx$를 구하라.

예제 6-14 유리함수의 적분

$\int \frac{3x^3-4x^2-3x+2}{x^4-x^2}dx$를 구하라.

풀이

피적분함수의 분모를 인수분해하면 $x^4-x^2=x^2(x-1)(x+1)$이므로 부분분수로 나타내면 다음과 같다.

$$\frac{3x^3-4x^2-3x+2}{x^4-x^2} = \frac{A}{x}+\frac{B}{x^2}+\frac{C}{x-1}+\frac{D}{x+1}$$

$$= \frac{Ax(x-1)(x+1)+B(x-1)(x+1)+Cx^2(x+1)+Dx^2(x-1)}{x^4-x^2}$$

$$= \frac{(A+C+D)x^3+(B+C-D)x^2-Ax-B}{x^4-x^2}$$

좌변과 우변의 분자를 같게 만드는 상수 A, B, C, D를 구하기 위해 다음 연립방정식을 풀어 보자.

$$\begin{cases} A+C+D=3 \\ B+C-D=-4 \\ -A=-3 \\ -B=2 \end{cases}$$

연립방정식을 풀면 $A=3,\ B=-2,\ C=-1,\ D=1$이다. 이 결과를 부분분수로 나타낸 식에 대입하여 적분하면 다음과 같다(단, K는 적분상수).

$$\int \frac{3x^3-4x^2-3x+2}{x^4-x^2}dx = \int \left(\frac{3}{x}-\frac{2}{x^2}-\frac{1}{x-1}+\frac{1}{x+1}\right)dx$$

$$=3\ln|x|+\frac{2}{x}-\ln|x-1|+\ln|x+1|+K$$

[예제 6-14]에서 부분분수로 바꿀 때, 분모가 x^2인 분수를 $\frac{B}{x^2}$로 표기했다. 분모의 차수가 2이므로 분자를 1차식으로 나타내야 할 것 같지만, 그럴 필요가 없다. $\frac{ax+b}{x^2}=\frac{a}{x}+\frac{b}{x^2}$로 분리할 수 있으며 $\frac{a}{x}$는 분자가 x인 앞의 항 $\frac{A}{x}$에 포함시키면 되므로 $\frac{B}{x^2}$로 표기해도 좋다.

[유제 6-13]

$\int \frac{3x+2}{x^4-4x^2}dx$를 구하라.

예제 6-15 유리함수의 적분

$\int \frac{2x^3+x^2+2x-1}{x^4-1}dx$를 구하라.

풀이

피적분함수의 분모를 인수분해하면 $x^4-1=(x-1)(x+1)(x^2+1)$이므로 부분분수로 나타내면 다음과 같다.

$$\frac{2x^3+x^2+2x-1}{x^4-1}=\frac{A}{x-1}+\frac{B}{x+1}+\frac{Cx+D}{x^2+1}$$

$$=\frac{A(x+1)(x^2+1)+B(x-1)(x^2+1)+(Cx+D)(x-1)(x+1)}{x^4-1}$$

$$=\frac{(A+B+C)x^3+(A-B+D)x^2+(A+B-C)x+(A-B-D)}{x^4-1}$$

좌변과 우변의 분자를 같게 만드는 상수 A, B, C, D를 구하기 위해 다음 연립방정식을 풀어 보자.

$$\begin{cases} A+B+C=2 \\ A-B+D=1 \\ A+B-C=2 \\ A-B-D=-1 \end{cases}$$

연립방정식을 풀면 $A=1, B=1, C=0, D=1$이다. 이 결과를 부분분수로 나타낸 식에 대입하여 적분하면 다음과 같다(단, K는 적분상수).

$$\begin{aligned} \int \frac{2x^3+x^2+2x-1}{x^4-1}dx &= \int\left(\frac{1}{x-1}+\frac{1}{x+1}+\frac{0x+1}{x^2+1}\right)dx \\ &= \int\left(\frac{1}{x-1}+\frac{1}{x+1}+\frac{1}{x^2+1}\right)dx \\ &= \ln|x-1|+\ln|x+1|+\arctan x+K \end{aligned}$$

[유제 6-14]

$\int \frac{2x^2+2x-1}{x^4-16}dx$를 구하라.

예제 6-16 유리함수의 적분

$\int \frac{x^2}{x^6-1}dx$를 구하라.

풀이 1

피적분함수의 분모를 인수분해하면 $x^6-1=(x-1)(x^2+x+1)(x^3+1)$이므로 부분분수로 나타내면 다음과 같다.

$$\frac{x^2}{x^6-1}=\frac{A}{x-1}+\frac{B}{x+1}+\frac{Cx+D}{x^2+x+1}+\frac{Ex+F}{x^2-x+1}$$

우변의 식을 통분하고 분자를 비교하면 다음과 같다.

$$\begin{aligned} x^2 = &(A+B+C+E)x^5+(A-B-C+D+E+F)x^4+(A+B-D+F)x^3 \\ &+(A-B+C-E)x^2+(A+B-C+D-E-F)x+(A-B-D-F) \end{aligned}$$

위 식의 좌변과 우변의 분자를 같게 만드는 상수 A, B, C, D, E를 구하기 위해 다음 연립방정식을 풀어 보자.

$$\begin{cases} A+B+C+E=0 \\ A-B-C+D+E+F=0 \\ A+B-D+F=0 \\ A-B+C-E=1 \\ A+B-C+D-E-F=0 \\ A-B-D-F=0 \end{cases}$$

연립방정식을 풀면 $A=\frac{1}{6}$, $B=-\frac{1}{6}$, $C=\frac{1}{3}$, $D=\frac{1}{6}$, $E=-\frac{1}{3}$, $F=\frac{1}{6}$이다. 이 결과를 부분분수로 나타낸 식에 대입하여 적분하면 다음과 같다(단, K_1, K_2는 적분상수).

$$\begin{aligned}\int \frac{x^2}{x^6-1}dx &= \frac{1}{6}\int\left(\frac{1}{x-1}-\frac{1}{x+1}+\frac{2x+1}{x^2+x+1}-\frac{2x-1}{x^2-x+1}\right)dx \\ &= \frac{1}{6}(\ln|x-1|-\ln|x+1|+\ln|x^2+x+1|-\ln|x^2-x+1|)+K_1 \\ &= \frac{1}{6}\ln\left|\frac{x^3-1}{x^3+1}\right|+K_2\end{aligned}$$

풀이 2

피적분함수의 모양에 따라 완전히 인수분해 하지 않고도 쉽게 풀 수 있다.

$\frac{1}{X-1}-\frac{1}{X+1}=\frac{2}{X^2-1}$이고, $x^6-1=(x^3-1)(x^3+1)$이므로 다음이 성립한다.

$$\frac{1}{x^6-1}=\frac{1}{(x^3-1)(x^3+1)}=\frac{1}{2}\left(\frac{1}{x^3-1}-\frac{1}{x^3+1}\right)$$

이제 주어진 함수의 적분을 다음과 같이 구할 수 있다.

$$\begin{aligned}\int \frac{x^2}{x^6-1}dx &= \int \frac{1}{2}x^2\left(\frac{1}{x^3-1}-\frac{1}{x^3+1}\right)dx \\ &= \frac{1}{6}\int\left(\frac{3x^2}{x^3-1}-\frac{3x^2}{x^3+1}\right)dx \\ &= \frac{1}{6}(\ln|x^3-1|-\ln|x^3+1|)+C=\frac{1}{6}\ln\left|\frac{x^3-1}{x^3+1}\right|+C\end{aligned}$$

[유제 6-15]

$\int \frac{2x}{x^4-1}dx$를 구하라.

예제 6-17 유리함수의 적분

$\int \frac{x^2}{1+x^2}dx$를 구하라.

풀이

$$\begin{aligned}\int \frac{x^2}{1+x^2}dx &= \int \frac{(1+x^2)-1}{1+x^2}dx \\ &= \int\left(1-\frac{1}{1+x^2}\right)dx = x-\tan^{-1}x+C\end{aligned}$$

[유제 6-16]

$\int \frac{x^2}{4+x^2}dx$를 구하라.

예제 6-18 **유리함수의 적분**

$\int \frac{2x+6}{x^2+7x+10}dx$를 구하라.

풀이

피적분함수를 부분분수로 나타내면 다음과 같다.

$$\begin{aligned}\frac{2x+6}{x^2+7x+10} &= \frac{A}{x+2}+\frac{B}{x+5} \\ &= \frac{(A+B)x+(5A+2B)}{(x+2)(x+5)}\end{aligned}$$

좌변과 우변의 분자를 같게 만드는 상수 A, B를 구하기 위해 다음 연립방정식을 풀어 보자.

$$\begin{cases} A+B=2 \\ 5A+2B=6 \end{cases}$$

연립방정식을 풀면 $A=\frac{2}{3}$, $B=\frac{4}{3}$이다. 따라서 이 결과를 부분분수로 나타낸 식에 대입하여 적분하면 다음과 같다.

$$\begin{aligned}\int \frac{2x+6}{x^2+7x+10}dx &= \frac{2}{3}\int \left(\frac{1}{x+2}+\frac{2}{x+5}\right)dx \\ &= \frac{2}{3}\ln|x+2|+\frac{4}{3}\ln|x+5|+C\end{aligned}$$

[유제 6-17]

$\int \frac{x+5}{x^2+5x+6}dx$를 구하라.

예제 6-19 **유리함수의 적분**

$\int \frac{x^5}{(1+x^2)^4}dx$를 구하라.

풀이

나눗셈 정리를 이용하면 다음을 얻는다.

$$\begin{aligned} x^5 &= x(x^2+1)^2 - 2x(x^2+1) + x \\ &= x\{(x^2+1)^2 - 2(x^2+1) + 1\} \end{aligned}$$

$t=1+x^2$으로 치환하면 $dt=2xdx$이므로 주어진 적분을 구하면 다음과 같다.

$$\begin{aligned} \int \frac{x^5}{(1+x^2)^4}dx &= \int \frac{t^2-2t+1}{t^4} \cdot \frac{1}{2}dt \\ &= \frac{1}{2}\int\left(\frac{1}{t^2} - \frac{2}{t^3} + \frac{1}{t^4}\right)dt \\ &= \frac{1}{2}\left(-\frac{1}{t} + \frac{1}{t^2} - \frac{1}{3t^3}\right) + C \\ &= \frac{1}{2}\left(-\frac{1}{1+x^2} + \frac{1}{(1+x^2)^2} - \frac{1}{3(1+x^2)^3}\right) + C \end{aligned}$$

[유제 6-18]

$\int \frac{x^3}{(1+x^2)^2}dx$를 구하라.

유리함수의 적분을 구할 때 다음과 같은 점화식도 유용하다.

정리 6-6 **유리함수의 점화식 표현**

n이 2 이상인 정수일 때 다음이 성립한다.

$$\int \frac{dx}{(x^2+1)^n} = \frac{x}{2(n-1)(x^2+1)^{n-1}} + \frac{2n-3}{2(n-1)}\int \frac{dx}{(x^2+1)^{n-1}}$$

증명

$I_n = \int \frac{dx}{(x^2+1)^n}$로 놓으면 다음이 성립한다.

$$\begin{aligned} I_{n-1} = \int \frac{dx}{(x^2+1)^{n-1}} &= \frac{x}{(x^2+1)^{n-1}} - \int -(n-1)(x^2+1)^{-n}(2x)x\,dx \\ &= \frac{x}{(x^2+1)^{n-1}} + (n-1)\int \frac{2x^2}{(x^2+1)^n}dx \end{aligned}$$

$$= \frac{x}{(x^2+1)^{n-1}} + (n-1)\int \frac{2(x^2+1)-2}{(x^2+1)^n}dx$$

$$= \frac{x}{(x^2+1)^{n-1}} + 2(n-1)I_{n-1} - 2(n-1)I_n$$

따라서 $2(n-1)I_n = \dfrac{x}{(x^2+1)^{n-1}} + (2n-3)I_{n-1}$이므로 다음이 성립한다.

$$\int \frac{dx}{(x^2+1)^n} = \frac{x}{2(n-1)(x^2+1)^{n-1}} + \frac{2n-3}{2(n-1)}\int \frac{dx}{(x^2+1)^{n-1}}$$ ■

$I_n = \displaystyle\int \frac{dx}{(x^2+1)^n}$에 대하여 다음 점화식이 성립한다.

$$I_n = \frac{x}{2(n-1)(x^2+1)^{n-1}} + \frac{(2n-3)}{2(n-1)}I_{n-1} \tag{6.3}$$

예제 6-20 점화식을 이용한 유리함수의 적분

$\displaystyle\int \frac{1}{(1+x^2)^4}dx$를 구하라.

풀이

식 (6.3)에 $n=4, 3, 2$를 차례로 대입하면 다음이 성립한다.

$$I_4 = \frac{x}{2\cdot 3(x^2+1)^3} + \frac{5}{6}I_3 = \frac{x}{6(x^2+1)^3} + \frac{5}{6}I_3,$$

$$I_3 = \frac{x}{2\cdot 2(x^2+1)^2} + \frac{3}{4}I_2 = \frac{x}{4(x^2+1)^2} + \frac{3}{4}I_2,$$

$$I_2 = \frac{x}{2\cdot 1(x^2+1)} + \frac{1}{2}I_1 = \frac{x}{2(x^2+1)} + \frac{1}{2}I_1$$

$I_1 = \displaystyle\int \frac{1}{x^2+1}dx = \tan^{-1}x + C$이므로 I_1, I_2, I_3을 차례로 대입하여 간단히 정리하면 다음과 같다.

$$\int \frac{1}{(1+x^2)^4}dx = \frac{1}{6}\frac{x}{(x^2+1)^3} + \frac{5}{24}\frac{x}{(x^2+1)^2} + \frac{5}{16}\frac{x}{(x^2+1)} + \frac{5}{16}\tan^{-1}x + C$$

[유제 6-19]

$\displaystyle\int \frac{1}{(1+x^2)^6}dx$를 구하라.

SECTION

6.2 연습문제

※ 01~10 다음 유리함수의 적분을 구하라.

01 $\int \frac{3+2x}{(4x-3)(2x+5)}dx$

02 $\int \frac{1}{(x+2)^2}dx$

03 $\int \frac{x^4}{x^2-1}dx$

04 $\int \frac{x^2+1}{(x+2)(x+3)^2}dx$

05 $\int \frac{x^3+5}{x^2+4}dx$

06 $\int \frac{1-x+2x^2-x^3}{x(x^2+1)^2}dx$

07 $\int \frac{1}{x^3-1}dx$

08 $\int \frac{x-3}{(x^2+2x+4)^2}dx$

09 $\int \frac{3x^2+7x+2}{(x-1)^3}dx$

10 $\int \frac{\cos x}{\sin x+\sin^3 x}dx$

※ 11~16 다음 유리함수의 적분을 구하라.

11 $\int \frac{3x+7}{(x^2+2x-3)^2}dx$

12 $\int \frac{2x+7}{(x^2+4x+5)^2}dx$

13 $\int \frac{3x^2+4x-2}{x^3-3x^2}dx$

14 $\int \frac{3x^2}{(1+x^2)^2}dx$

15 $\int \frac{x^4}{(x^2-1)^3}dx$

16 $\int \frac{\cos x}{(\sin x+\sin^3 x)^2}dx$

17 $\int \frac{1}{(1+x^2)^5}dx$를 구하라.

18 $n \geq 2$인 자연수에 대하여 다음 점화식을 증명하라.

$$\int \frac{dx}{(x^2+a^2)^n}=\frac{x}{2(n-1)a^2(x^2+a^2)^{n-1}}+\frac{2n-3}{2(n-1)a^2}\int \frac{dx}{(x^2+a^2)^{n-1}}$$

SECTION 6.3 무리함수의 적분

이 절에서는 무리함수를 적분하는 방법을 공부한다. 우선 도함수가 무리함수인 몇 가지 경우의 예를 살펴보자.

$$\frac{d}{dx}\sqrt{x} = \frac{1}{2\sqrt{x}}, \qquad \frac{d}{dx}\sqrt{f(x)} = \frac{f'(x)}{2\sqrt{f(x)}}$$

$$\frac{d}{dx}\sin^{-1}x = \frac{1}{\sqrt{1-x^2}}, \qquad \frac{d}{dx}\sin^{-1}f(x) = \frac{f'(x)}{\sqrt{1-f(x)^2}}$$

$$\frac{d}{dx}\ln(x+\sqrt{x^2-1}) = \frac{1}{\sqrt{x^2-1}}$$

따라서 다음과 같은 적분 공식을 얻을 수 있다.

$$\int \frac{1}{2\sqrt{x}}dx = \sqrt{x}+C, \qquad \int \frac{f'(x)}{2\sqrt{f(x)}}dx = \sqrt{f(x)}+C$$

$$\int \frac{1}{\sqrt{1-x^2}}dx = \sin^{-1}x+C, \qquad \int \frac{f'(x)}{\sqrt{1-f(x)^2}}dx = \sin^{-1}f(x)+C$$

$$\int \frac{1}{\sqrt{x^2-1}}dx = \ln(x+\sqrt{x^2-1})+C$$

위 공식을 증명할 때 삼각치환을 이용한다. 삼각치환은 위 공식을 증명하는 것 외에도 자주 사용되니 여기서 한번 정리하자. 여러분은 다음과 같은 치환 방법을 이용하여 위 공식을 다시 한 번 유도해보기 바란다. 보통 주어진 식을 간단한 식으로 만들기 위해 치환을 이용한다. 물론 예외로 치환을 통해 식이 좀 복잡해진 듯하지만 적분이 잘 되는 형태로 바뀌는 경우도 있다. 분모가 복잡하거나 근호 안의 식이 복잡하면 전체 식이 복잡해 보인다. 따라서 식을 간단한 형태로 만드는 방향으로 치환해야 한다. 이제 다음과 같이 특수한 형태의 식이 포함된 경우 이용할 수 있는 치환 방법을 살펴보자.

- **$\sqrt{a^2-x^2}$ 형태가 있는 경우**

$x = a\sin\theta$로 치환하면 다음과 같이 간단한 형태로 표현할 수 있다.

$$\sqrt{a^2-x^2} = \sqrt{a^2(1-\sin^2\theta)} = a\cos\theta$$

이때 $dx = a\cos\theta d\theta$ 형태 역시 복잡하지 않다. 이 경우에는 $x = a\cos\theta$로 치환해도 비슷하게 계산할 수 있으니 각자 연습해 보자.

• $\sqrt{a^2+x^2}$ **형태가 있는 경우**

$x = a\tan\theta$로 치환하면 다음과 같이 간단한 형태로 표현할 수 있다.

$$\sqrt{a^2+x^2} = \sqrt{a^2(1+\tan^2\theta)} = a\sec\theta$$

이때 $dx = a\sec^2\theta d\theta$ 형태 역시 복잡하지 않다.

• $\sqrt{x^2-a^2}$ **형태가 있는 경우**

$x = a\sec\theta$로 치환하면 다음과 같이 간단한 형태로 표현할 수 있다.

$$\sqrt{x^2-a^2} = \sqrt{a^2(\sec^2\theta-1)} = a\tan\theta$$

이때 $dx = a\sec\theta\tan\theta d\theta$ 형태 역시 복잡하지 않다.

근호($\sqrt{\ }$)가 없는 경우에도 위 치환 방법들은 자주 사용할 수 있다. 특히 인수분해되지 않는 2차 다항식은 모두 $(x+a)^2+b^2$ 형태이므로 $\sqrt{a^2+x^2}$ 형태와 비슷한 방법으로 $x+a = b\tan\theta$로 치환한다.

예제 6-21 **무리함수의 적분**

$\int \frac{1}{\sqrt{x+1}-\sqrt{x}}dx$를 구하라.

풀이

피적분함수의 분자와 분모에 $\sqrt{x+1}+\sqrt{x}$를 곱한 뒤 분모를 간단히 정리하면 다음이 성립한다.

$$\int \frac{1}{\sqrt{x+1}-\sqrt{x}}dx = \int (\sqrt{x+1}+\sqrt{x})dx$$

$$= \frac{2}{3}(x+1)^{\frac{3}{2}} + \frac{2}{3}x^{\frac{3}{2}} + C$$

[유제 6-20]

$\int \frac{1}{\sqrt{x+4}-\sqrt{x}}dx$를 구하라.

예제 6-22 무리함수의 적분

$\int \frac{dx}{\sqrt{9-4x^2}}$ 를 구하라.

풀이

$9-4x^2=9\left\{1-\left(\frac{2x}{3}\right)^2\right\}$ 이므로, $t=\frac{2x}{3}$ 로 치환하면 $dt=\frac{2}{3}dx$ 이다.

$$\int \frac{dx}{\sqrt{9-4x^2}}=\frac{1}{3}\int \frac{dx}{\sqrt{1-\left(\frac{2x}{3}\right)^2}}=\frac{1}{3}\int \frac{1}{\sqrt{1-t^2}}\frac{3}{2}dt$$

$$=\frac{1}{2}\sin^{-1}t+C=\frac{1}{2}\sin^{-1}\frac{2x}{3}+C$$

[유제 6-21]

$\int \frac{dx}{\sqrt{25-9x^2}}$ 를 구하라.

예제 6-23 무리함수의 적분

$\int \frac{(x+2)dx}{\sqrt{3+2x-x^2}}$ 를 구하라.

풀이

$$\int \frac{(x+2)dx}{\sqrt{3+2x-x^2}}=\int \frac{-\frac{1}{2}(-2x+2)+3}{\sqrt{3+2x-x^2}}dx$$

$$=\int \frac{-\frac{1}{2}(-2x+2)}{\sqrt{3+2x-x^2}}dx+\int \frac{3}{\sqrt{3+2x-x^2}}dx$$

$$=-\sqrt{3+2x-x^2}+\int \frac{3}{\sqrt{3+2x-x^2}}dx$$

마지막 항을 따로 계산하면 다음과 같다.

$$\int \frac{3}{\sqrt{3+2x-x^2}}dx=\int \frac{3}{\sqrt{4-(x-1)^2}}dx$$

$$=\frac{3}{2}\int \frac{1}{\sqrt{1-\left\{\frac{1}{2}(x-1)\right\}^2}}dx$$

위 식에서 $t=\frac{1}{2}(x-1)$ 로 치환하면 $dt=\frac{1}{2}dx$ 이므로 다음이 성립한다.

$$\frac{3}{2}\int \frac{1}{\sqrt{1-\left\{\frac{1}{2}(x-1)\right\}^2}}dx = \frac{3}{2}\int \frac{1}{\sqrt{1-t^2}}2dt$$

$$= 3\sin^{-1}t + C = 3\sin^{-1}\frac{x-1}{2} + C$$

따라서 적분을 계산하면 다음과 같다.

$$\int \frac{(x+2)dx}{\sqrt{3+2x-x^2}} = -\sqrt{3+2x-x^2} + 3\sin^{-1}\frac{x-1}{2} + C$$

[유제 6-22]

$\int \frac{(x+1)dx}{\sqrt{5+4x-x^2}}$ 를 구하라.

예제 6-24 무리함수의 적분

$\int \frac{2x+2}{\sqrt{x^2-2x+2}}dx$를 구하라.

풀이

$$\int \frac{2x+2}{\sqrt{x^2-2x+2}}dx = \int \frac{(2x-2)+4}{\sqrt{x^2-2x+2}}dx$$

$$= \int \frac{2x-2}{\sqrt{x^2-2x+2}}dx + \int \frac{4}{\sqrt{x^2-2x+2}}dx$$

$$= 2\sqrt{x^2-2x+2} + \int \frac{4}{\sqrt{x^2-2x+2}}dx$$

마지막 항을 따로 정리하면 다음과 같다.

$$\int \frac{4}{\sqrt{x^2-2x+2}}dx = \int \frac{4}{\sqrt{(x-1)^2+1}}dx$$

위 식에서 $\tan t = x-1$로 치환하면 $\sec^2 t\,dt = dx$이므로 다음이 성립한다.

$$\int \frac{4}{\sqrt{(x-1)^2+1}}dx = 4\int \frac{1}{\sqrt{\tan^2 t+1}}\sec^2 t dt = 4\int \sec t\,dt$$

$$= 4\ln|\sec t + \tan t| + C = 4\ln\left|\sqrt{(x-1)^2+1} + (x-1)\right| + C$$

따라서 주어진 적분을 계산하면 다음과 같다.

$$\int \frac{2x+2}{\sqrt{x^2-2x+2}}dx = 2\sqrt{x^2-2x+2} + 4\ln\left|\sqrt{(x-1)^2+1} + (x-1)\right| + C$$

[유제 6-23]

$\int \frac{x+2}{\sqrt{x^2-4x+5}}dx$를 구하라.

예제 6-25 $\sqrt{a^2-x^2}$ **형태의 식을 포함한 무리함수의 적분**

$\int \frac{\sqrt{a^2-x^2}}{x}dx$를 구하라.

풀이

$x=a\sin t$로 치환하면 $dx=a\cos t dt$이다. 피적분함수의 분자를 t로 나타내면 $\sqrt{a^2-x^2}=\sqrt{a^2-(a\sin t)^2}=\sqrt{a^2(1-\sin^2 t)}=\sqrt{a^2\cos^2 t}=a\cos t$이므로 다음이 성립한다.

$$\begin{aligned}\int \frac{\sqrt{a^2-x^2}}{x}dx &= \int \frac{a\cos t}{a\sin t}a\cos t dt = a\int \frac{1-\sin^2 t}{\sin t}dt = a\int (\csc t-\sin t)dt \\ &= a\{-\ln(\csc t+\cot t)+\cos t\}+C \\ &= a\left(-\ln\frac{a+\sqrt{a^2-x^2}}{x}+\frac{\sqrt{a^2-x^2}}{a}\right)+C\end{aligned}$$

[유제 6-24]

$\int \frac{\sqrt{9-x^2}}{2x}dx$를 구하라.

예제 6-26 $\sqrt{x^2-a^2}$ **형태의 식을 포함한 무리함수의 적분**

$\int \frac{\sqrt{x^2-a^2}}{x}dx$를 구하라.

풀이

$x=a\sec t$로 치환하면 $dx=a\sec t\tan t dt$이고, $\sqrt{x^2-a^2}=\sqrt{a^2(\sec^2 t-1)}=a\tan t$이다. 따라서 주어진 함수를 적분하면 다음과 같다.

$$\begin{aligned}\int \frac{\sqrt{x^2-a^2}}{x}dx &= \int \frac{a\tan t}{a\sec t}a\sec t\tan t dt = a\int \tan^2 t dt = a\int (\sec^2 t-1)dt \\ &= a(\tan t-t)+C = a\left(\frac{\sqrt{x^2-a^2}}{a}-\operatorname{arcsec}\frac{x}{a}\right)+C\end{aligned}$$

[유제 6-25]

$\displaystyle\int \frac{\sqrt{x^2-4}}{x}dx$를 구하라.

예제 6-27 무리함수의 적분

$\displaystyle\int \frac{x}{\sqrt[3]{x+1}}dx$를 구하라.

풀이 1

$t=\sqrt[3]{x+1}$로 치환하면, $dt=\frac{1}{3}(x+1)^{-\frac{2}{3}}dx$이므로 $dx=3t^2dt$이다. $x=t^3-1$이므로 주어진 식에 이들을 대입하면 다음과 같다.

$$\begin{aligned}\int \frac{x}{\sqrt[3]{x+1}}dx &= \int\left(\frac{t^3-1}{t}\cdot 3t^2\right)dt = \int(3t^4-3t)dt \\ &= \frac{3}{5}t^5-\frac{3}{2}t^2+C \\ &= \frac{3}{5}\sqrt[3]{(x+1)^5}-\frac{3}{2}\sqrt[3]{(x+1)^2}+C\end{aligned}$$

풀이 2

$t=x+1$로 치환하면 $dt=dx$이다.

$$\begin{aligned}\int \frac{x}{\sqrt[3]{x+1}}dx &= \int\frac{t-1}{t^{\frac{1}{3}}}dt = \int\left(t^{\frac{2}{3}}-t^{-\frac{1}{3}}\right)dt \\ &= \frac{3}{5}t^{\frac{5}{3}}-\frac{3}{2}t^{\frac{2}{3}}+C \\ &= \frac{3}{5}\sqrt[3]{x+1^5}-\frac{3}{2}\sqrt[3]{x+1^2}+C\end{aligned}$$

[유제 6-26]

$\displaystyle\int \frac{x}{\sqrt[4]{x+1}}dx$를 구하라.

예제 6-28 무리함수의 적분

$\int \sqrt{\frac{1+x}{1-x}}\,dx$를 구하라.

풀이 1

피적분함수의 분자와 분모에 $\sqrt{1+x}$를 곱하여 간단히 정리하면 다음과 같다.

$$\int \sqrt{\frac{1+x}{1-x}}\,dx = \int \frac{1+x}{\sqrt{1-x^2}}\,dx = \int \frac{1}{\sqrt{1-x^2}}\,dx + \int \frac{x}{\sqrt{1-x^2}}\,dx$$

$$= \sin^{-1}x + \int \frac{x}{\sqrt{1-x^2}}\,dx$$

$$= \sin^{-1}x - \sqrt{1-x^2} + C$$

풀이 2

$t = \sqrt{\frac{1+x}{1-x}}$ 로 치환하면 $t^2 = \frac{1+x}{1-x}$ 이다. 이를 x에 대하여 정리하면 $x = \frac{t^2-1}{1+t^2} = 1 - \frac{2}{1+t^2}$ 이고 $dx = \frac{4t}{(1+t^2)^2}dt$이므로 주어진 식에 대입하면 다음과 같다.

$$\int \sqrt{\frac{1+x}{1-x}}\,dx = \int \left\{ t \cdot \frac{4t}{(1+t^2)^2} \right\} dt = \int \frac{4(t^2+1)-4}{(t^2+1)^2}\,dt$$

$$= \int \left\{ \frac{4}{(t^2+1)} - \frac{4}{(t^2+1)^2} \right\} dt$$

$$= 4\tan^{-1}t - 4\int \frac{1}{(t^2+1)^2}\,dt$$

위 식의 마지막 항에 [정리 6-6]을 적용하면 다음이 성립한다.

$$\int \frac{1}{(t^2+1)^2}\,dt = \frac{t}{2(t^2+1)} + \frac{1}{2}\int \frac{dt}{(t^2+1)}$$

$$= \frac{t}{2(t^2+1)} + \frac{1}{2}\tan^{-1}t + C$$

따라서 주어진 함수의 적분은 다음과 같다.

$$\int \sqrt{\frac{1+x}{1-x}}\,dx = 4\tan^{-1}t - 4\left\{ \frac{t}{2(t^2+1)} + \frac{1}{2}\tan^{-1}t \right\} + C$$

$$= 2\tan^{-1}\sqrt{\frac{1+x}{1-x}} - 2\sqrt{\frac{1+x}{1-x}}\,\frac{1-x}{2} + C$$

$$= 2\tan^{-1}\sqrt{\frac{1+x}{1-x}} - \sqrt{(1+x)(1-x)} + C$$

[유제 6-27]

$\int \sqrt{\frac{2+x}{2-x}}\,dx$를 구하라.

예제 6-29 무리함수의 적분

$\int \frac{\sqrt{x}}{1+\sqrt[3]{x}}\,dx$를 구하라.

풀이

피적분함수를 간단히 정리하기 위해 $t=\sqrt[6]{x}$ 으로 치환하면, $dt=\frac{1}{6}x^{-\frac{5}{6}}dx=\frac{1}{6}t^{-5}dx$ 이므로 $dx=6t^5dt$이다. 그리고 $\sqrt{x}=t^3$이고 $\sqrt[3]{x}=t^2$이다. 이들을 주어진 식에 대입하면 다음이 성립한다.

$$\begin{aligned}\int \frac{\sqrt{x}}{1+\sqrt[3]{x}}\,dx &= \int \frac{t^3}{1+t^2}6t^5dt \\ &= 6\int \frac{t^8}{1+t^2}dt \\ &= 6\int \left(t^6-t^4+t^2-1+\frac{1}{1+t^2}\right)dt \\ &= 6\left(\frac{1}{7}t^7-\frac{1}{5}t^5+\frac{1}{3}t^3-t+\tan^{-1}t\right)+C \\ &= \frac{6}{7}x^{\frac{7}{6}}-\frac{6}{5}x^{\frac{5}{6}}+2x^{\frac{1}{2}}-6x^{\frac{1}{6}}+6\tan^{-1}x^{\frac{1}{6}}+C\end{aligned}$$

[유제 6-28]

$\int \frac{\sqrt{x}}{\sqrt{x}+\sqrt[3]{x}}\,dx$를 구하라.

예제 6-30 $\sqrt{a^2+x^2}$ 형태의 식을 포함한 무리함수의 적분

$\int \frac{dx}{\sqrt{1+x^2}}$ 를 구하라.

풀이 1

$x=\tan\theta$로 치환하면 $dx=\sec^2\theta d\theta$이고 $\sqrt{1+x^2}=\sqrt{1+\tan^2\theta}=\sqrt{\sec^2\theta}=\sec\theta$이다. 이들을 주어진 식에 대입하면 다음이 성립한다.

$$\begin{aligned}\int \frac{dx}{\sqrt{1+x^2}} &= \int \frac{1}{\sec\theta}\sec^2\theta d\theta \\ &= \int \sec\theta d\theta \\ &= \ln|\sec\theta+\tan\theta|+C \\ &= \ln|\sqrt{1+x^2}+x|+C\end{aligned}$$

풀이 2

$t=x+\sqrt{1+x^2}$으로 치환하면, $dt=\left(1+\frac{x}{\sqrt{1+x^2}}\right)dx=\frac{\sqrt{1+x^2}+x}{\sqrt{1+x^2}}dx$이다. 따라서 $\frac{dt}{t}=\frac{dx}{\sqrt{1+x^2}}$이므로 다음이 성립한다.

$$\begin{aligned}\int \frac{dx}{\sqrt{1+x^2}} &= \int \frac{dt}{t} \\ &= \ln|t|+C \\ &= \ln|x+\sqrt{1+x^2}|+C\end{aligned}$$

[유제 6-29]

$\int \frac{dx}{\sqrt{4+x^2}}$ 를 구하라.

SECTION

6.3 연습문제

※ 01~10 다음 무리함수의 적분을 구하라.

01 $\int \sqrt{x^2-3}\,dx$

02 $\int_{-2}^{1} \sqrt{5-4x-x^2}\,dx$

03 $\int \frac{x}{\sqrt{x^2+4}}dx$

04 $\int \frac{x^3}{\sqrt{16-x^2}}dx$

05 $\int \frac{1}{(3-2x-x^2)^{\frac{3}{2}}}dx$

06 $\int \frac{x^2+2x}{\sqrt{x+1}}dx$

07 $\int \frac{1}{\sqrt{x}+x^{\frac{3}{4}}}dx$

08 $\int \frac{1}{\sqrt{x}+1}dx$

09 $\int \frac{1}{\sqrt{x^2+2x+26}}dx$

10 $\int_{2}^{4} \frac{\sqrt{x^2-4}}{x}dx$

※ 11~16 다음 무리함수의 적분을 구하라.

11 $\int \frac{x^2}{(\sqrt{x^2-4}\,)^3}dx$

12 $\int \frac{dx}{\sqrt{25-4x^2}}$

13 $\int \frac{1}{(3-2x-x^2)^3}dx$

14 $\int \frac{2x^3}{\sqrt{25-x^2}}dx$

15 $\int \frac{1+\sqrt{x}}{\sqrt{x}+\sqrt[3]{x}}dx$

16 $\int \frac{x^3}{(\sqrt{x^2-9}\,)^3}dx$

17 a가 양수일 때, $\int \frac{dx}{\sqrt{a^2+x^2}}$를 전개하라.

SECTION
6.4 이상적분

앞에서 정적분은 미분적분학의 기본정리를 이용하여 구했다. 이제 다음 정적분 계산에 대한 질문으로 시작해 보자.

$$\int_{-1}^{1}\frac{1}{x^2}dx=\left[-\frac{1}{x}\right]_{-1}^{1}=-1-1=-2$$

위 결과를 자세히 관찰해 보니 피적분함수가 $\frac{1}{x^2}$이고 $\frac{1}{x^2}>0$이므로, 이 함수의 정적분값은 양수가 나와야 한다. 그런데 우리가 계산한 결과는 음수다. 앞에서 계산한 것처럼 미분적분학의 기본정리를 적용했는데 오류가 발생했다. 무엇이 문제일까?

그 이유는 미분적분학의 기본정리([정리 5-10])의 조건이 만족되지 않았기 때문이다. 미분적분학의 기본정리는 피적분함수가 연속함수이면서 부정적분이 존재하는 경우에 적용할 수 있다. 위 질문에서 피적분함수는 적분구간 $[-1,1]$ 안에 있는 $x=0$에서 연속이 아니므로 조건을 만족하지 않는다. 따라서 미분적분학의 기본정리를 적용할 수 없다.

여기서 피적분함수 $\frac{1}{x^2}$은 x가 0으로 다가갈 때 우극한과 좌극한이 모두 $+\infty$이다.

적분구간이 무한구간이거나 적분구간에서 함숫값이 유계가 아닌 경우의 적분을 **이상적분**(improper integral)이라고 한다. 구간 형태에 따라 이상적분을 정의해 보자.

이상적분의 정의

정의 6-1 이상적분 (1)

(1) $f(x)$가 구간 $(c,d]$에서 정의된 연속함수이고, $\lim_{x\to c^+} f(x) = \pm\infty$라고 하자. $\lim_{a\to c^+}\int_a^d f(x)dx$가 존재하면 이상적분 $\int_c^d f(x)dx$를 다음과 같이 정의한다.

$$\int_c^d f(x)dx = \lim_{a\to c^+}\int_a^d f(x)dx$$

(2) $f(x)$가 구간 $[c,d)$에서 정의된 연속함수이고, $\lim_{x\to d^-} f(x) = \pm\infty$라고 하자. $\lim_{b\to d^-}\int_c^b f(x)dx$가 존재하면 이상적분 $\int_c^d f(x)dx$를 다음과 같이 정의한다.

$$\int_c^d f(x)dx = \lim_{b\to d^-}\int_c^b f(x)dx$$

[정의 6-1]의 (1)에서 $\lim_{a\to c^+}\int_a^d f(x)dx$가 존재하면 $\int_c^d f(x)dx$가 $\lim_{a\to c^+}\int_a^d f(x)dx$로 **수렴**한다고 한다. 존재하지 않으면 $\int_c^d f(x)dx$는 **발산**한다고 한다. 마찬가지로 [정의 6-1]의 (2)에서 $\lim_{b\to d^-}\int_c^b f(x)dx$가 존재하면 $\int_c^d f(x)dx$가 $\lim_{b\to d^-}\int_c^b f(x)dx$로 수렴한다고 하며, 존재하지 않으면 $\int_c^d f(x)dx$는 발산한다고 한다.

정의 6-2 이상적분 (2)

(1) $f(x)$가 구간 $[a,\infty)$에서 정의된 연속함수라고 하자. $\lim_{b\to\infty}\int_a^b f(x)dx$가 존재하면 이상적분 $\int_a^\infty f(x)dx$를 다음과 같이 정의한다.

$$\int_a^\infty f(x)dx = \lim_{b\to\infty}\int_a^b f(x)dx$$

(2) $f(x)$가 구간 $(-\infty,b]$에서 정의된 연속함수라고 하자. $\lim_{a\to-\infty}\int_a^b f(x)dx$가 존재하면 이상적분 $\int_{-\infty}^b f(x)dx$를 다음과 같이 정의한다.

$$\int_{-\infty}^b f(x)dx = \lim_{a\to-\infty}\int_a^b f(x)dx$$

[정의 6-2]의 (1)에서 $\lim_{b \to \infty} \int_a^b f(x)dx$가 존재하면 $\int_a^\infty f(x)dx$가 $\lim_{b \to \infty} \int_a^b f(x)dx$로 수렴한다고 하며, 존재하지 않으면 $\int_a^\infty f(x)dx$는 발산한다고 한다. 마찬가지로 [정의 6-2]의 (2)에서 $\lim_{a \to -\infty} \int_a^b f(x)dx$가 존재하면 $\int_{-\infty}^b f(x)dx$가 $\lim_{a \to -\infty} \int_a^b f(x)dx$로 수렴한다고 하며, 존재하지 않으면 $\int_{-\infty}^b f(x)dx$는 발산한다고 한다.

정의 6-3 이상적분 (3)

어떤 실수 a에 대하여 $\int_a^\infty f(x)dx$와 $\int_{-\infty}^a f(x)dx$가 모두 수렴할 때, 이상적분 $\int_{-\infty}^\infty f(x)dx$를 다음과 같이 정의한다.

$$\int_{-\infty}^\infty f(x)dx = \int_{-\infty}^a f(x)dx + \int_a^\infty f(x)dx$$

[그림 6-1]은 함수 $y=\frac{1}{x}$, $y=\frac{1}{x^2}$, $y=\frac{1}{\sqrt{x}}$의 그래프를 나타낸다. $y=\frac{1}{x}$의 그래프는 원점 대칭이고 제1사분면과 제3사분면에 있다. $y=\frac{1}{x^2}$의 그래프는 y축 대칭이고, 제1사분면과 제2사분면에 있다. $y=\frac{1}{\sqrt{x}}$의 그래프는 $x>0$인 경우에만 정의되므로 제1사분면에 있다.

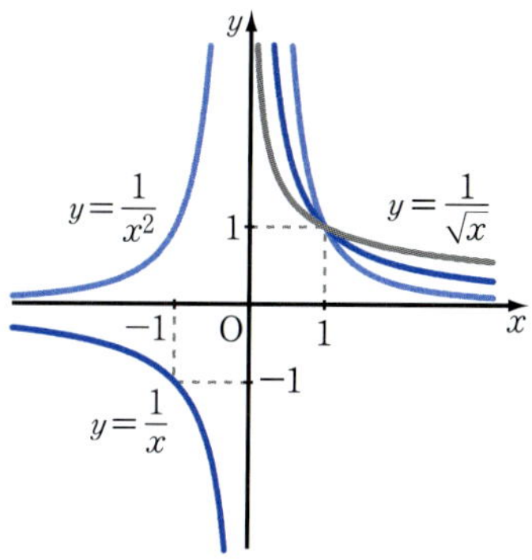

[그림 6-1] 함수 $y=\frac{1}{x^2}$, $y=\frac{1}{x}$, $y=\frac{1}{\sqrt{x}}$의 그래프

[그림 6-2]는 함수 $y=\frac{1}{x}$, $y=\frac{1}{x^2}$, $y=\frac{1}{\sqrt{x}}$의 그래프를 $x>0$인 구간에서 비교하여 그린 것이다. 즉 제1사분면에 있는 부분만 그렸다. 세 그래프는 공통적으로 감소함수이고 아래로 볼록이며 x축과 y축이 점근선이다. 따라서 세 그래프의 형태는 비슷하지만, 이들을 비교하기 위해 동시에 그리면 형태가 조금씩 다름을 알 수 있다.

$x \to 0^+$, $x \to \infty$일 때 세 함수의 극한은 다음과 같다.

$$\lim_{x \to 0^+} \frac{1}{x} = \lim_{x \to 0^+} \frac{1}{x^2} = \lim_{x \to 0^+} \frac{1}{\sqrt{x}} = \infty, \quad \lim_{x \to \infty} \frac{1}{x} = \lim_{x \to \infty} \frac{1}{x^2} = \lim_{x \to \infty} \frac{1}{\sqrt{x}} = 0$$

또한 $0<x<1$일 때 $\frac{1}{\sqrt{x}} < \frac{1}{x} < \frac{1}{x^2}$이고, $1<x$일 때 $\frac{1}{x^2} < \frac{1}{x} < \frac{1}{\sqrt{x}}$이다. [그림 6-2]를 통해 함수 $y=\frac{1}{x}$은 직선 $y=x$에 대하여 대칭이고, 두 함수 $y=\frac{1}{x^2}$, $y=\frac{1}{\sqrt{x}}$의 그래프는 서로 직선 $y=x$에 대하여 대칭임을 확인할 수 있다. 지금까지 살펴본 세 함수 $y=\frac{1}{x}$, $y=\frac{1}{x^2}$, $y=\frac{1}{\sqrt{x}}$의 이상적분을 구하여 그 적분값이 앞에서 살펴본 성질과 일치하는지 확인해 보자.

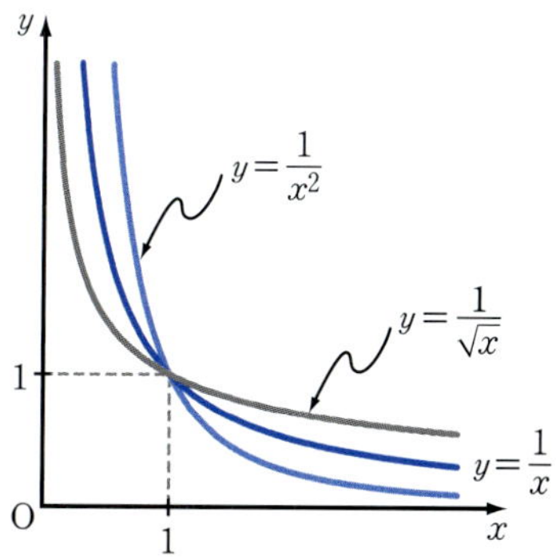

[그림 6-2] 함수 $y=\frac{1}{x}$, $y=\frac{1}{x^2}$, $y=\frac{1}{\sqrt{x}}$의 그래프

예제 6-31 이상적분

다음 이상적분을 구하라.

(a) $\displaystyle\int_0^1 \frac{1}{x}dx$ (b) $\displaystyle\int_0^1 \frac{1}{\sqrt{x}}dx$ (c) $\displaystyle\int_0^1 \frac{1}{x^2}dx$

풀이

(a) $\displaystyle\int_0^1 \frac{1}{x}dx = \lim_{a\to 0^+}\int_a^1 \frac{1}{x}dx = \lim_{a\to 0^+}[\ln x]_a^1 = \lim_{a\to 0^+}(-\ln a) = \infty$

(b) $\displaystyle\int_0^1 \frac{1}{\sqrt{x}}dx = \lim_{a\to 0^+}\int_a^1 \frac{1}{\sqrt{x}}dx = \lim_{a\to 0^+}[2\sqrt{x}]_a^1 = \lim_{a\to 0^+}(2-2\sqrt{a}) = 2$

(c) $\displaystyle\int_0^1 \frac{1}{x^2}dx = \lim_{a\to 0^+}\int_a^1 \frac{1}{x^2}dx = \lim_{a\to 0^+}\left[-\frac{1}{x}\right]_a^1 = \lim_{a\to 0^+}\left(-1+\frac{1}{a}\right) = \infty$

[유제 6-30]

이상적분 $\displaystyle\int_1^2 \frac{1}{\sqrt{x-1}}dx$를 구하라.

예제 6-32 이상적분

(a) $\displaystyle\int_1^\infty \frac{1}{x}dx$ (b) $\displaystyle\int_1^\infty \frac{1}{\sqrt{x}}dx$ (c) $\displaystyle\int_1^\infty \frac{1}{x^2}dx$

풀이

(a) $\displaystyle\int_1^\infty \frac{1}{x}dx = \lim_{b\to\infty}\int_1^b \frac{1}{x}dx = \lim_{b\to\infty}[\ln x]_1^b = \lim_{b\to\infty}(\ln b) = \infty$

(b) $\displaystyle\int_1^\infty \frac{1}{\sqrt{x}}dx = \lim_{b\to\infty}\int_1^b \frac{1}{\sqrt{x}}dx = \lim_{b\to\infty}[2\sqrt{x}]_1^b = \lim_{b\to\infty}(2\sqrt{b}-2) = \infty$

(c) $\displaystyle\int_1^\infty \frac{1}{x^2}dx = \lim_{b\to\infty}\int_1^b \frac{1}{x^2}dx = \lim_{b\to\infty}\left[-\frac{1}{x}\right]_1^b = \lim_{b\to\infty}\left(-\frac{1}{b}+1\right) = 1$

[유제 6-31]

이상적분 $\displaystyle\int_2^\infty \frac{1}{\sqrt{x-1}}dx$를 구하라.

대칭성을 이용하여 [예제 6-31(a)]와 [예제 6-32(a)], [예제 6-31(b)]와 [예제 6-32(c)], [예제 6-31(c)]와 [예제 6-32(b)]의 답을 각각 비교한 뒤 타당한지 확인하자. [그림 6-1], [그림 6-2]와 함께 세 함수의 그래프를 설명한 내용이 [예제 6-31], [예제 6-32]에서 구한 적분값에 나타나는지 확인하자.

예제 6-33 **이상적분**

6.4절의 도입부에서 살펴본 이상적분 $\int_{-1}^{1}\frac{1}{x^2}dx$를 구하라.

풀이

구간 $[-1,1]$을 두 구간 $[-1,0]$과 $[0,1]$로 나누고 [정의 6-1]을 적용하면 다음과 같다.

$$\int_{-1}^{1}\frac{1}{x^2}dx=\int_{-1}^{0}\frac{1}{x^2}dx+\int_{0}^{1}\frac{1}{x^2}dx=\lim_{b\to0^-}\int_{-1}^{b}\frac{1}{x^2}dx+\lim_{a\to0^+}\int_{a}^{1}\frac{1}{x^2}dx$$

$$=\lim_{b\to0^-}\left[-\frac{1}{x}\right]_{-1}^{b}+\lim_{a\to0^+}\left[-\frac{1}{x}\right]_{a}^{1}=\infty+\infty=\infty$$

정적분이 주어지면 주어진 구간이 유한인지 아닌지, 구간에서 함수가 연속인지 아닌지를 먼저 살펴보아야 된다. 불연속점이 있을 때는 구간의 시점에서 불연속점까지의 적분을 이상적분 계산 방법을 이용하여 구한다.

[유제 6-32]

이상적분 $\int_{1}^{4}\frac{1}{(x-2)^2}dx$를 구하라.

예제 6-34 **이상적분**

$\int_{-\infty}^{0}xe^x dx$를 구하라.

풀이

함수 $y=xe^x$의 그래프는 오른쪽 그림과 같다. 그리고 [정의 6-2]의 (2)에 의해 $\int_{-\infty}^{0}xe^x dx=\lim_{a\to-\infty}\int_{a}^{0}xe^x dx$이다. 먼저 $\int_{a}^{0}xe^x dx$를 구하면 다음과 같다.

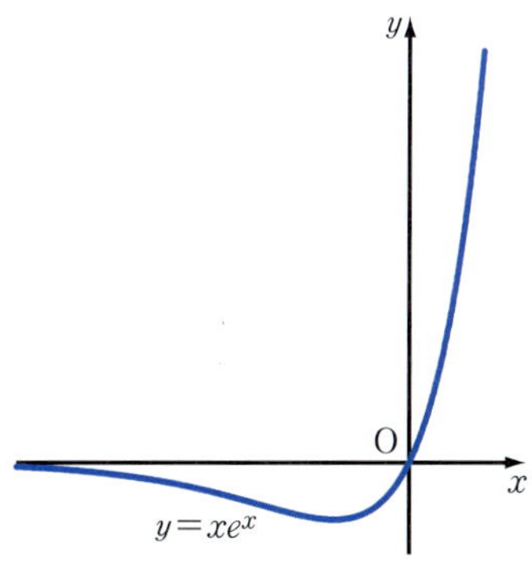

$$\int_{a}^{0}xe^x dx=[xe^x]_a^0-\int_{a}^{0}e^x dx=-ae^a-[e^x]_a^0=-ae^a-1+e^a$$

$t=-a$로 치환하고, 로피탈 법칙을 적용하면 다음이 성립한다.

$$\lim_{a\to-\infty}ae^a=\lim_{t\to\infty}(-te^{-t})=-\lim_{t\to\infty}\frac{t}{e^t}=-\lim_{t\to\infty}\frac{1}{e^t}=0$$

따라서 주어진 이상적분을 구하면 다음과 같다.

$$\int_{-\infty}^{0}xe^x dx=\lim_{a\to-\infty}\int_{a}^{0}xe^x dx=\lim_{a\to-\infty}(-ae^a-1+e^a)=-1$$

[유제 6-33]

$\int_0^\infty xe^{-x}dx$를 구하라.

예제 6-35 이상적분

$\int_{-\infty}^\infty \frac{1}{x^2+1}dx$를 구하라.

풀이

피적분함수가 우함수이므로 다음이 성립한다.

$$\int_{-\infty}^\infty \frac{1}{x^2+1}dx = 2\int_0^\infty \frac{1}{x^2+1}dx$$

우변의 함수에 대하여 이상적분을 구하면 다음과 같다.

$$\int_0^\infty \frac{1}{x^2+1}dx = \lim_{b\to\infty}\int_0^b \frac{1}{x^2+1}dx = \lim_{b\to\infty}[\tan^{-1}x]_0^b = \lim_{b\to\infty}\tan^{-1}b = \frac{\pi}{2}$$

따라서 다음이 성립한다.

$$\int_{-\infty}^\infty \frac{1}{x^2+1}dx = 2\int_0^\infty \frac{1}{x^2+1}dx = 2\cdot\frac{\pi}{2} = \pi$$

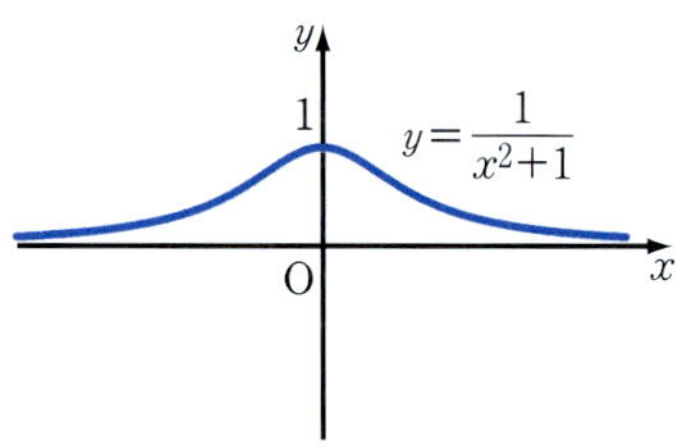

[그림 6-3] 함수 $y=\frac{1}{x^2+1}$의 그래프

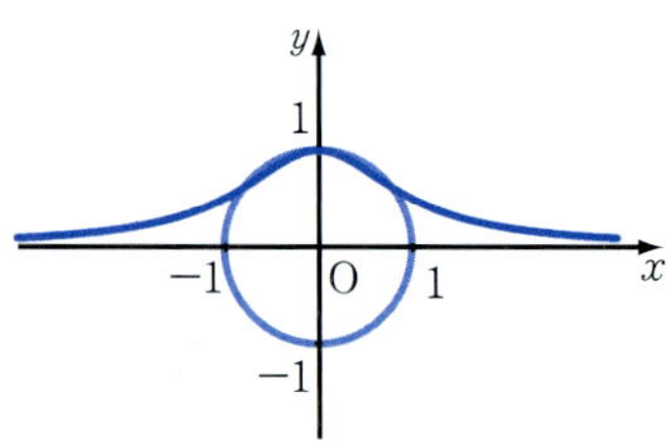

[그림 6-4] 두 영역의 넓이 비교

[그림 6-3]은 함수 $y=\frac{1}{x^2+1}$의 그래프로, 그래프와 x축 사이 영역의 넓이는 π이다. 반지름이 1인 원의 넓이도 π이므로 넓이가 같은 두 영역을 비교할 수 있도록 [그림 6-4]에 같이 나타냈다. 두 영역의 넓이를 비교할 때 원의 넓이가 더 넓은 것처럼 보일 수 있다. 그 이유는 함수 $y=\frac{1}{x^2+1}$의 그래프 아랫부분 영역은 폭이 좁지만 무한히 긴 구간에 걸쳐져 계속 이어지고 있는데, [그림 6-4]에서는 -3부터 3까지의 일부 구간만 나타냈기 때문이다. 따라서 원래 넓이보다 더 작아 보이기 때문에 반지름이 1인 원과 비교했을 때 넓이가 더 작아보인 것이다.

[유제 6-34]

$\int_{-\infty}^\infty \frac{1}{x^2+4}dx$를 구하라.

예제 6-36 **이상적분**

$\int_1^\infty \frac{1}{x^p}dx$가 수렴하기 위한 실수 p의 범위를 구하라.

풀이

(i) $p=1$인 경우는 [예제 6-32(a)]에서 살펴보았듯이 $\int_1^\infty \frac{1}{x^p}dx=\infty$로 발산한다.

(ii) 이제 $p\neq 1$이라고 하면 다음이 성립한다.

$$\int_1^\infty \frac{1}{x^p}dx=\lim_{b\to\infty}\int_1^b \frac{1}{x^p}dx=\lim_{b\to\infty}\left[\frac{1}{-p+1}x^{-p+1}\right]_1^b=\lim_{b\to\infty}\frac{1}{-p+1}(b^{-p+1}-1)$$

(iii) $p>1$인 경우

$$\int_1^\infty \frac{1}{x^p}dx=\lim_{b\to\infty}\frac{1}{-p+1}(b^{-p+1}-1)=\frac{1}{p-1}\text{이므로 }\int_1^\infty \frac{1}{x^p}dx\text{는 수렴한다.}$$

(iv) $p<1$인 경우

$$\int_1^\infty \frac{1}{x^p}dx=\lim_{b\to\infty}\frac{1}{-p+1}(b^{-p+1}-1)=\infty\text{이므로 }\int_1^\infty \frac{1}{x^p}dx\text{는 발산한다.}$$

그러므로 (i), (ii), (iii), (iv)에 의해 $\int_1^\infty \frac{1}{x^p}dx$는 $p>1$일 때 수렴하고, $p\leq 1$일 때 ∞로 발산한다. 이는 [예제 6-32] 결과를 일반화한 내용이다.

[유제 6-35]

$\int_1^\infty \frac{1}{x^p}dx$가 수렴하기 위한 실수 p의 범위를 구하라.

이상적분을 구할 때 피적분함수를 적분하기 어렵거나 적분을 했더라도 그 극한을 구하기 어려운 경우에, 이미 알고 있는 함수의 적분과 비교하여 수렴 여부를 판정하는 방법이 있다. 다음 정리에서는 [정의 6-2]의 (1)의 경우에 대한 비교 판정법을 기술하였는데, [정의 6-1], [정의 6-2], [정의 6-3]에서 정의한 다른 유형의 이상적분에도 비슷하게 비교 판정법을 시행할 수 있다.

정리 6-7 **이상적분에 대한 비교 판정법**

함수 f와 g가 $x\geq a$일 때 연속함수이면서 $f(x)\geq g(x)\geq 0$을 만족한다고 하자.

(1) $\int_a^\infty f(x)dx$가 수렴하면 $\int_a^\infty g(x)dx$도 수렴한다.

(2) $\int_a^\infty g(x)dx$가 발산하면 $\int_a^\infty f(x)dx$도 발산한다.

[정리 6-7]의 자세한 증명은 생략하지만, 이 정리가 성립함은 쉽게 확인할 수 있다. 간단히 설명하면 [정의 6-2]에 의하여 다음이 성립한다.

$$\int_a^\infty f(x)dx = \lim_{b\to\infty}\int_a^b f(x)dx$$

이때 $b_1 < b_2$이면 $\int_a^{b_2} f(x)dx = \int_a^{b_1} f(x)dx + \int_{b_1}^{b_2} f(x)dx$가 성립하고, $f(x) \geq 0$이므로 $\int_{b_1}^{b_2} f(x)dx \geq 0$을 만족한다. 따라서 다음 식이 성립한다.

$$\int_a^{b_2} f(x)dx = \int_a^{b_1} f(x)dx + \int_{b_1}^{b_2} f(x)dx \geq \int_a^{b_1} f(x)dx$$

즉 b가 증가할 때 $\int_a^b f(x)dx$는 증가한다. 따라서 $\int_a^\infty f(x)dx = \lim_{b\to\infty}\int_a^b f(x)dx$이 무한대로 가지 않으면 어떤 값으로 수렴할 수밖에 없다. 그런데 $g(x) \leq f(x)$이므로 $\int_a^b g(x)dx \leq \int_a^b f(x)dx$이고 따라서 $\lim_{b\to\infty}\int_a^b g(x)dx \leq \lim_{b\to\infty}\int_a^b f(x)dx$이다. 그러므로 $\lim_{b\to\infty}\int_a^b f(x)dx$가 무한대로 가지 않으면 그 값보다 작은 $\lim_{b\to\infty}\int_a^b g(x)dx$도 무한대로 가지 않으므로 수렴할 수밖에 없다. [정리 6-7]의 (2)는 (1)의 대우에 해당한다. 여기서 발산한다는 것은 $0 \leq g(x) \leq f(x)$이므로 적분구간이 넓어질수록 넓이도 점점 커져서 무한대로 간다는 의미다.

예제 6-37 이상적분

$\int_1^\infty e^{-x^2}dx$가 수렴함을 보여라.

풀이

$x \geq 1$일 때 $-x^2 \leq -x$이므로 $e^{-x^2} \leq e^{-x}$이다. 따라서 다음이 성립한다.

$$\int_1^\infty e^{-x}dx = \lim_{b\to\infty}\int_1^b e^{-x}dx = \lim_{b\to\infty}[-e^{-x}]_1^b = \lim_{b\to\infty}(-e^{-b}+e^{-1}) = e^{-1}$$

따라서 $\int_1^\infty e^{-x}dx$가 수렴하므로 비교 판정법에 의해 $\int_1^\infty e^{-x^2}dx$는 수렴한다.

[유제 6-36]

$\int_1^\infty \frac{1}{x^2+2}dx$가 수렴함을 보여라.

SECTION

6.4 연습문제

※ 01~12 다음 이상적분을 구하라.

01 $\int_0^1 \frac{1}{1-x}dx$

02 $\int_1^2 \frac{1}{1-x}dx$

03 $\int_0^1 \frac{1}{\sqrt{1-x}}dx$

04 $\int_1^2 \frac{1}{(1-x)^2}dx$

05 $\int_0^1 x\ln x dx$

06 $\int_0^1 x^2\ln x dx$

07 $\int_0^1 \frac{\ln x}{x}dx$

08 $\int_0^1 \frac{\ln x}{x^2}dx$

09 $\int_0^1 \frac{\ln x}{\sqrt{x}}dx$

10 $\int_2^\infty \frac{2}{x^2-x}dx$

11 $\int_2^\infty \frac{1}{(x-1)^2}dx$

12 $\int_0^5 \frac{1}{x^2-2x-3}dx$

※ 13~19 다음 이상적분의 수렴 여부를 판정하라.

13 $\int_0^{\frac{\pi}{4}} \frac{1}{x\sin x}dx$

14 $\int_0^{\frac{\pi}{4}} \frac{1}{x\cos x}dx$

15 $\int_0^{\frac{\pi}{4}} \frac{1}{x\tan x}dx$

16 $\int_1^\infty \frac{\ln x}{x^2}dx$

17 $\int_1^\infty \frac{1}{x\ln x}dx$

18 $\int_0^1 \frac{1}{\sqrt{\sin x}}dx$

19 $\int_0^1 \frac{1}{\sqrt{\tan x}}dx$

20 이상적분 $\int_1^\infty \frac{3}{e^x+3}dx$의 수렴 여부를 판정하라.

21 이상적분 $\int_1^\infty \frac{3}{e^x-2}dx$의 수렴 여부를 판정하라.

22 함수 $y=x^2e^x$의 그래프가 다음과 같을 때, 이상적분 $\int_{-\infty}^0 x^2e^x dx$의 수렴 여부를 판정하라.

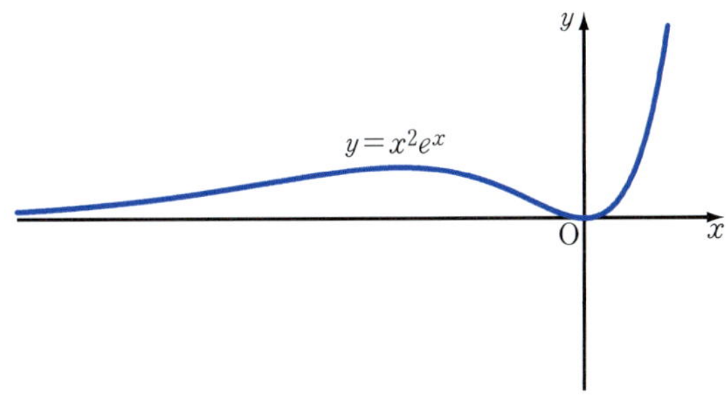

23 $\int_0^1 x^p\ln x dx$가 수렴하기 위한 실수 p의 범위를 구하라.

24 $\int_1^\infty x^p\ln x dx$가 수렴하기 위한 실수 p의 범위를 구하라.

SECTION 6.5 정적분의 수치적 접근

이 절에서는 정적분의 근삿값을 구하는 방법을 알아본다. 부정적분을 다항함수, 유리함수, 무리함수, 삼각함수, 지수함수, 로그함수 등의 기본적인 함수들로 표현하기 어렵거나, 그러한 기본적인 함수들로 표현하여 정적분 값을 구했더라도 그 값의 크기를 어림잡기 힘든 경우가 있다. 이때 정적분의 근삿값을 이용할 수 있다. 정적분의 근삿값을 구하는 3가지 방법인 중점법칙, 사다리꼴 공식, 심프슨 공식을 살펴보자.

중점법칙

구간 $[a,b]$에서 함수 $y=f(x)$의 그래프와 x축 사이 영역의 넓이 S를 구분구적법을 이용하여 구할 때, 구간 $[a,b]$을 분할하고 각 부분 구간에서 함수의 최댓값을 높이로 하는 직사각형들의 넓이의 합을 **상합**이라고 하였다. 또한 각 부분 구간에서 함수의 최솟값을 높이로 하는 직사각형들의 넓이의 합을 **하합**이라고 하였다. 즉 주어진 구간 $[a,b]$를 $a=x_0<x_1<x_2<\cdots<x_{n-1}<x_n=b$로 분할하고, 각 부분 구간 $[x_{i-1},x_i]$에서 함수 $f(x)$의 최댓값을 M_i, 최솟값을 m_i라고 할 때 상합은 $\sum_{i=1}^{n} M_i(x_i-x_{i-1})$로, 하합은 $\sum_{i=1}^{n} m_i(x_i-x_{i-1})$로 표현할 수 있다. 그리고 다음 부등식이 성립한다.

$$\sum_{i=1}^{n} m_i(x_i-x_{i-1}) \le S \le \sum_{i=1}^{n} M_i(x_i-x_{i-1})$$

주어진 구간을 더 세분하면 상합은 작아지고 하합은 커져서 결국 둘 다 같은 값 S로 수렴하는 경우, 그 값을 기호로 $\int_a^b f(x)dx$로 표기하였다.

리만합은 $\sum_{i=1}^{n} f(\overline{x_i})(x_i-x_{i-1})$, $\overline{x_i}\in[x_{i-1},x_i]$ 형태의 합을 의미하는데, 상합과 하합이 같은 값으로 수렴한다면 $f(\overline{x_i})$는 최댓값과 최솟값 사이에 있으므로 리만합은 상합과 하합 사이에 있고, 구간을 세분함에 따라 리만합도 $\int_a^b f(x)dx$로 수렴한다.

리만합에서 부분 구간 $[x_{i-1},x_i]$의 중점을 $\overline{x_i}=\dfrac{x_{i-1}+x_i}{2}$로 선택하자. 이 경우

$\sum_{i=1}^{n} f(\overline{x_i})\,(x_i - x_{i-1})$을 $\int_a^b f(x)dx$의 근삿값으로 선택할 수 있다. 지금까지 살펴본 내용을 다음과 같이 **중점법칙**(midpoint rule)이라 정리할 수 있다.

정리 6-8 중점법칙

구간 $[a, b]$에서 정의된 적분 가능한 함수 $f(x)$에 대하여 다음이 성립한다.

$$\int_a^b f(x)dx \approx M_n = \frac{b-a}{n}\{f(\overline{x_1}) + f(\overline{x_2}) + \cdots + f(\overline{x_n})\}$$

여기서 $\overline{x_i} = \dfrac{x_{i-1}+x_i}{2}$ $(i = 1, 2, \cdots, n)$는 각 부분 구간 $[x_{i-1}, x_i]$의 중점이다.

예를 들면 [그림 6-5]에서 색칠된 직사각형들의 넓이 합이 M_4이고, 이는 주어진 함수 $f(x)$의 그래프 아랫부분 넓이에 대하여 $n = 4$일 경우의 중점법칙에 의해 얻은 근삿값을 의미한다.

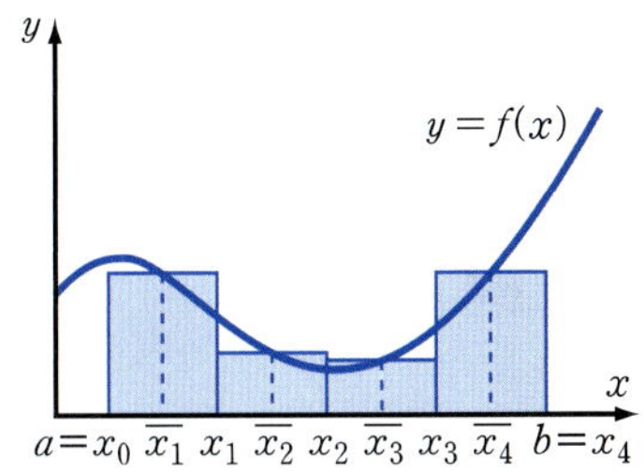

[그림 6-5] 중점법칙

예제 6-38 중점법칙

구간 $[0, 1]$을 4개의 부분 구간으로 나눈 다음, 중점법칙을 이용하여 $\int_0^1 x^2 dx$의 근삿값을 구하라.

풀이

구간 $[0, 1]$을 4개의 부분 구간으로 나누면, $x_0 = 0,\ x_1 = \frac{1}{4},\ x_2 = \frac{2}{4},\ x_3 = \frac{3}{4},\ x_4 = 1$이다. 각 부분 구간의 중점은 $\overline{x_1} = \frac{1}{8},\ \overline{x_2} = \frac{3}{8},\ \overline{x_3} = \frac{5}{8},\ \overline{x_4} = \frac{7}{8}$이고, $f(\overline{x_1}) = \frac{1}{64}$, $f(\overline{x_2}) = \frac{9}{64}$, $f(\overline{x_3}) = \frac{25}{64}$, $f(\overline{x_4}) = \frac{49}{64}$이므로 중점법칙을 이용하면 다음이 성립한다.

$$M_4 = \frac{1}{4}\left(\frac{1}{64} + \frac{9}{64} + \frac{25}{64} + \frac{49}{64}\right) = \frac{21}{64} = 0.328\cdots$$

실제 적분값은 $\int_0^1 x^2 dx = \frac{1}{3} = 0.333\cdots$으로 근삿값과 비슷하다.

[유제 6-37]

구간 $[0, 1]$을 4개의 부분 구간으로 나눈 다음, 중점법칙을 이용하여 $\int_0^1 x dx$의 근삿값을 구하라.

예제 6-39 **중점법칙**

구간 $[1,3]$을 4개의 부분 구간으로 나눈 다음, 중점법칙을 이용하여 $\int_1^3 \frac{1}{x}dx$의 근삿값을 구하라.

풀이

구간 $[1,3]$을 4개의 부분 구간으로 나누면, $x_0=1,\ x_1=\frac{3}{2},\ x_2=\frac{4}{2},\ x_3=\frac{5}{2},\ x_4=3$ 이다. 각 부분 구간의 중점은 $\overline{x_1}=\frac{5}{4},\ \overline{x_2}=\frac{7}{4},\ \overline{x_3}=\frac{9}{4},\ \overline{x_4}=\frac{11}{4}$ 이고, $f(\overline{x_1})=\frac{4}{5}$, $f(\overline{x_2})=\frac{4}{7},\ f(\overline{x_3})=\frac{4}{9},\ f(\overline{x_4})=\frac{4}{11}$ 이므로 중점법칙을 이용하면 다음이 성립한다.

$$M_4=\frac{2}{4}\left(\frac{4}{5}+\frac{4}{7}+\frac{4}{9}+\frac{4}{11}\right)=\frac{3776}{3465}=1.0897\cdots$$

실제 적분값은 $\int_1^3 \frac{1}{x}dx=\ln 3=1.0986\cdots$ 으로 근삿값과 비슷하다.

[유제 6-38]

구간 $[1,5]$를 4개의 부분 구간으로 나눈 다음, 중점법칙을 이용하여 $\int_1^5 \frac{1}{x}dx$의 근삿값을 구하라.

사다리꼴 공식

구간 $[a,b]$를 n등분하여 다음과 같이 표기해 보자.

$$x_0=a,\ x_1=a+\frac{b-a}{n},\ x_2=a+2\cdot\frac{b-a}{n},\ \cdots,$$
$$x_{n-1}=a+(n-1)\cdot\frac{b-a}{n},\ x_n=b$$

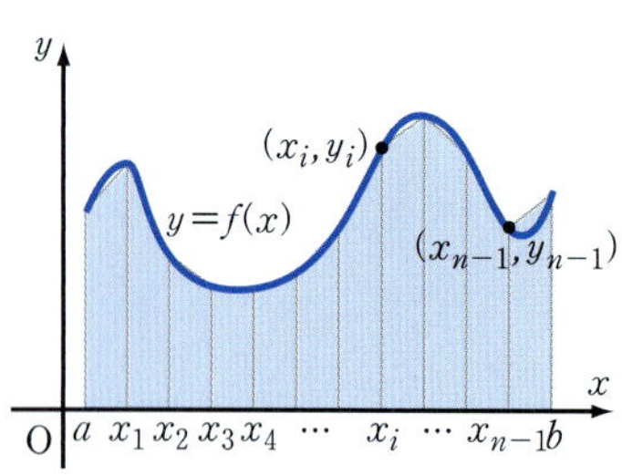

[그림 6-6] 사다리꼴 공식

주어진 함수 $y=f(x)$의 각 점 x_i에서의 함숫값을 $y_i=f(x_i)\ (i=0,1,\cdots,n)$이라고 하자. 이때 [그림 6-6]과 같이 그래프 위의 점 $(x_0,y_0),(x_1,y_1),\cdots,(x_n,y_n)$을 잇는 다각선 아랫부분의 넓이를 $\int_a^b f(x)dx$의 근삿값으로 볼 수 있다.

실제로 다각선 아랫부분은 n개의 길쭉하고 작은 사다리꼴들이며, i번째 사다리꼴의 넓이는 다음과 같다.

$$\frac{b-a}{n}\cdot\frac{f(x_{i-1})+f(x_i)}{2}=\frac{b-a}{2n}\cdot(y_{i-1}+y_i)$$

사다리꼴들의 넓이 합을 구하면 다음과 같다.

$$\sum_{i=1}^{n} \frac{b-a}{2n} \cdot (y_{i-1}+y_i) = \frac{b-a}{n}\left(\frac{1}{2}y_0+y_1+\cdots+y_{n-1}+\frac{1}{2}y_n\right)$$

따라서 다음과 같은 근사식을 얻을 수 있고, 이를 **사다리꼴 공식**(trapezoidal rule)이라고 한다.

정리 6-9 사다리꼴 공식

구간 $[a, b]$에서 정의된 적분 가능한 함수 $f(x)$에 대하여 다음이 성립한다.

$$\int_a^b f(x)dx \approx T_n = \frac{b-a}{n}\left(\frac{1}{2}y_0+y_1+\cdots+y_{n-1}+\frac{1}{2}y_n\right)$$

예제 6-40 사다리꼴 공식

구간 $[a,b]$에서 함수 $y=x$의 그래프 아랫부분의 넓이를 구하라.

풀이 1

사다리꼴의 넓이 공식에 의해 다음이 성립한다.

$$\frac{(\text{윗변의 길이})+(\text{아랫변의 길이})}{2} \cdot (\text{높이}) = \frac{a+b}{2} \cdot (b-a) = \frac{b^2-a^2}{2}$$

풀이 2

$$\int_a^b x dx = \left[\frac{x^2}{2}\right]_a^b = \frac{b^2-a^2}{2}$$

풀이 3

사다리꼴 공식을 이용하면 다음이 성립한다.

$$\begin{aligned} T_n &= \frac{b-a}{n}\left(\frac{1}{2}y_0+y_1+\cdots+y_{n-1}+\frac{1}{2}y_n\right) = \frac{b-a}{n}\left(\frac{1}{2}x_0+x_1+\cdots+x_{n-1}+\frac{1}{2}x_n\right) \\ &= \frac{b-a}{n}\left\{\frac{1}{2}a+\left(a+\frac{b-a}{n}\right)+\left(a+2\frac{b-a}{n}\right)+\cdots+\left(a+(n-1)\frac{b-a}{n}\right)+\frac{1}{2}\left(a+n\frac{b-a}{n}\right)\right\} \\ &= \frac{b-a}{n}\left[\frac{a+b}{2}+(n-1)a+\frac{b-a}{n}\{1+2+\cdots+(n-1)\}\right] \\ &= \frac{b-a}{n}\left\{\frac{a+b}{2}+(n-1)a+(b-a)\frac{(n-1)}{2}\right\} = \frac{b-a}{n} \cdot \frac{n}{2}(a+b) \\ &= \frac{b^2-a^2}{2} \end{aligned}$$

여기서는 근삿값이 실제 적분값과 동일하게 나왔다. 사실 사다리꼴의 넓이를 사다리꼴로 근사시키면 실제 적분값과 근삿값이 동일함은 자명하다.

[유제 6-39]

구간 $[0, 1]$을 4개의 부분 구간으로 나눈 뒤, 사다리꼴 공식을 이용하여 $\int_0^1 x\,dx$의 근삿값을 구하라.

예제 6-41 사다리꼴 공식

사다리꼴 공식을 이용하여 $\int_0^1 x^3 dx$의 근삿값을 구하라. 단, 주어진 구간 $[0, 1]$을 부분 구간 2개, 3개, 4개로 나누는 각 경우의 근삿값을 모두 구하라.

풀이

(i) 구간 $[0, 1]$을 2개의 부분 구간으로 나누자. $x_0=0$, $x_1=\frac{1}{2}$, $x_2=1$이라고 하면 $y_0=0$, $y_1=\frac{1}{8}$, $y=1$이다. 이를 사다리꼴 공식에 대입하면 다음이 성립한다.

$$T_2=\frac{b-a}{2}\left(\frac{1}{2}y_0+y_1+\frac{1}{2}y_2\right)=\frac{1}{2}\left(0+\frac{1}{8}+\frac{1}{2}\right)=\frac{5}{16}=0.3125\cdots$$

(ii) 구간 $[0, 1]$을 3개의 부분 구간으로 나누자. $x_0=0$, $x_1=\frac{1}{3}$, $x_2=\frac{2}{3}$, $x_3=1$이라고 하면 $y_0=0$, $y_1=\frac{1}{27}$, $y_2=\frac{8}{27}$, $y_3=1$이다. 이를 사다리꼴 공식에 대입하면 다음이 성립한다.

$$T_3=\frac{1}{3}\left(0+\frac{1}{27}+\frac{8}{27}+\frac{1}{2}\right)=\frac{5}{18}=0.2777\cdots$$

(iii) 구간 $[0, 1]$을 4개의 부분 구간으로 나누자. $x_0=0$, $x_1=\frac{1}{4}$, $x_2=\frac{2}{4}$, $x_3=\frac{3}{4}$, $x_4=1$이라고 하면 $y_0=0$, $y_1=\frac{1}{64}$, $y_2=\frac{8}{64}$, $y_3=\frac{27}{64}$, $y_4=1$이다. 이를 사다리꼴 공식에 대입하면 다음이 성립한다.

$$T_4=\frac{1}{4}\left(0+\frac{1}{64}+\frac{8}{64}+\frac{27}{64}+\frac{1}{2}\right)=\frac{17}{64}=0.2656\cdots$$

(i), (ii), (iii)에 따르면 주어진 구간을 점점 잘게 쪼개면 쪼갤수록 실제 적분값인 $\int_0^1 x^3 dx=\frac{1}{2}=0.25$에 근사해 감을 확인할 수 있다.

[유제 6-40]

구간 $[1, 5]$를 4개의 부분 구간으로 나눈 뒤, 사다리꼴 공식을 이용하여 $\int_1^5 \frac{1}{x}dx$의 근삿값을 구하라.

예제 6-42 **사다리꼴 공식**

구간 $[0,\pi]$에서 함수 $y=\sin x$의 그래프 아랫부분 넓이의 근삿값을 $n=4$인 경우의 사다리꼴 공식을 이용하여 구하라.

풀이

$x_0=0,\ x_1=\frac{\pi}{4},\ x_2=\frac{2\pi}{4},\ x_3=\frac{3\pi}{4},\ x_4=\pi$이고 $y_0=0,\ y_1=\frac{\sqrt{2}}{2},\ y_2=1,\ y_3=\frac{\sqrt{2}}{2},\ y_4=0$이다. 이를 사다리꼴 공식에 대입하면 다음이 성립한다.

$$T_4=\frac{\pi}{4}\left(0+\frac{\sqrt{2}}{2}+1+\frac{\sqrt{2}}{2}+0\right)=\frac{\pi}{4}(\sqrt{2}+1)=1.896\cdots$$

[유제 6-41]

구간 $\left[-\frac{\pi}{2},\frac{\pi}{2}\right]$에서 함수 $y=\cos x$의 그래프 아랫부분 넓이의 근삿값을 $n=4$인 경우의 사다리꼴 공식을 이용하여 구하라.

구분구적법으로 넓이를 구할 때는 무한히 세분하면서 극한을 구한다. 따라서 작은 직사각형들의 넓이를 이용하나 사다리꼴의 넓이를 이용하나 극한이 동일하므로 계산하기 좋은 직사각형의 넓이를 이용한다. 그런데 별로 많지 않은 개수의 부분 구간들로 분할하여 근삿값을 구할 때는 작은 직사각형들의 넓이로 근사하는 것보다는 사다리꼴들의 넓이로 근사하는 것이 오차가 더 적을 것이다.

심프슨 공식

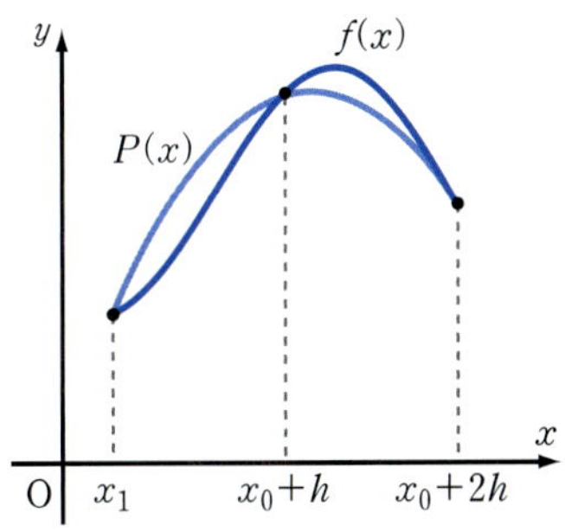

[그림 6-7] 세 점을 지나는 포물선 $P(x)$로 근사

[그림 6-7]과 같이 어떤 함수 $y=f(x)$의 그래프 위에 있는 세 점 (x_0, y_0), (x_0+h, y_1), (x_0+2h, y_2)를 지나는 이차함수 $P(x)$는 유일하게 존재한다. $y=f(x)$의 그래프 아랫부분의 넓이를 이차함수 $P(x)$의 그래프 아랫부분의 넓이로 근사시키려고 한다. $P(x)$의 그래프 아랫부분의 넓이를 구하면 다음과 같다.

$$\int_{x_0}^{x_0+2h} P(x)dx=\frac{h}{3}(y_0+4y_1+y_2)$$

위 식을 증명하기 위해 그래프를 x축 방향으로 $-(x_0+h)$만큼 평행이동하여 넓이를 구한다. 평행이동한 이차함수의 방정식을 $y=ax^2+bx+c$라고 두면 이 함수의 그래프 위의 세 점은 $(-h,y_0)$, $(0,y_1)$, (h,y_2)이고 이제 $\int_{-h}^{h}(ax^2+bx+c)dx$를 계산하면 된다. 세 점을 방정식 $y=ax^2+bx+c$에 대입하면 다음과 같다.

$$\begin{cases} y_0 = ah^2 - bh + c \\ y_1 = c \\ y_2 = ah^2 + bh + c \end{cases}$$

위 연립방정식으로부터 $c = y_1$, $ah^2 = \dfrac{y_0 + y_2 - 2y_1}{2}$을 얻는다. 이를 다음 식에 대입해 보자.

$$\begin{aligned} \int_{-h}^{h} (ax^2 + bx + c)dx &= 2\left(\frac{ah^3}{3} + ch\right) \\ &= 2\left(\frac{h}{3} \cdot ah^2 + ch\right) \\ &= 2\left(\frac{h}{3} \cdot \frac{y_0 + y_2 - 2y_1}{2} + y_1 h\right) \\ &= \frac{h}{3}(y_0 + y_2 - 2y_1 + 6y_1) \\ &= \frac{h}{3}(y_0 + 4y_1 + y_2) \end{aligned} \tag{6.4}$$

이제 식 (6.4)를 이용하여 근삿값을 구해 보자. 먼저 적분구간을 짝수 개의 부분 구간으로 $2n$등분하여 다음과 같이 표기해 보자.

$$x_0 = a,\ x_1 = a + \frac{b-a}{2n},\ x_2 = a + 2 \cdot \frac{b-a}{2n},\ \ldots,$$
$$x_{2n-1} = a + (2n-1) \cdot \frac{b-a}{2n},\ x_{2n} = b$$

$h = \dfrac{b-a}{2n}$, $y_i = f(x_i)$, $1 \le i \le 2n$이라 놓는다. 이제 처음부터 2개의 부분 구간씩 짝지어 구간 $[x_{2i-2}, x_{2i}]$에서 함수 $y = f(x)$의 그래프를 세 점 (x_{2i-2}, y_{2i-2}), (x_{2i-1}, y_{2i-1}), (x_{2i}, y_{2i})를 지나는 이차함수의 그래프로 근사시키고, 식 (6.4)를 적용하면 다음을 얻는다.

$$\frac{h}{3}(y_0 + 4y_1 + y_2) + \frac{h}{3}(y_2 + 4y_3 + y_4) + \frac{h}{3}(y_4 + 4y_5 + y_6) + \cdots$$
$$+ \frac{h}{3}(y_{2n-2} + 4y_{2n-1} + y_{2n})$$

다음과 같이 이를 일반화한 공식을 **심프슨 공식**(Simpson's rule)이라고 한다.

정리 6-10 심프슨 공식

구간 $[a, b]$에서 정의된 적분 가능한 함수 $f(x)$에 대하여 다음이 성립한다.

$$\int_a^b f(x)dx \approx S_{2n} = \frac{1}{3}\frac{b-a}{2n}(y_0 + 4y_1 + 2y_2 + 4y_3 + 2y_4 + \cdots + 2y_{2n-2} + 4y_{2n-1} + y_{2n})$$

예제 6-43 심프슨 공식

구간 $[0, 1]$을 4등분(즉 $n=2$)한 다음, 심프슨 공식을 이용하여 $\int_0^1 x^2 dx$의 근삿값을 구하라.

풀이

구간 $[0, 1]$을 4개의 부분 구간으로 나눌 때, 즉 $x_0 = 0$, $x_1 = \frac{1}{4}$, $x_2 = \frac{2}{4}$, $x_3 = \frac{3}{4}$, $x_4 = 1$이라고 하면 $y_0 = 0$, $y_1 = \left(\frac{1}{4}\right)^2$, $y_2 = \left(\frac{2}{4}\right)^2$, $y_3 = \left(\frac{3}{4}\right)^2$, $x_4 = 1^2$이다. 이를 심프슨 공식에 대입하면 다음이 성립한다.

$$\begin{aligned} S_4 &= \frac{1}{3} \cdot \frac{1}{4}\left\{0 + 4 \cdot \left(\frac{1}{4}\right)^2 + 2 \cdot \left(\frac{2}{4}\right)^2 + 4 \cdot \left(\frac{3}{4}\right)^2 + 1^2\right\} \\ &= \frac{1}{12}\left(0 + \frac{1}{4} + \frac{1}{2} + \frac{9}{4} + 1\right) = \frac{1}{3} \end{aligned}$$

이 경우 실제 적분값을 구하면 $\frac{1}{3}$이므로 심프슨 공식을 이용하여 구한 근삿값과 일치한다. 실제로 이차함수의 경우에는 그 그래프에 근사시킨 이차함수의 그래프가 원래의 그래프가 되므로, 심프슨 공식으로 구한 근삿값은 항상 실제 적분값과 일치한다.

[유제 6-42]

구간 $[0, 1]$을 4개의 부분 구간으로 나눈 다음, 심프슨 공식을 이용하여 $\int_0^1 x dx$의 근삿값을 구하라.

예제 6-44 **심프슨 공식**

$[0, \pi]$를 4등분(즉 $n=2$)한 다음, 심프슨 공식을 이용하여 $\int_0^{\pi} \sin x dx$의 근삿값을 구하라.

풀이

구간 $[0, \pi]$를 $2n(=4)$등분하면 $x_0=0$, $x_1=\frac{\pi}{4}$, $x_2=\frac{2\pi}{4}$, $x_3=\frac{3\pi}{4}$, $x_4=\pi$이고 $y_0=0$, $y_1=\sin\frac{\pi}{4}$, $y_2=\sin\frac{2\pi}{4}$, $y_3=\sin\frac{3\pi}{4}$, $x_4=\sin\pi$이다. 이를 심프슨 공식에 대입하면 다음이 성립한다.

$$S_4=\frac{1}{3}\cdot\frac{\pi}{4}\left\{0+4\cdot\left(\sin\frac{\pi}{4}\right)+2\cdot\left(\sin\frac{\pi}{2}\right)+4\cdot\left(\sin\frac{3\pi}{4}\right)+\sin\pi\right\}$$

$$=\frac{\pi}{12}(0+2\sqrt{2}+2+2\sqrt{2}+0)=\frac{\pi}{12}(2+4\sqrt{2})=2.004\cdots$$

실제 적분값은 2이므로 근삿값과 실제 적분값은 거의 비슷하다.

[유제 6-43]

구간 $[1, 5]$를 4개의 부분 구간으로 나눈 다음, 심프슨 공식을 이용하여 $\int_1^5 \frac{1}{x}dx$의 근삿값을 구하라.

각 근삿값의 오차 한계

정적분 값을 구하기 어렵거나 구했다고 하더라도 실제로 활용할 수 있는 값으로 표현하기 어려운 경우 정적분의 근삿값을 이용할 수 있다. 이 절에서는 정적분의 근삿값을 구하는 방법을 3가지 제시하였는데, 주어진 구간을 더 세분할수록 근삿값은 점점 실제 적분값에 수렴해감을 확인할 수 있었다. 하지만 n 값을 너무 크게 하면 계산 양이 많아지므로, 허용할 수 있는 오차 범위 안에서 근삿값을 구하기 위해 적절한 n을 선택해야 한다. 따라서 오차 한계가 필요하고, 이는 n 값에 따라 달라진다. 여기서는 자세한 증명은 생략하고 오차 한계에 대해서만 설명한다.

정리 6-11 중점법칙과 사다리꼴 공식에 관한 오차 한계

함수 $f(x)$가 구간 $[a,b]$에서 연속이고, 이계도함수 $f''(x)$가 존재한다. 주어진 구간에서 $|f''(x)|$의 최댓값을 M이라고 하면 다음이 성립한다.

(1) $\left|\int_a^b f(x)dx - (\text{중점법칙에 의한 근삿값 } M_n)\right| \le \dfrac{M(b-a)^3}{24n^2}$

(2) $\left|\int_a^b f(x)dx - (\text{사다리꼴 공식에 의한 근삿값 } T_n)\right| \le \dfrac{M(b-a)^3}{12n^2}$

정리 6-12 심프슨 공식에 관한 오차 한계

함수 $f(x)$가 구간 $[a,b]$에서 연속이고, 4계도함수 $f^{(4)}(x)$가 존재한다. 주어진 구간에서 $|f^{(4)}(x)|$의 최댓값을 M이라고 하면, n이 짝수일 때 다음이 성립한다.

$$\left|\int_a^b f(x)dx - (\text{심프슨 공식에 의한 근삿값 } S_n)\right| \le \frac{M(b-a)^5}{180n^4}$$

삼각함수, 지수함수나 로그함수 등으로 표현된 값은 정확한 값을 나타내고 있다고 하더라도, 컴퓨터나 함수표를 이용하지 않고 실제로 그 값이 어느 정도인지 알기 힘들 때가 많다. 그러한 경우에도 근삿값 공식을 이용할 수 있다.

예제 6-45 중점법칙에 의한 오차 한계

정적분 $\int_1^2 \frac{1}{x}dx = \ln 2$를 이용하여 $\ln 2 = \log_e 2$를 소수로 표현하라.

풀이

중점법칙을 이용할 것이다. 우선 각 자연수 n에 대하여 M_n을 계산해 보자.
$1 = x_0 < x_1 < \cdots < x_{n-1} < x_n = 2$에서 $x_k = 1 + \frac{k}{n}$ $(k = 1, \cdots, n)$이고 중점은 다음과 같다.

$$\overline{x_k} = \frac{x_{k-1} + x_k}{2} = 1 + \frac{2k-1}{2n} = \frac{2n+2k-1}{2n}$$

따라서 다음 식이 성립한다.

$$M_n = \frac{1}{n}\left\{f(\overline{x_1}) + \cdots + f(\overline{x_n})\right\} = \frac{1}{n}\sum_{k=1}^{n} \frac{2n}{2n+2k-1}$$

위 식에 $n = 1, 2, 3, \cdots$을 차례로 대입하여 M_n을 구하면 다음과 같다.

$$M_1 = 1\left(\frac{2}{3}\right) = 0.6666\cdots$$

$$M_2 = \frac{1}{2}\left(\frac{4}{5}+\frac{4}{7}\right) = \frac{24}{35} = 0.6857\cdots$$

$$M_3 = \frac{1}{3}\left(\frac{6}{7}+\frac{6}{9}+\frac{6}{11}\right) = \frac{478}{693} = 0.6897\cdots$$

$$M_4 = \frac{1}{4}\left(\frac{8}{9}+\frac{8}{11}+\frac{8}{13}+\frac{8}{15}\right) = \frac{4448}{6435} = 0.6912\cdots$$

$$M_5 = \frac{1}{5}\left(\frac{10}{11}+\frac{10}{13}+\frac{10}{15}+\frac{10}{17}+\frac{10}{19}\right) = \frac{479378}{692835} = 0.6919\cdots$$

$$M_6 = \frac{1}{6}\left(\frac{12}{13}+\frac{12}{15}+\frac{12}{17}+\frac{12}{19}+\frac{12}{21}+\frac{12}{23}\right) = \frac{2340056}{3380195} = 0.6922\cdots$$

이후 계산은 복잡하므로 계산기를 이용하면 다음 결과를 얻을 수 있다.

$$M_7 = 0.6925122411\cdots, \quad M_8 = 0.6926605540\cdots$$

$$M_9 = 0.6927624130\cdots, \quad M_{10} = 0.6928353604\cdots$$

위에서 구한 값들을 살펴보면 수열 $M_1, M_2, \cdots, M_n, \cdots$은 증가수열이고, 이미 우리는 수열의 극한이 $\ln 2$임을 알고 있다. $\ln 2 = 0.69314718\cdots$이므로 소수 셋째 자리까지는 정확한 값으로 보인다. 실제로 오차 한계는 $\frac{d^2}{dx^2}\left(\frac{1}{x}\right) = \frac{2}{x^3}$이므로 구간 $[1,2]$에서 이계도함수의 최댓값은 2이다. 따라서 다음이 성립한다.

$$\frac{M(b-a)^3}{24n^2} = 2\cdot\frac{1}{24n^2} = \frac{1}{12n^2}$$

위 식에 $n=10$을 대입하면 $0.0008\cdots$이므로 M_{10}은 소수 둘째 자리까지는 정확한 값이다. 만약 위 식에 $n=100$을 대입하면 오차 한계는 $0.000008\cdots$이므로 M_{100}은 소수 넷째 자리까지는 정확한 값이다.

[유제 6-44]

정적분 $\int_1^2 \frac{1}{x}dx = \ln 2$를 이용하여 $\ln 2$를 소수로 표현하라. 여기서는 [예제 6-45]와 달리 사다리꼴 공식과 심프슨 공식을 이용하라.

SECTION

6.5 연습문제

01 중점법칙, 사다리꼴 공식, 심프슨 공식을 이용하여 정적분 $\int_0^{\pi} \sin^2 x dx$의 근삿값 M_6, T_6, S_6를 구하라. 그리고 실제 정적분을 계산하여 이들 값을 비교하라.

02 중점법칙, 사다리꼴 공식, 심프슨 공식을 이용하여 정적분 $\int_0^1 \sin \pi x dx$의 근삿값 M_4, T_4, S_4를 구하라. 그리고 실제 정적분을 계산하여 이들 값을 비교하라.

※ 03~05 함수 $f(x)$가 다음 표와 같다. 구간 $[0,4]$에서 $f(x)$의 그래프 아랫부분 넓이의 근삿값을 다음의 각 방법으로 구하라.

x	0	1	2	3	4
$f(x)$	3	7	11	9	3

03 중점법칙을 이용한 근삿값 M_2

04 사다리꼴 공식을 이용한 근삿값 T_4

05 심프슨 공식을 이용한 근삿값 S_4

※ 06~08 함수 $f(x)$가 다음 표와 같다. 구간 $[0,6]$에서 $f(x)$의 그래프 아랫부분 넓이 $\int_0^6 f(x)dx$의 근삿값을 다음의 각 방법으로 구하라.

x	0	1	2	3	4	5	6
$f(x)$	4	6	6	4	4	5	5

06 중점법칙을 이용한 근삿값 M_3

07 사다리꼴 공식을 이용한 근삿값 T_6

08 심프슨 공식을 이용한 근삿값 S_6

09 $\int_0^1 \frac{1}{1+x^2} dx = \tan^{-1} 1 = \frac{\pi}{4}$를 이용하여 원주율 π를 소수로 표현하라.

10 $\int_1^3 \frac{1}{x} dx = \ln 3$을 이용하여 $\ln 3$을 소수로 표현하라.

11 $\int_0^2 \frac{1}{1+x^2} dx = \arctan 2$를 이용하여 $\arctan 2$를 소수로 표현하라.

12 함수 $f(x)$가 일차함수일 때, $T_n = M_n$임을 증명하라.

13 어떤 함수가 사다리꼴 공식이 중점법칙보다 더 정확한 값을 줄지 생각하고, 그러한 함수의 예를 들어라.

14 구간 $[a,b]$에서 함수 $f(x)$가 위로 볼록이고 $f(x) \geq 0$일 때 $T_n < \int_a^b f(x)dx < M_n$임을 보여라.

15 구간 $[a,b]$에서 함수 $f(x)$가 아래로 볼록이고 $f(x) \geq 0$일 때 $M_n < \int_a^b f(x)dx < T_n$임을 보여라.

16 $\frac{1}{2}(T_n + M_n) = T_{2n}$임을 증명하라.

Hint 하나의 부분 구간에서 생각해 본다.

17 $\frac{1}{3}T_n + \frac{2}{3}M_n = S_{2n}$임을 증명하라.

Hint 연속된 두 개의 구간에서 생각해 본다.

18 심프슨 공식을 이용하여 정적분 $\int_1^2 \frac{1}{x} dx = \ln 2$의 근삿값을 오차 범위 0.0001 이내로 구할 때, n을 얼마나 크게 잡아야 할지 설명하라.

CHAPTER

07

적분의 응용

Applications of Integration

Contents

○ 적분은 어느 분야에서 응용되는가?

5장과 6장에서 배운 적분의 개념과 적분 방법을 바탕으로 이 장에서는 곡선 사이의 넓이, 입체의 부피, 곡선의 길이 및 회전체의 부피를 구하는 방법을 소개한다. 이 방법은 주로 공학이나 물리학에서 활용된다. 예를 들어 물체의 모멘트와 질량중심, 관성모멘트 등을 계산할 수 있다. 또는 힘과 일, 즉 위치 에너지와 운동 에너지 사이의 관계를 파악할 수 있다. 수력학에서는 적분을 이용하여 댐에 가해지는 총 수압을 알 수 있다. 또한, 호수의 수질 오염도가 일정한 기간 내에 기준치 이하로 내려갈 수 있도록 물의 유입 속도를 결정할 수도 있다.

○ 이 장에서 배우는 내용은?

7.1절에서는 곡선 사이의 넓이를 구한다. 이때, 주어진 곡선과 x축에 수직인 직선으로 둘러싸인 영역 또는 y축에 수직인 직선으로 둘러싸인 영역으로 나누어 구한다. 7.2절에서는 입체도형의 부피를 구한다. 이 입체도형은 일반적인 입체일 수도 있고, 구나 원환체(toroid) 같이 특정한 축을 중심으로 회전하여 얻은 회전체일 수도 있다. 또한 일반적인 방법으로 구하기 힘든 회전체의 부피를 구하는 다른 방법인 원통껍질 방법을 소개한다. 7.3절에서는 곡선의 길이를 계산하며 7.4절에서는 회전면의 넓이를 구한다.

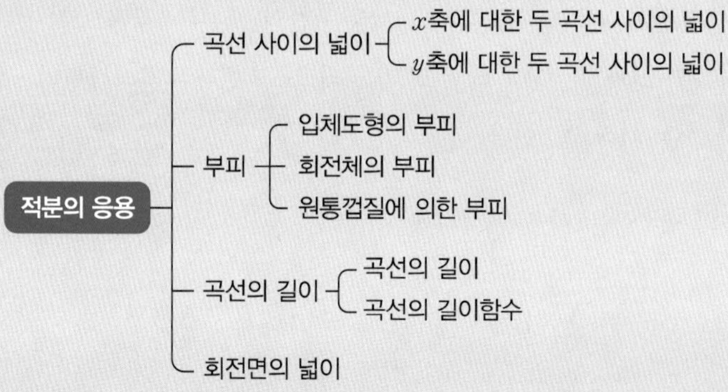

SECTION 7.1 곡선 사이의 넓이

5장에서 함수의 그래프 아래에 있는 영역의 넓이를 정적분의 형태로 나타냈다. 여기에서는 두 곡선으로 둘러싸인 영역의 넓이를 정적분의 형태로 나타내려 한다.

x축에 대한 두 곡선 사이의 넓이

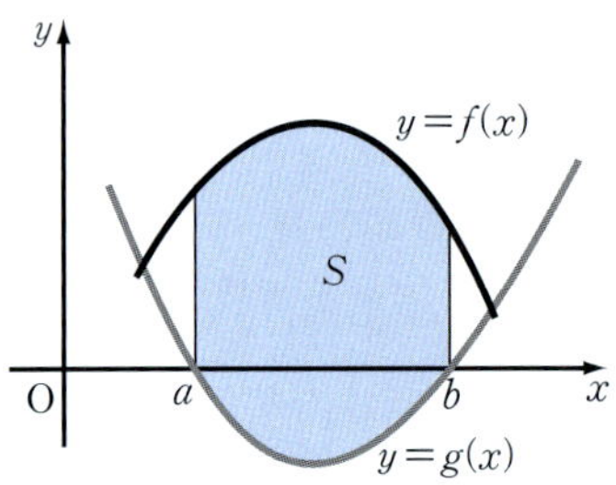

[그림 7-1] 두 곡선 $y=f(x)$, $y=g(x)$와 두 직선 $x=a$, $x=b$로 둘러싸인 영역 S

[그림 7-1]과 같이 두 곡선 $y=f(x)$, $y=g(x)$와 두 직선 $x=a$, $x=b$로 둘러싸인 영역 S를 생각하자. 여기에서 함수 f와 g는 닫힌구간 $[a, b]$에서 연속함수이고 모든 x에 대해 $f(x) \geq g(x)$를 만족한다.

5.1절에서 곡선 아래 영역의 넓이를 구할 때와 마찬가지로 영역 S를 너비가 같은 n개의 조각으로 나누어 시작한다. 구간 $[a, b]$를 길이가 $\Delta x = \dfrac{b-a}{n}$로 같은 n개의 부분 구간으로 분할하고 그 분할점을 $a=x_0, x_1, x_2, \ldots, x_{n-1}, x_n=b$라 하자. 정적분 정의와 마찬가지로 밑변이 Δx이고 높이가 $f(x_k^*)-g(x_k^*)$인 직사각형들로 근사시킨다. 여기에서 표본점 x_k^*는 $[x_{k-1}, x_k]$ 사이에 존재한다. 그러나 5.5절에서 설명했듯이 편의상 표본점을 부분 구간의 오른쪽 끝점으로 선택한다. 그러면 [그림 7-2]와 같이 $x_k^*=x_k$가 되고 k번째 직사각형의 넓이는 $A_k=\{f(x_k)-g(x_k)\} \cdot \Delta x$이다.

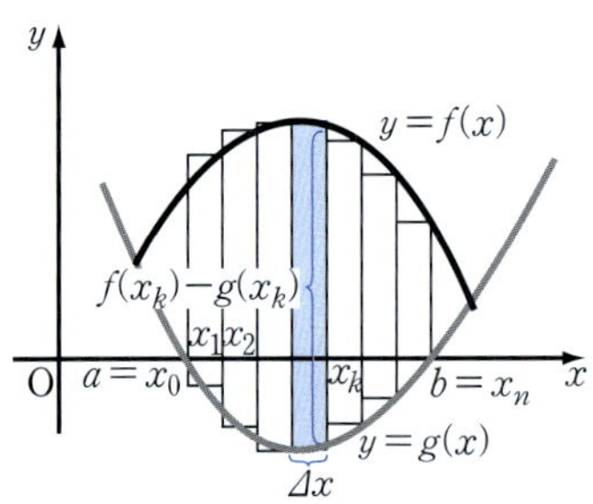

[그림 7-2] k번째 직사각형

이 직사각형들의 합 S_n은 다음과 같다.

$$S_n = \sum_{k=1}^{n} A_k = \sum_{k=1}^{n} \{f(x_k)-g(x_k)\} \cdot \Delta x$$

여기에서 $n \to \infty$일 때 S_n의 극한은 다음과 같다.

$$\lim_{n \to \infty} S_n = \int_a^b \{f(x)-g(x)\}\,dx$$

이를 정리하면 다음과 같다.

정리 7-1 x축에 대한 두 곡선 사이의 넓이

구간 $[a, b]$에 있는 모든 x에서 f와 g가 연속이고 $f(x) \ge g(x)$일 때, 두 곡선 $y = f(x)$, $y = g(x)$와 두 직선 $x = a$, $x = b$로 둘러싸인 영역의 넓이 A는 다음과 같다.

$$A = \int_a^b \{f(x) - g(x)\}\,dx$$

[정리 7-1]은 $0 < g(x) \le f(x)$인 경우뿐만 아니라 $g(x) < 0 < f(x)$인 경우와 $g(x) \le f(x) < 0$인 경우에도 성립한다.

참고 곡선과 x축 사이의 넓이

구간 $[a, b]$에서 $f(x)$가 연속함수이고 $f(x) \ge 0$이라 하자. 곡선 $y = f(x)$와 x축 및 직선 $x = a$, $x = b$로 둘러싸인 영역의 넓이 A는 [정리 7-1]에서 $g(x) = 0$인 경우이므로 다음과 같다.

$$A = \int_a^b f(x)\,dx$$

예제 7-1 두 곡선 사이의 넓이

오른쪽 그림과 같이 두 곡선 $y = e^x$, $y = \cos x$와 두 직선 $x = 0$, $x = \frac{\pi}{2}$로 둘러싸인 영역의 넓이를 구하라.

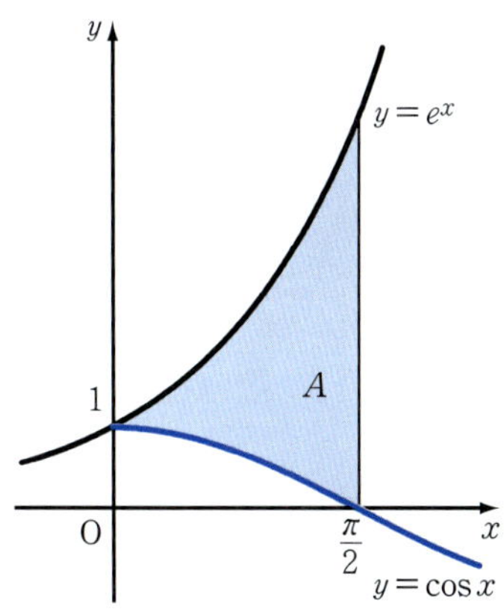

풀이

0과 $\frac{\pi}{2}$ 사이에 있는 모든 x에 대하여 다음이 성립한다.

$$e^x > \cos x$$

따라서 구하고자 하는 넓이 A는 다음과 같다.

$$A = \int_0^{\frac{\pi}{2}} (e^x - \cos x)\,dx = \left[e^x - \sin x\right]_0^{\frac{\pi}{2}} = e^{\frac{\pi}{2}} - 2$$

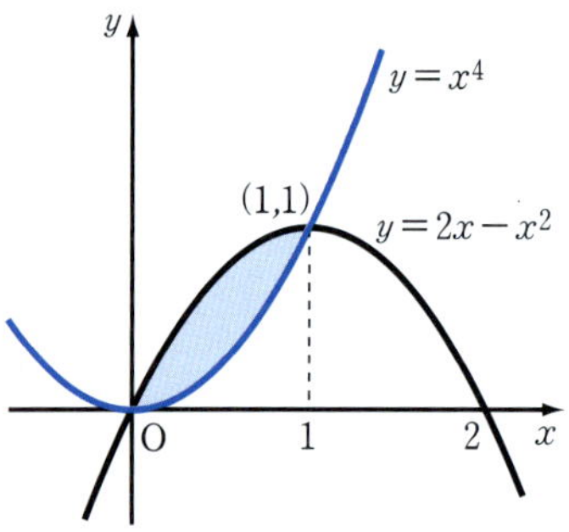

예제 7-2 **두 곡선 사이의 넓이**

왼쪽 그림과 같이 곡선 $y=x^4$과 포물선 $y=2x-x^2$으로 둘러싸인 영역의 넓이를 구하라.

풀이

먼저 두 곡선의 교점을 구하기 위해 방정식을 연립하여 푼다.

$$x^4 = 2x - x^2$$
$$x^4 + x^2 - 2x = 0$$
$$x(x-1)(x^2+x+2) = 0$$

즉 교점의 x좌표는 0과 1이다. 두 곡선으로 둘러싸인 영역은 $x=0$과 $x=1$ 사이에 있으므로 구하고자 하는 영역의 넓이 A는 다음과 같다.

$$A = \int_0^1 (2x - x^2 - x^4)\, dx = \left[x^2 - \frac{1}{3}x^3 - \frac{1}{5}x^5\right]_0^1 = 1 - \frac{1}{3} - \frac{1}{5} = \frac{7}{15}$$

[유제 7-1]

두 곡선 $y=e^x$, $y=\sin x$와 두 직선 $x=0$, $x=\pi$로 둘러싸인 영역의 넓이를 구하라.

y축에 대한 두 곡선 사이의 넓이

지금까지는 넓이를 구하기 위해서 x축 위의 구간을 분할하여 부분 구간의 길이를 밑변으로 하는 직사각형의 넓이를 이용하였다. 그렇지만 때로는 y축 위의 구간을 분할하여 만들어지는 직사각형의 넓이를 이용하면 편리하다.

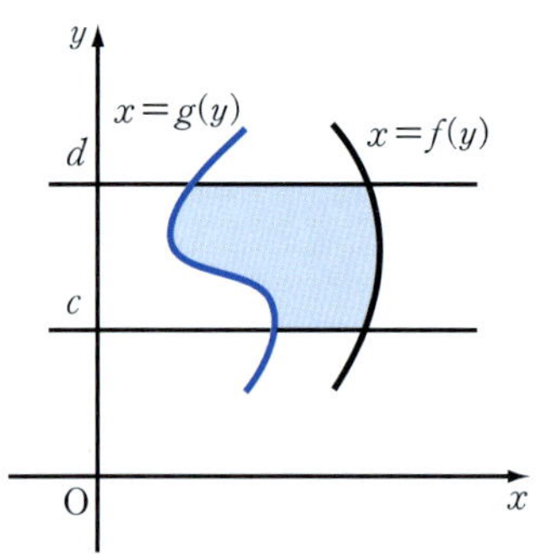

[그림 7-3] 두 곡선 $x=f(y)$, $x=g(y)$와 두 직선 $y=c$, $y=d$

정리 7-2 **y축에 대한 두 곡선 사이의 넓이**

구간 $[c,d]$에 있는 모든 y에서 f와 g가 연속이고 $f(y) \geq g(y)$일 때, 두 곡선 $x=f(y)$, $x=g(y)$와 두 직선 $y=c$, $y=d$로 둘러싸인 영역의 넓이 A는 다음과 같다.

$$A = \int_c^d \{f(y) - g(y)\}\, dy$$

예제 7-3 직선과 포물선 사이의 넓이

오른쪽 그림과 같이 직선 $y=x-2$와 포물선 $y^2=2x+4$로 둘러싸인 영역의 넓이를 구하라.

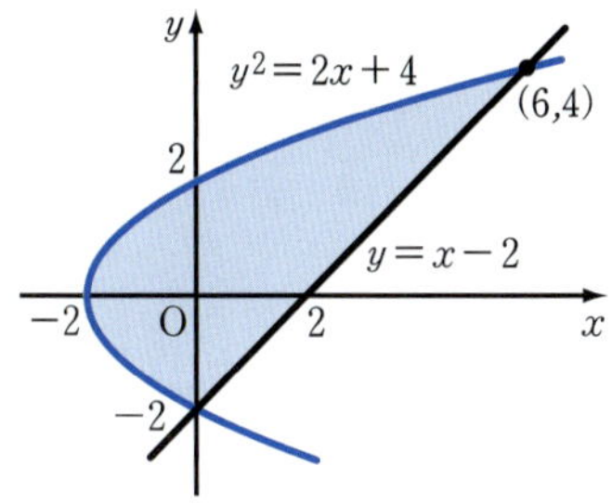

풀이

먼저 두 방정식을 연립하여 풀면 교점의 좌표는 $(0,-2)$, $(6,4)$이다. 또한 주어진 두 식을 y에 관한 식으로 표현하면 다음과 같다.

$$x=y+2,\ x=\frac{1}{2}y^2-2$$

두 곡선으로 둘러싸인 영역에서 두 교점의 y좌표가 각각 $y=-2$, $y=4$이므로 y의 구간은 $[-2,4]$이다. 이 구간에서 $y+2\geq\frac{1}{2}y^2-2$이므로 구하고자 하는 영역의 넓이 A는 다음과 같다.

$$\begin{aligned}A&=\int_{-2}^{4}\left\{(y+2)-\left(\frac{1}{2}y^2-2\right)\right\}dy\\&=\int_{-2}^{4}\left(-\frac{1}{2}y^2+y+4\right)dy\\&=\left[-\frac{1}{6}y^3+\frac{1}{2}y^2+4y\right]_{-2}^{4}\\&=-\frac{1}{6}(64+8)+\frac{1}{2}(16-4)+4(4+2)\\&=-12+6+24=18\end{aligned}$$

[유제 7-2]

직선 $y=x$와 포물선 $y^2=2x$로 둘러싸인 영역의 넓이를 구하라.

참고 넓이를 y에 대한 적분으로 구하는 이유

[예제 7-3]은 [예제 7-2]와 같이 x에 대한 적분으로 계산할 수도 있다. 다만 $y^2=2x+4$를 $y=\sqrt{2x+4}$와 $y=-\sqrt{2x+4}$로 나누어 두 영역의 적분을 따로 계산해야 하는 번거로움이 있다. 이 경우 적분 변수를 y로 하면 훨씬 쉽게 계산할 수 있다.

두 곡선이 교차하는 경우는 다음과 같이 구할 수 있다.

정리 7-3 교차하는 두 곡선 사이의 넓이

구간 $[a, b]$에 있는 모든 x에서 f와 g가 연속일 때, 두 곡선 $y=f(x)$, $y=g(x)$와 두 직선 $x=a$, $x=b$로 둘러싸인 영역의 넓이 A는 다음과 같다.

$$A=\int_a^b |f(x)-g(x)|\,dx$$

[정리 7-3]의 식은 두 곡선이 교차하지 않을 때에도 사용할 수 있다.

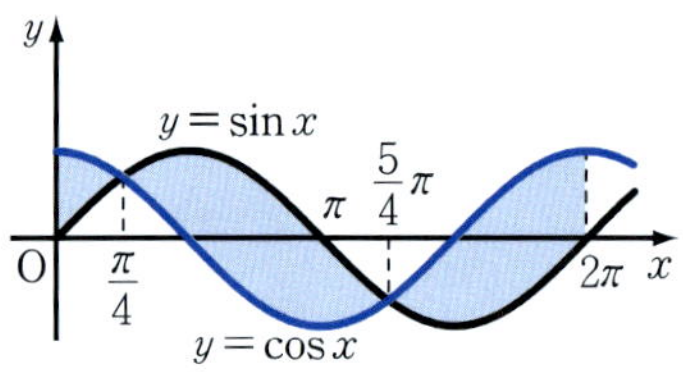

예제 7-4 교차하는 두 곡선 사이의 넓이

왼쪽 그림과 같이 두 곡선 $y=\sin x$, $y=\cos x$와 두 직선 $x=0, x=2\pi$로 둘러싸인 영역의 넓이를 구하라.

풀이

먼저 두 곡선의 교점을 구하기 위해 방정식을 연립하여 푼다. $0 \le x \le 2\pi$에서 방정식 $\sin x=\cos x$를 만족하는 x 값은 $x=\frac{\pi}{4}, \frac{5\pi}{4}$이다. 주어진 그래프를 보면 구간 $\left[0, \frac{\pi}{4}\right]$와 $\left[\frac{5\pi}{4}, 2\pi\right]$에서 $\cos x \ge \sin x$이고 구간 $\left[\frac{\pi}{4}, \frac{5\pi}{4}\right]$에서 $\sin x \ge \cos x$이므로 구하고자 하는 영역의 넓이 A는 다음과 같다.

$$\begin{aligned}
A&=\int_0^{2\pi}|\sin x-\cos x|\,dx \\
&=\int_0^{\frac{\pi}{4}}(\cos x-\sin x)\,dx+\int_{\frac{\pi}{4}}^{\frac{5\pi}{4}}(\sin x-\cos x)\,dx+\int_{\frac{5\pi}{4}}^{2\pi}(\cos x-\sin x)\,dx \\
&=\Big[\sin x+\cos x\Big]_0^{\frac{\pi}{4}}+\Big[-\cos x-\sin x\Big]_{\frac{\pi}{4}}^{\frac{5\pi}{4}}+\Big[\sin x+\cos x\Big]_{\frac{5\pi}{4}}^{2\pi} \\
&=\left\{\frac{\sqrt{2}}{2}+\frac{\sqrt{2}}{2}-(0+1)\right\}+\left\{\frac{\sqrt{2}}{2}+\frac{\sqrt{2}}{2}-\left(-\frac{\sqrt{2}}{2}-\frac{\sqrt{2}}{2}\right)\right\} \\
&\qquad+\left\{(0+1)-\left(-\frac{\sqrt{2}}{2}-\frac{\sqrt{2}}{2}\right)\right\} \\
&=4\sqrt{2}
\end{aligned}$$

[유제 7-3]

두 곡선 $y=\sin x$, $y=\sin 2x$와 두 직선 $x=0, x=\pi$로 둘러싸인 영역의 넓이를 구하라.

SECTION 7.1 연습문제

※ 01~02 다음 그림과 같이 색칠한 영역의 넓이를 구하라.

01

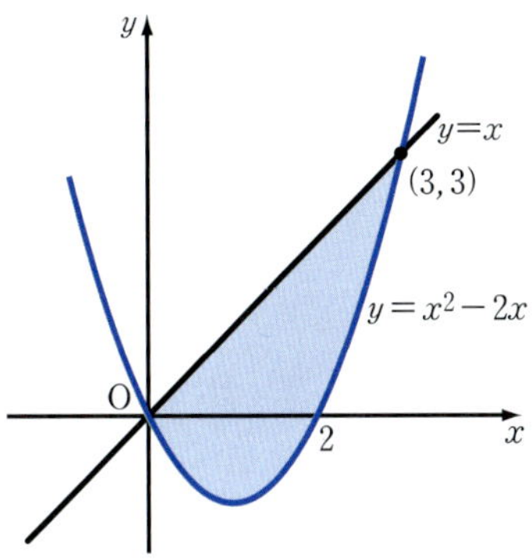

02

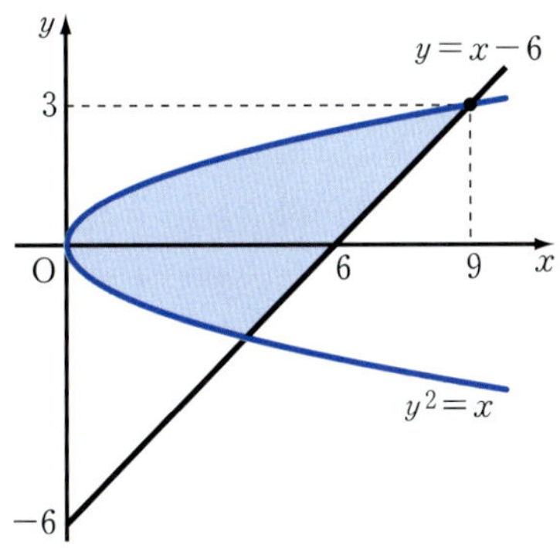

※ 03~09 주어진 곡선과 직선을 좌표평면 위에 나타내고, 이들로 둘러싸인 영역의 넓이를 구하라.

03 $y=x^4,\ y=2x-x^2$

04 $y=12-x^2,\ y=x^2-6$

05 $y=e^x,\ y=(x-1)e^x,\ x=0$

06 $y=\sin x,\ y=\dfrac{2}{\pi}x,\ x\ge 0$

07 $y=2\cos x,\ y=\sin 2x,\ x=0$

08 $y=\ln x,\ y=\dfrac{e}{x},\ x=1$

09 $y=\ln x,\ y=\ln(4-x),\ y=0$

※ 10~16 주어진 곡선과 직선을 좌표평면 위에 나타내고, 이들로 둘러싸인 영역의 넓이를 구하라.

10 $y^2=2x,\ 2x-3y=4$

11 $x=4y^2,\ x=3+y^2$

12 $x=4y-y^2,\ x=0$

13 $x=\cos y,\ y=\dfrac{\pi}{2\sqrt{2}}x,\ y=0$

14 $x=\sin y,\ x=\sin 2y,\ y=\dfrac{\pi}{6},\ y=\dfrac{\pi}{3}$

15 $x=\ln y,\ y=-x+e+1,\ y=1$

16 $x=y^2,\ x=\ln(y+1),\ y=\dfrac{1}{2}$

17 다음 곡선과 직선으로 둘러싸인 영역을 x에 관한 적분과 y에 관한 적분으로 각각 구하라.

$$y^2=x,\ y=x-2$$

18 두 곡선 $y=\cos\pi x,\ y=4x^2-1$과 두 직선 $x=0,\ x=1$로 둘러싸인 영역의 넓이를 구하라.

19 두 곡선 $y=\cos x,\ y=\sin 2x$와 두 직선 $x=0,\ x=\dfrac{\pi}{2}$로 둘러싸인 영역의 넓이를 구하라.

20 곡선 $x=y^2$과 직선 $x=2$로 둘러싸인 영역을 직선 $x=k$가 두 영역으로 분할한다. 분할된 두 영역의 넓이가 같을 때, 실수 k 값을 구하라.

SECTION 7.2 부피

입체도형의 부피는 넓이를 구할 때와 같은 방법으로 적분을 이용하여 계산할 수 있다.

입체도형의 부피

입체도형의 부피를 적분으로 나타내는 방법을 살펴보자. 입체도형의 부피는 한 축에 수직인 단면의 넓이를 적분하여 구할 수 있다. 먼저 입체도형의 한 축을 기준으로 하고, 그 축에 수직인 평면으로 입체도형을 여러 조각으로 나눈 후 그 조각을 기둥 모양 입체로 근사한다. 그리고 그 기둥 모양 입체들의 부피를 더한다. 조각을 나누는 횟수를 한없이 증가시켜 기둥 모양 입체들의 부피의 합의 극한을 구함으로써 입체도형의 부피를 구한다.

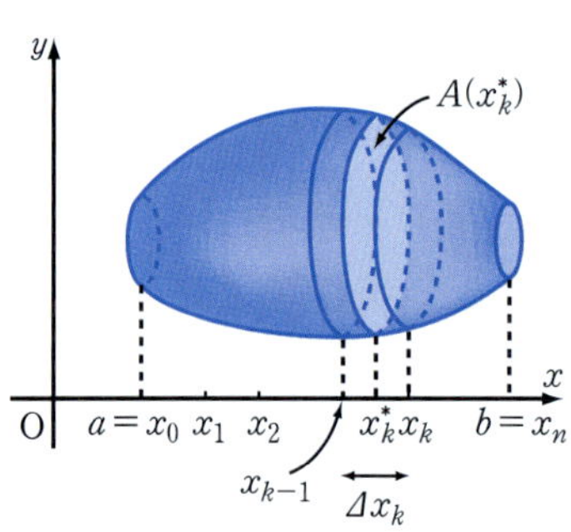

[그림 7-4] 점 x_k^*에서 x축에 수직인 평면으로 입체도형을 자른 단면

입체도형이 [그림 7-4]와 같이 주어질 때 한 축을 x축이라 하자. $a \le x \le b$인 점 x에서 x축에 수직인 평면으로 입체도형을 자른 단면의 넓이를 $A(x)$라 하자.

구간 $[a, b]$를 길이가 같은 n개의 부분 구간으로 분할하고 그 분할점을 $a = x_0$, $x_1, x_2, \cdots, x_n = b$라 하자. 부분 구간 $[x_{k-1}, x_k]$에서 임의의 점 x_k^*를 오른쪽 끝점 x_k로 선택한다. 그리고 각각의 점 x_k를 지나고 x축에 수직인 평면으로 입체도형을 자르면 구간 $[x_{k-1}, x_k]$ 사이에 평판(평평한 판)이 생긴다. 이 평판의 부피 V_k는 밑면의 넓이가 $A(x_k)$이고 높이가 $\Delta x_k = x_k - x_{k-1} = \dfrac{b-a}{n} = \Delta x$인 원기둥 모양 입체의 부피로 근사시킬 수 있다.

$$V_k \approx A(x_k)\Delta x_k$$

이런 원기둥 모양 입체들의 부피 합으로 구하고자 하는 입체도형의 부피 V를 다음과 같이 근사하여 구할 수 있다.

$$V \approx \sum_{k=1}^{n} A(x_k)\Delta x_k$$

이 근삿값은 평판이 얇아질수록 더 정확해진다. 이제 조각을 나누는 횟수 n을 한없이 증가시켜 극한을 구한다. 입체도형의 부피는 다음과 같이 정의한다.

정의 7-1 입체도형의 부피

입체도형 S에 대하여 닫힌구간 $[a, b]$에서 점 x를 지나고 x축에 수직인 평면으로 자른 S의 단면 넓이 $A(x)$가 적분 가능하다고 하자. S의 **부피**(volume) V는 다음과 같다.

$$V = \lim_{n \to \infty} \sum_{k=1}^{n} A(x_k) \Delta x_k = \int_a^b A(x) dx$$

입체가 기둥 모양일 때 단면의 넓이는 항상 일정하다. 이때 $A(x) = A$인 상수로 생각할 수 있고 [정의 7-1]에 따라 $V = \int_a^b A dx = A(b-a)$가 된다. 이는 원기둥 또는 각기둥의 부피 공식 $V = Ah$(A는 밑면의 넓이, h는 높이)와 일치한다.

예제 7-5 구의 부피

반지름이 r인 구의 부피를 구하라.

풀이

오른쪽 그림과 같이 중심이 원점이고 반지름이 r인 구를 생각하자. 이 구를 $0 < x < r$에서 x축에 수직인 평면으로 잘랐을 때 단면은 반지름이 $\sqrt{r^2 - x^2}$인 원이다. 이 원의 넓이는 $A(x) = \pi(r^2 - x^2)$이다. 구간 $[-r, r]$에서 구의 부피 V는 다음과 같다.

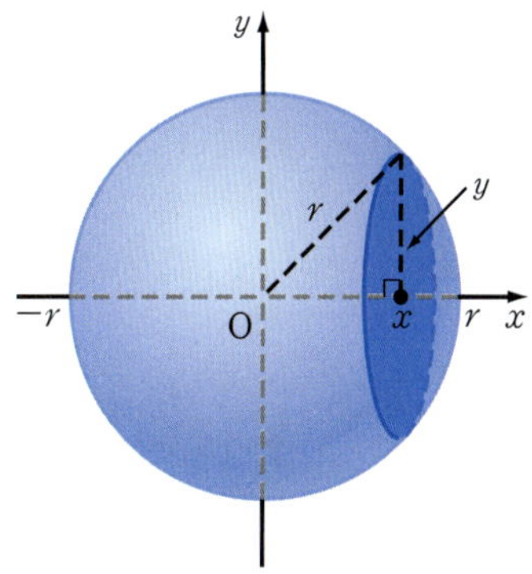

$$\begin{aligned} V &= \int_{-r}^{r} A(x) dx \\ &= \int_{-r}^{r} \pi(r^2 - x^2) dx \\ &= 2\int_0^r \pi(r^2 - x^2) dx \\ &= 2\pi\left[r^2 x - \frac{1}{3}x^3\right]_0^r = 2\pi\left(r^3 - \frac{1}{3}r^3\right) \\ &= \frac{4}{3}\pi r^3 \end{aligned}$$

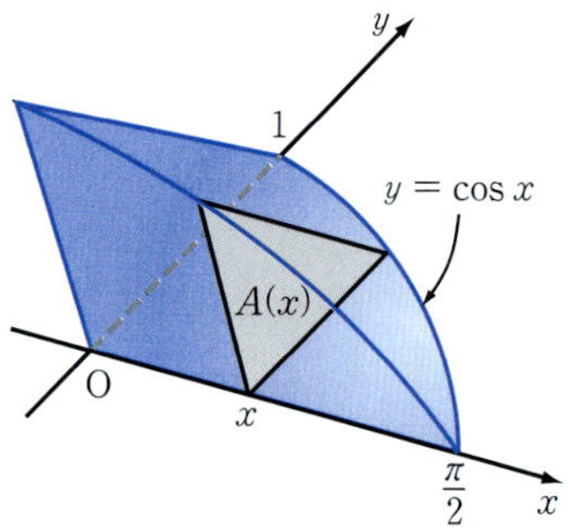

예제 7-6 단면이 밑면과 수직인 입체도형의 부피

왼쪽 그림과 같이 함수 $y = \cos x \left(0 \le x \le \frac{\pi}{2}\right)$의 그래프와 x축 및 y축으로 둘러싸인 영역을 밑변으로 하는 입체도형이 있다. 이 입체도형을 x축에 수직인 평면으로 자른 단면이 정삼각형일 때, 입체도형의 부피를 구하라.

풀이

입체도형을 x축에 수직인 평면으로 자른 단면의 넓이 $A(x)$는 다음과 같다.

$$A(x) = \frac{\sqrt{3}}{4}\cos^2 x \left(0 \le x \le \frac{\pi}{2}\right)$$

따라서 입체도형의 부피 V는 다음과 같다.

$$\begin{aligned} V &= \int_0^{\frac{\pi}{2}} A(x)dx \\ &= \int_0^{\frac{\pi}{2}} \frac{\sqrt{3}}{4}\cos^2 x\, dx \\ &= \frac{\sqrt{3}}{4}\int_0^{\frac{\pi}{2}} \frac{1+\cos 2x}{2}\, dx \\ &= \frac{\sqrt{3}}{8}\left[x + \frac{1}{2}\sin 2x\right]_0^{\frac{\pi}{2}} = \frac{\sqrt{3}}{8} \times \frac{\pi}{2} \\ &= \frac{\sqrt{3}\pi}{16} \end{aligned}$$

[유제 7-4]

함수 $y = \sin x \ (0 \le x \le \pi)$의 그래프와 x축 및 y축으로 둘러싸인 영역을 밑변으로 하는 입체도형이 있다. 이 입체도형을 x축에 수직인 평면으로 자른 단면이 반원일 때, 이 입체도형의 부피를 구하라.

회전체의 부피

수학에서 **회전체**(solid of revolution)는 한 직선을 회전축으로 하여 평면도형을 1회전 시킬 때 나오는 입체도형이다. 특정한 구간에서 평면도형을 x축이나 y축 또는 축에 평행한 직선으로 회전하여 얻은 회전체의 부피를 구해 보자.

정리 7-4 회전체의 부피

함수 $y=f(x)$가 구간 $[a,b]$에서 연속이고 함수 $x=g(y)$가 구간 $[c,d]$에서 연속이라 하자.

(1) 곡선 $y=f(x)$와 x축 및 두 직선 $x=a$, $x=b$로 둘러싸인 영역을 x축을 중심으로 회전하여 얻은 회전체의 부피 V_x는 다음과 같다.

$$V_x=\pi\int_a^b \{f(x)\}^2 dx=\pi\int_a^b y^2 dx$$

(2) 곡선 $x=g(y)$와 y축 및 두 직선 $y=c$, $y=d$로 둘러싸인 영역을 y축을 중심으로 회전하여 얻은 회전체의 부피 V_y는 다음과 같다.

$$V_y=\pi\int_c^d \{g(y)\}^2 dy=\pi\int_c^d x^2 dy$$

예제 7-7 x축을 중심으로 회전한 회전체의 부피

오른쪽 그림과 같이 곡선 $y=x^2$과 x축, 직선 $x=1$로 둘러싸인 영역을 x축을 중심으로 회전하여 얻은 입체의 부피를 구하라.

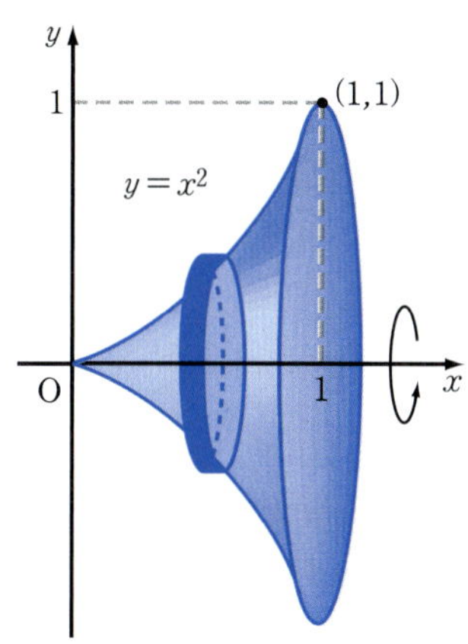

풀이

회전체를 x축에 수직인 평면으로 자른 단면은 반지름이 x^2인 원판으로, 이 단면의 넓이는 다음과 같다.

$$\pi y^2=\pi(x^2)^2=\pi x^4$$

x가 0과 1 사이 값이므로 회전체의 부피 V_x는 다음과 같다.

$$V_x=\pi\int_0^1 y^2 dx=\int_0^1 \pi x^4 dx=\left[\frac{\pi}{5}x^5\right]_0^1=\frac{\pi}{5}$$

예제 7-8 회전축과 회전체의 부피

직선 $y=x$와 곡선 $y=x^2$으로 둘러싸인 영역을 다음 직선을 중심으로 회전하여 얻은 회전체의 부피를 구하라.

(a) x축

(b) 직선 $y=1$

(c) 직선 $x=-2$

풀이

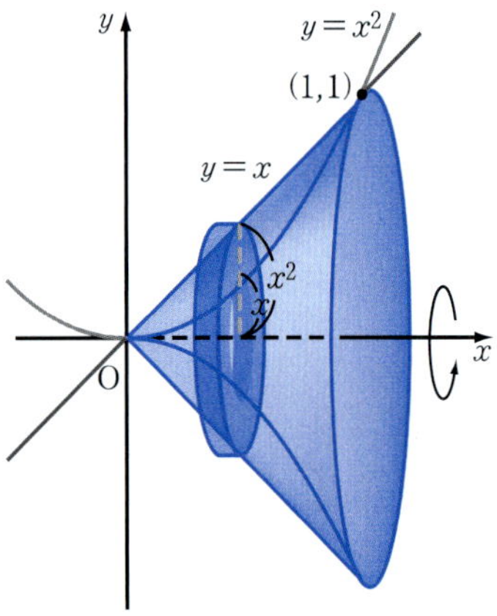

[그림 7-5] x축을 중심으로 회전하여 얻은 회전체

직선 $y=x$와 곡선 $y=x^2$은 두 점 $(0,0)$과 $(1,1)$에서 만난다.

(a) [그림 7-5]의 회전체를 x축에 수직인 평면으로 자른 단면 넓이를 $A(x)$라 하자. $A(x)$는 바깥쪽 원의 넓이에서 안쪽 원의 넓이를 빼서 구할 수 있다.

$$A(x)=\pi(x)^2-\pi(x^2)^2$$

따라서 구하고자 하는 회전체의 부피 V_x는 다음과 같다.

$$V_x=\int_0^1 A(x)dx=\int_0^1 \pi(x^2-x^4)dx=\pi\left[\frac{1}{3}x^3-\frac{1}{5}x^5\right]_0^1=\frac{2\pi}{15}$$

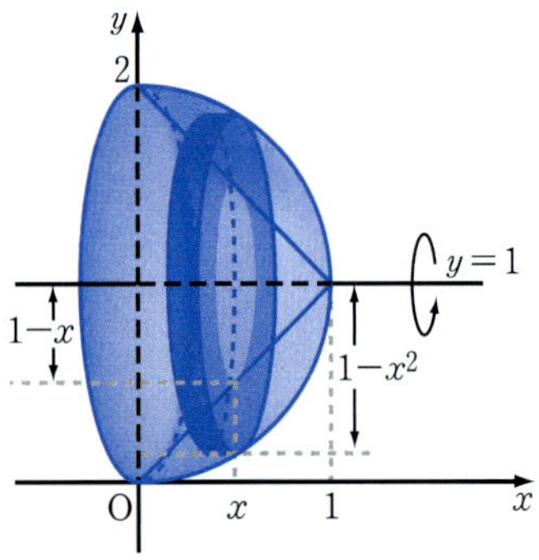

[그림 7-6] 직선 $y=1$을 중심으로 회전하여 얻은 회전체

(b) [그림 7-6]의 회전체를 직선 $y=1$에 수직인 평면으로 자른 단면은 반지름이 $1-x^2$인 원에서 반지름이 $1-x$인 원을 제거한 형태의 고리 모양이다. 단면 넓이 $A(x)$는 다음과 같다.

$$A(x)=\pi(1-x^2)^2-\pi(1-x)^2$$

따라서 직선 $y=1$을 중심으로 회전하여 얻은 회전체의 부피 V는 다음과 같다.

$$V=\int_0^1 A(x)dx=\pi\int_0^1\{(1-x^2)^2-(1-x)^2\}dx$$

$$=\pi\int_0^1(x^4-3x^2+2x)dx$$

$$=\pi\left[\frac{1}{5}x^5-x^3+x^2\right]_0^1=\frac{\pi}{5}$$

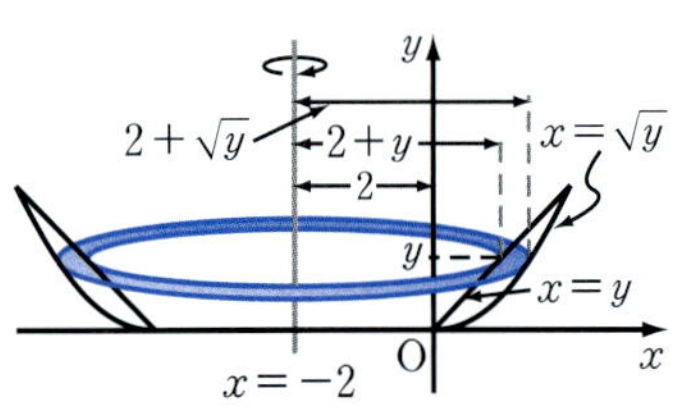

[그림 7-7] 직선 $x=-2$를 중심으로 회전하여 얻은 회전체의 단면

(c) [그림 7-7]의 회전체를 직선 $x=-2$에 수직인 평면으로 자른 단면은 반지름이 $2+\sqrt{y}$인 원에서 반지름이 $2+y$인 원을 제거한 형태의 고리 모양이다. 단면 넓이 $A(y)$는 다음과 같다.

$$A(y)=\pi(2+\sqrt{y})^2-\pi(2+y)^2$$

따라서 직선 $x=-2$를 중심으로 회전하여 얻은 회전체의 부피는 다음과 같다.

$$V=\int_0^1 A(y)dy=\pi\int_0^1\{(2+\sqrt{y})^2-(2+y)^2\}dy$$

$$=\pi\int_0^1(-y^2-3y+4\sqrt{y})dy$$

$$=\pi\left[-\frac{1}{3}y^3-\frac{3}{2}y^2+\frac{8}{3}y\sqrt{y}\right]_0^1=\pi\left(-\frac{1}{3}-\frac{3}{2}+\frac{8}{3}\right)=\frac{5\pi}{6}$$

[유제 7-5]

직선 $y=x$와 곡선 $y=\sqrt{x}$로 둘러싸인 영역을 다음 직선을 중심으로 회전하여 얻은 회전체의 부피를 구하라.

(a) x축　　(b) 직선 $y=1$　　(c) 직선 $x=-1$

원통껍질에 의한 부피

회전체의 부피를 구하는 다른 방법으로 **원통껍질**(cylindrical shell)을 이용하는 방법이 있다. 원통껍질은 중심이 같고, 반지름이 거의 비슷한 두 직원기둥 사이의 입체를 뜻한다. [정의 7-1]이나 [정리 7-4]의 방법으로는 부피를 구하기 어려운 회전체는 원통껍질을 이용하면 부피를 쉽게 구할 수 있다. 다음 예를 생각해 보자.

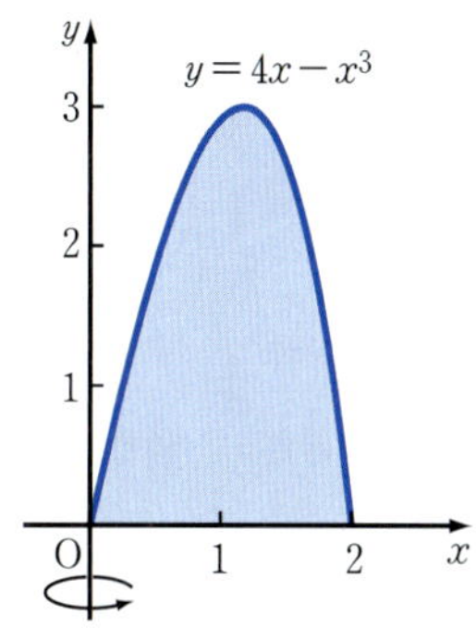

[그림 7-8] 곡선 $y=4x-x^3$과 x축으로 둘러싸인 영역

[그림 7-8]과 같이 곡선 $y=4x-x^3$과 x축의 양의 부분으로 둘러싸인 영역을 y축을 중심으로 회전하여 얻은 회전체의 부피를 구하고자 한다.

먼저 [정의 7-1]이나 [정리 7-4]의 방법을 생각해 보자. 회전축인 y축에 수직으로 자른 단면은 고리 모양이다. 이 단면의 넓이를 구하려면 안쪽 원과 바깥쪽 원의 반지름을 각각 알아야 하는데, 3차방정식 $y=4x-x^3$에서 x를 y로 표현하기가 힘들다. 이때 원통껍질 방법을 사용한다.

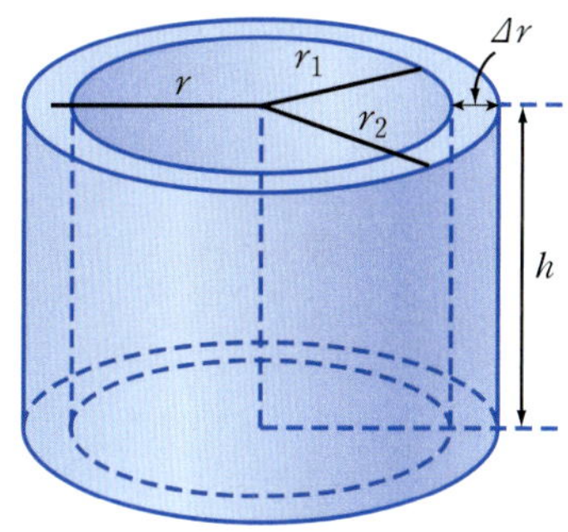

[그림 7-9] 안쪽 원통의 반지름이 r_1, 바깥쪽 원통의 반지름이 r_2이고 높이가 h인 원통껍질

[그림 7-9]는 안쪽 원통의 반지름이 r_1, 바깥쪽 원통의 반지름이 r_2이고 높이가 h인 원통껍질을 나타낸다. 이 원통껍질의 부피 V는 바깥 원기둥의 부피 V_2에서 안쪽 원기둥의 부피 V_1을 빼서 구한다.

$$\begin{aligned} V = V_2 - V_1 &= \pi(r_2^2h - r_1^2h) = \pi h(r_2^2 - r_1^2) \\ &= \pi h(r_2+r_1)(r_2-r_1) \\ &= 2\pi\frac{r_2+r_1}{2}h(r_2-r_1) \qquad (7.1) \end{aligned}$$

여기서 $\Delta r = r_2 - r_1$은 원통껍질의 두께이고, $r=\frac{1}{2}(r_2+r_1)$은 원통껍질의 평균 반지름이다. 따라서 식 (7.1)은 $2\pi\times$(평균 반지름)$\times$(높이)$\times$(두께)이다.

회전체의 부피는 원통껍질의 두께 Δr이 한없이 작아질 때 이런 원통껍질 부피의 합과 같다. 이 방법을 일반적으로 나타내자.

구간 $[a,b]$를 길이가 같은 n개의 부분 구간 $[x_{k-1}, x_k]$로 분할하고 점 x_k^*를 부분

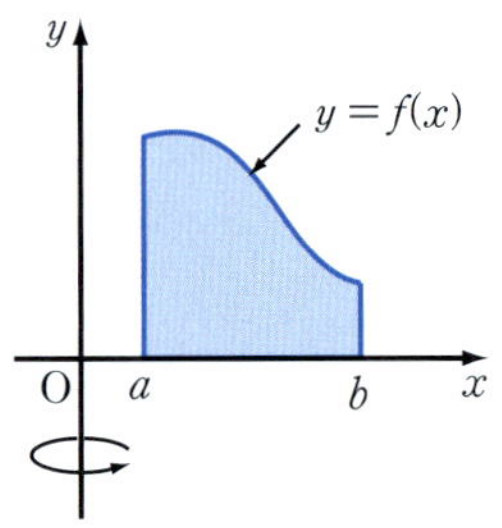

(a) 곡선 $y=f(x)$와 x축, 두 직선 $x=a$, $x=b$로 둘러싸인 영역

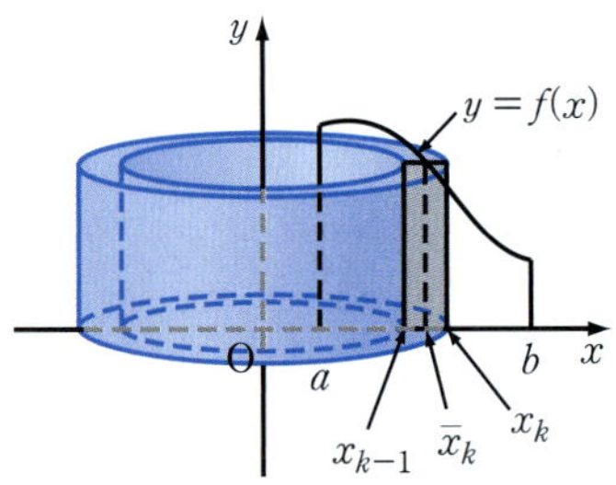

(b) 영역을 y축을 중심으로 회전할 때 원통껍질

[그림 7-10] y축을 중심으로 회전하여 얻은 회전체와 원통껍질

구간의 양 끝점의 중점인 $\bar{x}_k = \dfrac{x_{k-1}+x_k}{2}$로 설정한다. [그림 7-10]의 (b)와 같이 밑면의 길이가 $\Delta x = x_k - x_{k-1}$이고 높이가 $f(\bar{x}_k)$인 직사각형을 y축을 중심으로 회전하여 얻은 회전체는 결국 평균 반지름이 $\bar{x}_k$, 높이가 $f(\bar{x}_k)$, 두께 Δx인 원통껍질이 된다.

k번째 원통껍질의 부피는 $V_k = 2\pi \bar{x}_k f(\bar{x}_k)\Delta x$가 되고, 입체도형의 부피 V는 원통껍질들의 부피 합으로 근사할 수 있다.

$$V \approx \sum_{k=1}^{n} V_k = \sum_{k=1}^{n} 2\pi \bar{x}_k f(\bar{x}_k)\Delta x$$

n이 한없이 커지면 우리가 원하는 회전체의 부피가 된다.

$$V = \lim_{n\to\infty}\sum_{k=1}^{n} V_k = \lim_{n\to\infty}\sum_{k=1}^{n} 2\pi \bar{x}_k f(\bar{x}_k)\Delta x$$

정적분 정의에 의해 $\lim\limits_{n\to\infty}\sum\limits_{k=1}^{n}$은 $\int$가, $\bar{x}_k$는 x가 되어 다음 정리와 같이 나타낼 수 있다.

정리 7-5 원통껍질에 의한 부피

$a \le x \le b$에서 곡선 $y=f(x)$와 x축으로 둘러싸인 영역을 y축을 중심으로 회전하여 얻은 회전체의 부피 V는 다음과 같다(단, $0 \le a < b$).

$$V = \int_a^b 2\pi x f(x)\,dx$$

예제 7-9 원통껍질에 의한 부피

[그림 7-11]과 같이 곡선 $y=4x-x^3$과 x축의 양의 부분으로 둘러싸인 영역을 y축을 중심으로 회전하여 얻은 회전체의 부피를 구하라.

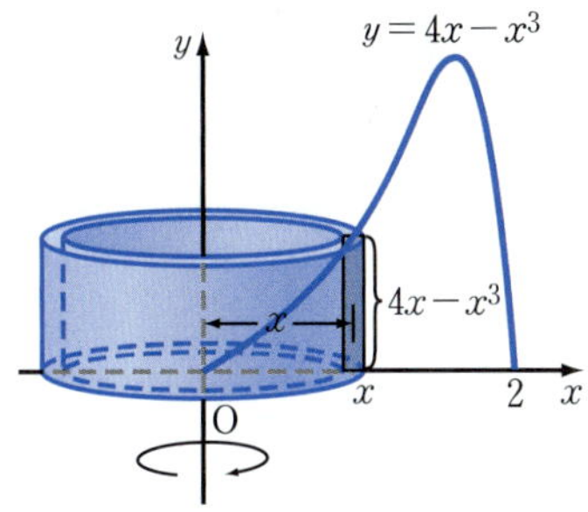

[그림 7-11] 곡선 $y=4x-x^3$과 x축의 양의 부분으로 둘러싸인 영역을 y축을 중심으로 회전할 때 원통껍질

풀이

[그림 7-11]과 같이 임의의 $x\in[0,2]$에서 원통껍질은 반지름이 x이고 높이가 $y=4x-x^3$, 두께가 Δx이다. 따라서 구하고자 하는 회전체의 부피 V는 다음과 같다.

$$V=\int_0^2 2\pi x(4x-x^3)dx=2\pi\int_0^2(4x^2-x^4)dx$$
$$=2\pi\left[\frac{4}{3}x^3-\frac{1}{5}x^5\right]_0^2=2\pi\left(\frac{32}{3}-\frac{32}{5}\right)=\frac{128}{15}\pi$$

[유제 7-6]

곡선 $y=9x-x^3$과 x축의 양의 부분으로 둘러싸인 영역을 y축을 중심으로 회전하여 얻은 회전체의 부피를 구하라.

예제 7-10 원통껍질에 의한 부피

[그림 7-12]와 같이 곡선 $y=2x-x^2$과 직선 $y=0$으로 둘러싸인 영역을 직선 $x=3$을 중심으로 회전하여 얻은 회전체의 부피를 구하라.

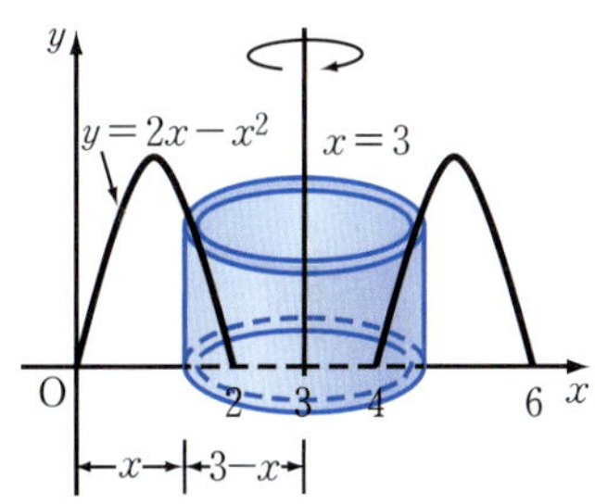

[그림 7-12] 영역을 직선 $x=3$을 중심으로 회전할 때 원통껍질

풀이

[그림 7-12]는 곡선 $y=2x-x^2$과 직선 $y=0$으로 둘러싸인 영역을 직선 $x=3$을 중심으로 회전할 때 얻은 원통껍질을 보여준다. 이 원통껍질은 평균 반지름이 $3-x$이고 높이 $2x-x^2$이다. 따라서 구하고자 하는 회전체의 부피 V는 다음과 같다.

$$V=\int_0^2 2\pi(3-x)(2x-x^2)dx=2\pi\int_0^2(x^3-5x^2+6x)dx$$
$$=2\pi\left[\frac{1}{4}x^4-\frac{5}{3}x^3+3x^2\right]_0^2=2\pi\left(16-\frac{40}{3}\right)=\frac{16}{3}\pi$$

[유제 7-7]

곡선 $y=-x^2+3x-2$와 직선 $y=0$으로 둘러싸인 영역을 직선 $x=-1$을 중심으로 회전하여 얻은 회전체의 부피를 구하라.

SECTION

7.2 연습문제

01 가로, 세로, 높이가 각각 40 m 인 피라미드의 부피를 적분을 이용하여 구하라.

02 원 $x^2+y^2=9$로 둘러싸인 영역을 밑변으로 하는 입체도형이 있다. 이 입체도형을 x축에 수직인 평면으로 자른 단면이 정삼각형일 때, 이 입체도형의 부피를 구하라.

※ 03~04 주어진 곡선과 직선으로 둘러싸인 영역을 x축을 중심으로 회전하여 얻은 회전체의 부피를 구하라.

03 $y=\sqrt{x}$, $y=0$, $x=2$

04 $y=x^2$, $y=0$, $x=3$

※ 05~06 주어진 곡선과 직선으로 둘러싸인 영역을 y축을 중심으로 회전하여 얻은 회전체의 부피를 구하라.

05 $y=x^3$, $x=0$, $y=2$

06 $y^2=x$, $x=0$, $y=3$

※ 07~08 곡선 $y=x^2$과 직선 $y=x$로 둘러싸인 영역을 다음 직선을 중심으로 회전하여 얻은 회전체의 부피를 구하라.

07 x축

08 y축

09 반원 $x^2+(y-1)^2=1$, $x\ge 0$을 x축을 중심으로 회전하여 얻은 회전체의 부피를 구하라.

※ 10~11 곡선 $y=\sqrt{x}$와 두 직선 $x=3$, $y=0$으로 둘러싸인 영역을 다음 직선을 중심으로 회전하여 얻은 회전체의 부피를 구하라.

10 직선 $x=3$

11 직선 $x=5$

12 곡선 $y=\dfrac{2}{x}$와 두 직선 $x=4$, $y=1$로 둘러싸인 영역을 y축을 중심으로 회전하여 얻은 회전체의 부피를 구하라.

13 반지름이 4인 구의 중심을 지나는 직선을 축으로 하는 반지름이 1인 원기둥 구멍을 뚫었을 때, 남는 입체의 부피를 구하라.

SECTION 7.3 곡선의 길이

이 절에서는 평면 위 **곡선의 길이**(arc length)를 구하려고 한다. 주어진 구간에서 곡선 위의 점을 여러 개 선택하자. 서로 인접한 점을 연결하여 선분을 만든 후 선분을 최대한 세분하여 모든 선분의 길이를 구한다. 그러면 이 선분 길이의 합은 곡선의 길이에 근접하게 된다.

곡선의 길이

[그림 7-13]과 같이 $x=a$에서 $x=b$까지 함수 $y=f(x)$로 주어진 곡선의 길이를 구해 보자.

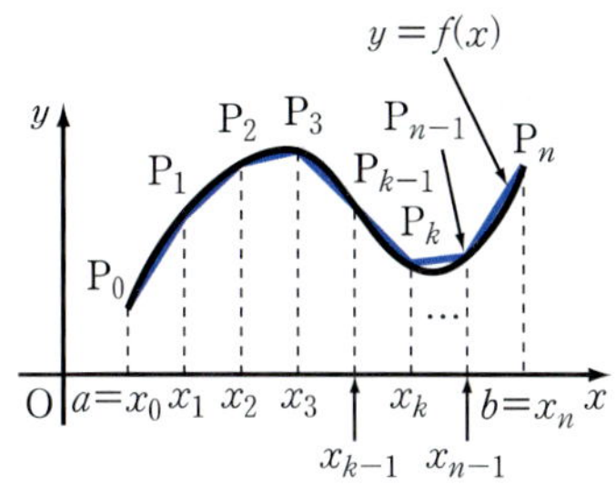

[그림 7-13] $x=a$에서 $x=b$까지 함수 $y=f(x)$로 주어진 곡선의 길이

먼저 구간 $[a, b]$를 끝점이 $a=x_0, x_1, x_2, \dots, x_n=b$이고 길이가 Δx로 동일한 n개의 부분 구간으로 분할하여 곡선에 근사하는 선분들을 생각한다. $y_k=f(x_k)$라 하면 점 $P_k(x_k, y_k)$는 곡선 위에 있다. n이 커질수록 곡선의 길이 L은 점 P_k를 연결한 선분들의 길이의 합에 가까워진다. 다시 말해서 Δx가 작아질수록 곡선의 길이 L은 선분 길이 $\overline{P_{k-1}P_k}$를 모두 더한 식의 극한에 가까워진다.

$$L=\lim_{n\to\infty}\sum_{k=1}^{n}\overline{P_{k-1}P_k}$$

f의 도함수가 연속이라 가정하자. $\Delta y_k=y_k-y_{k-1}$이라 놓으면 선분의 길이는 다음과 같다.

$$\overline{P_{k-1}P_k}=\sqrt{(x_k-x_{k-1})^2+(y_k-y_{k-1})^2}=\sqrt{(\Delta x)^2+(\Delta y_k)^2}$$

구간 $[x_{k-1}, x_k]$에 대해 f의 평균값 정리를 적용하면 x_{k-1}과 x_k 사이에 다음 식을 만족하는 x_k^*가 존재함을 알 수 있다.

$$f(x_k)-f(x_{k-1})=f'(x_k^*)(x_k-x_{k-1})$$

이를 다시 표현하면 $\Delta y_k=f'(x_k^*)\Delta x$이다. k번째 선분의 길이는 다음과 같다.

$$\begin{aligned}\overline{\mathrm{P}_{k-1}\mathrm{P}_k} &= \sqrt{(\Delta x)^2 + (\Delta y_k)^2} \\ &= \sqrt{(\Delta x)^2 + \{f'(x_k^*)\Delta x\}^2} \\ &= \sqrt{1 + \{f'(x_k^*)\}^2}\,\Delta x \end{aligned} \tag{7.2}$$

따라서 구하고자 하는 곡선의 길이 L에 대하여 다음이 성립한다.

$$L = \lim_{n\to\infty}\sum_{k=1}^{n}\overline{\mathrm{P}_{k-1}\mathrm{P}_k} = \lim_{n\to\infty}\sum_{k=1}^{n}\sqrt{1+\{f'(x_k^*)\}^2}\,\Delta x$$

정적분 정의([정의 5-2])를 적용하면 위의 극한은 다음과 같이 표현된다.

$$\int_a^b \sqrt{1+\{f'(x)\}^2}\,dx$$

지금까지 살펴본 내용을 정리하면 다음과 같다.

[정리 7-6]을 라이프니츠 기호로 나타내면 다음과 같이 쓸 수 있다.

$$L = \int_a^b \sqrt{1+\left(\frac{dy}{dx}\right)^2}\,dx$$

정리 7-6 곡선의 길이

함수 f에 대하여 도함수 f'이 닫힌구간 $[a, b]$에서 연속이라 하자. 구간 $[a, b]$에서 곡선 $y = f(x)$의 길이 L은 다음과 같다.

$$L = \int_a^b \sqrt{1+\{f'(x)\}^2}\,dx$$

예제 7-11 두 점을 지나는 곡선 $y = f(x)$의 길이

점 $(0, 2)$에서 $(3, 2+2\sqrt{3})$까지 곡선 $y = \frac{2}{3}x^{\frac{3}{2}} + 2$의 길이를 구하라.

풀이

함수 $f(x) = \frac{2}{3}x^{\frac{3}{2}} + 2$라 하면 $f'(x) = \sqrt{x}$이므로 곡선의 길이는 다음과 같다.

$$L = \int_0^3 \sqrt{1+\{f'(x)\}^2}\,dx = \int_0^3 \sqrt{1+(\sqrt{x})^2}\,dx = \int_0^3 \sqrt{1+x}\,dx$$

$u = 1 + x$로 치환하자. $du = dx$이고 $x = 0$일 때 $u = 1$, $x = 3$일 때 $u = 4$가 된다. 치환적분법을 사용하면 구하고자 하는 곡선의 길이 L은 다음과 같다.

$$L = \int_0^3 \sqrt{1+x}\,dx = \int_1^4 \sqrt{u}\,du = \left[\frac{2}{3}u\sqrt{u}\right]_1^4 = \frac{16}{3} - \frac{2}{3} = \frac{14}{3}$$

[유제 7-8]

점 $(0,1)$에서 $\left(\frac{1}{3}, \frac{2\sqrt{3}}{9}+1\right)$까지 곡선 $y=2x^{\frac{3}{2}}+1$의 길이를 구하라.

$y=c$에서 $y=d$까지 곡선 $x=g(y)$에 대하여 $g'(y)$가 연속이면 곡선의 길이 L은 다음과 같이 나타낼 수 있다.

$$L=\int_c^d \sqrt{1+\{g'(y)\}^2}\,dy=\int_c^d \sqrt{1+\left(\frac{dx}{dy}\right)^2}\,dy$$

예제 7-12 두 점을 지나는 곡선 $x=g(y)$의 길이

점 $(0,0)$에서 $\left(\frac{1}{2},1\right)$까지 포물선 $y^2=2x$의 길이를 구하라.

풀이

곡선이 $y^2=2x$이므로 y에 대한 적분을 이용하자. x를 y에 대해 미분하면 $\frac{dx}{dy}=y$이므로 $y=0$에서 $y=1$까지 곡선의 길이 L은 다음과 같다.

$$L=\int_0^1 \sqrt{1+\left(\frac{dx}{dy}\right)^2}\,dy=\int_0^1 \sqrt{1+y^2}\,dy$$

$y=\tan\theta \left(-\frac{\pi}{2}<\theta<\frac{\pi}{2}\right)$로 치환하자. $dy=\sec^2\theta\,d\theta$이고 $y=0$일 때 $\theta=0$, $y=1$일 때 $\theta=\frac{\pi}{4}$가 된다. 치환적분법과 부분적분법을 사용하면 구하고자 하는 곡선의 길이 L은 다음과 같다.

$$\begin{aligned}L&=\int_0^1 \sqrt{1+y^2}\,dy=\int_0^{\frac{\pi}{4}} \sqrt{1+\tan^2\theta}\,\sec^2\theta\,d\theta\\&=\int_0^{\frac{\pi}{4}}\sec^3\theta\,d\theta=\frac{1}{2}\Big[\sec\theta\tan\theta+\ln|\sec\theta+\tan\theta|\Big]_0^{\frac{\pi}{4}}=\frac{\sqrt{2}}{2}+\frac{\ln(\sqrt{2}+1)}{2}\end{aligned}$$

[유제 7-9]

점 $(0,0)$에서 $(18,9)$까지 포물선 $y^{\frac{3}{2}}=\frac{3}{2}x$의 길이를 구하라.

곡선이 매개변수 방정식 $x=g(t)$, $y=h(t)$ $(a\le t\le b)$로 주어졌다고 하자. $dx=g'(t)dt$이고 다음 관계가 성립한다.

$$\frac{dy}{dx}=\frac{dy/dt}{dx/dt}=\frac{h'(t)}{g'(t)}$$

따라서 $a \le t \le b$에서 곡선의 길이 L은 다음과 같다.

$$L=\int_a^b \sqrt{1+\left\{\frac{h'(t)}{g'(t)}\right\}^2}\, g'(t)dt=\int_a^b \sqrt{\{g'(t)\}^2+\{h'(t)\}^2}\, dt$$

$$=\int_a^b \sqrt{\left(\frac{dx}{dt}\right)^2+\left(\frac{dy}{dt}\right)^2}\, dt$$

지금까지 살펴본 내용을 정리하면 다음과 같다.

정리 7-7 매개변수 방정식으로 표현된 곡선의 길이

매개변수 방정식 $x=g(t)$, $y=h(t)$ $(a \le t \le b)$로 주어진 곡선의 길이는 $L=\int_a^b \sqrt{\left(\frac{dx}{dt}\right)^2+\left(\frac{dy}{dt}\right)^2}\, dt$이다.

예제 7-13 매개변수 방정식으로 표현된 곡선의 길이

곡선 $x=t-\sin t$, $y=1-\cos t$ $(0 \le t \le 2\pi)$의 길이를 구하라.

풀이

$\frac{dx}{dt}=1-\cos t$, $\frac{dy}{dt}=\sin t$이고 삼각함수의 성질을 이용하면 다음이 성립한다.

$$\sqrt{\left(\frac{dx}{dt}\right)^2+\left(\frac{dy}{dt}\right)^2}=\sqrt{(1-\cos t)^2+\sin^2 t}=\sqrt{2-2\cos t}=2\sqrt{\frac{1-\cos t}{2}}=2\sqrt{\sin^2\frac{t}{2}}$$

$0 \le t \le 2\pi$일 때 $\sin\frac{t}{2} \ge 0$임을 이용하면 구하고자 하는 곡선의 길이 L은 다음과 같다.

$$L=\int_0^{2\pi} \sqrt{\left(\frac{dx}{dt}\right)^2+\left(\frac{dy}{dt}\right)^2}\, dt=\int_0^{2\pi} 2\sqrt{\sin^2\frac{t}{2}}\, dt$$

$$=2\int_0^{2\pi} \sin\frac{t}{2}\, dt=\left[-4\cos\frac{t}{2}\right]_0^{2\pi}=-4(-1-1)=8$$

[유제 7-10]

곡선 $x=t+\sin t$, $y=1-\cos t$ $(0 \le t \le 2\pi)$의 길이를 구하라.

곡선의 길이함수

곡선을 나타내는 함수 $y=f(x)$ $(a \le x \le b)$에 대하여, 시점 $(\alpha, f(\alpha))$에서 점 $(x, f(x))$까지 곡선의 길이를 $s(x)$라고 하자. $s(x)$를 **곡선의 길이함수**(arc length function)라 하고 다음과 같이 나타낸다.

$$s(x)=\int_{\alpha}^{x} \sqrt{1+\{f'(t)\}^2}\,dt \qquad (7.3)$$

식 (7.3)을 x에 대해 미분하면 $\dfrac{ds}{dx}=\sqrt{1+\{f'(x)\}^2}=\sqrt{1+\left(\dfrac{dy}{dx}\right)^2}$ 이다. 이 식은 $ds=\sqrt{1+\left(\dfrac{dy}{dx}\right)^2}\,dx$와 같이 나타내기도 한다.

예제 7-14 곡선의 길이함수

시점이 $(0,4)$인 곡선 $y=2\left(e^{\frac{x}{4}}+e^{-\frac{x}{4}}\right)$ $(x \ge 0)$의 길이함수를 구하라.

풀이

$f(x)=2\left(e^{\frac{x}{4}}+e^{-\frac{x}{4}}\right)$이라 하면 $f'(x)=\dfrac{1}{2}\left(e^{\frac{x}{4}}-e^{-\frac{x}{4}}\right)$이고 다음이 성립한다.

$$\sqrt{1+\{f'(x)\}^2}=\sqrt{1+\frac{1}{4}\left(e^{\frac{x}{2}}-2+e^{-\frac{x}{2}}\right)}$$

$$=\sqrt{\frac{1}{4}\left(e^{\frac{x}{2}}+2+e^{-\frac{x}{2}}\right)}=\frac{1}{2}\left(e^{\frac{x}{4}}+e^{-\frac{x}{4}}\right)$$

따라서 곡선의 길이함수는 다음과 같다.

$$s(x)=\int_0^x \sqrt{1+\{f'(t)\}^2}\,dt=\int_0^x \frac{1}{2}\left(e^{\frac{t}{4}}+e^{-\frac{t}{4}}\right)dt$$

$$=\left[2e^{\frac{t}{4}}-2e^{-\frac{t}{4}}\right]_0^x=2\left(e^{\frac{x}{4}}-e^{-\frac{x}{4}}\right)$$

[유제 7-11]

시점이 $(0,1)$인 곡선 $y=\dfrac{1}{2}(e^x+e^{-x})$ $(x \ge 0)$의 길이함수를 구하라.

SECTION

7.3 연습문제

01 점 $(0, -4)$에서 $\left(1, -\frac{10}{3}\right)$까지 곡선 $y=\frac{2}{3}x\sqrt{x}-4$의 길이를 구하라.

02 $0 \le x \le 1$에서 곡선 $y=2+4x^{\frac{3}{2}}$의 길이를 구하라.

03 $0 \le x \le 1$에서 곡선 $y=\frac{1}{3}(x^2+2)^{\frac{3}{2}}$의 길이를 구하라.

04 $1 \le x \le 2$에서 곡선 $y=\frac{x^3}{3}+\frac{1}{4x}$의 길이를 구하라.

05 $1 \le x \le 4$에서 곡선 $y=\frac{2}{3}x^{\frac{3}{2}}-\frac{1}{2}x^{\frac{1}{2}}$의 길이를 구하라.

06 $0 \le x \le \frac{\pi}{4}$에서 곡선 $y=\ln(\cos x)$의 길이를 구하라.

07 $0 \le y \le 2$에서 곡선 $y^2=4x$의 길이를 구하라.

08 $0 \le y \le 1$에서 곡선 $x=y^{\frac{3}{2}}$의 길이를 구하라.

09 $0 \le t \le 3$에서 곡선 $x=e^t+e^{-t}$, $y=5-2t$의 길이를 구하라.

10 곡선 $x^{\frac{2}{3}}+y^{\frac{2}{3}}=1$의 길이를 구하라.

11 시점이 $(-1, \pi)$인 곡선 $y=\cos^{-1}x+\sqrt{1-x^2}$에 대하여 곡선의 길이함수를 구하라.

12 매개변수 방정식 $x=\frac{t^2}{2}$, $y=\frac{1}{3}(2t+1)^{\frac{3}{2}}$ $(0 \le t \le 2)$으로 주어진 곡선의 길이를 구하라.

13 $x=0$에서 $x=\frac{1}{2}$까지 곡선 $y=\ln(1-x^2)$의 길이를 구하라.

14 $0 \le \theta \le \pi$에서 곡선 $x=\cos\theta+\theta\sin\theta$, $y=\sin\theta-\theta\cos\theta$의 길이를 구하라.

15 다음 곡선의 길이를 구하라.

$$y=\int_1^x \sqrt{4\sqrt{t}-1}\,dt \quad (1 \le x \le 4)$$

SECTION

7.4 회전면의 넓이

7.2절에서는 한 직선을 대칭축으로 회전하여 얻은 회전체의 부피를 구했다. 이 절에서는 그 **회전면의 넓이**(surface area)를 구하는 방법을 살펴볼 것이다. 회전체의 곡면을 대칭축에 수직으로 세분하자. 이때 세분화된 입체의 곡면은 **모선**(generating line)의 길이가 매우 짧은 원뿔대로 근사할 수 있다. 따라서 원뿔대의 옆넓이를 구한 뒤 이를 합하면 회전면의 넓이에 근접하게 된다.

회전면의 넓이를 구하기 전에 먼저 [그림 7-14]와 같은 원뿔대의 옆넓이를 구해 보자.

[그림 7-14]의 (b)는 (a)와 같은 원뿔대의 옆면을 전개도로 나타낸 것이다. 이때 원뿔대의 옆넓이 A는 반지름이 l_1+l이고 곡선의 길이가 $2\pi r_2$인 부채꼴의 넓이에서 반지름이 l_1이고 곡선의 길이가 $2\pi r_1$인 부채꼴의 넓이를 뺀 것과 같다.

$$A=\pi r_2(l_1+l)-\pi r_1 l_1=\pi\{(r_2-r_1)l_1+r_2 l\} \tag{7.4}$$

[그림 7-14]에서 삼각형의 닮음에 의하여 다음 식이 성립한다.

$$\frac{l_1}{r_1}=\frac{l_1+l}{r_2}$$

식을 정리하면 $r_2 l_1=r_1 l_1+r_1 l$이므로 $(r_2-r_1)l_1=r_1 l$이다. 이 식을 식 (7.4)에 대입하면 다음과 같다.

$$A=\pi\{(r_2-r_1)l_1+r_2 l\}=\pi(r_1 l+r_2 l)$$

옆면의 평균 반지름을 $r=\dfrac{1}{2}(r_1+r_2)$라 하면, 원뿔대의 옆넓이 A는 다음과 같이 나타낼 수도 있다.

$$A=2\pi r l \tag{7.5}$$

이를 바탕으로 [그림 7-13]의 곡선을 x축을 중심으로 회전하여 얻은 회전면의 넓이를 구해 보자.

[그림 7-14]의 원뿔대 (a)를 [그림 7-15]의 회전체에서 선분 $\mathrm{P}_{k-1}\mathrm{P}_k$를 모선으로 하는 원뿔대라 생각하면 $\overline{\mathrm{P}_{k-1}\mathrm{P}_k}=l$이다.

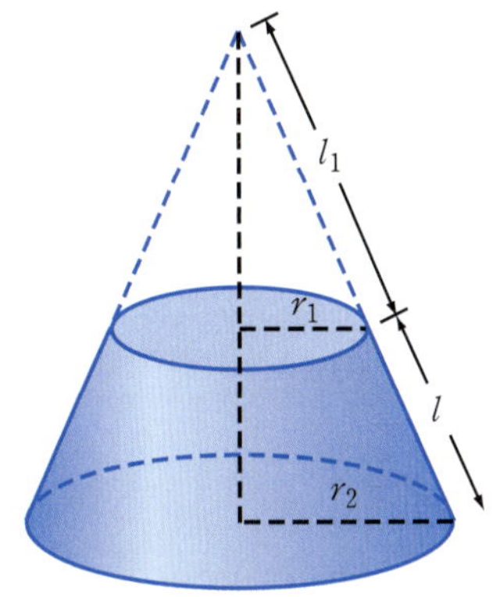

(a) 모선의 길이가 l인 원뿔대

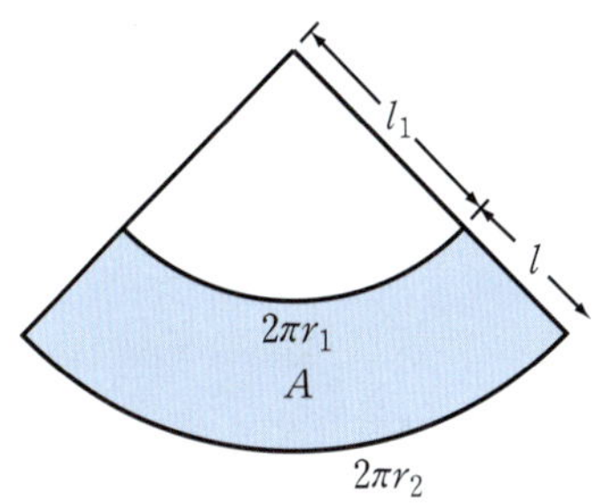

(b) 원뿔대 옆면의 전개도

[그림 7-14] **원뿔대의 옆넓이**

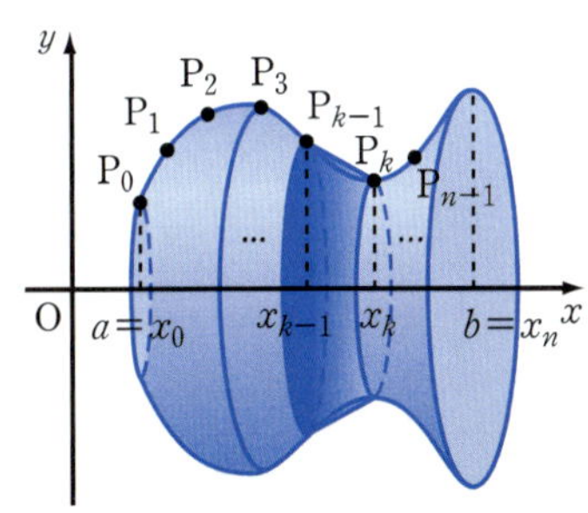

[그림 7-15] **[그림 7-13]의 곡선을 x축을 중심으로 회전하여 얻은 회전체**

원뿔대 옆면의 평균 반지름은 $r = \frac{1}{2} \cdot (y_{k-1} + y_k)$가 된다. 따라서 원뿔대의 옆넓이 식 (7.5)는 다음과 같다.

$$A = 2\pi \cdot \frac{y_{k-1} + y_k}{2} \cdot \overline{\mathrm{P}_{k-1}\mathrm{P}_k}$$

식 (7.2)를 이용하면 A는 다음과 같이 나타낼 수 있다.

$$A = 2\pi \cdot \frac{y_{k-1} + y_k}{2} \cdot \sqrt{1 + \left\{f'(x_k^*)\right\}^2}\, \Delta x$$

여기서 $x_k^* \in [x_{k-1}, x_k]$이다. Δx가 굉장히 작을 때 함수 f가 닫힌구간 $[x_{k-1}, x_k]$에서 연속이므로 $y_k = f(x_k) \approx f(x_k^*)$, $y_{k-1} = f(x_{k-1}) \approx f(x_k^*)$이다. 따라서 다음이 성립한다.

$$A \approx 2\pi f(x_k^*) \sqrt{1 + \left\{f'(x_k^*)\right\}^2}\, \Delta x$$

구하고자 하는 회전면의 넓이는 원뿔대의 옆넓이들의 합에 대한 극한으로 볼 수 있다. 이는 정적분 정의([정의 5-2])에 의해 다음과 같이 나타낼 수 있다.

$$\lim_{n \to \infty} \sum_{k=1}^{n} 2\pi f(x_k^*) \sqrt{1 + \left\{f'(x_k^*)\right\}^2}\, \Delta x = \int_a^b 2\pi f(x) \sqrt{1 + \{f'(x)\}^2}\, dx$$

지금까지 살펴본 내용을 정리하면 다음과 같다.

정리 7-8 회전면의 넓이

함수 $y = f(x)$가 구간 $[a, b]$에서 연속이고 $f(x) \geq 0$이며, 함수 $x = g(y)$가 구간 $[c, d]$에서 연속이고 $g(y) \geq 0$이라 하자.

(1) 구간 $[a, b]$에서 곡선 $y = f(x)$를 x축을 중심으로 회전하여 얻은 회전면의 넓이 S는 다음과 같다.

$$S = \int_a^b 2\pi f(x) \sqrt{1 + \{f'(x)\}^2}\, dx$$

(2) 구간 $[c, d]$에서 곡선 $x = g(y)$를 y축을 중심으로 회전하여 얻은 회전면의 넓이 S는 다음과 같다.

$$S = \int_c^d 2\pi x \sqrt{1 + \{g'(y)\}^2}\, dy$$

[정리 7-8]의 (1)과 (2)를 각각 라이프니츠 기호로 나타내면 다음과 같이 쓸 수 있다.

(1) $S=\int_a^b 2\pi y\sqrt{1+\left(\frac{dy}{dx}\right)^2}\,dx$

(2) $S=\int_c^d 2\pi x\sqrt{1+\left(\frac{dx}{dy}\right)^2}\,dy$

[정리 7-8]의 (1)과 (2)를 곡선의 길이를 이용하여 나타내면 다음과 같이 쓸 수 있다.

(1) $S=\int 2\pi y\,ds$ $\left(\text{단, } ds=\sqrt{1+\left(\frac{dy}{dx}\right)^2}\,dx\right)$

(2) $S=\int 2\pi x\,ds$ $\left(\text{단, } ds=\sqrt{1+\left(\frac{dx}{dy}\right)^2}\,dy\right)$

곡선이 매개변수 방정식 $x=f(t),\ y=g(t)\ (a\le t\le b)$로 주어지면 [정리 7-8]의 (1), (2)는 다음과 같다.

(1) $S=\int_{f(a)}^{f(b)} 2\pi y\sqrt{1+\left(\frac{dy/dt}{dx/dt}\right)^2}\,dx=\int_a^b 2\pi g(t)\sqrt{\{f'(t)\}^2+\{g'(t)\}^2}\,dt$

(2) $S=\int_{g(a)}^{g(b)} 2\pi x\sqrt{1+\left(\frac{dx/dt}{dy/dt}\right)^2}\,dy=\int_a^b 2\pi f(t)\sqrt{\{f'(t)\}^2+\{g'(t)\}^2}\,dt$

예제 7-15 x**축을 중심으로 회전하여 얻은 회전면의 넓이**

곡선 $y=\sqrt{9-x^2}\ (-2\le x\le 2)$는 원 $x^2+y^2=9$의 한 호이다. x축을 중심으로 회전하여 얻은 회전면의 넓이를 구하라.

풀이

$\frac{dy}{dx}=-\frac{x}{\sqrt{9-x^2}}$ 이므로 구하고자 하는 회전면의 넓이는 다음과 같다.

$$\begin{aligned}S&=\int_{-2}^{2} 2\pi y\sqrt{1+\left(\frac{dy}{dx}\right)^2}\,dx=2\pi\int_{-2}^{2}\sqrt{9-x^2}\sqrt{1+\frac{x^2}{9-x^2}}\,dx\\&=2\pi\int_{-2}^{2}3\,dx=24\pi\end{aligned}$$

[유제 7-12]

곡선 $y=\sqrt{4-x^2}\ (-1\le x\le 1)$는 원 $x^2+y^2=4$의 한 호이다. x축을 중심으로 회전하여 얻은 회전면의 넓이를 구하라.

예제 7-16 y축을 중심으로 회전하여 얻은 회전면의 넓이

점 $(0,0)$에서 $(\sqrt{2},2)$까지 포물선 $y=x^2$을 y축을 중심으로 회전하여 얻은 회전면의 넓이를 구하라.

풀이

$x=\sqrt{y}$, $\dfrac{dx}{dy}=\dfrac{1}{2\sqrt{y}}$ 이므로 회전면의 넓이는 다음과 같다.

$$S=\int_0^2 2\pi x\sqrt{1+\left(\frac{dx}{dy}\right)^2}\,dy$$

$$=2\pi\int_0^2 \sqrt{y}\sqrt{1+\frac{1}{4y}}\,dy=\pi\int_0^2 \sqrt{4y+1}\,dy$$

$u=1+4y$로 치환하자. $du=4dy$이고 $y=0$일 때 $u=1$, $y=2$일 때 $u=9$가 된다. 치환적분법을 사용하면 구하고자 하는 회전면의 넓이 S는 다음과 같다.

$$S=\pi\int_0^2 \sqrt{4y+1}\,dy=\frac{\pi}{4}\int_1^9 \sqrt{u}\,dx$$

$$=\frac{\pi}{4}\left[\frac{2}{3}u\sqrt{u}\right]_1^9=\frac{\pi}{4}\left(18-\frac{2}{3}\right)=\frac{13}{3}\pi$$

[유제 7-13]

점 $(0,0)$에서 $\left(\dfrac{1}{\sqrt{2}},1\right)$까지의 포물선 $y=2x^2$을 y축을 중심으로 회전하여 얻은 회전면의 넓이를 구하라.

SECTION

7.4 연습문제

※ 01~04 다음 곡선을 x축을 중심으로 회전하여 얻은 회전면의 넓이를 구하라.

01 $y=\sqrt{x}\ (0\le x\le 2)$

02 $y=\sin\pi x\ (0\le x\le \pi)$

03 $y=\dfrac{x^3}{3}+\dfrac{1}{4x}\ (1\le x\le 2)$

04 $y=\sqrt{1-x^2}\ (0\le x\le 1)$

※ 05~08 다음 곡선을 y축을 중심으로 회전하여 얻은 회전면의 넓이를 구하라.

05 $y^3=x\ (1\le y\le 2)$

06 $x=\sqrt{4-y^2}\ (0\le y\le 1)$

07 $y=x^{\frac{1}{3}}+1\ (1\le x\le 8)$

08 $y=\dfrac{1}{2}x^2+\dfrac{1}{2}\ (0\le x\le 1)$

※ 09~10 다음 그림과 같은 곡선 $6y^2=x(2-x)^2$ $(0\le x\le 2)$의 고리를 주어진 직선을 중심으로 회전하여 얻은 회전면의 넓이를 구하라.

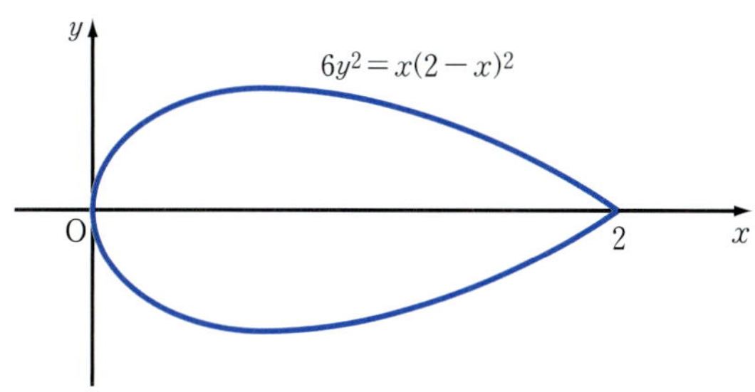

09 x축

10 y축

11 원 $x^2+y^2=1$을 직선 $x=2$를 중심으로 회전하여 얻은 회전면의 넓이를 구하라.

12 곡선 $x=\sin^2 t,\ y=\cos^2 t\ \left(0\le t\le \dfrac{\pi}{2}\right)$를 y축을 중심으로 회전하여 얻은 회전면의 넓이를 구하라.

13 7.3절의 [연습문제 15]의 곡선을 y축을 중심으로 회전하여 얻은 회전면의 넓이를 구하라.

CHAPTER

08

수열과 급수

Sequence and Series

Contents

○ 수열과 급수를 왜 배워야 하는가?

수열은 수열의 수렴하는 성질을 사용하는 수학의 다른 분야에서 중요한 역할을 한다. 특히, 함수의 극한과 밀접한 관계가 있다. 급수는 수열을 바탕으로 하며 정적분 정의, 함수의 근삿값, 실수의 근삿값 등에서 중요하게 사용된다. 예를 들어 오일러 수 e의 근삿값을 계산하는 데 수열과 급수를 사용한다. 또한 실수를 소수로 표현할 때 급수를 사용하며, 유리수들로 이루어진 수열을 사용하여 실수를 구성하기도 한다.

○ 이 장에서 배우는 내용은?

이 장에서는 급수의 바탕이 되는 수열에 대해 간단히 살펴본 후 급수에 대해 학습한다. 수열의 수렴, 발산의 의미를 이해하여 급수의 수렴, 발산을 판별하는 여러 가지 판정법을 다룬다. 또한 멱급수 정의를 이해하고 멱급수 표현이 가능한 함수에 대해 학습한다. 마지막으로 함수의 테일러 급수를 이해하고 어떤 조건 하에서 함수가 그 함수의 테일러 급수의 합과 같아지는지 살펴본다. 테일러 급수로 표현되는 함수들을 이용하여 함수의 부정적분과 함수의 극한을 계산한다.

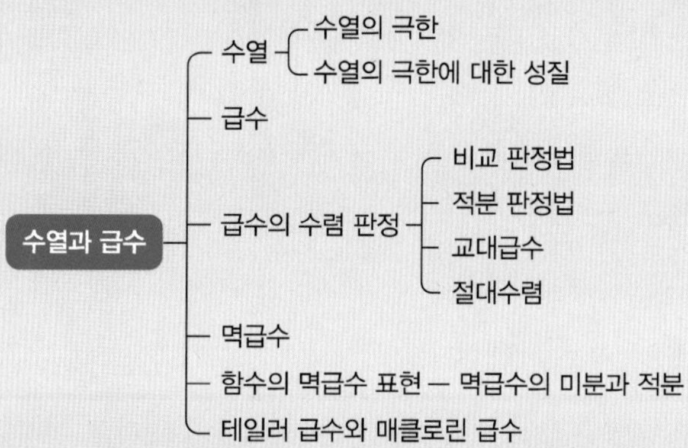

SECTION

8.1 수열

함수와 수열은 밀접한 관계가 있어 극한을 다룰 때 비슷한 면이 많다.

수열의 극한

자연수 전체 집합에서 실수 전체 집합으로의 함수 $f: \mathbb{N} \to \mathbb{R}$를 **수열**(sequence)이라고 한다. 이때 $f(n) = a_n$이라고 하면 수열 f를 $\{a_n\}$으로 나타내고 a_n을 **일반항**(general term)이라고 한다. 수열 f는 다음과 같이 함숫값을 차례대로 나열하여 나타낼 수도 있다.

$$a_1, a_2, \dots, a_n, \cdots$$

예제 8-1 **같은 수열을 나타내는 두 가지 표현 방법**

(a) $\left\{\dfrac{n(n+1)}{2}\right\}$과 $1, 3, 6, \dots, \dfrac{n(n+1)}{2}, \dots$

(b) $\{2n+1\}$과 $3, 5, 7, \dots, 2n+1, \dots$

(c) $\{-n^2\}$과 $-1, -4, -9, \dots, -n^2, \dots$

(d) $\left\{\dfrac{n-1}{n+1}\right\}$과 $0, \dfrac{1}{3}, \dfrac{2}{4}, \dots, \dfrac{n-1}{n+1}, \dots$

(e) $\{2\}$와 $2, 2, 2, \dots, 2, \dots$

(f) $\{(-1)^n n\}$과 $-1, 2, -3, \dots, (-1)^n n, \dots$

[예제 8-1(e)]와 같이 모든 항이 같은 수열을 **상수수열**이라 한다. [예제 8-1(d)]에 소개한 수열의 그래프는 다음과 같은 좌표인 점들로 구성된다.

$$(1, 0), \left(2, \frac{1}{3}\right), \left(3, \frac{2}{4}\right), \cdots, \left(n, \frac{n-1}{n+1}\right), \cdots$$

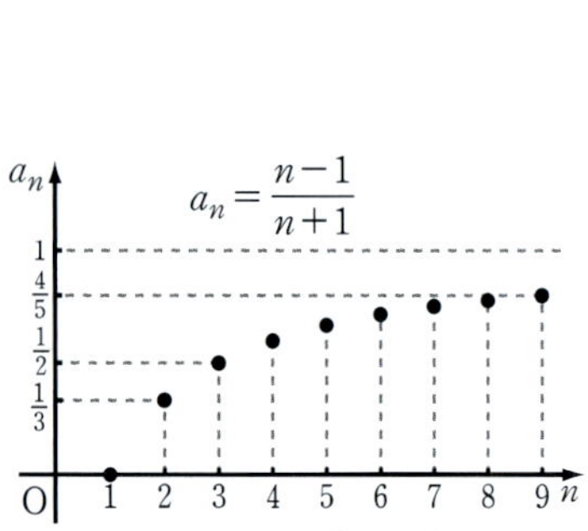

[그림 8-1] 수열 $a_n = \left\{\dfrac{n-1}{n+1}\right\}$의 그래프

이 수열의 그래프를 그리면 [그림 8-1]과 같다. [그림 8-1]에서 n이 한없이 커지면 수열 $\left\{\dfrac{n-1}{n+1}\right\}$의 각 항은 1에 한없이 가까워진다는 사실을 알 수 있다. 즉 충분히 큰 n을 택함에 따라 1과 $\dfrac{n-1}{n+1}$ 사이의 거리 $\left|1 - \dfrac{n-1}{n+1}\right|$이 원하는 임의의 수만큼 작아진다. 이 성질을 '수열 $\left\{\dfrac{n-1}{n+1}\right\}$의 극한이 1이다.'라고 하고 다음과

같이 나타낸다.

$$\lim_{n\to\infty}\frac{n-1}{n+1}=1$$

수열의 극한의 일반적인 정의는 다음과 같다.

정의 8-1 수열의 극한

자연수 n이 한없이 커짐에 따라 항 a_n이 일정한 수 L에 한없이 가까워질 때, 수열 $\{a_n\}$은 L에 **수렴한다**(converge)고 한다. 이를 다음과 같이 나타낼 수 있다.

$$\lim_{n\to\infty}a_n=L \quad \text{또는} \quad n\to\infty \text{ 일 때 } a_n\to L$$

이를 만족하는 수열 $\{a_n\}$의 **극한**(limit)은 L이라 한다. 수열 $\{a_n\}$이 수렴하지 않으면 **발산한다**(diverge)고 한다.

결국 충분히 큰 n을 택함에 따라 항 a_n과 L 사이의 거리가 원하는 임의의 수만큼 작아진다면 수열 $\{a_n\}$은 극한 L을 가짐을 의미한다.

[예제 8-1]의 수열 중 수렴하지 않는 수열이 있다. 다음 수열을 살펴보자.

[예제 8-1(b)]에서 n이 한없이 커지면 수열 $\{2n+1\}$의 각 항도 한없이 커진다. 따라서 수열 $\{2n+1\}$은 발산한다. 이와 같이 수열 $\{a_n\}$에서 n이 한없이 커질 때 a_n이 한없이 커지면 $\lim_{n\to\infty}a_n=\infty$라 쓰고 '수열 $\{a_n\}$은 **양의 무한대로 발산**한다.'고 한다.

[예제 8-1(c)]와 같이 수열 $\{a_n\}$에서 n이 한없이 커질 때 a_n이 음수이면서 $|a_n|$이 한없이 커지면 $\lim_{n\to\infty}a_n=-\infty$라 쓰고 '수열 $\{a_n\}$은 **음의 무한대로 발산**한다.'고 한다.

[예제 8-1(f)]와 같이 수열 $\{a_n\}$이 발산하지만 양의 무한대나 음의 무한대로 발산하지도 않으면 '수열 $\{a_n\}$은 **진동**한다.'고 한다.

구간 $[1,\infty)$에서 실수 전체 집합으로의 함수 $f(x)=\dfrac{x-1}{x+1}$을 생각하자. $x\to\infty$일 때 함수 f의 극한은 $\lim_{x\to\infty}f(x)=1$이다. 함수 f의 그래프를 그리면 [그림 8-2]와 같다. 이때 [그림 8-2]에서처럼 함수 f의 그래프는 수열 $\left\{\dfrac{n-1}{n+1}\right\}$의 그래프를 포함한다.

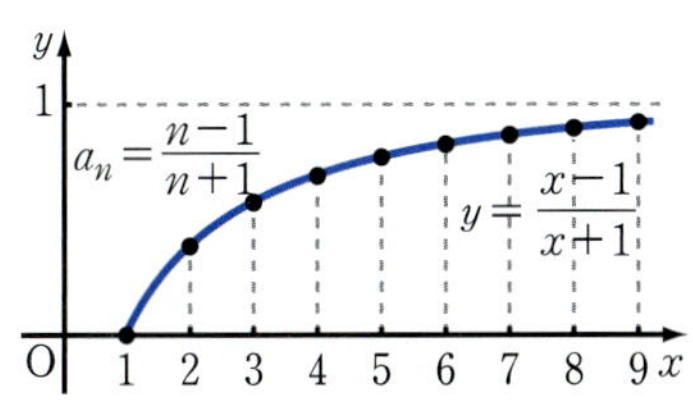

[그림 8-2] 함수 $y=\dfrac{x-1}{x+1}$과 수열 $\left\{\dfrac{n-1}{n+1}\right\}$의 그래프

수열 $\left\{\dfrac{n-1}{n+1}\right\}$의 각 항은 $f(n)$이며 $\lim_{n\to\infty} f(n)=1$이다. 따라서 함수의 정의역이 수열의 정의역을 포함하므로 다음과 같은 정리를 얻는다.

정리 8-1 수열의 극한과 함수의 극한의 관계

$\lim_{x\to\infty} f(x)=L$일 때, $a_n=f(n)$인 수열 $\{a_n\}$에 대하여 $\lim_{n\to\infty} a_n=L$이다.

예제 8-2 수열의 극한과 함수의 극한의 관계

$f(x)=\dfrac{1}{x^p}$ $(p>0)$에 대하여 $\lim_{x\to\infty} f(x)=0$이므로 수열 $\left\{\dfrac{1}{n^p}\right\}$은 0으로 수렴한다.
즉 $\lim_{n\to\infty}\dfrac{1}{n^p}=0$이다.

예제 8-3 함수의 극한을 이용한 수열의 극한

$\lim_{n\to\infty}\dfrac{\ln n}{2n}$을 구하라.

풀이

$\lim_{x\to\infty}\ln x=\infty$이고 $\lim_{x\to\infty}2x=\infty$이므로 함수 $f(x)=\dfrac{\ln x}{2x}$에 로피탈 법칙을 적용하면

$\lim_{x\to\infty}\dfrac{\ln x}{2x}=\lim_{x\to\infty}\dfrac{\frac{1}{x}}{2}=\lim_{x\to\infty}\dfrac{1}{2x}=0$이다. 따라서 [정리 8-1]에 의해 $\lim_{n\to\infty}\dfrac{\ln n}{2n}=0$이다.

[유제 8-1]

$\lim_{n\to\infty}\dfrac{\ln 2n}{2n}$을 구하라.

수열의 극한에 대한 성질

함수에 대한 극한의 성질은 수열의 극한에서도 성립한다.

정리 8-2 수열의 극한에 대한 성질

수렴하는 두 수열 $\{a_n\}$, $\{b_n\}$과 상수 c에 대하여 다음이 성립한다.

(1) $\lim_{n\to\infty}(a_n+b_n)=\lim_{n\to\infty}a_n+\lim_{n\to\infty}b_n$

(2) $\lim_{n\to\infty}(a_n-b_n)=\lim_{n\to\infty}a_n-\lim_{n\to\infty}b_n$

(3) $\lim_{n\to\infty}a_nb_n=\lim_{n\to\infty}a_n\times\lim_{n\to\infty}b_n$

(4) $\lim_{n\to\infty}ca_n=c\lim_{n\to\infty}a_n$

(5) $\lim_{n\to\infty}\frac{a_n}{b_n}=\frac{\lim_{n\to\infty}a_n}{\lim_{n\to\infty}b_n}$ (단, $b_n\neq 0$, $\lim_{n\to\infty}b_n\neq 0$)

예제 8-4 수열의 극한에 대한 성질

$\lim_{n\to\infty}\frac{n-1}{n+1}$을 구하라.

풀이

주어진 수열을 수렴하는 수열들의 덧셈, 뺄셈, 곱셈, 나눗셈으로 나타낸 뒤 [정리 8-2]를 적용하면 다음과 같다.

$$\lim_{n\to\infty}\frac{n-1}{n+1}=\lim_{n\to\infty}\frac{1-\frac{1}{n}}{1+\frac{1}{n}}=\frac{\lim_{n\to\infty}\left(1-\frac{1}{n}\right)}{\lim_{n\to\infty}\left(1+\frac{1}{n}\right)}=\frac{1-0}{1+0}=1$$

[유제 8-2]

$\lim_{n\to\infty}\frac{n-1}{2n+1}$을 구하라.

함수의 조임정리([정리 1-5])도 수열의 극한에 똑같이 적용할 수 있다.

정리 8-3 수열의 조임정리(squeeze theorem)

수열 $\{a_n\}$, $\{b_n\}$, $\{c_n\}$이 각각의 자연수 n에 대하여 $a_n\leq b_n\leq c_n$을 만족하고 $\lim_{n\to\infty}a_n=\lim_{n\to\infty}c_n=L$ (L은 상수)이면 다음이 성립한다.

$$\lim_{n\to\infty}b_n=L$$

처음 몇 개의 항은 $a_n\leq b_n\leq c_n$을 만족하지 않아도 조임정리가 성립한다. 이는 수열의 수렴 또는 발산 여부는 처음 몇 개의 항에 영향을 받지 않기 때문이다.

예제 8-5 **수열의 조임정리를 이용한 수열의 극한**

수열 $\{a_n\}$에 대하여 $\lim_{n\to\infty}|a_n|=0$일 때, $\lim_{n\to\infty}a_n$을 구하라.

풀이

$-|a_n| \le a_n \le |a_n|$이므로 수열의 조임정리에 의해 $\lim_{n\to\infty}a_n=0$이다.

[유제 8-3]

$\lim_{n\to\infty}\frac{\sin n}{n}$을 구하라.

양의 실수 r에 대하여 지수함수 r^x은 실수 전체 집합에서 연속이다. 이때 수열 $\{r^n\}$에 대하여 다음이 성립한다.

- $0<r<1$이면 $\lim_{x\to\infty}r^x=0$이므로 [정리 8-1]에 의해 $\lim_{n\to\infty}r^n=0$이다.
- $r>1$이면 $\lim_{x\to\infty}r^x=\infty$이므로 [정리 8-1]에 의해 $\lim_{n\to\infty}r^n=\infty$이다.
- $-1<r<0$이면 $\lim_{n\to\infty}|r^n|=\lim_{n\to\infty}|r|^n=0$이므로 $\lim_{n\to\infty}r^n=0$이다.
- $r<-1$이면 $\lim_{n\to\infty}|r^n|=\lim_{n\to\infty}|r|^n=\infty$이다. n이 짝수이면 r^n은 양수이고 n이 홀수이면 r^n은 음수이므로 수열 $\{r^n\}$은 진동한다.

따라서 다음과 같은 정리를 얻는다.

정리 8-4 **수열 $\{r^n\}$의 극한**

실수 r에 대하여 수열 $\{r^n\}$은 다음을 만족한다.

$$\lim_{n\to\infty}r^n=\begin{cases}0 & (-1<r<1)\\ 1 & (r=1)\end{cases}$$

$r>1$이면 수열 $\{r^n\}$은 양의 무한대로 발산하고 $r\le-1$이면 수열 $\{r^n\}$은 진동한다.

함수 f가 $x=L$에서 연속이면 $\lim_{x\to L}f(x)=f(L)$이다. 이때 함수 f는 L로 수렴하는 수열과 다음과 같은 관계가 있다.

정리 8-5 수열과 함수의 연속

수열 $\{a_n\}$이 L로 수렴하고 함수 f가 $x=L$에서 연속이면 다음이 성립한다.

$$\lim_{n\to\infty} f(a_n) = f(L)$$

[정리 8-5]는 수열 $\{a_n\}$이 L로 수렴하고 함수 f가 $x=L$에서 연속이면 다음 관계가 성립함을 의미한다.

$$\lim_{n\to\infty} f(a_n) = f\left(\lim_{n\to\infty} a_n\right)$$

예제 8-6 함수의 연속을 이용한 수열의 수렴

$\lim_{n\to\infty}\cos\frac{2\pi}{n}$를 구하라.

풀이

수열 $\left\{\frac{2\pi}{n}\right\}$는 0으로 수렴하고 코사인함수는 $x=0$에서 연속이므로 [정리 8-5]에 의해 다음이 성립한다.

$$\lim_{n\to\infty}\cos\frac{2\pi}{n} = \cos\left(\lim_{n\to\infty}\frac{2\pi}{n}\right) = \cos 0 = 1$$

[유제 8-4]

$\lim_{n\to\infty}\sin\frac{2\pi}{n}$를 구하라.

정의 8-2 수열의 증가와 감소

(1) 모든 $n \geq 1$에 대하여 $a_n < a_{n+1}$이면, 수열 $\{a_n\}$은 **증가한다**(increase)고 한다. 이때 수열 $\{a_n\}$을 **증가수열**(increasing sequence)이라 한다.

(2) 모든 $n \geq 1$에 대하여 $a_n > a_{n+1}$이면, 수열 $\{a_n\}$은 **감소한다**(decrease)고 한다. 이때 수열 $\{a_n\}$을 **감소수열**(decreasing sequence)이라 한다.

(3) 증가하거나 감소하는 수열을 **단조수열**(monotone sequence)이라 한다.

예제 8-7 감소수열

일반항이 $a_n = \dfrac{n^2}{9^n}$인 수열 $\{a_n\}$이 감소수열임을 보여라.

풀이

부등식 $\dfrac{n^2}{9^n} > \dfrac{(n+1)^2}{9^{n+1}}$이 성립함을 보이면 된다. 자연수 n에 대하여 이 부등식은 다음 부등식들과 동치다.

$$
\begin{aligned}
\frac{n^2}{9^n} > \frac{(n+1)^2}{9^{n+1}} &\Leftrightarrow 9^{n+1}n^2 > 9^n(n+1)^2 \\
&\Leftrightarrow 9n^2 > (n+1)^2 \\
&\Leftrightarrow 3n > (n+1) \\
&\Leftrightarrow 2n > 1
\end{aligned}
$$

마지막 부등식이 참이므로 수열 $\{a_n\}$은 감소수열이다.

[유제 8-5]

일반항이 $a_n = \dfrac{n^2}{4^{2^n}}$인 수열 $\{a_n\}$이 감소수열임을 보여라.

정의 8-3 유계

(1) 모든 $n \geq 1$에 대해 $a_n \leq M$인 실수 M이 존재하면, 수열 $\{a_n\}$은 **위로 유계**(bounded above)라 한다.

(2) 모든 $n \geq 1$에 대해 $a_n \geq m$인 실수 m이 존재하면 수열 $\{a_n\}$은 **아래로 유계**(bounded below)라 한다.

(3) 수열 $\{a_n\}$이 위로 유계이면서 아래로 유계이면 **유계**(bounded)라 한다.

증가수열은 항상 아래로 유계이고 감소수열은 항상 위로 유계다.

증가수열이 수렴하기 위한 필요충분조건은 그 수열이 위로 유계인 것이고, 감소수열이 수렴하기 위한 필요충분조건은 그 수열이 아래로 유계인 것이다.

정리 8-6 단조수열의 수렴

단조수열이 수렴하기 위한 필요충분조건은 단조수열이 유계인 것이다.

예제 8-8 유계가 아닌 단조수열의 극한

(a) 증가수열 $\{n\}$은 위로 유계가 아니고 수렴하지 않는다.

(b) 감소수열 $\{-n^2\}$은 아래로 유계가 아니고 수렴하지 않는다.

[유제 8-6]

다음 수열이 수렴하지 않음을 보여라.

(a) $\{2n\}$　　(b) $\{-2n^2\}$

예제 8-9 유계인 감소수열의 극한

수열 $\left\{\dfrac{n^2}{9^n}\right\}$은 수렴함을 보여라.

풀이

모든 $n \geq 1$에 대해 $\dfrac{n^2}{9^n} \geq 0$이므로 수열 $\left\{\dfrac{n^2}{9^n}\right\}$은 아래로 유계이고 [예제 8-7]에 의해 감소수열이다. 따라서 수열 $\left\{\dfrac{n^2}{9^n}\right\}$은 유계인 단조수열이므로 [정리 8-6]에 의해 수렴한다.

예제 8-10 유계인 증가수열의 극한

수열 $\left\{\dfrac{2n-3}{n+2}\right\}$은 수렴함을 보여라.

풀이

수열 $\left\{\dfrac{2n-3}{n+2}\right\}$은 $\dfrac{2n-3}{n+2}=2-\dfrac{7}{n+2}<2$이므로 위로 유계인 증가수열이다. 따라서 [정리 8-6]에 의해 수열 $\left\{\dfrac{2n-3}{n+2}\right\}$은 수렴한다.

[유제 8-7]

다음 수열이 수렴함을 보여라.

(a) $\left\{\dfrac{n^2}{4^{2^n}}\right\}$　　(b) $\left\{\dfrac{n-3}{n+2}\right\}$

SECTION

8.1 연습문제

※ 01~02 일반항이 다음과 같은 수열을 두 가지 방법으로 표현하라.

01 $2n^2-1$

02 $(-1)^n$

03 명제 '수열 $\left\{\dfrac{2}{n(n+1)}\right\}$의 극한은 0이다.'를 기호로 나타내라.

※ 04~11 일반항이 다음과 같은 수열이 수렴 또는 발산하는지를 판별하고, 수렴한다면 그 극한을 구하라.

04 $\dfrac{n^3}{e^n}$

05 $\dfrac{n^2}{\sqrt{n^4+2}}$

06 $\dfrac{1}{n^2}-\dfrac{1}{n^2+1}$

07 $\dfrac{\sqrt{n}\sin(n!)}{n}$

08 $\dfrac{4^n}{3^n+10}$

09 $\ln(n^2+1)-\ln(10n^2+3)$

10 $\dfrac{1+n^3}{2+3n^3}$

11 $\dfrac{n^2\sin n}{n^3+1}$

※ 12~13 다음 수열이 증가수열 또는 감소수열인지 판별하라. 또한 유계인지 판별하라.

12 $\left\{\dfrac{n}{3^n}\right\}$

13 $\left\{\dfrac{n}{\ln(n+1)}\right\}$

※ 14~15 수열 $\left\{\left(1+\dfrac{1}{n}\right)^n\right\}$은 자연상수 e로 수렴한다. 다음 명제가 참임을 보여라.

14 수열 $\left\{\left(1+\dfrac{1}{n}\right)^n\right\}$은 증가수열이다.

15 각각의 자연수 n에 대하여, $\left(1+\dfrac{1}{n}\right)^n \le 1+2\left(1-\dfrac{1}{2^n}\right)$이다.

※ 16~18 다음 수열의 극한을 구하라.

16 $\left\{\left[1+\dfrac{1}{(n+1)^2}\right]^{(n+1)^2}\right\}$

17 $\left\{\left(1+\dfrac{1}{n^2}\right)^n\right\}$

18 $\left\{\left(1+\dfrac{1}{3n}\right)^n\right\}$

19 수열 $\{a_n\}$에 대하여 $\lim\limits_{n\to\infty} a_n=0$이고 수열 $\{b_n\}$이 적당한 실수 M에 대하여 $|b_n|\le M\ (n\ge 1)$이면, $\lim\limits_{n\to\infty} a_n b_n=0$임을 보여라.

20 각각의 실수 a에 대해 $\lim\limits_{n\to\infty}\dfrac{a^n}{n!}=0$임을 보여라.

SECTION 8.2 급수

수열 $\left\{\dfrac{1}{2^{n-1}}\right\}$에서 각 항을 차례대로 덧셈 기호로 연결하면 다음과 같다.

$$1+\frac{1}{2}+\frac{1}{4}+\frac{1}{8}+\cdots+\frac{1}{2^{n-1}}+\cdots$$

위 식은 유한히 많은 수를 더하는 방법으로 더할 수 없다.

$$a_1+a_2+a_3+\cdots+a_n+\cdots \tag{8.1}$$

수열 $\{a_n\}$의 각 항을 차례대로 덧셈 기호로 연결한 형태 (8.1)을 **무한급수**(infinite series) 또는 **급수**(series)라 하고 기호로는 다음과 같이 나타낸다.

$$\sum_{n=1}^{\infty}a_n \quad \text{또는} \quad \sum a_n$$

즉 $\sum_{n=1}^{\infty}a_n=a_1+a_2+a_3+\cdots+a_n+\cdots$이다. 식 (8.1)에 의미를 주기 위해 부분합의 수열 $\{s_n\}$을 다음과 같이 정의한다.

$$\begin{aligned}
&s_1=a_1\\
&s_2=a_1+a_2\\
&s_3=a_1+a_2+a_3\\
&\ \vdots\\
&s_n=a_1+a_2+a_3+\cdots+a_n=\sum_{k=1}^{n}a_k
\end{aligned}$$

이때 s_n을 이 급수의 n번째 **부분합**(partial sum)이라 한다. 만일 수열 $\{s_n\}$이 실수 S로 수렴하면 급수 $\sum_{n=1}^{\infty}a_n$은 **수렴한다**고 한다. 이를 다음과 같이 표현한다.

$$\sum_{n=1}^{\infty}a_n=S \quad \text{또는} \quad a_1+a_2+a_3+\cdots+a_n+\cdots=S$$

이때 S를 **급수의 합**(sum of series)이라 한다. 즉 급수 $\sum_{n=1}^{\infty}a_n$이 수렴하면 $\sum_{n=1}^{\infty}a_n=\lim_{n\to\infty}\sum_{k=1}^{n}a_k$이다. 수열 $\{s_n\}$이 발산하면 급수 $\sum_{n=1}^{\infty}a_n$은 **발산한다**고 한다.

급수 $1+\frac{1}{2}+\frac{1}{4}+\frac{1}{8}+\cdots+\frac{1}{2^{n-1}}+\cdots$ 이 수렴하는지 또는 발산하는지 알아보자. n번째 부분합 s_n을 구하는 것으로 시작한다.

$$s_n = 1+\frac{1}{2}+\frac{1}{4}+\frac{1}{8}+\cdots+\frac{1}{2^{n-1}}$$
$$\frac{1}{2}s_n = \frac{1}{2}+\frac{1}{4}+\frac{1}{8}+\cdots+\frac{1}{2^{n-1}}+\frac{1}{2^n}$$

두 식을 빼면 s_n은 다음과 같다.

$$s_n = \frac{1-\left(\frac{1}{2}\right)^n}{1-\frac{1}{2}}$$

$\lim\limits_{n\to\infty}\left(\frac{1}{2}\right)^n = 0$이므로 $\lim\limits_{n\to\infty} s_n = 2$가 되어 급수는 수렴하고 $1+\frac{1}{2}+\frac{1}{4}+\frac{1}{8}+\cdots+\frac{1}{2^{n-1}}+\cdots = 2$이다.

일반적으로 실수 $a \neq 0$과 r에 대하여 다음과 같은 급수를 **첫째 항**(first term)이 a이고, **공비**(ratio)가 r인 **등비급수**(geometric series)라 한다.

$$\sum_{n=1}^{\infty} ar^{n-1} = a+ar+ar^2+ar^3+\cdots+ar^{n-1}+\cdots$$

$r \neq 1$이면 등비급수의 n번째 부분합 s_n은 $s_n - rs_n = a - ar^n$을 만족하므로 다음과 같다.

$$s_n = \frac{a(1-r^n)}{1-r}$$

[정리 8-4]로부터 $|r|<1$이면 $\lim\limits_{n\to\infty} s_n = \frac{a}{1-r}$이고 $|r|>1$이거나 $r=-1$이면 수열 $\{s_n\}$은 발산한다. 또한 $r=1$이면 $s_n = na$이므로 $\{s_n\}$은 발산한다. 즉 등비급수 $\sum\limits_{n=1}^{\infty} ar^{n-1}$은 다음을 만족한다.

정리 8-7 등비급수의 수렴과 발산

등비급수 $\sum\limits_{n=1}^{\infty} ar^{n-1}$에 대하여

(1) $|r|<1$이면 급수는 수렴하고 그 합은 $\sum\limits_{n=1}^{\infty} ar^{n-1} = \frac{a}{1-r}$이다.

(2) $|r| \geq 1$이면 급수는 발산한다.

예제 8-11 등비급수의 수렴과 발산

다음 등비급수의 수렴성을 판별하고 수렴한다면 급수의 합을 구하라.

$$2-\frac{2}{5}+\frac{2}{25}-\frac{2}{125}+\cdots$$

풀이

이 급수는 첫째 항이 2이고, 공비가 $-\frac{1}{5}$이다. [정리 8-7]에 의해 이 급수는 수렴하고 급수의 합은 다음과 같다.

$$2-\frac{2}{5}+\frac{2}{25}-\frac{2}{125}+\cdots=\frac{2}{1-\left(-\frac{1}{5}\right)}=\frac{5}{3}$$

[유제 8-8]

등비급수 $3-\frac{3}{4}+\frac{3}{16}-\frac{3}{64}+\cdots$의 수렴성을 판별하고 수렴한다면 급수의 합을 구하라.

예제 8-12 등비급수를 이용한 순환소수 표현

순환소수 $0.222\cdots$를 분수로 나타내라.

풀이

순환소수 $0.222\cdots$는 다음과 같은 등비급수다.

$$0.222\cdots=\frac{2}{10}+\frac{2}{10^2}+\frac{2}{10^3}\cdots+\frac{2}{10^n}+\cdots$$

따라서 등비급수의 합을 이용하면 다음과 같이 나타낼 수 있다.

$$0.222\cdots=\frac{2}{10}+\frac{2}{10^2}+\frac{2}{10^3}\cdots+\frac{2}{10^n}+\cdots=\frac{\frac{2}{10}}{1-\frac{1}{10}}=\frac{2}{9}$$

[유제 8-9]

순환소수 $0.444\cdots$를 분수로 나타내라.

어떤 급수는 수열의 특성을 이용하여 급수의 부분합을 간단하게 나타낼 수 있다.

예제 8-13 급수의 제 n항이 부분분수인 급수

제 n항의 성질이 특별한 급수 $\sum_{n=1}^{\infty}\frac{1}{n(n+1)}$은 수렴한다. 급수의 합을 구하라.

풀이

각각의 자연수 n에 대하여 $\frac{1}{n(n+1)}=\frac{1}{n}-\frac{1}{n+1}$이므로 급수 $\sum_{n=1}^{\infty}\frac{1}{n(n+1)}$의 n번째 부분합 s_n은 다음과 같다.

$$s_n=\left(\frac{1}{1}-\frac{1}{2}\right)+\left(\frac{1}{2}-\frac{1}{3}\right)+\cdots+\left(\frac{1}{n-1}-\frac{1}{n}\right)+\left(\frac{1}{n}-\frac{1}{n+1}\right)=1-\frac{1}{n+1}$$

따라서 급수의 합은 다음과 같다.

$$\sum_{n=1}^{\infty}\frac{1}{n(n+1)}=\lim_{n\to\infty}s_n=\lim_{n\to\infty}\left(1-\frac{1}{n+1}\right)=1$$

[유제 8-10]

급수 $\sum_{n=2}^{\infty}\frac{2}{(2n-1)(2n+1)}$는 수렴한다. 급수의 합을 구하라.

예제 8-14 조화급수의 수렴과 발산

조화급수 $\sum_{n=1}^{\infty}\frac{1}{n}$이 발산함을 보여라.

풀이

조화급수의 부분합의 수열 $\{s_n\}$은 증가수열이다. 또한 2^{n+1}번째 부분합 $s_{2^{n+1}}$은 다음을 만족한다.

$$\begin{aligned}s_{2^{n+1}}&=\left(1+\frac{1}{2}\right)+\left(\frac{1}{3}+\frac{1}{4}\right)+\left(\frac{1}{5}+\frac{1}{6}+\frac{1}{7}+\frac{1}{8}\right)+\cdots+\left(\frac{1}{2^n+1}+\cdots+\frac{1}{2^{n+1}}\right)\\&>\frac{1}{2}+2\times\frac{1}{4}+4\times\frac{1}{8}+\cdots+2^n\times\frac{1}{2^{n+1}}=(n+1)\times\frac{1}{2}\end{aligned}$$

따라서 부분합의 수열 $\{s_n\}$은 위로 유계가 아니다. [정리 8-6]에 의해 수열 $\{s_n\}$은 발산하므로, 조화급수 $\sum_{n=1}^{\infty}\frac{1}{n}$은 발산한다.

[유제 8-11]

급수 $\sum_{n=1}^{\infty} \frac{100}{n}$이 발산함을 보여라.

[예제 8-15]는 발산하는 조화급수에서 각 항의 분모를 제곱하면 수렴함을 보여준다.

예제 8-15 단조수열과 급수의 수렴

급수 $\sum_{n=1}^{\infty} \frac{1}{n^2}$이 수렴함을 보여라.

풀이

급수 $\sum_{n=1}^{\infty} \frac{1}{n^2}$의 부분합의 수열 $\{s_n\}$은 증가수열이고 다음을 만족한다.

$$\begin{aligned} s_n &= 1 + \frac{1}{2^2} + \frac{1}{3^2} + \cdots + \frac{1}{n^2} \\ &< 1 + \frac{1}{1 \times 2} + \frac{1}{2 \times 3} + \cdots + \frac{1}{(n-1)n} \\ &= 1 + \left(\frac{1}{1} - \frac{1}{2}\right) + \left(\frac{1}{2} - \frac{1}{3}\right) + \cdots + \left(\frac{1}{n-1} - \frac{1}{n}\right) \\ &= 2 - \frac{1}{n} < 2 \end{aligned}$$

따라서 수열 $\{s_n\}$은 2에 의해 위로 유계다. [정리 8-6]에 의해 수열 $\{s_n\}$은 수렴하므로, 급수 $\sum_{n=1}^{\infty} \frac{1}{n^2}$은 수렴한다.

[유제 8-12]

급수 $\sum_{n=1}^{\infty} \frac{100}{n^2}$이 수렴함을 보여라.

[예제 8-15]의 급수의 합은 스위스 수학자 레온하르트 오일러(Leonhard Euler)에 의해 $\sum_{n=1}^{\infty} \frac{1}{n^2} = \frac{\pi^2}{6}$임이 밝혀졌다. [예제 8-15]와 같이 수렴하는 특별한 급수는 새로운 급수의 수렴성을 비교 판정하는 데 사용된다. 이런 비교 판정법은 8.3절에서 다룬다.

각각의 자연수 n에 대하여 $a_n > 0$을 만족하면 급수 $\sum_{n=1}^{\infty} a_n$의 n번째 부분합의 수열 $\{s_n\}$은 증가수열이므로 [정리 8-6]에 의해 다음 정리를 얻는다.

정리 8-8 제 n항이 양수인 급수의 수렴

각각의 자연수 n에 대하여 $a_n > 0$을 만족할 때, 급수 $\sum_{n=1}^{\infty} a_n$이 수렴할 필요충분조건은 부분합의 수열 $\{s_n\}$이 위로 유계인 것이다.

급수의 수렴 또는 발산 여부를 판별하는 유용한 원리 중 하나를 유도해 보자.

급수 $\sum_{n=1}^{\infty} a_n$이 S로 수렴한다면 급수의 부분합 s_n에 대하여 $a_n = s_n - s_{n-1}$이고 $\lim_{n\to\infty} s_n = \lim_{n\to\infty} s_{n-1} = S$이다. 즉 수열 $\{a_n\}$의 극한은 다음과 같다.

$$\lim_{n\to\infty} a_n = \lim_{n\to\infty}(s_n - s_{n-1}) = \lim_{n\to\infty} s_n - \lim_{n\to\infty} s_{n-1} = S - S = 0$$

따라서 다음 정리를 얻는다.

정리 8-9 급수와 제 n항 사이의 관계

급수 $\sum_{n=1}^{\infty} a_n$이 수렴하면 $\lim_{n\to\infty} a_n = 0$이다.

다음은 [정리 8-9]의 대우 명제다.

정리 8-10 급수의 발산 판정법

$\lim_{n\to\infty} a_n \neq 0$이면 급수 $\sum_{n=1}^{\infty} a_n$은 발산한다.

[정리 8-9]의 역은 일반적으로 참이 아니다. 예를 들어 $\lim_{n\to\infty} \frac{1}{n} = 0$이지만 조화급수 $\sum_{n=1}^{\infty} \frac{1}{n}$은 발산한다([예제 8-14] 참고).

예제 8-16 발산 판정법을 이용한 급수의 수렴과 발산

급수 $\sum_{n=1}^{\infty} \frac{n}{n+2}$이 발산함을 보여라.

풀이

제 n항의 극한은 $\lim_{n\to\infty} \frac{n}{n+2} = 1 \neq 0$이다. 따라서 발산 판정법에 의해 주어진 급수는 발산한다.

[유제 8-13]

급수 $\sum_{n=1}^{\infty} \frac{3n}{n+2}$이 발산함을 보여라.

예제 8-17 발산 판정법을 이용한 급수의 수렴과 발산

급수 $\sum_{n=1}^{\infty} (-1)^n$이 발산함을 보여라.

풀이

수열 $\{(-1)^n\}$은 진동하므로 발산 판정법에 의해 주어진 급수는 발산한다.

[유제 8-14]

급수 $\sum_{n=1}^{\infty} (-2)^n$이 발산함을 보여라.

부분합의 수열이 수렴하면 급수는 수렴한다. 따라서 수열의 극한에 대한 정리가 급수에서도 다음과 같이 성립한다.

정리 8-11 수렴하는 급수에 대한 성질

급수 $\sum_{n=1}^{\infty} a_n$과 $\sum_{n=1}^{\infty} b_n$이 수렴하면 상수 c에 대해 $\sum_{n=1}^{\infty} (a_n + b_n)$, $\sum_{n=1}^{\infty} (a_n - b_n)$, $\sum_{n=1}^{\infty} ca_n$이 각각 수렴하고 다음이 성립한다.

(1) $\sum_{n=1}^{\infty} (a_n + b_n) = \sum_{n=1}^{\infty} a_n + \sum_{n=1}^{\infty} b_n$

(2) $\sum_{n=1}^{\infty} (a_n - b_n) = \sum_{n=1}^{\infty} a_n - \sum_{n=1}^{\infty} b_n$

(3) $\sum_{n=1}^{\infty} ca_n = c\sum_{n=1}^{\infty} a_n$

[정리 8-11]을 이용하여 수렴하는 여러 가지 급수의 합을 구할 수 있다.

예제 8-18 수렴하는 급수에 대한 성질

급수 $\sum_{n=1}^{\infty}\left\{2\times\left(-\frac{1}{5}\right)^{n-1}+\frac{3}{n^2}\right\}$의 합을 구하라.

풀이

[예제 8-11]에서 $\sum_{n=1}^{\infty}2\times\left(-\frac{1}{5}\right)^{n-1}=\frac{5}{3}$임을 보였다. $\sum_{n=1}^{\infty}\frac{1}{n^2}=\frac{\pi^2}{6}$이므로 [정리 8-11]에 의해 주어진 급수의 합은 다음과 같이 구한다.

$$\sum_{n=1}^{\infty}\left\{2\times\left(-\frac{1}{5}\right)^{n-1}+\frac{3}{n^2}\right\}=\sum_{n=1}^{\infty}2\times\left(-\frac{1}{5}\right)^{n-1}+\sum_{n=1}^{\infty}\frac{3}{n^2}=\frac{5}{3}+\frac{\pi^2}{2}$$

[유제 8-15]

급수 $\sum_{n=1}^{\infty}\left\{3\times\left(-\frac{1}{5}\right)^{n-1}+\frac{5}{n^2}\right\}$의 합을 구하라.

SECTION

8.2 연습문제

※ 01~02 다음 급수가 수렴하는 실수 x 값을 구하고 그 값에 대하여 급수의 합을 구하라.

01 $\sum_{n=1}^{\infty} \frac{x^n}{5^n}$

02 $\sum_{n=1}^{\infty} \frac{(x-1)^n}{5^n}$

03 0이 아닌 모든 실수 x에 대하여 다음 급수가 수렴함을 보이고 합을 구하라.

$$1+\frac{1}{1+x^2}+\frac{1}{(1+x^2)^2}+\cdots+\frac{1}{(1+x^2)^n}+\cdots$$

※ 04~06 다음 순환소수를 분수로 나타내라.

04 $3.777\cdots$

05 $7.555\cdots$

06 $2.3111\cdots$

※ 07~13 다음 급수가 수렴하는지 발산하는지 판별하라. 급수가 발산한다면 그 이유를 설명하고 수렴한다면 그 합을 구하라.

07 $\sum_{n=1}^{\infty}\left(\frac{1}{4^n}+\frac{1}{5^n}\right)$

08 $\sum_{n=1}^{\infty} \frac{1}{\ln 3^n}$

09 $\sum_{n=1}^{\infty} \frac{2n-1}{3n+5}$

10 $\sum_{n=1}^{\infty} \sin\frac{n\pi}{4}$

11 $\sum_{n=1}^{\infty}\left(\frac{2^{2n}+1}{7^n}-\frac{1}{n^2}\right)$

12 $\sum_{n=1}^{\infty}\left(\frac{\cos^n\theta}{2^n}+\frac{7}{n^2}\right)$

13 $\sum_{n=1}^{\infty}(-1)^n n$

14 급수 $\sum_{n=1}^{\infty} \frac{1}{(2n+1)^2}$은 수렴함을 보여라.

15 급수 $\sum_{n=1}^{\infty} \frac{3}{(3n-1)(3n+2)}$이 수렴하는지 발산하는지 판별하라. 급수가 발산한다면 그 이유를 설명하고 수렴한다면 그 합을 구하라.

16 급수 $\sum_{n=1}^{\infty} \frac{1}{n!}$은 수렴함을 보여라.

17 급수 $\sum_{n=1}^{\infty} \ln\left(1+\frac{1}{n}\right)$은 발산함을 보여라.

SECTION

8.3 급수의 수렴 판정

이 절에서는 자연수 n에 대하여 $a_n > 0$인 무한급수 $\sum_{n=1}^{\infty} a_n$을 다룬다. 이런 급수를 **양항급수**(series of positive terms)라 한다. 양항급수는 부분합의 수열이 위로 유계인지를 판단할 수 있으면 [정리 8-8]에 따라 급수의 수렴 여부를 판별할 수 있다. 이로써 수렴, 발산 여부를 을 알 수 있는 양향급수를 이용하여 이와 비교 가능한 양항급수의 수렴성을 판별할 수 있다.

비교 판정법

두 양항급수 $\sum_{n=1}^{\infty} a_n$, $\sum_{n=1}^{\infty} b_n$에서 각각의 n에 대하여 $a_n \le b_n$이라 하자. 그러면 첫 번째 급수의 부분합의 수열 $\{s_n\}$과 두 번째 급수의 부분합의 수열 $\{t_n\}$은 각각의 n에 대하여 $s_n \le t_n$을 만족한다. 따라서 수열 $\{t_n\}$이 위로 유계이면 수열 $\{s_n\}$도 위로 유계이고, 수열 $\{s_n\}$이 발산하면 수열 $\{t_n\}$도 발산한다. 따라서 비교 판정법이라 부르는 다음 정리를 얻는다.

정리 8-12 비교 판정법(comparison test)

두 양항급수 $\sum_{n=1}^{\infty} a_n$, $\sum_{n=1}^{\infty} b_n$에서 자연수 n에 대하여 $a_n \le b_n$이라 하자.

(1) $\sum_{n=1}^{\infty} b_n$이 수렴하면 $\sum_{n=1}^{\infty} a_n$도 수렴한다.

(2) $\sum_{n=1}^{\infty} a_n$이 발산하면 $\sum_{n=1}^{\infty} b_n$도 발산한다.

예제 8-19 비교 판정법을 이용한 급수의 수렴과 발산

급수 $\sum_{n=1}^{\infty} \frac{1}{5^n+1}$이 수렴하는지 발산하는지 판별하라.

풀이

급수 $\sum_{n=1}^{\infty} \frac{1}{5^n+1}$의 각 항은 수렴하는 등비급수 $\sum_{n=1}^{\infty} \frac{1}{5^n}$의 각 항보다 작다. 즉 두

일반항 사이에 다음과 같은 관계가 성립한다.

$$\frac{1}{5^n+1} < \frac{1}{5^n}$$

등비급수 $\sum_{n=1}^{\infty}\frac{1}{5^n}$이 수렴하므로 비교 판정법에 의해 급수 $\sum_{n=1}^{\infty}\frac{1}{5^n+1}$은 수렴한다.

[유제 8-16]

급수 $\sum_{n=1}^{\infty}\frac{1}{3^n+1}$이 수렴하는지 발산하는지 판별하라.

예제 8-20 비교 판정법을 이용한 급수의 수렴과 발산

급수 $\sum_{n=1}^{\infty}\frac{1}{\ln(n+1)}$이 수렴하는지 발산하는지 판별하라.

풀이

함수 $f(x)=x-\ln(x+1)$은 구간 $[1,\infty)$에서 $f'(x)>0$이므로 증가함수다.

$f(1)>0$이므로 각각의 자연수 n에 대하여 $f(n)=n-\ln(n+1)>0$이고 부등식의 성질을 이용하면 $\frac{1}{n}<\frac{1}{\ln(n+1)}$이다. 조화급수 $\sum_{n=1}^{\infty}\frac{1}{n}$이 발산하므로 비교 판정법에 의해 급수 $\sum_{n=1}^{\infty}\frac{1}{\ln(n+1)}$은 발산한다.

[유제 8-17]

급수 $\sum_{n=1}^{\infty}\frac{1}{\ln(2n+1)}$이 수렴하는지 발산하는지 판별하라.

두 양항급수 $\sum_{n=1}^{\infty}a_n$, $\sum_{n=1}^{\infty}b_n$에 대하여 처음 몇 개의 항이 $a_n \le b_n$을 만족하지 않아도 비교 판정법이 성립한다. 이는 급수의 수렴 또는 발산 여부가 처음 몇 개의 항에 영향을 받지 않기 때문이다.

예제 8-21 **비교 판정법을 이용한 급수의 수렴과 발산**

급수 $\sum_{n=1}^{\infty} \frac{n+2}{n^n}$가 수렴함을 보여라.

풀이

$n \geq 4$인 각각의 자연수 n에 대해 $\frac{n+2}{n^n} < \frac{1}{n^2}$이다. [예제 8-15]에 따르면 급수 $\sum_{n=1}^{\infty} \frac{1}{n^2}$이 수렴하므로 비교 판정법에 의해 급수 $\sum_{n=1}^{\infty} \frac{n+2}{n^n}$는 수렴한다.

[유제 8-18]

급수 $\sum_{n=1}^{\infty} \frac{3n+1}{n^n}$이 수렴함을 보여라.

두 양항급수 $\sum_{n=1}^{\infty} a_n$, $\sum_{n=1}^{\infty} b_n$의 제 n항이 각각 a_n, b_n이고 $\lim_{n\to\infty} \frac{a_n}{b_n} = L$이라 하자($L$은 양수). $\frac{L}{2} < L < 2L$이므로 $n \geq N$이면 다음 부등식을 만족하는 적당한 자연수 N이 존재한다.

$$\frac{L}{2} \leq \frac{a_n}{b_n} \leq 2L$$

즉 $n \geq N$이면 다음이 성립한다.

$$\frac{L}{2} \cdot b_n \leq a_n \leq 2L \cdot b_n$$

$\sum_{n=1}^{\infty} b_n$이 수렴하면 $\sum_{n=1}^{\infty} (2L \cdot b_n)$도 수렴하므로 비교 판정법에 의해 급수 $\sum_{n=1}^{\infty} a_n$도 수렴한다. 또한 $\sum_{n=1}^{\infty} b_n$이 발산하면 $\sum_{n=1}^{\infty} \left(\frac{L}{2} \cdot b_n\right)$도 발산하므로 비교 판정법에 의해 급수 $\sum_{n=1}^{\infty} a_n$도 발산한다.

가정으로부터 $\lim_{n\to\infty} \frac{b_n}{a_n} = \frac{1}{L}$이므로 $M = \frac{1}{L}$이라 두자. 그러면 위와 같은 이유로 $\sum_{n=1}^{\infty} a_n$이 수렴하면 $\sum_{n=1}^{\infty} b_n$도 수렴하고, $\sum_{n=1}^{\infty} a_n$이 발산하면 $\sum_{n=1}^{\infty} b_n$도 발산한다. 이로부터 다음의 극한비교 판정법을 얻는다.

정리 8-13 극한비교 판정법(limit comparison test)

두 양항급수 $\sum_{n=1}^{\infty} a_n$, $\sum_{n=1}^{\infty} b_n$과 양수 L에 대하여 $\lim_{n\to\infty}\frac{a_n}{b_n}=L$이면, 두 급수가 모두 수렴하거나 모두 발산한다.

예제 8-22 극한비교 판정법을 이용한 급수의 수렴과 발산

급수 $\sum_{n=1}^{\infty}\frac{n+2}{n^3+1}$가 수렴하는지 발산하는지 판별하라.

풀이

[예제 8-15]에서 양항급수 $\sum_{n=1}^{\infty}\frac{1}{n^2}$이 수렴함을 보였다.

$$\lim_{n\to\infty}\frac{\frac{n+2}{n^3+1}}{\frac{1}{n^2}}=\lim_{n\to\infty}\frac{n^3+2n^2}{n^3+1}=\lim_{n\to\infty}\frac{1+\frac{2}{n}}{1+\frac{1}{n^3}}=1$$

따라서 극한비교 판정법에 의해 양항급수 $\sum_{n=1}^{\infty}\frac{n+2}{n^3+1}$는 수렴한다.

[유제 8-19]

급수 $\sum_{n=1}^{\infty}\frac{3n}{n^3+1}$이 수렴하는지 발산하는지 판별하라.

적분 판정법

항이 감소수열인 양항급수는 다음과 같이 6.4절의 이상적분을 이용하여 수렴 또는 발산하는지 판별할 수 있다.

$$\int_1^{\infty} f(x)dx=\lim_{t\to\infty}\int_1^t f(x)dx$$

이상적분을 이용하여 [예제 8-15]에서 소개한 급수 $\sum_{n=1}^{\infty}\frac{1}{n^2}$의 정보를 얻어 보자. 함수 $f(x)=\frac{1}{x^2}$은 구간 $[1,\infty)$에서 감소함수이며 각각의 자연수 n에 대해 $f(n)=\frac{1}{n^2}$이다.

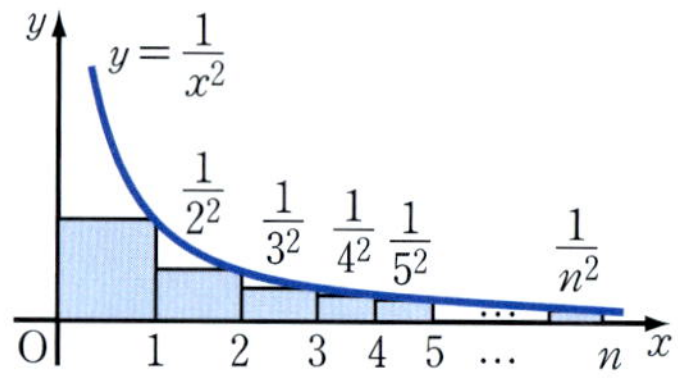

[그림 8-3] 함수 $y=\frac{1}{x^2}$ 의 그래프와 적분 $\int_1^n \frac{1}{x^2}dx$의 넓이

[그림 8-3]은 밑변의 길이가 1이고 높이가 $\frac{1}{n^2}$인 직사각형들이 곡선 $y=\frac{1}{x^2}$의 아래쪽에 있다. 이때 직사각형의 넓이의 합과 이상적분은 다음 관계를 만족한다.

$$1+\frac{1}{2^2}+\frac{1}{3^2}+\cdots+\frac{1}{n^2}\le 1+\int_1^n \frac{1}{x^2}dx \le 1+\int_1^\infty \frac{1}{x^2}dx=2$$

따라서 급수 $\sum_{n=1}^{\infty}\frac{1}{n^2}$의 부분합은 증가수열이고 2에 의해 위로 유계이므로 [정리 8-8]에 의해 이 급수는 수렴한다.

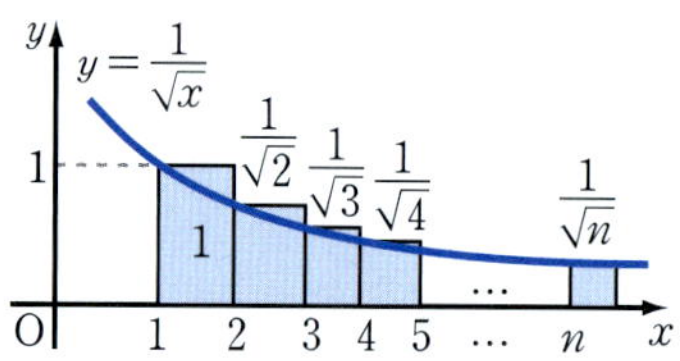

[그림 8-4] 함수 $y=\frac{1}{\sqrt{x}}$ 의 그래프와 적분 $\int_1^n \frac{1}{\sqrt{x}}dx$의 넓이

이제 급수 $\sum_{n=1}^{\infty}\frac{1}{\sqrt{n}}$의 정보를 얻어 보자. 함수 $f(x)=\frac{1}{\sqrt{x}}$은 구간 $[1,\infty)$에서 감소함수이며 각각의 자연수 n에 대하여 $f(n)=\frac{1}{\sqrt{n}}$이다. [그림 8-4]는 밑변의 길이가 1이고 높이가 $\frac{1}{\sqrt{n}}$인 직사각형들이 곡선 $y=\frac{1}{\sqrt{x}}$의 위쪽에 있다. 이때 직사각형의 넓이의 합은 다음 관계를 만족한다.

$$\int_1^n \frac{1}{\sqrt{x}}dx \le 1+\frac{1}{\sqrt{2}}+\frac{1}{\sqrt{3}}+\cdots+\frac{1}{\sqrt{n}}$$

이상적분 $\int_1^\infty \frac{1}{\sqrt{x}}dx=\lim_{t\to\infty}\int_1^t \frac{1}{\sqrt{x}}dx$가 양의 무한대로 발산하므로 증가수열인 부분합 $1+\frac{1}{\sqrt{2}}+\frac{1}{\sqrt{3}}+\cdots+\frac{1}{\sqrt{n}}$은 유계가 아니다. 따라서 급수 $\sum_{n=1}^{\infty}\frac{1}{\sqrt{n}}$은 발산한다.

이와 같이 어떤 급수는 급수의 항을 직사각형의 넓이로 해석하여 그 합을 적분과 비교하는 방법으로 그 급수의 수렴 또는 발산을 판별할 수 있다. 이와 같은 방법으로 다음 적분 판정법을 얻는다.

정리 8-14 적분 판정법(integral test)

$[1,\infty)$에서 양의 값을 갖는 감소함수 f가 연속이고 자연수 n에 대해 $f(n)=a_n$이라 하자. 급수 $\sum_{n=1}^{\infty}a_n$이 수렴할 필요충분조건은 이상적분 $\int_1^\infty f(x)dx$가 수렴하는 것이다.

예제 8-23 적분 판정법을 이용한 급수의 수렴과 발산

급수 $\sum_{n=1}^{\infty} \frac{1}{n\ln(2n)}$ 은 발산함을 보여라.

풀이

$f(x) = \frac{1}{x\ln(2x)}$ 은 구간 $[1, \infty)$에서 양의 값이며, 연속인 감소함수다. $f(x)$의 이상적분을 구하면 다음과 같다.

$$\int_1^{\infty} \frac{1}{x\ln(2x)} dx = \lim_{t\to\infty} \int_1^t \frac{1}{x\ln(2x)} dx = \lim_{t\to\infty} [\ln(\ln 2x)]_1^t = \infty$$

따라서 적분 판정법에 의해 급수 $\sum_{n=1}^{\infty} \frac{1}{n\ln(2n)}$ 은 발산한다.

[유제 8-20]

급수 $\sum_{n=1}^{\infty} \frac{1}{n\ln(3n)}$ 은 발산함을 보여라.

적분 판정법을 이용하여 실수 p에 대한 급수 $\sum_{n=1}^{\infty} \frac{1}{n^p}$의 수렴성을 판별해 보자. 함수 $f(x) = \frac{1}{x^p}$은 구간 $[1, \infty)$에서 양의 값이며, 연속인 감소함수다. 이상적분 $\int_1^{\infty} \frac{1}{x^p} dx$는 $p > 1$일 때 수렴하고, $p \leq 1$이면 발산한다. 따라서 적분 판정법에 의해 $\sum_{n=1}^{\infty} \frac{1}{n^p}$이 수렴하기 위한 필요충분조건은 $p > 1$이다. 급수 $\sum_{n=1}^{\infty} \frac{1}{n^p}$을 p-급수라 하며, 다음 정리가 성립한다.

적분 판정법에서 함수의 정의역이 반드시 $[1, \infty)$일 필요는 없다. 급수 $\sum_{n=1}^{\infty} a_n$이 수렴하기 위한 필요충분조건은 적당한 자연수 N에 대하여 급수 $\sum_{n=N}^{\infty} a_n$이 수렴하는 것이다. 따라서 양의 값이고 감소함수인 f가 구간 $[N, \infty)$에서 연속이고 자연수 $n \geq N$에 대해 $f(n) = a_n$이면 급수 $\sum_{n=1}^{\infty} a_n$이 수렴할 필요충분조건은 이상적분 $\int_N^{\infty} f(x)dx$가 수렴하는 것이다.

정리 8-15 p-급수 판정법(p-series test)

p-급수 $\sum_{n=1}^{\infty} \frac{1}{n^p}$은 $p > 1$이면 수렴하고 $p \leq 1$이면 발산한다.

예제 8-24 p-급수 판정법을 이용한 급수의 수렴과 발산

급수 $\sum_{n=1}^{\infty} \frac{n^{-\frac{3}{2}}}{\ln(4n)}$ 은 수렴함을 보여라.

풀이

자연수 n에 대하여 $\frac{n^{-\frac{3}{2}}}{\ln(4n)} \le \frac{1}{n^{\frac{3}{2}}}$ 이고 p-급수 판정법에 의해 $\sum_{n=1}^{\infty} \frac{1}{n^{\frac{3}{2}}}$ 이 수렴한다. 따라서 [정리 8-12]의 비교 판정법에 의해 양항급수 $\sum_{n=1}^{\infty} \frac{n^{-\frac{3}{2}}}{\ln(4n)}$ 은 수렴한다.

이제 모든 항이 반드시 양수일 필요가 없는 급수의 수렴 또는 발산을 알아본다.

교대급수

양수인 항과 음수인 항이 교대로 나타나는 급수를 **교대급수**(alternating series)라 한다. 교대급수는 a_n이 양수일 때 다음과 같은 형태로 쓸 수 있다.

$$\sum_{n=1}^{\infty} (-1)^{n-1} a_n = a_1 - a_2 + a_3 - a_4 + \cdots$$

첫 번째 항이 음수인 경우 다음과 같이 나타낼 수도 있다.

$$\sum_{n=1}^{\infty} (-1)^{n} a_n = -a_1 + a_2 - a_3 + a_4 - a_5 + \cdots$$

예를 들어 급수 $1 - \frac{1}{2} + \frac{1}{3} - \frac{1}{4} + \cdots = \sum_{n=1}^{\infty} (-1)^{n-1} \frac{1}{n}$ 과 급수 $-1 + \frac{1}{3} - \frac{1}{5} + \frac{1}{7} + \cdots = \sum_{n=1}^{\infty} (-1)^{n} \frac{1}{2n-1}$ 은 교대급수다.

두 교대급수에서 항 a_n은 모두 감소수열이고 0으로 수렴한다는 것을 알 수 있다. 1705년 고트프리트 빌헬름 라이프니츠(Gottfried Wilhelm Leibniz)는 이 두 조건이 교대급수가 수렴하기 위한 충분조건이라는 사실을 보였다. 교대급수 판정법은 다음과 같다.

정리 8-16 교대급수 판정법(alternating series test)

수열 $\{a_n\}$이 감소수열이고 $\lim_{n \to \infty} a_n = 0$이면 교대급수 $\sum_{n=1}^{\infty} (-1)^{n-1} a_n$은 수렴한다.

예제 8-25 교대급수 판정법을 이용한 급수의 수렴과 발산

교대조화급수 $\sum_{n=1}^{\infty}(-1)^{n-1}\frac{1}{n}$은 수렴함을 보여라.

풀이

각각의 자연수 n에 대하여 $\frac{1}{n} > \frac{1}{n+1}$이므로 $\left\{\frac{1}{n}\right\}$은 감소수열이다. $\lim_{n\to\infty}\frac{1}{n}=0$이므로 교대급수 판정법에 의해 급수 $\sum_{n=1}^{\infty}(-1)^{n-1}\frac{1}{n}$은 수렴한다.

[유제 8-21]

급수 $\sum_{n=1}^{\infty}(-1)^{n-1}\frac{3}{n}$은 수렴함을 보여라.

예제 8-26 교대급수 판정법을 이용한 급수의 수렴과 발산

급수 $\sum_{n=1}^{\infty}(-1)^{n}\frac{1}{2n-1}$은 수렴함을 보여라.

풀이

각각의 자연수 n에 대하여 $\frac{1}{2n-1} > \frac{1}{2n+1} = \frac{1}{2(n+1)-1}$이므로 $\left\{\frac{1}{2n-1}\right\}$은 감소수열이다. $\lim_{n\to\infty}\frac{1}{2n-1}=0$이므로 교대급수 판정법에 의해 급수 $\sum_{n=1}^{\infty}(-1)^{n}\frac{1}{2n-1}$은 수렴한다.

[유제 8-22]

급수 $\sum_{n=1}^{\infty}(-1)^{n}\frac{5}{2n+1}$는 수렴함을 보여라.

교대급수 판정법은 판정법에서 제시한 두 조건을 만족하는 교대급수에 대해서만 판정이 가능하다. 다음 예제를 보자.

예제 8-27 교대급수 판정법을 적용할 수 없는 교대급수

급수 $\sum_{n=1}^{\infty}(-1)^{n-1}\frac{n^2}{2n^2-1}$은 교대급수이지만 $\lim_{n\to\infty}a_n=\frac{1}{2}$이므로 교대급수 판정법의 조건을 만족하지 않는다. 또한 수열의 극한을 구하면 다음과 같다.

$$\lim_{n\to\infty}(-1)^{n-1}\frac{n^2}{2n^2-1}\neq 0$$

[정리 8-10]의 발산 판정법에 의해 급수 $\sum_{n=1}^{\infty}(-1)^{n-1}\frac{n^2}{2n^2-1}$은 발산한다.

[유제 8-23]

급수 $\sum_{n=1}^{\infty}(-1)^{n-1}\frac{n^2}{n^2+1}$은 발산함을 보여라.

절대수렴

양항급수가 아닌 수렴하는 어떤 급수들은 항의 절댓값 자체가 작기 때문에 음수를 양수로 바꾸어 양항급수를 만들어도 수렴한다. 이렇게 절댓값을 취한 급수가 수렴하면 급수는 **절대수렴**(absolute convergence)한다고 한다.

정의 8-4 절대수렴

급수 $\sum_{n=1}^{\infty}|a_n|$이 수렴하면 급수 $\sum_{n=1}^{\infty}a_n$은 절대수렴한다고 한다.

예제 8-28 급수의 절대수렴

급수 $\sum_{n=1}^{\infty}(-1)^{n-1}\frac{1}{n^2}$이 절대수렴하는지 결정하라.

풀이

각 항의 절댓값으로 이루어진 급수 $\sum_{n=1}^{\infty}\frac{1}{n^2}$이 수렴하므로 급수 $\sum_{n=1}^{\infty}(-1)^{n-1}\frac{1}{n^2}$은 절대수렴한다.

[유제 8-24]

급수 $\sum_{n=1}^{\infty}(-1)^{n-1}\frac{1}{n^3}$ 이 절대수렴하는지 결정하라.

절대수렴은 수렴보다 더 좋은 성질임을 알 수 있다. 급수 $\sum_{n=1}^{\infty}a_n$ 이 절대수렴한다고 하자. 각각의 자연수 n에 대하여 다음 관계가 성립한다.

$$0 \le a_n + |a_n| \le 2|a_n|$$

$\sum_{n=1}^{\infty}|a_n|$이 수렴하므로 $\sum_{n=1}^{\infty}2|a_n|$이 수렴하고, 비교 판정법에 의해 $\sum_{n=1}^{\infty}(a_n+|a_n|)$이 수렴한다. 따라서 $\sum_{n=1}^{\infty}(a_n+|a_n|)$과 $\sum_{n=1}^{\infty}|a_n|$의 차 $\sum_{n=1}^{\infty}a_n$도 수렴한다.

정리 8-17 절대수렴과 수렴 사이의 관계

급수 $\sum_{n=1}^{\infty}a_n$ 이 절대수렴하면 그 급수는 수렴한다.

예제 8-29 절대수렴을 이용한 급수의 수렴 판정

급수 $\sum_{n=1}^{\infty}\frac{\sin n}{n^2}$ 이 수렴하는지 발산하는지 판별하라.

풀이

항의 절댓값 $\frac{|\sin n|}{n^2}$ 은 각각의 자연수 n에 대해 다음을 만족한다.

$$\frac{|\sin n|}{n^2} \le \frac{1}{n^2}$$

급수 $\sum_{n=1}^{\infty}\frac{1}{n^2}$ 이 수렴하므로 비교 판정법에 의해 급수 $\sum_{n=1}^{\infty}\left|\frac{\sin n}{n^2}\right|$ 이 수렴한다. 급수 $\sum_{n=1}^{\infty}\frac{\sin n}{n^2}$ 은 절대수렴하므로 [정리 8-17]에 의해 급수 $\sum_{n=1}^{\infty}\frac{\sin n}{n^2}$ 은 수렴한다.

[유제 8-25]

급수 $\sum_{n=1}^{\infty}\frac{\sin n}{n^3}$ 이 수렴하는지 발산하는지 판별하라.

다음 [예제 8-30]에서처럼 수렴하지만 절대수렴하지 않는 급수 $\sum_{n=1}^{\infty} a_n$은 **조건부 수렴**(conditional convergence)한다고 한다.

예제 8-30 급수의 조건부 수렴

급수 $\sum_{n=1}^{\infty}(-1)^{n-1}\frac{1}{\sqrt{n}}$이 조건부 수렴함을 보여라.

풀이

항의 절댓값으로 이루어진 급수 $\sum_{n=1}^{\infty}\frac{1}{\sqrt{n}}$은 발산하는 p-급수이므로 급수 $\sum_{n=1}^{\infty}(-1)^{n-1}\frac{1}{\sqrt{n}}$은 절대수렴하지 않는다. 그러나 $\sum_{n=1}^{\infty}(-1)^{n-1}\frac{1}{\sqrt{n}}$은 교대급수 판정법([정리 8-16])의 조건을 만족하므로 급수 $\sum_{n=1}^{\infty}(-1)^{n-1}\frac{1}{\sqrt{n}}$은 수렴한다. 따라서 급수 $\sum_{n=1}^{\infty}(-1)^{n-1}\frac{1}{\sqrt{n}}$이 조건부 수렴한다.

[유제 8-26]

급수 $\sum_{n=1}^{\infty}(-1)^{n-1}\frac{1}{\sqrt[3]{n}}$이 절대수렴하는지 조건부 수렴하는지 판별하라.

절대수렴을 결정하는 데 유용한 판정법을 알아보자.

급수 $\sum_{n=1}^{\infty}(-1)^{n}\frac{n^3}{2^n}$의 경우, 각각의 자연수 n에 대하여 $a_n=(-1)^n\frac{n^3}{2^n}$이라 두면 두 연속하는 항의 비율의 절댓값은 다음과 같다.

$$\left|\frac{a_{n+1}}{a_n}\right|=\frac{(n+1)^3}{2^{n+1}}\cdot\frac{2^n}{n^3}=\frac{1}{2}\left(1+\frac{1}{n}\right)^3$$

그리고 극한은 $\lim_{n\to\infty}\left|\frac{a_{n+1}}{a_n}\right|=\frac{1}{2}$이다. $\frac{1}{2}$보다 크고 1보다 작은 적당한 수인 $\frac{3}{4}$을 택하자. $\frac{3}{4}$은 $\frac{1}{2}$보다 큰 수이므로 $n\ge N$이면 $\left|\frac{a_{n+1}}{a_n}\right|\le\frac{3}{4}$인 자연수 N이 존재한다. 따라서 $n\ge N$에 대하여 다음 관계가 성립한다.

$$\left|\frac{a_{n+1}}{a_n}\right|\le\frac{\left(\frac{3}{4}\right)^{n+1}}{\left(\frac{3}{4}\right)^{n}}=\frac{3}{4},\quad \text{즉}\quad \frac{|a_{n+1}|}{\left(\frac{3}{4}\right)^{n+1}}\le\frac{|a_n|}{\left(\frac{3}{4}\right)^{n}}$$

수열 $\left\{ \frac{|a_n|}{\left(\frac{3}{4}\right)^n} \right\}$은 $n \geq N$일 때 감소수열이므로 $K = \frac{|a_N|}{\left(\frac{3}{4}\right)^N}$이라 두면 $|a_n|$은 다음을 만족한다.

$$|a_n| \leq K\left(\frac{3}{4}\right)^n \qquad (n \geq N)$$

급수 $\sum_{n=N}^{\infty} K\left(\frac{3}{4}\right)^n$은 수렴하므로 비교 판정법에 의해 급수 $\sum_{n=N}^{\infty} \frac{n^3}{2^n} = \sum_{n=N}^{\infty} |a_n|$은 수렴한다. 따라서 급수 $\sum_{n=1}^{\infty} (-1)^n \frac{n^3}{2^n}$은 절대수렴한다. 이와 같은 방법으로 다음 비 판정법을 얻을 수 있다.

정리 8-18 비 판정법(ratio test)

모든 항이 0이 아닌 급수 $\sum_{n=1}^{\infty} a_n$에 대해 다음이 성립한다.

(1) $\lim_{n \to \infty} \left| \frac{a_{n+1}}{a_n} \right| = L < 1$이면, 급수 $\sum_{n=1}^{\infty} a_n$은 절대수렴한다.

(2) $\lim_{n \to \infty} \left| \frac{a_{n+1}}{a_n} \right| = L > 1$ 또는 $\lim_{n \to \infty} \left| \frac{a_{n+1}}{a_n} \right| = \infty$이면, 급수 $\sum_{n=1}^{\infty} a_n$은 발산한다.

(3) $L = 1$이면, 급수 $\sum_{n=1}^{\infty} a_n$이 수렴인지 발산인지 판별할 수 없다.

급수 $\sum_{n=1}^{\infty} \frac{1}{n}$은 발산하고 $\sum_{n=1}^{\infty} \frac{1}{n^2}$은 수렴한다. 그러나 급수의 항 a_n에 대하여 $\lim_{n \to \infty} \frac{a_{n+1}}{a_n} = 1$이다. 따라서 $L = 1$이면 급수 $\sum_{n=1}^{\infty} a_n$이 수렴하는지 발산하는지 판별할 수 없다.

예제 8-31 비 판정법을 이용한 급수의 수렴과 발산

급수 $\sum_{n=1}^{\infty} \frac{n^{100}}{2^n}$은 수렴함을 보여라.

풀이

급수의 항 $a_n = \frac{n^{100}}{2^n}$에 대하여 이웃한 두 항의 비율의 극한을 구하면 다음과 같다.

$$\frac{a_{n+1}}{a_n} = \frac{(n+1)^{100}}{2n^{100}} = \frac{1}{2}\left(1 + \frac{1}{n}\right)^{100} \rightarrow \frac{1}{2} \ (< 1)$$

따라서 비 판정법에 의해 급수 $\sum_{n=1}^{\infty} \frac{n^{100}}{2^n}$은 수렴한다.

[유제 8-27]

급수 $\sum_{n=1}^{\infty} \frac{n^{100}}{3^n}$은 수렴함을 보여라.

예제 8-32 비 판정법을 이용한 급수의 수렴과 발산

급수 $\sum_{n=1}^{\infty} \frac{n^n}{n!}$은 발산함을 보여라.

풀이

급수의 항 $a_n = \frac{n^n}{n!}$에 대하여 이웃한 두 항의 비율의 극한을 구하면 다음과 같다.

$$\frac{a_{n+1}}{a_n} = \frac{(n+1)^n}{n^n} = \left(1+\frac{1}{n}\right)^n \to e\,(>1)$$

따라서 비 판정법에 의해 급수 $\sum_{n=1}^{\infty} \frac{n^n}{n!}$은 발산한다.

[유제 8-28]

급수 $\sum_{n=1}^{\infty} \frac{2^n n^n}{n!}$은 발산함을 보여라.

급수의 수렴성을 판별하는 또 다른 방법으로 근 판정법이 있다.

모든 항이 0이 아닌 수열 $\{a_n\}$에 대해 $\lim_{n\to\infty} \frac{a_{n+1}}{a_n} = L$인 실수 L이 존재하면 $\lim_{n\to\infty} \sqrt[n]{|a_n|} = L$임을 보일 수 있다. 즉 비 판정법으로 수렴 또는 발산을 확인할 수 있는 급수는 근 판정법으로도 수렴 또는 발산을 확인할 수 있다.

정리 8-19 근 판정법(root test)

급수 $\sum_{n=1}^{\infty} a_n$에 대해 다음이 성립한다.

(1) $\lim_{n\to\infty} \sqrt[n]{|a_n|} = L < 1$이면, 급수 $\sum_{n=1}^{\infty} a_n$은 절대수렴한다.

(2) $\lim_{n\to\infty} \sqrt[n]{|a_n|} = L > 1$이거나 $\lim_{n\to\infty} \sqrt[n]{|a_n|} = \infty$이면, 급수 $\sum_{n=1}^{\infty} a_n$은 발산한다.

(3) $L = 1$이면, 급수 $\sum_{n=1}^{\infty} a_n$이 수렴인지 발산인지 판별할 수 없다.

예제 8-33 근 판정법을 이용한 급수의 수렴과 발산

급수 $\sum_{n=1}^{\infty} \frac{1}{\{\ln(n+1)\}^n}$ 은 수렴함을 보여라.

풀이

급수의 항 $a_n = \frac{1}{\{\ln(n+1)\}^n}$ 에 n제곱근을 취하고 n이 한없이 커지면 다음이 성립한다.

$$\sqrt[n]{a_n} = \frac{1}{\ln(n+1)} \to 0\,(<1)$$

따라서 근 판정법에 의해 급수 $\sum_{n=1}^{\infty} \frac{1}{\{\ln(n+1)\}^n}$ 은 수렴한다.

[유제 8-29]

급수 $\sum_{n=1}^{\infty} \frac{100}{\{\ln(n+1)\}^n}$ 은 수렴함을 보여라.

SECTION

8.3 연습문제

※ 01~02 급수 $\sum_{n=1}^{\infty} a_n$과 적당한 자연수 N에 대하여 $n \geq N$이면 $b_n = a_n$인 급수 $\sum_{n=1}^{\infty} b_n$이 주어져 있다고 하자. 다음 명제가 참임을 보여라.

01 $\sum_{n=1}^{\infty} a_n$가 수렴하면 $\sum_{n=1}^{\infty} b_n$도 수렴한다.

02 $\sum_{n=1}^{\infty} a_n$가 발산하면 $\sum_{n=1}^{\infty} b_n$도 발산한다.

※ 03~10 다음 급수가 수렴하는지 발산하는지 판별하라.

03 $\sum_{n=1}^{\infty} \frac{\ln n}{n^3}$

04 $\sum_{n=1}^{\infty} \sin \frac{1}{n^2}$

05 $\sum_{n=1}^{\infty} \frac{n^2+1}{n^3}$

06 $\sum_{n=1}^{\infty} \frac{2n}{n^3+1}$

07 $\sum_{n=1}^{\infty} \frac{1}{n^3+2n^2+5}$

08 $\sum_{n=1}^{\infty} \frac{\tan^{-1} n}{n^3}$

09 $\sum_{n=1}^{\infty} \frac{1 \times 3 \times 5 \times \cdots \times (2n-1)}{3^n n!}$

10 $\sum_{n=1}^{\infty} \frac{n}{e^{2n}}$

11 급수 $\sum_{n=1}^{\infty} \frac{\ln n}{n^p}$이 수렴하도록 하는 실수 p 값을 결정하라.

12 급수 $\sum_{n=2}^{\infty} \frac{1}{n(\ln n)^p}$이 수렴하도록 하는 실수 p 값을 결정하라.

13 $a_n \in \{0, 1, 2, \cdots, 9\}$인 수열 $\{a_n\}$에 대해 급수 $\sum_{n=1}^{\infty} \frac{a_n}{10^n}$은 항상 수렴함을 보이고 급수의 합을 소수로 표현하라.

14 양항급수 $\sum_{n=1}^{\infty} a_n$이 수렴하면 $\sum_{n=1}^{\infty} a_n^2$도 수렴함을 보여라.

15 급수 $\sum_{n=1}^{\infty} a_n$이 절대수렴하면 $\sum_{n=1}^{\infty} \frac{3n}{2n+1} a_n$도 절대수렴함을 보여라.

※ 16~27 다음 급수가 절대수렴 또는 조건부 수렴하는지 발산하는지 판별하라.

16 $\sum_{n=1}^{\infty} (-1)^{n-1} \frac{1}{\sqrt{n+100}}$

17 $\sum_{n=1}^{\infty} (-1)^{n-1} \frac{1}{2n\sqrt{n}}$

18 $\sum_{n=1}^{\infty} (-1)^{n-1} \frac{n}{n+10}$

19 $\sum_{n=1}^{\infty} \frac{\cos n\pi}{n^3}$

20 $\sum_{n=1}^{\infty} \frac{3^n 4^n}{n 10^{n+1}}$

21 $\sum_{n=1}^{\infty} (-1)^{n-1} \frac{5^n}{n!}$

22 $\sum_{n=1}^{\infty} \frac{1}{\left(1+\frac{n}{n+1}\right)^n}$

23 $\sum_{n=1}^{\infty} \frac{2^{3n}}{(2n)!}$

24 $\sum_{n=1}^{\infty} (-1)^{n-1} \frac{\ln n}{n}$

25 $\sum_{n=2}^{\infty} (-1)^{n-1} \frac{1}{(\ln n)^3}$

26 $\sum_{n=1}^{\infty} \frac{(-1)^n \ln n}{n^2}$

27 $\sum_{n=1}^{\infty} (-1)^{n-1} \frac{\sqrt{n}}{2n+1}$

※ 28~29 다음 물음에 답하라.

28 급수 $\sum_{n=1}^{\infty} \frac{1}{3^{2n+(-1)^n}}$의 수렴 또는 발산 여부를 비 판정법으로는 결정할 수 없음을 보여라.

29 근 판정법을 이용하여 [연습문제 28]의 급수가 수렴함을 보여라.

SECTION

8.4 멱급수

다음과 같은 형태의 급수를 **멱급수**(power series)라 한다.

$$\sum_{n=0}^{\infty} c_n x^n = c_0 + c_1 x + c_2 x^2 + \cdots + c_n x^n + \cdots$$

여기서 x는 변수, c_n은 상수이며 c_n을 이 급수의 **계수**라 한다. 이때 $x^0 = 1$로 정의한다. 가장 간단한 멱급수는 등비급수 $\sum_{n=0}^{\infty} x^n = 1 + x + x^2 + \cdots + x^n + \cdots$이다. 이 급수는 $|x| < 1$이면 수렴하고 $|x| \geq 1$이면 발산한다. 일반적으로 다음 형태의 급수를 **$x-a$의 멱급수** 또는 **중심이 a인 멱급수** 또는 **a에 대한 멱급수**라 한다.

$$\sum_{n=0}^{\infty} c_n (x-a)^n = c_0 + c_1(x-a) + c_2(x-a)^2 + \cdots + c_n(x-a)^n + \cdots$$

여기서 $(x-a)^0 = 1$로 정의한다. 중심이 a인 모든 멱급수는 $x = a$일 때 c_0로 수렴한다. 따라서 멱급수의 수렴 또는 발산은 $x \neq a$일 때만 다룬다.

예제 8-34 멱급수의 수렴과 발산

급수 $\sum_{n=0}^{\infty} n! x^n$은 $x = 0$에서만 수렴함을 보여라.

풀이

급수 $\sum_{n=0}^{\infty} n! x^n$의 제 n항 $a_n = n! x^n$에 대해 이웃한 두 항의 비율의 극한을 구하면 $\lim_{n\to\infty} \frac{|a_{n+1}|}{|a_n|} = \lim_{n\to\infty}(n+1)|x| = \infty \ (x \neq 0)$이다. 비 판정법에 의해 급수 $\sum_{n=0}^{\infty} n! x^n$은 $x \neq 0$일 때 발산한다. $x = 0$이면 주어진 급수의 각 항은 0이 되어 수렴한다. 따라서 주어진 급수는 $x = 0$에서만 수렴한다.

[유제 8-30]

급수 $\sum_{n=0}^{\infty} \frac{n!}{2^n} x^n$은 $x = 0$에서만 수렴함을 보여라.

예제 8-35 멱급수의 수렴과 발산

급수 $\sum_{n=0}^{\infty} \frac{x^n}{n!}$은 모든 실수 x에서 수렴함을 보여라.

풀이

$x=0$이면 주어진 급수의 각 항은 0이 되어 수렴한다. $x \neq 0$일 때 급수 $\sum_{n=0}^{\infty} \frac{x^n}{n!}$의 제 n항 $a_n = \frac{x^n}{n!}$에 대해 이웃한 두 항의 비율의 극한을 구하면 다음과 같다.

$$\lim_{n \to \infty} \frac{|a_{n+1}|}{|a_n|} = \lim_{n \to \infty} \frac{|x|}{n+1} = 0 < 1$$

따라서 비 판정법에 의해 급수 $\sum_{n=0}^{\infty} \frac{x^n}{n!}$은 모든 실수 x에서 수렴한다.

[유제 8-31]

급수 $\sum_{n=0}^{\infty} \frac{x^n}{2^n n!}$은 모든 실수 x에서 수렴함을 보여라.

예제 8-36 멱급수가 수렴하는 x의 범위

급수 $\sum_{n=1}^{\infty} \frac{x^n}{n}$이 수렴하는 x 값의 범위를 찾으라.

풀이

급수 $\sum_{n=1}^{\infty} \frac{x^n}{n}$의 제 n항 $a_n = \frac{x^n}{n}$에 대해 이웃한 두 항의 비율의 극한을 구하면 다음과 같다.

$$\lim_{n \to \infty} \frac{|a_{n+1}|}{|a_n|} = \lim_{n \to \infty} \frac{n|x|}{n+1} = |x| \quad (x \neq 0)$$

비 판정법에 의해 이 급수는 $|x| < 1$이면 수렴(절대수렴)하고 $|x| > 1$이면 발산한다.

$x = \pm 1$이면 비 판정법으로 수렴 또는 발산 여부를 판별할 수 없으므로 $x = -1, 1$을 각각 멱급수에 대입하여 판별한다.

(i) $x=1$이면 조화급수이므로 발산한다.

(ii) $x=-1$이면 급수 $\sum_{n=1}^{\infty} \frac{(-1)^n}{n}$은 교대급수 판정법에 의해 수렴한다.

(i), (ii)에 의해 급수 $\sum_{n=1}^{\infty} \frac{x^n}{n}$은 $-1 \leq x < 1$에서 수렴한다.

[유제 8-32]

급수 $\sum_{n=1}^{\infty} \frac{(2x)^n}{n}$ 이 수렴하는 x값의 범위를 찾으라.

[예제 8-36]과 같은 방법으로 급수 $\sum_{n=1}^{\infty} \frac{(x-2)^n}{n}$ 은 $1 \le x < 3$에서 수렴함을 보일 수 있다. 일반적으로 멱급수는 다음 정리를 만족한다.

정리 8-20 멱급수의 수렴반지름

멱급수 $\sum_{n=0}^{\infty} c_n (x-a)^n$ 은 다음 중 하나만을 만족한다.

(1) 이 급수는 $x = a$일 때만 수렴한다.

(2) 이 급수는 모든 x에서 절대수렴한다.

(3) 이 급수가 $|x-a| < R$인 x에서 절대수렴하고, $|x-a| > R$인 x에서 발산하는 양수 R이 존재한다.

(3)에서 양의 실수 R을 멱급수의 **수렴반지름**(radius of convergence)이라 한다. 이 경우 멱급수는 열린구간 $(a-R, a+R)$에서 수렴하고 집합 $(-\infty, a-R) \cup (a+R, \infty)$에서 발산한다. (3)은 구간의 끝점 $a-R$과 $a+R$에 대한 정보는 주지 못한다. 각 끝점에서는 별도의 수렴 또는 발산 판정이 필요하다.

편의상 (1)의 경우 수렴반지름을 0이라 하고 (2)의 경우 수렴반지름을 ∞라 한다. 멱급수가 수렴하는 모든 x를 모아 놓은 집합을 **수렴구간**(convergence interval)이라 한다.

멱급수 $\sum_{n=0}^{\infty} c_n x^n$ 이 주어질 때 수렴구간을 찾기 위한 첫 단계는 수렴반지름 R을 찾는 것이다. 많은 경우에 다음 방법으로 수렴반지름 R을 찾는다. 급수의 제 n항 $a_n = c_n x^n$에 대해 이웃한 두 항의 비율의 극한을 구하면 다음과 같다.

$$\lim_{n\to\infty} \frac{|a_{n+1}|}{|a_n|} = \lim_{n\to\infty} \frac{|c_{n+1}||x|}{|c_n|} = \frac{|x|}{\lim_{n\to\infty} \left| \frac{c_n}{c_{n+1}} \right|}$$

$\lim_{n\to\infty} \left| \frac{c_n}{c_{n+1}} \right| = R$인 실수 R이 존재한다고 하자. 비 판정법에 의해 $|x| < R$인 x에 대해 멱급수 $\sum_{n=0}^{\infty} c_n x^n$ 은 수렴하고 $|x| > R$인 x에 대해 급수는 발산하므로 수렴반지름은 R이다.

만약 $\lim_{n\to\infty}\left|\frac{c_n}{c_{n+1}}\right| = \infty$ 이라 하자. 모든 x에 대해 이웃한 두 항의 비율의 극한은 다음과 같다.

$$\lim_{n\to\infty}\frac{|a_{n+1}|}{|a_n|} = \lim_{n\to\infty}\frac{|c_{n+1}||x|}{|c_n|} = \frac{|x|}{\lim_{n\to\infty}\left|\frac{c_n}{c_{n+1}}\right|} = 0 < 1$$

즉 급수 $\sum_{n=0}^{\infty} c_n x^n$은 수렴하므로 멱급수의 수렴반지름은 ∞ 이다.

예제 8-37 멱급수의 수렴반지름과 수렴구간

멱급수 $\sum_{n=0}^{\infty}\frac{n}{3^n}x^n$의 수렴반지름과 수렴구간을 각각 구하라.

풀이

$c_n = \frac{n}{3^n}$ 이라 하면 $\lim_{n\to\infty}\left|\frac{c_n}{c_{n+1}}\right| = \lim_{n\to\infty}\left|\frac{3n}{n+1}\right| = 3$ 이므로 수렴반지름은 $R=3$ 이다.

(i) $x=-3$ 이면 급수 $\sum_{n=0}^{\infty}\frac{n}{3^n}(-3)^n = \sum_{n=0}^{\infty} n(-1)^n$은 발산한다.

(ii) $x=3$ 이면 $\sum_{n=0}^{\infty}\frac{n}{3^n}3^n = \sum_{n=0}^{\infty} n$은 발산한다.

(i), (ii)에 의해 주어진 급수의 수렴구간은 $(-3, 3)$ 이다.

[유제 8-33]

멱급수 $\sum_{n=0}^{\infty}\frac{n}{5^n}x^n$의 수렴반지름과 수렴구간을 각각 구하라.

예제 8-38 멱급수의 수렴반지름과 수렴구간

멱급수 $\sum_{n=0}^{\infty}\frac{(-1)^n x^{2n}}{n!}$의 수렴반지름과 수렴구간을 각각 구하라.

풀이

멱급수에서 x의 차수가 홀수인 부분이 없기 때문에 [예제 8-37]의 방식으로는 풀 수 없다. 급수의 제 n항 $a_n = \frac{(-1)^n x^{2n}}{n!}$에 대해 이웃한 두 항의 비율의 극한은 다음과 같다.

$$\lim_{n\to\infty}\frac{|a_{n+1}|}{|a_n|}=\lim_{n\to\infty}\frac{x^2}{n+1}=0<1$$

따라서 주어진 급수의 수렴반지름은 ∞ 이고 수렴구간은 $(-\infty, \infty)$ 이다.

[유제 8-34]

멱급수 $\sum_{n=0}^{\infty}\frac{(-4)^n x^{2n}}{n!}$ 의 수렴반지름과 수렴구간을 각각 구하라.

SECTION

8.4 연습문제

01 급수 $\sum_{n=0}^{\infty} \frac{n!}{2^n} x^n$은 $x=0$에서만 수렴함을 보여라.

02 급수 $\sum_{n=1}^{\infty} \frac{1 \times 3 \times 5 \times \cdots \times (2n-1)}{(2n)!} x^n$은 모든 실수 x에서 수렴함을 보여라.

※ 03~10 다음 멱급수의 수렴반지름과 수렴구간을 각각 구하라.

03 $\sum_{n=0}^{\infty} \frac{3^n x^n}{n^2+1}$

04 $\sum_{n=0}^{\infty} \frac{x^n}{n+1}$

05 $\sum_{n=0}^{\infty} \frac{n^2 (x-2)^n}{2^n}$

06 $\sum_{n=2}^{\infty} (-1)^n \frac{x^n}{3^n \ln n}$

07 $\sum_{n=0}^{\infty} n!(4x-1)^n$

08 $\sum_{n=1}^{\infty} \frac{\ln n}{3^n} (x-3)^n$

09 $\sum_{n=1}^{\infty} \frac{(-3)^n}{n} x^n$

10 $\sum_{n=1}^{\infty} \frac{3^n}{n} (x-1)^n$

11 0차 베셀함수 J_0는 멱급수 $J_0(x) = \sum_{n=0}^{\infty} \frac{(-1)^n x^{2n}}{2^{2n} (n!)^2}$으로 정의한다. 이 멱급수의 수렴구간을 구하라.

SECTION 8.5 함수의 멱급수 표현

8.4절에서 소개한 다음과 같은 형태의 멱급수를 살펴보자.

$$\sum_{n=0}^{\infty} c_n (x-a)^n = c_0 + c_1 (x-a) + c_2 (x-a)^2 + \cdots + c_n (x-a)^n + \cdots \tag{8.2}$$

여기서 x는 변수, a는 급수의 **중심**(center), c_n은 이 급수의 **계수**(coefficient)다.

가장 간단한 멱급수는 등비급수 $\sum_{n=0}^{\infty} x^n = 1 + x + x^2 + \cdots + x^n + \cdots$ 으로, 이 급수는 $|x| < 1$이면 수렴하고 $|x| \geq 1$이면 발산한다는 것을 알고 있다.

수렴하는 x의 범위에서 멱급수 $\sum_{n=0}^{\infty} x^n$의 합은 x 값에 의존하므로 멱급수는 수렴구간 위에서 x에 대한 함수다. 이 함수를 $f(x)$라 하고 다음과 같이 정의한다.

$$f(x) = \sum_{n=0}^{\infty} x^n \tag{8.3}$$

멱급수로 정의한 식 (8.3)은 정의역이 $(-1, 1)$이고, 등비급수의 합을 이용하여 나타내면 $\sum_{n=0}^{\infty} x^n = \frac{1}{1-x}$ 이다. 일반적으로 멱급수 (8.2)의 수렴반지름이 $R \neq 0$일 때, 이 멱급수의 수렴구간을 정의역으로 하는 함수 $f(x)$를 다음과 같이 정의할 수 있다.

$$f(x) = \sum_{n=0}^{\infty} c_n (x-a)^n \tag{8.4}$$

이 절에서는 식 (8.4)와 같이 정의되는 함수의 미분과 적분에 대하여 살펴본다. 또한 함수 $f(x)$가 주어질 때 그 함수를 멱급수 (8.4)로 표현하는 방법을 알아본다.

예제 8-39 급수의 함수 표현

급수 $\sum_{n=0}^{\infty} (-x)^n$의 수렴구간을 구하고 이 급수의 함수 표현을 찾으라.

풀이

급수 $\sum_{n=0}^{\infty} (-x)^n$은 $|x| < 1$이면 수렴하고 다음과 같은 함수로 표현할 수 있다.

$$\sum_{n=0}^{\infty}(-x)^n = 1 - x + x^2 - \cdots + (-x)^n + \cdots = \frac{1}{1-(-x)}$$

이 급수는 $|x| \geq 1$이면 발산한다는 것을 알고 있다. 따라서 급수의 수렴구간은 $(-1, 1)$이다.

[유제 8-35]

급수 $\sum_{n=0}^{\infty}(-2x)^n$의 수렴구간을 구하고 이 급수의 함수 표현을 찾으라.

멱급수의 미분과 적분

멱급수로 정의된 함수 (8.4)의 미분과 적분에 대한 성질은 다음과 같다.

멱급수 $\sum_{n=0}^{\infty} c_n(x-a)^n$의 수렴반지름이 ∞일 때 함수 $f(x) = \sum_{n=0}^{\infty} c_n(x-a)^n$은 실수 전체 집합에서 [정리 8-21]을 만족한다.

멱급수의 각 항을 미분하거나 적분함을 강조하기 위해 [정리 8-21]의 (1)과 (2)를 각각 다음과 같이 쓸 수 있다.

(1) $\dfrac{d}{dx}\sum_{n=0}^{\infty} c_n(x-a)^n = \sum_{n=0}^{\infty}\dfrac{d}{dx}c_n(x-a)^n$

(2) $\int\left\{\sum_{n=0}^{\infty} c_n(x-a)^n\right\}dx = \sum_{n=0}^{\infty}\int c_n(x-a)^n dx$

정리 8-21 멱급수의 미분과 적분

멱급수 $\sum_{n=0}^{\infty} c_n(x-a)^n$의 수렴반지름이 $R > 0$일 때 급수의 수렴구간에서 다음과 같이 정의된 함수 f는 구간 $(a-R, a+R)$에서 미분 가능하고 부정적분이 존재한다.

$$f(x) = \sum_{n=0}^{\infty} c_n(x-a)^n$$

또한 다음이 성립한다.

(1) $f'(x) = \sum_{n=1}^{\infty} nc_n(x-a)^{n-1}$

(2) $\int f(x)dx = C + \sum_{n=0}^{\infty} c_n\dfrac{(x-a)^{n+1}}{n+1}$

여기서 C는 적분 상수이며 (1), (2)의 멱급수의 수렴반지름은 모두 R이다.

멱급수를 미분하거나 적분하여 얻은 멱급수나 원래의 멱급수는 수렴반지름이 동일하지만 수렴구간까지 동일하지는 않다. 원래의 급수는 끝점에서 수렴하지만 그 급수를 미분한 급수는 끝점에서 발산할 수도 있다.

[정리 8-21]을 적용한 예를 살펴보자.

예제 8-40 **멱급수의 적분을 이용한 함수의 멱급수 표현**

$\ln(1+x)$를 멱급수로 표현하고 수렴반지름을 구하라.

풀이

$\dfrac{d}{dx}\ln(1+x)=\dfrac{1}{1+x}$ 이다. 이 함수는 수렴반지름이 1인 멱급수로 표현할 수 있다.

$$\frac{d}{dx}\ln(1+x)=\frac{1}{1+x}=\sum_{n=0}^{\infty}(-1)^n x^n$$

이 멱급수의 각 항을 적분하면 다음을 얻는다.

$$\int\frac{d}{dx}\ln(1+x)dx=\int\frac{1}{1+x}dx=\sum_{n=0}^{\infty}\int(-1)^n x^n dx=C+\sum_{n=0}^{\infty}(-1)^n\frac{x^{n+1}}{n+1}$$
$$(|x|<1)$$

따라서 $\ln(1+x)=C_0+\sum_{n=0}^{\infty}(-1)^n\dfrac{x^{n+1}}{n+1}$ 인 상수 C_0가 존재한다. 상수 C_0 값을 결정하기 위해 양변에 $x=0$을 대입하면 $C_0=0$을 얻는다. 따라서 $\ln(1+x)$는 다음과 같은 멱급수로 표현할 수 있다.

$$\ln(1+x)=\sum_{n=0}^{\infty}(-1)^n\frac{x^{n+1}}{n+1}$$

또한 이 급수의 수렴반지름은 1이다.

[유제 8-36]

$\ln(1+3x)$를 멱급수로 표현하고 수렴반지름을 구하라.

예제 8-41 **멱급수의 미분을 이용한 함수의 멱급수 표현**

$\dfrac{1}{(1+x)^2}$을 멱급수로 표현하고 수렴반지름을 구하라.

풀이

$\dfrac{-1}{1+x}=\sum_{n=0}^{\infty}(-1)^{n+1}x^n$의 각 항을 미분하면 다음을 얻는다.

$$\frac{1}{(1+x)^2}=\sum_{n=1}^{\infty}(-1)^{n+1}nx^{n-1} \tag{8.5}$$

$\sum_{n=0}^{\infty}(-1)^{n+1}x^n$의 수렴반지름이 1이므로 [정리 8-21]에 의해 멱급수 (8.5)의 수렴반지름도 1이다.

[유제 8-37]

$\dfrac{1}{(1+2x)^2}$을 멱급수로 표현하고 수렴반지름을 구하라.

예제 8-42 멱급수의 적분을 이용한 함수의 멱급수 표현

$\tan^{-1}x$를 멱급수로 표현하고 수렴반지름을 구하라.

풀이

$\tan^{-1}x$의 도함수는 $\dfrac{1}{1+x^2}$이고 이 도함수는 수렴반지름이 1인 멱급수로 표현할 수 있다.

$$\frac{1}{1+x^2}=\sum_{n=0}^{\infty}(-1)^n x^{2n}$$

이 멱급수의 각 항을 적분하면 다음을 얻는다.

$$\int\frac{1}{1+x^2}dx=C+\sum_{n=0}^{\infty}\int(-1)^n x^{2n}dx=C+\sum_{n=0}^{\infty}(-1)^n\frac{x^{2n+1}}{2n+1}\quad(|x|<1)$$

따라서 $\tan^{-1}x=C_0+\displaystyle\sum_{n=0}^{\infty}(-1)^n\frac{x^{2n+1}}{2n+1}$인 상수 C_0가 존재한다. 상수 C_0 값을 결정하기 위해 양변에 $x=0$을 대입하면 $C_0=0$을 얻는다. 따라서 $\tan^{-1}x$는 다음과 같은 멱급수로 표현할 수 있다.

$$\tan^{-1}x=\sum_{n=0}^{\infty}(-1)^n\frac{x^{2n+1}}{2n+1}$$

또한 이 급수의 수렴반지름은 1이다.

[유제 8-38]

$\tan^{-1}2x$를 멱급수로 표현하라.

[예제 8-40]부터 [예제 8-42]까지는 함수를 미분하거나 적분하여 그 함수의 멱급수 표현을 찾았다. [예제 8-43]에서는 알려진 함수의 멱급수 표현을 이용하여 미분함으로써 주어진 멱급수의 함수 표현을 찾는다.

예제 8-43 알고 있는 멱급수를 이용한 멱급수의 함수 표현

멱급수 $\sum_{n=0}^{\infty} n^2 x^n$의 함수 표현을 찾으라.

풀이

비 판정법([정리 8-18])에 의해 멱급수 $\sum_{n=1}^{\infty} n^2 x^n$의 수렴반지름은 1이다. $|x| < 1$에서 급수의 합을 $f(x)$라 하자. $f(x)$는 다음과 같이 쓸 수 있다.

$$f(x) = x \sum_{n=1}^{\infty} n^2 x^{n-1} = x g(x)$$

여기서 $g(x) = \sum_{n=1}^{\infty} n^2 x^{n-1} = \frac{d}{dx} \sum_{n=1}^{\infty} n x^n$이고 $x \frac{d}{dx} x^n = n x^n$이므로 다음이 성립한다.

$$\sum_{n=1}^{\infty} n x^n = x \sum_{n=1}^{\infty} \frac{d}{dx} x^n = x \frac{d}{dx} \sum_{n=1}^{\infty} x^n$$

이때 $\frac{d}{dx} \sum_{n=0}^{\infty} x^n = \frac{d}{dx}\left(\frac{1}{1-x}\right) = \frac{1}{(1-x)^2}$이므로 $g(x) = \frac{d}{dx} \frac{x}{(1-x)^2} = \frac{1+x}{(1-x)^3}$이다. 따라서 $f(x) = \frac{x+x^2}{(1-x)^3}$이다.

[유제 8-39]

멱급수 $\sum_{n=1}^{\infty} n x^n$의 함수 표현을 찾으라.

SECTION

8.5 연습문제

※ 01~03 다음 급수의 수렴구간을 구하고 이 급수의 함수 표현을 찾으라.

01 $\sum_{n=0}^{\infty} 2^n x^n$

02 $\sum_{n=0}^{\infty} \frac{x^n}{3^n}$

03 $\sum_{n=0}^{\infty} (-5)^n x^n$

04 $\frac{1}{(1+x)^3}$ 을 멱급수로 표현하고 수렴반지름을 구하라.

05 $\frac{x}{4+x^2}$ 를 멱급수로 표현하고 수렴구간을 구하라.

※ 06~07 다음 물음에 답하라.

06 $\frac{1}{(1-x)^3}$ 을 멱급수로 표현하라.

07 [연습문제 06]을 이용하여 $\frac{x}{(1-x)^3}$ 를 멱급수로 표현하라.

08 $f(x)=\ln(2-x)$를 멱급수로 표현하고 수렴반지름을 구하라.

※ 09~12 다음 부정적분을 멱급수로 표현하라.

09 $\int \frac{x}{1-x^2} dx$

10 $\int x \tan^{-1}(2x) dx$

11 $\int \frac{1}{(1+x)^2} dx$

12 $\int (x^2+1) \tan^{-1} x dx$

※ 13~16 다음 멱급수의 수렴구간과 합을 구하라.

13 $\sum_{n=0}^{\infty} \frac{x^{2n+1}}{2n+1}$

14 $\sum_{n=1}^{\infty} \frac{x^n}{2n}$

15 $\sum_{n=0}^{\infty} (-1)^n \frac{x^{2n+1}}{2n+1}$

16 $\sum_{n=0}^{\infty} \frac{x^{2n+2}}{2n+1}$

SECTION 8.6 테일러 급수와 매클로린 급수

8.5절에서 수렴반지름이 $R>0$인 멱급수 $\sum_{n=0}^{\infty} c_n(x-a)^n$의 합인 함수 $f(x)=\sum_{n=0}^{\infty} c_n(x-a)^n$은 구간 $(a-R,\ a+R)$에서 모든 차수의 도함수가 존재하는 연속함수임을 보였다. 이 절에서는 멱급수의 합인 함수와 계수 c_n 사이의 관계와 무한 번 미분 가능한 함수의 멱급수 표현에 대하여 살펴본다. 함수 f가 수렴반지름이 $R>0$인 다음과 같은 멱급수의 합이라 가정하자.

수렴반지름이 ∞인 멱급수 $\sum_{n=0}^{\infty} c_n(x-a)^n$의 합인 함수 $f(x)=\sum_{n=0}^{\infty} c_n(x-a)^n$은 실수 전체 집합에서 모든 차수의 도함수가 존재하는 연속함수다.

$$f(x)=\sum_{n=0}^{\infty} c_n(x-a)^n = c_0+c_1(x-a)+c_2(x-a)^2+\cdots+c_n(x-a)^n+\cdots$$

구간 $(a-R, a+R)$에서 f를 반복 미분하면 [정리 8-21]에 따라 다음과 같다.

$$\begin{aligned}
f'(x) &= c_1+2c_2(x-a)+3c_3(x-a)^2+\cdots \\
f''(x) &= 1\cdot 2c_2+2\cdot 3c_3(x-a)+3\cdot 4c_4(x-a)^2+\cdots \\
f'''(x) &= 1\cdot 2\cdot 3c_3+2\cdot 3\cdot 4c_4(x-a)+3\cdot 4\cdot 5c_5(x-a)^2+\cdots \\
&\ \ \vdots \\
f^{(n)}(x) &= n!c_n+\sum_{i=1}^{\infty} d_i(x-a)^i \qquad (d_i\in\mathbb{R})
\end{aligned}$$

이때 각 도함수에 $x=a$를 대입하면 다음이 성립한다.

$$f'(a)=c_1,\ f''(a)=1\cdot 2c_2,\ f'''(a)=1\cdot 2\cdot 3c_3, \ldots,\ f^{(n)}(a)=n!c_n$$

$f^{(0)}(x)=f(x)$라 하면 $f^{(0)}(a)=c_0$이다. 따라서 다음 정리가 성립한다.

정리 8-22 함수의 멱급수 표현과 계수

함수 f는 $x=a$에서 다음과 같이 멱급수로 표현할 수 있다고 하자.

$$f(x)=\sum_{n=0}^{\infty} c_n(x-a)^n \quad (|x-a|<R)$$

이때 각각의 n에 대하여 계수는 $c_n=\dfrac{f^{(n)}(a)}{n!}$이다.

정의 8-5 테일러 급수와 매클로린 급수

$x=a$에서 모든 차수의 도함수가 존재하는 함수 f에 대해, 다음과 같은 급수를 생각하자.

$$\sum_{n=0}^{\infty}\frac{f^{(n)}(a)}{n!}(x-a)^n$$

이 급수를 $x=a$에서 f의 **테일러 급수**(Taylor series)라 하고, $\frac{f^{(n)}(a)}{n!}$를 f의 **테일러 계수**(coefficient of Taylor series)라 한다. 특히 $a=0$일 때 다음과 같은 테일러 급수를 f의 **매클로린 급수**(Maclaurin's series)라 한다.

$$\sum_{n=0}^{\infty}\frac{f^{(n)}(0)}{n!}x^n$$

[정리 8-22]는 함수 f가 수렴반지름이 양수인 멱급수로 표현되면 그 급수는 f의 테일러 급수임을 의미한다.

예제 8-44 함수 e^x의 매클로린 급수

함수 $f(x)=e^x$의 매클로린 급수를 찾고 그 멱급수의 수렴반지름을 구하라.

풀이

각각의 자연수 n에 대하여 $f^{(n)}(x)=e^x$이므로 $f^{(n)}(0)=1$이다. 따라서 $f(x)=e^x$의 매클로린 급수는 $\sum_{n=0}^{\infty}\frac{x^n}{n!}$이다. 0이 아닌 모든 실수 x에 대해 $a_n=\frac{x^n}{n!}$이라 두면 이웃한 두 항의 비율의 극한은 다음과 같다.

$$\lim_{n\to\infty}\left|\frac{a_{n+1}}{a_n}\right|=\lim_{n\to\infty}\left|\frac{x^{n+1}\cdot n!}{x^n(n+1)!}\right|=\lim_{n\to\infty}\frac{|x|}{n+1}=0<1$$

따라서 급수 $\sum_{n=0}^{\infty}\frac{x^n}{n!}$의 수렴반지름은 ∞이다.

[유제 8-40]

함수 $f(x)=2^x$의 매클로린 급수를 찾고 그 멱급수의 수렴반지름을 구하라.

예제 8-45 함수 $\sin x$의 매클로린 급수

$f(x)=\sin x$의 매클로린 급수를 찾으라.

풀이

다음과 같이 계산할 수 있다.

$$f(x)=\sin x,\ f'(x)=\cos x,\ f''(x)=-\sin x,\ f'''(x)=-\cos x,\ f^{(4)}(x)=\sin x$$
$$f(0)=0,\quad f'(0)=1,\quad f''(0)=0,\quad f'''(0)=-1,\quad f^{(4)}(0)=0$$

$f^{(4)}(x)=f(x)$이므로 $\sin x$의 매클로린 급수는 $\sum_{n=0}^{\infty}(-1)^n\frac{x^{2n+1}}{(2n+1)!}$이다.

[유제 8-41]

$f(x)=\sin 2x$의 매클로린 급수를 찾으라.

$x=a$를 포함하는 어떤 열린구간 $(a-R, a+R)$에서 모든 차수의 도함수가 존재하는 함수 f를 생각해 보자. 이러한 함수가 항상 테일러 급수의 합과 같지는 않다. 즉 f의 테일러 급수는 수렴하지만 그 합이 함숫값과 일치하지 않는 경우도 있다. 이러한 예는 [연습문제 01]에서 다룬다. 그렇다면 어떤 조건 아래에서 함수가 그 함수의 테일러 급수의 합과 같아지는가? 즉 언제 다음 등식을 만족하는가?

$$f(x)=\sum_{n=0}^{\infty}\frac{f^{(n)}(a)}{n!}(x-a)^n \tag{8.6}$$

식 (8.6)은 각각의 $x\in(a-R, a+R)$에서 함숫값 $f(x)$가 급수 $\sum_{n=0}^{\infty}\frac{f^{(n)}(a)}{n!}(x-a)^n$의 부분합의 수열 $T_n(x)=\sum_{i=0}^{n}\frac{f^{(i)}(a)}{i!}(x-a)^i$의 극한과 같음을 의미한다. 따라서 다음 식이 성립하면 $f(x)$는 f의 테일러 급수의 합이다.

$$\lim_{n\to\infty}T_n(x)=f(x)$$

여기서 $T_n(x)$를 f의 n차 **테일러 다항식**(Taylor polynomial)이라 한다. f의 테일러 급수의 **나머지**(remainder) $R_n(x)$를 다음과 같이 정의한다.

$$R_n(x)=f(x)-T_n(x)$$

이때 $\lim_{n\to\infty}T_n(x)=f(x)$와 $\lim_{n\to\infty}R_n(x)=0$은 필요충분조건이다. 따라서 다음 정리가 성립한다.

열린구간을 실수 전체 집합으로 바꿔도 [정리 8-23]은 성립한다.

정리 8-23 함수의 테일러 급수 표현

열린구간 $(a-R, a+R)$에서 모든 차수의 도함수가 존재하는 함수 f를 생각하자. 각각의 $x \in (a-R, a+R)$에서 다음을 만족하면 함수 f는 구간 $(a-R, a+R)$에서 f의 테일러 급수의 합과 같다.

$$\lim_{n \to \infty} R_n(x) = 0$$

여기서 $R_n(x)$는 f의 테일러 급수의 나머지다.

식 (8.6)이 항상 참인 것은 아니므로 마찬가지로 $\lim_{n \to \infty} R_n(x) = 0$이 항상 참인 것은 아니다. $R_n(x)$의 간단한 표현을 알면 $\lim_{n \to \infty} R_n(x)$를 구하는 데 유용하다.

열린구간을 실수 전체 집합으로 바꿔도 [정리 8-24]는 성립한다.

정리 8-24 함수의 테일러 급수의 나머지

열린구간 $(a-R, a+R)$에서 $n+1$차 도함수가 존재하는 함수 f를 생각하자. $x \in (a-R, a+R)$일 때 다음을 만족하는 c가 x와 a 사이에 존재한다.

$$R_n(x) = \frac{f^{(n+1)}(c)}{(n+1)!}(x-a)^{n+1}$$

[정리 8-23]의 가정 하에서 [정리 8-24]를 적용하면 함수 f를 다음과 같이 표현할 수 있다.

$$\begin{aligned} f(x) = f(a) + f'(a)(x-a) + \frac{f''(a)}{2!}(x-a)^2 + \cdots \\ + \frac{f^{(n)}(a)}{n!}(x-a)^n + \frac{f^{(n+1)}(c)}{(n+1)!}(x-a)^{n+1} \end{aligned}$$

예제 8-46 e^x의 멱급수 표현

모든 실수 x에 대해 $e^x = \sum_{n=0}^{\infty} \frac{x^n}{n!}$ 임을 보여라.

풀이

$x=0$에서 e^x의 테일러 급수의 나머지 $R_n(x)$는 [정리 8-24]에 의해 다음과 같다.

$$R_n(x) = \frac{f^{(n+1)}(c)}{(n+1)!}x^{n+1} = \frac{e^c}{(n+1)!}x^{n+1}$$

위 식을 만족하는 c가 0과 x 사이에 존재한다. 1과 e^x 중 큰 값을 M이라 하면

e^x은 증가함수이므로 부등식 $|R_n(x)| = \frac{e^c}{(n+1)!}|x|^{n+1} \leq \frac{M}{(n+1)!}|x|^{n+1}$을 만족한다. 그리고 모든 실수 x에 대해 다음 관계가 성립한다.

$$\lim_{n\to\infty}|R_n(x)| \leq \lim_{n\to\infty}\frac{M}{(n+1)!}|x|^{n+1} = 0$$

그러므로 $\lim_{n\to\infty}R_n(x) = 0$이다. 따라서 [정리 8-23]에 의해 e^x의 매클로린 급수의 합은 e^x과 같다. 즉 모든 실수 x에 대해 $e^x = \sum_{n=0}^{\infty}\frac{x^n}{n!}$이다.

[유제 8-42]

모든 실수 x에 대해 $2^x = \sum_{n=0}^{\infty}\frac{(\ln 2)^n x^n}{n!}$임을 보여라.

예제 8-47 $\sin x$의 멱급수 표현

모든 실수 x에 대해 $\sin x = \sum_{n=0}^{\infty}(-1)^n\frac{x^{2n+1}}{(2n+1)!}$임을 보여라.

풀이

$x=0$에서 $\sin x$ 테일러 급수의 나머지는 [정리 8-24]에 의해 다음과 같다.

$$R_n(x) = \frac{f^{(n+1)}(c)}{(n+1)!}x^{n+1}$$

위 식을 만족하는 c가 0과 x 사이에 존재하며 $f(x) = \sin x$이다. $|f^{(n+1)}(c)| \leq 1$이므로 부등식 $|R_n(x)| = \frac{|f^{(n+1)}(c)|}{(n+1)!}|x|^{n+1} \leq \frac{|x|^{n+1}}{(n+1)!}$을 만족한다. 그리고 모든 실수 x에 대해 다음 관계가 성립한다.

$$\lim_{n\to\infty}|R_n(x)| \leq \lim_{n\to\infty}\frac{|x|^{n+1}}{(n+1)!} = 0$$

그러므로 $\lim_{n\to\infty}R_n(x) = 0$이다. 따라서 [정리 8-23]에 의해 $\sin x$의 매클로린 급수의 합은 $\sin x$와 같다. 즉 모든 실수 x에 대해 다음이 성립한다.

$$\sin x = \sum_{n=0}^{\infty}(-1)^n\frac{x^{2n+1}}{(2n+1)!}$$

[유제 8-43]

모든 실수 x에 대해 $\sin 2x = \sum_{n=0}^{\infty}(-1)^n\frac{2^{2n+1}x^{2n+1}}{(2n+1)!}$임을 보여라.

[예제 8-47]로부터 모든 실수 x에 대해 $\sin x = \sum_{n=0}^{\infty}(-1)^n \frac{x^{2n+1}}{(2n+1)!}$이다. 따라서 [정리 8-21]에 의해 모든 실수 x에 대해 다음이 성립한다.

$$\cos x = \sum_{n=0}^{\infty}(-1)^n \frac{x^{2n}}{(2n)!}$$

예제 8-48 함수 $x\sin x$의 매클로린 급수

함수 $f(x) = x\sin x$의 매클로린 급수를 구하라.

풀이

$\sin x$의 매클로린 급수에 x를 곱하여 $x\sin x$의 매클로린 급수를 구하면 다음과 같다.

$$x\sin x = \sum_{n=0}^{\infty}(-1)^n \frac{x^{2n+2}}{(2n+1)!}$$

[유제 8-44]

함수 $f(x) = x\sin 2x$의 매클로린 급수를 구하라.

8.5절과 8.6절에서 나온 몇 가지 중요한 매클로린 급수를 [표 8-1]에 나타냈다.

[표 8-1] 대표적인 함수의 매클로린 급수

급수	수렴반지름
$\frac{1}{1+x} = \sum_{n=0}^{\infty}(-1)^n x^n = 1 - x + x^2 - x^3 + \cdots$	$R=1$
$\ln(1+x) = \sum_{n=0}^{\infty}(-1)^n \frac{x^{n+1}}{n+1} = x - \frac{x^2}{2} + \frac{x^3}{3} - \frac{x^4}{4} + \cdots$	$R=1$
$e^x = \sum_{n=0}^{\infty}\frac{x^n}{n!} = 1 + \frac{x}{1!} + \frac{x^2}{2!} + \frac{x^3}{3!} + \cdots$	∞
$\tan^{-1}x = \sum_{n=0}^{\infty}(-1)^n \frac{x^{2n+1}}{2n+1} = x - \frac{x^3}{3} + \frac{x^5}{5} - \frac{x^7}{7} + \cdots$	$R=1$
$\sin x = \sum_{n=0}^{\infty}(-1)^n \frac{x^{2n+1}}{(2n+1)!} = x - \frac{x^3}{3!} + \frac{x^5}{5!} - \frac{x^7}{7!} + \cdots$	∞
$\cos x = \sum_{n=0}^{\infty}(-1)^n \frac{x^{2n}}{(2n)!} = 1 - \frac{x^2}{2!} + \frac{x^4}{4!} - \frac{x^6}{6!} + \cdots$	∞

지금까지 적분할 수 없었던 함수들을 멱급수를 이용하여 적분할 수 있다.

예제 8-49 **멱급수를 이용한 부정적분 계산**

멱급수를 이용하여 부정적분 $\int e^{-x^2}dx$를 구하라.

풀이

먼저 [표 8-1]을 사용하여 e^{-x^2}의 매클로린 급수를 나타내자. 모든 실수 x에 대하여 다음이 성립한다.

$$e^{-x^2}=\sum_{n=0}^{\infty}\frac{(-x^2)^n}{n!}=\sum_{n=0}^{\infty}(-1)^n\frac{x^{2n}}{n!}$$

이를 항별로 적분하면 다음을 얻는다(단, C는 적분 상수).

$$\int e^{-x^2}dx=C+\sum_{n=0}^{\infty}(-1)^n\frac{x^{2n+1}}{n!(2n+1)}$$

[유제 8-45]

멱급수를 이용하여 부정적분 $\int e^{-2x^2}dx$를 구하라.

멱급수를 이용하여 함수의 극한을 구할 수 있다.

예제 8-50 **멱급수를 이용한 함수의 극한**

$\lim_{x\to0}\frac{e^{-x^2}-1}{x^2}$을 구하라.

풀이

먼저 e^{-x^2}의 매클로린 급수를 이용하여 다음을 얻는다.

$$\lim_{x\to0}\frac{e^{-x^2}-1}{x^2}=\lim_{x\to0}\frac{\left\{\sum_{n=0}^{\infty}(-1)^n\frac{x^{2n}}{n!}\right\}-1}{x^2}=\lim_{x\to0}\frac{\sum_{n=1}^{\infty}(-1)^n\frac{x^{2n}}{n!}}{x^2}=\lim_{x\to0}\sum_{n=1}^{\infty}(-1)^n\frac{x^{2n-2}}{n!}$$

[정리 8-21]에 의해 급수 $g(x)=\sum_{n=1}^{\infty}(-1)^n\frac{x^{2n-2}}{n!}$은 모든 실수 x에서 미분 가능하므로 $x=0$에서 연속함수다. 따라서 다음이 성립한다.

$$\lim_{x\to0}\sum_{n=1}^{\infty}(-1)^n\frac{x^{2n-2}}{n!}=\lim_{x\to0}g(x)=g(0)=-1$$

즉 $\lim_{x\to0}\frac{e^{-x^2}-1}{x^2}=-1$이다.

[유제 8-46]

$\lim_{x \to 0} \frac{e^{-2x^2}-1}{x^2}$ 을 구하라.

멱급수의 덧셈, 뺄셈, 곱셈은 다항식과 같은 방법으로 계산할 수 있다.

예제 8-51 멱급수의 곱 계산

함수 $e^{2x}\sin x$ 의 매클로린 급수에서 0이 아닌 처음 세 항을 구하라.

풀이

[표 8-1]에서 e^x 과 $\sin x$ 의 매클로린 급수를 이용하면 다음과 같다.

$$e^{2x}\sin x = \left(1+\frac{2x}{1!}+\frac{4x^2}{2!}+\frac{8x^3}{3!}+\cdots\right)\left(x-\frac{x^3}{3!}+\cdots\right)$$

우변을 다항식처럼 항별로 곱하고 동류항끼리 묶어 계산하면 다음과 같다.

$$e^{2x}\sin x = x+2x^2+\left(\frac{4}{2!}-\frac{1}{3!}\right)x^3+\cdots = x+2x^2+\frac{11}{6}x^3+\cdots$$

[유제 8-47]

함수 $e^{2x}\sin 2x$ 의 매클로린 급수에서 0이 아닌 처음 세 항을 구하라.

SECTION

8.6 연습문제

01 $x=\frac{\pi}{2}$에서 $f(x)=\sin x$의 테일러 급수를 구하라.

02 $x=\pi$에서 $f(x)=\cos x$의 테일러 급수를 구하라.

03 $x=1$에서 $f(x)=e^x$의 테일러 급수를 구하라.

※ 04~07 다음 물음에 답하라.

04 자연수 n에 대해 $\lim_{x\to 0} x^{-n}e^{-\frac{1}{x^2}}=0$임을 보여라.

05 함수 $f(x)=\begin{cases} e^{-\frac{1}{x^2}} & (x\neq 0) \\ 0 & (x=0) \end{cases}$은 모든 자연수 n에 대해 $f^{(n)}(0)=0$임을 보여라.

06 [연습문제 05]에서 정의된 함수 f는 모든 자연수 n에 대해 $\mathbb{R}$에서 n차 도함수 $f^{(n)}(x)$를 가짐을 보여라.

07 [연습문제 05]에서 정의된 함수 f는 자신의 매클로린 급수와 같지 않음을 보여라.

08 함수 $f(x)=e^{2x}$의 테일러 급수의 나머지 $R_n(x)$를 구하고 $\lim_{n\to\infty} R_n(x)=0$임을 보여라.

※ 09~14 [표 8-1]을 사용하여 다음 함수 $f(x)$의 매클로린 급수를 구하고 그 급수의 수렴반지름을 찾으라.

09 $f(x)=e^{-x}$

10 $f(x)=e^{5x}$

11 $f(x)=x^3e^x$

12 $f(x)=xe^{-5x}$

13 $f(x)=\cos^2 x$

14 $f(x)=x\sin\frac{x^2}{2}$

Hint $\cos^2 x=\frac{1}{2}(1+\cos 2x)$

※ 15~16 정의를 이용하여 $f(x)$의 매클로린 급수를 구하라.

15 $f(x)=\frac{1}{1-x}$

16 $f(x)=\sin\pi x$

17 $f(x)=\frac{x^3}{1+x}$의 매클로린 급수와 수렴반지름을 각각 구하라.

※ 18~20 매클로린 급수로 다음 부정적분을 구하라.

18 $\int x\cos x^2 dx$

19 $\int \frac{\sin x}{x}dx$

20 $\int e^{x^2}dx$

※ 21~23 멱급수를 이용하여 다음 극한을 구하라.

21 $\lim_{x\to 0}\frac{\sin x - x}{x}$

22 $\lim_{x\to 0}\frac{2\tan^{-1}x-2x+\frac{2}{3}x^3}{x^5}$

23 $\lim_{x\to 0}\frac{2\cos x-2+x^2}{x^4}$

24 멱급수의 곱셈을 이용하여 함수 $f(x)=e^{-x^2}\sin x$의 매클로린 급수에서 0이 아닌 처음 세 항을 구하라.

25 멱급수의 나눗셈을 이용하여 함수 $f(x)=\frac{\sin x}{e^x}$의 매클로린 급수에서 0이 아닌 처음 세 항을 구하라.

CHAPTER

09

매개변수 방정식과 벡터

Parametric Equation and Vector

Contents

○ 매개변수 방정식과 벡터를 왜 배워야 하는가?

매개변수 방정식은 물체의 이동 경로를 편리하게 나타낼 수 있는 표현 방법이다. 매개변수 방정식으로 표현된 곡선은 미분적분학에서 물체의 특성을 유용하게 설명한다. 극좌표계는 직교좌표계에서 다루기 어려운 미분적분학의 계산을 효과적으로 개선한다. 벡터를 이용하면 2차원, 3차원에서 사물의 위치와 운동 방향을 효과적으로 표현할 수 있다. 또한 직선과 평면의 특성을 연구하는 데 많은 도움이 된다.

○ 이 장에서 배우는 내용은?

이 장에서는 곡선의 매개변수 방정식의 표현 방법에 대하여 알아보고, 이를 바탕으로 매개변수 곡선에 대한 미분과 적분을 공부한다. 극좌표계를 도입하여 곡선의 극방정식을 유도하고 그래프를 그려본다. 이를 바탕으로 극곡선의 접선과 곡선의 길이를 구할 수 있으며, 극좌표에서 평면도형의 넓이를 구할 수 있다. 행렬을 표현하는 방법과 행렬의 연산 및 그 성질을 공부하고, 행렬식을 다룬다. 마지막으로 벡터가 무엇인지 이해하고 벡터를 연산하는 방법을 배우며, 벡터의 다양한 성질에 대하여 공부한다. 벡터를 이용하면 3차원 공간에서 직선과 평면을 방정식으로 나타낼 수 있다.

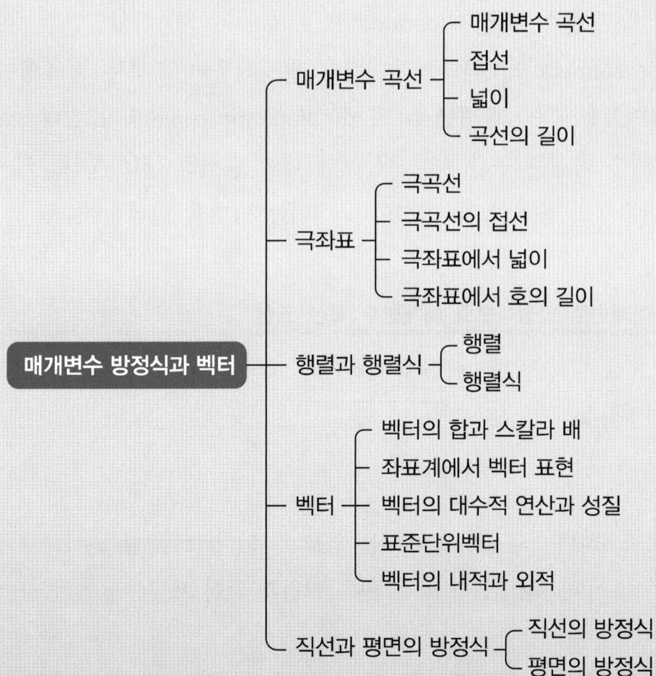

SECTION

9.1 매개변수 곡선

함수 $y=f(x)$의 그래프는 평면 위에 놓인 곡선을 나타낸다. 그리고 곡선을 표현하는 방법은 다양하다. 이 절에서는 곡선을 표현하는 새로운 방법인 매개변수 곡선에 대하여 알아본다.

매개변수 곡선

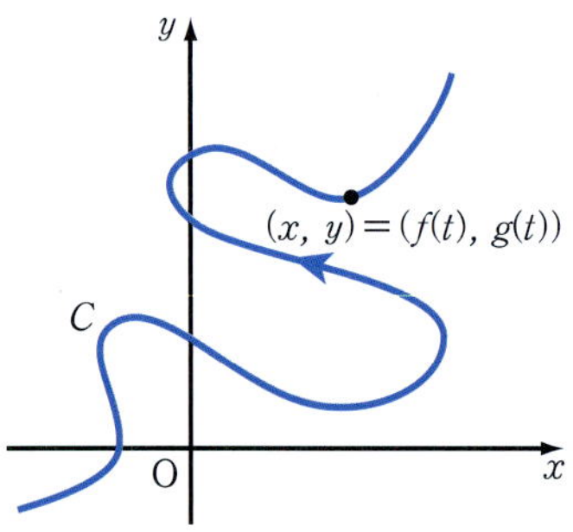

[그림 9-1] 변수 t에 대한 매개변수 곡선

[그림 9-1]과 같이 평면 위의 곡선 C를 따라 움직이는 한 질점(mass point)을 생각하자. 이 질점의 위치 $(x,\ y)$는 변수 t에 의해 결정되므로, 좌표의 두 성분 x와 y는 변수 t에 따라 변하는 함수로 생각할 수 있다.

평면곡선(plane curve) C 위의 임의의 점 $(x,\ y)$가 다음과 같이 변수 $t\in I$ (I는 적당한 구간)에 대한 연속함수로 주어진다고 하자.

$$x=f(t),\quad y=g(t)$$

이를 곡선 C의 **매개변수 방정식**(parametric equation)이라 하고, 변수 t를 곡선 C의 **매개변수**(parameter)라 한다. 매개변수 방정식을 만족하는 좌표평면 위의 점의 자취를 평면곡선 C의 **매개변수 곡선**(parametric curve)이라 한다. 즉 평면곡선 C의 매개변수 곡선은 구간 I의 모든 t에 대한 순서쌍 $(f(t), g(t))$의 집합이다. 화살표는 변수 t가 증가할 때 곡선이 움직이는 방향을 나타낸다.

예제 9-1 매개변수 방정식으로 매개변수 곡선 표현

매개변수 $t\in\mathbb{R}$로 나타낸 방정식 $x=f(t)=t,\ y=g(t)=t^2-1$이 어떤 도형을 나타내는지 설명하라.

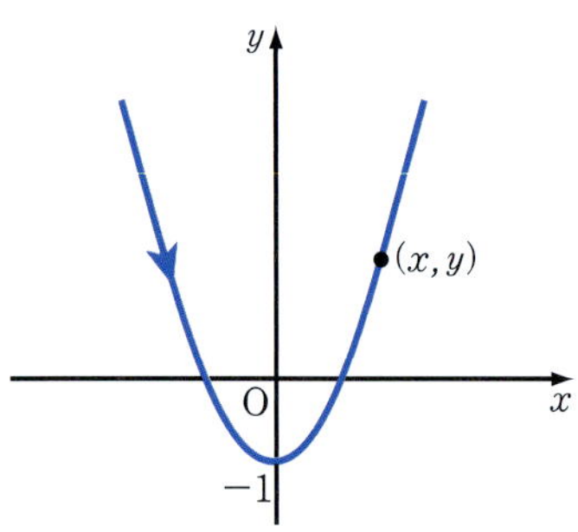

풀이

매개변수 t를 소거하여 x와 y의 관계식을 얻을 수 있다. $t=x$를 $y=t^2-1$에 대입하면 $y=x^2-1$이다. 즉, 점 (x,y)는 왼쪽 그림과 같이 포물선 $y=x^2-1$ 위를 움직인다.

예제 9-2 원을 표현하는 매개변수 방정식

다음 매개변수 방정식으로 표현된 곡선이 어떤 도형을 나타내는지 설명하라.

$$x = r\cos t,\quad y = r\sin t\ \ (0 \le t \le 2\pi,\ r = \text{상수})$$

풀이

매개변수 t를 소거하기 위해 두 식을 제곱하여 더하면 다음과 같다.

$$x^2 + y^2 = r^2\cos^2 t + r^2\sin^2 t = r^2$$

t가 0에서 2π까지 변할 때 점 (x, y)는 오른쪽 그림과 같이 점 $(r, 0)$을 출발하여 반시계 방향으로 반지름이 r인 원 위를 한 바퀴 움직여 원래의 점으로 되돌아온다.

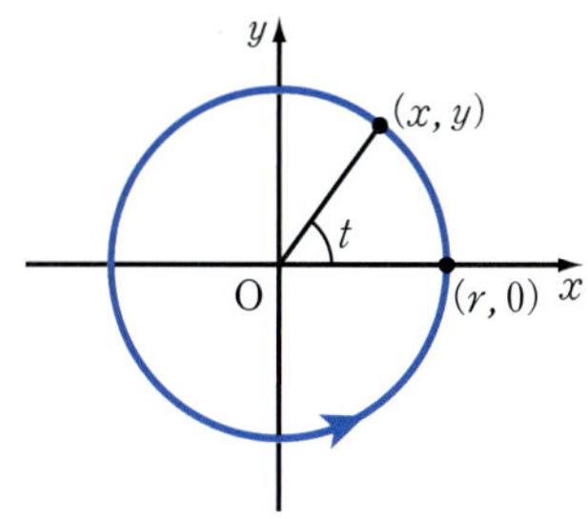

한 곡선을 나타내는 매개변수 방정식은 매개변수 t의 선택에 따라 다양하게 나타난다. 매개변수 t가 구간 $[0, \pi]$에 있다고 하면 반지름이 r인 원을 다음과 같이 나타낼 수 있다.

$$x = r\cos 2t,\quad y = r\sin 2t$$

t가 0에서 π까지 증가할 때 변수 $2t$는 0에서 2π까지 증가하여 [예제 9-2]와 똑같은 원을 그린다.

예제 9-3 타원을 표현하는 매개변수 방정식

매개변수 방정식 $x = 3 + \cos t,\ y = -2 + 4\sin t$가 나타내는 도형을 설명하라.

풀이

매개변수 t를 소거하기 위해 $4(x-3) = 4\cos t,\ y+2 = 4\sin t$를 각각 제곱하여 더하면 다음과 같다.

$$16(x-3)^2 + (y+2)^2 = 16$$

$$(x-3)^2 + \frac{(y+2)^2}{16} = 1$$

따라서 주어진 매개변수 방정식의 곡선은 타원이다.

[유제 9-1]

매개변수 방정식 $x = 1 + \cos t,\ y = -2 + 3\sin t$가 나타내는 도형을 설명하라.

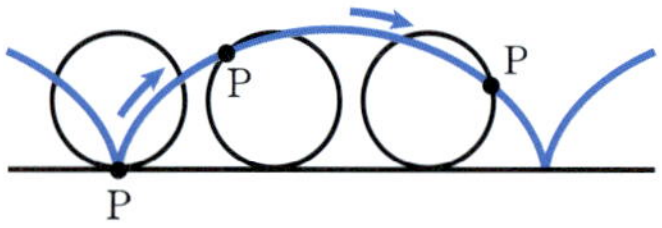

[그림 9-2] 사이클로이드

이번에는 매개변수로 표현할 수 있는 특별한 곡선인 **사이클로이드**(cycloid)에 대하여 알아본다. 사이클로이드는 원이 직선을 따라 굴러갈 때 원주(circumference) 위의 한 점 P가 그리는 곡선으로, [그림 9-2]와 같다.

예제 9-4 사이클로이드의 매개변수 방정식

사이클로이드의 매개변수 방정식을 구하라.

풀이

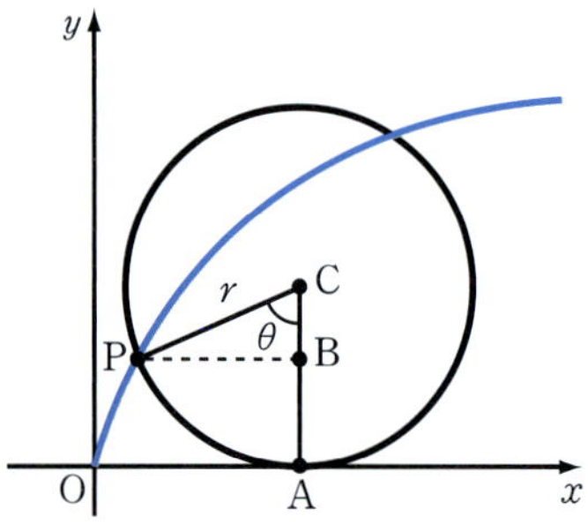

원의 회전각 θ를 매개변수로 하자. 이때 점 P가 원점에 있으면 $\theta=0$이다. x축을 따라 왼쪽 그림과 같이 반지름이 r인 원이 θ만큼 회전한다고 하자.

이 원이 원점으로부터 굴러간 거리는 $\overline{\mathrm{OA}}$, 즉 호 PA의 길이이므로 다음이 성립한다.

$$\overline{\mathrm{OA}}=r\theta$$

따라서 원의 중심은 $\mathrm{C}(r\theta,r)$이다. 한편 직각삼각형 PCB에서 $\overline{\mathrm{PB}}=r\sin\theta$, $\overline{\mathrm{CB}}=r\cos\theta$이다. 따라서 점 P의 좌표를 (x,y)라 하면 다음이 성립한다.

$$x=\overline{\mathrm{OA}}-\overline{\mathrm{PB}}=r\theta-r\sin\theta=r(\theta-\sin\theta)$$

$$y=\overline{\mathrm{CA}}-\overline{\mathrm{CB}}=r-r\cos\theta=r(1-\cos\theta)$$

따라서 사이클로이드의 매개변수 방정식은 다음과 같다.

$$x=r(\theta-\sin\theta),\ \ y=r(1-\cos\theta) \qquad (\theta\in\mathbb{R})$$

[예제 9-4]의 매개변수 방정식은 매개변수 θ를 소거하여 x, y에 관한 직교방정식으로 바꾸는 과정이 쉽지 않다. 따라서 사이클로이드는 매개변수 방정식이 더 유용하다.

접선

매개변수로 정의된 함수의 미분을 살펴보자. 매개변수를 소거하지 않고 접선의 기울기를 구할 수 있다.

곡선 C의 매개변수 방정식을 $x=f(t)$, $y=g(t)$라 하자. 곡선 C 위의 임의의 점 $\mathrm{P}(x,y)$에서 접선의 기울기는 $\dfrac{dy}{dx}$이고, 다음이 성립한다.

$$\frac{dy}{dx}=\lim_{\Delta x\to 0}\frac{\Delta y}{\Delta x}$$

$x=f(t)$, $y=g(t)$는 t에 대한 함수이므로 x와 y의 증분은 각각 다음과 같이 표현한다.

$$\Delta x = f(t+\Delta t) - f(t),\quad \Delta y = g(t+\Delta t) - g(t)$$

y의 증분 Δy를 x의 증분 Δx로 나눈 평균변화율은 다음과 같다.

$$\frac{\Delta y}{\Delta x} = \frac{\dfrac{\Delta y}{\Delta t}}{\dfrac{\Delta x}{\Delta t}} = \frac{\dfrac{g(t+\Delta t)-g(t)}{\Delta t}}{\dfrac{f(t+\Delta t)-f(t)}{\Delta t}}$$

$\Delta t \to 0$일 때 $\dfrac{\Delta x}{\Delta t}$의 극한이 0이 아니면 다음이 성립한다.

$$\frac{dy}{dx} = \lim_{\Delta x \to 0}\frac{\Delta y}{\Delta x} = \lim_{\Delta t \to 0}\frac{\dfrac{\Delta y}{\Delta t}}{\dfrac{\Delta x}{\Delta t}} = \frac{\dfrac{dy}{dt}}{\dfrac{dx}{dt}}$$

이로부터 매개변수 방정식의 도함수는 다음과 같다.

정리 9-1 매개변수 방정식의 도함수

매개변수 방정식 $x=f(t)$, $y=g(t)$가 열린구간 (a,b)에서 연속이고 미분 가능하며 $\dfrac{dx}{dt}\neq 0$이라 하자. y가 x에 대해 미분 가능하면 다음이 성립한다.

$$\frac{dy}{dx} = \frac{\dfrac{dy}{dt}}{\dfrac{dx}{dt}} = \frac{g'(t)}{f'(t)}$$

매개변수 방정식 $x=f(t)$, $y=g(t)$의 2계도함수는 다음과 같이 구한다.

$$\frac{d^2y}{dx^2} = \frac{d}{dx}\left(\frac{dy}{dx}\right) = \frac{\dfrac{d}{dt}\left(\dfrac{dy}{dx}\right)}{\dfrac{dx}{dt}}$$

참고 수평접선과 수직접선

매개변수 곡선 위의 점 $P(x,y)$에서 $\dfrac{dy}{dt}=0$이고 $\dfrac{dx}{dt}\neq 0$이면 접선은 수평선이고, $\dfrac{dy}{dt}\neq 0$이고 $\dfrac{dx}{dt}=0$이면 접선은 수직선이다. [그림 9-3]에서 확인하자.

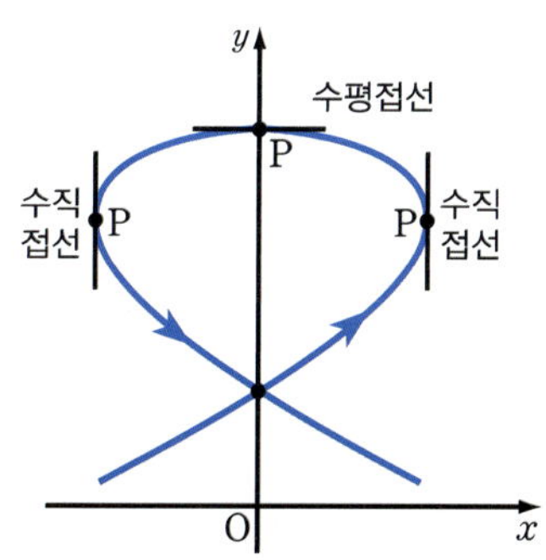

[그림 9-3] 수평접선과 수직접선

예제 9-5 매개변수 방정식의 도함수

매개변수 방정식 $x = t\sin t$, $y = t^2\cos t$에 대하여, 도함수 $\dfrac{dy}{dx}$를 구하라.

풀이

도함수 $\dfrac{dy}{dx}$를 구하기 위하여 먼저 다음을 계산한다.

$$\frac{dx}{dt} = \sin t + t\cos t, \quad \frac{dy}{dt} = 2t\cos t - t^2\sin t$$

따라서 도함수는 다음과 같다.

$$\frac{dy}{dx} = \frac{dy/dt}{dx/dt} = \frac{2t\cos t - t^2\sin t}{\sin t + t\cos t}$$

[유제 9-2]

매개변수 방정식 $x = t^3 + t^2 - 1$, $y = 4t^2 + 2$에 대하여 도함수 $\dfrac{dy}{dx}$를 구하라.

예제 9-6 매개변수 곡선 위의 점에서 접선의 방정식

매개변수 방정식 $x = t^2 - 4t - 1$, $y = t^3 - 6t + 4$로 표현되는 곡선을 생각하자. $t = 1$에 대응하는 곡선 위의 점에서 접선의 방정식을 구하라.

풀이

접선의 기울기를 구하기 위해 $\dfrac{dx}{dt} = 2t - 4$, $\dfrac{dy}{dt} = 3t^2 - 6$을 구하자. $\dfrac{dy}{dx}$는 다음과 같다.

$$\frac{dy}{dx} = \frac{dy/dt}{dx/dt} = \frac{3t^2 - 6}{2t - 4}$$

따라서 $t = 1$에서 곡선의 기울기는 다음과 같다.

$$\left.\frac{dy}{dx}\right|_{t=1} = \frac{-3}{-2} = \frac{3}{2}$$

$t = 1$에 대응하는 곡선 위의 점은 $(-4, -1)$이므로 구하고자 하는 접선의 방정식은 다음과 같다.

$$y - (-1) = \frac{3}{2}[x - (-4)]$$

이를 y에 대하여 정리하면 $y = \dfrac{3}{2}x + 5$이다.

[유제 9-3]

곡선 C의 매개변수 방정식은 $x=2\sin t$, $y=\cos t$이다. $t=\dfrac{\pi}{4}$에 대응하는 곡선 C 위의 점에서 접선의 방정식을 구하라.

예제 9-7 사이클로이드 위의 점에서 접선의 기울기

$\theta=\dfrac{\pi}{4}$에 대응하는 사이클로이드 위의 점에서 접선의 기울기를 구하라.

풀이

매개변수 $0 \le \theta \le 2\pi$에 대한 사이클로이드의 방정식은 다음과 같다.

$$x=r(\theta-\sin\theta),\quad y=r(1-\cos\theta)$$

각각을 θ에 대하여 미분한 뒤 $\dfrac{dy}{dx}$를 구하면 다음과 같다.

$$\frac{dy}{dx}=\frac{dy/d\theta}{dx/d\theta}=\frac{r\sin\theta}{r(1-\cos\theta)}=\frac{\sin\theta}{1-\cos\theta}$$

따라서 $\theta=\dfrac{\pi}{4}$에 대응하는 점에서 접선의 기울기는 다음과 같다.

$$\left.\frac{dy}{dx}\right|_{\theta=\frac{\pi}{4}}=\frac{\frac{\sqrt{2}}{2}}{1-\frac{\sqrt{2}}{2}}=\sqrt{2}+1$$

넓이

구간 $[a,b]$에서 $F(x)\ge 0$일 때, 곡선 $y=F(x)$와 두 직선 $x=a$, $x=b$로 둘러싸인 영역의 넓이는 $A=\int_a^b F(x)dx$임을 이미 학습하였다. 이제 곡선이 매개변수 방정식 $x=f(t)$, $y=g(t)$ $(\alpha \le t \le \beta)$로 주어지고 주어진 구간에서 t가 증가함에 따라 단 한 번만 그려진다고 하자. 이 경우 $a=f(\alpha)$, $b=f(\beta)$이거나 $a=f(\beta)$, $b=f(\alpha)$이다. 우리는 앞의 경우만 논하기로 한다. 여기서 $dx=f'(t)dt$이므로 넓이 A는 다음과 같다.

$$A=\int_a^b F(x)dx=\int_\alpha^\beta F(f(t))\,f'(t)dt$$

또한 $y=F(x)=F(f(t))=g(t)$이므로 넓이 A는 다음과 같다.

$$A=\int_\alpha^\beta g(t)\,f'(t)dt$$

예제 9-8 사이클로이드 곡선과 x축 사이의 넓이

사이클로이드 $x=r(\theta-\sin\theta)$, $y=r(1-\cos\theta)$의 한 아치 아래의 넓이를 구하라.

풀이

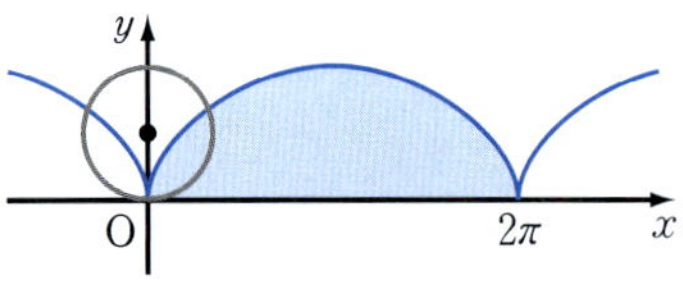

$0\le\theta\le 2\pi$일 때 원은 왼쪽 그림과 같이 x축 위를 1회전하여 사이클로이드 곡선을 그린다. $dx=r(1-\cos\theta)d\theta$이므로 넓이 A는 다음과 같이 계산한다.

$$A=\int_0^{2\pi r} y\,dx=\int_0^{2\pi} r(1-\cos\theta)\,r(1-\cos\theta)d\theta$$
$$=r^2\int_0^{2\pi}(1-2\cos\theta+\cos^2\theta)d\theta$$
$$=r^2\int_0^{2\pi}\left(1-2\cos\theta+\frac{1}{2}+\frac{1}{2}\cos 2\theta\right)d\theta$$
$$=r^2\left[\frac{3}{2}\theta-2\sin\theta+\frac{1}{4}\sin 2\theta\right]_0^{2\pi}$$
$$=3\pi r^2$$

[예제 9-8]로부터 원이 1회전하여 생긴 사이클로이드 곡선 아래의 넓이는 그 원의 넓이의 3배임을 알 수 있다.

예제 9-9 매개변수 방정식을 이용한 정적분 계산

매개변수 방정식 $x=t+1$, $y=t^2-1$에 대하여, 정적분 $\int_1^2 xy\,dx$를 구하라.

풀이

$x=t+1$로부터 $dx=dt$이다. $x=1$일 때 $t=0$이고 $x=2$일 때 $t=1$이므로 구하고자 하는 적분은 다음과 같다.

$$\int_1^2 xy\,dx=\int_0^1(t+1)(t^2-1)\,dt$$
$$=\int_0^1(t^3+t^2-t-1)dt$$
$$=\left[\frac{1}{4}t^4+\frac{1}{3}t^3-\frac{1}{2}t^2-t\right]_0^1=-\frac{11}{12}$$

곡선의 길이

[정리 7-6]에 따르면 $a\le x\le b$에서 $y=F(x)$로 주어진 곡선 C의 길이는 다음과 같이 구한다.

$$L=\int_a^b\sqrt{1+\left(\frac{dy}{dx}\right)^2}\,dx$$

곡선 C의 매개변수 방정식이 $x=f(t)$, $y=g(t)$ $(\alpha \le t \le \beta)$일 때, 곡선 C의 길이 L은 [정리 9-1]을 이용하면 다음과 같다.

$$\begin{aligned} L &= \int_a^b \sqrt{1+\left(\frac{dy}{dx}\right)^2}\,dx \\ &= \int_\alpha^\beta \sqrt{1+\left(\frac{dy/dt}{dx/dt}\right)^2}\,\frac{dx}{dt}\,dt \\ &= \int_\alpha^\beta \sqrt{\left(\frac{dx}{dt}\right)^2+\left(\frac{dy}{dt}\right)^2}\,dt \end{aligned}$$

정리 9-2 매개변수 방정식으로 나타낸 곡선의 길이

곡선 C의 매개변수 방정식이 $x=f(t)$, $y=g(t)$ $(\alpha \le t \le \beta)$라 하자. 도함수 $f'(t)$와 $g'(t)$가 구간 $[\alpha, \beta]$에서 연속이고, t가 α에서 β로 증가함에 따라 C가 한 번만 그려지면 곡선 C의 길이 L은 다음과 같다.

$$L = \int_\alpha^\beta \sqrt{\left(\frac{dx}{dt}\right)^2+\left(\frac{dy}{dt}\right)^2}\,dt$$

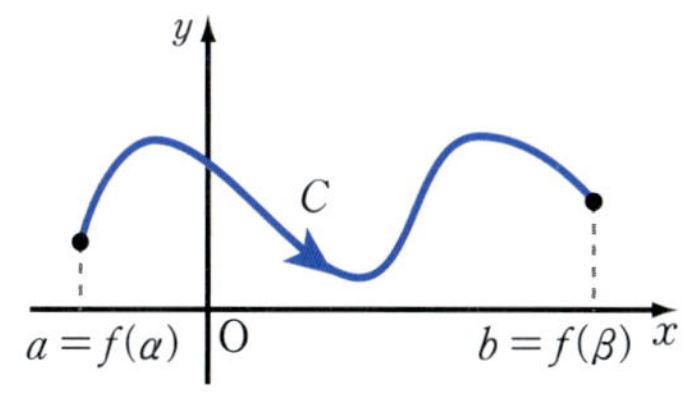

[그림 9-4] 매개변수 방정식으로 나타낸 곡선

예제 9-10 사이클로이드 곡선의 길이

사이클로이드 $x=r(\theta-\sin\theta)$, $y=r(1-\cos\theta)$의 한 아치의 호의 길이를 구하라.

풀이

[예제 9-8]과 같이 $0 \le \theta \le 2\pi$일 때 원은 x축 위를 1회전하여 사이클로이드 곡선을 그린다. x, y를 각각 θ에 대하여 미분하면 $\frac{dx}{d\theta}=r(1-\cos\theta)$, $\frac{dy}{d\theta}=r\sin\theta$ 이므로 호의 길이 L은 다음과 같다.

$$\begin{aligned} L &= \int_0^{2\pi} \sqrt{\left(\frac{dx}{d\theta}\right)^2+\left(\frac{dy}{d\theta}\right)^2}\,d\theta \\ &= \int_0^{2\pi} \sqrt{r^2(1-\cos\theta)^2+r^2\sin^2\theta}\,d\theta \\ &= r\int_0^{2\pi} \sqrt{2(1-\cos\theta)}\,d\theta = r\int_0^{2\pi}\sqrt{4\sin^2\frac{\theta}{2}}\,d\theta \\ &= 2r\int_0^{2\pi}\sin\frac{\theta}{2}\,d\theta = \left[-4r\cos\frac{\theta}{2}\right]_0^{2\pi} \\ &= 8r \end{aligned}$$

예제 9-11 **매개변수로 표현된 곡선의 길이**

곡선 $x=3t^{\frac{3}{2}},\ y=3+(4-t)^{\frac{3}{2}}\ (0 \le t \le 2)$의 길이를 구하라.

풀이

$\frac{dx}{dt}=\frac{9}{2}t^{\frac{1}{2}},\ \frac{dy}{dt}=-\frac{3}{2}(4-t)^{\frac{1}{2}}$이므로 호의 길이는 다음과 같다.

$$L=\int_0^2\sqrt{\left(\frac{dx}{dt}\right)^2+\left(\frac{dy}{dt}\right)^2}\,dt=\int_0^2\sqrt{\frac{81}{4}t+\frac{9}{4}(4-t)}\,dt$$

$$=3\int_0^2\sqrt{2t+1}\,dt=\left[(2t+1)^{\frac{3}{2}}\right]_0^2$$

$$=5^{\frac{3}{2}}-1$$

[유제 9-4]

곡선 $x=2+t,\ y=t^{\frac{3}{2}}\ (0 \le t \le 1)$의 길이를 구하라.

SECTION

9.1 연습문제

※ 01~03 다음 곡선의 직교방정식을 구하라.

01 $x=\sin\frac{1}{3}\theta,\ y=\cos\frac{1}{3}\theta$

02 $x=\ln(2t),\ y=t-1$

03 $x=a\cos t,\ y=b\sin t$

※ 04~06 다음 곡선을 매개변수 방정식으로 나타내라.

04 $x^2+4y^2=4$

05 $4x^2+8y^2-4x-24y-13=0$

06 $x^2-4y^2=16$

※ 07~09 다음 곡선의 1계도함수 $\frac{dy}{dx}$와 2계도함수 $\frac{d^2y}{dx^2}$를 각각 구하라.

07 $x=t\sin t,\ y=t^2\cos t$

08 $x=e^{2t},\ y=t^2+3t-1$

09 $x=t^2\ln t,\ y=t^3-2$

※ 10~11 다음 곡선에 대하여 주어진 t에 대응하는 점에서의 접선의 방정식을 구하라.

10 $x=1+4t-t^2,\ y=2-t^3;\quad t=1$

11 $x=1+\sin t,\ y=2-\cos t;\quad t=\frac{\pi}{6}$

12 타원의 매개변수 방정식 $x=a\cos t,\ y=b\sin t$ $(0\le t\le 2\pi)$를 이용하여 타원으로 둘러싸인 영역의 넓이를 구하라.

※ 13~15 다음 곡선의 길이를 구하라.

13 $x=t^2,\ y=t^3\ (1\le t\le 2)$

14 $x=2\cos^2 t,\ y=2\sin t\cos t\ (0\le t\le \pi)$

15 $x=e^{-t}\cos t,\ y=e^{-t}\sin t\ \left(0\le t\le \frac{\pi}{2}\right)$

SECTION 9.2 극좌표

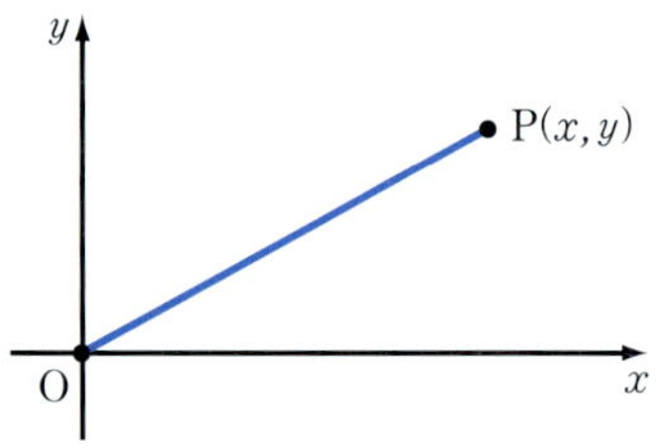

[그림 9-5] 직교좌표계

우리가 지금까지 사용한 좌표계는 [그림 9-5]와 같이 평면 위의 위치를 나타낸 **직교좌표계**(cartesian coordinate system)다. 이 절에서는 직교좌표계와 다른 방법으로 평면 위의 위치를 나타내는 **극좌표계**(polar coordinate system)를 소개한다. 극좌표계는 각이나 거리로 쉽게 표현할 수 있는 대상을 나타내는 데 유용하다.

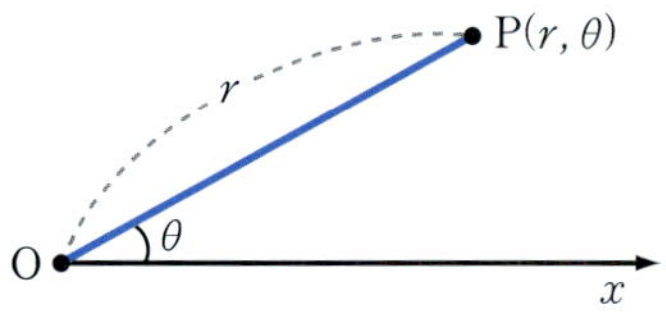

[그림 9-6] 극좌표계

좌표평면 위의 점 $P(x,y)$를 극좌표로 표현하는 방법에 대하여 알아보자. 먼저 [그림 9-6]과 같이 원점(origin) O에서 고정된 반직선을 긋는다. 이 반직선을 **극축**(polar axis)이라 한다. 일반적으로 극축은 x축의 양의 방향이다. 원점이 아닌 점 P에 대하여 두 점 O, P 사이의 거리를 $\overline{OP}=r$이라 하고, 극축에서 반시계 방향으로 선분 OP와 이루는 각을 θ라 할 때, 순서쌍 $(r,\ \theta)$를 점 P의 **극좌표**(polar coordinate)라 한다.

이때 $\overline{OP}=r$을 점 P의 **동경**(radius)이라 하고 θ를 점 P의 **편각**(argument) 또는 **극각**(polar angle)이라 한다. 극좌표계에서 점 P의 극좌표는 유일하게 정해지지 않음에 유의하자. 극좌표 정의로부터 다음이 성립하기 때문이다.

$$(r,\theta)=(r,\ \theta\pm 2n\pi)\ \ (\text{단, } n=1,2,\dots)$$

참고 극좌표의 원점

극좌표 $(0,\theta)$는 θ 값에 관계없이 원점으로 간주한다.

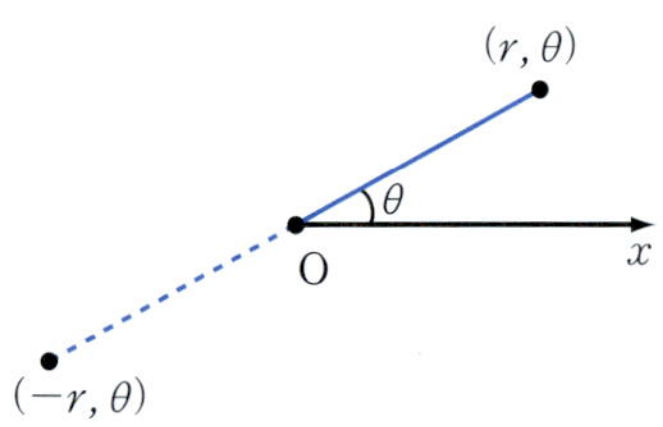

[그림 9-7] 점 $(-r,\ \theta)$

극좌표 $(r,\ \theta)$에서 r은 양수이지만, 음수를 고려하면 $(-r,\theta)=(r,\theta+\pi)$로 정의한다. [그림 9-7]에서 확인할 수 있듯이 점 $(-r,\theta)$는 점 (r,θ)와 원점에 대하여 대칭이동한 점이다.

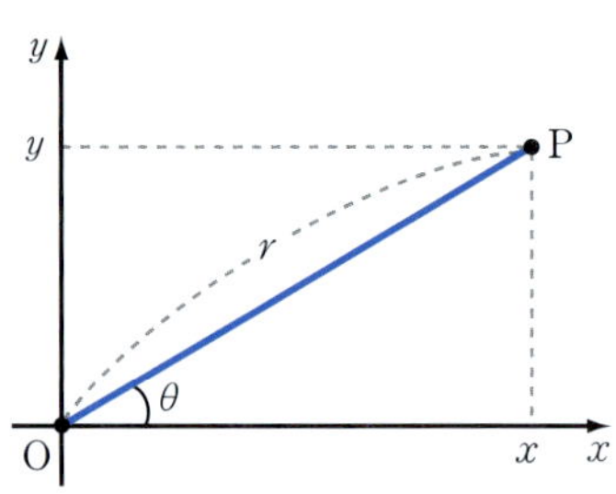

[그림 9-8] 직교좌표와 극좌표 사이의 관계

이제 직교좌표와 극좌표 사이의 관계를 알아보자. [그림 9-8]과 같이 점 P의 직교좌표 (x,y)와 극좌표 (r,θ) 사이에는 다음 관계식이 성립한다.

$$x=r\cos\theta,\ \ y=r\sin\theta$$

$$r^2=x^2+y^2,\ \ \tan\theta=\frac{y}{x}$$

예제 9-12 극좌표의 표시

극좌표로 주어진 다음의 점들을 좌표평면 위에 나타내라.

(a) $A\left(1, \frac{\pi}{2}\right)$　　(b) $B\left(2, \frac{\pi}{6}\right)$　　(c) $C\left(-2, \frac{\pi}{3}\right)$

풀이

(a) 점 A는 직교좌표 $(1,0)$을 반시계 방향으로 $\frac{\pi}{2}$만큼 회전한 점이다.

(b) 점 B는 직교좌표 $(2,0)$을 반시계 방향으로 $\frac{\pi}{6}$만큼 회전한 점이다.

(c) 점 C는 극좌표 $\left(2, \frac{\pi}{3}\right)$를 원점에 대하여 대칭이동한 점이다.

오른쪽 그림에서 세 점 A, B, C의 위치를 확인할 수 있다.

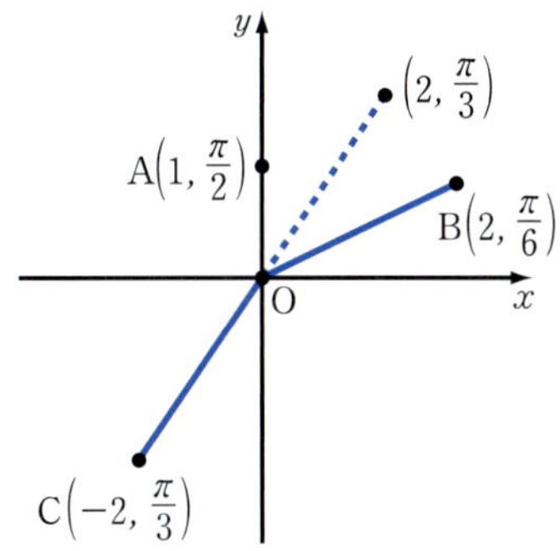

예제 9-13 직교좌표와 극좌표 사이의 관계

다음 극좌표를 직교좌표로 변환하라.

(a) $A\left(1, \frac{\pi}{6}\right)$　　(b) $B\left(-3, \frac{\pi}{3}\right)$　　(c) $C\left(4, -\frac{\pi}{6}\right)$

풀이

직교좌표와 극좌표 사이의 관계에 따르면 $x = r\cos\theta$, $y = r\sin\theta$이다.

(a) $x = 1 \cdot \cos\frac{\pi}{6} = \frac{\sqrt{3}}{2}$, $y = 1 \cdot \sin\frac{\pi}{6} = \frac{1}{2}$이므로 구하고자 하는 직교좌표는 $A\left(\frac{\sqrt{3}}{2}, \frac{1}{2}\right)$이다.

(b) $x = -3\cos\frac{\pi}{3} = (-3) \cdot \frac{1}{2} = -\frac{3}{2}$, $y = -3\sin\frac{\pi}{3} = (-3) \cdot \frac{\sqrt{3}}{2} = -\frac{3\sqrt{3}}{2}$이므로 구하고자 하는 직교좌표는 $B\left(-\frac{3}{2}, -\frac{3\sqrt{3}}{2}\right)$이다.

(c) $x = 4\cos\left(-\frac{\pi}{6}\right) = 4 \cdot \frac{\sqrt{3}}{2} = 2\sqrt{3}$, $y = 4\sin\left(-\frac{\pi}{6}\right) = 4 \cdot \left(-\frac{1}{2}\right) = -2$이므로 구하고자 하는 직교좌표는 $C(2\sqrt{3}, -2)$이다.

[유제 9-5]

다음 극좌표를 직교좌표로 변환하라.

(a) $A\left(2, \frac{\pi}{3}\right)$　　(b) $B\left(-4, \frac{4\pi}{3}\right)$

예제 9-14 직교좌표와 극좌표 사이의 관계

다음 직교좌표를 극좌표로 변환하라.

(a) $\mathrm{A}(0,1)$ (b) $\mathrm{B}(-\sqrt{2},\sqrt{2})$ (c) $\mathrm{C}(\sqrt{3},1)$

풀이

직교좌표와 극좌표 사이의 관계에 따르면 $r=\sqrt{x^2+y^2}$, $\tan\theta=\dfrac{y}{x}$이다.

(a) 점 A는 y축 위의 점이고 $r=1$, $\theta=\dfrac{\pi}{2}$이다. 따라서 구하고자 하는 극좌표는 $\mathrm{A}\left(1,\dfrac{\pi}{2}\right)$이다.

(b) 점 B에 대하여 $r=\sqrt{2+2}=2$, $\tan\theta=-1$이다. 점 B는 제2사분면 위의 점이므로 $\theta=\dfrac{3\pi}{4}$이다. 따라서 구하고자 하는 극좌표는 $\mathrm{B}\left(2,\dfrac{3\pi}{4}\right)$이다.

(c) 점 C에 대하여 $r=\sqrt{3+1}=2$, $\tan\theta=\dfrac{1}{\sqrt{3}}$이다. $\theta=\dfrac{\pi}{6}$이므로 구하고자 하는 극좌표는 $\mathrm{C}\left(2,\dfrac{\pi}{6}\right)$이다.

[유제 9-6]

직교좌표 $\mathrm{D}(4,3)$을 극좌표로 변환하라.

예제 9-15 극좌표로 주어진 두 점 사이의 거리

극좌표로 주어진 두 점 $\mathrm{A}(r_1,\theta_1)$, $\mathrm{B}(r_2,\theta_2)$ 사이의 거리 $\overline{\mathrm{AB}}$는 다음과 같음을 보여라.

$$\overline{\mathrm{AB}}=\sqrt{r_1^2+r_2^2-2r_1r_2\cos(\theta_2-\theta_1)}$$

풀이

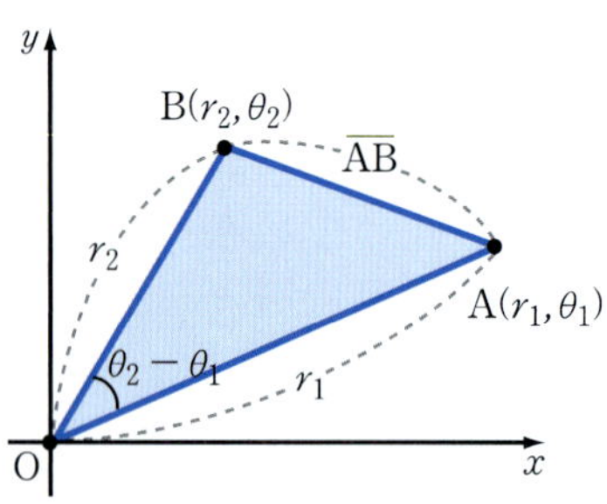

왼쪽 그림과 같이 원점 O와 두 점 A, B를 꼭짓점으로 하는 삼각형 OAB를 생각하자.

코사인법칙에 의해 다음이 성립한다.

$$\begin{aligned}\overline{\mathrm{AB}}^2&=\overline{\mathrm{OA}}^2+\overline{\mathrm{OB}}^2-2\overline{\mathrm{OA}}\,\overline{\mathrm{OB}}\cos(\theta_2-\theta_1)\\&=r_1^2+r_2^2-2r_1r_2\cos(\theta_2-\theta_1)\end{aligned}$$

따라서 두 점 A, B 사이의 거리는 $\overline{\mathrm{AB}}=\sqrt{r_1^2+r_2^2-2r_1r_2\cos(\theta_2-\theta_1)}$이다.

예제 9-16 극좌표로 주어진 두 점 사이의 거리

극좌표로 주어진 두 점 $A\left(3, \frac{4\pi}{3}\right)$, $B\left(2, \frac{\pi}{3}\right)$ 사이의 거리를 구하라.

풀이 1

극좌표로 주어진 두 점 사이의 거리 공식을 이용하면 다음이 성립한다.

$$\overline{AB} = \sqrt{9+4-12\cos\left(\frac{\pi}{3}-\frac{4\pi}{3}\right)} = 5$$

풀이 2

두 점 $A\left(3, \frac{4\pi}{3}\right)$, $B\left(2, \frac{\pi}{3}\right)$를 직교좌표로 나타내면 각각 $A\left(-\frac{3}{2}, -\frac{3\sqrt{3}}{2}\right)$, $B(1, \sqrt{3})$이다. 따라서 두 점 사이의 거리는 $\overline{AB}=5$이다.

[유제 9-7]
극좌표로 주어진 두 점 $A\left(2, \frac{\pi}{2}\right)$, $B\left(5, \frac{3\pi}{4}\right)$ 사이의 거리를 구하라.

극곡선

극좌표 (r, θ)에 대하여 **극방정식**(polar equation) $r=f(\theta)$ 또는 $F(r, \theta)=0$을 만족하는 점의 자취를 **극방정식의 그래프** 또는 **극곡선**(polar curve)이라 한다.

예제 9-17 원의 극방정식

극방정식 $r=a$ $(a>0)$으로 표현되는 곡선을 설명하라.

풀이

주어진 곡선은 $r=a$인 모든 점 (r, θ)로 구성된다. 직교좌표와 극좌표 사이의 관계를 이용하면 $r=\sqrt{x^2+y^2}$이므로 $r=\sqrt{x^2+y^2}=a$의 양변을 제곱하면 다음 식을 얻는다.

$$x^2+y^2=a^2$$

이는 중심이 원점이고 반지름이 a인 원이다.

a 값에 따라 원 $r=a$는 [그림 9-9]와 같이 다양하게 나타난다.

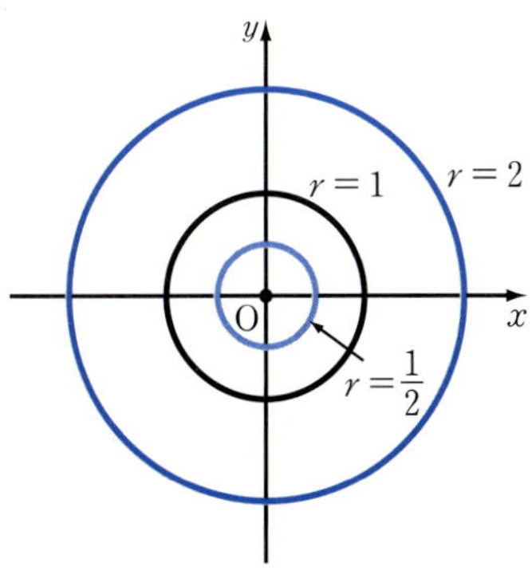

[그림 9-9] 원 $r=a$

예제 9-18 **직선의 극방정식**

극방정식 $\theta=\dfrac{\pi}{3}$로 표현되는 방정식의 그래프를 그려라.

풀이

이 방정식은 편각이 $\theta=\dfrac{\pi}{3}$인 모든 점 (r,θ)로 나타난다. 즉 이 방정식은 원점을 지나고 극축과 이루는 편각이 $\dfrac{\pi}{3}$인 직선이다. 점 $\left(r,\dfrac{\pi}{3}\right)$는 $r>0$이면 제1사분면에 있고 $r<0$이면 제3사분면에 있다. 이 극방정식의 그래프는 다음과 같다.

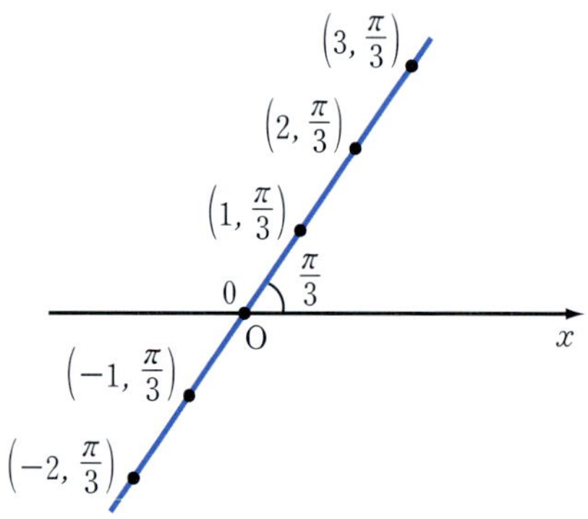

예제 9-19 **원의 극방정식**

극방정식 $r=2\cos\theta$의 그래프를 그려라.

풀이

방정식의 양변에 r을 곱하면 $r^2=2r\cos\theta$이다. 직교좌표와 극좌표 사이의 관계를 이용하면 $x^2+y^2=2x$에서 $(x-1)^2+y^2=1$이다. 그러므로 주어진 극방정식은 중심이 $(1,\ 0)$이고 반지름이 1인 원을 나타낸다.

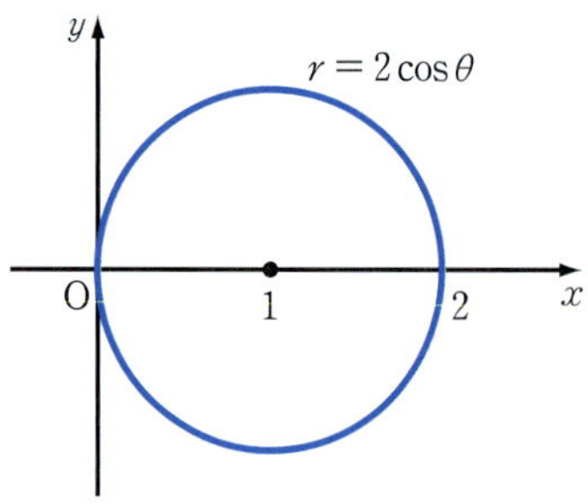

극방정식은 각 θ를 독립변수, 유향거리 r을 종속변수로 취급하여 특정한 θ 값에 대응하는 점들을 좌표평면에 나타내어 그래프를 그린다.

예제 9-20 심장형의 극방정식

극방정식 $r=1-\cos\theta$의 그래프를 그려라.

풀이

$0\le\theta\le 2\pi$에서 특정한 θ와 이에 대응하는 r 값을 구하면 다음 표와 같다.

θ	0	$\frac{\pi}{4}$	$\frac{\pi}{2}$	$\frac{3\pi}{4}$	π	$\frac{5\pi}{4}$	$\frac{3\pi}{2}$	$\frac{7\pi}{4}$	2π
r	0	$1-\frac{\sqrt{2}}{2}$	1	$1+\frac{\sqrt{2}}{2}$	2	$1+\frac{\sqrt{2}}{2}$	1	$1-\frac{\sqrt{2}}{2}$	0

표를 통해 다음 사실을 파악할 수 있다. θ가 0에서 $\frac{\pi}{2}$까지 증가할 때 r은 0에서 1까지 증가한다. θ가 $\frac{\pi}{2}$에서 π까지 증가할 때 r은 1에서 2로 증가한다. θ가 π에서 $\frac{3\pi}{2}$까지 증가할 때 r은 2에서 1로 감소한다. θ가 $\frac{3\pi}{2}$에서 2π까지 증가할 때 r은 1에서 0까지 계속 감소하여 원점으로 되돌아온다. 극곡선 $r=1-\cos\theta$는 $0\le\theta\le\pi$ 부분과 $\pi\le\theta\le 2\pi$ 부분이 서로 x축 대칭이다. 따라서 $0\le\theta\le\pi$에서 그린 $r=1-\cos\theta$의 그래프를 x축을 중심으로 대칭이동한 그래프와 더하면 쉽게 그릴 수 있다. 이 곡선은 [그림 9-10]처럼 모양이 심장과 비슷하여, **심장형**(cardioid)이라 한다.

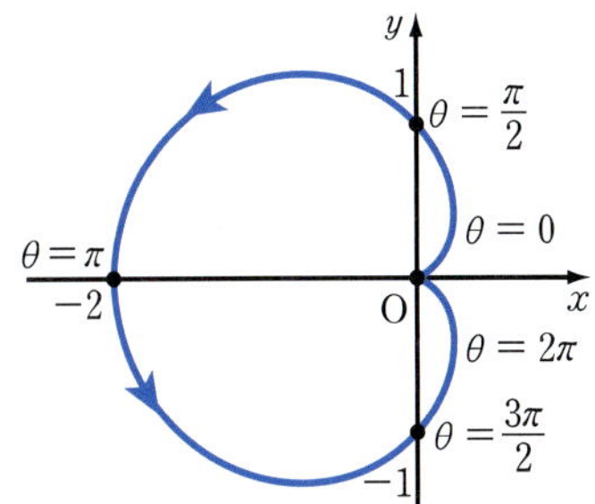

[그림 9-10] 심장형 $r=1-\cos\theta$의 그래프

> **[유제 9-8]**
> 극방정식 $r=1+\sin\theta$의 그래프를 그려라.

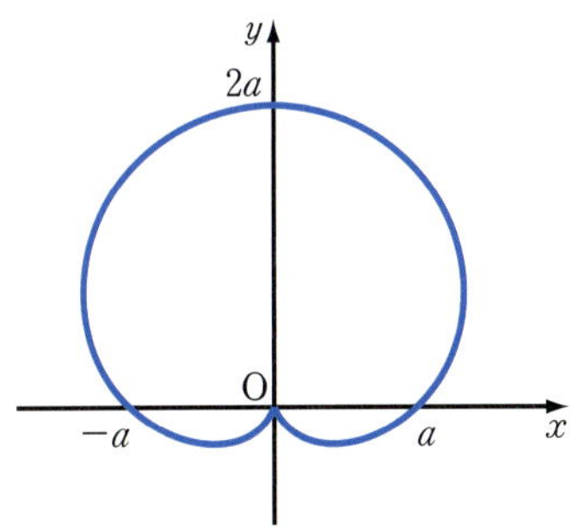

[그림 9-11] 심장형 $r=a+a\sin\theta$ $(a>0)$의 그래프

심장형의 극방정식은 $r=a\pm a\cos\theta$와 $r=a\pm a\sin\theta$ $(a>0)$의 형태가 있다. $r=a\pm a\cos\theta$는 x축 대칭이고, $r=a\pm a\sin\theta$는 y축 대칭이다. [그림 9-11]은 $r=a+a\sin\theta$의 그래프를 나타낸다.

예제 9-21 4엽장미의 극방정식

극방정식 $r=2\cos 2\theta$의 그래프를 그려라.

풀이

삼각함수의 성질을 이용하면 $\cos 2(\pi-\theta)=\cos(2\pi-2\theta)=\cos(-2\theta)=\cos 2\theta$이므로 이 그래프는 x축과 y축에 모두 대칭이다. 따라서 $0\le\theta\le\frac{\pi}{2}$인 그래프만 그리면 나머지 부분도 완성할 수 있다. 먼저 다음 표를 작성한다.

θ	0	$\frac{\pi}{12}$	$\frac{\pi}{6}$	$\frac{\pi}{4}$	$\frac{\pi}{3}$	$\frac{5\pi}{12}$	$\frac{\pi}{2}$
r	2	$\sqrt{3}$	1	0	-1	$-\sqrt{3}$	-2

이를 바탕으로 그래프를 그리면 다음과 같다. 이 그래프를 **4엽장미**(four leaved rose)라 한다.

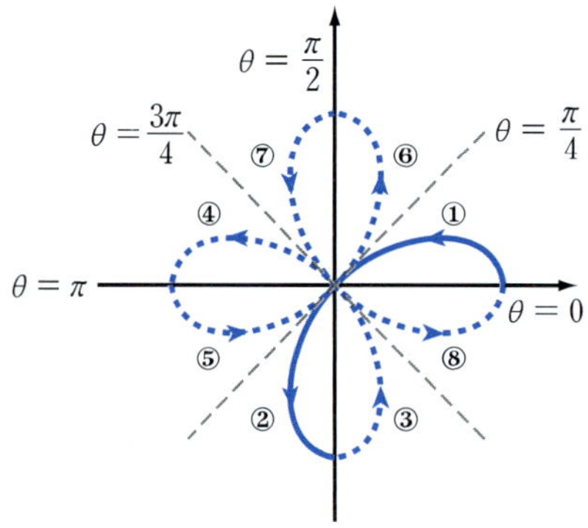

장미형을 나타내는 극방정식은 다음과 같다.

$$r=a\cos n\theta,\quad r=a\sin n\theta$$

이때 n이 홀수이면 잎이 n 개이고, n이 짝수이면 잎이 $2n$ 개다. $n=1$이면 두 극방정식은 원을 나타낸다.

극곡선의 접선

극방정식이 $r=f(\theta)$인 곡선 위의 점 $(r,\ \theta)$에서의 접선에 대하여 알아보자. 극방정식 $r=f(\theta)$의 도함수는 $\frac{dr}{d\theta}=f'(\theta)$가 아니다. 곡선의 도함수는 여전히 $\frac{dy}{dx}$이기 때문이다. 이 도함수를 구해 보자. 먼저 직교좌표와 극좌표 사이의 관계로부터 $x=r\cos\theta,\ y=r\sin\theta$이고, 극방정식은 $r=f(\theta)$이므로 곡선의 매개변수 방정식은 다음과 같다.

$$x=f(\theta)\cos\theta,\ y=f(\theta)\sin\theta$$

미분의 곱의 법칙을 이용하면 다음 도함수를 얻는다.

$$\frac{dy}{dx}=\frac{\frac{dy}{d\theta}}{\frac{dx}{d\theta}}=\frac{\frac{dr}{d\theta}\sin\theta+r\cos\theta}{\frac{dr}{d\theta}\cos\theta-r\sin\theta}=\frac{f'(\theta)\sin\theta+f(\theta)\cos\theta}{f'(\theta)\cos\theta-f(\theta)\sin\theta}$$

이 곡선은 $\frac{dx}{d\theta}\neq 0$이고 $\frac{dy}{d\theta}=0$일 때 수평 접선이 존재한다. 그리고 $\frac{dx}{d\theta}=0$이고 $\frac{dy}{d\theta}\neq 0$일 때 수직 접선이 존재한다.

예제 9-22 **심장형 그래프의 접선**

심장형 $r=1-\cos\theta$에 대하여 다음 물음에 답하라.

(a) $\theta=\dfrac{\pi}{4}$에 대응하는 점에서의 접선의 기울기를 구하라.

(b) 수평접선, 수직접선이 존재하는 점들을 각각 구하라.

풀이

$\dfrac{dr}{d\theta}=\sin\theta$이므로 도함수는 다음과 같다.

$$\frac{dy}{dx}=\frac{\sin\theta\sin\theta+(1-\cos\theta)\cos\theta}{\sin\theta\cos\theta-(1-\cos\theta)\sin\theta}=\frac{-2\cos^2\theta+\cos\theta+1}{\sin\theta(2\cos\theta-1)}$$

$$=-\frac{(2\cos\theta+1)(\cos\theta-1)}{\sin\theta(2\cos\theta-1)}$$

(a) $\theta=\dfrac{\pi}{4}$에 대응하는 점에서의 접선의 기울기는 다음과 같다.

$$\left.\frac{dy}{dx}\right|_{\theta=\frac{\pi}{4}}=-\frac{(\sqrt{2}+1)\left(\frac{\sqrt{2}}{2}-1\right)}{\frac{\sqrt{2}}{2}(\sqrt{2}-1)}=\sqrt{2}+1$$

(b) 방정식 $\dfrac{dy}{d\theta}=-(2\cos\theta+1)(\cos\theta-1)=0$을 풀면 $\theta=\dfrac{2\pi}{3}, \dfrac{4\pi}{3}, 2\pi$이다. 방정식 $\dfrac{dx}{d\theta}=\sin\theta(2\cos\theta-1)=0$을 풀면 $\theta=2\pi, \pi, \dfrac{\pi}{3}, \dfrac{5\pi}{3}$이다. 그러므로 점 $\left(\dfrac{3}{2}, \dfrac{2\pi}{3}\right)$, $\left(\dfrac{3}{2}, \dfrac{4\pi}{3}\right)$에서 수평접선이 존재하고, 점 $(2, \pi)$, $\left(\dfrac{1}{2}, \dfrac{\pi}{3}\right)$, $\left(\dfrac{1}{2}, \dfrac{5\pi}{3}\right)$에서 수직접선이 존재한다. $\theta=2\pi$일 때 $\dfrac{dy}{d\theta}=0=\dfrac{dx}{d\theta}$이므로 미분계수의 정의를 이용하여 접선의 종류를 판단한다. 로피탈 법칙을 이용하여 좌극한을 구하면 다음과 같다.

$$\lim_{\theta\to 2\pi^-}\frac{dy}{dx}=\lim_{\theta\to 2\pi^-}-\frac{(2\cos\theta+1)(\cos\theta-1)}{\sin\theta(2\cos\theta-1)}=-\left(\lim_{\theta\to 2\pi^-}\frac{2\cos\theta+1}{2\cos\theta-1}\right)\left(\lim_{\theta\to 2\pi^-}\frac{\cos\theta-1}{\sin\theta}\right)$$

$$=-3\left(\lim_{\theta\to 2\pi^-}\frac{\cos\theta-1}{\sin\theta}\right)=-3\left(\lim_{\theta\to 2\pi^-}\frac{-\sin\theta}{\cos\theta}\right)=0$$

마찬가지로 우극한을 구하면 $\displaystyle\lim_{\theta\to 2\pi^+}\frac{dy}{dx}=0$이다. 따라서 점 $(0, 2\pi)$에서 수평접선이 존재한다.

[유제 9-9]

극곡선 $r=3\sin\theta$에 대하여 $\theta=\dfrac{\pi}{6}$에 대응하는 곡선 위의 점에서 접선의 기울기를 구하라.

극좌표에서 넓이

지금까지는 직교좌표계에서 정적분을 이용하여 평면도형의 넓이를 계산하였다. 이 절에서는 극곡선으로 둘러싸인 영역의 넓이를 구하는 방법을 알아본다.

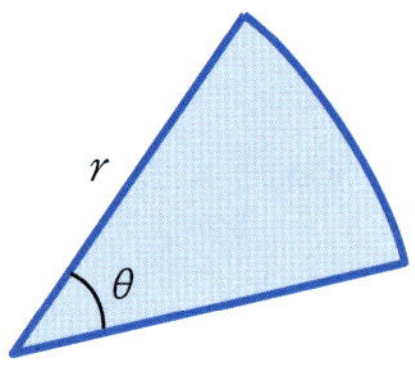

[그림 9-12] 반지름이 r이고 중심각이 θ인 부채꼴

[그림 9-12]와 같이 반지름이 r이고 중심각이 θ인 부채꼴의 넓이는 $A=\dfrac{1}{2}r^2\theta$이다. 이를 이용하여 극곡선과 두 직선으로 둘러싸인 영역의 넓이를 구하자. [그림 9-13]과 같이 극곡선 $r=f(\theta)$ $(a\le\theta\le b)$와 두 직선 $\theta=a$, $\theta=b$로 둘러싸인 영역을 R이라 하자. 이때, f는 구간 $[a,b]$에서 연속이고 음이 아닌 함수이며, $0<b-a\le 2\pi$이다.

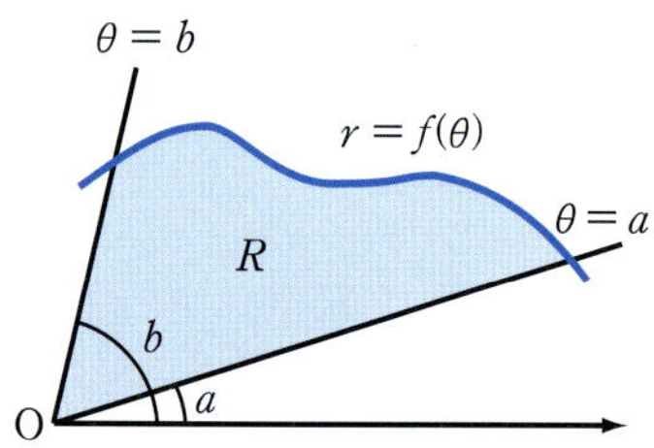

[그림 9-13] 극곡선 $r=f(\theta)$와 두 직선 $\theta=a$, $\theta=b$로 둘러싸인 영역 R

7.1절과 비슷하게 구간 $[a,b]$를 편각이 동일하도록 n개의 구간으로 분할하고, 분할한 편각을 각각 $a=\theta_0<\theta_1<\theta_2<\cdots<\theta_n=b$라 하자. 영역 R은 [그림 9-14]와 같이 n개의 작은 영역 $R_1, R_2, \dots, R_n$으로 나누어진다. 이제 영역 R의 넓이 $A(R)$은 다음과 같다.

$$A(R)=A(R_1)+A(R_2)+\cdots+A(R_n) \tag{9.1}$$

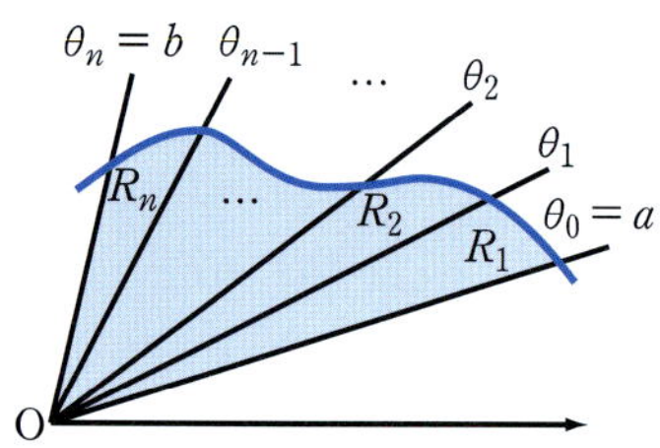

[그림 9-14] 영역 R의 분할

i번째 영역의 넓이 $A(R_i)$의 근삿값을 구하자. θ_i를 i번째 부분 구간 $[\theta_{i-1},\theta_i]$에서 택하면 i번째 영역의 넓이 $A(R_i)$는 중심각이 $\Delta\theta_i=\theta_i-\theta_{i-1}$이고 반지름이 $f(\theta_i)$인 부채꼴 넓이에 근사한다. 따라서 부채꼴 넓이 공식을 이용하면 $A(R_i)$의 근삿값은 $A(R_i)\approx\dfrac{1}{2}\{f(\theta_i)\}^2\Delta\theta_i$이다. 식 (9.1)로부터 영역 R의 넓이 $A(R)$의 근삿값은 다음과 같다.

$$A(R)\approx\sum_{i=1}^{n}\frac{1}{2}\{f(\theta_i)\}^2\Delta\theta_i$$

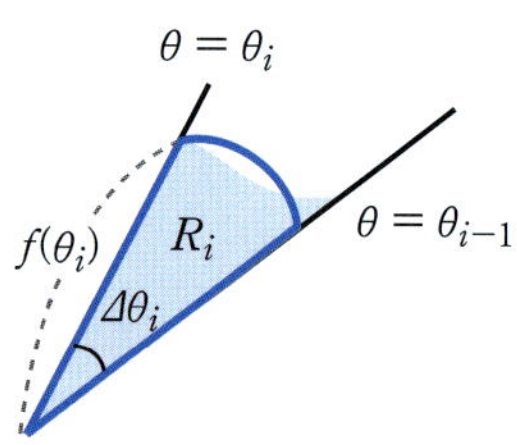

[그림 9-15] 영역 R_i

영역 R의 넓이 $A(R)$는 $n\to\infty$일 때의 극한이므로 다음이 성립한다.

$$A(R)=\lim_{n\to\infty}\sum_{i=1}^{n}\frac{1}{2}\{f(\theta_i)\}^2\Delta\theta_i=\int_a^b\frac{1}{2}\{f(\theta)\}^2d\theta$$

정리 9-3 극곡선으로 둘러싸인 영역의 넓이

극곡선 $r=f(\theta)$가 구간 $[a,b]$에서 음이 아닌 연속함수라 하자. 두 직선 $\theta=a$, $\theta=b$와 극곡선 f의 그래프로 둘러싸인 영역 R의 넓이 $A(R)$은 다음과 같다.

$$A(R)=\frac{1}{2}\int_a^b\{f(\theta)\}^2d\theta=\frac{1}{2}\int_a^b r^2d\theta$$

예제 9-23 심장형 그래프의 넓이

심장형 $r=1-\cos\theta$의 그래프로 둘러싸인 영역의 넓이를 구하라.

풀이

심장형 $r=1-\cos\theta$의 그래프를 그리는 방법은 [예제 9-20]을 참고하라. [그림 9-16]과 같이 심장형 그래프는 x축에 대칭인 도형이므로 구하고자 하는 영역의 넓이는 x축 위쪽 영역 넓이의 2배다. [정리 9-3]에 의해 영역의 넓이는 다음과 같다.

$$A(R)=2\int_0^{\pi}\frac{1}{2}(1-\cos\theta)^2d\theta$$

$$=\int_0^{\pi}(1-2\cos\theta+\cos^2\theta)d\theta=\int_0^{\pi}\left\{1-2\cos\theta+\frac{1}{2}(1+\cos 2\theta)\right\}d\theta$$

$$=\left[\frac{3}{2}\theta-2\sin\theta+\frac{1}{4}\sin 2\theta\right]_0^{\pi}=\frac{3}{2}\pi$$

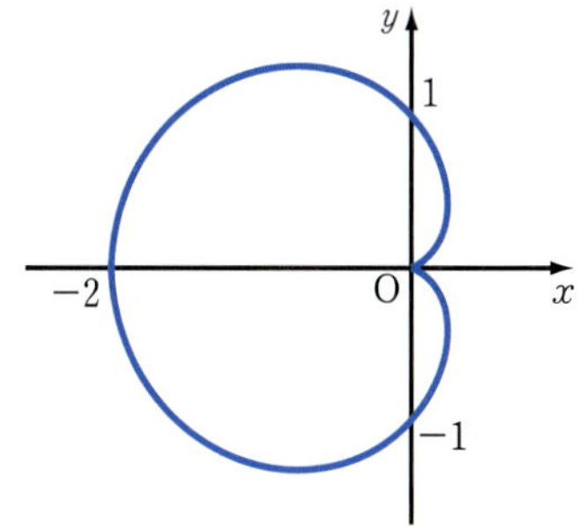

[그림 9-16] $r=1-\cos\theta$의 그래프

예제 9-24 4엽장미 그래프의 넓이

4엽장미 $r=2\cos 2\theta$의 그래프로 둘러싸인 영역의 넓이를 구하라.

풀이

4엽장미 $r=2\cos 2\theta$의 그래프를 그리는 방법은 [예제 9-21]을 참고하라. 구하고자 하는 영역의 넓이는 오른쪽 그림과 같이 $\theta=-\frac{\pi}{4}$와 $\theta=\frac{\pi}{4}$ 사이에 그려진 잎 1개 영역 넓이의 4배다. [정리 9-3]에 의해 영역의 넓이는 다음과 같다.

$$A(R)=4\int_{-\frac{\pi}{4}}^{\frac{\pi}{4}}\frac{1}{2}r^2d\theta=2\int_{-\frac{\pi}{4}}^{\frac{\pi}{4}}4\cos^2 2\theta d\theta=16\int_0^{\frac{\pi}{4}}\cos^2 2\theta d\theta$$

$$=16\int_0^{\frac{\pi}{4}}\frac{1}{2}(1+\cos 4\theta)d\theta=8\left[\theta+\frac{1}{4}\sin 4\theta\right]_0^{\frac{\pi}{4}}=2\pi$$

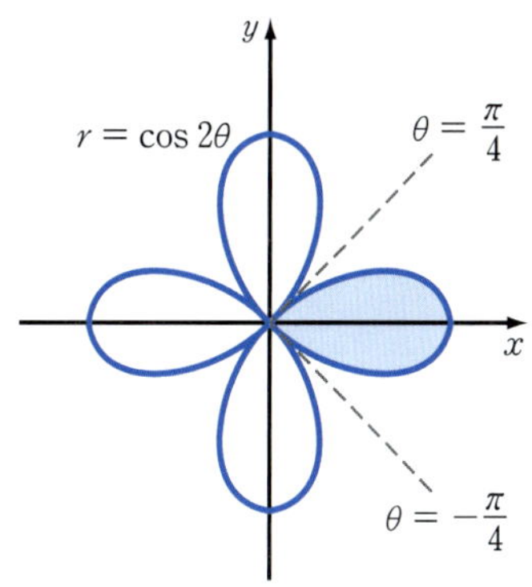

[유제 9-10]

4엽장미 $r=3\cos 2\theta$의 그래프로 둘러싸인 영역의 넓이를 구하라.

예제 9-25 두 극곡선 사이의 넓이

심장형 $r=1-\cos\theta$의 외부와 원 $r=\sqrt{3}\sin\theta$의 내부의 공통 영역을 R이라 하자. R의 넓이를 구하라.

풀이

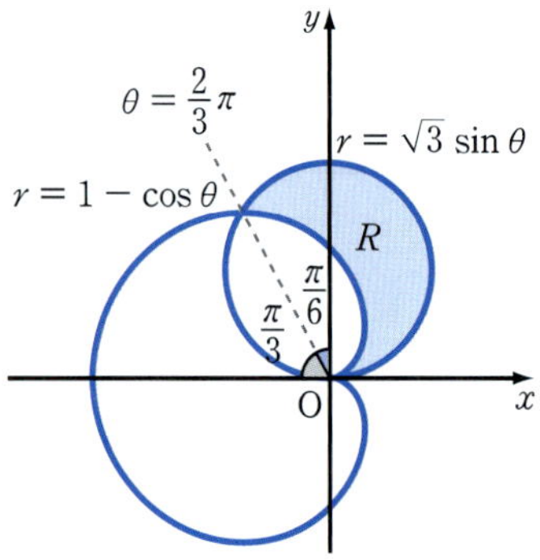

두 극곡선 $r=1-\cos\theta$, $r=\sqrt{3}\sin\theta$의 그래프와 영역 R은 왼쪽 그림과 같다. 두 곡선의 교점은 방정식 $1-\cos\theta=\sqrt{3}\sin\theta$를 풀어 구한다. 방정식의 양변을 제곱하여 $\cos\theta$에 대한 이차방정식을 풀면 $\cos\theta=-\frac{1}{2}$ 또는 $\cos\theta=1$이므로 $\theta=0$ 또는 $\theta=\frac{2}{3}\pi$이다. 구하고자 하는 영역의 넓이는 원 $r=\sqrt{3}\sin\theta$와 직선 $\theta=\frac{2}{3}\pi$로 둘러싸인 영역의 넓이에서 심장형 $r=1-\cos\theta$와 직선 $\theta=\frac{2}{3}\pi$로 둘러싸인 영역의 넓이를 뺀 값으로 구한다. 따라서 R의 넓이 $A(R)$은 다음과 같다.

$$A(R)=\frac{1}{2}\int_0^{\frac{2\pi}{3}}(\sqrt{3}\sin\theta)^2d\theta-\frac{1}{2}\int_0^{\frac{2\pi}{3}}(1-\cos\theta)^2d\theta$$

$$=\frac{1}{2}\left\{\int_0^{\frac{2\pi}{3}}(3\sin^2\theta-1+2\cos\theta-\cos^2\theta)d\theta\right\}$$

$$=-\int_0^{\frac{2\pi}{3}}(2\cos^2\theta-\cos\theta-1)d\theta=-\int_0^{\frac{2\pi}{3}}\left(2\cdot\frac{1+\cos2\theta}{2}-\cos\theta-1\right)d\theta$$

$$=-\int_0^{\frac{2\pi}{3}}(\cos2\theta-\cos\theta)d\theta=-\left[\frac{1}{2}\sin2\theta-\sin\theta\right]_0^{\frac{2\pi}{3}}=\frac{3\sqrt{3}}{4}$$

[유제 9-11]

원 $r=2$의 외부와 원 $r=4$의 내부의 공통 영역의 넓이를 구하라.

극좌표에서 호의 길이

극좌표계에서 곡선 C가 $r=f(\theta)$ $(a\le\theta\le b)$로 주어져 있다고 하자. C의 매개변수 방정식은 다음과 같다.

$$x=r\cos\theta=f(\theta)\cos\theta,\ y=r\sin\theta=f(\theta)\sin\theta$$

함수 f의 도함수가 연속이면 곡선 C의 길이의 공식을 유도할 수 있다. 미분의 곱의 법칙을 이용하면 $\frac{dx}{d\theta}$, $\frac{dy}{d\theta}$는 각각 다음과 같다.

$$\frac{dx}{d\theta}=\frac{dr}{d\theta}\cos\theta-r\sin\theta,\ \frac{dy}{d\theta}=\frac{dr}{d\theta}\sin\theta+r\cos\theta$$

등식 $\cos^2\theta+\sin^2\theta=1$과 간단한 대수 계산을 통해 다음을 얻는다.

$$\left(\frac{dx}{d\theta}\right)^2+\left(\frac{dy}{d\theta}\right)^2=r^2+\left(\frac{dr}{d\theta}\right)^2$$

[정리 9-2]를 이용하면 곡선의 길이는 다음과 같다.

$$L=\int_a^b\sqrt{\left(\frac{dx}{d\theta}\right)^2+\left(\frac{dy}{d\theta}\right)^2}\,d\theta$$

이상의 내용을 정리하면 다음과 같다.

정리 9-4 극곡선의 길이

함수 f에 대하여 도함수 f'이 닫힌구간 $[a,b]$에서 연속이라 하자. 구간 $[a,b]$에서 극곡선 $r=f(\theta)$의 길이 L은 다음과 같다.

$$L=\int_a^b\sqrt{r^2+\left(\frac{dr}{d\theta}\right)^2}\,d\theta$$

예제 9-26 심장형 곡선의 길이

심장형 $r=1-\cos\theta$ $(0\le\theta\le\pi)$의 길이를 구하라.

풀이

$0\le\theta\le\pi$에서 $r=1-\cos\theta$의 그래프는 [그림 9-16]에서 x축의 위쪽 곡선에 해당한다. $\frac{dr}{d\theta}=\sin\theta$이므로 $0\le\theta\le\pi$에서 극곡선의 길이 L은 다음과 같다.

$$L=\int_0^\pi\sqrt{r^2+\left(\frac{dr}{d\theta}\right)^2}\,d\theta=\sqrt{2}\int_0^\pi\sqrt{1-\cos\theta}\,d\theta$$

삼각함수의 반각 공식 $1-\cos\theta=2\sin^2\frac{\theta}{2}$를 사용하면 길이 L은 다음과 같다.

$$L=2\int_0^\pi\sin\frac{\theta}{2}d\theta=-4\left[\cos\frac{\theta}{2}\right]_0^\pi=4$$

[유제 9-12]

심장형 $r=1+\sin\theta$ $\left(0\le\theta\le\frac{\pi}{2}\right)$의 길이를 구하라.

SECTION

9.2 연습문제

※ 01~03 다음 극좌표를 직교좌표로 변환하라.

01 $A\left(2, \frac{\pi}{6}\right)$ 02 $B\left(-3, \frac{\pi}{6}\right)$ 03 $C\left(2, -\frac{\pi}{3}\right)$

※ 04~06 다음 직교좌표를 극좌표로 변환하라.

04 $A(1,1)$ 05 $B(-\sqrt{3}, \sqrt{3})$ 06 $C(\sqrt{5}, 2)$

※ 07~08 극좌표로 주어진 두 점 사이의 거리를 구하라.

07 $A\left(2, \frac{4\pi}{3}\right)$, $B\left(2, \frac{\pi}{2}\right)$ 08 $C\left(-2, \frac{\pi}{3}\right)$, $D\left(2, \frac{3\pi}{2}\right)$

※ 09~11 다음 극방정식의 그래프를 그려라.

09 $r = 1 + \sin\theta$ 10 $r = 1 + \cos\theta$ 11 $r = 2\sin 2\theta$

※ 12~15 다음 그림과 같이 주어진 그래프의 음함수 관계식 $2(x^2+y^2)^2 = 25(x^2-y^2)$에 대하여 다음 물음에 답하라.

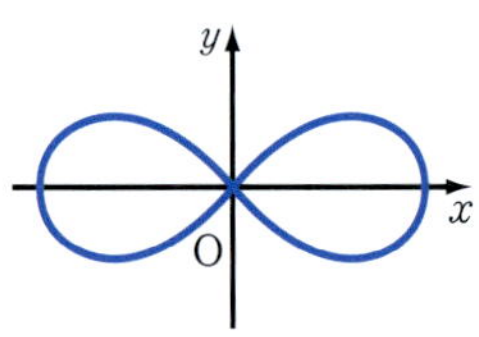

12 주어진 음함수에 $x = r\cos\theta$, $y = r\sin\theta$를 대입한 새로운 음함수 $G(r, \theta) = 0$을 구하라.

13 [연습문제 12]에서 구한 식 $G(r, \theta) = 0$으로부터 $\frac{dr}{d\theta}$을 구하라.

14 $\theta = \frac{\pi}{8}$일 때 곡선 위에서 구한 접선의 방정식을 구하라.

15 $-\frac{\pi}{4} \le \theta \le \frac{\pi}{4}$일 때 곡선 위에서 그은 접선의 기울기 변화를 설명하라.

※ 16~18 다음 극곡선에 대하여 θ에 대응하는 점에서의 접선의 기울기를 구하라.

16 $r = 1 + \sin\theta$, $\theta = \frac{\pi}{4}$

17 $r = 1 + \cos\theta$, $\theta = \frac{\pi}{3}$

18 $r = 2\sin 2\theta$, $\theta = \frac{\pi}{6}$

※ 19~22 다음 극곡선으로 둘러싸인 영역의 넓이를 구하라.

19 $r = 2\cos\theta$ 20 $r = 3 + 2\cos\theta$

21 $r = 4 + 4\sin\theta$ 22 $r = 4\sin\theta$

23 극곡선 $r = \cos\theta$의 내부와 극곡선 $r = \sin\theta$의 내부의 공통 영역을 R이라 하자. R의 넓이를 구하라.

24 극곡선 $r = 4\cos\theta$의 내부와 극곡선 $r = 2$의 외부의 공통 영역을 R이라 하자. 영역 R의 넓이를 구하라.

25 극곡선 $r = 4\sin 3\theta$의 잎 1개 영역의 넓이를 구하라.

26 4엽장미 $r = 2\cos 2\theta$의 내부와 원 $r = 1$의 외부의 공통 영역을 R이라 하자. 영역 R의 넓이를 구하라.

※ 27~30 다음 극곡선의 길이를 구하라.

27 $r = 2 \ (0 \le \theta \le 2\pi)$ 28 $r = 3\cos\theta$

29 $r = 2 - 2\sin\theta$ 30 $r = 4\sin\theta$

31 심장형 $r = 2 + \cos 2\theta \ (0 \le \theta \le \pi)$의 길이를 구하라.

SECTION 9.3 행렬과 행렬식

행렬

수 또는 문자를 직사각형으로 배열한 것을 **행렬**(matrix)이라 하고, 다음과 같이 표기한다.

$$A = \begin{pmatrix} a_{11} & \cdots\ a_{1j} \cdots & a_{1n} \\ & \vdots & \\ a_{i1} & \cdots\ a_{ij} \cdots & a_{in} \\ & \vdots & \\ a_{m1} & a_{mj} & a_{mn} \end{pmatrix}$$

행렬 A에서 다음과 같은 가로줄을 행렬 A의 ***i*****행**(ith row)이라 한다.

$$(a_{i1} \cdots a_{ij} \cdots a_{in}) \quad (1 \le i \le m)$$

행렬 A에서 다음과 같은 세로줄을 행렬 A의 ***j*****열**(jth column)이라 한다.

$$\begin{pmatrix} a_{1j} \\ \vdots \\ a_{ij} \\ \vdots \\ a_{mj} \end{pmatrix} \quad (1 \le j \le n)$$

행렬의 **크기**(size)는 행의 개수 m과 열의 개수 n에 따라 정해지며, m행과 n열로 이루어진 행렬의 크기는 $m \times n$으로 나타낸다. 행렬 A에서 i행과 j열에 있는 수 또는 문자 a_{ij}를 행렬 A의 (i, j) **성분**(entry) 또는 **원소**(element)라 한다. (i, j) 성분을 이용하여 행렬 A를 다음과 같이 나타내기도 한다.

$$A = (a_{ij})_{m \times n} \quad \text{또는} \quad A = (a_{ij})$$

행의 개수와 열의 개수가 같으면, 즉 $m = n$이면 행렬 A를 n차 **정사각행렬** 또는 **정방행렬**(square matrix)이라 한다. n차 정사각행렬에서 n개의 성분 a_{11}, a_{22}, …, a_{nn}을 **주대각선 성분**(main diagonal entry)이라 한다. 행렬의 모든 성분이 0인 행렬을 **영행렬**(zero matrix)이라 하고 O로 나타낸다. 정사각행렬 중 주대각선 성분이 1이고 나머지 성분이 모두 0인 행렬을 **단위행렬**(identity matrix)이라 하고, I로 나타낸다.

예를 들어 2×2 영행렬과 3×3 단위행렬은 다음과 같다.

$$O=\begin{pmatrix}0&0\\0&0\end{pmatrix},\quad I=\begin{pmatrix}1&0&0\\0&1&0\\0&0&1\end{pmatrix}$$

두 행렬 $A=(a_{ij})_{m\times n}$, $B=(b_{ij})_{m\times n}$에 대해 같은 위치에 대응하는 성분이 모두 같으면, 즉 모든 i, j $(1\le i\le n, 1\le j\le m)$에 대하여 $a_{ij}=b_{ij}$이면 두 행렬은 **같다**(equal)고 하고, $A=B$로 표기한다.

행렬을 정의하였으므로, 이제 행렬의 연산에 대하여 알아보자. 이 절에서는 2×2 행렬과 3×3 행렬만 다루기로 한다.

정의 9-1 행렬의 합과 상수 배

2×2 행렬 $A=\begin{pmatrix}a_{11}&a_{12}\\a_{21}&a_{22}\end{pmatrix}$, $B=\begin{pmatrix}b_{11}&b_{12}\\b_{21}&b_{22}\end{pmatrix}$와 3×3 행렬 $A=\begin{pmatrix}a_{11}&a_{12}&a_{13}\\a_{21}&a_{22}&a_{23}\\a_{31}&a_{32}&a_{33}\end{pmatrix}$, $B=\begin{pmatrix}b_{11}&b_{12}&b_{13}\\b_{21}&b_{22}&b_{23}\\b_{31}&b_{32}&b_{33}\end{pmatrix}$에 대하여 행렬의 **합**과 **상수 배**는 다음과 같이 정의한다.

(1) 행렬의 합 $A+B$

2×2 행렬 : $A+B=\begin{pmatrix}a_{11}+b_{11}&a_{12}+b_{12}\\a_{21}+b_{21}&a_{22}+b_{22}\end{pmatrix}$

3×3 행렬 : $A+B=\begin{pmatrix}a_{11}+b_{11}&a_{12}+b_{12}&a_{13}+b_{13}\\a_{21}+b_{21}&a_{22}+b_{22}&a_{23}+b_{23}\\a_{31}+b_{31}&a_{32}+b_{32}&a_{33}+b_{33}\end{pmatrix}$

(2) 행렬의 상수 배 kA (단, k는 실수)

2×2 행렬 : $kA=\begin{pmatrix}ka_{11}&ka_{12}\\ka_{21}&ka_{22}\end{pmatrix}$

3×3 행렬 : $kA=\begin{pmatrix}ka_{11}&ka_{12}&ka_{13}\\ka_{21}&ka_{22}&ka_{23}\\ka_{31}&ka_{32}&ka_{33}\end{pmatrix}$

참고 행렬의 차

행렬의 **차**는 $A-B=A+(-B)$로 정의한다.

예제 9-27 **행렬의 합과 상수 배**

두 행렬 $A=\begin{pmatrix} 1 & 2 & 2 \\ 3 & 4 & 1 \\ -1 & 1 & 2 \end{pmatrix}$, $B=\begin{pmatrix} -1 & 3 & 1 \\ 2 & 4 & 2 \\ -1 & 2 & 3 \end{pmatrix}$에 대하여 다음을 구하라.

(a) $A+B$ (b) $3A$ (c) $A+(-2B)$

풀이

(a) $A+B=\begin{pmatrix} 1+(-1) & 2+3 & 2+1 \\ 3+2 & 4+4 & 1+2 \\ -1+(-1) & 1+2 & 2+3 \end{pmatrix}=\begin{pmatrix} 0 & 5 & 3 \\ 5 & 8 & 3 \\ -2 & 3 & 5 \end{pmatrix}$

(b) $3A=\begin{pmatrix} 3 & 6 & 6 \\ 9 & 12 & 3 \\ -3 & 3 & 6 \end{pmatrix}$

(c) $A+(-2B)=\begin{pmatrix} 3 & -4 & 0 \\ -1 & -4 & -3 \\ 1 & -3 & -4 \end{pmatrix}$

[유제 9-13]

두 행렬 $A=\begin{pmatrix} 3 & 0 & 1 \\ 1 & -1 & 2 \\ 1 & 1 & 0 \end{pmatrix}$, $B=\begin{pmatrix} 1 & -2 & 5 \\ 3 & 4 & 2 \\ 1 & 2 & 6 \end{pmatrix}$에 대하여 다음을 구하라.

(a) $A-2B$ (b) $-3B$ (c) $2A+3B$

정의 9-2 **행렬의 곱**

2×2 행렬 $A=\begin{pmatrix} a_{11} & a_{12} \\ a_{21} & a_{22} \end{pmatrix}$, $B=\begin{pmatrix} b_{11} & b_{12} \\ b_{21} & b_{22} \end{pmatrix}$와 3×3 행렬 $A=\begin{pmatrix} a_{11} & a_{12} & a_{13} \\ a_{21} & a_{22} & a_{23} \\ a_{31} & a_{32} & a_{33} \end{pmatrix}$, $B=\begin{pmatrix} b_{11} & b_{12} & b_{13} \\ b_{21} & b_{22} & b_{23} \\ b_{31} & b_{32} & b_{33} \end{pmatrix}$에 대하여 행렬의 **곱**은 다음과 같이 정의한다.

(1) 2×2 행렬

$$AB=\begin{pmatrix} a_{11} & a_{12} \\ a_{21} & a_{22} \end{pmatrix}\begin{pmatrix} b_{11} & b_{12} \\ b_{21} & b_{22} \end{pmatrix}=\begin{pmatrix} a_{11}b_{11}+a_{12}b_{21} & a_{11}b_{12}+a_{12}b_{22} \\ a_{21}b_{11}+a_{22}b_{21} & a_{21}b_{12}+a_{22}b_{22} \end{pmatrix}$$

(2) 3×3 행렬

$$AB=\begin{pmatrix} a_{11} & a_{12} & a_{13} \\ a_{21} & a_{22} & a_{23} \\ a_{31} & a_{32} & a_{33} \end{pmatrix}\begin{pmatrix} b_{11} & b_{12} & b_{13} \\ b_{21} & b_{22} & b_{23} \\ b_{31} & b_{32} & b_{33} \end{pmatrix}$$

$$=\begin{pmatrix} a_{11}b_{11}+a_{12}b_{21}+a_{13}b_{31} & a_{11}b_{12}+a_{12}b_{22}+a_{13}b_{32} & a_{11}b_{13}+a_{12}b_{23}+a_{13}b_{33} \\ a_{21}b_{11}+a_{22}b_{21}+a_{23}b_{31} & a_{21}b_{12}+a_{22}b_{22}+a_{23}b_{32} & a_{21}b_{13}+a_{22}b_{23}+a_{23}b_{33} \\ a_{31}b_{11}+a_{32}b_{21}+a_{33}b_{31} & a_{31}b_{12}+a_{32}b_{22}+a_{33}b_{32} & a_{31}b_{13}+a_{32}b_{23}+a_{33}b_{33} \end{pmatrix}$$

예제 9-28 **행렬의 곱**

두 행렬 $A=\begin{pmatrix}1 & 0 & 2\\0 & 1 & -1\\1 & 1 & 0\end{pmatrix}$, $B=\begin{pmatrix}2 & -1 & 1\\0 & 1 & -1\\3 & 2 & 1\end{pmatrix}$에 대하여 AB를 구하라.

풀이

두 행렬을 곱하면 $AB=\begin{pmatrix}1 & 0 & 2\\0 & 1 & -1\\1 & 1 & 0\end{pmatrix}\begin{pmatrix}2 & -1 & 1\\0 & 1 & -1\\3 & 2 & 1\end{pmatrix}=\begin{pmatrix}8 & 3 & 3\\-3 & -1 & -2\\2 & 0 & 0\end{pmatrix}$이다.

[유제 9-14]

두 행렬 $A=\begin{pmatrix}3 & 0 & 1\\1 & -1 & 2\\1 & 1 & 0\end{pmatrix}$, $B=\begin{pmatrix}1 & -2 & 5\\3 & 4 & 2\\1 & 2 & 6\end{pmatrix}$에 대하여 AB를 구하라.

참고 **실수의 곱과 행렬의 곱의 차이**

실수의 곱과 행렬의 곱에는 다음과 같은 차이가 있다.

	소거법칙	교환법칙
실수의 곱	○	○
행렬의 곱	×	×

실수 a, b, c에 대하여

(1) $ab=ac$이고 $a\neq 0$이면 $b=c$이다. (소거법칙)

(2) $ab=ba$ (교환법칙)

행렬 $A=\begin{pmatrix}0 & 1\\0 & 3\end{pmatrix}$, $B=\begin{pmatrix}1 & 2\\3 & 1\end{pmatrix}$, $C=\begin{pmatrix}4 & 2\\3 & 1\end{pmatrix}$에 대하여

(1) $AB=AC=\begin{pmatrix}3 & 1\\9 & 3\end{pmatrix}$이므로 $AB=AC$, $A\neq O$이지만 $B\neq C$이다.

(2) $BC=\begin{pmatrix}10 & 4\\15 & 7\end{pmatrix}$, $CB=\begin{pmatrix}10 & 10\\6 & 7\end{pmatrix}$이므로 $BC\neq CB$이다.

행렬은 대량의 연산을 한 번에 수행할 수 있어 매우 강력한 도구다. 행렬을 이용하면 연립일차방정식을 하나의 식으로 표현할 수 있다. 더 나아가 연립일차방정식의 해를 쉽게 구할 수 있다. 이는 선형대수학에서 자세히 다루게 될 것이다.

예제 9-29 **연립일차방정식의 행렬 표현**

다음 연립일차방정식을 행렬로 표현하라.

(a) $\begin{cases} ax+by=k_1 \\ cx+dy=k_2 \end{cases}$ (b) $\begin{cases} a_{11}x+a_{12}y+a_{13}z=b_1 \\ a_{21}x+a_{22}y+a_{23}z=b_2 \\ a_{31}x+a_{32}y+a_{33}z=b_3 \end{cases}$

풀이

좌변을 연립일차방정식의 계수를 성분으로 하는 행렬과 미지수를 성분으로 하는 행렬의 곱으로 나타낸다.

(a) $\begin{pmatrix} ax+by \\ cx+dy \end{pmatrix} = \begin{pmatrix} k_1 \\ k_2 \end{pmatrix}$에서 좌변을 행렬의 곱셈 형태로 표현하면 $\begin{pmatrix} a & b \\ c & d \end{pmatrix}\begin{pmatrix} x \\ y \end{pmatrix} = \begin{pmatrix} k_1 \\ k_2 \end{pmatrix}$이다.

(b) $\begin{pmatrix} a_{11}x+a_{12}y+a_{13}z \\ a_{21}x+a_{22}y+a_{23}z \\ a_{31}x+a_{32}y+a_{33}z \end{pmatrix} = \begin{pmatrix} b_1 \\ b_2 \\ b_3 \end{pmatrix}$에서 좌변을 행렬의 곱셈 형태로 표현하면

$\begin{pmatrix} a_{11} & a_{12} & a_{13} \\ a_{21} & a_{22} & a_{23} \\ a_{31} & a_{32} & a_{33} \end{pmatrix}\begin{pmatrix} x \\ y \\ z \end{pmatrix} = \begin{pmatrix} b_1 \\ b_2 \\ b_3 \end{pmatrix}$이다.

행렬식

A가 정사각행렬이고 $AB=BA=I$를 만족하는 크기가 같은 행렬 B가 존재하면 A는 **가역행렬**(invertible matrix)이라 한다. 이때 B를 A의 **역행렬**(inverse matrix)이라 하고 $B=A^{-1}$로 나타낸다.

2차 정사각행렬 $A=\begin{pmatrix} a & b \\ c & d \end{pmatrix}$가 가역행렬일 필요충분조건은 $ad-bc \neq 0$이다. A의 역행렬은 다음과 같다.

$$A^{-1} = \frac{1}{ad-bc}\begin{pmatrix} d & -b \\ -c & a \end{pmatrix}$$

이때 $ad-bc$를 2차 정사각행렬 A의 **행렬식**(determinant)이라 하고 다음과 같이 나타낸다.

$$\det(A) = ad-bc \quad \text{또는} \quad \begin{vmatrix} a & b \\ c & d \end{vmatrix} = ad-bc$$

3차 정사각행렬 $A=\begin{pmatrix} a_{11} & a_{12} & a_{13} \\ a_{21} & a_{22} & a_{23} \\ a_{31} & a_{32} & a_{33} \end{pmatrix}$의 행렬식은 다음과 같이 정의한다.

$$\det(A) = a_{11}a_{22}a_{33}+a_{12}a_{23}a_{31}+a_{13}a_{32}a_{21}-a_{13}a_{22}a_{31}-a_{12}a_{21}a_{33}-a_{11}a_{32}a_{23}$$

참고 **3차 정사각행렬의 행렬식의 다른 표현**

3차 정사각행렬 $A=\begin{pmatrix} a_{11} & a_{12} & a_{13} \\ a_{21} & a_{22} & a_{23} \\ a_{31} & a_{32} & a_{33} \end{pmatrix}$의 행렬식은 2차 정사각행렬의 행렬식을 이용하여 나타낼 수 있다.

$$\det(A) = a_{11}\begin{vmatrix} a_{22} & a_{23} \\ a_{32} & a_{33} \end{vmatrix} - a_{12}\begin{vmatrix} a_{21} & a_{23} \\ a_{31} & a_{33} \end{vmatrix} + a_{13}\begin{vmatrix} a_{21} & a_{22} \\ a_{31} & a_{32} \end{vmatrix} \tag{9.2}$$

예제 9-30 **역행렬**

행렬 $A=\begin{pmatrix} 1 & 2 \\ -1 & 3 \end{pmatrix}$의 역행렬을 구하라.

풀이

$ad-bc=3-(-2)=5$이므로 A의 역행렬은 $A^{-1}=\frac{1}{5}\begin{pmatrix} 3 & -2 \\ 1 & 1 \end{pmatrix}=\begin{pmatrix} \frac{3}{5} & -\frac{2}{5} \\ \frac{1}{5} & \frac{1}{5} \end{pmatrix}$이다.

[유제 9-15]

행렬 $A=\begin{pmatrix} 3 & 2 \\ 1 & 1 \end{pmatrix}$의 역행렬을 구하라.

예제 9-31 **행렬식**

다음 행렬의 행렬식을 구하라.

(a) $A=\begin{pmatrix} 1 & -2 \\ 3 & 5 \end{pmatrix}$ (b) $B=\begin{pmatrix} 1 & 0 & -1 \\ 1 & 1 & 2 \\ 2 & -1 & 1 \end{pmatrix}$

풀이

(a) $\det(A)=5-(-2)\cdot 3=11$

(b) $\det(B)=1\cdot 1\cdot 1+0\cdot 2\cdot 2+(-1)\cdot 1\cdot(-1)$
$\quad -(-1)\cdot 1\cdot 2-0\cdot 1\cdot 1-1\cdot 2\cdot(-1)$
$\quad =6$

[유제 9-16]

다음 행렬의 행렬식을 구하라.

(a) $A=\begin{pmatrix} 2 & -1 \\ 4 & -2 \end{pmatrix}$ (b) $B=\begin{pmatrix} 2 & 0 & -1 \\ 1 & 2 & 2 \\ 3 & -1 & 0 \end{pmatrix}$

2차 또는 3차 정사각행렬의 행렬식은 [그림 9-17]의 화살표 방향으로 성분을 곱한 뒤 화살표 부호에 따라 더하거나 빼면 매우 효과적으로 계산할 수 있다.

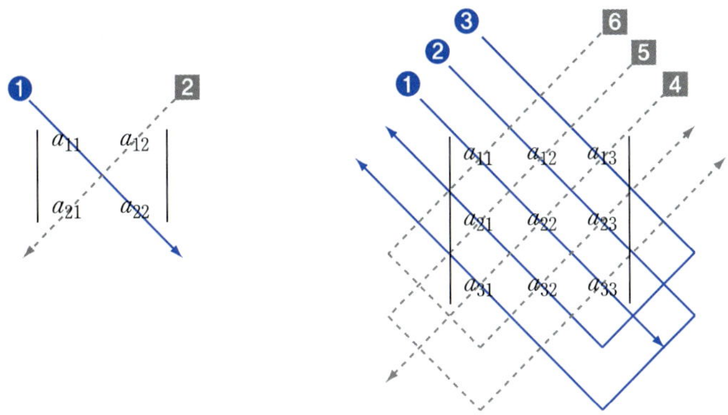

[그림 9-17] 행렬식 계산 방법

SECTION

9.3 연습문제

※ 01~02 다음 등식을 만족하는 실수 a, b, c, d 값을 구하라.

01 $\begin{pmatrix} a & 2 \\ 3 & b \end{pmatrix} = \begin{pmatrix} 5 & 2 \\ 3 & 1 \end{pmatrix}$

02 $\begin{pmatrix} a+b & 3 \\ 4 & c \end{pmatrix} = \begin{pmatrix} 2 & a+d \\ c+1 & b+3 \end{pmatrix}$

※ 03~06 두 행렬 $A = \begin{pmatrix} 1 & 2 & -1 \\ 3 & 1 & 5 \\ -1 & 3 & 4 \end{pmatrix}$, $B = \begin{pmatrix} 2 & -2 & 4 \\ 1 & 3 & 6 \\ 2 & -4 & 5 \end{pmatrix}$에 대하여 다음을 구하라.

03 $2A$

04 $-2B$

05 $A+3B$

06 AB

※ 07~08 다음 방정식을 만족하는 실수 a, b, c 값을 구하라.

07 $\begin{pmatrix} 2 & 5 & a \\ -1 & b & 0 \\ c & 1 & 1 \end{pmatrix} \begin{pmatrix} 4 \\ -2 \\ 1 \end{pmatrix} = \begin{pmatrix} 5 \\ 4 \\ 7 \end{pmatrix}$

08 $\begin{pmatrix} 1 & 0 & 3 \\ 0 & 1 & -2 \\ 1 & 3 & 4 \end{pmatrix} \begin{pmatrix} a \\ b \\ c \end{pmatrix} = \begin{pmatrix} -3 \\ 9 \\ 10 \end{pmatrix}$

※ 9~10 다음 연립일차방정식을 행렬로 표현하라.

09 $\begin{cases} 2x_1 + 3y_1 + z_1 = 1 \\ x_1 - 2y_1 + 3z_1 = 2 \\ 3y_1 - 2z_1 = 3 \end{cases}$

10 $\begin{cases} 3x_1 + 4y_1 + z_1 = 2 \\ 4x_1 + 3z_1 = 1 \\ -x_1 + 5y_1 + 2z_1 = 5 \end{cases}$

※ 11~14 다음 행렬식을 구하라.

11 $\begin{vmatrix} 1 & 3 \\ 5 & 2 \end{vmatrix}$

12 $\begin{vmatrix} -1 & 2 \\ 3 & -5 \end{vmatrix}$

13 $\begin{vmatrix} 1 & 3 & 2 \\ 2 & 0 & 1 \\ 1 & 1 & 1 \end{vmatrix}$

14 $\begin{vmatrix} 2 & 0 & 1 \\ 0 & 3 & -2 \\ -1 & 2 & 4 \end{vmatrix}$

※ 15~18 다음 행렬식을 구하라.

15 $\begin{vmatrix} a & -b \\ b & a \end{vmatrix}$

16 $\begin{vmatrix} a-b & a+b \\ a+b & a-b \end{vmatrix}$

17 $\begin{vmatrix} 1 & a & b \\ 1 & c & a \\ 1 & b & c \end{vmatrix}$

18 $\begin{vmatrix} 1 & 1 & 1 \\ a & b & 0 \\ c & d & 1 \end{vmatrix}$

※ 19~22 방정식 $\det(A)=0$을 만족하는 실수 λ 값을 구하라.

19 $A = \begin{pmatrix} \lambda+4 & 0 \\ 4 & \lambda+2 \end{pmatrix}$

20 $A = \begin{pmatrix} 1 & 2 & 3 \\ 0 & \lambda & \lambda \\ 4 & 0 & \lambda \end{pmatrix}$

21 $A = \begin{pmatrix} \lambda-4 & 0 & 0 \\ 0 & \lambda & 1 \\ 0 & 1 & \lambda-2 \end{pmatrix}$

22 $A = \begin{pmatrix} \lambda & 1 & 1 \\ 0 & \lambda & 0 \\ \lambda-1 & 0 & 1 \end{pmatrix}$

23 다음 행렬식을 만족하는 실수 k 값을 구하라.

$$\begin{vmatrix} -k & -1 \\ 3 & k-1 \end{vmatrix} = \begin{vmatrix} 1 & 0 & -3 \\ 2 & k & -6 \\ 1 & 3 & k-5 \end{vmatrix}$$

※ 24~25 다음 행렬의 역행렬 A^{-1}를 구하라.

24 $A = \begin{pmatrix} 3 & 2 \\ 4 & -5 \end{pmatrix}$　　**25** $A = \begin{pmatrix} 2 & 2 \\ 3 & 4 \end{pmatrix}$

26 오른쪽 그림과 같이 주어진 삼각형 ABC의 넓이는

$$S = \frac{1}{2}\begin{vmatrix} x_1 & y_1 & 1 \\ x_2 & y_2 & 1 \\ x_3 & y_3 & 1 \end{vmatrix}$$ 임을 보여라.

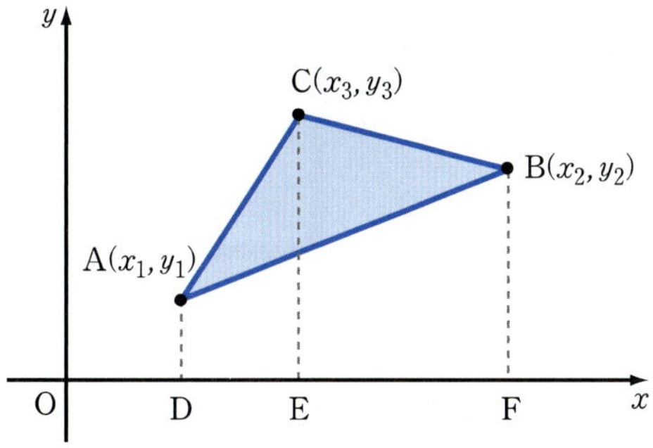

Hint S=(ADEC의 넓이)+(CEFB의 넓이)−(ADFB의 넓이)

SECTION 9.4 벡터

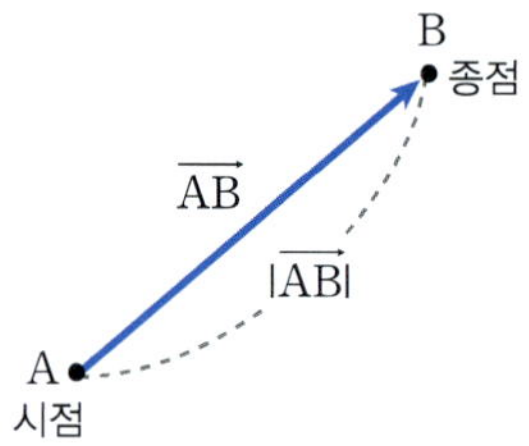

[그림 9-18] 벡터 $\overrightarrow{AB}$

일상생활에서 많이 사용하는 이동거리, 질량, 시간, 길이, 무게, 온도 등은 물리량이다. 이와 같이 크기만 알 수 있는 양을 **스칼라**(scalar)라 한다. 이와 달리 힘, 속도, 가속도, 전기장과 같이 크기와 방향을 동시에 나타내는 양이 있다. 이런 양을 **벡터**(vector)라 한다.

벡터는 방향이 있는 선분(화살표)으로 나타낸다. [그림 9-18]과 같이 점 A에서 점 B로 향하는 선분 AB로 나타낸 벡터를 $\overrightarrow{AB}$로 표기한다. 이때 점 A를 벡터 $\overrightarrow{AB}$의 **시점**(initial point)이라 하고, 점 B를 벡터 $\overrightarrow{AB}$의 **종점**(terminal point)이라 한다. 벡터의 크기는 선분 AB의 길이로 정의하고, $|\overrightarrow{AB}|$로 표기한다.

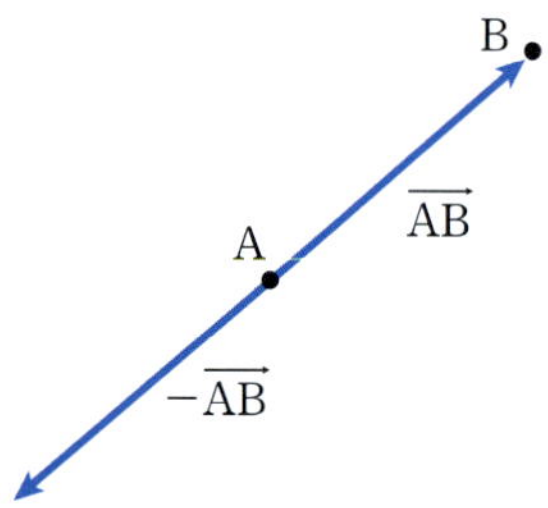

(a) 음벡터

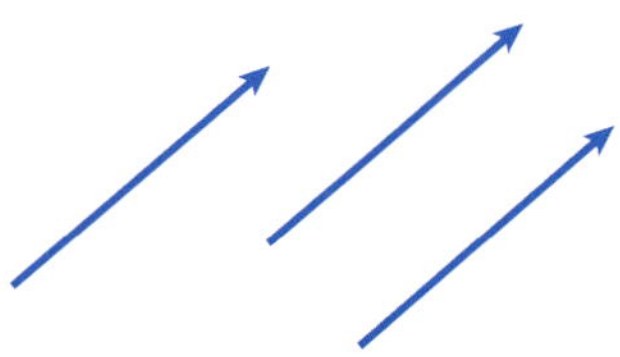

(b) 동치벡터

[그림 9-19] 음벡터와 동치벡터

시점과 종점이 같은 벡터를 **영벡터**(zero vector)라 한다. 영벡터의 크기는 0이며, 특정한 방향이 없는 벡터로 $\mathbf{0}$으로 표기한다. 크기가 1인 벡터를 **단위벡터**(unit vector)라 한다. 벡터 $\overrightarrow{AB}$와 크기가 같고 방향이 반대인 벡터를 벡터 $\overrightarrow{AB}$의 **음벡터**(negative vector)라 하며, $-\overrightarrow{AB}$로 표기한다. 이때 $-\overrightarrow{AB}=\overrightarrow{BA}$가 성립한다. 두 벡터의 크기와 방향이 같으면 두 벡터는 **동치**(equivalent)라고 한다.

이 책에서 벡터는 영어 소문자의 볼드체($\mathbf{u}$, $\mathbf{v}$, $\mathbf{w}$, ...)로 표기하고, 스칼라는 영어 소문자의 이탤릭체(k, l, m, ...)로 표기하기로 한다. 즉 벡터를 $\overrightarrow{AB}$ 또는 $\mathbf{v}$로 표기한다.

벡터의 합과 스칼라 배

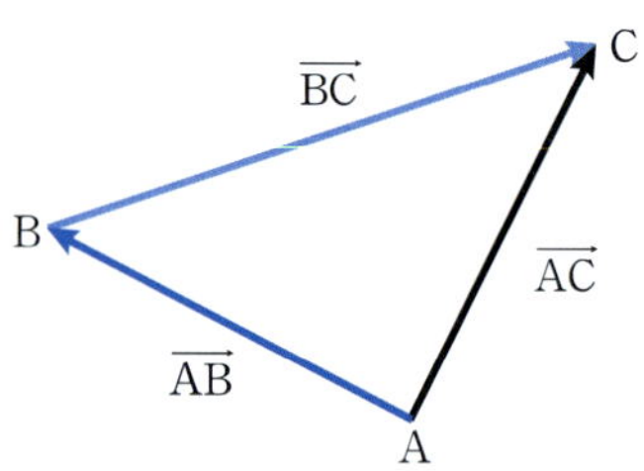

[그림 9-20] $\overrightarrow{AC}=\overrightarrow{AB}+\overrightarrow{BC}$

어떤 물체가 점 A에서 점 B까지 움직이면 이를 벡터로 $\overrightarrow{AB}$로 나타낸다. 이 물체가 방향을 바꾸어 점 B에서 점 C까지 움직이면 벡터로 $\overrightarrow{BC}$로 나타낸다. 이 물체는 최종적으로 점 A에서 점 C까지 움직였으므로 $\overrightarrow{AC}$로 나타낼 수 있다. 이를 벡터로 표시하면 다음과 같다.

$$\overrightarrow{AC}=\overrightarrow{AB}+\overrightarrow{BC}$$

이제 벡터의 연산에 대하여 알아보자.

정의 9-3 벡터의 합과 스칼라 배

두 벡터 $\mathbf{u}$, $\mathbf{v}$와 스칼라 k에 대하여 벡터의 **합**과 **스칼라 배**는 다음과 같이 정의한다.

(1) 벡터의 합 $\mathbf{u}+\mathbf{v}$

$\mathbf{v}$의 시점이 $\mathbf{u}$의 종점이면 $\mathbf{u}+\mathbf{v}$는 $\mathbf{u}$의 시점에서 $\mathbf{v}$의 종점까지 나타내는 벡터다.

(2) 벡터의 스칼라 배 $k\mathbf{u}$(단, k는 실수)

$\mathbf{u}\neq\mathbf{0}$, $k>0$이면 $k\mathbf{u}$는 $\mathbf{u}$와 같은 방향이고 크기는 $k|\mathbf{u}|$이다.

$\mathbf{u}\neq\mathbf{0}$, $k<0$이면 $k\mathbf{u}$는 $\mathbf{u}$와 다른 방향이고 크기는 $-k|\mathbf{u}|$이다.

$\mathbf{u}=\mathbf{0}$ 또는 $k=0$이면 $k\mathbf{u}=\mathbf{0}$이다.

벡터의 합은 2가지 방법으로 설명할 수 있다. [그림 9-21(a)]는 [정의 9-3]에 소개한 내용을 도식화한 삼각형 방법이다. [그림 9-21(b)]는 (a)와 같은 두 벡터 $\mathbf{u}$, $\mathbf{v}$로 결정된 평행사변형을 나타낸다. 평행사변형의 대각선이 일치하므로 $\mathbf{u}+\mathbf{v}=\mathbf{v}+\mathbf{u}$가 성립함을 알 수 있다.

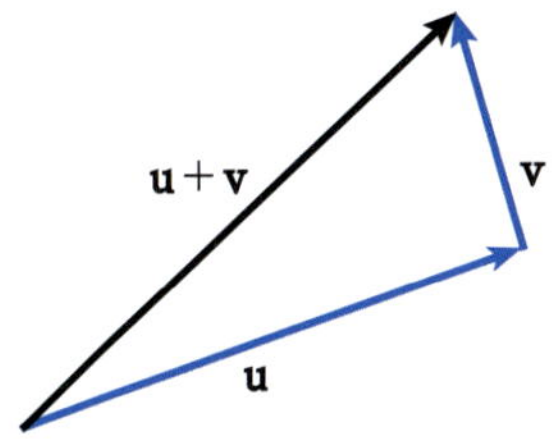

(a) 삼각형 법칙

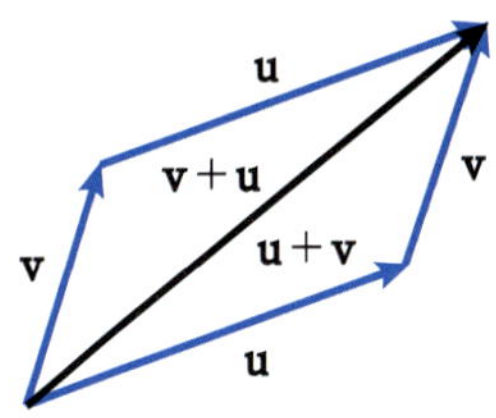

(b) 평행사변형 법칙

[그림 9-21] 벡터의 합 $\mathbf{u}+\mathbf{v}$

[그림 9-22]는 벡터 $\mathbf{u}$의 여러 가지 스칼라 배를 나타낸다. 음벡터 $-\mathbf{u}$는 벡터 $\mathbf{u}$와 크기가 같고 방향이 반대인 벡터이므로 [정의 9-3]의 (2)에 따라 $-\mathbf{u}=(-1)\mathbf{u}$임을 알 수 있다. $\mathbf{0}$이 아닌 두 벡터에서 한 벡터가 다른 한 벡터의 스칼라 배이면 두 벡터는 **평행**(parallel)한다고 한다. 즉 $\mathbf{u}$와 $2\mathbf{u}$는 평행하다.

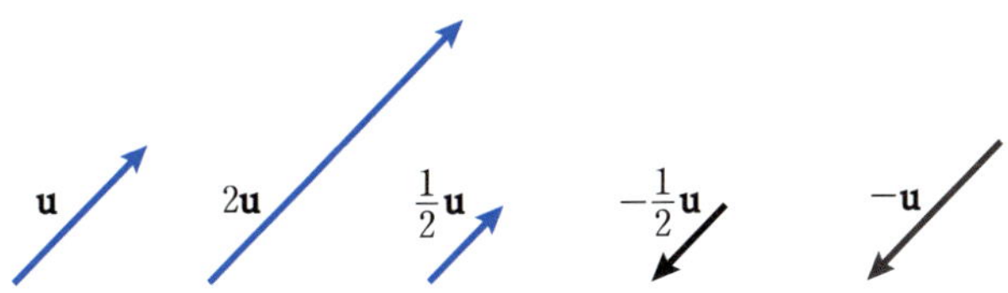

[그림 9-22] $\mathbf{u}$의 스칼라 배

벡터의 **차**는 $\mathbf{u}-\mathbf{v}=\mathbf{u}+(-\mathbf{v})$로 정의한다. 벡터 $\mathbf{u}-\mathbf{v}$를 나타내는 방법은 2가지가 있다. 첫 번째 방법은 [그림 9-23(a)]와 같이 $\mathbf{v}$의 음벡터 $-\mathbf{v}$를 그린 뒤 평행사변형 법칙을 이용한다. 두 번째 방법은 [그림 9-23(b)]와 같이 삼각형 법칙을 이용한다. 이때 $\mathbf{v}+(\mathbf{u}-\mathbf{v})=\mathbf{u}$가 성립함을 알 수 있다.

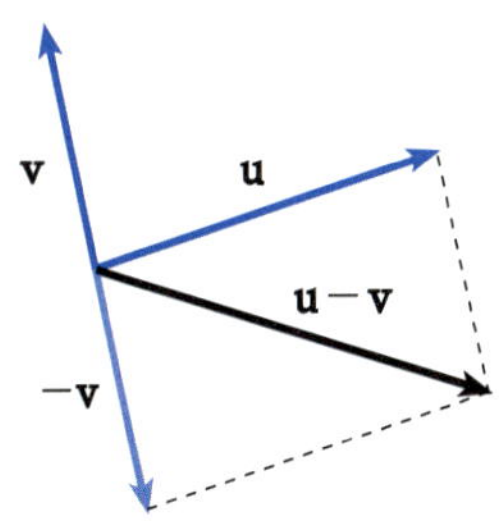

(a) 평행사변형 법칙

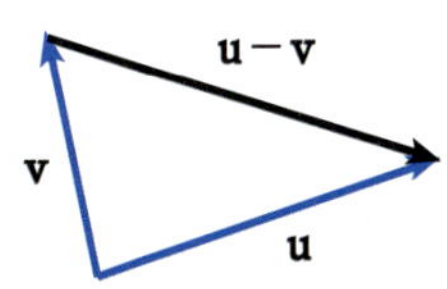

(b) 삼각형 법칙

[그림 9-23] 벡터의 차 $\mathbf{u}-\mathbf{v}$

좌표계에서 벡터 표현

지금까지는 좌표계와 무관하게 벡터를 설명하였다. 좌표계를 이용하면 벡터의 개념과 연산을 쉽게 알 수 있다.

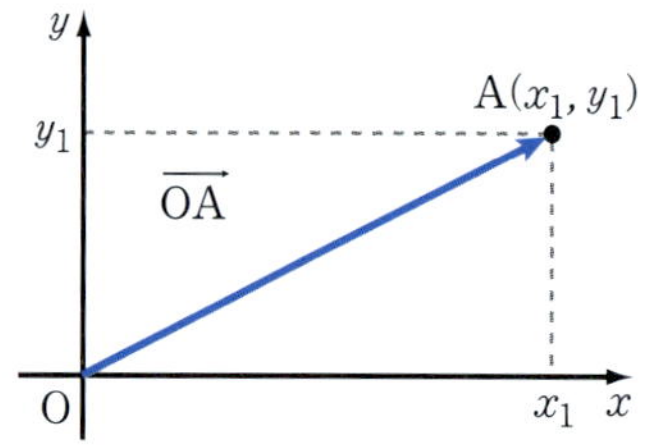

(a) 2차원 좌표계

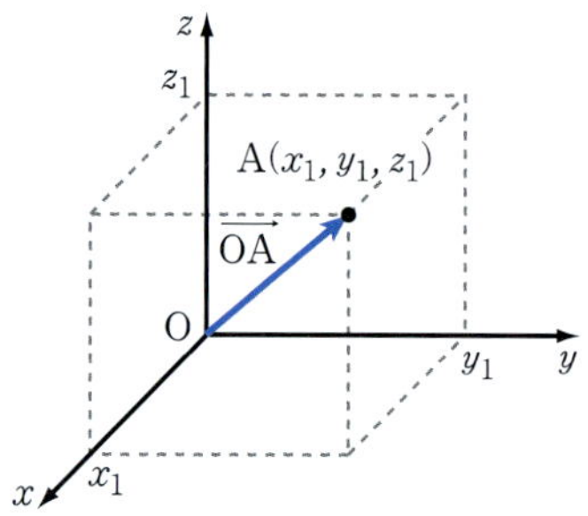

(b) 3차원 좌표계

[그림 9-24] **위치벡터 $\overrightarrow{OA}$**

시점이 원점 O이고 종점이 A인 벡터 $\overrightarrow{OA}$를 평면 또는 공간에 나타내자. 벡터 $\overrightarrow{OA}$는 종점 A에 따라 벡터가 결정된다. 또한 점 A가 주어지면 $\overrightarrow{OA}=\mathbf{u}$를 만족하는 벡터 $\mathbf{u}$가 정해진다. 이렇게 원점 O를 시점으로 하는 벡터 $\overrightarrow{OA}$를 **위치벡터**(position vector)라 한다. 직교좌표계에서 위치벡터 $\overrightarrow{OA}$는 종점의 좌표로 대응하여 표현할 수 있다. 2차원과 3차원에서 점 A의 좌표를 각각 (x_1, y_1)과 (x_1, y_1, z_1)이라 하면 점 A의 위치벡터 $\overrightarrow{OA}$를 다음과 같이 나타낼 수 있다.

$$\overrightarrow{OA}=(x_1, y_1), \quad \overrightarrow{OA}=(x_1, y_1, z_1)$$

2차원 벡터에서 x_1, y_1 그리고 3차원 벡터에서 x_1, y_1, z_1을 벡터의 **성분**(component)이라 한다.

위치벡터를 이용하면 시점이 원점이 아닌 벡터의 성분을 표현할 수 있다. 2차원 좌표계 위의 두 점 P, Q를 각각 시점과 종점으로 하는 벡터 $\overrightarrow{PQ}$를 생각하자. [그림 9-25]와 같이 벡터 $\overrightarrow{PQ}$는 두 위치벡터 $\overrightarrow{OP}$, $\overrightarrow{OQ}$의 합으로 나타낼 수 있다. 따라서 벡터 $\overrightarrow{PQ}$의 성분은 다음과 같이 나타낸다.

$$\begin{aligned}\overrightarrow{PQ} &= \overrightarrow{OQ}-\overrightarrow{OP}\\ &=(x_2, y_2)-(x_1, y_1)\\ &=(x_2-x_1,\, y_2-y_1)\end{aligned}$$

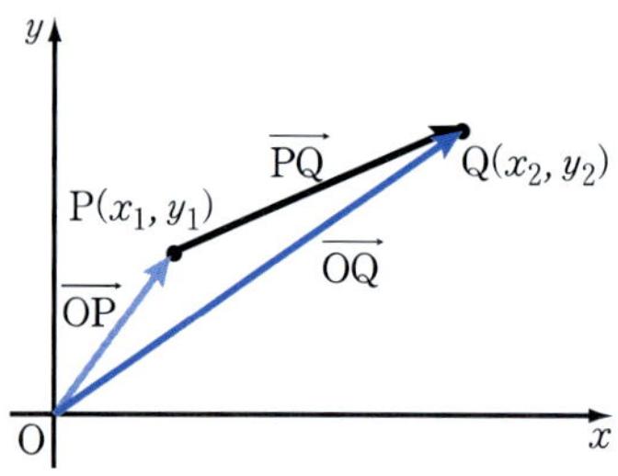

[그림 9-25] **벡터 $\overrightarrow{PQ}$의 성분 표현**

3차원 좌표계 위의 두 점 $P(x_1, y_1, z_1)$, $Q(x_2, y_2, z_2)$를 각각 시점과 종점으로 하는 벡터 $\overrightarrow{PQ}$의 성분은 다음과 같이 나타낸다.

$$\overrightarrow{PQ}=(x_2-x_1, y_2-y_1, z_2-z_1)$$

예제 9-32 벡터의 성분 표현

시점이 A(1,2,3), 종점이 B(−2,3,6)인 벡터 $\overrightarrow{AB}$의 성분을 구하라.

풀이

벡터 $\overrightarrow{AB}$의 성분은 $\overrightarrow{AB}=(-2-1, 3-2, 6-3)=(-3,1,3)$이다.

[유제 9-17]

시점이 P(−3,2,2), 종점이 Q(5,−3,4)인 벡터 $\overrightarrow{PQ}$를 구하라.

벡터의 대수적 연산과 성질

두 벡터의 합과 스칼라 배의 대수적 연산을 알아보자. 먼저 2차원 좌표계에 주어진 두 벡터 $\mathbf{u}=\overrightarrow{\mathrm{OA}}=(x_1,y_1)$, $\mathbf{v}=\overrightarrow{\mathrm{OB}}=(x_2,y_2)$와 스칼라 k에 대하여 벡터의 합 $\mathbf{u}+\mathbf{v}$와 스칼라 배 $k\mathbf{u}$의 성분은 각각 다음과 같이 정의한다.

$$\mathbf{u}+\mathbf{v}=(x_1+x_2,\ y_1+y_2),\quad k\mathbf{u}=(kx_1,\ ky_1)$$

이로부터 $-\mathbf{u}=(-x_1,-y_1)$, $\mathbf{u}-\mathbf{v}=(x_1-x_2,y_1-y_2)$가 성립한다.

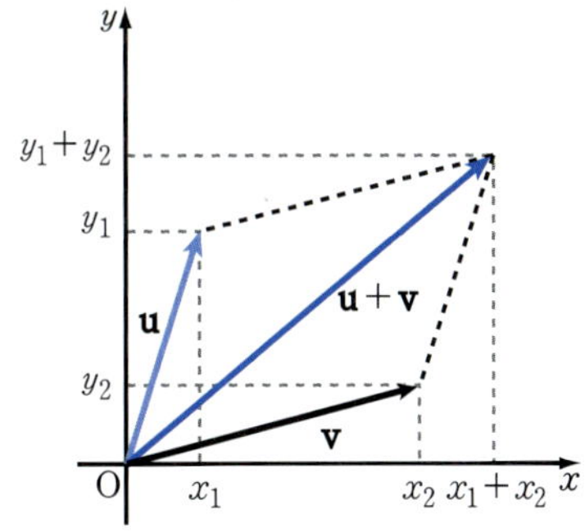

[그림 9-26] 벡터 $\mathbf{u}+\mathbf{v}$

[그림 9-26]과 같이 두 벡터의 합은 대응하는 두 성분끼리 더하고, [그림 9-27]과 같이 벡터의 스칼라 배는 각 성분에 스칼라를 곱한다.

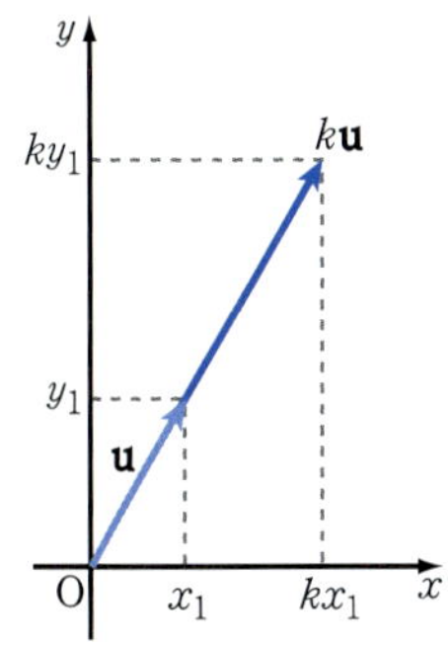

[그림 9-27] 벡터 $k\mathbf{u}$

2차원 좌표계에서 벡터의 합과 스칼라 배의 대수적 연산은 3차원 좌표계로 확장할 수 있다. 3차원 좌표계에 주어진 두 벡터 $\mathbf{u}=(x_1,y_1,z_1)$, $\mathbf{v}=(x_2,y_2,z_2)$와 스칼라 k에 대하여 벡터의 합 $\mathbf{u}+\mathbf{v}$와 스칼라 배 $k\mathbf{u}$의 성분은 각각 다음과 같이 정의한다.

$$\mathbf{u}+\mathbf{v}=(x_1+x_2,y_1+y_2,z_1+z_2),\ \ k\mathbf{u}=(kx_1,ky_1,kz_1)$$

이로부터 $-\mathbf{u}=(-x_1,-y_1,-z_1)$, $\mathbf{u}-\mathbf{v}=(x_1-x_2,y_1-y_2,z_1-z_2)$가 성립한다.

9.4절을 시작하며 벡터 $\overrightarrow{\mathrm{AB}}$의 크기를 선분 AB의 길이로 정의하였다. 벡터의 크기를 자세하게 살펴보자.

정의 9-4 벡터의 크기(magnitude)

벡터 $\mathbf{u}$의 크기를 $\mathbf{u}$의 **놈**(norm) 또는 **길이**(length)라 하고, 이를 $\|\mathbf{u}\|$로 표기한다.

(1) 2차원 벡터 $\mathbf{u}=(x_1,y_1)$의 크기는 $\|\mathbf{u}\|=\sqrt{x_1^2+y_1^2}$ 이다.

(2) 3차원 벡터 $\mathbf{u}=(x_1,y_1,z_1)$의 크기는 $\|\mathbf{u}\|=\sqrt{x_1^2+y_1^2+z_1^2}$ 이다.

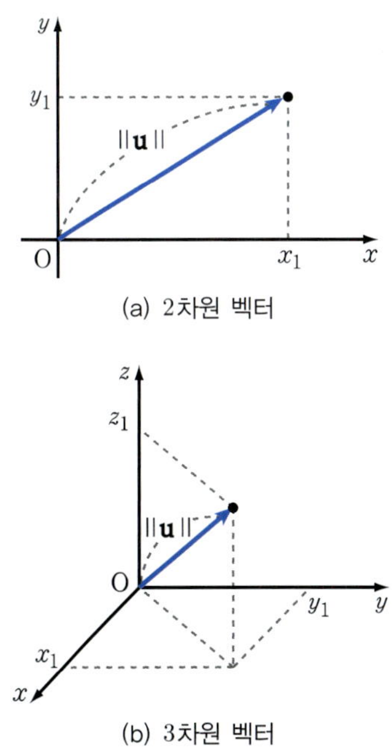

(a) 2차원 벡터

(b) 3차원 벡터

[그림 9-28] 벡터 $\mathbf{u}$의 크기

일반적으로 0이 아닌 벡터 $\mathbf{a}$에 대하여 $\mathbf{a}$와 방향이 같고 크기가 1인 단위벡터는 다음과 같다.

$$\frac{1}{\|\mathbf{a}\|}\mathbf{a}$$

예제 9-33 성분을 이용한 벡터의 연산과 크기

벡터 $\mathbf{u}=(1,3,2)$, $\mathbf{v}=(3,-2,5)$에 대하여, $\mathbf{u}+3\mathbf{v}$, $2\mathbf{u}-\mathbf{v}$, $\|\mathbf{v}\|$를 각각 구하라.

풀이

$$\begin{aligned}\mathbf{u}+3\mathbf{v} &= (1,3,2)+3(3,-2,5)=(1,3,2)+(9,-6,15)=(1+9,3+(-6),2+15)\\ &=(10,-3,17)\end{aligned}$$

$$\begin{aligned}2\mathbf{u}-\mathbf{v} &= 2(1,3,2)-(3,-2,5)=(2,6,4)-(3,-2,5)=(2-3,6-(-2),4-5)\\ &=(-1,8,-1)\end{aligned}$$

$$\|\mathbf{v}\|=\sqrt{3^2+(-2)^2+5^2}=\sqrt{38}$$

[유제 9-18]

벡터 $\mathbf{u}=(3,4,0)$, $\mathbf{v}=(1,2,1)$에 대하여, $2\mathbf{u}+\mathbf{v}$, $\mathbf{u}-3\mathbf{v}$, $\|\mathbf{u}\|$를 각각 구하라.

예제 9-34 단위벡터

벡터 $\mathbf{u}=(1,-3,2)$ 방향의 단위벡터를 구하라.

풀이

주어진 벡터의 크기는 $\|\mathbf{u}\|=\sqrt{1^2+(-3)^2+2^2}=\sqrt{14}$ 이다. 따라서 벡터 $\mathbf{u}$ 방향의 단위벡터는 $\frac{1}{\|\mathbf{u}\|}\mathbf{u}=\frac{1}{\sqrt{14}}(1,-3,2)$ 이다.

[유제 9-19]

벡터 $\mathbf{u}=(1,4,-1)$ 방향의 단위벡터를 구하라.

벡터의 합과 스칼라 배를 정의하였으므로 이제 연산의 성질을 살펴보자.

정리 9-5 벡터의 합과 스칼라 배에 대한 성질

2차원 또는 3차원 좌표계에서의 벡터 $\mathbf{u}$, $\mathbf{v}$, $\mathbf{w}$와 스칼라 m, n에 대하여 다음이 성립한다.

(1) $\mathbf{u}+\mathbf{v}=\mathbf{v}+\mathbf{u}$

(2) $\mathbf{u}+(\mathbf{v}+\mathbf{w})=(\mathbf{u}+\mathbf{v})+\mathbf{w}$

(3) $\mathbf{u}+\mathbf{0}=\mathbf{0}+\mathbf{u}=\mathbf{u}$

(4) $\mathbf{u}+(-\mathbf{u})=\mathbf{0}$

(5) $m(\mathbf{u}+\mathbf{v})=m\mathbf{u}+m\mathbf{v}$

(6) $(m+n)\mathbf{u}=m\mathbf{u}+n\mathbf{u}$

(7) $(mn)\mathbf{u}=m(n\mathbf{u})$

(8) $1\mathbf{u}=\mathbf{u}$

표준단위벡터

앞으로 자주 사용하게 될 단위벡터를 소개한다.

> **정의 9-5 표준단위벡터**
>
> 직교좌표계 $\mathbb{R}^2$, $\mathbb{R}^3$에 대하여 양의 좌표축과 같은 방향인 단위벡터를 **표준단위벡터**(standard unit vector)라 한다.
>
> (1) $\mathbb{R}^2$의 표준단위벡터는 $\mathbf{i}=(1,0)$, $\mathbf{j}=(0,1)$이다.
>
> (2) $\mathbb{R}^3$의 표준단위벡터는 $\mathbf{i}=(1,0,0)$, $\mathbf{j}=(0,1,0)$, $\mathbf{k}=(0,0,1)$이다.

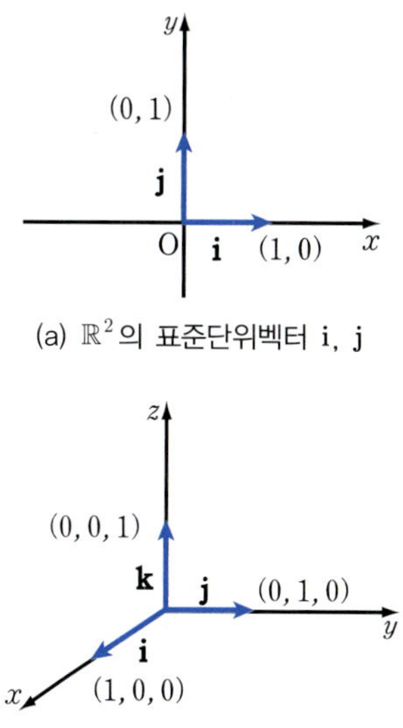

(a) $\mathbb{R}^2$의 표준단위벡터 $\mathbf{i}$, $\mathbf{j}$

(b) $\mathbb{R}^3$의 표준단위벡터 $\mathbf{i}$, $\mathbf{j}$, $\mathbf{k}$

[그림 9-29] 표준단위벡터

$\mathbb{R}^2$, $\mathbb{R}^3$에서 임의의 벡터는 표준단위벡터를 이용하여 표현할 수 있다.

- **$\mathbb{R}^2$의 임의의 벡터 $\mathbf{u}=(a,b)$**

$\mathbb{R}^2$의 표준단위벡터 $\mathbf{i}$, $\mathbf{j}$를 이용하면 다음이 성립한다.

$$\begin{aligned}\mathbf{u} &= (a,b)=(a,0)+(0,b)\\ &= a(1,0)+b(0,1)\\ &= a\mathbf{i}+b\mathbf{j}\end{aligned}$$

- **$\mathbb{R}^3$의 임의의 벡터 $\mathbf{u}=(a,b,c)$**

$\mathbb{R}^3$의 표준단위벡터 $\mathbf{i}$, $\mathbf{j}$, $\mathbf{k}$를 이용하면 다음이 성립한다.

$$\begin{aligned}\mathbf{u} &= (a,b,c)=(a,0,0)+(0,b,0)+(0,0,c)\\ &= a(1,0,0)+b(0,1,0)+c(0,0,1)\\ &= a\mathbf{i}+b\mathbf{j}+c\mathbf{k}\end{aligned}$$

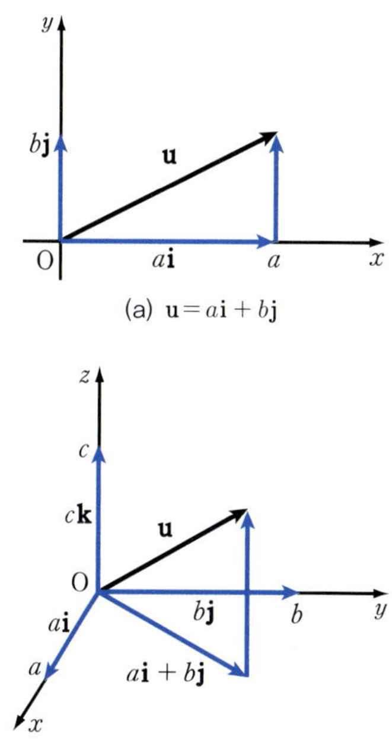

(a) $\mathbf{u}=a\mathbf{i}+b\mathbf{j}$

(b) $\mathbf{u}=a\mathbf{i}+b\mathbf{j}+c\mathbf{k}$

[그림 9-30] 표준단위벡터의 일차결합

이러한 표현을 표준단위벡터의 **일차결합**(linear combination)이라 한다. 예를 들어 벡터 $(2,5)$의 일차결합은 $(2,5)=2\mathbf{i}+5\mathbf{j}$이고, 벡터 $(1,-2,3)$의 일차결합은 $(1,-2,3)=\mathbf{i}-2\mathbf{j}+3\mathbf{k}$이다.

벡터의 내적과 외적

지금까지 벡터의 합과 스칼라 배에 대하여 살펴보았다. 이 절에서는 벡터의 내적과 외적을 정의하고, 내적과 외적의 다양한 성질에 대하여 알아본다.

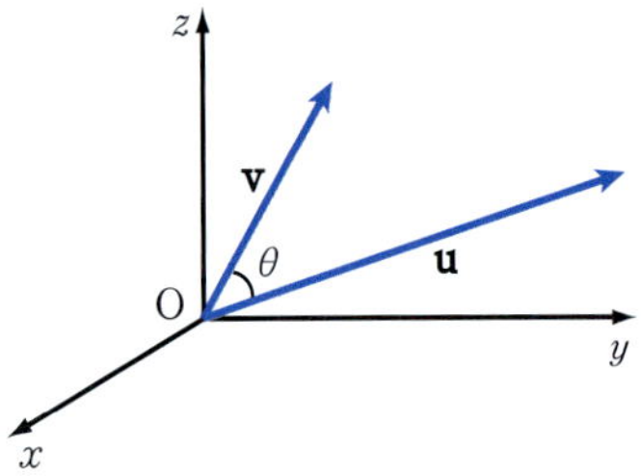

[그림 9-31] 두 벡터 u, v가 이루는 각 θ

정의 9-6 벡터의 내적

$\mathbf{u}$, $\mathbf{v}$가 $\mathbb{R}^2$ 또는 $\mathbb{R}^3$에서 영이 아닌 두 벡터라 하자. $\mathbf{u}$와 $\mathbf{v}$의 **내적**(dot product) $\mathbf{u}\cdot\mathbf{v}$는 다음과 같이 정의한다.

$$\mathbf{u}\cdot\mathbf{v} = \|\mathbf{u}\|\,\|\mathbf{v}\|\cos\theta$$

이때 θ $(0 \le \theta \le \pi)$는 두 벡터 $\mathbf{u}$, $\mathbf{v}$가 이루는 각이다. $\mathbf{u}=0$ 또는 $\mathbf{v}=0$이면 $\mathbf{u}\cdot\mathbf{v}=0$으로 정의한다.

[정의 9-6]으로부터 두 벡터 $\mathbf{u}$, $\mathbf{v}$가 이루는 각 θ를 다음과 같이 나타낼 수 있다.

$$\cos\theta = \frac{\mathbf{u}\cdot\mathbf{v}}{\|\mathbf{u}\|\,\|\mathbf{v}\|} \tag{9.3}$$

예제 9-35 벡터의 내적

크기가 각각 2, 3인 두 벡터 $\mathbf{u}$, $\mathbf{v}$가 이루는 각이 $\frac{\pi}{6}$일 때, 내적 $\mathbf{u}\cdot\mathbf{v}$를 구하라.

풀이

[정의 9-6]에 의해 구하고자 하는 내적은 다음과 같다.

$$\mathbf{u}\cdot\mathbf{v} = \|\mathbf{u}\|\,\|\mathbf{v}\|\cos\frac{\pi}{6} = 2\cdot 3\cdot\frac{\sqrt{3}}{2} = 3\sqrt{3}$$

[유제 9-20]

크기가 각각 4, 3인 두 벡터 $\mathbf{u}$, $\mathbf{v}$가 이루는 각이 $\frac{\pi}{3}$일 때, 내적 $\mathbf{u}\cdot\mathbf{v}$를 구하라.

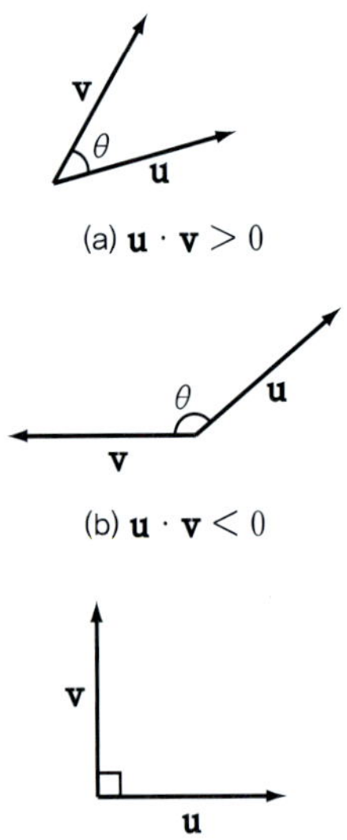

[그림 9-32] 두 벡터 u, v가 이루는 각 θ와 내적 사이의 관계

두 벡터 $\mathbf{u}$, $\mathbf{v}$가 이루는 각 θ에 대하여 $0 \le \theta < \frac{\pi}{2}$이면 $\cos\theta > 0$이므로 $\mathbf{u}\cdot\mathbf{v} > 0$이고, $\frac{\pi}{2} < \theta \le \pi$이면 $\cos\theta < 0$이므로 $\mathbf{u}\cdot\mathbf{v} < 0$이다. $\theta = \frac{\pi}{2}$이면 $\cos\theta = 0$이므로 $\mathbf{u}\cdot\mathbf{v} = 0$이다. [그림 9-32]에서 이를 확인하자.

영이 아닌 두 벡터 $\mathbf{u}$, $\mathbf{v}$가 이루는 각이 $\theta = \frac{\pi}{2}$일 때 $\mathbf{u}$와 $\mathbf{v}$는 서로 **수직**(perpendicular) 또는 **직교**(orthogonal)라 하고, $\mathbf{u}\perp\mathbf{v}$로 표기한다. 영이 아닌 두 벡터 $\mathbf{u}$, $\mathbf{v}$에 대하여 $\mathbf{u}\cdot\mathbf{v} = 0$이면 식 (9.3)에 의해 $\cos\theta = 0$이므로 $\theta = \frac{\pi}{2}$이다. 그러므로 두 벡터가 수직인지 판단하는 데 다음 정리가 유용하다.

정리 9-6 수직인 벡터와 내적 사이의 관계

두 벡터 $\mathbf{u}$, $\mathbf{v}$가 수직일 필요충분조건은 $\mathbf{u} \cdot \mathbf{v} = 0$이다.

이제 내적의 기하학적 의미를 알아보자. [그림 9-33]과 같이 벡터 $\mathbf{v} = \overrightarrow{OA}$를 벡터 $\mathbf{u} = \overrightarrow{OB}$ 위로 정사영한 벡터를 $\overrightarrow{OC}$라 하자.

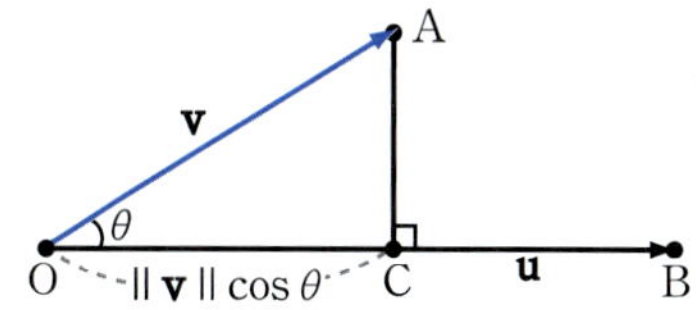

[그림 9-33] 벡터의 내적의 기하학적 의미

벡터 $\overrightarrow{OC}$의 크기가 $\|\mathbf{v}\|\cos\theta$이므로 두 벡터 $\mathbf{u}$, $\mathbf{v}$의 내적은 벡터 $\mathbf{u}$의 크기와 벡터 $\overrightarrow{OC}$의 크기의 곱이라 생각할 수 있다. 즉 다음이 성립한다.

$$\begin{aligned}\mathbf{u} \cdot \mathbf{v} &= \|\mathbf{u}\|\|\mathbf{v}\|\cos\theta \\ &= (\mathbf{u}\text{의 크기}) \times (\overrightarrow{OC}\text{의 크기}) \qquad (9.4)\end{aligned}$$

정리 9-7 벡터의 내적에 대한 성질

2차원 또는 3차원 좌표계에서의 벡터 $\mathbf{u}$, $\mathbf{v}$, $\mathbf{w}$와 스칼라 m, n에 대하여 다음이 성립한다.

(1) $\mathbf{u} \cdot \mathbf{v} = \mathbf{v} \cdot \mathbf{u}$

(2) $\mathbf{u} \cdot (\mathbf{v} + \mathbf{w}) = \mathbf{u} \cdot \mathbf{v} + \mathbf{u} \cdot \mathbf{w}$

(3) $(m\mathbf{u}) \cdot (n\mathbf{v}) = mn(\mathbf{u} \cdot \mathbf{v})$

증명

(1) [정의 9-6]으로부터 바로 알 수 있다.

(2) 세 벡터 $\mathbf{u}$, $\mathbf{v}$, $\mathbf{w}$가 [그림 9-34]와 같다고 하자. 벡터 $\mathbf{v} + \mathbf{w}$를 벡터 $\mathbf{u}$ 위로 정사영한 벡터의 크기는 $b + c$이므로 다음이 성립한다.

$$\mathbf{u} \cdot (\mathbf{v} + \mathbf{w}) = \|\mathbf{u}\|(b + c) \qquad (9.5)$$

$\|\mathbf{u}\|$와 b, c는 모두 스칼라이므로 $\|\mathbf{u}\|(b + c) = \|\mathbf{u}\|b + \|\mathbf{u}\|c$이다. 한편, 두 벡터 $\mathbf{v}$, $\mathbf{w}$를 벡터 $\mathbf{u}$ 위로 정사영한 벡터의 크기는 각각 b, c이므로 다음이 성립한다.

$$\mathbf{u} \cdot \mathbf{v} = \|\mathbf{u}\|b, \ \mathbf{u} \cdot \mathbf{w} = \|\mathbf{u}\|c$$

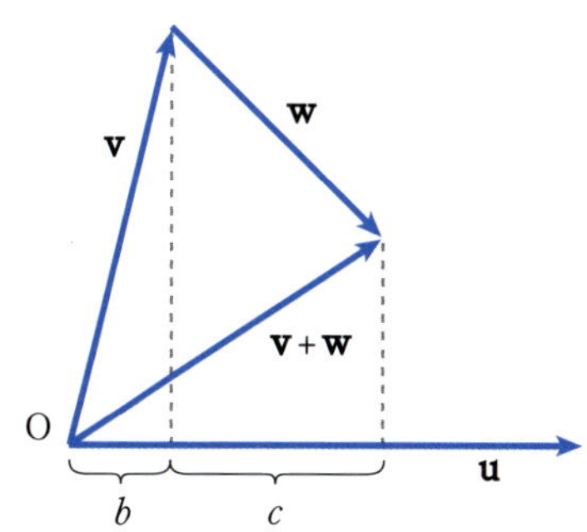

[그림 9-34] $\mathbf{u} \cdot (\mathbf{v}+\mathbf{w}) = \mathbf{u} \cdot \mathbf{v} + \mathbf{u} \cdot w$

이를 식 (9.5)에 대입하면 $\mathbf{u} \cdot (\mathbf{v} + \mathbf{w}) = \mathbf{u} \cdot \mathbf{v} + \mathbf{u} \cdot \mathbf{w}$가 성립한다.

(3) $m = 0$ 또는 $n = 0$이면 자명하다. m, n이 모두 양수이거나 음수이면 다음과 같다.

$$(m\mathbf{u}) \cdot (n\mathbf{v}) = \|m\mathbf{u}\|\|n\mathbf{v}\|\cos\theta = mn(\mathbf{u} \cdot \mathbf{v})$$

m, n의 부호가 다르면 다음과 같다.

$$(m\mathbf{u})\cdot(n\mathbf{v}) = \|m\mathbf{u}\|\|n\mathbf{v}\|\cos(\pi-\theta) = -\|m\mathbf{u}\|\|n\mathbf{v}\|\cos\theta = mn(\mathbf{u}\cdot\mathbf{v})$$

따라서 m, n 값에 관계없이 $(m\mathbf{u})\cdot(n\mathbf{v}) = mn(\mathbf{u}\cdot\mathbf{v})$가 성립한다. ■

예제 9-36 표준단위벡터의 내적

$\mathbb{R}^3$의 표준단위벡터 $\mathbf{i}$, $\mathbf{j}$, $\mathbf{k}$에 대하여 다음이 성립함을 보여라.

(a) $\mathbf{i}\cdot\mathbf{i}=\mathbf{j}\cdot\mathbf{j}=\mathbf{k}\cdot\mathbf{k}=1$

(b) $\mathbf{i}\cdot\mathbf{j}=\mathbf{j}\cdot\mathbf{k}=\mathbf{k}\cdot\mathbf{i}=0$

풀이

(a) 같은 벡터가 이루는 각은 $\theta=0$이다. 벡터 $\mathbf{i}$의 크기가 1이므로 [정의 9-6]에 의해 다음이 성립한다.

$$\mathbf{i}\cdot\mathbf{i}=\|\mathbf{i}\|\|\mathbf{i}\|\cos 0 = 1\cdot 1\cdot 1 = 1$$

같은 방법으로 벡터 $\mathbf{j}$, $\mathbf{k}$에 대해서도 $\mathbf{j}\cdot\mathbf{j}=\mathbf{k}\cdot\mathbf{k}=1$이 성립한다.

(b) 두 벡터 $\mathbf{i}$, $\mathbf{j}$가 이루는 각은 $\theta=\frac{\pi}{2}$이다. 두 벡터 $\mathbf{i}$, $\mathbf{j}$의 크기가 1이므로 [정의 9-6]에 의해 다음이 성립한다.

$$\mathbf{i}\cdot\mathbf{j}=\|\mathbf{i}\|\|\mathbf{j}\|\cos\frac{\pi}{2} = 1\cdot 1\cdot 0 = 0$$

같은 방법으로 $\mathbf{j}\cdot\mathbf{k}=\mathbf{k}\cdot\mathbf{i}=0$이 성립함을 알 수 있다.

벡터의 내적을 성분을 이용하여 나타내자. $\mathbb{R}^2$ 상의 두 벡터 $\mathbf{u}$, $\mathbf{v}$를 $\mathbf{u}=(x_1, y_1)=x_1\mathbf{i}+y_1\mathbf{j}$, $\mathbf{v}=(x_2, y_2)=x_2\mathbf{i}+y_2\mathbf{j}$라 하자. [정리 9-7]의 (1), (2)를 이용하면 벡터의 내적 $\mathbf{u}\cdot\mathbf{v}$는 다음과 같이 전개할 수 있다.

$$\begin{aligned}\mathbf{u}\cdot\mathbf{v} &= (x_1\mathbf{i}+y_1\mathbf{j})\cdot(x_2\mathbf{i}+y_2\mathbf{j})\\ &= x_1\mathbf{i}\cdot(x_2\mathbf{i}+y_2\mathbf{j})+y_1\mathbf{j}\cdot(x_2\mathbf{i}+y_2\mathbf{j})\\ &= x_1\mathbf{i}\cdot x_2\mathbf{i}+x_1\mathbf{i}\cdot y_2\mathbf{j}+y_1\mathbf{j}\cdot x_2\mathbf{i}+y_1\mathbf{j}\cdot y_2\mathbf{j}\\ &= x_1x_2(\mathbf{i}\cdot\mathbf{i})+x_1y_2(\mathbf{i}\cdot\mathbf{j})+y_1x_2(\mathbf{j}\cdot\mathbf{i})+y_1y_2(\mathbf{j}\cdot\mathbf{j}) \qquad (9.6)\end{aligned}$$

식 (9.6)에 [예제 9-36]의 결과를 적용하면 벡터의 내적 $\mathbf{u}\cdot\mathbf{v}$는 다음과 같다.

$$\begin{aligned}\mathbf{u}\cdot\mathbf{v} &= (x_1x_2)(1)+(x_1y_2)(0)+(y_1x_2)(0)+(y_1y_2)(1)\\ &= x_1x_2+y_1y_2\end{aligned}$$

$\mathbb{R}^3$ 상의 두 벡터 $\mathbf{u}$, $\mathbf{v}$에 대해서도 비슷한 결과가 성립한다. 즉 벡터의 내적은 두 벡터의 대응하는 성분의 곱의 합이다. 이상을 정리하면 다음과 같다.

정리 9-8 벡터의 내적과 성분

$\mathbb{R}^2$ 또는 $\mathbb{R}^3$ 상의 두 벡터 $\mathbf{u}$, $\mathbf{v}$의 내적은 다음과 같다.

(1) $\mathbf{u}=(x_1,y_1)$, $\mathbf{v}=(x_2,y_2)$에 대하여, $\mathbf{u}\cdot\mathbf{v}=x_1x_2+y_1y_2$

(2) $\mathbf{u}=(x_1,y_1,z_1)$, $\mathbf{v}=(x_2,y_2,z_2)$에 대하여, $\mathbf{u}\cdot\mathbf{v}=x_1x_2+y_1y_2+z_1z_2$

또한, 벡터 $\mathbf{u}$의 크기는 다음과 같이 벡터의 내적으로 나타낼 수 있다.

$$\|\mathbf{u}\|=\sqrt{\mathbf{u}\cdot\mathbf{u}} \tag{9.7}$$

예제 9-37 벡터의 내적

두 벡터 $\mathbf{u}=(3,-2,5)$, $\mathbf{v}=(1,4,5)$의 내적 $\mathbf{u}\cdot\mathbf{v}$를 구하라.

풀이

구하고자 하는 내적은 $\mathbf{u}\cdot\mathbf{v}=3\times1+(-2)\times4+5\times5=20$이다.

[유제 9-21]

두 벡터 $\mathbf{u}=(1,5,-7)$, $\mathbf{v}=(-1,2,1)$의 내적 $\mathbf{u}\cdot\mathbf{v}$를 구하라.

예제 9-38 두 벡터가 이루는 각

두 벡터 $\mathbf{u}=\mathbf{i}-2\mathbf{j}+2\mathbf{k}$, $\mathbf{v}=-\mathbf{i}+3\mathbf{k}$가 이루는 각을 θ라 할 때, $\cos\theta$를 구하라.

풀이

두 벡터를 성분으로 나타내면 $\mathbf{u}=(1,-2,2)$, $\mathbf{v}=(-1,0,3)$이므로 $\cos\theta$는 다음과 같다.

$$\cos\theta=\frac{\mathbf{u}\cdot\mathbf{v}}{\|\mathbf{u}\|\|\mathbf{v}\|}=\frac{1\times(-1)+(-2)\times0+2\times3}{\sqrt{1^2+(-2)^2+2^2}\sqrt{(-1)^2+3^2}}=\frac{\sqrt{10}}{6}$$

예제 9-39 두 벡터의 수직

두 벡터 $\mathbf{u}=(3,4,-8)$, $\mathbf{v}=(4,-7,-2)$가 서로 수직임을 보여라.

풀이

두 벡터의 내적은 $\mathbf{u}\cdot\mathbf{v}=12+(-28)+16=0$이다. [정리 9-6]에 의해 두 벡터는 서로 수직이다.

[유제 9-22]
두 벡터 $\mathbf{u}=(1,-2,1)$, $\mathbf{v}=(2,4,6)$이 서로 수직임을 보여라.

마지막으로 벡터의 외적을 알아보자.

정의 9-7 벡터의 외적

$\mathbb{R}^3$ 상의 서로 다른 두 벡터 $\mathbf{u}=(x_1,y_1,z_1)$, $\mathbf{v}=(x_2,y_2,z_2)$에 대하여 $\mathbf{u}$와 $\mathbf{v}$의 **외적**(cross product) $\mathbf{u}\times\mathbf{v}$는 다음과 같이 정의한다.

$$\mathbf{u}\times\mathbf{v}=(y_1z_2-z_1y_2,\ z_1x_2-x_1z_2,\ x_1y_2-y_1x_2)$$

참고 벡터의 내적과 외적

(1) 두 벡터의 내적은 실수이지만, 두 벡터의 외적은 벡터다.
(2) 두 벡터의 내적은 $\mathbb{R}^2$과 $\mathbb{R}^3$에서 모두 정의되지만, 두 벡터의 외적은 $\mathbb{R}^3$에서만 정의된다.

벡터의 외적은 행렬식에 대한 식 (9.2)를 이용하여 다음과 같이 표현할 수 있다.

$$\begin{aligned}\mathbf{u}\times\mathbf{v}&=\begin{vmatrix}\mathbf{i}&\mathbf{j}&\mathbf{k}\\x_1&y_1&z_1\\x_2&y_2&z_2\end{vmatrix}\\&=\begin{vmatrix}y_1&z_1\\y_2&z_2\end{vmatrix}\mathbf{i}-\begin{vmatrix}x_1&z_1\\x_2&z_2\end{vmatrix}\mathbf{j}+\begin{vmatrix}x_1&y_1\\x_2&y_2\end{vmatrix}\mathbf{k}\\&=(y_1z_2-z_1y_2)\mathbf{i}-(x_1z_2-z_1x_2)\mathbf{j}+(x_1y_2-y_1x_2)\mathbf{k}\end{aligned}$$

예제 9-40 벡터의 외적

두 벡터 $\mathbf{u}=(1,-3,2)$, $\mathbf{v}=(2,0,-3)$의 외적 $\mathbf{u}\times\mathbf{v}$를 구하라.

풀이

외적을 구하면 $\mathbf{u}\times\mathbf{v}=\begin{vmatrix}\mathbf{i}&\mathbf{j}&\mathbf{k}\\1&-3&2\\2&0&-3\end{vmatrix}=(9-0)\mathbf{i}-(-3-4)\mathbf{j}+(0+6)\mathbf{k}=9\mathbf{i}+7\mathbf{j}+6\mathbf{k}$ 이다.

[유제 9-23]
두 벡터 $\mathbf{u}=(1,-1,3)$, $\mathbf{v}=(2,-1,1)$의 외적 $\mathbf{u}\times\mathbf{v}$를 구하라.

표준단위벡터 $\mathbf{i}=(1,0,0)$, $\mathbf{j}=(0,1,0)$, $\mathbf{k}=(0,0,1)$의 외적에 대한 성질을 알아보자. 두 벡터 $\mathbf{i}$, $\mathbf{j}$의 외적은 다음과 같다.

$$\mathbf{i}\times\mathbf{j}=\begin{vmatrix}\mathbf{i} & \mathbf{j} & \mathbf{k}\\ 1 & 0 & 0\\ 0 & 1 & 0\end{vmatrix}=\mathbf{k}$$

같은 방식으로 다음 결과가 성립함을 쉽게 알 수 있다.

$$\begin{array}{lll}\mathbf{i}\times\mathbf{i}=0, & \mathbf{j}\times\mathbf{j}=0, & \mathbf{k}\times\mathbf{k}=0\\ \mathbf{i}\times\mathbf{j}=\mathbf{k}, & \mathbf{j}\times\mathbf{k}=\mathbf{i}, & \mathbf{k}\times\mathbf{i}=\mathbf{j}\\ \mathbf{j}\times\mathbf{i}=-\mathbf{k}, & \mathbf{k}\times\mathbf{j}=-\mathbf{i}, & \mathbf{i}\times\mathbf{k}=-\mathbf{j}\end{array}$$

벡터의 외적은 내적과 달리 분배법칙이 성립하지 않는다. 즉, $\mathbf{u}\times(\mathbf{v}\times\mathbf{w})\neq(\mathbf{u}\times\mathbf{v})\times\mathbf{w}$이다. 예를 들어 $\mathbf{i}\times(\mathbf{j}\times\mathbf{j})=\mathbf{i}\times 0=0$, $(\mathbf{i}\times\mathbf{j})\times\mathbf{j}=\mathbf{k}\times\mathbf{j}=-\mathbf{i}$임을 알 수 있다.

다음은 외적에 관한 중요한 성질이다.

정리 9-9 벡터의 외적에 대한 성질

$\mathbb{R}^3$ 상의 벡터 $\mathbf{u}$, $\mathbf{v}$, $\mathbf{w}$에 대하여 다음이 성립한다.

(1) $\mathbf{u}\times\mathbf{v}=-\mathbf{v}\times\mathbf{u}$

(2) $\mathbf{u}\times\mathbf{u}=0$

(3) $\mathbf{u}\cdot(\mathbf{u}\times\mathbf{v})=0$, $\mathbf{v}\cdot(\mathbf{u}\times\mathbf{v})=0$

(4) $\mathbf{u}\times(\mathbf{v}+\mathbf{w})=\mathbf{u}\times\mathbf{v}+\mathbf{u}\times\mathbf{w}$

(5) $\mathbf{u}\cdot(\mathbf{v}\times\mathbf{w})=(\mathbf{u}\times\mathbf{v})\cdot\mathbf{w}$

(6) $\|\mathbf{u}\times\mathbf{v}\|^2=\|\mathbf{u}\|^2\|\mathbf{v}\|^2-(\mathbf{u}\cdot\mathbf{v})^2$

증명

$\mathbf{u}=(x_1,y_1,z_1)$, $\mathbf{v}=(x_2,y_2,z_2)$라 두자.

(1)과 (2)는 [정의 9-7]을 사용하면 쉽게 성립함을 알 수 있다.

(3) $\mathbf{u}\times\mathbf{v}=(y_1z_2-z_1y_2,\ z_1x_2-x_1z_2,\ x_1y_2-y_1x_2)$이고 $\mathbf{u}=(x_1,y_1,z_1)$이므로 두 벡터를 내적하면 $\mathbf{u}\cdot(\mathbf{u}\times\mathbf{v})=0$임을 확인할 수 있다. 마찬가지로 $\mathbf{v}\cdot(\mathbf{u}\times\mathbf{v})=0$이 성립한다.

(6) 식 (9.7)을 이용하여 $\|\mathbf{u}\times\mathbf{v}\|^2$을 구하면 다음과 같다.

$$\|\mathbf{u}\times\mathbf{v}\|^2=(y_1z_2-z_1y_2)^2+(z_1x_2-x_1z_2)^2+(x_1y_2-y_1x_2)^2 \tag{9.8}$$

같은 방법으로 $\|\mathbf{u}\|^2\|\mathbf{v}\|^2-(\mathbf{u}\cdot\mathbf{v})^2$을 구하면 다음과 같다.

$$\|\mathbf{u}\|^2\|\mathbf{v}\|^2-(\mathbf{u}\cdot\mathbf{v})^2=(x_1^2+y_1^2+z_1^2)(x_2^2+y_2^2+z_2^2)-(x_1x_2+y_1y_2+z_1z_2)^2 \tag{9.9}$$

식 (9.8)과 (9.9)의 우변을 전개하면 서로 일치함을 알 수 있다.

(4)와 (5)는 여러분에게 맡긴다. ■

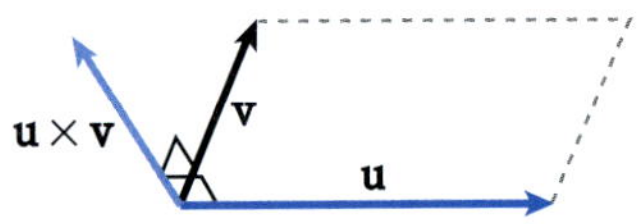

[그림 9-35] $\mathbf{u}\perp(\mathbf{u}\times\mathbf{v})$, $\mathbf{v}\perp(\mathbf{u}\times\mathbf{v})$

[정리 9-9]의 (3)은 [그림 9-35]와 같이 벡터 $\mathbf{u}\times\mathbf{v}$가 $\mathbf{u}$와 $\mathbf{v}$에 동시에 직교함을 뜻한다. 즉, $\mathbf{u}\perp(\mathbf{u}\times\mathbf{v})$, $\mathbf{v}\perp(\mathbf{u}\times\mathbf{v})$이다.

[정리 9-9]의 (6)은 벡터 내적의 정의와 삼각함수를 이용하여 다음과 같이 다시 나타낼 수 있다.

$$\begin{aligned}\|\mathbf{u}\times\mathbf{v}\|^2 &= \|\mathbf{u}\|^2\|\mathbf{v}\|^2 - (\mathbf{u}\cdot\mathbf{v})^2 \\ &= \|\mathbf{u}\|^2\|\mathbf{v}\|^2 - \|\mathbf{u}\|^2\|\mathbf{v}\|^2\cos^2\theta \\ &= \|\mathbf{u}\|^2\|\mathbf{v}\|^2(1-\cos^2\theta) \\ &= \|\mathbf{u}\|^2\|\mathbf{v}\|^2\sin^2\theta\end{aligned}$$

정리 9-10 두 벡터의 외적의 크기

두 벡터 $\mathbf{u}$, $\mathbf{v}$가 이루는 각을 θ $(0\le\theta\le\pi)$라 하면 다음이 성립한다.

$$\|\mathbf{u}\times\mathbf{v}\| = \|\mathbf{u}\|\,\|\mathbf{v}\|\sin\theta$$

두 벡터 $\mathbf{u}$, $\mathbf{v}$가 서로 평행하면 $\theta=0$ 또는 $\theta=\pi$이므로 $\sin\theta=0$이다. 즉, $\mathbf{u}\times\mathbf{v}=\mathbf{0}$이다. 역으로 $\mathbf{u}\times\mathbf{v}=\mathbf{0}$이면 $\mathbf{u}=k\mathbf{v}$인 실수 k가 존재한다. 따라서 다음 사실을 알 수 있다.

정리 9-11 평행한 벡터와 외적 사이의 관계

영이 아닌 두 벡터 $\mathbf{u}$와 $\mathbf{v}$가 서로 평행하기 위한 필요충분조건은 $\mathbf{u}\times\mathbf{v}=\mathbf{0}$이다.

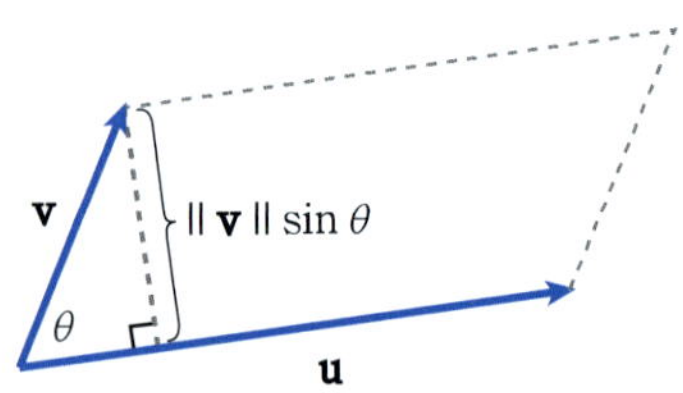

[그림 9-36] 두 벡터 u, v가 만드는 평행사변형

[그림 9-36]은 두 벡터 $\mathbf{u}$, $\mathbf{v}$가 만드는 평행사변형을 나타낸다. 두 벡터 $\mathbf{u}$, $\mathbf{v}$가 이루는 각을 θ라 할 때, 평행사변형의 높이는 $\|\mathbf{v}\|\sin\theta$이다. 이로부터 [정리 9-10]의 우변은 두 벡터 $\mathbf{u}$, $\mathbf{v}$가 만드는 평행사변형의 넓이임을 알 수 있다.

따라서 다음 정리를 얻는다.

정리 9-12 평행사변형의 넓이

$\mathbb{R}^3$ 상의 평행하지 않은 두 벡터 $\mathbf{u}$, $\mathbf{v}$에 대하여 $\|\mathbf{u}\times\mathbf{v}\|$는 $\mathbf{u}$와 $\mathbf{v}$가 만드는 평행사변형의 넓이다.

예제 9-41 삼각형의 넓이

세 점 $P(1,-1,1)$, $Q(3,3,1)$, $R(0,0,6)$을 꼭짓점으로 하는 삼각형의 넓이 S를 구하라.

풀이

삼각형의 넓이 S는 두 벡터 $\overrightarrow{PQ}$, $\overrightarrow{PR}$가 만드는 평행사변형 넓이의 $\frac{1}{2}$이다. 이때 두 벡터의 성분과 외적을 각각 구하면 다음과 같다.

$$\overrightarrow{PQ}=(2,4,0),\quad \overrightarrow{PR}=(-1,1,5),\quad \overrightarrow{PQ}\times\overrightarrow{PR}=(20,-10,6)$$

따라서 구하고자 하는 삼각형의 넓이는 $S=\frac{1}{2}\|\overrightarrow{PQ}\times\overrightarrow{PR}\|=\frac{1}{2}\sqrt{536}=\sqrt{134}$ 이다.

[유제 9-24]

세 점 $P(3,-1,4)$, $Q(1,1,1)$, $R(1,0,0)$을 꼭짓점으로 하는 삼각형의 넓이 S를 구하라.

예제 9-42 세 점으로 결정되는 평면에 수직인 벡터

세 점 $P(1,0,-1)$, $Q(-1,3,1)$, $R(2,1,2)$를 지나는 평면에 수직인 벡터를 구하라.

풀이

$\overrightarrow{PQ}=(-2,3,2)$, $\overrightarrow{PR}=(1,1,3)$이므로 세 점 P, Q, R을 지나는 평면에 수직인 벡터는 $\overrightarrow{PQ}\times\overrightarrow{PR}=(7,8,-5)$이다.

[유제 9-25]

세 점 $P(1,1,1)$, $Q(1,0,5)$, $R(-1,1,3)$을 지나는 평면에 수직인 벡터를 구하라.

마지막으로 스칼라 삼중적에 대하여 알아본다.

정의 9-8 스칼라 삼중적

스칼라 $\mathbf{u} \cdot (\mathbf{v} \times \mathbf{w})$를 벡터 $\mathbf{u}$, $\mathbf{v}$, $\mathbf{w}$의 **스칼라 삼중적**(scalar triple product)이라 한다.

세 벡터를 $\mathbf{u} = (a_1, a_2, a_3)$, $\mathbf{v} = (b_1, b_2, b_3)$, $\mathbf{w} = (c_1, c_2, c_3)$라 하자. 스칼라 삼중적은 다음과 같이 행렬식으로 간단하게 표현할 수 있다.

$$\begin{aligned}\mathbf{u} \cdot (\mathbf{v} \times \mathbf{w}) &= (a_1, a_2, a_3) \cdot \left(\begin{vmatrix} b_2 & b_3 \\ c_2 & c_3 \end{vmatrix}, -\begin{vmatrix} b_1 & b_3 \\ c_1 & c_3 \end{vmatrix}, \begin{vmatrix} b_1 & b_2 \\ c_1 & c_2 \end{vmatrix} \right) \\ &= a_1 \begin{vmatrix} b_2 & b_3 \\ c_2 & c_3 \end{vmatrix} - a_2 \begin{vmatrix} b_1 & b_3 \\ c_1 & c_3 \end{vmatrix} + a_3 \begin{vmatrix} b_1 & b_2 \\ c_1 & c_2 \end{vmatrix} \\ &= \begin{vmatrix} a_1 & a_2 & a_3 \\ b_1 & b_2 & b_3 \\ c_1 & c_2 & c_3 \end{vmatrix}\end{aligned}$$

예제 9-43 스칼라 삼중적

벡터 $\mathbf{u} = 3\mathbf{i} + \mathbf{j} - 2\mathbf{k}$, $\mathbf{v} = \mathbf{i} + 2\mathbf{j}$, $\mathbf{w} = 4\mathbf{i} + \mathbf{j} - \mathbf{k}$의 스칼라 삼중적 $\mathbf{u} \cdot (\mathbf{v} \times \mathbf{w})$를 구하라.

풀이

구하고자 하는 값은 $\mathbf{u} \cdot (\mathbf{v} \times \mathbf{w}) = \begin{vmatrix} 3 & 1 & -2 \\ 1 & 2 & 0 \\ 4 & 1 & -1 \end{vmatrix} = 9$이다.

[유제 9-26]

벡터 $\mathbf{u} = \mathbf{i} - \mathbf{j} - 2\mathbf{k}$, $\mathbf{v} = \mathbf{i} + 2\mathbf{j} + \mathbf{k}$, $\mathbf{w} = \mathbf{j} - \mathbf{k}$의 스칼라 삼중적 $\mathbf{u} \cdot (\mathbf{v} \times \mathbf{w})$를 구하라.

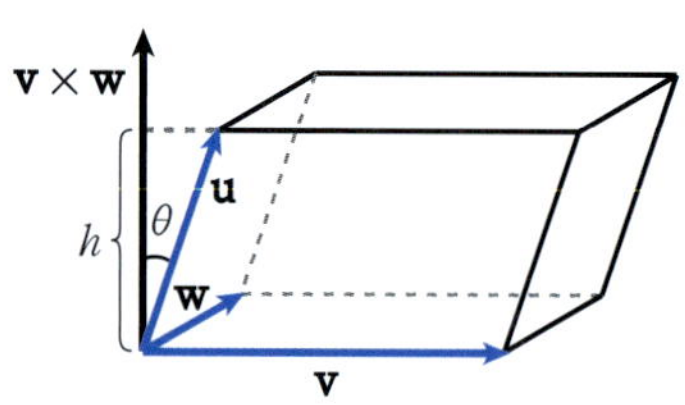

[그림 9-37] 벡터 u, v, w로 결정되는 평행육면체

스칼라 삼중적이 어떤 기하학적 성질을 지니는지 알아보자. 한 평면 위에 있지 않은 세 벡터 $\mathbf{u}$, $\mathbf{v}$, $\mathbf{w}$가 [그림 9-37]과 같이 주어져 있다고 하자. 두 벡터 $\mathbf{v}$, $\mathbf{w}$로 결정된 평행사변형의 밑면의 넓이는 $S = \|\mathbf{v} \times \mathbf{w}\|$이다. 이때 벡터 $\mathbf{v} \times \mathbf{w}$는 주어진 평행사변형에 수직이다. 두 벡터 $\mathbf{u}$와 $\mathbf{v} \times \mathbf{w}$가 이루는 각을 θ라 하면 **평행육면체**(parallelepiped)의 높이는 $h = \|\mathbf{u}\| \, |\cos\theta|$이다. 즉 평행육면체의 부피는 다음과 같다.

$$V = Sh = \|\mathbf{v} \times \mathbf{w}\| \, \|\mathbf{u}\| \, |\cos\theta| = |\mathbf{u} \cdot (\mathbf{v} \times \mathbf{w})|$$

따라서 다음 정리를 얻는다.

정리 9-13 평행육면체의 부피

세 벡터 $\mathbf{u}$, $\mathbf{v}$, $\mathbf{w}$로 결정되는 평행육면체의 부피 V는 스칼라 삼중적의 크기다. 즉 다음이 성립한다.

$$V = |\mathbf{u} \cdot (\mathbf{v} \times \mathbf{w})|$$

[예제 9-43]에서 세 벡터 $\mathbf{u}$, $\mathbf{v}$, $\mathbf{w}$로 결정되는 평행육면체의 부피는 $V = 9$이다.

[정리 9-13]은 세 벡터가 한 평면에 있는지를 확인하는 유용한 방법을 제공한다. 한 평면 위에 있지 않은 세 벡터는 평행육면체를 결정하기 때문이다. 따라서 다음 결과를 얻는다.

정리 9-14 세 벡터가 한 평면 위에 있을 필요충분조건

세 벡터 $\mathbf{u}$, $\mathbf{v}$, $\mathbf{w}$가 한 평면 위에 있을 필요충분조건은 다음과 같다.

$$\mathbf{u} \cdot (\mathbf{v} \times \mathbf{w}) = 0$$

예제 9-44 세 벡터가 한 평면 위에 있을 필요충분조건

세 벡터 $\mathbf{u} = (1, 2, -1)$, $\mathbf{v} = (0, -1, 3)$, $\mathbf{w} = (2, 5, -5)$가 한 평면 위에 있음을 보여라.

풀이

세 벡터의 스칼라 삼중적은 다음과 같다.

$$\mathbf{u} \cdot (\mathbf{v} \times \mathbf{w}) = \begin{vmatrix} 1 & 2 & -1 \\ 0 & -1 & 3 \\ 2 & 5 & -5 \end{vmatrix} = 0$$

따라서 [정리 9-14]로부터 세 벡터 $\mathbf{u}$, $\mathbf{v}$, $\mathbf{w}$는 한 평면 위에 있다.

[유제 9-27]

세 벡터 $\mathbf{u} = (1, 2, -2)$, $\mathbf{v} = (2, 0, 1)$, $\mathbf{w} = (4, 4, -3)$이 한 평면 위에 있음을 보여라.

SECTION

9.4 연습문제

※ 01~04 다음 벡터 $\mathbf{u}$, $\mathbf{v}$에 대하여 $\mathbf{u}+\mathbf{v}$, $2\mathbf{u}+3\mathbf{v}$, $\mathbf{u}-3\mathbf{v}$, $\|\mathbf{u}\|$를 각각 구하라.

01 $\mathbf{u}=(1,2)$, $\mathbf{v}=(2,-1)$

02 $\mathbf{u}=4\mathbf{i}+\mathbf{j}$, $\mathbf{v}=2\mathbf{i}-3\mathbf{j}$

03 $\mathbf{u}=(-2,1,3)$, $\mathbf{v}=(1,-1,2)$

04 $\mathbf{u}=-2\mathbf{i}+3\mathbf{k}$, $\mathbf{v}=3\mathbf{i}+4\mathbf{j}-\mathbf{k}$

※ 05~06 다음 벡터 $\mathbf{u}$ 방향의 단위벡터를 구하라.

05 $\mathbf{u}=2\mathbf{i}+\mathbf{j}-\mathbf{k}$

06 $\mathbf{u}=-\mathbf{i}+2\mathbf{j}+3\mathbf{k}$

07 벡터 $\mathbf{u}=\sqrt{3}\,\mathbf{i}+\mathbf{j}$와 x축의 양의 방향이 이루는 각을 구하라.

08 벡터 $\mathbf{u}=(1,2,-1)$에 대하여, $\|k\mathbf{u}\|=9$인 모든 스칼라 k를 구하라.

09 두 벡터 $\mathbf{u}=(x,y,z)$, $\mathbf{u}_0=(1,2,3)$에 대하여, $\|\mathbf{u}-\mathbf{u}_0\|=1$을 만족하는 점 (x,y,z)의 자취의 방정식을 구하라. 또한 방정식의 그래프를 그려라.

※ 10~13 다음 벡터 $\mathbf{u}$, $\mathbf{v}$에 대하여, 내적 $\mathbf{u}\cdot\mathbf{v}$를 구하라.

10 $\mathbf{u}=(1,3)$, $\mathbf{v}=(2,-1)$

11 $\mathbf{u}=2\mathbf{i}+\mathbf{j}$, $\mathbf{v}=2\mathbf{i}-3\mathbf{j}$

12 $\mathbf{u}=(-2,1,1)$, $\mathbf{v}=(-1,-1,2)$

13 $\mathbf{u}=-2\mathbf{i}+3\mathbf{k}$, $\mathbf{v}=\mathbf{i}+4\mathbf{j}-2\mathbf{k}$

※ 14~15 다음 벡터 $\mathbf{u}$, $\mathbf{v}$에 대하여, 외적 $\mathbf{u}\times\mathbf{v}$를 구하라.

14 $\mathbf{u}=(3,1,-1)$, $\mathbf{v}=(-1,1,2)$

15 $\mathbf{u}=3\mathbf{i}+\mathbf{j}+3\mathbf{k}$, $\mathbf{v}=-\mathbf{i}+3\mathbf{j}-2\mathbf{k}$

※ 16~19 다음 식을 간단히 정리하라.

16 $(\mathbf{i}\times\mathbf{k})\times\mathbf{k}$

17 $\mathbf{j}\times(\mathbf{i}\times\mathbf{k})$

18 $(\mathbf{i}-\mathbf{j})\times(\mathbf{j}+\mathbf{i})$

19 $(\mathbf{j}+\mathbf{k})\times\mathbf{i}$

※ 20~21 다음 벡터 $\mathbf{u}$, $\mathbf{v}$에 수직인 벡터를 구하라.

20 $\mathbf{u}=(-2,3,1)$, $\mathbf{v}=(-1,1,4)$

21 $\mathbf{u}=4\mathbf{i}+\mathbf{j}-2\mathbf{k}$, $\mathbf{v}=-\mathbf{i}+\mathbf{j}+2\mathbf{k}$

※ 22~23 세 점 $\mathrm{A}(1,0,1)$, $\mathrm{B}(-2,1,2)$, $\mathrm{C}(4,1,5)$에 대하여 다음 물음에 답하라.

22 세 점 A, B, C를 지나는 평면에 수직인 영이 아닌 벡터를 구하라.

23 삼각형 ABC의 넓이를 구하라.

※ 24~25 다음 벡터 $\mathbf{u}$, $\mathbf{v}$, $\mathbf{w}$에 대하여 스칼라 삼중적 $\mathbf{u}\cdot(\mathbf{v}\times\mathbf{w})$를 구하라.

24 $\mathbf{u}=(5,3,-1)$, $\mathbf{v}=(1,-1,2)$, $\mathbf{w}=(3,0,1)$

25 $\mathbf{u}=3\mathbf{i}+\mathbf{j}-2\mathbf{k}$, $\mathbf{v}=-2\mathbf{i}+\mathbf{j}-4\mathbf{k}$, $\mathbf{w}=\mathbf{i}+\mathbf{j}-2\mathbf{k}$

SECTION
9.5 직선과 평면의 방정식

직선의 방정식

3차원 공간의 직선 L은 직선 L 위의 한 점과 L의 방향을 알면 결정된다. 구체적으로 직선 L의 방정식을 구하기 위하여 직선 위의 한 점을 P_0라 하고 직선 L에 평행한 벡터를 $\mathbf{u}$라 하자. 또한 직선 L 위의 임의의 점을 P라 하고 두 점 P_0, P의 위치벡터를 각각 $\mathbf{r}_0$, $\mathbf{r}$이라 하자.

[그림 9-38]에서 보듯이 벡터 $\overrightarrow{\mathrm{P}_0\mathrm{P}}$와 $\mathbf{u}$는 서로 평행하므로 다음을 만족하는 스칼라 t가 존재한다.

$$\overrightarrow{\mathrm{P}_0\mathrm{P}} = t\mathbf{u}$$

한편 $\overrightarrow{\mathrm{P}_0\mathrm{P}} = \overrightarrow{\mathrm{OP}} - \overrightarrow{\mathrm{OP}_0} = \mathbf{r} - \mathbf{r}_0$이므로 다음과 같은 직선 L의 **벡터 방정식**(vector equation)을 얻는다.

$$\mathbf{r} = \mathbf{r}_0 + t\mathbf{u} \tag{9.10}$$

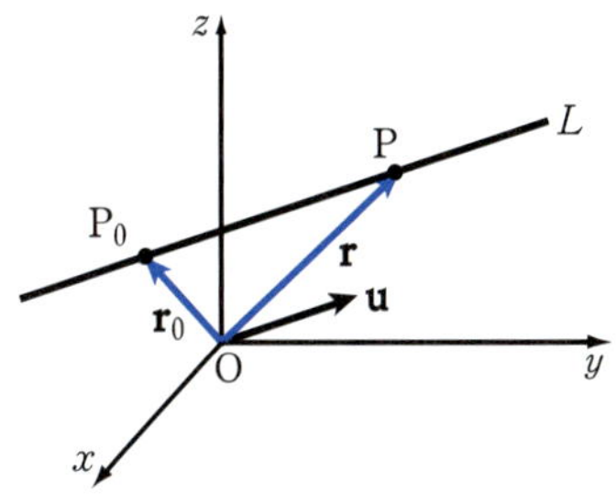

[그림 9-38] 점 P_0를 지나고 벡터 $\mathbf{u}$와 평행한 직선 L

직선 L 위의 한 점을 $\mathrm{P}_0(x_0, y_0, z_0)$, 직선 L 위의 임의의 점을 $\mathrm{P}(x, y, z)$, 직선 L과 평행한 벡터를 $\mathbf{u} = (a, b, c)$라 하면 직선의 벡터 방정식은 다음과 같다.

$$\begin{aligned}(x, y, z) &= (x_0, y_0, z_0) + t(a, b, c)\\ &= (x_0 + ta,\ y_0 + tb,\ z_0 + tc)\end{aligned}$$

그러므로 임의의 스칼라 t에 대하여 다음 방정식을 얻는다.

$$x = x_0 + ta,\ \ y = y_0 + tb,\ \ z = z_0 + tc$$

이를 정리하면 다음과 같다.

정리 9-15 한 점을 지나고 벡터에 평행한 직선의 매개변수 방정식

점 $\mathrm{P}_0(x_0, y_0, z_0)$를 지나고 벡터 $\mathbf{u} = (a, b, c)$에 평행한 직선의 매개변수 방정식은 다음과 같다.

$$x = x_0 + ta,\ \ y = y_0 + tb,\ \ z = z_0 + tc \ \ (\text{단, } t\text{는 임의의 스칼라})$$

[정리 9-15]에서 a, b, c를 직선 L의 **방향수**(direction number)라 한다.

예제 9-45 직선의 방정식

점 $(1,2,3)$을 지나고 벡터 $2\mathbf{i}-\mathbf{j}+3\mathbf{k}$에 평행한 직선의 벡터 방정식과 매개변수 방정식을 각각 구하라.

풀이

주어진 점의 위치벡터는 $\mathbf{r}_0=(1,2,3)$이고 직선과 평행한 벡터가 $\mathbf{u}=(2,-1,3)$이므로 구하고자 하는 직선의 벡터 방정식은 다음과 같다(단, t는 임의의 스칼라).

$$\begin{aligned}\mathbf{r}&=(1,2,3)+t(2,-1,3)\\&=(1+2t,\ 2-t,\ 3+3t)\end{aligned}$$

이 직선의 매개변수 방정식은 다음과 같다.

$$x=1+2t,\quad y=2-t,\quad z=3+3t$$

[유제 9-28]
점 $(3,2,1)$을 지나고 벡터 $3\mathbf{i}-2\mathbf{j}+5\mathbf{k}$에 평행한 직선의 매개변수 방정식을 구하라.

직선을 나타내는 다른 방법을 알아보자. 직선의 매개변수 방정식에서 매개변수 t를 소거하자. 방향수 a, b, c 중 어느 것도 0이 아니면 다음 방정식을 얻는다.

$$\frac{x-x_0}{a}=\frac{y-y_0}{b}=\frac{z-z_0}{c}\qquad(9.11)$$

이 방정식은 점 $P_0(x_0,y_0,z_0)$를 지나고 방향수가 a, b, c인 직선이다. 이 직선의 방정식을 **대칭 방정식**(symmetric equation)이라 한다. 만일 방향수 a, b, c 중 어느 하나가 0이어도 역시 매개변수 t를 소거할 수 있다. 예를 들어 $a=0$이라 하면 직선의 방정식은 다음과 같다.

$$x=x_0,\quad \frac{y-y_0}{b}=\frac{z-z_0}{c}$$

이 직선은 x축에 수직인 평면 $x=x_0$에 있음을 의미한다.

예제 9-46 직선의 대칭 방정식

방향수가 1, 3, 5이고 점 $P_0(-2,5,7)$을 지나는 직선의 대칭 방정식을 구하라.

풀이

직선의 대칭 방정식 (9.11)을 이용하면 $\frac{x+2}{1}=\frac{y-5}{3}=\frac{z-7}{5}$이다.

[유제 9-29]

방향수가 -1, 2, 4이고 점 $P_0(3,6,1)$을 지나는 직선의 대칭 방정식을 구하라.

예제 9-47 직선의 대칭 방정식

다음 직선의 매개변수 방정식을 대칭 방정식으로 나타내라.

$$x=3-t,\ y=-2+t,\ z=4-5t$$

풀이

주어진 직선은 방향수가 -1, 1, -5이고 점 $(3,-2,4)$를 지난다. 따라서 구하고자 하는 대칭 방정식은 다음과 같다.

$$\frac{x-3}{-1}=\frac{y+2}{1}=\frac{z-4}{-5}$$

[유제 9-30]

다음 직선의 매개변수 방정식을 대칭 방정식으로 나타내라.

$$x=1-2t,\ y=-5+3t,\ z=4-t$$

서로 다른 두 직선이 이루는 각은 직선에 평행한 두 벡터가 이루는 각과 같다. 두 직선을 각각 $L_1 : \mathbf{r}=\mathbf{r}_1+t\mathbf{u}$, $L_2 : \mathbf{r}=\mathbf{r}_2+t\mathbf{v}$라 하자. 직선 L_1에 평행한 벡터는 $\mathbf{u}$이고 직선 L_2에 평행한 벡터는 $\mathbf{v}$이므로 식 (9.3)을 이용하면 두 직선이 이루는 각 θ는 다음과 같다.

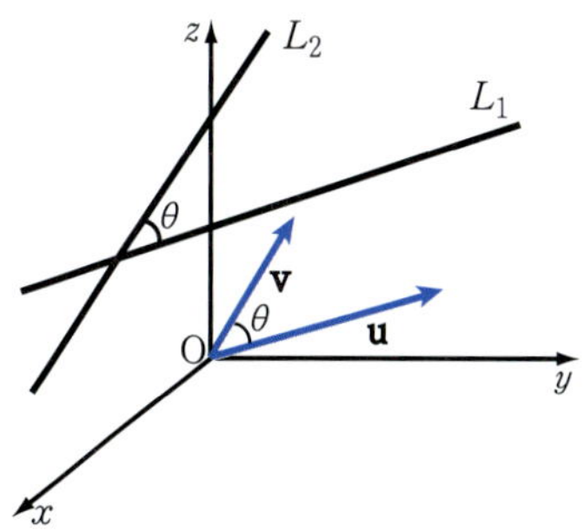

[그림 9-39] 서로 다른 두 직선 L_1, L_2가 이루는 각 θ

$$\cos\theta=\frac{\mathbf{u}\cdot\mathbf{v}}{\|\mathbf{u}\|\,\|\mathbf{v}\|} \tag{9.12}$$

두 벡터 $\mathbf{u}=(a_1,b_1,c_1)$, $\mathbf{v}=(a_2,b_2,c_2)$에 대하여 $\cos\theta$는 다음과 같다.

$$\cos\theta=\frac{a_1a_2+b_1b_2+c_1c_2}{\sqrt{a_1^2+b_1^2+c_1^2}\,\sqrt{a_2^2+b_2^2+c_2^2}} \tag{9.13}$$

같은 방법으로 꼬인 위치에 있는 두 직선에 대해서도 두 직선이 이루는 각을 구할 수 있다.

정리 9-16 점과 직선 사이의 거리

한 점 $P_0(x_0, y_0, z_0)$를 지나고 벡터 $\mathbf{u}$와 평행한 직선을 L이라 하자. 직선 L 위에 있지 않은 점 $Q(x_1, y_1, z_1)$과 직선 L 사이의 거리 D는 다음과 같다.

$$D = \frac{\|\mathbf{u} \times \overrightarrow{P_0Q}\|}{\|\mathbf{u}\|}$$

증명

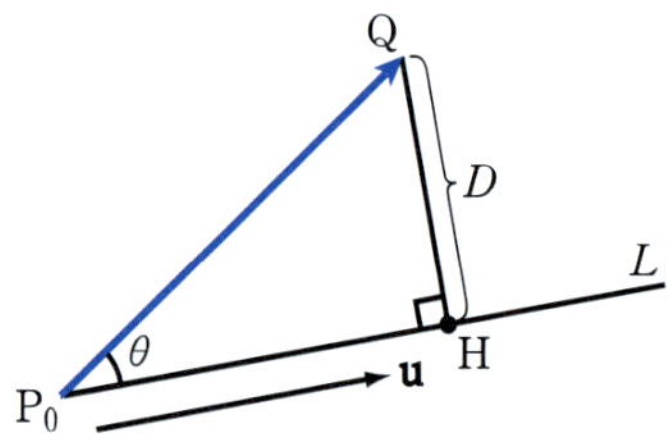

[그림 9-40] 직선 L 위에 있지 않은 점 Q에서 내린 수선의 발 H

[그림 9-40]과 같이 직선 L 위에 있지 않은 점 $Q(x_1, y_1, z_1)$에서 직선 L에 내린 수선의 발을 H라 하자. 선분 QH의 길이가 점 Q와 직선 L 사이의 거리 D이다. 삼각형 QHP_0로부터 다음이 성립한다.

$$D = \|\overrightarrow{P_0Q}\| \sin\theta = \frac{\|\mathbf{u}\| \, \|\overrightarrow{P_0Q}\| \sin\theta}{\|\mathbf{u}\|}$$

두 벡터 $\mathbf{u}$, $\overrightarrow{P_0Q}$가 이루는 각이 θ이므로, [정리 9-10]을 적용하면 거리 D는 다음과 같다.

$$D = \frac{\|\mathbf{u}\| \, \|\overrightarrow{P_0Q}\| \sin\theta}{\|\mathbf{u}\|} = \frac{\|\mathbf{u} \times \overrightarrow{P_0Q}\|}{\|\mathbf{u}\|}$$ ■

예제 9-48 점과 직선 사이의 거리

점 $Q(1,1,-3)$에서 두 점 $P_1(2,0,6)$, $P_2(5,-2,7)$을 지나는 직선까지의 거리 D를 구하라.

풀이

직선에 평행한 벡터는 $\mathbf{u} = \overrightarrow{P_1P_2} = (3,-2,1)$이고, $\overrightarrow{P_1Q} = (-1,1,-9)$이므로 두 벡터의 외적은 $\mathbf{u} \times \overrightarrow{P_1Q} = (17,26,1)$이고, $\mathbf{u}$의 크기는 $\|\mathbf{u}\| = \sqrt{14}$이다. 따라서 구하고자 하는 거리는 $D = \frac{\|\mathbf{u} \times \overrightarrow{P_1Q}\|}{\|\mathbf{u}\|} = \frac{\sqrt{966}}{\sqrt{14}} = \sqrt{69}$이다.

[유제 9-31]

점 $Q(3,0,1)$에서 두 점 $P_1(2,-1,5)$, $P_2(3,6,1)$을 지나는 직선까지의 거리 D를 구하라.

평면의 방정식

3차원 공간에서 직선은 직선 위의 한 점과 직선과 평행한 벡터에 의해 결정됨을 알고 있다. 이제 공간에서 평면을 결정하는 데 필요한 조건을 알아보고 평면의 방정식을 유도해 보자.

평면은 평면 위의 한 점 P_0와 이 평면에 수직인 벡터 $\mathbf{n}$으로 결정된다. 이때 수직인 벡터 $\mathbf{n}$을 평면의 **법선벡터**(normal vector)라 한다. 점 P를 평면 위의 임의의 점이라 하고, 두 점 P_0, P의 위치벡터를 각각 $\mathbf{r}_0$, $\mathbf{r}$이라 하자. [그림 9-41]과 같이 법선벡터 $\mathbf{n}$은 평면 위의 모든 벡터와 수직이므로 [정리 9-7]을 이용하면 다음 방정식을 얻는다.

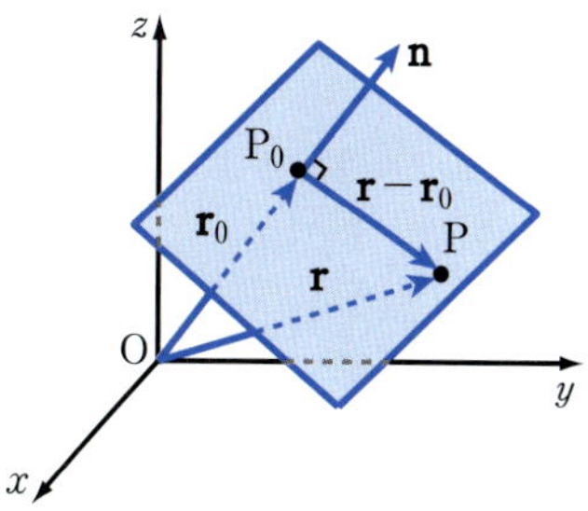

[그림 9-41] 점 P_0를 지나고 벡터 $\mathbf{n}$과 수직인 평면

$$\mathbf{n}\cdot(\mathbf{r}-\mathbf{r}_0)=0 \tag{9.14}$$

이 방정식을 평면의 **벡터 방정식**이라 한다.

평면 위의 한 점을 $P_0(x_0,y_0,z_0)$, 평면 위의 임의의 점을 $P(x,y,z)$, 평면의 법선벡터를 $\mathbf{n}=(a,b,c)$라 하면 평면의 벡터 방정식은 다음과 같다.

$$(a,b,c)\cdot(x-x_0,y-y_0,z-z_0)=0$$
$$a(x-x_0)+b(y-y_0)+c(z-z_0)=0$$

이를 정리하면 다음과 같다.

정리 9-17 한 점을 지나고 한 벡터에 수직인 평면의 방정식

점 $P_0(x_0,y_0,z_0)$를 지나고 벡터 $\mathbf{n}=(a,b,c)$에 수직인 **평면의 방정식**은 다음과 같다.

$$a(x-x_0)+b(y-y_0)+c(z-z_0)=0$$

[정리 9-17]에서 평면의 방정식은 적당한 상수 d에 대하여 다음과 같은 꼴로 표현할 수 있다.

$$ax+by+cz+d=0 \tag{9.15}$$

방정식 (9.15)는 x, y, z에 대한 평면의 **선형방정식**(linear equation)이라 한다.

예제 9-49 평면의 방정식

점 $P_0(2,-7,2)$를 지나고 법선벡터가 $\mathbf{n}=(3,-2,5)$인 평면의 방정식을 구하라.

풀이 1

[정리 9-17]을 이용하면 구하고자 하는 평면의 방정식은 다음과 같다.

$$3(x-2)-2(y+7)+5(z-2)=0$$
$$3x-2y+5z=30$$

풀이 2

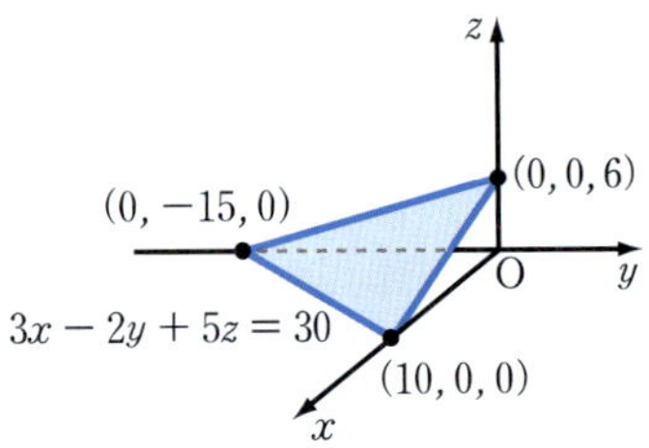

평면의 선형방정식 (9.15)를 이용하면 적당한 상수 d에 대하여 다음과 같이 나타낼 수 있다.

$$3x-2y+5z+d=0$$

이 평면은 점 P_0를 지나므로 $3\cdot2-2\cdot(-7)+5\cdot2+d=0$에서 $d=-30$이다. 따라서 구하고자 하는 평면의 방정식은 $3x-2y+5z-30=0$이다. 왼쪽 그림에서 그래프를 확인할 수 있다.

[유제 9-32]

점 $P_0(1,2,-1)$을 지나고 법선벡터가 $\mathbf{n}=(2,4,6)$인 평면의 방정식을 구하라.

예제 9-50 세 점을 지나는 평면의 방정식

세 점 $P(1,2,3)$, $Q(-1,3,2)$, $R(4,2,-1)$을 지나는 평면의 방정식을 구하라.

풀이

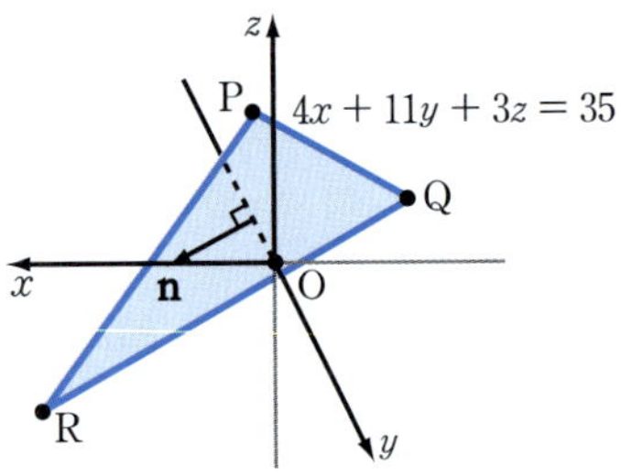

두 벡터 $\mathbf{u}=\overrightarrow{PQ}=(-2,1,-1)$, $\mathbf{v}=\overrightarrow{PR}=(3,0,-4)$는 평면 위에 있으므로 평면의 법선벡터는 $\mathbf{n}=\mathbf{u}\times\mathbf{v}=(-4,-11,-3)$이다. 따라서 점 $P(1,2,3)$을 지나고 법선벡터가 $\mathbf{n}$인 평면의 방정식은 다음과 같다.

$$-4(x-1)-11(y-2)-3(z-3)=0$$
$$4x+11y+3z=35$$

왼쪽 그림에서 그래프를 확인할 수 있다.

[유제 9-33]

세 점 $P(1,0,0)$, $Q(0,2,4)$, $R(2,1,-1)$을 지나는 평면의 방정식을 구하라.

두 평면 $a_1x+b_1y+c_1z+d_1=0$, $a_2x+b_2y+c_2z+d_2=0$이 이루는 각을 θ라 하자. 두 평면이 이루는 각은 [그림 9-42]에서 알 수 있듯이 평면의 두 법선벡터가 이루는 각과 같다. 두 평면의 법선벡터는 각각 $\mathbf{n}_1=(a_1,b_1,c_1)$, $\mathbf{n}_2=(a_2,b_2,c_2)$이므로 두 평면이 이루는 각은 다음과 같다.

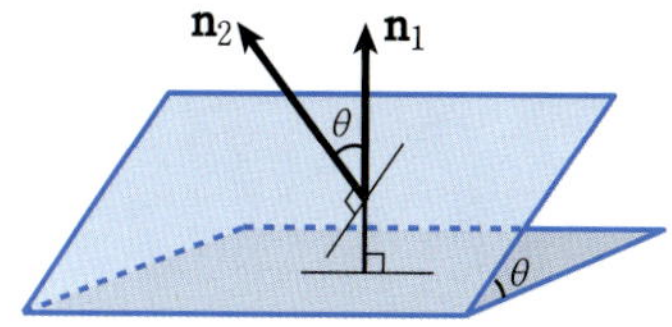

[그림 9-42] 법선벡터가 $\mathbf{n}_1$, $\mathbf{n}_2$인 두 평면이 이루는 각 θ

$$\cos\theta=\frac{a_1a_2+b_1b_2+c_1c_2}{\sqrt{a_1^2+b_1^2+c_1^2}\sqrt{a_2^2+b_2^2+c_2^2}} \tag{9.16}$$

두 평면이 직교하면 $\cos 90°=0$이므로 식 (9.16)에서 다음이 성립한다.

$$a_1a_2+b_1b_2+c_1c_2=0 \tag{9.17}$$

두 평면이 평행하면 각각의 법선벡터가 서로 평행하므로, 두 평면이 평행할 조건은 다음과 같다.

$$\frac{a_1}{a_2}=\frac{b_1}{b_2}=\frac{c_1}{c_2}\neq\frac{d_1}{d_2} \tag{9.18}$$

예제 9-51 두 평면이 이루는 각

두 평면 $\pi_1: 2x-y+2z-1=0$, $\pi_2: x+y+4z-8=0$이 이루는 각을 구하라.

풀이

두 평면의 법선벡터는 각각 $\mathbf{n}_1=(2,-1,2)$, $\mathbf{n}_2=(1,1,4)$이므로 두 평면이 이루는 각 θ에 대하여 식 (9.16)을 이용하면 다음과 같다.

$$\cos\theta=\frac{2-1+8}{\sqrt{9}\sqrt{18}}=\frac{1}{\sqrt{2}}$$

따라서 구하고자 하는 각을 예각으로 선택하면 $\theta=\frac{\pi}{4}$이다.

[유제 9-34]

두 평면 $\pi_1: x-2y+z-1=0$, $\pi_2: 3x+2y+z-10=0$이 이루는 각을 θ라 할 때, $\cos\theta$를 구하라.

정리 9-18 점과 평면 사이의 거리

점 $\mathrm{P}_0(x_0,y_0,z_0)$와 평면 $ax+by+cz+d=0$ 사이의 거리 D는 다음과 같다.

$$D=\frac{|ax_0+by_0+cz_0+d|}{\sqrt{a^2+b^2+c^2}}$$

증명

평면 $ax+by+cz+d=0$ 위의 임의의 점을 $\mathrm{P}_1(x_1, y_1, z_1)$이라 하고, $\overrightarrow{\mathrm{P}_1\mathrm{P}_0}$에 대응하는 벡터를 $\mathbf{r}$이라 하면 $\mathbf{r}$의 성분은 다음과 같다.

$$\mathbf{r}=(x_0-x_1, y_0-y_1, z_0-z_1)$$

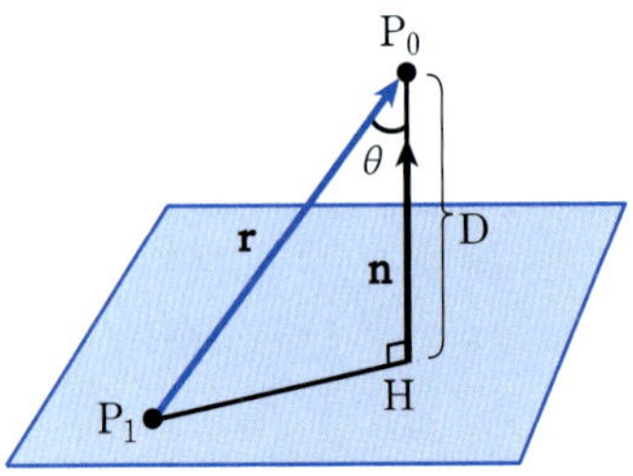

[그림 9-43] 점 P_0와 평면 $ax+by+cz+d=0$ 사이의 거리 D

평면 $ax+by+cz+d=0$의 법선벡터는 $\mathbf{n}=(a, b, c)$이다. 점 P_0에서 평면 $ax+by+cz+d=0$ 위에 내린 수선의 발을 H라 하자. 선분 $\mathrm{P}_0\mathrm{H}$의 길이가 점 P_0와 평면 $ax+by+cz+d=0$ 사이의 거리 D이다. 삼각형 $\mathrm{P}_0\mathrm{H}\mathrm{P}_1$으로부터 다음이 성립한다.

$$\begin{aligned} D=\|\mathbf{r}\|\cos\theta &= \frac{\|\mathbf{n}\|\,\|\mathbf{r}\|\cos\theta}{\|\mathbf{n}\|}=\frac{|\mathbf{n}\cdot\mathbf{r}|}{\|\mathbf{n}\|} \\ &= \frac{|a(x_0-x_1)+b(y_0-y_1)+c(z_0-z_1)|}{\sqrt{a^2+b^2+c^2}} \\ &= \frac{|ax_0+by_0+cz_0-(ax_1+by_1+cz_1)|}{\sqrt{a^2+b^2+c^2}} \end{aligned}$$

한편 $\mathrm{P}_1(x_1, y_1, z_1)$은 평면 위의 점이므로 $ax_1+by_1+cz_1+d=0$이 성립한다. 따라서 거리 D는 다음과 같다.

$$D=\frac{|ax_0+by_0+cz_0+d|}{\sqrt{a^2+b^2+c^2}}$$ ■

예제 9-52 점과 평면 사이의 거리

점 $\mathrm{P}_0(1, 2, -3)$과 평면 $2x+4y-z+1=0$ 사이의 거리 D를 구하라.

풀이

[정리 9-18]에 의하면 구하고자 하는 거리 D는 다음과 같다.

$$D=\frac{|2\cdot1+4\cdot2+(-1)\cdot(-3)+1|}{\sqrt{2^2+4^2+(-1)^2}}=\frac{14}{\sqrt{21}}=\frac{2\sqrt{21}}{3}$$

[유제 9-35]

점 $\mathrm{P}_0(3, 5, 1)$과 평면 $x-5y-2z+10=0$ 사이의 거리 D를 구하라.

SECTION

9.5 연습문제

※ 01~02 다음 직선의 벡터 방정식과 매개변수 방정식을 각각 구하라.

01 점 $(1,-2,3)$을 지나고 벡터 $2\mathbf{i}+3\mathbf{j}+\mathbf{k}$에 평행한 직선

02 점 $(3,1,-4)$를 지나고 평면 $x+4y-z=1$과 수직인 직선

※ 03~05 다음 직선의 대칭 방정식을 구하라.

03 점 $P(-1,2,7)$을 지나고 방향수가 3, 4, 5인 직선

04 점 $P(-1,5,3)$을 지나고 방향수가 3, -2, 5인 직선

05 매개변수 방정식 $x=2+t$, $y=3+t$, $z=1-2t$로 표현한 직선

※ 06~07 다음 두 점 A, B를 지나는 직선의 벡터 방정식과 매개변수 방정식을 각각 구하라.

06 $A(3,-5,1)$, $B(1,2,-1)$

07 $A(4,-5,-2)$, $B(3,2,1)$

08 점 $P_0(4,4,4)$에서 두 점 $A(1,3,1)$, $B(3,4,-1)$을 지나는 직선까지 거리를 구하라.

09 직선 $\dfrac{x-1}{2}=\dfrac{y+1}{1}=\dfrac{z-2}{3}$ 위의 점 중에서 원점과의 거리가 16인 점의 좌표를 구하라.

10 직선 $\dfrac{x+2}{4}=\dfrac{y-3}{5}=\dfrac{z-3}{-1}$과 평행한 단위벡터를 구하라.

※ 11~12 다음 두 직선이 이루는 각을 θ라 할 때, $\cos\theta$를 구하라.

11 $\dfrac{x+2}{2}=\dfrac{y-1}{4}=\dfrac{z+3}{-1}$, $\dfrac{x-3}{2}=\dfrac{y+2}{4}=\dfrac{z-1}{2}$

12 $\mathbf{r}=(1,-2,1)+t(3,2,-1)$,
$\mathbf{r}=(1,3,4)+t(5,-1,2)$

※ 13~14 주어진 점과 직선 사이의 거리를 구하라.

13 점 $P(1,1,1)$과 두 점 $A(0,5,8)$과 $B(-1,2,1)$을 지나는 직선

14 점 $Q(1,0,3)$과 직선 $\mathbf{r}=(1,-3,5)+t(3,-1,6)$

※ 15~16 주어진 점 P_0를 지나고 주어진 벡터 $\mathbf{n}$을 법선벡터로 하는 평면의 방정식을 구하라.

15 $P_0(1,2,-1)$, $\mathbf{n}=(2,1,-1)$

16 $P_0(-2,1,4)$, $\mathbf{n}=(4,-2,5)$

※ 17~18 다음 세 점을 지나는 평면의 방정식을 구하라.

17 $A(3,-1,6)$, $B(5,0,1)$, $C(-2,1,5)$

18 $P(2,-4,1)$, $Q(0,5,1)$, $R(4,0,-3)$

19 두 평면 $\pi_1: x-y+z-1=0$, $\pi_2: 2x+y-3z-8=0$이 이루는 각을 θ라 할 때, $\cos\theta$를 구하라.

※ 20~21 점 P_0와 주어진 평면 사이의 거리를 구하라.

20 $P_0(3,2,-1)$, $x-4y+z+2=0$

21 $P_0(4,-2,3)$, $3x+4y-z-10=0$

CHAPTER

10

다변수함수

Function of Several Variables

Contents

○ 다변수함수를 왜 배워야 하는가?

지금까지 일변수함수의 미분과 적분을 다루었다. 독립변수가 2개 이상인 다변수함수는 확률론, 통계학, 물리학, 유체역학, 전자기학 등 다양한 학문에서 자연스레 등장한다. 다변수함수의 미분과 적분은 일변수함수보다 훨씬 다양하고 복잡하며 흥미롭다. 특히 다변수함수의 적분은 여러 분야에서 많이 응용되며 매우 중요하다. 다변수함수 이론은 자연과학에서 중요한 성과물 중 하나라 할 수 있다.

○ 이 장에서 배우는 내용은?

1장과 3장에서 배운 일변수함수의 극한과 미분을 다변수함수로 확장한다. 먼저 다변수함수의 그래프를 학습한다. 일변수함수의 극한과 다소 다른 이변수함수의 극한 개념을 배우고 연속함수의 개념을 학습한다. 다변수함수의 미분을 배우고 나면 편도함수를 비롯하여 다변수함수의 연쇄법칙, 방향도함수와 기울기벡터, 접평면과 선형근사를 배운다. 여태까지 배운 다변수함수 이론을 응용하면 이변수함수의 최댓값과 최솟값을 구할 수 있으며, 더 나아가 라그랑주 승수를 이용하여 최댓값과 최솟값을 구할 수 있다.

다변수함수
- 다변수함수
- 다변수함수의 극한과 연속
  - 다변수함수의 극한
  - 다변수함수의 연속
- 편도함수
  - 편도함수
  - 편도함수의 계산
  - 고계편도함수
- 연쇄법칙
- 방향도함수와 기울기벡터
  - 이변수함수의 방향도함수와 기울기벡터
  - 삼변수함수의 방향도함수와 기울기벡터
  - 기울기벡터의 의미
- 접평면과 선형근사
  - 접평면
  - 선형근사
- 최댓값과 최솟값
- 라그랑주 승수

SECTION 10.1

다변수함수

앞에서는 독립변수가 하나인 함수를 다루었다. 이러한 함수를 **일변수함수**(function of one variable)라 한다. 이제 독립변수가 여러 개인 **다변수함수**(function of several variables)를 다루고자 한다. 물리학이나 공학에서는 다변수함수가 중요한 역할을 수행한다. 다변수함수의 이론은 몇몇 특수한 경우를 제외한다면 모두 이변수함수나 삼변수함수의 경우와 같으므로 이 장에서는 주로 그래프 설명이 용이한 이변수함수를 중심으로 전개할 것이다.

다변수함수

다변수함수에서 가장 많이 다루는 이변수함수와 삼변수함수를 알아보자.

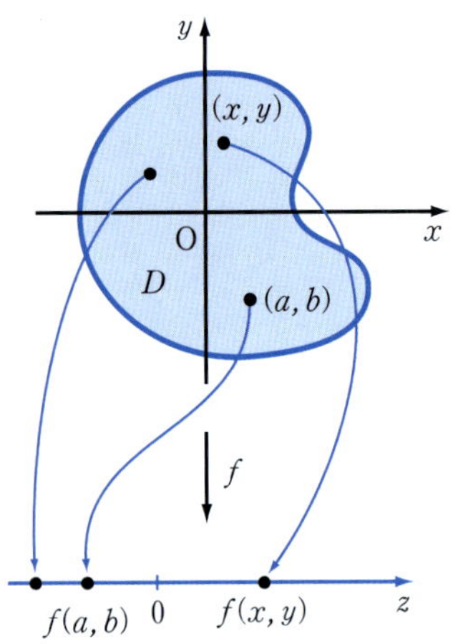

[그림 10-1] 이변수함수 $f(x,y)$

정의 10-1 이변수함수와 삼변수함수

(1) D가 $\mathbb{R}^2$의 부분집합일 때, 함수 $f: D \to \mathbb{R}$을 **이변수함수**라 하고 다음과 같이 표현한다.

$$z = f(x,y) \ (\text{단, } (x,y) \in D)$$

(2) D가 $\mathbb{R}^3$의 부분집합일 때, 함수 $f: D \to \mathbb{R}$을 **삼변수함수**라 하고 다음과 같이 표현한다.

$$w = f(x,y,z) \ (\text{단, } (x,y,z) \in D)$$

특별한 언급이 없으면 이와 같은 함수들의 정의역은 함수가 정의되는 모든 점의 집합이다.

먼저 이변수함수의 정의역을 구해 보자.

예제 10-1 이변수함수

다음 이변수함수의 정의역을 구하라.

(a) $f(x,y)=\sqrt{x^2+y^2-9}$ (b) $g(x,y)=9x^2+y^2$

풀이

(a) 함수 $f(x,y)$는 $x^2+y^2-9\ge 0$일 때 정의된다. 따라서 f의 정의역은 다음과 같다.

$$D=\{(x,y)\mid x^2+y^2\ge 9\}$$

즉, 정의역은 중심이 $(0,0)$이고 반지름이 3인 원과 원 바깥에 놓여있는 모든 점의 집합이다.

(b) 함수 $g(x,y)$는 x,y가 모든 실수일 때 정의된다. 따라서 g의 정의역은 다음과 같다.

$$D=\{(x,y)\mid x\in\mathbb{R},y\in\mathbb{R}\}=\mathbb{R}^2$$

[유제 10-1]

다음 이변수함수의 정의역을 구하라.

(a) $f(x,y)=\dfrac{\sqrt{3x-y}}{5x-2y}$ (b) $f(x,y)=\ln\left(\dfrac{x}{y}-2\right)$

일변수함수 $f:I\to\mathbb{R}$의 그래프는 집합 $\{(x,f(x))\mid x\in I\}$이며 평면에 곡선으로 묘사된다. 이변수함수 $f:D\to\mathbb{R}$, $f(x,y)$의 그래프도 일변수함수와 동일하게 다음과 같은 집합으로 정의한다.

$$\{(x,y,f(x,y))\mid(x,y)\in D\}$$

이 그래프는 [그림 10-2]와 같이 공간에서 곡면으로 묘사된다. 일변수함수와 마찬가지로 이변수함수를 관찰하는 데 그래프의 개형이 도움이 된다. 일변수함수에서 미분 이론을 이용하여 곡선의 개형을 관찰하였듯이, 이변수함수에서도 비슷한 미분 이론을 사용한다. 그러나 일변수함수보다 훨씬 복잡하고 다양한 양상으로 나타난다.

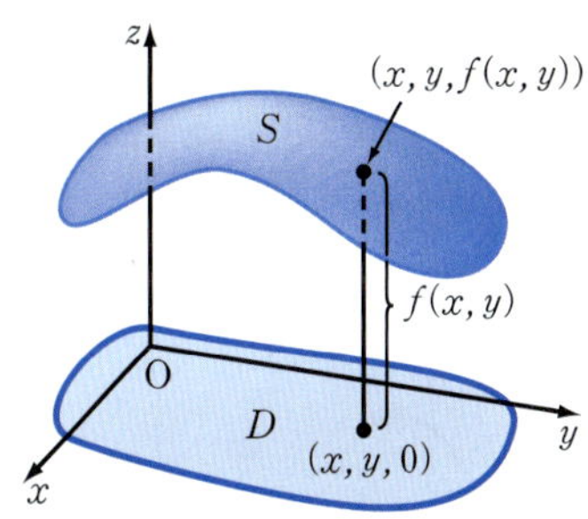

[그림 10-2] 이변수함수 $f(x,y)$의 그래프

예제 10-2 이변수함수의 그래프

다음 이변수함수의 그래프를 그려라.

(a) $f(x,y)=\sqrt{4-x^2-y^2}$　　　　(b) $g(x,y)=x^2+9y^2$

풀이

(a) 함수 f의 정의역은 $\{(x,y) \mid x^2+y^2\le 4\}$이다. $f(x,y)=0$을 만족하는 도형은 $x^2+y^2=4$인 원이고 $f(x,y)=k$를 만족하는 도형은 $0\le k\le 2$일 때 $x^2+y^2=4-k^2$인 원이다.

(b) 함수 g의 정의역은 $\{(x,y)|(x,y)\in\mathbb{R}^2\}$이다. 실수 k에 대하여 $g(x,y)=x^2+9y^2=k^2$은 타원이다.

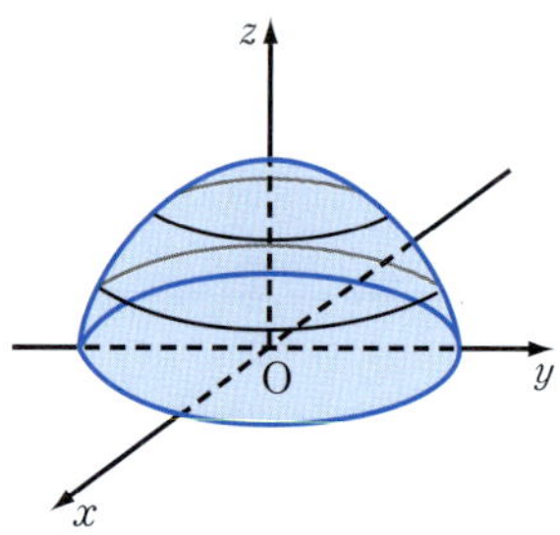

$f(x,y)=\sqrt{4-x^2-y^2}$

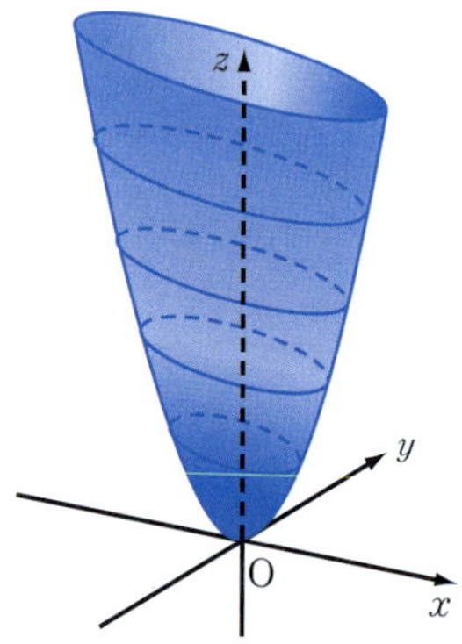

$g(x,y)=x^2+9y^2$

[유제 10-2]

다음 이변수함수의 그래프를 그려라.

(a) $f(x,y)=x^2+4y^2$　　　　(b) $f(x,y)=\sqrt{9-3x^2-3y^2}$

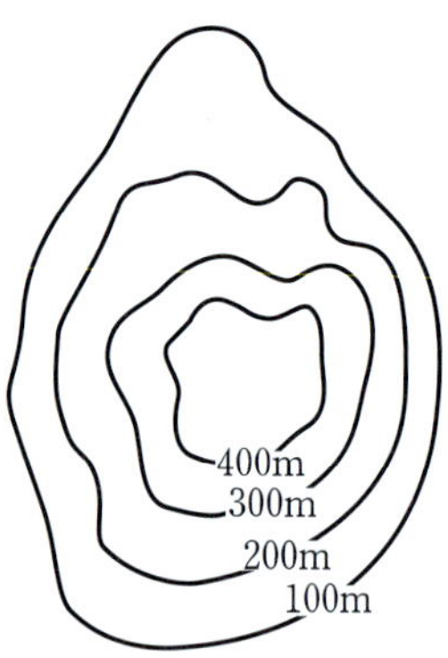

[그림 10-3] 지형도의 등고선

삼변수함수 $w=f(x,y,z)$의 그래프는 집합 $\{(x,y,z,f(x,y,z)|w=f(x,y,z),(x,y,z)\in D\}$인데, 이는 4차원 공간 $\mathbb{R}^4$에 속하므로 시각화할 수 없다. 그러나 실수 k에 관하여 $f(x,y,z)=k$를 만족하는 점 (x,y,z)를 관찰하면 $w=f(x,y,z)$의 그래프를 간접적으로나마 짐작할 수 있다. 이러한 점들의 집합 $\{(x,y,z)\in D|f(x,y,z)=k\}$를 높이가 k인 **등위곡면**(level surface)이라 한다. 그리고 이변수함수 $z=f(x,y)$에서 집합 $\{(x,y)\in D|f(x,y)=k\}$를 높이가 k인 **등위곡선**(level curve)이라 한다. 예를 들어 지형도([그림 10-3] 참고)는 해발 높이가 k인 등위곡선, 즉 등고선으로 이루어져 있다.

[그림 10-4]는 등위곡선과 수평자취 사이의 관계를 나타낸다. 실수 k에 대하여 등위곡선 $f(x,y)=k$는 f에 대한 그래프의 자취를 평면 $z=k$에서 xy평면으로 사영한 것이다. [그림 10-5]의 등온선은 온도가 같은 위치를 연결한 곡선이다.

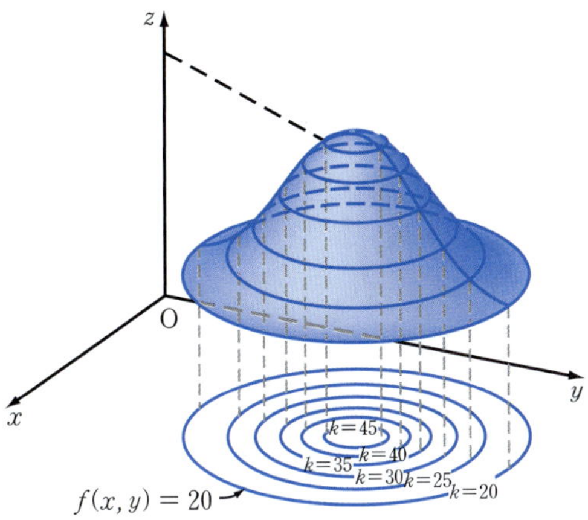

[그림 10-4] 등위곡선과 수평자취

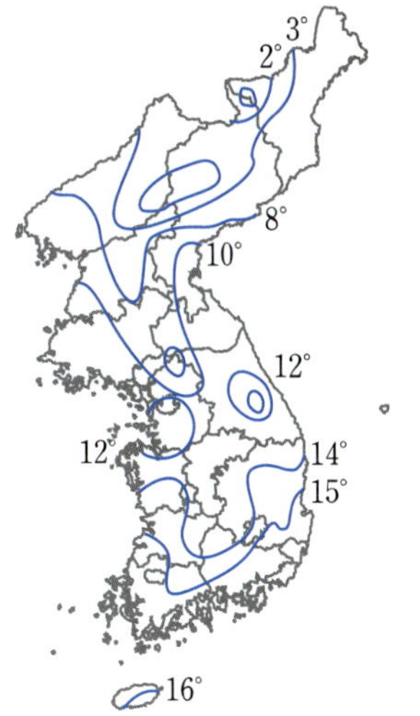

[그림 10-5] 등온선

예제 10-3 이변수함수의 등위곡선

실수 $k=1,2,3,4$에 대하여 함수 $f(x,y)=\sqrt{25-x^2-y^2}$ 의 등위곡선을 그려라.

풀이

주어진 실수 k에 대하여, 이변수함수 f의 등위곡선은 $\sqrt{25-x^2-y^2}=k$이다. 양변을 제곱하면 $x^2+y^2=25-k^2$을 만족한다. 따라서 이 등위곡선은 중심이 $(0,0)$이고 반지름이 $\sqrt{25-k^2}$인 동심원의 모임으로, 다음 그림과 같다.

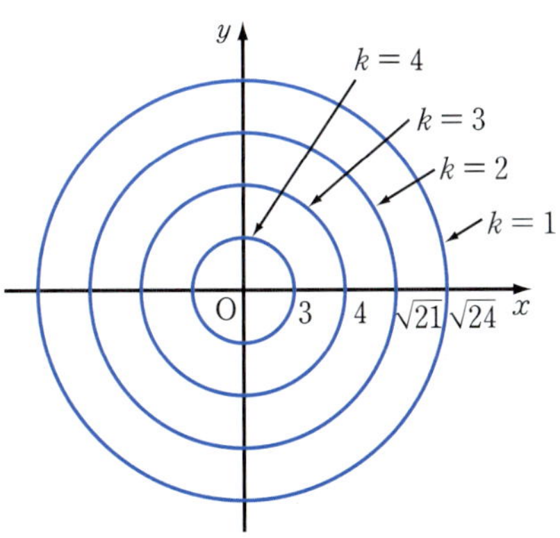

[유제 10-3]

실수 $k=4,5,6,7$에 대하여 함수 $f(x,y)=\sqrt{9+x^2+y^2}$ 의 등위곡선을 그려라.

예제 10-4 삼변수함수의 등위곡면

실수 $k=1,4,9,16$에 대하여 함수 $f(x,y,z)=x^2+y^2+z^2$의 등위곡면을 그려라.

풀이

실수 $k\geq 0$에 대하여, 삼변수함수 f의 등위곡면은 $x^2+y^2+z^2=k$이다. 따라서 이 등위곡면은 중심이 $(0,0,0)$이고 반지름이 $\sqrt{k}$인 동심구면의 모임이다.

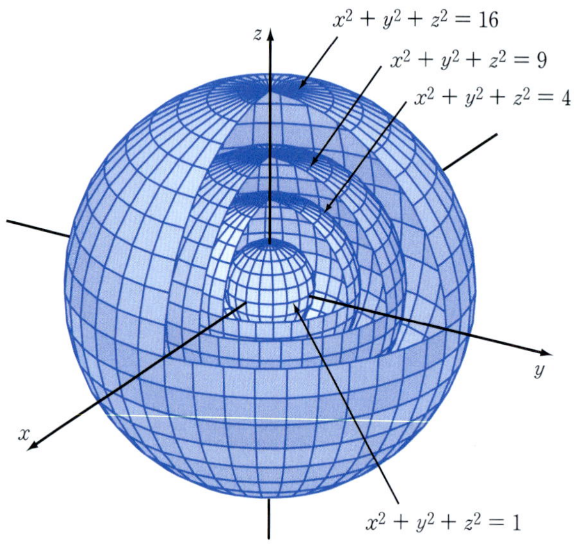

[유제 10-4]

실수 $k=1,2,3,4$에 대하여 함수 $f(x,y,z)=\sqrt{x^2+y^2+z^2-4}$의 등위곡면을 그려라.

참고 n**변수함수**

D가 $\mathbb{R}^n=\{(x_1,x_2,\cdots,x_n)\mid x_i\in\mathbb{R},\ 1\leq i\leq n\}$의 부분집합일 때, 함수 $f: D\to\mathbb{R}$을 n**변수함수**라 한다.

SECTION

10.1 연습문제

※ 01~08 다음 다변수함수의 정의역을 구하라.

01 $f(x,y)=xy\sqrt{x-1}$

02 $f(x,y)=\ln(1-x-y)$

03 $f(x,y)=\sqrt{x^2+y^2-9}$

04 $f(x,y)=\dfrac{1}{y-x^2}$

05 $f(x,y)=\ln\dfrac{x}{y^2}$

06 $f(x,y)=\sqrt{\dfrac{x^2-y^2}{x^2+y^2}}$

07 $f(x,y,z)=\sqrt{8-x^2-y^2-z^2}$

08 $f(x,y,z)=\ln(x-y)+x^2e^{x+y-z}$

※ 09~16 다음 이변수함수의 그래프를 그려라.

09 $f(x,y)=8-3x-6y$

10 $f(x,y)=\sqrt{4-x^2-y^2}$

11 $f(x,y)=3x^2+3y^2$

12 $f(x,y)=4x^2-4y^2$

13 $f(x,y)=\sqrt{x^2+y^2-2}$

14 $f(x,y)=\sqrt{x^2+y^2+9}$

15 $f(x,y)=\dfrac{1}{4}x^2$

16 $f(x,y)=x-1$

17 실수 $k=1,2,3,4$에 대하여 다음 함수의 등위곡선을 그려라.

$$f(x,y)=\frac{1}{4}(x^2+y^2)$$

18 실수 $k=1,2,3,4,\sqrt{20}$ 에 대하여 다음 함수의 등위곡선을 그려라.

$$f(x,y)=120-25x^2-4y^2$$

19 실수 $k=\sqrt{50},10,\sqrt{149}$ 에 대하여 다음 함수의 등위곡면을 그려라.

$$f(x,y,z)=\sqrt{150-x^2-4y^2-25z^2}$$

20 실수 $k=1,3,5,7$에 대하여 다음 함수의 등위곡면을 그려라.

$$f(x,y,z)=x^2+4y^2+9z^2$$

SECTION 10.2 다변수함수의 극한과 연속

다변수함수의 극한

1장과 3장에서 극한의 개념을 사용하여 일변수함수의 연속성과 도함수에 대하여 알아보았다. 이 절에서는 이변수함수의 극한을 소개하고 연속성을 다룬다.

정의 10-2 이변수함수의 극한

이변수함수 f의 정의역에서 점 (x,y)가 (a,b)와 다른 점이면서 점 (a,b)에 한없이 가까워질 때, 가까워지는 방법과 상관없이 $f(x,y)$가 일정한 수 L에 한없이 가까워진다면 '(x,y)가 (a,b)에 가까워질 때 $f(x,y)$는 L에 수렴한다'고 말하고 기호로 다음과 같이 표현한다.

$$\lim_{(x,y)\to(a,b)} f(x,y) = L$$

이때 L을 $f(x,y)$의 (a,b)에서의 **극한**이라 한다.

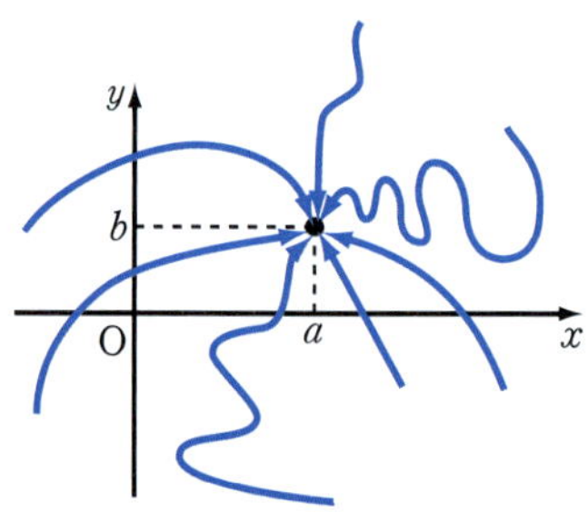

[그림 10-6] 점 (a,b)로 가는 무수히 많은 경로

[정의 10-2]에서 가까워지는 방법과 상관없다는 말은 점 (x,y)가 임의의 경로를 따라 점 (a,b)로 가까워져도 됨을 뜻한다. 따라서 이변수함수의 극한은 [그림 10-6]과 같이 무수히 많은 경로를 고려해야 한다.

만일 두 개의 경로를 따라서 점 (a,b)로 한없이 가까워질 때 $f(x,y)$가 서로 다른 값에 한없이 가까워진다면 [정의 10-2]에 의해 $f(x,y)$의 (a,b)에서의 극한은 존재하지 않는다.

예제 10-5 **이변수함수의 극한**

이변수함수 $f(x, y) = \dfrac{xy}{x^2+y^2}$에 대하여 극한 $\lim_{(x,y)\to(0,0)} f(x,y)$가 존재하지 않음을 보여라.

풀이

극한이 존재한다고 가정하면 (i) ~ (iii)과 같은 경로를 생각할 수 있다.

(i) 점 (x,y)가 [그림 10-7]과 같이 x축을 따라 점 $(0,0)$에 한없이 가까워지면 $y=0$이므로 극한은 다음과 같다.

$$\lim_{(x,y)\to(0,0)} f(x,y) = \lim_{x\to 0} f(x,0) = \lim_{x\to 0}\frac{0}{x^2+0} = 0$$

(ii) 점 (x,y)가 [그림 10-7]과 같이 y축을 따라 점 $(0,0)$에 한없이 가까워지면 $x=0$이므로 극한은 다음과 같다.

$$\lim_{(x,y)\to(0,0)} f(x,y) = \lim_{y\to 0} f(0,y) = \lim_{y\to 0}\frac{0}{0+y^2} = 0$$

(iii) 점 (x,y)가 [그림 10-7]과 같이 직선 $y=mx$ (단, $m \neq 0$)를 따라 점 $(0,0)$에 한없이 가까워지면 극한은 다음과 같다.

$$\lim_{(x,y)\to(0,0)} f(x,y) = \lim_{x\to 0} f(x,mx) = \lim_{x\to 0}\frac{mx^2}{x^2+m^2x^2} = \frac{m}{1+m^2}$$

(i) ~ (iii)에 따르면 점 (x,y)가 점 $(0,0)$에 가까워지는 방법에 따라 극한값이 다르기 때문에 극한 $\lim_{(x,y)\to(0,0)} f(x,y)$는 존재하지 않는다.

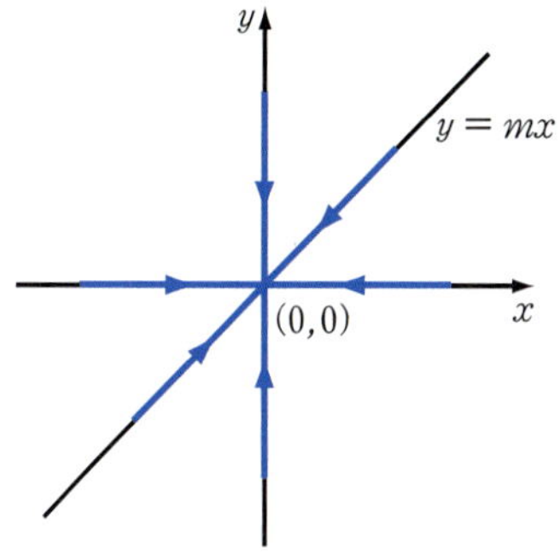

[그림 10-7] 점 (x,y)의 경로

정리 10-1 **일변수함수와 상수함수의 극한**

(1) $\lim_{(x,y)\to(a,b)} x = a$ (2) $\lim_{(x,y)\to(a,b)} y = b$ (3) $\lim_{(x,y)\to(a,b)} k = k$ (k는 상수)

증명

(1) (x, y)가 (a, b)로 한없이 가까이 갈 때, 가까이 가는 방법에 상관없이 x는 a로 가까이 간다. 따라서 $\lim_{(x,y)\to(a,b)} x = a$이다.

(2) (x, y)가 (a, b)로 한없이 가까이 갈 때, 가까이 가는 방법에 상관없이 y는 b로 가까이 간다. 따라서 $\lim_{(x,y)\to(a,b)} y = b$이다.

(3) (1), (2)와 같은 방법으로 설명할 수 있다. ■

일변수함수에서와 같이 다음 정리를 이용하면 더 많은 함수들의 극한을 알 수 있다.

정리 10-2 다변수함수 극한의 성질

점 (a,b)의 근방에서 정의된 함수 $f(x,y)$와 $g(x,y)$에 대하여 다음 극한이 존재한다고 하자.

$$\lim_{(x,y)\to(a,b)} f(x,y) = L, \quad \lim_{(x,y)\to(a,b)} g(x,y) = M$$

그러면 다음이 성립한다.

(1)은 복부호동순이다.

(1) $\displaystyle\lim_{(x,y)\to(a,b)} \{f(x,y) \pm g(x,y)\} = \lim_{(x,y)\to(a,b)} f(x,y) \pm \lim_{(x,y)\to(a,b)} g(x,y) = L \pm M$

(2) $\displaystyle\lim_{(x,y)\to(a,b)} kf(x,y) = k\left(\lim_{(x,y)\to(a,b)} f(x,y)\right) = kL$ (k는 임의의 실수)

(3) $\displaystyle\lim_{(x,y)\to(a,b)} f(x,y)\cdot g(x,y) = \left(\lim_{(x,y)\to(a,b)} f(x,y)\right)\left(\lim_{(x,y)\to(a,b)} g(x,y)\right) = LM$

(4) $\displaystyle\lim_{(x,y)\to(a,b)} \frac{f(x,y)}{g(x,y)} = \frac{\displaystyle\lim_{(x,y)\to(a,b)} f(x,y)}{\displaystyle\lim_{(x,y)\to(a,b)} g(x,y)} = \frac{L}{M}$ (단, $g(x,y) \neq 0$, $M \neq 0$)

예제 10-6 이변수함수의 극한

$\displaystyle\lim_{(x,y)\to(2,1)} \frac{x^3+y^3}{x^2-y^2} = 3$ 이 성립함을 보여라.

풀이

먼저 변수가 한 개인 함수들의 극한은 다음과 같다.

$$\lim_{(x,y)\to(2,1)} x^3 = 8, \quad \lim_{(x,y)\to(2,1)} y^3 = 1, \quad \lim_{(x,y)\to(2,1)} x^2 = 4, \quad \lim_{(x,y)\to(2,1)} y^2 = 1$$

[정리 10-2]의 (1)에 의하여 다음이 성립한다.

$$\lim_{(x,y)\to(2,1)} (x^3+y^3) = \lim_{(x,y)\to(2,1)} x^3 + \lim_{(x,y)\to(2,1)} y^3 = 8+1 = 9$$

$$\lim_{(x,y)\to(2,1)} (x^2-y^2) = \lim_{(x,y)\to(2,1)} x^2 - \lim_{(x,y)\to(2,1)} y^2 = 4-1 = 3$$

이제 [정리 10-2]의 (4)에 의해 다음이 성립한다.

$$\lim_{(x,y)\to(2,1)} \frac{x^3+y^3}{x^2-y^2} = \frac{\displaystyle\lim_{(x,y)\to(2,1)} (x^3+y^3)}{\displaystyle\lim_{(x,y)\to(2,1)} (x^2-y^2)} = \frac{9}{3} = 3$$

[유제 10-5]

$\lim_{(x,y)\to(3,2)} \frac{2x^2y}{2x^2+3y^3}$ 를 구하라.

다변수함수의 연속

1.2절에서 살폈듯이 일변수함수 $f(x)$가 연속이려면 $\lim_{x\to a} f(x) = f(a)$가 성립해야 한다. 이는 함수 $f(x)$의 그래프가 끊김 없이 이어진 곡선임을 의미한다. 이변수함수의 연속도 이와 비슷하다.

정의 10-3 이변수함수의 연속

다음을 만족하는 이변수함수 $f: D \to \mathbb{R}$는 점 (a,b)에서 **연속**이라 한다.

(1) 함수 $f(x,y)$가 점 (a,b)에서 정의된다.

(2) 점 (a,b)에서의 극한 $\lim_{(x,y)\to(a,b)} f(x,y)$가 존재한다.

(3) $\lim_{(x,y)\to(a,b)} f(x,y) = f(a,b)$

[정의 10-3]에 따르면 이변수함수 $f(x,y)$가 연속이면 함수 $f(x,y)$의 그래프는 끊김 없이 이어진 곡면이다.

예제 10-7 이변수함수의 연속

이변수함수 $f(x,y) = \begin{cases} \dfrac{xy}{x^2+y^2} & ((x,y) \neq (0,0)) \\ 0 & ((x,y) = (0,0)) \end{cases}$ 가 점 $(0,0)$에서 연속인지 판정하라.

풀이

함수 $f(x,y)$는 점 $(0,0)$에서 함숫값이 $f(0,0)=0$이지만, [예제 10-5]에서 살폈듯이 점 $(0,0)$에서 극한값이 존재하지 않는다. 따라서 함수 $f(x,y)$는 점 $(0,0)$에서 불연속이다.

[유제 10-6]

이변수함수 $f(x,y) = \dfrac{2x^2+3y+4}{x^2+y^2-9}$ 의 불연속점들을 구하라.

예제 10-8 이변수함수의 연속

$\lim_{(x,y)\to(a,b)} x = a$, $\lim_{(x,y)\to(a,b)} y = b$, $\lim_{(x,y)\to(a,b)} k = k$ (k는 상수)이므로 $f(x,y)=x$, $g(x,y)=y$, $h(x,y)=k$는 모두 점 (a,b)에서 연속임을 알 수 있다.

[정리 1-8]에 의해 일변수 연속함수의 사칙연산, 즉 덧셈, 뺄셈, 곱셈, 나눗셈이 다시 연속함수임을 보였다. [정리 10-2]를 이용하면 이변수함수에 대해서도 같은 성질이 성립한다.

정리 10-3 다변수함수 연속의 성질

이변수함수 f와 g가 점 (a,b)에서 연속일 때 다음 함수도 점 (a,b)에서 연속이다.

(1) $f \pm g$ $\quad \lim_{(x,y)\to(a,b)} \{f(x,y) \pm g(x,y)\} = f(a,b) \pm g(a,b)$

(2) kf (k는 상수) $\quad \lim_{(x,y)\to(a,b)} kf(x,y) = kf(a,b)$

(3) fg $\quad \lim_{(x,y)\to(a,b)} f(x,y)g(x,y) = f(a,b)g(a,b)$

(4) $\dfrac{f}{g}$ $(g(a,b) \neq 0)$ $\quad \lim_{(x,y)\to(a,b)} \dfrac{f(x,y)}{g(x,y)} = \dfrac{f(a,b)}{g(a,b)}$

예제 10-9 이변수함수의 연속

이변수 다항함수 $x^2y - xy^3 + 2x + 5y + 1$이 임의의 점 (a,b)에서 연속인지 판정하라.

풀이

함수 x, y, 1은 모두 임의의 점 (a,b)에서 연속이다. [정리 10-3]에 의해 다음 함수들도 임의의 점 (a,b)에서 연속이다.

$$x^2y,\ xy^3,\ 2x,\ 5y$$

따라서 주어진 함수 $x^2y - xy^3 + 2x + 5y + 1$도 임의의 점 (a,b)에서 연속이다.

예제 10-10 **이변수함수의 연속**

함수 $f(x,y) = \dfrac{x^2 - y^2 + 2}{x^2 + y^2 - 1}$가 연속인 영역을 구하라.

풀이

두 함수 $x^2 - y^2 + 2$, $x^2 + y^2 - 1$은 xy평면 위의 모든 점에서 연속이다. [정리 10-3]에 의하여 $f(x,y)$는 $x^2 + y^2 - 1 \neq 0$인 점에서 연속이다.

[정리 1-10]에 따르면 연속인 두 일변수함수 f와 g의 합성함수 $f \circ g$는 연속이다. 이변수함수에 대해서도 같은 성질이 성립한다.

정리 10-4 **합성함수의 극한**

함수 $g : \mathbb{R}^2 \to \mathbb{R}$이고 함수 $f : \mathbb{R} \to \mathbb{R}$일 때, $\mathbb{R}^2$ 위의 한 점 (a,b)에서 함수 g의 극한이 $\lim\limits_{(x,y) \to (a,b)} g(x,y) = k$이고 일변수함수 f가 k에서 연속이면 다음이 성립한다.

$$\lim_{(x,y) \to (a,b)} f(g(x,y)) = f(k) = f\left(\lim_{(x,y) \to (a,b)} g(x,y)\right)$$

예제 10-11 **합성함수의 극한**

극한 $\lim\limits_{(x,y) \to (1,2)} \ln(xy+2)$를 구하라.

풀이

$f(x) = \ln x$는 연속함수이므로 [정리 10-4]를 이용하면 극한을 다음과 같이 구할 수 있다.

$$\lim_{(x,y) \to (1,2)} \ln(xy+2) = \ln\left(\lim_{(x,y) \to (1,2)} (xy+2)\right) = 2\ln 2$$

[유제 10-7]

극한 $\lim\limits_{(x,y) \to \left(1, \frac{\pi}{2}\right)} \sin(xy)$를 구하라.

n변수함수의 연속은 다음과 같이 정의한다.

정의 10-4 n변수함수의 연속

다음을 만족하는 n변수함수 $f : \mathbb{R}^n \to \mathbb{R}$은 $\mathbb{R}^n$ 위의 한 점 $(a_1, a_2, \cdots, a_n)$에서 연속이다.

(1) 함수 $f(x_1, x_2, \cdots, x_n)$이 점 $(a_1, a_2, \cdots, a_n)$에서 정의된다.

(2) 점 $(a_1, a_2, \cdots, a_n)$에서의 극한 $\lim_{(x_1, x_2, \cdots, x_n) \to (a_1, a_2, \cdots, a_n)} f(x_1, x_2, \cdots, x_n)$이 존재한다.

(3) $\lim_{(x_1, x_2, \cdots, x_n) \to (a_1, a_2, \cdots, a_n)} f(x_1, x_2, \cdots, x_n) = f(a_1, a_2, \cdots, a_n)$

SECTION

10.2 연습문제

※ 01~16 다음 극한이 존재하는 경우에 그 극한을 구하거나, 존재하지 않음을 보여라.

01 $\lim_{(x,y)\to(1,2)} (3x^2y-y)$

02 $\lim_{(x,y)\to\left(\frac{1}{2},\pi\right)} (xy\sin x^2y)$

03 $\lim_{(x,y)\to(1,-2)} \frac{xy^4}{x-y}$

04 $\lim_{(x,y)\to(-3,2)} e^{x^2-3y}$

05 $\lim_{(x,y)\to(0,0)} \ln(1-x^2y)$

06 $\lim_{(x,y)\to(3,-6)} x\sqrt[3]{y^2-4x^2}$

07 $\lim_{(x,y)\to(0,0)} \frac{x^2+4x}{2x-xy}$

08 $\lim_{(x,y)\to(2,-1)} \frac{4x-9y}{81y^2-16x^2}$

09 $\lim_{(x,y)\to(-1,2)} \frac{xy-2x}{xy-6-2x+3y}$

10 $\lim_{(x,y)\to(0,0)} \frac{\sin xy}{xy}$

11 $\lim_{(x,y)\to(0,0)} \frac{4x^2+y^2}{x^2-4y^2}$

12 $\lim_{(x,y)\to(1,1)} \frac{y^3x^2-y^3}{xy-y}$

13 $\lim_{(x,y)\to(0,0)} \frac{x^4-y^4}{x^2+y^2}$

14 $\lim_{(x,y)\to(0,0)} \frac{x^2+y^2}{x^4-y^4}$

15 $\lim_{(x,y)\to(0,0)} \frac{xy}{x^2+y^2}$

16 $\lim_{(x,y)\to(1,-2)} \frac{3}{y+2x}$

※ 17~20 다음 함수의 연속성을 설명하라.

17 $f(x,y)=x^3y$

18 $f(x,y)=\frac{x^2+y}{x+y^2-1}$

19 $f(x,y)=\sin(xy^2-1)$

20 $f(x,y)=\ln(e^{-x}+e^{y^2})$

※ 21~22 다음 함수가 점 $(0,0)$에서 불연속임을 보여라.

21 $f(x,y)=\begin{cases} \frac{\sin xy}{x^2+y^2} & ((x,y)\neq(0,0)) \\ 0 & ((x,y)=(0,0)) \end{cases}$

22 $f(x,y)=\begin{cases} \frac{x^3+y^3}{x^{12}+y^2} & ((x,y)\neq(0,0)) \\ 0 & ((x,y)=(0,0)) \end{cases}$

SECTION 10.3

편도함수

편도함수

좌표평면에 있는 곡선의 국소적인 개형은 그 곡선을 나타내는 일변수함수를 미분함으로써 파악할 수 있다. 공간좌표에 있는 곡면은 이변수함수의 그래프로 나타낼 수 있으므로 이변수함수의 미분법이 곡면의 개형을 살피는 데 도움을 준다. 이 절에서는 이변수함수의 미분을 다룬다.

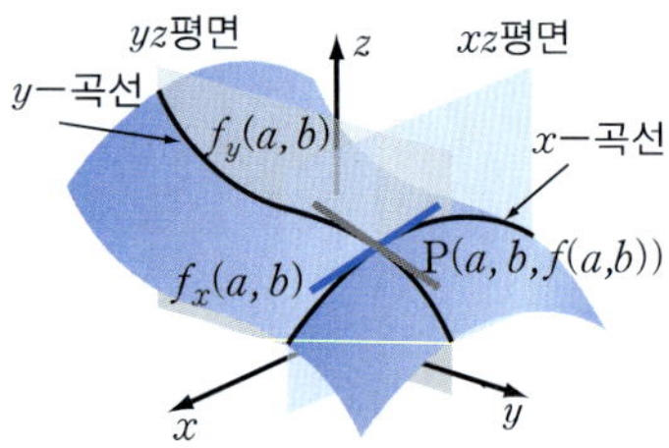

[그림 10-8] 편미분계수의 기하학적 의미

[그림 10-8]과 같은 이변수함수 $z=f(x,y)$의 그래프 위의 점 P를 생각하자. 점 P를 지나고 xy평면에 수직인 평면과 $z=f(x,y)$의 그래프가 만나서 생기는 곡선의 개형을 알면 점 P의 근방에서 곡면의 국소적인 개형을 알 수 있다. x축에 평행하고 xy평면에 수직인 평면과 만나는 곡선을 **x-곡선**이라 하고, y축에 평행하고 xy평면에 수직인 평면과 만나는 곡선을 **y-곡선**이라 한다. 그러면 곡면은 x-곡선과 y-곡선이 무한히 교차된 그물망으로 보인다.

이제 점 P에서 x-곡선과 y-곡선의 기울기를 알아보자.

내점은 영역 D의 외부나 경계가 아닌 내부에 있는 점이다.

정의 10-5 이변수함수의 편미분계수

영역 D의 내점 (a,b)에서 이변수함수 $f: D \to \mathbb{R}$의 **편미분계수**(partial differential coefficient)는 다음과 같이 정의한다.

(1) (a,b)에서 x에 대한 f의 편미분계수

$$f_x(a,b)=\lim_{h\to 0}\frac{f(a+h,b)-f(a,b)}{h}=\lim_{x\to a}\frac{f(x,b)-f(a,b)}{x-a}$$

(2) (a,b)에서 y에 대한 f의 편미분계수

$$f_y(a,b)=\lim_{h\to 0}\frac{f(a,b+h)-f(a,b)}{h}=\lim_{y\to b}\frac{f(a,y)-f(a,b)}{y-b}$$

편미분계수 $f_x(a,b)$, $f_y(a,b)$는 기하학적으로 각각 점 $P(a,b,f(a,b))$를 지나는 x-곡선, y-곡선에 대하여 점 P에서의 접선의 기울기를 나타낸다.

참고 **이변수함수의 편미분계수를 다르게 표현하는 방법**

이변수함수의 편미분계수를 다음과 같은 방법으로도 표현할 수 있다.

$$f_x(a,b) = \left.\frac{\partial f}{\partial x}\right|_{x=a,\, y=b}, \quad f_y(a,b) = \left.\frac{\partial f}{\partial y}\right|_{x=a,\, y=b}$$

예제 10-12 **이변수함수의 편미분계수**

함수 $f(x, y) = x^2 - 3xy + y^2$에 대하여 x에 대한 편미분계수 $f_x(1,2)$를 구하라.

풀이

[정의 10-5]에 따르면 다음과 같이 구할 수 있다.

$$\begin{aligned} f_x(1,2) &= \lim_{h\to 0}\frac{f(1+h,\, 2) - f(1,\, 2)}{h} \\ &= \lim_{h\to 0}\frac{\{(1+h)^2 - 3\cdot(1+h)\cdot 2 + 2^2\} - (1^2 - 3\cdot 1\cdot 2 + 2^2)}{h} \\ &= \lim_{h\to 0}\frac{h^2 - 4h}{h} = \lim_{h\to 0}(h-4) \\ &= -4 \end{aligned}$$

[유제 10-8]

이변수함수 $f(x,y) = 3 - 2x^2 - 7y^3$에 대하여 다음 편미분계수를 구하라.

(a) $f_x(2,1)$　　　(b) $f_y(2,5)$

일변수함수에서 미분계수로 도함수를 정의하였듯이 이변수함수에서도 편미분계수를 이용하여 편도함수를 다음과 같이 정의한다.

정의 10-6 **이변수함수의 편도함수**

이변수함수 $f: D \to \mathbb{R}$이 정의역에 있는 모든 점 (x,y)에서 편미분계수를 가질 때, $f(x,y)$의 **편도함수**(partial derivative)를 다음과 같이 정의한다.

(1) x에 대한 f의 편도함수

$$f_x(x,y) = \lim_{h\to 0}\frac{f(x+h, y) - f(x,y)}{h}$$

(2) y에 대한 f의 편도함수

$$f_y(x,y) = \lim_{h\to 0}\frac{f(x, y+h) - f(x,y)}{h}$$

이때, 편도함수를 구하는 것을 편미분한다고 한다.

편도함수의 계산

x에 대한 편도함수 $f_x(x,y)$는 y를 상수로 간주하고 $f(x,y)$를 일변수함수처럼 취급한 뒤 x에 대해 미분하여 얻는다. 또한, y에 대한 편도함수 $f_y(x,y)$는 x를 상수로 간주하고 $f(x,y)$를 일변수함수처럼 취급한 뒤 y에 대해 미분하며 얻는다. 편도함수를 다음과 같이 다양한 기호로 표기한다.

$$f_x(x,y) = f_x = \frac{\partial f}{\partial x} = \frac{\partial}{\partial x} f(x,y) = f_1 = D_1 f = D_x f$$

$$f_y(x,y) = f_y = \frac{\partial f}{\partial y} = \frac{\partial}{\partial y} f(x,y) = f_2 = D_2 f = D_y f$$

다음 예제를 통하여 편도함수를 구해 보자.

예제 10-13 이변수함수의 편도함수

함수 $f(x,\ y) = x^2 - 3xy + y^2$에 대하여 편도함수 $f_x(x,y)$와 $f_y(x,y)$를 각각 구하라.

풀이

[정의 10-6]을 이용하여 x에 대한 편도함수를 구하면 다음과 같다.

$$\begin{aligned} f_x(x,y) &= \lim_{h\to 0} \frac{f(x+h,\ y) - f(x,\ y)}{h} \\ &= \lim_{h\to 0} \frac{(x+h)^2 - 3(x+h)y + y^2 - (x^2 - 3xy + y^2)}{h} \\ &= \lim_{h\to 0} \frac{2xh + h^2 - 3hy}{h} \\ &= \lim_{h\to 0} (2x + h - 3y) \\ &= 2x - 3y \end{aligned}$$

x에 대한 편도함수 $f_x(x,y) = 2x - 3y$는 다음과 같이 y를 상수로 간주하여 미분할 수도 있다.

$$\begin{aligned} \frac{\partial f}{\partial x} &= \frac{\partial}{\partial x}(x^2 - 3xy + y^2) \\ &= \frac{\partial}{\partial x}(x^2) - \frac{\partial}{\partial x}(3xy) + \frac{\partial}{\partial x}(y^2) = 2x - 3y + 0 \end{aligned}$$

같은 방법으로 y에 대한 편도함수 $f_y(x,y) = -3x + 2y$를 구할 수 있다.

[유제 10-9]

함수 $f(x,y)=\frac{1}{2}x^2+3xy-y^3$에 대하여 다음을 구하라.

(a) $f_x(x,y)$

(b) $f_y(x,y)$

(c) $f_x(1,1)$

(d) $f_y(5,3)$

삼변수함수의 편도함수도 같은 방법으로 정의한다.

정의 10-7 삼변수함수의 편도함수

삼변수함수 $f: D \to \mathbb{R}$이 정의역에 있는 모든 점 $(x,y,z) \in D$에서 편미분계수를 가질 때, $f(x,y,z)$의 편도함수를 다음과 같이 정의한다.

(1) x에 대한 f의 편도함수

$$f_x(x,y,z)=\lim_{h\to 0}\frac{f(x+h,y,z)-f(x,y,z)}{h}$$

(2) y에 대한 f의 편도함수

$$f_y(x,y,z)=\lim_{h\to 0}\frac{f(x,y+h,z)-f(x,y,z)}{h}$$

(3) z에 대한 f의 편도함수

$$f_z(x,y,z)=\lim_{h\to 0}\frac{f(x,y,z+h)-f(x,y,z)}{h}$$

삼변수함수의 편도함수는 이변수함수의 편도함수를 계산하는 방법과 같다. 예를 들어 x에 대한 편도함수 $f_x(x,y,z)$는 y, z를 상수로 간주하고 $f(x,y,z)$를 일변수함수처럼 취급한 뒤 x에 대해 미분하여 얻는다.

예제 10-14 **삼변수함수의 편도함수**

삼변수함수 $f(x, y, z) = x^2y + y^2z + z^2x$ 의 편도함수 f_x, f_y, f_z 를 각각 구하라.

풀이

각각의 변수에 대한 편도함수는 다음과 같이 구한다.

$$f_x(x,y,z) = 2xy + z^2, \ f_y(x,y,z) = x^2 + 2yz, \ f_z(x,y,z) = y^2 + 2zx$$

[유제 10-10]

삼변수함수 $f(x,y,z) = \dfrac{2x^2}{y^3 + 3z}$ 의 편도함수 f_x, f_y, f_z를 각각 구하라.

고계편도함수

이제 고계편도함수에 대하여 알아보자. 이변수함수 f에 대하여 편도함수 f_x, f_y도 이변수함수다. 만약 편도함수 f_x, f_y에 대하여 다시 각각의 변수에 대한 편도함수가 존재한다면 그 편도함수를 f의 2계편도함수라고 한다. 이변수함수 $f(x,y)$의 2계편도함수는 다음과 같이 4가지가 있다.

$$(f_x)_x, \ (f_x)_y, \ (f_y)_x, \ (f_y)_y$$

예를 들어 $(f_x(x,y))_y = \lim\limits_{h \to 0} \dfrac{f_x(x, y+h) - f_x(x,y)}{h}$이다. 2계편도함수도 다음과 같이 다양한 기호를 사용한다.

$$(f_x)_x = f_{xx} = f_{11} = \frac{\partial}{\partial x}\left(\frac{\partial f}{\partial x}\right) = \frac{\partial^2 f}{\partial x^2}$$

$$(f_x)_y = f_{xy} = f_{12} = \frac{\partial}{\partial y}\left(\frac{\partial f}{\partial x}\right) = \frac{\partial^2 f}{\partial y \partial x}$$

$$(f_y)_x = f_{yx} = f_{21} = \frac{\partial}{\partial x}\left(\frac{\partial f}{\partial y}\right) = \frac{\partial^2 f}{\partial x \partial y}$$

$$(f_y)_y = f_{yy} = f_{22} = \frac{\partial}{\partial y}\left(\frac{\partial f}{\partial y}\right) = \frac{\partial^2 f}{\partial y^2}$$

예제 10-15 2계편도함수

함수 $f(x,y)=e^{x^2y}$에 대하여 2계편도함수 $f_{xy}(x,y)$를 구하라.

풀이

함수 f의 x에 대한 편도함수는 $f_x(x,y)=2xye^{x^2y}$이다. 이제 편도함수 $f_x(x,y)$를 y에 대해 미분하면 $f_{xy}(x,y)=2xe^{x^2y}+2x^3ye^{x^2y}$이다.

[유제 10-11]

삼변수함수 $f(x,y,z)=3e^{xy}\cos(x+yz)$의 2계편도함수 f_{xy}, f_{yz}, f_{zx}를 각각 구하라.

예제 10-16 2계편도함수

함수 $f(x,y)=x^3y-y\sin x$에 대하여 2계편도함수 $f_{xy}(x,y)$와 $f_{yx}(x,y)$를 구하라.

풀이

각 변수에 대하여 편도함수를 구하면 $f_x(x,y)=3x^2y-y\cos x$, $f_y(x,y)=x^3-\sin x$이다. 다시 한 번 편미분하여 2계편도함수를 구하면 $f_{xy}(x,y)=3x^2-\cos x$, $f_{yx}(x,y)=3x^2-\cos x$이다.

[예제 10-16]에 따르면 항상 $f_{xy}(x,y)=f_{yx}(x,y)$가 성립할 것 같지만 꼭 그렇지는 않다.

예제 10-17 2계편도함수의 순서

함수 $f(x,y)=\begin{cases}\dfrac{x^3y-xy^3}{x^2+y^2} & ((x,y)\neq(0,0))\\ 0 & ((x,y)=(0,0))\end{cases}$에 대하여 $f_{xy}(0,0)\neq f_{yx}(0,0)$임을 보여라.

풀이

$x=0$일 때 함수 $f(x,y)$의 x에 대한 편미분계수는 다음과 같다.

$$\begin{aligned}f_x(0,y)&=\lim_{h\to0}\frac{f(0+h,y)-f(0,y)}{h}\\&=\lim_{h\to0}\frac{1}{h}\left(\frac{hy(h^2-y^2)}{h^2+y^2}-\frac{0\cdot y(0^2-y^2)}{0^2+y^2}\right)\\&=-y\end{aligned}$$

이제 $y=0$일 때 함수 f_x의 y에 대한 편미분계수를 구하면 다음과 같다.

$$f_{xy}(0,0)=\lim_{h\to 0}\frac{f_x(0,0+h)-f_x(0,0)}{h}=\lim_{h\to 0}\frac{-h-0}{h}=-1$$

한편, $y=0$일 때 함수 $f(x,y)$의 y에 대한 편미분계수를 구하면 다음과 같다.

$$\begin{aligned} f_y(x,0) &= \lim_{h\to 0}\frac{f(x,0+h)-f(x,0)}{h} \\ &= \lim_{h\to 0}\frac{1}{h}\left\{\frac{xh(x^2-h^2)}{x^2+h^2}-\frac{x\cdot 0(x^2-0^2)}{x^2+0^2}\right\} \\ &= x \end{aligned}$$

이제 $x=0$일 때 함수 f_y의 x에 대한 편미분계수는 다음과 같다.

$$f_{yx}(0,0)=\lim_{h\to 0}\frac{f_y(0+h,0)-f_y(0,0)}{h}=\lim_{h\to 0}\frac{h-0}{h}=1$$

따라서 $f_{xy}(0,0)=-1$, $f_{yx}(0,0)=1$로 $f_{xy}(0,0)\neq f_{yx}(0,0)$이다.

[예제 10-16]에서 $f_{xy}=f_{yx}$였지만 [예제 10-17]에서는 $f_{xy}\neq f_{yx}$였다. 이런 차이는 왜 나타날까? 2계편도함수에 대하여 $f_{xy}=f_{yx}$가 성립할 조건은 무엇일까? 프랑스 수학자 알렉시 클로드 클레로(Alexis Claude Clairaut)가 다음과 같이 $f_{xy}=f_{yx}$가 성립할 조건을 제시하였다.

정리 10-5 클레로의 정리(Clairaut's theorem)

이변수함수 $f: D\to\mathbb{R}$에 대하여 편도함수 f_x, f_y, f_{xy}, f_{yx}가 각각 존재하고 편도함수 f_{xy}, f_{yx}가 모두 D에서 연속일 때, $(a,b)\in D$이면 $f_{xy}(a,b)=f_{yx}(a,b)$이다.

2계편도함수와 마찬가지로 3계편도함수, 4계편도함수도 생각할 수 있다. 예를 들어 y에 대하여 두 번 미분한 뒤 x에 대하여 미분한 3계편도함수는 $\dfrac{\partial^3 f}{\partial x\partial y^2}=f_{yyx}$이고, y에 대하여 두 번 미분하고 x에 대하여 두 번 미분한 4계편도함수는 $\dfrac{\partial^4 f}{\partial x^2\partial y^2}=f_{yyxx}$와 같이 나타낸다.

SECTION

10.3 연습문제

※ 01~04 다음 함수에 대하여 편도함수 $\frac{\partial z}{\partial x}$, $\frac{\partial z}{\partial y}$를 각각 구하라.

01 $z = 2x - 7y^4 + 5x^3y^2$

02 $z = 3e^{xy^2}$

03 $z = x\ln\left(1 + x^3y^{-\frac{5}{2}}\right)$

04 $z = e^{x^2y}\cos 2y^3$

※ 05~06 함수 $z = e^{x^2y}\cos 2y^3$에 대하여 다음을 구하라.

05 $f_x(1,1)$

06 $f_y(1,1)$

※ 07~09 함수 $f(x,y,z) = x^2z\cos xy$에 대하여 다음을 구하라.

07 $f_x\left(\frac{1}{2}, \pi, 2\right)$

08 $f_y\left(\frac{1}{2}, \pi, 2\right)$

09 $f_z(1, \pi, 2)$

※ 10~11 다음 함수에 대하여 2계편도함수 f_{xx}, f_{yy}, f_{xy}, f_{yx}를 각각 구하라.

10 $f(x,y) = e^y\tan x$

11 $f(x,y) = \ln(5x + 2y)$

※ 12~14 함수 $f(x,y) = x^3y^5 - 2x^2y + x$에 대하여 다음 고계편도함수를 구하라.

12 f_{xxy}

13 f_{yxy}

14 f_{yyy}

※ 15~17 함수 $f(x,y,z) = y^3ze^{-5x}$에 대하여 다음 고계 편미분계수를 구하라.

15 $f_{xyy}(0,1,2)$

16 $f_{zyx}(0,1,2)$

17 $f_{yyxz}(0,1,2)$

18 함수 $f(x,y) = \begin{cases} \dfrac{2x^2 + y^2}{x+y} & ((x,y) \neq (0,0)) \\ 0 & ((x,y) = (0,0)) \end{cases}$에 대하여 편미분계수 $f_x(0,0)$, $f_y(0,0)$을 각각 구하라.

19 함수 $f(x,y) = \begin{cases} \dfrac{x^2 - 2xy}{x+y} & ((x,y) \neq (0,0)) \\ 0 & ((x,y) = (0,0)) \end{cases}$에 대하여 편미분계수 $f_x(0,y)$, $f_y(x,0)$을 각각 구하라.

※ 20~21 다음 함수가 조건 $\frac{\partial^2 f}{\partial x^2} + \frac{\partial^2 f}{\partial y^2} = 0$을 만족함을 보여라. 이 조건을 라플라스 방정식(Laplace's equation)이라 한다.

20 $f(x,y) = e^x\sin y + e^y\cos x$

21 $f(x,y) = \ln(x^2 + y^2)$

SECTION

10.4 연쇄법칙

3.4절에서 학습한 일변수함수의 연쇄법칙을 상기하자. 변수 x, y를 매개변수 t에 관한 미분 가능한 함수 $y=f(x)$, $x=g(t)$로 나타낼 수 있으면 연쇄법칙에 의해 $\frac{dy}{dt}=\frac{dy}{dx}\cdot\frac{dx}{dt}$가 성립한다. 마찬가지로 미분 가능한 이변수함수 $z=f(x,y)$에 대하여 변수 x, y를 t에 관한 미분 가능한 함수 $x=\alpha(t)$, $y=\beta(t)$로 나타낼 수 있다고 하자. $z=f(\alpha(t),\beta(t))$는 t에 관한 함수이므로, $\frac{dz}{dt}\left(=\frac{df}{dt}\right)$를 생각할 수 있다. 이 계산은 곧 소개할 다변수함수의 연쇄법칙을 사용하면 매우 쉽다.

이제 다음 정리들을 통해 다변수함수의 연쇄법칙을 살펴보자.

정리 10-6 매개변수가 1개인 다변수함수의 연쇄법칙

미분 가능한 이변수함수 $z=f(x,y)$에 대하여 변수 x, y가 t에 관한 미분 가능한 함수 $x=x(t)$, $y=y(t)$로 나타낼 수 있다고 하자. 함수 $f(x,y)$는 t에 관해 미분 가능하고 그 도함수는 다음과 같다.

$$\frac{df}{dt}=\frac{\partial f}{\partial x}\cdot\frac{dx}{dt}+\frac{\partial f}{\partial y}\cdot\frac{dy}{dt}$$

예제 10-18 매개변수가 하나인 다변수함수의 연쇄법칙

함수 $z=f(x,y)=x^3y+2xy^2$에 대하여 $x=t^2$, $y=t^3$일 때, 다음 물음에 답하라.

(a) $f(x(t),y(t))$를 구하고, $\frac{df}{dt}$를 구하라.

(b) 연쇄법칙을 이용하여 $\frac{df}{dt}$를 구하라.

풀이

(a) $f(x(t),y(t))=f(t^2,t^3)=(t^2)^3\cdot t^3+2t^2(t^3)^2=t^9+2t^8$에서 $\frac{df}{dt}=9t^8+16t^7$ 이다.

(b) f의 편도함수는 $\frac{\partial f}{\partial x}=3x^2y+2y^2$, $\frac{\partial f}{\partial y}=x^3+4xy$이고 $\frac{dx}{dt}=2t$, $\frac{dy}{dt}=3t^2$이므로 [정리 10-6]을 이용하면 $\frac{df}{dt}$는 다음과 같다.

$$\frac{df}{dt}=\frac{\partial f}{\partial x}\cdot\frac{dx}{dt}+\frac{\partial f}{\partial y}\cdot\frac{dy}{dt}=(3x^2y+2y^2)2t+(x^3+4xy)3t^2=9t^8+16t^7$$

[유제 10-12]

다음 함수 w에 대하여 연쇄법칙을 이용하여 도함수 $\frac{dw}{dt}$를 구하라.

(a) $w=\sin xy+y\ln x;\ x=e^t,\ y=t^2$

(b) $w=\sqrt{xy-e^x};\ x=\sin t,\ y=3t$

다음은 변수 x, y가 매개변수 s, t에 대한 함수인 경우의 연쇄법칙이다.

정리 10-7 매개변수가 2개인 다변수함수의 연쇄법칙

미분 가능한 이변수함수 $z=f(x,y)$에 대하여 변수 x, y를 s, t에 관한 미분 가능한 함수 $x(s,t)$, $y(s,t)$로 나타낼 수 있다고 하자. 함수 $f(x,y)$는 s, t에 관해 미분 가능하고 각각의 편도함수는 다음과 같다.

$$\frac{\partial f}{\partial s}=\frac{\partial f}{\partial x}\cdot\frac{\partial x}{\partial s}+\frac{\partial f}{\partial y}\cdot\frac{\partial y}{\partial s},\quad \frac{\partial f}{\partial t}=\frac{\partial f}{\partial x}\cdot\frac{\partial x}{\partial t}+\frac{\partial f}{\partial y}\cdot\frac{\partial y}{\partial t}$$

복잡해 보이는 [정리 10-7]은 [그림 10-9]와 같이 수형도를 그리면 쉽게 이해할 수 있다. 수형도에 함수와 변수를 적은 뒤 대응 관계가 있으면 선으로 연결한다. 함수 f는 x, y에 대한 함수이고, 다시 변수 x, y는 매개변수 s, t에 대한 함수다. 선 옆에는 편도함수를 적는다. 함수가 변수 하나로 이루어져 있다면 편도함수가 아니라 도함수로 적는다. 이제 편도함수를 구하기 위해 선에 연결된 편미분을 곱한 뒤 모두 더한다.

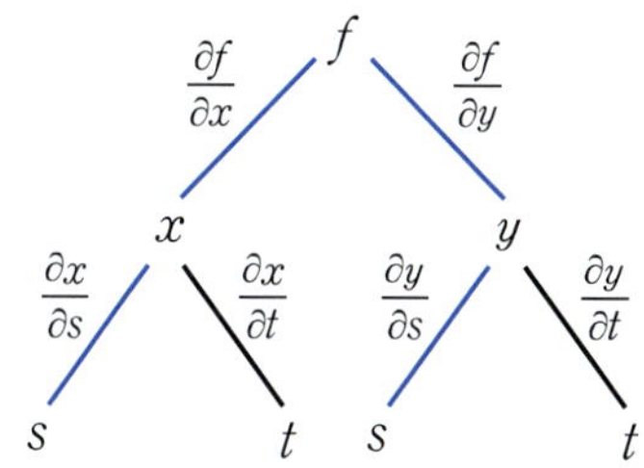

$\frac{\partial f}{\partial s}=\frac{\partial f}{\partial x}\cdot\frac{\partial x}{\partial s}+\frac{\partial f}{\partial y}\cdot\frac{\partial y}{\partial s}$

(a) 편도함수 $\frac{\partial f}{\partial s}$

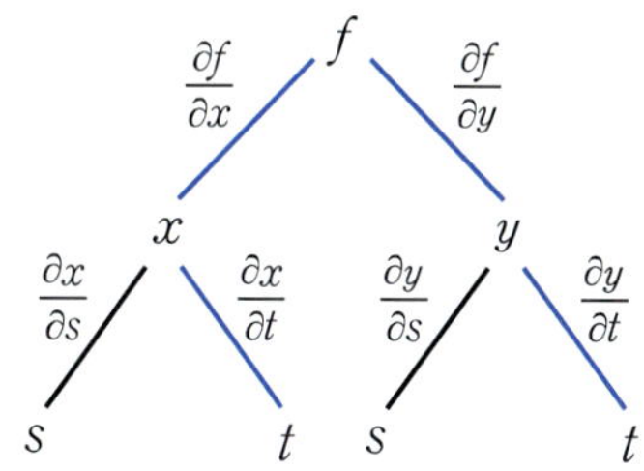

$\frac{\partial f}{\partial t}=\frac{\partial f}{\partial x}\cdot\frac{\partial x}{\partial t}+\frac{\partial f}{\partial y}\cdot\frac{\partial y}{\partial t}$

(b) 편도함수 $\frac{\partial f}{\partial t}$

[그림 10-9] 다변수함수의 연쇄법칙을 나타내는 수형도

예제 10-19 **매개변수가 2개인 다변수함수의 연쇄법칙**

함수 $z=f(x,y)=e^{x+y}$에 대하여 $x=t^2+s$, $y=ts$일 때, 연쇄법칙을 이용하여 편도함수 $\frac{\partial f}{\partial s}$와 $\frac{\partial f}{\partial t}$를 s와 t에 관한 함수로 나타내라.

풀이

먼저 다음 편도함수들을 구하자.

$$\frac{\partial f}{\partial x}=e^{x+y},\quad \frac{\partial f}{\partial y}=e^{x+y},\quad \frac{\partial x}{\partial s}=1,\quad \frac{\partial x}{\partial t}=2t,\quad \frac{\partial y}{\partial s}=t,\quad \frac{\partial y}{\partial t}=s$$

[정리 10-7]에 각 편도함수를 대입하여 $\frac{\partial f}{\partial s}$, $\frac{\partial f}{\partial t}$를 계산하자. 최종적으로 s, t에 대한 식으로 나타내면 다음과 같다.

$$\frac{\partial f}{\partial s}=\frac{\partial f}{\partial x}\cdot\frac{\partial x}{\partial s}+\frac{\partial f}{\partial y}\cdot\frac{\partial y}{\partial s}=e^{x+y}\cdot 1+e^{x+y}\cdot t=e^{t^2+s+ts}+te^{t^2+s+ts}$$

$$\frac{\partial f}{\partial t}=\frac{\partial f}{\partial x}\cdot\frac{\partial x}{\partial t}+\frac{\partial f}{\partial y}\cdot\frac{\partial y}{\partial t}=e^{x+y}\cdot 2t+e^{x+y}\cdot s=2te^{t^2+s+ts}+se^{t^2+s+ts}$$

[유제 10-13]

함수 $z=8x^2y-2x+3y$에 대하여 $x=uv$, $y=u-v$일 때, 연쇄법칙을 이용하여 편도함수 $\frac{\partial z}{\partial u}$와 $\frac{\partial z}{\partial v}$를 u와 v에 관한 함수로 나타내라.

마지막으로 n변수함수 $z=f(x_1,x_2,\cdots,x_n)$에 연쇄법칙을 적용해 보자.

정리 10-8 **일반화된 연쇄법칙**

미분 가능한 n변수함수 $f(x_1,x_2,\cdots,x_n)$에 대하여 변수 x_i를 $u_1,u_2,\cdots,u_m$에 관한 미분 가능한 함수로 나타낼 수 있다고 하자. 함수 f는 $u_1,u_2,\cdots,u_m$에 관해 미분 가능하고, 각각의 편도함수 $\frac{\partial x_i}{\partial u_j}$는 다음을 만족한다(단, $i=1,2,\cdots,n$이고 $j=1,2,\cdots,m$).

$$\frac{\partial f}{\partial u_1}=\frac{\partial f}{\partial x_1}\cdot\frac{\partial x_1}{\partial u_1}+\frac{\partial f}{\partial x_2}\cdot\frac{\partial x_2}{\partial u_1}+\cdots+\frac{\partial f}{\partial x_n}\cdot\frac{\partial x_n}{\partial u_1}$$

$$\frac{\partial f}{\partial u_2}=\frac{\partial f}{\partial x_1}\cdot\frac{\partial x_1}{\partial u_2}+\frac{\partial f}{\partial x_2}\cdot\frac{\partial x_2}{\partial u_2}+\cdots+\frac{\partial f}{\partial x_n}\cdot\frac{\partial x_n}{\partial u_2}$$

$$\vdots$$

$$\frac{\partial f}{\partial u_m}=\frac{\partial f}{\partial x_1}\cdot\frac{\partial x_1}{\partial u_m}+\frac{\partial f}{\partial x_2}\cdot\frac{\partial x_2}{\partial u_m}+\cdots+\frac{\partial f}{\partial x_n}\cdot\frac{\partial x_n}{\partial u_m}$$

예제 10-20 매개변수가 3개인 다변수함수의 연쇄법칙

함수 $z=f(x,y,z)=x^3+y^3+z^3$에 대하여 $x=\rho\sin\phi\cos\theta$, $y=\rho\sin\phi\sin\theta$, $z=\rho\cos\phi$일 때, 편도함수 $\dfrac{\partial f}{\partial \rho}$, $\dfrac{\partial f}{\partial \phi}$, $\dfrac{\partial f}{\partial \theta}$를 각각 ρ,ϕ,θ에 관한 함수로 나타내라.

풀이

삼변수함수의 연쇄법칙을 나타내는 수형도를 그리면 다음과 같다.

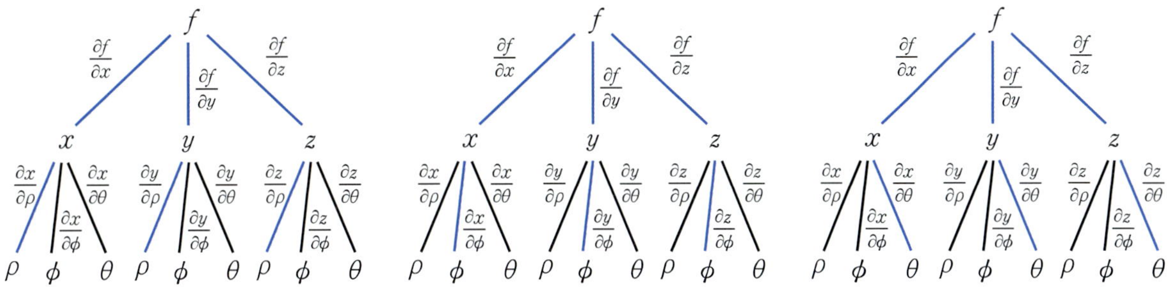

$$\frac{\partial f}{\partial \rho}=\frac{\partial f}{\partial x}\cdot\frac{\partial x}{\partial \rho}+\frac{\partial f}{\partial y}\cdot\frac{\partial y}{\partial \rho}+\frac{\partial f}{\partial z}\cdot\frac{\partial z}{\partial \rho}\qquad \frac{\partial f}{\partial \phi}=\frac{\partial f}{\partial x}\cdot\frac{\partial x}{\partial \phi}+\frac{\partial f}{\partial y}\cdot\frac{\partial y}{\partial \phi}+\frac{\partial f}{\partial z}\cdot\frac{\partial z}{\partial \phi}\qquad \frac{\partial f}{\partial \theta}=\frac{\partial f}{\partial x}\cdot\frac{\partial x}{\partial \theta}+\frac{\partial f}{\partial y}\cdot\frac{\partial y}{\partial \theta}+\frac{\partial f}{\partial z}\cdot\frac{\partial z}{\partial \theta}$$

수형도에 나타난 편도함수를 각각 구하면 다음과 같다.

$$\frac{\partial f}{\partial x}=3x^2,\qquad \frac{\partial f}{\partial y}=3y^2,\qquad \frac{\partial f}{\partial z}=3z^2,\qquad \frac{\partial x}{\partial \rho}=\sin\phi\cos\theta$$

$$\frac{\partial x}{\partial \phi}=\rho\cos\phi\cos\theta,\qquad \frac{\partial x}{\partial \theta}=-\rho\sin\phi\sin\theta,\qquad \frac{\partial y}{\partial \rho}=\sin\phi\sin\theta,\qquad \frac{\partial y}{\partial \phi}=\rho\cos\phi\sin\theta$$

$$\frac{\partial y}{\partial \theta}=\rho\sin\phi\cos\theta,\qquad \frac{\partial z}{\partial \rho}=\cos\phi,\qquad \frac{\partial z}{\partial \phi}=-\rho\sin\phi,\qquad \frac{\partial z}{\partial \theta}=0$$

수형도에서 계산한 편도함수를 대입하여 $\dfrac{\partial f}{\partial \rho}$, $\dfrac{\partial f}{\partial \phi}$, $\dfrac{\partial f}{\partial \theta}$를 구하면 다음과 같다.

$$\begin{aligned}\frac{\partial f}{\partial \rho}&=\frac{\partial f}{\partial x}\cdot\frac{\partial x}{\partial \rho}+\frac{\partial f}{\partial y}\cdot\frac{\partial y}{\partial \rho}+\frac{\partial f}{\partial z}\cdot\frac{\partial z}{\partial \rho}\\&=3x^2\cdot\sin\phi\cos\theta+3y^2\cdot\sin\phi\sin\theta+3z^2\cdot\cos\phi\\&=3\rho^2\sin^3\phi\cos^3\theta+3\rho^2\sin^3\phi\sin^3\theta+3\rho^2\cos^3\phi\end{aligned}$$

$$\begin{aligned}\frac{\partial f}{\partial \phi}&=\frac{\partial f}{\partial x}\cdot\frac{\partial x}{\partial \phi}+\frac{\partial f}{\partial y}\cdot\frac{\partial y}{\partial \phi}+\frac{\partial f}{\partial z}\cdot\frac{\partial z}{\partial \phi}\\&=3x^2\cdot\rho\cos\phi\cos\theta+3y^2\cdot\rho\cos\phi\sin\theta+3z^2\cdot(-\rho\sin\phi)\\&=3\rho^3\sin^2\phi\cos\phi\cos^3\theta+3\rho^3\sin^2\phi\cos\phi\sin^3\theta-3\rho^3\cos^2\phi\sin\phi\end{aligned}$$

$$\begin{aligned}\frac{\partial f}{\partial \theta}&=\frac{\partial f}{\partial x}\cdot\frac{\partial x}{\partial \theta}+\frac{\partial f}{\partial y}\cdot\frac{\partial y}{\partial \theta}+\frac{\partial f}{\partial z}\cdot\frac{\partial z}{\partial \theta}\\&=3x^2\cdot(-\rho\sin\phi\sin\theta)+3y^2\cdot\rho\sin\phi\cos\theta+3z^2\cdot 0\\&=-3\rho^3\sin^3\phi\cos^2\theta\sin\theta+3\rho^3\sin^3\phi\sin^2\theta\cos\theta\end{aligned}$$

[유제 10-14]

함수 $f(x,y,z)=\sin x^2y+e^{yz}+z^2$에 대하여 x, y, z가 다음과 같다고 하자.

$$x=(uv+3w)+2\cos uw,\ \ y=2u^2-e^{u+v}+w,\ \ z=\ln(u+2w)+3v-w$$

편도함수 $\dfrac{\partial f}{\partial u}$, $\dfrac{\partial f}{\partial v}$, $\dfrac{\partial f}{\partial w}$를 각각 u, v, w에 관한 함수로 나타내라.

다변수함수의 연쇄법칙을 이용하면 음함수 미분법을 설명할 수 있다.

음함수로 나타낸 방정식 $F(x,y)=0$에서 y를 x에 관한 미분 가능한 함수 $y=f(x)$로 정의할 수 있다면, f의 정의역에 속한 모든 x에 대해 다음이 성립한다.

$$F(x,y)=F(x,f(x))=0$$

$F(x,y)=0$에 대해 [정리 10-6]을 사용하면 $\dfrac{\partial F}{\partial x}\cdot\dfrac{dx}{dx}+\dfrac{\partial F}{\partial y}\cdot\dfrac{dy}{dx}=0$을 얻는다. 이때, $\dfrac{dx}{dx}=1$이므로 $\dfrac{\partial F}{\partial y}\neq 0$이면 다음과 같은 관계가 성립한다.

$$\frac{dy}{dx}=-\frac{\dfrac{\partial F}{\partial x}}{\dfrac{\partial F}{\partial y}}=-\frac{F_x}{F_y}$$

예제 10-21 연쇄법칙을 이용한 음함수 미분법

음함수 $x^2+y^3=2x^2y+xy$에 대하여 도함수 $\dfrac{dy}{dx}$를 구하라.

풀이

음함수를 $F(x,y)=x^2+y^3-2x^2y-xy=0$의 형태로 두면, 각 변수에 대한 편도함수는 다음과 같다.

$$F_x=\frac{\partial F}{\partial x}=2x-4xy-y,\ \ F_y=\frac{\partial F}{\partial y}=3y^2-2x^2-x$$

따라서 구하고자 하는 도함수는 $\dfrac{dy}{dx}=-\dfrac{F_x}{F_y}=-\dfrac{2x-4xy-y}{3y^2-2x^2-x}$이다.

[유제 10-15]

음함수 $x^3+2x^2y^2-3y^4=x+2y$에 대하여 도함수 $\dfrac{dy}{dx}$를 구하라.

SECTION

10.4 연습문제

※ 01~06 다변수함수의 연쇄법칙을 이용하여 다음 함수의 도함수 $\frac{dz}{dt}$를 구하라.

01 $z = 2x^2y^3;\ x = t^4,\ y = t^2$

02 $z = \ln(2x^2 + y);\ x = \sqrt{t},\ y = t^{\frac{2}{3}}$

03 $z = 3\cos x - \sin xy;\ x = \frac{1}{t},\ y = 3t$

04 $z = \sqrt{1 + x - 2xy^4};\ x = \ln t,\ y = t$

05 $z = e^{1-xy};\ x = t^{\frac{1}{3}},\ y = t^3$

06 $z = \cosh^2 xy;\ x = \frac{t}{2},\ y = e^t$

※ 07~12 다변수함수의 연쇄법칙을 이용하여 다음 함수의 편도함수 $\frac{\partial z}{\partial u}$와 $\frac{\partial z}{\partial v}$를 u와 v에 관한 함수로 나타내라.

07 $z = 8x^2y - 2x + 3y;\ x = uv,\ y = u - v$

08 $z = x^2 - y\tan x;\ x = \frac{u}{v},\ y = u^2v^2$

09 $z = \frac{x}{y};\ x = 2\cos u,\ y = 3\sin v$

10 $z = 3x - 2y;\ x = u + v\ln u,\ y = u^2 - v\ln v$

11 $z = e^{x^2y};\ x = \sqrt{uv},\ y = \frac{1}{v}$

12 $z = \cos x \sin y;\ x = u - v,\ y = u^2 + v^2$

※ 13~16 다변수함수의 연쇄법칙을 이용하여 다음을 구하라.

13 함수 $z = x^2y$에 대하여 $x = t^2,\ y = t + 7$일 때 미분계수 $\left.\frac{dz}{dt}\right|_{t=3}$

14 함수 $w = r^2 - r\tan\theta$에 대하여 $r = \sqrt{s},\ \theta = \pi s$일 때 미분계수 $\left.\frac{dw}{ds}\right|_{s=\frac{1}{4}}$

15 함수 $f(x,y) = x^2y^2 - x + 2y$에 대하여 $x = \sqrt{u}$, $y = uv^3$일 때 다음 미분계수

$$\left.\frac{\partial f}{\partial u}\right|_{u=1,\ v=-2},\quad \left.\frac{\partial f}{\partial v}\right|_{u=1,\ v=-2}$$

16 함수 $z = xye^{\frac{x}{y}}$에 대하여 $x = r\cos\theta,\ y = r\sin\theta$일 때 미분계수 $\left.\frac{\partial z}{\partial r}\right|_{r=2,\ \theta=\frac{\pi}{6}},\ \left.\frac{\partial z}{\partial \theta}\right|_{r=2,\ \theta=\frac{\pi}{3}}$

※ 17~19 함수 $z = f(x,y)$에 대하여 $x = r\cos\theta$, $y = r\sin\theta$일 때, 다음 등식을 증명하라.

17 $\frac{\partial z}{\partial x} = \frac{\partial z}{\partial r}\cos\theta - \frac{1}{r}\cdot\frac{\partial z}{\partial \theta}\sin\theta$

18 $\frac{\partial z}{\partial y} = \frac{\partial z}{\partial r}\sin\theta + \frac{1}{r}\cdot\frac{\partial z}{\partial \theta}\cos\theta$

19 $\left(\frac{\partial z}{\partial x}\right)^2 + \left(\frac{\partial z}{\partial y}\right)^2 = \left(\frac{\partial z}{\partial r}\right)^2 + \frac{1}{r^2}\left(\frac{\partial z}{\partial \theta}\right)^2$

SECTION 10.5 방향도함수와 기울기벡터

이변수함수의 방향도함수와 기울기벡터

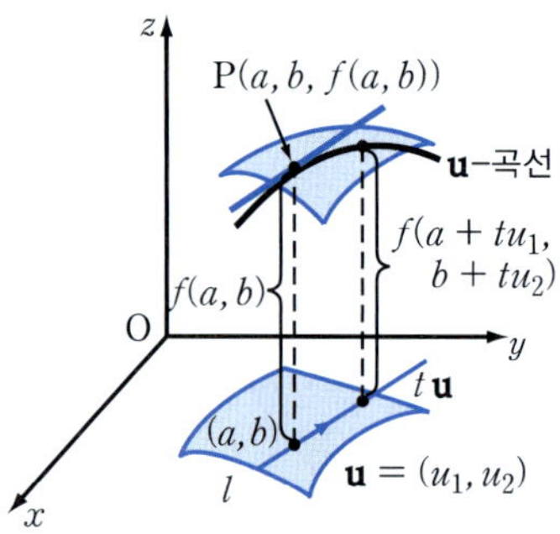

[그림 10-10] u−곡선의 접선의 기울기

편도함수는 x−곡선과 y−곡선의 접선의 기울기를 나타낸다. 이제 곡면을 임의의 방향으로 자른 뒤 그 단면인 곡선을 생각하자. 이 곡선들의 기울기를 나타내는 함수가 **방향도함수**(directional derivative)다. 영역 D에서 정의된 함수 $z=f(x,y)$와 한 점 $(a,b)\in D$, 단위벡터 $\mathbf{u}=(u_1,u_2)$가 있다고 하자. [그림 10-10]과 같은 함수의 그래프를 점 $P(a,b,f(a,b))$를 지나고 벡터 $\mathbf{u}$에 평행하며 xy평면에 수직인 평면으로 자른 단면을 $\mathbf{u}$−곡선이라 한다. 점 P에서 $\mathbf{u}$−곡선의 접선의 기울기는 다음과 같다.

$$\lim_{t\to 0}\frac{f(a+tu_1,b+tu_2)-f(a,b)}{t} \tag{10.1}$$

기울기에 대한 식 (10.1)은 직선 l과 점 $P(a,b)$를 지나는 평면에서 일변수함수 미분과 같다. 여기에 $\mathbf{u}$가 반드시 단위벡터이어야만 한다. 식 (10.1)은 10.4절의 연쇄법칙을 사용하여 다음과 같이 계산한다.

$$\lim_{t\to 0}\frac{f(a+tu_1,b+tu_2)-f(a,b)}{t}=u_1\frac{\partial f}{\partial x}(a,b)+u_2\frac{\partial f}{\partial y}(a,b) \tag{10.2}$$

정의 10-8 방향미분계수

식 (10.1)의 극한이 존재한다면 그 극한을 점 (a,b)에서 단위벡터 $\mathbf{u}=(u_1,u_2)$ **방향으로 함수 f의 미분계수**(directional differential coefficient)라 하고 다음과 같이 표기한다.

$$D_{\mathbf{u}}f(a,b)=\lim_{t\to 0}\frac{f(a+tu_1,b+tu_2)-f(a,b)}{t}$$

$f(x,y)$의 편도함수가 연속이면 식 (10.2)에서 논의하였듯이 다음이 성립한다.

$$D_{\mathbf{u}}f(x,y)=u_1\frac{\partial f}{\partial x}+u_2\frac{\partial f}{\partial y}$$

특히 $\mathbf{u}=(1,0)$이면 $D_{\mathbf{u}}f(x,y)=\dfrac{\partial f}{\partial x}$이고, $\mathbf{u}=(0,1)$이면 $D_{\mathbf{u}}f(x,y)=\dfrac{\partial f}{\partial y}$이다. 따라서 방향도함수는 편도함수를 일반화한 개념이다. 내적을 사용하면 방향미분계수는 다음과 같이 간단히 나타낼 수 있다.

$$D_{\mathbf{u}}f(a,b)=u_1\frac{\partial f}{\partial x}(a,b)+u_2\frac{\partial f}{\partial y}(a,b)=\left(\frac{\partial f}{\partial x}(a,b),\ \frac{\partial f}{\partial y}(a,b)\right)\cdot\mathbf{u} \quad (10.3)$$

예제 10-22 특정한 점에서 벡터 방향으로 방향미분계수

점 $(2,1)$에서 $\mathbf{u}=\left(\dfrac{1}{\sqrt{2}},\dfrac{1}{\sqrt{2}}\right)$ 방향으로 함수 $f(x,y)=x^2-y^2+x+y$의 방향미분계수 $D_{\mathbf{u}}f(2,1)$을 구하라.

풀이 1

[정의 10-8]을 이용하여 점 $(2,1)$에서 $\mathbf{u}$ 방향으로 방향미분계수를 구하면 다음과 같다.

$$\begin{aligned}
&D_{\mathbf{u}}f(2,1)\\
&=\lim_{t\to 0}\frac{f\left(2+\dfrac{t}{\sqrt{2}},1+\dfrac{t}{\sqrt{2}}\right)-f(2,1)}{t}\\
&=\lim_{t\to 0}\frac{1}{t}\left\{\left(2+\frac{t}{\sqrt{2}}\right)^2-\left(1+\frac{t}{\sqrt{2}}\right)^2+\left(2+\frac{t}{\sqrt{2}}\right)+\left(1+\frac{t}{\sqrt{2}}\right)-(2^2-1^2+2+1)\right\}\\
&=2\sqrt{2}
\end{aligned}$$

풀이 2

함수 $f(x,y)$에 대하여 편도함수는 각각 $\dfrac{\partial f}{\partial x}=2x+1$, $\dfrac{\partial f}{\partial y}=-2y+1$이다. 식 (10.3)에 대입하면 다음과 같다.

$$\begin{aligned}
D_{\mathbf{u}}f(2,1)&=\frac{1}{\sqrt{2}}\frac{\partial f}{\partial x}(2,1)+\frac{1}{\sqrt{2}}\frac{\partial f}{\partial y}(2,1)\\
&=\frac{1}{\sqrt{2}}(2\cdot 2+1)+\frac{1}{\sqrt{2}}(-2\cdot 1+1)\\
&=2\sqrt{2}
\end{aligned}$$

[유제 10-16]

점 $(1,3)$에서 $\mathbf{u}=\left(\dfrac{2}{\sqrt{5}},\dfrac{1}{\sqrt{5}}\right)$ 방향으로 함수 $f(x,y)=e^{x^2+2y}+x+y$의 방향미분계수 $D_{\mathbf{u}}f(1,3)$을 구하라.

참고 단위벡터 u 방향으로 방향도함수

단위벡터 $\mathbf{u}$가 x축의 양의 방향과 이루는 각을 θ라 하자. 단위벡터는 $\mathbf{u}=(\cos\theta,\sin\theta)$로 표현가능하고, 함수 f의 $\mathbf{u}$방향으로 방향도함수는 다음과 같다.

$$\begin{aligned} D_{\mathbf{u}}f(x,y) &= f_x(x,y)\cos\theta + f_y(x,y)\sin\theta \\ &= (f_x(x,y), f_y(x,y)) \cdot (\cos\theta, \sin\theta) \end{aligned}$$

예제 10-23 임의의 점에서 벡터 방향으로 방향도함수

좌표평면 위 임의의 점 (x,y)에서 단위벡터 $\mathbf{u}=\left(\frac{1}{2},\frac{\sqrt{3}}{2}\right)$에 대한 함수 $f(x,y)=x^3-y^2+2xy$의 방향도함수 $D_{\mathbf{u}}f(x,y)$를 구하라.

풀이

함수 $f(x,y)$에 대하여 편도함수는 각각 $f_x=3x^2+2y$, $f_y=-2y+2x$이다. 따라서 구하는 방향도함수는 다음과 같다.

$$\begin{aligned} D_{\mathbf{u}}f(x,y) &= (f_x, f_y)\cdot\mathbf{u} = (3x^2+2y)\cdot\frac{1}{2}+(-2y+2x)\cdot\frac{\sqrt{3}}{2} \\ &= \frac{3}{2}x^2+\sqrt{3}x+(1-\sqrt{3})y \end{aligned}$$

[유제 10-17]

좌표평면 위 임의의 점 (x,y)에서 단위벡터 $\mathbf{u}=\left(\frac{1}{2},\frac{\sqrt{3}}{2}\right)$에 대한 다음 함수의 방향도함수 $D_{\mathbf{u}}f(x,y)$를 구하라.

$$f(x,y)=\sin(xy)+2x+y$$

예제 10-24 단위벡터가 아닌 벡터 방향으로 방향도함수

벡터 $\mathbf{v}=(2,3)$ 방향으로 함수 $f(x,y)=x^2y^2+2x+4y$의 방향도함수 $D_{\mathbf{u}}f(x,y)$를 구하라.

풀이

벡터 $\mathbf{v}=(2,3)$은 단위벡터가 아니다. 벡터 $\mathbf{v}$와 평행한 단위벡터는 $\mathbf{u}=\frac{\mathbf{v}}{\|\mathbf{v}\|}=\left(\frac{2}{\sqrt{13}},\frac{3}{\sqrt{13}}\right)$이다. 함수 $f(x,y)$에 대하여 편도함수는 각각 $f_x(x,y)=2xy^2+2$, $f_y(x,y)=2x^2y+4$이므로 구하는 방향도함수는 다음과 같다.

$$\begin{aligned} D_{\mathbf{u}}f(x,y) &= (f_x, f_y)\cdot\mathbf{u} = (2xy^2+2)\cdot\frac{2}{\sqrt{13}}+(2x^2y+4)\cdot\frac{3}{\sqrt{13}} \\ &= \frac{6}{\sqrt{13}}x^2y+\frac{4}{\sqrt{13}}xy^2+\frac{16}{\sqrt{13}} \end{aligned}$$

[유제 10-18]

벡터 $\mathbf{v}=(2,1)$ 방향으로 함수 $f(x,y)=\ln(2x^2y^2)+x+3y^2$의 방향도함수 $D_{\mathbf{u}}f(x,y)$를 구하라.

정의 10-9 기울기벡터

함수 $f(x,y)$의 x, y에 관한 편도함수 f_x, f_y가 존재할 때, 점 (a,b)에서 f의 **기울기벡터**(gradient)를 다음과 같이 정의한다.

$$\nabla f(a,b)=(f_x(a,b), f_y(a,b))$$

다변수함수 이론에서 기울기벡터는 기하적으로도, 물리적으로도 중요한 의미를 지닌다. 점 (a,b)에서 기울기벡터 $\nabla f(a,b)$와 단위벡터 $\mathbf{u}$가 이루는 각을 θ라 하면 방향미분계수는 다음과 같다.

$$D_{\mathbf{u}}f(a,b)=\nabla f(a,b)\cdot\mathbf{u}=\|\nabla f(a,b)\|\,\|\mathbf{u}\|\cos\theta=\|\nabla f(a,b)\|\cos\theta$$

따라서 방향미분계수 $D_{\mathbf{u}}f(a,b)$는 $\cos\theta=1$, 즉 $\theta=0$일 때 최댓값이 존재하며 단위벡터 $\mathbf{u}$와 기울기벡터 $\nabla f(a,b)$는 서로 평행하다. 이때 방향미분계수 $D_{\mathbf{u}}f(a,b)$의 최댓값은 기울기벡터의 크기다.

$$\|\nabla f(a,b)\|=\sqrt{f_x^2(a,b)+f_y^2(a,b)}$$

예제 10-25 기울기벡터와 방향미분계수

함수 $f(x,y)=x^2+y^2-3xy$에 대하여 다음 물음에 답하라.

(a) 점 $(2,5)$에서 기울기벡터를 구하라.

(b) 점 $(2,5)$에서 x축의 양의 방향과 이루는 각이 $\frac{\pi}{4}$인 벡터 방향의 방향미분계수를 구하라.

풀이

(a) 함수 $f(x,y)=x^2+y^2-3xy$에 대하여 편도함수는 각각 $f_x(x,y)=2x-3y$, $f_y(x,y)=2y-3x$이므로 점 $(2,5)$에서 기울기벡터는 $\nabla f(2,5)=(-11,4)$이다.

(b) x축의 양의 방향과 이루는 각이 $\frac{\pi}{4}$인 단위벡터는 $\mathbf{u}=\left(\frac{1}{\sqrt{2}},\frac{1}{\sqrt{2}}\right)$이므로 구하고자 하는 값은 다음과 같다.

$$D_{\mathbf{u}}f(2,5)=\nabla f(2,5)\cdot\mathbf{u}=(-11,4)\cdot\left(\frac{1}{\sqrt{2}},\frac{1}{\sqrt{2}}\right)=-\frac{7}{\sqrt{2}}$$

[유제 10-19]

함수 $f(x,y)=2x^3y^2-3xy+6y^3$에 대하여 다음 물음에 답하라.

(a) 점 $(5,3)$에서 기울기벡터를 구하라.

(b) 점 $(5,3)$에서 x축과의 양의 방향과 이루는 각이 $\frac{\pi}{3}$인 벡터 방향의 방향미분계수를 구하라.

예제 10-26 온도 함수에 대한 방향미분계수

평면 위의 온도 함수 $T(x,y)=x\,e^{x+y}$에 대한 다음 물음에 답하라.

(a) 평면 위의 점 $(2,1)$에서 x축의 양의 방향과 이루는 각이 $\frac{\pi}{6}$인 벡터 방향의 온도 변화율을 구하라.

(b) 평면 위의 점 $(1,3)$에서 온도 변화율이 최대가 되는 방향을 결정하라.

풀이

(a) 온도 함수 $T(x,y)$에 대하여 편도함수는 각각 $T_x(x,y)=e^{x+y}+xe^{x+y}$, $T_y(x,y)=xe^{x+y}$이다. x축의 양의 방향과 이루는 각이 $\frac{\pi}{6}$인 단위벡터는 $\mathbf{u}=\left(\cos\frac{\pi}{6},\ \sin\frac{\pi}{6}\right)=\left(\frac{\sqrt{3}}{2},\frac{1}{2}\right)$이므로 구하는 온도 변화율은 다음과 같다.

$$D_{\mathbf{u}}T(2,1)=\nabla T(2,1)\cdot\mathbf{u}=(e^3+2e^3,2e^3)\cdot\left(\frac{\sqrt{3}}{2},\frac{1}{2}\right)=\frac{3\sqrt{3}+2}{2}e^3$$

(b) 방향도함수 $D_{\mathbf{u}}T(1,3)$은 단위벡터 $\mathbf{u}$와 기울기벡터 $\nabla T(1,3)=(2e^4,e^4)$이 서로 평행할 때 최댓값을 가진다. 즉, $\tan\theta=\frac{1}{2}$이므로 $\theta=\tan^{-1}\frac{1}{2}$일 때이다. 따라서 점 $(1,3)$에서 온도 변화율이 최대가 되는 단위벡터 $\mathbf{u}$의 방향은 양의 x축과 이루는 각이 $\theta=\tan^{-1}\frac{1}{2}$일 때다.

삼변수함수의 방향도함수와 기울기벡터

다변수함수의 방향도함수와 기울기벡터는 이변수함수와 비슷하게 정의할 수 있다. [정의 10-8]과 [정의 10-9]를 상기하며 삼변수함수인 경우를 살펴보자.

정의 10-10 삼변수함수의 방향도함수

단위벡터 $\mathbf{u}=(u_1,u_2,u_3)$ 방향으로 삼변수함수 $f(x,y,z)$의 **방향도함수**는 극한이 존재한다면 다음과 같이 정의한다.

$$D_{\mathbf{u}}f(x,y,z)=\lim_{h\to 0}\frac{f(x+hu_1,\ y+hu_2,\ z+hu_3)-f(x,y,z)}{h}$$

정의 10-11 삼변수함수의 기울기벡터

삼변수함수 $f(x,y,z)$의 x, y, z에 관한 편도함수 f_x, f_y, f_z가 존재할 때, 점 (a,b,c)에서 f의 **기울기벡터**를 다음과 같이 정의한다.

$$\nabla f(a,b,c) = (f_x(a,b,c), f_y(a,b,c), f_z(a,b,c))$$

예제 10-27 삼변수함수의 방향미분계수

점 $(2,1,-1)$에서 벡터 $(1,2,1)$ 방향으로 삼변수함수 $f(x,y,z) = x^2 + 2xy - y^2 - yz + z^3$의 변화율을 구하라.

풀이

함수 $f(x,y,z)$에 대하여 편도함수는 각각 $f_x = 2x + 2y$, $f_y = 2x - 2y - z$, $f_z = -y + 3z^2$이다. 따라서 기울기벡터는 $\nabla f(2,1,-1) = (6,3,2)$이다. 벡터 $(1,2,1)$과 평행한 단위벡터는 $\mathbf{u} = \left(\frac{1}{\sqrt{6}}, \frac{2}{\sqrt{6}}, \frac{1}{\sqrt{6}}\right)$이므로 구하고자 하는 변화율은 다음과 같다.

$$D_{\mathbf{u}} f(2,1,-1) = 6 \cdot \frac{1}{\sqrt{6}} + 3 \cdot \frac{2}{\sqrt{6}} + 2 \cdot \frac{1}{\sqrt{6}} = \frac{14}{\sqrt{6}}$$

[유제 10-20]

점 $(2,e,-e)$에서 벡터 $(1,2,1)$ 방향으로 삼변수함수 $f(x,y,z) = \ln(xy+z) + xyz$의 변화율을 구하라.

기울기벡터의 의미

정의역의 한 점 $P(x_0, y_0)$에서 이변수함수 f의 기울기벡터의 의미를 알아보자. 기울기벡터 $\nabla f(x_0, y_0)$를 이용하면 함수 f가 가장 빨리 증가하는 방향을 알 수 있다. 10.6절에서 기울기벡터 $\nabla f(x_0, y_0)$는 점 $P(x_0, y_0)$를 지나는 등위곡선 $f(x,y) = k$에 수직임을 알게 될 것이다. 산의 지형도에서 함수 $f(x,y)$가 점 (x,y)에서의 해발 고도(m)를 나타낸다면, 각각의 해발 고도를 나타내는 등고선들은 등위곡선 $f(x,y) = 100, 200, 300, \ldots$으로 표현할 수 있다. 이때 주어진 점 $P(x_0, y_0)$를 출발하여 산의 정상을 향하는 가장 가파른 경로는 [그림 10-11]과 같이 모든 등고선과 수직인 곡선이다.

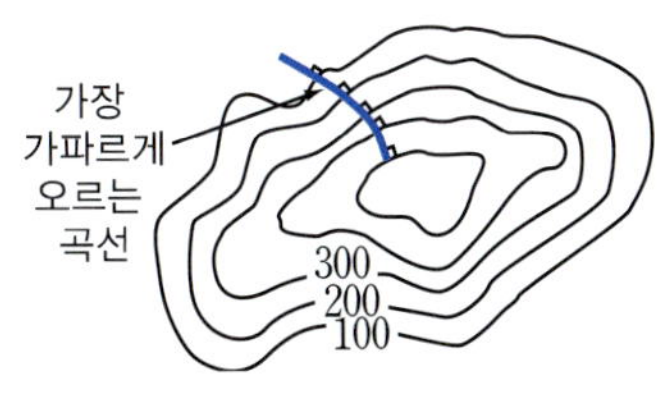

[그림 10-11] 지형도와 등위곡선

미분 가능한 함수 $f(x,y)$에 대하여 $f(x,y)=k$인 등위곡선을 생각해 보자. 이 등위곡선은 $\gamma(t)=(g(t),h(t))$로 표현할 수 있고 $f(g(t),h(t))=k$를 만족한다. 따라서 연쇄법칙을 이용하여 양변을 t로 미분하면 다음과 같다.

$$\frac{d}{dt}f(g(t),h(t))=\frac{dk}{dt}$$

$$\frac{\partial f}{\partial x}\cdot\frac{dg}{dt}+\frac{\partial f}{\partial y}\cdot\frac{dh}{dt}=0$$

$$\left(\frac{\partial f}{\partial x},\frac{\partial f}{\partial y}\right)\cdot\left(\frac{dg}{dt},\frac{dh}{dt}\right)=0$$

$$\nabla f\cdot\frac{d\gamma}{dt}=0$$

그러므로 점 P에서 f의 기울기벡터는 점 P를 지나는 등위곡선의 점 P에서의 접선벡터와 수직이다.

예제 10-28 이변수함수의 기울기벡터

이변수함수 $f(x,y)=x^2+\frac{y^2}{4}$에 대하여, 점 P$(3,2)$를 지나는 등위곡선을 구하고 점 P$(3,2)$에서 f의 기울기벡터를 구하라.

풀이

$f(x,y)=x^2+\frac{y^2}{4}$의 점 P$(3,2)$를 지나는 등위곡선은 $x^2+\frac{y^2}{4}=10$이다. 따라서 점 P$(3,2)$에서 기울기벡터는 다음과 같다.

$$\nabla f(3,2)=(f_x(3,2),f_y(3,2))=(6,1)$$

[유제 10-21]

이변수함수 $f(x,y)=\frac{x^2}{9}+4y^2$에 대하여, 점 P$(3,2)$를 지나는 등위곡선을 구하고 점 P$(3,2)$에서 f의 기울기벡터를 구하라.

SECTION

10.5 연습문제

※ 01~04 벡터 $\mathbf{u}$ 방향으로 함수 f의 방향도함수를 구하라.

01 $f(x,y)=4x^5y^2$; $\mathbf{u}=\left(\frac{1}{2},\frac{\sqrt{3}}{2}\right)$

02 $f(x,y)=ye^{2x}+\ln(x+y)$; $\mathbf{u}=(2,-\sqrt{21})$

03 $f(x,y,z)=\ln(x^2+2y^2+3z^2)$;

$\mathbf{u}=\left(-\frac{3}{13},-\frac{4}{13},-\frac{12}{13}\right)$

04 $f(x,y,z)=\sin xyz$; $\mathbf{u}=(1,-1,1)$

※ 05~08 점 P에서 벡터 $\mathbf{v}$ 방향으로 함수 f의 방향미분계수를 구하라.

05 $f(x,y)=4x^2y^3$; $\mathrm{P}(2,-1)$; $\mathbf{v}=\frac{1}{\sqrt{10}}(3,1)$

06 $f(x,y)=y^3+\ln(2x)$; $\mathrm{P}(3,1)$; $\mathbf{v}=(2,-2)$

07 $f(x,y,z)=\frac{z-x}{z+y}$; $\mathrm{P}(1,0,-3)$;

$\mathbf{v}=\frac{1}{7}(-6,3,-2)$

08 $f(x,y,z)=e^{x+y+3z}$; $\mathrm{P}(-2,2,-1)$;

$\mathbf{v}=(20,-4,5)$

※ 09~14 점 P에서 함수 f의 변화율이 가장 큰 방향의 단위벡터를 구하라.

09 $f(x,y)=2x^3y^2+y^3-1$; $\mathrm{P}(1,1)$

10 $f(x,y)=\sqrt{x^2+3y^2+4}$; $\mathrm{P}(1,3)$

11 $f(x,y)=2x^2+\ln y$; $\mathrm{P}(1,e)$

12 $f(x,y,z)=\tan^{-1}\left(\frac{x}{y+z}\right)$; $\mathrm{P}(4,2,2)$

13 $f(x,y,z)=\frac{x+z}{z-y}$; $\mathrm{P}(5,7,6)$

14 $f(x,y,z)=4e^{xy}\cos z$; $\mathrm{P}\left(0,1,\frac{\pi}{4}\right)$

※ 15~19 함수 f 위의 점 P에서 기울기벡터를 구하라. 점 P에서 주어진 방향의 방향미분계수도 구하라.

15 $f(x,y)=x^2y^5$, $\mathrm{P}(3,1)$; 점 P에서 점 $\mathrm{Q}(4,-3)$ 방향

16 $f(x,y,z)=ye^x\sin z$, $\mathrm{P}\left(\ln 2,2,\frac{\pi}{4}\right)$;

$\mathbf{v}=(1,-2,2)$

17 $f(x,y,z)=\ln(xyz)$, $\mathrm{P}(3,2,6)$; $\mathbf{u}=\frac{1}{\sqrt{3}}(1,1,1)$

18 $f(x,y)=x^2y+2xy^2$, $\mathrm{P}(1,2)$; x축의 양의 방향과 이루는 각이 $\frac{\pi}{6}$인 벡터 $\mathbf{u}$

19 $f(x,y,z)=xy+yz+zx$, $\mathrm{P}(1,-1,2)$; 점 P에서 점 $\mathrm{Q}(11,10,0)$ 방향

※ 20~21 함수 f와 주어진 점 P에 대하여 $D_{\mathbf{u}}f=0$을 만족하는 단위벡터를 구하라.

20 $f(x,y)=x^3y^3-xy$, $\mathrm{P}(1,-1)$

21 $f(x,y)=xe^y$, $\mathrm{P}(-2,0)$

22 xy평면에 있는 어떤 금속판 위의 점 (x,y)에서 온도가 $T(x,y)=\frac{xy}{x^2+y^2}$라 하자. 점 $(1,2)$에서 온도가 가장 빨리 변하는 방향의 단위벡터를 구하라.

23 이변수함수 $f(x,y)=\frac{x^2}{9}+\frac{y^2}{4}$에 대하여, 점 $\mathrm{P}(3,4)$를 지나는 등위곡선을 구하고 점 $\mathrm{P}(3,4)$에서 f의 기울기벡터를 구하라.

SECTION 10.6 접평면과 선형근사

접평면

방정식 $F(x,y,z)=k$(k는 상수)를 만족하는 곡면 S에 대하여, 곡면 S 위의 한 점을 $\mathrm{P}(a,b,c)$라 하자. 점 $\mathrm{P}(a,b,c)$를 지나는 곡면 S 위의 매끄러운 곡선을 C라 하자. 곡선 C는 매개변수 t에 관해 미분 가능한 벡터함수 $\gamma(t)=(x(t), y(t), z(t))$로 표현할 수 있다.

곡선 C는 곡면 S 위에 있으므로 다음이 성립한다.

$$F(x(t),y(t),z(t))=k \tag{10.4}$$

[정리 10-6]의 연쇄법칙을 이용하여 함수 F를 t에 대하여 미분하면 다음과 같다.

$$\frac{dF}{dt}=\frac{\partial F}{\partial x}\cdot\frac{dx}{dt}+\frac{\partial F}{\partial y}\cdot\frac{dy}{dt}+\frac{\partial F}{\partial z}\cdot\frac{dz}{dt}=0$$

점 P에 대응하는 매개변수가 $t=t_0$이면 $\gamma(t_0)=(a,b,c)$이고 다음이 성립한다.

$$\nabla F(a,b,c)\cdot\gamma'(t_0)=0\ \left(\text{단, } \gamma'(t)=\left(\frac{dx}{dt}, \frac{dy}{dt}, \frac{dz}{dt}\right)\right) \tag{10.5}$$

식 (10.5)는 점 P에서 기울기벡터 $\nabla F(a,b,c)$가 점 P를 지나는 곡면 S 위 곡선 C의 접선벡터 $\gamma'(t_0)$와 항상 수직임을 의미한다. 따라서 점 P를 지나는 곡선의 접선들은 한 평면을 이루며, 이 평면의 법선벡터는 $\nabla F(a,b,c)$이다. 이 평면이 바로 점 $\mathrm{P}(a,b,c)$에서의 접평면이다.

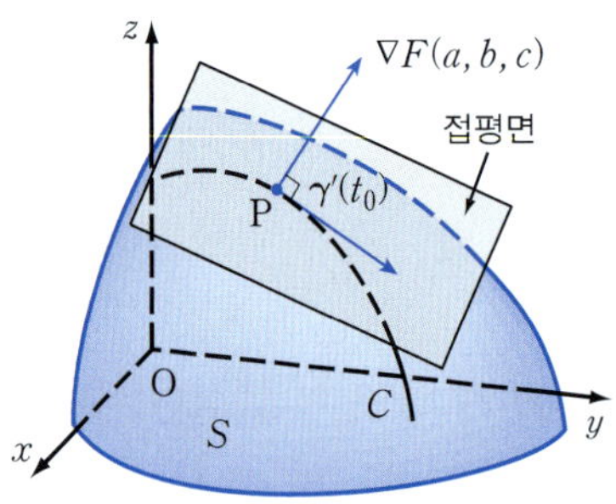

[그림 10-12] 점 P에서의 접평면

정의 10-12 등위곡면의 접평면

점 P에서 미분 가능한 삼변수함수 F의 기울기벡터가 $\nabla F(a,b,c) \neq \mathbf{0}$이라 하자. 점 P를 지나고 $\nabla F(a,b,c)$와 수직인 평면을 점 $\mathrm{P}(a,b,c)$에서 등위곡면 $F(x,y,z)=k$의 **접평면**(tangent plane)이라 한다.

곡면 S가 $F(x,y,z)=k$일 때, 점 $\mathrm{P}(a,b,c)$에서 곡면 S의 접평면의 방정식을 구해 보자. 점 P에서의 접평면 위의 임의의 점을 $\mathrm{Q}(x,y,z)$라 하면 벡터 $\overrightarrow{\mathrm{PQ}}$와 점 $\mathrm{P}(a,b,c)$에서의 기울기벡터가 서로 수직이므로 다음이 성립한다.

$$\begin{gathered}\overrightarrow{\mathrm{PQ}} \cdot \nabla F(\mathrm{P})=0 \\ (x-a,\ y-b,\ z-c) \cdot \nabla F(a,b,c)=0\end{gathered} \tag{10.6}$$

식 (10.6)을 정리하면 **접평면의 방정식**은 다음과 같다.

$$F_x(a,b,c)(x-a)+F_y(a,b,c)(y-b)+F_z(a,b,c)(z-c)=0 \tag{10.7}$$

참고 이변수함수로 주어진 등위곡면의 접평면

곡면 S의 방정식이 $z=f(x,y)$일 때, $F(x,y,z)=f(x,y)-z$라 두면 곡면 S는 다음과 같이 $k=0$인 등위곡면이다.

$$F(x,y,z)=f(x,y)-z=0$$

이를 식 (10.7)에 대입하면 접평면의 방정식은 다음과 같다.

$$f_x(a,b)(x-a)+f_y(a,b)(y-b)-(z-c)=0$$

예제 10-29 타원면 위의 점에서 법선벡터와 접평면

점 $(1,2,4)$에서 타원면 $x^2+\dfrac{y^2}{4}+\dfrac{z^2}{4}=6$의 접평면의 법선벡터와 접평면의 방정식을 각각 구하라.

풀이

함수 $F(x,y,z)=x^2+\dfrac{y^2}{4}+\dfrac{z^2}{4}$이라 하자. 타원면 위의 점 $(1,2,4)$에서 함수 F의 편미분계수는 각각 다음과 같다.

$$F_x(1,2,4)=2,\ F_y(1,2,4)=1,\ F_z(1,2,4)=2$$

따라서 점 $(1,2,4)$에서 접평면의 법선벡터는 $\nabla F(1,2,4)=(2,1,2)$이다. 식 (10.7)에 대입하면 접평면의 방정식은 다음과 같다.

$$2(x-1)+1(y-2)+2(z-4)=0 \quad \text{즉,}\quad 2x+y+2z=12$$

[유제 10-22]

곡면 $z=4x^3y^2+2y$ 위의 점 $\mathrm{P}(1,-2,12)$에서 접평면과 그 접평면의 법선벡터를 각각 구하라.

예제 10-30 이변수함수로 주어진 등위곡면 위의 점에서 법선벡터와 접평면

점 $(2,1,8)$에서 곡면 $z=x^3y$의 접평면의 법선벡터와 접평면의 방정식을 각각 구하라.

풀이

함수 $F(x,y,z)=x^3y-z$라 두면 점 $(2,1,8)$에서 함수 F의 편미분계수는 각각 다음과 같다.

$$F_x(2,1,8)=f_x(2,1)=12,\ F_y(2,1,8)=f_y(2,1)=8$$

따라서 점 $(2,1,8)$에서 접평면의 법선벡터는 $\nabla F(2,1,8)=(12,8,-1)$이다. 식 (10.7)에 대입하면 접평면의 방정식은 $12(x-2)+8(y-1)-(z-8)=0$, 즉 $12x+8y-z=24$이다.

선형근사

이변수함수를 비롯한 다변수함수의 미분 가능성은 일변수함수처럼 간단하지 않다. 미분 가능한 이변수함수는 다음 조건 (1), (2), (3)을 모두 만족해야 하기 때문이다.

(1) 미분 가능하면 연속이다.

(2) 미분 가능한 함수들의 합성함수는 미분 가능하다.

(3) 미분 가능하면 편도함수가 존재한다.

다변수함수를 다루기 전에 먼저 일변수함수의 미분 가능성을 상기하자. 기억이 나지 않는다면 3.1절과 3.2절을 복습하고 와도 좋다. 엄밀한 이론 전개는 고급 미분적분학에서 살피고, 지금은 최소한의 개념만 소개한다.

일변수함수 $y=f(x)$에 대하여, $x=a$에서 미분계수는 다음과 같다.

$$f'(a)=\lim_{\Delta x\to 0}\frac{f(a+\Delta x)-f(a)}{\Delta x}=\lim_{\Delta x\to 0}\frac{\Delta y}{\Delta x}$$

Δx가 충분히 작을 때 미분계수는 $f'(a)\approx\dfrac{\Delta y}{\Delta x}$로 근사한다. 따라서 충분히 작은 $\varepsilon>0$에 대하여 다음과 같이 나타낼 수 있다.

$$f'(a) = \frac{\Delta y}{\Delta x} + \varepsilon \text{ 즉, } \Delta y = f'(a)\Delta x + \varepsilon \Delta x$$

이때, $\Delta x \to 0$이면 $\varepsilon \to 0$ 이다. 이 아이디어를 확장하여 이변수함수의 미분 가능성을 정의한다.

정의 10-13 증분

$\mathbb{R}^2$ 위의 점 (a,b)에서 이변수함수 $f(x,y)$의 증분은 다음과 같이 정의한다.

$$\Delta f(a,b) = f(a+\Delta x, b+\Delta y) - f(a,b)$$

예제 10-31 증분

이변수함수 $f(x,y) = x + y - x^2 y$에 대하여 다음 물음에 답하라.

(a) 점 (a,b)에서 f의 증분 $\Delta f(a,b)$를 구하라.

(b) 점 $(1,2)$에서 점 $(3,5)$까지 증분을 구하라.

풀이

(a) 점 (a,b)에서 함수 $f(x,y)$의 증분 $\Delta f(a,b)$는 다음과 같다.

$$\begin{aligned}\Delta f(a,b) &= f(a+\Delta x, b+\Delta y) - f(a,b) \\ &= (a+\Delta x) + (b+\Delta y) - (a+\Delta x)^2(b+\Delta y) - (a+b-a^2 b) \\ &= \Delta x + \Delta y - a^2\Delta y - 2ab\Delta x - 2a\Delta x\Delta y - b(\Delta x)^2 - (\Delta x)^2\Delta y\end{aligned}$$

(b) 점 $(1,2)$ 에서 점 $(3,5)$까지 x의 증분은 $\Delta x = 2$, y의 증분은 $\Delta y = 3$이므로 다음과 같다.

$$\begin{aligned}\Delta f(1,2) &= f(1+\Delta x, 2+\Delta y) - f(1,2) \\ &= f(3,5) - f(1,2) \\ &= (3+5-3^2 \times 5) - (1+2-1^2 \times 2) \\ &= -38\end{aligned}$$

[유제 10-23]

함수 $f(x,y) = 2xy - y^3$에 대하여 점 $A(0,1)$에서 점 $B(4,-2)$까지 증분을 구하라.

정의 10-14 이변수함수의 미분 가능성

이변수함수 $f(x,y)$는 $\mathbb{R}^2$ 위의 점 (a,b) 근방에서 정의되어 있으며, 편도함수 f_x, f_y가 존재한다고 하자. 함수 $f(x,y)$의 증분 $\Delta f(a,b)$가 다음을 만족하면 함수 $f(x,y)$는 점 (a,b)에서 **미분 가능**하다고 한다.

$$\Delta f(a,b) = f_x(a,b)\Delta x + f_y(a,b)\Delta y + \varepsilon_1 \Delta x + \varepsilon_2 \Delta y$$

이때, $(\Delta x, \Delta y) \to (0,0)$이면 $(\varepsilon_1, \varepsilon_2) \to (0,0)$이다.

예제 10-32 이변수함수의 미분 가능성

이변수함수 $f(x,y) = x^2 + y$가 점 (a,b)에서 미분 가능함을 보여라.

풀이

이변수함수 $f(x,y)$ 의 증분 $\Delta f(a,b)$ 를 구하면 다음과 같다.

$$\begin{aligned}\Delta f(a,b) &= f(a+\Delta x, b+\Delta y) - f(a,b)\\ &= \{(a+\Delta x)^2 + (b+\Delta y)\} - (a^2+b)\\ &= 2a\Delta x + \Delta y + \Delta x\Delta x\end{aligned}$$

$f_x(a,b) = 2a$, $f_y(a,b) = 1$이므로 다음과 같이 표현할 수 있다.

$$\Delta f(a,b) = f_x(a,b)\Delta x + f_y(a,b)\Delta y + \varepsilon_1\Delta x + \varepsilon_2\Delta y$$

$\varepsilon_1 = \Delta x$, $\varepsilon_2 = 0$이고 $(\Delta x, \Delta y) \to (0,0)$이면 $(\varepsilon_1, \varepsilon_2) \to (0,0)$이다. 따라서 주어진 함수 $f(x,y)$는 점 (a,b)에서 미분 가능하다.

[정의 10-14]를 이용하여 이변수함수의 미분 가능성을 판단하기는 쉽지 않다. 이때, 다음 정리를 이용하면 미분 가능성을 쉽게 확인할 수 있다. 이 정리는 이변수함수가 한 점에서 미분 가능할 충분조건을 설명한다.

정리 10-9 이변수함수가 미분 가능할 조건

이변수함수 $f(x,y)$의 편도함수 f_x, f_y가 점 (a,b) 근방에서 존재하고 점 (a,b)에서 연속이면 함수 f는 점 (a,b)에서 미분 가능하다.

예제 10-33 **이변수함수가 미분 가능할 조건**

이변수함수 $f(x,y)=y^2e^{x+y}$이 점 $(1,-1)$에서 미분 가능함을 보여라.

풀이

이변수함수 $f(x,y)=y^2e^{x+y}$의 편도함수는 각각 다음과 같다.

$$f_x(x,y)=y^2e^{x+y},\ f_y(x,y)=2ye^{x+y}+y^2e^{x+y}$$

편도함수 f_x, f_y는 점 $(1,-1)$ 근방에서 존재하고, 점 $(1,-1)$에서 연속이므로 함수 $f(x,y)$는 점 $(1,-1)$에서 미분 가능하다.

[유제 10-24]

이변수함수 $f(x,y)=x^2e^y+2y^2$이 점 $(1,1)$에서 미분 가능함을 보여라.

정의 10-15 **이변수함수의 선형화**

미분 가능한 함수 $f(x,y)$에 대하여 다음과 같이 정의된 함수를 점 (a,b)에서 함수 f의 **선형화**라 한다.

$$\begin{aligned} L(x,y) &= f(a,b)+f_x(a,b)(x-a)+f_y(a,b)(y-b) \\ &= f(a,b)+f_x(a,b)\triangle x+f_y(a,b)\triangle y \end{aligned}$$

함수 $L(x,y)$는 점 (a,b)에서 곡면 $z=f(x,y)$의 접평면의 방정식이다. 그래서 점 (a,b)와 충분히 가까운 근방에서는 $f(x,y)\approx L(x,y)$라 할 수 있다. 이때, 근사 $f(x,y)\approx L(x,y)$를 점 (a,b)에서 함수 f의 **선형근사**라 한다. 함수 f의 선형화 $L(x,y)$는 $f(x,y)$의 근삿값을 계산할 때 매우 유용하다.

참고 **삼변수함수의 선형화**

점 (a,b,c)에서 삼변수함수 $f(x,y,z)$의 선형화 L은 다음과 같다.

$$L(x,y,z)\approx f(a,b,c)+f_x(a,b,c)(x-a)+f_y(a,b,c)(y-b)+f_z(a,b,c)(z-c)$$

예제 10-34 이변수함수의 선형화

점 $(1,-1)$에서 이변수함수 $f(x,y)=y^2e^{x+y}$의 선형화를 구하라. 이를 이용하여 $f(1.01,-0.99)$의 근삿값을 구하라.

풀이

$f(x,y)=y^2e^{x+y}$의 편도함수는 $f_x(x,y)=y^2e^{x+y}$, $f_y(x,y)=2ye^{x+y}+y^2e^{x+y}$이므로 점 $(1,-1)$에서 편미분계수를 구하면 $f_x(1,-1)=1$, $f_y(1,-1)=-1$이다. 따라서 점 $(1,-1)$에서 함수 $f(x,y)$의 선형화는 다음과 같다.

$$\begin{aligned} L(x,y) &= f(1,-1)+f_x(1,-1)(x-1)+f_y(1,-1)(y-(-1)) \\ &= 1+1(x-1)-1(y+1) \\ &= x-y-1 \end{aligned}$$

점 $(1,-1)$ 근방에서 $f(x,y)\approx x-y-1$이므로 $f(1.01,-0.99)$의 근삿값은 다음과 같다.

$$f(1.01,-0.99)\approx 1.01+0.99-1=1$$

[유제 10-25]

점 $(5,1)$에서 함수 $f(x,y)=\dfrac{x^2y^4}{1+x^2}$의 선형화를 구하고, 이를 이용하여 $f(4.996,1.003)$의 근삿값을 구하라.

3.5절에서 미분 가능한 일변수함수 $y=f(x)$에 대해 미분 dx를 독립변수로 정의하여 y의 미분을 $dy=f'(x)dx$로 정의하였다. 이변수함수 $z=f(x,y)$에 대해 두 미분 dx, dy를 독립변수로 두면 dz를 다음과 같이 정의한다.

정의 10-16 이변수함수의 전미분

이변수함수 $z=f(x,y)$가 미분 가능할 때, 함수 df를 f의 **전미분**(total differential)이라 하며, 다음과 같이 정의한다.

$$dz=df=f_x(x,y)dx+f_y(x,y)dy=\frac{\partial z}{\partial x}dx+\frac{\partial z}{\partial y}dy$$

예제 10-35 이변수함수의 전미분

이변수함수 $f(x,y)=3x^4y^3+e^{xy}$에 대하여 전미분 df를 구하라.

풀이

주어진 함수 $f(x,y)$의 편도함수가 각각 $f_x=12x^3y^3+ye^{xy}$, $f_y=9x^4y^2+xe^{xy}$이고 두 함수 f_x, f_y는 연속이므로 [정리 10-9]에 의해 함수 $f(x,y)$는 미분 가능하다. 이제 [정의 10-16]을 이용하면 f의 전미분은 다음과 같다.

$$df=f_x\,dx+f_y\,dy=(12x^3y^3+ye^{xy})\,dx+(9x^4y^2+xe^{xy})\,dy$$

[유제 10-26]

함수 $z=5x^2y^5-2x+4y+7$에 대하여 전미분 dz를 구하라.

이변수함수의 전미분 개념을 다음과 같이 다변수함수로 확장할 수 있다.

정의 10-17 n변수함수의 전미분

n변수함수 $f(x_1,x_2,\cdots,x_n)$이 미분 가능할 때, 다음과 같은 함수 df를 f의 **전미분**이라 한다.

$$df=f_{x_1}(x_1,x_2,\cdots,x_n)\,dx_1+f_{x_2}(x_1,x_2,\cdots,x_n)\,dx_2+\cdots+f_{x_n}(x_1,x_2,\cdots,x_n)\,dx_n$$

이변수함수 $f(x,y)$의 그래프 위 한 점 (a,b)에 대하여 미분을 $dx=\Delta x=x-a$, $dy=\Delta y=y-b$라 두면 전미분 dz는 다음과 같다.

$$dz=f_x(a,b)(x-a)+f_y(a,b)(y-b)$$

따라서 점 (a,b)와 충분히 가까운 근방에서 [정의 10-15]에 의해 선형근사는 다음과 같다.

$$f(x,y)\approx f(a,b)+dz$$

[그림 10-13]을 이용하여 미분 dz와 증분 Δz의 차이점을 살펴보자. 미분 dz는 점 (x,y)가 (a,b)에서 $(a+\Delta x, b+\Delta y)$까지 변할 때 접평면의 높이 변화이고, 증분 Δz는 함수 $z=f(x,y)$의 그래프의 높이 변화다.

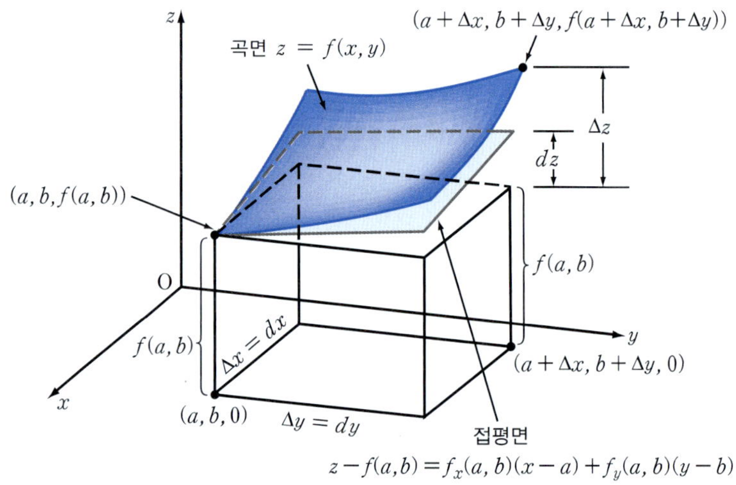

[그림 10-13] **미분 dz와 증분 Δz**

미분 dz와 증분 Δz의 차이를 직접 계산하여 살펴보자.

예제 10-36 미분과 증분

함수 $z=f(x,y)=x^2-2xy+y$에 대하여 x가 3에서 3.01로 변하고 y가 5에서 5.02로 변할 때, 미분 dz와 증분 Δz를 각각 구하라.

풀이

함수 z의 편도함수는 각각 $f_x(x,y)=2x-2y$, $f_y(x,y)=-2x+1$이고, 미분은 각각 $dx=0.01$, $dy=0.02$이다. 따라서 전미분은 다음과 같다.

$$\begin{aligned} dz &= f_x(x,y)\,dx + f_y(x,y)\,dy \\ &= (2\cdot 3-2\cdot 5)\cdot(0.01)+(-2\cdot 3+1)\cdot(0.02) \\ &= -0.14 \end{aligned}$$

증분은 다음과 같다.

$$\begin{aligned} \Delta z &= f(3.01, 5.02) - f(3,5) \\ &= (3.01)^2 - 2(3.01)(5.02) + 5.02 - (3^2 - 2\cdot 3\cdot 5 + 5) \\ &= -0.1403 \end{aligned}$$

SECTION

10.6 연습문제

※ 01~10 다음 곡면 위의 점 P에서 접평면의 법선벡터와 접평면을 각각 구하라.

01 $z = \frac{1}{2}x^7y^{-2}$; P(2,4,4)

02 $z = xe^{-y}$; P(1,0,1)

03 $z = \ln\sqrt{x^2+y^2}$; P(−1,0,0)

04 $z = e^{3y}\sin 3x$; $\mathrm{P}\left(\frac{\pi}{6}, 0, 1\right)$

05 $x^2+y^2+z^2 = 25$; P(−3,0,4)

06 $xz - yz^3 + yz^2 = 2$; P(2,−1,1)

07 $z = \sqrt{x} + \sqrt{y}$; P(4,9,5)

08 $\sin xz - 4\cos yz = 4$; P(π,π,1)

09 $f(x,y) = 4x^2+y^2+1$; P(1,2,9)

10 $z = x^2e^{2y}$; P(1,ln2,4)

11 타원면 $\frac{x^2}{a^2}+\frac{y^2}{b^2}+\frac{z^2}{c^2}=1$ 위의 한 점 (x_0, y_0, z_0)에서 접평면의 방정식은 $\frac{x_0x}{a^2}+\frac{y_0y}{b^2}+\frac{z_0z}{c^2}=1$임을 보여라.

※ 12~13 다음 함수에 대하여 증분 $\Delta f(x_0, y_0)$를 구하라.

12 $f(x,y) = x^2y$, $(x_0, y_0) = (1,3)$, $\Delta x = 0.1$, $\Delta y = 0.2$

13 $f(x,y) = 3x^2 - 2y$, $(x_0, y_0) = (-2,4)$, $\Delta x = 0.02$, $\Delta y = -0.03$

※ 14~15 다음 함수에 대하여 점 A에서 점 B까지 증분을 구하라.

14 $f(x,y) = x^2+2xy-4x$; A(1,2), B(1.01, 2.04)

15 $f(x,y) = \frac{x+y}{xy}$; A(−1,−2), B(−1.02,−2.04)

※ 16~17 다음 함수의 전미분 dz를 구하라.

16 $z = 5x^2y^5 - 2x + 4y + 7$

17 $z = \sec^2(x-3y)$

※ 18~20 다음 함수에 대하여 점 P에서 선형근사를 구하라.

18 $f(x,y) = 1 + x\ln(x^2y+5)$, P(3,5)

19 $f(x,y) = e^{x+y}\sin x$, P(π, 2)

20 $f(x,y,z) = \sqrt{x^2+y^2+z^2}$, P(2, 5, 4)

SECTION 10.7 최댓값과 최솟값

4장에서 일변수함수의 최댓값과 최솟값을 학습하였다. 이번 절에서는 10.3절에서 학습한 편도함수를 이용하여 이변수함수의 최댓값과 최솟값을 알아보자. 4장과 유사한 면이 많으므로 다시 복습하고 오길 권한다.

점 (a,b)의 근방(neighborhood)은 점 (a,b)를 중심으로 반지름이 $\varepsilon>0$인 원의 내부(경계점 제외)를 의미한다.

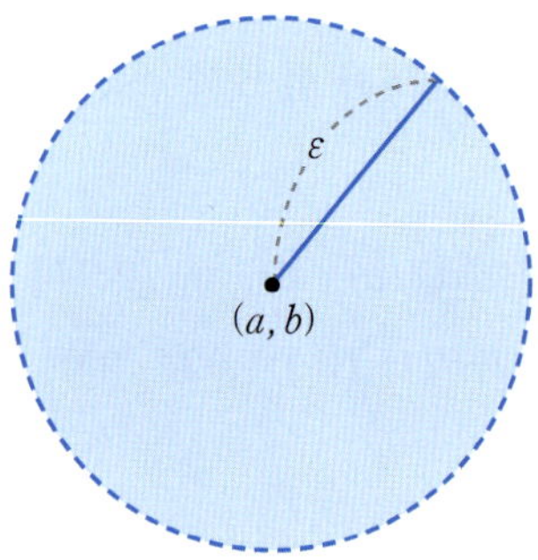

[그림 10-14] 점 (a,b)의 근방

정의 10-18 최댓값과 최솟값

이변수함수 $f: D \to \mathbb{R}$과 정의역 D 위의 한 점 (a,b)를 생각하자. D 위의 모든 점 (x,y)에 대하여

(1) $f(a,b) \geq f(x,y)$일 때 $f(a,b)$를 f의 **최댓값**이라 한다.

(2) $f(a,b) \leq f(x,y)$일 때 $f(a,b)$를 f의 **최솟값**이라 한다.

정의 10-19 극댓값과 극솟값

이변수함수 $f: D \to \mathbb{R}$과 정의역 D 위의 한 점 (a,b)를 생각하자. 점 (a,b)의 적당한 근방에 속하는 모든 점 (x,y)에 대하여

(1) $f(a,b) \geq f(x,y)$일 때 $f(a,b)$를 f의 **극댓값**이라 한다.

(2) $f(a,b) \leq f(x,y)$일 때 $f(a,b)$를 f의 **극솟값**이라 한다.

극댓값과 극솟값을 통틀어 **극값**이라 한다.

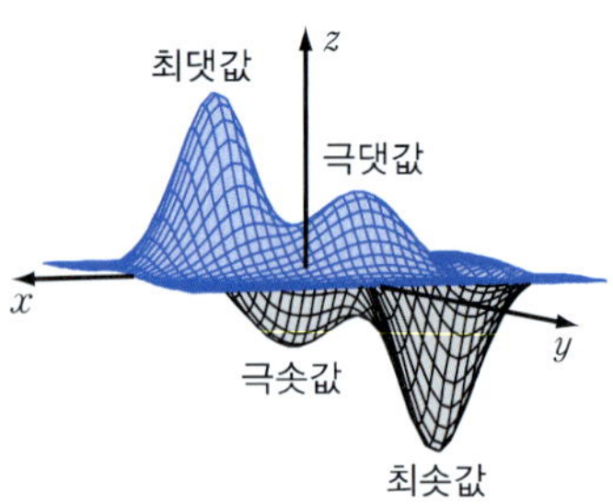

[그림 10-15] 이변수함수의 최댓값, 최솟값, 극댓값, 극솟값

[그림 10-15]는 이변수함수의 그래프에서 최댓값, 최솟값과 극댓값, 극솟값을 나타낸다.

[정리 4-1]의 페르마 정리에 따르면 미분 가능한 일변수함수가 극값을 가질 때, 그 점에서 미분계수가 0이다. 마찬가지로 이변수함수에도 비슷한 결과가 있다.

정리 10-10 이변수함수의 극값과 편미분계수

이변수함수 $f(x,y)$가 점 (a,b)에서 극값을 가지고, 점 (a,b)에서 함수 f의 1계 편미분계수 $f_x(a,b)$, $f_y(a,b)$가 존재하면 다음이 성립한다.

$$f_x(a,b)=0,\ f_y(a,b)=0$$

정의 10-20 임계점

이변수함수 $f(x,y)$가 점 (a,b)에서 $f_x(a,b)=0$이고 $f_y(a,b)=0$이거나 1계 편미분계수가 존재하지 않을 때, 점 (a,b)를 f의 **임계점**(critical point)이라 한다.

예제 10-37 이변수함수의 임계점

이변수함수 $f(x,y)=x^3-3xy+y^3$의 임계점을 구하라.

풀이

주어진 함수의 편도함수는 $f_x(x,y)=3x^2-3y=0$, $f_y(x,y)=-3x+3y^2=0$이다. 이 연립방정식을 풀면 $x=0$, $y=0$ 또는 $x=1$, $y=1$이므로 임계점은 $(0,0)$과 $(1,1)$이다.

예제 10-38 이변수함수의 임계점

이변수함수 $f(x,y)=y^2-x^2$의 임계점을 구하라.

풀이

주어진 함수의 편도함수는 $f_x(x,y)=-2x=0$, $f_y(x,y)=2y=0$이다. 이 연립방정식을 풀면 $x=0$, $y=0$이므로 임계점은 $(0,0)$이다.

[유제 10-27]

다음 함수의 임계점을 구하라.

(a) $f(x,y)=x^2+3xy+3y^2-6x+3y$

(b) $f(x,y)=x^2y-6y^2-3x^2$

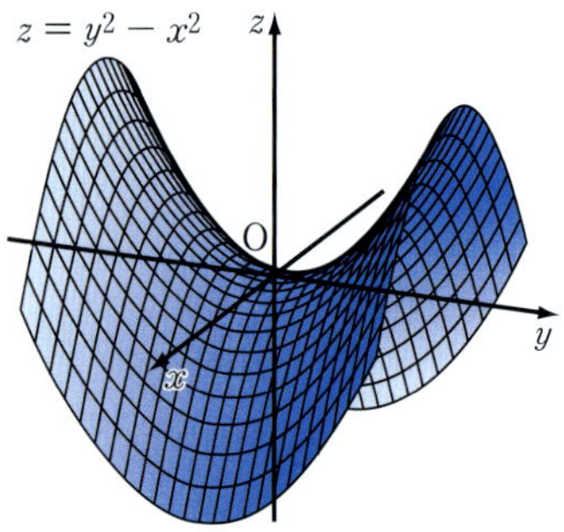

[그림 10-16] 함수 $f(x,y) = y^2 - x^2$의 그래프

[그림 10-16]에서 함수의 임계점은 $(0,0)$이므로 $f_x(0,0)=0$, $f_y(0,0)=0$이 성립한다. 그러나 x축을 따라 절단한 면은 위로 볼록하고, y축을 따라 절단한 면은 아래로 볼록하다. 따라서 점 $(0,0)$에서는 극값이 없다. 이러한 점을 f의 **안장점**(saddle point)이라 한다.

일변수함수의 극값을 구할 때와 비슷하게 이변수함수의 극값을 결정하는 데 2차 편도함수를 이용한다.

정리 10-11 이변수함수의 극대, 극소 판정

이변수함수 $f(x,y)$에 대하여 1계편도함수와 2계편도함수가 모두 연속이고, $f_x(a,b)=0$, $f_y(a,b)=0$이라 하자. $H=f_{xx}(a,b)f_{yy}(a,b)-(f_{xy}(a,b))^2$이라 하면 다음이 성립한다.

(1) $H>0$, $f_{xx}(a,b)>0$(또는 $f_{yy}(a,b)>0$)이면 $f(x,y)$는 점 (a,b)에서 극솟값을 가진다.

(2) $H>0$, $f_{xx}(a,b)<0$(또는 $f_{yy}(a,b)<0$)이면 $f(x,y)$는 점 (a,b)에서 극댓값을 가진다.

(3) $H=0$이면 극대나 극소를 판정할 수 없다.

참고 H **값에 따른 극값과 안장점**

(1) $H<0$이면 $f(x,y)$는 점 (a,b)에서 극값이 없다. 이때 점 (a,b)는 안장점이다.

(2) $H=0$이면 $f(x,y)$는 점 (a,b)에서 극값이거나 안장점이 될 수 있다.

예제 10-39 이변수함수의 극값과 안장점

이변수함수 $f(x,y)=4xy-x^4-y^4$의 극값과 안장점이 있으면 구하라.

풀이

함수 $f(x,y)$의 1계편도함수가 0이라 하면 각각 $f_x(x,y)=4y-4x^3=0$, $f_y(x,y)=4x-4y^3=0$이다. 이를 연립하여 풀면 f의 임계점은 $(0,0)$, $(1,1)$, $(-1,-1)$이다. 함수 $f(x,y)$의 2계편도함수는 다음과 같다.

$$f_{xx}(x,y)=-12x^2,\ f_{yy}(x,y)=-12y^2,\ f_{xy}(x,y)=4$$

이제 각 임계점에서 H 값과 편미분계수의 부호를 구하자.

- 임계점 $(0,0)$: $H=f_{xx}(0,0)f_{yy}(0,0)-(f_{xy}(0,0))^2=-16<0$
- 임계점 $(1,1)$: $H=f_{xx}(1,1)f_{yy}(1,1)-(f_{xy}(1,1))^2=128>0$, $f_{xx}(1,1)<0$

• 임계점 $(-1,-1)$: $H=f_{xx}(-1,-1)f_{yy}(-1,-1)-(f_{xy}(-1,-1))^2=128>0$,

$f_{xx}(-1,-1)<0$

[정리 10-11]에 따르면 함수 f는 점 $(1,1)$과 점 $(-1,-1)$에서 극댓값이 2이다. 또한 점 $(0,0)$은 안장점이다. 오른쪽 그림에서 함수의 극댓값과 안장점을 확인할 수 있다.

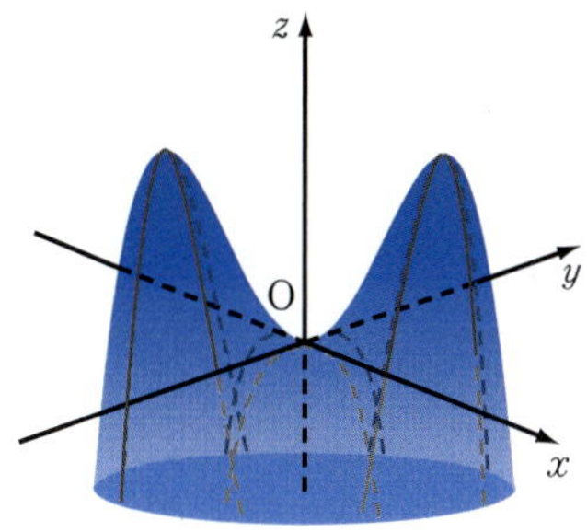

일변수함수이면 [정리 1-12]의 최대·최소 정리에 의해 닫힌구간 $[a,b]$에서 연속인 f는 최댓값과 최솟값이 존재한다. 이변수함수에서도 비슷한 결론을 얻을 수 있다. 연속인 이변수함수에 최댓값과 최솟값이 존재할 조건을 알아보자.

정리 10-12 이변수함수의 최대·최소 정리

연속인 이변수함수 $f: D\to\mathbb{R}$에 대하여 D가 유계이고 닫힌집합이면, f는 D에서 최댓값과 최솟값이 존재한다.

(1) 영역 $D(\subseteq\mathbb{R}^2)$가 어떤 적당한 직사각형 영역 $[a,b]\times[c,d]$에 포함될 때, D를 유계라고 한다.
(2) 영역 $D(\subseteq\mathbb{R}^2)$가 자신의 모든 경계점들을 포함할 때, D를 닫힌집합이라고 한다.

정리를 이용하여 유계이고 닫힌집합 D에서 연속함수 $f(x,y)$의 최댓값과 최솟값을 구하기 위해 다음 방법을 이용한다.

(i) 정의역 D에서 $f(x,y)$의 임계점을 찾아 대응하는 함숫값을 구한다.
(ii) 정의역 D의 경계점에서 $f(x,y)$의 최댓값과 최솟값을 구한다.

(i), (ii) 중에서 가장 큰 값이 최댓값이고 가장 작은 값이 최솟값이다.

예제 10-40 이변수함수의 최대 · 최소 정리

닫힌집합 $D=\{(x,y)\mid 0\le x\le 2,\ 0\le y\le 1\}$에서 함수 $f(x,y)=\dfrac{3}{2}x^2-3xy+6y$의 최댓값과 최솟값을 각각 구하라.

풀이

D가 유계이고 닫힌집합이고 이변수함수 $f(x,y)=\dfrac{3}{2}x^2-3xy+6y$는 D에서 연속이므로 [정리 10-12]에 의해 함수 f는 D에서 최댓값과 최솟값이 존재한다. 먼저 임계점을 찾기 위해 편도함수를 구하면 다음과 같다.

$$f_x(x,y)=3x-3y=0,\ f_y(x,y)=-3x+6=0$$

이 연립방정식을 풀면 임계점은 $(2,2)$이고 임계점에서 함숫값은 $f(2,2)=6$이다. 이제 D의 경계점에서 함숫값을 구하자. 정의역 D는 직사각형이므로 경계를 다음과 같이 네 변으로 나눌 수 있다.

(i) $0 \le x \le 2, y=0$일 때, $f(x,0)=\dfrac{3}{2}x^2$이므로 최솟값은 0, 최댓값은 6이다.

(ii) $x=2, 0 \le y \le 1$일 때, $f(2,y)=6$이므로 최솟값과 최댓값은 모두 6이다.

(iii) $0 \le x \le 2, y=1$일 때, $f(x,1)=\dfrac{3}{2}x^2-3x+6$이므로 최솟값은 $\dfrac{9}{2}$, 최댓값은 6이다.

(iv) $x=0, 0 \le y \le 1$일 때, $f(0,y)=6y$이므로 최솟값은 0, 최댓값은 6이다.

경계점 (i) ~ (iv)와 임계점의 함숫값을 비교하면 D에서 f의 최솟값은 0, 최댓값은 6이다.

[유제 10-28]

닫힌집합 $D=\{(x,y)\,|\,0 \le x \le 2, 0 \le y \le 3\}$에서 함수 $f(x,y)=x^2+y^3-x^2y+1$의 최댓값과 최솟값을 각각 구하라.

예제 10-41 다변수함수의 최소

마분지를 이용하여 뚜껑이 없는 직육면체 상자를 만들려고 한다. 재료를 가장 적게 사용하여 부피가 30m^3인 상자를 만들 때, 상자의 가로, 세로, 높이를 각각 구하라.

풀이

직육면체의 가로, 세로, 높이를 각각 x, y, z(단, $x,y,z>0$)라 두자. 마분지 사용량은 다음과 같다.

$$S=xy+2xz+2yz \tag{10.8}$$

이 문제는 S가 최소일 때 x, y, z 값을 구하는 것이다. 상자의 부피가 30m^3이므로 제한 조건은 $xyz=30$이다. $z=\dfrac{30}{xy}$을 식 (10.8)에 대입하면 다음과 같다.

$$S=xy+\frac{60}{y}+\frac{60}{x} \tag{10.9}$$

식 (10.9)를 x, y로 각각 편미분하면 $S_x=y-\dfrac{60}{x^2}$, $S_y=x-\dfrac{60}{y^2}$이다. 임계점을 구하기 위해 $S_x=0$, $S_y=0$이라 두고 연립하면 다음 방정식을 얻는다.

$$x-\frac{x^4}{60}=x\left(1-\frac{x^3}{60}\right)=0 \tag{10.10}$$

방정식 (10.10)을 풀면 $x=\sqrt[3]{60}$, $y=\sqrt[3]{60}$을 얻는다. 이 값에서 함수 S가 극솟값을 가짐을 확인하기 위해, S의 2계편도함수를 구하면 다음과 같다.

$$S_{xx} = \frac{120}{x^3}, S_{yy} = \frac{120}{y^3}, S_{xy} = 1 \qquad (10.11)$$

식 (10.11)에 $x = \sqrt[3]{60}$, $y = \sqrt[3]{60}$ 을 대입하면 다음이 성립한다.

$$S_{xx}(\sqrt[3]{60}, \sqrt[3]{60}) = 2, S_{yy}(\sqrt[3]{60}, \sqrt[3]{60}) = 2, S_{xy}(\sqrt[3]{60}, \sqrt[3]{60}) = 1$$

$H = S_{xx} \cdot S_{yy} - (S_{xy})^2 = 2 \cdot 2 - 1^2 = 3 > 0$, $S_{xx} = 2 > 0$이므로 [정리 10-11]에 의해 함수 S는 $x = \sqrt[3]{60}$, $y = \sqrt[3]{60}$ 일 때 극솟값을 가진다. 제한 조건에 대입하면 $z = \sqrt[3]{\frac{15}{2}}$ 를 얻는다. 따라서 재료가 가장 적게 들어간 부피 30m^3인 상자의 가로, 세로, 높이는 각각 $\sqrt[3]{60}$, $\sqrt[3]{60}$, $\sqrt[3]{\frac{15}{2}}$ 이다(단위는 m).

SECTION

10.7 연습문제

※ 01~15 주어진 함수의 극댓값, 극솟값과 안장점을 구하라.

01 $f(x,y)=x^2+3xy+2y^2$

02 $f(x,y)=x^3+3xy-y^3$

03 $f(x,y)=y^2+3xy+3y+6x-2$

04 $f(x,y)=x^2+xy-4y-7x+1$

05 $f(x,y)=-x^2+xy-y^2+6x$

06 $f(x,y)=6xy-x^3-y^2$

07 $f(x,y)=2x^2+y^2+x^2y$

08 $f(x,y)=x^2-2xy+\frac{1}{4}y^4+2$

09 $f(x,y)=x^2+y^2+\frac{2}{3xy}$

10 $f(x,y)=x^3+y^3-3x-12y+4$

11 $f(x,y)=e^x+2e^y-\frac{1}{2}x-4y$

12 $f(x,y)=xe^y-3x+y+2$

13 $f(x,y)=x^2+5xy+y^2-6x-\frac{9}{2}y$

14 $f(x,y)=x^2y-4y^2-2x^2+3$

15 $f(x,y)=2x^3-3xy+\frac{1}{4}y^2$

※ 16~18 정의역 D에 주어진 함수 f의 최댓값과 최솟값을 구하라.

16 $f(x,y)=x^2+4y+2y^2$, D는 세 점 $(3,0)$, $(0,3)$, $(0,0)$을 꼭짓점으로 하는 삼각형 영역

17 $f(x,y)=-x^2-y^2+xy+1$, $D=\{(x,y)\mid |x|\le 2, |y|\le 2\}$

18 $f(x,y)=x^2+3y^3-x^2y+1$, $D=\{(x,y)\mid 0\le x\le 3, 0\le y\le 3\}$

19 합이 60이고, 곱이 최대인 세 양수를 구하라.

20 반지름이 $2r$인 구 안에 내접하는 직육면체의 최대 부피를 구하라.

SECTION 10.8 라그랑주 승수

10.7절의 [예제 10-41]에서 $g(x,y,z)=k$ 형태의 제한 조건을 만족하면서 삼변수 함수 $f(x,y,z)$의 최댓값과 최솟값을 구하는 방법을 알아보았다.

이 절에서는 최댓값과 최솟값을 구하는 새로운 방법을 제시한다. 이를 **라그랑주 승수법**(Lagrange multiplier method)이라 한다.

제한 조건이 1개일 때 이변수함수의 라그랑주 승수법

제한 조건 $g(x,y)=k$를 만족하면서(단, $\nabla g \neq \mathbf{0}$) 함수 $f(x,y)$의 최댓값과 최솟값은 다음 순서대로 구한다.

(1) 다음 연립방정식을 만족하는 x, y, λ 값을 모두 구한다.

$$\begin{cases} \nabla f(x,y) = \lambda \nabla g(x,y) \\ g(x,y) = k \end{cases} \Leftrightarrow \begin{cases} f_x = \lambda g_x \\ f_y = \lambda g_y \\ g(x,y) = k \end{cases}$$

(2) (1)에서 얻은 (x,y)를 이용하여 $f(x,y)$ 값을 구한다.

(3) (2)의 함숫값 중에서 가장 큰 값이 $f(x,y)$의 최댓값이고, 가장 작은 값이 $f(x,y)$의 최솟값이다.

∇f는 편도함수를 이용하여 다음과 같이 나타낸다.

$$\nabla f = (f_x, f_y, f_z)$$

이때 λ를 **라그랑주 승수**(Lagrange multiplier)라 한다.

예제를 통해 라그랑주 승수법을 연습해 보자.

예제 10-42 **제한 조건이 1개일 때 이변수함수의 라그랑주 승수법**

$x^2+y^2=25$를 만족하는 x, y에 대하여 함수 $f(x,y)=2x^2-y^2$의 최댓값과 최솟값을 각각 구하라.

풀이

제한 조건이 $g(x,y)=x^2+y^2=25$인 함수 $f(x,y)=2x^2-y^2$에 대하여 $\nabla f(x,y)=(4x,-2y)$, $\nabla g(x,y)=(2x,2y)$이므로 다음 연립방정식을 얻는다.

$$\begin{cases} \nabla f(x,y) = \lambda \nabla g(x,y) \\ g(x,y) = 25 \end{cases} \Leftrightarrow \begin{cases} 4x = 2\lambda x & (10.12) \\ -2y = 2\lambda y & (10.13) \\ x^2+y^2=25 & (10.14) \end{cases}$$

식 (10.12)를 정리하면 $2x(2-\lambda)=0$이므로 $x=0$ 또는 $\lambda=2$이다. $x=0$이면 식 (10.14)에 의해 $y=5$이다. $\lambda=2$이면 식 (10.13)에 의해 $y=0$이므로 $x=5$이다. 즉, (x,y)는 $(0,5)$ 또는 $(5,0)$이다. 이때 함숫값은 각각 다음과 같다.

$$x=0, y=5 \text{ 일 때, } f(0,5)=2\cdot 0^2-5^2=-25$$
$$x=5, y=0 \text{ 일 때, } f(5,0)=2\cdot 5^2-0^2=50$$

따라서 f의 최댓값은 50, f의 최솟값은 -25이다.

[유제 10-29]

$x^2+3y^2=9$를 만족하는 x, y에 대하여 함수 $f(x,y)=4xy^2$의 최댓값과 최솟값을 구하라.

제한 조건이 1개일 때 삼변수함수의 라그랑주 승수법

제한 조건 $g(x,y,z)=k$를 만족하면서(단, $\nabla g \neq \mathbf{0}$) 함수 $f(x,y,z)$의 최댓값과 최솟값은 다음 순서대로 구한다.

(1) 다음 연립방정식을 만족하는 x, y, z, λ 값을 모두 구한다.

$$\begin{cases} \nabla f(x,y,z) = \lambda \nabla g(x,y,z) \\ g(x,y,z) = k \end{cases} \Leftrightarrow \begin{cases} f_x = \lambda g_x \\ f_y = \lambda g_y \\ f_z = \lambda g_z \\ g(x,y,z) = k \end{cases}$$

(2) (1)에서 (x,y,z)를 이용하여 $f(x,y,z)$ 값을 구한다.

(3) (2)의 함숫값 중에서 가장 큰 값이 $f(x,y,z)$의 최댓값이고, 가장 작은 값이 $f(x,y,z)$의 최솟값이다.

예제 10-43 제한 조건이 1개일 때 삼변수함수의 라그랑주 승수법

마분지를 이용하여 뚜껑이 없는 직육면체 상자를 만들려고 한다. 재료를 가장 적게 사용하여 부피가 20m^3인 상자를 만들 때, 상자의 가로, 세로, 높이를 각각 구하라.

풀이

뚜껑이 없는 직육면체 상자의 가로, 세로, 높이를 각각 x, y, z(단, $x,y,z>0$)라 하자. 마분지 사용량 $f(x,y,z)$와 제한 조건은 다음과 같다.

$$f(x,y,z)=xy+2xz+2yz,\quad xyz=20$$

이제 제한 조건이 $g(x,y,z)=xyz-20=0$일 때, 삼변수함수 $f(x,y,z)$가 최솟값인 x, y, z를 구하면 된다. 함수 $f(x,y,z)$에 대하여 $\nabla f(x,y,z)=(y+2z,\ x+2z,\ 2x+2y)$, $\nabla g(x,y,z)=(yz,zx,xy)$이므로 다음 연립방정식을 얻는다.

$$\begin{cases}\nabla f(x,y,z)=\lambda\nabla g(x,y,z)\\ g(x,y,z)=0\end{cases}\quad\Leftrightarrow\quad\begin{cases}y+2z=\lambda yz & (10.15)\\ x+2z=\lambda xz & (10.16)\\ 2x+2y=\lambda xy & (10.17)\\ xyz-20=0 & (10.18)\end{cases}$$

식 (10.15)에서 식 (10.16)을 빼자. $z\neq 0$이므로 다음을 얻는다.

$$(y-x)-\lambda z(y-x)=(y-x)(1-\lambda z)=0\quad\Rightarrow\quad y=x\ \text{ 또는 }\ \lambda=\frac{1}{z}$$

$\lambda=\dfrac{1}{z}$을 식 (10.16)에 대입하면 $z=0$이므로 제외한다. $y=x$를 식 (10.17)에 대입하면 $2x+2x=\lambda x^2$이고, $x\neq 0$이므로 $\lambda=\dfrac{4}{x}$이다. $\lambda=\dfrac{4}{x}$를 식 (10.16)에 대입하면 $x+2z=4z$이므로 $z=\dfrac{x}{2}$이다. $y=x$, $z=\dfrac{x}{2}$를 식 (10.18)에 대입하면 $\dfrac{1}{2}x^3-20=0$을 얻는다. 이 방정식을 풀면 방정식의 해는 다음과 같다.

$$x=\sqrt[3]{40},\ y=\sqrt[3]{40},\ z=\frac{\sqrt[3]{40}}{2}$$

즉, 직육면체의 가로, 세로, 높이가 각각 $\sqrt[3]{40}$, $\sqrt[3]{40}$, $\dfrac{\sqrt[3]{40}}{2}$일 때, 마분지 사용량은 $3\sqrt[3]{40^2}$로 최소다.

예제 10-44 라그랑주 승수법을 이용한 두 점 사이의 거리

구 $x^2+y^2+z^2=25$ 위의 점 중에서 점 $(1,1,1)$에 가장 가까운 점과 가장 먼 점을 라그랑주 승수법으로 구하라.

풀이

점 $(1,1,1)$과 구 $x^2+y^2+z^2=25$ 위의 점 사이의 거리의 제곱을 $f(x,y,z)$라 하면 다음과 같다.

$$f(x,y,z)=(x-1)^2+(y-1)^2+(z-1)^2$$

제한 조건을 $g(x,y,z)=x^2+y^2+z^2$라 두면 $\nabla f(x,y,z)=(2(x-1),\,2(y-1),\,2(z-1))$, $\nabla g(x,y,z)=(2x,2y,2z)$이므로 다음 연립방정식을 얻는다.

$$\begin{cases}\nabla f(x,y,z)=\lambda\nabla g(x,y,z)\\ g(x,y,z)=25\end{cases} \Leftrightarrow \begin{cases}2(x-1)=2\lambda x & (10.19)\\ 2(y-1)=2\lambda y & (10.20)\\ 2(z-1)=2\lambda z & (10.21)\\ x^2+y^2+z^2=25 & (10.22)\end{cases}$$

식 (10.19), (10.20), (10.21)을 λ에 대하여 정리하면 $\lambda=\dfrac{x-1}{x}$, $\lambda=\dfrac{y-1}{y}$, $\lambda=\dfrac{z-1}{z}$이다. 이를 연립하면 $\dfrac{x-1}{x}=\dfrac{y-1}{y}=\dfrac{z-1}{z}$에서 $x=y=z$를 얻는다. 이제 식 (10.22)에 대입하면 $3x^2=25$이므로 $x=\pm\sqrt{\dfrac{25}{3}}$이다. 구 $x^2+y^2+z^2=25$의 점 중에서 점 $(1,1,1)$과 가장 가까운 점 또는 가장 먼 점의 좌표는 다음과 같다.

$$\left(\sqrt{\frac{25}{3}},\sqrt{\frac{25}{3}},\sqrt{\frac{25}{3}}\right),\ \left(-\sqrt{\frac{25}{3}},-\sqrt{\frac{25}{3}},-\sqrt{\frac{25}{3}}\right)$$

이때 가장 가까운 점은 $\left(\sqrt{\dfrac{25}{3}},\sqrt{\dfrac{25}{3}},\sqrt{\dfrac{25}{3}}\right)$이고, 가장 먼 점은 $\left(-\sqrt{\dfrac{25}{3}},-\sqrt{\dfrac{25}{3}},-\sqrt{\dfrac{25}{3}}\right)$이다.

[유제 10-30]

$x^2+2y^2+3z^2=6$을 만족하는 x,y,z에 대하여 함수 $f(x,y,z)=xyz$의 최댓값과 최솟값을 구하라.

이제 제한 조건이 $g(x,y,z)=k$와 $h(x,y,z)=c$로 2개일 때, 함수 $f(x,y,z)$의 최댓값과 최솟값을 구하는 방법을 살펴보자.

제한 조건이 2개일 때 삼변수함수의 라그랑주 승수법

2개의 제한 조건 $g(x,y,z)=k$와 $h(x,y,z)=c$를 만족하면서 함수 $f(x,y,z)$의 최댓값과 최솟값은 다음 순서대로 구한다. (단, ∇f, ∇g, ∇h는 영벡터가 아니며 임의의 두 벡터도 서로 평행이 아니다.)

(1) 다음 연립방정식을 만족하는 x, y, z, λ, μ 값을 모두 찾는다.

$$\begin{cases} \nabla f(x,y,z) = \lambda \nabla g(x,y,z) + \mu \nabla h(x,y,z) \\ g(x,y,z) = k \\ h(x,y,z) = c \end{cases} \Leftrightarrow \begin{cases} f_x = \lambda g_x + \mu h_x \\ f_y = \lambda g_y + \mu h_y \\ f_z = \lambda g_z + \mu h_z \\ g(x,y,z) = k \\ h(x,y,z) = c \end{cases}$$

(2) (1)에서 얻은 (x,y,z)를 이용하여 $f(x,y,z)$ 값을 구한다.

(3) (2)의 함숫값 중에서 가장 큰 값이 $f(x,y,z)$의 최댓값이고, 가장 작은 값이 $f(x,y,z)$의 최솟값이다.

이때 λ와 μ는 모두 라그랑주 승수다.

예제 10-45 **두 곡면의 교선 위의 점에서 함수의 최댓값**

두 곡면 $x^2+z^2=2$, $x-y+z=3$의 교선 위의 점 (x,y,z)에 대하여 함수 $f(x,y,z)=3x+2y+z$의 최댓값을 구하라.

풀이

이 문제는 제한 조건 $g(x,y,z)=x^2+z^2=2$와 $h(x,y,z)=x-y+z=3$을 만족하는 $f(x,y,z)=3x+2y+z$의 최댓값을 구하는 문제다. $\nabla f(x,y,z)=(3,2,1)$, $\nabla g(x,y,z)=(2x,0,2z)$, $\nabla h(x,y,z)=(1,-1,1)$이므로 다음 연립방정식을 얻는다.

$$\begin{cases} \nabla f(x,y,z) = \lambda \nabla g(x,y,z) + \mu \nabla h(x,y,z) \\ g(x,y,z) = 2 \\ h(x,y,z) = 3 \end{cases} \Leftrightarrow \begin{cases} 3 = 2\lambda x + \mu & (10.23) \\ 2 = -\mu & (10.24) \\ 1 = 2\lambda z + \mu & (10.25) \\ x^2+z^2 = 2 & (10.26) \\ x-y+z = 3 & (10.27) \end{cases}$$

식 (10.24)에서 $\mu=-2$이다. 식 (10.23)과 (10.25)를 x, z에 대하여 정리한 식 $x=\dfrac{5}{2\lambda}$, $z=\dfrac{3}{2\lambda}$을 식 (10.26)에 대입하면 다음과 같다.

$$\frac{25}{4\lambda^2}+\frac{9}{4\lambda^2}=2$$

이 방정식을 풀면 $\lambda=\pm\dfrac{\sqrt{17}}{2}$이다. 따라서 x, y, z 값은 다음과 같다.

$$x = \pm\frac{5}{\sqrt{17}},\ y = \pm\frac{8}{\sqrt{17}} - 3,\ z = \pm\frac{3}{\sqrt{17}}$$

이 값을 $f(x, y, z) = 3x + 2y + z$에 대입하면 최댓값 $\frac{34}{\sqrt{17}} - 6$을 얻는다.

[유제 10-31]

$x^2 + y^2 = 4$, $2x - y + z = 4$를 만족하는 x, y, z에 대하여 다음 함수의 최댓값을 구하라.

$$f(x, y, z) = x + y + 2z$$

SECTION

10.8 연습문제

※ 01~07 제한 조건이 주어진 다음 함수 f의 최댓값과 최솟값을 라그랑주 승수법으로 구하라.

01 $f(x,y) = xy;\ 2x^2 + y^2 = 4$

02 $f(x,y) = x^2 - 2y;\ x^2 + y^2 = 9$

03 $f(x,y) = x^3 + 4y^2;\ x^2 + 2y^2 = 1$

04 $f(x,y) = x - 2y - 2;\ x^2 + 2y^2 = 8$

05 $f(x,y,z) = x + 2y - z;\ x^2 + y^2 + z^2 = 4$

06 $f(x,y,z) = x + 3y + 2z;\ x^2 + 3y^2 + z^2 = 4$

07 $f(x,y,z) = xyz;\ x^2 + y^2 + z^2 = 4$

※ 08~12 라그랑주 승수법을 이용하여 다음을 구하라.

08 직선 $y = 3x + 6$에서 점 $(4,2)$에 가장 가까운 점

09 평면 $3x + 4y + 2z = 1$에서 원점에 가장 가까운 점

10 평면 $x + 3y + 2z = 1$에서 점 $(1,-1,1)$에 가장 가까운 점

11 곡면 $3xy - z^2 = 2$에서 원점에 가장 가까운 점

12 원 $x^2 + y^2 = 9$에서 점 $(1,2)$에 가장 가까운 점과 가장 먼 점

13 $x - y + z = 1,\ x^2 + y^2 = 1$의 공통부분에서 함수 $f(x,y,z) = x + y + 3z$의 최댓값과 최솟값을 구하라.

14 $x^2 + y^2 + z^2 = 3,\ x + z = 2$의 공통부분에서 함수 $f(x,y,z) = x + y + z$의 최댓값과 최솟값을 구하라.

15 $x + 2y + 3z = 6,\ x - y + 2z = 4$의 공통부분에서 함수 $f(x,y,z) = 9x^2 + \frac{9}{49}y^2 + z^2$의 최솟값을 구하라.

CHAPTER

11

중적분

Multiple Integral

Contents

○ 중적분을 왜 배워야 하는가?

적분은 측정하고자 하는 대상을 잘게 나누어 더함으로써 길이, 넓이, 부피를 구하는 과정으로 정의한다. 초등 기하학에서 배웠던 넓이와 부피 공식은 중적분을 이용하여 증명할 수 있다. 중적분을 이용하면 어떤 영역의 무게중심이나 어떤 물체의 평균 두께도 구할 수 있다. 12장에서 배우는 선적분은 일변수함수의 적분을 일반화하고, 면적분은 이변수함수의 이중적분을 일반화한 개념이다. 공간에서 물체를 움직일 때 일의 양을 중적분으로 계산할 수 있으며 유체의 흐름과 같은 물리 현상도 면적분으로 이해할 수 있다.

○ 이 장에서 배우는 내용은?

중적분을 이용하여 다변수함수로 표현된 다양한 평면과 공간 영역의 부피나 넓이를 계산하는 방법을 배운다. 중적분은 반복적분을 이용하여 계산하며 피적분함수의 정의역을 적절하게 분류하는 과정이 필요하다. 입체의 밀도함수를 피적분함수로 삼중적분하면 입체의 질량을 구할 수 있다. 일변수함수의 치환에 대응하는 변수변환을 통해 다변수함수의 중적분을 용이하게 만들 수 있다.

- 중적분
  - 직사각형 영역에서 이중적분 — 이중적분의 정의와 부피
  - 반복적분
  - 일반 영역에서 이중적분
    - 대표적인 일반 영역에서 이중적분
    - 이중적분의 성질
    - 이중적분의 평균값
  - 극좌표에서 이중적분
  - 삼중적분
    - 직교좌표에서 삼중적분
    - 삼중적분의 계산
    - 일반 영역에서 삼중적분
    - 삼중적분의 응용 : 무게중심
  - 원기둥좌표와 구면좌표
    - 원기둥좌표계
    - 원기둥좌표에서 삼중적분
    - 구면좌표계
    - 구면좌표에서 삼중적분
  - 변수변환과 중적분
    - 이중적분의 변수변환
    - 삼중적분의 변수변환

SECTION 11.1 직사각형 영역에서 이중적분

5.5절에서 일변수함수의 정적분이 함수의 그래프로 만들어진 영역의 넓이와 관계있음을 살펴보았다. 이 개념을 확장하여 이변수함수와 삼변수함수에 대한 이중적분과 삼중적분을 다룬다. 일반적으로 다변수함수에 대한 적분을 간단히 **중적분**(multiple integral)이라 한다.

이중적분의 정의와 부피

일변수함수에 대한 적분과 유사한 방법으로 다음 직사각형 영역 R에서 정의된 이변수함수 f에 대한 이중적분을 정의하고자 한다.

$$R = [a,b] \times [c,d] = \left\{(x,y) \in \mathbb{R}^2 \mid a \le x \le b,\, c \le y \le d\right\}$$

참고 곱집합(product set)

집합 $A \times B = \{(x,y) \mid x \in A, y \in B\}$는 각 집합의 원소를 각 성분으로 하는 순서쌍 집합이다.

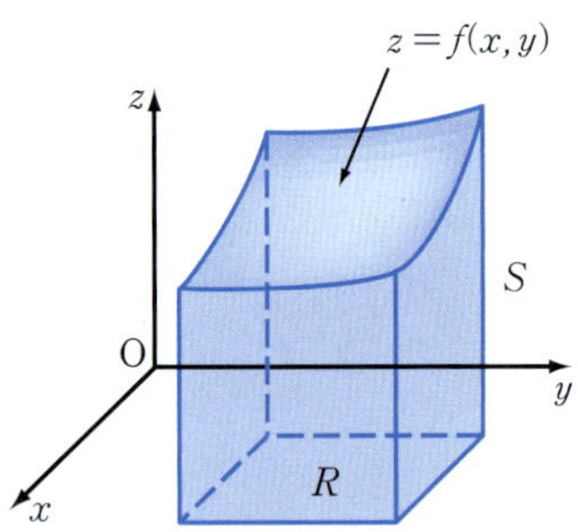

[그림 11-1] 밑면이 R이고 윗면이 곡면 $z=f(x,y)$인 입체 S

[그림 11-1]과 같이 영역 R을 밑면으로 하고 R 위에서 정의된 곡면 $z=f(x,y)$를 윗면으로 하는 기둥 모양의 입체를 S라 하자(단, $f(x,y) \ge 0$). S는 다음과 같은 집합으로 표현될 수 있다.

$$S = \left\{(x,y,z) \in \mathbb{R}^3 \mid 0 \le z \le f(x,y),\, (x,y) \in R\right\}$$

입체 S의 부피는 S의 내부에 직사각기둥을 채워서 그 부피의 합을 구하는 방법으로 근사한다. 우선 영역 R을 격자 형태로 나눈다. 구간 $[a,b]$를 m등분하고 구간 $[c,d]$를 n등분 한 후, 나누어진 부분 구간의 길이를 $\Delta x = \dfrac{b-a}{m}$와 $\Delta y = \dfrac{d-c}{n}$로 놓자.

$$a = x_0 < x_1 < \cdots < x_i < \cdots < x_m = b$$
$$c = y_0 < y_1 < \cdots < y_j < \cdots < y_n = d$$

각 부분직사각형을 $R_{ij}=[x_{i-1},x_i]\times[y_{j-1},y_j]$ $(1\le i\le m,\ 1\le j\le n)$로 표시하고, 넓이는 모두 $\Delta A=\Delta x\Delta y$임을 관찰한다.

각 R_{ij}에서 임의의 점 (x_{ij}^*, y_{ij}^*)를 선택하고, 밑면이 R_{ij}, 높이가 $f(x_{ij}^*, y_{ij}^*)$인 직사각기둥을 생각하자. 그러면 모든 R_{ij}에 대해 직사각기둥을 만든 다음 그 부피를 합한 것이 입체 S의 부피를 근사한다고 볼 수 있다. 입체 S의 부피를 V라 하면 다음이 성립한다.

$$V\approx\sum_{i=1}^{m}\sum_{j=1}^{n}f(x_{ij}^*, y_{ij}^*)\Delta A \tag{11.1}$$

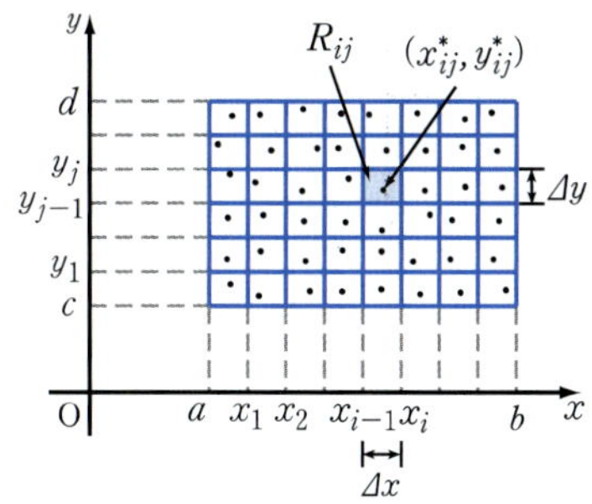

[그림 11-2] 영역 R의 부분직사각형

식 (11.1)의 우변이 이중적분에 대한 **리만합**이다. 직관적으로 m과 n을 한없이 크게 하여 직사각형 영역 R을 더 잘게 나누면 다음 극한이 존재하고 V와 같아짐을 예상할 수 있다.

$$V=\lim_{m,n\to\infty}\sum_{i=1}^{m}\sum_{j=1}^{n}f(x_{ij}^*, y_{ij}^*)\Delta A \tag{11.2}$$

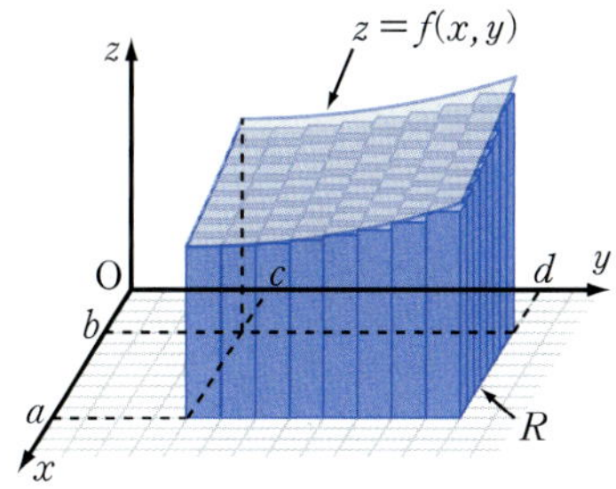

[그림 11-3] 밑면이 R_{ij}인 직각기둥 부피의 합의 근사

f가 양의 함수가 아닌 경우에도 식 (11.2)의 극한을 고려할 수 있다. 이제 다음과 같은 정의를 얻는다.

기원전부터 기하학에서 대상을 잘게 나누어 더하는 방법으로 넓이나 부피를 구했다. 이는 적분의 엄밀한 정의를 만드는 토대가 되었다.

정의 11-1 이중적분

다음 극한이 존재할 때, 직사각형 영역 R에서 정의된 함수 f의 **이중적분**(double integral)을 다음과 같이 정의한다.

$$\iint_R f(x,y)\,dA=\lim_{m,n\to\infty}\sum_{i=1}^{m}\sum_{j=1}^{n}f(x_{ij}^*, y_{ij}^*)\Delta A$$

이때, 함수 f는 영역 R에서 **적분 가능**하다고 한다.

특히 함수 f가 영역 R에서 연속이면 적분 가능하다. 일반적으로 함수 f가 유계이고 f가 불연속인 점의 집합의 넓이가 0이면 적분 가능하다.

정의역에서 유계인 함수가 점 또는 선에서 불연속이면 불연속점인 점의 집합의 넓이는 0이다.

예제 11-1 이중적분

직사각형 영역 $R=[-2,2]\times[-2,2]$를 밑면으로 하고 곡면 $f(x,y)=20-x^2-4y^2$을 윗면으로 하는 기둥 모양의 입체 S가 있다. 영역 R을 넓이가 1인 부분정사각형 4개로 나누고 각 조각에 대해 중심을 선택하여 S의 부피를 근사하라.

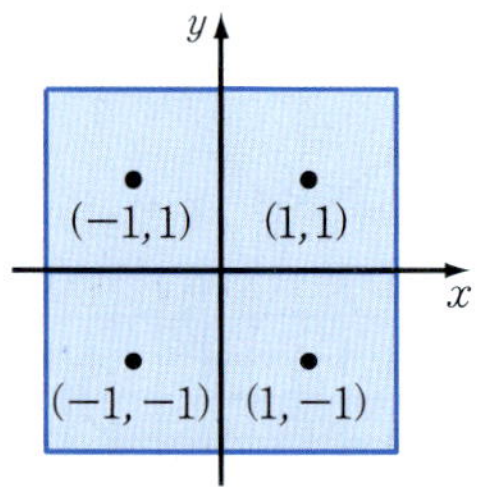

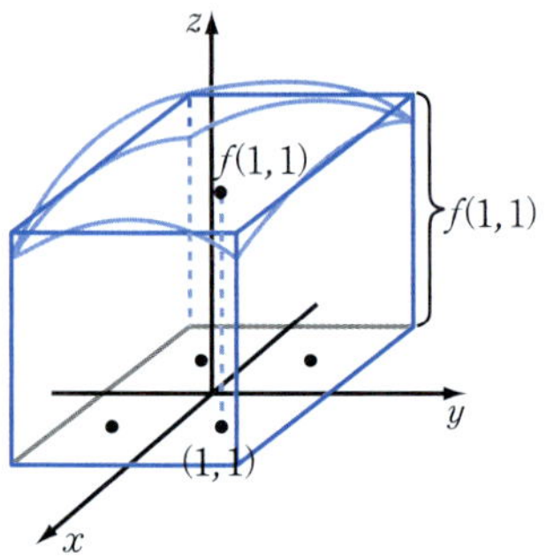

풀이

영역 R을 나눈 정사각형 조각 4개는 넓이가 각각 4이며 중심 좌표는 왼쪽 그림과 같이 $(1,1)$, $(-1,1)$, $(-1,-1)$, $(1,-1)$이다. 곡면 $f(x,y)$를 윗면으로 하는 입체는 왼쪽 그림과 같다. 점 $(1,1)$에서 함숫값은 $f(1,1)=20-1^2-4\cdot 1^2=15$이고 나머지 함숫값도 모두 15다. 따라서 구하고자 하는 S의 부피의 근삿값은 다음과 같다.

$$S=\iint_R f(x,y)dA \approx \{f(1,1)+f(-1,1)+f(-1,-1)+f(1,-1)\}\cdot 4$$
$$=(15+15+15+15)\cdot 4=240$$

[유제 11-1]

직사각형 영역 $R=[-2,2]\times[-4,4]$를 밑면으로 하고 곡면 $f(x,y)=24-x^2-y^2$을 윗면으로 하는 기둥 모양의 입체 S가 있다. 영역 R을 부분정사각형 8개로 나누고 각 조각에 대해 중심을 선택하여 S의 부피를 근사하라.

예제 11-2 이중적분의 기하학적 의미

영역 $R=[0,1]\times[0,2]$에 대한 이중적분 $\iint_R (4-x)\,dA$의 기하학적 의미를 설명하고 그 값을 구하라.

풀이

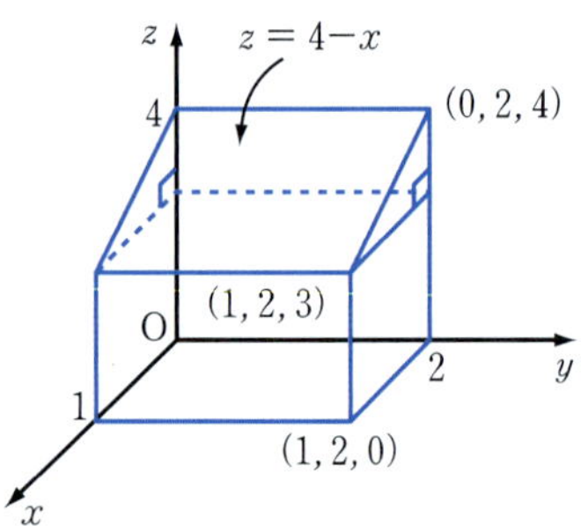

이중적분 $\iint_R (4-x)\,dA$는 밑면이 xy평면에 속하는 직사각형 영역 R이고 윗면은 평면 $z=4-x$이며, 옆면은 네 평면 $x=0$, $x=1$, $y=0$, $y=2$로 둘러싸인 육면체의 부피를 의미한다. 이 육면체를 그리면 왼쪽 그림과 같다. xz평면에 속한 사다리꼴을 밑면으로 하면 이 사각기둥의 높이는 2이므로 구하고자 하는 부피는 $\dfrac{1\times(3+4)}{2}\times 2=7$이다.

[유제 11-2]

영역 $R=[0,2]\times[0,1]$에 대한 이중적분 $\iint_R (4-y)\,dA$의 기하학적 의미를 설명하고 그 값을 구하라.

SECTION 11.1 연습문제

01 직사각형 영역 $R=[-2,2]\times[-2,2]$를 밑면으로 하고 곡면 $f(x,y)=3-x^2y$를 윗면으로 하는 기둥 모양의 입체 S가 있다. 영역 R을 넓이가 1인 부분정사각형 4개로 나누고 각 조각에 대해 중심을 선택하여 S의 부피를 근사하라.

02 평면 $z=xy$를 윗면으로 하고 다음과 같은 직사각형 영역을 밑면으로 하는 기둥 모양의 입체 S가 있다.

$$R=\{(x,y)\mid 0\le x\le 4,\, 0\le y\le 6\}$$

영역 R을 한 변의 길이가 2인 부분정사각형 6개로 나누고 각 조각에 대해 중심을 선택하여 S의 부피를 근사하라.

03 직사각형 영역 $R=[0,\pi]\times[0,\pi]$를 넓이가 같은 부분정사각형 4개로 나누고 각 조각에 대해 중심을 선택하여 이중적분 $\iint_R \cos^2(x+y)\,dA$ 값을 근사하라.

※ **04~07** 다음 이중적분의 기하학적 의미를 설명하고 그 값을 구하라.

04 $\iint_R (5-y)\,dA,\ R=[0,2]\times[0,1]$

05 $\iint_R \sqrt{1-x^2}\,dA,\ R=[-1,1]\times[0,4]$

06 $\iint_R (3-|x|)\,dA,\ R=[-1,1]\times[0,1]$

07 $\iint_R |4-x|\,dA,\ R=[3,5]\times[0,2]$

※ **08~09** 함수 $z=f(x,y)$에 의해 정의된 입체 S를 높이에 따라 xy평면에 수평으로 자른 단면인 등위곡선이 다음과 같다고 하자. 영역 $R=[0,3]\times[0,3]$을 분할한 정사각형 9개에서 각 중점의 함숫값을 평균 높이로 하는 입체의 부피를 구하여 입체 S의 부피를 근사하라.

08

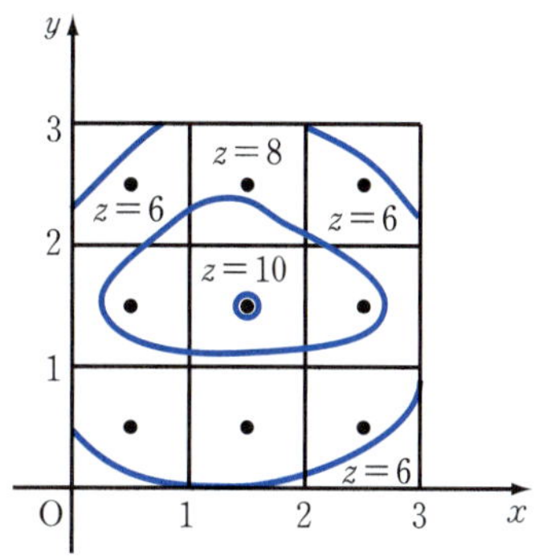

09

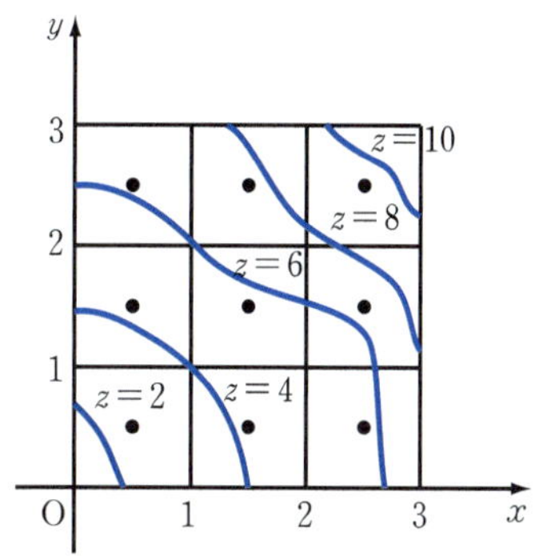

SECTION 11.2 반복적분

이중적분 정의를 이용한 계산 방법은 다소 복잡하기 때문에 다음에 소개할 반복적분을 이용하여 값을 구한다.

반복적분

함수 $z=f(x,y)$를 영역 $R=[a,b]\times[c,d]$에서 정의된 이변수함수라 하자. 적분 $\int_c^d f(x,y)dy$는 x를 상수로 간주하여, 변수 y에 대한 구간 $[c,d]$에서 계산하는 적분을 의미한다. 적분 $\int_c^d f(x,y)dy$의 계산 결과는 변수 x를 포함하므로 다음과 같이 x에 관한 함수로 표현한다.

$$A(x)=\int_c^d f(x,y)dy$$

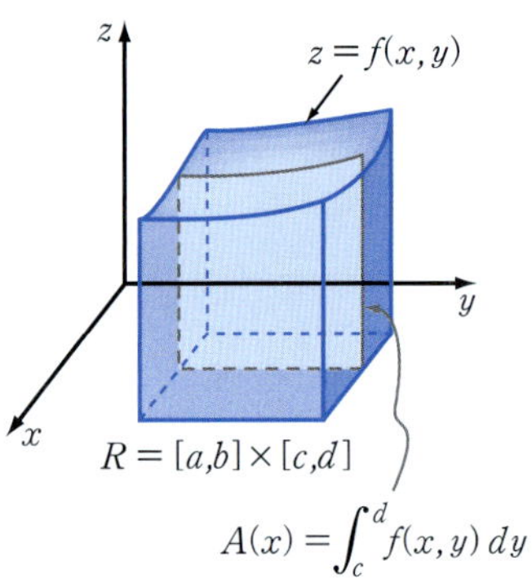

[그림 11-4] 함수 $A(x)$의 기하학적 의미

$A(x)$는 [그림 11-4]에서처럼 영역 R에서 곡면 $z=f(x,y)$에 의해 생성된 입체의 단면 넓이에 관한 함수다.

이제 함수 A를 변수 x에 대한 구간 $[a,b]$에서 적분하면 다음 적분값을 구할 수 있다.

$$\int_a^b A(x)\,dx=\int_a^b\left\{\int_c^d f(x,y)\,dy\right\}dx \tag{11.3}$$

식 (11.3)에서 우변에 있는 적분을 **반복적분**(iterated integral)이라 한다. 유사한 방식으로 적분변수 x와 y의 순서를 바꾼 반복적분을 다음과 같이 고려할 수 있다. 보통 안쪽 적분의 중괄호는 생략한다.

$$\int_c^d\left\{\int_a^b f(x,y)\,dx\right\}dy=\int_c^d\int_a^b f(x,y)\,dxdy$$

예제 11-3 반복적분 계산

다음 반복적분을 계산하라.

(a) $\displaystyle\int_0^5\int_1^2(x+2y+xy^4)dydx$ (b) $\displaystyle\int_1^2\int_0^5(x+2y+xy^4)dxdy$

풀이

(a) $$\int_1^2(x+2y+xy^4)dy=\left[xy+y^2+\frac{xy^5}{5}\right]_{y=1}^{y=2}$$

$$=\left(2x+2^2+\frac{x\cdot 2^5}{5}\right)-\left(x+1^2+\frac{x\cdot 1^5}{5}\right)=\frac{36}{5}x+3$$

그리고 x에 대하여 바깥 적분을 계산하면 다음과 같다.

$$\int_0^5\int_1^2(x+2y+xy^4)dydx=\int_0^5\left(\frac{36}{5}x+3\right)dx=\left[\frac{18}{5}x^2+3x\right]_0^5=105$$

(b) x를 변수로 생각하여 안쪽 적분을 먼저 계산한 뒤, y를 변수로 생각하여 바깥 적분을 계산하면 다음과 같다.

$$\int_1^2\int_0^5(x+2y+xy^4)\,dxdy=\int_1^2\left[\frac{1}{2}x^2+2xy+\frac{1}{2}x^2y^4\right]_{x=0}^{x=5}dy$$

$$=\int_1^2\left(\frac{25}{2}+10y+\frac{25}{2}y^4\right)dy$$

$$=\left[\frac{25}{2}y+5y^2+\frac{5}{2}y^5\right]_1^2=105$$

[유제 11-3]

다음 반복적분을 계산하라.

(a) $\displaystyle\int_0^1\int_{-1}^1(xy+y^2)dydx$ (b) $\displaystyle\int_{-1}^1\int_0^1(xy+y^2)dxdy$

때로는 이중적분 값이 존재하지 않을 수 있음에 주의하자. 예를 들어 함수가 직사각형 영역의 어떤 부분에서 정의되지 않고 발산하면 이중적분 값은 존재하지 않는다. 함수의 형태에 따라 이중적분 값이 영향을 받는다는 것을 예상할 수 있다. 특히 함수가 직사각형 영역에서 연속이면 항상 적분 가능하다는 사실이 알려져 있다. 이를 **푸비니 정리**라 한다.

정리 11-1 푸비니 정리(Fubuni's theorem)

함수 $z=f(x,y)$가 영역 $R=[a,b]\times[c,d]$에서 연속이면 다음이 성립한다.

$$\iint_R f\,dA=\int_a^b\int_c^d f(x,y)\,dydx=\int_c^d\int_a^b f(x,y)\,dxdy$$

[정리 11-1]은 이중적분을 쉽게 계산하는 데 이용하며, 증명은 생략한다. 일반적으로 함수 f가 유계이고 f가 불연속인 점의 집합의 넓이가 0이면 푸비니 정리가 성립한다.

[예제 11-3]에서 함수 $f(x,y)=x+2y+xy^4$은 영역 $R=[0,5]\times[1,2]$에서 연속이므로 푸비니 정리가 성립하고, 실제 두 반복적분의 계산 값이 같음을 확인할 수 있다.

예제 11-4 푸비니 정리를 이용한 이중적분 계산

다음 평면들로 둘러싸인 입체의 부피를 구하라.

$$x=0,\ x=2,\ y=1,\ y=3,\ z=0,\ 2x+y+z=10$$

풀이

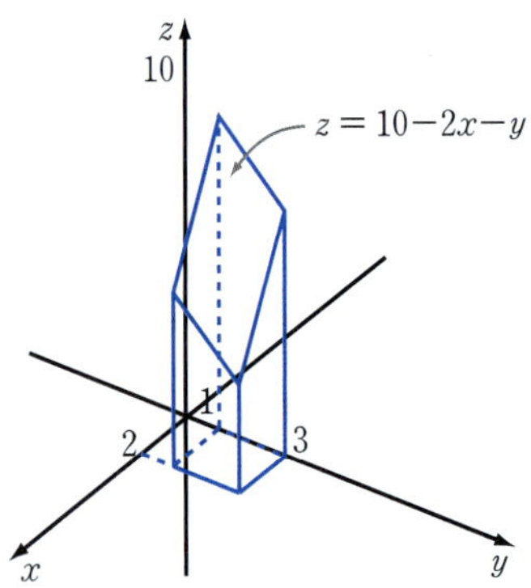

주어진 평면들로 둘러싸인 입체는 왼쪽 그림과 같이 xy평면에 속하는 직사각형 영역 $R=[0,2]\times[1,3]$을 밑면으로 하고 평면 $z=10-2x-y$를 윗면으로 하는 입체다.

따라서 구하고자 하는 입체의 부피는 다음과 같이 이중적분으로 계산한다.

$$\iint_R(10-2x-y)dA=\int_1^3\int_0^2(10-2x-y)dxdy=\int_1^3\left[10x-x^2-xy\right]_{x=0}^{x=2}dy$$

$$=\int_1^3(16-2y)dy=\left[16y-y^2\right]_1^3=24$$

[유제 11-4]

평면 $x=0,\ x=2,\ y=0,\ y=3,\ z=0,\ x+y+z=6$으로 둘러싸인 입체의 부피를 구하라.

함수 $z=f(x,y)$가 $f(x,y)=g(x)h(y)$와 같이 각 인수가 한 변수에 대한 식으로 인수분해되면 적분을 간단히 계산할 수 있다.

정리 11-2 한 변수에 대한 식의 곱으로 인수분해되는 함수의 이중적분

영역 $R=[a,b]\times[c,d]$에서 함수 $f(x,y)=g(x)h(y)$ 형태인 함수 $z=f(x,y)$에 대하여 다음이 성립한다.

$$\iint_R f(x,y)dA=\int_a^b g(x)dx\int_c^d h(y)dy$$

[정리 11-2]는 직사각형 영역이 아닌 영역에서는 사용할 수 없다.

예제 11-5 한 변수에 대한 식의 곱으로 인수분해되는 함수의 이중적분

영역 $R=[0,1]\times[-1,1]$에서 이중적분 $\iint_R (xy+x+2y+2)dA$를 계산하라.

풀이

피적분함수를 인수분해하면 $xy+x+2y+2=(x+2)(y+1)$이므로 [정리 11-2]를 이용하면 이중적분을 다음과 같이 간단히 계산할 수 있다.

$$\begin{aligned}\iint_R (xy+x+2y+2)dA&=\iint_R (x+2)(y+1)dA\\&=\int_0^1 (x+2)dx\int_{-1}^1 (y+1)dy=\frac{5}{2}\times 2=5\end{aligned}$$

[유제 11-5]

영역 $R=[0,1]\times[-1,1]$에서 이중적분 $\iint_R (xy+x-y-1)dA$를 계산하라.

SECTION

11.2 연습문제

※ 01~06 다음 반복적분을 계산하라.

01 $\int_0^1 \int_{-1}^3 (x^3+y^2)dydx$

02 $\int_{-\frac{\pi}{2}}^{\frac{\pi}{2}} \int_1^2 y\cos x\,dydx$

03 $\int_0^{\pi} \int_0^1 e^x \sin y\,dxdy$

04 $\int_1^e \int_0^e \frac{1}{(x+y)^2}dxdy$

05 $\int_0^2 \int_0^5 |3-x|\,dxdy$

06 $\int_0^1 \int_0^{\sqrt{y}} \frac{1}{\sqrt{x^2+y}}dxdy$

※ 07~09 다음 영역 R에서 이중적분을 계산하라.

07 $\iint_R \frac{1+y^2}{1+x^2}dA,\ R=[0,1]\times[0,1]$

08 $\iint_R \frac{y}{1+xy}dA,\ R=[0,1]\times[0,2]$

09 $\iint_R e^x\sqrt{e^x+y}\,dA,\ R=[0,1]\times[0,1]$

10 영역 $R=[1,2]\times[0,\pi]$에서 이중적분 $\iint_R x\cos(xy)dA$를 구하라.

11 직사각형 영역 $R=[-2,2]\times[-2,2]$를 밑면으로 하고 곡면 $f(x,y)=2-xy^2$을 윗면으로 하는 기둥 모양의 입체 S의 부피를 반복적분으로 구하라.

12 직사각형 영역 $R=[-1,1]\times[-2,2]$를 밑면으로 하고 타원포물면 $z=1-\frac{x^2}{4}-\frac{y^2}{16}$을 윗면으로 하는 기둥 모양의 입체 S의 부피를 구하라.

13 직사각형 영역 $R=\{(x,y)\,|\,0\le x\le 4, 0\le y\le 6\}$을 밑면으로 하고 평면 $z=xy+1$을 윗면으로 하는 입체 S의 부피를 반복적분으로 구하라.

14 영역 $R=[-2,2]\times[0,1]$에 대하여 이중적분 $\iint_R \frac{2xy}{1+x^4}dA$를 그래프의 대칭성을 이용하여 구하라.

15 영역 $R=[-2,2]\times[0,1]$에 대해 [정리 11-2]를 이용하여 다음 이중적분을 계산하라.

$$\iint_R (x^2y+x^2+y+1)dA$$

16 함수 $f(x,y)=\int_0^y \int_0^x e^t \ln(s+1)dsdt$를 간단히 표현하고, $f_{xy}=f_{yx}$가 성립함을 증명하라.

SECTION 11.3 일반 영역에서 이중적분

이 절에서는 직사각형 영역에서의 이중적분을 이용하여 일반 영역에서 함수의 이중적분을 계산하는 방법을 배운다.

대표적인 일반 영역에서 이중적분

우선 D를 유계이며 닫힌(경계점을 모두 포함한) 영역이라 하자. 여기서 유계 영역은 크기가 유한한 어떤 직사각형 영역 R로 둘러싸인 평면 위의 연결된 집합을 뜻한다. 일반적인 형태의 유계 영역 D에서 정의된 연속함수 f를 생각하자. 다음과 같이 D를 포함하는 정사각형 영역 R을 정의역으로 하는 확장함수 F를 정의할 수 있다.

$$F(x,y)=\begin{cases} f(x,y) & ((x,y)\in D) \\ 0 & ((x,y)\in R-D) \end{cases} \tag{11.4}$$

두 함수 f와 F의 그래프를 비교하면 [그림 11-5]와 같다.

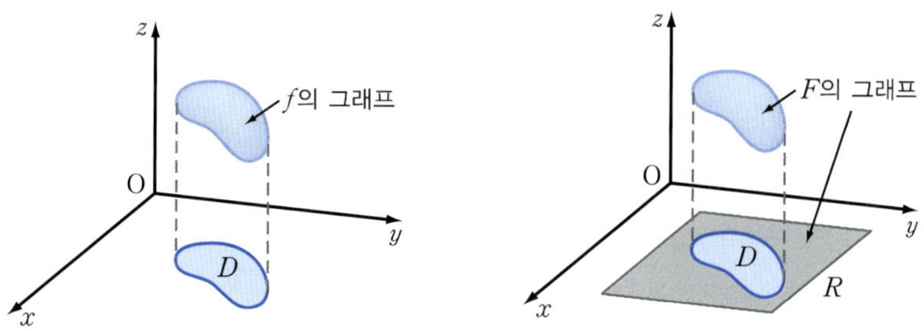

[그림 11-5] 영역 D에서 정의된 함수 f와 영역 R에서 정의된 함수 F의 그래프

영역 D에서 정의된 연속함수 f의 이중적분을 $\iint_D f(x,y)\,dA$로 나타낸다. 이는 11.1절에서 설명했듯이 밑면이 D이고 윗면이 D에서 정의된 곡면 $z=f(x,y)$인 기둥 모양 입체의 부피를 의미한다. 함수 F는 영역 D의 경계에서 불연속이지만 D의 경계는 곡선이므로 넓이가 0이다. 따라서 영역 R에서 정의한 함수 F의 이중적분 $\iint_R F(x,y)\,dA$가 존재한다. 기하학적인 관점으로 영역 D에서 함수 f의 이중적분을 다음과 같이 정의할 수 있다.

$$\iint_D f(x,y)\,dA=\iint_R F(x,y)\,dA$$

일반 영역에서 주어진 이중적분을 실제로 계산할 수 있는 반복적분으로 표현하자. 영역의 형태에 따라 반복적분의 순서가 달라지므로 기본 영역을 구분할 필요가 있다. 이제 영역을 2가지로 나누어 보자.

■ 유형 1 영역 : y에 대한 적분부터 계산

다음과 같은 집합으로 표현할 수 있는 영역 D를 **유형 1**이라 한다.

$$D = \{(x,y) \mid a \le x \le b,\, g_1(x) \le y \le g_2(x)\}$$

여기서 $g_1(x)$와 $g_2(x)$는 구간 $a \le x \le b$에서 연속인 함수다. 영역 D의 아래 부분은 곡선 $y = g_1(x)$로, 윗부분은 곡선 $y = g_2(x)$로, 왼쪽 부분은 직선 $x = a$로, 오른쪽 부분은 직선 $x = b$로 둘러싸여 있다. $a \le x \le b$일 때 곡선 $y = g_1(x)$ 위에 있는 임의의 점에서 곡선 $y = g_2(x)$까지 수직선을 그을 때 모든 수직선 위의 점은 D의 내부에 있다. [그림 11-6]은 유형 1 영역의 전형적인 예다.

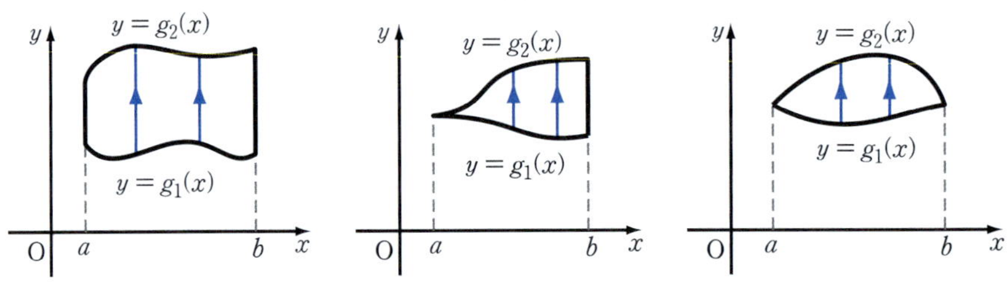

[그림 11-6] **유형 1 영역**

이제 유형 1 영역 D에서 함수 f의 이중적분을 계산하자. 영역 D를 둘러싸는 직사각형 영역 $R = [a,b] \times [c,d]$를 선택하고 식 (11.4)의 확장함수 F를 이용한다. 함수 F는 D의 경계(경계의 넓이는 0)에서만 불연속이므로 [정리 11-1]인 푸비니 정리에 의해 다음과 같이 적분을 고쳐 쓸 수 있다.

$$\iint_D f(x,y)\,dA = \iint_R F(x,y)\,dA = \int_a^b \int_c^d F(x,y)\,dydx \qquad (11.5)$$

여기서 $y < g_1(x)$ 또는 $y > g_2(x)$이면 $F(x,y) = 0$이고, $g_1(x) \le y \le g_2(x)$이면 $F(x,y) = f(x,y)$임을 상기하자. 식 (11.5)에서 마지막 반복적분의 안쪽 적분은 다음과 같아진다.

$$\int_c^d F(x,y)\,dy = \int_{g_1(x)}^{g_2(x)} F(x,y)\,dy = \int_{g_1(x)}^{g_2(x)} f(x,y)\,dy$$

이를 정리하면 다음과 같다.

정리 11-3 유형 1 영역에서 정의된 함수의 이중적분

영역 $D=\{(x,y)\mid a\le x\le b, g_1(x)\le y\le g_2(x)\}$에서 정의된 함수 $f(x,y)$의 이중적분은 다음과 같은 반복적분으로 계산할 수 있다.

$$\iint_D f(x,y)dA=\int_a^b\int_{g_1(x)}^{g_2(x)} f(x,y)dydx$$

예제 11-6 유형 1 영역에서 이중적분

오른쪽 그림의 색칠된 부분을 영역 D라 할 때, 이중적분 $\iint_D (2x+4y)dA$ 값을 구하라.

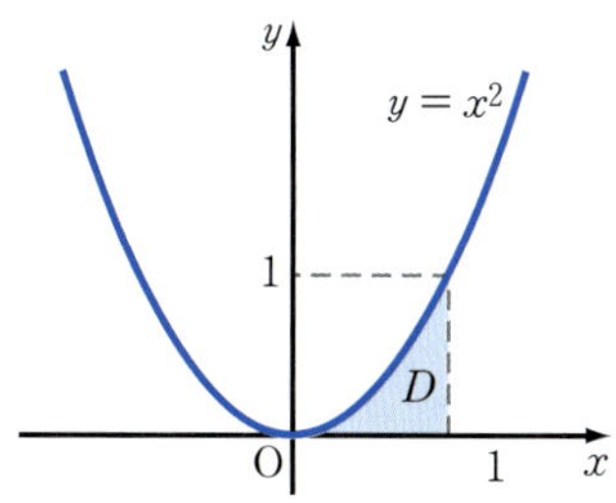

풀이

주어진 영역 D는 유형 1이며 $D=\{(x,y)\mid 0\le x\le 1, 0\le y\le x^2\}$으로 표현할 수 있다. 따라서 구하고자 하는 이중적분 값은 다음과 같다.

$$\iint_D (2x+4y)dA=\int_0^1\int_0^{x^2}(2x+4y)dydx=\int_0^1\left[2yx+2y^2\right]_{y=0}^{y=x^2}dx$$

$$=\int_0^1(2x^3+2x^4)dx=\left[\frac{1}{2}x^4+\frac{2}{5}x^5\right]_0^1=\frac{9}{10}$$

[유제 11-6]

오른쪽 그림의 색칠된 부분을 영역 D라 할 때, 이중적분 $\iint_D (2xy+3y^2)dA$의 값을 구하라.

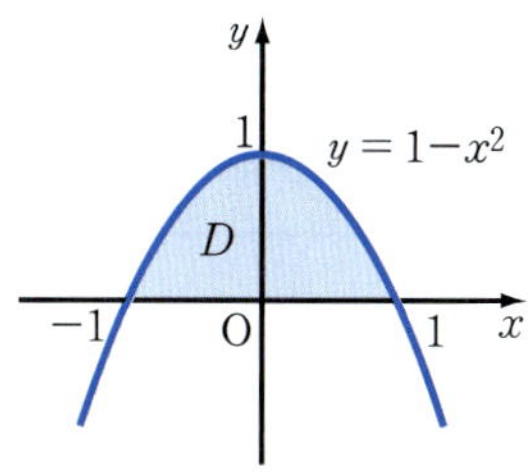

■ 유형 2 영역 : x에 대한 적분부터 계산

다음과 같은 집합으로 표현할 수 있는 영역 D를 **유형 2**라 정의한다.

$$D=\{(x,y)\mid c\le y\le d, h_1(y)\le x\le h_2(y)\}$$

여기서 $h_1(y)$와 $h_2(y)$는 구간 $c\le y\le d$에서 연속인 함수다. $c\le y\le d$일 때 곡선 $x=h_1(y)$ 위에 있는 임의의 점에서 곡선 $x=h_2(y)$까지 수평선을 그을 때 수평선 위의 모든 점은 D의 내부에 있다. [그림 11-7]은 유형 2 영역의 전형적인 예다.

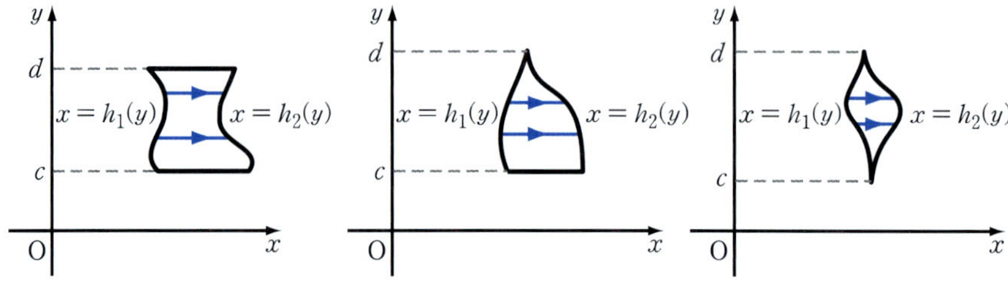

[그림 11-7] 유형 2 영역

[정리 11-3]과 비슷하게 유형 2 영역에서도 이중적분을 반복적분으로 계산할 수 있다.

정리 11-4 유형 2 영역에서 정의된 함수의 이중적분

영역 $D = \{(x,y) \mid c \le y \le d, h_1(y) \le x \le h_2(y)\}$에서 정의된 함수 $f(x,y)$의 이중적분은 다음과 같은 반복적분으로 계산할 수 있다.

$$\iint_D f(x,y)dA = \int_c^d \int_{h_1(y)}^{h_2(y)} f(x,y)dxdy$$

예제 11-7 일반 영역에서 이중적분

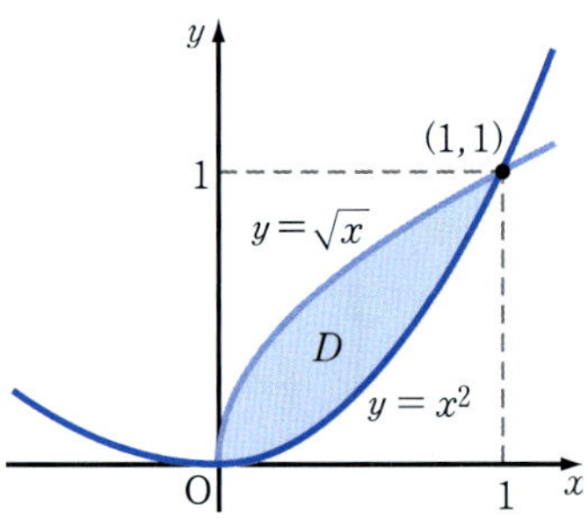

왼쪽 그림과 같이 두 곡선 $y = x^2$과 $y = \sqrt{x}$로 둘러싸인 영역 D를 생각하자. 영역 D의 유형을 2가지로 나누어 이중적분 $\iint_D (x^2+y)\,dA$를 각각 구하라.

풀이 1

유형 1 영역 $D = \{(x,y) \mid 0 \le x \le 1, x^2 \le y \le \sqrt{x}\}$에 대하여 구하고자 하는 이중적분은 다음과 같다.

$$\iint_D (x^2+y)dA = \int_0^1 \int_{x^2}^{\sqrt{x}} (x^2+y)dydx = \int_0^1 \left[x^2y + \frac{1}{2}y^2\right]_{y=x^2}^{y=\sqrt{x}} dx$$

$$= \int_0^1 \left\{\left(x^{\frac{5}{2}} + \frac{1}{2}x\right) - \left(x^4 + \frac{1}{2}x^4\right)\right\}dx$$

$$= \left[\frac{2}{7}x^{\frac{7}{2}} + \frac{1}{4}x^2 - \frac{3}{10}x^5\right]_0^1 = \frac{33}{140}$$

풀이 2

유형 2 영역 $D = \{(x,y) \mid 0 \le y \le 1, y^2 \le x \le \sqrt{y}\}$에 대하여 구하고자 하는 이중적분은 다음과 같다.

$$\iint_D (x^2+y)dA = \int_0^1\int_{y^2}^{\sqrt{y}} (x^2+y)dxdy = \int_0^1 \left[\frac{1}{3}x^3+xy\right]_{x=y^2}^{x=\sqrt{y}} dy$$
$$= \int_0^1 \left\{\left(\frac{1}{3}y^{\frac{3}{2}}+y^{\frac{3}{2}}\right)-\left(\frac{1}{3}y^6+y^3\right)\right\}dy$$
$$= \left[\frac{8}{15}y^{\frac{5}{2}}-\frac{1}{21}y^7-\frac{1}{4}y^4\right]_0^1 = \frac{33}{140}$$

지금까지 우리는 이중적분을 영역의 유형에 따라 적절한 반복적분을 선택하여 계산했다. 특히 어떤 영역은 유형 1과 유형 2 모두에 해당하여 2가지 반복적분으로 계산할 수 있다. 하지만 모든 반복적분의 계산이 쉬운 것은 아니다. 다음 예제처럼 상황에 따라 적절한 반복적분을 선택하는 연습이 필요하다.

예제 11-8 계산이 쉬운 반복적분

두 곡선 $y=x-1$과 $y^2=x+1$로 둘러싸인 영역 D에서 이중적분 $\iint_D 2xy\,dA$를 계산하라.

풀이

영역 D를 유형 1로 생각하면 x축을 기준으로 곡선 $y^2=x+1$을 아래 부분과 윗부분으로 나누어야 한다. 그러면 적분의 위끝과 아래끝에 대한 영역 표현에서 제곱근이 나타나므로 적분 계산이 어려워진다. 또한 x축 아래의 교점을 기준으로 영역을 2개로 나누어야 한다. 따라서 영역 D는 유형 2로 생각해야 유리하다.

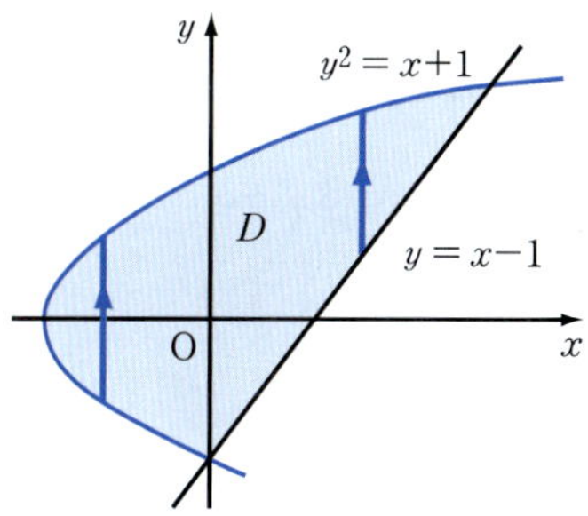

유형 1 영역

영역 D를 유형 2로 표현하려면 두 곡선의 교점을 구해야 한다. 연립방정식 $\begin{cases} y^2=x+1 \\ y=x-1 \end{cases}$을 풀면 두 곡선의 교점은 $(0,-1)$과 $(3,2)$이다. 따라서 영역 D를 다음과 같이 나타낼 수 있다.

$$D=\{(x,y)\,|\,-1\le y\le 2,\, y^2-1\le x\le y+1\}$$

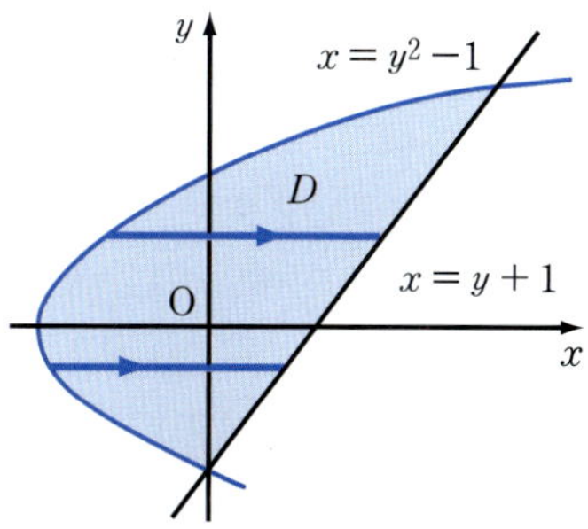

유형 2 영역

그리고 이중적분은 다음과 같이 계산한다.

$$\iint_D 2xy\,dA = \int_{-1}^2\int_{y^2-1}^{y+1} 2xy\,dxdy = \int_{-1}^2 \left[x^2y\right]_{x=y^2-1}^{x=y+1}dy$$
$$= \int_{-1}^2 \{(y+1)^2y-(y^2-1)^2y\}dy = \int_{-1}^2 (-y^5+3y^3+2y^2)dy$$
$$= \left[-\frac{1}{6}y^6+\frac{3}{4}y^4+\frac{2}{3}y^3\right]_{-1}^2 = \frac{20}{3}-\left(-\frac{1}{12}\right) = \frac{27}{4}$$

[유제 11-7]

두 곡선 $y=x$와 $y^2=2-x$로 둘러싸인 영역을 D라 하자. 이중적분 $\iint_D (2x+3y^2)\,dA$를 계산하라.

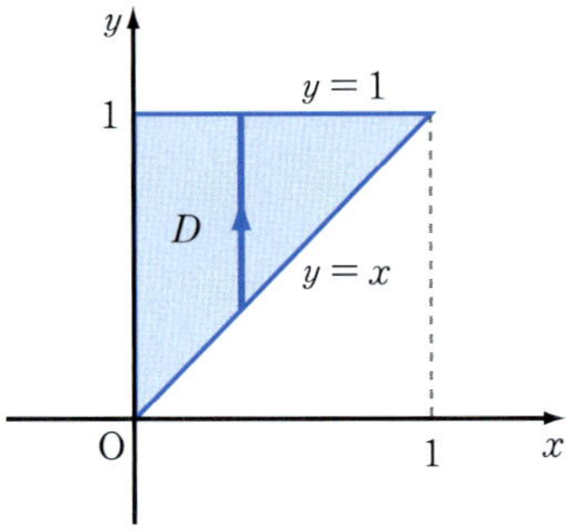

유형 1 영역

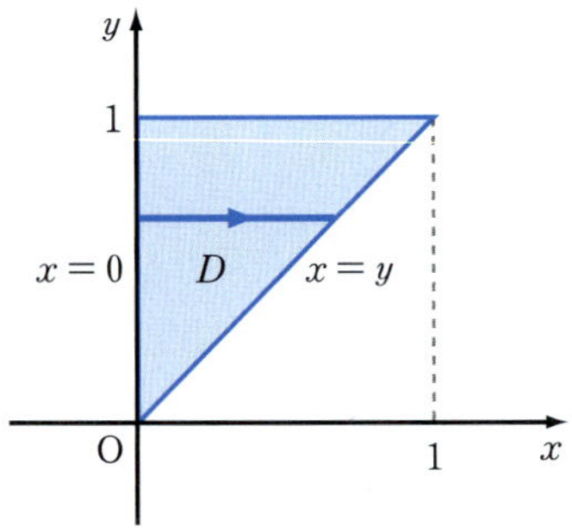

유형 2 영역

예제 11-9 반복적분의 순서 변경

반복적분 $\int_0^1\int_x^1 2e^{y^2}\,dydx$를 계산하라.

풀이

주어진 반복적분은 유형 1 영역 $D=\{(x,y)|0\le x\le 1, x\le y\le 1\}$에 대한 표현식이다. 함수 $2e^{y^2}$을 y에 대하여 적분할 수 없으므로 이 영역을 유형 2로 바꾸어 생각해 보자.

유형 2로 나타낸 영역은 $D=\{(x,y)\,|\,0\le y\le 1, 0\le x\le y\}$이며 함수 $2e^{y^2}$은 x에 대하여 상수함수이므로 적분하기 쉽다. 이제 반복적분을 계산하면 다음과 같다.

$$\int_0^1\int_x^1 2e^{y^2}\,dydx=\int_0^1\int_0^y 2e^{y^2}\,dxdy=\int_0^1\left[2xe^{y^2}\right]_{x=0}^{x=y}dx$$

$$=\int_0^1 2ye^{y^2}\,dx=\left[e^{y^2}\right]_0^1=e-1$$

[유제 11-8]

반복적분 $\int_0^1\int_x^1 \sin(\pi y^2)\,dydx$를 계산하라.

이중적분의 성질

이중적분에 대한 다양한 성질을 살펴보자. 평면 위의 영역에 대하여 넓이를 이중적분으로 정의할 수 있다.

정의 11-2 넓이와 이중적분

영역 D의 넓이 $A(D)$를 이중적분 $\iint_D dA=\iint_D 1\,dA=A(D)$라 정의한다.

이중적분의 합과 실수배에 대하여 다음이 성립한다.

정리 11-5 이중적분의 합과 실수배에 대한 성질

영역 D에서 함수 $f(x,y)$와 $g(x,y)$가 연속이면 다음이 성립한다.

(1) $\iint_D \{f(x,y) \pm g(x,y)\}\, dA = \iint_D f(x,y)\, dA \pm \iint_D g(x,y)\, dA$

(2) $\iint_D cf(x,y)\, dA = c\iint_D f(x,y)\, dA$ (단, $c \in \mathbb{R}$)

(1)은 복부호동순이다.

영역 D가 두 영역 D_1과 D_2로 분할되면 다음이 성립한다.

정리 11-6 영역이 분할되는 경우의 이중적분

영역 D에서 함수 $f(x,y)$가 연속이고 $D = D_1 \cup D_2$이고 $D_1 \cap D_2 = \varnothing$ 이면 다음이 성립한다.

$$\iint_D f(x,y)\, dA = \iint_{D_1} f(x,y)\, dA + \iint_{D_2} f(x,y)\, dA$$

피적분함수의 대소 관계를 이용하면 이중적분의 대소 관계도 알 수 있다.

정리 11-7 이중적분의 대소 관계

영역 D에서 연속인 두 함수 $f(x,y)$, $g(x,y)$를 생각하자. 모든 $(x,y) \in D$에 대하여 다음이 성립한다.

(1) $f(x,y) \le g(x,y)$이면, $\iint_D f(x,y)\, dA \le \iint_D g(x,y)\, dA$이다.

(2) $m \le f(x,y) \le M$이면, $m \cdot A(D) \le \iint_D f(x,y)\, dA \le M \cdot A(D)$이다.

이중적분을 직접 계산하기 어려우면 [정리 11-7]의 (2)를 이용하여 적분값을 포함하는 구간을 구할 수 있다.

피적분함수의 원시함수를 찾기 어렵다면 중적분을 정확히 구하기 어려우므로 컴퓨터를 이용한 수치적분으로 근삿값을 구할 수도 있다.

예제 11-10 이중적분의 근삿값

영역 $D=[0,1]\times[0,2]$에서 이중적분 $\iint_D \frac{1}{x^2+y^2+1}\,dA$ 값을 포함하는 구간을 구하라.

풀이

영역 D에서 $1\le x^2+y^2+1\le 6$이 성립하므로 $\frac{1}{6}\le\frac{1}{x^2+y^2+1}\le 1$임을 관찰한다. 영역 D의 넓이는 2이고 [정리 11-7]의 (2)에 의해 다음이 성립한다.

$$\frac{1}{3}\le\iint_D \frac{1}{x^2+y^2+1}\,dA\le 2$$

[유제 11-9]

영역 $D=[0,1]\times[0,1]$에서 이중적분 $\iint_D \ln(x^2+y^2+2)\,dA$ 값을 포함하는 구간을 구하라.

유형 1도 아니며 유형 2도 아닌 영역이 주어지면 이 영역을 적당히 분할하여 각 부분영역이 유형 1 또는 유형 2가 되도록 만든다. 그리고 [정리 11-6]을 이용하여 각 부분영역에 대한 반복적분을 이용하면 된다.

예제 11-11 영역이 분할되는 경우의 이중적분

네 직선 $x=0$, $y=0$, $y=1-x$, $y=2-x$로 둘러싸인 영역 D에서 이중적분 $\iint_D 2x\,dA$를 계산하라.

풀이

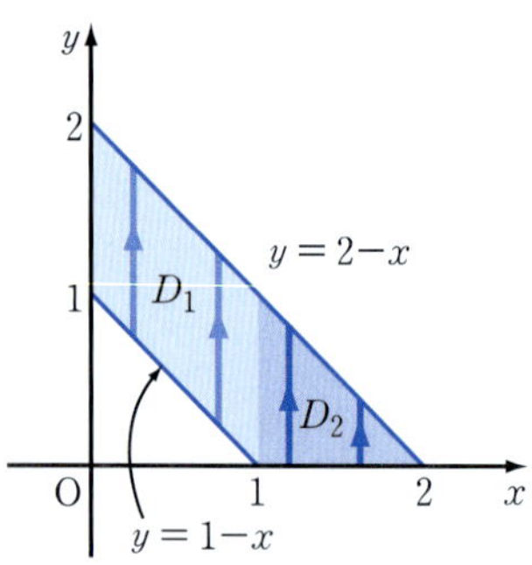

영역 D는 유형 1과 유형 2 모두에 해당되지 않는다. 왼쪽 그림과 같이 영역 D를 직선 $x=1$로 분할하여 D_1과 D_2의 합집합으로 생각하자.

D_1과 D_2는 각각 유형 1 영역이며 다음과 같이 표현할 수 있다.

$$D_1=\{(x,y)\,|\,0\le x\le 1,\,1-x\le y\le 2-x\}$$
$$D_2=\{(x,y)\,|\,1\le x\le 2,\,0\le y\le 2-x\}$$

따라서 이중적분은 다음과 같이 계산한다.

$$\iint_D 2x\,dA=\iint_{D_1} 2x\,dA+\iint_{D_2} 2x\,dA=\int_0^1\int_{1-x}^{2-x} 2x\,dydx+\int_1^2\int_0^{2-x} 2x\,dydx$$
$$=\int_0^1 [2xy]_{y=1-x}^{y=2-x}\,dx+\int_1^2 [2xy]_{y=0}^{y=2-x}\,dx$$

$$= \int_0^1 2x\,dx + \int_1^2 \{2x(2-x)\}\,dx$$

$$= [x^2]_0^1 + \left[2x^2 - \frac{2}{3}x^3\right]_1^2 = \frac{7}{3}$$

[유제 11-10]

세 점 $(-1,-1)$, $(0,2)$, $(2,0)$을 꼭짓점으로 하는 삼각형 영역 D에 대하여 이중적분 $\iint_D 6y\,dA$를 계산하라.

예제 11-12 영역이 분할되는 경우의 이중적분

두 직선 $x=1$, $y=-1$과 두 곡선 $x=y^3-y$, $y=(x-1)^2$으로 둘러싸인 영역 D에서 이중적분 $\iint_D 2y\,dA$를 계산하라.

풀이

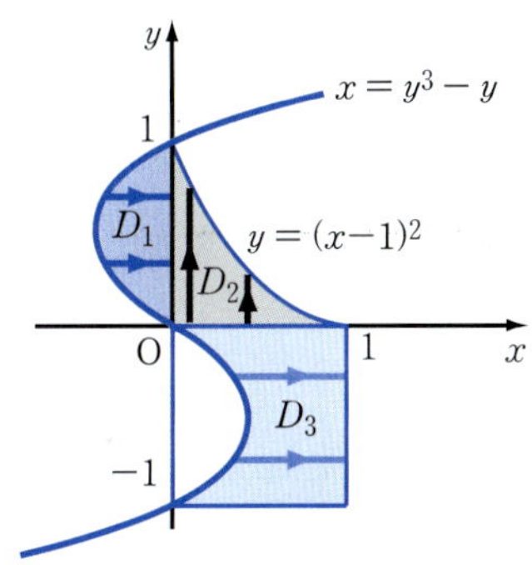

영역 D는 유형 1과 유형 2 모두에 해당되지 않는다. 오른쪽 그림과 같이 영역 D를 두 직선 $x=0$, $y=0$으로 분할하여 D_1, D_2, D_3의 합집합으로 생각하자. 참고로 영역 D를 $D_1 \cup D_2$와 D_3로 분할할 수도 있지만 계산이 어렵다.

D_1과 D_3는 유형 1 영역이고 D_2는 유형 2 영역이므로 다음과 같이 표현할 수 있다.

$$D_1 = \{(x,y) \mid y^3-y \le x \le 0,\ 0 \le y \le 1\}$$
$$D_2 = \{(x,y) \mid 0 \le y \le (x-1)^2,\ 0 \le x \le 1\}$$
$$D_3 = \{(x,y) \mid y^3-y \le x \le 1,\ -1 \le y \le 0\}$$

따라서 이중적분은 다음과 같이 계산한다.

$$\iint_D 2y\,dA = \iint_{D_1} 2y\,dA + \iint_{D_2} 2y\,dA + \iint_{D_3} 2y\,dA$$

$$= \int_0^1 \int_{y^3-y}^0 2y\,dxdy + \int_0^1 \int_0^{(x-1)^2} 2y\,dydx + \int_{-1}^0 \int_{y^3-y}^1 2y\,dxdy$$

$$= \int_0^1 [2xy]_{x=y^3-y}^{x=0}\,dy + \int_0^1 [y^2]_{y=0}^{y=(x-1)^2}\,dx + \int_{-1}^0 [2xy]_{x=y^3-y}^{x=1}\,dy$$

$$= \int_0^1 \{-2y(y^3-y)\}\,dy + \int_0^1 (x-1)^4\,dx + \int_{-1}^0 \{2y - 2y(y^3-y)\}\,dy$$

$$= \left[-\frac{2}{5}y^5 + \frac{2}{3}y^3\right]_0^1 + \left[\frac{(x-1)^5}{5}\right]_0^1 + \left[y^2 - \frac{2}{5}y^5 + \frac{2}{3}y^3\right]_{-1}^0$$

$$= \frac{4}{15} + \frac{1}{5} - \frac{11}{15} = -\frac{4}{15}$$

이중적분의 평균값

구간 $[a,b]$에서 일변수함수 $y=f(x)$의 평균값을 다음과 같이 정의한다(5.2절).

$$\frac{1}{b-a}\int_a^b f(x)dx$$

비슷한 방법으로 이변수함수의 평균값도 정의할 수 있다.

정의 11-3 이변수함수의 평균값

영역 D에서 이변수함수 $z=f(x,y)$의 **평균값**은 $\dfrac{1}{A(D)}\displaystyle\iint_D f(x,y)dA$로 정의한다. 이때, $A(D)$는 영역 D의 넓이다.

평균값은 기하학적으로 영역 D 위에서 곡면 $z=f(x,y)$의 평균 높이를 뜻한다.

예제 11-13 금속판의 평균 두께

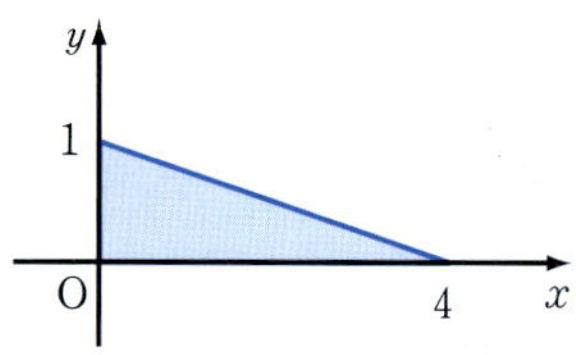

왼쪽 그림과 같은 직각삼각형 모양의 금속판을 생각하자. 이 금속판의 두께가 $f(x,y)=2xy+1$이라 할 때, 금속판의 평균 두께를 구하라.

풀이

금속판의 밑면을 유형 2 영역으로 생각하자. x절편이 4이고 y절편이 1인 직선의 방정식은 $\dfrac{x}{4}+y=1$이므로 영역은 $D=\{(x,y)\,|\,0\le x\le 4-4y, 0\le y\le 1\}$이다. 또한 영역 D의 넓이는 $A(D)=\dfrac{1}{2}\times1\times4=2$이므로 [정의 11-3]에 의해 금속판의 평균 두께를 다음과 같이 구한다.

$$\begin{aligned}\frac{1}{A(D)}\iint_D f(x,y)dA &= \frac{1}{2}\int_0^1\int_0^{4-4y}(2xy+1)dxdy\\ &= \frac{1}{2}\int_0^1\left[x^2y+x\right]_{x=0}^{x=4-4y}dy\\ &= \frac{1}{2}\int_0^1\left\{(4-4y)^2y+(4-4y)\right\}dy\\ &= \frac{1}{2}\left[4y^4-\frac{32}{3}y^3+6y^2+4y\right]_0^1=\frac{5}{3}\end{aligned}$$

[유제 11-11]

좌표평면 위의 세 점 $(-1,-1)$, $(0,2)$, $(2,0)$을 꼭짓점으로 하는 삼각형 모양의 금속판이 있다. 이 금속판의 두께가 $f(x,y)=x^2+y^2$이라 할 때, 금속판의 평균 두께를 구하라.

SECTION

11.3 연습문제

※ 01~08 주어진 영역 D에서 이중적분을 계산하라.

01 $\iint_D (2x-y)\,dA$; D는 세 점 $(0,0)$, $(1,0)$, $(1,2)$를 꼭짓점으로 하는 삼각형 영역

02 $\iint_D \frac{x}{y}\,dA$; D는 세 점 $(1,1)$, $(1,e)$, (e,e)를 꼭짓점으로 하는 삼각형 영역

03 $\iint_D (x^2-xy+y^2)\,dA$; D는 $x=1$, $y=0$, $y=x^2$의 그래프로 둘러싸인 영역

04 $\iint_D e^{2x+y}\,dA$; D는 $x=1$, $y=x$, $y=2x$의 그래프로 둘러싸인 영역

05 $\iint_D \sin(\pi x+2y)\,dA$; D는 $x=1$, $y=\pi x$, $y=2\pi x$의 그래프로 둘러싸인 영역

06 $\iint_D x(x+y)\,dA$; D는 $x=y^2$, $y=2-x$의 그래프로 둘러싸인 영역

07 $\iint_D (x^2+y)\,dA$; D는 $y=0$, $y=|x|-1$의 그래프로 둘러싸인 영역

08 $\iint_D (x^2+y^2)dA$; D는 포물선 $y=x^2$과 직선 $y=x+2$로 둘러싸인 영역

※ 09~10 주어진 영역을 적절히 분할하여 이중적분을 계산하라.

09 $\iint_D (3x^2+2y)\,dA$; D는 네 점 $(-1,0)$, $(0,-1)$, $(2,0)$, $(1,2)$가 꼭짓점인 사각형 영역

10 $\iint_D 6y\,dA$;

$D=\{(x,y)\mid y\ge 0, 1\le |x|+|y|\le 2\}$

※ 11~12 이중적분의 성질을 이용하여 주어진 이중적분 값을 포함하는 구간을 구하라.

11 $\iint_D \frac{1}{x^2+y^2+2}\,dA$; D는 원점이 중심이며 반지름이 4인 원판

12 $\iint_D e^{-\sqrt{x^2+y^2}}\,dA$;

$D=\left\{(x,y)\mid y\ge 0, x^2+y^2\le 1\right\}$

※ 13~14 입체의 형태나 대칭성을 관찰하여 다음 이중적분을 계산하라.

13 $\iint_D (2y+1)\,dA$;

$D=\left\{(x,y)\mid 0\le y\le \sqrt{4-x^2}\right\}$

14 $\iint_D \sqrt{1-x^2-y^2}\,dA$; D는 원점이 중심이며 반지름이 1인 원판

※ 15~17 주어진 영역 D에서 함수 $f(x,y)$의 평균값을 구하라.

15 $f(x,y)=4xy$; D는 세 점 $(0,0)$, $(1,0)$, $(1,2)$를 꼭짓점으로 하는 삼각형 영역

16 $f(x,y)=x\cos y$; D는 방정식 $y=0$, $x=1$, $y=x^2$의 그래프로 둘러싸인 영역

17 $f(x,y)=e^{2x+y}$; $D=\{(x,y)\mid y\ge 0, y=2-|x|\}$

18 곡면 $y=x^2$과 세 평면 $y=1$, $z=0$, $z=y$에 의해 둘러싸인 입체의 부피를 구하라.

19 네 평면 $x=0$, $x=1$, $y=0$, $y=1$, $z=0$과 곡면 $z=4-x^2-y^2$으로 둘러싸인 입체의 부피를 구하라.

SECTION 11.4 극좌표에서 이중적분

지금까지 직교좌표에서 이중적분을 구했다. 직교좌표에서 구하기 어려운 이중적분의 일부는 극좌표를 이용하면 계산이 쉬워진다.

극좌표에서 이중적분

직교좌표에서의 이중적분은 영역이나 함수의 형태에 따라 계산하기 어려운 경우가 많다. 반원판 $D=\{(x,y): y \geq 0, x^2+y^2 \leq 1\}$에서 함수 $f(x,y)$의 이중적분을 생각해 보자. 영역 D를 유형 1로 간주하여 다음과 같이 반복적분의 형태로 나타낸다.

$$\iint_D f(x,y)\,dA = \int_{-1}^{1}\int_0^{\sqrt{1-x^2}} f(x,y)dydx$$

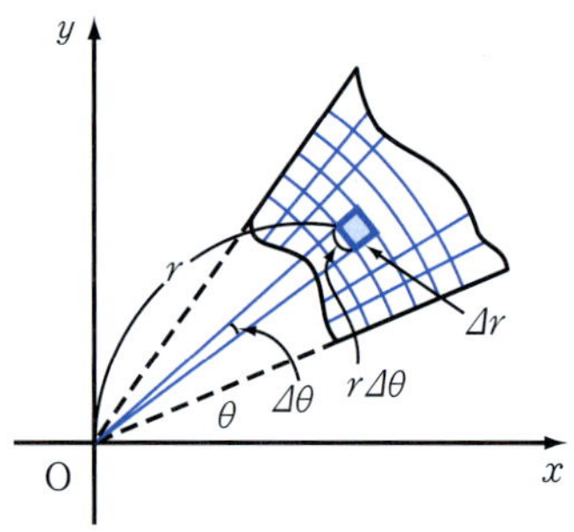

[그림 11-8] 가로가 Δr이고 세로가 $r\Delta\theta$인 부분 극사각형

안쪽 적분의 위끝에 제곱근을 포함한 $\sqrt{1-x^2}$이 나타나므로 반복적분이 다소 복잡하다. 따라서 일변수함수의 치환적분과 비슷하게 이변수함수에서 변수를 변환할 것이다. 대표적으로 직교좌표에서 극좌표로의 적분 변수 변환이 있다.

11.1절에서 이중적분 $\iint_D f(x,y)\,dA$는 넓이가 $\Delta x \Delta y (= \Delta A)$인 매우 작은 직사각형 영역의 넓이에 함수 f 값을 곱한 부피를 모두 더한 합으로 근사됨을 배웠다. 이와 같은 방법을 극좌표에서도 적용할 수 있다.

9.2절에서 극좌표는 동경 r과 편각 θ에 의해 결정됨을 배웠다. 그러므로 [그림 11-8]과 같이 두 변수 r과 θ의 증분 Δr과 $\Delta\theta$에 따라 매우 작은 크기의 부분 극사각형들로 영역을 세분할 수 있다. 이때 극사각형이 직사각형과 유사하므로 가로의 길이가 Δr이고 세로의 길이가 $r\Delta\theta$인 직사각형으로 생각하여 넓이를 근사할 수 있다. 즉 $\Delta A \approx r\Delta r\Delta\theta$이다.

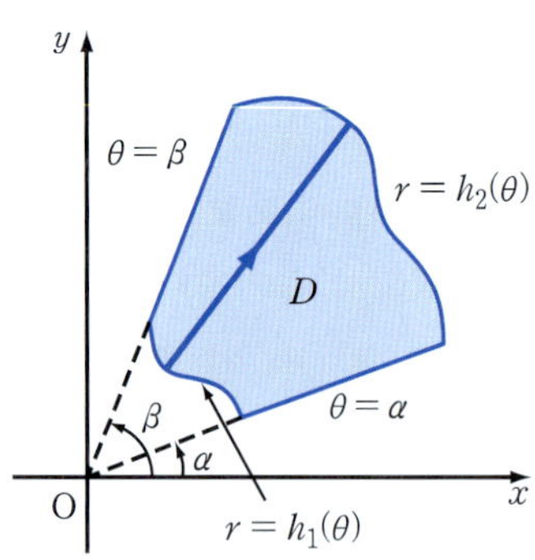

[그림 11-9] 극좌표계로 표현된 영역

이와 같은 관찰을 이용하여 [그림 11-9]와 같이 극좌표계 영역 D에서 정의된 함수 f의 이중적분을 구해 보자.

우선 영역 D를 다음과 같이 극좌표계로 표현할 수 있다.

$$D=\{(r,\theta) \mid \alpha \leq \theta \leq \beta, h_1(\theta) \leq r \leq h_2(\theta)\}$$

함수 $f(x,y)$가 영역 D에서 연속이라 가정하면, 극좌표와 직교좌표 사이의 관계식 $x=r\cos\theta$, $y=r\sin\theta$과 부분 극사각형의 넓이 $\Delta A \approx r\Delta r\Delta\theta$임을 이용하여 다음 관계식을 얻는다.

$$\iint_D f(x,y)\,dA = \int_\alpha^\beta \int_{h_1(\theta)}^{h_2(\theta)} f(r\cos\theta, r\sin\theta)\,r\,dr\,d\theta$$

이를 정리하면 다음과 같다.

직교좌표에서 영역을 구분하는 방법과 마찬가지로 극좌표에서도 어떤 영역은 다음과 같이 나타낼 수 있다.

$$\{(r,\theta)\,|\,r_1 \le r \le r_2,\ g_1(r) \le \theta \le g_2(r)\}$$

적절한 반복적분으로 나타내어 계산하자.

정리 11-8 극좌표에서 이중적분

영역 $D=\{(r,\theta)\,|\,\alpha \le \theta \le \beta, h_1(\theta) \le r \le h_2(\theta)\}$에서 함수 $f(x,y)$가 연속이면 다음이 성립한다.

$$\iint_D f(x,y)\,dA = \int_\alpha^\beta \int_{h_1(\theta)}^{h_2(\theta)} f(r\cos\theta, r\sin\theta)\,r\,dr\,d\theta$$

변수 변환 시 dA가 $drd\theta$가 아니라 $rdrd\theta$로 바뀜에 주의한다.

영역 D에서 윗면 $z_1=f(x,y)$와 밑면 $z_2=g(x,y)$로 이루어진 기둥 모양 입체의 부피는 다음 중적분으로 계산할 수 있다.

$$\iint_D (z_1 - z_2)\,dA = \iint_D \{f(x,y) - g(x,y)\}\,dA \tag{11.6}$$

참고로 [예제 11-14]의 입체와 같이 윗면과 밑면이 직접 만나서 옆면이 없는 경우도 있다. 식 (11.6)과 [정리 11-8]을 이용하여 풀어 보자.

예제 11-14 극좌표에서 이중적분

평면 $z=1$과 타원포물면 $z=2-x^2-y^2$으로 둘러싸인 입체의 부피를 구하라.

풀이

주어진 입체의 밑면은 $z=1$이고 윗면은 $z=2-x^2-y^2$인 곡면이다. 오른쪽 그림을 확인하자. 평면 $z=1$과 포물면 $z=2-x^2-y^2$의 교선은 $1=2-x^2-y^2$으로, 평면 $z=1$ 위의 원 $x^2+y^2=1$이다. 이 입체를 xy평면 위로 정사영하면 원판 모양의 영역 $D=\{(x,y)\,|\,x^2+y^2 \le 1\}$을 얻는다. 이 영역을 극좌표로 표현하면 $D=\{(r,\theta)\,|\,0 \le r \le 1, 0 \le \theta \le 2\pi\}$이다.

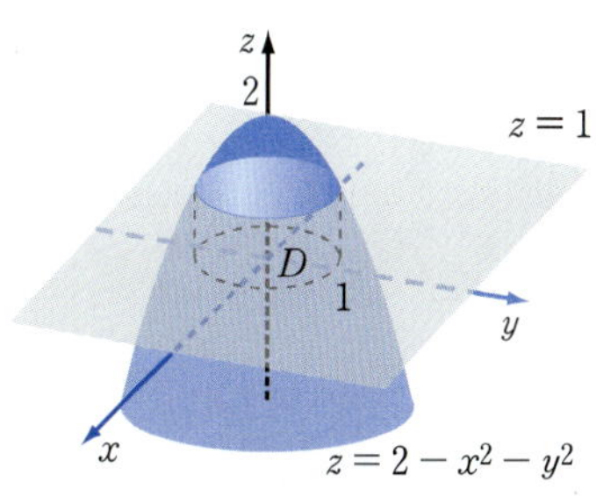

극좌표와 직교좌표 사이의 관계식을 이용하면 $x^2+y^2=r^2$이므로 [정리 11-8]을 이용하여 이중적분을 계산하면 다음과 같다.

$$\iint_D \{(2-x^2-y^2)-1\}\,dA = \iint_D (1-x^2-y^2)\,dA = \int_0^{2\pi}\int_0^1 (1-r^2)\,r\,dr\,d\theta$$

$$= \int_0^{2\pi}\left[\frac{1}{2}r^2 - \frac{1}{4}r^4\right]_{r=0}^{r=1} d\theta = \int_0^{2\pi}\frac{1}{4}\,d\theta = \frac{1}{4}\times 2\pi = \frac{\pi}{2}$$

예제 11-15 극좌표에서 이중적분

다음 부등식으로 표현되는 입체의 부피를 구하라.

$$0 \le z \le 4-x-y,\ \ x^2+y^2 \le 1$$

풀이

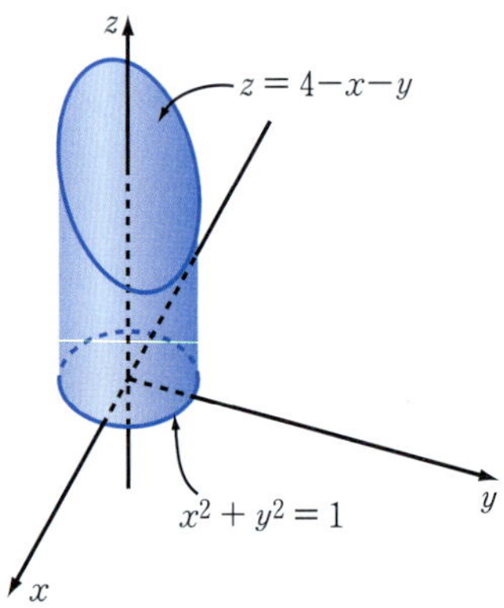

주어진 입체는 왼쪽 그림과 같이 밑면이 xy평면($z=0$) 위의 원판 $x^2+y^2 \le 1$이고 윗면이 평면 $z=4-x-y$인 입체로, 원기둥 $x^2+y^2=1$을 평면 $z=0$과 평면 $z=4-x-y$로 자른 모양이다.

밑면은 $D=\{(x,y)\,|\,x^2+y^2 \le 1\}$이며 극좌표로 표현하면 $D=\{(r,\theta)\,|\,0 \le r \le 1,\ 0 \le \theta \le 2\pi\}$이다. 극좌표와 직교좌표 사이의 관계식을 이용하면 $x=r\cos\theta$, $y=r\sin\theta$이므로 [정리 11-8]을 이용하여 이중적분을 계산하면 다음과 같다.

$$\iint_D \{(4-x-y)-0\}\,dA = \iint_D (4-x-y)\,dA = \int_0^{2\pi}\int_0^1 (4-r\cos\theta - r\sin\theta)\,r\,dr\,d\theta$$

$$= \int_0^{2\pi}\left[2r^2 - \frac{1}{3}r^3\cos\theta - \frac{1}{3}r^3\sin\theta\right]_{r=0}^{r=1} d\theta$$

$$= \int_0^{2\pi}\left(2 - \frac{1}{3}\cos\theta - \frac{1}{3}\sin\theta\right) d\theta$$

$$= \left[2\theta - \frac{1}{3}\sin\theta + \frac{1}{3}\cos\theta\right]_0^{2\pi} = 2\times 2\pi = 4\pi$$

[유제 11-12]

부등식 $x^2+y^2-1 \le z \le 1-x^2-y^2$으로 표현되는 입체의 부피를 구하라.

SECTION

11.4 연습문제

※ 01~06 주어진 영역 D에서 이중적분을 계산하라.

01 $\iint_D (x+y)\,dA$;

$D=\{(x,y)\mid x\ge 0, y\ge 0, x^2+y^2\le 1\}$

02 $\iint_D (x^2+y^2)\,dA$;

$D=\{(x,y)\mid x\ge 0, y\ge 0, 1\le x^2+y^2\le 2\}$

03 $\iint_D \sqrt{x^2+y^2+2}\,dA$;

$D=\{(x,y)\mid y\ge 0, x^2+y^2\le 1\}$

04 $\iint_D \sin(x^2+y^2)\,dA$;

$D=\{(x,y)\mid 1\le x^2+y^2\le 2\}$

05 $\iint_D \sqrt{x^2+y^2}\,dA$; D는 원점을 중심으로 하고 반지름이 2인 원판

06 $\iint_D e^{-x^2-y^2}\,dA$; D는 원점을 중심으로 하고 반지름이 2인 원판

※ 07~12 주어진 입체의 부피를 구하라.

07 xy평면 위의 원판 $x^2+y^2\le 9$를 밑면으로 하고 원뿔면 $z=\sqrt{x^2+y^2}$을 윗면으로 하는 입체

08 원뿔면 $z=\sqrt{x^2+y^2}$의 윗부분과 구면 $x^2+y^2+z^2=8$의 내부로 둘러싸인 입체

09 구면 $x^2+y^2+z^2=10$의 내부와 원기둥 $x^2+y^2=1$의 내부로 둘러싸인 입체

10 이엽쌍곡면 $z^2=x^2+y^2+4$와 평면 $z=\sqrt{5}$로 둘러싸인 입체

11 타원포물면 $z=x^2+y^2$과 이엽쌍곡면 $2x^2+2y^2-z^2=-3$의 아래 부분으로 둘러싸인 입체

12 두 평면 $x+y+z=-5$, $x+y+z=5$와 원기둥 $x^2+y^2=1$로 둘러싸인 입체

13 다음 그림과 같은 영역 D에서 이중적분 $\iint_D \cos(x^2+y^2)\,dA$를 계산하라.

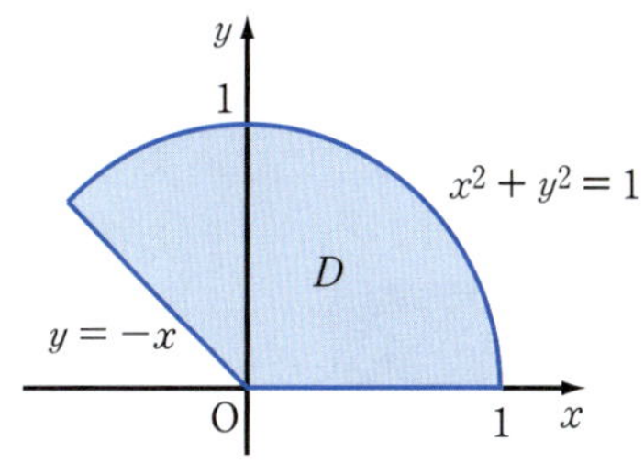

14 다음 그림과 같은 영역 D에서 이중적분 $\iint_D 2xy\,dA$를 계산하라.

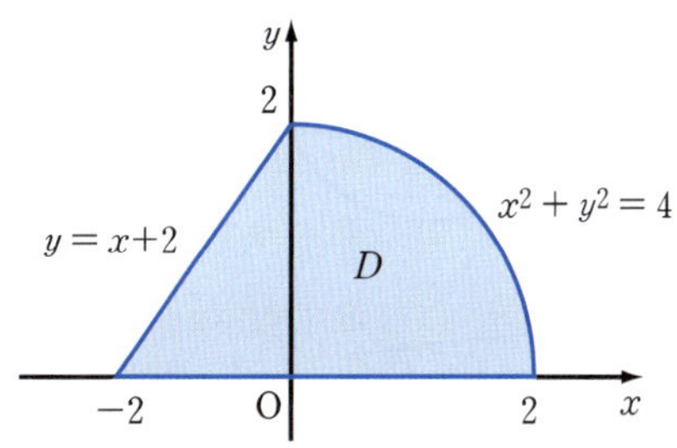

15 부등식 $x^2+y^2\le 1$과 $0\le z\le 5-x^2-y^2$으로 정의된 입체의 부피를 구하라.

16 이중적분을 이용하여 $\int_{-\infty}^{\infty} e^{-kx^2}dx$ $(k>0)$를 계산하라.

Hint $\left(\int_{-\infty}^{\infty} e^{-kx^2}dx\right)^2=\int_{-\infty}^{\infty}\int_{-\infty}^{\infty} e^{-k(x^2+y^2)}\,dx\,dy$

SECTION 11.5 삼중적분

11.4절에서 이변수함수의 이중적분으로 입체의 부피를 구할 수 있음을 배웠다. 이제 삼변수함수의 삼중적분을 소개하고자 한다. 삼변수함수는 그래프를 시각화할 수 없다. 이 때문에 삼중적분은 이중적분과 같은 기하학적인 의미를 찾기 어렵다. 하지만 삼변수함수 $w=f(x,y,z)$를 어떤 입체 S의 밀도함수라 하면 S에서 w의 삼중적분은 입체 S의 질량임을 관찰할 수 있다.

직교좌표에서 삼중적분

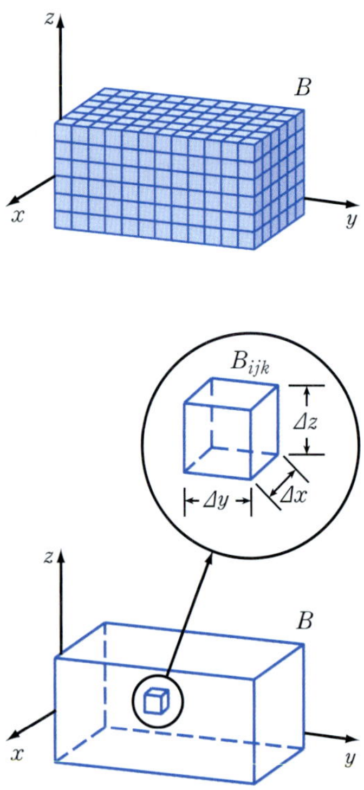

[그림 11-10] 영역 B의 부분직육면체

왼쪽 그림과 같은 직육면체 영역 B에서 정의된 삼변수함수 f에 대한 삼중적분을 정의하고자 한다. 영역 B를 다음과 같이 나타내자.

$$B=[a,b]\times[c,d]\times[r,s]=\{(x,y,z)\in\mathbb{R}^3 \mid a\le x\le b, c\le y\le d, r\le z\le s\}$$

구간 $[a,b]$를 m등분, 구간 $[c,d]$를 n등분, 구간 $[r,s]$를 l등분 하고, 나누어진 부분구간의 길이를 각각 $\Delta x=\dfrac{b-a}{m}$, $\Delta y=\dfrac{d-c}{n}$, $\Delta z=\dfrac{s-r}{l}$이라 놓자. 그러면 다음이 성립한다.

$$\begin{aligned} a&=x_0<x_1<\cdots<x_i<\cdots<x_m=b \\ c&=y_0<y_1<\cdots<y_j<\cdots<y_n=d \\ r&=z_0<z_1<\cdots<z_k<\cdots<z_l=s \end{aligned}$$

각 부분직육면체 B_{ijk}를 $B_{ijk}=[x_{i-1},x_i]\times[y_{j-1},y_j]\times[z_{k-1},z_k]$로 표시하자. 물체의 질량은 밀도와 부피의 곱이므로, 각 B_{ijk}에서 임의의 점 $(x_{ijk}^*, y_{ijk}^*, z_{ijk}^*)$를 선택하면 부분직육면체 B_{ijk}의 질량은 $f(x_{ijk}^*, y_{ijk}^*, z_{ijk}^*)\Delta x\Delta y\Delta z$로 근사한다.

모든 부분직육면체 B_{ijk}의 질량을 구하여 합한 것이 삼중적분에 대한 리만합이다. 이제 m, n, l을 한없이 크게 하여 직육면체 영역 B를 더 잘게 나누면 B의 질량을 구할 수 있다.

정의 11-4 삼중적분

다음 극한이 존재할 때, 직육면체 영역 B에서 정의된 함수 f의 **삼중적분**(triple integral)을 다음과 같이 정의한다.

$$\iiint_B f(x,y,z)\,dV = \lim_{m,n,l\to\infty} \sum_{i=1}^{m}\sum_{j=1}^{n}\sum_{k=1}^{l} f(x_{ijk}^*, y_{ijk}^*, z_{ijk}^*)\Delta x \Delta y \Delta z$$

이때, 함수 f는 영역 B에서 **적분 가능**하다고 한다.

특히 함수 f가 영역 B에서 연속이면 적분 가능하다. 일반적으로 함수 f가 유계이고 f가 불연속인 점의 집합의 부피가 0이면 적분 가능하다.

삼중적분의 계산

삼중적분도 이중적분과 마찬가지로 푸비니 정리를 이용하여 반복적분으로 계산한다.

정리 11-9 삼중적분의 푸비니 정리

함수 $w=f(x,y,z)$가 영역 $B=[a,b]\times[c,d]\times[r,s]$에서 연속이면 다음이 성립한다.

$$\iiint_B f(x,y,z)\,dV = \int_r^s \int_c^d \int_a^b f(x,y,z)\,dx\,dy\,dz$$

$$= \int_c^d \int_r^s \int_a^b f(x,y,z)\,dx\,dz\,dy$$

$$= \cdots = \int_a^b \int_c^d \int_r^s f(x,y,z)\,dz\,dy\,dx$$

즉 dx, dy, dz의 순서에 따라 반복적분은 모두 6가지가 있으며 적분 결과는 모두 같다.

일반적으로 함수 f가 유계이고 f가 불연속인 점의 집합의 부피가 0이면 푸비니 정리가 성립한다.

예제 11-16 **푸비니 정리를 이용한 삼중적분 계산**

영역 $B=[0,1]\times[-1,2]\times[-2,3]$에서 삼중적분 $\iiint_B xy^2z^3 dV$를 계산하라.

풀이

구하는 삼중적분은 [정리 11-9]와 같이 반복적분으로 나타내어 계산한다.

$$\begin{aligned}\iiint_B xy^2z^3 dV &= \int_{-2}^{3}\int_{-1}^{2}\int_{0}^{1} xy^2z^3\,dxdydz = \int_{-2}^{3}\int_{-1}^{2}\left[\frac{1}{2}x^2y^2z^3\right]_{x=0}^{x=1} dydz \\ &= \int_{-2}^{3}\int_{-1}^{2}\frac{1}{2}y^2z^3\,dydz = \int_{-2}^{3}\left[\frac{1}{2}\cdot\frac{1}{3}y^3z^3\right]_{y=-1}^{y=2} dz \\ &= \int_{-2}^{3}\frac{1}{6}\{2^3-(-1)^3\}z^3\,dz = \left[\frac{3}{2}\cdot\frac{1}{4}z^4\right]_{-2}^{3} = \frac{195}{8}\end{aligned}$$

[유제 11-13]

영역 $B=[0,1]\times[-1,1]\times[-2,2]$에서 삼중적분 $\iiint_B x^3y^2z^2 dV$를 계산하라.

일반 영역에서 삼중적분

이중적분과 같은 방법으로 일반 영역에서 삼중적분을 계산하자. 연속함수 f는 $\mathbb{R}^3$에서 일반적인 형태의 유계 영역 E에서 정의되어 있다고 하자. 다음과 같이 E를 포함하는 직육면체 영역 B를 정의역으로 하는 확장함수 F를 정의할 수 있다.

$$F(x,y,z)=\begin{cases} f(x,y,z) & ((x,y,z)\in E) \\ 0 & ((x,y,z)\in B-E)\end{cases} \tag{11.7}$$

함수 F가 영역 B에서 적분 가능하면 영역 E에서 함수 f의 삼중적분을 다음과 같이 정의할 수 있다.

$$\iiint_E f(x,y,z)dV = \iiint_B F(x,y,z)dV$$

이제 일반 영역에서 삼중적분을 실제로 계산할 수 있는 반복적분으로 표현하자.

xy평면의 어떤 영역 D에서 두 연속함수 $z=u_1(x,y)$, $z=u_2(x,y)$로 정의된 두 곡면을 생각하자. 두 곡면으로 둘러싸인 입체를 영역 E라 할 때, 다음과 같이 표현되는 영역 E를 **유형 1**이라 한다.

$$E=\{(x,y,z)\mid(x,y)\in D,\ u_1(x,y)\le z\le u_2(x,y)\}$$

[그림 11-11]은 유형 1 영역의 전형적인 예다.

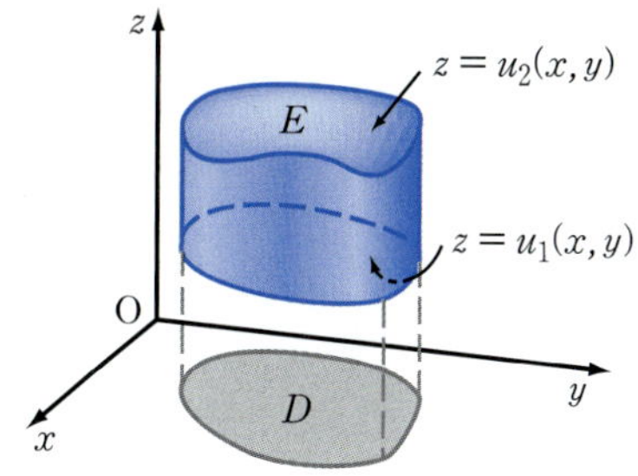

[그림 11-11] 유형 1 (공간) 영역

이제 유형 1 영역 E에서 함수 f의 삼중적분을 계산하자. 영역 E를 둘러싸는 직육면체 영역 B를 선택하고 식 (11.7)의 확장함수 F를 이용한다. 함수 f는 E의 경계(경계의 부피는 0)에서만 불연속이므로 [정리 11-9]인 푸비니 정리에 의해 다음과 같이 적분을 고쳐 쓸 수 있다.

$$\iiint_E f(x,y,z)\,dV=\iiint_B F(x,y,z)\,dV$$
$$=\iint_D\left\{\int_{u_1(x,y)}^{u_2(x,y)} f(x,y,z)\,dz\right\}dA$$

먼저 가장 안쪽 적분을 계산하고 평면 영역 D에서 이중적분을 계산하면 삼중적분값을 구할 수 있다. 이를 정리하면 다음과 같다.

입체의 윗면과 밑면을 수직으로 잇고, z축과 평행한 모든 선분을 생각하자. 이러한 선분 위의 점들이 입체 내부에 있으면 유형 1 영역이다.

정리 11-10 유형 1 영역에서 정의된 함수의 삼중적분

영역 $E=\{(x,y,z)\mid(x,y)\in D,\ u_1(x,y)\le z\le u_2(x,y)\}$에서 정의된 함수 $f(x,y,z)$의 삼중적분은 다음과 같은 반복적분으로 계산할 수 있다.

$$\iiint_E f(x,y,z)\,dV=\iint_D\left\{\int_{u_1(x,y)}^{u_2(x,y)} f(x,y,z)\,dz\right\}dA$$

예제 11-17 유형 1 영역에서 삼중적분

네 평면 $x=0$, $y=0$, $z=0$, $x+2y+3z=6$으로 둘러싸인 입체 영역을 E라 하자. 삼중적분 $\iiint_E 2z\,dV$를 계산하라.

풀이

오른쪽 그림과 같은 입체 영역 E는 유형 1이므로 다음과 같이 나타낼 수 있다.

$$E=\left\{(x,y,z)\,\middle|\,(x,y)\in D,\ 0\le z\le 2-\frac{1}{3}x-\frac{2}{3}y\right\}$$

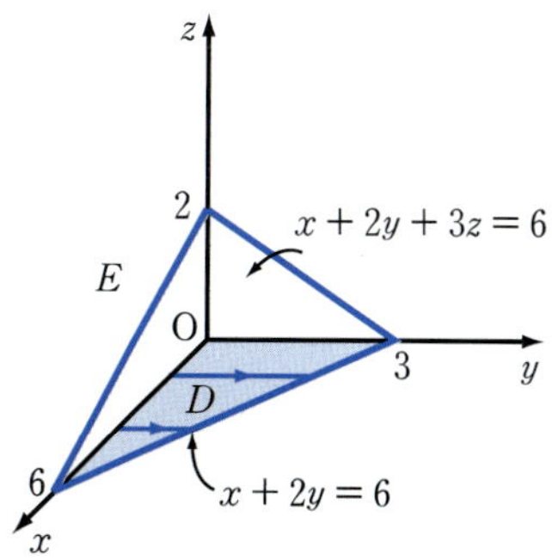

[정리 11-10]에 의해 구하는 삼중적분은 다음과 같다.

$$\iiint_E 2z\,dV=\iint_D\left\{\int_0^{2-\frac{1}{3}x-\frac{2}{3}y} 2z\,dz\right\}dA=\iint_D\left[z^2\right]_{z=0}^{z=2-\frac{1}{3}x-\frac{2}{3}y}dA$$
$$=\iint_D\left(2-\frac{1}{3}x-\frac{2}{3}y\right)^2 dA \qquad (11.8)$$

이제 영역 D는 유형 2로 생각하여 $D=\{(x,y)\mid 0\le y\le 3, 0\le x\le 6-2y\}$로 표현할 수 있다. 이제 [정리 11-4]와 치환적분을 이용하여 식 (11.8)을 계산하자.

$$\iint_D\left(2-\frac{1}{3}x-\frac{2}{3}y\right)^2 dA=\int_0^3\int_0^{6-2y}\left(2-\frac{1}{3}x-\frac{2}{3}y\right)^2 dxdy$$

$$=\int_0^3\frac{1}{3}\cdot(-3)\left[\left(2-\frac{1}{3}x-\frac{2}{3}y\right)^3\right]_{x=0}^{x=6-2y}dy$$

$$=\int_0^3\left(2-\frac{2}{3}y\right)^3 dy=\frac{1}{4}\cdot\left(-\frac{3}{2}\right)\left[\left(2-\frac{2}{3}y\right)^4\right]_0^3=6$$

[유제 11-14]
네 평면 $x=0$, $y=0$, $z=0$, $x+y+z=1$로 둘러싸인 입체 영역을 E라 하자. 삼중적분 $\iiint_E 6xyd\,V$를 계산하라.

비슷한 방법으로 **유형 2** 영역 $E=\{(x,y,z)\mid(y,z)\in D, u_1(y,z)\le x\le u_2(y,z)\}$를 정의할 수 있다. 유형 2 영역에서 삼중적분은 다음과 같이 계산한다.

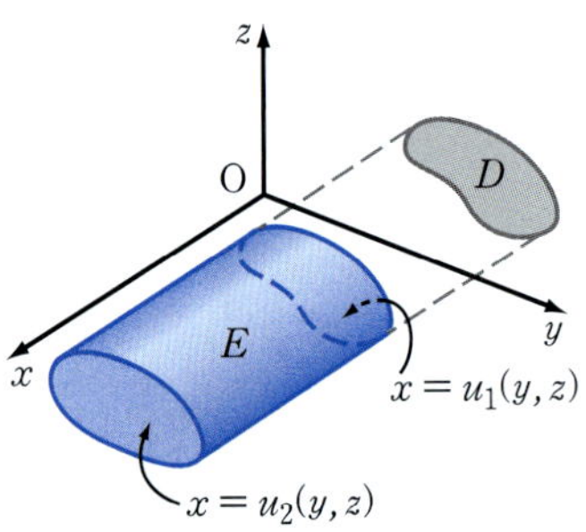

유형 2 영역

정리 11-11 유형 2 영역에서 정의된 함수의 삼중적분

영역 $E=\{(x,y,z)\mid(y,z)\in D, u_1(y,z)\le x\le u_2(y,z)\}$에서 정의된 함수 $f(x,y,z)$의 삼중적분은 다음과 같은 반복적분으로 계산할 수 있다.

$$\iiint_E f(x,y,z)dV=\iint_D\left\{\int_{u_1(y,z)}^{u_2(y,z)}f(x,y,z)dx\right\}dA$$

이제 마지막으로 **유형 3** 영역 $E=\{(x,y,z)\mid(x,z)\in D, u_1(x,z)\le y\le u_2(x,z)\}$를 정의할 수 있다. 유형 3 영역에서 삼중적분은 다음과 같이 계산한다.

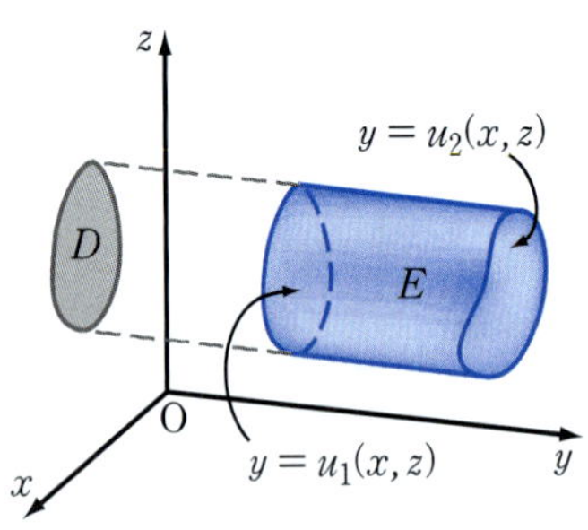

유형 3 영역

[그림 11-12] 유형 2 (공간) 영역과 유형 3 (공간) 영역

정리 11-12 유형 3 영역에서 정의된 함수의 삼중적분

영역 $E=\{(x,y,z)\mid(x,z)\in D, u_1(x,z)\le y\le u_2(x,z)\}$에서 정의된 함수 $f(x,y,z)$의 삼중적분은 다음과 같은 반복적분으로 계산할 수 있다.

$$\iiint_E f(x,y,z)dV=\iint_D\left\{\int_{u_1(x,z)}^{u_2(x,z)}f(x,y,z)dy\right\}dA$$

[그림 11-12]는 유형 2 영역과 유형 3 영역의 전형적인 예다.

예제 11-18 유형 3 영역에서 삼중적분

평면 $y=9$와 타원포물면 $y=x^2+z^2$으로 둘러싸인 입체 영역을 E라 하자. 삼중적분 $\iiint_E (x^2+z^2)dV$를 계산하라.

풀이

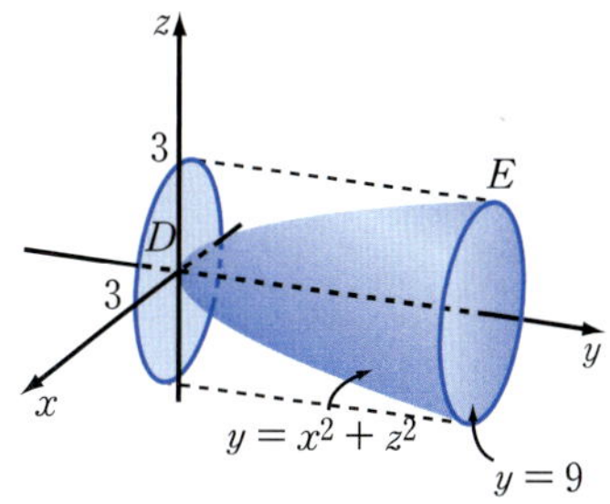

오른쪽 그림과 같이 주어진 입체 영역 E는 유형 3이다. 영역 E를 xz평면 위로 정사영하여 얻은 영역을 D라 하면 영역 E를 다음과 같이 나타낼 수 있다.

$$E=\{(x,y,z)\mid(x,z)\in D, x^2+z^2\le y\le 9\}$$

[정리 11-11]에 의해 구하는 삼중적분은 다음과 같다.

$$\begin{aligned}\iiint_E (x^2+z^2)\,dV &= \iint_D\left\{\int_{x^2+z^2}^{9}(x^2+z^2)\,dy\right\}dA = \iint_D\left[(x^2+z^2)y\right]_{y=x^2+z^2}^{y=9}dA\\ &= \iint_D (x^2+z^2)(9-x^2-z^2)\,dA \qquad (11.9)\end{aligned}$$

xz평면 위의 영역 D는 반지름이 3인 원판이므로 $D=\{(x,z)\mid x^2+z^2\le 9\}$라 나타낼 수 있다. 식 (11.9)의 이중적분은 [정리 11-8]과 같이 극좌표에서 계산하면 다음과 같다.

$$\begin{aligned}\iint_D (x^2+z^2)(9-x^2-z^2)\,dA &= \int_0^{2\pi}\int_0^3 r^2(9-r^2)r\,drd\theta = \int_0^{2\pi}d\theta\int_0^3(9r^3-r^5)\,dr\\ &= 2\pi\left[\frac{9}{4}r^4-\frac{1}{6}r^6\right]_0^3=\frac{243}{2}\pi\end{aligned}$$

[유제 11-15]

평면 $x=1$과 타원포물면 $x=y^2+z^2$으로 둘러싸인 입체 영역을 E라 하자. 삼중적분 $\iiint_E (y^2+z^2)dV$를 계산하라.

삼중적분의 응용 : 무게중심

■ 유한개 점에 대한 무게중심

3차원에서 n개의 점 $P_1(x_1,y_1,z_1),\ldots,P_n(x_n,y_n,z_n)$에 대하여 질량이 각각 $m_1,\ldots,m_n$이라 하자. 점 $P_1,\ldots,P_n$의 무게중심 $G(\bar{x},\bar{y},\bar{z})$는 벡터로 나타낸 방정식 $\sum_{k=1}^{n} m_k\overrightarrow{GP_k}=(0,0,0)$을 만족하는 점으로 정의하고, 방정식의 해는 다음과 같다.

$$\bar{x}=\frac{\sum_{k=1}^{n} m_k x_k}{\sum_{k=1}^{n} m_k},\quad \bar{y}=\frac{\sum_{k=1}^{n} m_k y_k}{\sum_{k=1}^{n} m_k},\quad \bar{z}=\frac{\sum_{k=1}^{n} m_k z_k}{\sum_{k=1}^{n} m_k}$$

삼중적분을 이용하면 이 개념을 확장하여 입체에 대한 무게중심을 구할 수 있다.

■ 입체에 대한 무게중심

입체가 좌표축에 대하여 대칭이면 무게중심이 좌표축 위에 있다.

입체 E의 밀도함수가 $w=f(x,y,z)$라 하자. 입체 E의 질량 M은 다음과 같이 밀도함수 f에 대한 삼중적분으로 정의한다.

$$M=\iiint_E f(x,y,z)\,dV \qquad (11.10)$$

그러면 입체 E의 무게중심 $(\bar{x},\bar{y},\bar{z})$의 좌표는 각각 다음과 같다.

$$\bar{x}=\frac{1}{M}\iiint_E xf(x,y,z)\,dV,\quad \bar{y}=\frac{1}{M}\iiint_E yf(x,y,z)\,dV$$
$$\bar{z}=\frac{1}{M}\iiint_E zf(x,y,z)\,dV \qquad (11.11)$$

예제 11-19 입체의 무게중심

네 점 $(0,0,0)$, $(4,0,0)$, $(0,4,0)$, $(0,0,2)$를 꼭짓점으로 하는 사면체 E가 있다. 사면체 내부의 점 (x,y,z)의 밀도함수가 $f(x,y,z)=6x^2+24z$일 때, 사면체 E의 무게중심을 구하라.

풀이

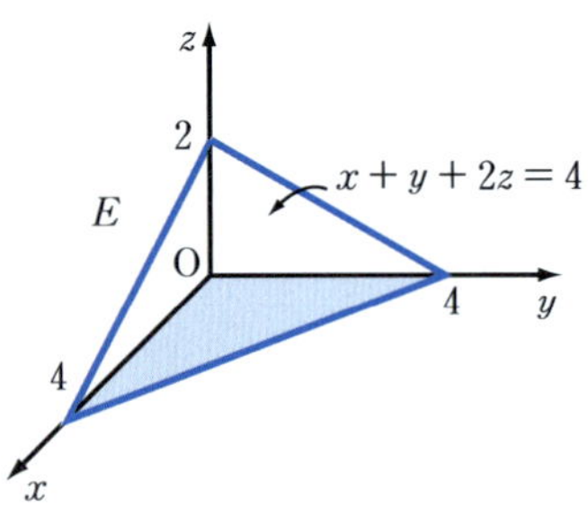

왼쪽 그림과 같은 사면체 E는 유형 1 공간 영역으로 생각하여 다음과 같이 표현할 수 있다.

$$E=\left\{(x,y,z)\,\middle|\,0\le z\le\frac{4-x-y}{2},\,0\le y\le 4-x,\,0\le x\le 4\right\}$$

식 (11.10)을 이용하여 입체 E의 질량 M을 먼저 계산하자.

$$M = \iiint_E (6x^2+24z)\,dV = \int_0^4 \int_0^{4-x} \int_0^{\frac{4-x-y}{2}} (6x^2+24z)\,dzdydx$$

$$= \int_0^4 \int_0^{4-x} \left[6x^2z+12z^2\right]_{z=0}^{z=\frac{4-x-y}{2}} dzdydx$$

$$= \int_0^4 \int_0^{4-x} \{3x^2(4-x-y)+3(4-x-y)^2\}\,dydx$$

$$= \int_0^4 \int_0^{4-x} (-3x^3-3x^2y+15x^2+6xy-24x+3y^2-24y+48)\,dydx$$

$$= \int_0^4 \left[-3x^3y-\frac{3}{2}x^2y^2+15x^2y+3xy^2-24xy+y^3-12y^2+48y\right]_{y=0}^{y=4-x} dx$$

$$= \int_0^4 \left(\frac{3}{2}x^4-13x^3+36x^2-48x+64\right) dx$$

$$= \left[\frac{3}{10}x^5-\frac{13}{4}x^4+12x^3-24x^2+64x\right]_0^4 = \frac{576}{5}$$

식 (11.11)에 대입하면 $\bar{x}$, $\bar{y}$, $\bar{z}$는 각각 다음과 같다.

$$\bar{x} = \frac{1}{M}\iiint_E x(6x^2+24z)\,dV = \frac{5}{576}\int_0^4 \int_0^{4-x} \int_0^{\frac{4-x-y}{2}} x(6x^2+24z)\,dzdydx$$

$$= \frac{5}{576}\times\frac{768}{5} = \frac{4}{3}$$

$$\bar{y} = \frac{1}{M}\iiint_E y(6x^2+24z)\,dV = \frac{5}{576}\int_0^4 \int_0^{4-x} \int_0^{\frac{4-x-y}{2}} y(6x^2+24z)\,dzdydx$$

$$= \frac{5}{576}\times\frac{256}{3} = \frac{20}{27}$$

$$\bar{z} = \frac{1}{M}\iiint_E z(6x^2+24z)\,dV = \frac{5}{576}\int_0^4 \int_0^{4-x} \int_0^{\frac{4-x-y}{2}} z(6x^2+24z)\,dzdydx$$

$$= \frac{5}{576}\times\frac{1024}{15} = \frac{16}{27}$$

따라서 사면체 E의 무게중심은 $\left(\frac{4}{3}, \frac{20}{27}, \frac{16}{27}\right)$이다.

[유제 11-16]

네 점 $(0,0,0)$, $(1,0,0)$, $(0,2,0)$, $(0,0,3)$을 꼭짓점으로 하는 사면체 E가 있다. 사면체 내부의 점 (x,y,z)의 밀도함수가 $f(x,y,z)=9x^2y^2$일 때, 사면체 E의 무게중심을 구하라.

SECTION

11.5 연습문제

※ 01~03 다음 반복적분을 계산하라.

01 $\int_{-1}^{1}\int_{0}^{x}\int_{0}^{y}(x+yz)dzdydx$

02 $\int_{0}^{1}\int_{-1}^{1}\int_{0}^{\frac{\pi}{2}}xe^{y}\sin z dzdydx$

03 $\int_{-\pi}^{\pi}\int_{0}^{\frac{\pi}{2}}\int_{0}^{1}\sin(x+y)dzdydx$

※ 04~07 주어진 영역 E에서 삼중적분을 계산하라.

04 $\iiint_E 2(x-y)dV$; E는 평면 $x=0$, $y=0$, $y=1$, $z=0$, $x+z=1$로 둘러싸인 입체

05 $\iiint_E 3(x^2+y^2)dV$; E는 밑면이 원판 $x^2+y^2 \le 1$이고 $0 \le z \le 1$인 원기둥

06 $\iiint_E 6z\,dV$; E는 밑면이 원판 $x^2+y^2 \le 1$이고 꼭짓점이 $(0,0,1)$인 원뿔

07 $\iiint_E 2(y+z)dV$; E는 밑면이 $1 \le x^2+y^2 \le 4$이고 높이가 3인 입체

08 평면 $x=0$, $y=0$, $z=0$, $x+y=1$, $x+y+z=4$로 둘러싸인 입체의 밀도함수를 $f(x,y,z)=2z$라 하자. 이 입체의 질량을 구하라.

09 두 타원포물면 $z=x^2+y^2$, $z=8-x^2-y^2$으로 둘러싸인 입체의 밀도함수를 $f(x,y,z)=2(x+z)$라 하자. 이 입체의 질량을 구하라.

10 원기둥면 $x^2+y^2=1$과 두 평면 $z=0$, $x+y+2z=2$로 둘러싸인 입체의 밀도함수를 $f(x,y,z)=3z^2$이라 하자. 이 입체의 질량을 구하라.

11 입체 E는 부등식 $0 \le x \le 1$, $0 \le y \le 1$, $0 \le z \le 1-y$로 결정된다. 입체 E의 내부 점 (x,y,z)의 밀도함수가 $f(x,y,z)=6x^2+12z$일 때, 입체 E의 무게중심을 구하라.

12 세 점 $(0,0,0)$, $(0,1,0)$, $(0,0,1)$을 꼭짓점으로 하는 삼각형과 세 점 $(1,0,0)$, $(1,1,0)$, $(1,0,1)$을 꼭짓점으로 하는 삼각형이 밑면인 기둥 E가 있다. 삼각기둥의 내부 점 (x,y,z)의 밀도함수가 $f(x,y,z)=\frac{1}{x+1}$일 때, E의 무게중심을 구하라.

SECTION

11.6 원기둥좌표와 구면좌표

이중적분과 마찬가지로 직교좌표에서의 삼중적분은 영역이나 함수의 형태에 따라 계산하기 어려운 경우가 많다. 그러므로 적분을 쉽게 계산할 수 있도록 함수나 영역을 간단하게 변환하는 과정이 필요하다. 여러 가지 변환 중에서 원기둥좌표계와 구면좌표계로의 변환이 자주 이용된다. 우선 평면의 극좌표계를 3차원으로 확장한 **원기둥좌표계**(cylindrical coordinate system)를 알아보자.

원기둥좌표계

공간의 한 점 $P(x,y,z)$를 xy평면 위로 정사영한 점은 $P_0(x,y,0)$이다. 점 P_0는 원점과의 거리 r과 양의 x축과 이루는 각 θ를 이용하여 $P_0(r\cos\theta, r\sin\theta, 0)$으로 표현할 수 있다. 따라서 점 P를 **원기둥좌표**(cylindrical coordinate)로 표현하면 $P(r\cos\theta, r\sin\theta, z)$이다. 점 P의 원기둥좌표 (r,θ,z)와 직교좌표 (x,y,z) 사이에는 다음과 같은 관계가 있다.

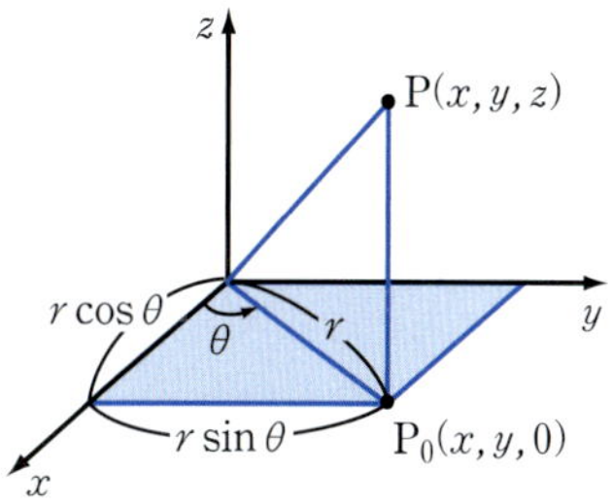

[그림 11-13] 점 P의 xy평면 위로의 정사영 P_0와 r, θ의 관계

$$r^2 = x^2 + y^2, \ \tan\theta = \frac{y}{x}, \ z = z \quad (0 \le \theta \le 2\pi) \tag{11.12}$$

원기둥좌표로 표현된 점 $P(r,\theta,z)$는 다음 공식을 이용하여 직교좌표 $P(x,y,z)$로 나타낼 수 있다.

$$x = r\cos\theta, \ y = r\sin\theta, \ z = z \tag{11.13}$$

예제 11-20 직교좌표와 원기둥좌표 사이의 관계

다음 물음에 답하라.

(a) 직교좌표 $(1,-1,2)$를 원기둥좌표로 변환하라.

(b) 원기둥좌표 $\left(1, \frac{3\pi}{4}, -1\right)$을 직교좌표로 변환하라.

풀이

(a) 원기둥좌표와 직교좌표 사이의 관계 식 (11.12)에 따르면 $r^2 = 1^2 + (-1)^2 = 2$이므로 $r = \sqrt{2}$이다. $\tan\theta = \frac{-1}{1} = -1$이고, xy평면 위의 점 $(1,-1)$은 제4사분면 위의 점이므로 $\theta = \frac{7\pi}{4}$이다. 따라서 구하고자 하는 원기둥좌표는 $\left(\sqrt{2}, \frac{7\pi}{4}, 2\right)$이다.

(b) 직교좌표와 원기둥좌표 사이의 관계 식 (11.13)에 따르면 x, y는 각각 다음과 같다.

$$x=1\cdot\cos\frac{3\pi}{4}=-\frac{\sqrt{2}}{2},\quad y=1\cdot\sin\frac{3\pi}{4}=\frac{\sqrt{2}}{2}$$

따라서 구하고자 하는 직교좌표는 $\left(-\frac{\sqrt{2}}{2},\frac{\sqrt{2}}{2},-1\right)$이다.

예제 11-21 원기둥좌표계 방정식

다음 물음에 답하라.

(a) 직교좌표계 방정식 $z^2=x^2+y^2$을 원기둥좌표계 방정식으로 변환하라.

(b) 원기둥좌표계 방정식 $z=r^2\cos 2\theta$의 그래프를 그려라.

풀이

(a) 식 (11.12)에서 $r^2=x^2+y^2$이므로 주어진 방정식은 $z^2=r^2$ 또는 $z=\pm r$이다.

(b) 주어진 방정식에 식 (11.13)의 관계식을 대입하면 다음과 같다.

$$z=r^2(\cos^2\theta-\sin^2\theta)=(r\cos\theta)^2-(r\sin\theta)^2=x^2-y^2$$

이 곡면의 그래프는 다음과 같이 쌍곡포물면이다.

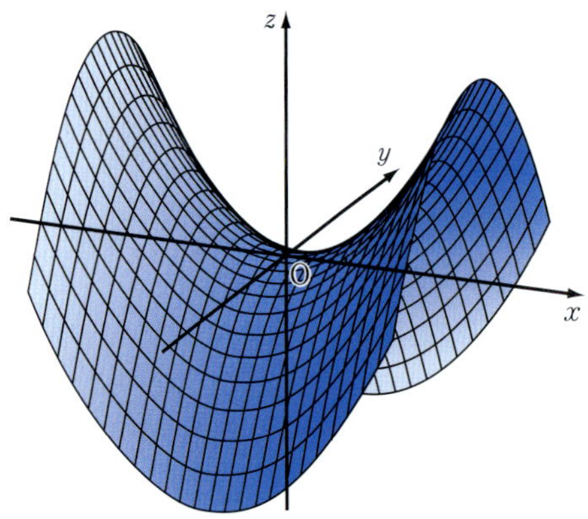

원기둥좌표에서 삼중적분

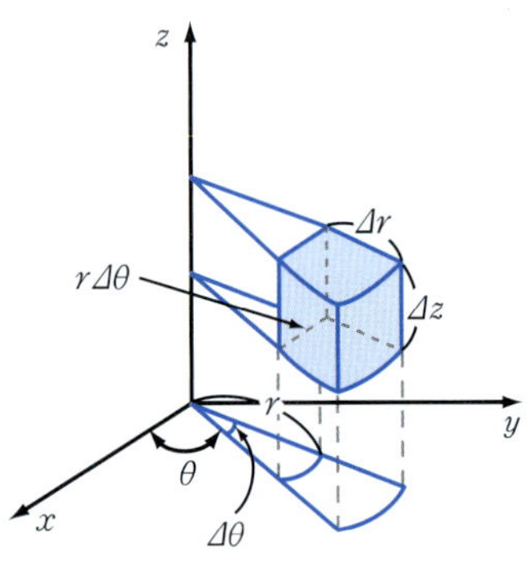

[그림 11-14] 원기둥좌표에서 밑면의 넓이가 $r\Delta r\Delta\theta$이고 높이가 Δz인 다면체

영역 E에서 정의된 함수 $f(x,y,z)$의 삼중적분 $\iiint_E f(x,y,z)\,dA$는 부피가 $\Delta x\Delta y\Delta z(=\Delta V)$인 매우 작은 직육면체에 대하여 함수 f 값과 ΔV를 곱해서 모두 더한 합으로 근사함을 배웠다. 같은 방법을 원기둥좌표에 적용하자. 원기둥좌표에서 리만합을 계산하기 위해 영역 E를 [그림 11-14]와 같이 매우 작은 다면체로 나누자. 이 다면체는 밑면이 극사각형이고 높이가 Δz인 입체다. 이 다면체는 직육면체와 유사하므로 극좌표에서처럼 밑면 넓이가 $r\Delta r\Delta\theta$에 근사하고,

높이가 Δz이므로 부피가 $r\Delta r\Delta\theta\Delta z$에 근사한다. 즉 $\Delta x\Delta y\Delta z \approx r\Delta r\Delta\theta\Delta z$이다.

함수 f가 영역 E에서 연속이면 원기둥좌표와 직교좌표 사이의 관계 식 (11.12)와 부분다면체 부피의 근사 $\Delta x\Delta y\Delta z \approx r\Delta r\Delta\theta\Delta z$를 이용하여 다음과 같이 정리할 수 있다.

정리 11-13 원기둥좌표에서 삼중적분

영역 E에서 함수 $f(x,y,z)$의 삼중적분을 다음과 같이 원기둥좌표로 변환할 수 있다.

$$\iiint_E f(x,y,z)\,dV = \iiint_{E^*} f(r\cos\theta, r\sin\theta, z)\,r\,dr\,d\theta\,dz$$

이때, E^*는 E에 대응하는 원기둥좌표계 영역이다.

예제 11-22 원기둥좌표에서 삼중적분

입체 E가 두 부등식 $x^2+y^2 \le 1$, $-1 \le z \le 1$로 결정된다고 하자. 삼중적분 $\iiint_E 3z^2(x^2+y^2)\,dV$를 계산하라.

풀이

입체 E의 밑면은 평면 $z=-1$이고 윗면은 $z=1$이다. 즉, 밑면은 반지름이 1인 원판이며 높이가 2인 원기둥이다. 입체 E를 xy평면 위로 정사영하면 반지름이 1인 단위 원판 D를 얻는다. 이제 입체 E를 영역으로 나타내면 $E=\{(x,y,z)\,|\,(x,y)\in D, -1 \le z \le 1\}$이다. 삼중적분의 가장 안쪽 적분부터 계산하면 다음과 같다.

$$\begin{aligned}\iiint_E 3z^2(x^2+y^2)\,dV &= \iint_D \left\{\int_{-1}^{1} 3z^2(x^2+y^2)\,dz\right\} dA \\ &= \iint_D \left[z^3(x^2+y^2)\,dz\right]_{z=-1}^{z=1} dA \\ &= \iint_D 2(x^2+y^2)\,dA \qquad (11.14)\end{aligned}$$

영역 D를 극좌표로 나타내면 $D=\{(r,\theta)\,|\,0 \le r \le 1, 0 \le \theta \le 2\pi\}$이다. 이제 식 (11.14)를 계산하면 다음과 같다.

$$\begin{aligned}\iint_D 2(x^2+y^2)\,dA &= \int_0^{2\pi}\int_0^1 (2r^2)\,r\,dr\,d\theta = \int_0^{2\pi} d\theta \int_0^1 2r^3\,dr \\ &= 2\pi\left[\frac{1}{2}r^4\right]_0^1 = \pi\end{aligned}$$

따라서 구하고자 하는 삼중적분 값은 π이다.

[유제 11-17]

부등식 $0 \le z \le 1-x^2-y^2$으로 결정되는 입체 E에서 삼중적분 $\iiint_E 6(x^2+y^2)dV$를 계산하라.

[정의 11-2]와 비슷하게 입체 E의 부피는 $\iiint_E dV$로 나타낼 수 있다. 입체를 영역으로 나타내어 부피를 구해 보자.

예제 11-23 원기둥좌표에서 삼중적분

두 부등식 $x^2+y^2 \le 1$과 $-1 \le z \le 4-x-y$로 결정되는 입체의 부피를 구하라.

풀이

주어진 입체를 E라 하자. E는 밑면이 $z=-1$이고 윗면이 $z=4-x-y$이며 옆면이 원기둥면 $x^2+y^2=1$인 입체다. 입체 E를 xy평면 위로 정사영하면 반지름이 1인 원판 D이다. 따라서 영역은 $E=\{(x,y,z)\,|\,(x,y)\in D, -1 \le z \le 4-x-y\}$이다. 삼중적분의 부피 공식을 이용하면 다음과 같다.

$$\begin{aligned}\iiint_E dV &= \iint_D\left(\int_{-1}^{4-x-y} dz\right)dA = \iint_D \{(4-x-y)-(-1)\}\,dA \\ &= \iint_D (5-x-y)\,dA \qquad (11.15)\end{aligned}$$

이때 $D=\{(r,\theta)\,|\,0 \le r \le 1, 0 \le \theta \le 2\pi\}$이고 식 (11.15)를 계산하면 다음과 같다.

$$\begin{aligned}\int_0^{2\pi}\int_0^1 (5-r\cos\theta-r\sin\theta)r\,dr\,d\theta &= \int_0^{2\pi}\left[\frac{5}{2}r^2-\frac{r^3}{3}\sin\theta-\frac{r^3}{3}\cos\theta\right]_{r=0}^{r=1} d\theta \\ &= \int_0^{2\pi}\left(\frac{5}{2}-\frac{1}{3}\sin\theta-\frac{1}{3}\cos\theta\right)d\theta \\ &= \left[\frac{5}{2}\theta-\frac{1}{3}\cos\theta-\frac{1}{3}\sin\theta\right]_0^{2\pi} = 5\pi\end{aligned}$$

[유제 11-18]

두 부등식 $x^2+y^2 \le 1$과 $x^2-y^2-2 \le z \le 2-x^2-y^2$으로 결정되는 입체의 부피를 구하라.

구면좌표계

공간의 점을 직교좌표계와 원기둥좌표계가 아닌 다른 방식으로 나타내는 방법을 살펴보자. 주어진 점으로부터 원점까지의 거리와 좌표축과의 각을 이용하여 점의 위치를 나타내는 **구면좌표계**(spherical coordinate system)가 있다.

공간의 점 $P(x,y,z)$와 원점 O 사이의 거리를 ρ라 하자. 그리고 양의 z축과 선분 OP 사이의 각을 ϕ로 놓자. 점 P를 xy평면 위로 정사영한 점은 $P_0(x,y,0)$이다. 양의 x축과 선분 OP_0가 이루는 각을 θ로 정의한다. 이제 [그림 11-15]를 이용하면 점 P의 직교좌표 (x,y,z)를 구면좌표 (ρ,θ,ϕ) 사이에는 다음 관계가 성립한다.

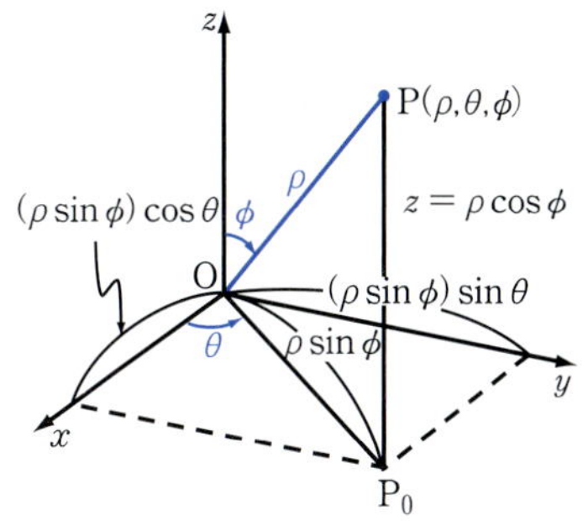

[그림 11-15] 구면좌표와 직교좌표 사이의 관계

$$x = \rho\sin\phi\cos\theta,\ \ y = \rho\sin\phi\sin\theta,\ \ z = \rho\cos\phi \qquad (11.16)$$

직교좌표 $P(x,y,z)$는 다음 공식을 이용하여 $P(\rho,\theta,\phi)$로 나타낼 수 있다.

$$\rho^2 = x^2 + y^2 + z^2,\ \ \tan\theta = \frac{y}{x},\ \ z = \rho\cos\phi\ \ (0 \le \phi \le \pi, 0 \le \theta \le 2\pi) \qquad (11.17)$$

예제 11-24 직교좌표와 구면좌표 사이의 관계

다음 물음에 답하라.

(a) 직교좌표 $(1,-1,1)$을 구면좌표로 변환하라.

(b) 구면좌표 $\left(2,\frac{3\pi}{4},\frac{2\pi}{3}\right)$를 직교좌표로 변환하라.

북반구에 위치한 점은 ϕ의 크기가 $\frac{\pi}{2}$보다 작고, 남반구에 위치한 점은 ϕ의 크기가 $\frac{\pi}{2}$보다 크고 π보다 작거나 같다.

풀이

(a) 구면좌표와 직교좌표 사이의 관계 식 (11.17)에 따르면 $\rho^2 = 1^2 + (-1)^2 + 1^2 = 3$이므로 $\rho = \sqrt{3}$이다. $\tan\theta = \frac{-1}{1} = -1$이고, xy평면 위의 점 $(1,-1)$은 제4사분면 위의 점이므로 $\theta = \frac{7\pi}{4}$이다. $\cos\phi = \frac{1}{\sqrt{3}}$이므로 $\phi = \arccos\frac{1}{\sqrt{3}}$이다. 따라서 구하고자 하는 구면좌표는 $\left(\sqrt{3}, \frac{7\pi}{4}, \arccos\frac{1}{\sqrt{3}}\right)$이다.

(b) 구면좌표와 직교좌표 사이의 관계 식 (11.16)에 따르면 x, y, z는 각각 다음과 같다.

$$x = 2\sin\frac{2\pi}{3}\cos\frac{3\pi}{4} = 2 \cdot \frac{\sqrt{3}}{2} \cdot \left(-\frac{\sqrt{2}}{2}\right) = -\frac{\sqrt{6}}{2}$$

$$y = 2\sin\frac{2\pi}{3}\sin\frac{3\pi}{4} = 2 \cdot \frac{\sqrt{3}}{2} \cdot \frac{\sqrt{2}}{2} = \frac{\sqrt{6}}{2}$$

$$z = 2\cos\frac{2\pi}{3} = 2 \cdot \left(-\frac{1}{2}\right) = -1$$

따라서 구하고자 하는 직교좌표는 $\left(-\frac{\sqrt{6}}{2}, \frac{\sqrt{6}}{2}, -1\right)$이다.

예제 11-25 **구면좌표계 방정식**

다음 물음에 답하라.

(a) 직교좌표계 방정식 $z^2 = x^2 + y^2$을 구면좌표계 방정식으로 변환하라.

(b) 구면좌표계 방정식 $\rho = 2$, $\theta = \frac{\pi}{3}$, $\phi = \frac{\pi}{4}$에 대한 각각의 그래프를 그려라.

(c) 구면좌표계 방정식 $\rho = 2\cos\phi$의 그래프를 그려라.

풀이

(a) 식 (11.16)을 이용하면 주어진 방정식은 다음과 같다.

$$(\rho\cos\phi)^2 = (\rho\sin\phi\cos\theta)^2 + (\rho\sin\phi\sin\theta)^2 = (\rho\sin\phi)^2$$

$\rho \neq 0$이므로 양변을 ρ^2으로 나누면 $\cos^2\phi = \sin^2\phi$이다. 이 방정식을 ϕ에 대하여 풀면 $\phi = \frac{\pi}{4}$ 또는 $\phi = \frac{3\pi}{4}$이다.

(b) 방정식 $\rho = 2$는 원점을 중심으로 하고 반지름이 2인 구면이다. 방정식 $\theta = \frac{\pi}{3}$는 xy평면에서 양의 x축과 일정한 각 $\frac{\pi}{3}$를 이루는 모든 직선의 집합이다. z축 성분을 임의로 택할 수 있으므로 xy평면에 수직인 평면임을 알 수 있다. 방정식 $\phi = \frac{\pi}{4}$는 양의 z축과 일정한 각 $\frac{\pi}{4}$를 이루는 모든 점의 집합으로, 원뿔면이다.

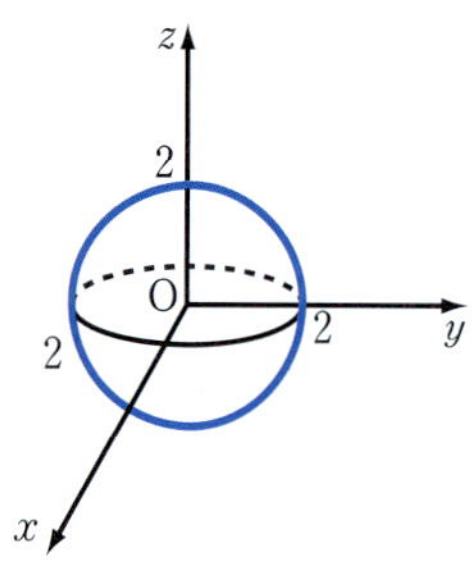

$\rho=2$

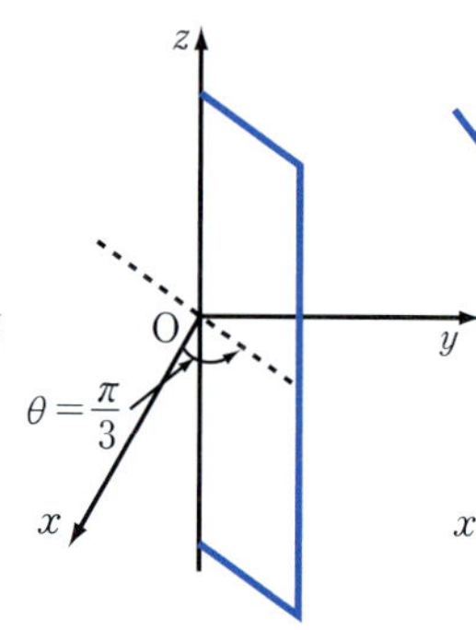

$\theta=\frac{\pi}{3}$

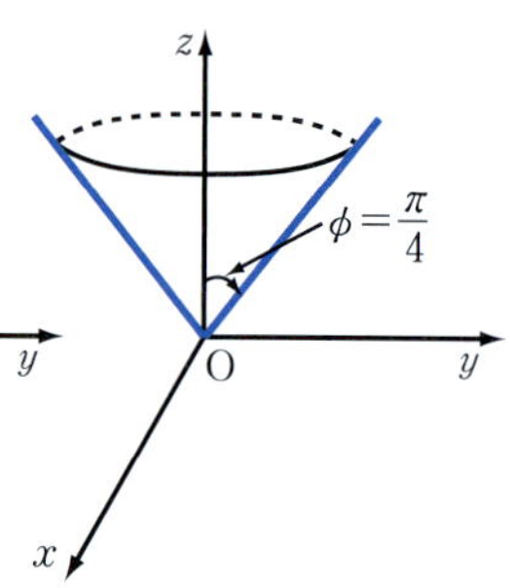

$\phi=\frac{\pi}{4}$

(c) 방정식 $\rho = 2\cos\phi$의 양변에 ρ를 곱하면 $\rho^2 = 2\rho\cos\phi$이다. 이를 직교좌표로 나타내면 방정식 $x^2 + y^2 + z^2 = 2z$에서 $x^2 + y^2 + (z-1)^2 = 1$이다. 즉 중심이 $(0,0,1)$이고 반지름이 1인 구면이다.

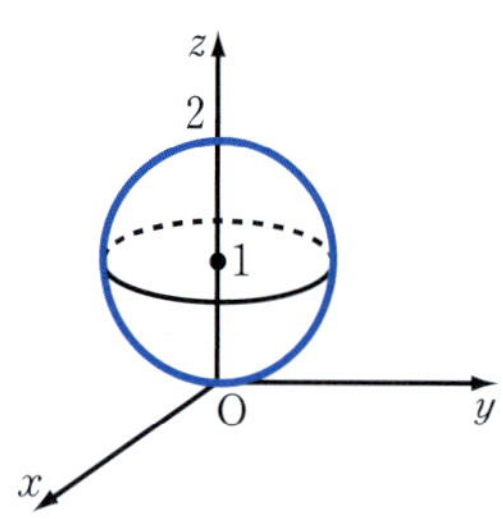

구면좌표에서 삼중적분

구면좌표에서 리만합을 계산하기 위해 영역 E를 [그림 11-16]과 같이 매우 작은 다면체로 나누자. 이 다면체는 간격이 $\Delta\rho$, $\Delta\theta$, $\Delta\phi$로 일정한 입체다. 이 입체는 직육면체와 유사하므로 부피가 $\Delta\rho \times \rho\sin\phi\Delta\theta \times \rho\Delta\phi$에 근사한다. 즉, $\Delta x\Delta y\Delta z \approx \rho^2\sin\phi\Delta\rho\Delta\theta\Delta\phi$이다.

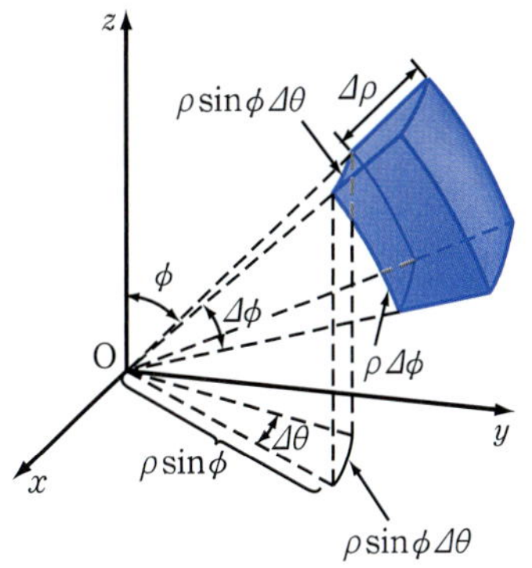

[그림 11-16] 구면좌표에서 부피가 $\Delta\rho\times\rho\sin\phi\Delta\theta\times\rho\Delta\phi$에 근사하는 다면체

함수 f가 영역 E에서 연속이면 구면좌표와 직교좌표 사이의 관계 식 (11.16)과 부분다면체 부피의 근사 $\Delta x\Delta y\Delta z \approx \rho^2\sin\phi\Delta\rho\Delta\theta\Delta\phi$를 이용하여 다음과 같이 정리할 수 있다.

정리 11-14 구면좌표에서 삼중적분

영역 E에서 함수 $f(x,y,z)$의 삼중적분을 다음과 같이 구면좌표로 변환할 수 있다.

$$\iiint_E f(x,y,z)\,dV = \iiint_{E^*} f(\rho\sin\phi\cos\theta, \rho\sin\phi\sin\theta, \rho\cos\phi)\rho^2\sin\phi\,d\rho d\theta d\phi$$

이때, E^*는 E에 대응하는 구면좌표계 영역이다.

예제 11-26 구면좌표에서 삼중적분

공 $x^2+y^2+z^2 \le 1$의 각 점에서 밀도함수를 $f(x,y,z)=z^2$이라 정의할 때, 공의 질량을 구하라.

풀이

주어진 공은 다음과 같은 영역으로 나타낼 수 있다.

$$E=\{(x,y,z)\,|\,x^2+y^2+z^2 \le 1\}=\{(\rho,\theta,\phi)\,|\,0\le\rho\le 1, 0\le\theta\le 2\pi, 0\le\phi\le\pi\}$$

따라서 구의 질량은 [정리 11-14]와 식 (11.16)을 이용하여 다음과 같이 계산한다.

$$\begin{aligned}\iiint_E z^2\,dV &= \int_0^{\pi}\int_0^{2\pi}\int_0^1 (\rho\cos\phi)^2\rho^2\sin\phi\,d\rho\,d\theta\,d\phi \\ &= \left(\int_0^{\pi}\cos^2\phi\sin\phi\,d\phi\right)\left(\int_0^{2\pi}d\theta\right)\left(\int_0^1\rho^4\,d\rho\right) \\ &= \left[-\frac{1}{3}\cos^3\phi\right]_0^{\pi}\times 2\pi\times\left[\frac{1}{5}\rho^5\right]_0^1 = \frac{2}{3}\times 2\pi\times\frac{1}{5} = \frac{4\pi}{15}\end{aligned}$$

[유제 11-19]

공 $x^2+y^2+z^2 \le 2$의 각 점에서 밀도함수를 $f(x,y,z)=x^2+y^2+z^2$이라 정의할 때, 공의 질량을 구하라.

예제 11-27 구면좌표에서 삼중적분

영역 $E=\{(x,y,z) \mid z \ge 0, x^2+y^2+z^2 \le 4\}$에서 삼중적분 $\iiint_E e^{\sqrt{x^2+y^2+z^2}}\,dV$를 계산하라.

풀이

영역 E는 구면좌표로 나타내면 $E=\left\{(\rho,\theta,\phi) \,\middle|\, 0 \le \rho \le 2, 0 \le \theta \le 2\pi, 0 \le \phi \le \frac{\pi}{2}\right\}$ 이다. 주어진 삼중적분은 [정리 11-14]와 식 (11.17)을 이용하여 다음과 같이 구할 수 있다.

$$\begin{aligned}\iiint_E e^{\sqrt{x^2+y^2+z^2}}\,dV &= \int_0^{\frac{\pi}{2}}\int_0^{2\pi}\int_0^2 e^{\rho}\rho^2\sin\phi\,d\rho\,d\theta\,d\phi \\ &= \left(\int_0^{\frac{\pi}{2}}\sin\phi\,d\phi\right)\left(\int_0^{2\pi}d\theta\right)\left(\int_0^2\rho^2 e^{\rho}\,d\rho\right) \\ &= [-\cos\phi]_0^{\frac{\pi}{2}}\times 2\pi\times\left[e^{\rho}(\rho^2-2\rho+2)\right]_0^2 = 1\times 2\pi\times 2(e^2-1) \\ &= 4\pi(e^2-1)\end{aligned}$$

[유제 11-20]

영역 $E=\{(x,y,z) \mid x \ge 0,\ y \ge 0,\ 1 \le x^2+y^2+z^2 \le e^2\}$에서 삼중적분 $\iiint_E \frac{\ln(x^2+y^2+z^2)}{x^2+y^2+z^2}\,dV$를 계산하라.

SECTION

11.6 연습문제

01 직교좌표계 방정식 $z=(x+y)^2$을 원기둥좌표계 방정식으로 변환하라.

02 직교좌표계 방정식 $z=x^2-y^2$을 구면좌표계 방정식으로 변환하라.

03 원기둥좌표계 방정식 $z=r(\cos\theta+2\sin\theta)-2$를 직교좌표계 방정식으로 변환하고 그래프를 그려라.

04 구면좌표계 방정식 $\rho=2\sin\phi\cos\theta$를 직교좌표계 방정식으로 변환하고 그래프를 그려라.

05 부등식 $0\le x^2+y^2\le 1$과 $0\le z\le 2-x^2-y^2$으로 표현되는 입체의 밀도함수를 $f(x,y,z)=x^2+y^2+z$라 정의할 때, 입체의 질량을 구하라.

06 타원포물면 $z=1-x^2-y^2$의 내부와 이엽쌍곡면 $x^2+y^2-z^2=-3$의 윗부분의 내부로 이루어진 입체의 밀도함수를 $f(x,y,z)=6x^2z$로 정의할 때, 입체의 질량을 구하라.

07 부등식 $0\le z\le\sqrt{1-x^2-y^2}$ $(x\ge 0,\ y\ge 0)$으로 표현되는 입체의 밀도함수를 $f(x,y,z)=24xyz$라 정의할 때, 입체의 질량을 구하라.

08 두 구면 $x^2+y^2+z^2=1$과 $x^2+y^2+(z-1)^2=1$로 둘러싸인 입체의 부피를 구하라.

09 원뿔면 $\phi=\frac{\pi}{3}$의 윗부분과 구면 $\rho=1$의 내부로 이루어진 입체 E에서 삼중적분 $\iiint_E (x^2+y^2+z^2)\,dV$를 계산하라.

10 원점이 꼭짓점이며 반지름이 a이고 밑면의 중심이 $(0,0,h)$인(높이가 h인, $a\le h$) 원뿔의 무게중심을 구하라.

11 원뿔면 $z=\sqrt{x^2+y^2}$과 구면 $x^2+y^2+z^2=2$로 둘러싸인 입체의 무게중심을 구하라.

SECTION 11.7

변수변환과 중적분

이중적분의 변수변환

지금까지 적분을 쉽게 계산하기 위해 직교좌표계에서 극좌표계, 원기둥좌표계, 구면좌표계로 변환하는 방법을 배웠다. 이를 일반화하여 일반 영역에 대하여 이중적분 또는 삼중적분을 변환하는 방법을 다룬다. 이는 일변수함수의 치환적분에 대응하는 개념이다.

우선 평면에서 영역의 변수변환을 공부해 보자.

정의 11-5 영역변환

어떤 변수 u, v에 대하여 $x=x(u,v)$, $y=y(u,v)$인 관계가 성립한다고 하자. 함수 $T:\mathbb{R}^2 \to \mathbb{R}^2$이 $T(u,v)=(x,y)$로 정의되는 일대일 대응일 때, 함수 T를 uv평면에서 xy평면으로의 **변환**(transformation)이라 한다.

예제 11-28 영역변환

다음 방정식으로 정의되는 변환 T를 생각하자.

$$x=u+v,\ y=u-v$$

직사각형 영역 $S=\{(u,v) \mid 0 \le u \le 1, 0 \le v \le 2\}$를 T로 변환하여 얻은 xy평면 위의 영역을 구하라.

풀이

영역 S의 경계는 네 선분 $u=0$, $u=1(0 \le v \le 2)$, $v=0$, $v=2(0 \le u \le 1)$이다. 각 선분은 T에 의해 다음과 같이 변환된다.

uv 평면		$x=x(u,v)$, $y=y(u,v)$		xy 평면
① $u=0$, $0 \le v \le 2$	→	$x=v$, $y=-v$	→	①′ $y=-x$, $0 \le x \le 2$
② $u=1$, $0 \le v \le 2$	→	$x=1+v$, $y=1-v$	→	②′ $y=2-x$, $1 \le x \le 3$
③ $v=0$, $0 \le u \le 1$	→	$x=u$, $y=u$	→	③′ $y=x$, $0 \le x \le 1$
④ $v=2$, $0 \le u \le 1$	→	$x=u+2$, $y=u-2$	→	④′ $y=x-4$, $2 \le x \le 3$

변환 T로 변환된 영역을 그림으로 나타내면 다음과 같다.

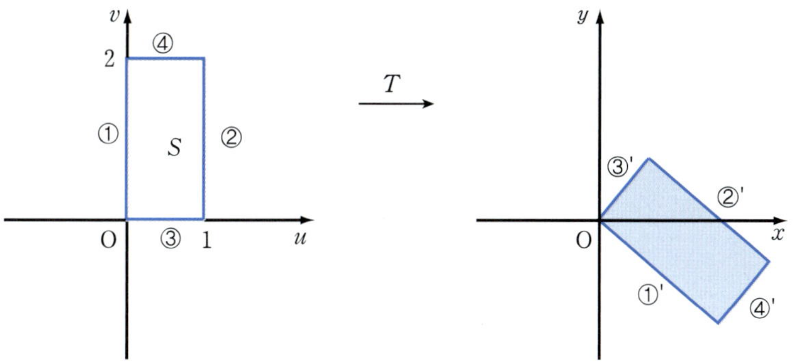

[유제 11-21]

방정식 $x=2u+v$, $y=2u-v$로 정의되는 변환 T를 생각하자. uv 평면 위의 세 점 $(-1,0)$, $(0,1)$, $(1,0)$을 꼭짓점으로 하는 삼각형 영역 S를 T로 변환하여 얻은 xy평면 위의 영역을 구하라.

uv평면 위의 어떤 직사각형 영역을 S라 하고, 변환 T로 변환된 xy평면의 영역을 $R=T(S)$라 하자. u좌표의 점 $u_0, \dots, u_m$과 v좌표의 점 $v_0, \dots, v_n$을 이용하여 S를 격자 형태로 나눈다. 그리고 격자를 이루는 가로선과 세로선에 대한 변환 T의 상(image)을 영역 R에 표시하면 [그림 11-17]과 같다.

[그림 11-17]에서 부분영역 R_{ij}에 대하여 왼쪽 아래 부분의 경계점 (x_i, y_j)를 선택하고 그에 대응하는 S의 경계점을 (u_i, v_j)라 하자. $(x_i, y_j)=T(u_i, v_j)$이다. 우리의 목표는 패치라 불리는 R_{ij}의 넓이를 근사하는 것이다. uv평면 위의 점 (u,v)의 상인 $T(u,v)$의 위치벡터를 $\mathbf{r}(u,v)$라 하고, [그림 11-18]과 같이 다음 두 벡터를 정의하자.

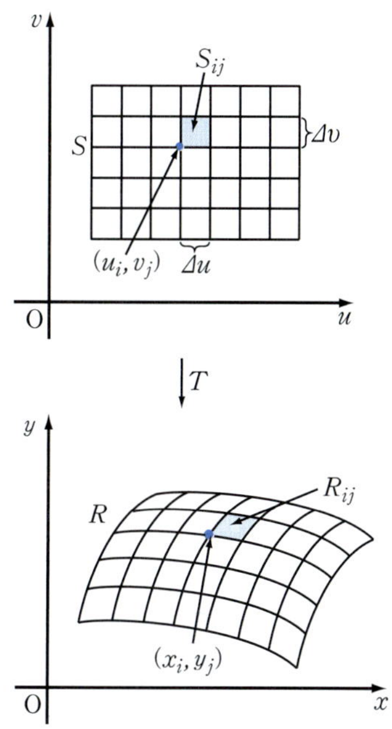

[그림 11-17] 영역 S와 변환 T로 변환한 영역 $R(=T(S))$

$$\mathbf{a}=\mathbf{r}(u_i+\Delta u, v_j)-\mathbf{r}(u_i, v_j),\ \ \mathbf{b}=\mathbf{r}(u_i, v_j+\Delta v)-\mathbf{r}(u_i, v_j)$$

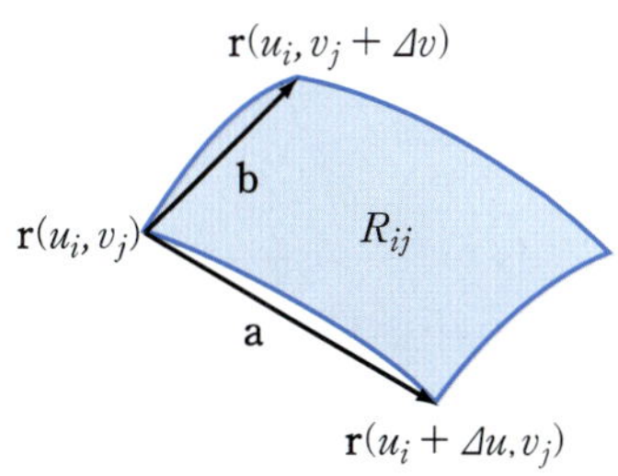

[그림 11-18] 두 벡터 a, b

벡터 $\mathbf{r}(u_i, v_j)$에서 v_j를 고정하면 $\mathbf{r}$은 u_i가 매개변수인 곡선으로 생각할 수 있고, 다음과 같이 변수 u에 대한 **접벡터**(tangent vector)가 존재한다.

$$\mathbf{r}_u=\lim_{\Delta u\to 0}\frac{\mathbf{r}(u_i+\Delta u, v_j)-\mathbf{r}(u_i, v_j)}{\Delta u}$$

마찬가지로 벡터 $\mathbf{r}(u_i, v_j)$에서 u_i를 고정하여 변수 v에 대한 접벡터를 구한다.

$$\mathbf{r}_v=\lim_{\Delta v\to 0}\frac{\mathbf{r}(u_i, v_j+\Delta v)-\mathbf{r}(u_i, v_j)}{\Delta v}$$

이때, $\Delta u \approx 0$, $\Delta v \approx 0$이면 다음이 성립함을 관찰할 수 있다.

$$\mathbf{r}(u_i+\Delta u, v_j)-\mathbf{r}(u_i, v_j) \approx \Delta u \mathbf{r}_u, \ \mathbf{r}(u_i, v_j+\Delta v)-\mathbf{r}(u_i, v_j) \approx \Delta v \mathbf{r}_v$$

따라서 부분영역 R_{ij}의 넓이는 [그림 11-19]와 같이 두 벡터 $\Delta u \mathbf{r}_u$와 $\Delta v \mathbf{r}_v$로 결정된 평행사변형의 넓이에 근사한다고 볼 수 있다. 두 벡터 $\Delta u \mathbf{r}_u$와 $\Delta v \mathbf{r}_v$를 z좌표가 0인 공간벡터로 간주하자. [정리 9-12]의 평행사변형 넓이 공식에 의해 다음이 성립한다.

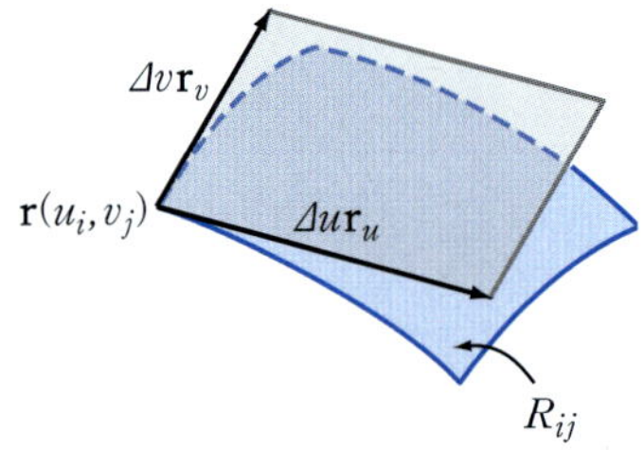

[그림 11-19] 두 벡터 $\Delta u \mathbf{r}_u$, $\Delta v \mathbf{r}_v$로 이루어진 평행사변형

$$\|(\Delta u \mathbf{r}_u)\times(\Delta v \mathbf{r}_v)\| = \|\mathbf{r}_u \times \mathbf{r}_v\| \Delta u \Delta v \tag{11.18}$$

식 (11.18)에서 외적 $\mathbf{r}_u \times \mathbf{r}_v$의 크기에 해당하는 부분을 다음과 같이 정의한다.

정의 11-6 야코비안

변환 $T(u,v)=(x,y)$에 대하여 $x=x(u,v)$, $y=y(u,v)$일 때, 변환 T의 **야코비안**(Jacobian) $\dfrac{\partial(x,y)}{\partial(u,v)}$를 다음과 같이 정의한다.

$$\frac{\partial(x,y)}{\partial(u,v)} = \det\begin{pmatrix} \dfrac{\partial x}{\partial u} & \dfrac{\partial x}{\partial v} \\ \dfrac{\partial y}{\partial u} & \dfrac{\partial y}{\partial v} \end{pmatrix} = \frac{\partial x}{\partial u}\frac{\partial y}{\partial v} - \frac{\partial x}{\partial v}\frac{\partial y}{\partial u}$$

이중적분의 리만합을 고려하였을 때, [정의 11-6]을 이용하여 이중적분을 변환하면 다음 관계식이 성립한다.

정리 11-15 이중적분의 변수변환

방정식 $x=x(u,v)$, $y=y(u,v)$가 uv평면의 영역 S를 xy평면의 영역 R로 변환할 때, 함수 $f(x,y)$에 대한 이중적분의 변환공식은 다음과 같다.

$$\iint_R f(x,y)dA = \iint_S f(x(u,v),y(u,v))\left|\frac{\partial(x,y)}{\partial(u,v)}\right|dudv$$

직교좌표에서 극좌표로의 변환을 다시 생각해 보자. $r\theta$평면에서 xy평면으로의 변환 T는 다음 방정식으로 정의된다.

$$x=x(r,\theta)=r\cos\theta, \ y=y(r,\theta)=r\sin\theta$$

변환 T의 야코비안은 다음과 같다.

$$\frac{\partial(x,y)}{\partial(r,\theta)} = \det\begin{pmatrix} \frac{\partial x}{\partial r} & \frac{\partial x}{\partial \theta} \\ \frac{\partial y}{\partial r} & \frac{\partial y}{\partial \theta} \end{pmatrix} = \det\begin{pmatrix} \cos\theta & -r\sin\theta \\ \sin\theta & r\cos\theta \end{pmatrix} = r$$

[정리 11-15]를 이용하면 극좌표에서 이중적분 변환 공식([정리 11-8])이 유효함을 확인할 수 있다. 이제 함수나 영역을 간단하게 변환하여 이중적분을 쉽게 계산할 수 있다.

피적분함수 또는 영역에서 반복되거나 복잡한 부분을 변환할 대상으로 선택하자.

예제 11-29 이중적분의 변수변환

두 부등식 $0 \le x+y \le 1$과 $1 \le x-y \le 4$로 둘러싸인 영역 R에 대한 이중적분 $\iint_R xy\,dA$ 값을 구하라.

풀이

주어진 부등식을 관찰하여 $u=x+y$, $v=x-y$로 놓고 x, y에 대하여 정리하면 $x=\frac{u+v}{2}$, $y=\frac{u-v}{2}$이다. 따라서 영역 R은 다음과 같이 변환된다. 오른쪽 그림에서 이 변환을 확인해 보자.

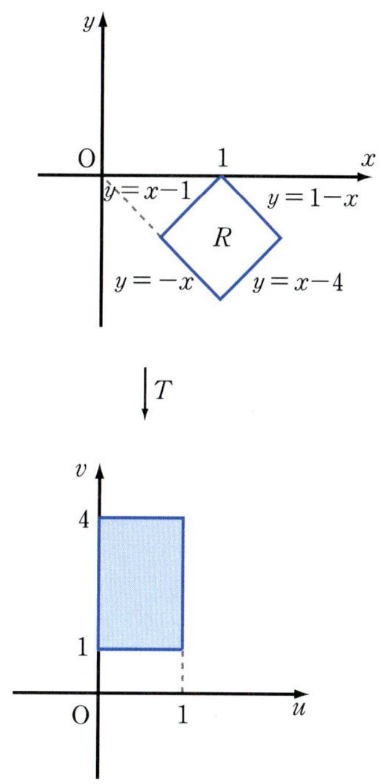

xy평면(영역 R)		uv평면
$0 \le x+y \le 1$	→	$0 \le u \le 1$
$1 \le x-y \le 4$	→	$1 \le v \le 4$

야코비안은 다음과 같다.

$$\frac{\partial(x,y)}{\partial(u,v)} = \det\begin{pmatrix} \frac{\partial x}{\partial u} & \frac{\partial x}{\partial v} \\ \frac{\partial y}{\partial u} & \frac{\partial y}{\partial v} \end{pmatrix} = \det\begin{pmatrix} \frac{1}{2} & \frac{1}{2} \\ \frac{1}{2} & -\frac{1}{2} \end{pmatrix} = -\frac{1}{2}$$

[정리 11-15]를 이용하여 이중적분을 계산하면 다음과 같다.

$$\begin{aligned} \iint_R xy\,dA &= \int_1^4\int_0^1 \left(\frac{u+v}{2}\right)\left(\frac{u-v}{2}\right)\left|-\frac{1}{2}\right| du\,dv = \int_1^4\int_0^1 \frac{1}{8}(u^2-v^2)\,du\,dv \\ &= \int_1^4 \frac{1}{8}\left[\frac{1}{3}u^3 - uv^2\right]_{u=0}^{u=1} dv = \int_1^4 \frac{1}{8}\left(\frac{1}{3}-v^2\right) dv \\ &= \frac{1}{8}\left[\frac{1}{3}v - \frac{1}{3}v^3\right]_1^4 = -\frac{5}{2} \end{aligned}$$

[유제 11-22]

두 부등식 $0 \le 2x+y \le 6$과 $1 \le 2x-y \le 4$로 둘러싸인 영역 R을 생각하자. 이중적분 $\iint_R 2(x+y)\,dA$ 값을 구하라.

예제 11-30 이중적분의 변수변환

세 꼭짓점 $(0,0)$, $(0,\pi)$, $(2\pi,0)$으로 이루어진 삼각형 영역 R에 대하여 다음 이중적분을 계산하라.

$$\iint_R \cos(x+2y)\cos(x-2y)\,dA$$

풀이

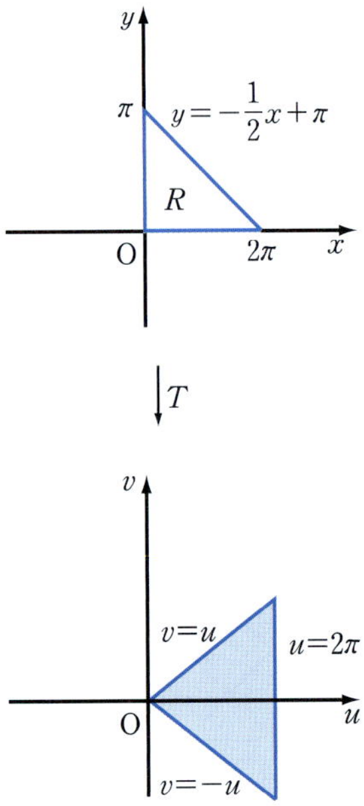

주어진 피적분함수를 관찰하여 $u=x+2y$, $v=x-2y$로 놓고 x, y에 대하여 정리하면 $x=\dfrac{u+v}{2}$, $y=\dfrac{u-v}{4}$이다. 삼각형 영역 R의 경계는 세 직선 $x=0$, $y=0$, $y=-\dfrac{1}{2}x+\pi$이며 다음과 같이 변환된다. 왼쪽 그림에서 이 변환을 확인해 보자.

xy평면(영역 R)		uv평면
$x=0$	→	$u+v=0$
$y=0$	→	$u-v=0$
$y=-\frac{1}{2}x+\pi$	→	$\frac{u-v}{4}=-\frac{1}{2}\left(\frac{u+v}{2}\right)+\pi$, $u=2\pi$

야코비안은 다음과 같다.

$$\frac{\partial(x,y)}{\partial(u,v)}=\det\begin{pmatrix}\dfrac{\partial x}{\partial u} & \dfrac{\partial x}{\partial v}\\ \dfrac{\partial y}{\partial u} & \dfrac{\partial y}{\partial v}\end{pmatrix}=\det\begin{pmatrix}\dfrac{1}{2} & \dfrac{1}{2}\\ \dfrac{1}{4} & -\dfrac{1}{4}\end{pmatrix}=-\frac{1}{4}$$

[정리 11-15]를 이용하여 이중적분을 계산하면 다음과 같다.

$$\begin{aligned}&\iint_R \cos(x+2y)\cos(x-2y)\,dA\\ &=\int_0^{2\pi}\int_{-u}^{u}\cos u\cos v\left|-\frac{1}{4}\right|dvdu=\frac{1}{4}\int_0^{2\pi}\left[\cos u\sin v\right]_{v=-u}^{v=u}du\\ &=\frac{1}{4}\int_0^{2\pi}2\cos u\sin u\,du=\frac{1}{4}\int_0^{2\pi}\sin 2u\,du\\ &=\frac{1}{4}\left[-\frac{1}{2}\cos 2u\right]_0^{2\pi}=0\end{aligned}$$

[유제 11-23]

세 꼭짓점 $(0,0)$, $(0,1)$, $(2,0)$으로 이루어진 삼각형 영역 R을 생각하자. 이중적분 $\iint_R (x-2y)e^{x+2y}dA$를 계산하라.

이변수함수의 역함수 미분법을 이용하면 식 (11.19)를 유도할 수 있다. 때로는 식 (11.19)를 이용하여 더 쉽게 야코비안을 구할 수 있다.

이변수함수의 역함수 미분법은 상급 과정에서 다룬다.

$$\frac{\partial(x,y)}{\partial(u,v)}=\left[\frac{\partial(u,v)}{\partial(x,y)}\right]^{-1} \tag{11.19}$$

예제 11-31 이중적분의 변수변환

두 부등식 $x^2 \le y \le 2x^2$, $1 \le xy \le 4$로 정의되는 영역 R에 대한 이중적분 $\iint_R (x^3+y^3)\,dA$를 계산하라.

풀이

두 부등식을 관찰하여 $u=\dfrac{x^2}{y}$, $v=xy$로 놓고 x, y에 대해 정리하면 $x=(uv)^{\frac{1}{3}}$, $y=u^{-\frac{1}{3}}v^{\frac{2}{3}}$이다. 따라서 영역 R은 다음과 같이 변환된다. 오른쪽 그림에서 이 변환을 확인해 보자.

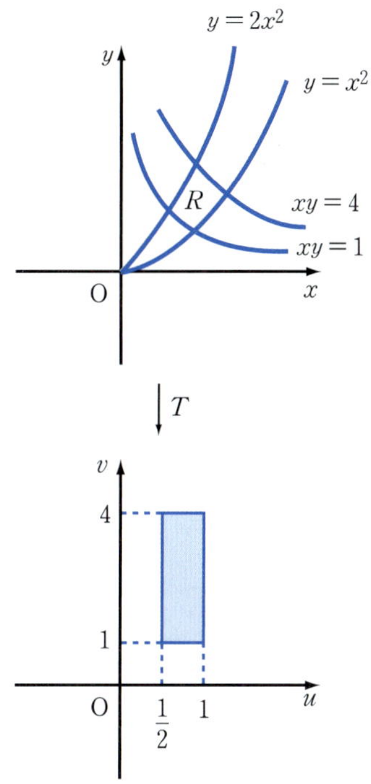

xy평면(영역 R)		uv평면
$x^2 \le y \le 2x^2$	→	$\frac{1}{2} \le u \le 1$
$1 \le xy \le 4$	→	$1 \le v \le 4$

야코비안을 구하기 위해 다음을 먼저 계산한다.

$$\frac{\partial(u,v)}{\partial(x,y)}=\det\begin{pmatrix}\dfrac{\partial u}{\partial x} & \dfrac{\partial u}{\partial y}\\ \dfrac{\partial v}{\partial x} & \dfrac{\partial v}{\partial y}\end{pmatrix}=\det\begin{pmatrix}\dfrac{2x}{y} & -\dfrac{x^2}{y^2}\\ y & x\end{pmatrix}=\frac{3x^2}{y}=3u$$

야코비안은 $\dfrac{\partial(x,y)}{\partial(u,v)}=\left[\dfrac{\partial(u,v)}{\partial(x,y)}\right]^{-1}=\dfrac{1}{3u}$이다. 이제 [정리 11-15]를 이용하여 이중적분을 계산하면 다음과 같다.

$$\begin{aligned}\iint_R (x^3+y^3)\,dA &= \int_1^4\int_{\frac{1}{2}}^1\left(uv+\frac{v^2}{u}\right)\left|\frac{1}{3u}\right|du dv=\int_1^4\int_{\frac{1}{2}}^1\frac{1}{3}\left(v+\frac{v^2}{u^2}\right)du dv\\ &=\int_1^4\frac{1}{3}\left[uv-\frac{v^2}{u}\right]_{u=\frac{1}{2}}^{u=1}dv=\int_1^4\frac{1}{3}\left(\frac{1}{2}v+v^2\right)dv\\ &=\frac{1}{3}\left[\frac{1}{4}v^2+\frac{1}{3}v^3\right]_1^4=\frac{33}{4}\end{aligned}$$

[유제 11-24]

두 부등식 $\sqrt{x} \le y \le 2\sqrt{x}$ 와 $1 \le xy \le 4$로 정의되는 영역 R을 생각하자. 이중적분 $\iint_R 2(x+y)\,dA$를 계산하라.

삼중적분의 변수변환

삼중적분의 변수변환은 이중적분과 유사하다. 함수 T가 uvw공간 영역 S에서 xyz공간 영역 E로의 변환이며 다음 방정식으로 정의된다고 하자.

$$x = x(u,v,w),\ \ y = y(u,v,w),\ \ z = z(u,v,w)$$

T의 야코비안은 다음과 같이 3×3 행렬의 행렬식으로 정의한다.

$$\frac{\partial(x,y,z)}{\partial(u,v,w)} = \det\begin{pmatrix} \frac{\partial x}{\partial u} & \frac{\partial x}{\partial v} & \frac{\partial x}{\partial w} \\ \frac{\partial y}{\partial u} & \frac{\partial y}{\partial v} & \frac{\partial y}{\partial w} \\ \frac{\partial z}{\partial u} & \frac{\partial z}{\partial v} & \frac{\partial z}{\partial w} \end{pmatrix}$$

[정리 11-15]와 비슷하게 삼중적분의 변환공식을 다음과 같이 얻을 수 있다.

$$\iiint_E f(x,y,z)\,dV = \iiint_S f(x(u,v,w),y(u,v,w),z(u,v,w))\left|\frac{\partial(x,y,z)}{\partial(u,v,w)}\right| dudvdw \tag{11.20}$$

직교좌표에서 구면좌표로의 변환을 다시 생각해 보자. 변환 T는 다음 방정식으로 정의된다.

$$x = \rho\sin\phi\cos\theta,\ \ y = \rho\sin\phi\sin\theta,\ \ z = \rho\cos\phi$$

T의 야코비안은 다음과 같다.

$$\frac{\partial(x,y,z)}{\partial(\rho,\phi,\theta)} = \det\begin{pmatrix} \sin\phi\cos\theta & \rho\cos\phi\cos\theta & -\rho\sin\phi\sin\theta \\ \sin\phi\sin\theta & \rho\cos\phi\sin\theta & \rho\sin\phi\cos\theta \\ \cos\phi & -\rho\sin\phi & 0 \end{pmatrix} = \rho^2\sin\phi$$

식 (11.20)을 이용하면 구면좌표에서 삼중적분 변환 공식, 즉 [정리 11-14]가 유효함을 확인할 수 있다.

SECTION

11.7 연습문제

01 두 부등식 $0 \le 2x+y \le 1$, $1 \le 2x-y \le 4$로 둘러싸인 영역 R에 대한 이중적분 $\iint_R 6(x-y)^2\,dA$ 값을 구하라.

02 네 꼭짓점 $(0,0)$, $(2,-1)$, $(2,1)$, $(4,0)$으로 이루어진 사각형 영역 R에 대하여 이중적분 $\iint_R \ln(x+2y+1)e^{x-2y}\,dA$를 계산하라.

03 부등식 $x \le y \le 2x$와 $1 \le xy \le 4$에 의해 정의되는 영역 R에 대한 이중적분 $\iint_R (x^2+y^2)\,dA$ 값을 구하라.

04 반복적분 $\int_0^1 \int_{-2x}^{x} (2x+y)\sin(x-y)\,dy\,dx$ 값을 계산하라.

05 반복적분 $\int_0^1 \int_0^{2-2x} 2(x-2y)e^{x-2y}\,dy\,dx$ 값을 계산하라.

06 세 직선 $x=1$, $y=-x+2$, $y=x-2$로 둘러싸인 영역 R에 대해 이중적분 $\iint_R \sqrt{\dfrac{x+y}{x-y}}\,dA$를 계산하라.

07 변수변환을 이용하여 타원 $\dfrac{x^2}{a^2}+\dfrac{y^2}{b^2}=1\,(a>0,\ b>0)$의 넓이를 구하라.

08 타원기둥 $x^2+4y^2=4$의 내부와 두 평면 $z=0$과 $z=2-y$로 둘러싸인 입체 E에서 삼중적분 $\iiint_E (x^2+y^2+2z)\,dV$를 계산하라.

09 변수변환을 이용하여 타원면 $\dfrac{x^2}{a^2}+\dfrac{y^2}{b^2}+\dfrac{z^2}{c^2}=1$ $(a>0,\ b>0,\ c>0)$의 부피를 구하라.

10 원점이 중심이고 단축이 $-1 \le x \le 1$, 장축이 $-2 \le y \le 2$인 타원형 영역 D에서 이중적분 $\iint_D e^{x^2+\frac{y^2}{4}}\,dA$를 계산하라.

11 두 부등식 $x \le y \le 4x$, $1 \le xy \le 9$로 정의된 영역 R에서 이중적분 $\iint_R xy^2\,dA$를 계산하라.

12 네 직선 $y=x-1$, $y=x+1$, $y=-x+1$, $y=-x+2$로 둘러싸인 영역 R에서 이중적분 $\iint_R \dfrac{(x-y)^2}{x+y}\,dA$를 계산하라.

CHAPTER

12

선적분과 면적분

Line Integral and Surface Integral

Contents

○ 선적분과 면적분을 왜 배워야 하는가?

5장은 선분 위에서 정의된 함수의 정적분을 다루었다면 11장은 평면영역 위에서 정의된 함수의 적분을 다룬다. 선분이나 평면영역에서의 적분을 일반화한 개념에는 2가지가 있다. 하나는 평면이나 공간 위의 곡선에서 정의된 함수의 적분(선적분)이며, 다른 하나는 휘어진 곡면에서 정의된 함수의 적분(면적분)이다. 선적분과 면적분은 공학이나 물리학에서 일의 양, 철사의 밀도에 따른 질량, 물체나 전하가 한 지점에서 다른 지점으로 움직일 때 한 일의 양, 피막을 통과하는 액체의 유동(flow), 떨어지는 낙하산에 작용하는 공기 저항, 곡면 전체를 통과하는 유체의 총 질량 등을 계산하는 데 중요한 역할을 한다.

○ 이 장에서 배우는 내용은?

5장에서 배운 정적분을 일반화하여 선적분을 정의하고 스칼라함수와 벡터장의 선적분을 학습한다. 다음으로 물체의 처음 위치와 마지막 위치에만 좌우하고 두 지점을 연결하는 경로에 영향을 받지 않는 선적분의 기본정리를 알아본다. 더 나아가 선적분과 이중적분 사이의 관계를 알려주는 그린 정리를 공부한다. 11장에서 배운 중적분을 일반화하여 면적분을 정의하고 스칼라함수와 벡터장의 면적분을 학습한다. 이를 바탕으로 그린 정리와 매우 유사한 스토크스 정리를 공부한다. 마지막으로 닫힌곡면의 적분과 입체영역에서 삼중적분 사이의 관계를 알려주는 발산 정리를 알아본다.

- **선적분과 면적분**
  - 선적분
    - 스칼라함수의 선적분
    - 스칼라함수의 평균값
    - 벡터장의 선적분
    - 선적분의 기본정리
  - 그린 정리
    - 그린 정리
    - 회전과 발산
    - 그린 정리의 벡터형식
  - 면적분
    - 매개변수 곡면과 넓이
    - 곡면에서 스칼라함수의 면적분
    - 곡면에서 벡터장의 면적분
  - 스토크스 정리와 발산 정리
    - 스토크스 정리
    - 발산 정리

SECTION 12.1 선적분

이 절에서는 선적분 개념을 살펴본다. 이런 새로운 적분은 정적분이나 이중적분과 유사하게 정의한다.

정적분 $\int_a^b f(x)dx$는 선분 $[a, b]$ (x축 구간)에서 정의된 함수 $f(x)$의 적분이다. 적분 구간을 선분에서 평면이나 공간에 있는 곡선으로 일반화할 수 있다. 이렇게 적분 구간을 곡선으로 확장한 적분은 '곡선적분'이라 불러야 적절해 보이지만 관용적으로 선적분(line integral)이라고 한다.

스칼라함수의 선적분

선적분을 설명하기 전에 먼저 2가지 개념을 살펴보자. 함수 $f(x, y)$와 같이 함숫값이 실수인 함수를 **스칼라함수**(scalar function)라 한다. [정의 12-4]에서 스칼라함수에 대응하는 함수를 소개한다. 매개변수 t에 대하여 곡선 $\gamma: [a, b] \to \mathbb{R}^2$, $\gamma(t) = (x(t), y(t))$를 생각하자. 구간 $[a, b]$에서 곡선 γ의 각 성분함수 $x(t)$, $y(t)$가 미분 가능하고 $x'(t)$, $y'(t)$가 0이 아닐 때, γ를 **매끄러운 곡선**(smooth curve)이라 한다. 공간에서도 매끄러운 곡선을 비슷하게 정의할 수 있다.

스칼라함수 $f(x, y)$의 정의역에 놓여있는 매끄러운 곡선 $\gamma: [a, b] \to \mathbb{R}^2$, $\gamma(t) = (x(t), y(t))$ 위에서 함수 $f(x, y)$의 적분을 생각하자. 이러한 적분은 곡선 위에서 함숫값 $f \circ \gamma$로, 구간 $[a, b]$ 에서 호의 길이에 대한 합성함수의 적분으로 정의한다.

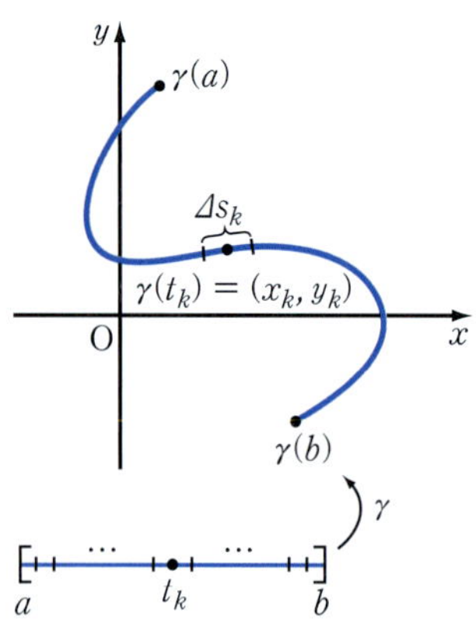

[그림 12-1] 구간 $[a, b]$ 에서 곡선 $\gamma(t)$와 $\gamma(t)$를 작게 나눈 부분곡선의 길이 Δs_k

[그림 12-1]과 같이 곡선을 n개인 부분곡선으로 나누고, 각 부분곡선의 길이를 Δs_k로 놓자. 각 부분곡선에서 한 점 (x_k, y_k)를 택하여 그 점에서 f 값을 계산한 뒤 부분곡선의 길이 Δs_k를 곱하여 다음과 같이 합을 만든다.

$$\sum_{k=1}^{n} f(x_k, y_k)\Delta s_k \tag{12.1}$$

이제 식 (12.1)의 극한을 취하면 다음과 같이 선적분을 정의할 수 있다.

정의 12-1 이변수함수의 선적분

스칼라함수 $f(x, y)$가 매끄러운 곡선 $\gamma(t) = (x(t), y(t))$ $(0 \le t \le b)$에서 정의될 때, 다음 극한이 존재하면 $\int_\gamma f(x, y)ds$를 곡선 γ를 따르는 스칼라함수 f의 **선적분**(line integral)이라 한다.

$$\int_\gamma f(x, y)ds = \lim_{n \to \infty} \sum_{k=1}^{n} f(x_k, y_k)\Delta s_k$$
$$= \int_a^b f(x(t), y(t)) \sqrt{\left(\frac{dx}{dt}\right)^2 + \left(\frac{dy}{dt}\right)^2}\, dt$$

$\gamma(t)$를 벡터라 생각할 수 있으므로 벡터 기호를 사용하면 다음과 같이 간결하게 쓸 수 있다.

$$\int_\gamma f(x, y)ds = \int_a^b f(\gamma(t))|\gamma'(t)|dt$$

특히 $f(x, y) = 1$이면 $\int_\gamma ds = \int_a^b |\gamma'(t)|dt$이므로 곡선 γ를 따르는 f의 선적분은 곡선 γ의 길이가 된다.

일변수함수의 정적분과 비교하여 선적분의 기하학적 의미를 살펴보자. 구간 $I = [a, b]$에 속하는 실수 x에 대하여 $f(x) > 0$일 때, 정적분 $\int_a^b f(x)dx = \int_I f(x)dx$는 곡선 $y = f(x)$와 구간 I로 둘러싸인 영역의 넓이를 의미한다. 이번에는 구간 $I = [a, b]$에서 정의된 평면곡선 $\gamma(t) = (x(t), y(t))$를 생각하자. $f(x, y) > 0$일 때, 선적분 $\int_\gamma f(x, y)ds$는 [그림 12-2]와 같이 곡면 $z = f(x, y)$와 평면곡선 γ로 둘러싸인 커튼 한쪽 옆면의 넓이를 의미한다.

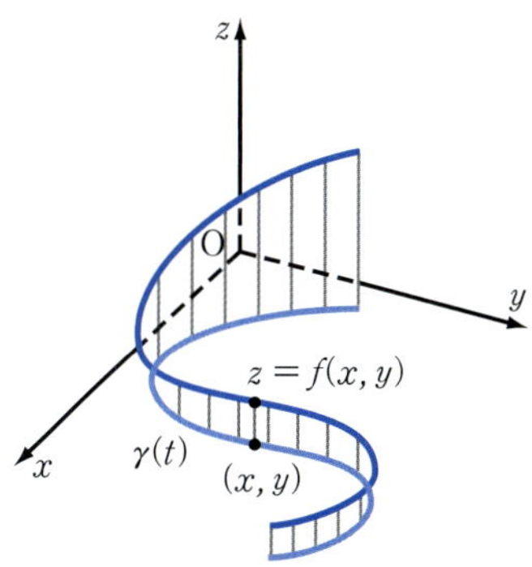

[그림 12-2] 선적분 $\int_\gamma f(x, y)ds$의 기하학적 의미

예제 12-1 선적분의 기하학적 의미

오른쪽 그림과 같이 제1사분면에 있는 단위원에서 정의된 곡선 $f(x, y) = 1 + \frac{y}{3}$으로 주어진 커튼 한쪽 옆면의 넓이를 구하라.

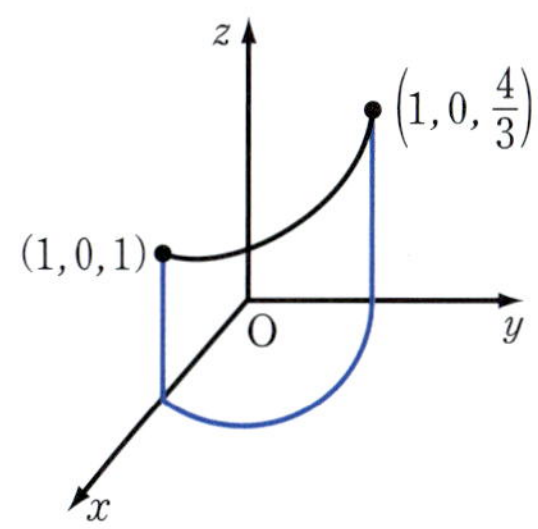

$f(x, y) = 1 + \frac{y}{3}$

풀이

제1사분면에 있는 단위원을 평면곡선 ρ라 하자. 매개변수 θ로 나타내면 $\rho(\theta) = (\cos\theta, \sin\theta)$ $\left(0 \le \theta \le \frac{\pi}{2}\right)$이다. 곡면 $f(x, y)$의 넓이는 곡선 ρ를 따르는 f의 선적분이며 [정의 12-1]을 이용하면 다음과 같이 구할 수 있다.

$$\int_{\rho} f(x,y)ds = \int_0^{\frac{\pi}{2}} f(x(\theta),y(\theta))\sqrt{\left(\frac{dx}{d\theta}\right)^2+\left(\frac{dy}{d\theta}\right)^2}\,d\theta$$

$$= \int_0^{\frac{\pi}{2}}\left(1+\frac{1}{3}\sin\theta\right)\sqrt{\sin^2\theta+\cos^2\theta}\,d\theta = \int_0^{\frac{\pi}{2}}\left(1+\frac{1}{3}\sin\theta\right)d\theta$$

$$= \left[\theta-\frac{1}{3}\cos\theta\right]_0^{\frac{\pi}{2}} = \frac{\pi}{2}+\frac{1}{3}$$

[유제 12-1]

포물선 $y=\dfrac{x^2}{2}$ $(0 \le x \le 2)$에서 정의된 곡선 $z=\dfrac{x^3}{y}$으로 주어진 커튼 한쪽 옆면의 넓이를 구하라.

곡선 γ를 따르는 선적분 $\int_{\gamma} f(x,y)ds$에서 ds를 dx나 dy로 변형함으로써 선적분을 다음과 같이 정의한다.

정의 12-2 곡선의 길이에 대한 선적분

연속함수 $f(x,y)$가 매끄러운 곡선 $\gamma(t)=(x(t),y(t))$ $(a \le t \le b)$에서 정의될 때, **γ를 따르는 f의 선적분**을 다음과 같이 정의한다.

(1) x에 관한 선적분 : $\int_{\gamma} f(x,y)dx = \int_a^b f(x(t),y(t))x'(t)\,dt$

(2) y에 관한 선적분 : $\int_{\gamma} f(x,y)dy = \int_a^b f(x(t),y(t))y'(t)\,dt$

x와 y에 관한 선적분은 보통 다음과 같이 식 하나로 정리할 수 있다.

$$\int_{\gamma} f(x,y)dx+\int_{\gamma} f(x,y)dy=\int_{\gamma} f(x,y)dx+f(x,y)dy \tag{12.2}$$

예제 12-2 곡선의 길이에 대한 선적분

곡선 $\gamma(t)=(\cos 3t, \sin 3t)$ $\left(0 \le t \le \dfrac{\pi}{6}\right)$를 따르는 선적분 $\int_{\gamma} 2xydx+(x^2+y^2)dy$를 구하라.

풀이

구하고자 하는 식은 식 (12.2)와 같이 x에 관한 선적분과 y에 관한 선적분의 합이다. $dx=-3\sin tdt$, $dy=3\cos 3tdt$이므로 다음과 같이 계산할 수 있다.

$$\int_\gamma 2xydx+(x^2+y^2)dy = \int_0^{\frac{\pi}{6}} 2\cos 3t\sin 3t(-3\sin 3t)dt+(1)(3\cos 3t)dt$$

$$= \int_0^{\frac{\pi}{6}} (-6\cos 3t\sin^2 3t+3\cos 3t)dt$$

$$= \left[-\frac{2}{3}\sin^3 3t+\sin 3t\right]_0^{\frac{\pi}{6}} = \frac{1}{3}$$

[유제 12-2]

곡선 $\gamma(t)=(t^3, t)$ $(-1 \le t \le 1)$을 따르는 선적분 $\int_\gamma xydx+(x^2+y)dy$를 구하라.

평면에서의 선적분과 유사한 방법으로 공간곡선에서도 스칼라함수의 선적분을 정의할 수 있다.

정의 12-3 삼변수함수의 선적분

스칼라함수 $f(x, y, z)$가 매끄러운 곡선 $\gamma : [a, b] \to \mathbb{R}^3, \gamma(t) = (x(t), y(t), z(t))$에서 정의될 때, 곡선 γ를 따르는 f의 **선적분**은 다음과 같이 정의한다.

$$\int_\gamma f(x, y, z)ds = \int_a^b f(x(t), y(t), z(t))\sqrt{\left(\frac{dx}{dt}\right)^2+\left(\frac{dy}{dt}\right)^2+\left(\frac{dz}{dt}\right)^2}\,dt$$

예제 12-3 삼변수함수의 선적분

곡선 $\gamma(t)=(\cos t, \sin t, t)$ $(0 \le t \le 2\pi)$를 따르는 선적분 $\int_\gamma (x^2+y^2+z^2)ds$를 구하라.

풀이

곡선 $\gamma(t)=(\cos t, \sin t, t)$ $(0 \le t \le 2\pi)$에서 정의되는 함수 $f(x, y, z)=x^2+y^2+z^2$에 대하여 $\frac{dx}{dt}=-\sin t$, $\frac{dy}{dt}=\cos t$, $\frac{dz}{dt}=1$이므로 선적분은 다음과 같이 구한다.

$$\int_\gamma (x^2+y^2+z^2)ds = \int_0^{2\pi}(\cos^2 t+\sin^2 t+t^2)\sqrt{\left(\frac{dx}{dt}\right)^2+\left(\frac{dy}{dt}\right)^2+\left(\frac{dz}{dt}\right)^2}\,dt$$

$$= \int_0^{2\pi}(\cos^2 t+\sin^2 t+t^2)\sqrt{\sin^2 t+\cos^2 t+1}\,dt$$

$$= \sqrt{2}\int_0^{2\pi}(1+t^2)dt = \sqrt{2}\left[t+\frac{1}{3}t^3\right]_0^{2\pi} = 2\sqrt{2}\pi\left(1+\frac{4}{3}\pi^2\right)$$

[유제 12-3]

곡선 $\gamma(t)=(\cos 2t, \sin 2t, \sqrt{5}\,t)$ $\left(0 \le t \le \frac{\pi}{4}\right)$를 따르는 선적분 $\int_\gamma xy^2 ds$를 구하라.

스칼라함수의 평균값

n개의 수 $z_1, \dots, z_n$의 평균값은 $\dfrac{z_1+z_2+\cdots+z_n}{n}$이다. 스칼라함수 $w=f(x,y,z)$의 정의역에 놓여 있는 매끄러운 곡선 $\gamma:[a,b]\to\mathbb{R}^3$, $\gamma(t)=(x(t), y(t), z(t))$ 위에서 함수 f의 평균값을 계산해 보자.

곡선 γ을 n개인 부분곡선으로 나누고 각 부분곡선의 길이를 $\Delta s=\dfrac{l(\gamma)}{n}$라 하자. 이때 곡선 γ의 길이는 $l(\gamma)=\int_\gamma ds$이다. 연속하는 부분곡선에서 점 (x_1, y_1, z_1), $\dots, (x_n, y_n, z_n)$을 택하여 각 점에서 함숫값 $f(x_1, y_1, z_1), \dots, f(x_n, y_n, z_n)$의 평균값을 계산하자.

$$\frac{f(x_1, y_1, z_1)+\cdots+f(x_n, y_n, z_n)}{n}$$

$\Delta s=\dfrac{l(\gamma)}{n}$이므로 함수 f의 평균값은 다음과 같다.

$$\begin{aligned}\frac{f(x_1, y_1, z_1)+\cdots+f(x_n, y_n, z_n)}{n} &= \frac{f(x_1, y_1, z_1)+\cdots+f(x_n, y_n, z_n)}{\frac{l(\gamma)}{\Delta s}} \\ &= \frac{1}{l(\gamma)}\{f(x_1, y_1, z_1)\Delta s+\cdots+f(x_n, y_n, z_n)\Delta s\} \\ &= \frac{1}{l(\gamma)}\sum_{k=1}^{n} f(x_k, y_k, z_k)\Delta s\end{aligned}$$

n을 한없이 크게 하면 부분곡선 위의 점이 수없이 많아진다. 이러한 점에서 구한 평균값의 극한은 $\dfrac{1}{l(\gamma)}\int_\gamma f(x,y,z)ds$이다.

정리 12-1 선적분의 평균값

곡선 γ를 따르는 함수 $w=f(x,y,z)$의 **평균값**은 다음과 같다.

$$\frac{1}{l(\gamma)}\int_\gamma f(x,y,z)ds$$

특히 곡선 $\gamma(t)=(t,0,0)$ $(a \le t \le b)$일 때, 함수 $w=f(x,y,z)$의 평균값은 다음과 같다.

$$\frac{1}{b-a}\int_a^b f(x,0,0)dx$$

이는 일변수함수의 평균값과 일치한다. 평면곡선 $\gamma(t)=(x(t),y(t))$에서 정의된 음이 아닌 함수 $f(x,y)$에 대해 함수 f의 평균값은 '커튼'의 평균 높이를 뜻한다.

예제 12-4 선적분의 평균값

곡선 $\gamma(t)=(\cos t,\sin t,t)$ $(0 \le t \le \pi)$를 따르는 함수 $f(x,y,z)=y$의 평균값을 구하라.

풀이

주어진 곡선 $\gamma(t)$의 길이는 $l(\gamma)=\int_0^\pi \sqrt{(-\sin t)^2+\cos^2 t+1}\,dt=\sqrt{2}\pi$이다. 곡선 γ를 따르는 함수 f의 선적분은 다음과 같다.

$$\int_\gamma f(x,y,z)ds=\int_0^\pi \sin t\sqrt{(-\sin t)^2+\cos^2 t+1}\,dt=\int_0^\pi \sqrt{2}\sin t\,dt=2\sqrt{2}$$

이 결과를 이용하면 곡선 γ를 따르는 f의 평균값은 다음과 같다.

$$\frac{1}{l(\gamma)}\int_\gamma f(x,y,z)ds=\frac{2\sqrt{2}}{\sqrt{2}\pi}=\frac{2}{\pi}$$

함수 $f(x,y,z)=y$는 y축을 표현하므로 이 값은 곡선 γ를 따르는 y축의 평균값이기도 하다.

[유제 12-4]

곡선 $\gamma(t)=(t,\cos t,\sin t)$ $(0 \le t \le 1)$을 따르는 함수 $f(x,y,z)=\sqrt{2x+y^2+z^2}$의 평균값을 구하라.

벡터장의 선적분

앞서 함숫값이 실수인 스칼라함수를 소개했다. 이에 대응하여 함숫값이 벡터인 함수를 소개한다.

정의 12-4 벡터장

D를 $\mathbb{R}^3$의 부분집합이라 하자.

(1) $\mathbb{R}^3$에서 **벡터장**(vector field) $\mathbf{F}$는 $\mathbf{F}: D \to \mathbb{R}^3$인 함수로서 다음과 같다.

$$\begin{aligned}\mathbf{F}(x, y, z) &= (F_1(x, y, z), F_2(x, y, z), F_3(x, y, z)) \\ &= F_1(x, y, z)\mathbf{i} + F_2(x, y, z)\mathbf{j} + F_3(x, y, z)\mathbf{k}\end{aligned}$$

여기서 $\mathbf{i}$, $\mathbf{j}$, $\mathbf{k}$는 $\mathbb{R}^3$의 표준단위벡터다. $F_i(x, y, z)$ $(i = 1, 2, 3)$은 x, y, z에 대한 스칼라함수이며 $\mathbf{F}$의 **성분함수**(component function)라 한다.

(2) 벡터장 $\mathbf{F}$의 각 성분함수 $F_i(x, y, z)$ $(i = 1, 2, 3)$가 미분 가능하고 각 편도함수가 연속일 때, $\mathbf{F}$를 **매끄러운 벡터장**(smooth vector field)이라 한다.

매끄러운 스칼라함수 $f: \mathbb{R}^3 \to \mathbb{R}$에 [정의 10-11]을 이용하면 다음과 같이 나타낼 수 있다.

$$\nabla f = \left(\frac{\partial f}{\partial x}, \frac{\partial f}{\partial y}, \frac{\partial f}{\partial z}\right) = \frac{\partial f}{\partial x}\mathbf{i} + \frac{\partial f}{\partial y}\mathbf{j} + \frac{\partial f}{\partial z}\mathbf{k}$$

여기서 ∇f는 $\mathbb{R}^3$에서 정의된 함수다. 이 함수 ∇f를 $\mathbb{R}^3$에서 f의 **기울기벡터장**(gradient vector field)이라 한다. 점 $\mathrm{P} \in \mathbb{R}^3$에 대하여 $\nabla f(\mathrm{P})$를 점 P에서 f의 **기울기벡터**라 한다. 특히 벡터장 $\mathbf{F}$가 어떤 스칼라함수의 기울기벡터장일 때, 즉 식 (12.3)을 만족하는 스칼라함수 f가 존재할 때, 이 벡터장 $\mathbf{F}$를 **보존적 벡터장**(conservative vector field)이라 한다.

$$\mathbf{F} = \nabla f \tag{12.3}$$

이 경우 f를 **퍼텐셜함수**(potential function)라 한다.

예제 12-5 기울기벡터장과 퍼텐셜함수

함수 $f(x, y, z) = xyz + z^2 + 3$과 벡터장 $\mathbf{F}(x, y, z) = (yz, xz, xy + 2z)$에 대하여 $\mathbf{F}$가 보존적 벡터장인지 판단하라. 또한 f가 $\mathbf{F}$의 퍼텐셜함수인지 판단하라.

풀이

함수 $f(x, y, z)$의 기울기벡터장은 $\nabla f = (f_x, f_y, f_z) = (yz, xz, xy + 2z)$이다.

$\nabla f = \mathbf{F}$이므로 $\mathbf{F}$는 보존적 벡터장이고 f는 $\mathbf{F}$의 퍼텐셜함수다.

[유제 12-5]

함수 $f(x, y, z) = xe^y \sin z$와 벡터장 $\mathbf{F}(x, y, z) = (e^y \sin z, xe^y \sin z, xe^y \cos z)$에 대하여 $\mathbf{F}$가 보존적 벡터장인지 판단하라. 또한 f가 $\mathbf{F}$의 퍼텐셜함수인지 판단하라.

스칼라함수에 대하여 선적분을 정의한 것과 비슷한 방법으로 벡터장에서도 선적분을 정의할 수 있다.

정의 12-5 벡터장의 선적분

매끄러운 곡선 $\gamma(t) = (x(t), y(t), z(t))$ $(a \le t \le b)$를 따르는 벡터장 $\mathbf{F}$가 연속이라 하자. **곡선 γ를 따르는 벡터장 $\mathbf{F}$의 선적분**은 다음과 같이 정의한다.

$$\int_\gamma \mathbf{F} \cdot d\gamma = \int_a^b \mathbf{F}(\gamma(t)) \cdot \gamma'(t)dt$$

여기서 $\mathbf{F}(\gamma(t)) = \mathbf{F}(x(t), y(t), z(t))$이다.

예제 12-6 벡터장의 선적분

곡선 $\gamma(t) = (t^2, 3t, 2t^3)$ $(0 \le t \le 1)$을 따르는 벡터장 $\mathbf{F}(x, y, z) = (x, y, y+z)$의 선적분 $\int_\gamma \mathbf{F} \cdot d\gamma$를 구하라.

풀이

먼저 $\mathbf{F}(\gamma(t)) = (t^2, 3t, 2t^3 + 3t)$, $\gamma'(t) = (2t, 3, 6t^2)$이 성립함을 알 수 있다. 두 벡터를 내적하면 다음과 같다.

$$\begin{aligned}\mathbf{F}(\gamma(t)) \cdot \gamma'(t) &= (t^2, 3t, 2t^3 + 3t) \cdot (2t, 3, 6t^2) = 2t^3 + 9t + (2t^3 + 3t)(6t^2) \\ &= 12t^5 + 20t^3 + 9t\end{aligned}$$

따라서 구하고자 하는 선적분은 다음과 같다.

$$\begin{aligned}\int_\gamma \mathbf{F} \cdot d\gamma &= \int_0^1 \mathbf{F}(\gamma(t)) \cdot \gamma'(t)dt \\ &= \int_0^1 (12t^5 + 20t^3 + 9t)dt = \left[2t^6 + 5t^4 + \frac{9}{2}t^2\right]_0^1 = \frac{23}{2}\end{aligned}$$

[유제 12-6]

곡선 $\gamma(t)=(e^t\sin t, e^t\cos t)$ $(0 \le t \le \pi)$를 따르는 벡터장 $\mathbf{F}(x,y)=(x+y, x-y)$의 선적분 $\int_\gamma \mathbf{F}\cdot d\gamma$를 구하라.

한 질점이 x축을 따라 a에서 b까지 움직일 때 변하는 힘 $f(x)$가 한 일은 정적분 $W=\int_a^b f(x)dx$로 나타낸다. 비슷하게 $\mathbb{R}^3$에서 벡터장 $\mathbf{F}$가 힘장(force field)으로 주어질 때, 곡선 γ를 따라 움직이는 힘장 $\mathbf{F}$가 한 일은 다음과 같이 벡터장의 선적분 W로 나타낸다.

$$W=\int_\gamma \mathbf{F}\cdot d\gamma \tag{12.4}$$

예제 12-7 일의 양

질점이 곡선 $\gamma(t)=(t,t^2,t)$ $(0 \le t \le 1)$을 따라 움직일 때, 다음과 같이 주어진 힘장 $\mathbf{F}$가 한 일을 구하라.

$$\mathbf{F}(x,y,z)=(x+y, y+z, z+x)$$

풀이

먼저 $\mathbf{F}(\gamma(t))=(t+t^2, t+t^2, 2t)$, $\gamma'(t)=(1,2t,1)$이 성립함을 알 수 있다. 두 벡터를 내적하면 다음과 같다.

$$\begin{aligned}\mathbf{F}(\gamma(t))\cdot\gamma'(t) &= (t+t^2, t+t^2, 2t)\cdot(1,2t,1)=t+t^2+(t+t^2)(2t)+2t\\ &=2t^3+3t^2+3t\end{aligned}$$

식 (12.4)를 이용하면 힘장 $\mathbf{F}$가 한 일은 다음과 같다.

$$\begin{aligned}W&=\int_\gamma \mathbf{F}\cdot d\gamma=\int_0^1 \mathbf{F}(\gamma(t))\cdot\gamma'(t)dt\\ &=\int_0^1(2t^3+3t^2+3t)dt=\left[\frac{1}{2}t^4+t^3+\frac{3}{2}t^2\right]_0^1=3\end{aligned}$$

[유제 12-7]

힘장 $\mathbf{F}(x,y,z)=(y^2z+2xz^2, 2xyz, xy^2+2x^2z)$가 곡선 $\gamma(t)=(t, \sqrt{t}, t^2)$ $(0 \le t \le 1)$을 따라 움직이며 한 일을 구하라.

곡선 γ 위에서 벡터장 $\mathbf{F}=(F_1, F_2, F_3)$의 선적분은 다음과 같은 이유로 각 성분 함수에 대한 선적분의 합 $\int_\gamma F_1dx+F_2dy+F_3dz$로 나타낼 수 있다.

$$\begin{aligned}\int_\gamma \mathbf{F}\cdot d\gamma &= \int_a^b \mathbf{F}\cdot\frac{d\gamma}{dt}dt \\ &= \int_a^b \mathbf{F}\cdot(x'(t), y'(t), z'(t))dt \\ &= \int_a^b \{F_1(\gamma(t))x'(t)+F_2(\gamma(t))y'(t)+F_3(\gamma(t))z'(t)\}dt \\ &= \int_\gamma F_1dx+F_2dy+F_3dz \qquad (12.5)\end{aligned}$$

예제 12-8 **성분함수로서 선적분**

곡선 $\gamma(t)=(1,t,e^t)$ $(0\le t\le 2)$ 위에서 선적분 $\int_\gamma \cos z dx+e^x dy+e^y dz$를 구하라.

풀이

주어진 선적분에서 $F_1=\cos z=\cos e^t$, $F_2=e^x=e$, $F_3=e^y=e^t$임을 알 수 있다. 또한 $x'(t)=0$, $y'(t)=1$, $z'(t)=e^t$이므로 선적분은 다음과 같이 구한다.

$$\begin{aligned}\int_\gamma \cos z dx+e^x dy+e^y dz &= \int_0^2 \{\cos(e^t)x'(t)+ey'(t)+e^t z'(t)\}dt \\ &= \int_0^2 \{\cos(e^t)\times 0+e\times 1+e^t\times e^t\}dt \\ &= \int_0^2 (e+e^{2t})dt=\left[et+\frac{1}{2}e^{2t}\right]_0^2=2e+\frac{1}{2}e^4-\frac{1}{2}\end{aligned}$$

[유제 12-8]

곡선 $\gamma(t)=(2t,\cos t,\sin t)$ $\left(0\le t\le\frac{\pi}{2}\right)$ 위에서 선적분 $\int_\gamma x^3dx+zdy+yzdz$를 구하라.

선적분의 기본정리

매끄러운 곡선 $\gamma:[a,b]\to\mathbb{R}^3$에 대하여 곡선 γ의 시점이 $\mathrm{P}=\gamma(a)$이고 종점이 $\mathrm{Q}=\gamma(b)$라 하자. 이 곡선 γ를 양의 방향인 **경로**(path)라 한다. 곡선 $-\gamma$는 경로 γ와 똑같은 점으로 이루어졌지만 방향이 반대이며, 음의 방향인 경로다. 즉 이 곡선 $-\gamma$의 시점은 $\mathrm{Q}=\gamma(b)$이고 종점이 $\mathrm{P}=\gamma(a)$이다. [그림 12-3]에서 양의 방향인 경로와 음의 방향인 경로를 나타낸다. [그림 12-4]와 같이 시점과 종점이 같은, $\gamma(a)=\gamma(b)$인 곡선을 **닫힌곡선**(closed curve)이라 한다.

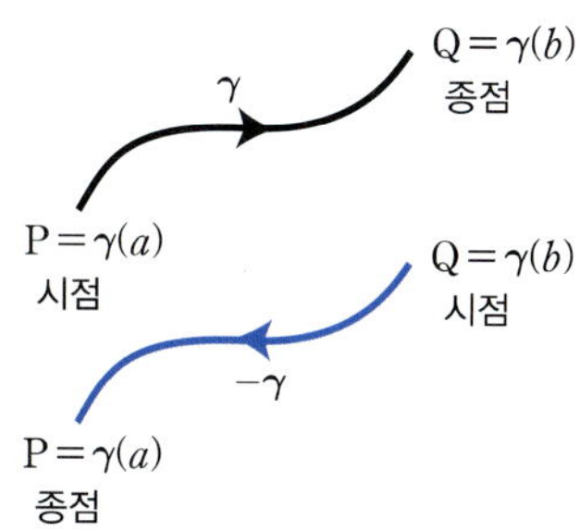

[그림 12-3] 경로

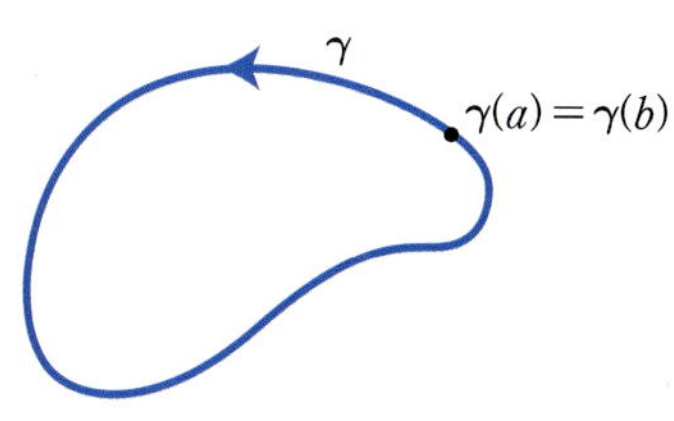

[그림 12-4] 닫힌곡선

시점과 종점이 고정된 임의의 경로 위에서 어떤 특별한 벡터장의 선적분 결과는 경로의 양 끝점에만 의존한다. 이를 선적분의 기본정리라 한다.

정리 12-2 선적분의 기본정리

스칼라함수 f가 미분 가능하고 기울기벡터장 ∇f가 매끄러운 곡선 $\gamma(t)$ $(a \le t \le b)$ 위에서 연속이면 다음이 성립한다.

$$\int_\gamma \nabla f \cdot d\gamma = f(\gamma(b)) - f(\gamma(a))$$

증명

함수 f는 매개변수 t에 대한 함수이므로 [정리 10-6]의 연쇄법칙에 의해 다음이 성립한다.

$$\begin{aligned}\frac{df}{dt} &= \frac{\partial f}{\partial x}\frac{dx}{dt} + \frac{\partial f}{\partial y}\frac{dy}{dt} + \frac{\partial f}{\partial z}\frac{dz}{dt} \\ &= \nabla f \cdot \gamma'(t)\end{aligned}$$

[정의 12-5]를 이용하여 벡터장의 선적분을 계산하면 다음과 같다.

$$\begin{aligned}\int_\gamma \nabla f \cdot d\gamma &= \int_a^b \nabla f(\gamma(t)) \cdot \gamma'(t)dt \\ &= \int_a^b \frac{d}{dt} f(\gamma(t))dt \\ &= f(\gamma(b)) - f(\gamma(a))\end{aligned}$$

■

참고 닫힌곡선에서 선적분의 기본정리

매끄러운 닫힌곡선 γ를 따르는 함수 f가 미분 가능하면 선적분의 기본정리에 의해 $\int_\gamma \nabla f \cdot d\gamma = 0$이다.

다변수함수로서 ∇f를 일변수함수의 도함수 f'과 같은 개념으로 생각하면 선적분의 기본정리는 미분적분학의 기본정리 $\int_a^b f'(x)dx = f(b) - f(a)$와 대등하다. 선적분의 기본정리로부터 보존적 벡터장 $\mathbf{F}$는 다음과 같은 성질을 만족한다.

정리 12-3 보존적 벡터장의 성질

어떤 영역 D에서 매끄러운 보존적 벡터장 $\mathbf{F}$에 대하여 다음이 성립한다.

(1) 선적분 $\int_{\gamma} \mathbf{F} \cdot d\gamma$는 시점 P와 종점 Q에만 의존한다.

(2) 영역 D에 속하는 두 점 P, Q를 각각 시점과 종점으로 하는 임의의 곡선 σ에 대하여 다음이 성립한다.

$$\int_{\gamma} \nabla f \cdot d\gamma = \int_{\sigma} \nabla f \cdot d\sigma$$

이때 $\int_{\gamma} \mathbf{F} \cdot d\gamma$는 **경로와 독립**(path-independent)이라 한다.

선적분의 기본정리는 곡선과 벡터장 그리고 영역이 특정한 조건을 만족할 때 성립한다. 앞으로 선적분이 아니더라도 다양한 곡선이나 영역 위에서 정의된 함수의 적분을 다룰 것이다. 특정한 곡선이나 영역 위에서 정의된 함수는 적분하기 쉬우므로 곡선과 영역의 종류를 알아둘 필요가 있다.

정의 12-6 곡선의 종류

(1) 유한개의 매끄러운 조각들의 각 끝이 서로 연결된 곡선을 **조각마다 매끄러운 곡선**(piecewise smooth curve)이라 한다.

(2) 양 끝점 사이에 어떤 곳에서도 교차하지 않는 곡선을 **단순곡선**(simple curve)이라 한다.

닫힌곡선과 단순곡선은 독립적인 개념이다. [그림 12-5]에서 다양한 곡선을 살펴보며 단순곡선과 닫힌곡선을 구분하자.

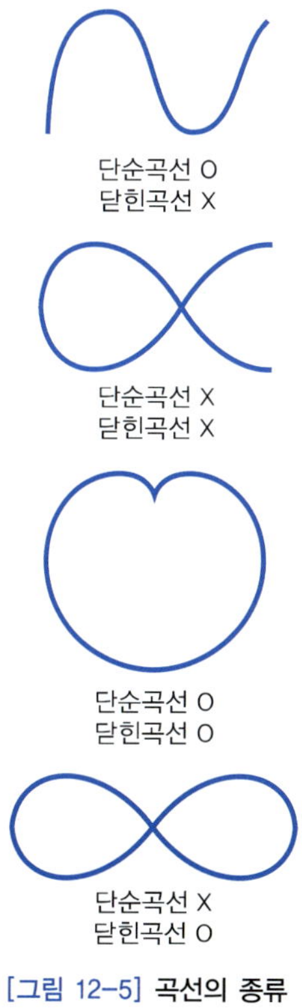

[그림 12-5] 곡선의 종류

정의 12-7 영역의 종류

(1) 영역 D에 속하는 임의의 점 P를 생각하자. 점 P가 중심이고 영역 D에 완전히 포함되는 원판이 존재할 때, D를 **열린영역**(open region)이라 한다.

(2) 영역 D에 속하는 임의의 두 점 P, Q를 D에 완전히 포함되는 매끄러운 곡선으로 연결할 수 있을 때, D를 **연결영역**(connected region)이라 한다.

(3) 영역 D에 속하는 임의의 단순 닫힌곡선이 D를 벗어나지 않으면서 한 점으로 수축할 수 있을 때, D를 **단순연결영역**(simply connected region)이라 한다.

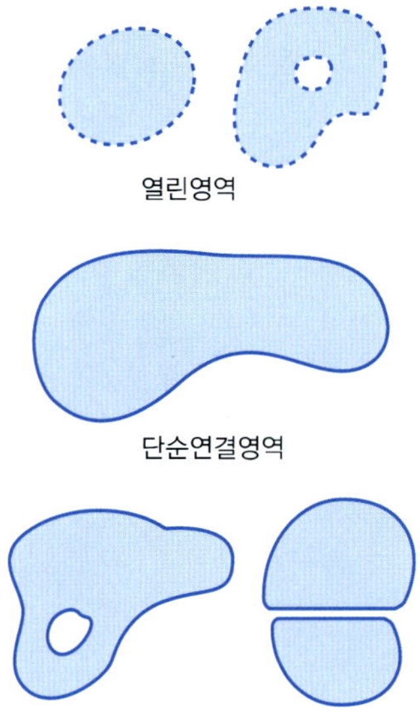

[그림 12-6] 영역의 종류

$\nabla f = \left(\frac{\partial f}{\partial x}, \frac{\partial f}{\partial y}, \frac{\partial f}{\partial z}\right) = \left(\frac{\partial}{\partial x}, \frac{\partial}{\partial y}, \frac{\partial}{\partial z}\right)(f)$

로 볼 수 있다.

[그림 12-6]은 열린영역, 연결영역과 단순연결이 아닌 영역의 예시를 나타낸다.

열린 단순연결영역인 $\mathbb{R}^3$에서 정의된 벡터장 $\mathbf{F}$에 대하여 다음 성질이 성립한다.

정리 12-4 보존적 벡터장과 선적분

$\mathbb{R}^3$에서 정의된 벡터장 $\mathbf{F}$에 대하여 다음 명제는 서로 동치다.

(1) 임의의 닫힌곡선 γ에 대하여 $\int_\gamma \mathbf{F} \cdot d\gamma = 0$이다.

(2) 시점과 종점이 같은 임의의 두 곡선 γ, σ에 대하여 $\int_\gamma \mathbf{F} \cdot d\gamma = \int_\sigma \mathbf{F} \cdot d\sigma$이다.

(3) $\mathbf{F}$는 보존적 벡터장이다.

(4) $\nabla \times \mathbf{F} = \begin{vmatrix} \mathbf{i} & \mathbf{j} & \mathbf{k} \\ \frac{\partial}{\partial x} & \frac{\partial}{\partial y} & \frac{\partial}{\partial z} \\ F_1 & F_2 & F_3 \end{vmatrix} = 0$

[정리 12-4]는 $\mathbb{R}^3$에 속하는 임의의 열린 단순연결영역 D에서 정의된 벡터장 $\mathbf{F}$에 대해서도 성립한다.

[정리 12-4]로부터 보존적 벡터장의 선적분은 매우 편리하게 계산할 수 있다. 이제 퍼텐셜함수를 구하는 방법을 살펴보자.

정리 12-5 퍼텐셜함수

$\mathbb{R}^3$에서 정의된 보존적 벡터장 $\mathbf{F}$에 대하여 퍼텐셜함수 f는 다음과 같다.

$$f(x, y, z) = \int_a^x F_1(t, b, c)dt + \int_b^y F_2(x, t, c)dt + \int_c^z F_3(x, y, t)dt + K$$

여기서 (a, b, c)는 벡터장 $\mathbf{F} = (F_1, F_2, F_3)$의 정의역에 있는 점이고 K는 적당한 상수다.

예제 12-9 보존적 벡터장의 선적분

벡터장 $\mathbf{F}(x, y, z) = (y, z\cos yz + x, y\cos yz)$에 대하여 다음 물음에 답하라.

(a) $\mathbf{F}$가 보존적 벡터장임을 보여라.

(b) $\mathbf{F} = \nabla f$인 퍼텐셜함수 f를 구하라.

(c) 곡선 $\gamma(t)=(\cos t, \sin t, t)$ $\left(0 \le t \le \frac{\pi}{2}\right)$를 따르는 선적분 $\int_\gamma \mathbf{F} \cdot d\gamma$를 계산하라.

(d) 곡선 $\sigma(t)=(\cos t, \sin t, 0)$ $(0 \le t \le 2\pi)$를 따르는 선적분 $\int_\sigma \mathbf{F} \cdot d\sigma$를 계산하라.

풀이

(a) [정리 12-4]의 동치 명제 (4)를 이용하기 위해 $\nabla \times \mathbf{F}$를 계산하자.

$$\begin{aligned}\nabla \times \mathbf{F} &= \begin{vmatrix} \mathbf{i} & \mathbf{j} & \mathbf{k} \\ \frac{\partial}{\partial x} & \frac{\partial}{\partial y} & \frac{\partial}{\partial z} \\ y & z\cos yz + x & y\cos yz \end{vmatrix} \\ &= (\cos yz - yz\sin yz - \cos yz + yz\sin yz, 0, 0) \\ &= 0\end{aligned}$$

따라서 $\mathbf{F}$는 보존적 벡터장이다.

(b) 벡터장 $\mathbf{F}$에 대하여 $F_1(x,y,z)=y$, $F_2(x,y,z)=z\cos yz+x$, $F_3(x,y,z)=y\cos yz$이다. [정리 12-5]를 이용하여 퍼텐셜함수 f를 구하면 다음과 같다(단, K는 상수).

$$\begin{aligned}f(x,y,z) &= \int_0^x F_1(t,0,0)dt + \int_0^y F_2(x,t,0)dt + \int_0^z F_3(x,y,t)dt + K \\ &= \int_0^x 0dt + \int_0^y x dt + \int_0^z y\cos yt\, dt + K \\ &= 0 + [xt]_0^y + [\sin yt]_0^z + K \\ &= xy + \sin yz + K\end{aligned}$$

(c) $\gamma(0)=(1,0,0)$이고 $\gamma\left(\frac{\pi}{2}\right)=\left(0,1,\frac{\pi}{2}\right)$이다. 선적분의 기본정리에 의해 다음이 성립한다.

$$\int_\gamma \mathbf{F} \cdot d\gamma = \int_\gamma \nabla f \cdot d\gamma = f\left(0,1,\frac{\pi}{2}\right) - f(1,0,0) = (1+k)-(0+k) = 1$$

(d) 곡선 σ는 xy평면에서 단위원이므로 닫힌곡선이다. 따라서 선적분의 기본정리에 의해 $\int_\sigma \mathbf{F} \cdot d\sigma = 0$이다.

[유제 12-9]

벡터장 $\mathbf{F}(x,y,z)=(e^y\cos z, xe^y\cos z, -xe^y\sin z)$에 대하여 다음 물음에 답하라.

(a) $\mathbf{F}$가 보존적 벡터장임을 보여라.

(b) $\mathbf{F}=\nabla f$인 퍼텐셜함수 f를 구하라.

(c) 곡선 $\gamma(t)=(\cos t, \sin t, \sqrt{t})$ $\left(0 \le t \le \frac{\pi}{2}\right)$를 따르는 선적분 $\int_\gamma \mathbf{F} \cdot d\gamma$를 계산하라.

(d) 곡선 $\sigma(t)=(\cos 2t, \sin 2t, 0)$ $(0 \le t \le \pi)$를 따르는 선적분 $\int_\sigma \mathbf{F} \cdot d\sigma$를 계산하라.

$\mathbb{R}^2$의 벡터장 $\mathbf{F}=(F_1, F_2)$는 $\mathbb{R}^3$의 벡터장 $(F_1, F_2, 0)$으로 간주할 수 있다. 이때 $\nabla\times\mathbf{F}$는 다음과 같다.

$$\nabla\times\mathbf{F}=\begin{vmatrix} \mathbf{i} & \mathbf{j} & \mathbf{k} \\ \dfrac{\partial}{\partial x} & \dfrac{\partial}{\partial y} & \dfrac{\partial}{\partial z} \\ F_1 & F_2 & 0 \end{vmatrix}=\left(0, 0, \frac{\partial F_2}{\partial x}-\frac{\partial F_1}{\partial y}\right)$$

$\nabla\times\mathbf{F}$가 영벡터이려면 $\dfrac{\partial F_2}{\partial x}-\dfrac{\partial F_1}{\partial y}=0$이어야 한다. 이제 다음이 성립한다.

$$\nabla\times\mathbf{F}=\mathbf{0} \iff \frac{\partial F_2}{\partial x}=\frac{\partial F_1}{\partial y}$$

정리 12-6 기울기벡터장 판정법

$\mathbb{R}^2$에서 정의된 매끄러운 벡터장 $\mathbf{F}=(F_1(x,y), F_2(x,y))$가 $\dfrac{\partial F_2}{\partial x}=\dfrac{\partial F_1}{\partial y}$을 만족하면 $\mathbf{F}$는 보존적 벡터장이다. 즉 $\mathbf{F}$는 기울기벡터장이다.

벡터장 $\mathbf{F}$의 정의역이 $\mathbb{R}^2$에서 점이 몇 개 빠진 집합이어도 [정리 12-6]은 성립하지 않는다.

예제 12-10 기울기벡터장 판정법

다음 벡터장 $\mathbf{F}$가 기울기벡터장인지 아닌지 판별하라.

(a) $\mathbf{F}(x,y)=(e^{xy}, e^{x+y})$

(b) $\mathbf{F}(x,y)=(2x\cos y, -x^2\sin y)$

풀이

(a) $\mathbf{F}$의 성분함수를 $F_1(x,y)=e^{xy}$, $F_2(x,y)=e^{x+y}$라 하면 다음이 성립한다.

$$\frac{\partial F_1}{\partial y}=xe^{xy}, \quad \frac{\partial F_2}{\partial x}=e^{x+y}$$

$\dfrac{\partial F_1}{\partial y}\neq\dfrac{\partial F_2}{\partial x}$이므로 $\mathbf{F}$는 기울기벡터장이 아니다.

(b) $\mathbf{F}$의 성분함수를 $F_1(x,y)=2x\cos y$, $F_2(x,y)=-x^2\sin y$라 하면 다음이 성립한다.

$$\frac{\partial F_1}{\partial y}=-2x\sin y, \quad \frac{\partial F_2}{\partial x}=-2x\sin y$$

$\frac{\partial F_1}{\partial y}=\frac{\partial F_2}{\partial x}$ 이므로 **F**는 기울기벡터장이고 따라서 보존적 벡터장이다. 더 나아가 $\mathbf{F}=\nabla f$인 퍼텐셜함수 f를 구해 보자(단, K는 상수).

$$\begin{aligned} f(x,y) &= \int_0^x F_1(t,0)dt+\int_0^y F_2(x,t)dt+K \\ &= \int_0^x 2tdt+\int_0^y(-x^2\sin t)dt+K \\ &= [t^2]_0^x+[x^2\cos t]_0^y+K \\ &= x^2+(x^2\cos y-x^2)+K \\ &= x^2\cos y+K \end{aligned}$$

[유제 12-10]

다음 벡터장 **F**가 기울기벡터장인지 아닌지 판별하라.

(a) $\mathbf{F}(x,y)=\left(e^x-\frac{2x}{x^2+y^2},-\frac{2y}{x^2+y^2}\right)$

(b) $\mathbf{F}(x,y)=(2y\cos y, 2x\sin x)$

예제 12-11 2차원 벡터장의 선적분

곡선 $\gamma(t)=\left(e^{t-1},\sin\frac{\pi}{t}\right)(1\le t\le 2)$를 따르는 벡터장 $\mathbf{F}(x,y)=(2x\cos y,-x^2\sin y)$의 선적분 $\int_\gamma \mathbf{F}\cdot d\gamma$를 구하라.

풀이 1

곡선 γ의 도함수는 $\gamma'(t)=\left(e^{t-1},-\frac{\pi}{t^2}\cos\frac{\pi}{t}\right)$임을 이용하여 벡터장의 선적분을 직접 계산하자.

$$\begin{aligned} \int_\gamma \mathbf{F}\cdot d\gamma &= \int_1^2 F(\gamma(t))\cdot\gamma'(t)dt \\ &= \int_1^2\left(2e^{t-1}\cos\left(\sin\frac{\pi}{t}\right),-e^{2(t-1)}\sin\left(\sin\frac{\pi}{t}\right)\right)\cdot\left(e^{t-1},-\frac{\pi}{t^2}\cos\frac{\pi}{t}\right)dt \\ &= \int_1^2\left\{2e^{2(t-1)}\cos\left(\sin\frac{\pi}{t}\right)+\frac{\pi e^{2(t-1)}}{t^2}\cos\frac{\pi}{t}\sin\left(\sin\frac{\pi}{t}\right)\right\}dt \end{aligned}$$

이 식은 너무 복잡하고 계산이 불가능하여 더 이상 전개되지 않는다. 이제 다른 방법을 시도하자.

풀이 2

곡선 γ의 시점과 종점은 각각 $\gamma(1)=(1,0)$, $\gamma(2)=(e,1)$이다. [예제 12-10]의 (a)에 따르면 $\mathbf{F}$는 보존적 벡터장이고 $\mathbf{F}$의 퍼텐셜함수는 $f(x,y)=x^2\cos y+K$ (K는 상수)이다. 따라서 선적분의 기본정리에 의해 다음을 얻는다.

$$\begin{aligned}\int_\gamma \mathbf{F}\cdot d\gamma &= \int_\gamma \nabla f \cdot d\gamma \\ &= f(e,1)-f(1,0)=e^2\cos 1-1\end{aligned}$$

[유제 12-11]

곡선 $\gamma(t)=\left(\tan\dfrac{\pi}{3t}, \ln t, \dfrac{\pi}{t}\right)$ $(1\le t\le 2)$를 따르는 벡터장 $\mathbf{F}(x,y,z)=(y\sin z, x\sin z, xy\cos z)$의 선적분 $\displaystyle\int_\gamma \mathbf{F}\cdot d\gamma$를 구하라.

SECTION

12.1 연습문제

01 포물선 $y=x^2$ $(0 \le x \le \pi)$에서 정의된 곡선 $z=x^2y+\sin x$로 주어진 커튼 한쪽 옆면의 넓이를 구하라.

02 원 $x^2+y^2=4$의 상반원에서 정의된 곡선 $z=2+x^2y$로 주어진 커튼 한쪽 옆면의 넓이를 구하라.

03 곡선 $\gamma(t)=(t^2, 2t)$ $(0 \le t \le 1)$을 따르는 선적분 $\int_\gamma xy\,ds$를 구하라.

04 곡선 $\gamma(t)=(-2\cos t, 2\sin t, \sqrt{2}t)$ $(-\pi \le t \le \pi)$를 따르는 선적분 $\int_\gamma (x^2+y^2+z^2)ds$를 구하라.

05 곡선 $\gamma(t)=(2\sin t, t, -2\cos t)$ $(0 \le t \le \pi)$를 따르는 선적분 $\int_\gamma (y+xz)ds$를 구하라.

06 곡선 $\gamma(t)=(3\cos t, 3\sin t, 3t)$ $\left(\frac{\pi}{2} \le t \le \frac{3\pi}{2}\right)$를 따르는 x축의 평균값을 구하라.

07 원 $x^2+y^2=4$의 상반원에서 정의된 함수 $f(x,y,z)=3x^2y$의 평균값을 구하라.

08 곡선 $\gamma(t)=\left(\sin t, \cos t, \frac{2}{3}t^2\right)$ $(0 \le t \le 3)$을 따르는 벡터장 $\mathbf{F}(x,y,z)=(y,-x,z)$의 선적분 $\int_\gamma \mathbf{F}\cdot d\gamma$를 구하라.

09 질점이 곡선 $\gamma(t)=(t^2-1, t, t^2+1)$ $(-1 \le t \le 1)$을 따라 움직일 때 다음과 같이 주어진 힘장 $\mathbf{F}$가 한 일을 구하라.

$$\mathbf{F}(x,y,z)=(x-z, x+y, y-z)$$

10 곡선 $\gamma(t)=(e^{2t}, e^t, 1)$ $(1 \le t \le 2)$를 따르는 선적분 $\int_\gamma \ln x\,dx+e^z dy+\ln x^2 dz$를 구하라.

※ 11~13 주어진 벡터장 $\mathbf{F}$가 기울기벡터장인지 아닌지 판별하라.

11 $\mathbf{F}(x,y)=\left(y^2\sin x+\sin y, x\cos y-2y\cos x\right)$

12 $\mathbf{F}(x,y)=\left(ye^x-\cos y, e^x+x\sin y\right)$

13 $\mathbf{F}(x,y)=\left(1-ye^{-x}, e^{-x}\right)$

※ 14~17 주어진 벡터장 $\mathbf{F}$가 보존적 벡터장임을 보이고 퍼텐셜함수 f를 구하라.

14 $\mathbf{F}(x,y,z)=(-\cos y, x\sin y-\cos z, y\sin z)$

15 $\mathbf{F}(x,y,z)=(y^3z+2xz^2, 3xy^2z, xy^3+2x^2z)$

16 $\mathbf{F}(x,y,z)=(z\sin y, xz\cos y, x\sin y)$

17 $\mathbf{F}(x,y,z)=(xy^2z^2, x^2yz^2, x^2y^2z)$

※ 18~20 주어진 벡터장 $\mathbf{F}$에 대하여 퍼텐셜함수 f를 구하라. 또한 함수 f를 이용하여 주어진 곡선 γ를 따르는 선적분 $\int_\gamma \mathbf{F}\cdot d\gamma$를 구하라.

18 $\mathbf{F}(x,y,z)=(z\sin y,\ xz\cos y+\cos z,\ x\sin y-y\sin z)$,

$\gamma(t)=\left(e^t, \cos t,\ \sin t\right)$ $(0 \le t \le \pi)$

19 $\mathbf{F}(x,y,z)=(z,-y,x)$,

$\gamma(t)=(5,-\sin t,-\cos t)$ $\left(0 \le t \le \frac{\pi}{4}\right)$

20 $\mathbf{F}(x,y,z)=\left(e^y, xe^y+e^z, ye^z\right)$, γ는 두 점 $\mathrm{P}(0,2,0)$, $\mathrm{Q}(4,0,3)$을 지나는 선분

SECTION 12.2

그린 정리

미분적분학의 기본정리 $\int_a^b f'(x)dx = f(b) - f(a)$에서 a, b는 구간 $[a,b]$의 양 끝이며 적분 경계로 생각할 수 있다. 다시 말하면 구간 $[a,b]$ 위에서 함수 $f'(x)$의 적분값은 구간 $[a,b]$의 경계 a, b에서 함수 $f(x)$의 함숫값으로 계산된다.

그린 정리

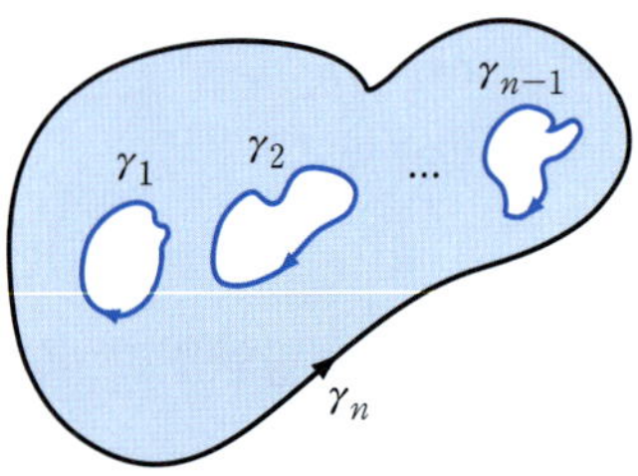

[그림 12-7] 경계의 양의 방향

평면영역 D에 대하여 ∂D를 D의 **경계**(boundary)라고 한다. 각각의 단순 닫힌곡선 γ_i $(i = 1, \dots, n)$에 대하여 $\partial D = \gamma_1 + \cdots + \gamma_n$이라 하자. 영역 D가 항상 왼쪽에 있도록 각각의 곡선 $\gamma_i (i = 1, \dots, n)$을 따라 움직인다. 이 경우에 각각의 곡선 $\gamma_i (i = 1, \dots, n)$의 방향을 ∂D의 **양의 방향**(positive orientation)이라 하고, $(\partial D)^+$로 표현한다. 그린 정리를 이용하면 영역 D에서 이중적분 계산을 D의 경계 ∂D 위에서 선적분으로 계산할 수 있다.

정리 12-7 그린 정리(Green's theorem)

평면영역 D를 포함하는 열린영역에서 벡터장 $\mathbf{F}$의 성분함수 F_1과 F_2가 연속인 편도함수를 가지면 다음이 성립한다.

$$\int_{(\partial D)^+} F_1 dx + F_2 dy = \iint_D \left(\frac{\partial F_2}{\partial x} - \frac{\partial F_1}{\partial y} \right) dx dy$$

참고 곡선의 방향을 고려한 선적분 표현

경계 ∂D가 양의 방향인 곡선에 대한 선적분을 나타내기 위해서 때때로 다음과 같은 기호를 사용한다.

$$\oint_{\partial D} F_1 dx + F_2 dy \quad \text{또는} \quad \oint_{\gamma} F_1 dx + F_2 dy$$

여기서 γ는 ∂D를 나타내는 매끄러운 곡선이다.

예제 12-12 그린 정리

영역 $D=\{(x,y)\,|\,x^2+y^2 \le 1\}$을 생각하자. 벡터장 $\mathbf{F}$의 두 성분함수 $F_1(x,y)=x$와 $F_2(x,y)=xy$에 대하여 그린 정리가 성립함을 보여라.

풀이

(i) $(\partial D)^+$는 단위원 ∂D가 반시계 방향으로 회전하는 닫힌곡선임을 의미한다. 매개변수 t에 대하여 곡선 γ를 나타내면 다음과 같다.

$$\gamma:\ [0,2\pi]\to\mathbb{R}^2,\ \ \gamma(t)=(\cos t,\sin t)$$

$\dfrac{dx}{dt}=-\sin t,\ \ \dfrac{dy}{dt}=\cos t$이므로 그린 정리([정리 12-7])의 좌변을 전개하고 치환적분을 이용하면 다음 결과를 얻는다.

$$\begin{aligned}\int_{(\partial D)^+} F_1dx+F_2dy &= \int_\gamma xdx+xydy\\ &=\int_0^{2\pi}\left(x\frac{dx}{dt}+xy\frac{dy}{dt}\right)dt\\ &=\int_0^{2\pi}\{\cos t(-\sin t)+\sin t\cos t\cos t\}dt\\ &=\int_0^{2\pi}(\cos^2 t-\cos t)\sin t dt=\left[-\frac{1}{3}\cos^3 t+\frac{1}{2}\cos^2 t\right]_0^{2\pi}=0\end{aligned}$$

(ii) $\dfrac{\partial F_2}{\partial x}=y,\ \ \dfrac{\partial F_1}{\partial y}=0$이므로 그린 정리의 우변은 다음과 같다.

$$\iint_D\left(\frac{\partial F_2}{\partial x}-\frac{\partial F_1}{\partial y}\right)dxdy=\iint_D ydxdy$$

여기에서 영역 D는 x축에 대칭이며 D의 상반원과 하반원에서 y는 서로 반대 부호다. $\iint_D ydxdy=0$이므로 다음이 성립한다.

$$\iint_D\left(\frac{\partial F_2}{\partial x}-\frac{\partial F_1}{\partial y}\right)dxdy=\iint_D ydxdy=0$$

(i)과 (ii)에 의해 그린 정리가 성립한다.

[유제 12-12]

영역 $D=\left\{(x,y)\,\middle|\,\frac{1}{4}x^2+\frac{1}{9}y^2\le 1\right\}$을 생각하자. 벡터장 $\mathbf{F}$의 두 성분함수 $F_1(x,y)=-y$와 $F_2(x,y)=x$에 대하여 그린 정리가 성립함을 보여라.

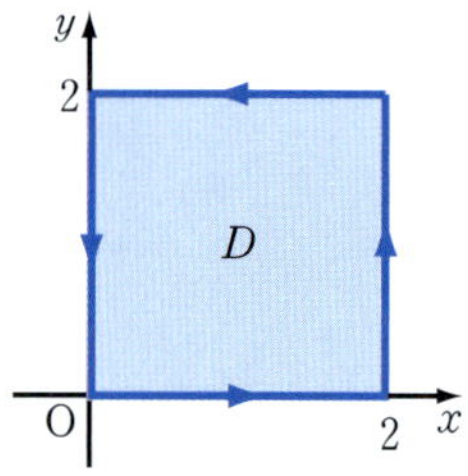

예제 12-13 그린 정리를 이용한 선적분

왼쪽 그림과 같이 γ가 네 직선 $x=0$, $x=2$, $y=0$, $y=2$로 둘러싸인 정사각형 모양 영역 D의 경계일 때, 선적분 $\oint_{\gamma}(x^2-y^2)dx+2xydy$를 구하라.

풀이

주어진 선적분은 사각형의 네 변을 따라 적분을 4개로 나누어 계산할 수 있지만 그린 정리로도 계산할 수 있다. $F_1(x,y)=x^2-y^2$와 $F_2(x,y)=2xy$라 두면 [정리 12-7]을 이용하여 다음과 같이 계산할 수 있다.

$$\oint_{\gamma}(x^2-y^2)dx+2xydy=\iint_D \{2y-(-2y)\}dxdy=\iint_D 4ydxdy$$
$$=\int_0^2\int_0^2 4ydxdy=\int_0^2 dx\int_0^2 4ydy=16$$

[유제 12-13]

γ는 세 직선 $x=0$, $y=0$, $y=\frac{\pi}{2}-x$로 둘러싸인 삼각형 모양 영역의 경계일 때, 선적분 $\oint_{\gamma} y\cos xdx+x\cos ydy$를 구하라.

경계가 여러 개인 영역은 단순연결영역이 아니지만 경계를 조정하여 단순연결영역에서 적분과 같은 방법으로 선적분을 할 수 있다.

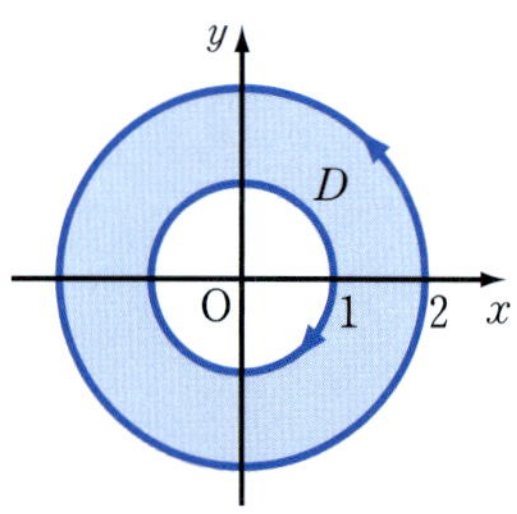

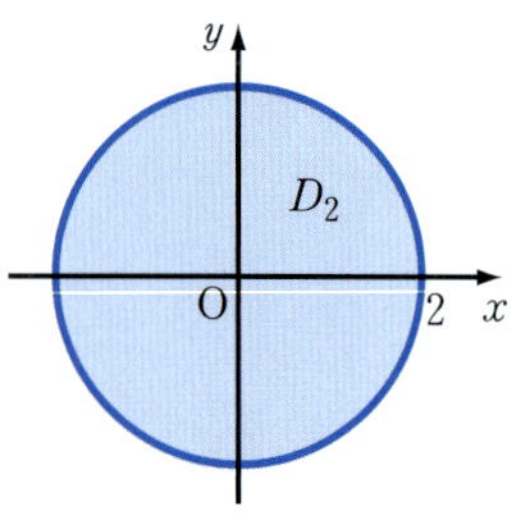

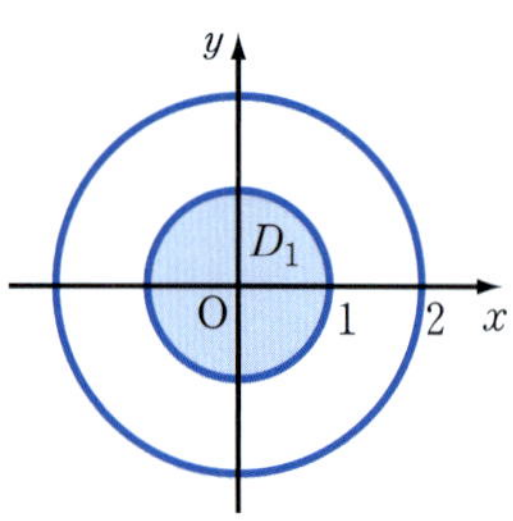

예제 12-14 단순연결영역이 아닌 영역에서 선적분

왼쪽 그림과 같은 영역 $D=\{(x,y)\,|\,1\le x^2+y^2\le 4\}$에서 선적분 $\int_{(\partial D)^+} y^3dx-x^3dy$를 구하라.

풀이

그린 정리를 이용하면 영역 D의 경계에서 선적분은 영역 D의 이중적분과 같다. 또한 영역 D는 $D_2=\{(x,y)\,|\,x^2+y^2\le 4\}$에서 $D_1=\{(x,y)\,|\,x^2+y^2\le 1\}$을 뺀 영역이다. 왼쪽 그림에서 영역 D_1, D_2를 확인하자. $F_1(x,y)=y^3$과 $F_2(x,y)=-x^3$이라 두면 다음을 얻는다.

$$\int_{(\partial D)^+} y^3dx-x^3dy=\iint_D \{(-3x^2)-3y^2\}dxdy$$
$$=-3\iint_D (x^2+y^2)dxdy$$

$$= -3\left\{\iint_{D_2}(x^2+y^2)dxdy - \iint_{D_1}(x^2+y^2)dxdy\right\}$$

$$= -3\left(\int_0^{2\pi}\int_0^2 r^3 drd\theta - \int_0^{2\pi}\int_0^1 r^3 drd\theta\right)$$

$$= -3\left(4 \cdot 2\pi - \frac{1}{4} \cdot 2\pi\right) = -\frac{45}{2}\pi$$

[유제 12-14]

영역 $D = \{(x, y) \mid 1 \le x^2+y^2 \le 3\}$에서 선적분 $\int_{(\partial D)^+}(xy-y^3)dx+(1-x+x^3)dy$를 구하라.

평면영역 D의 넓이는 그린 정리를 이용하여 선적분으로 계산하면 편리하다. 평면영역 D의 넓이는 $\iint_D dxdy$이다. $\frac{\partial F_2}{\partial x} - \frac{\partial F_1}{\partial y} = 1$이 되도록 적절히 선택한 함수 F_1와 F_2에 대하여 그린 정리를 적용하자. $F_1(x, y) = -y$이고 $F_2(x, y) = 0$일 때 다음이 성립한다.

$$\int_{(\partial D)^+}(-y)dx = \iint_D dxdy$$

$F_1(x, y) = 0$이고 $F_2(x, y) = x$이면 다음이 성립한다.

$$\int_{(\partial D)^+} xdy = \iint_D dxdy$$

$F_1(x, y) = -y$이고 $F_2(x, y) = x$이면 다음이 성립한다.

$$\int_{(\partial D)^+}(-y)dx + xdy = 2\iint_D dxdy$$

이를 정리하면 다음과 같다.

정리 12-8 넓이의 성질

평면영역 D의 넓이에 대하여 다음 관계가 성립한다.

$$\iint_D dxdy = \int_{(\partial D)^+}(-y)dx = \int_{(\partial D)^+} xdy = \frac{1}{2}\int_{(\partial D)^+}(-y)dx + xdy$$

예제 12-15 그린 정리를 이용한 영역의 넓이

영역 $D^* = \left\{(x,y) \middle| \frac{x^2}{4} + y^2 \le 1,\ x \ge 0, y \le 0\right\}$의 넓이를 구하라.

풀이

영역 D를 $D = \left\{(x,y) \middle| \frac{x^2}{4} + y^2 \le 1\right\}$이라 하자. 문제의 영역 D^*는 영역 D의 제4 사분면 영역이다. D의 경계 $\partial D = \left\{(x,y) \middle| \frac{x^2}{4} + y^2 = 1\right\}$은 타원이며 x축, y축 모두에 대칭이므로 영역 D^*의 넓이는 영역 D의 넓이의 $\frac{1}{4}$이다. 경계 ∂D에 대한 매개변수 방정식은 $x = 2\cos t,\ y = \sin t\ \ (0 \le t \le 2\pi)$이다. [정리 12-8]을 이용하면 영역 D의 넓이는 다음과 같다.

$$\begin{aligned}\iint_D dxdy &= \int_{(\partial D)^+} xdy \\ &= \int_0^{2\pi} (2\cos t)(\cos t)dt = \int_0^{2\pi} 2\cos^2 t dt \\ &= \int_0^{2\pi} (1 + \cos 2t)dt = 2\pi\end{aligned}$$

따라서 영역 D^*의 넓이는 $\frac{1}{4} \times 2\pi = \frac{\pi}{2}$이다. [정리 12-8]의 다른 관계식을 이용해도 영역 D의 넓이를 구할 수 있다.

$$\begin{aligned}\iint_D dxdy &= \int_{(\partial D)^+} (-y)dx \\ &= \int_0^{2\pi} (-\sin t)(-2\sin t)dt = \int_0^{2\pi} 2\sin^2 t dt = 2\pi\end{aligned}$$

$$\begin{aligned}\iint_D dxdy &= \frac{1}{2}\int_{(\partial D)^+} (-y)dx + xdy \\ &= \frac{1}{2}\int_0^{2\pi} (-\sin t)(-2\sin t)dt + (2\cos t)\cos t dt = 2\pi\end{aligned}$$

[유제 12-15]

영역 $D^* = \left\{(x,y) \middle| \frac{x^2}{4} + \frac{y^2}{9} \le 1,\ x \ge 0, y \ge 0\right\}$의 넓이를 구하라.

회전과 발산

벡터장에서 많이 사용하는 연산자인 회전과 발산을 소개한다. 역학에서도 자주 사용하는 이 개념은 주어진 영역에서 강체 운동이나 유체 흐름을 설명한다.

정의 12-8 회전과 발산

벡터장 $\mathbf{F}(x, y, z) = (F_1(x, y, z), F_2(x, y, z), F_3(x, y, z))$에서 성분함수 F_i $(i = 1, 2, 3)$의 편도함수가 존재한다고 하자.

(1) 벡터장 $\mathbf{F}$의 **회전**(curl)은 다음과 같이 정의한다.

$$\operatorname{curl}\mathbf{F} = \nabla \times \mathbf{F} = \begin{vmatrix} \mathbf{i} & \mathbf{j} & \mathbf{k} \\ \dfrac{\partial}{\partial x} & \dfrac{\partial}{\partial y} & \dfrac{\partial}{\partial z} \\ F_1 & F_2 & F_3 \end{vmatrix} = \left(\frac{\partial F_3}{\partial y} - \frac{\partial F_2}{\partial z}, \frac{\partial F_1}{\partial z} - \frac{\partial F_3}{\partial x}, \frac{\partial F_2}{\partial x} - \frac{\partial F_1}{\partial y}\right)$$

(2) 벡터장 $\mathbf{F}$의 **발산**(divergence)은 다음과 같이 정의한다.

$$\operatorname{div}\mathbf{F} = \nabla \cdot \mathbf{F} = \frac{\partial F_1}{\partial x} + \frac{\partial F_2}{\partial y} + \frac{\partial F_3}{\partial z}$$

예제 12-16 벡터장의 회전과 발산

벡터장 $\mathbf{F}(x, y, z) = (x, xy, 1)$에 대하여 $\operatorname{curl}\mathbf{F}$와 $\operatorname{div}\mathbf{F}$를 각각 구하라.

풀이

성분함수가 $F_1(x, y, z) = x$, $F_2(x, y, z) = xy$, $F_3(x, y, z) = 1$이므로 벡터장 $\mathbf{F}$의 회전과 발산은 각각 다음과 같이 구한다.

$$\operatorname{curl}\mathbf{F} = \left(\frac{\partial F_3}{\partial y} - \frac{\partial F_2}{\partial z}, \frac{\partial F_1}{\partial z} - \frac{\partial F_3}{\partial x}, \frac{\partial F_2}{\partial x} - \frac{\partial F_1}{\partial y}\right) = (0-0, 0-0, y-0) = (0, 0, y),$$

$$\operatorname{div}\mathbf{F} = \frac{\partial F_1}{\partial x} + \frac{\partial F_2}{\partial y} + \frac{\partial F_3}{\partial z} = 1 + x + 0 = 1 + x$$

[유제 12-16]

벡터장 $\mathbf{F}(x, y, z) = (x^2, y^2, z^2 \tan xy)$에 대하여 $\operatorname{curl}\mathbf{F}$와 $\operatorname{div}\mathbf{F}$를 각각 구하라.

정리 12-9 회전과 발산에 대한 성질

벡터장 $\mathbf{F}(x, y, z) = (F_1(x, y, z), F_2(x, y, z), F_3(x, y, z))$에서 성분함수 F_i $(i = 1, 2, 3)$의 편도함수가 존재한다고 하자.

(1) $\mathbb{R}^3$에서 연속이고 2계 편도함수가 존재하는 임의의 스칼라함수 f에 대해 다음이 성립한다.

$$\text{curl}\,(\nabla f) = \nabla \times (\nabla f) = \mathbf{0}$$

(2) 벡터장 $\mathbf{F}$의 성분함수 $F_i(i = 1, 2, 3)$가 연속이고 2계 편도함수가 존재하면 다음이 성립한다.

$$\text{div}\,(\text{curl}\,\mathbf{F}) = \nabla \cdot (\nabla \times F) = 0$$

예제 12-17 벡터장의 회전과 발산

벡터장 $\mathbf{F}(x, y, z) = (xz, xyz, -y^2)$이 다른 벡터장의 curl로 표현될 수 없음을 보여라.

풀이

결론을 부정하여 벡터장 $\mathbf{F} = \text{curl}\,\mathbf{G}$인 벡터장 $\mathbf{G}$가 존재한다고 하자. [정리 12-9]의 (2)에 의해 다음이 성립한다.

$$\text{div}\,\mathbf{F} = \text{div}\,(\text{curl}\,\mathbf{G}) = 0 \tag{12.6}$$

벡터장 $\mathbf{F}$의 발산은 $\text{div}\,\mathbf{F} = \frac{\partial}{\partial x}(xz) + \frac{\partial}{\partial y}(xyz) + \frac{\partial}{\partial z}(-y^2) = z + xz \neq 0$이므로 식 (12.6)에 모순이다. 따라서 임의의 벡터장 $\mathbf{G}$에 대하여 $\mathbf{F} \neq \text{curl}\,\mathbf{G}$이다.

[유제 12-17]

벡터장 $\mathbf{F}(x, y, z) = (y + yz\cos xyz, x^2 + xz\cos xyz, z + xy\cos xyz)$가 다른 벡터장의 curl로 표현될 수 없음을 보여라.

그린 정리의 벡터형식

그린 정리를 공간으로 확장하려면 회전과 발산 연산자가 필요하다. 평면영역 D에서 이변수함수 F_1과 F_2가 그린 정리를 만족하고 $\mathbb{R}^3$의 벡터장이 $\mathbf{F}=(F_1, F_2, 0)$이라 하자. 영역 D의 경계 ∂D를 γ라 하면 $d\gamma=(dx, dy, dz)$이므로 식 (12.5)를 이용하면 다음과 같이 나타낼 수 있다.

$$\int_{(\partial D)^+} \mathbf{F}\cdot d\gamma = \int_{(\partial D)^+} (F_1, F_2, 0)\cdot d\gamma = \int_{(\partial D)^+} F_1 dx + F_2 dy$$

한편 벡터장 $\mathbf{F}$의 회전은 $\operatorname{curl}\mathbf{F}=\begin{vmatrix} \mathbf{i} & \mathbf{j} & \mathbf{k} \\ \frac{\partial}{\partial x} & \frac{\partial}{\partial y} & \frac{\partial}{\partial z} \\ F_1 & F_2 & 0 \end{vmatrix} = \left(0, 0, \frac{\partial F_2}{\partial x}-\frac{\partial F_1}{\partial y}\right)$이고 $\mathbf{k}$는 표준단위벡터이므로 다음이 성립한다.

$$\operatorname{curl}\mathbf{F}\cdot\mathbf{k}=\left(\frac{\partial F_2}{\partial x}-\frac{\partial F_1}{\partial y}\right)\mathbf{k}\cdot\mathbf{k}=\frac{\partial F_2}{\partial x}-\frac{\partial F_1}{\partial y}$$

이제 평면에서 그린 정리를 다음과 같은 벡터형식으로 쓸 수 있다.

$$\int_{(\partial D)^+} \mathbf{F}\cdot d\gamma = \iint_D \operatorname{curl}\mathbf{F}\cdot\mathbf{k}\,dxdy$$

영역 D의 경계인 평면곡선 $\gamma(t)$의 단위접선벡터장과 단위법선벡터장으로 그린 정리를 나타내자. 평면곡선 $\gamma(t)$를 따라 단위접선벡터장 $\mathbf{T}(t)$와 단위법선벡터장 $\mathbf{n}(t)$는 각각 다음과 같이 표현할 수 있다.

$$\mathbf{T}(t)=\left(\frac{x'(t)}{|\gamma'(t)|}, \frac{y'(t)}{|\gamma'(t)|}, 0\right),\ \ \mathbf{n}(t)=\left(\frac{y'(t)}{|\gamma'(t)|}, -\frac{x'(t)}{|\gamma'(t)|}, 0\right)$$

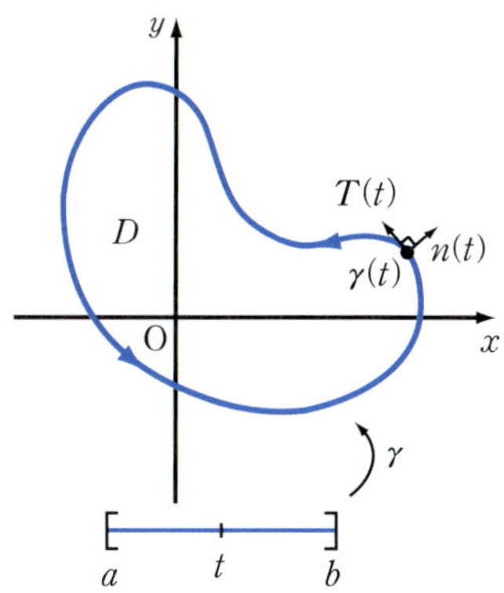

[그림 12-8] 평면곡선 $\gamma(t)$에서 단위접선벡터장 $\mathrm{T}(t)$와 단위법선벡터장 $\mathrm{n}(t)$

단위접선벡터장과 단위법선벡터장을 이용하여 그린 정리를 나타내면 다음과 같다.

$$\int_{(\partial D)^+} \mathbf{F}\cdot\mathbf{T}\,ds = \iint_D (\operatorname{curl}\mathbf{F})\cdot\mathbf{k}\,dA$$
$$\int_{(\partial D)^+} \mathbf{F}\cdot\mathbf{n}\,ds = \iint_D (\operatorname{div}\mathbf{F})\,dA$$

예제 12-18 그린 정리의 벡터형식

곡선 γ는 중심이 원점이고 반지름이 2인 원이고 양의 방향이라 하자. 곡선 γ를 따르는 선적분 $\int_\gamma (x^2+y^2)dx+(x^2-y^2)dy$를 구하라.

풀이

$F_1(x,y)=x^2+y^2$과 $F_2(x,y)=x^2-y^2$이라 두면 벡터장 $\mathbf{F}=(F_1, F_2, 0)$의 회전은 다음과 같다.

$$\operatorname{curl}\mathbf{F}=\begin{vmatrix} \mathbf{i} & \mathbf{j} & \mathbf{k} \\ \dfrac{\partial}{\partial x} & \dfrac{\partial}{\partial y} & \dfrac{\partial}{\partial z} \\ x^2+y^2 & x^2-y^2 & 0 \end{vmatrix}=(0,0,2x-2y)$$

$\mathbf{k}$는 표준단위벡터이므로 $\operatorname{curl}\mathbf{F}\cdot\mathbf{k}=2x-2y$이고 다음이 성립한다.

$$\iint_D \operatorname{curl}\mathbf{F}\cdot\mathbf{k}\,dxdy=\int_0^2\int_0^{2\pi}(2r\cos\theta-2r\sin\theta)rdrd\theta=0$$

곡선 γ는 $\gamma(t)=(2\cos t, 2\sin t, 0)$이므로 단위법선벡터장은 $\mathbf{T}(t)=(\cos t, \sin t, 0)$이다. 이를 벡터장과 내적한 결과는 다음과 같다.

$$\begin{aligned}\mathbf{F}\cdot\mathbf{T}(t)&=(4, 4\cos^2 t-4\sin^2 t, 0)\cdot(\cos t, \sin t, 0)\\&=4\cos t+4\cos^2 t\sin t-4\sin^3 t\\&=4\cos t-4\sin t+8\cos^2 t\sin t\end{aligned}$$

이제 구하는 선적분은 다음과 같이 계산할 수 있다.

$$\begin{aligned}\int_\gamma (x^2+y^2)dx+(x^2-y^2)dy&=\int_\gamma \mathbf{F}\cdot\mathbf{T}\,ds\\&=\int_0^{2\pi}(4\cos t-4\sin t+8\cos^2 t\sin t)\frac{ds}{dt}dt\\&=\int_0^{2\pi}(4\cos t-4\sin t+8\cos^2 t\sin t)dt\\&=0\end{aligned}$$

이로부터 $\int_\gamma \mathbf{F}\cdot d\gamma=\int_\gamma \mathbf{F}\cdot\mathbf{T}ds=0=\iint_D \operatorname{curl}\mathbf{F}\cdot\mathbf{k}\,dxdy$임을 알 수 있다.

SECTION

12.2 연습문제

※ 01~02 주어진 곡선 γ에서 선적분을 직접 구한 뒤 그린 정리를 이용하여 다시 계산하라.

01 $\oint_{\gamma}(y-\cos y)dx+x\sin y dy$,

γ는 중심이 $(3,-4)$이고 반지름이 2인 원

02 $\oint_{\gamma}(x+y^2)dx+(y+x^2)dy$,

γ는 네 점 $(1,1)$, $(-1,1)$, $(-1,-1)$, $(1,-1)$을 꼭짓점으로 하는 정사각형의 테두리

※ 03~06 그린 정리를 이용하여 양의 방향인 곡선 γ를 따르는 선적분을 구하라.

03 $\int_{\gamma}(x^2+y^2)dx+(x^2-y^2)dy$,

γ는 중심이 원점이고 반지름이 4인 원

04 $\int_{\gamma}(x^3-y^3)dx+(x^3+y^3)dy$,

γ는 중심이 원점이고 반지름이 3인 원과 중심이 원점이고 반지름이 1인 원

05 $\int_{\gamma}(y+e^{\sqrt{x}})dx+(2x+\cos y^2)dy$,

γ는 $y=x^2$과 $x=y^2$으로 둘러싸인 영역의 경계

06 $\int_{\gamma}\dfrac{2xydx+(y^2-x^2)dy}{(x^2+y^2)^2}$,

γ는 세 점 $(-1,0)$, $(1,-1)$, $(1,1)$을 꼭짓점으로 하는 삼각형

※ 07~09 주어진 벡터장 $\mathbf{F}$에 대하여 $\mathrm{div}\mathbf{F}$와 $\mathrm{curl}\mathbf{F}$를 각각 구하라.

07 $\mathbf{F}(x,y,z)=(\sqrt{z},-2x,\sqrt{y})$

08 $\mathbf{F}(x,y,z)=(\sin x\sin y, \sin x\cos y, \cos y)$

09 $\mathbf{F}(x,y,z)=(2y+\sin x, z^2+\cos y, x^2)$

※ 10~11 주어진 벡터장 $\mathbf{F}$가 다른 벡터장의 curl로 표현될 수 없음을 보여라.

10 $\mathbf{F}(x,y,z)=(2xy,-xy^2-ye^x, ze^x)$

11 $\mathbf{F}(x,y,z)=(2x^2-x, 3z, e^{\sin y})$

12 그린 정리를 이용하여 영역 $x^{\frac{2}{3}}+y^{\frac{2}{3}}=1$의 넓이를 구하라.

13 γ는 네 점 $(1,0),(0,1),(-1,0),(0,-1)$을 꼭짓점으로 하는 정사각형일 때,

$\oint_{\gamma}(e^{\sqrt{x}}x^4+2y)dx+(5x+3\sin y)dy$를 구하라.

※ 14~18 그린 정리를 이용하여 선적분 $\int_{\gamma}\mathbf{F}\cdot d\gamma$를 구하라. 단, 곡선 방향을 반드시 확인하라.

14 $\mathbf{F}(x,y)=\left(\dfrac{x+y}{x^2+y^2}, \dfrac{y-x}{x^2+y^2}\right)$,

γ는 반시계 방향으로 움직이며 중심이 $(3,-4)$이고 반지름이 2인 원

15 $\mathbf{F}(x,y)=\left(\dfrac{x-y}{x^2+y^2}, \dfrac{y+x}{x^2+y^2}\right)$,

γ는 시계 방향으로 움직이는 타원

$4(x-3)^2+(y+4)^2=4$

16 $\mathbf{F}(x,y)=(\sin x^3+xy, xy-\sqrt{y^4+1})$,

γ는 점 $(0,0)$에서 시계 방향으로 움직이며 세 점 $(0,0)$, $(0,1)$, $(1,0)$을 꼭짓점으로 하는 삼각형

17 $\mathbf{F}(x,y)=(x^2-y^2, xy)$,

γ는 반시계 방향으로 움직이며 직선 $y=x$와 곡선 $y=x^2$으로 둘러싸인 영역의 경계

18 $\mathbf{F}(x,y)=(-y^2, x^2)$,

γ는 반시계 방향으로 움직이는 극곡선 $r=1+\cos\theta$

SECTION 12.3 면적분

11장에서 학습한 이중적분은 평면에 속하는 영역 위에서 정의된 함수의 적분이다. 평면을 곡면의 특수한 형태라 생각할 수 있다. 이를 일반화하여 곡면에서 정의된 함수나 벡터장을 적분할 수도 있다. 이를 **면적분**(surface integral)이라 한다. 공학에서 면적분은 단위 면을 빠져나가는 유체 양을 설명한다.

매개변수 곡면과 넓이

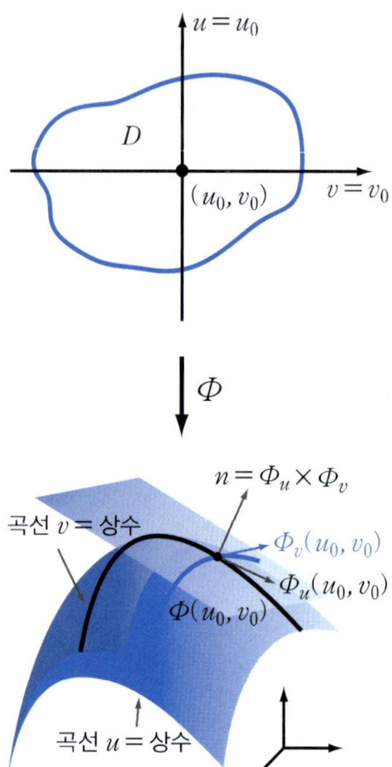

[그림 12-9] 매개변수 곡면 Φ

공간에서 곡선을 매개변수 t에 대한 벡터함수 $\boldsymbol{\gamma}: [a, b]\to\mathbb{R}^3$,$\boldsymbol{\gamma}(t)=(x(t), y(t), z(t))$로 나타낼 수 있듯이 같은 방법으로 곡면도 두 매개변수 u, v에 대한 벡터함수 $\boldsymbol{\Phi}$: $D\to\mathbb{R}^3$, $\boldsymbol{\Phi}(u, v)=(x(u, v), y(u, v), z(u, v))$로 나타낼 수 있다. 이를 **매개변수 곡면**(parametric surface)이라 한다. 함수 $\boldsymbol{\Phi}$에 대하여 영역 D의 상(image) S는 $\boldsymbol{\Phi}$에 대응하는 곡면이다. 즉, $S=\boldsymbol{\Phi}(D)$가 성립한다.

정의 12-9 매끄러운 곡면

영역 D 위에서 정의된 매개변수 곡면 $\boldsymbol{\Phi}(u, v)=(x(u, v), y(u, v), z(u, v))$를 생각하자. 편도함수 $\boldsymbol{\Phi}_u$와 $\boldsymbol{\Phi}_v$가 연속이고 영역 D 위에서 $\boldsymbol{\Phi}_u\times\boldsymbol{\Phi}_v\neq\mathbf{0}$이면 매개변수 곡면 $\boldsymbol{\Phi}$를 **매끄럽다**(smooth)고 한다.

참고 매끄러운 곡면의 접평면

매끄러운 곡면 S 위 한 점 $\boldsymbol{\Phi}(u_0, v_0)$에서 S의 접평면은 접선벡터 $\boldsymbol{\Phi}_u(u_0, v_0)$와 $\boldsymbol{\Phi}_v(u_0, v_0)$로 결정된다. 이때 법선벡터 $\mathbf{n}=\boldsymbol{\Phi}_u\times\boldsymbol{\Phi}_v$는 항상 존재한다.

예제 12-19 매개변수 곡면

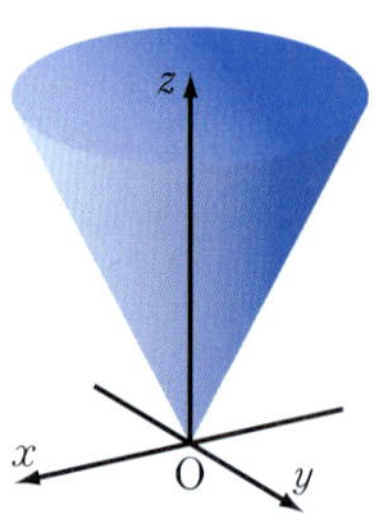

$z=4\sqrt{x^2+y^2}$

왼쪽 그림과 같은 곡면 $z=4\sqrt{x^2+y^2}$ 의 매개변수 표현을 구하라.

풀이

x^2+y^2에 극좌표 $x=r\cos\theta$, $y=r\sin\theta$를 사용하면 $z=4r$이 성립한다(단, $r\geq 0$이고 $0\leq\theta\leq 2\pi$). 따라서 곡면의 매개변수 방정식은 다음과 같다.

$$x(r,\theta)=r\cos\theta,\ \ y(r,\theta)=r\sin\theta,\ \ z=4r$$

이를 영역 D 위에서 정의된 매개변수 곡면으로 나타내면 다음과 같다.

$$\boldsymbol{\Phi}(r,\theta)=(r\cos\theta, r\sin\theta, 4r),\ \ D=\{(r,\theta)\,|\,0\le r, 0\le\theta\le 2\pi\}$$

[유제 12-18]

곡면 $z=4-x^2-y^2$, $z\ge 0$의 매개변수 표현을 구하라.

매개변수 곡면은 매개변수 선택에 따라 다양하게 나타난다. [예제 12-19]에서 매개변수 곡면은 $\boldsymbol{\Phi}(x,y)=(x,y,4\sqrt{x^2+y^2})$으로도 표현할 수 있다.

예제 12-20 매개변수 곡면의 그래프

매개변수 곡면 $\boldsymbol{\Phi}(u,v)=(2\cos u, v, 2\sin u)$의 그래프를 그려라.

풀이

$x=2\cos u$, $z=2\sin u$이므로 $x^2+z^2=4$이다. $y=v$이므로 y는 모든 실수가 될 수 있다. 따라서 주어진 매개변수 곡면은 xz평면에 수직인 원기둥이다.

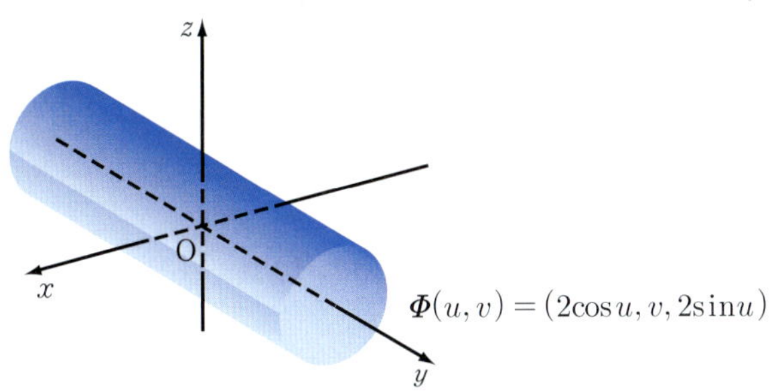

[유제 12-19]

매개변수 곡면 $\boldsymbol{\Phi}(u,v)=(3\sin 2u, 6\sin^2 u, v)$ $(0\le u\le\pi, 0\le v\le 5)$의 그래프를 그려라.

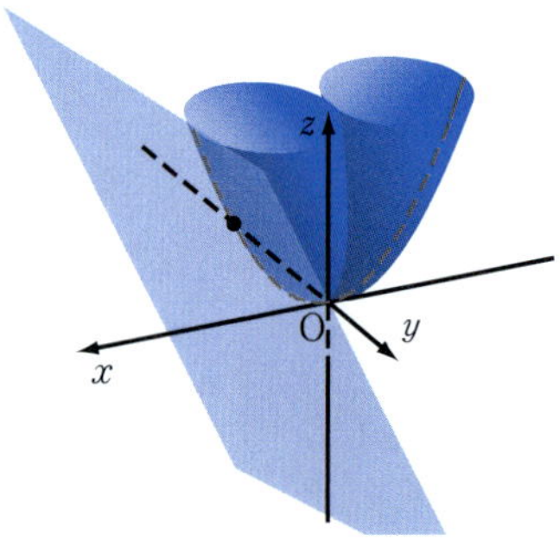

예제 12-21 매개변수 곡면에서 접평면의 방정식

왼쪽 그림과 같은 매개변수 곡면이 $\Phi:\mathbb{R}^2\to\mathbb{R}^3$, $\Phi(u,v)=(u\cos v, u\sin v, u^2+v^2)$으로 주어질 때, 곡면 위 점 $\Phi(1,0)$에서 접평면의 방정식을 구하라.

풀이

$x(u,v)=u\cos v$, $y(u,v)=u\sin v$, $z(u,v)=u^2+v^2$이므로 두 접선벡터는 다음과 같다.

$$\Phi_u=\left(\frac{\partial x}{\partial u}, \frac{\partial y}{\partial u}, \frac{\partial z}{\partial u}\right)=(\cos v, \sin v, 2u),\quad \Phi_v=\left(\frac{\partial x}{\partial v}, \frac{\partial y}{\partial v}, \frac{\partial z}{\partial v}\right)=(-u\sin v, u\cos v, 2v)$$

$(u_0, v_0)=(1,0)$일 때 두 접선벡터는 각각 $\Phi_u=(1,0,2)$, $\Phi_v=(0,1,0)$이므로 접평면의 법선벡터는 $\mathbf{n}=\Phi_u\times\Phi_v=(-2,0,1)$이다. 따라서 점 $\Phi(1,0)=(1,0,1)$에서 접평면의 방정식은 $(x-1, y-0, z-1)\cdot\mathbf{n}=0$이므로 $-2x+z+1=0$이다.

[유제 12-20]

매개변수 곡면이 $\Phi:\mathbb{R}^2\to\mathbb{R}^3$, $\Phi(u,v)=(u+v, 2u^2, u-v)$로 주어질 때, 곡면 위 점 $\Phi(1,1)$에서 접평면의 방정식을 구하라.

곡면에서 스칼라함수의 면적분

스칼라함수 f가 매끄러운 곡선 $\gamma: I\to\mathbb{R}^3$, $I=[a,b]$에서 정의될 때, 함수 f의 선적분은 다음과 같이 정의됨을 [정의 12-3]에서 살펴보았다.

$$\int_\gamma f(x,y,z)ds=\int_a^b f(\gamma(t))|\gamma'(t)|dt$$

이제 구간 I를 영역 D로 확장하여 곡면 상에서 스칼라함수의 면적분을 다음과 같이 정의한다.

정의 12-10 스칼라함수의 면적분

매개변수 곡면 $\Phi: D\to\mathbb{R}^3$, $\Phi(u,v)=(x(u,v), y(u,v), z(u,v))$로 주어진 매끄러운 곡면 $S=\Phi(D)$ 위에서 함수 $f(x,y,z)$가 연속이라 하자. 곡면 S 위에서 f의 **면적분**을 다음과 같이 정의한다.

$$\iint_S f(x,y,z)dS=\iint_D f(x(u,v), y(u,v), z(u,v))|\Phi_u\times\Phi_v|dudv$$

함수 $f(x, y, z) = 1$이라 두면 곡면 S의 넓이 $A(S)$를 면적분으로 나타낼 수 있다.

$$\iint_S dS = \iint_D |\boldsymbol{\Phi}_u \times \boldsymbol{\Phi}_v| \, du dv = A(S) \tag{12.7}$$

곡면 S가 유한개의 매끄러운 곡면 S_1, S_2, …, S_k의 합집합이면 곡면 S에서 함수 f의 면적분은 다음과 같이 곡면 S_1, S_2, …, S_k에서 함수 f의 면적분을 합한 것과 같다.

$$\iint_S f(x, y, z) dS = \sum_{i=1}^{k} \iint_{S_i} f(x, y, z) dS \tag{12.8}$$

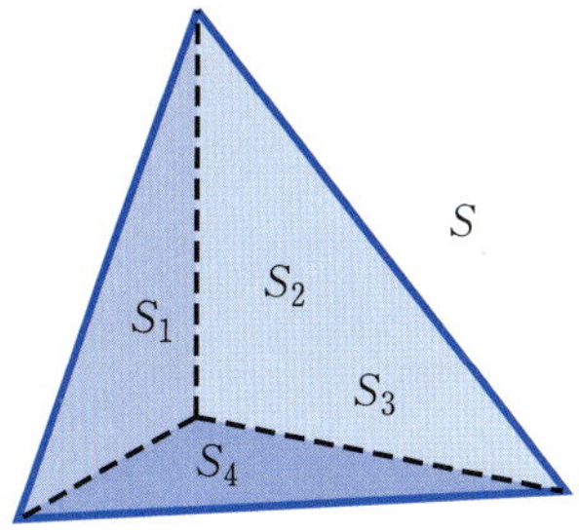

[그림 12-10] 곡면 S_1, S_2, S_3, S_4의 합집합으로 이루어진 곡면 S

예를 들어 [그림 12-10]과 같이 사면체 S가 곡면 S_1, S_2, S_3, S_4의 합집합으로 이루어졌다고 하자. 곡면 S에서 면적분은 다음과 같이 계산한다.

$$\iint_S f ds = \iint_{S_1} f ds + \iint_{S_2} f ds + \iint_{S_3} f ds + \iint_{S_4} f ds$$

예제 12-22 스칼라함수의 면적분

영역 $D = \{(r, \theta) \mid 0 \le r \le 1, 0 \le \theta \le 2\pi\}$ 위에서 매개변수 곡면 $\boldsymbol{\Phi}(r, \theta) = (r\cos\theta, r\sin\theta, \theta)$로 주어진 곡면 S를 생각하자. 곡면 S 위의 함수 $f(x, y, z) = \sqrt{x^2 + y^2 + 1}$에 대한 다음 물음에 답하라.

(a) 곡면 S의 넓이를 구하라.

(b) 곡면 S 위에서 f의 면적분을 구하라.

풀이

매개변수 곡면 $\boldsymbol{\Phi}$의 두 접선벡터는 $\boldsymbol{\Phi}_r = (\cos\theta, \sin\theta, 0)$, $\boldsymbol{\Phi}_\theta = (-r\sin\theta, 4\cos\theta, 1)$ 이므로 두 벡터의 외적은 다음과 같다.

$$\boldsymbol{\Phi}_r \times \boldsymbol{\Phi}_\theta = \begin{vmatrix} \mathbf{i} & \mathbf{j} & \mathbf{k} \\ \cos\theta & \sin\theta & 0 \\ -r\sin\theta & r\cos\theta & 1 \end{vmatrix} = (\sin\theta, -\cos\theta, r)$$

이 벡터의 크기가 $|\boldsymbol{\Phi}_r \times \boldsymbol{\Phi}_\theta| = \sqrt{\sin^2\theta + (-\cos\theta)^2 + r^2} = \sqrt{1 + r^2}$ 임을 이용하자.

(a) 곡면 S의 넓이 $A(S)$는 식 (12.7)을 이용하여 반복적분으로 바꾸어 계산한다.

$$\begin{aligned} A(S) &= \iint_S dS = \iint_D |\boldsymbol{\Phi}_r \times \boldsymbol{\Phi}_\theta| \, dr d\theta \\ &= \int_0^1 \int_0^{2\pi} \sqrt{1 + r^2} \, dr d\theta = 2\pi \int_0^1 \sqrt{1 + r^2} \, dr \\ &= (\sqrt{2} + \ln(\sqrt{2} + 1))\pi \end{aligned}$$

(b) 곡면 S 위에서 f의 면적분은 [정의 12-10]을 이용하여 계산한다.

$$\iint_S f\,dS = \iint_D f(x(r,\theta), y(r,\theta), z(r,\theta))\,|\boldsymbol{\Phi}_r \times \boldsymbol{\Phi}_\theta|\,dr d\theta$$

$$= \int_0^{2\pi}\int_0^1 \sqrt{1+r^2}\,\sqrt{1+r^2}\,dr d\theta = 2\pi\int_0^1 (1+r^2)\,dr = \frac{8}{3}\pi$$

[유제 12-21]

영역 $D=\{(x,y)\,|\,0 \le x \le 1,\ 0 \le y \le 1\}$ 위에서 매개변수 곡면 $\boldsymbol{\Phi}(x,y)=(x, y, 4-x^2-y^2)$으로 주어진 곡면 S를 생각하자. 곡면 S 위 함수 $f(x,y,z)=4-x^2-y^2$에 대한 다음 물음에 답하라.

(a) 곡면 S의 넓이를 구하라.

(b) 곡면 S 위에서 f의 면적분을 구하라.

예제 12-23 구면에서 스칼라함수의 면적분

반지름이 1인 구면 S에 대하여 다음 물음에 답하라.

(a) 곡면 S의 넓이를 구하라.

(b) 면적분 $\iint_S z^2 dS$를 계산하라.

풀이

구면 S를 구면좌표로 변환하자. 구면 S는 영역 $D=\{(\phi,\theta)\,|\,0 \le \phi \le \pi, 0 \le \theta \le 2\pi\}$ 위에서 주어진 매개변수 곡면은 $\boldsymbol{\Phi}(\phi,\theta)=(\sin\phi\cos\theta, \sin\phi\sin\theta, \cos\phi)$이다. 두 접선벡터 $\boldsymbol{\Phi}_\phi$, $\boldsymbol{\Phi}_\theta$의 외적은 다음과 같다.

$$\boldsymbol{\Phi}_\phi \times \boldsymbol{\Phi}_\theta = \begin{vmatrix} \mathbf{i} & \mathbf{j} & \mathbf{k} \\ \cos\phi\cos\theta & \cos\phi\sin\theta & -\sin\phi \\ -\sin\phi\sin\theta & \sin\phi\cos\theta & 0 \end{vmatrix} = (\sin^2\phi\cos\theta, \sin^2\phi\sin\theta, \cos\phi\sin\phi)$$

이 벡터의 크기가 $|\boldsymbol{\Phi}_\phi \times \boldsymbol{\Phi}_\theta| = \sin\phi$임을 이용하자.

(a) 곡면 S의 넓이 $A(S)$는 식 (12.7)을 이용하여 반복적분으로 바꾸어 계산한다.

$$A(S) = \iint_S dS = \iint_D |\Phi_\phi \times \Phi_\theta|\,d\phi d\theta = \int_0^{2\pi}\int_0^{\pi} \sin\phi\,d\phi d\theta = 4\pi$$

(b) $z=\cos\phi$이므로 구하는 면적분은 다음과 같다.

$$\iint_S z^2 dS = \iint_D \cos^2\phi\,|\boldsymbol{\Phi}_\phi \times \boldsymbol{\Phi}_\theta|\,d\phi d\theta = \int_0^{2\pi}\int_0^{\pi} \cos^2\phi\sin\phi\,d\phi d\theta = \frac{4}{3}\pi$$

[유제 12-22]

반지름이 2인 구면 S에 대하여 다음 물음에 답하라.

(a) 곡면 S의 넓이를 구하라.

(b) 면적분 $\iint_S (z^2+y^2)dS$를 계산하라.

영역 D 위에서 정의된 곡면 S가 $z=g(x,y)$ $((x,y)\in D)$일 때, 자연스럽게 S의 매개변수 곡면을 $\boldsymbol{\Phi}(x,y)=(x,y,g(x,y))$라 생각할 수 있다. 이때 두 접선벡터 $\boldsymbol{\Phi}_x$, $\boldsymbol{\Phi}_y$의 외적은 다음과 같다.

$$\boldsymbol{\Phi}_x\times\boldsymbol{\Phi}_y=\begin{vmatrix}\mathbf{i} & \mathbf{j} & \mathbf{k}\\ 1 & 0 & \dfrac{\partial g}{\partial x}\\ 0 & 1 & \dfrac{\partial g}{\partial y}\end{vmatrix}=\left(-\frac{\partial g}{\partial x},-\frac{\partial g}{\partial y},1\right)$$

이 벡터의 크기는 $|\boldsymbol{\Phi}_x\times\boldsymbol{\Phi}_y|=\sqrt{\left(\frac{\partial g}{\partial x}\right)^2+\left(\frac{\partial g}{\partial y}\right)^2+1}$ 이다. 그러므로 곡면 S 위에서 함수 f의 적분은 다음과 같다.

$$\iint_S f\,dS=\iint_D f(x,y,g(x,y))\sqrt{\left(\frac{\partial g}{\partial x}\right)^2+\left(\frac{\partial g}{\partial y}\right)^2+1}\,dxdy \qquad (12.9)$$

예제 12-24 평면에서 스칼라함수의 면적분

오른쪽 그림과 같이 세 점 $(1,0,0)$, $(0,1,0)$, $(0,0,1)$을 꼭짓점으로 하는 삼각면 S에 대하여 면적분 $\iint_S x\,dS$를 구하라.

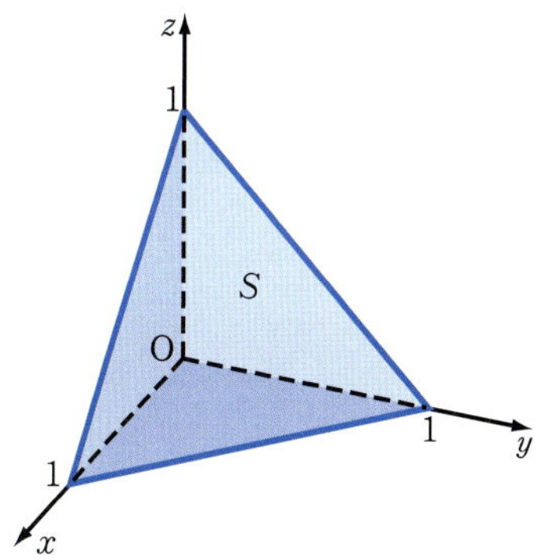

풀이

주어진 삼각면 S는 평면이고 방정식은 $x+y+z=1$이다. $z=1-x-y$로 식을 변형하면 삼각면 S는 영역 $D=\{(x,y)\,|\,0\le x\le 1, 0\le y\le 1-x\}$ 위에서 정의된 매개변수 곡면 $g(x,y)=1-x-y$이다. 식 (12.9)를 이용하면 구하고자 하는 면적분은 다음과 같다.

$$\begin{aligned}\iint_S x\,dS&=\iint_D x\sqrt{\left(\frac{\partial g}{\partial x}\right)^2+\left(\frac{\partial g}{\partial y}\right)^2+1}\,dxdy\\&=\iint_D \sqrt{3}\,x\,dxdy=\sqrt{3}\int_0^1\int_0^{1-x} x\,dydx=\frac{\sqrt{3}}{6}\end{aligned}$$

> **[유제 12-23]**
> 세 점 $(3,0,0)$, $(0,2,0)$, $(0,0,6)$을 꼭짓점으로 하는 삼각면 S에 대하여 면적분 $\iint_S z\,dS$를 구하라.

곡면에서 벡터장의 면적분

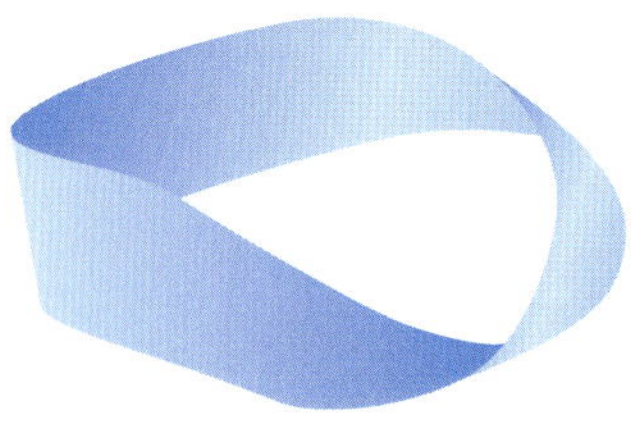
[그림 12-11] 뫼비우스 띠

12.2절에서 선적분 영역의 경계(곡선)의 방향을 설명하였다. 비슷하게 벡터장의 면적분에서도 적분 영역인 곡면의 방향이 중요하다. 곡면의 **방향**(orientation)은 각 점에서 곡면에 수직인 방향을 연속적으로 나타낸다. 면이 두 개인 곡면을 **유향곡면**(oriented surface)이라 한다. 유향곡면의 한쪽 면을 외부[양의 방향]라 하면, 나머지 면은 내부[음의 방향]라 한다. [그림 12-11]과 같은 뫼비우스 띠는 내부와 외부가 구별되지 않아 유향곡면이 아니다.

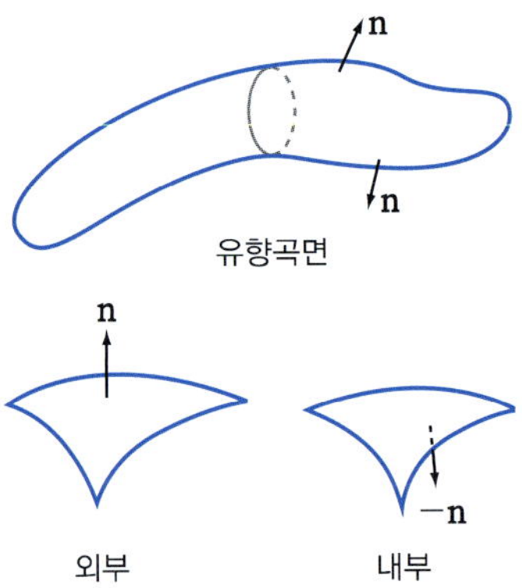

[그림 12-12] 유향곡면과 단위법선벡터

이제부터 유향곡면을 기준으로 생각하자. [그림 12-12]와 같이 매끄러운 곡면 S의 각 점 (x, y, z)에는 단위법선벡터가 $\mathbf{n}$과 $-\mathbf{n}$으로 2개 존재한다. 두 벡터는 각각 곡면 S의 양의 방향 혹은 음의 방향에 관계있다. 매끄러운 곡선 S의 방향을 나타내기 위해 각 점에서 곡면의 양의 방향을 가리키는 단위법선벡터 $\mathbf{n}$을 택하자.

> **정의 12-11 유량**
>
> 벡터장 $\mathbf{F}$가 단위법선벡터 $\mathbf{n}$을 가진 유향곡면 S에서 정의된 벡터장이라 하자. 곡면 S 위에서 벡터장 $\mathbf{F}$의 면적분은 다음과 같다.
>
> $$\iint_S \mathbf{F}\cdot d\mathbf{S} = \iint_S (\mathbf{F}\cdot\mathbf{n})\,dS$$
>
> 이 적분을 S를 통과하는 $\mathbf{F}$의 **유량**(flux)이라고도 한다.

영역 D에서 정의된 곡면 S가 그래프 $z = g(x, y)$ $((x, y)\in D)$로 주어질 때, 곡면 S의 단위법선벡터는 곡면 S의 방향에 따라 다음과 같이 $\mathbf{n}_1$ 또는 $\mathbf{n}_2$로 주어진다.

$$\mathbf{n}_1 = \frac{\boldsymbol{\Phi}_x \times \boldsymbol{\Phi}_y}{|\boldsymbol{\Phi}_x \times \boldsymbol{\Phi}_y|} = \frac{1}{|\boldsymbol{\Phi}_x \times \boldsymbol{\Phi}_y|}\left(-\frac{\partial g}{\partial x}, -\frac{\partial g}{\partial y}, 1\right)$$

$$\mathbf{n}_2 = -\frac{\boldsymbol{\Phi}_x \times \boldsymbol{\Phi}_y}{|\boldsymbol{\Phi}_x \times \boldsymbol{\Phi}_y|} = \frac{1}{|\boldsymbol{\Phi}_x \times \boldsymbol{\Phi}_y|}\left(\frac{\partial g}{\partial x}, \frac{\partial g}{\partial y}, -1\right)$$

따라서 벡터장 $\mathbf{F}=(F_1, F_2, F_3)$에 대하여 단위법선벡터 $\mathbf{n}_1$을 선택하면 $\mathbf{F}$의 유량은 다음과 같다.

$$\begin{aligned}\iint_S \mathbf{F}\cdot d\mathbf{S} &= \iint_S (\mathbf{F}\cdot\mathbf{n}_1)\,dS \\ &= \iint_D \left(\mathbf{F}\cdot\frac{\left(-\frac{\partial g}{\partial x}, -\frac{\partial g}{\partial y}, 1\right)}{|\boldsymbol{\Phi}_x\times\boldsymbol{\Phi}_y|}\right)|\boldsymbol{\Phi}_x\times\boldsymbol{\Phi}_y|\,dxdy \\ &= \iint_D \left(-F_1\frac{\partial g}{\partial x} - F_2\frac{\partial g}{\partial y} + F_3\right)dxdy \qquad (12.10)\end{aligned}$$

예제 12-25 유량

오른쪽 그림과 같이 곡면 S가 포물면 $z=1-x^2-y^2$과 $z=0$으로 둘러싸인 입체 영역의 경계라 하자. 곡면 S 위에서 정의된 벡터장 $\mathbf{F}=(y, x, 2z)$에 대하여 유량 $\iint_S \mathbf{F}\cdot d\mathbf{S}$를 구하라.

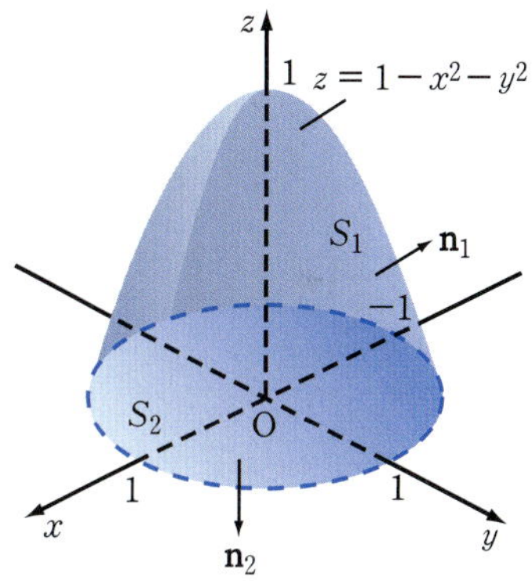

풀이

곡면 S는 포물면의 위쪽 곡면 S_1과 단위원인 밑면 S_2로 이루어져 있다. 식 (12.8)에 따르면 구하는 면적분은 S_1에서의 면적분과 S_2에서의 면적분의 합으로 나타낼 수 있다.

$$\iint_S \mathbf{F}\cdot d\mathbf{S} = \iint_{S_1} \mathbf{F}\cdot d\mathbf{S} + \iint_{S_2} \mathbf{F}\cdot d\mathbf{S}$$

S_1은 영역 $D=\{(x,y)\,|\,x^2+y^2\le 1\}$ 위에서 정의된 타원포물면 $g(x,y)=1-x^2-y^2$이다. 함수 $g(x,y)$의 편도함수는 $\frac{\partial g}{\partial x}=-2x$, $\frac{\partial g}{\partial y}=-2y$이므로 식 (12.10)을 이용하면 S_1에서 면적분은 다음과 같이 계산한다.

$$\begin{aligned}\iint_{S_1} \mathbf{F}\cdot d\mathbf{S} &= \iint_D \{-y(-2x)-x(-2y)+2(1-x^2-y^2)\}dxdy \\ &= \iint_D (2+4xy-2x^2-2y^2)dxdy\end{aligned}$$

극좌표 $x=r\cos\theta$, $y=r\sin\theta$ $(0\le r\le 1,\ 0\le\theta\le 2\pi)$를 사용한 뒤 [정리 11-8]을 이용하여 반복적분으로 바꾸면 다음과 같다.

$$\begin{aligned}\iint_D (2+4xy-2x^2-2y^2)dxdy &= \int_0^{2\pi}\int_0^1 (2+4r^2\cos\theta\sin\theta-2r^2)r\,drd\theta \\ &= \int_0^{2\pi}\int_0^1 (2r+4r^3\cos\theta\sin\theta-2r^3)\,drd\theta \\ &= 4\pi\int_0^1 (r-r^3)dr = \pi\end{aligned}$$

S_2는 xy평면의 일부분이므로 $\mathbf{n}_2 = -(0,0,1)$이고 $D = \{(x,y) \mid x^2 + y^2 \le 1\}$이다. S_2에서 면적분은 [정의 12-11]을 이용하여 다음과 같이 계산한다.

$$\begin{aligned}\iint_{S_2} \mathbf{F} \cdot d\mathbf{S} &= \iint_{S_2} (\mathbf{F} \cdot \mathbf{n}_2)\, dS \\ &= \iint_D (y, x, 0) \cdot (0, 0, -1)\, dx dy = 0\end{aligned}$$

즉, 구하고자 하는 면적분은 다음과 같다.

$$\iint_S \mathbf{F} \cdot d\mathbf{S} = \iint_{S_1} \mathbf{F} \cdot d\mathbf{S} + \iint_{S_2} \mathbf{F} \cdot d\mathbf{S} = \pi + 0 = \pi$$

[유제 12-24]

곡면 S가 상반구 $z = \sqrt{4 - x^2 - y^2}$과 평면 $z = 0$으로 둘러싸인 입체 영역의 경계라 하자. 곡면 S 위에서 정의된 벡터장 $\mathbf{F} = (1, 1, 2)$에 대하여 유량 $\iint_S \mathbf{F} \cdot d\mathbf{S}$를 구하라.

SECTION

12.3 연습문제

※ 01~03 주어진 곡면의 매개변수 표현을 구하라(다양한 방법으로 구할 수 있다).

01 포물면 $z = 16 - x^2 - y^2$, $z \geq 7$

02 두 평면 $z = -\frac{1}{2}$, $z = \frac{1}{2}$ 사이에 놓인 단위구면

03 세 평면 $x = 1$, $x = 3$, $z = 0$으로 잘린 포물기둥 $z = 5 - y^2$

※ 04~05 주어진 매개변수 곡면 위 점에서 접평면의 방정식을 구하라.

04 곡면 $\boldsymbol{\Phi}: \mathbb{R}^2 \to \mathbb{R}^3$,
$\boldsymbol{\Phi}(r, \theta) = (r\cos\theta, r\sin\theta, 4 - r^2)$; 점 $\boldsymbol{\Phi}\left(1, \frac{\pi}{4}\right)$

05 곡면 $\boldsymbol{\Phi}: \mathbb{R}^2 \to \mathbb{R}^3$,
$\boldsymbol{\Phi}(\phi, \theta) = (3\sin\phi\cos\theta, 3\sin\phi\sin\theta, 3\cos\phi)$;
점 $\boldsymbol{\Phi}\left(\frac{\pi}{4}, \frac{\pi}{3}\right)$

※ 06~08 주어진 곡면의 넓이를 구하라.

06 원기둥 $x^2 + y^2 = 1$의 내부에 놓인 곡면 $z = xy$

07 평면 $z = x - 3y$ $(0 \leq x \leq 2,\ 1 \leq y \leq 2)$

08 원판 $x^2 + y^2 \leq 25$의 상반부에 놓인 곡면 $z = xy$

09 사이클로이드 $x = 2(t - \sin t)$, $y = 2(1 - \cos t)$ $(0 \leq t \leq 2\pi)$와 x축으로 둘러싸인 영역의 넓이를 구하라.

10 매개변수로 주어진 곡면 $\boldsymbol{\Phi}(r, \theta) = (r\cos\theta, r\sin\theta, 4 - r)$ $(0 \leq r \leq 4,\ 0 \leq \theta \leq 2\pi)$ 위에서 함수 $f(x, y, z) = x$를 적분하라.

※ 11~14 다음 면적분을 계산하라.

11 $\iint_S z\,dS$; 곡면 S는 $x^2 + y^2 + z^2 \leq 2$와 $z \geq 1$로 둘러싸인 입체의 경계

12 $\iint_S (y + z)\,dS$; 곡면 S는 $x = u + v$, $y = u - v$, $z = 2u + v$ $(0 \leq u \leq 2,\ 0 \leq v \leq 1)$

13 $\iint_S x^2 z\,dS$; 곡면 S는 두 평면 $z = 0$, $z = 2$ 사이에 놓여있는 반원기둥 $x^2 + y^2 = 4$ $(y \geq 0)$

14 $\iint_S (x^2 + y^2) z\,dS$; 곡면 S는 구면 $\rho = 1$에서 $z \geq 0$인 부분

※ 15~18 주어진 유향곡면 S와 벡터장 $\mathbf{F}$에 대한 면적분 $\iint_S \mathbf{F} \cdot d\mathbf{S}$를 구하라.

15 곡면 S는 양의 방향인 구면 $x^2 + y^2 + z^2 = 4$
$\mathbf{F}(x, y, z) = (x, -z, y)$

16 곡면 S는 제1팔분공간 안에서 곡면 $z = \sqrt{\frac{1}{3}(x^2 + y^2)}$과 두 구면 $x^2 + y^2 + z^2 = 2$, $x^2 + y^2 + z^2 = 4$로 둘러싸인 입체의 경계이며 S는 양의 방향
$\mathbf{F}(x, y, z) = (z, 2xy, xz)$

17 곡면 S는 제1팔분공간 안에서 세 평면 $x = 0$, $y = 3x$, $z = 0$으로 잘린 원기둥면 $y^2 + z^2 = 9$이며 S는 양의 방향 $\mathbf{F}(x, y, z) = (x, yz, z^2)$

18 곡면 S는 정사각형 $0 \leq x \leq 1$, $0 \leq y \leq 1$ 위에서 정의된 포물면 $z = 4 - x^2 - y^2$의 위쪽
$\mathbf{F}(x, y, z) = (x, y, z)$

SECTION 12.4

스토크스 정리와 발산 정리

스토크스 정리

12.2절에서 그린 정리의 벡터형식은 다음과 같이 나타냈다.

$$\int_{(\partial D)^+} \mathbf{F}\cdot d\gamma = \iint_D (\mathrm{curl}\,\mathbf{F})\cdot \mathbf{k}\,dx\,dy$$

이는 평면영역 D에서 이중적분과 평면곡선 $(\partial D)^+$에서 선적분이 같다는 사실을 알려준다. 스토크스 정리는 평면에 주어진 영역과 곡선을 공간에 주어진 곡면 S와 곡선 $(\partial S)^+$로 바꿈으로써 면적분과 선적분에 관계가 있음을 설명한다. 여기서 $(\partial S)^+$는 곡선 ∂S의 양의 방향을 의미한다. 곡면 S의 경계 ∂S 주위를 양의 방향으로 걸으면 사람의 머리 방향과 단위법선벡터 $\mathbf{n}$의 방향이 일치함을 뜻한다.

정리 12-10 스토크스 정리(Stokes' theorem)

S가 유향곡면이고 $(\partial S)^+$가 단순 닫힌곡선이라 하자. 곡면 S 위에서 정의된 벡터장 $\mathbf{F}$에 대하여 $\mathbf{F}$의 각 성분함수가 연속인 편도함수를 가질 때, 다음이 성립한다.

$$\int_{(\partial S)^+} \mathbf{F}\cdot d\gamma = \iint_S (\mathrm{curl}\,\mathbf{F})\cdot d\mathbf{S}$$

예제 12-26 스토크스 정리

S가 유향곡면이고 ∂S가 단순 닫힌곡선일 때, 벡터장 $\mathbf{F}(x,y,z)=(ye^z, xe^z, xye^z)$에 대하여 선적분 $\int_{(\partial S)^+}\mathbf{F}\cdot d\gamma$를 구하라.

풀이

스토크스 정리를 이용하면 $\int_{(\partial S)^+}\mathbf{F}\cdot d\gamma=\iint_S(\mathrm{curl}\,\mathbf{F})\cdot d\mathbf{S}$이다. 벡터장 $\mathbf{F}$의 회전 $\mathrm{curl}\,\mathbf{F}$는 다음과 같다.

$$\mathrm{curl}\,\mathbf{F}=\nabla\times\mathbf{F}=\begin{vmatrix}\mathbf{i} & \mathbf{j} & \mathbf{k}\\ \dfrac{\partial}{\partial x} & \dfrac{\partial}{\partial y} & \dfrac{\partial}{\partial z}\\ ye^z & xe^z & xye^z\end{vmatrix}=(0,0,0)$$

따라서 구하고자 하는 선적분은 $\int_{(\partial S)^+}\mathbf{F}\cdot d\gamma=0$이다.

[유제 12-25]

S가 유향곡면이고 ∂S가 단순 닫힌곡선일 때, 벡터장 $\mathbf{F}(x,y,z)=\left(e^{y+2z}, xe^{y+2z}, 2xe^{y+2z}\right)$에 대하여 선적분 $\int_{(\partial S)^+} \mathbf{F} \cdot d\gamma$를 구하라.

예제 12-27 스토크스 정리

원기둥 $x^2+y^2=1$과 평면 $x+y+z=1$의 교선 C에 대하여 다음 선적분을 구하라. 단, 위에서 볼 때 C는 반시계 방향이다.

$$\int_C -y^3dx+x^3dy-z^3dz$$

풀이

곡선 C의 매개변수 방정식을 찾아 선적분을 직접 계산할 수 있지만, 스토크스 정리를 이용하면 훨씬 쉽다. $C=\partial S$인 곡면 S는 많이 있지만 곡선 C로 둘러싸인 평면 $x+y+z=1$에 속하는 타원 영역을 S로 택할 것이다. 곡면 S가 위쪽으로 향하면 곡선 C는 S에 의해 양의 방향으로 유도된다. 벡터장을 $\mathbf{F}=\left(-y^3, x^3, -z^3\right)$이라 놓으면 다음이 성립한다.

$$\nabla\times\mathbf{F}=\left(0,0,3\left(x^2+y^2\right)\right)$$

곡면 S는 영역 $D=\left\{(x,y)\,|\,x^2+y^2\le 1\right\}$ 위에서 정의된 평면 $z=1-x-y$라 할 수 있으므로 스토크스 정리([정리 12-10])를 이용하면 구하고자 하는 선적분은 다음과 같다.

$$\begin{aligned}\int_C -y^3dx+x^3dy-z^3dz &= \int_{(\partial S)^+}\left(-y^3,x^3,-z^3\right)\cdot d\gamma \\ &= \iint_S \operatorname{curl}\mathbf{F}\cdot d\mathbf{S} \\ &= \iint_D 3\left(x^2+y^2\right)dxdy \\ &= \int_0^{2\pi}\int_0^1 3r^2 r\,dr\,d\theta=\frac{3}{2}\pi\end{aligned}$$

[유제 12-26]

타원면 $z=2\sqrt{1-x^2-y^2}$과 평면 $z=0$의 교선 C에 대하여 다음 선적분을 구하라. 단, 위에서 볼 때 C는 반시계 방향이다.

$$\int_C -3y^2dx+4zdy+6xdz$$

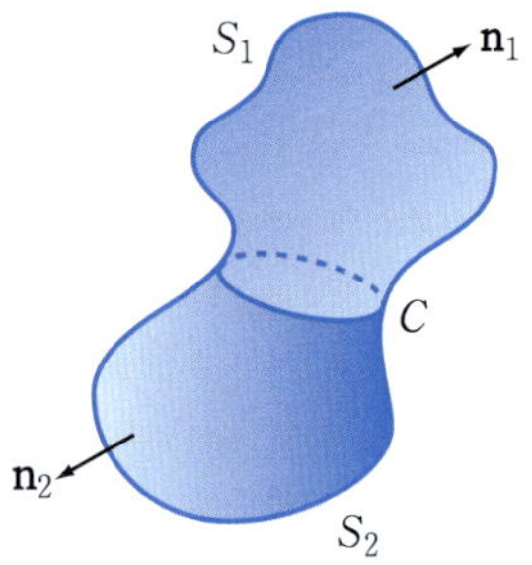

[그림 12-13] 같은 유향 경계곡선 C를 가지는 유향곡면 S_1, S_2

두 유향곡면 S_1과 S_2가 [그림 12-13]과 같이 같은 유향 경계곡선 C를 가지고 두 벡터 $\mathbf{n}_1$과 $\mathbf{n}_2$를 각각 두 유향곡면 S_1과 S_2의 단위법선벡터라 하자. 스토크스 정리에 의해 다음이 성립한다.

$$\iint_{S_1} \operatorname{curl}\mathbf{F} \cdot \mathbf{n}_1 dS = \int_C \mathbf{F} \cdot d\gamma = \iint_{S_2} \operatorname{curl}\mathbf{F} \cdot \mathbf{n}_2 dS$$

외향곡선벡터는 곡면의 바깥을 가리키는 법선벡터다.

예제 12-28 유향 경계곡선이 같은 곡면에서 면적분

곡면 S가 반타원면 $z = 2\sqrt{1-x^2-y^2}$ 이고 S 위에서 벡터장이 $\mathbf{F}(x, y, z) = (x^2, y^2, z^2\tan xy)$일 때, 면적분 $\iint_S (\operatorname{curl}\mathbf{F}) \cdot \mathbf{n}dS$를 구하라.

풀이

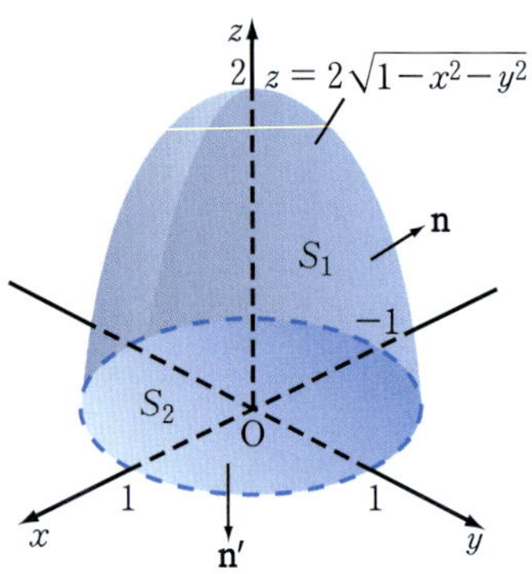

먼저 벡터장 $\mathbf{F}$의 회전 $\operatorname{curl}\mathbf{F}$를 계산하자.

$$\operatorname{curl}\mathbf{F} = \nabla \times \mathbf{F} = \begin{vmatrix} \mathbf{i} & \mathbf{j} & \mathbf{k} \\ \dfrac{\partial}{\partial x} & \dfrac{\partial}{\partial y} & \dfrac{\partial}{\partial z} \\ x^2 & y^2 & z^2\tan xy \end{vmatrix} = (xz^2\sec^2 xy, -yz^2\sec^2 xy, 0)$$

왼쪽 그림과 같이 xy평면 위의 단위원판 S'은 반타원면 S와 경계가 같다. 원판 S'의 단위법선벡터는 $\mathbf{n}' = -\mathbf{k}$이므로 두 곡면 S, S'의 유향 경계곡선이 서로 일치한다. 따라서 스토크스 정리에 의해 다음이 성립한다.

$$\iint_S (\operatorname{curl}\mathbf{F}) \cdot \mathbf{n}dS = \iint_{S'} (\operatorname{curl}\mathbf{F}) \cdot \mathbf{n}'dS$$

이때 $\operatorname{curl}\mathbf{F} \cdot \mathbf{n}' = (xz^2\sec^2 xy, -yz^2\sec^2 xy, 0) \cdot \mathbf{k} = 0$이므로 구하고자 하는 값은 $\iint_S (\operatorname{curl}\mathbf{F}) \cdot \mathbf{n}dS = \iint_{S'} (\operatorname{curl}\mathbf{F}) \cdot \mathbf{n}'dS = 0$이다.

[유제 12-27]

반타원면 $z = 2\sqrt{1-4x^2-9y^2}$ 으로 주어진 곡면 S 위에서 벡터장이 다음과 같다고 하자.

$$\mathbf{F}(x, y, z) = \left(y, x, (x^2+y^4)^{\frac{3}{2}}\sin e^{xyz}\right)$$

면적분 $\iint_S (\operatorname{curl}\mathbf{F}) \cdot \mathbf{n}dS$를 구하라.

발산 정리

선적분의 기본정리([정리 12-2])는 1차원 닫힌곡선 γ와 γ의 경계 $\partial\gamma$ 사이의 관계를 설명한다. 스토크스 정리([정리 12-10])는 2차원 곡면 S와 S의 경계 ∂S의 관계를 설명하며, 그린 정리([정리 12-7])는 스토크스 정리의 특수한 경우다. 이 내용을 3차원으로 확장하자. 입체 영역 Ω와 Ω의 경계 $\partial\Omega$ 사이의 관계를 발산 정리로 설명할 수 있다. 발산 정리를 간단하게 표현하기 위해 입체 영역을 단순 입체 영역으로 제한한다. 여기서 **단순 입체 영역**(simple solid region)은 11.5절에서 다룬 유형 1, 유형 2, 유형 3을 동시에 만족하는 영역을 말한다.

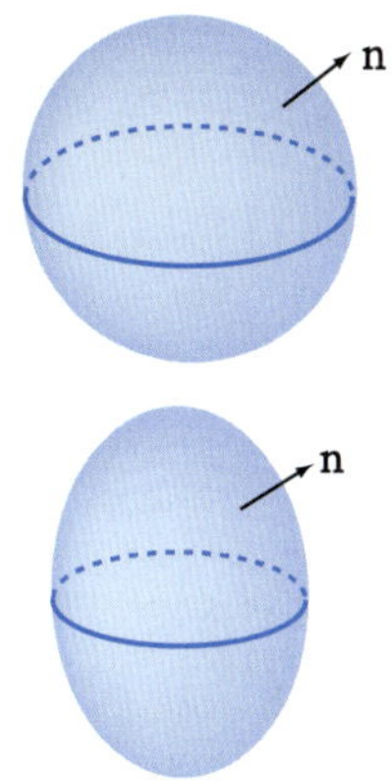

[그림 12-14] 구체와 타원체의 단위법선벡터

$\mathbb{R}^3$ 위에서 단순 입체 영역을 Ω라 하자. Ω의 경계 $\partial\Omega$는 유한개의 닫힌 유향곡면 $S_1, \cdots, S_n$으로 구성된다. 여기서 각 곡면 S_i $(i = 1, 2, \ldots, n)$의 단위법선벡터 $\mathbf{n}_i$는 입체 Ω의 바깥 방향을 나타낸다.

참고 입체의 바깥 방향

(1) 구체와 타원체의 경계는 각각 구면과 타원면이며 두 경계의 단위법선벡터는 모두 입체의 외부를 향한다.

(2) 타원체 안에 구체 모양의 빈 공간이 있는 입체 Ω를 생각하자. 입체 Ω의 경계는 입체 외부의 타원면과 입체 내부의 구면이다. 타원면 경계의 단위법선벡터는 입체의 외부를 향하고, 구면 경계의 단위법선벡터는 입체의 내부를 향한다.

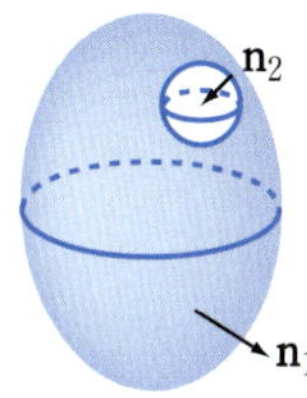

[그림 12-15] 빈 공간이 있는 입체의 단위법선벡터

예제 12-29 단순 입체 영역의 단위법선벡터

단위정육면체 $\Omega = [0,1] \times [0,1] \times [0,1]$에 대하여 경계 $\partial\Omega$는 6개의 면으로 구성된다. 유향곡면 $\partial\Omega$에 대하여 단위법선벡터를 구하라.

풀이

오른쪽 그림과 같이 단위정육면체의 각 면에 대한 단위법선벡터는 입체의 바깥을 향한다. 단위정육면체의 경계는 6개이므로 단위법선벡터는 $\mathbf{i}$, $-\mathbf{i}$, $\mathbf{j}$, $-\mathbf{j}$, $\mathbf{k}$, $-\mathbf{k}$로 6개다.

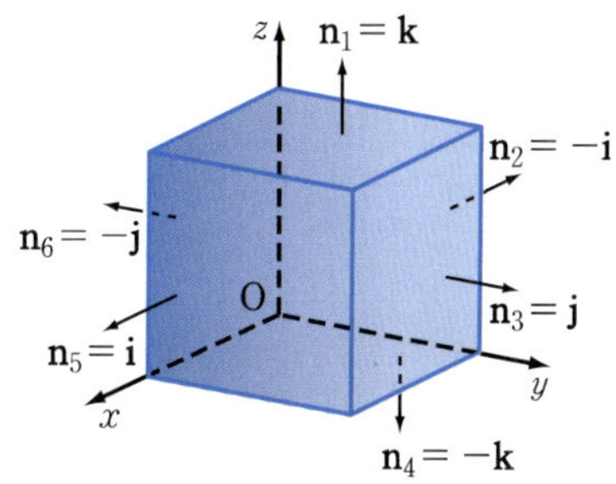

예제 12-30 단위구체의 경계와 단위법선벡터

단위구체 $\Omega = \{(x, y, z) \mid x^2 + y^2 + z^2 \le 1\}$에서 경계 $\partial\Omega$와 단위법선벡터를 각각 구하라.

풀이

오른쪽 그림과 같이 입체 Ω의 경계 $\partial\Omega$는 단위구면이며, 단위구면 위의 점 P에 대하여 단위법선벡터 $\mathbf{n}$은 위치벡터 $\overrightarrow{\mathrm{OP}}$와 같다.

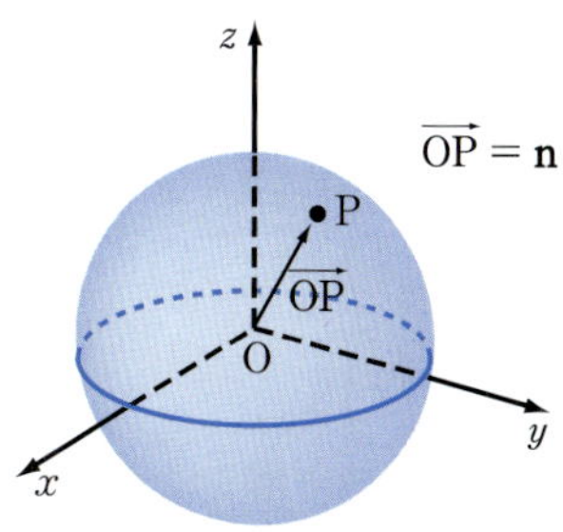

[유제 12-28]

속이 뚫린 기둥 모양의 입체 $\Omega=\{(x,y,z)|1\le x^2+y^2\le 4\}$에서 경계 $\partial\Omega$와 단위 법선벡터를 각각 구하라.

닫힌곡선 위에서의 적분은 이 곡선에 포함되는 어떤 곡면에서의 적분과 관계가 있다. 이를 입체로 확장하자. 이제 소개하는 발산 정리는 닫힌곡면을 통과하는 벡터장의 유량과 곡면으로 둘러싸인 영역 위에서 벡터장 발산의 삼중적분 사이에 관계가 있음을 설명한다. 여기서 **닫힌곡면**(closed surface)은 그 내부에 공간 일부를 완전히 내포하며, 경계가 없는 유한한 곡면이다.

정리 12-11 발산 정리(가우스 정리, divergence theorem)

Ω는 단순 입체 영역이고 경계 $\partial\Omega$는 닫힌 유향곡면이라 하자. 벡터장 $\mathbf{F}$가 영역 Ω 위에서 각 성분이 연속인 편도함수를 가진다고 하면 다음이 성립한다.

$$\iiint_{\Omega}(\nabla\cdot\mathbf{F})dV=\iint_{\partial\Omega}\mathbf{F}\cdot d\mathbf{S} \text{ 또는 } \iiint_{\Omega}\text{div}\,\mathbf{F}dV=\iint_{\partial\Omega}\mathbf{F}\cdot\mathbf{n}dS$$

예제 12-31 발산 정리

단위법선벡터가 바깥을 향하는 단위구면 S 위에서 벡터장이 $F(x,y,z)=(2x,y^2,z^2)$이라 정의된다고 하자. 면적분 $\iint_S\mathbf{F}\cdot\mathbf{n}dS$를 구하라.

풀이

Ω를 단위구체라 하자. $\partial\Omega=S$이다. 벡터장 $\mathbf{F}$에 대하여 $F_x=2$, $F_y=2y$, $F_z=2$는 Ω 위에서 연속이므로 발산 정리에 의해 다음이 성립한다.

$$\iint_{\partial\Omega}\mathbf{F}\cdot\mathbf{n}dS=\iiint_{\Omega}\text{div}\,\mathbf{F}dV$$

벡터장 $\mathbf{F}$의 발산 div$\mathbf{F}$는 $\text{div}\,\mathbf{F}=2+2y+2z$이므로 구하는 면적분을 다음과 같이 계산할 수 있다.

$$\begin{aligned}\iint_S\mathbf{F}\cdot\mathbf{n}dS&=\iiint_{\Omega}\text{div}\,\mathbf{F}dV=\iiint_{\Omega}(2+2y+2z)dV\\&=\iiint_{\Omega}2dV+\iiint_{\Omega}2ydV+\iiint_{\Omega}2zdV\\&=\iiint_{\Omega}2dV=\frac{8}{3}\pi\end{aligned}$$

[유제 12-29]

제1팔분공간을 세 평면 $x=1$, $y=1$, $z=1$로 잘라 만든 정육면체를 생각하자. 이 입체의 표면 S를 통과하는 벡터장이 $F(x,y,z)=(x^2,-2xy,xz)$일 때, 면적분 $\iint_S \mathbf{F}\cdot\mathbf{n}dS$를 구하라.

예제 12-32 발산 정리

오른쪽 그림과 같이 타원포물면 $z=1-x^2-y^2$과 xy평면으로 둘러싸인 곡면 S를 생각하자. 곡면 S는 단위법선벡터가 바깥을 향한다. 곡면 S 위에서 정의된 벡터장이 $\mathbf{F}(x,y,z)=\left(xz,\frac{1}{3}y^3+\tan z, x^2z+y^2\right)$일 때, 면적분 $\iint_S \mathbf{F}\cdot d\mathbf{S}$를 구하라.

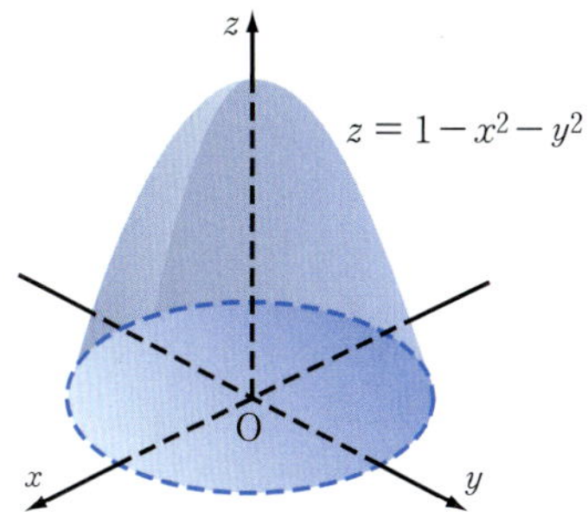

풀이

Ω를 타원포물면 $z=1-x^2-y^2$과 xy평면으로 둘러싸인 입체라 하자. $\partial\Omega=S$이다. 벡터장 $\mathbf{F}$의 편도함수 $F_x=z$, $F_y=y^2$, $F_z=x^2$은 입체 Ω 위에서 연속이므로 발산 정리에 의하여 다음이 성립한다.

$$\iint_{\partial\Omega} \mathbf{F}\cdot\mathbf{n}dS=\iiint_{\Omega} \mathrm{div}\,\mathbf{F}dV$$

벡터장 $\mathbf{F}$의 발산 $\mathrm{div}\,\mathbf{F}$는 $\mathrm{div}\,\mathbf{F}=z+y^2+x^2$이고 $x^2+y^2+z=1$임을 이용하면 구하는 면적분을 다음과 같이 계산할 수 있다.

$$\iint_{\partial\Omega} \mathbf{F}\cdot\mathbf{n}dS=\iiint_{\Omega} \mathrm{div}\,\mathbf{F}dV=\iiint_{\Omega}(z+x^2+y^2)dV=\iiint_{\Omega}1\,dV$$

$$=\int_0^1\int_0^{2\pi}\int_0^{1-r^2} r\,dz\,d\theta\,dr=\frac{\pi}{2}$$

[유제 12-30]

단위법선벡터가 바깥으로 향하는 상반구면 $z=\sqrt{4-x^2-y^2}$을 S라 하자. 곡면 S 위에 정의된 벡터장이 $\mathbf{F}(x,y,z)=\left(x+\cos y, y+\sin z, z+e^{x^2}\right)$일 때, 면적분 $\iint_S \mathbf{F}\cdot d\mathbf{S}$를 구하라.

SECTION 12.4 연습문제

※ 01~05 스토크스 정리를 이용하여 선적분 $\int_\gamma \mathbf{F} \cdot d\gamma$ 를 계산하라. 단, 곡선 γ는 위에서 내려다 볼 때 반시계 방향이다.

01 $\mathbf{F}(x, y, z) = (yz, xz, \cos z^2)$,
γ는 세 점 $(0, 0, 0)$, $(2, 0, 0)$, $(0, 2, 1)$을 꼭짓점으로 하는 삼각형

02 $\mathbf{F}(x, y, z) = \left(y + e^{\sin x}, \sqrt{1 + y^4}, yz\right)$,
γ는 원기둥 $x^2 + y^2 = 1$과 곡면 $z = 2xy$의 교선

03 $\mathbf{F}(x, y, z) = \left(y + e^{\sqrt{x}}, 2xz + \cos y^2, y^2 z\right)$,
γ는 평면 $y + z = 2$와 원기둥 $x^2 + y^2 = 1$의 교선

04 $\mathbf{F}(x, y, z) = (yz, 2xz, e^{xy})$,
γ는 평면 $z = 5$와 원기둥 $x^2 + y^2 = 16$의 교선

05 $\mathbf{F}(x, y, z) = (y + \sin x, z^2 + \cos y, x^3)$,
$\gamma(t) = (\sin t, \cos t, \sin 2t)$ $(0 \le t \le 2\pi)$

※ 06~08 스토크스 정리를 이용하여 $\iint_S \operatorname{curl} \mathbf{F} \cdot dS$를 구하라.

06 $\mathbf{F}(x, y, z) = (y, -x, 2)$,
S는 아래쪽으로 향하는 원뿔면 $z^2 = x^2 + y^2$ $(0 \le z \le 4)$

07 $\mathbf{F}(x, y, z) = (z, ye^z - x, ye^x)$,
S는 아래쪽으로 향하는 원기둥 $x^2 + y^2 = 1$ 안에 있는 평면 $z = y + 2$인 부분

08 $\mathbf{F}(x, y, z) = (xz, y^2 + 2x, x)$,
S는 아래쪽으로 향하는 xy평면 위 타원면 $z = 9 - x^2 - y^2$의 부분

※ 09~12 발산 정리를 이용하여 $\iint_S \mathbf{F} \cdot d\mathbf{S}$를 구하라.

09 $\mathbf{F}(x, y, z) = \left(xz^2, \dfrac{1}{3}y^3 + \tan^{-1} z, x^2 z + y^2\right)$,
S는 상반구면 $x^2 + y^2 + z^2 = 1$

10 $\mathbf{F}(x, y, z) = \left(z \tan^{-1} y^2, z^3 \ln(x^2 + 1), z - 2y\right)$,
S는 기둥 $y = \sqrt{x}$와 세 평면 $z = 1 - y$, $x = 0$, $z = 0$으로 둘러싸인 입체의 경계

11 $\mathbf{F}(x, y, z) = (x^3, y^3, z^3)$,
S는 원기둥 $x^2 + y^2 = 1$과 평면 $z = 0$, $z = 2$로 둘러싸인 입체의 경계

12 $\mathbf{F}(x, y, z) = \left(3xz^2 + \cosh e^y, \ln(x^2 z^2 + 1), \sin y + z^2 - z^3\right)$,
S는 상반구면 $x^2 + y^2 + z^2 = y$와 평면 $z = 0$으로 둘러싸인 입체의 경계

13 벡터장이 $\mathbf{F}(x, y, z) = \left(3x - \sin(yz), e^{x^3 z} - 2y, \sin(x^3 y) + 2z\right)$라 하자. 곡면 S_1은 평면 $x = \pm 2$, $y = \pm 2$, $z = \pm 2$로 둘러싸인 정육면체, 곡면 S_2는 단위구면 $x^2 + y^2 + z^2 = 1$이라 할 때, 이중적분 $\iint_{S_1} \mathbf{F} \cdot d\mathbf{S} - \iint_{S_2} \mathbf{F} \cdot d\mathbf{S}$를 구하라.

부록 : 적분표

01 $\int k\,dx = kx + C$

02 $\int x^n\,dx = \frac{x^{n+1}}{n+1} + C\ (n \neq -1)$

03 $\int \frac{1}{x}\,dx = \ln|x| + C$

04 $\int a^x\,dx = \frac{a^x}{\ln a} + C$

05 $\int \sin x\,dx = -\cos x + C$

06 $\int \cos x\,dx = \sin x + C$

07 $\int \tan x\,dx = -\ln|\cos x| + C$

08 $\int \cot x\,dx = \ln|\sin x| + C$

09 $\int \sec^2 x\,dx = \tan x + C$

10 $\int \csc^2 x\,dx = -\cot x + C$

11 $\int \sec x \tan x\,dx = \sec x + C$

12 $\int \csc x \cot x\,dx = -\csc x + C$

13 $\int \sec x\,dx = \ln|\sec x + \tan x| + C$

14 $\int \csc x\,dx = -\ln|\csc x + \cot x| + C$

15 $\int \sinh x\,dx = \cosh x + C$

16 $\int \cosh x\,dx = \sinh x + C$

17 $\int \tanh x\,dx = \ln(\cosh x) + C$

18 $\int \coth x\,dx = \ln|\sinh x| + C$

19 $\int \operatorname{sech} x\,dx = \sin^{-1}(\tanh x) + C$

20 $\int \operatorname{csch} x\,dx = \ln\left|\tanh\frac{x}{2}\right| + C$

21 $\int \operatorname{sech}^2 x\,dx = \tanh x + C$

22 $\int \operatorname{csch}^2 x\,dx = -\coth x + C$

23 $\int \tanh^2 x\,dx = x - \tanh x + C$

24 $\int \coth^2 x\,dx = x - \coth x + C$

25 $\int \sinh^2 x\,dx = \frac{1}{2}(\sinh x \cosh x - x) + C$

26 $\int \cosh^2 x\,dx = \frac{1}{2}(\sinh x \cosh x + x) + C$

27 $\int \operatorname{sech} x \tanh x\,dx = -\operatorname{sech} x + C$

28 $\int \operatorname{csch} x \coth x\,dx = -\operatorname{csch} x + C$

부록 : 적분표

29 $\int \sin^n x dx = -\frac{1}{n}\sin^{n-1}x\cos x + \frac{n-1}{n}\int \sin^{n-2}x dx$ ($n \ge 2$인 정수)

30 $\int \cos^n x dx = \frac{1}{n}\sin x\cos^{n-1}x + \frac{n-1}{n}\int \cos^{n-2}x dx$ ($n \ge 2$인 정수)

31 $\int \tan^n x dx = \frac{1}{n-1}\tan^{n-1}x - \int \tan^{n-2}x dx$ ($n \ge 2$인 정수)

32 $\int \sec^n x dx = \frac{\sec^{n-2}x\tan x}{n-1} + \frac{n-2}{n-1}\int \sec^{n-2}x dx$ ($n \ge 2$인 정수)

33 $\int \frac{dx}{(x^2+1)^n} = \frac{x}{2(n-1)(x^2+1)^{n-1}} + \frac{2n-3}{2(n-1)}\int \frac{dx}{(x^2+1)^{n-1}}$ ($n \ge 2$인 정수)

34 $\int \frac{1}{\sqrt{a^2-x^2}}dx = \sin^{-1}\left(\frac{x}{a}\right) + C$

35 $\int \frac{1}{\sqrt{x^2+a^2}}dx = \ln\left(x+\sqrt{x^2+a^2}\right) + C$ 또는 $\sinh^{-1}\left(\frac{x}{a}\right) + C$

36 $\int \frac{1}{\sqrt{x^2-a^2}}dx = \ln\left(x+\sqrt{x^2-a^2}\right) + C$

37 $\int \frac{1}{x\sqrt{x^2-a^2}}dx = \frac{1}{a}\sec^{-1}\left(\frac{x}{a}\right) + C$

38 $\int \frac{1}{x\sqrt{x^2+a^2}}dx = -\frac{1}{a}\ln\left(\frac{a+\sqrt{x^2+a^2}}{x}\right) + C$

39 $\int \frac{1}{x\sqrt{a^2-x^2}}dx = -\frac{1}{a}\ln\left(\frac{a+\sqrt{a^2-x^2}}{x}\right) + C$

40 $\int \frac{1}{x^2+a^2}dx = \frac{1}{a}\tan^{-1}\left(\frac{x}{a}\right) + C$

41 $\int \frac{1}{x^2-a^2}dx = \frac{1}{2a}\ln\left(\frac{x-a}{x+a}\right) + C = -\frac{1}{a}\coth^{-1}\left(\frac{x}{a}\right) + C \ (x^2 > a^2)$

42 $\int \frac{1}{a^2-x^2}dx = \frac{1}{2a}\ln\left(\frac{x+a}{x-a}\right) + C = \frac{1}{a}\tanh^{-1}\left(\frac{x}{a}\right) + C \ (x^2 < a^2)$

43 $\int e^{ax}\sin bx\, dx = \frac{e^{ax}(a\sin bx - b\cos bx)}{a^2+b^2} + C \quad (a > 0,\ b > 0)$

44 $\int e^{ax}\cos bx\, dx = \frac{e^{ax}(a\cos bx + b\sin bx)}{a^2+b^2} + C \quad (a > 0,\ b > 0)$

45 $\int \ln x\, dx = x\ln x - x + C$

46 $\int (\ln x)^2 dx = x(\ln x)^2 - 2x\ln x + 2x + C$

찾아보기

ㅈ

ㅊ

ㅋ

ㅌ

ㅍ

ㅎ